ミルクの事典

編集

上野川 修一 | 清水　誠　堂迫俊一
　　　　　　　鈴木英毅　元島英雅
　　　　　　　髙瀬光徳

朝倉書店

はじめに

　現在，日本ではおよそ105万頭前後の乳用牛が飼われ，一年間で850万トン前後の牛乳が生産されている．これが，飲用乳，バター，ヨーグルト，チーズなどとして飲まれ，食べられ，われわれ日本人の健康な食生活に寄与している．一人一日当たりの消費量は約260gであり，この25年の間に1.6倍に増加している．

　このようにしっかりとわが国の食生活に定着したミルクであるが，食としての起源は新石器時代の中近東であろうと推定されている．わが国には1500年ほど前に大陸より到来し，そして本格的に食卓にのぼるようになったのは明治時代に入ってからであり，特にこの50年の間にわれわれの食生活に定着した．

　ミルクはもともと哺乳類の生まれたての子供のための栄養成分である．子供の筋肉をつくるための基本成分であるタンパク質と骨格をつくるためのカルシウム，そして子供たちが健やかに育つためのビタミンをはじめとした多くの活性成分を含んでいる．

　このような成分は子供だけでなく成人にとってもきわめて優れた栄養成分であり，生命の維持と健康の増進におおいに役立っている．そのためミルクは老若男女を問わず愛されているのである．

　一方で，人類はこの栄養価の高い理想的な食品であるミルクを，よりバラエティーに富み，長期間，しかもおいしく食べられるよう，その加工に工夫を加えてきた．まず，ミルクは脂質が中心成分であるクリームと，水に溶けているタンパク質，カルシウム，ビタミンが主成分の脱脂ミルクに分けられ，このクリームからできるバターはその独特の食感と栄養価から世界中の食卓に欠かせないものになっている．

　ミルクに乳酸菌などの微生物による発酵を利用した食品も古くからつくりだされている．代表的なものがヨーグルトであり，チーズである．これらは生のミルクより長い期間保存でき，かつまたそれら独特の風味はわれわれに生活のうるおいを与えつづけている．

　最近ではヨーグルトのわたくしたちの健康に対する有用な役割が明らかにされ，この方面からの注目度は高い．

　また，このミルクのからだの中での生合成の機構，タンパク質の遺伝子構造など，生命科学の視点からの高度な研究成果の集積もミルクの生物学的な意味の解明を大きく進展させており，ミルクの食としての重要性をさらに強く映しだしている．

　さらに，このミルクを利用する技術の進展は目覚ましいものがある．まず第一に挙げなければならないのは，ミルクの殺菌法の進展である．きわめて短時間，高温での滅菌はミルクの飲

用できる期間を大きく延ばした．チーズやヨーグルトの製造過程の機械化は進み，ほとんどのプロセスが自動化され省力化が可能となった．同時に衛生管理が容易になり，その完成度も高くなっている．これらの技術の進展があるがゆえに，わたくしたちは安全で栄養価が高く，おいしいミルクを毎日の食事のメニューに取り入れることが可能になっているのである．

さらに，この理想的な食品であるからだへのミルクのはたらきを参考にして創成されたのが機能性食品であり，特定保健用食品であることも申し添えておきたい．これらの食品に含まれるミルクの成分であるカゼイン，乳清タンパク質，そして，それらを分解してできるペプチド類，そしてカルシウムはからだの免疫系や神経系に作用し，疾病を予防し，健康を維持するのに役立っている．

以上のようなミルクに関するすべてを網羅した事典を編集し，そしてそれを世に問うことができれば，さらなる乳業技術の進展に貢献できること，そして日本人の健康維持に役立つ情報になると考えた．

それを実現するため，ミルクの科学・技術分野の第一線の研究者に執筆者となっていただき，できあがったのが本書である．

内容は，「乳の成分」，「乳・乳製品各論」，「乳・乳製品と健康」，「乳・乳製品製造に利用される微生物」，「乳・乳製品製造の加工技術」，「乳・乳製品の安全」，「乳素材の利用」，「検査法」，「関連法規」と，基礎から応用にまたがる最新情報をもれなく掲載した．この分野に従事する多くの方々にとってきわめて有用な情報になると確信している．

2009 年 10 月

編集委員を代表して　　上野川　修一

編集委員

上野川 修一　日本大学生物資源科学部

・

清水　誠　東京大学大学院農学生命科学研究科
鈴木　英毅　前 明治乳業㈱
髙瀬　光德　森永乳業㈱栄養科学研究所
堂迫　俊一　雪印乳業㈱技術研究所
元島　英雅　よつ葉乳業㈱中央研究所

執筆者

青江　誠一郎　大妻女子大学	大友　英生　明治乳業㈱
青木　孝良　前 鹿児島大学	大西　正男　帯広畜産大学
青山　顕司　前 雪印乳業㈱	大森　敏弘　明治乳業㈱
東　徳洋　宇都宮大学	尾崎　裕司　森永乳業㈱
飯住　壽勝　森永乳業㈱	小野　伴忠　岩手大学
五十君　靜信　国立医薬品食品衛生研究所	片野　直哉　よつ葉乳業㈱
池内　義弘　雪印乳業㈱	勝俣　弘好　森永乳業㈱
石井　哲　雪印乳業㈱	加藤　浩晶　明治乳業㈱
板橋　達彦　雪印乳業㈱	金丸　義敬　岐阜大学
一色　賢司　北海道大学	上門　英明　明治乳業㈱
伊藤　喜久治　東京大学	川上　浩　共立女子大学
伊藤　光太郎　雪印乳業㈱	川口　昇　雪印乳業㈱
伊藤　節子　同志社女子大学	菊地　政則　酪農学園大学
伊藤　大和　前 明治乳業㈱	木下　幹朗　帯広畜産大学
今泉　勝己　九州大学	清澤　功　前 玉川大学
岩附　慧二　森永乳業㈱	朽木　健雄　明治乳業㈱
上西　一弘　女子栄養大学	熊野　康隆　㈳北海道酪農検定検査協会
牛田　吉彦　森永乳業㈱	小石原　洋　森永乳業㈱
浦島　匡　帯広畜産大学	河野　敏明　㈳農林水産先端技術産業振興センター
大川　禎一郎　森永乳業㈱	後藤　英嗣　よつ葉乳業㈱

執 筆 者

齋藤 忠夫	東北大学
酒井 仙吉	東京大学
坂井 秀敏	北海道富士平工業㈱
酒井 史彦	雪印乳業㈱
﨑山 高明	東京海洋大学
桜井 一美	冨士乳業㈱
佐々木 隆	㈱科学技術振興機構
佐々木 敬卓	前 雪印乳業㈱
佐藤 孝義	雪印乳業㈱
椎木 靖彦	雪印乳業㈱
柴内 好人	雪印乳業㈱
清水 俊雄	名古屋文理大学
清水 誠	東京大学
新 光一郎	森永乳業㈱
鈴木 英毅	前 明治乳業㈱
住 正宏	森永乳業㈱
高瀬 敏	森永エンジニアリング㈱
髙瀬 光徳	森永乳業㈱
髙野 俊明	カルピス㈱
高橋 恭子	日本大学
髙橋 毅	明治乳業㈱
田口 智康	明治乳業㈱
竹内 幸成	明治乳業㈱
田中 孝	明治乳業㈱
田中 穂積	雪印乳業㈱
田辺 忠裕	シラサギ・サニテーションラボ
堂迫 俊一	雪印乳業㈱
常世田 晃伸	岩井機械工業㈱

戸塚 護	東京大学
富澤 章	雪印乳業㈱
長尾 英二	森永乳業㈱
中村 悌一	森永乳業㈱
成田 公子	名古屋女子大学短期大学部
野田 正幸	雪印乳業㈱
野畠 一晃	よつ葉乳業㈱
花形 吾朗	雪印乳業㈱
花田 信弘	鶴見大学
早川 和仁	㈱ヤクルト本社
日比野 光一	㈳日本乳業協会
福井 宗徳	明治乳業㈱
北條 研一	明治乳業㈱
細野 朗	日本大学
牧野 収孝	森永乳業㈱
増田 哲也	日本大学
松村 康生	京都大学
松田 幹	名古屋大学
三浦 靖	岩手大学
三原 俊一	明治乳業㈱
宮本 拓	岡山大学
元島 英雅	よつ葉乳業㈱
保井 久子	信州大学
柳平 修一	雪印乳業㈱
山根 正樹	よつ葉乳業㈱
吉岡 俊満	雪印乳業㈱
吉川 正明	大阪大学

(五十音順)

目　　次

I．乳の成分

1. 乳の成分 ……………………………… 2
    1.1 乳の組成 ……………（清水　誠）… 2
        1.1.1 乳成分の分画 ………………… 2
        1.1.2 牛乳の組成 …………………… 2
        1.1.3 人乳の組成 …………………… 3
    1.2 牛乳成分の化学的性質 ……………… 3
        1.2.1 タンパク質 …………………… 3
            a. カゼイン ………（小野伴忠）… 3
            b. 乳清（ホエイ）タンパク質
                 ………………（金丸義敬）…11
            c. 脂肪球膜タンパク質（松田　幹）…19
            d. 酵　素 ………（元島英雅）…21
        1.2.2 牛乳の脂質
                 ………（木下幹朗・大西正男）…24
        1.2.3 糖　質 ………（齋藤忠夫）…29
        1.2.4 ビタミン ……（青江誠一郎）…37
        1.2.5 ミネラル ……………………38
        1.2.6 その他の微量成分 …（戸塚　護）…39
    1.3 人乳成分の化学的性質 ……………40
        1.3.1 タンパク質 …（東　徳洋）…40
        1.3.2 母乳の脂質
                 ………（大西正男・木下幹朗）…43
        1.3.3 糖　質 ………（齋藤忠夫）…45
        1.3.4 ビタミン ……（青江誠一郎）…49
        1.3.5 ミネラル ……………………50
        1.3.6 その他の微量成分 …（戸塚　護）…50
    1.4 その他の哺乳動物の乳成分の特徴
                 ………………（増田哲也）…51

2. 乳の生合成 ……………（酒井仙吉）…54
    2.1 乳腺の構造と機能 ………………54
        2.1.1 乳腺の構造（マクロの変化）………54
        2.1.2 乳腺の構造（ミクロの変化）………54
        2.1.3 乳腺の機能 ……………………55
    2.2 乳タンパク質の生合成 ……………55
        2.2.1 乳タンパク質の役割 …………55
        2.2.2 乳タンパク質の生合成 ………55
    2.3 乳脂肪の生合成 ……………………56
        2.3.1 乳脂肪の役割 …………………56
        2.3.2 乳脂肪の生合成 ………………56
    2.4 乳糖の生合成 ………………………56
        2.4.1 乳糖の役割 ……………………56
        2.4.2 乳糖の合成調節機構 …………57

3. 乳成分の変化 ……………（青木孝良）…58
    3.1 加熱による変化 ……………………58
        3.1.1 タンパク質の変化 ……………58
        3.1.2 乳糖の変化 ……………………59
        3.1.3 脂質の変化 ……………………59
        3.1.4 無機質の変化 …………………59
        3.1.5 褐　変 …………………………60
        3.1.6 フレーバーの変化 ……………60
        3.1.7 栄養価の変化 …………………60
    3.2 酸による変化 ………………………61
    3.3 酵素による変化 ……………………61
        3.3.1 牛乳中の酵素による変化 ……61
        3.3.2 キモシンによる牛乳の凝固 ………62
    3.4 光による変化 ………………………63
    3.5 貯蔵中の変化 ………………………63

4. 牛乳のおいしさにかかわる成分
                 ………………（竹内幸成）…65

II. 乳・乳製品各論

1. 飲　用　乳 ……………(岩附慧二)…68
　1.1　歴　　史 ………………………68
　1.2　定義と種類 ……………………69
　　1.2.1　牛　乳 ……………………70
　　1.2.2　特別牛乳 …………………71
　　1.2.3　成分調整牛乳 ……………71
　　1.2.4　低脂肪牛乳 ………………72
　　1.2.5　無脂肪牛乳 ………………72
　　1.2.6　加工乳 ……………………72
　　1.2.7　乳飲料 ……………………72
　　1.2.8　特定事項の表示基準 ……73
　1.3　飲用乳の製造法 ………………74
　　1.3.1　牛乳の製造工程 …………74
　　1.3.2　成分調整牛乳，低脂肪牛乳，無脂肪
　　　　　牛乳の製造工程 ……………76
　　1.3.3　加工乳の製造工程 ………76
　　1.3.4　乳飲料の製造工程 ………76
　　1.3.5　飲用乳の充填 ……………77
　　1.3.6　ロングライフミルク ……78
　　1.3.7　ESL牛乳 …………………78
　　1.3.8　製造工程と牛乳の風味 …79
　　1.3.9　新しい製造方法 …………80
　1.4　保　存　基　準 …………………81
　　1.4.1　保存方法の基準 …………81
　　1.4.2　期限表示の類型および対象 …81
　　1.4.3　期限表示の設定 …………81
　1.5　保　存　性 ………………………82
　　1.5.1　冷凍保存品の品質保存性 …82
　　1.5.2　常温保存可能品 …………82

2. バ　タ　ー ………………(伊藤大和)…84
　2.1　歴　　史 ………………………84
　2.2　種　　類 ………………………84
　　2.2.1　成分上の分類 ……………84
　　2.2.2　製法による分類 …………85
　　2.2.3　形態による分類 …………85
　2.3　定　　義 ………………………85
　2.4　製　造　法 ………………………85
　　2.4.1　分　離 ……………………85

　　2.4.2　殺菌冷却 …………………85
　　2.4.3　発　酵 ……………………86
　　2.4.4　エージング ………………87
　　2.4.5　チャーニング ……………87
　　2.4.6　水　洗 ……………………88
　　2.4.7　加　塩 ……………………88
　　2.4.8　ワーキング ………………89
　　2.4.9　充填包装 …………………89
　　2.4.10　貯　蔵 …………………89
　2.5　製造法と製造装置 ……………89
　　2.5.1　バッチ式製造法 …………89
　　2.5.2　連続式製造法 ……………90
　2.6　保　存　基　準 …………………92
　2.7　バターの品質と欠陥 …………92
　　2.7.1　製品の品質 ………………92
　　2.7.2　バターの欠陥と原因 ……93
　2.8　分別乳脂肪 ……………………95

3. チ　ー　ズ ………………(田中穂積)…97
　3.1　歴　　史 ………………………97
　　3.1.1　ナチュラルチーズの歴史 …97
　　3.1.2　プロセスチーズの歴史 …98
　3.2　チーズの定義 …………………98
　3.3　ナチュラルチーズの分類法 …99
　3.4　製　造　法 ……………………102
　　3.4.1　ナチュラルチーズの製造法 …102
　　3.4.2　プロセスチーズの製造法 …109
　3.5　保存基準と保存性 ……………114
　　3.5.1　チーズの期限表示 ………114
　　3.5.2　期限設定のための保存試験 …114
　　3.5.3　賞味期限のめやす ………114

4. ク　リ　ー　ム …………(片野直哉)…116
　4.1　歴　　史 ………………………116
　4.2　種　　類 ………………………116
　4.3　定　　義 ………………………117
　4.4　製　造　法 ………………………117
　　4.4.1　生クリーム ………………117
　　4.4.2　コンパウンドクリーム …122

目　次

　　4.4.3　コーヒークリーム …………124
　　4.4.4　その他のクリーム製品 ………124
　4.5　保存基準 ………………………………125
　4.6　保存性 …………………………………125

5. アイスクリーム類 …………（桜井一美）…126
　5.1　アイスクリームの歴史 …………………126
　5.2　アイスクリーム類の種類 ………………126
　　5.2.1　成分規格による分類 ………………126
　　5.2.2　形態別の分類 ………………………126
　　5.2.3　内容成分別の分類 …………………127
　　5.2.4　販売上の分類 ………………………127
　5.3　アイスクリーム類の定義 ………………127
　5.4　アイスクリームの製造方法 ……………128
　　5.4.1　工程別の製造機器と製造条件 …128
　　5.4.2　冷菓に使用する原料およびその役割
　　　　　 …………………………………………129
　　5.4.3　製造工程の概要 ……………………130
　5.5　保存基準 ………………………………134
　5.6　保存性 …………………………………134
　　5.6.1　氷結晶の粗大化 ……………………134
　　5.6.2　シュリンケージ（体積の収縮）…135
　　5.6.3　乳糖結晶 ……………………………135

6. 発酵乳（含：乳酸菌飲料）…（福井宗徳）…136
　6.1　発酵乳の歴史とわが国における変遷　136
　6.2　定　義 …………………………………136
　　6.2.1　「発酵乳」のコーデックス規格 …136
　　6.2.2　「乳及び乳製品の成分規格等に関する
　　　　　　省令（乳等省令）」による規定 …137
　6.3　発酵乳，乳酸菌飲料の表示に関する公正
　　　　競争規約 ………………………………137
　6.4　種　類 …………………………………138
　6.5　発酵乳・乳酸菌飲料の製造に使用される
　　　　乳酸菌 …………………………………138
　　6.5.1　乳酸菌の種類 ………………………138
　　6.5.2　スターターの選定 …………………139
　6.6　製　造　法 ……………………………139
　　6.6.1　原料乳の選択 ………………………140
　　6.6.2　ヨーグルトミックス（原料ミックス）
　　　　　　の標準化 ……………………………140

　　6.6.3　脱　気 ………………………………141
　　6.6.4　均質化 ………………………………141
　　6.6.5　殺　菌 ………………………………141
　　6.6.6　発　酵 ………………………………141
　　6.6.7　冷　却 ………………………………144
　6.7　ヨーグルトタイプ別の製造法ならびに市
　　　　場動向 …………………………………144
　　6.7.1　プレーンヨーグルト ………………144
　　6.7.2　ハードヨーグルト …………………145
　　6.7.3　ソフトヨーグルト …………………147
　　6.7.4　ドリンクヨーグルト ………………148
　　6.7.5　乳酸菌飲料 …………………………150
　6.8　保存基準と保存性 ……………………151

7. 粉　　　　　乳 ……………（野田正幸）…153
　7.1　歴　史 …………………………………153
　7.2　種　類 …………………………………154
　7.3　定　義 …………………………………155
　7.4　製　造　法 ……………………………155
　7.5　保存性と基準 …………………………161

8. 練　　　　　乳 ……………（小石原　洋）…164
　8.1　歴　史 …………………………………164
　8.2　種　類 …………………………………164
　8.3　定　義 …………………………………165
　8.4　製　造　法 ……………………………165
　　8.4.1　加糖練乳の製造法 …………………165
　　8.4.2　無糖練乳の製造法 …………………168
　8.5　保存基準 ………………………………170
　　8.5.1　温　度 ………………………………170
　　8.5.2　光 ……………………………………170
　8.6　保存性 …………………………………170
　　8.6.1　水分活性 ……………………………170
　　8.6.2　レトルト殺菌 ………………………170
　8.7　製　品　品　質 ………………………171
　　8.7.1　加糖練乳の製品品質 ………………171
　　8.7.2　無糖練乳の製品品質 ………………173
　8.8　その他の練乳 …………………………174
　　8.8.1　加糖練乳タイプ ……………………174
　　8.8.2　無糖練乳タイプ ……………………174
　8.9　賞味期限の設定 ………………………174

9. 調製粉乳 ……………(髙橋 毅)…176
　9.1 育児用ミルクの歴史 ……………176
　9.2 乳児用調製粉乳 …………………179
　　9.2.1 現在の乳児用調製粉乳の特徴 …179
　　9.2.2 調製粉乳の製造技術 ………183
　　9.2.3 調製粉乳の品質 ……………184
　9.3 フォローアップミルク …………185
　9.4 低出生体重児用調製粉乳 ………185
　9.5 特殊ミルク（治療乳）…………187
　　9.5.1 低アレルゲン化ミルク ……187
　　9.5.2 無乳糖ミルク ………………191
　　9.5.3 低ナトリウムミルク ………191
　　9.5.4 MCTミルク …………………191
　　9.5.5 先天性代謝異常用特殊ミルク …192

III． 乳・乳製品と健康

1. 牛乳・乳製品と成長 ………(上西一弘)…194
　1.1 学校給食牛乳と発育 ……………194
　1.2 牛乳摂取と発育促進 ……………195
　1.3 わが国の現状 ……………………195
　1.4 牛乳と肥満 ………………………197

2. 牛乳の栄養機能 ……………(清澤 功)…198
　2.1 タンパク質 ………………………198
　　2.1.1 構成アミノ酸と栄養機能 …198
　　2.1.2 タンパク質分子の栄養機能 …199
　2.2 脂　　質 …………………………200
　　2.2.1 脂肪酸組成 …………………200
　　2.2.2 スフィンゴ脂質 ……………201
　2.3 糖　　質 …………………………201
　　2.3.1 ラクトース …………………201
　　2.3.2 オリゴ糖 ……………………202
　2.4 カルシウム ………………………202

3. 牛乳・乳製品の保健機能 ……………204
　3.1 牛乳・乳製品中の生体調節成分
　　………………………(清水 誠)…204
　　3.1.1 牛乳中の生体調節成分 ……204
　　3.1.2 乳製品中の生理機能成分 …205
　3.2 感染防御作用 ………(細野 朗)…206
　　3.2.1 乳中機能性タンパク質・ペプチド
　　　………………………………206
　　3.2.2 乳中機能性オリゴ糖類 ……207
　　3.2.3 発酵乳の感染防御作用 ……207
　3.3 抗がん作用 …………(金丸義敬)…209
　　3.3.1 牛乳タンパク質の抗がん作用 …209
　　3.3.2 牛乳脂肪の抗がん作用 ……211
　　3.3.3 牛乳・乳製品の抗がん作用 …212
　3.4 抗アレルギー作用……(高橋恭子)…213
　　3.4.1 発酵乳の抗アレルギー作用 …213
　　3.4.2 アレルギー抑制機序 ………214
　　3.4.3 ヒトに対する有効性 ………215
　3.5 コレステロール低下作用
　　………………………(今泉勝己)…216
　　3.5.1 牛　乳 ………………………216
　　3.5.2 乳製品 ………………………217
　3.6 血圧調節機能………(齋藤忠夫)…219
　　3.6.1 高血圧の定義と新ガイドライン…220
　　3.6.2 哺乳動物における血圧の調節機構
　　　………………………………220
　　3.6.3 高血圧の測定評価系 ………221
　　3.6.4 乳タンパク質起源の降圧ペプチド
　　　………………………………221
　　3.6.5 降圧ペプチドの特性と活性発現の一般則 ……………………222
　　3.6.6 降圧ペプチドを利用した「血圧が高めの方」用の特定保健用食品 …225
　　3.6.7 副作用の出ない乳タンパク質由来の降圧ペプチド ……………225
　3.7 抗肥満作用……………(上西一弘)…226
　　3.7.1 牛乳・乳製品から供給されるエネルギー量 ……………………227
　　3.7.2 牛乳・乳製品の抗肥満作用（文献的検討）……………………227
　　3.7.3 牛乳・乳製品の抗肥満作用（メカニズム）……………………228
　　3.7.4 牛乳・乳製品摂取とメタボリックシンドローム ………………229

3.8 整腸作用……………(伊藤喜久治)…230
　3.8.1 腸内フローラ構成の正常化 ……231
　3.8.2 腸内代謝の正常化 …………232
　3.8.3 発酵乳の整腸作用 …………232
3.9 骨の健康維持作用………(上西一弘)…234
　3.9.1 牛乳・乳製品から供給される栄養素 ……………………234
　3.9.2 牛乳・乳製品と骨の健康維持作用（文献的検討）……………234
　3.9.3 乳塩基性タンパク質 …………235
3.10 虫歯予防 ……………(花田信弘)…236
　3.10.1 虫歯の原因 …………………236
　3.10.2 虫歯予防の可能性をもつ牛乳成分 …………………………237
　3.10.3 虫歯の予防とカゼイン ………237
　3.10.4 虫歯とグリコマクロペプチド …237
　3.10.5 虫歯の予防とラクトフェリン …237
　3.10.6 虫歯予防とラクトペルオキシダーゼ …………………………237
　3.10.7 虫歯予防とディフェンシン ……238
　3.10.8 虫歯と育児用ミルク …………238
　3.10.9 砂糖と虫歯 …………………239
　3.10.10 口腔細菌叢の改善とは ………239
3.11 オピオイド作用 ………(吉川正明)…240
　3.11.1 乳タンパク質から派生するオピオイドペプチド ……………240
　3.11.2 ラクトフェリンの鎮痛作用 ……242

4. 発酵乳製品の栄養と生理学的効果 ………244
　4.1 プロバイオティクス……(保井久子)…244
　　4.1.1 プロバイオティクスの定義 ……244
　　4.1.2 プロバイオティクスの種類と微生物学的性質 ………………244
　　4.1.3 プロバイオティクスの機能 ……245
　4.2 プレバイオティクス……(戸塚 護)…248
　　4.2.1 プレバイオティクスとは ………248
　　4.2.2 乳中のプレバイオティクス ……250
　　4.2.3 プレバイオティクスの生理機能 …250

5. 牛乳とアレルギー ……………(伊藤節子)…254
　5.1 牛乳アレルギーとは ………………254
　　5.1.1 牛乳アレルギーの定義と分類 …254
　　5.1.2 牛乳中の主要タンパク質とアレルゲン性 ……………………254
　　5.1.3 牛乳アレルギーの臨床 ………254
　　5.1.4 牛乳アレルギーの診断 ………256
　　5.1.5 牛乳アレルギーの治療 ………258
　5.2 牛乳アレルギー用ミルク …………258
　　5.2.1 アレルギー用ミルクとは ………258
　　5.2.2 牛乳アレルギー児の治療におけるアレルギー用ミルクの意義 …258
　　5.2.3 アレルギー用ミルクの種類 ……259
　5.3 牛乳アレルギーの新しい治療法 ……260

6. 乳糖不耐症 ……………(浦島 匡)…261
　6.1 乳糖不耐症とは ……………………261
　6.2 乳糖不耐症用ミルク ………………262

IV. 乳・乳製品製造に利用される微生物

1. 発酵乳スターター
　………………(佐々木 隆・福井宗徳)…266
　1.1 発酵乳スターターの微生物 ………266
　　1.1.1 乳酸菌 …………………………266
　　1.1.2 ビフィズス菌 …………………268
　1.2 発酵乳に使用される乳酸菌とスターター調整法 …………………269
　　1.2.1 フレッシュカルチャー法（継代培養による調整法）…………269
　　1.2.2 濃縮スターター法 ……………270
　1.3 乳酸菌の機能と発酵乳の物性 ……271
　　1.3.1 発酵乳製造に及ぼす乳酸菌の機能 …………………………271
　　1.3.2 発酵乳の物性 …………………272
　1.4 乳酸菌の育種 ………………………272

2. チーズスターター …………(石井 哲)…275
　2.1 スターターの現状 …………………275

2.2 チーズスターターの微生物学 ………276
　2.2.1 スターター乳酸菌 ……………276
　2.2.2 二次菌叢 ………………………277
2.3 チーズの熟成におけるスターターの役割
　　………………………………………278
　2.3.1 熟成中の生化学反応 ……………278
　2.3.2 チーズ中のスターターの増殖に及ぼす要因 …………………………279
2.4 チーズスターターの管理 ………280
　2.4.1 スターターの形態と使用方法 …280
　2.4.2 スターターの選択 ……………280
　2.4.3 バクテリオファージ対策 ………281

3. 乳業に利用されるその他の微生物
　………………………………（宮本　拓）…282
3.1 酵母と乳酸菌を併用したスターター 282
　3.1.1 ケフィール ……………………282
　3.1.2 クーミス, アイラグ ……………282
3.2 カビと乳酸菌を併用したスターター 283

4. 凝乳酵素 ……………（野畑一晃）…284
4.1 子ウシレンネット ………………284
4.2 微生物レンネット ………………284

V. 乳・乳製品製造の加工技術

1. 集　乳
　　…………………（大森敏弘・加藤浩晶）…288
1.1 集　乳 ……………………………288
1.2 受　入 ……………………………288
　1.2.1 生乳の規格 ……………………288
　1.2.2 異常乳 …………………………288

2. 殺菌, 滅菌 ……………（田中　孝）…291
2.1 微生物の耐熱性 …………………291
　2.1.1 生残菌曲線と D 値 ……………291
　2.1.2 加熱致死時間曲線と z 値 ……291
　2.1.3 F 値 ……………………………292
2.2 殺菌方法と乳等省令（UHT, HTST, 低温殺菌）………………………292
2.3 殺　菌　機 ………………………294
2.4 ESL ………………………………294

3. 均　質　化 ……………（山根正樹）…296
3.1 脂肪球の大きさと脂肪浮上 ……296
3.2 均質化方法 ………………………296
　3.2.1 均質化の原理 …………………296
　3.2.2 均質化による脂肪球への影響 …297
　3.2.3 均質機 …………………………297

4. 分　　離 ……………………………299
4.1 遠心分離…………（伊藤光太郎）…299

　4.1.1 円心分離の原理 …………………299
　4.1.2 清澄化 …………………………300
　4.1.3 クリーム分離 …………………300
　4.1.4 固液分離 ………………………301
　4.1.5 バクトフュージ ………………302
4.2 イオン交換 ………………………302
　4.2.1 イオン交換の原理と樹脂 ………302
　4.2.2 樹脂脱塩 ………………………304
　4.2.3 成分分離 ………………………304
4.3 膜　分　離……………（富澤　章）…305
　4.3.1 膜分離の原理 …………………305
　4.3.2 RO膜 …………………………308
　4.3.3 UF膜 …………………………309
　4.3.4 MF膜 …………………………310
　4.3.5 ED膜 …………………………312
　4.3.6 膜運転の要点 …………………313

5. 乳　　化 ……………………………315
5.1 乳化の基礎概念………（松村康生）…315
　5.1.1 O/W, W/Oエマルション ……315
　5.1.2 エマルションの調製過程 ………315
　5.1.3 解乳化 …………………………317
5.2 エマルションの安定性…（三浦　靖）…318
　5.2.1 クリーミング …………………318
　5.2.2 凝集 ……………………………319
　5.2.3 合　一 …………………………320

5.2.4 転相 …………………321	7.4 次亜塩素酸水（微酸性次亜塩素酸水）
5.3 主な乳化剤とその利用…(椎木靖彦)…322	……………………(中村悌一)…347
5.3.1 モノグリセリド有機酸エステル 322	7.5 アレルギー表示と洗浄(大川禎一郎)…348
5.3.2 多価アルコール脂肪酸エステル 322	
5.3.3 ポリリン酸 …………………323	8. プロセス制御 …………………………351
5.3.4 リン脂質 …………………324	8.1 乳業におけるプロセス制御
5.3.5 乳タンパク質 …………………324	……………………(柴内好人)…351
5.4 ファットスプレッド …………324	8.1.1 プロセス制御の原理 …………351
5.4.1 製造工程 …………………324	8.1.2 プロセス制御の目的 …………352
5.4.2 乳化安定性と解乳化特性のバランス	8.1.3 乳業におけるプロセス制御 …353
……………………………324	8.1.4 各種制御方法 …………………353
5.4.3 結晶調整 …………………325	8.2 温 度…………(常世田晃伸)…358
	8.2.1 インライン温度センサの種類と利用
6. 濃縮・乾燥 ……………(勝俣弘好)…326	法 ……………………………358
6.1 主な濃縮法と基本原理 …………326	8.2.2 利用例 …………………………360
6.1.1 真空かま …………………326	8.3 粘 度 …………………………360
6.1.2 薄膜管状下降式濃縮機 ………326	8.3.1 粘度計の種類と利用法 ………360
6.1.3 プレート式濃縮機 ……………327	8.3.2 利用例 …………………………360
6.1.4 多重効用蒸発 …………………327	8.4 圧 力 …………………………360
6.1.5 TVR・MVR …………………328	8.4.1 インライン圧力センサの種類と利用
6.1.6 濃縮付属設備 …………………329	法 ……………………………360
6.2 噴霧乾燥法と基本原理 …………331	8.4.2 利用例 …………………………362
6.2.1 乾燥の定義 …………………331	8.5 濃 度 …………………………362
6.2.2 微粒化 …………………………332	8.5.1 インライン濃度計の種類と利用法
6.3 噴霧乾燥装置 …………………334	………………………………362
6.3.1 乾燥用空気（熱風） …………335	8.5.2 利用例 …………………………363
6.3.2 乾燥室 …………………………335	8.6 流 量 …………………………364
6.3.3 製品捕集部 ……………………337	8.6.1 インライン流量計の種類と利用法
6.3.4 冷却および篩過・粉搬送 ……338	………………………………364
6.3.5 廃熱回収 ………………………338	8.6.2 利用例 …………………………366
6.4 造 粒 …………………………339	8.7 pH …………………………………366
6.4.1 流動層の原理と特性 …………340	8.7.1 インラインpH計の種類と利用法
6.4.2 流動層造粒 ……………………341	………………………………366
	8.7.2 利用例 …………………………367
7. 洗 浄 …………………………343	8.8 重 量 …………………………367
7.1 洗浄の基礎概念…………(﨑山高明)…343	8.8.1 重量制御機器の種類と利用法 …367
7.2 乳業で用いられる主な洗剤	8.8.2 利用例 …………………………367
……………………(田辺忠裕)…344	
7.2.1 洗剤の種類 ……………………344	9. 排 水 処 理 ……………(高瀬 敏)…368
7.2.2 洗剤の適用例 …………………345	9.1 法的規制 …………………………368
7.3 CIP ……………(大川禎一郎)…346	9.2 排水処理設備の基本計画 …………368

9.3　処理方式の選定 ……………368	10.1.6　怪我防止 ……………………375
9.4　各種処理方式 ………………369	10.1.7　異物混入防止 ………………375
9.4.1　活性汚泥法 ……………369	10.1.8　保存性とおいしさの付与 …376
9.4.2　膜分離活性汚泥法 ……369	10.2　ユニバーサルデザイン ……………376
9.4.3　担体法（担体流動法）…369	10.2.1　開けやすさ …………………377
9.4.4　嫌気好気活性汚泥法 …370	10.2.2　閉めやすさ …………………377
9.4.5　UASB法 ………………370	10.2.3　持ちやすさ …………………378
	10.2.4　見やすさ，わかりやすさ …378
10. 乳・乳製品の容器 ………(佐々木敬卓)…371	10.3　生産性とコスト …………………378
10.1　安全・衛生性と品質保護 …………371	10.4　包装に関連した食品衛生 …………379
10.1.1　微生物による劣化防止 …372	10.5　主な容器 …………………………379
10.1.2　光による劣化防止 ………373	10.5.1　ガラス容器 …………………380
10.1.3　酸素による劣化防止 ……374	10.5.2　金属容器 ……………………380
10.1.4　不正開封防止 ……………374	10.5.3　紙容器 ………………………380
10.1.5　衝撃防止 …………………374	10.5.4　プラスチック容器 …………381

VI. 乳・乳製品の安全

1. 生乳中の微生物 ……………(菊地政則)…386	2.9　カビ，酵母 …………………………400
1.1　生乳に検出される微生物の種類 …386	2.10　ファージ …………………………401
1.1.1　グラム陽性菌 ……………386	
1.1.2　グラム陰性菌 ……………389	3. 異物対策 ……………………(朽木健雄)…403
1.1.3　真菌類と酵母 ……………391	3.1　異物混入防止の基本的考え方 ……403
1.2　生乳への細菌汚染 …………………392	3.2　異物混入防止技術 …………………403
1.2.1　乳房内での汚染 …………392	3.2.1　フィルターろ過 ……………403
1.2.2　動物体表および土壌 ……392	3.2.2　金属検出機 …………………404
1.2.3　糞便からの汚染 …………393	3.2.3　軟X線異物検出機 …………406
1.2.4　飼料からの汚染 …………393	
1.2.5　搾乳器具やバルクミルクタンクから	4. 品　質　管　理 …………………………408
の汚染 …………………………393	4.1　HACCPの基本 ……(長尾英二)…408
	4.1.1　HACCPとは ………………408
2. 乳業における品質汚染防止の基本的考え方	4.1.2　HACCPのしくみ …………408
……………………………(上門英明)…395	4.1.3　HACCPの前提条件 ………409
2.1　大腸菌群および大腸菌 ……………395	4.1.4　乳および乳製品のHACCP …409
2.2　黄色ブドウ球菌 ……………………396	4.2　規格，基準，標準 …………………410
2.3　サルモネラ属菌 ……………………396	4.2.1　製造基準 ……………………410
2.4　リステリア ………………………397	4.2.2　原材料品質基準 ……………411
2.5　耐熱性細菌 ………………………398	4.2.3　工程管理基準 ………………412
2.6　エンテロバクター・サカザキ菌 …398	4.2.4　製品検査基準 ………………413
2.7　ボツリヌス菌 ……………………399	4.2.5　識別管理基準 ………………414
2.8　低温細菌 …………………………400	4.3　マネジメント …………(川口　昇)…414

- 4.3.1 ISOの基本 …………………414
- 4.3.2 品質マネジメントシステム …415
- 4.3.3 重大事故発生時のマネジメント…416
- 4.3.4 苦情対応 …………………417
- 4.4 施設管理 ……………………417
  - 4.4.1 ゾーニング ………………417
  - 4.4.2 5S …………………………418
  - 4.4.3 防虫・防そ対策 …………418
- 5. 食品の安全性確保 …………(一色賢司)…420
  - 5.1 現状と方向性 ………………420
  - 5.2 食品安全基本法制定 ………420
  - 5.3 食品とリスクアナリシス（リスク分析）……………………………421
  - 5.4 フードチェーンアプローチ ……421
  - 5.5 食品のリスク評価をめぐる動き …422
  - 5.6 有害微生物対策 ……………423
  - 5.7 有害物質対策 ………………424
  - 5.8 次世代のために ……………425
- 6. 品質保持 ……………(上門英明)…427
  - 6.1 消費期限と賞味期限 ………427
  - 6.2 消費期限と賞味期限に関する法的規制…………………………………427
    - 6.2.1 食品の特性に配慮した客観的な項目（指標）を設定する …………427
    - 6.2.2 食品の特性に応じた「安全係数」を設定する …………………………428
    - 6.2.3 特性が類似している食品に関する期限設定の考え方 …………………428
    - 6.2.4 情報の提供 ………………428
  - 6.3 保存試験 ……………………428
    - 6.3.1 保存試験の方法 …………428
    - 6.3.2 強制劣化試験 ……………430
  - 6.4 賞味期限の設定と日付 ……431
    - 6.4.1 LTLT, HTST, UHT殺菌乳の品質保存性 ……………………………431
    - 6.4.2 常温保存可能品（ロングライフミルク）の品質保存性 ………………432

VII. 乳素材の利用

- 1. 製菓・製パン用乳素材 ……………434
  - 1.1 製菓 ………………(尾崎裕司)…434
    - 1.1.1 牛乳 ………………………434
    - 1.1.2 クリーム …………………434
    - 1.1.3 バター ……………………435
    - 1.1.4 チーズ ……………………436
  - 1.2 製パン ……………(飯住壽勝)…436
    - 1.2.1 バターと製パン性 ………436
    - 1.2.2 チーズと製パン …………437
    - 1.2.3 粉乳と製パン ……………437
- 2. 牛乳・乳製品に由来する機能成分 ………439
  - 2.1 ラクトフェリン………(髙瀬光徳)…439
    - 2.1.1 ラクトフェリンの機能 …439
    - 2.1.2 ラクトフェリンの工業的利用 …439
  - 2.2 乳塩基性タンパク質……(川上 浩)…440
  - 2.3 α-ラクトアルブミン …(牛田吉彦)…441
  - 2.4 ラクトペルオキシダーゼ ………………(新 光一郎)…441
  - 2.5 血圧降下ペプチド………(髙野俊明)…443
  - 2.6 カゼインホスホペプチド(河野敏明)…443
  - 2.7 グリコマクロペプチド…(堂迫俊一)…444
  - 2.8 ガングリオシド ………(花形吾朗)…446
  - 2.9 シアル酸とシアリルオリゴ糖 ………………(池内義弘)…447
    - 2.9.1 シアル酸とその生理機能 …447
    - 2.9.2 乳のシアル酸 ……………447
    - 2.9.3 乳におけるシアリルオリゴ糖の機能とその利用 ……………………448
  - 2.10 オリゴ糖 …………(早川和仁)…448
  - 2.11 プロピオン酸菌発酵物（北條研一）…449
  - 2.12 乳脂肪球膜（MFGM）（後藤英嗣）…451
  - 2.13 GABA ……………(早川和仁)…452
  - 2.14 ミルクカルシウム ……(大友英生)…452
  - 2.15 ミルクセラミド（スフィンゴミエリン） ………………(吉岡俊満)…453

3. 調理への利用 ……………(成田公子)…456
3.1 牛乳の調理特性 …………………456
- 3.1.1 調理品を白くする …………456
- 3.1.2 焦げ色を与える ……………456
- 3.1.3 牛乳特有の風味を与える ………456
- 3.1.4 牛乳の香り ……………………457
- 3.1.5 においの吸着 …………………457
- 3.1.6 タンパク質，低メトキシペクチン，寒天，デンプンのゲル化に作用…457
- 3.1.7 皮膜の形成 ……………………457
- 3.1.8 焦 げ ……………………457
- 3.1.9 酸と酵素による凝固 ………457
- 3.1.10 ジャガイモの硬化 …………457

3.2 クリームの調理特性 ………………458
3.3 ヨーグルトの調理特性 ……………458
3.4 バターの調理特性 …………………458
3.5 チーズの調理特性 …………………458
3.6 スキムミルクの調理特性 …………459
3.7 乳素材の調理 ………………………459

VIII. 検 査 法

1. 検査の目的と意義 ………(五十君靜信)…462
1.1 食品衛生法 ……………………462
1.2 総合衛生管理製造過程（HACCP）と検査 ……………………………………462
1.3 公定法，IDF法とISO法，試験法の国際化の流れ …………………………463
1.4 検査の自動化，機械化 ……………463
1.5 検査室に常備すべきリファレンスブック ……………………………………464

2. サンプリング …………(五十君靜信)…465
2.1 品質を保証するために必要なサンプリングの頻度 ……………………………465
2.2 サンプリングの方法 ………………465

3. 受 乳 検 査 ……………(熊野康隆)…467
3.1 異常乳の受乳防止 ……………………467
- 3.1.1 官能検査 ………………………468
- 3.1.2 乳温測定 ………………………468
- 3.1.3 比重測定 ………………………468
- 3.1.4 アルコール検査 ………………468
- 3.1.5 酸 度 ………………………469

3.2 総菌数（ブリード法）…………………469
3.3 成 分 ……………………………469
3.4 体 細 胞 数 ……………………………469
3.5 抗菌性物質 ……………………………470
- 3.5.1 ペーパーディスク法（PD法）…470
- 3.5.2 迅速簡易検査キット ……………470

4. 生物学的検査 ……………………………472
4.1 微生物試験の目的と衛生指標菌 ……………………………(佐藤孝義)…472
- 4.1.1 細菌数（総菌数）………………472
- 4.1.2 大腸菌群 ………………………473

4.2 基 本 操 作 ……………(板橋達彦)…473
- 4.2.1 微生物検査室の環境 …………473
- 4.2.2 使用する器具の滅菌 …………473
- 4.2.3 培地の滅菌 ……………………474
- 4.2.4 無菌操作 ………………………474
- 4.2.5 グラム染色と顕微鏡観察 ……474

4.3 微生物学的試験 ………(柳平修一)…475
- 4.3.1 一般微生物試験 ………………475
- 4.3.2 病原菌および食中毒菌 ………477

4.4 微生物の同定 …………(青山顕司)…479
- 4.4.1 微生物同定の重要性 …………479
- 4.4.2 理化学的同定 …………………479
- 4.4.3 遺伝子配列に基づいた同定 …479
- 4.4.4 新しい同定手段 ………………480
- 4.4.5 同定キットを利用する場合の注意点 ………………………………480

4.5 微生物汚染源の調査 ……(柳平修一)…481
- 4.5.1 衛生環境調査 …………………481
- 4.5.2 落下細菌法 ……………………481
- 4.5.3 拭取り試験 ……………………481
- 4.5.4 ATP測定法（拭取り試験）……481
- 4.5.5 タンパク質測定法（拭取り試験）………………………………482

4.6 迅速検出法 ……………………………… 482
　4.6.1 意義と限界 …………………………… 482
　4.6.2 種類と応用 …………………………… 482
4.7 LL製品の無菌性試験 …………………… 485
　4.7.1 LL牛乳 ……………………………… 485
　4.7.2 その他のLL製品 …………………… 485
4.8 エンテロトキシン ………（酒井史彦）…485
　4.8.1 黄色ブドウ球菌毒素 ………………… 485
　4.8.2 セレウス菌毒素 ……………………… 486

5. 物理化学的試験 …………（田口智康）…487
　5.1 比　　　重 ……………………………… 487
　5.2 酸　　　度 ……………………………… 487
　5.3 pH ……………………………………… 488
　5.4 アルコール試験 ………………………… 489
　5.5 粘　　　度 ……………………………… 489
　5.6 氷　　　点 ……………………………… 490
　5.7 セジメントテスト ……………………… 490
　5.8 加熱度の判定 …………………………… 490
　　5.8.1 残存ホスファターゼ活性による判定 …………………………………… 490
　　5.8.2 酸可溶性ホエイタンパク質 ……… 491
　　5.8.3 ホエイタンパク質指数 …………… 491
　　5.8.4 タンパク質還元価 ………………… 491
　　5.8.5 ラクチュロース含量による判定 … 492
　　5.8.6 フロシン含量測定 ………………… 492
　5.9 その他の試験法 ………………………… 492

6. 成分分析法 ………………（三原俊一）…494
　6.1 水分および固形分 ……………………… 494
　　6.1.1 生乳，牛乳など …………………… 494
　　6.1.2 練乳類 ……………………………… 494
　　6.1.3 粉乳類 ……………………………… 494
　　6.1.4 バター ……………………………… 494
　　6.1.5 チーズ ……………………………… 495

　6.2 脂　肪　分 ……………………………… 495
　6.3 タンパク質 ……………………………… 496
　　6.3.1 生乳，牛乳 ………………………… 496
　　6.3.2 乳飲料 ……………………………… 496
　6.4 乳　　　糖 ……………………………… 496
　　6.4.1 生乳，牛乳 ………………………… 496
　　6.4.2 加糖練乳類 ………………………… 497
　6.5 無　機　質 ……………………………… 497
　　6.5.1 カルシウム ………………………… 498
　　6.5.2 リ　ン ……………………………… 499

7. 自動分析装置 ……………（坂井秀敏）…500
　7.1 赤外線光学式乳成分測定法（ミルコスキャン） ………………………………… 500
　　7.1.1 赤外線光学システム ……………… 500
　　7.1.2 フローシステム …………………… 500
　7.2 生乳中体細胞数測定法（フォソマチック） ……………………………………… 501
　7.3 生乳中細菌数測定法（バクトスキャン） ……………………………………… 501
　7.4 自動検体・培地分注混釈装置 ………… 501

8. 官能評価法 ………………（住　正宏）…503
　8.1 官能評価の方法 ………………………… 503
　　8.1.1 手法の分類 ………………………… 503
　　8.1.2 官能評価環境 ……………………… 503
　　8.1.3 パネル選抜と訓練 ………………… 503
　　8.1.4 試験方法 …………………………… 504
　8.2 数　値　化 ……………………………… 504
　　8.2.1 評価用語，尺度 …………………… 504
　　8.2.2 検　　定 …………………………… 505
　　8.2.3 多変量解析 ………………………… 505

9. 製品別試験法 ……………（田口智康）…506

IX. 関連法規

1. 食品衛生法 ………………（日比野光一）…512
　1.1 食品衛生法の目的 ……………………… 512
　1.2 食品衛生法の概要 ……………………… 512

　1.3 乳等省令 ………………………………… 513
　1.4 食品，添加物等の規格規準 …………… 513
　1.5 アレルギー表示 ………………………… 515

2. 日本農林規格 ……………（日比野光一）…517
- 2.1 日本農林規格の目的 ………………517
- 2.2 JAS規格の概要 ……………………517
  - 2.2.1 JASマーク ………………518
  - 2.2.2 JAS規格の内容 …………518
- 2.3 有機JAS …………………………518
- 2.4 生産情報公表JAS …………………519

3. 公正競争規約 ………………（日比野光一）…520
- 3.1 公正競争規約の目的 ………………520
- 3.2 公正競争規約の概要 ………………520
- 3.3 表示規約の具体例 …………………520

4. 製造物責任法（PL法）………（川口　昇）…521

5. 保健機能食品制度 …………（清水俊雄）…524
- 5.1 保健機能食品 ………………………524
- 5.2 特定保健用食品 ……………………524
  - 5.2.1 制度の概要 ………………524
  - 5.2.2 健康表示の科学的根拠 …524
  - 5.2.3 新しい特定保健用食品制度 …525
  - 5.2.4 許可状況 …………………526
- 5.3 栄養機能食品 ………………………526
  - 5.3.1 制度の概要 ………………526
  - 5.3.2 栄養機能表示の科学的根拠 …526
  - 5.3.3 栄養素の種類と機能表示 …527

6. 栄養表示基準制度 …………（清水俊雄）…529
- 6.1 制度制定の経緯と概要 ……………529
- 6.2 栄養表示基準の内容 ………………530
  - 6.2.1 栄養成分の種類 …………530
  - 6.2.2 含有量の表示 ……………530
  - 6.2.3 主な栄養成分と熱量の測定方法…530
  - 6.2.4 強調表示 …………………531

7. 容器包装リサイクル法 ……（牧野収孝）…533
- 7.1 法律制定の背景 ……………………533
- 7.2 容器包装リサイクル法のしくみ ……533
  - 7.2.1 法律の特色 ………………533
  - 7.2.2 法律の対象となる容器包装 …533
  - 7.2.3 再商品化義務のある容器包装 …534
  - 7.2.4 再商品化義務のある事業者 …534
  - 7.2.5 再商品化の三つのルート …534
  - 7.2.6 再商品化義務量 …………534
  - 7.2.7 義務を怠った場合の罰則 …535
- 7.3 改正容器包装リサイクル法の概要 …535
  - 7.3.1 容器包装廃棄物の排出抑制の促進（レジ袋対策）……………535
  - 7.3.2 質の高い分別収集，再商品化の推進 ………………………536
  - 7.3.3 事業者間の公平性の確保 …536
  - 7.3.4 容器包装廃棄物の円滑な再商品化 ……………………536
- 7.4 容器包装リサイクル法に対する乳業メーカーの対応 …………………………536

8. 食品安全基本法 ……………（川口　昇）…537

9. 景品表示法 …………………（日比野光一）…539
- 9.1 景品表示法の目的 …………………539
- 9.2 景品表示法の概要 …………………539
- 9.3 過大な景品 …………………………540
- 9.4 不当表示 ……………………………540
  - 9.4.1 優良誤認表示の禁止 ……540
  - 9.4.2 有利誤認表示の禁止 ……540
  - 9.4.3 指定表示の禁止 …………540
- 9.5 排除命令 ……………………………541
- 9.6 消費者庁の消費者目線による一元管理 ……………………………………541

10. コーデックス規格 …………（鈴木英毅）…543
- 10.1 コーデックス規格とは ……………543
- 10.2 コーデックス規格作成手続き ……543
- 10.3 コーデックス規格の種類 …………544
- 10.4 国内規格との整合性 ………………544

索　引 …………………………………………547

トピックス

- 牛乳はなぜ白いのか ……………………………………(堂迫俊一)… 11
- タンパク質の加熱変性によって消化が悪くなる？ …………(上西一弘)… 19
- フレンチパラドックスとチーズ …………………………(堂迫俊一)…229
- 殺菌の重要性 ………………………………………………(菊地政則)…293
- 牛乳と乳酸菌 ………………………………………………(元島英雅)…392
- BSEと乳・乳製品の安全性について ……………………(鈴木英毅)…426

I. 乳 の 成 分

1. 乳 の 成 分

1.1 乳の組成

1.1.1 乳成分の分画

乳中にはタンパク質，脂質，糖質，ミネラル，ビタミンなどが含まれる．これらの成分の分画にはさまざまな方法が用いられるが，一般的な分画法の例を図1.1に示す．

乳を遠心分離することによって，まず比重の軽い脂肪球が浮上する．残った水相が脱脂乳である．脱脂乳に酸を加えてpHを4.6に調整すると，タンパク質の一部であるカゼインが凝集して沈殿する．残った水相を乳清（ホエイ）と呼ぶ．乳清中にはタンパク質（乳清タンパク質），糖質（乳糖など），ミネラル，水溶性ビタミンが含まれている．一方，脂肪球を水中で激しく攪拌すると，脂肪球の表面を覆う膜物質（脂肪球膜）がはがれて水相に移行し，脂肪粒子は凝集する．脂肪粒子を加熱して融解し，遠心分離すると純粋な脂肪（乳脂，バターオイル）が得られる．水相中の膜物質にはリン脂質などの極性脂質や膜タンパク質などが含まれている．

1.1.2 牛乳の組成

食品原料として牛乳を扱う場合には，牛乳から水分を除いた成分を総称して乳固形分（total solids），さらにそこから脂質だけを差し引いた成分を総称して無脂固形分（solids non fat）と呼ぶ．乳固形分を構成する主要な成分の組成を表1.1に示した．品種，季節，飼料，泌乳期などによって組成は異なるが，食品成分表（五訂）においては飲用に供される一般的なホルスタイン種の牛乳の組成として，タンパク質（3.2%），脂質（3.7%），糖質（4.7%），無機質（0.7%）という数値があげられている[1]．各成分について以下に概要を述べるが，その性質の詳細は1.2節を参照されたい．

タンパク質はその約8割がカゼイン，約2割が乳清（ホエイ）タンパク質であり，それ以外に脂肪球膜を構成するタンパク質が存在する．カゼインはカゼインミセルと呼ばれる直径20〜600 nm程度のコロイド粒子として乳中に分散して存在する．一方，β-ラクトグロブリンやα-ラクトアルブミンに代表される乳清タンパク質は乳中に溶解した形で存在する．脂肪球膜に存在するタンパク

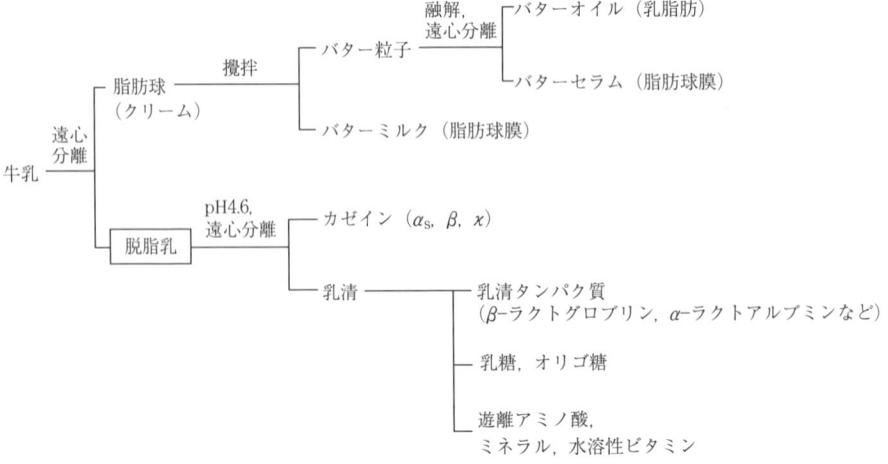

図1.1 乳成分の分画法—牛乳成分の分画法を例にとって

表 1.1　牛乳と人乳の組成（g/100 g）

	タンパク質[*1]	脂質[*2]	糖質[*3]	ミネラル[*4]
牛乳[*5]	3.2	3.7	4.7	0.7
人乳[*5]	1.1	3.5	7.2	0.2
人乳（初乳）[*6]	1.93	2.77	7.47	0.27
人乳（成乳）[*6]	1.29	3.67	7.67	0.20

*1：カゼイン，乳清タンパク質，酵素類，脂肪球膜タンパク質を含む．
*2：トリグリセリド，リン脂質，糖脂質，ステロール，脂溶性ビタミン，カロテノイドを含む．　*3：乳糖，少糖類，微量の単糖類（グルコース）を含む．　*4：Ca, Mg, Na, K, P, Cl その他の微量無機元素を含む．
*5：5訂増補日本食品標準成分表[1]による．*6：初乳は分娩後 3〜5 日のデータ，成乳は分娩後 21 日〜2 カ月のデータを示している[2]．

質の多くは乳腺細胞の細胞膜に由来する膜タンパク質で，カゼインや乳清タンパク質とは著しく性質が異なるが，その量は全体からみるときわめて少量である．

脂質は 0.1〜20 μm 程度の直径をもつ脂肪球（油滴）の形で分散している．脂肪球が安定した分散状態を保っている理由は，その表面を覆っている脂肪球膜の存在による．脂肪球膜は乳腺細胞の細胞膜由来の物質で，ここに含まれる細胞膜由来のリン脂質，糖脂質，コレステロール，タンパク質などが界面活性剤（乳化剤）の役目を果たしている．

糖質の大部分は乳糖である．ほかにも，シアル酸などを含む少糖類，糖タンパク質や糖脂質のような複合糖質の構成成分としての糖が存在しているが，それらの糖の含量は低い．

主要な無機質としてはカリウム，カルシウム，ナトリウム，リンがある．このうちカルシウムとリンの多くはリン酸カルシウムの形でカゼインミセル中のタンパク質と結合した形で存在している．

1.1.3　人乳の組成

動物種によって乳の組成はかなり異なる．ここでは人乳成分について概要を述べるが，その詳細は 1.3 節を，また，その他の動物の乳に関しては 1.4 節を参照されたい．

人乳中の主要成分の組成は表 1.1 に示した．人乳の場合には泌乳期による成分の違いが重要となる．分娩直後の人乳（初乳）ではタンパク質濃度が特に高く，これは免疫グロブリンやラクトフェリンなどの生体防御成分の含量が高いことによる．分娩後 2〜3 週の間に濃度は徐々に低下し，ほぼ安定した組成となる[2]．これを成乳（成熟乳）と呼ぶ．

成乳ではタンパク質の約 1/3 がカゼイン，約 2/3 が乳清タンパク質であり，それ以外に脂肪球膜タンパク質がタンパク質全体の 3％程度存在する．牛乳に比べてカゼインの含量が 1/8 程度しかない点が人乳の特徴の一つである．カゼインミセルは牛乳のものに比べてサイズも小さい．また脂肪球膜タンパク質も牛乳のそれと異なる特徴をもっている．

脂質の含量は牛乳のそれとほぼ同じであるが，糖質含量は牛乳よりも高い．乳糖濃度は 6％程度あり，それに加えて牛乳の 10 倍程度の濃度の少糖類を含んでいる．

主要なミネラルとして含まれるカルシウムやリンの含量も牛乳の数分の一であり，これはカゼイン含量が少ないこととも関係していると考えられる．

〔清水　誠〕

文　献

1) 文部科学省科学技術・学術審議会資源調査分科会：五訂増補日本食品標準成分表, 2005.
2) 山本良郎ほか：小児保健研究, **40**, 468-475, 1981.

1.2　牛乳成分の化学的性質

1.2.1　タンパク質

a．カゼイン

牛乳を脱脂後，pH を 4.6 に調整すると凝集し

沈殿するのがカゼインである．カゼインは牛乳タンパク質の約80%を占める主要なタンパク質で，チゼリウスの電気泳動装置が開発（1937年）されると，それを用いて α, β, γ の3画分に分離（1939年）された[1]．その後分離法の発達により α-カゼインからカルシウム沈殿性（calcium sensitive）の α_S-カゼインと可溶性の κ-カゼインが分離され[2]，γ-カゼインは β-カゼインがプラスミンにより分解[3]され生じたものであることが明らかになった[4]．さらに α_S はゾーン電気泳動技術の発展につれ α_{S0} から α_{S6} まで分離され，それらがリン酸化の違いによること，そして分子としては α_{S1}（α_{S0}, α_{S1}）と α_{S2}（α_{S2}, α_{S3}, α_{S4}, α_{S6}）からなることが明らかになった．近年，最もよく用いられている尿素添加ポリアクリルアミドゲル電気泳動の模式的な結果[5]を図1.2に示す．現在これらのカゼインは一次構造もすべて明らかにされ，四つの遺伝子に基づく α_{S1}-, α_{S2}-, β-, κ-カゼイン（CN）から構成され，それぞれにアミノ酸が数残基置換した遺伝変異体が存在することも明らかになっている．これらの命名およびデータの整理について米国酪農科学会の牛乳タンパク質に関する命名委員会が5回開催され，その第5改訂版（1984）を文献[6]としてあげる．表1.2に示すように遺伝変異体の出現頻度はウシの品種によって異なり[7]，ホルスタインやエアシャーでは α_{S1}-CN B，β-CN A，κ-CN A が多く，ジャージーでは α_{S1}-CN C，β-CN B がホルスタインよ

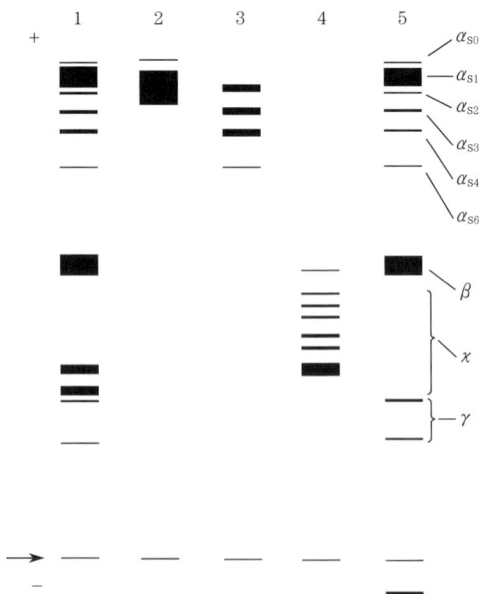

図1.2 カゼインの尿素添加ポリアクリルアミドゲル電気泳動図[5]
1：α_{S1}-カゼイン B，β-カゼイン A，κ-カゼイン A，B を含む全カゼイン，2：α_{S1}-カゼイン B，C，3：α_{S2}-カゼイン，4：κ-カゼイン，5：キモシン処理した全カゼイン．
矢印は試料添加位置．キモシン処理で κ-カゼインからパラ κ-カゼインが生成し，マイナス側に移動する．

り高くなり，κ-CN は B が優性である．

カゼインは牛乳中に 24～28 g/l 存在し，牛乳全タンパク質の80%を占める．各カゼインの存在比は，α_{S1}：α_{S2}：β：κ で 3：0.8：3：1 であり，α_{S1} と β が主要な成分である．表1.3に主な遺伝変異体（ホルスタイン種で）の物理化学的性

表1.2 各種乳牛における乳カゼインの遺伝変異体出現頻度[7]

変異体		ホルスタイン Holstein	ガーンジー Guernsey	ジャージー Jersey	エアシャー Ayrshire	ブラウンスイス Brown Swiss
α_{S1}-CN	A	0.003	0	0	0	0
	B	0.94	0.79	0.74	1.00	0.98
	C	0.06	0.21	0.26	0	0.02
	D	0	0	0	0	0
β-CN	A¹	0.49	0.06	0.09	0.67	0.15
	A²	0.49	0.88	0.54	0.32	0.72
	A³	0.01	0	0	0.01	0
	（A 合計	0.99	0.94	0.63	1.00	0.87）
	B	0.01	0.01	0.37	0	0.10
	C	0	0.05	0.003	0	0.03
	D	0	0	0	0	0
κ-CN	A	0.75	0.59	0.12	0.70	0.70
	B	0.25	0.41	0.88	0.30	0.30

1. 乳 の 成 分

表1.3 各カゼインの主な物理化学的性質

カゼイン	分子量	リン酸基の数	等電点	吸光係数 $E^{1\%}$ (280)	電荷 (pH 6.6)
α_{S1}-CN B	23614	8(9)	4.96	10.05	−20.9
α_{S2}-CN A	25230(P_{11})	11〜13	5.19〜5.39	11.0	−13.2〜−18.0
β-CN A^1	24020	5	5.41	4.6	−11.8
β-CN A^2	23980	5	5.30	4.6	−12.3
κ-CN A	19039	1	5.77	10.5	−3.9
κ-CN B	19007	1	6.07	10.5	−3.0

ホルスタイン牛の主要遺伝変異体についてSwaisgood[5]および命名委員会[6]の表よりまとめた. α_{S2} では分子量は P_{11} のもの, また等電点, 電荷はリン酸基数11〜13のもの.

質を示す[5]. カゼインはリン酸化されたセリンを含むタンパク質で, α_{S1} では主に8残基（マイナーな α_{S0} では9残基）, α_{S2} では10〜13残基, β では5残基, κ では1残基がホスホセリンである. 図1.2に示したように電気泳動でそれぞれのバンドが確認されている. pH 6.6における電荷で最も大きいのは α_{S1} で, β はその半分, さらに κ では1/5である. この大きさはリン酸残基の数にほぼ比例しているが, α_{S2} ではリン酸残基が多いにもかかわらず, β と α_{S1} の間に分布している. 含まれるアミノ酸残基の特徴としては, システインを含むのは κ と α_{S2} (それぞれ2残基含む) だけで, β はプロリンを多量（17%）に含んでいる. カルシウム添加によりほとんどのカゼインは沈殿するが, 唯一沈殿しないのが κ で, シアル酸を含む糖鎖を結合した糖タンパク質である.

カゼインは加熱しても凝集しないタンパク質であり, 加熱殺菌しても見た目はほとんど変わらない. 二次構造はORDやCDにより測定されているが規則構造は少ないとされている[8]. Chou & Fasman法により一次構造から計算した予測値を表1.4に示す. α_{S2} と κ で, β シートが45%, 35%と多く, CDによる測定値でも同様と報告されている. しかし α ヘリックスはCD測定では10%以下と報告されている. カゼインの大部分（約80%）を占める α_{S1} と β-カゼインの規則構造は20%前後で, 残り80%は特定の構造をもたないフレキシブルな構造と考えられている. これはNMRによる測定でも同様の結果が得られている[9]. そのためカゼインを加熱しても二次構造の破壊（変性）は検出できない. また, このフレキシブルな構造ゆえにタンパク分解酵素による分解も受けやすく, 酵素反応の基質としてよく用いられている. 乳は幼動物の栄養源として分泌されるものであり, この性質は易分解性（易消化性）の構造として合理的であるとも考えられる.

次に各カゼインの特徴を述べる.

1) α_{S1}-カゼイン α_{S1}-カゼインは, 牛乳 1 l 中に12〜15g含まれ, 全カゼインの約45%を占める主要タンパク質である. pH 4.6で沈殿した酸カゼインを6.6M尿素に溶解後, 4.6M尿素で沈殿してくる画分をpH 7.0とし4°Cで0.4M $CaCl_2$ で沈殿させたものが α_S 画分である. ほとんどが α_{S1} であるが, 若干の α_{S2} を含んでいるため3.3M尿素中でDEAEカラムなどにより精製する[5]. このタンパク質はカゼインの中で最も負電荷が大きく（表1.3）, 8残基のホスホセリンを含んでいる. 図1.3に一次構造を示す[6]. 46, 48, 64, 66, 67, 68, 75, 115番目のセリン（Ser）がリン酸化されている. マイナー成分で41番目のセリンがリン酸化された9Pの α_{S0} も知られている. 46〜75番目にリン酸基が局在しているが, この部位がカゼインミセルにおけるリン酸カルシウム結合部位と考えられている. これをはさんで20〜40, 90〜110, さらに140〜170に疎水性残基が多く分布し, これらの部分を内部に折り重ねて分子が形成されると考えられるが, 疎

表1.4 Chou & Fasman法により予測した各カゼインの二次構造組成(%)[8]

	α ヘリックス	β シート	ターン
α_{S1}-CN	35	10	25
α_{S2}-CN	20	45	20
β-CN	20	20	15
κ-CN	15	35	25

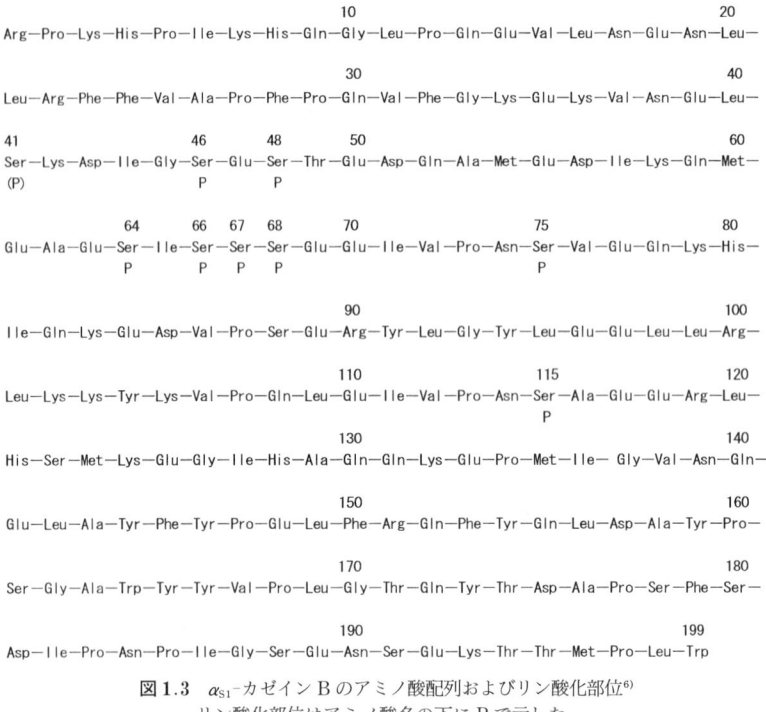

図 1.3 α_{S1}-カゼイン B のアミノ酸配列およびリン酸化部位[6]
リン酸化部位はアミノ酸名の下に P で示した．

水性残基が多く分子表面にも露出している[10]と考えられている．そのため濃度会合性を示すタンパク質である．

このタンパク質についての遺伝子配列も明らかになっていて，他の哺乳類の類似タンパク質との比較も行われている[11]．Genbank のアクセスナンバー（M38641）を示す．

2) α_{S2}-カゼイン　α_{S2}-カゼインは，牛乳 1 l 中に 3〜4 g，全カゼイン中 13% 前後含まれる．α_S-カゼインから分離されたマイナー成分であるが，遺伝的には α_{S1} と異なる分子である．調製は α_{S1} と同様に α_S-カゼイン画分から 3.3 M 尿素中で DEAE カラムにより分離する[5]．電気泳動では図1.2 に示したように，α_{S1} よりマイナス側に α_{S2}，α_{S3}，α_{S4}，α_{S6} の順で現れる．2-メルカプトエタノールなどの還元剤が不十分であると α_{S4} と α_{S6} の間に α_{S5} が現れることがあるが，これは α_{S3} と α_{S4} がジスルフィド結合により結合したものである．α_{S2}，α_{S3}，α_{S4}，α_{S6} は同じ分子でリン酸の結合数が異なることによることから，α_{S2}-CN A-13P，α_{S2}-CN A-12P，α_{S2}-CN A-11P，α_{S2}-CN A-10P と記述することが推奨されている[6]．この場合 A は遺伝変異体である．遺伝変異体は A〜D まで報告されているが，ホルスタインなどヨーロッパ系のウシはほとんどが A であることが知られている[7]．一次構造を図 1.4 に示す[6]．この図は α_{S2}-CN A-11P の図である．リン酸基の位置は，8，9，10，16，56，57，58，61，129，131，143 で，あと二つのリン酸結合部位は 130 の Thr と 154 の Thr である[11]．1〜10，45〜80，125〜160 にリン酸基などによる負電荷が強い領域があり，その間には疎水性が強い残基が位置している．α_{S1}-CN と同様に負電荷を外に出し疎水域で折り重なって分子をつくっていると考えられる．多くの哺乳動物のこのタンパク質と類似の遺伝子配列が明らかになっていて，反芻動物であるウシ，ヒツジ，ヤギの配列はよく類似し，リン酸化位置なども一致することが報告されている[11]．Genbank のアクセスナンバー（M16644）を示す．

3) β-カゼイン　β-カゼインは牛乳 1 l 中に 9〜11 g 含まれ，全カゼインの約 35% を占める主要タンパク質である．酸カゼインから 4.6 M

1. 乳の成分

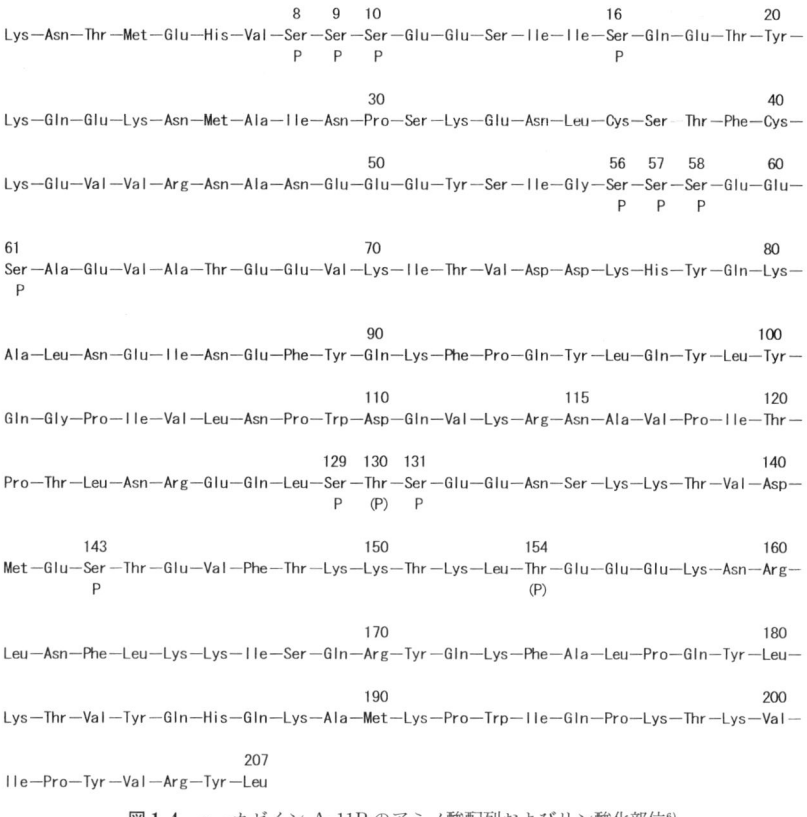

```
                        8   9  10                              16          20
Lys-Asn-Thr-Met-Glu-His-Val-Ser-Ser-Ser-Glu-Glu-Ser-Ile-Ile-Ser-Gln-Glu-Thr-Tyr-
                        P   P   P                               P
                            30                              40
Lys-Gln-Glu-Lys-Asn-Met-Ala-Ile-Asn-Pro-Ser-Lys-Glu-Asn-Leu-Cys-Ser Thr-Phe-Cys-
                        50                  56 57 58    60
Lys-Glu-Val-Val-Arg-Asn-Ala-Asn-Glu-Glu-Glu-Tyr-Ser-Ile-Gly-Ser-Ser-Ser-Glu-Glu-
                                              P  P  P
 61                 70                              80
Ser-Ala-Glu-Val-Ala-Thr-Glu-Glu-Val-Lys-Ile-Thr-Val-Asp-Asp-Lys-His-Tyr-Gln-Lys-
 P
            90                              100
Ala-Leu-Asn-Glu-Ile-Asn-Glu-Phe-Tyr-Gln-Lys-Phe-Pro-Gln-Tyr-Leu-Gln-Tyr-Leu-Tyr-
                    110         115                 120
Gln-Gly-Pro-Ile-Val-Leu-Asn-Pro-Trp-Asp-Gln-Val-Lys-Arg-Asn-Ala-Val-Pro-Ile-Thr-
            129 130 131                     140
Pro-Thr-Leu-Asn-Arg-Glu-Gln-Leu-Ser-Thr-Ser-Glu-Glu-Asn-Ser-Lys-Lys-Thr-Val-Asp-
            P   (P)  P
143             150             154             160
Met-Glu-Ser-Thr-Glu-Val-Phe-Thr-Lys-Lys-Thr-Lys-Leu-Thr-Glu-Glu-Glu-Lys-Asn-Arg-
 P                              (P)
            170                         180
Leu-Asn-Phe-Leu-Lys-Lys-Ile-Ser-Gln-Arg-Tyr-Gln-Lys-Phe-Ala-Leu-Pro-Gln-Tyr-Leu-
            190                         200
Lys-Thr-Val-Tyr-Gln-His-Gln-Lys-Ala-Met-Lys-Pro-Trp-Ile-Gln-Pro-Lys-Thr-Lys-Val-
207
Ile-Pro-Tyr-Val-Arg-Tyr-Leu
```

図 1.4 α_{S2}-カゼイン A-11P のアミノ酸配列およびリン酸化部位[6]
リン酸化部位はアミノ酸名の下に P で示した．

尿素で沈殿する α_S 画分を除いたものを 1.7 M 尿素まで希釈したとき沈殿するのが β-カゼインである[5]．遺伝変異体では表 1.2 に示したように，A(A^1，A^2，A^3)，B，C，D さらに E の 7 種類が知られている[6]．ホルスタイン，エアシャーでは A^1，A^2，ガーンジーでは A^2，ジャージーでは A^2，B の出現頻度が多くなっている．β-CN A^1 の一次構造を図 1.5 に示す．A^2 は 67 番の His が Pro になったものである．リン酸化は 15，17，18，19 番目と 35 番目である．局部的に N 末近傍が強い負電荷をもつことになる．55 番以降には比較的強い疎水性を示す残基が多く含まれている．そのためタンパク質分子が界面活性剤様の構造をもつと考えられ，CMC（限界ミセル濃度）点をもつ強い会合性を示す[8]．特に温度に対して敏感で，4°C では単量体だが 37°C では 52 量体になると報告[12]されている．疎水結合は温度が高くなるほど強くなることから，これらの会合は疎水結合によると考えられる．カルシウムに対する凝集性も高温では高く，低温では低い．

β-カゼインの調製で残った 1.7 M 尿素溶液に硫安を加えて沈殿する画分が γ-カゼインである[5]．γ-カゼインは β-カゼインがプラスミンにより分解され生じた C 端側のペプチドである．N 端側のペプチドはプロテオースペプトンといい，乳清画分に入れられている．図 1.5 に↑で示すように 28 と 29 番目の間で切断された C 端側のペプチドが γ1-カゼインで，106 から C 端側が γ2，108 からが γ3-カゼインである．γ-カゼインはリン酸基クラスターをもたないことから疎水性の強い会合しやすいペプチドと考えられる．一方，N 端側のプロテオースペプトンはリン酸基を多くもつためカゼインと一緒に沈殿せず乳清画分に分画されることになる．

β-カゼインの遺伝子配列も明らかにされ，他の哺乳類の類似タンパク質との比較が行われてい

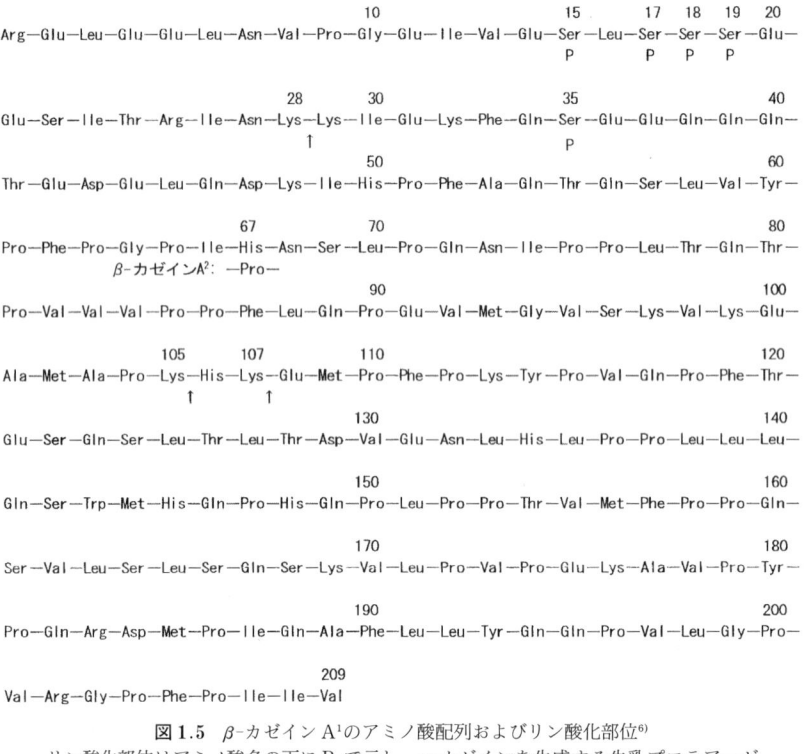

図1.5 β-カゼインA¹のアミノ酸配列およびリン酸化部位[6]
リン酸化部位はアミノ酸名の下にPで示し，γ-カゼインを生成する牛乳プロテアーゼによる切断位置を矢印で示した．

る[11]．β-カゼインは哺乳類全体に最も広く分布するカゼインとされ，配列の比較においても長さなど類似しているし，保存領域も多い．Genbankのアクセスナンバー（M15132）を示す．

4） κ-カゼイン κ-カゼインは牛乳1ℓ中に3〜4g含まれ，全カゼインの約10%を占めるタンパク質である．遺伝変異体は表1.2に示したようにA，Bが知られ，ホルスタイン種ではAが多いがジャージー種ではBが多い．κ-カゼインの調製は，上記のα_{S1}-カゼイン調製でα_S-カゼインを0.4M CaCl₂添加で沈殿させた際に可溶性画分として残ったものを3.3M尿素，2-メルカプトエタノール存在下でDEAEカラムなどにより分離し，得ることができる[5]．DEAEカラムでは，複数のピークとして分離する．この不均一性は糖鎖の有無，糖鎖の種類などによることが知られていて，図1.2に示した電気泳動図でも7バンドに分離している．図1.6に一次構造を示す[6]．糖鎖は131，133，135（または136）番目のスレオニンにN-アセチルノイラミン酸，ガラクトース，N-アセチルガラクトサミンよりなる5種の結合糖鎖（中性2糖糖鎖，2種の酸性3糖糖鎖，酸性4糖糖鎖，分岐性4糖糖鎖）が結合している[13]．初乳についてはさらに多くの糖鎖が結合し，糖鎖の構造もより複雑なものが知られ11種が明らかにされている[14]．この糖鎖の結合部位は，子ウシの第4胃に含まれる酸性プロテアーゼ，キモシンで切断される106番以降に位置し（図1.6では↑），グリコマクロペプチド（GMP），あるいはカゼイノグリコペプチド（CGP）と呼ばれ[13]，切り離されたものは乳清中に移行する．リン酸の結合位置（149）もこのペプチドに含まれていて，負電荷に富むペプチドである．CGPが切り離された残りはパラκ-カゼインと呼ばれ，アルカリ域の電気泳動では多くのタンパク質とは逆にマイナス側へ移動する．κ-カゼインは他のカゼインとは異なり唯一カルシウム可溶性のタンパク質であり，牛乳を白濁させてい

1. 乳 の 成 分

```
                              10                                    20
PyroGlu- Glu-Gln-Asn-Gln-Glu-Gln-Pro-Ile-Arg-Cys-Glu-Lys-Asp-Glu-Arg-Phe-Phe-Ser-Asp-
                                30                                    40
Lys-Ile-Ala-Lys-Tyr-Ile-Pro-Ile-Gln-Tyr-Val-Leu-Ser-Arg-Tyr-Pro-Ser-Tyr-Gly-Leu-
                                50                                    60
Asn-Tyr-Tyr-Gln-Gln-Lys-Pro-Val-Ala-Leu-Ile-Asn-Asn-Gln-Phe-Leu-Pro-Tyr-Pro-Tyr-
                                70                                    80
Tyr-Ala-Lys-Pro-Ala-Ala-Val-Arg-Ser-Pro-Ala-Gln-Ile-Leu-Gln-Trp-Gln-Val-Leu-Ser-
                                90                                   100
Asp-Thr-Val-Pro-Ala-Lys-Ser-Cys-Gln-Ala-Gln-Pro-Thr-Thr-Met-Ala-Arg-His-Pro-His-
                    105 106       110                                120
Pro-His-Leu-Ser-Phe-Met-Ala-Ile-Pro-Pro-Lys-Lys-Asn-Gln-Asp-Lys-Thr-Glu-Ile-Pro-
                              ↑
                               130                                   140
Thr-Ile-Asn-Thr-Ile-Ala-Ser-Gly-Glu-Pro-Thr-Ser-Thr-Pro-Thr-Ile-Glu-Ala-Val-Glu-
                          149 150                                     160
Ser-Thr-Val-Ala-Thr-Leu-Glu-Asp-Ser-Pro-Glu-Val-Ile-Glu-Ser-Pro-Pro-Glu-Ile-Asn-
                                 P
                                  169
Thr-Val-Gln-Val-Thr-Ser-Thr-Ala-Val
```

図 1.6 κ-カゼイン A のアミノ酸配列およびリン酸化部位[6]
リン酸化部位はアミノ酸名の下に P で示し，パラκ-カゼインを生成するキモシンによる切断位置を矢印で示した．

る巨大タンパク質会合体（カゼインミセル）の安定化に重要な役割を果たしている．

κ-カゼインの遺伝子配列も明らかにされ，他の哺乳類の類似タンパク質との比較が行われている[11]．反芻動物（Phe-Met）と非反芻動物（Phe-Ile or Phe-Leu）でキモシンによる切断位置の配列の違いが報告されている．Genbank のアクセスナンバー（M36641）を示す．

5) カゼインミセル 牛乳は白く濁った液体で，分散している脂肪球を除いた脱脂乳でもやはり白く濁っている．この濁りはコロイドによるものでカゼインが巨大会合体をつくっているためでカゼインミセルと呼ばれている．大きさは直径 30〜300 nm の多分散系で最頻直径は 120 nm 前後である．牛乳カゼインミセルの組成を表 1.5 に示す[15]．室温から体温（37 ℃）の温度帯ではほとんどのカゼインがミセルを形成しているが，低温になると β-カゼインの一部が可溶化してくることが知られている[16]．このミセルは大量のリン酸カルシウムを含み（表 1.5），中性域では不溶性である骨成分（リン酸カルシウム）を母親から子へわたすための手段となっている[16]．カゼインはリン酸基をもつタンパク質であり，リン酸カル

シウムの結合に特化したタンパク質であるといえよう．その結合については図 1.7 の方式が提案さ

表 1.5 牛乳カゼインミセルの室温での組成[15]

組成	含量(g/100 g ミセル)
$α_{S1}$-カゼイン	35.6
$α_{S2}$-カゼイン	9.9
β-カゼイン	33.6
κ-カゼイン	11.9
γ-カゼイン	2.3
カゼイン（小計）	93.3
カルシウム	2.97
マグネシウム	0.11
ナトリウム	0.11
カリウム	0.26
無機リン酸塩(PO_4)	2.89
クエン酸塩	0.40
塩類（小計）	6.64

図 1.7 カゼインホスホセリン残基間のリン酸カルシウムブリッジ[17]
"Me" は Ca または Mg イオン，Po はホスホセリンのリン酸基，Pi は無機リン酸．

れている[17]．タンパク質にリン酸カルシウムが結合した巨大なコロイドがなぜ液中で安定に分散しているのか．カゼインの偏比容[5]から計算すると比重は1.35〜1.4となる．これが水中で沈殿しないためには，十分に水和していることと表面に水となじみやすいもの（電荷をもつものやOH残基など）が必要となる．カゼインミセルの構造については多くのモデルが提案されてきた[12,16,18]．ほとんどの説の基本構造は，糖鎖をもちカルシウムにより沈殿しないκ-カゼインがミセルの表面にあり，中にα_S, β-カゼインがリン酸カルシウムと結合し存在するものである．ミセルの内部構造について電子顕微鏡写真でサブユニット様の構造がみつかり，さらに乳腺細胞でのミセル合成過程でもみつかって，サブユニット説（Schmidtのモデル，Slatterlyのモデルなど）が有力となった．また，ミセル外側についてはκ-カゼインの糖鎖が水和域をもった構造（Onoのモデル）やそれが髪の毛状についているとする説（Walstraのモデル）などが提唱されたが，最近ではSalted Brush説[19]など，より表面の実態を表したモデルが提唱されている（図1.8）．さらに，サブユニットは電子顕微鏡写真という特異な試料調製を経て観察されるものであり，カゼイン間の結合や水和の度合いから考えると否定的な考えもでてきている．液中で観察できる小角散乱や^{31}P-NMRなどにより「カゼインミセルはフレキシブルなカゼインがもつれた網を作り，MCP（micellar calcium phosphate）の微細な粒子によってまとめられたゲル構造をとる」とするHoltら[20,21]のモデルも提唱されている．サブミセルはあるのかないのか，電子顕微鏡写真でも染色の仕方や試料調製法によってまったく違ってみえる．図1.9に四酸化オスミウム固定後エポキシ樹脂で包埋し切り出した断面を酢酸ウランとクエン酸鉛で染色したサブミセルがみえるといわれる乳腺細胞中のもの[22]を，図1.10にパラジオン膜に吸着後シュウ酸ウランで染色し瞬間凍結・凍結乾燥した立体のもの[23]を示す．断面構造をみる方法では液胞中でミセルが生成する過程（図1.9上）と，できあがったカゼインミセル中にサブミセル構造と思われ

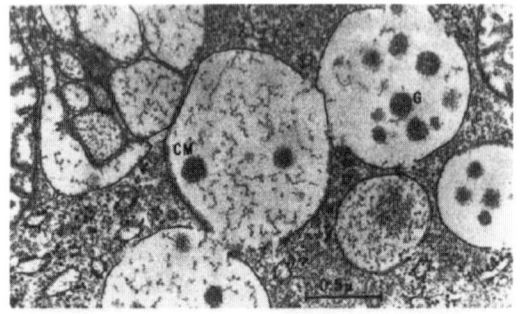

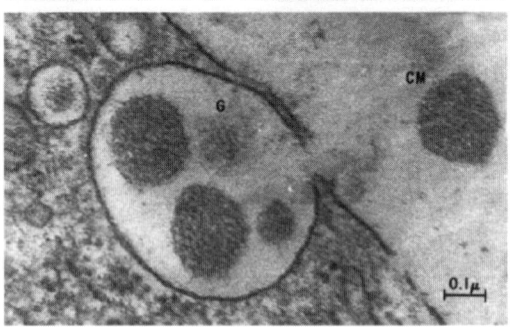

図1.9 ゴルジ小胞中でカゼインミセルがしだいに大きくなっていく図（上図）とできたカゼインミセルが小胞から腺胞腔に分泌されていく図（下図）[22]

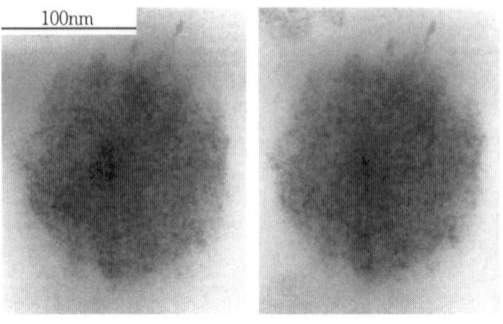

図1.10 1-(3-dimethylaminopropyl)-3-ethylcarbodiimideで固定し，シュウ酸ウランで染色したカゼインミセルの透過型電子顕微鏡による立体像[23]

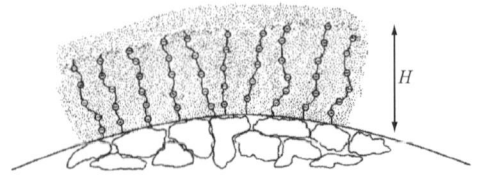

図1.8 Salted Brushの概念図[19]
小丸は溶液中での塩イオン（＋と−）を示す．

る小粒子が集合したもの（図1.9下）がみえている．一方，瞬間凍結し立体の状態でみたものではネットワークのつながりがみえている．カゼインは規則的二次構造が少ないフレキシブルなタンパク質であり，リン酸基結合部位で互いにリン酸カルシウムにより図1.7のように結合して巨大会合体をつくり，安定化のためκ-カゼインが表面に結合しているとすると，図1.10のような構造が妥当なのかもしれない．図1.10は立体映像であるので左と右の目でそれぞれ左と右の図を凝視し立体で見ていただきたい．

〔小野伴忠〕

文献

1) O. Mellander: *Biochem Z.*, **300**, 240, 1939.
2) D. F. Waugh, P.H. von Hippel: *J. Am. Chem. Soc.*, **78**, 4576, 1956.
3) S. Kaminogawa, *et al.*: *Agric. Biol. Chem.*, **36**, 2163-2167, 1972.
4) W. N. Eigel: *Int. J. Biochem.*, 8, 187, 1977.
5) H. E. Swaisgood: Developments in Dairy Chemistry-1 (P.F. Fox, ed.), pp.1-59, Elsevire Appl. Sci. Pub., 1982.
6) W. N. Eigel, *et al.*: *J. Dairy Sci.*, **67**, 1599-1631, 1984.
7) F. H. F. Li, S. N. Gaunt: *Biochem. Gennet.*, **6**, 9, 1972.
8) 小野伴忠: 蛋白核酸酵素, **34**, 1351-1358, 1989.
9) H. S. Rollema, J. A. Brinkhuis: *J. Dairy Res.*, **56**, 417-425, 1989.
10) T. Ono, *et al.*: *Agric. Biol. Chem.*, **38**, 1609-1616, 1974.
11) M. R. Ginger, M.R. Grigor: *Comparative Biochemistry and Physiology, Part B*, **124**, 133-145, 1999.
12) H. M. Farrell Jr., *et al.*: *Current Opinion in Colloid & Interface Science*, **11**, 135-147, 2006.
13) 斎藤忠夫: ミルクサイエンス, **48**, 125-136, 1999.
14) 浦島 匡: ミルクサイエンス, **51**, 1-11, 2002.
15) D. G. Schmidt: Developments in Dairy Chemistry-1 (P. F. Fox, ed.), p.61, Elsevire Appl. Sci. Pub., 1982.
16) 小野伴忠: ミルクサイエンス, **54**, 53-62, 2005.
17) H. J. M. van Dijk: *Neth. Milk Dairy J.*, **44**, 65-81, 1990.
18) 石井哲也: ミルクサイエンス, **54**, 1-8, 2005.
19) C. G. de Kruif: *Int. Dairy J.*, **9**, 183-188, 1999.
20) C. Holt: *J. Dairy Sci.*, **81**, 2994-3003, 1998.
21) C. Holt, *et al.*: *Colloids and Surfaces A*, **213**, 275-284, 2003.
22) H. M. Farrell Jr., *et al.*: *J. Protein Chem.*, **24**, 259-273, 2002.
23) D. J. McMahon, W. R. McManus: *J. Dairy Sci.*, **81**, 2985-2993, 1998.

b．乳清（ホエイ）タンパク質

1） ホエイとホエイタンパク質[1,2,3,4,5]　ホエイタンパク質という用語は，20℃，pH 4.6でカゼインを沈殿させたあと，上清（乳清もしくはホエイ）中に残る一群の乳タンパク質を表すのに用いられており，従来，このフラクションで特徴づけられる主要成分はβ-ラクトグロブリン，α-ラクトアルブミン，血清アルブミン，免疫グロブリン，そして，プロテオースペプトンであるとされてきた．生合成の面から眺めると，ホエイタンパク質には乳腺上皮細胞で合成される乳本来のタンパク質（主要成分としてβ-ラクトグロブリンとα-ラクトアルブミン，また，微量成分としてラ

── トピックス ──

牛乳はなぜ白いのか

　牛乳の主たるタンパク質はカゼインであり，いくつかのカゼインが会合し直径約20 nmのサブミセルを構成している．サブミセルはさらに凝集し，直径約100～600 nmのミセルとなり，安定化されている．コロイド状態で分散しているミセルに光が当たり，乱反射するために白色を呈する．

　ミセル形成にはさまざまな因子が関与しているが，その一つがリン酸カルシウムである．リン酸カルシウムがサブミセル間を架橋しているという説が提案されている．したがって，牛乳を脱塩し，カルシウムが抜けていくと白色が消失し，やや緑色がかった黄色を呈するようになる．カゼインミセルが解離し，サブミセルになるためである．黄色は牛乳に含まれるリボフラビンの色である．

〔堂迫俊一〕

クトフェリンやラクトペルオキシダーゼなど)とともに，乳腺とは別の組織でつくられたあと，血流を介して乳腺に運ばれ，乳腺上皮細胞を介して乳中に移行するタンパク質(血清アルブミンや免疫グロブリンに代表される)の両方が含まれる．さらに，ホエイ中には乳腺上皮細胞膜を構成するタンパク質で，従来，乳脂肪球膜タンパク質に分類されるタンパク質の一部も見いだされ，可溶性カゼインやそれらに由来する分解フラグメントも加わって，実際の分離・同定ではホエイタンパク質は非常に複雑な様相を示す．最近のプロテオーム解析に基づいてホエイ中に見いだされるタンパク質の同定結果を表1.6にまとめた．一つのタンパク質が分離上非常に多様なプロフィールを示す

こともまた同定の複雑さの要因となっていることがわかる．こういった知見に基づくと，ホエイタンパク質という用語は，pH 4.6および20℃で可溶な乳タンパク質を表すのに一般的な意味でのみ用いられるべきである．

ホエイ自身は，乳を保存したり運んだりするために子ウシの胃が用いられ，乳の凝固によるカードとホエイの分離が観察された三千数百年前にすでに認識されていたと考えられている．現在，チーズやカゼイン製造の副産物としてホエイは産業上非常に重要な製品素材となっている．ホエイタンパク質分離物(WPI)もしくはホエイタンパク質濃縮物(WPC)と呼ばれる製品はpH 4.6付近でのフレッシュタイプチーズやカゼイン製造

表1.6 プロテオーム解析により同定された牛乳ホエイタンパク質[3]

タンパク質	1 M acidic†	0.4 M basic†	1.5 M basic†	CX-BT†	備考
β-lactoglobulin	*			***	本文参照
α-lactalbumin				***	本文参照
Albumin	*			**	本文参照
Immunoglobulin γ-1 chain	*	***	*	**	抗体, 本文参照
Immunoglobulin α-2 chain	*	*		*	抗体
Immunoglobulin J chain	*	*			抗体
Immunoglobulin μ chain		*	*		抗体
Immunoglobulin κ chain		*			抗体
Immunoglobulin λ-like polypeptide 1	*	*	*	*	抗体
Immunoglobulin λ chain V-I region		*			抗体
Fc fragment of IgG binding protein		*			抗体
Polymeric immunoglobulin receptor (secretory component)		**	*	*	本文参照
Lactoferrin	*	*	***		本文参照
Glycosylation-dependent cell adhesion molecule 1 (lactophorin)	**	*	*	*	PP 3, 本文参照
Transferrin				*	血液由来
Vitamin D binding protein	*			*	ビタミン輸送
Antithrombin III	*			*	血液凝固
Nucleobindin 2				*	
CD 14 antigen				*	好中球遊離
Isocitrate dehydrogenase I				*	乳腺分化
Immunoglobulin γ-1 chain				*	抗体, 本文参照
Zinc-α-2-glycoprotein				*	脂質分解刺激
Transthyretin (prealbumin, amyloidosis type I)				*	甲状腺ホルモン結合タンパク質
α-2 μ globulin				*	keratinocytes 関連
14-3-3 protein σ (stratifin)				*	keratinocytes 関連
Niemann-Pick disease, type C2				*	
β-2-microglobulin				*	MHCクラスIタンパク質
Secreted phosphoprotein 1 (osteopontin; OPN)	*				PP画分, 骨関連
Inter-α globulin inhibitor H2 polypeptide	*				代謝物結合
α-1-antichymotrypsin	*			*	酵素阻害
Scrine (or cysteine) proteinase inhibitor, clade A (α-1-antiproteinase, antitrypsin), member 1	*			*	酵素阻害
Serin (or cysteine) proteinase inhibitor, clade A (α-1-antiproteinase, antitrypsin) member 3	*				酵素阻害

1. 乳の成分

Serin (or cysteine) proteinase inhibitor, clade G (C 1 inhibitor) member 1	*	*	*		酵素阻害
CD 5 antigen-like protein	*	*			免疫
α-1 B-glycoprotein	*				免疫
Prosaposin	*				
L-plastin (lymphocyte cytosolic protein 1) (LCP-1)	*				
Nucleobindin 1	*				
α-2-HS-glycoprotein	*				組織発達
Kininogen 1	*				血圧制御
Endopin 2 B	*				
Complement component C 3	*	*	*		補体
Complement component C 4		*			補体
Complement component C 7		*			補体
Complement component C 8		*			補体
Complement component C 9	*	*			補体
Complement component factor I		*			補体
Complement component factor D (C 3 convertase activator) (properdin factor D)			*		補体
PRE: gelsolin precursor (actin-depolymerising factor) (ADF)		*			アクチン調節タンパク質
Hemopexin		*			ヘム輸送タンパク質
Cysteine-rich secretory protein 2 (CRISP-2)		*			
Tripeptidyl peptidase I		*			酵素
Cartilage acidic protein 1		*			
Stromal cell-derived factor 4		*			
Cellular repressor of E1A-stimulated genes (CREG)		*			転写コントロール
Apolipoprotein H		*			
Adipose differentiation-related protein (adipophilin)		*			
PDZ domain (secreted protein ribonuclease 4)			*		酵素
Angiogenin precursor			*		組織再生
Quiescin Q6			*		組織再生
Heparanase			*		組織再生
Chitinase 3-like 1			*		組織再生
Neutrophil gelatinase-associated lipocalin (NGAL) (lipocalin 2)			*		輸送タンパク質
Inter-α-trypsin inhibitor (protein HC), light			*		酵素阻害
Fibroblast growth factor binding protein (FGF-BP)			*		成長因子輸送
Tetranectin (TN)			*		C-タイプレクチン
Hypothetical protein XP_869612			*		クロマチン再生
DnaJ (Hsp 40) homologue, subfamily B, member 9			*		シャペロン
Lipopolysaccharide binding protein			*		
Casein α-S1	*	*	*	***	カゼイン
Casein α-S2	*	*	*	*	カゼイン
Casein β	**	*	*	*	カゼイン, 1 M acidic に PP5
Casein κ	*	*	*	*	カゼイン
Xanthine dehydrogenase				*	MFGM 関連
Butyrophilin, subfamily 1, member A1	*	*			MFGM 関連
Milk fat globule-EGF factor 8 protein (PAS 6/7)	*	*		*	MFGM 関連
Fatty acid binding protein (heart) like				*	MFGM 関連
Clusterin				*	MFGM 関連
Folate receptor 1		*			MFGM 関連
Fibrinogen, γ polypeptide		*			MFGM 関連
Fibrinogen α chain		*			MFGM 関連
Actin, α1				*	MFGM 関連

†：定法にしたがって調製された酸ホエイが陽イオン交換体に通され, 1 M の NaCl で溶出した結合画分が 1 M acidic フラクションとされた. 素通り画分が陽イオン交換体に通され, 0.4 M NaCl と 1.5 M NaCl で結合タンパク質が順次溶出され, それぞれが 0.4 M basic と 1.5 M basic フラクションとされた. 素通り画分は CX-BT フラクションとされた. 各フラクションがプロテオーム解析された.

***はフラクション中の存在がきわめて著しいもの, **は存在が明瞭なもの, *は存在が認められるものとした.

の際の副産物（酸ホエイ）から，また，それよりも高いpHでの熟成タイプのチーズ製造の際の副産物（スイートホエイ）から得られる．乳産業では乳糖精製の際に加熱により凝集するタンパク質をラクトアルブミンと呼ぶことがある．成分的にはWPCと同等だが，変性度合いが高い．また，α-ラクトアルブミンとは異なるものである．

牛乳ホエイタンパク質の割合は全タンパク質の約20％であり，人乳のもの（約60％）に比べるとかなり低い．

2) **α-ラクトアルブミン（α-LA）**[4,5,6,7,8,9] α-ラクトアルブミン（α-LA）は比較的安定な小タンパク質で，ヒト，ウシ，ヤギ，ラクダ，ウマ，モルモット，そして，ウサギを含むほとんどが123個のアミノ酸からなる1本のポリペプチド鎖をもち，分子質量はヒトで14070ダルトン，ウシで14178ダルトンである．ラットのものはさらに17個のアミノ酸残基をC-末端側にもつ．一次構造はC-タイプリゾチームのものと非常に類似しており，共通の祖先遺伝子からの進化が示唆される．人乳中の濃度は2〜3 g/lだが，一部の国の間で，平均濃度に有意な差異のみられることが報告されている．牛乳中の濃度は1〜1.5 g/lである．二つの遺伝変異体（A，B）が確認されており，通常の牛乳にはB変異体が存在する．

α-LAは二つのドメインをもつ．三つの主要なαヘリックス（5〜11，23〜24，86〜98残基）と二つの短い3_{10}ヘリックス（18〜20と115〜118残基）からなる大きなαヘリックス（アルファ）ドメインと，一つのループ，三つのストランドからなる逆平行βシート（41〜44，47〜51，55〜56残基），そして，短い3_{10}ヘリックス（77〜80残基）をもつ小さなβシート（ベータ）ドメインで，それらは深いクレフトによって分割される．この二つのドメインはCys 73〜Cys 91のジスルフィド結合によって架橋され，Ca^{2+}結合ループを形成する．α-LAの構造は四つのジスルフィド結合（Cys 6〜Cys 120，Cys 61〜Cys 77，Cys 73〜Cys 91，Cys 28〜Cys 111）によって全体的に安定化されている．α-LAは，カルシウム結合型（ホロ型），カルシウム遊離型（アポ型），そして低pH型もしくはA型の3種類の構造をもつ．

ほとんどのタンパク質は半ば安定な中間体を介して最も安定な構造に折れたたまるが，安定な一つの中間体であるいわゆるモルテングロビュール状態がA型α-LAに同定されている．この状態では，最終的な三次構造が部分的にルーズになり，水性溶媒がコア領域に接するようになる．この状態のタンパク質によって占有される体積はネイティブなものよりも多少大きく，完全にアンフォールドした分子よりは小さい．CDやFTIRのような特定の二次構造の指標はネイティブ状態と変わらないが，一部の三次構造が失われ，プロテアーゼ分解，蛍光やNMRのパラメーターはきわめて異なる．

このタンパク質の第一の特徴は乳糖合成に必須の成分であることであり，α-LA濃度と乳糖濃度が相関することが古くから知られていた．この反応は以下のように進むが，ここでGTはガラクトシルトランスフェラーゼ（UDP-galactose N-acetylglucosamine β-1,4 galactosyltransferase-I）である．α-LAがGTに結合することによって酵素の構造が変化し，酵素のグルコースへの親和性と特異性が高まる．至適な反応にはMn^{2+}イオンが必要である．

$$UDP\text{-}Gal + glucose \xrightarrow{GT/\alpha\text{-}LA} lactose + UDP$$

乳中に分泌されたα-LAにもいくつかの生理機能が指摘されている．α-LAは金属陽イオンを結合する．すなわち，それらに対する結合部位をもち，カルシウムの場合は特に強力である（Kd〜10^{-7}M）．この結合は，オープンでフレキシブルなものからタイトでコンパクトなものへとα-LAのコンフォメーションを著しく変化させるが，GTへの結合に不可欠なものではないらしい．亜鉛，マンガン，そして，コバルトのような他の二価の金属イオンも結合可能だが，*in vivo*のカルシウム存在下ではこの結合はみられない．α-LAはまたいろいろな低分子有機化合物と相互作用するが，その相互作用は陽イオンの結合によって変化を受ける．たとえば，親和性は低いけれ

ども、α-LA は乳糖合成反応の基質である UDP-ガラクトースや、UDP, UTP も同様に結合する。また、α-LA は蜂毒の短いペプチドである melittin を結合する。さらに、α-LA はいろいろなクラスの脂肪酸に対する結合部位ももっている。

人乳中に見いだされたユニークな多量体型のα-LA が細胞にアポトーシスを誘導することが示された。この特別な型のα-LA は現在 HAMLET (human α-lactalbumin made lethal to tumor cells) と呼ばれるようになっているが、それは部分的アンフォールディングと特異的コファクターとして脂肪酸のオレイン酸（C 18:1) を必要とする。HAMLET は、ヒトや動物由来のいくつかのがん細胞の系統にはアポトーシスを誘導するが、成熟した正常細胞には影響をもたない。母乳保育されている乳児たちの胃腸条件下で母乳中のα-LA から HAMLET が形成され、それが母乳保育の子どもたちの幼児性がんを予防する可能性が示唆されている。オレイン酸をコファクターとはせずに細胞死を誘導する型が牛乳のα-LA から生じることが示されている。

α-LA には胃粘膜の保護効果があり、強力な潰瘍予防効果を示す。アンジオテンシン変換酵素の阻害、抗微生物、成長促進、オピオイドといった生物活性がα-LA の加水分解ペプチドに認められている。また、α-LA の摂取が脳内セロトニン含量を有意に上昇させることが報告されているが、これはセロトニンの前駆体であるトリプトファン含量が高いせいらしい。遺伝子操作でα-LA を持たないマウスの乳は極端に粘稠であることから、乳の分泌におけるα-LA の重要性が示唆される。

3) **β-ラクトグロブリン（β-LG)**[4,5,6,10,11,12]

β-ラクトグロブリン（β-LG）は牛乳中に 2〜4 g/l の濃度で含まれており、全タンパク質の約 10%、ホエイタンパク質のほぼ半分を占める。初乳にはその数倍の高濃度で含まれる。ウシには二つの主要な遺伝変異体が認められており、64 番目のアミノ酸だけが異なる（変異体 A では Asp、変異体 B では Gly)。現在、アミノ酸シーケンスのホモロジーに基づいて、β-LG はリポカリンと呼ばれるタンパク質ファミリーの一つとして分類される。すべてではないにしても、ほとんどの反芻動物を含む多くの哺乳動物の乳に認められるが、ヒトとともに、マウスやラット、そして、ウサギはβ-LG をつくらない。また、霊長類がすべてこのタンパク質をつくらないのではなく、マカクやヒヒはβ-LG をもっている。

グロブリンの用語が当てられるように、β-LG は希薄な塩溶液中で可溶である。ウシのβ-LG は 162 個のアミノ酸からなる分子質量約 18.4 kDa の 1 本のポリペプチド鎖をもつ。A から I として指名されるアンチパラレルの 9 本のストランドがβバレル構造をつくり、その外側に一つのαヘリックスといくつかの 3_{10} ヘリックスが位置するようにポリペプチド全体がフォールドする。β-LG は 5 個のシステインを含み、66 番目と 160 番目、106 番目と 119 番目のシステインはジスルフィド結合しているが、121 番目のシステインのチオール基は遊離状態にある。β-LG の関与する加熱誘導反応の中心となる S-S 交換反応を触媒するのに重要なこの反応性 SH 基は、αヘリックスとβストランドの間で疎水性残基中に位置している。

β-LG は牛乳中では二量体として存在するが、溶液の pH にしたがって会合状態は変動し、<3 の強酸性もしくは塩基性の pH では単量体に解離する。

ホエイタンパク質の中でβ-LG は量的に他を圧倒するから、特に WPC や WPI を利用する場合、その物性は加工プロセスや品質の決定因子となることが多い。

β-LG は広い pH 範囲、特に低 pH で高い溶解度と透明度を示し（>97%、pH 3)、それらの条件下で高温処理に対して安定である。pH や塩濃度が適当なら、β-LG は加熱誘導ゲルを形成する。ゲルはほとんど透明で、過剰なカルシウムがなければ、6 より高い pH では硬いが、他の条件下ではカード様となる。牛乳 β-LG のゲル化には遊離のチオールの存在が不可欠であり、また、β-LG のアンフォールディングにもそれが重要で

あることが，化学的あるいは遺伝子工学技術を用いることによって確認されている．

乳加工の際，加熱媒体表面上での物質の沈着形成の速度に β-LG が重大な影響をもつことが指摘されている．β-LG はまた，濃縮乳の加熱誘導ゲル化に関与する最も重要な乳タンパク質でもあるが，濃縮前に予熱処理を厳密に行うことによって問題を減少させることが可能である．

長い研究の歴史にもかかわらず一般に認められる，β-LG の生理機能は依然として不明である．このタンパク質には疎水性小分子を結合するという性質が認められ，このタンパク質の乳における生理的意義との関連で注目されている．疎水性リガンドを受け入れて，しっかりと結合するのはバレル構造の内部の疎水性の内張である．そこには長鎖脂肪酸もきわめて強力に結合する．疎水性リガンドの一つにレチノール（ビタミン A）がある．レチノールは身体の中では一群の結合タンパク質によって輸送される．牛乳 β-LG の結晶構造は，脂肪酸結合タンパク質，レチノール結合タンパク質，細胞性レチノール結合タンパク質，そして，レチノイン酸結合タンパク質といった他のリポカリンファミリーのタンパク質と一次構造ばかりでなく三次構造でも類似性を示した．また，子ウシに β-LG を強化した牛乳を与えた場合，血液中のレチノール濃度が高くなることが示され，β-LG は乳中でのレチノールの結合と保護およびその輸送に一つの役割を演じるという推察が支持されている．しかし，人乳などのこのタンパク質をもたない乳もあることから，その本来の生理的意義は依然として論点として残されている．

ウシの β-LG には抗菌，抗ウイルス，病原体接着，抗発がんなどの防御作用が報告されており，また，脂肪酸代謝や細胞成長，オピオイド作用のような生理作用も認められる．そういった機能の一部はこのタンパク質のプロテアーゼ分解で生じるペプチドに起因するが，血漿コレステロールのレベルを強力に低下させる β-LG 由来のペプチドが *in vitro* ばかりでなく *in vivo* でも実証されている．

4） 血清アルブミン[4,5] 乳中の血清アルブミンは，肝臓で合成された血液タンパク質が乳中に移行したものである．582 個のアミノ酸からなる分子量約 66300 のタンパク質である．分子内に 17 個のジスルフィド結合をもつ球状タンパク質である．牛乳にはおよそ 0.4 g/l のレベルで含まれており，他のほとんどのホエイタンパク質と異なって，泌乳時期による大きなレベル変動はみられない．

血清アルブミンは血液の浸透圧維持に重要であり，また，脂肪酸などのさまざまな疎水性小分子を結合して輸送する特性をもっているが，乳中の意義は必ずしも明らかではない．

5） 免疫グロブリン（Igs）[4,5,13] 免疫グロブリン（Igs）は，細菌やウイルスのような抗原の刺激に対する免疫応答の結果生成される抗体であり，病原体に対する防御上きわめて重要な役割を演じるタンパク質である．Igs は分子構造に基づいて IgG，IgM，IgA，IgE，IgD の五つのクラスに分類される．能動的に抗体を産生することができない新生動物を感染から防御するために，初乳には多量の抗体が含まれる．人乳では分泌型 IgA が主要であるのとは対照的に牛乳中の主要な抗体は IgG クラスの Igs である．ウシの場合は胎児への母ウシからの血中抗体（IgG）の移行がないという，胎児期の抗体の移行に関する動物種間の違いが反映されている．初乳期をすぎてもなお牛乳では IgG に比べて分泌型 IgA のレベルが低いのは，ヒトなどで高度に発達している粘膜免疫系が，特に腸-乳腺のリンクという点で，ウシでは未熟なためかもしれない．

ウシの IgG には IgG1 と IgG2 の二つのサブクラスが遺伝子レベルで同定されている．IgG1 は泌乳時期によるレベル変動が最も著しい牛乳タンパク質で，泌乳初日には 50 g/l をはるかに超える量で含まれるが，24 時間という時間内で急激に低下し，数日で常乳レベルの約 1 g/l に近づく．牛乳では IgG サブクラスのうち IgG1 だけが血液から多量に移行し，IgG2 の移行はきわめて少ない．これは乳腺の分泌上皮細胞の基底膜側に発現される IgG レセプターが IgG1 特異的なためであるが，その生物学的意義は不明である．

安定性という点で，Igs はホエイタンパク質の中で最も不安定なものの一つとされている．主として分子構造変化（変性）の測定結果がそのことを指摘するが，抗原結合活性を指標にした研究からは，牛乳抗体がさまざまな処理に対してかなりの抵抗性を示すことが明らかにされている．たとえば，IgG 抗体活性に及ぼす加熱処理の影響では，63 ℃ 30 分間（LTLT）や 72 ℃ 15 秒間（HTST）の処理では大きな活性低下は認められない．また，pH 3〜9 の範囲では抗体活性は長時間安定である．さらに，pH 4 では 30 分のペプシン処理による活性への影響はまったくみられない．トリプシンやキモトリプシンの処理でも 80％以上の活性が保持される．このように，牛乳 IgG の抗体活性は従来の概念に反して高い安定性を有し，機能性食品素材として優れた特質をもっている．

母体が特定の抗原の免疫注射を受けている場合と受けていない場合の両方から得られる初乳や常乳から牛乳抗体含有製品が製造されている．非免疫のものに比べて，母体が免疫されている場合の抗体価は数百倍から数千倍となる．すでに効果が認められている病原体には虫歯菌，ピロリ菌，大腸菌，赤痢菌，クロストリジウムなどがあり，ロタウイルスによる下痢予防や AIDS 患者たちの下痢治療のための医薬品，有害微生物の接着阻止と健康増進のための製品，あるいは，ランニングや漕艇などの運動能力向上のための製品としての市販品がある．それらは，プロバイオティックバクテリアや食物繊維に含ませたもの，錠剤や粉末，あるいは，飲用形態まで，さまざまなかたちをもつ．

6) ラクトフェリン（Lf）[4,5,14] ラクトフェリン（Lf）はトランスフェリン（Tf）ファミリーの鉄結合糖タンパク質で，最初は牛乳から未知の"赤色フラクション"として分画され，また，人乳および牛乳の両方から赤色タンパク質が Tf 様糖タンパク質として明らかにされた．Lf は乳の主要成分で，好中球顆粒や涙，唾液，そして，子宮頸部の粘液のような外分泌液中にも存在する．Lf は人乳でのレベルが非常に高く，初乳期に 6〜8 g/l，常乳で 2〜4 g/l である．牛乳では初乳期が〜1 g/l，常乳では 0.02〜0.35 g/l である．単一のタンパク質でありながら，きわめて多様な生理機能を発揮するユニークな性質をもつことから，近年最も注目を受け，精力的に研究された乳タンパク質の一つである．

牛乳 Lf は 689 個のアミノ酸からなる分子量約 78000 の 1 本のポリペプチド鎖をもつ糖タンパク質である．Lf は N-ローブと C-ローブと呼ばれる二つの構造単位に折れたたまる．各ローブは Fe^{3+} に対する結合部位をもち，その部位は深いクレフトの中にある．また，HCO_3^- に対する相乗的な結合のための部位ももっている．鉄がないと各ローブは屈曲性をもち，クレフトを開いたり閉じたりできるが，鉄が結合するとそのクレフトはしっかりと閉じてしまう．Lf の全体構造は Tf のものに非常に似ているが，機能的に重要と思われる二つの特徴によって両者は区別される．第 1 は，Lf の鉄に対する親和性が Tf のものより 250 倍も大きいこと，第 2 に，Lf は N-末端に強い塩基性の領域をもっており，したがって pI は約 9 であるが，Tf の pI は 5.5〜6 であることである．Lf の N-末端塩基性領域は非常に柔軟で，多数の酸性分子に結合する Lf の能力の源であり，このため，Lf は多様な細胞と相互作用することができる．

Lf は，抗体とともに，動物やヒトにおける防御上の役割が最もよく研究されているタンパク質の一つである．非常に多様な生物活性を示すが，それらには，抗菌活性，抗ウイルス活性，抗原虫活性，抗酸化活性，免疫調節，細胞成長調節，そして，リポポリサッカライドやグリコサミノグリカンのようないくつかの生物活性化合物の結合と阻害がある．いくつかの遺伝子の転写活性化も認められている．抗菌作用は，アポ Lf が鉄と結合することによって，鉄要求性の高い細菌の成育に必要な鉄を奪うことや，細菌に結合して細胞膜のリポポリサッカライドを遊離させて，リゾチームなどの感染防御因子の感受性を高めることにより生じる．また，ペプシン消化で生成するラクトフェリシンと呼ばれる N-末端領域に由来するペプ

チドが，もとの Lf 分子よりはるかに強力な殺菌活性を示すことが明らかにされている．

ヒトを含む動物の生体に及ぼす Lf もしくはラクトフェリシンを含む Lf 関連化合物の経口投与の影響も詳しく調べられている．バクテリアのフローラ，感染，成長および栄養状態，炎症や薬剤誘導損傷，さらには，がんに及ぼす影響が検討され，多くの場合に有益な影響をもたらすことが認められている．

7) プロテオースペプトン（PP）[4,5] プロテオースペプトン（PP）は，脱脂乳を95～100℃で30分間加熱し，pHを4.6にした場合，ほとんどのタンパク質は沈殿する一方で，この条件でも凝固しない加熱安定性タンパク質の総称として定義づけられる．ホエイタンパク質の18～25%を占める主要ホエイタンパク質画分の一つである．PPは，電気泳動の移動度から，PP3，PP5，PP8-fast，PP8-slowのように分類されたが，このうちPP3以外の成分はいずれもプラスミンによるβ-カゼインの分解で生じたペプチドである．

PP3は現在ラクトフォリンと呼ばれ，細胞性免疫において細胞接着を介した調節作用に関与する glycosylation-dependent cell adhesion molecule 1（GlyCAM-1）と一次構造上ホモロガスなタンパク質である．ホエイ中では多様なプロフィールを示すが，主要成分はおよそ28000と17000の分子量を示す糖タンパク質である．28000の成分はアミノ酸135残基からなり，17000のものはプラスミンによる分解の結果生じたC-末端側フラグメントと考えられている．

最近，ラクトフォリンにはヒトロタウイルスの感染を強力に阻害する作用が見いだされている．また，優れた起泡特性や乳化特性をもつことも報告されており，リパーゼ活性の阻害作用をもつことも示されている．

8) セクレトリーコンポーネント（SC）[5] 上述した Igs の一つのクラスである IgA が乳腺細胞を通過して経細胞輸送される際，細胞の基底膜側に発現され，細胞外の IgA を認識して結合するポリマー型免疫グロブリンレセプター（polymeric immunoglobulin receptor: pIgR）が，リガンドである2量体 IgA を結合しないまま頂端細胞表面で切断を受けて乳中に生じたものがセクレトリーコンポーネント（SC，分泌片とも呼ばれる）である．牛乳中には0.02～0.1 g/l のレベルで認められるが，これは人乳の特に初乳のものに比べるとかなり低い．pIgR の発現レベルは IgA レベルと連動すると考えられるから，IgA が多量に作り出されることのないウシでは pIgR も低い発現レベルとなるからであろう．

9) ラクトペルオキシダーゼ 比較的高いレベルで牛乳のホエイ中に含まれる酵素である．詳細は酵素の項を参照されたい．

10) その他 乳中には，IGFやEGFのような，細胞の成長を促進したり阻害したりするさまざまな成長因子やホルモンが含まれている．また，補体，トリプシンインヒビター，ビタミン結合タンパク質のような感染防御に関連するタンパク質も見いだされる．いずれもきわめて微量であり，乳中の役割については不明な点が多い．

〔金丸義敬〕

文 献

1) H. M. Farrell, *et al.*: *J. Dairy Sci.*, **87**, 1641-1674, 2004.
2) G. W. Smithers: *Int. Dairy J.*, **18**, 695-704, 2008.
3) B. Y. Fong, *et al.*: *Int. Dairy J.*, **18**, 23-46, 2008.
4) 今井哲哉：ミルクサイエンス，**55**, 227-235, 2007.
5) 金丸義敬：乳業技術，**50**, 22-37, 2000.
6) D. E. W. Chatterton, *et al.*: *Int. Dairy J.*, **16**, 1229-1240, 2006.
7) E. A. Permyakov, L. J. Berliner: *FEBS Letters*, **473**, 269-274, 2000.
8) K. Brew: Proteins (Advanced Dairy Chemistry, vol. 1, P. F. Fox, P. L. H. McSweeney, eds.), pp. 387-419, Kluwer Academic/Plenum Publishers, 2003.
9) B. Lonnerdal, E. L. Lien: *Nutr. Rev.*, **61**(9), 295-305, 2003.
10) L. Sawyer, G. Kontopidis: *Biochim. Biophys. Acta*, **1482**, 136-148, 2000.
11) L. Sawyer: Proteins (Advanced Dairy Chemistry, vol. 1, P. F. Fox, P. L. H. McSweeney eds.), pp. 319-386, Kluwer Academic/Plenum Publishers, 2003.
12) G. Kontopidis, *et al.*: *J. Dairy Sci.*, **87**, 785-796, 2004.
13) R. Mehra, *et al.*: *Int. Dairy J.*, **16**, 1262-1271, 2006.

―― トピックス ――

タンパク質の加熱変性によって消化が悪くなる？

　タンパク質の高次構造が変化することを「変性」という．タンパク質は熱やpHによって変性を受ける．しかし，過剰な接触でなければタンパク質を構成するアミノ酸組成が変わることではないため，アミノ酸スコアが変化することはない．

　現在，わが国で市販されている牛乳の主な殺菌方法は120〜130℃2〜3秒の超高温瞬間殺菌（UHT）と63〜65℃30分の低温保持殺菌（LTLT），72〜78℃15秒の高温短時間殺菌（HTST）があり，約90％がUHT法である．一般的にはLTLT法，HTST法で殺菌された牛乳を低温殺菌乳と呼ぶことが多い．なお，135〜150℃1〜4秒という超高温滅菌殺菌（UHT滅菌法）という方法もあり，この方法では100％細菌などを死滅させることができ，その後の充填過程を無菌的に行い，常温保存可能品（LL牛乳）として販売されている．

　UHT法やUHT滅菌法ではタンパク質の一部が変性を受けるとされている．牛乳中のタンパク質の中ではカゼインは熱による変性を受けにくいが，ホエイタンパク質は80℃程度で変性が始まる．しかし，殺菌時間が短いこともあり変性の程度は少ない．加熱により比較的影響を受けるのは臭いであるといわれており，低温殺菌のほうがより生乳に近い香りであるといわれている．殺菌法の違いによる牛乳タンパク質の消化吸収を検討した報告は見当たらない．これは殺菌による加熱変性よりも，胃液（胃酸）による変性のほうが，影響は大きいためであろう．胃の内部は胃酸によりpHは2程度まで低下する．このpHではタンパク質の変性は非常に大きい．

　これらのことから，殺菌によるタンパク質の過熱変性は，風味に影響を与えるかもしれないが，消化に与える影響は少ないといえる．したがって，乳タンパク質が加熱変性によって消化が悪くなるということは考えられない．

〔上西一弘〕

14) H. Wakabayashi, *et al.*: *Int. Dairy J.*, 1241-1251, 2006.

c．脂肪球膜タンパク質

　乳脂肪球皮膜（milk fat globule membrane: MFGM）タンパク質は，乳汁中の脂肪滴を覆うリン脂質膜に存在し膜貫通領域をもつ膜タンパク質を意味するが，脂肪球皮膜の外側表面および内側裏面に表在するタンパク質も含む．疎水性が高く界面活性剤を含む溶液でのみ可溶化される成分が多く，他の可溶性の乳タンパク質に比べて同定や機能の解明が遅れている．MFGMタンパク質の組成は，調製法にも依存して変動するが，主要な成分は共通である[1]．これまでに研究者によってさまざまな名称が付与されているが，ここでは2000年に米国酪農科学会の乳タンパク質命名委員会が提唱した名称を用いて概説する．詳細はMatherの総説[2]を参照されたい．

　MFGMタンパク質はSDSと還元剤で可溶化したあと，SDS-ポリアクリルアミドゲル電気泳動により分離され，タンパク質のCBB染色および糖鎖のPeriodate Schiff染色（PAS染色）法によって検出される．膜タンパク質の多くは糖鎖をもっており，両染色法で検出されるが，PASによる糖鎖染色法によってのみ検出されるものもある．MFGMタンパク質の主要成分として，みかけの分子量の大きい（電気泳動での移動度の小さい）順に下記1)〜8)の8種類のタンパク質が検出される．これらの多くは，アミノ酸配列上に膜貫通領域と推定される疎水的な領域が存在し細胞外と内のドメインをもつものや，ポリペプチド鎖が脂質修飾されているものなど，典型的な膜タンパク質であるが，中には膜貫通領域をもたず，膜リン脂質に会合したり，他の膜タンパク質を介して間接的に膜に会合したりする分子も存在する．

1) MUC1（ムチン1）　ヒトMUC1と類似の1型膜貫通タンパク質である．膜タンパク質であるが，20アミノ酸残基からなる繰返し構造をもつムチン様細胞外ドメインと短い細胞内尾部

をもつ．繰返しの数には遺伝的多型があり，そのため分子量には 160000 から 200000 まで幅がある．米国のホルスタインでは分子量 177000 と 189000 が最も一般的な主要成分である．牛乳中には 40 mg/l，人乳中には 700～800 mg/l 含まれる．乳幼児（幼動物）消化管内での病原微生物の感染に対する防御機能が示唆されているが，生物学的機能は不明である．MUC1 遺伝子のノックアウトマウスは特に明確な表現型は示さない．

2) **キサンチン脱水素／酸化酵素**（xanthine dehydrogenase/oxidase：XDH/XO）
MFGM の主要成分（約 20％）でモリブデン，鉄，硫黄，および FAD を含む酸化還元酵素である．分子量約 150000（1332 アミノ酸残基）の 2 分子が会合したホモダイマーとして存在し，泌乳期乳腺での発現が最も高い．脱水素酵素として合成され，チオール基の酸化により可逆的に，また，部分的プロテオリシスにより不可逆的に，酸化酵素に変換される．新鮮牛乳中では 50～75％ が酸化酵素型であり，MFGM のチオール酸化酵素により変換されたものと考えられる．は虫類，鳥類でのプリン代謝における酸化酵素としての機能は明らかであるが，尿素として排出する哺乳類での機能は明らかでない．MFGM 主要タンパク質であるブチロフィリンの細胞内ドメインと会合し脂肪滴の離出分泌に関与すると推定されている．

3) **PAS III**（periodic acid schiff III）
95～100 kDa の糖タンパク質で，糖鎖の比率が高く PAS 染色では検出できるが CBB 染色では検出されない．構造と機能はいまだ明らかにされていない．

4) **CD36**（cluster of differentiation 36）　N および C 末端側の 2 カ所で膜を貫通する 76～78 kDa の糖タンパク質で，糖鎖が約 25％ を占める．造血系や血管系の細胞膜に発現し細胞表面受容体として多様な機能が報告されているが，MFGM における機能は未知である．乳腺細胞への長鎖脂肪酸の輸送への関与も想定されているが，側底側には発現していないため否定的な見方もある．

5) **ブチロフィリン**（btyrophilin：BTN）
MFGM の第 1 主要タンパク質で，ホルスタインでは 35～40％（ジャージーでは 20％）を占める．66～67 kDa の一回膜貫通型の糖タンパク質で，還元剤が存在しないと SDS 溶液でも可溶化されない．細胞外には免疫グロブリン様ドメインを，細胞内には種を超えて高度に保存された B30.2 と呼ばれるドメインをもち，いずれもタンパク質との相互作用をもつことが予測されているが，上述したように XDH/XO との会合以外では機能はいまだ明らかにされていない．ノックアウトマウスによる研究から乳脂肪の分泌に必須であり，ADPH のような細胞質脂肪滴表面タンパク質や XDH/XO との会合により超分子複合体を構築し脂肪滴の出芽分泌に重要な役割をもつと推定される．

6) **アディポフィリン**（adipophilin：ADPH）
SDS サンプルバッファーに難溶性で SDS 電気泳動において PAS 6/7 と類似の泳動度をもつ 52 kDa のタンパク質で，MFGM の細胞質側に分布している．ポリペプチド鎖 1 分子当たり 5～6 分子の脂肪酸をエステル結合により共有結合しており，これを介して乳脂肪滴のトリグリセリドと疎水的に会合していると推定される．脂肪細胞などの細胞質に脂肪滴を含むいくつかの細胞株で発現し脂肪滴に会合している脂肪分化関連タンパク質（adipose differentiation-related protein：ADRP）と同一分子と推定されている．

7) **PAS 6/7**（periodic acid schiff 6/7）
膜表在型糖タンパク質として存在し，42～59 kDa のアイソフォームとして検出される．乳腺以外の組織でも発現がみられるが量的には乳汁中に最も多い．乳汁中では MFGM 以外に乳清中にも分布し，泌乳期よりも退縮期で増加する．アポトーシス細胞の表面に結合しマクロファージによる貪食を促進し，ノックアウトマウスでは乳腺の退縮に異常がみられるなど，組織でのアポトーシス細胞の除去との関連が示唆されるが，乳中での機能は明らかでない．人乳の相同タンパク質（BA 46）はロタウイルスの感染に対する阻害機能をもつことが報告されている．EGF 様ドメインと血液凝固第 8 因子の C ドメインと類似の構

1. 乳の成分

表 1.7 生乳中に内在する技術上重要な酵素

酵素	EC 番号	主な意義	分布
カタラーゼ	1.11.1.6	乳房炎診断, 加熱指標	白血球, 乳清
ラクトペルオキシダーゼ	1.11.1.7	抗菌剤	乳清
スルフヒドリルオキシダーゼ	1.8.3.-	加熱臭の除去	乳清
スーパーオキシドジスムターゼ	1.15.1.1	抗酸化剤, フリーラジカル防御	乳清
キサンチンオキシダーゼ	1.2.3.22	脂質酸化, 硝酸塩還元, 過酸化水素生成, 感染防御作用	MFGM
γ-グルタミルトランスフェラーゼ	2.3.1.1	タンパク合成, 加熱指標	MFGM, 乳清
アルカリホスファターゼ	3.1.3.1	加熱指標	MFGM
リパーゼ	3.1.1.3	オフフレーバーとランシッド臭	カゼインミセル
リゾチーム	3.2.1.17	抗菌作用	乳清
N-アセチル-β-D-グルコサミニダーゼ	3.2.1.30	乳房炎診断	カゼインミセル, 脱脂乳
プラスミン	3.4.21.7	カゼイン加水分解, LL 牛乳のゲル化, チーズ熟成	カゼインミセル
カテプシン D	3.4.23.5	カゼイン加水分解, 生乳チーズ熟成	白血球
リボヌクレアーゼ	3.1.27.5	抗ウイルス作用	乳清
アミラーゼ	3.2.1.1	消化酵素, 抗菌活性	乳清

造をもつことから MFG-E 8 とも呼ばれ, それぞれのドメインでインテグリンとホスファチジルセリンに結合する.

8) 脂肪酸結合タンパク質 (fatty-acid binding protein: FABP) 分子量 13000 の CBB 染色陽性, PAS 染色陰性のタンパク質で, 当初は乳腺組織ホモジネートの上清に含まれる乳がん細胞の増殖抑制因子 (mammary-derived growth inhibitor: MDGI) として同定され, その後, 脂肪酸結合タンパク質, FABP と同一であることが明らかとなった. これまでに脂肪細胞や心臓, 脳などで特異的に発現する複数の FABP が同定されており, 乳腺では心臓型を主とした複数の FABP が発現している. 立体構造の類似性から FABP ファミリーと呼ばれる一群のタンパク質が存在し, 細胞内 FABP としてミエリン P 2 タンパク質, レチノイン酸結合タンパク質, レチノール結合タンパク質が, また, 細胞外 FABP として血清レチノール結合タンパク質, 尿 α2-グロブリン, さらに乳の β-ラクトグロブリンが知られている. 機能はいまだ明らかではないが, 脂肪酸輸送や脂質代謝の制御への関与が示唆されている. また, 細胞質での脂肪滴の成長 (小脂肪滴が融合して大きな脂肪滴となる) にも関与している可能性もある. 〔松田 幹〕

文 献

1) S. Patton, T. W. Keenan: The Milk Lipid Globule Membrane Handbook of Milk Composition (R. G. Jensen, ed.), pp.5-44, Academic Press, 1995.
2) I. H. Mather: *J. Dairy Sci.*, **83**(2), 203-247, 2000.

d. 酵 素

牛乳はウシの乳腺で血液の成分をもとに生合成され分泌されるので, 乳腺上皮細胞および血液などに由来する数々の内在酵素 (indigenous enzymes) が存在する. 現在 70 種以上の酵素が報告されているが, 多くは痕跡程度の活性を示すだけである. また生乳を汚染する細菌に由来する外来酵素 (exogenous enzymes) の影響も無視できないが, ここでは技術上特に重要と考えられる内在酵素を中心に簡潔に述べる. 生乳の内在酵素に関しては多くの総説があり[1~4], 詳細はそれらを参照されたい.

1) 生乳中での酵素の分布 生乳の酵素は主に血漿, 乳腺細胞の細胞質, 乳脂肪球膜 (MFGM) 構成成分, 体細胞 (白血球) に由来し, 乳中で均一に分布しているわけではない. カタラーゼ, ラクトペルオキシダーゼ, リボヌクレアーゼ, γ-グルタミルトランスフェラーゼ, N-アセチル-β-D-グルコサミニダーゼなどは特にホエイ (乳清) で見いだされるし, プラスミンやリパーゼは主にカゼインミセルに結合している. ま

た，キサンチンオキシダーゼは特に MFGM の成分として見いだされる．多くのアイソザイム（活性は同じだが，タンパクとしては別種の酵素）が存在する場合もあり，必ずしも特定の画分に見いだされるわけでもない．また，均質化，加熱，チャーニングなどの操作により，酵素が分散，失活することもある．

乳中での酵素の量や乳成分は動物の種類だけでなく，年齢，泌乳期間，栄養状態，健康状態などにより異なる．また，乳房炎にかかると乳腺細胞の透過性が増大して，血漿や体細胞に由来する酵素の濃度が高くなるので，乳房炎の診断に利用できる．

2) 生乳中の酵素と殺菌　生乳は特別な例外を除き，食品衛生上の観点から牛乳，乳製品の製造工程で必ず加熱（殺菌）されてから食品として利用される．酵素は加熱の程度に依存して失活するので，食品においては，残存酵素活性のみが問題となる．72℃15秒などの緩やかな条件で殺菌される HTST 牛乳などの製品の場合は，残存酵素が品質に与える影響を無視できない[5]．日本で流通している大部分の飲用乳は UHT 殺菌を受けているため，内在酵素はほぼ失活しており，品質に対する影響を大部分失う．口腔や消化管内で機能する酵素の場合には，牛乳，乳製品中の酵素活性が意義をもつ可能性があるが，その他の酵素においては，活性があることの栄養学的な意味は少ない考えられる．

3) 生乳中に存在する技術上重要な酵素　生乳中に内在する酵素で，技術的に重要なものについて以下に示す（表1.7）．

i) カタラーゼ（catalase）：　生乳中には多くの種類の酸化還元酵素が存在する．その一つがカタラーゼで，過酸化水素を分解し，分子量は約24万である．生乳中のカタラーゼ活性は体細胞数に比例している．初乳や，乳分泌に異常を来した場合に活性が高くなるという性質から，乳房炎の診断に利用されている．72℃15秒の殺菌でほとんど失活し，HTST 殺菌の加熱指標としても利用できる．カタラーゼは生乳中で，その他の抗酸化酵素や抗酸化物質とともに，乳脂肪の自動酸化を抑制する因子として重要である．

ii) ラクトペルオキシダーゼ（lactoperoxidase）：　分子量約78000で1分子当たり1個のヘム鉄を含む糖タンパク質である．この酵素は，電子供与体が十分存在しない系では，カタラーゼと同じく，過酸化水素を還元し，酸素と水に変換する．牛乳のように成分としてチオシアン酸（SCN^-）が十分存在すると，2段階の反応でチオシアン酸の酸化を起こし，ウシにとって有毒な過酸化水素を消去し，微生物に対して抗菌力を有するヒポチオシアン酸（HOSCN および $OSCN^-$）を作り出す．抗菌性が乳槽内で機能しているかははっきりしないが，子ウシに対する感染防御の効果は確認されている．牛乳中に量的に最も多く含まれている酵素の一つで，現在ではホエイから商業生産され，口腔衛生分野や家畜飼料などで抗菌剤として利用されている．また，冷蔵設備がない途上国での生乳の小規模輸送において，生乳中のこの酵素活性を利用して，生乳にチオシアン酸（10 mg/kg）と過炭酸ナトリウム（9 mg/kg）を添加して，室温輸送中の腐敗を防ぐという利用法がある．

iii) スルフヒドリルオキシダーゼ（sulfhydryl oxidase）：　チオールの酸化を触媒し，タンパクとペプチド間にジスルフィド結合を形成する酵素である．分子量100万以上の会合体を形成する傾向があり，サブユニットの分子量は89000とされている．ガラスビーズに固定化した本酵素で UHT 乳を処理すると加熱臭が除去され，脂質酸化に対して安定になるといわれる．

iv) スーパーオキシドジスムターゼ（superoxide dismutase: SOD）：　活性酸素（スーパーオキシド）O_2^- を H_2O_2 と O_2 に分解する酵素である．活性酸素は生体に対して毒性をもち，高 pH，高酸素，低キサンチン濃度の条件下でキサンチンオキシダーゼの作用によりキサンチンが酸化すると同時につくられる．牛乳中には Cu/Zn 型 SOD が存在している．SOD 活性は HTST 殺菌（72℃15秒）によって少し失活し，75℃20分間の加熱処理では25%活性が残る．SOD 活性が高いと，牛乳の異臭の原因となる酸化を低く抑

えることができる．

v）キサンチンオキシダーゼ（xanthine oxidase: XO）：　本来はキサンチンオキシドリダクターゼ（XOR）と呼ぶべき酵素で，MFGMを構成する主要タンパク質として存在するモリブデンフラビン酵素の一種である．分子量146000のサブユニット2個から構成される．この酵素はキサンチンデヒドロゲナーゼ（XDH, EC 1.1.1.204）かキサンチンオキシダーゼ（XO, EC 1.1.3.22）のいずれかの形態で存在し，XDHは特異的なタンパク分解でXOに非可逆的に変化する．XDHはNAD^+を還元でき，XOはXORのうち，NAD^+を還元できないものといえる．広い基質特異性を有し，酸素を還元し，活性酸素種，スーパーオキシド，および過酸化水素を発生させる．また硝酸塩を還元し，一酸化窒素やペルオキシ亜硝酸などの反応性窒素種を生成する．これらは新生児腸管上皮で不足している抗菌作用を補完し，感染防御作用がある．均質化した低温殺菌乳に含まれるXOがアテローム性動脈硬化の原因となるというオスター（Oster）の仮説は，今日では否定されている[6]．

vi）γ-グルタミルトランスフェラーゼ（トランスペプチダーゼ）（γ-glutamyl transferase: GGT）：　GGTはγ-グルタミン酸を含むペプチドからγ-グルタミン酸残基を他のアミノ酸に転移させる酵素であり，生乳では主に脱脂乳中やMFGMの膜成分に結合して存在する．加熱指標として，あるいは，初乳を与えた幼獣では，血中のGGT活性が高く，代用乳を与えたものと区別が可能となる．

vii）アルカリホスファターゼ（alkaline phosphatase）：　生乳中にはたくさんのリン酸ヒドロラーゼが存在するが，アルカリホスファターゼはその一種で，多くのリン酸モノエステルを加水分解するアルカリ性リン酸モノエステラーゼである．この酵素は主としてMFGMに存在しており，分子量約85000のサブユニット2個から構成されている．耐熱性が低く，72℃15秒の殺菌によって失活するという性質から殺菌の指標として利用され，一般にホスファターゼテストと呼ばれる[7]．また，乳房炎の診断にも利用できる．

viii）リパーゼ（lipase）：　牛乳に存在するリパーゼは主にリポタンパク質リパーゼ（lipoprotein lipase: LPL）で，450アミノ酸残基の2量体酵素である．大部分はカゼインミセルに結合して存在している．熱に対して不安定で，75℃，20秒の殺菌処理によってほとんど失活する．生乳中では乳脂肪がMFGMに覆われているため，リパーゼの作用を受けにくいが，機械的処理などでMFGMが壊れて脂肪が露出すると分解されやすくなる．また，チーズにおけるフレーバー生成に寄与しているが，ランシッド臭の原因にもなる．一方，人乳には膵液に含まれているものと同じ膵臓リパーゼ，あるいは胆汁酸活性化リパーゼ（bile salts-stimulate lipase: BSSL）とも呼ばれるリパーゼが多く含まれ，これは胆汁酸がなければ活性を示さない．BSSLは消化管内ではじめて活性を示すことから乳児の乳脂質の消化を助ける作用がある．

ix）N-アセチル-β-D-グルコサミニダーゼ（N-acetyl-β-D-glucosaminidase）：　糖タンパク質やキチン断片の糖鎖の非還元末端にあるN-アセチル-D-グルコサミンを遊離させる酵素で，乳腺上皮細胞のリソソーム酵素および体細胞に由来する．95%以上は脱脂乳に存在する．加熱指標，乳房炎診断にも利用できる．

x）プラスミン（plasmin）：　Kaminogawaらは生乳からはじめて，血中に存在するプロテイナーゼと同様な酵素を単離し，それがプラスミンであることを確認した[8]．プラスミンはアルカリ性セリンエンドペプチダーゼの一種で，その前駆体プラスミノーゲンとして分泌され，血液あるいは乳中で活性化される．血中での役割は血栓を加水分解することである．リジンまたはアルギニンのカルボニル基側のペプチド結合を加水分解し，特異性はトリプシンに類似している．分子量約9万の糖タンパクである．乳中では85～90%が不活性型の前駆物質プラスミノーゲンの形態で存在している．プラスミノーゲンはウロキナーゼあるいはその他の活性化因子によって活性化される．乳中ではプラスミノーゲンもプラスミノーゲン活

性化因子もカゼインミセルに結合した形で存在している．加熱に対して比較的安定で，UHT 処理でも活性がわずかに残存するので，UHT 乳中のカゼインミセルの不安定化に影響している．またプラスミンによるカゼインの分解がLL 牛乳貯蔵中におきるゲル化の一因ともなっている．また，チーズ製造時にプラスミノーゲンとプラスミノーゲン活性化因子がレンネットで凝固したカゼインミセルに付随してチーズカードに移行する一方，プラスミン阻害因子，およびプラスミノーゲン阻害因子はホエイ中に移行するので，チーズ熟成中にプラスミンが働きやすくなり，熟成に寄与する．生乳中にはこのほか，血液に由来するプロテイナーゼ（トロンビン）や白血球に由来する酸性プロテイナーゼ（カテプシンD）も存在する．カテプシンDは耐熱性が低く，生乳チーズの熟成に影響する．

xi） リボヌクレアーゼ（ribonuclease: RNase）： RNase は生物に普遍的に存在する酵素で，RNA を分解してモノヌクレオチドを生じる．A型とB型のアイソザイムが 4：1 の割合で存在し，A型はウシ膵臓の RNase と同一のものである．121℃10 秒の殺菌ではほぼ失活するが，72℃2 分では 60% ほど残存する．最近，乳中の RNase の抗ウイルス，抗腫瘍活性に関心が寄せられている．

xii） アミラーゼ（amylase）： 生乳中には，アミラーゼが含まれている．主にα-アミラーゼで，β-アミラーゼは少ない．アミラーゼがなぜ乳に含まれているのかははっきりしていないが，細菌の細胞壁の多糖類を加水分解することで抗菌活性を示す可能性が示唆されている．

〔元島英雅〕

文献

1) P. F. Fox, A. L. Kelly: *Int. J. Dairy J.*, **16**, 500-516, 2006.
2) P. F. Fox, A. L. Kelly: *Int. J. Dairy J.*, **16**, 517-532, 2006.
3) P. F. Fox: Proteins, 3rd eds. (Advanced Dairy Chemistry, vol.1, P. F. Fox, P. L. H. McSweeney eds.), pp.467-603, Kluwer Academic/ Plenum Publishers, 2003.
4) Shakeel-ur-Rehman, N. Y. Farkye: Encyclopedia of Dairy Sciences (H. Roginski, *et al.*, eds.), pp. 926-948, Academic Press, 2003.
5) G. Linden: *Bull. Int. Dairy Fed.*, **200**, 17-21, 1986.
6) R. Harrison: *Int. Dairy J.*, **16**, 546-554, 2006.
7) International Dairy Federation: IDF Standard 82 A. 1987.
8) S. Kaminogawa, *et al.*: *Agric. Biol. Chem.*, **36**, 2163-2167, 1972.

1.2.2　牛乳の脂質

牛乳には 3〜5% の脂質成分が含まれている．脂質成分は，通常，単純脂質（非極性脂質あるいは中性脂質とも呼ばれる）と構成成分として糖やリンを有する複合脂質（極性脂質）に分類されるが，代謝上の関連性や機能的な面からは，アシル脂質とプレニル脂質に大別できる．グリセロールを共通成分とするグリセロ脂質とスフィンゴイド塩基（長鎖アミノアルコールの一種）を共通成分とするスフィンゴ脂質はアシル脂質に区分され，乳脂質の場合，前者ではトリアシルグリセロール（トリグリセリド），後者ではスフィンゴミエリンがそれぞれ代表的なものである．一方，プレニル脂質とはイソプレンから生合成される脂質群で，ステロール，トコフェロール（ビタミンE），レチノール（ビタミンA）などが相当する．

a．脂質の存在形態と組成

牛乳の脂質の大部分は脂肪球として乳漿中に水中油滴 O/W 型エマルションの形で懸濁しており，残りはリポプロテイン粒子として存在している．脂肪球のサイズは 0.2〜10μm（大部分は 4μm 程度）で，その中心部にはトリアシルグリセロール，コレステリルエステルおよびレチノールエステルなどの非極性脂質が含まれる．複合脂質は主として脂肪球皮膜の構成成分として存在している（図1.11）．

牛乳中の脂質クラスとしては，トリアシルグリセロールが 96〜98% を占め，複合脂質の割合は 1% 程度である．そのほかにジアシルグリセロール，コレステロールとその脂肪酸エステルに加えて，モノアシルグリセロール，遊離脂肪酸，炭化水素類もごくわずかに存在している．

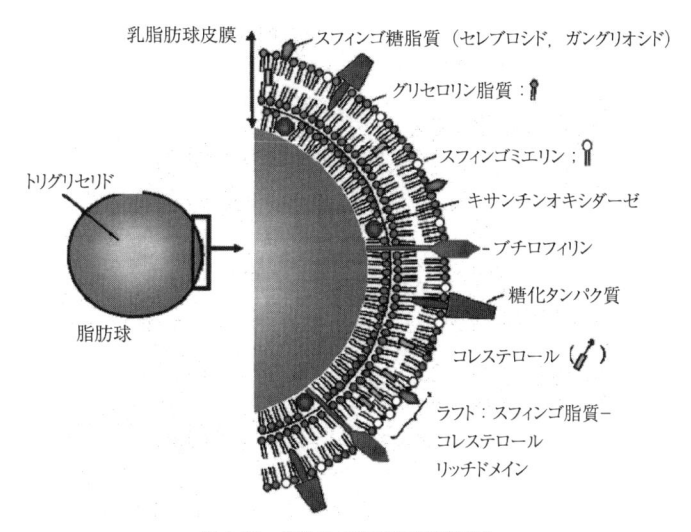

図1.11 牛乳中の脂質の存在形態[1]

表1.8 牛乳中のトリアシルグリセロールに含まれる脂肪酸（他の油脂との比較）

脂肪酸	略号	牛乳	牛脂	大豆油
酪酸	4:0	2.6～4.1		
カプロン酸	6:0	2.2～2.8		
カプリル酸	8:0	1.2～1.5		
カプリン酸	10:0	2.4～3.1	<0.1	
	10:1	0.4～0.6		
ラウリン酸	12:0	2.9～3.7	0.1～0.2	
	12:1	0.2～0.3		
ミリスチン酸	14:0	9.7～11.2	3.5～5.3	0.5
	14:1	1.2～1.8	<0.1	
	15:0	1.1～1.5	1.1～1.9	
パルミチン酸	16:0	26.2～20.2	28.4～33.9	7～12
パルミトレイン酸	16:1	1.1～2.9	2.5～4.4	<0.5
	17:0	0.6～0.7	0.3～1.0	
	17:1	0.3～0.5		
ステアリン酸	18:0	8.4～9.7	14.4～26.8	2～5.5
オレイン酸	18:1	20.2～22.9	33.8～42.8	20～50
リノール酸	18:2	2.1～3.0	0.8～2.8	35～60
リノレン酸	18:3	0.7～0.9	0.4～1.0	2～13
	20:0	0～0.2		<1.0
	20:1	0.2～0.3		
その他		4.5	<0.1～0.6	0.5～1.0

牛乳は，搾乳後，清澄化，パスツーリゼーション，均質化されて製品となるが，パスツーリゼーションの過程では脂質は変化しないと考えられている．一方，均質化では脂肪球の径が小さくなり（0.8μm），それに伴って脂肪球の数が約100倍，その表面積は6～10倍となる．また，牛乳中の脂質含量は，さまざまな要因で変動するが，生産やその後の処理の段階ではその影響は問題とならずに，通常は3.5％前後である．

b．構成脂肪酸の種類と特徴

1) 組成 牛乳中には400種ほどの脂肪酸の存在が知られているが，その中で，牛乳脂質の大部分を占めるトリアシルグリセロールに認められる主な脂肪酸（1％以上）の種類と割合を表1.8に示す．乳脂肪の特徴は酪酸（C4:0）やカプロン酸（C6:0）などの低級脂肪酸が存在することであるが，量的に多いのはパルミチン酸（C16:0），オレイン酸（C18:1[9]），ステアリン酸（C18:0）およびミリスチン酸（C14:0）である．しかし，低級脂肪酸も比較的多く含まれることから，乳脂肪がリパーゼで分解されると，揮発性の脂肪酸が遊離してランシッド臭を生じることになる．微量の脂肪酸成分としては，多価不飽和脂肪酸（二重結合を2個以上有するもの）のほかに各種の奇数脂肪酸，分枝酸およびヒドロキシ酸も見いだされている[2]．バターの重要なフレーバーであるγ-やδ-ラクトン類は，ヒドロキシ脂肪酸を含むトリアシルグリセロールから加熱などによって生じる．また，健康に対する有害性が議論されているトランス脂肪酸やさまざまな健康機能性が報告されている共役リノール酸も存在している．

2) トランス脂肪酸 トランス脂肪酸とは，不飽和脂肪酸の中で二重結合の立体配位がトラン

ス型になっているものの総称である．脂肪酸の二重結合がシス型の場合，脂肪酸の立体構造は二重結合の位置で屈折するが，トランス型の場合は脂肪酸全体の構造は直線的で，飽和脂肪酸の立体構造に似ている．脂肪酸の立体構造の違いは物理化学的特性に影響を与え，たとえば，エライジン酸 [C 18：1 (9-trans)] の融点（46.6 ℃）は，その幾何異性体であるオレイン酸 [C 18：1 (9-cis)] のそれ（13.4 ℃）よりも高く，同じ炭素数の飽和脂肪酸であるステアリン酸（融点69.6 ℃）よりも低い．

トランス脂肪酸は植物油などの精製，加工および調理の過程でシス不飽和脂肪酸から生成するが，牛乳中のトランス脂肪酸は反芻胃（第1胃）に共生するバクテリアが有するシス-トランスイソメラーゼによって摂取した飼料に含まれているシス型不飽和脂肪酸がトランス脂肪酸に異性化され，それが体内に吸収されて移行したものである．牛乳中には C16：1，C18：1，C18：2，C18：3 などのトランス脂肪酸が存在し，総脂肪酸の2〜8%を占めている．その大部分はバクセン酸 [C18：1 (11-trans)] で，国内産牛乳では総脂肪酸の2.1〜4.9%（68製品の分析結果では平均3.2%）であった[3]．

トランス脂肪酸の過剰摂取は，疫学調査等の結果から，心疾患等のリスク因子との連関が指摘されている．日本人の一般的な食生活におけるトランス脂肪酸の平均摂取量（1.31 g/日）は，欧米に比べて比較的低く，WHO/FAO および FDA が勧告している総エネルギー摂取量の1%未満である．欧米では食品中のトランス脂肪酸の表示の義務化や摂取量の勧告が行われているが，牛乳を含めた動物性脂肪に含まれる天然のトランス脂肪酸は除外される場合もある．

3） 共役リノール酸　牛乳中には保健機能を有する脂肪酸として，微量の共役リノール酸（conjugated linoleic acid：CLA）が存在している[4]．これは，飼料由来のリノール酸がルーメン中でステアリン酸に生物的水素添加される過程で生じる中間体で，牛乳中にはシス，トランス型，トランス，トランス型およびシス，シス型の15種の異性体が検出される．その中で量的に多い（全 CLA の80%）のは 9-シス，11-トランス-タイプ（ルーメン酸）である．これまでに抗がん作用，抗動脈硬化作用，抗糖尿病作用，抗肥満作用，骨形成促進作用などとの関連性が明らかになっており，その効果は魚油中の n-3系脂肪酸（エイコサペンタエン酸やドコサヘキサエン酸）と比べて低い摂取量で発揮されると考えられている．北海道で市販されている牛乳の場合，乳脂肪1 g 当たり4.6〜5.2 mg の CLA が含まれる．その含量は夏期では少し高く，冬期になると減少する．また，発酵乳では牛乳と比べて CLA 含量は高い傾向がある[5]．

c．トリアシルグリセロールの組成

トリアシルグリセロールは，グリセロールの三つの水酸基に脂肪酸がエステル結合した構造を有している．牛乳中のトリアシルグリセロールについては，構成脂肪酸の総炭素数の分布やグリセロール部の各水酸基に結合している脂肪酸の分布が詳しく分析されている．また，HPLC を用いて個々のトリアシルグリセロール分子が脂肪酸の組合せに基づいて分離分析されている．トリアシルグリセロール構造の特性は重要で，乳脂肪の場合，バターの進展性（spreadability）に影響を与えるほか，チーズ製造時でのリパーゼ作用による揮発性脂肪酸の生成などにかかわっている．また，低級脂肪酸が sn-3 に結合していることは栄養生理学的にも意味があり，ヒトが牛乳を飲むと，まず胃リパーゼの作用で sn-3 の脂肪酸が選択的に加水分解され，遊離した低級〜中級脂肪酸（4：0 から 10：0）が胃壁から吸収されて門脈を経て肝臓に運ばれて酸化を受ける．牛乳トリアシルグリセロールの25〜40%は胃で消化されるが，乳脂肪球は膵リパーゼには作用を受けにくい．

1） 脂肪酸の立体特異的分布　牛乳トリアシルグリセロールに結合している脂肪酸の分布はランダムではなく，立体特異的な分布がみられる（表1.9）．sn-1 では等量（20%前後）の C16：0 と C18：1 に加えて C18：0 も多く含まれており，これらで合わせて全体の70%を占めている．sn-2 には，C16：0 が最も多く，次いで C 14：0，

1. 乳の成分

表1.9 牛乳中トリアシルグリセロール中の脂肪酸の立体特異的分布[6]

脂肪酸	TG	sn-1	sn-2	sn-3
(mol/100 mol)				
4:0	11.8	—	—	35.4
6:0	4.6	—	0.9	12.9
8:0	1.9	1.4	0.7	3.6
10:0	3.7	1.9	3.0	6.2
12:0	3.9	4.9	6.2	0.6
14:0	11.2	9.7	17.5	6.4
15:0	2.1	2.0	2.9	1.4
16:0	23.9	34.0	32.3	5.4
16:1	2.6	2.8	3.6	1.4
17:0	0.8	1.3	1.0	0.1
18:0	7.0	10.3	9.5	1.2
18:1	24.0	30.0	18.9	23.1
18:2	2.5	1.7	3.5	2.3
18:3	trace	—	—	—

C18:1が主に結合している．また，sn-3では，C4:0が35%を占めており，次いでC18:1とC6:0が多く結合している．主な構成脂肪酸について，それぞれの分布をみてみると，牛乳トリアシルグリセロールに特異的な低級脂肪酸はsn-3に多く結合しており，特にC4:0やC6:0はその90%以上がsn-3に局在している．C8:0やC10:0もsn-3に多く分布している．C12:0とC14:0は主にsn-2に結合しており，C16:0とC18:0はsn-1とsn-2にほぼ等量分布している．植物油では，通常，不飽和脂肪酸はsn-2に多く分布しているが，牛乳トリアシルグリセロールの場合，C18:1は42%がsn-1に結合しており，sn-2には残りの半分（約30%）が存在している．

2）分子種のタイプと脂肪酸の組合せ トリアシルグリセロールに結合している脂肪酸の総炭素数の違いで分類すると，牛乳ではC26からC54での15タイプが存在する．低炭素数のトリアシルグリセロールが存在するのは，構成脂肪酸としてC4:0からC10:0までの低級および中級脂肪酸が含まれることによる．主要なタイプはC36，C38，C40，C48，C50およびC52であるが，これらはいずれも10%程度にすぎない（表1.10[7]）．

牛乳トリアシルグリセロールの分子種の種類は，表1.9に記載した13種の脂肪酸が仮にランダムにグリセロールのsn-1，sn-2およびsn-3に結合すると仮定すれば，理論的には13×13×13＝2197種となる．牛乳トリアシルグリセロールの構成脂肪酸は，上述するようにランダムに分布していないが，数多くの微量脂肪酸が存在しているので，牛乳中のトリアシルグリセロール分子の数はおそらく数千種は存在すると考えられ，その詳細な組成を分析するのはきわめて煩雑となる．逆相HPLCによる分析では，17種のピークが分離され，それらの構成脂肪酸の分析から全体の80%に相当する223種の分子種の割合が明らかになっている[8]．代表的なものはC18:1−C16:0−C4:0，C16:0−C16:0−C4:0およびC16:0−C14:0−C4:0である．乳脂肪球は液状となっているのは，これら主要なトリアシルグリセロール種の融点がウシの体温（39℃）よりも低いことによる．なお，上記の分子種において脂肪酸の結合位置については考慮されていないが，C18:1−C16:0−C4:0の場合，C4:0はsn-3に結合しているので，sn-1にC16:0，sn-2にC18:1が結合したタイプとその逆の組合せによる2種の混合物である．

d．複合脂質の特徴

複合脂質はリン脂質と糖脂質からなるが，両者は基本構造をもとにグリセリド系列とセラミド系列の脂質群（それぞれグリセロ脂質とスフィンゴ脂質と呼ばれる）として区分されることもある．

表1.10 牛乳中のトリアシルグリセロールの総炭素数の分布[6]

トリアシルグリセロールの総炭素数	平均値の幅（wt%）
C26	0.1〜1.0
C28	0.3〜1.3
C30	0.7〜1.5
C32	1.8〜4.0
C34	4〜8
C36	9〜14
C38	10〜15
C40	9〜13
C42	6〜7
C44	5〜7.5
C46	5〜7
C48	7〜11
C50	8〜12
C52	7〜11
C54	1〜5

牛乳中の複合脂質の組成を表1.11に示す.

リン脂質の組成と構成分の特徴 リン脂質は，35%のホスファチジルコリン，32%のホスファチジルエタノールアミン，25%のスフィンゴミエリン（SM），5%のホスファチジルイノシトールおよび3%のホスファチジルセリンから構成されている[9]．そのほか，微量のカルジオリピン，リゾリン脂質およびビニールエーテル結合を有するプラズマローゲンも存在している．牛乳100 ml当たりのリン脂質量は，Bitmanらの報告[10]では，12〜35 mgの間で，分娩7日目が最大で，180日目では最低値となっている．牛乳中の代表的なスフィンゴ脂質であるSMは，大腸がん発症を初期段階で阻害する効果やコレステロール吸収阻害作用を有することが動物実験で実証されており[10]，微量成分ではあるが，SMの生理機能に着目した機能性食品素材が開発されて上市されている．特に，経口的に摂取したSMの皮膚に対する美肌効果が注目されているが，その作用機序などに不明な部分が多く，今後の研究が期待されている．

牛乳中の糖脂質は，中性タイプとシアル酸含有の酸性タイプ（ガングリオシド）のスフィンゴ糖脂質からなる（表1.11）．中性糖脂質はグルコシルセラミド（セレブロシド）とラクトシルセラミドの2種で，両者は35：65の比率で存在している．なお，これらの代謝上の前駆体である遊離セラミドも微量存在している．一方，ガングリオシドとしては，牛乳や乳製品中に1〜3個のシアル酸（ノイラミン酸）を含む6種類ほどが知られており，主なものはGD3（NeuAcα2→8NeuAcα2→3Galβ1→4Glc-Cer）とGM3である[11]．これらのガングリオシドは，ウイルスや細菌および細菌毒素の上皮細胞への付着阻止作用を有している．また，脳や免疫系の発達に重要な役割を担っているといわれている．

複合脂質クラスの構成脂肪酸は，トリアシルグリセロールとは異なり，相対的に多価不飽和脂肪酸の割合が高く，また低級脂肪酸や中級脂肪酸はほとんど存在しない．また，スフィンゴ脂質（SMと糖脂質）では，奇数炭素数を含む超長鎖の脂肪酸も多く含む．一方，スフィンゴ脂質のセラミド残基を構成するスフィンゴイド塩基は，代表的な動物スフィンゴイド塩基であるスフィンゴシンのほかに，C16の同族体やルーメンバクテリアに由来する分枝型も多く，きわめて複雑な組成を有している．

e. ステロールおよびその他の微量脂質

牛乳中には100 ml当たり10〜20 mg（乳脂肪100 g当たり308〜606 mgに相当）のコレステロールが含まれる．大部分は遊離型であるが，約10%は脂肪酸エステルである．コレステロールは全牛乳ステロールの95%を占めるが，そのほかに7-デヒドロコレステロール，デスモステロール，ラノステロール，植物ステロール（スチグマステロール，シトステロールなど）なども検出される．コレステロールの過剰摂取は冠動脈疾患のリスクの一つとされているが，日本人の摂取量では問題となることはない．また，牛乳には餌由来のビタミンE（主としてα-トコフェロール）とβ-カロテンが乳脂肪に溶けている．これらは，いずれも微量成分（乳脂肪100 g当たり，それぞれ平均で約100 μgと60 μg）であるが，放牧草で飼育すると他の餌（コーンサイレージ投与）と比較して増加する．

f. 牛乳脂質の食品機能性

バターミルクからのMFGM調製物は最近では，nutraceuticalsとして利用が考えられている．これはMFGMに，潜在的に健康にプラスに作用する成分が含まれていることによる．特に，

表1.11 牛乳中の複合脂質の構成[7]

複合脂質	モル%
ホスファチジルコリン	34.5
ホスファチジルエタノールアミン	31.8
ホスファチジルセリン	3.1
ホスファチジルイノシトール	4.7
スフィンゴミエリン	25.2
リゾホスファチジルコリン	Trace
リゾホスファチジルエタノールアミン	Trace
	59.7
プラズマローゲン	3
カルジオリピン	Trace
セラミド	Trace
セレブロシド（含む中性糖脂質）	3 mg/l^3
ガングリオシド	1.4 mg/l^3

スフィンゴミエリン[12]については，上述したように抗腫瘍作用，コレステロール低下作用，美肌作用などの生理機能が報告されているが，あらかじめミクロろ過で脂肪球をサイズ（2.3μm～8.0μm）に分画してから脂肪球皮膜を調製すると未処理の牛乳から分離したものと比べて高含量のものが得られている．

g. 牛乳脂質の変動要因

牛乳中の脂肪の組成は，餌とウシの品種によって異なる．特に先に述べたように，摂取した不飽和脂肪酸はルーメンにおいて異性化ならびに水素添加を経て多くは飽和脂肪酸へ一部は共役脂肪酸へ変わるため，他の哺乳動物と比べて飼料由来の脂肪酸が直接乳の脂肪酸組成に与える影響は小さい．しかしながら，ヒトへの健康機能性を考えると不飽和脂肪酸などの乳への効率的な導入が期待されている．そこでカルシウム製剤やアミド脂肪酸での投与によっての効率的導入法が検討されている[13]．また，植物由来の不飽和化酵素を導入したトランスジェニック動物の作製による動物体内での不飽和脂肪酸の合成についてもすでにブタで成功しており[14]，今後ウシなどに応用することによって，不飽和脂肪酸を多く含む牛乳の生産も容易になるかもしれない．

〔木下幹朗・大西正男〕

文 献

1) C. Lopez, et al.: *J. Agric. Food Chem.*, **56**, 5226-5236, 2008.
2) J. D. Hay, W. R. Morrison: *Biochim. Biophys. Acta.*, **202**, 237-243, 1970.
3) 松崎 寿ほか：日本油化学会誌, **47**, 277-282, 1998.
4) 山内康生：ミルクサイエンス, **56**, 227-236, 2008.
5) 丹治幹男ほか：日本農芸化学会2002年度大会講演要旨集, 2002.
6) R. G. Jensen, et al.: *J. Dairy Sci.*, **74**, 3228, 1991.
7) R. G. Jensen: *J. Dairy Sci.*, **85**, 295-350, 2002.
8) G. Greste, et al.: *J. Dairy Sci.*, **76**, 1850-1869, 1993.
9) R. Rombaut, et al.: *J. Food Composit. Anal.*, **20**(3-4), 308-312, 2007.
10) J. Bitman, D. L. Wood: *J. Dairy Sci.*, **73**, 1208-1216, 1990.
11) R. G. Jensen: *J. Dairy Sci.*, **85**, 295-350, 2002.
12) H. Vesper, et al.: *J. Nutrition*, **129**, 1239-1250, 1999.
13) T. C. Jenkins, M. A. McGuire: *J. Dairy Sci.*, **89**, 1302-1310, 2006.
14) K. Saeki, et al.: *Proc. Nat. Acad. Sci. USA*, **101**, 6361-6366, 2004.

1.2.3 糖 質[1～5,11～14]

泌乳期により牛乳に含まれる糖質（炭水化物）の含量は異なる．特に初乳には，免疫グロブリンなどの糖タンパク質成分と多量の遊離のミルクオリゴ糖が含まれる．これらの特徴的成分は常乳期に近づくにつれて含量が激減する．牛乳中の乳糖以外の糖質としては，遊離の糖質（単糖，糖ヌクレオチド，ミルクオリゴ糖），遊離の糖脂質（中性糖脂質，酸性糖脂質，ガングリオシド）および糖ペプチドや糖タンパク質などの糖鎖における結合糖質がある．本文中では，ウシ常乳を「牛乳」，およびヒトミルクを「人乳」とした．

a. 牛乳中に見いだされる遊離の単糖，糖ヌクレオチドおよびオリゴ糖

1) 単糖 1960年代には，牛乳中には4種類の単糖と1種の糖アルコールが微量含まれていることが報告された．すなわち，D-グルコース（Glc），D-ガラクトース（Gal），N-アセチルグルコサミン（GlcNAc），β-D-デオキシ-D-リボースおよびミオイノシトール（meso-イノシット）である．ごく初期の研究（1954年）では，ペーパークロマトグラフィー（PC）によりウシ初乳および乳腺組織に，D-系列の2-ケトースの一種であるD-セドヘプツロース（sedopheptulose）が報告された．この糖質は，乳腺組織中での糖代謝における中間体とも考えられ注目されるが，再確認の必要性がある．これらの化学構造と含有量は，図1.12に示した．しかしながら，L-フコース（Fuc），D-マンノース（Man），N-アセチルガラクトサミン（GalNAc）およびシアル酸（後述）は，乳腺細胞で合成される種々の複合糖質（糖タンパク質や糖脂質）の糖鎖部分の重要な構成糖であるが，牛乳中に遊離状態での存在は確認されていない．

2) 糖ヌクレオチド 糖質と核酸が結合した配糖体である糖ヌクレオチドは，牛乳中に5種類

```
1  D-グルコース    (Glc, 13.8 mg)
2  D-ガラクトース   (Gal, 11.7 mg)
3  N-アセチルグルコサミン  (GlcNAc, 11.2 mg)
4  β-2-デオキシ-D-リボース  (2.6～4.5 mg)
5  ミオイノシトール (meso-イノシット, 4～5 mg)
6  D-セドヘプツロース  ※
```

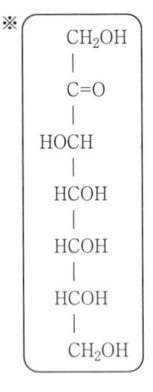

```
※  CH₂OH
    |
    C=O
    |
    HOCH
    |
    HCOH
    |
    HCOH
    |
    HCOH
    |
    CH₂OH
```

図 1.12 牛乳中に遊離で存在する単糖の種類と含有量

が報告されている．糖ヌクレオチドは，ヌクレオシド 5'-二リン酸の末端リン酸基と糖質の第一位炭素に結合する還元性水酸基（C1-OH）とがエステル結合した構造である．塩基にはグアニン（G）やウリジン（U）が多く，糖質のデオキシリボースでは C5 位が二リン酸化されている．牛乳中の糖ヌクレオチドには，グアニジン二リン酸誘導体として 2 種の GDP-フコースおよび GDP-マンノースが，またウリジン二リン酸誘導体として 3 種の UDP-ヘキソース，UDP-N-アセチルヘキソサミンおよび UDP-グルクロン酸が報告されている．これらの糖ヌクレオチドの役割は，乳腺上皮細胞でのミルクオリゴ糖や複合糖質糖鎖の生合成時の出発材料としての糖供与体と考えられる．

3) 中性オリゴ糖

ⅰ) 乳糖（ラクトース）: 牛乳中には約 4.5% の糖質が遊離状態で存在し，その 99.8% を占めるのは「乳糖（lactose，ラクトース）」という還元性の中性 2 糖である．乳糖が乳以外の植物体に存在するという報告もあったが，現在ではすべて否定されている．その理由は，乳糖の生合成には，乳腺上皮細胞でのみつくられる α-ラクトアルブミン（α-La）という乳タンパク質が必須だからである．乳糖の生合成は，乳糖合成酵素 A（ガラクトース転移酵素，GalT）と乳糖合成酵素 B（α-ラクトアルブミン，α-La）の 2 種の酵素の働きで，遊離のグルコースにウリジン-2-リン酸-ガラクトース（UDP-Gal）からガラクトースが β1→4 結合で転移合成される．したがって，乳糖は乳以外には存在することのないきわめて特殊な糖質といえる．

牛乳中での乳糖は，還元末端に位置するグルコースが直鎖型を経由することで，C-1 位に起因する α-型および β-型の 2 種の構造異性体（アノマー）が存在する．これらの化学構造を図 1.13 に示した．図は Haworth の透視式で表してあり，水溶液中に微量存在する直鎖型乳糖や，各糖質の 5 員環の存在，および 6 員環におけるイス型とフネ型の平衡関係などは省略した．乳糖は 2 糖であるため，構成単糖であるグルコースとガラクトースがそれぞれ示す浸透圧の半分となり，乳腺細胞や幼動物の未成熟腸管に対して負担が少ない．したがって，乳の浸透圧にかかわる乳糖の含量は，全泌乳期を通して脂肪などの成分と比較して，含量的に変化は少ない．

乳糖を水溶液から結晶化させる場合には，93.5 ℃ 以下では α-乳糖 1 水和物となり，93.5 ℃ 以上では β-乳糖（無水物）となる．また，乳糖を急速に脱水乾燥させると，非結晶系ガラス状乳糖（無水物）となる．噴霧乾燥法により製造された粉乳中の乳糖は，この形態であり吸湿しやすい．α- および β-乳糖の物理的性質を，表 1.12 に比較して示した．両乳糖では旋光度が異なっており，結晶を水溶液にすると α-乳糖は β-乳糖に，β-乳糖は α-乳糖へと変旋光を起こす．旋光度が平衡状態に達した乳糖溶液は「平衡乳糖」と呼ばれ，20 ℃ で $[\alpha] = +55.3°$ である．この水溶

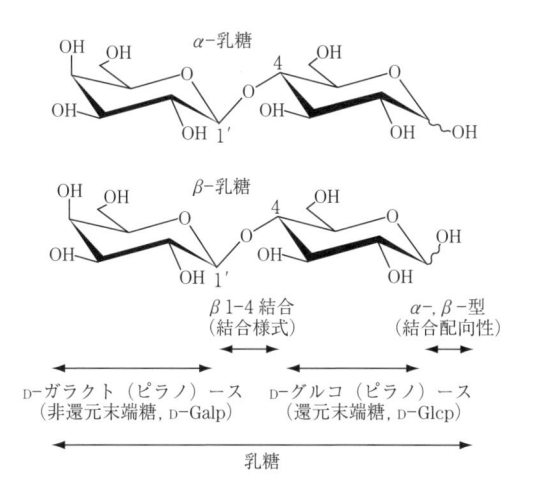

図1.13 乳糖（ラクトース）の化学構造と2種の異性体

表1.12 α-乳糖1水和物とβ-乳糖の性質の比較

性質	α-乳糖1水和物	β-乳糖
比旋光度	プラス89.4°（無水物として）	プラス35.0°
融点	202℃	229.5℃（分解）
溶解度 20℃	8(g/水100 ml)	55(g/水100 ml)
100℃	70(g/水100 ml)	95(g/水100 ml)
比重	1.54	1.59
比熱	0.2990	0.2895
甘み	比較的小	比較的大
臭素による酸化	受けにくい	受けやすい

液中では，α-乳糖が37.3%およびβ-乳糖が62.7%を占め，約1：2の存在比である．

乳糖はショ糖の約16%と甘味性が低い．乳に水分に次いで多量に含まれる糖質が甘くないことは，幼動物が短時間に大量に摂取できる配慮であると推定される．乳中の乳糖含量は，その哺乳動物種により大きく異なる．JennessとSloan（1970年）は，乳中で最も乳糖含量の高い動物種はヒトであり（約7%），海獣類乳では乳糖は含まれず，牛乳はこの中間（約4.5%）に位置するとした．乳中の乳糖は，乳仔にとっての主要なエネルギー源と考えられるが，海獣類では乳糖が高濃度の脂肪に置換されている．乳糖が乳において必須成分でない哺乳動物も存在することは，哺乳動物の進化や動物乳を泌乳生理学的に考察する際に重要である．

ⅱ) 乳糖以外のオリゴ糖[6]： 哺乳動物乳は，その泌乳期により乳成分が大きく変動する．特に，後天性免疫動物であるウシなどの反芻獣では，初乳には免疫グロブリン（IgG）が多量に含まれ，泌乳期の進行に伴って激減する．一般に，哺乳動物乳は，泌乳期により3種に分類される．分娩後2週間くらいまでに分泌される乳を「初乳」，常乳期に分泌される「常乳」および常乳期末期の乳を「末期乳」という．特に分娩直後の乳を分娩直後乳と呼び，分娩1週間前くらいから乳槽内で準備されている．また，それぞれの泌乳ステージに至るまでの乳を移行乳と呼ぶ場合がある．

ウシ初乳には，乳糖のガラクトース部分やグルコース部分に，種々の単糖［ガラクトース，N-アセチルグルコサミン（GlcNAc），フコース，N-アシルノイラミン酸（シアル酸）など］が結合して生合成された特別なオリゴ糖群が含まれており，特に「ミルクオリゴ糖（MO）」と乳糖とは区別して呼ばれる．これらのMOは，分娩前から乳槽内に準備される初乳中の酵素反応で副成したという学説もあるが，筆者は合目的性をもって泌乳初期に限定して生合成される機能性成分と考えている．MOの真の生理機能は依然として不明であるが，最近の研究により泌乳初期に乳仔に必要な種々の栄養生理機能が見いだされている．

ウシ初乳中のMOには，2種の中性2糖が報告されている．その中で特筆されるのは，N-アセチルラクトサミン（Galβ1→4GlcNAc, LacNAc）であり，乳中に遊離の状態ではじめて筆者らにより見いだされた点である．これまでこの2糖は，複合糖質に結合する糖鎖の部分構造単位としてのみ，その存在が知られていた．また，ウシ初乳中には6種の3糖および1種の5糖の中性ミルクオリゴ糖が報告されている．その中でも，Galがα1-3結合で乳糖に導入されたα-3′-ガラクトシルラクトース（3糖），GalNAcがα1-3結合で乳糖に導入された3糖やラクト-N-ノボペンタオース1（5糖）は特に注目される（図1.14）．ウシ初乳に多く含まれるこれらの3糖が，牛乳（ウシ常乳）にも微量含まれていることは，食品への利用性を考えた場合重要である．最近，木村ら（1997年）により，牛乳100g中には3糖以上の中性MOが4.3〜6.1mg含まれること

```
Galβ1 → 4GlcNAc              N-アセチルラクトサミン (LacNAc)
GalNAcβ1 → 4Glc
Galβ1 → 4  ⟩ GlcNAc           3-フコシル-N-アセチルラクトサミン
Fucα1 → 3
Galβ1 → 3Galβ1 → 4Glc         3'-β-ガラクトシルラクトース　(3'-β-GL)
Galα1 → 3Galβ1 → 4Glc         3'-α-ガラクトシルラクトース　(3'-α-GL)
Galβ1 → 6Galβ1 → 4Glc         6'-β-ガラクトシルラクトース　(6'-β-GL)
Galβ1 → 6  ⟩ Glc              6-β-ガラクトシルラクトース　(6-GL)
Galβ1 → 4
GalNAcα1 → 3Galβ1 → 4Glc
Galβ1 → 4GlcNAcβ1 → 6 ⟩ Galβ1 → 4Glc   ラクト-N-ノボペンタオース I
Galβ1 → 3
```

図1.14 ウシ初乳中に存在する中性ミルクオリゴ糖（乳糖はMOに含めていないため省略）

が，ピリジルアミノ誘導体による高速液体クロマトグラフィー（HPLC）分析により定量された．

ウシ初乳中には，乳糖にもう1分子のガラクトースが転移して生合成された「ガラクトシルラクトース（Galβ1-xGalβ1-4Glc, GL）」という中性3糖が存在する．転移するガラクトースの結合位置（x）により4種類の位置異性体が存在し，ウシ初乳中には6'-および3'-GLが知られているが，2'-および4'-GLの存在はまだ確認されていない．また，乳糖の還元末端グルコースにもう1分子のガラクトースがβ1-6結合で転移した，分岐型の6-GL：[Galβ1 → 4(Galβ1 → 6)Glc]が，ウシ初乳中には微量存在する．

4）酸性オリゴ糖[7,8]

i) シアル酸（N-アシルノイラミン酸）： シアル酸とは，炭素数が9個のノイラミン酸のアミノ基に，アシル基が導入されたN-アシルノイラミン酸の総称である．シアル酸は，多くの複合糖質に結合する糖鎖の非還元末端に位置し，種々の生理学的役割を担っている．昆虫にもシアル酸が発見されたが，植物には見いだされていない．乳も含め自然界のシアル酸は結合型で存在し，遊離型では存在しない．現在までにシアル酸は30種類を越える分子種が知られているが，主要なシアル酸はN-アセチルノイラミン酸（NeuAc）およびN-グリコリルノイラミン酸（NeuGc）である．これら2種類の代表的シアル酸の化学構造を図1.15に示した．シアル酸は，分子内にカルボキシル基（-COOH）が存在するために，通常の中性域の生体pHではマイナスに荷電する酸性糖

となる．シアル酸は，脳や中枢神経系に多く存在するガングリオシドという酸性糖脂質（後述）の重要な構成成分であり，その量は乳児期に急激に必要とされることから，乳中のシアル酸は器官の形成や機能の発達に重要な働きを有することが推定される．また，この考え方を裏づける研究として，シアル酸には学習能力向上効果が報告されている．また，シアル酸を結合するMOには，インフルエンザウイルスや病原性大腸菌などの感染を防止する機能が推定されている．また，同様にシアル酸含有MOには，病原性大腸菌やコレラ菌が産生する毒素タンパク質による下痢を防止する機能も推定されている．

シアル酸はかつてきわめて高価であったが，牛乳タンパク質や鶏卵黄タンパク質に結合するシアリル糖鎖の部分加水分解により安価に調製される

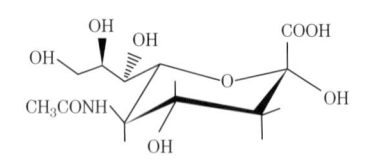

N-アセチルノイラミン酸 (NeuAc)

N-グリコリルノイラミン酸 (NeuGc)

図1.15 2種の代表的シアル酸の化学構造

NeuAc α2 → 3Gal	3′-シアリルガラクトース
(O-Acetyl)-NeuAc α2 → 3Gal β1 → 4Glc	O-アセチル-3′-シアリルラクトース
NeuAc α2 → 3Gal β1 → 4Glc	3′-シアリルラクトース (NeuAc)
NeuAc α2 → 6Gal β1 → 4Glc	6′-シアリルラクトース (NeuAc)
NeuGc α2 → 3Gal β1 → 4Glc	3′-シアリルラクトース (NeuGc)
NeuGc α2 → 6Gal β1 → 4Glc	6′-シアリルラクトース (NeuGc)
NeuAc α2 → 6Gal β1 → 4GlcNAc	6′-シアリル-N-アセチルラクトサミン (NeuAc)
NeuGc α2 → 6Gal β1 → 4GlcNAc	6′-シアリル-N-アセチルラクトサミン (NeuGc)

図1.16 ウシ初乳中に存在する酸性ミルクオリゴ糖

ようになった．最近では，熟成型チーズの製造時に副成するレンネットホエイなどから，シアル酸含有物を大量に調製する技術が開発された（後述）．一方，酵素的にシアル酸を合成して調製する方法も開発された．細菌では，N-アセチルマンノサミン（ManNAc）とピルビン酸から一段階の反応でシアル酸が生合成されるが，哺乳動物では複雑であり多段階の反応により生合成される．そこで，細菌 N-アセチルノイラミン酸リアーゼ（NAL）の縮合反応を利用して，シアル酸の大量合成法が開発された．最近では，ブタ腎臓アシルグルコサミン-2-エピメラーゼ（AGE）を利用して GlcNAc から ManNAc を誘導し，ピルビン酸と NAL 酵素を反応させて75%という高収率でシアル酸が合成された．また，シアル酸の4位水酸基をグアニジノ基に置換した化合物（ザナミビル）は，インフルエンザノイラミニダーゼを特異的かつ強力に阻害することがわかり，インフルエンザ感染予防薬としてシアル酸に新たな用途が拡大しつつある．

ⅱ) シアル酸を含むオリゴ糖： 牛乳中のシアル酸含量は約 0.2 mg/m*l* であり，乳糖に結合した酸性3糖である「シアリルラクトース（NeuAcα2-xGalβ1-4Glc），SL」に主として含まれている．その他，糖脂質や糖タンパク質（κ-カゼインやラクトフェリン，後述）の糖鎖にも結合して微量含まれる．SL は初乳に多く含まれているが，泌乳期の進行に伴い激減することから，泌乳初期における感染防御能が推定される．ウシ初乳には，3′-SL を主成分とする9種類のシアリル MO が報告されている（図1.16）．ウシ MO に結合するシアル酸の分子種は NeuGc より NeuAc の存在比が圧倒的に多いが，ヒツジ MO では NeuGc が多く，ヒト MO では NeuAc のみであり，その分布には動物種により特徴的な偏りがある．最近，筆者らは 3′-SL のシアル酸のカルボキシル基とガラクトース残基中の水酸基との間で脱水縮合環化が起こった 3′-SL のラクトン体の存在も確認した．この MO の真の機能は不明であるが，インフルエンザウイルスの中和作用などが推定されている[7,10]．

SL は初乳中に多く含まれるが，常乳中にも微量存在する．そこで，チーズ製造時の甘性ホエイの限外ろ過膜処理により，SL 混合物が大量調製された．これらの化合物には，新生児下痢症の原因となる病原性大腸菌の腸管付着を阻害することが知られており，育児用調製粉乳に感染防御因子として添加した製品がすでに商品化されている．

b．糖脂質[9]

単糖またはオリゴ糖が糖鎖部分として脂質分子（セラミド）に結合した化合物は，糖脂質と定義される．特にシアル酸を含む糖脂質は，「ガングリオシド」と呼ばれる．牛乳中には，微量の糖脂質が含まれ，脂質部分の構造の違いによりグリセロ糖脂質とスフィンゴ糖脂質に分類される．糖脂質の生物活性には，細胞の増殖・分化誘導活性，病原性微生物やウイルスのレセプターなどの機能がある．ガングリオシドの生理活性としては，細菌毒素の中和活性，インターフェロンやホルモンの受容体活性，神経細胞の増殖促進活性などが知られており，牛乳中の糖脂質も同様の生理活性を有するものと推定される．

初期の薄層クロマトグラフィー（TLC）による分析では，牛乳中にガングリオシド GM1，GM2，GD2 および GD1b の存在が確認された．その後，より高感度の GC-MS 分析や TLC-免

疫染色法による解析が行われ，牛乳には現在までに 15 種類の糖脂質が報告されている（図 1.17）。このうち 2 種類は中性糖脂質で，他の 13 種類はシアル酸を含むガングリオシドである。ガングリオシドはシアル酸を 1 ～ 3 残基含むグループに分類され，3 種類にはシアル酸に 1 ～ 2 残基のアセチル基が導入されており，7 種類は糖鎖に分岐構造を有していた。牛乳中に多く含まれるグルコシルセラミド，ラクトシルセラミドおよびガングリオシド GD3 の存在量は，それぞれ約 6.0，12.0 ～ 15.0 および 2.0 ～ 8.8 mg/100 g と定量された。

牛乳糖脂質は，クリームセパレーター分離により 60 ～ 70％がクリームへ，残りは脱脂乳に移行する。また，クリーム中の糖脂質は，バターチャーン分離により 60 ～ 70％はバターへ，残りはバターミルクに移行する。そこで，バターミルクより膜処理技術を用いて，各種ガングリオシドを調製する方法が開発された。牛乳ガングリオシドの主成分はシアル酸を 2 分子含む GD3 であり，GM3 含量はきわめて少ない。そこで，牛乳 GD3 よりシアル酸 1 分子を特異的に加水分解して遊離させ，人乳に多く含まれるガングリオシド GM3

- 中性糖脂質
    Glc β1 → Cer   グルコシルセラミド (6.0)
    Gal β1 → 4Glc β1 → Cer   ラクトシルセラミド (15.0)
- 酸性糖脂質
  1) モノシアロガングリオシド
    NeuAc α2 → 3Gal β1 → 4Glc β1 → Cer   GM3 (0.3)
    GalNAc β1 → 4[NeuAc α2 → 3]Gal β1 → 4Glc β1 → Cer   GM2 (0.7)
    Gal β1 → 3GalNAc β1 → 4[NeuAc α2 → 3]Gal β1 → 4Glc β1 → Cer   GM1 (0.0012)
    Gal β1 → 4GlcNAc β1 → 6[NeuAc α2 → 6 Gal β1 → 4GlcNAc β1 → 3]Gal β1 → 4Glc β1 → Cer   (78*)
    Gal β1 → 4GlcNAc β1 → 6[NeuAc α2 → 6 Gal β1 → 4GlcNAc β1 → 3]Gal β1 → 4Glc β1 → Cer
                                          ラクトマンモノシアロガングリオシド
  2) ジシアロガングリオシド
    NeuAc α2 → 8NeuAc α2 → 3Gal β1 → 4Glc β1 → Cer   GD3 (2.0 ～ 8.8)
    Gal β1 → 3GalNAc β1 → 4[NeuAc α2 → 8NeuAc α2 → 3]Gal β1 → 4Glc β1 → Cer   GD1b (1.2)
    GalNAc β1 → 4[NeuAc α2 → 8NeuAc α2 → 3]Gal β1 → 4Glc β1 → Cer   GD2 (乳腺組織，微量)
    9-O-Acetyl-NeuAc α2 → 8NeuAc α2 → 3Gal β1 → 4Glc β1 → Cer   9-O-アセチル GD3 (22*)
    7-O-Acetyl-NeuAc α2 → 8NeuAc α2 → 3Gal β1 → 4Glc β1 → Cer   7-O-アセチル GD3 (1.2*)
  3) トリシアロガングリオシド
    (NeuAc)₂【Gal β1 → 4GlcNAc β1 → 6[NeuAc α2 → 6Gal β1 → 4GlcNAc β1 → 3]】Gal β1 → 4Glc β1 → Cer   (78*)
    7,9-O-diAcetyl-NeuAc α2 → 8NeuAc α2 → 8NeuAc α2 → 3Gal β1 → 4Glc β1 → Cer   7,9-O-ジアセチル GT3   (24*)
    NeuAc α2 → 8NeuAc α2 → 8NeuAc α2 → 3Gal β1 → 4Glc β1 → Cer   GT3 (28*)
    Glc β1 → Cer   グルコシルセラミド
    Gal β1 → 4Glc β1 → Cer   ラクトシルセラミド
    NeuAc α2 → 3Gal β1 → 4Glc β1 → Cer   ガングリオシド GM3
    Gal β1 → 3GalNAc β1 → 4
      NeuAc α2 → 3   ＞ Gal β1 → 4Glc β1 → Cer   ガングリオシド GM1
    NeuAc α2 → 8NeuAc α2 → 3Gal β1 → 4Glc β1 → Cer   ガングリオシド GD3
    NeuAc α2 → 8NeuAc α2 → 8NeuAc α2 → 3Gal β1 → 4Glc β1 → Cer   ガングリオシド GT3
    9-O-Acetyl-NeuAc α2 → 8NeuAc α2 → 3Gal β1 → 4Glc β1 → Cer   ガングリオシド 9-O-アセチル GD3
          Gal β1 → 4GlcNAc β1 → 6
      NeuAc α2 → 6Gal β1 → 4GlcNAc β1 → 3   ＞ Gal β1 → 4Glc β1 → Cer
                                          ラクトマンモノシアロガングリオシド

図 1.17　牛乳から単離された糖脂質
かっこ内の数値は mg/l を示す．＊：バターミルク中での含量 mg/kg を示す．

に誘導する製造技術も確立された．これは，中性域での加熱処理により達成され，酸などを添加しないので工業的規模での実施が可能である．これにより，世界ではじめて育児用調製粉乳に感染防御因子として期待されるガングリオシド GM3 を配合し，より人乳の糖脂質構成に近づけた製品が日本で商品化された．

c. 糖タンパク質に結合した糖質[9]

糖タンパク質

i） κ-カゼイン： 牛乳タンパク質の主成分であるカゼインは，30 種類近くの遺伝的変異体を含むリン酸化タンパク質からなり，その中で 8～15% を占める成分に κ-カゼインがある．この成分は，カゼイン中唯一糖鎖を結合する糖タンパク質である．κ-カゼインは，チーズ製造時に使用される凝乳酵素キモシンにより，その分子中の 1 カ所のペプチド結合が特異的に加水分解され，カゼイノグリコペプチド（CGP，後述）を生じて凝乳に至る．筆者らにより，牛乳 κ-カゼインに結合する 5 種の糖鎖構造とそれらの存在比が明らかにされた．さらに，ウシ初乳 κ-カゼインの糖鎖構造は常乳型よりもさらに複雑であり，GlcNAc を分岐点に含むことも明らかにした（図 1.18）．右側に示した一群の初乳型糖鎖の複雑性は，ミルクオリゴ糖と同様に GlcNAc 転移酵素活性が原因である．この酵素活性は泌乳期の進行に伴って激減し，分娩後 1 週間以内に糖鎖グループは左側の常乳型糖鎖に移行する．κ-カゼインに結合する糖鎖の共通構造は，セリンまたはスレオニンに結合するムチン 1 型糖鎖（Galβ1→3GalNAc）である．

ii） 脂肪球皮膜タンパク質： 乳脂肪球皮膜（MFGM）は，ミルク中の脂肪滴を被覆する薄膜であり，複雑な成分で構成されている．主要な MFGM 構成糖タンパク質には，ブチロフィリン（butyrophilin, BTN）と MFG-E8 があり，アミノ酸配列が明らかにされた．MFGM 構成タンパク質のほとんどは糖タンパク質であり，電気泳動後の糖染色の一つである PAS 染色により，分子量の大きいものから順に PAS-1 から PAS-7 成分と命名された．結合糖鎖には，高マンノース型の N-型糖鎖の存在が推定され，さらに末端にシアル酸が付加した複合型 N-型結合糖鎖や O-型糖鎖の存在も推定された．MFGM 全タンパク質の 40% 以上を占める主タンパク質であるブチロフィリンは，N-型糖鎖が 2 本結合しており，化学構造が決定された．また，第 2 の主要成分である MFG-E8（PAS6/7 成分に相当）には，N-型糖鎖が 1 本または 2 本結合しており，そのユニークな糖鎖構造も決定された（図 1.19）．

iii） ラクトフェリン： 牛乳ラクトフェリン（Lf）は，分子量 83 kDa の糖タンパク質であり，糖含量は約 11% である．鉄イオン要求性の微生物の成育を阻害するなどの抗菌作用が報告されている機能性タンパク質の一つである．牛乳 Lf 分子中には，N-型糖鎖の結合可能な Asp が 5 残基あるが，そのうち 4 カ所（Asp-233, 368, 476 および 545）に糖鎖が導入されている．2 種の

ウシ常乳 κ-カゼイン　　　　　　　　　　　　　　ウシ初乳 κ-カゼイン
（常乳型糖鎖）　　　　　　　　　　　　　　　　　（初乳型糖鎖）

　　　　　　　　　　　泌乳期変化

GalNAc-	1%<
Galβ1→3GalNAc-	6%
NeuAcα2→3Galβ1→3GalNAc-	18%
NeuAcα2→6 ＞ GalNAc- Galβ1→3	18%
NeuAcα2→6 ＞ GalNAc- NeuAcα2→3Galβ1→3	56%

初乳型：
NeuAcα2→6 ＞ GalNAc-
GlcNAcβ1→3Galβ1→3

Galβ1→4GlcNAcβ1→6 ＞ GalNAc-
Galβ1→3

Galβ1→4GlcNAcβ1→6 ＞ GalNAc-
NeuAcα2→3Galβ1→3

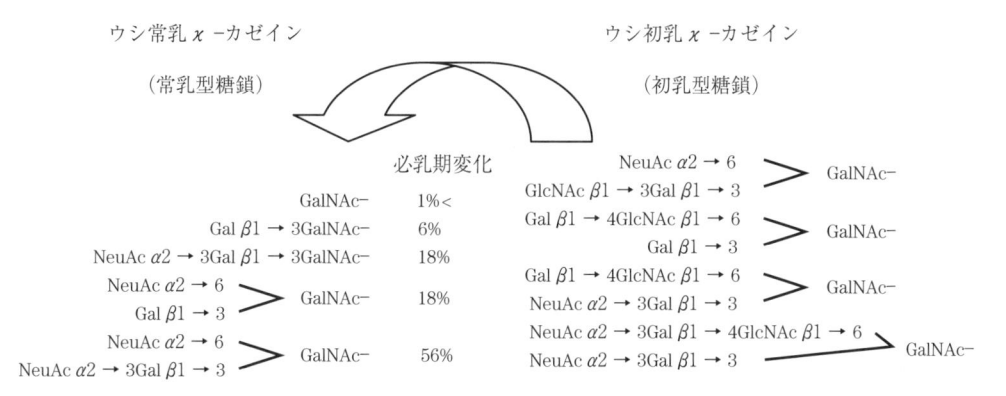

NeuAcα2→3Galβ1→4GlcNAcβ1→6 ＞ GalNAc-
NeuAcα2→3Galβ1→3

図 1.18 ウシ κ-カゼインに結合する糖鎖の種類と泌乳期による構造変化
初乳期の κ-カゼインの結合糖鎖にのみ GlcNAc が存在する．

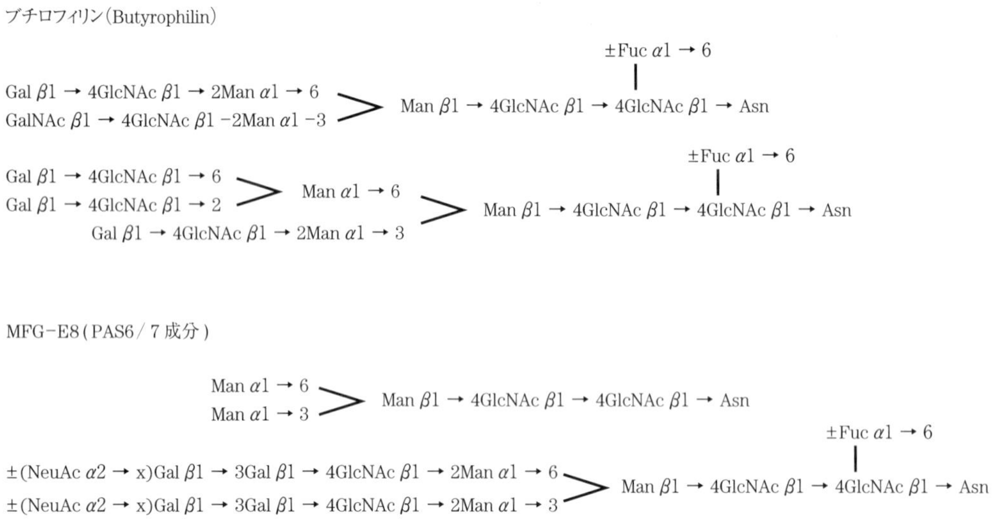

ブチロフィリン（Butyrophilin）

$$\begin{array}{l}\text{Gal}\beta1\to 4\text{GlcNAc}\beta1\to 2\text{Man}\alpha1\to 6\\ \text{GalNAc}\beta1\to 4\text{GlcNAc}\beta1-2\text{Man}\alpha1-3\end{array}\!\!\!\!\!\!\!\!\!\!\!\!\!\!\!\!\!\!\Big\rangle\text{Man}\beta1\to 4\text{GlcNAc}\beta1\overset{\pm\text{Fuc}\alpha1\to 6}{\to}4\text{GlcNAc}\beta1\to\text{Asn}$$

$$\begin{array}{l}\text{Gal}\beta1\to 4\text{GlcNAc}\beta1\to 6\\ \text{Gal}\beta1\to 4\text{GlcNAc}\beta1\to 2\end{array}\!\!\Big\rangle\text{Man}\alpha1\to 6\\ \text{Gal}\beta1\to 4\text{GlcNAc}\beta1\to 2\text{Man}\alpha1\to 3\Big\rangle\text{Man}\beta1\to 4\text{GlcNAc}\beta1\overset{\pm\text{Fuc}\alpha1\to 6}{\to}4\text{GlcNAc}\beta1\to\text{Asn}$$

MFG-E8（PAS6/7成分）

$$\begin{array}{l}\text{Man}\alpha1\to 6\\ \text{Man}\alpha1\to 3\end{array}\!\!\Big\rangle\text{Man}\beta1\to 4\text{GlcNAc}\beta1\to 4\text{GlcNAc}\beta1\to\text{Asn}$$

$$\begin{array}{l}\pm(\text{NeuAc}\alpha2\to x)\text{Gal}\beta1\to 3\text{Gal}\beta1\to 4\text{GlcNAc}\beta1\to 2\text{Man}\alpha1\to 6\\ \pm(\text{NeuAc}\alpha2\to x)\text{Gal}\beta1\to 3\text{Gal}\beta1\to 4\text{GlcNAc}\beta1\to 2\text{Man}\alpha1\to 3\end{array}\!\!\!\!\!\!\Big\rangle\text{Man}\beta1\to 4\text{GlcNAc}\beta1\overset{\pm\text{Fuc}\alpha1\to 6}{\to}4\text{GlcNAc}\beta1\to\text{Asn}$$

図1.19 牛乳脂肪球皮膜（MFGM）タンパク質に存在する2種の代表的糖タンパク質の糖鎖構造

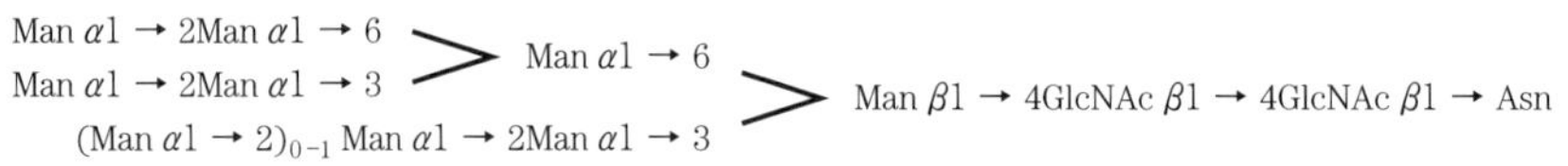

$$\begin{array}{l}\text{Man}\alpha1\to 2\text{Man}\alpha1\to 6\\ \text{Man}\alpha1\to 2\text{Man}\alpha1\to 3\end{array}\!\!\Big\rangle\text{Man}\alpha1\to 6\\ (\text{Man}\alpha1\to 2)_{0-1}\text{Man}\alpha1\to 2\text{Man}\alpha1\to 3\Big\rangle\text{Man}\beta1\to 4\text{GlcNAc}\beta1\to 4\text{GlcNAc}\beta1\to\text{Asn}$$

図1.20 牛乳ラクトフェリンの糖鎖構造

N-型結合糖鎖の化学構造を，図1.20に示した．糖鎖は，三つに分岐した高マンノース型であり，マンノース残基を8～9個含んでいた．チーズホエイより工業的に大量調製されたLfは，感染防御因子や成長促進因子として食品に添加されており，わが国では育児用調製粉乳に添加された商品もある．

iv）カゼイノグリコペプチド（CGP）： 牛乳に凝乳酵素キモシンを作用させる熟成型チーズ産業では，チーズホエイ中にκ-カゼインのキモシン加水分解断片であるカゼイノグリコペプチド（CGP，κ-Cn：f106-169，グリコマクロペプチドとも呼ぶ）が遊離する．CGPに結合する糖鎖は，その親成分であるκ-カゼインの糖鎖とまったく同一である．CGPはシアル酸を含む糖鎖を結合する糖ペプチドであり，その結合糖鎖はヘテロな糖鎖構造をもち，5種の結合糖鎖の全貌は筆者らによりすでに解明されている（前述）．CGPには，これまで種々の生理効果（胃酸分泌抑制効果，血小板凝集活性，口腔細菌の付着阻止効果，*Bifidobacterium*での増殖促進効果など）が報告されている．また，CGPはハムスター卵巣細胞の細菌毒素による異形化を中和阻止し，ウイルス感染症に対する有効性も示唆されている．

〔齋藤忠夫〕

文　献

1) 足立 達，伊藤敞敏：乳とその加工，建帛社，1987．
2) R. G. Jensen, ed.: Handbook of Milk Composition, Academic Press, 1995.
3) 上野川修一編：乳の化学，朝倉書店，1996．
4) P. F. Fox, ed.: Advanced Dairy Chemistry (Lactose, water, salts and vitamins), Vol.3, Chapman & Hall, 1997.
5) 伊藤敞敏ほか編：動物資源利用学，文永堂，1998．
6) 浦島 匡，齋藤忠夫：バイオサイエンスとインダストリー，**57**，619-620，1998．
7) 齋藤忠夫，浦島 匡：化学と生物，**37**，401-403，1999．
8) 齋藤忠夫：*Milk Science*，**48**，199-205，1999．
9) 齋藤忠夫：乳業技術，**50**，38-57，2000．
10) 齋藤忠夫，浦島 匡：*Bio Clinica*，**16**，83-87，2001．
11) T. Urashima, *et al*.: *Glycoconj. J.*, **18**, 357-371,

2001.
12) 浦島 匡ほか：*J. Appl. Glycosci.*, **49**, 73-78, 2002.
13) T. Urashima, T. Saito: *J. Appl. Glycosci*, **52**, 65-70, 2005.
14) 齋藤忠夫ほか編：最新畜産物利用学，朝倉書店，2006.

1.2.4 ビタミン[1,2]

牛乳にはビタミン類のすべてが含まれているが，特にビタミンAとビタミンB_2，B_{12}濃度が高いのが特徴である．脂溶性ビタミンであるビタミンA，D，E，Kは脂肪球内に，水溶性ビタミンは乳中に溶解して分布している．表1.13に牛乳中のビタミン含量[3]と文献に記載された含量の範囲を示す[1]．牛乳の殺菌や加工工程によりいくつかのビタミン含量は変化するが，ビタミンC以外は比較的損失が少ないとされている．

初乳期には牛乳中のビタミンのいくつかは濃度が増加する．ビタミンA，D，カロテン，E濃度は高い．ビタミンB_1，B_2，B_6，B_{12}，ニコチン酸，葉酸のようなビタミンB群も濃度が高い．初乳中のビタミンC濃度は常乳と差がない．パントテン酸とビオチンの濃度は初乳では低い．常乳中のビタミン濃度は，ビタミンA，D，カロテン，E，B_{12}などでは泌乳期間中にあまり変化しない．

牛乳中のビタミンCの濃度やビタミンB群の濃度は給餌の方法によりわずかしか影響されない．ビタミンB_{12}濃度は例外で，飼料にコバルトを添加することにより牛乳中の濃度が増加する．しかし，ビオチン，パントテン酸，ビタミンB_{12}濃度は牛舎飼育にて，葉酸は牧草地飼養中に増加するという報告もある．

a．脂溶性ビタミン

ビタミンAは，レチノール，レチノールエステルおよびβ-カロテンとして存在する．ビタミンAの大部分がエステル型であり，活性型の約94％は全トランスレチノールである．ジャージーやガーンジー種のミルクは，β-カロテンからレチノールへの転換能力が低いために，乳脂肪の色調はホルスタイン種に比べて非常に黄色いことが知られている．水牛の乳はカロテンをまったく含まないか，痕跡程度である．ビタミンAは，酸素に敏感で，紫外線によって破壊される．ビタミンDは，85％がビタミンD_3であり，活性型である1α,25-ジヒドロキシビタミンD_3の前駆体の25-ヒドロキシビタミンD_3濃度が高い．ビタミンDの大部分は硫酸塩として水溶性画分に存在するという報告もあるが，否定的な報告が多い．熱には安定である．ビタミンEは，約95％がα-トコフェロールからなり，残りはγ-トコフェロールである．脂肪球皮膜にはトコフェロールが多く含まれている．含量は牧草を摂取する夏季のほうが高い．熱には安定である．ビタミンKは，K_1（フィロキノン）よりもK_2（メナキノン-4）のほうが多く含まれている．季節変動では，夏季の濃度が高い．熱には安定である．

飼料のカロテン含量は牛乳中のカロテン濃度を反映することから，牛乳中のビタミンAとカロテン含量は飼料の種類により影響される．牛乳のビタミンA活性は給餌の際に冬季にサイレージを与えることや，カロテン含量の高い牧草を与えることにより，または飼料にカロテンを直接添加することにより増加する．ビタミンEについても同様である．α-トコフェロール酢酸塩を添加した油脂を添加した餌を与えると乳脂肪中のトコフェロール含量が数倍に増加した．ビタミンDは紫外線により，皮膚で7-デヒドロコレステロールから産生されるため経口摂取の影響はない．夏季に日光の紫外線の強い山岳地方の牧草地で飼

表1.13 牛乳中のビタミン含量（100 m*l* 中）

ビタミン類	単位	5訂成分表[3]	文献平均値[1]	文献範囲[1]
A	μg	38	37	10〜90
β-カロテン	μg	6	21	5〜40
D	μg	0.3*	0.08	0.01〜0.2
E	mg	0.1	0.11	0.02〜0.2
K	μg	2	3	trace〜17
B_1	mg	0.04	0.04	0.02〜0.08
B_2	mg	0.15	0.17	0.08〜0.26
B_6	mg	0.03	0.04	0.017〜0.190
B_{12}	μg	0.3	0.45	0.2〜0.7
ニコチン酸	μg	−	92	30〜200
葉酸	μg	5	5.3	1〜10
パントテン酸	mg	0.55	0.36	0.26〜0.49
C	mg	1	1.8	0.5〜3
ビオチン	μg	−	3.6	1〜7

＊：ビタミンD活性代謝物を含む．−：記載なし．

育された乳牛の牛乳中のビタミンD濃度が高い．

b．水溶性ビタミン

ビタミンB_1は，遊離型が多く，リン酸型（18〜45%），タンパク質結合型（5〜17%）も含まれる．ビタミンB_1は，光には安定であるが，殺菌温度よりむしろ殺菌時間に依存して破壊する．ビタミンB_2は，一部は補酵素型であるFAD（フラビンアデニンジヌクレオチド）またはFMN（フラビンモノヌクレオチド）としてタンパク質に結合した形で存在するが，大部分は遊離型のリボフラビンとして存在する（54〜95%）．リボフラビンは加熱に対して安定であるが，光により分解するうえ，光増感による酸化作用に関与しているので牛乳・乳製品の品質管理の際には注意が必要である．ビタミンB_6は，主に遊離型のピリドキサールとして牛乳中に存在する（70〜95%）．ピリドキサミンも若干含まれる．熱安定性は高いが，光に不安定である．ニコチン酸のほとんどはニコチン酸アミドとして存在する．パントテン酸，ビオチンの大部分は遊離型である．葉酸は乳清タンパク質の一部と結合している．煮沸によりほとんど破壊する．ビタミンB_{12}は5種の異なったコバラミンの形で存在するが，主にアデノシルコバラミン，ヒドロキシコバラミンとして存在する．95%が乳清タンパク質などのタンパク質に結合している．遊離型は原料乳では痕跡程度しか検出されない．ビタミンB_{12}は，135℃2.5秒の殺菌で15〜20%破壊する．ビタミンCは，75%が生物活性のあるアスコルビン酸の形で存在し，残りはデヒドロアスコルビン酸である．UHT処理により43〜100%破壊するため，生物活性の存在比は牛乳の加工処理法によって異なる．

文　献

1) E. Renner: Milk and Dairy Products in Human Nutrition, pp.234-239, W-GmbH, Volkswirtschaftlicher Verlag, 1983.
2) E. Renner: Micronutrients in Milk and Milk-based Food Products, pp.35-43, Elsevier Applied Science, 1989.
3) 食品成分研究調査会編：五訂増補日本食品成分表，pp.188-189, 医歯薬出版, 2006.

1.2.5　ミネラル[1,2]

牛乳には，100 ml当たり約0.7 gのミネラルを含有する．ミネラルの存在形態は，可溶性とタンパク質結合性の部分に分けられる．表1.14に牛乳中のミネラル含量[3]および文献に記載された含量の範囲[2]を示す．

全カルシウムのうち26.6%がカゼイン結合性であり，42.2%がミセル性リン酸カルシウムとして，残り31.2%が可溶性として存在している[4]．リンは，22.6%がカゼイン結合性，30.9%がミセル性リン酸カルシウムとして，35.3%が可溶性として存在している[4]．また，11.2%はリン脂質などにリン酸エステルとして存在している．ミセル性リン酸カルシウムの構造はいまだ解明されていないが，カゼインのリン酸基に結合したカルシウムに$Ca_9(PO_4)_6$の構造式で示されるミセル性リン酸カルシウムがカゼイン分子を架橋しているというモデルと，カゼインのリン酸基に無機リンとカルシウムが1：2：4の比で結合して分子間に架橋を形成しているモデルが提案されている[5]．マグネシウムは，約45%はクエン酸塩として存在し，約30%はカゼイン結合性であり，残りはイオン化して存在している．

ナトリウム，カリウムイオンなどの成分はすべて乳中ではイオン化して存在している．一般に初乳中にはミネラル含量が高く，個々のミネラルすべてが多い．また，カルシウム，リン，ナトリウムは泌乳期の末期に再びその濃度が増加する．ミネラル含量は飼料による影響が少ないので，季節による変動は少ない．

その他の微量ミネラルを表1.15に示す．微量ミネラル含量は数値が一定していないものもあり，平均値はあくまで目安である．これは，搾乳後の処理の影響により混入増加した可能性が考え

表1.14　牛乳中の主要ミネラル含量（100 ml中）

ミネラル	単位	五訂成分表[3]	文献平均値[2]	文献範囲[2]
ナトリウム	mg	41	47	30〜70
カリウム	mg	150	150	100〜200
カルシウム	mg	110	121	90〜140
マグネシウム	mg	10	12	5〜24
リン	mg	93	95	70〜120

1. 乳の成分

微量ミネラルの大部分は，牛乳中では有機化合物として存在している。鉄の大部分はカゼインミセルに結合し，一部はラクトフェリンと結合している。亜鉛は，カゼイン，免疫グロブリンに結合している。銅およびマンガンも主にカゼインと結合している。セレンの一部はセレン含有酵素であるグルタチオンペルオキシダーゼに存在する。コバルトは，ビタミン B_{12} の構成元素で，濃度はビタミン B_{12} 含量と関係している。モリブデンはキサンチンオキシダーゼに，マンガンおよび亜鉛はアルカリホスファターゼに結合している。クロム，スズ，バナジウム，ケイ素，ニッケル，フッ素およびヒ素の化学形態と分布はよく知られていない。

微量ミネラルは，飼料，季節，泌乳時期などにより変動するものと考えられる。初乳中は銅，コバルト，亜鉛，マンガン，ケイ素，ヨウ素などの含量が増加する。鉄，ニッケル，ヒ素，ケイ素の含量は飼料の影響を受けにくいとされているが，一般的にその他の微量ミネラルは飼料中の含量に大きく影響を受ける。季節変動も，飼料中の含量の違いが一部関係している。冬季には，銅，コバルト，鉄，セレン，ヨウ素，マンガン，モリブデン含量が高く，亜鉛，ホウ素含量は低い。ヨウ素含量は，ヨウ素製剤の使用の有無により影響を受けると報告されている。重金属類（鉛，水銀，カドミウムなど）は，飼料からの混入が増加しても牛乳中の濃度への影響は少ない。〔青江誠一郎〕

文 献

1) E. Renner: Milk and Dairy Products in Human Nutrition, pp.190-194, W-GmbH, Volkswirtschaftlicher Verlag, 1983.
2) E. Renner: Micronutrients in Milk and Milk-based Food Products, pp.23-35, Elsevier Applied Science, 1989.
3) 食品成分研究調査会編：五訂増補日本食品成分表, pp.188-189, 医歯薬出版, 2006.
4) J. C. D. White, D. T, Davis: *J. Dairy Res.*, **25**, 236-255, 1958.
5) 青木孝良，青江誠一郎：*Clinical Calcium*, **16**(10), 20-27, 2006.

1.2.6 その他の微量成分

牛乳中の微量成分としては，サイトカイン，成長因子，ホルモン，核酸などが存在する（表1.16）。

a. サイトカイン・成長因子

細胞増殖・分化の制御や免疫応答の制御など多様な生理作用を示すサイトカインであるトランスフォーミング増殖因子（TGF）-β は，ウシ初乳中（20～40 mg/l），成乳中（1～2 mg/l）に多量に含まれている[1]。TGF-β には $\beta1$～$\beta3$ のアイソフォームが存在するが，牛乳中ではTGF-$\beta2$ が80％以上を占める。初乳中のTGF-β は哺乳期の腸管の健全な発達に重要な役割をしているものと考えられる[2]。ウシ初乳はヒト初乳と比べて，インスリン様成長因子（IGF）-I を高濃度（500 μg/l）に含む一方，上皮成長因子（EGF）

表1.15 牛乳中の微量ミネラル含量（100 ml 中）

ミネラル	単位	文献平均値[2] （五訂成分表[3]）	文献範囲[2]
銅	μg	5.2 (10)	2.9～8.0
鉄	μg	21 (20)	13～30
亜鉛	μg	420 (400)	390～450
コバルト	μg	0.05	0.03～0.11
モリブデン	μg	5.5	1.3～15.0
マンガン	μg	2.6	1～4
ヨウ素	μg	7.5	0.5～40
フッ素	μg	12.5	0.1～35
ヒ素	μg	5.0	3.0～6.0
クロム	μg	1.7	0.5～5.0
スズ	μg	17	4.0～50.0
ニッケル	μg	2.5	0～5
セレン	μg	1.3	0.9～1.6
ケイ素	μg	260	75～700

表1.16 牛乳に含まれる微量成分

サイトカイン ・成長因子	IL-1β, IL-8, IL-10, TNF-α, TGF-α, TGF-$\beta1$, TGF-$\beta2$, EGF, IGF, IGF結合タンパク質, PDGF, MDGF
ホルモン	性腺ホルモン（エストロゲン，プロゲステロン，アンドロゲン），副腎ホルモン（グルココルチコイド，アンドロステンジオン），脳下垂体ホルモン（プロラクチン，成長ホルモン），視床下部ホルモン（ゴナドトロピン放出ホルモン，黄体形成ホルモン放出ホルモン，甲状腺刺激ホルモン放出ホルモン，ソマトスタチン），インスリン，カルシトニン，ボンベシン，エリスロポイエチン，メラトニン

の存在量は少ない．IGF および EGF はともに細胞の増殖・分化を促進する働きをもつ．ウシ成乳では IGF-I は $10\mu g/l$ 程度になる．IGF は遊離型あるいは結合タンパク質（IGFBP）との複合体として乳中に存在している．牛乳中には，そのほかに IL-1β，IL-6，IL-8，TNF-α などの炎症性サイトカインや，免疫応答を抑制する IL-10，EGF ファミリーに属する TGF-α[3]や MDGF (mammary-derived growth factor), PDGF（血小板由来成長因子）などの存在が認められている．

b．ホルモン

牛乳中には多種類のステロイドおよびペプチドホルモンが含まれている．性腺ホルモン（エストロゲン，プロゲステロン，アンドロゲン），副腎ホルモン（グルココルチコイド，アンドロステンジオン），脳下垂体ホルモン（プロラクチン，成長ホルモン），視床下部ホルモン（ゴナドトロピン放出ホルモン，黄体形成ホルモン放出ホルモン，甲状腺刺激ホルモン放出ホルモン，ソマトスタチン），インスリン，カルシトニン，ボンベシン，エリスロポイエチン，メラトニンなどの存在が報告されている[4]．これらは乳腺の機能調節，あるいは新生仔の成長や腸管・免疫系の発達に寄与しているものと考えられる．これらのホルモンの中には腸管から吸収されることにより，新生仔の血中濃度の上昇を介してさまざまな器官の分化発達に影響を与えているものもあると考えられる．

c．核酸

ウシ初乳中には，成乳に比べ多量の核酸が含まれている．また，ヌクレオシド（塩基＋糖）に比べ，ヌクレオチド（ヌクレオシド＋リン酸基）は乳中に 10～100 倍多く存在する．牛乳中のリボヌクレオチド含量を調べた研究では，5′-AMP と 5′-CMP は初乳から成乳までのすべてにおいて検出され，両者ほぼ同量の存在が認められたのに対し，いずれの時期にも 5′-GMP は検出されなかった[5]．5′-UMP は 0～1 日，1～2 日の乳で 5′-AMP や 5′-CMP の数倍量存在したが，5～10 日では 5′-AMP や 5′-CMP より少なくなり，産後 3 週間以降では検出されなかった．5′-AMP, 5′-CMP, 5′-UMP はいずれも産後 1～2 日の乳で最も存在量が多かった．　〔戸塚　護〕

文　献

1) R. J. Playford, et al.: *Am. J. Clin. Nutr.*, **72**, 5-14, 2000.
2) A. Donnet-Hughes, et al.: *Immunol. Cell Biol.*, **78**, 74-79, 2000.
3) A. Chockalingam, et al.: *J. Dairy Sci.*, **88**, 1986-1993, 2005.
4) P.-N. Jouan, et al.: *Int. Dairy J.*, **16**, 1408-1414, 2006.
5) E. Schlimme, et al.: *Br. J. Nutr.*, **84**, S59-S68, 2000.

1.3　人乳成分の化学的性質

1.3.1　タンパク質

人乳のタンパク質含量は哺乳類の中で最も低く，成乳では約 1.1％，牛乳の 1/3 程度であり，初乳では約 1.5％，6 カ月以降は約 0.8％ と変動する．主な構成成分であるカゼインと乳清タンパク質の割合は後者が高く，初乳では 2：8，成乳で 4：6，その後 5：5 へと移行する．微量成分の脂肪球皮膜タンパク質は，脂肪の分泌が泌乳期を通して変動しないことからほぼ一定である．

a．カゼイン

カゼイン（casein: CN）の等電点における凝集は牛乳ほど明瞭ではなく，乳中のプロテアーゼ活性が高いためカゼイン分解産物も多い．カゼインミセルの直径は牛乳より小さい（最頻値約 65 nm）．

人乳にはないとされていた α_{s1}-CN は，微量ではあるが SS 結合を介して κ-CN と高分子複合体を形成して存在することが明らかにされた[1]．アミノ酸 170 残基よりなり，分子量約 20000，システイン（Cys）3 残基をもつ．セリン（Ser）のリン酸化は 3 カ所に認められるが不均一であり，カルシウム感受性カゼイン特有のリン酸化 Ser クラスターを形成する共通配列があるにもかかわらず，実際のリン酸化はクラスター内の 5 Ser の

```
h  RPKLPLRYPE RLQNPSESSE ---------- ---PIPLESR EEYMNGMNRQ RNILREKQTD
b  RPKHPIKHQG LPQ------- EVLNENLLRF FVAPFPEVFG KEKVNELSK- ----------

h  EIKDTRNEST QNCVVAEPEK MESSISSSSE EMSLSKCAEQ FCRLNEYNQL QL--------
b  ---DIGSEST EDQAMEDIKQ MEAESISSSE EIVPNSVEQK HIQK-EDVPS ERYLGYLEQL

h  ---------- ---QAAHAQE QIRRMNENSH VQV------- ---------- PFQQLNQLAA
b  LRLKKYKVPQ LEIVPNSAEE RLHSMKEGIH AQQKEPMIGV NQELAYFYPE LFRQFYQLDA

h  YPYAVWYYPQ IMQYVPFPPF SDISNPTAHE NYEKNNVMLQW
b  YPSGAWYYVP LGTQYTDAPS FSDIPNPIGS ENSEKTTMPLW
```

図 1.21 ウシとヒトの α_{s1}-CN 一次構造の比較
一次構造はエクソン構造に基づいて配置させた．h：ヒト，b：ウシ．▓ はリン酸化セリンクラスター共通配列，S は実際のタンパク質のリン酸化部位を表す．ウシではこれらのセリンがすべて均一にリン酸化されているのに対し，ヒトでは不均一で，Ser 18, Ser 26, Ser 75 のリン酸化率はそれぞれ 7, 20, 27% である．

うち一つだけである（図 1.21）．

ヒトのカゼイン遺伝子座には α_{s2}-CN 配列も認められるが，ストップコドンのため，翻訳されてもシグナルペプチドを含め 27 残基のペプチドにしかならない．

主成分である β-CN（2.6〜4.4 mg/ml）は，211 残基のアミノ酸よりなり，分子量は約 24000．他の種のエクソン 3 に相当する領域を欠く．リン酸化 Ser クラスターの共通配列を保持しており，5 カ所のリン酸化部位をもつが，α_{s1}-CN 同様リン酸化は不均一である．

κ-CN（0.9〜1.3 mg/ml）の糖含量は高く分子量の約 55% にも及ぶ．フコースを含み，シアル酸含量も高い．ペプチド鎖は 162 残基のアミノ酸よりなり，その分子量は約 18000，Cys 1 残基を有し，これを介して α_{s1}-CN と分子間 SS 結合を形成する．リン酸化部位はない．糖鎖は，粘膜細胞表面の糖鎖と類似した構造をしており，ウイルスやバクテリアレセプターのアナログとして作用する．ミセルサイズと糖含量には逆の相関がみられる[2]．

b. 乳清（ホエイ）タンパク質

ヒト乳清には乳児の感染防御をはじめ，栄養素の吸収や，腸管機能に作用する生理活性タンパク質が，乳腺以外で合成されるものも含め，数多く同定されている．

乳腺特異的に発現する α-ラクトアルブミン（α-lactalbumin, α-LA）は最も含量が高く（2〜3 mg/ml），123 アミノ酸よりなる分子量約 14100 の Ca 結合タンパク質である．Ca の除去により構造変化をきたし，オレイン酸により molten-globule 状に安定化され，種々のがん細胞にアポトーシスを誘導する[3]．β-ラクトグロブリン相同タンパク質の発現はない．

人乳中のラクトフェリン（lactoferrin: LF）は，泌乳期を通じて含量が高く（1〜3 mg/ml），新生児の生体防御に主要な役割を果たす．アミノ酸 691 残基，分子量約 76000, pI〜8.5 の塩基性糖タンパク質で，きわめて高い鉄親和性を示す（Kd〜10^{30}）．腸管では LF 受容体から取り込まれ，鉄の運搬のみならず，乳児の腸管粘膜発達に寄与する．また，サイトカインの転写因子活性を示す[4]とともにその発現を制御し，免疫システムにも影響を及ぼす[5]．乳中の LF は 3〜5% が鉄で飽和されているにすぎず，強力なキレート作用により抗菌作用を示す．

人乳中の免疫グロブリン（immunoglobulin: Ig）の 90% 以上は分泌型 IgA（sIgA, 分子量約 420000（2 分子の IgA（160000）と分泌小片（SC, 80000）および J 鎖（18000）より構成））が占め，成乳でも含量は高く（0.5〜1 mg/ml，初乳期は 10〜20 mg/ml），授乳により乳児は母体の粘膜免疫の恩恵をまるごと受け取る．IgA, IgG, IgM も微量含まれ，遊離の SC も 0.2〜0.3 mg/ml 存在する．人乳中の IgA には，ヒンジ領域に細菌プロテアーゼ切断部位を欠く IgA2 変異

体が比較的多く（37%），SC が結合することによりさらに酵素耐性を高めている．DNAse，RNAse，リン酸化酵素などの活性を有する sIgA アブザイム（abzyme）分子もみられる[6]．

血液由来の血清アルブミン（serum albumin）は約 0.3 mg/ml 含まれる．遺伝変異体が多い．

人乳中には数多くの酵素が含まれる．中でもリゾチーム（lysozyme, EC 3.2.1.17）は牛乳の約3000倍含まれており（0.25～1 mg/ml），グラム陽性菌の細胞壁を構成するペプチドグリカンの N-アセチルムラミン酸と N-アセチルグルコサミン間の $\beta 1\rightarrow 4$ 結合を切断する．sIgA や補体，LF の共存下ではグラム陰性菌にも作用する．分子量約14700，130残基のアミノ酸よりなる塩基性タンパク質であり（pI～11），生理的条件下で他のタンパク質と凝集体を形成する．

胆汁酸塩活性化リパーゼ（EC 3.1.1.3）の活性は高く，酸性でも安定である．トリグリセリドの脂肪酸の立体配置に関係なく作用し，乳脂肪の消化吸収に重要な役割を果たす．

α-アミラーゼ（α-amylase, EC 3.2.1.1）活性は牛乳の約25倍，消化管でも耐性を示す．乳糖合成酵素 A タンパク質のガラクトシルトランスフェラーゼ（galactosyltransferase, EC 2.4.1.90），sIgA を形成するチオールオキシダーゼ（thiol oxidase, EC 1.8.3.2），抗菌効果のあるラクトペルオキシダーゼ（lactoperoxidase, EC 1.11.1.7）も同定されている．

プロテアーゼ阻害剤である α_1-アンチトリプシン（α_1-antitrypsin）や α_1-アンチキモトリプシン（α_1-antichymotrypsin）も生理的意義をもつ濃度で含まれる（0.01 mg/ml）．

その他，機能性タンパク質として，抗菌作用も示すビタミン B_{12} 結合タンパク質，酸や酵素に耐性の葉酸結合タンパク質，IGF を消化から保護し，腸管受容体との結合を調節する IGF-結合タンパク質，補体による細胞溶解を阻害するクラスタリン（clusterin），乳中の細胞から分泌される抗炎症性サイトカイン，さらには各種成長因子も含まれる．また，乳児の栄養とエネルギーバランスの制御に関与するレプチン（leptin），グレリン（ghrelin），アディポネクチン（adiponectin）などのペプチドホルモンも同定されている[7]．

c．脂肪球皮膜タンパク質

初乳ではタンパク質の 2～4% が乳脂肪球とかかわっており，約40種のタンパク質が同定されているが，脂肪球皮膜（MFGM）構成タンパク質といわれるものはそのうちの約半数である（図1.22）．MFGM タンパク質は，栄養価は低いが，新生児における細胞の発達，分化，運動性，細胞内情報伝達やタンパク質輸送，生体防御機構にかかわるものが多い．泌乳中の乳腺の病態生理学的段階を知るうえで重要なマーカーとなっているものもある[8]．

図1.22 これまでに同定された分子を配置したヒト MFGM のモデル（文献8より著者の了解を得て引用）

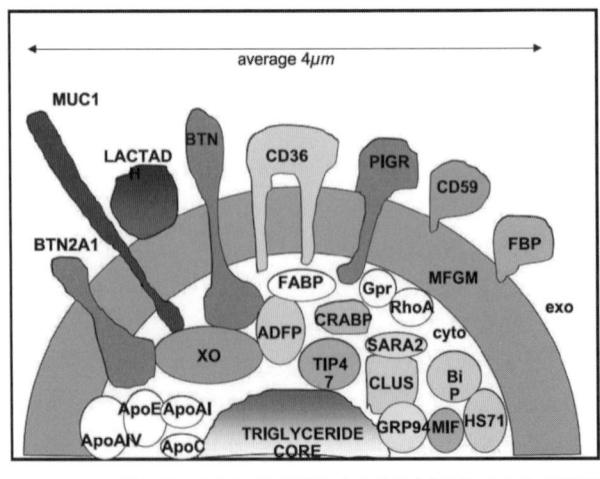

Apo AI: apolipoprotein AI, Apo AIV: apolipoprotein AIV, ApoE: apolipoprotein E, ApoC: apolipoprotein C, XO: xanthine dehydrogenase/oxidase, MUC1: mucin 1, LACTADH: lactadherin or PAS 6/7, BTN: butyrophilin, BTN2A1: butyrophilin-like protein, ADPF: adipophilin, FABP: fatty acid binding protein, CD36: cluster of differentiation 36, PIGR: polymeric Ig receptor, CD59: protectin, FBP: folate binding protein, TIP47: 47 kDa mannose-6-phosphate receptor binding protein or cargo selection protein or placental protein 17, CRABP: cellular retinoic acid binding protein, Gpr: GTP binding protein, RhoA: transforming protein RhoA (small GTP binding protein), SARA2: GTP-binding protein SAR1b, CLUS: clusterin or apolipoprotein J, BiP: Ig heavy chain binding protein or 78 kDa glucose-regulated protein or grp78, GRP94: 94 kDa glucose-regulated protein or endoplasmin, MIF: macrophage migration inhibitory factor, HS71: heat shock cognate protein 71 kDa.

ムチン1（MUC1）は牛乳の20倍の濃度（800 mg/l）含まれ，細胞膜アンカー部位を欠く遊離型もみられる．20アミノ酸よりなる直列反復が21〜125回認められ（41回，85回の頻度が高い），分子量は糖（約50％）を含めると広範囲に及ぶ（180000〜500000）．MUC1とは異なるアミノ酸組成をもち，糖含量の高い（65〜80％）高分子量（>100万）の糖タンパク質，HMGP-Aも見いだされている[9]．

ラクトアドヘリン（lactadherin）は，ウシホモログの1番目のEGFドメイン配列を欠く，分子量約42000の表在性膜タンパク質で血管内皮増殖因子様ドメインやRGD配列をもつ．胃で消化されにくく，フコースを含む糖鎖は，新生児を急性下痢症の主原因であるロタウイルス感染から防御する．ヒトアミロイドで頻繁にみられるメディン（medin）様フラグメントを包含する．

人乳のキサンチンオキシダーゼ（xanthine dehydrogenase/oxidase XDH/XO）は，不活性なモリブデン非結合型やMo=SのMo=O置換型が多く，プリン-オキシダーゼとしてはほとんど機能しない[10]が，フラビン結合サイトを介したNADHオキシダーゼ活性は保持している．

CD36は脂肪酸輸送をはじめとする多機能タンパク質であるが，マラリア感染を仲介することでも知られる．脂肪球の分泌に関与するブチロフィリン（butyrophilin），アディポフィリン（adipophilin），脂肪酸結合タンパク質（fatty acid binding protein）も同定されているが，ウシPAS-III抗体で認識される成分は認められていない．

〔東　徳洋〕

文献

1) L. K. Rasmussen, et al.: Comp. Biochem. Physiol. B Biochem. Mol. Biol., **111**(1), 75-81, 1995.
2) N. Azuma, et al.: Agric. Biol. Chem., **49**(9), 2655-2660, 1985.
3) K. H. Mok, et al.: Biochem. Biophys. Res. Commun., **54**(1), 1-7, 2007.
4) J. He, P. Furmanski: Nature, **373**(6516), 721-724, 1995.
5) S. L. Kelleher, B. Lonnerdal: Advances in Nutritional Research, vol. 10 (B. Woodward, H. H. Draper, eds.), pp.39-65, Plenum Press, 2001.
6) G. A. Nevinsky, et al.: Biochemistry. (Moscow), **65**(11), 1245-1255, 2000.
7) F. Savino, S. A. Liguori: Clin. Nutr. (2007), doi：10. 1016/j. clnu. 2007. 06. 006
8) M. Cavaletto, et al.: Clinica Chimica Acta, **347**(1-2), 41-48, 2004.
9) M. Shimizu, et al.: Biochem. J., **233**(3), 725-30, 1986.
10) B. L. J. Godber, et al.: Biochem. J., **388**(Pt 2), 501-508, 2005.

1.3.2　母乳の脂質

a．脂質の含量と組成

母乳には4％程度（日本人では平均で3.5％）の脂質成分が含まれており，その含量は母親の栄養摂取と関係している．脂質成分の主体は，牛乳と同様に，トリアシルグリセロール（脂肪）で全体の97〜99％を占めている[1]．残りはリン脂質（0.7％）とステロール（0.5％，コレステロールが主要成分）で，これらに加えて乳中のリパーゼ活性に関連してジアシルグリセロールと遊離脂肪酸の量（それぞれ0.7％，0.4％）も無視できない．リン脂質の含量は泌乳期とともに減少するが，初乳で高値であることは新生児の脂肪吸収にリン脂質が寄与していると考えられる[2,3]．また，母乳のコレステロールは牛乳よりも多少，高値である．

b．構成脂肪酸

母乳中には167種の脂肪酸が認められているが[4]，多くはごく微量成分で，量的に多いのはC16：0，C18：1およびC18：2（この3種で全体の60％以上）である[5,6]．乳脂肪の脂肪酸組成は，牛乳のそれと比べて，低級脂肪酸がほとんど存在せず，C18：2（n-6）などの多価不飽和脂肪酸の割合が高く，また，母乳には1％程度のC20：4（n-6）とC22：6（n-3）が含まれる[7]．母乳の脂肪酸は，C16：0やC18以上の血中脂肪酸に由来する（主として食事から移行する）ものと，乳腺で合成されたものに分けられる．後者は炭素数10〜16の飽和脂肪酸で，特にC12：0とC14：0が多く合成される．分娩後日数の変化としては，C18：2（n-6）とC18：3（n-3）の増

加，ならびに C20：3（n-6），C20：4 および C22：6 の減少が知られている[2]．また，初乳では，成熟乳と比べて C10：0，C12：0，C14：0 などの中級脂肪酸の割合が少ない傾向がみられる．これは乳房における脂肪酸合成能が十分に整っていないことが一因であるとされている．しかし，母乳の脂肪酸組成には同一女性についても日内変動がみられ，また，母親の食事内容の影響などによる個体間の変動も大きい．C18：2（n-6）や C20：4（n-6）は必須脂肪酸として重要な作用を担っており，一方，C18：3（n-3）の代謝産物である C22：6 は脳や目の網膜の発達に関与することが知られている[1,7]．C22：6 レベルは日本人母乳の場合，他の国のデータと比べて 2〜3 倍高い（図 1.23[8]）．また，乳汁中の n-6/n-3 比は乳児の脂肪酸代謝に重要な影響を及ぼすため，FAO/WHO では人工乳中の脂肪酸組成を母乳と同じ約 5 とすることを勧告している．

母乳脂肪のトランス酸は，オクタデセン酸（t-C18：1）がほとんどで，日本人では平均で 1.18％（0.64〜2.22％）の割合で検出される[6]．この値は，欧米での測定値よりもかなり低値である（フランス人では平均で 1.99％，カナダでの分析では 6.6％）．これにはトランス酸摂取量が反映していると考えられる．また，共役リノール酸（主成分は 9c/11t-あるいは 9t/11c-異性体）は平均で 0.3％の割合で，個人差が大きい（0.1〜0.8％）．なお，母乳中のトランス酸含量と共役リノール酸含量との間には有意な相関は認められない．

c．トリアシルグリセロールの特徴

母乳脂肪の構成脂肪酸の総炭素数分布は，牛乳とは異なり，C46〜C52 のものが多い．また，牛乳では飽和トリアシルグリセロール分子種が約 35％を占めているが，母乳では約 9％である．一方，すべての構成脂肪酸が不飽和タイプである分子種は牛乳中には存在しないが，母乳では約 8％を占めている．脂肪酸の立体特異的分布については，不飽和脂肪酸（C18：1 と C18：2）および C14：0 は sn-1 と sn-3 にほぼ同じ割合で分布しているが，C16：0 は sn-1 に，一方，C10：0 と C12：0 は sn-3 に多く結合している．また，sn-2 では，C14：0 と C16：0 の結合比率が高い．このように，一般の油脂とは異なり，母乳脂肪では不飽和脂肪酸の sn-2 への結合が著しく低く，C16：0 が sn-2 に多く結合するという特徴を有している．この傾向は牛乳脂肪とも異なるが，この違いは両脂肪の消化吸収性には大きく影響を与えない．

d．複合脂質の組成

母乳の複合脂質は，牛乳と同様に，主なものはホスファチジルエタノールアミン（ケファリン），ホスファチジルコリン（レシチン）およびスフィンゴミエリンである．早産児母乳では，正期産児母乳と比べて，スフィンゴミエリンが高値でホスファチジルコリンの割合が低く，このことからスフィンゴミエリンの生理機能として早産児の未熟性を補っている可能性が示唆されている．グリセロリン脂質（ケファリンとレシチン）の構成脂肪酸としては，牛乳中のものと比べて，C18：2 が顕著に高く，また C20 以上の脂肪酸もより多く含まれる．このように，母乳中のリン脂質は，乳脂肪の物理的安定性に寄与しているだけでなく，乳児の成長や脳の発達に重要な多価不飽和脂肪酸を供給する栄養学的機能を有するといえる．スフィンゴミエリンには，母乳，牛乳ともに C20：0 以上のものが多く，高価不飽和脂肪酸は存在しない．一方，母乳スフィンゴミエリンでは，奇数飽和脂肪酸（C23：0n など）が少なく，C24：1 が

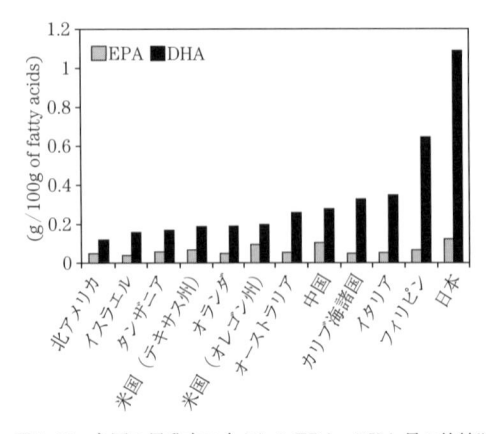

図 1.23　各国の母乳中に含まれる EPA，DHA 量の比較[8]

多く含まれる傾向がみられる．母乳中には糖脂質もわずかに存在し，これは中性糖のみを有するスフィンゴ糖脂質群（セレブロシドなど）とシアル酸含有のガングリオシド類からなる[3,9]．

〔大西正男・木下幹朗〕

文 献

1) B. Koletzko, et al.: Early Human Development, **65**, S 3-S 18, 2001.
2) 井戸田 正ほか：日本小児栄養消化器病学雑誌，**5**, 159-173, 1991.
3) R. G. Jenson: Lipids., **34**, 1243-1271, 1999.
4) R. G. Jenson: Prog. Lipid Res., **35**, 53-92, 1996.
5) 八尋政利ほか：栄食誌，**41**, 263-271, 1988.
6) 古賀民穂ほか：油化学，**49**, 157-161, 2000.
7) 米久保明得：油化学，**48**, 1025-1031, 1999.
8) L. M. Arterburn, et al.: Am. J. Clin. Nutr., **83** (suppl), 1467S-1476S, 2006.
9) 川上 浩ほか：日本小児栄養消化器病学雑誌，**8**, 36-43, 1994.

1.3.3 糖 質[1~4,6,7]

人乳に含まれる糖質含量は，泌乳期により異なる．特に初乳には，多量の遊離のヒトミルクオリゴ糖（human milk oligosaccharides：HMO）が含まれる．ヒト以外の哺乳動物では，これらのMOは常乳期に近づくにつれて含量が激減し，ほとんど含まれなくなる．しかし，人乳では，常乳期でも多量の乳糖（ラクトース）に加えて相当量のHMOの含まれていることが最大の特徴であり，ヒトにおける特別な存在意義と重要性が示唆されている．本文中では，ヒト常乳を「人乳」とし，ウシ常乳を「牛乳」とした．

a. 人乳中に見いだされる遊離糖，糖ヌクレオチドおよびミルクオリゴ糖

1) 単糖　人乳中には，0.27 g/l の遊離のグルコースが含まれる．また，2.7 g/l（分娩後7~12日）の遊離のガラクトースが含まれている．

2) 乳糖（ラクトース）　人乳中には，約7％の乳糖が含まれており，非特異的な定量法では 7.3 g/l，特異的な定量法では 6.7 g/l と定量される．乳糖は通常の哺乳動物乳では主たる糖質であり，人乳中の乳糖含量は哺乳動物の乳の中では最も高いが，乳糖をまったく含まない海獣類乳も存在するので，哺乳動物乳に必須のオリゴ糖ではないと考えられる．

3) 糖ヌクレオチド　人乳中の糖ヌクレオチドには，グアニジン二リン酸誘導体としてGDP-マンノースが，またウリジン二リン酸誘導体としてUDP-ヘキソース，UDP-N-アセチルヘキソサミンおよびUDP-グルクロン酸の存在が確認されているが，牛乳に含まれるGDP-フコースの存在は知られていない．また，人乳にはオリゴ糖ヌクレオチドの存在も知られ，UDP-N-アセチルラクトサミン（Galβ1-4 GlcNAc）やUDP-フコシル-N-アセチルラクトサミンも同定されているが，その生理的役割は不明である．

4) ヒトミルクオリゴ糖（HMO）　人乳中には，乳糖のほかに遊離の状態で，ヒトミルクオリゴ糖（HMO）が含まれている．1960年，HMO含量は初乳では 22~24 g/l，常乳では 12~13 g/l 含まれ，乳中の糖質の約20％を占めることが報告された．この含量は，人乳では乳糖，脂質に次いで3番目に多い成分である．1993年，より精密なHPLC解析により，分娩後4日乳で 21 g/l，120日目の常乳では 13 g/l と報告された．

HMOに関する研究は1950年代より開始され，現在までに130種類以上が報告されている．これらの化学構造を比較すると，数例の例外を除いて，HMOは乳糖を還元末端に有する基本骨格をしている．その構造上の特徴から，HMOは12種類のグループに大別されている．表1.17には，各系列を代表する最も基本的な骨格をなすHMOの化学構造を示した．これらのHMOのコア骨格に，さらにN-アセチルグルコサミン（GlcNAc），フコース（Fuc），ガラクトース（Gal）またはN-アセチルノイラミン酸（NeuAc）が結合することで，より高分子で多種類のHMOが乳腺細胞内で生合成される．これらのHMOは個乳において均一ではなく，母親のABO式血液型やルイス式血液型の違いを反映して種類と含量は変動する．HMOの中で最も多い成分はラクト-N-テトラオース（Galβ1-3 GlcNAcβ1-3 Galβ1-4

表 1.17 人乳中に含まれるヒトミルクオリゴ糖（HMO）の化学構造による分類

1　ラクトース系列
　　基本 MO：Galβ 1-4 Glc（直鎖2糖）
2　ラクト-N-テトラオース系列
　　基本 MO：Galβ 1-3 GlcNAcβ 1-3 Galβ 1-4 Glc（直鎖4糖）
3　ラクト-N-ネオテトラオース系列
　　基本 MO：Galβ 1-4 GlcNAcβ 1-3 Galβ 1-4 Glc（直鎖2糖）
4　ラクト-N-ヘキサオース系列
　　基本 MO：Galβ 1-3 GlcNAcβ 1-3 [Galβ 1-4 GlcNAcβ 1-6] Galβ 1-4 Glc（分岐6糖）
5　ラクト-N-ネオヘキサオース系列
　　基本 MO：Galβ 1-4 GlcNAcβ 1-3 [Galβ 1-4 GlcNAcβ 1-6] Galβ 1-4 Glc（分岐6糖）
6　パララクト-N-ヘキサオース系列
　　基本 MO：Galβ 1-3 GlcNAcβ 1-3 Galβ 1-4 GlcNAcβ 1-3 Galβ 1-4 Glc（直鎖6糖）
7　パララクト-N-ネオヘキサオース系列
　　基本 MO：Galβ 1-4 GlcNAcβ 1-3 Galβ 1-4 GlcNAcβ 1-3 Galβ 1-4 Glc（直鎖6糖）
8　ラクト-N-オクタオース系列
　　基本 MO：Galβ 1-3 GlcNAcβ 1-3 [Galβ 1-4 GlcNAcβ 1-3 Galβ 1-4 GlcNAcβ 1-6] Galβ 1-4 Glc（分岐8糖）
9　ラクト-N-ネオオクタオース系列
　　基本 MO：Galβ 1-4 GlcNAcβ 1-3 [Galβ 1-4 GlcNAcβ 1-3 Galβ 1-4 GlcNAcβ 1-6] Galβ 1-4 Glc（分岐8糖）
10　イソラクト-N-オクタオース系列
　　系列9に同じ
11　パララクト-N-オクタオース系列
　　基本 MO：Galβ 1-3 GlcNAcβ 1-3 Galβ 1-4 GlcNAcβ 1-3 Galβ 1-4 GlcNAcβ 1-3 Galβ 1-4 Glc（直鎖8糖）
12　ラクト-N-デカオース系列
　　基本 MO：Galβ 1-4 GlcNAcβ 1-6 [Galβ 1-3 GlcNAcβ 1-3] Galβ 1-4 GlcNAcβ 1-6-
　　[Galβ 1-3 GlcNAcβ 1-3] Galβ 1-4 Glc（分岐10糖）

各系列に所属するミルクオリゴ糖（MO）の基本骨格における還元末端2糖部分は、下線で示した乳糖である。
Glc：D-グルコース，Gal：D-ガラクトース，Man：D-マンノース，GlcNAc：N-アセチルグルコサミン．

Glc，LNT，0.5～1.5 g/l）であり、それらに1残基のフコースの結合した中性5糖も多く含まれ、これらで全体の50～70%を占める。

HMOに結合するシアル酸は例外なくN-アセチルノイラミン酸（NeuAc）であり、牛乳に見いだされるN-グリコリルノイラミン酸（NeuGc）は検出されない。このHMOに結合するシアル酸量は、分娩後0～2，2～4，4～6，6～8および10～28週で、それぞれ1140，710，350，260および135 mg/lと報告された。

HMOは中性HMOおよび酸性HMOからなるが、これらの含量も泌乳時期により変動する。たとえば、酸性HMOの主要成分である6′-シアリルラクトース（NeuAcα 2-6 Galβ 1-4 Glc，6′-SL）は、分娩後6～10日の夏季乳で780 mg/l、冬季乳で760 mg/l含まれるが、泌乳期を経過するとともにその含量は減少する。分娩後、241～482日における6′-SLの含量は、夏季乳で130 mg/lおよび冬季乳で100 mg/lとなる。一方、酸性HMOの3′-シアリルラクトース（3′-SL）は、6′-SLとは対照的に全泌乳期を通して100～170 mg/lとほぼ一定の含有量を示す。

b．乳糖の生理的役割

乳糖は乳児にとって最も重要なエネルギー源である。2糖である乳糖は、構成単糖がそれぞれ同量含まれる場合と比較して浸透圧は半分であり、消化管内での浸透圧のストレスが少ない。乳糖に含まれるガラクトースは、乳児の脳の発達や髄鞘形成にとって重要な糖鎖の供給源と考えられる。乳糖は小腸から吸収されるとラクターゼで分解され、生成したガラクトースは肝臓でグルコースに変換されてエネルギー源として使用される。しかし、一部のガラクトースは脳に運ばれて、ガラクトシルセラミドなどの髄鞘形成に必須である糖脂質に変換されると推定される。

また、乳中の糖源としてグルコースが含まれていれば乳児は利用しやすいはずであるが、乳の強い甘味性による嗜好性の低下や、また有害微生物の早期汚染や増殖を許すことになる。そこで、進化の過程で哺乳動物はグルコースにガラクトースを結合させて乳糖を生合成し、乳中に分泌するようになったと考えられている。乳糖の化学構造

は，ガラクトースがグルコースに β1-4 結合で導入されており，それに伴い甘味性の低下（ショ糖の 16％の甘味性）と乳児腸管におけるビフィズス菌（*Bifidobacterium*）や乳酸桿菌などの有用性細菌に糖源を供給し，共生に有利な条件を作り出している．乳糖は乳腺上皮細胞でのみ生合成される哺乳動物に特有のオリゴ糖として分布が限られるため，環境に棲息する多くの腸内細菌にとり容易に資化利用できずに栄養源になりにくいと考えられる．すなわち，乳糖の存在は，乳糖を容易に加水分解利用できるビフィズス菌や乳酸桿菌の優勢な腸内細菌叢（フローラ）を形成するのに有利であり，有用細菌による乳酸や酢酸生成の結果，多くの潜在的な病原性細菌の腸内定着や増殖が阻害され，健康なフローラ形成に役立つ．

また，乳糖には腸管からのカルシウムやマグネシウムの吸収を促進するキレート効果のあることが知られている．このような効果は他の糖でも認められるが，乳糖は一般的に加水分解されにくいために，小腸から大腸に移行した未消化乳糖が腸内細菌により分解利用され，生ずる各種の有機酸により腸内 pH が低下する．そのためにカルシウムのイオン化が促進されることや，乳糖自身がカルシウムとキレートをつくることや，乳糖が腸管に直接作用することによりカルシウムの腸管吸収促進を示すなどの諸説がある．

c．ミルクオリゴ糖における二つの生理機能

人乳中に 130 種類にも及ぶ多種類の HMO が存在することの生理的な意義と重要性については，完全に解明はされていない．HMO の存在意義は，栄養生理学的な機能と感染防御的な機能の二つの大きな役割が推定される．HMO の一部は，ヒト腸管上皮細胞上にレセプター（受容体）が介在するエンドサイトーシスにより直接吸収されると考えられている．

HMO の示す第 1 の機能には，7％含まれる乳糖とともに，乳児腸管内において *Bifidobacterium* の増殖を促進する「ビフィズス因子（ファクター）」としての栄養生理学的な役割が推定されている．母乳栄養児の腸内細菌叢ではビフィズス菌が優勢であり，95〜99.9％というほぼ 100％に近い占有率を示し，理想的なビフィズスフローラを形成する．一方，人工調製粉乳児ではビフィズス菌の占有率は 90％以下にとどまり，この差異は人乳中には多種類の HMO が含まれているからであると説明されてきた．

ヒト乳児の腸内細菌叢には *B. longum* や *B. infantis* が主要菌種として同定されているが，これらの菌種に対して増殖活性を示す HMO として，ラクト-*N*-フコペンタオース I（Fucα 1-2 Galβ 1-3 GlcNAcβ 1-3 Galβ 1-4 Glc）とラクト-*N*-フコペンタオース II（Galβ 1-3［Fucα 1-4］GlcNAcβ 1-3 Galβ 1-4 Glc）およびラクト-*N*-ジフコヘキサオース I（Fucα 1-2 Galβ 1-3［Fucα 1-4］GlcNAcβ 1-3 Galβ 1-4 Glc）とラクト-*N*-ジフコヘキサオース II（Galβ 1-3［Fucα 1-4］GlcNAcβ 1-3 Galβ 1-4［Fucα 1-3］Glc）などが知られている．これらの HMO は，小腸内で消化や吸収されずに大腸に移行し，ビフィズス菌の特異的な資化酵素系（後述）により資化され，エネルギー源となることが予想される．人乳には，このような HMO が多く含まれているためにビフィズス活性が特に高く，人乳と牛乳の同活性の比較では約 40：1 とされ，人乳は牛乳の約 40 倍も活性が高い．

人乳のみを摂取する母乳栄養児は，出生後のわずか 1 週間以内に，腸内細菌叢のビフィズス菌が急激に増加し，ほぼ完全なビフィズスフローラを形成する．これは，人乳がビフィズス菌のみが利用できるプレバイオティクスとしての HMO を含むからであると推定されていたが，その真相は不明であった．

最近，北岡らは，ビフィズス菌の有する新規なガラクトース代謝経路に基づき，ラクト-*N*-ビオース I（Galβ 1-3 GlcNAc, LNB）を構成 2 糖単位として含む HMO が，真のビフィズス因子であるという学説を提案した[5]．すなわち，ヒト乳児の腸管に棲息する主要菌種と考えられる *B. infantis* や *B. longum* などは，他の菌種にはないラクト-*N*-ビオースホスホリラーゼ（LNBP）を有し，LNB を加リン酸分解して Gal-1-P と GlcNAc に変換できる．Gal-1-P は，Gal

-1-P-ウリジルトランスフェラーゼによりUDP-Galに変換され、さらにUDP-Gal-4-エピメラーゼによりUDP-Glcに変換され解糖系で利用される（LNB/GNB経路）。乳児の腸管に棲息するビフィズス菌は、このLNBを構造単位として含むHMOに対する特異的資化能により、他の菌種よりも迅速にフローラ占有が可能となることが推定されている。ビフィズス菌はHMOに対応して、この酵素系を進化の過程で獲得したのかもしれない。

d. ミルクオリゴ糖の感染防御機能

HMOの示す第2の機能には、病原菌の宿主の細胞表層に対するanalogまたはhomologとしての感染防御能が推定されている。一部のHMOは、病原性の *Streptococcus pneumoniae*, *Hemophilus influenzae* または病原性大腸菌などがヒト腸管の上皮細胞表層に付着・結合するのを阻害する。また、人乳中にはフコースを結合したフコシルHMOが多種類含まれるが、腸管内での大腸菌毒素に対する中和活性や *Campylobacter jejuni* の受容体への結合阻害が報告されている。また、ヒトへのピロリ菌（*Helicobacter pyroli*）の感染は、胃酸分泌能力の低い5歳未満の幼児期における井戸水などの環境経由が推定されているが、HMO中の3′-シアリルラクトース（3′-SL）には、同菌の胃壁への抗付着および胃壁に付着した同菌を排除する作用が報告されている。これは、ヒト胃上皮細胞表層の糖タンパク質および糖脂質上のシアル酸を結合する糖鎖（シアリル糖鎖）の化学構造が、3′-SLと類似しているからである。*H. pyroli* CCUG 17874株によるヒト赤血球への凝集反応は、3′-SLなどのシアリルHMOの添加により阻害されることが示されたが、6′-SLにはその阻害活性は認められていない。

e. ミルクオリゴ糖の免疫調節機能

HMOには、免疫系に及ぼす生理機能も報告されている。酸性HMOのシアリルLe^{a}構造やシアリルLe^{x}構造を含むオリゴ糖は、P-セレクチンの介在した血小板-内皮細胞の接着を阻害し、内皮細胞上での白血球の回転を抑制する抗炎症作用が示唆される。これまで、低分子のオリゴ糖には免疫調節機能はないと考えられてきたが、HMO研究はこの分野研究に新知見をもたらしている。HMOは摂取後の腸管において、腸の発達や成熟に影響を与える成長因子としての作用と腸管免疫系を修飾する抗炎症性成分としての役割を有することが推定されている。これらの研究は、HMOを多量に合成してのヒト臨床試験が現時点では不可能なために、*in vivo* ではまだ十分に実証されていない。

f. 人乳糖脂質の種類と生理機能

人乳糖脂質は、シアル酸を含むガングリオシド：GM3（NeuAcα 2-3 Galβ 1-4 Glc - Cer）が主成分であり、ついでGD3（NeuAcα 2-8 NeuAcα 2-3 Galβ 1-4 Glc-Cer）が多く含まれる。GM3濃度は泌乳期の進行に伴い増加傾向にあり、その含有量は1.7〜14.4 μg/ml である。一方、GD3濃度は逆に減少傾向にあり、その含有量は2.0〜9.0 μg/ml である。

人乳ガングリオシドは、腸管系病原性細菌の作り出す毒素を中和し、乳児に対する感染防御能を示す。GM3には、病原性大腸菌やインフルエンザウイルスの感染、および細菌毒素による下痢を防ぐ機能性が報告されている。さらにGM3には、白血病細胞をマクロファージに分化させる活性や上皮細胞増殖因子（EGF）と細胞に存在する同レセプターとの相互作用を調節する活性が確認されている。また、人乳GM1［Galβ 1-3 GalNAcβ 1-4（NeuAcα 2-3）Galβ 1-4 Glc-Cer］は、大腸菌易熱性内毒素と結合し、またGD3は破傷風菌毒素と結合してそれらを中和する活性が知られている。

g. ラクトフェリン（Lf）

人乳中にはラクトフェリン（Lf）が多量に含まれており、全タンパク質の30%を占める。乳中の鉄イオンを結合し、同イオンを必須とする細菌の増殖を抑制する感染防御因子の一つである。ヒトLfは、約6.4%の糖質を含み、2本の N-型糖鎖を結合し、3種類の糖鎖の化学構造が報告された。結合糖鎖は、シアル酸やフコースを結合する2本に分岐したバイアンテナリー複合型糖鎖が特徴的であり、さらに複雑な構造の糖鎖も推定

1. 乳の成分

```
NeuAc α2-6Gal β1-4GlcNAc β1-2Man α1-6
                                        > Man β1-4GlcNAc β1-4GlcNAc β1-Asn
NeuAc α2-6Gal β1-4GlcNAc β1-2Man α1-3
                                              Fuc α1-6
                                                |
       Fuc α1-3
         |
       Gal β1-4GlcNAc β1-2Man α1-6
                                        > Man β1-4GlcNAc β1-4GlcNAc β1-Asn
NeuAc α2-6Gal β1-4GlcNAc β1-2Man α1-3
                                              Fuc α1-6
                                                |
       Gal β1-4GlcNAc β1-2Man α1-6
                                        > Man β1-4GlcNAc β1-4GlcNAc β1-Asn
NeuAc α2-6Gal β1-4GlcNAc β1-2Man α1-3
```

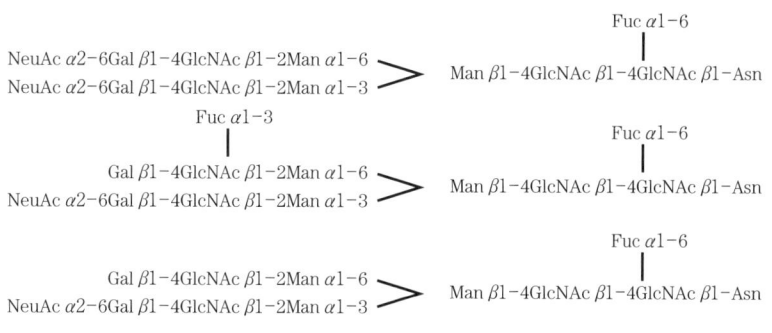

図1.24 人乳ラクトフェリンに結合する糖鎖の化学構造

されている（図1.24）．　　　〔齋藤忠夫〕

文　献

1) D. S. Newburg, S. H. Newbauer: Handbook of Milk Composition (R. G. Jensen ed.), Academic Press, 1995.
2) 伊藤敞敏ほか編：動物資源利用学, 文永堂, 1998.
3) 浦島 匡, 齋藤忠夫：バイオサイエンスとインダストリー, **57**, 619-620, 1998.
4) 齋藤忠夫：乳業技術, **50**, 38-57, 2000.
5) M. Kitaoka, *et al.*: *Appl. Environ. Microbiol.*, **71**, 3158-3162, 2005.
6) 齋藤忠夫ほか編：最新畜産物利用学, 朝倉書店, 2006.
7) C. Kunz, S. Rudloff: Bioactive Components of Milk (Z. Bösze ed.) Springer, 2008.

1.3.4　ビタミン

人乳中の各ビタミン濃度についてはさまざまな文献があり，値には幅がある．日本人の人乳の全国調査を行った結果[1,2]では，水溶性ビタミンのうち，ビタミンB_2，パントテン酸，ビタミンB_{12}，ビタミンCは初乳または移行乳，成乳となるにつれて減少した．ビタミンB_1は，初乳，移行乳，成乳へと増加したあと，安定した．ナイアシン，葉酸は初乳または移行乳，成乳と増加したあと，減少した．また，日本人の人乳中のビタミン含量はナイアシンを除き，濃度が増加傾向にあり，食生活の変化に伴う，ビタミン摂取量の増加が原因と考えられている．一方，脂溶性ビタミンは，経時的に減少する．末期乳ではβ-カロテン含量は初乳の約16％に，ビタミンA，α-トコフェロール含量は約30％に，γ-トコフェロールは

表1.18 日本人の人乳中のビタミン含量（100 m*l* 中）

ビタミン類	単位	5訂成分表[3] (100 m*l* に換算)	日本人の食事摂取基準採用値[4]	文献範囲[1,2] 成乳(16日以降)
A	μgRE	46.8	35.2	58.2〜77.2
D	μg	0.31*	0.3	―
E	mg	0.51	0.35	0.37〜0.38
K	μg	1	0.517	―
B_1	mg	0.01	0.015	0.013〜0.014
B_2	mg	0.03	0.04	0.035〜0.040
B_6	mg	痕跡	0.025	0.17〜0.26
B_{12}	μg	痕跡	0.02	0.01〜0.03
ニコチン酸	μg	0.2	0.2	0.17〜0.26
葉酸	μg	痕跡	5.4	4.0〜5.4
パントテン酸	mg	0.51	0.5	0.24〜0.34
C	mg	5.1	5	5.3〜7.1
ビオチン	μg	―	0.52	―

＊：ビタミンD活性代謝物を含む．―：記載なし．

約70％にまで減少したと報告されている．人乳中のビタミンK濃度は，母親のビタミンK摂取量に影響する．日本人の人乳中の平均ビタミン濃度[3]ならびに，日本人の食事摂取基準策定の算出根拠とした日本人の成乳の値[4]を表1.18に示した．パントテン酸含量が以前の文献に比べて2倍くらい高くなったが，これは母乳中の結合型パントテン酸を遊離型にする操作方法が進歩したためである．牛乳と比較すると人乳はビタミンA，C，E，ニコチン酸含量が高く，ビタミンB_1，B_2，B_6，B_{12}，パントテン酸，ビオチン，ビタミンK含量が低い．

文　献

1) 井戸田 正ほか：日本小児栄養消化器病学会雑誌, **10**, 11-20, 1996.
2) 矢賀部隆史ほか：日本小児栄養消化器病学会雑誌, **9**, 8-15, 1995.
3) 食品成分研究調査会編：五訂増補日本食品成分表,

1.3.5 ミネラル

人乳中のミネラル含量は牛乳よりもかなり低く，平均で0.2g/100mlである．したがって，表1.19に示したように人乳中の個々のミネラル含量も低い濃度である．

牛乳の平均リン含量は6.5倍，カルシウム，カリウム，マグネシウムは2～3倍人乳よりそれぞれ高い．人乳中のカルシウムの約15％がカゼイン結合性である．リンの大部分は脂質と結合し，約20％が無機リンである[3]．

微量ミネラル含量は非常にばらつきが大きいが，コバルト，銅，クロム含量が牛乳より人乳で高い．母乳中の微量ミネラルの多くは有機化合物と結合している．鉄はラクトフェリンと，スズはカゼインと結合していることが知られている[3]．

泌乳期変化はナトリウム，カリウム，亜鉛は単調に減少し，リン，鉄，銅は初乳から移行乳にかけて増加もしくは変化せずにその後単調に減少し，カルシウム，マグネシウムは変化が少ないと報告されている[4]．　　　　〔青江誠一郎〕

文　献

1) 食品成分研究調査会編：五訂増補日本食品成分表，pp.192-193，医歯薬出版，2006．
2) 第一出版編集部編：日本人の食事摂取基準［2005年版］，pp.77-202，第一出版，2005．
3) E. Renner: Milk and Dairy Products in Human Nutrition, pp.194-197, W-GmbH, Volkswirtschaftlicher Verlag, 1983.
4) 井戸田正ほか：日本小児栄養消化器病学会雑誌，**5**，145-158，1991．

1.3.6 その他の微量成分

乳は単なる乳児の栄養源としての働きを超え，母体と乳児の腸管をつなぎ，乳児の免疫系，代謝系，腸内細菌叢を「教育」する情報伝達媒体として機能していることが明らかにされつつある．この分野は未解明な点が多く残されているが，本項ではこのような情報伝達を担う可能性を有する人乳中の微量成分[1~3]について述べる．

a．細胞・細胞成分

ヒト初乳中には白血球が～$4×10^9/l$存在しており，成乳でも最初の数カ月は10^8～$10^9/l$程度存在している[4]．これらは乳腺の感染防御に働くとともに，乳児の免疫系の発達を促しているものと考えられる．その内訳は，マクロファージが55～60％，好中球が30～40％，リンパ球が5～10％である[4]．好中球は主に母体の保護に働いているものと考えられている．一方，マクロファージは活性化状態にあり，食細胞機能を示しサイトカイン類を発現することから，乳児の免疫機能に影響を与えていると考えられる．乳中のリンパ球の大部分（80％以上）はT細胞であり，$CD8^+$T細胞と$\gamma\delta TCR^+$T細胞の割合が血清中のそれと比べて高いことが示されている．動物モデルにおいては乳由来のリンパ球は新生児の腸管を通過して体内に入ることが示されており[5]，腸管のみならず全身の免疫系に影響を与えている可能性も考えられる．また，母乳栄養児は人工栄養児と比較して胸腺の大きさが2倍になるという報告[6]や，NK細胞数が多いという報告[7]などから，母乳成分がT細胞分化に対して影響を及ぼすことが示唆されている．

さらにヒト初乳および成乳中にはエクソゾームと呼ばれる，直径30～100nmの細胞由来膜小胞が含まれている．エクソゾームは，T細胞への抗原提示に必須なMHCクラスI，クラスII分子や補助刺激分子（CD80，CD86分子）などを含んでおり，免疫応答の調節機能を有している可能性が考えられる．人乳由来エクソゾームを末梢

表1.19　人乳中の主要ミネラル含量（100ml中）

ミネラル	単位	五訂成分表[1] (100mlに換算)	日本人の食事摂取基準採用値[2]	文献範囲[4] 成乳（16日以降）
ナトリウム	mg	15.3	13.7	12.6～17.3
カリウム	mg	48.8	47.3	46.4～59.1
カルシウム	mg	27.5	26	23.1～29.0
マグネシウム	mg	3.1	3.3	2.36～3.07
リン	mg	14.2	17	12.5～17.3
鉄	mg	0.04	0.045	0.02～0.04
亜鉛	mg	0.31	－	0.13～0.90
銅	mg	0.03	0.036	0.01～0.04
マンガン	mg	痕跡	0.11	－

－：記載なし

血T細胞とともに培養すると，サイトカイン産生が抑制され，免疫応答を抑制する機能をもつ制御性T細胞を誘導することが報告されており，免疫寛容誘導への関与も示唆されている[8]．

b．サイトカイン・可溶型サイトカインレセプター

人乳中には非常に多種類のサイトカインなどの免疫応答の調節にかかわるタンパク質分子の存在が認められている（表1.20）[1~3]．これらは乳腺由来あるいは乳中の白血球由来のものであり，一部は胃での消化に耐え腸管に達することが示されている．IL-10，TGF-βは免疫抑制機能をもち，腸管での炎症を抑制する働きをしている可能性がある．また，この両者とIL-6は乳児のIgA産生細胞の分化発達に寄与している可能性がある．TGF-βは新生児の腸管から吸収されることから，全身免疫系の制御にも機能しているかもしれない[9]．IL-1βやTNF-αなどの炎症性サイトカインも含まれているが，同時にIL-1レセプターアンタゴニスト（IL-1 RA）や可溶型TNFレセプターも存在することから，その作用が抑制されていることも考えられる．また，TNF-α産生抑制能をもつアディポネクチンの存在も報告されている[10]．乳中には母体血清の20倍濃度の可溶型CD14分子が存在しており，乳児のグラム陰性菌に対するTLR4を介した自然免疫応答を増強している可能性がある．そのほかにも，多くのホルモン，成長因子などの存在が報告されている（表1.20）[1~3]．

c．核 酸

人乳には遊離の単量体や細胞に含まれているものなどすべてを合わせると，平均してリボヌクレオチド換算で～72 mg/lの核酸が含まれている[11]．一方，牛乳中の存在量はこれと比べてずっと少ない．核酸はリンパ球の増殖，NK細胞やマクロファージの活性化を促進する機能を有することが知られている．乳児の免疫機能を亢進し，下痢の発症抑制に寄与していると考えられ，実際，人乳と同レベルの核酸を添加した調製粉乳を投与することにより免疫機能の亢進，下痢リスクの軽減などが認められている[12]．　〔戸塚　護〕

文　献

1) A. S. Goldman：*J. Nutr.*, **130**, 426S-431S, 2000.
2) C. J. Field：*J. Nutr.*, **135**, 1-4, 2005.
3) D. S. Newburg, W. A. Walker：*Pediatr. Res.*, **61**, 2-8, 2007.
4) A. S. Goldman：*Pediatr. Infect. Dis. J.*, **12**, 664-671, 1993.
5) L. A. Hanson, et al.：*Ann. N. Y. Acad. Sci.*, **987**, 199-206, 2003.
6) H. Hasselbalch, et al.：*Eur. J. Pediatr.*, **158**, 964-967, 1999.
7) J. S. Hawkes, et al.：*Pediatr. Res.*, **45**, 648-651, 1999.
8) C. Admyre, et al.：*J. Immunol.*, **179**, 1969-1978, 2007.
9) J. J. Letterio, et al.：*Science*, **264**, 1936-1938, 1994.
10) L. J. Martin, et al.：*Am. J. Clin. Nutr.*, **83**, 1106-1111, 2006.
11) J. L. Leach, et al.：*Am. J. Clin. Nutr.*, **61**, 1224-1230, 1995.
12) J. P. Schaller, et al.：*Semin. Fetal Neonatal Med.*, **12**, 35-44, 2007.

1.4　その他の哺乳動物の乳成分の特徴

各哺乳動物はそれぞれ固有の形態と生理的特性を有しており，幼動物はその特性を獲得するために母乳を摂取し正常な発育を遂げる．すなわち，乳はそれぞれの動物固有のもので，動物の種類に

表1.20　人乳に含まれる微量成分

サイトカイン・ケモカイン	IL-1β，IL-4，IL-5，IL-6，IL-8，IL-10，IL-12，IL-13，TNF-α，TGF-β1，TGF-β2，IFN-γ，G-CSF，MCP-1，RANTES
可溶型膜分子・レセプターアンタゴニスト	可溶型TNFレセプター，可溶型IL-6レセプター，可溶型CD14，可溶型ICAM-1，可溶型VCAM-1，IL-1レセプターアンタゴニスト（IL-1 RA）
ホルモン・成長因子	コルチゾール，エストロゲン，プレグナンジオール，甲状腺ホルモン，プロゲステロン，エリスロポイエチン，ゴナドトロピン，インスリン，レプチン，プロラクチン，プロカルシトニン，EGF，IGF，IGF結合タンパク質，VIP，サブスタンスP，ソマトスタチン
細胞・細胞成分	マクロファージ，好中球，T細胞，B細胞，エクソゾーム（細胞由来膜小胞）

よってその組成と構成成分の質を異にしている．また，生まれた子はしばらくの間，母乳だけを飲んで正常に育つことができるので，母乳は「完全栄養食品」といわれている．

哺乳動物は現在 18 目 5416 種で，単孔目と有袋目以外の 16 目が有胎盤類として大部分を占める[1]．乳組成を左右する要因として，生息環境・哺乳方法・成長速度が考えられるが，Ben Shaul は動物の生態的特徴，特に子の育て方の違いから五つに分類している[2]．また，Jenness と Sloan の総説[3]には約 150 種の哺乳動物の乳組成が示されており，表 1.22 はこの報告をもとに，それ以降の報告を加えたものである．

表 1.21 より全固形分が高く，さらに高脂肪であるのは水棲動物（クジラ，アザラシ，オットセイ，アシカ）の乳で，その理由として，水の熱伝導度は空気より高いので，水棲動物の生存には高熱量の脂肪が必要なためといわれている．なお，これらの乳の糖質含量はクジラ目で 1% 前後，キタゾウアザラシで 0.7%，さらにオットセイでは 0.1% と低い．

糖質含量が高い乳として，霊長目のヒトの乳，有袋目のカンガルーの乳，奇蹄目のウマの乳，さらに Nath らの報告によれば同じ奇蹄目のインドサイの乳の総還元糖量も 7.6% と高い[4]．なお，霊長目の乳における乳糖含量が著しく高い理由として，乳糖が脳神経系の重要な構成成分であるガラクトースの供給源であるためとの見解もある．

また，表 1.22[5]に示したように成長速度が速い動物種の乳ほど，タンパク質含量が高いことがうかがわれる．すなわち，体重が 2 倍になるために必要な日数が 6 日と最も短いウサギの乳の場合，その乳タンパク質含量は 14% であるのに対し，約 100 日を要するヒトの場合は 1.2% である．また，このように成長速度の速い動物種の乳はタンパク質含量とともに，より速く骨格を構成する必要があるので Ca と P の含量が高くなっており，結果として灰分も高い．ちなみに，ウサギ乳の灰分は 2.2% でヒト乳は 0.2% である．なお，7 日で体重が 2 倍となるネコの場合も乳中の灰分は 1.3% と高い．さらに，有袋目のカンガルーは未熟な状態で出生するため乳の灰分が 1.4% と高い（表 1.21 参照）．

インパラもトナカイも偶蹄目ウシ科に属しているが，乳の全固形分は 35% 前後と高く，高脂肪低乳糖の組成となっている．これは生息地域（インパラが砂漠，トナカイは寒冷地）が過酷な気象条件であるためと考えられ，乳組成の特性は動物分類区分よりも生息環境によって大きな影響を受けると考えられる．

表 1.21 主な哺乳動物の乳組成 (%)

分類目	動物名	全固形分	脂肪	タンパク質	乳糖	灰分
有袋目	カンガルー	20.0	3.4	4.6	6.7	1.4
	ワラビー	25.0	4.0	6.0	−	1.5
霊長目	オランウータン	11.5	3.5	1.5	6.0	0.2
	ヒト	12.4	3.8	1.0	7.0	0.2
齧歯目	ラット	21.0	10.3	8.4	2.6	1.3
	マウス	29.3	13.1	9.0	3.0	1.3
鯨目	シロナガスクジラ	57.1	42.3	10.9	1.3	1.4
食肉目	イヌ	23.5	12.9	7.9	3.1	1.2
	ホッキョクグマ	47.6	33.1	10.9	0.3	1.4
	オットセイ	65.4	53.3	8.9	0.1	0.5
	キタゾウアザラシ	46.9	29.4	11.7	0.7	0.5
	アシカ	43.0	30.8	9.7	Trace	0.9
長鼻目	インドゾウ	21.9	11.6	4.9	4.7	0.7
奇蹄目	ウマ	11.2	1.9	2.5	6.2	0.5
	インドサイ	9.8	1.4	1.4	7.6	0.2
偶蹄目	ブタ	19.2	7.6	5.9	4.8	0.9
	ヒトコブラクダ	13.6	4.5	3.6	5.0	0.7
	トナカイ	33.1	16.9	11.5	2.8	−
	インパラ	35.3	20.4	10.8	2.4	1.4
	ウシ	12.7	3.7	3.4	4.8	0.7
	スイギュウ	17.2	7.4	3.8	4.8	0.8
	ヤギ	13.2	4.5	2.9	4.1	0.8
	ヒツジ	19.3	7.4	5.5	4.8	1.0

(Jenness and Sloan の報告に一部加筆)

表 1.22 哺乳動物の発育と乳組成の関係（文献 5 の報告に一部加筆）

動物種	生後体重倍増までの日数	乳中% タンパク質	灰分	灰分中% カルシウム	リン
ヒト	100	1.2	0.2	14.9	7.2
ウマ	60	2.0	0.4	21.0	13.6
ウシ	50	2.9	0.7	17.1	14.3
ヤギ	19	4.3	0.8	17.7	15.6
ブタ	18	5.9	0.9	26.5	17.5
ヒツジ	10	6.5	0.9	22.6	16.5
イヌ	8	7.1	1.3	23.6	15.7
ネコ	7	9.5	1.1	−	−
ウサギ	6	14.0	2.2	25.1	17.2
ラット	6	12.0	2.0	26.1	23.2

さらに，それぞれの乳成分には動物間で質的相違がある．反芻動物の乳のタンパク質は75%以上がカゼイン（カゼイン型乳）であるのに対して，ヒト，ウマ，イヌ，ネコなどはホエイタンパク質が35%以上を占めている．第4胃が存在しキモシンが分泌される動物（第3胃と第4胃の区別が不明確なラクダを含む）にあっては，カゼイン型乳のほうが消化吸収の点で効率的であるためと考えられる．また，微量に存在する乳糖以外の糖質（オリゴ糖，シアリルオリゴ糖など）の種類と量も動物種によって，さらに泌乳期によって異なる．

乳用家畜の乳成分の質的特徴を比較すると，ウシと同じ偶蹄目でありながら山羊乳のカゼインには α_{S1}-カゼインが欠損している．また，乳脂肪の脂肪酸組成では，山羊乳・羊乳で $C_4 \sim C_{10}$ の脂肪酸が占める割合が高いこと，また，水牛乳・山羊乳にはカロテンが存在しないため脂肪の色が牛乳に比較して白いなど，乳成分の質的相違は，乳組成の特性よりも動物分類学上の位置と密接に関連している．

〔増田哲也〕

文　献

1) D. E. Wilson: Mammal Species of the World, 3 rd ed., Vol.1(D. E. Wilson, DeeAnn M. Reeder, eds.), pp.25-26, Johns Hopkins University Press, 2005.
2) D. M. Ben Shaul: *Int. Zoo Yearb.*, **4**, 333-342, 1962.
3) R. Jenness, R. E. Sloan: *Dairy Sci. Abstr.*, **32**(10), 599-607, 1970.
4) N. C. Nath, *et al.*: *J. Zoo and Wildlife Med.*, **24**(4), 528-533, 1993.
5) W. M. Ashton: *Dairy Industries*, **37**(10,11), 535-538, 602-606, 611, 1972.

2. 乳の生合成

2.1 乳腺の構造と機能

哺乳類は，乳腺という乳の合成に特化した器官を有し，乳で出産後の子育てを行う動物の総称である．したがって乳は子の成育に必要なすべての栄養素を含む．ただし，乳は子に適するように進化した結果，種が異なると乳成分も異なる．

乳腺は汗腺や皮脂腺と同じ外胚葉由来で外分泌腺である．乳腺はホルモンの影響下にあることが他の二つと異なる．神経による支配は受けない．

2.1.1 乳腺の構造（マクロの変化）

乳腺は出産から離乳までが必要とされる期間であるが，卵巣が機能を始める春機発動期以降に明瞭な発育が始まる．妊娠が成立すると，それまでと異なる形態変化が始まり，機能的にも大きく変貌する．

乳腺実質は乳管系と乳腺胞系に大別される．乳は乳腺上皮細胞で合成されて腺胞腔に分泌され，細乳管から乳管に運ばれ乳頭（teat または nipple）から排出される．

乳管は管状構造をとり，泌乳中は乳の貯蔵場所であり通路となる．末端になるほど管径は細くなり，細乳管と呼ばれる．乳管の発達期間は春機発動期から妊娠末期までであり，乳管は妊娠成立以前の，また，細乳管は妊娠初期から中期までの発達が著しい．乳腺の退行で細乳管の大半が消失する．

乳腺胞は乳をつくる細胞の集団で，細乳管を介して乳管と結ばれる．乳腺胞の原基は妊娠初期に細乳管の最も先端部分に出現することで，終蕾（end bud）と呼ばれる．妊娠の進行に伴い，終蕾は数を増し，終蕾当たりの細胞数も増える．終蕾は妊娠中期までに用いられる用語である．妊娠末期に近づくと中空構造をとり（腺胞腔），周囲を1層の乳腺上皮細胞が囲む（乳腺ろ胞）．乳腺上皮細胞数は出産する頃，最大になり（一部は泌乳初期），泌乳中はほぼ一定に保たれる．乳腺の退行でごく一部を除き大半が消失する．

筋上皮細胞は外胚葉に由来する平滑筋様細胞で，細乳管と乳腺ろ胞の外側表面を囲む．吸乳（搾乳）刺激は神経を通して脳に伝えられ，下垂体後葉から血中に放出されるオキシトシンに反応してリズミカルに収縮を繰り返し，乳を乳管に移動させる．

2.1.2 乳腺の構造（ミクロの変化）

乳を合成する能力を有する乳腺上皮細胞は妊娠中期以降で現れ，それ以前の細胞（終蕾を形成する細胞など）はこの能力を有しない．電子顕微鏡を用いた研究対象は乳腺上皮細胞でみられる微細構造であり，妊娠・泌乳中で起こる変化は1970年代半ばまでに明らかにされた．

妊娠中期以降しばらくの間，活性の高い細胞の特徴は認められない．脂肪滴は観察されるが，カゼインミセルは観察されない．分娩が近づくと，膜で覆われた分泌液胞（ゴルジ装置の一部）にカゼインミセルが観察される．

分娩直前から細胞は大型化し，泌乳中では大きな核，発達した粗面小胞体と滑面小胞体，無数のミトコンドリア，明瞭なゴルジ体（装置），腺胞腔側表面に無数の微絨毛を有する．これらの特徴は，活性の高い分泌細胞で普遍的にみられる．また，同一細胞において，細胞質に大小さまざまな脂肪滴，分泌液胞にカゼインミセルが観察される．脂肪滴は放出時に細胞膜で覆われる．腺胞腔では，脂肪滴は脂肪球被膜（細胞膜が主成分）で覆われて存在し，カゼインミセルは分散状態で存在する．

2.1.3 乳腺の機能

乳腺は乳糖，主要な乳タンパク質，乳脂肪を合成する．一つの細胞が同時に，これら3種類の成分を合成する．乳糖と乳タンパク質の合成はホルモンが制御する．乳糖あるいはカゼインなどの出現は泌乳開始のシグナルである．ただし，乳糖合成は α-ラクトアルブミン（α-LA）を必要とし，ホルモンが α-LA の合成を調節することから間接的な制御である．

プロラクチン（PRL）は乳タンパク質の合成に必須である．PRL は乳腺上皮細胞表面に存在する PRL 受容体（PRL-R）に結合する．そのホルモン情報は細胞内で Jack-Stat 系を介し核のDNA に伝わる．いくつかの乳タンパク質において，PRL によって生じた Stat5 と 6 が直接遺伝子を発現させることが知られている．

PRL が存在しても，PRL-R が少ないと乳タンパク質の合成は不活発である．乳腺上皮細胞当たりの PRL-R 数は分娩直前に増加しはじめ，泌乳初期の段階で3～4倍になる．また，妊娠後期における流産は PRL-R を増加させて泌乳を開始させることから，PRL-R の増加が泌乳開始の引き金である．泌乳中では泌乳曲線と相似して変動する．

糖質コルチコイド（コルチゾール，コルチコステロンなど）が PRL-R を増加させる．しかし，プロゲステロンは糖質コルチコイドの作用を妨害する．妊娠末期でみられる特徴は，血中プロゲステロンの減少，糖質コルチコイドの増加である．泌乳開始時の PRL-R の増加は，両ホルモンの逆転で説明される．このホルモン変化は分娩誘発のシグナルでもあり，同じシグナルを利用することで分娩に同調して泌乳を開始できる．

培養乳腺の実験から，泌乳開始に PRL と糖質コルチコイドは必須である．ただし，PRL の代わりにヒト成長ホルモン（霊長類以外の成長ホルモンは不可）もしくは胎盤性ラクトゲンを用いることができる．いずれのホルモンも PRL-R に結合する．

表 2.1 に関与するホルモンと相互の関係を示した．

2.2 乳タンパク質の生合成

2.2.1 乳タンパク質の役割

乳腺でつくられる乳タンパク質の第1の役割は子にアミノ酸を供給することである．乳タンパク質は高い生物価を有し，消化されやすくアミノ酸バランスに優れる．牛乳のカゼインが胃で不溶性になって満腹感を与え，ウシの習性を勘案すると生存にも関係する機能を有する．消化の過程で生理活性を有するペプチドが生まれる．カルシウムとリンを含み，無機物供給の役割をもつ．

2.2.2 乳タンパク質の生合成

乳腺は最大のタンパク質合成器官である．ただし，タンパク質の合成で乳腺上皮細胞に特有な機構は存在しない．遺伝情報は mRNA に転写され，リボゾームでタンパク質に翻訳されるという普遍的な合成過程で行われる．翻訳後に起こるタンパク質の修飾においても同様である．

表 2.1 泌乳開始とホルモン（マウス）
(1) 関与するホルモンの組合せ

ホルモン	カゼイン合成の有無
I	−
I+F	−
I+PRL	+/−
I+F+PRL	+++
I+F+PRL+P	+/−
I+F → I+PRL	+++

妊娠中期マウス乳腺
合成培地にホルモンを加えて培養
カゼインはカゼイン mRNA の出現

(2) 妊娠中のプロラクチン刺激伝達系

妊娠中
　ホルモン濃度：P>F
　乳腺：P+F-R →✕→ PRL-R（P が F-R に結合）
　PRL-R が少ない

妊娠末期（出産1日以内）
　ホルモン濃度：P<F
　乳腺：F+F-R → PRL-R 遺伝子発現
　PRL，PRL-R が増加する
　PRL+PRL-R → Jak/Stat → ミルク関連遺伝子発現

I：インスリン，F：コルチゾール，PRL：プロラクチン，P：プロゲステロン，F-R：コルチゾール受容体，PRL-R：プロラクチン受容体，Jak/Stat：プロラクチンの細胞内刺激伝達系．

乳腺でみられる最大の特徴はカゼインmRNAの寿命が泌乳時期で異なることである．泌乳開始時のmRNA合成は3倍速くなる程度であるが，mRNA量は10倍程度に高まる．泌乳開始以前のmRNAのポリAは短い．泌乳開始後，ポリA鎖を長くすることで分解されにくい状態（安定）に変化したことが原因である．カゼイン合成が少なくなる泌乳末期で再度短くなる．退行時，mRNAは急速に消失するが，この時期つくられるmRNAはポリA鎖が極端に短いか，欠くのもある．ポリA鎖が短いほど分解されやすい（不安定）．長いポリA鎖と短いポリA鎖は同時に存在せず，泌乳時期が決まるとポリA鎖の長さは均一である．これにPRLが直接関与するか不明であるが，PRL-R数の大小と相関することから無関係と言い切れない．

2.3 乳脂肪の生合成

2.3.1 乳脂肪の役割

乳脂肪はエネルギー供給源である．酷寒の地で出産と子育てを行うアザラシでみられるように，乳の脂肪含量は驚くほど高い．本来，乳脂肪は水に溶けない．乳脂肪滴は放出時，腺胞腔側で細胞膜表面に突き出し，根元がくびれて膜で覆われる．膜の主成分は細胞膜であり，親水性のため乳に浮遊でき，一見溶けた状態になる．このため乳は脂溶性物質（ビタミンA，D，Eなど．ダイオキシンなども同様）を含むことができる．

2.3.2 乳脂肪の生合成

乳脂肪合成がホルモンの制御を受ける明確な証拠はない．妊娠中，乳腺上皮細胞でカゼインミセルがまったく観察できない段階でも脂肪滴は観察される．

乳脂肪は乳腺で合成されるが，基本的な合成機構は他の細胞と同一である．乳腺の細胞質には脂肪酸合成酵素と総称される酵素群が存在し，C4〜C16の短鎖および中鎖脂肪酸は低級脂肪酸（反芻胃でつくられる酢酸が主体）が原料となって乳腺で合成される．大半の長鎖脂肪酸は血液から移行する．一方，グリセリンの半分は乳腺でつくられ，残りは血液の脂質に由来する．グリセリンと脂肪酸は滑面小胞体で脂肪となる．脂肪滴は腺胞側に近づくにしたがって大きさを増す．この段階では周囲に膜は存在しない．

合成にエネルギーが使われるが，反芻動物のエネルギー源は低級脂肪酸と少量のグルコースであり，単胃動物のそれはグルコースのみである．反芻家畜はクエン酸からアセチルCoAを合成できないため酢酸から直接つくる，また，酪酸が存在するなど，脂肪合成するうえで若干の違いがある．

2.4 乳糖の生合成

2.4.1 乳糖の役割

乳糖は乳にのみ存在し，グルコースとガラクトースが結合した2糖類である．乳糖は乳腺細胞が利用できない糖で，高濃度で存在しても乳腺機能

---

1. グルコースがUDP-ガラクトースに変換される過程

　　　　　　(1)　　　　　　(2)　　　　　　(3)　　　　　　(4)
グルコース⇨グルコース-6-リン酸⇨グルコース-1-リン酸⇨UDP-グルコース⇨UDP-ガラクトース
細胞質酵素：(1)ヘキソキナーゼ，(2)ホスフォグルコムターゼ，(3)UDP-グルコースピロホスファターゼ，(4)UDP-グルコースエピメラーゼ．

2. 乳糖生成過程

　　　　　　　　　　　　　　　(1)
UDP-ガラクトース + グルコース⇨ラクトース
ゴルジ体酵素：(1)ラクトースシンターゼ

図2.1　乳糖の合成経路

は損なわれない．グルコースは不適当で，乳糖に変換しなければならない理由である．主に浸透圧調節物質として機能する．新生子は消化酵素（ラクターゼ）で単糖に分解し，炭水化物として利用する．脂肪と並ぶ必須のエネルギー源である．

2.4.2 乳糖の合成調節機構

乳糖合成の最終段階で2種類の酵素（ガラクトシルトランスフェラーゼとα-LA）が必須で，両者が結合して乳糖合成酵素（ラクトースシンターゼ）となる．ガラクトシルトランスフェラーゼはゴルジ装置に特異的で膜結合型酵素として知られ，さまざまな臓器でタンパク質に糖鎖を付加する役割を果たす．α-LAは乳タンパク質の1構成成分で，泌乳開始に伴って合成され，排出の過程でゴルジ装置に運ばれ，ガラクトシルトランスフェラーゼと複合体を形成し乳糖合成酵素となる．乳糖の出現はα-LAの合成開始でもある．α-LAがゴルジ装置を通るとき乳糖がつくられることで，乳糖が乳腺と乳のみに存在する理由となる．また，初乳を除き，ホルスタインの常乳で常に約5％に保たれる理由にもなる．

ガラクトースは乳腺細胞の細胞質に存在する数種類の酵素が関与してグルコースからつくられ，UDP-ガラクトースとして合成に関与する．この全代謝過程を図2.1に示した． 〔酒井仙吉〕

文 献

1) C. Bole-Feysot, *et al*.: *Endocr. Rev*., **19**, 225-268, 1998.
2) C. Brisken: *J. Mammary Gland Biol. Neoplasia*, **7**, 39-48, 2002.
3) M. E. Freemann, *et al*.: *Physiol. Rev*., **80**, 1523-1631, 2000.
4) N. E. Hanes, *et al*.: *J. Mammary Gland Biol. Neoplasia*, **2**, 19-27, 2002.
5) P. A. Kelly, *et al*.: *Mol Cell. Endocrinol*., **197**, 127-131, 2002.
6) M. C. Neville, *et al*.: *J. Mammary Gland Biol. Neoplasia*., **7**, 49-66, 2002.
7) Y. J. Topper, C. S. Freeman: *Physiol. Rev*., **60**, 1049-1106, 1980.
8) J. Y. Kim, *et al*.: *Mol Cell Endocrinol*., **131**, 31-38, 1997.
9) T. Kuraishi, *et al*.: *Mol Cell Endocrinol*., **190**, 101-107, 2002.
10) T. Kuraishi, *et al*.: *Biochem. J*., **347**, 579-583, 2000.
11) Y. Mizoguchi, *et al*.: *Mol Cell Endocrinol*., **132**, 177-183, 1997.
12) K. Nagaoka, *et al*.: *Biochim. Biophys. Acta*., **1759**, 32-40, 2006.
13) K. Nagaoka, *et al*.: *Exp. Cell Res*., **313**, 2937-2945, 2007.

3. 乳成分の変化

3.1 加熱による変化

3.1.1 タンパク質の変化

牛乳タンパク質の約80％を占めるカゼインはα-ヘリックスやβ-シート構造のような規則的構造が少なく，加熱の影響を受けにくいタンパク質であり，100℃以下の加熱ではその物理化学的性質はほとんど変化しない．100℃以上の温度で加熱するとカゼインの凝集性が変化し，カゼイン成分の中ではα_{S2}-カゼインの変化が著しい．過度に加熱するとカゼインの脱リン，脱アミド，ペプチド結合の解裂，イソペプチドの形成（ペプチド鎖間の架橋）などが起きる．脱リンはカゼインの存在状態で変わり，カルシウムを結合した状態のほうが脱リンしにくい．また，ペプチド結合の解裂により非タンパク態窒素が増大する．ペプチド結合の解裂はアスパラギン酸残基で起きやすく，表3.1に示すペプチド結合の解裂が報告されている[1]．α_{S1}-カゼインとκ-カゼインは，β-カゼインより加熱によるペプチド結合の解裂が起きやすい．過度の加熱によって，イソペプチドの外にリジノアラニン架橋，ランチオニン架橋が形成される．分子間架橋の形成もカゼインの存在形態に依存し，カゼインナトリウムよりカゼインミセルのほうが分子間架橋形成されやすい．これらの変化は保持滅菌（110〜120℃10〜30分）の条件で牛乳を加熱すれば起きるが，低温長時間（LTLT）殺菌や高温短時間（HTST）殺菌ではもちろん起きないし，超高温（UHT）処理でも脱リンやペプチド結合の解裂はほとんど起きない．

カゼインは牛乳中ではカゼインミセルとして存在している．牛乳を100℃以上で加熱すると，ミセルサイズが大きくなるだけでなく，ミセルの解離も起き，可溶性カゼインが生成する[2]．加熱により生成する可溶性カゼインの主成分はκ-カゼインであり，カゼインミセルからのκ-カゼインの遊離がカゼインミセルの不安定化の一因になっている．高温加熱したカゼインミセルを冷却すると，遊離する可溶性カゼイン量が増大することから，加熱によってカゼインミセル内のカゼイン成分間相互作用が脆弱化しているものと考えられている[2]．

乳清タンパク質を構成するβ-ラクトグロブリン，α-ラクトアルブミン，血清アルブミン，免疫グロブリンは球状タンパク質であり，加熱により球状構造の解きほぐれ（unfolding）が起き，変性する．このときタンパク質の構造を維持する水素結合などを破壊するのにエネルギーを必要とするので，この変化を示差熱分析により熱変性温度として測定することができる．示差熱分析で測定した乳清タンパク質の熱変性温度は，β-ラクトグロブリン72.8℃，α-ラクトアルブミン65.2℃，血清アルブミン62.2℃，免疫グロブリン72.9℃，ラクトフェリン（アポ型）64.7℃である[3]．一般に牛乳中での乳清タンパク質の熱安定性は加熱後の溶解性から求めた値が使われる．加熱後の溶解性から求めた乳清タンパク質の熱安

表3.1 高温加熱により分解されるカゼインのペプチド結合[1]

カゼイン	分解するペプチド結合
α_{S1}-カゼイン	Asn_{74}–$SerP_{75}$
	Asp_{175}–Ala_{176}
	Asp_{181}–Ile_{182}
	Asn_{184}–Pro_{185}
	Pro_2–Lys_3
	Pro_{177}–Ser_{178}
	Phe_{23}–Phe_{24}
α_{S2}-カゼイン	Gln_{94}–Tyr_{95}
β-カゼイン	Glu_{14}–$SerP_{15}$
	Leu_{16}–$SerP_{17}$
κ-カゼイン	Leu_{50}–Ile_{51}
	Glu_{154}–Ser_{155}
	Arg_{10}–Cys_{11}
	Asn_{160}–Thr_{161}
	Pro_{150}–Glu_{151}

3. 乳成分の変化

定性は，α-ラクトアルブミンが最も高く，次いでβ-ラクトグロブリン，血清アルブミン，免疫グロブリンの順であり，分子量の順でもある．示差熱分析から求めたα-ラクトアルブミンの熱安定性は乳清タンパク質の中で最も低いが，分子量が14200と比較的小さくSS結合が4個もあり，加熱により変性してももとの構造に戻りやすく可溶性を保持しているものと考えられる．そのため，加熱後の溶解性から求めた熱安定性は乳清タンパク質の中で最も高い．ラクトフェリンはアポ型とホロ型（鉄結合型）では変性温度が異なり，2個の鉄を結合したラクトフェリンの熱変性温度は83.5℃である．しかし，熱変性温度はタンパク質の環境により異なり，ラクトフェリンも低イオン強度ではUHT処理後も安定である．

牛乳を殺菌・滅菌処理したときの乳清タンパク質の変性（不溶性タンパク質）は，HTST（72℃15秒）殺菌で7％，UHT直接加熱で50〜75％，UHT間接加熱で70〜90％，保持滅菌で100％である[4]．

β-ラクトグロブリンとκ-カゼインが共存する溶液を加熱すると複合体が形成される．このときSH基ブロック試薬を添加すると複合体が形成されないことから，分子間SS結合により複合体が形成される．牛乳を80℃以上で加熱したときにも，カゼインミセルの表面に存在するκ-カゼインに分子間SS結合を介してβ-ラクトグロブリンが結合する．α-ラクトアルブミンもカゼインミセルに結合するが，β-ラクトグロブリンより高い温度が必要である．この複合体形成は牛乳のレンネット凝固性にも影響を及ぼす．β-ラクトグロブリンが結合したカゼインミセルにはレンネットの主要酵素であるキモシンが作用しにくいため，75℃以上の高温で加熱した牛乳のレンネット凝固時間の遅延が起きる．また，ミセル表面にβ-ラクトグロブリンが結合すると，パラ-カゼインミセル間の相互作用が弱くなり，カードも軟らかくなる．

3.1.2 乳糖の変化

牛乳糖質の99.8％は乳糖（ラクトース）であり，牛乳を高温で加熱すると乳糖のグルコースがフルクトースへ異性化して，ラクチュロースが生成する．ラクチュロースの生成量は熱処理の程度に依存するので，ラクチュロースの生成量から牛乳が受けた熱処理の程度を評価する方法が開発されている．乳糖の分解物としてガラクトースも検出されており，その異性体であるタガトースも検出されている[3]．牛乳を高温で長時間加熱すると乳糖が分解し酸が生成する．牛乳を高温で加熱するとpHが低下するが，乳糖の分解により生成した酸による影響が大きい．

3.1.3 脂質の変化

脂質を200℃以上の高温で加熱すると構成脂肪酸の酸化や重合が起きるが，牛乳の殺菌や滅菌などの条件ではこのような化学変化はきわめて小さい．脂肪球皮膜タンパク質は70℃以上の加熱で変性する．また，加熱によって脂肪球皮膜タンパク質とβ-ラクトグロブリンとが複合体を形成することが明らかにされている．脂肪球皮膜に免疫グロブリンIgMが結合し，このため脂肪球が結合してクリーミングを引き起こすが，加熱によりIgMが変性するとクリーミングが起こりにくい．

3.1.4 無機質の変化

牛乳中のカルシウムの約2/3，無機リンの1/2はカゼインミセルの構成成分としてコロイド相に存在し，コロイド相と溶解相とは平衡関係にある．牛乳を加熱すると溶解相のカルシウムと無機リンの一部はコロイド相へ移行する．牛乳を加熱して冷却1時間後の限外ろ過性（溶解性）のカルシウムを測定すると，66℃30分間の加熱では5〜10％，82℃30分の加熱では10〜20％，UHT処理で10％の減少が認められる．しかし，これらの変化は冷却後測定したものであり，加熱処理中に限外ろ過して可溶性のカルシウムと無機リンを測定すると，その減少量は著しく大きい．90℃で加熱した牛乳の限外ろ過性のカルシウムと無機リンは短時間のうちに急激に減少する（図3.1）[5]．しかし，90℃で30分間加熱して4℃で48時間冷却すると，溶解相のカルシウムと無機

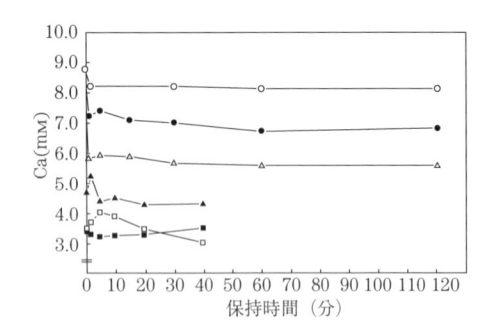

図 3.1 牛乳加熱中の限外ろ過性カルシウムの経時的変化[5]
○：20 ℃，●：40 ℃，△：60 ℃，▲：80 ℃，□：85 ℃，■：90 ℃．

リンはもとのレベルに戻る．通常，カルシウムと無機リン酸の溶液からリン酸カルシウムが生成する反応は不可逆的であるが，牛乳を加熱したときの可溶相からコロイド相へのカルシウムと無機リン酸の移行は可逆的である．このような可逆性はカゼインミセルの構造特性に起因している[6]．カゼインミセル中のカルシウムと無機リン酸はカゼインのリン酸基に結合し，ミセル性リン酸カルシウムとしてカゼイン間を架橋している．加熱により溶解相へ移行したカルシウムと無機リン酸はミセル性リン酸カルシウムに取り込まれ，冷却されると再び溶解相へと戻るものと考えられる．しかし，牛乳を100 ℃以上の高温で加熱するとコロイド相へ移行したカルシウムと無機リン酸の一部はもとへは戻らない．カゼインミセル中のミセル性リン酸カルシウムは結晶構造をとらず無定形であるが，牛乳を高温で長時間（120 ℃ 15分）加熱した牛乳からはβ-三リン酸カルシウムの結晶の存在が確認されている．また，ミセル性リン酸カルシウムはカゼインのリン酸基を介して分子間架橋を形成しているが，高温加熱によりこの架橋が解裂することが明らかにされている[6]．

3.1.5 褐変

牛乳を高温で加熱すると褐色になるが，これは主に乳タンパク質と乳糖が反応するために起きる．この反応はアミノカルボニル反応あるいはメイラード反応と呼ばれている．タンパク質のアミノ基としては主にカゼインのリジン残基が，カルボニル基としては乳糖が反応するために起きる．メイラード反応の初期段階ではリジンのアミノ基と乳糖のカルボニル基との間で縮合転移反応が起きてラクチュロシルリジンが生成する．ラクチュロシルリジンが分解して生成した反応性に富むオソン類やヒドロキシメチルフルフラルがアミノ基と縮重合反応を繰り返し褐色のメラノイジンが生成する．メラノイジンには抗酸化作用があり，より厳しい条件で加熱した牛乳のほうがメラノイジンの生成量が多く，抗酸化性も強い．

メイラード反応の進行の程度を調べるための方法としては，リジンの有効性を調べる方法，アマドリ転移生成物を調べる方法，褐色の進行を調べる方法，蛍光物質を調べる方法などがある[3]．その中でアマドリ転移生成物の酸加水分解物により生成するフロシンは，メイラード反応の初期段階におけるタンパク質のダメージを調べるよい方法である．逆相HPLCを使うと15分で効率的にフロシンを分析することができる．

3.1.6 フレーバーの変化

牛乳を加熱すると加熱臭（クックドフレーバー）が発生する．このようなフレーバー変化は，LTLTやHTST殺菌ではほとんど起きないが，80 ℃以上の温度では数秒間の加熱でもクックドフレーバーを感じる．その主要なフレーバー物質原因化合物は，乳清タンパク質の含硫アミノ酸から生じる硫化水素，ジメチルサルファイド，メルカプタンなどである．また，90 ℃以上の加熱ではメイラード反応の過程で生ずるアルデヒドやピラジン類もフレーバーの原因化合物として加わる．また，脂肪の熱分解産物もにおい形成に関与してくる．

3.1.7 栄養価の変化

加熱によりタンパク質のアミノ基が乳糖とメイラード反応を起こすので，リジン残基の修飾が起きる．修飾されたリジン残基はアミノ酸としての機能を有しないので，栄養価が低下する．牛乳を殺菌したときの有効性リジンの低下は，LTLT殺菌で1～2％，UHT処理で3～4％，である．

リジンは必須アミノ酸であるが、牛乳タンパク質には比較的多くのリジンが含まれており、通常の殺菌法によるタンパク質の栄養価の低下は問題ないと考えられている。

加熱によってカゼインのホスホセリン残基がβ脱離してデヒドロアラニンが生成し、これにリジン残基が結合してリジノアラニンが生成する。リジノアラニンには毒性があるが、牛乳の加熱処理により生成するリジノアラニン量は無視しうる量であると考えられている[4]。

前述したように加熱により可溶相のカルシウムと無機リン酸がコロイド相に移行し、カルシウムの存在形態が変化する。しかし、UHT処理乳と生乳や低温殺菌乳について、カルシウムの生体利用性をラットを用いて調べた結果では、両者に差が認められていない。

脂溶性ビタミンは熱に安定であり、ビタミンA、D、E、Kは牛乳の殺菌や滅菌による損失がない。水溶性ビタミンで加熱による変化を受けやすいのはビタミンB_1、B_{12}、Cであるが、殺菌やUHT滅菌による損失はわずかである。

3.2 酸による変化

カゼイン製造のための酸の添加や、発酵乳製造の過程で牛乳は酸性条件下にさらされる。酸の添加や乳酸菌による酸の生成によりpHが低下すると、カゼインミセルからカルシウムや無機リン酸が遊離する。牛乳のpHは6.6〜6.7であるが、pH4.9に低下するとカゼインミセルに結合していたカルシウムと無機リン酸はほぼ完全に遊離する。pHの低下によりカゼインのマイナスチャージが減少して電気的反発力が小さくなるので凝集が起きる。脱脂乳にグルコノ-δ-ラクトンを添加しすると、ゲル化はpH4.9〜5.2の間で起きる。ゲル化の初期段階ではカゼインミセル粒子が団子状に集まり、その後ビーズ状のストランドとなり、さらにそれらが三次元網目構造を形成する(図3.2)[7]。前述したように牛乳の酸性化によりカゼインミセルの構造因子であるミセル性リン酸

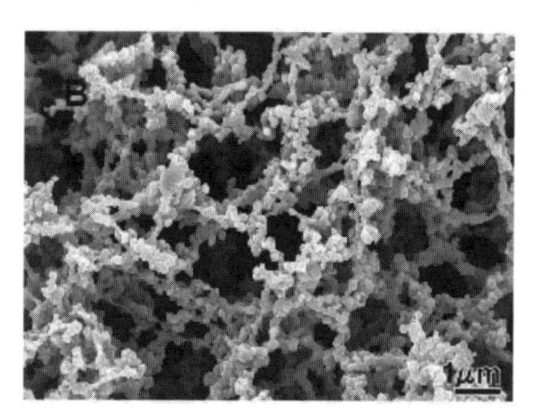

図3.2 カゼインミセル酸性ゲルの微細構造[7]
上：未加熱．
下：β-ラクトグロブリン存在下で80℃
30分間加熱処理．

カルシウムの可溶化が起きるが、酸性ゲルの電子顕微鏡写真からみるとミセルの大きさや形状を保ったまま、ゲルが形成されるものと判断される。牛乳を加熱すると硬い酸性ゲルが生成するが、これはカゼインミセル表面に結合した変性β-ラクトグロブリンがミセルの過度の凝集を防ぎ、繊細なストランドが形成されるためと考えられている[7]。

3.3 酵素による変化

3.3.1 牛乳中の酵素による変化

牛乳本来の酵素として約50種類存在することが認められているが、その中で乳質に影響を及ぼすのはプロテアーゼとリパーゼである。牛乳プロ

テアーゼにはプラスミンやカテプシンDなどがあるが，乳質にはプラスミンの影響が大きい．

プラスミンは血液から乳に移行したものであり，プラスミノーゲンがプラスミノーゲンアクチベーターにより分解されてプラスミンになり活性をもつようになる．プラスミンはトリプシン様のセリンプロテアーゼで，活性の至適pHは7.5，至適温度は37℃であり，カゼインや脂肪球皮膜タンパク質を分解する．プラスミンはα_{S1}-カゼインに対するよりβ-カゼインに対する作用性が強い．プラスミンがβ-カゼインを分解するとC端側のフラグメントとしてγ_1-，γ_2-，γ_3-カゼインが生成するが，γ-カゼインは疎水性が強く会合性が強いので，カゼインミセル中にとどまる．しかし，N端側のフラグメントは親水性が強いので，ミセル中にはとどまらずプロテース・ペプトン成分5および成分8となり，乳清タンパク質の構成成分となる．γ-カゼインはすでに搾乳直後の牛乳にも存在しているので，プラスミンはウシの体内にあるときにすでにカゼインを分解している．プラスミン活性は泌乳期によって異なり，常乳期より泌乳末期で活性が高いので，γ-カゼイン含量も高くなる．γ-カゼイン含量が多い牛乳はプロテオース・ペプトン含量も高いので，末期乳でカゼイン分解が進んだ牛乳ではチーズ製造の歩留りが悪くなる．乳房炎乳は血液成分の移行が多く，プラスミン活性も高いので，γ-カゼイン含量も高い．タンパク質分解が進むと苦味も発生し，熱安定性も低下する．プロテオース・ペプトン成分3は，脂肪球皮膜タンパク質のプラスミン分解物である．

牛乳の品質には微生物由来のプロテアーゼも影響を及ぼす．UHT処理牛乳が，冷蔵中に酸度が上昇していないのに凝固することがあり，これを甘性凝固と呼んでいる．これはUHT処理によりプラスミンは失活しても微生物由来のプロテアーゼがカゼインを分解し，カゼインミセルを不安定化させるために起きる現象である．

牛乳本来のリパーゼはリポプロテインリパーゼ（LPL）で，その約80%はカゼインミセルに結合して存在している．この結合はカゼインのリン酸基のマイナスチャージとLPLのプラスチャージとの静電的相互作用によるものである．このためにヘパリンの添加により酵素が遊離するし，冷却や凍結により脱脂乳画分から脂肪球皮膜へと移行する．乳脂肪が脂肪球皮膜に覆われているときにはLPLは作用しない．撹拌などにより脂肪球皮膜が破れるとLPLが働き脂肪酸が遊離する．LPLは75℃20秒間の加熱で容易に失活するので，殺菌乳の保存中にはLPLが働くことはない．しかし，バルククーラーに長時間保存された牛乳ではLPLにより脂肪分解が起きる．

3.3.2 キモシンによる牛乳の凝固

レンネット添加による牛乳の凝固はチーズ製造の重要な工程である．牛乳にレンネットを添加すると，凝乳酵素キモシンがκ-カゼインの105番目のフェニルアラニンと106番目のメチオニンとのペプチド結合を限定的に加水分解し，カゼインミセルからκ-カゼインのグリコマクロペプチド（106～169番目，マクロペプチドともいう）を遊離させる．κ-カゼインはカゼインミセルの安定化因子であり，マクロペプチド部分はヘアー状になり溶媒に突き出してカゼインミセルを安定化させている．一方，1～105番目のペプチドはパラ-κ-カゼインと呼ばれ，疎水性が高く他のカゼイン成分と相互作用している．キモシンによりマクロペプチド部分が遊離すると，ミセルのζ-ポテンシャルは-10～-20 mVから-5～-7 mVに低下してミセルの凝集が起きる．κ-カゼインの60～80%が分解されるとカゼインミセルが凝集し牛乳が凝固する（図3.3）．κ-カゼインの分解によりカゼインミセルは親水性の水和層部分を失うので，カゼインミセルの直径も5 nm減少することが確認されている．パラ-カゼインミセル間の凝集は主に疎水性相互作用によるものであり，温度依存性である．したがって，低温ではパラ-カゼインミセルの凝集が起きないので，低温でレンネットを添加した場合，酵素反応は進行するが凝集は起こらず牛乳は凝固しない[8]．

キモシンは牛乳に添加されたときには限定的にκ-カゼインを分解するが，チーズ熟成中にはプ

(A)　　　　　　　　　(B)　　　　　　　　　(C)

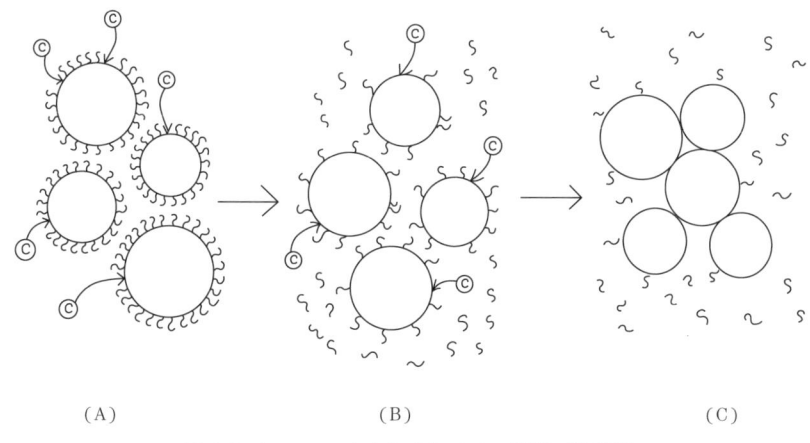

図3.3　キモシンによるカゼインミセル凝集の模式図[8]
Ⓒ：キモシン．

ロテアーゼとして働いてカゼインを分解するので，チーズ熟成中の風味形成に関与する．

3.4　光による変化

牛乳にはリボフラビンが含まれているので，光感受性が高い．リボフラビンは光増感剤であり，リボフラビン存在下で光照射すると酸素を活性酸素種である一重項酸素（$^1O_2$）に変換する．したがって，牛乳に日光が当たると一重項酸素が生成し，これがビタミンA，B_2，D，Eを酸化し，栄養価を低下させる．また，メチオニンを酸化し，ジメチルサルファイドを生成させ，脂質を酸化させる．一重項酸素は不飽和脂肪酸にヒドロキシペルオキシドを生成させ，これが分解して異臭原因物質であるペンタナールやヘキサナールになる．日光が当たったときに発生する異臭を日光臭と呼んでいる．日光臭を発生させないためには遮光保存が重要である．

3.5　貯蔵中の変化

搾乳した牛乳を市乳や乳製品に加工するまでは冷蔵保存されるが，酵素による微弱なタンパク質分解以外の変化はきわめて小さい．牛乳の長期保存形態としてはロングライフミルク（LL牛乳），粉乳，練乳がある．

LL牛乳長期貯蔵中にはゲル化が起きるが，その原因として，カゼインの重合，タンパク質の分解，カルシウムと無機リンの形態変化などが確認されている．しかし，LL牛乳貯蔵中のゲル化機構はいまだ十分に解明されていない．低温細菌のプロテアーゼとリパーゼは耐熱性でUHT滅菌でも失活しないので，低温細菌が増殖した原料乳で製造したLL牛乳では風味が劣化する．

粉乳の貯蔵中の製品劣化には水分活性の影響が最も大きく，水分活性が0.6を越えると微生物が増殖する．また，粉乳が吸湿すると，固まりになる（caking）が，これにはα-乳糖の結晶化が原因である．水分活性0.4以下ではα-乳糖の結晶化が起きないので，cakingも起きない．メイラード反応も水分活性に依存し，その反応は水分活性が0.7付近で最大となる．メイラード反応が進行すると褐変やオフフレーバーを引き起こし，進行が著しいと粉乳が溶けにくくなる．脂質の自動酸化は，水分活性が0.3付近で最小になり，水分活性が極端に低くなると進行が速くなるので，メイラード反応が進行しない程度に水分活性を上げるのがよく，その水分含量は2.5～3%である．

無糖練乳貯蔵中に起きる最も大きな欠陥は濃厚化とゲル化である．ゲル化はカゼインミセルのネットワークの形成によって起き，ポリリン酸塩の

添加によってゲル化を遅らせることができる．また，貯蔵中にカゼインミセルの解離が起き，可溶性カゼインが増加する．保持滅菌よりUHT滅菌した製品のほうがゲル化しやすく，UHT無糖練乳ではプロテアーゼの関与が推測されている[9]．無糖練乳をコーヒーに添加したときに羽毛状の凝固物がみられる現象をフェザーリングと呼んでいる．この対策としてカルシウムの除去などがある．

加糖練乳は滅菌製品ではないので微生物汚染が問題となるが，無糖練乳と同様に貯蔵中の濃厚化とゲル化が問題である．加糖練乳のゲル化は荒煮（予備加熱）の条件，加糖のタイミング，貯蔵温度により影響されるが，その機構は解明されていない．

〔青木孝良〕

文　献

1) J. E. O'Connel, *et al*.: Proteins（Advanced Dairy Chemistry, vol.1, P. F. Fox, ed.）, pp.879-945, 2003.
2) T. Aoki, *et al*.: *J. Dairy Res*., **50**, 207-213, 1983.
3) 青木孝良：農協乳業技術情報，No.3, 1-38, 1995.
4) 土屋文安：乳業技術，**41**, 1-17, 1991.
5) Y. Pouliot, *et al*.: *J. Dairy Res*., **56**, 513-517, 1989.
6) 青木孝良：乳業技術，**41**, 27-38, 1991.
7) 仁木良哉：ミルクサイエンス，**54**, 169-175, 2005.
8) D. G. Dalgleish: Proteins（Advanced Dairy Chemistry, vol.1, P.F. Fox ed.）, pp.579-619, 1992.
9) P. Walstra, *et al*.: *Dairy Technology*, pp.425-443, Marcel Dekker, 1999.

4. 牛乳のおいしさにかかわる成分

牛乳の風味成分をまとめたものを表4.1に示す[1]．ここに示したとおり，生乳の香味はアセトンを主体とするカルボニル化合物，硫化メチル，エタノールおよびそのエステル，短鎖脂肪酸などからなり，これらの適度な組合せにより新鮮牛乳臭を形成するものと考えられている．さらに，乳糖の温和な甘味，クエン酸，リン酸のかすかな酸味，カルシウム，マグネシウムのわずかな塩味を伴った，牛乳特有の温和な甘味を形成している．さらに，まろやかでコクのある口当たりは乳脂肪と乳タンパク質のコロイド粒子に由来しており，これらのバランスのよいものがおいしい牛乳とされている．

牛乳は栄養価が高く，また貴重なカルシウム源でもある．逆にそれは微生物にとっても格好の栄養源となることを意味しており，たいへん腐敗しやすい食品である．したがって，消費者が安心して飲用できるように加熱殺菌が義務づけられている．そのため，消費者は程度の差はあってもこの加熱処理を受けた風味を牛乳の風味としてとらえている．加熱殺菌によって生じる風味を一般に加熱臭と呼び，その関与成分として硫化水素を主体とした，硫化カルボニル，メチルメルカプタン，二硫化炭素，硫化メチルなどの揮発性硫黄化合物やジアセチル，ラクトン類，メチルケトン類，バニリンなどがあげられる[2]．

牛乳の殺菌について，乳及び乳製品の成分規格等に関する省令では「摂氏62度から摂氏65度までの間で30分間加熱殺菌するか，又はこれと同等以上の殺菌効果を有する方法で加熱殺菌すること」と定められている．一般にこの殺菌方法を低温保持殺菌法（LTLT法）と呼ぶが，多くの乳業メーカーは120℃から140℃で1から3秒間以内の殺菌を行う，いわゆる超高温瞬間殺菌法（UHT法）を採用している．殺菌方法の違いによって生じる加熱臭の程度には差があり，LTLT法で殺菌した牛乳のほうが加熱臭の生成が少ない．しかし，牛乳のように毎日口にするものは飲

表4.1 新鮮牛乳の風味の本体とその内容[1]

区分	主な成分の本体とその内容		風味の内容
香気	アセトン	1 mg/l	新鮮牛乳臭またはかすかな乳牛臭を構成
	ブタノン	0.08 mg/l	
	2-ヘキサノン	0.01〜0.03 mg/l	
	2-ペンタノン	0.01〜0.03 mg/l	
	硫化メチル	<0.02 mg/l	
	アセトアルデヒド	0.01〜0.02 mg/l	
	エタノール	0.01 mg/l	
	酢酸エチル	0.01 mg/l	
	デルタラクトン類	0.01 mg/l	
	短鎖脂肪酸	10〜30 mg/l	香気に一部関与
呈味	乳糖	42〜48 g/l	温和な甘味
	塩化物	1 g/l	かすかな塩味
	クエン酸	2 g/l	わずかな酸味
	リン酸（PO₄として）	1.6 g/l	
	マグネシウム	0.1 g/l	わずかな苦味
	カルシウム	1.1 g/l	
口当たり コク	乳脂肪（トリグリセリド）	30〜40 g/l	まろやかな口当たり．温度と分散性がコクに関係
	リン脂質	0.3 g/l	
	乳タンパク質	28〜32 g/l	

み慣れたものをおいしいと評価する傾向が強く，日本ではある程度の加熱臭は牛乳のコクとしてとらえられているようである． 〔竹内幸成〕

文 献

1) 中江利孝：乳質改善資料, **49**, 1-16, 1982.
2) 片岡 啓, 中江利孝：乳技協資料, **36**(1), 1-14, 1986.

II. 乳・乳製品各論

1. 飲 用 乳

1.1 歴史

わが国に牛乳が伝わったのは，いまからおおよそ1450年ほど前に百済から帰化した智総が搾乳術を伝授し，その後，大化の改新のころに智総の子の善那が孝徳天皇に牛乳を献上したのが始まりといわれている．以後，飛鳥，奈良，平安時代にかけて牛乳を煮詰めてつくる「蘇」が宮中に奉納されたといわれている．しかし，牛乳が商品として販売されるようになったのは江戸時代末期（1863年）であり，これは米国の市乳販売開始（1624年）より240年ほど遅れていた．その後，明治維新とともに乳の加工技術が続々と西欧諸国より導入された[1]．

牛乳の衛生学的品質の確保や安全性，保存性を高めるため，殺菌技術はきわめて重要である．食品を腐敗させる微生物の殺菌に熱を利用することを考えたのはフランスのルイ・パスツール（1822-1895）である．彼はブドウ酒の酸敗が混入した細菌により起こることを明らかにし，60℃前後にブドウ酒を加熱処理することで酸敗が防止できることを発見した[2]．この方法は，間もなくパスツリゼーション（pasteurization）の名で世の中に知られ，牛乳の殺菌にも応用されるようになりヨーロッパ，米国に広まっていった[2,3]．

牛乳の殺菌技術の変遷

元来，欧米諸国では牛乳を生で飲む習慣があったが，病原菌が混入し発病するという問題が生じていた．牛乳に混入するおそれのある病原菌は赤痢菌，チフス菌，結核菌，ブルセラ菌，ジフテリア菌など多数あるが，これらのうち結核菌が最も耐熱性が高いことから，牛乳の殺菌は結核菌の死滅を目標に開発された．牛乳で，結核菌を死滅させるのに必要な加熱条件は古くはNorthらによると，60℃10分であった[4]．その後の多数の研究により，61.7℃（≒62℃）〜65℃の間で少なくとも30分間保持するという低温保持殺菌法（low temperature long time pasteurization：LTLT法）が確立した．その後米国で，低温保持殺菌の殺菌条件の研究が行われ，1956年版のMilk Ordinance and Codeの中で，Q熱病原体（*Coxiella burnetii*）の存在を考慮し，これを死滅させるために62.8℃（145°F）30分間以上が適当であるとした[5]．

わが国では，1933（昭和8）年の「牛乳営業取締規則（改正）」においてはじめて牛乳の殺菌方法が「牛乳営業者が牛乳の殺菌を行うときは，低温殺菌方法又は高温殺菌方法によらなければならない．低温殺菌方法と称するのは63℃〜65℃において30分間加熱することをいい，高温殺菌方法と称するのは95℃以上において20分間加熱することをいう」と制定された．その後，1951（昭和26）年に公布された「乳及び乳製品の成分規格等に関する省令（乳等省令）」で，牛乳の殺菌方法として「62℃〜65℃までの間で30分間加熱殺菌するか75℃以上で15分間加熱殺菌すること」と改められた．「75℃以上で15分間加熱殺菌する」という高温保持殺菌法（high temperature long time pasteurization：HTLT法）は，欧米ではみられない日本独特の殺菌条件であるが，当時この条件がどのような理由で設定されたかは定かではない．1968（昭和43）年7月30日の乳等省令の改正で，牛乳，殺菌山羊乳，脱脂乳，加工乳およびクリームの製造方法の基準における殺菌方法に関する規定が整理され，「75℃以上で15分間加熱殺菌する」の部分は，「又はこれと同等以上の殺菌効果を有する加熱殺菌の方法によること」と言い換えられた．

一方，微生物学の進歩により，微生物を加熱により死滅させる場合，作用温度を高くすると死滅

に要する時間が極端に短縮されることがわかり、LTLT法とほぼ同等の殺菌効果を有する方法として72℃～75℃15秒保持という高温短時間殺菌法（high temperature short time：HTST法）が確立した．1952（昭和27）年にわが国にも導入されたHTST法は，これまでのLTLT法と比べると熱履歴が少ないため乳質に与える影響も少なく，またプレート式熱交換器の使用により牛乳の連続処理が可能となり，処理能力・作業効率が飛躍的に向上したため急速に普及していった．しかしながら，LTLT法およびHTST法の殺菌条件で，原料乳由来の酵素は失活し，結核菌，チフス菌などの病原性細菌は死滅するが，耐熱性菌や芽胞は死滅しない．また，原料乳中の菌数が多いほど殺菌後の製品中に残存する菌数も多くなる．わが国では牛乳の消費拡大に伴い，製品の保存性をさらに向上させる目的で1957（昭和32）年にLTLT法，HTST法より殺菌効果の高い超高温加熱処理法（ultra high temperature heating process：UHT法）が導入された．このUHT法は，本来無菌充填機を組み合わせて常温流通可能品のロングライフミルク（long life milk：LL牛乳）の製造に用いられるシステムであるが，日本ではチルド流通の牛乳にこのUHT法を採用している．1972（昭和47）年に，常温流通ではないが，UHT法と無菌充填機を組み合わせて製造したロングライフミルクが市販されるようになった．その後，1985（昭和60）年7月の乳等省令一部改正により，UHT法と無菌充填機を組み合わせて製造した飲用乳は「常温保存可能品」として認められるようになった．一般に，温度が10℃上がるごとに化学反応速度は2～3倍になるのに対して，微生物の破壊速度は8～10倍になるため，加熱温度をより高く，加熱時間をより短くすれば，風味や外観，栄養価等の品質をほとんど損なわずにより高い滅菌効果を得ることができる．この原理から，LTLT法よりHTST法，さらにはUHT法による高温短時間での加熱殺菌処理を行うことが望ましいとされ，今日では牛乳の殺菌処理方法の主流となっている．1985（昭和60）年に乳等省令の一部が改正され，当時の種類別で「牛乳」，「部分脱脂乳」，「脱脂乳」について超高温直接加熱殺菌法による処理が認められた．それまでは，直接加熱法による処理は蒸気が混入するということで，たとえ原料が生乳のみであっても直接加熱法により処理した場合は「加工乳」表示が義務づけられていた．その後，2002（平成14）年12月20日に乳等省令が改正され，牛乳の殺菌方法は，「保持式により摂氏63度で30分間加熱殺菌するか，又はこれと同等以上の殺菌効果を有する方法で加熱殺菌すること」と改正された．これは，新たにQ熱病原体（*Coxiella burnetii*）の耐熱性に関する知見が得られたことによる．なお，「これと同等以上の殺菌効果を有する」加熱殺菌の方法とは，具体的には次の①～③の方法のいずれかによるものであると規定されていた（昭和43年8月9日，環乳第7059号）が，平成14年12月20日付食発第1220004号にて④が追加になった．

① 自動制御装置をつけた連続式超高温殺菌装置により120～150℃で1秒以上3秒以内で殺菌する方法（UHT法）
② 自動制御装置をつけた連続式高温短時間殺菌装置により72℃以上で15秒以上殺菌する方法（HTST法）
③ 75℃以上で15分以上保持殺菌する方法
④ 自動制御装置をつけた連続式殺菌装置により65℃以上で30分以上殺菌する方法

1.2 定義と種類

牛乳の成分規格，製造方法および保存の基準，容器包装，原材料の規格，表示の要領などが，食品衛生法に基づく「乳等省令」のほか，不当景品類および不当表示防止法に基づく「飲用乳の表示に関する公正競争規約」で定められている．公正競争規約は一般消費者の適正な商品選択を保護し，不当な顧客の誘引を防止し，公正な競争を確保することを目的としている．

乳等省令で，「乳」は，「生乳」，「牛乳」，「特別牛乳」，「生山羊乳」，「殺菌山羊乳」，「生めん羊

表1.1 飲用乳の成分規格（乳等省令による）

種類別名称	使用割合	成分規格 無脂乳固形分	乳脂肪分	衛生基準 細菌数(1ml中)	大腸菌群
牛乳	生乳100%	8.0%以上	3.0%以上	5万以下	陰性
特別牛乳	生乳100%	8.5%以上	3.3%以上	3万以下	陰性
成分調整牛乳	生乳100%	8.0%以上	—	5万以下	陰性
低脂肪牛乳	生乳100%	8.0%以上	0.5%以上1.5%以下	5万以下	陰性
無脂肪牛乳	生乳100%	8.0%以上	0.5%未満	5万以下	陰性
加工乳	—	8.0%以上		5万以下	陰性
乳飲料		乳固形分3.0%以上*		3万以下	陰性

＊：乳飲料は公正競争規約による．

表1.2 飲用乳の一括表示内容

	牛乳／特別牛乳／成分調整牛乳／低脂肪牛乳／無脂肪牛乳	加工乳	乳飲料
種類別名称	○	○	○
(常温保存可能品)*	○	○	○
商品名	○	○	○
無脂乳固形分	○	○	
乳脂肪分	○	○	
植物性脂肪分			○
乳脂外動物性脂肪分			○
原材料名	○	○	○
殺菌	○	○	○
内容量	○	○	○
消費期限又は賞味期限	○	○	○
保存方法	○	○	○
開封後の取扱	○	○	○
製造所所在地	○	○	○
製造者	○	○	○

＊：冷蔵で保存しなくてよい常温保存可能品はその文字を種類別名称の下に表示する．

乳」，「成分調整牛乳」，「低脂肪牛乳」，「無脂肪牛乳」および「加工乳」と定義され，「乳飲料」は「乳製品」の中に分類されている．一方，公正競争規約では，消費者が直接購入する機会の多い「牛乳」，「特別牛乳」，「成分調整牛乳」，「低脂肪牛乳」，「無脂肪牛乳」，「加工乳」および「乳飲料」の7種類を「飲用乳」として，細かな表示規定（容器または包装への必要な表示だけでなく，パンフレット，ポスター，新聞，雑誌などへの広告すべてに適用される規定）を定めている．ここでは，これら7種類の「飲用乳」に関し，乳等省令，公正競争規約に定められた定義，製造上の必要な注意事項，表示規定などについて解説する．なお，成分規格，一括表示内容の概要を表1.1，1.2にまとめた．

1.2.1 牛　乳

1) 定義　　直接飲用に供する目的またはこれを原料とした食品の製造もしくは加工の用に供する目的で販売するウシの乳をいい，無脂乳固形分を8.0％以上および乳脂肪分を3.0％以上含有するものをいう．

2) 使用原料および製造の方法の基準　　使用できる原料は生乳のみで，他物を混入してはならない（超高温直接加熱殺菌する場合において直接殺菌に使用される水蒸気を除く）．また，その成分の除去も行ってはならない．保持式により63℃で30分間加熱殺菌するか，またはこれと同等以上の殺菌効果を有する方法で加熱殺菌する．

3) 容器包装　　ガラスびん，合成樹脂製容器包装（ポリエチレン，エチレン・1－アルケン共重合樹脂（いわゆる直鎖状低密度ポリエチレン），ナイロンまたはポリプロピレンを用いる容器包装をいう），合成樹脂加工紙製容器包装（ポリエチレン加工紙またはエチレン・1－アルケン共重合樹脂加工紙を用いる容器包装），または組合せ容器包装（合成樹脂および合成樹脂加工紙を用いる容器包装）が使用できる．2007（平成19）年10月31日に乳等省令が改正され，販売用容器にポリエチレンテレフタレート（いわゆるPET）が追加された．PETボトル容器の使用に当たっては，関係協会などが衛生面から自主基準を設定することにしているが，容量は常温で持ち運びしない飲みきり容量（350ml以下）と冷蔵保管される容量（720ml以上）を基本としている．

4) 保存の方法の基準および表示　　殺菌後た

だちに10℃以下に冷却して保存する．ただし，連続流動式の加熱殺菌機で殺菌したあと，あらかじめ殺菌した容器包装に無菌的に充填したものであって，食品衛生上10℃以下で保存することを要しないと厚生労働大臣が認めたものは，常温保存可能品とすることができ，常温を超えない温度で保存する．この場合，「常温保存が可能である旨」および「常温で保存した場合の賞味期限」の表示が必要となる．一括表示の原材料名は「生乳100%」と記載する．この表示はほかに「特別牛乳」，「成分調整牛乳」，「低脂肪牛乳」，「無脂肪牛乳」の場合も同じである．

5) 成分または品質を強調する表示 無脂乳固形分8.5%以上かつ乳脂肪分3.8%以上の組成の場合には，「濃厚」，「リッチ」，など成分が濃い印象を与える文言を表示することができる．また，「無脂乳固形分8.5%以上」の場合，「無脂乳固形分8.5%以上及び乳脂肪分3.5%以上，並びに細菌数10万/ml以下および体細胞数30万/ml以下」の生乳を使用し，事前に公正取引協議会が定めた生産管理基準を提出し，かつ，その内容を工場の帳簿書類で証明できることを条件に，「特選」，「厳選」，「優良」，「スペシャル」など品質が優れた印象を与える文言を表示することができる．

1.2.2 特別牛乳

1) 定義 牛乳であって特別牛乳として販売するものをいい，無脂乳固形分を8.5%以上および乳脂肪分を3.3%以上含有するものをいう．

2) 使用原料および製造の方法の基準 特別牛乳搾取処理業の許可を受けた施設で搾取した生乳をその施設で一貫して処理する．「牛乳」と同様に，他物を混入してはならず，その成分の除去も行ってはならない．殺菌する場合は保持式により63℃から65℃までの間で30分間加熱殺菌する（殺菌しなくてもよい）．

3) 容器包装 「牛乳」と同じ．

4) 保存の方法の基準および表示 処理後（殺菌した場合にあっては殺菌後）ただちに10℃以下に冷却して保存する．殺菌しない場合には，その旨の表示を行う．

5) 牛乳と特別牛乳の違い 「牛乳」が乳搾取業の施設で搾取した生乳を乳処理業の施設で処理するのに対し，「特別牛乳」は特別牛乳搾取処理業の許可を受けた施設で搾取から処理まで一貫して行わなければならない．「牛乳」には殺菌が義務づけられているのに対して，「特別牛乳」は必ずしも殺菌することを義務づけられていない．

「牛乳」の保存基準が，10℃以下に冷却して保存することあるいは常温保存可能品では常温を越えない温度で保存することの2通り認められているのに対して，「特別牛乳」は10℃以下に冷却して保存すること以外は認められていない．また，殺菌する場合の方法も「特別牛乳」は保持式により63℃から65℃までの間で30分間加熱殺菌する方法（いわゆる低温殺菌）以外は認められていない．

6) 成分または品質を強調する表示 「牛乳」と同じ．

1.2.3 成分調整牛乳

1) 定義 生乳から乳脂肪分その他の成分の一部を除去したものをいい，無脂乳固形分を8.0%以上含有するものをいう．ただし，乳脂肪分の含有量についての定義はない．2003（平成15）年6月25日の乳等省令の一部改正により新たに設けられた区分である．

2) 使用原料および製造の方法の基準 「牛乳」と同じ．ただし，成分の一部を除去する．

3) 容器包装 「牛乳」と同じ．

4) 保存の方法の基準および表示 「牛乳」と同じ．

5) 成分または品質を強調する表示 「牛乳」と同じ．

6) 除去成分の表示基準 除去成分に関する表示をする場合は，除去した成分の割合の多い順に，一括表示欄外の場所に1カ所以上「除去成分○○」，「○○を除去しています」などと表示する．表示の対象となる除去成分には，水分，乳脂肪分，無脂乳固形分，または無脂乳固形分のうち特定のもの（たとえば，乳糖，ナトリウム，リン

など）があるが，栄養表示基準の「適切な摂取ができる旨の表示について遵守すべき基準値一覧表」にかかわる栄養成分（乳脂肪分，コレステロール，乳糖，ナトリウム）については，同表の基準にしたがって表示する．基準値を満たさない場合は，「除去」の文言は使用できない．

1.2.4 低脂肪牛乳

1) **定義** 成分調整牛乳であって，乳脂肪分を除去したもののうち，無脂肪牛乳以外のもので，無脂乳固形分を8.0％以上および乳脂肪分を0.5％以上1.5％以下含有するものをいう．

2) **使用原料および製造の方法の基準**　「牛乳」と同じ．ただし，乳脂肪分の一部を除去する．

3) **容器包装**　「牛乳」と同じ．

4) **保存の方法の基準および表示**　「牛乳」と同じ．

5) **成分または品質を強調する表示**　「牛乳」の場合と同じ条件を満たす生乳を使用すれば，「特選」，「厳選」，「優良」，「スペシャル」など品質が優れた印象を与える文言は表示することができるが，「濃厚」，「リッチ」など成分が濃い印象を与える文言は表示することができない．

1.2.5 無脂肪牛乳

1) **定義** 成分調整牛乳であって，ほとんどすべての乳脂肪分を除去したものをいい，無脂乳固形分を8.0％以上および乳脂肪分を0.5％未満含有するものをいう．

2) **使用原料および製造の方法の基準**　「牛乳」と同じ．ただし，ほとんどすべての乳脂肪分を除去する．

3) **容器包装**　「牛乳」と同じ．

4) **保存の方法の基準および表示**　「牛乳」と同じ．

5) **成分または品質を強調する表示**　「低脂肪牛乳」と同じ．

1.2.6 加工乳

1) **定義** 生乳，牛乳もしくは特別牛乳またはこれらを原料として製造した食品を加工したものをいい，無脂乳固形分を8.0％以上含有するものをいう（ただし，成分調整牛乳，低脂肪牛乳，無脂肪牛乳，発酵乳および乳酸菌飲料を除く）．

2) **使用原料および製造の方法の基準**　使用できる原料は，水，生乳，牛乳，特別牛乳，成分調整牛乳，低脂肪牛乳，無脂肪牛乳，全粉乳，脱脂粉乳，濃縮乳，脱脂濃縮乳，無糖練乳，無糖脱脂練乳，クリームならびに添加物を使用していないバター，バターオイル，バターミルクおよびバターミルクパウダーの計18種類に限られている．

これまで，原料の混和後に加熱殺菌することとされていたが，1998（平成10）年3月30日の乳等省令の一部改正により混和前の原料の殺菌が認められた．殺菌の方法は，「牛乳」と同じである．

3) **容器包装**　「牛乳」と同じ．

4) **保存の方法の基準および表示**　「牛乳」と同じ．

5) **原材料名の表示**　使用することを認められた原料のうち，水を除き，配合割合の多いものから順に表示する．ただし，生乳については，生乳50％以上使用の場合，「生乳（50％以上）」と表示し，生乳50％未満使用の場合，「生乳（50％未満）」と表示する．

6) **成分または品質を強調する表示**　「牛乳」の場合と同じ条件を満たせば，「濃厚」，「リッチ」など成分が濃い印象を与える文言を表示することができるが，「特選」，「厳選」，「優良」，「スペシャル」など品質が優れている印象を与える文言を表示することはできない．

1.2.7 乳飲料

1) **定義**　「乳飲料」とは，生乳，牛乳もしくは特別牛乳またはこれらを原料として製造した食品を主要原料とした飲料であって，生乳，牛乳，特別牛乳，生山羊乳，殺菌山羊乳，生めん羊乳，成分調整牛乳，低脂肪牛乳，無脂肪牛乳，加工乳，クリーム，バター，バターオイル，チーズ，濃縮ホエイ，アイスクリーム類，濃縮乳，脱脂濃縮乳，無糖練乳，無糖脱脂練乳，加糖練乳，加糖脱脂練乳，全粉乳，脱脂粉乳，クリームパウ

ダー，ホエイパウダー，たんぱく質濃縮ホエイパウダー，バターミルクパウダー，加糖粉乳，調製粉乳，発酵乳，乳酸菌飲料以外のもの（すなわち，乳等省令第2条に定められた乳・乳製品以外のもの）をいう．公正競争規約では，乳固形分3.0％以上の成分を含有するものと定められている．

2) **製造の方法の基準**　原料は，殺菌の過程において破壊されるものを除き，62℃で30分間加熱殺菌する方法またはこれと同等以上の殺菌効果を有する方法により殺菌する．これまで，原料の混和後に加熱殺菌することとされていたが，1998（平成10）年3月30日の乳等省令の一部改正により，混和前の原料の殺菌と，さらにその殺菌方法として加熱以外の方法による殺菌が認められた．防腐剤を使用してはいけない．

3) **容器包装**　ガラスびん，合成樹脂製容器包装，合成樹脂加工紙製容器包装，合成樹脂加工アルミニウム箔製容器包装，金属缶または組合せ容器包装（合成樹脂，合成樹脂加工紙，合成樹脂加工アルミニウム箔または金属のうち2以上を用いる容器包装）を使用できる．

4) **保存の方法の基準および表示**　保存性のある容器に入れ，かつ，120℃で4分間加熱殺菌する方法またはこれと同等以上の殺菌効果を有する方法により加熱殺菌した場合には，10℃以下での保存を要しない．それ以外の製品は牛乳の例にならう．

5) **原材料名の表示**　乳，乳製品，主要混合物および食品衛生法で定める添加物のうち，乳，乳製品，主要混合物の配合割合の多い順に，その次に，添加物を多い順に，その使用した原材料の名称を表示する．ただし，原材料のうち生乳については，生乳50％以上使用の場合，「生乳（50％以上）」と表示し，生乳50％未満使用の場合，「生乳（50％未満）」と表示する．ここで，表示すべき主要混合物の名称とは，乳，乳製品以外に混合したもののうち，主要なものおよび量の多少にかかわらず，その製品の特性に必要不可欠なもの（たとえば，りんご果汁，みかん果汁，コーヒー抽出液など）をいい，その固有の名称で表示する．原則として使用した添加物はすべて表示する．

6) **成分または品質を強調する表示**　「加工乳」の場合と同じ．

7) **無果汁の表示**　果汁5％未満またはまったく含まれていないにもかかわらず，果汁のような着色がされ，香味がつけられ，果実の名称，写真や絵を表示したものは，一般消費者に誤認されるおそれがある不当な表示と認められるので，「無果汁」と表示することを原則とする．ただし，果実飲料の日本農林規格（JAS規格）に定める基準などにより定量分析検査または帳簿書類によりその使用量を証明することができる場合には，「果汁○％」，「果汁・果肉○％」，「果肉○％」のいずれかで表示することができる．

8) **乳飲料と他の飲用乳との違い**　使用できる原料が限定されている「牛乳」や「加工乳」などに対して，「乳飲料」は「乳固形分を3.0％以上含有すること」という規定を満たせば，甘味料，酸味料，香料，コーヒー抽出液などの各種原料を使用することが可能である．保存方法の基準は，「牛乳」の例によることとなっているが，保存性のある容器に入れ，かつ，120℃で4分間加熱殺菌する方法またはこれと同等以上の殺菌効果を有する方法により加熱殺菌した場合には，10℃以下での保存を要しない．

1.2.8　特定事項の表示基準

1) 牛乳，特別牛乳，成分調整牛乳，低脂肪牛乳，無脂肪牛乳及び加工乳にあっては，当該牛乳等を示す文言として，「ミルク」または「乳」を用いることができる．

2) 無脂乳固形分8.0％以上の乳飲料にあっては，当該乳飲料を示す文言として，「ミルク」または「乳」を用いることができる．ただし，乳脂肪以外の脂肪を含む場合は，当該乳飲料を示す文言として，「ミルク」または「乳」を用いることはできない．

3) 2)の規定にかかわらず商品名と性状から，1)に規定する飲用乳と異なることが明らかであって，無脂乳固形分4.0％以上の乳飲料にあって

は，当該乳飲料を示す文言として，「ミルク」または「乳」を用いることができる．

1.3 飲用乳の製造法

飲用乳の製造工程については，まず基本となる牛乳の製造工程，次にそれ以外の飲用乳の製造工程を説明する．充填工程に関しては，容器素材の進歩なども含め，別項で説明する．

1.3.1 牛乳の製造工程

牛乳の製造工程を図1.1に示す．

生乳→受乳→清浄化→加温→均質化→殺菌→冷却→貯乳
→充填→箱詰め・冷蔵

図1.1 牛乳の製造工程

牛乳は生乳以外の原料の使用や成分の調整が認められていないため，工程は非常にシンプルである．原料として使用した生乳の成分がそのまま最終製品の牛乳の成分となるため，その成分は季節，産地，乳牛の栄養状態などにより変動する．一般的に，夏の牛乳は成分が薄く，冬の牛乳は成分が濃いが，これはウシが分泌する乳の季節的な変動にほかならない．

工場における牛乳の処理ラインは生乳を受け入れるところから始まる．健康な乳牛より衛生的に搾乳された正常な風味と品質をもつ生乳を使用することが，高品質な牛乳を製造するために不可欠である．搾乳された生乳は常に冷蔵状態に保たれたまま工場まで搬送される．各農家で搾乳された生乳は混合された状態（合乳と呼ばれる）でタンクローリーによって搬送される．

タンクローリーは工場に到着後，積荷である生乳のサンプルを工場に提出し，検査（乳温，外観，風味，セジメントテスト，アルコールテスト，比重，酸度，乳脂肪分，無脂乳固形分，細菌数，抗生物質）を受ける．タンクローリー内の生乳は検査に合格した後にはじめて工場内へと受け入れられる．生乳の乳質は飲用乳の品質に大きく影響するためにきわめて重要であり，このため，検査は慎重かつ速やかに行われる．

続いて生乳に含まれる異物を除去する目的で，クラリファイアー（clarifier）と呼ばれる遠心分離機にて清浄化される（図1.2）．遠心力により，比重の違いで異物を牛乳から分離するため，通常のろ過では除去しきれないような微細な異物も除去することができる．清浄化された生乳は，プレート式熱交換機（plate-heat-exchanger）により60℃〜80℃に加温されたあと，均質機（homogenizer）へと送られ均質化（homogenize）される（図1.3）．均質化の主目的は乳中の脂肪球の粒径を均一化し，保存中のクリーム分の浮上を防ぐことにある．均質化に先立ち加温が行われるのは，脂肪球中の乳脂を融点以上に加温することにより，均質効果を上げるためである．通常市販されている牛乳の脂肪球は1μm以下に均質化されている．また均質化により牛乳の消化吸収がよくなるともいわれている．なお，一部にはあえて均質化を行わない牛乳（ノンホモ牛乳と

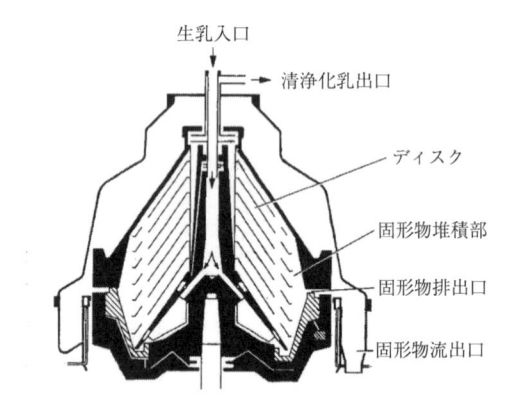

図1.2 クラリファイヤーのボウル構造（ウエストファリア セパレーター株式会社資料）

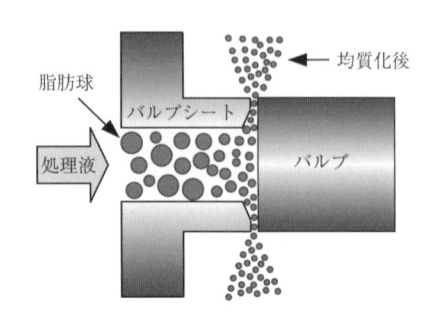

図1.3 均質化の概要

も呼ばれる）も市販されている．ノンホモ牛乳は，必然的に保存中にクリーム分が浮上し，いわゆるクリームラインを形成するが，むしろそれが本来の牛乳であり，均質化処理した牛乳より自然な味わいがあるとして好む向きもある．

続いて殺菌工程である．わが国では乳等省令により牛乳には加熱殺菌が義務づけられている．前節（1.2 定義と種類）に記載したように，牛乳の加熱殺菌の条件は乳等省令に「保持式により摂氏63度で30分間加熱保持殺菌するか，又はこれと同等以上の殺菌効果を有する方法で加熱殺菌すること」と規定されている．具体的な条件の代表例として，63℃で30分間加熱保持殺菌するLTLT法，72℃以上で連続的に15秒間殺菌するHTST法，120℃～150℃の間で連続的に1～3秒間加熱殺菌するUHT法などがある．それぞれの条件により，殺菌された牛乳の風味や性質は異なる[6,7,8]が，わが国ではUHT法が主流となっている．UHT殺菌機は間接加熱法（indirect heating process）と直接加熱法（direct heating process）に分けられる．間接加熱法は熱媒の温湯や蒸気と牛乳が伝熱壁を介して熱交換することで加熱殺菌し冷却する方法で，プレート式（図1.4），チューブラ式，かき取り式殺菌機がある．直接加熱法は牛乳と熱媒の高圧蒸気を直接接触させて瞬間的に加熱殺菌し，殺菌後の減圧装置で瞬間的に冷却する方法で，スチームインフュージョン式殺菌機（図1.5），スチームインジェクション式殺菌機がある．殺菌効果は同程度でありながら，直接加熱法は間接加熱法に比べ，昇温と冷却にかかる時間が短いという特徴をもつ（図1.6）．殺菌装置の選定に当たっては，被殺菌液の性状や

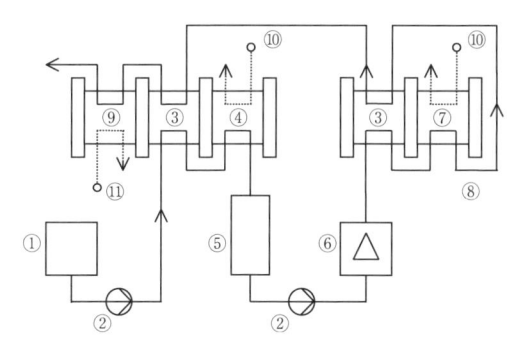

図1.4 プレート式UHT殺菌機の工程概略図
①バランスタンク，②ポンプ，③熱交換部，④予備加熱部，⑤保持タンク，⑥均質機，⑦最終加熱部，⑧保持管，⑨冷却部，⑩加熱媒体，⑪冷却水．

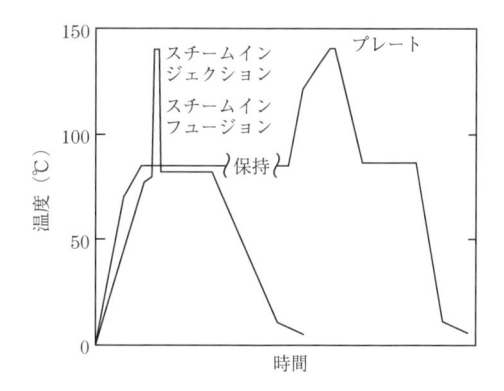

図1.6 各種UHT殺菌機の温度-時間曲線

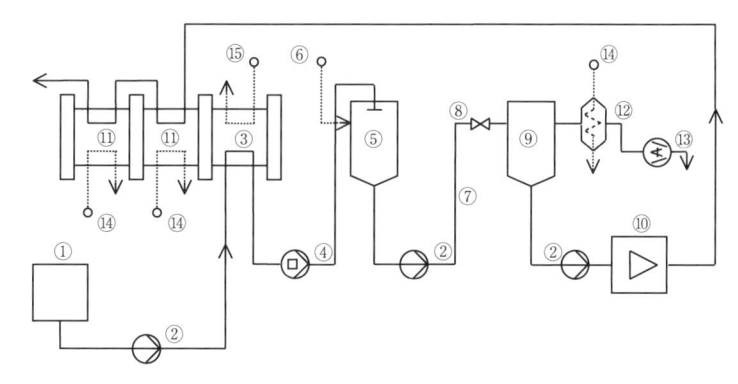

図1.5 スチームインフュージョン式UHT殺菌機の工程概略図
①バランスタンク，②ポンプ，③予備加熱部，④定量ポンプ，⑤インフュージョンチャンバー，⑥蒸気，⑦保持管，⑧背圧弁，⑨エキスパンジョンベッセル，⑩均質機，⑪冷却部，⑫コンデンサー，⑬真空ポンプ，⑭冷却水，⑮加熱媒体．

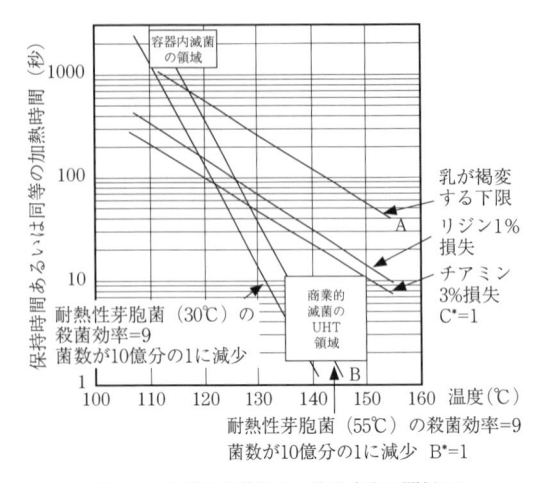

図1.7 温度と殺菌効果，化学変化の関係[9,10]

B*（微生物学的効果）：高温性の耐熱性芽胞菌を10億分の1に減少させるのに相当するB*を1とする．
C*（化学的効果）：チアミンが3%減少するのに相当するC*を1とする．

製品に求められる特性のほか，コスト（設備，運転），運転時間などの条件を考慮して決められる．

殺菌の主目的は，牛乳の保存性および衛生性の向上のための有害微生物の低減と，酵素の失活にあるが，それ以外にも加熱は種々の化学反応や牛乳に望ましくない変化（メイラード反応による色の変化や，ビタミン類の失活など）を引き起こす．したがって，十分な殺菌効果を有しつつ，他の望ましくない化学反応を可能な限り発生させないことが肝要である．これらはUHTの基本となる重要な概念である．その概要を図1.7で解説する．図1.7は芽胞菌の破壊と乳の化学変化および二つの滅菌方法の領域を示す．A線は乳が褐変する下限，B線は耐熱性芽胞菌を完全に滅菌できる下限である．二つの滅菌方法は同じ滅菌効果を有しているが，化学変化はUHTのほうが少ないことがわかる．

殺菌後の牛乳はただちに10℃以下に冷却され（通常，殺菌機には殺菌後の冷却機能までが備えられている），タンクに貯乳し冷却保存される．

1.3.2 成分調整牛乳，低脂肪牛乳，無脂肪牛乳の製造工程

成分の調整が認められていない牛乳に対し，成分の調整（添加は認められていないため，成分の除去のみ）を行った牛乳が成分調整牛乳，低脂肪牛乳，無脂肪牛乳である．いずれも生乳以外の原料の使用は認められていない．これらの定義などは「1.2 定義と種類」に記載している．

具体的に調整される成分としては，脂肪分，水分，無脂乳固形分のうちの特定成分（乳糖，ナトリウム，リンなど）などが考えられる．そのうち，最も広く行われているのは脂肪分の調整である．

脂肪分の調整は一般的にスタンダーダイザー（standardizer）と呼ばれる遠心分離機によって，クリーム分を取り除くことにより行われる．その他の成分の調整は膜技術を用いて除去することにより調整するのが一般的である．

成分調整牛乳の製造工程は，成分調整の工程が加わる以外は，ほぼ牛乳と同様である．

1.3.3 加工乳の製造工程

加工乳とは，原料として乳や乳製品を用いて製造した飲用乳である．使用できる原材料は前節（1.2 定義と種類）に記載したように乳等省令に定められている．使用する原料により無脂乳固形分，乳脂肪分とも任意の値に調整できるため，低脂肪牛乳タイプ，無脂肪牛乳タイプなどさまざまな成分をもつ加工乳が製造されている．

脱脂粉乳やバターなどの固体の原料を使用する際は，あらかじめ温湯などを用いて原料を溶解し，他の液体原料（生乳や濃縮乳など）と処方に応じて混合される．原料を混合したあとは牛乳と同様の工程を経て殺菌されるが，混合前の原料の殺菌も認められている．

1.3.4 乳飲料の製造工程

乳飲料も加工乳と同様，乳や乳製品を主原料として製造した飲用乳であるが，使用する原材料に制限はなく，乳固形分が3.0%以上含まれている飲料と公正競争規約により定義されている．栄養成分を強化したものや，果汁やココアなどによる風味づけをしたものなどさまざまな味のバリエーションがある．香料や着色料の使用も可能である．

製造工程としては，使用原料に制限がないため一概に説明することはできないが，乳飲料に用いられる原料の中には，そのまま乳と混合すると乳を凝集させて沈殿を生じるもの（pH の低い果汁など）や，それ自体が沈降するもの（ココアなど）もあるため，それらをいかに飲料として優れた品質をもった製品にするのか，処方と工程を工夫することになる．なお，加工乳と同様に，混合前の原料の殺菌が認められている．

1.3.5　飲用乳の充填

牛乳を始めとする飲用乳の容器として一般的に用いられるものに，ガラスびんと紙容器がある．びんは再利用を目的としたリターナブルびんが用いられることが多い．最近では1回のみの使用を想定したいわゆるワンウェイびんもある．びんは洗瓶機により洗浄・殺菌され，その後機械や目視による検査で破損びん，傷びんなどを除去したうえで，充填機へと供給され製品が充填される．びんに用いられる栓としては，紙栓が長らく主流であったが，近年樹脂キャップも増加している．

最近ではガラス表面に樹脂をコーティングすることによりびんの強度を増し，ガラスを薄くし軽量化した，いわゆる軽量びんも多く使用されるようになってきている．軽量であるメリットの他に，すれによる傷などにも強いため，再利用される回数も従来型のびんに比べて増やすことが可能となっている．軽量びんは，使用するガラスが少量で済むため省資源に役立ち，また軽量であるため運搬に消費されるエネルギーの削減や取扱いの労力の低減につながるため，今後主流となっていくであろう．また，最近，軽量びんよりさらに軽量化された「超軽量びん」も開発されている．

紙容器は1915年に米国で開発された．紙だけでは中の液体が漏れ出すため，当初はパラフィンなどで防水処理を施していた．現在ではポリエチレンで表裏をコートした紙が用いられている．牛乳パックとしてはゲーブルトップ（gable top）型と呼ばれる上部形状が切妻屋根型の容器や，ブリック（brick）型と呼ばれる直方体型の容器などが広く用いられている．また，比較的成形が容易である紙の特徴を生かし，カップ型や円筒型などの形状もみられる．

日本の乳業メーカーが紙容器を導入したのは1956年とされている．当初はなかなか普及しなかったが，しだいにその割合を増やし，現在では使用率においてガラス製びん容器をはるかに上回っている（図1.8）．

紙容器が広く用いられるようになった要因は，

・洗びんにかかるコストの問題（洗剤の処理コストや洗びん機のスペースなども含む）
・充填機の進歩，特に無菌充填包装システムの確立
・同量の液体を充填した場合に全体の体積がガラスびんなどと比較して小さくなるため，保管や運搬にスペースが少なくてすむというメリット
・びんと比較して軽量であることによる流通と消費者のメリット

などが考えられる．なお，紙容器は一般的にワンウェイであるが，牛乳に用いられる紙パックはリサイクルシステムが一般化しており，自治体やスーパーマーケット，乳業メーカーなどにより回収され，トイレットペーパーなどにリサイクルされている．なお，全国牛乳容器環境協議会のデータによると，1994年から2005年にかけて牛乳パックの回収率は年々増加している（図1.9）．

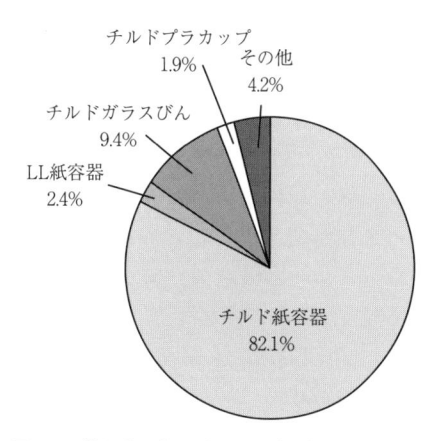

図1.8　飲用乳の容器別シェア（日本テトラパック株式会社資料）

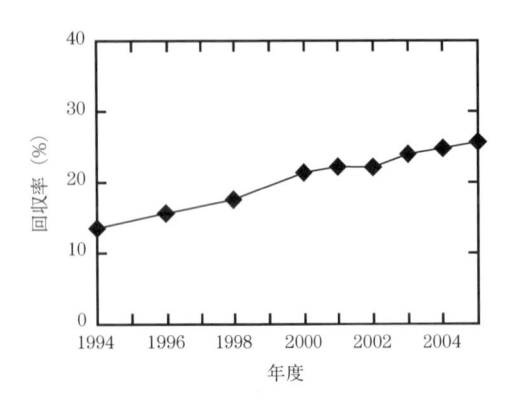

図1.9 紙パック回収率の推移（全国牛乳容器環境協議会資料）

1.3.6 ロングライフミルク

牛乳はその栄養の豊富さから微生物の格好の住処ともなりうるため，長期の保存には細心の注意が必要である．しかしながら，原理的にいえば，乳中に含まれる生育可能な菌をすべて殺菌し，菌の混入がない状態で無菌的に充填し，充填後飲用直前まで菌が混入しないように密封することができれば長期の保存は可能である．この条件を満たすように製造された牛乳をロングライフミルク（LL 牛乳）という．「無菌的な」という意味の英語アセプティック（aseptic）からとった略称としてアセプ牛乳ともいわれる．無菌であるため，常温での流通・保管が可能である．ロングライフミルクに対して，低温で流通し，賞味期限が比較的短いものをチルド牛乳という．牛乳を無菌状態（厳密には無菌ではなく商業的無菌という．これは実用上無菌と考えて差し支えない状態のことを指す）に処理するためには，何よりも原料となる生乳中の生菌数が少ないことが重要である．このことは搾乳時の衛生性や，その後の温度管理や機器の清浄度合い，処理までの時間などが厳しく問われることを意味する．通常のUHT殺菌乳中には耐熱性の高い細菌の芽胞が残存する場合がある．特に *Bacillus* 属の細菌は環境中に多数存在するため混入する可能性が高く，また耐熱性の芽胞を形成する能力があるため殺菌後の牛乳腐敗の原因となる．ロングライフミルクの製造のためには，これらの芽胞をも死滅させる必要があるため，通常のUHT殺菌温度よりも高い温度

（135 ℃～150 ℃で数秒間殺菌するのが一般的である）で殺菌する必要がある．殺菌後は無菌タンクにて保持され，無菌充填機によって充填される．無菌充填機の代表的なものとして，テトラパック社のテトラブリックアセプティック充填機がある．充填の概要を図1.10に示す．ロール状のアルミニウム層を含むラミネート紙が充填機に供給され，過酸化水素水で殺菌したあと筒状に成型される．そこに殺菌された液が注入され，満液の状態で筒の上下がシールされたあと切断され，直方体に成型される．充填機内はフィルターによって除菌された無菌エアーが供給され，外気は侵入しないような構造になっている．接液部（ノズルなど）もすべて製造前に蒸気などを用いて滅菌される．容器に用いられているアルミニウム層が酸素や光から内容物を守る機能をもっているため，品質を長期間保持できるようになっている．

1.3.7 ESL牛乳

ロングライフ牛乳が無菌的な乳の製造を目的としたのに対し，既存のチルド牛乳の賞味期限を延長する試みもなされている．具体的には，超高温連続式殺菌技術と，殺菌後の二次汚染を防止する工程のさまざまな工夫との組合せにより，初期状

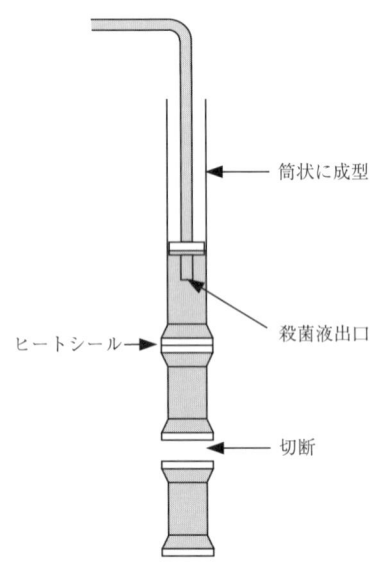

図1.10 アセプティック充填の概要図（日本テトラパック株式会社資料参考）

態で製品中に含まれる菌数を限りなく低減しようという試みである．充填機は従来のゲーブルトップ型紙容器の充填機をベースに，細菌の製品への混入（contamination）防止のためのさまざまな工夫がなされている．充填前に容器を殺菌する工程や，充填機に無菌エアーを供給し外気の侵入を防ぐ構造などが装備されている（図1.11）．殺菌条件や容器材質などはチルド牛乳と変わりがないため，風味はチルド牛乳と変わりがないのが特徴である．これらの技術の組合せにより賞味期限を延長した牛乳を「ESL（extended shelf life）牛乳」と呼び，近年市場で多くみられる．蛇足ではあるが，ESL技術の導入が賞味期限延長の必要十分な条件ではなく，良質な生乳の確保や製造環境の整備，物流を含む保管温度の管理の徹底などが必要不可欠であることはいうまでもない．

1.3.8 製造工程と牛乳の風味

牛乳は生乳を加熱殺菌し充填するのみであるため，その風味には原料である生乳の組成や品質が大きくかかわっている．しかしながら，牛乳の風味を決定づけるのは生乳の品質だけではない．牛乳の製造工程において，生乳は種々の物理的変化，化学的変化を起こすため，工程も風味を左右する重要な要素である．一例をあげると，わが国において風味調査を実施すると，UHT牛乳はミ

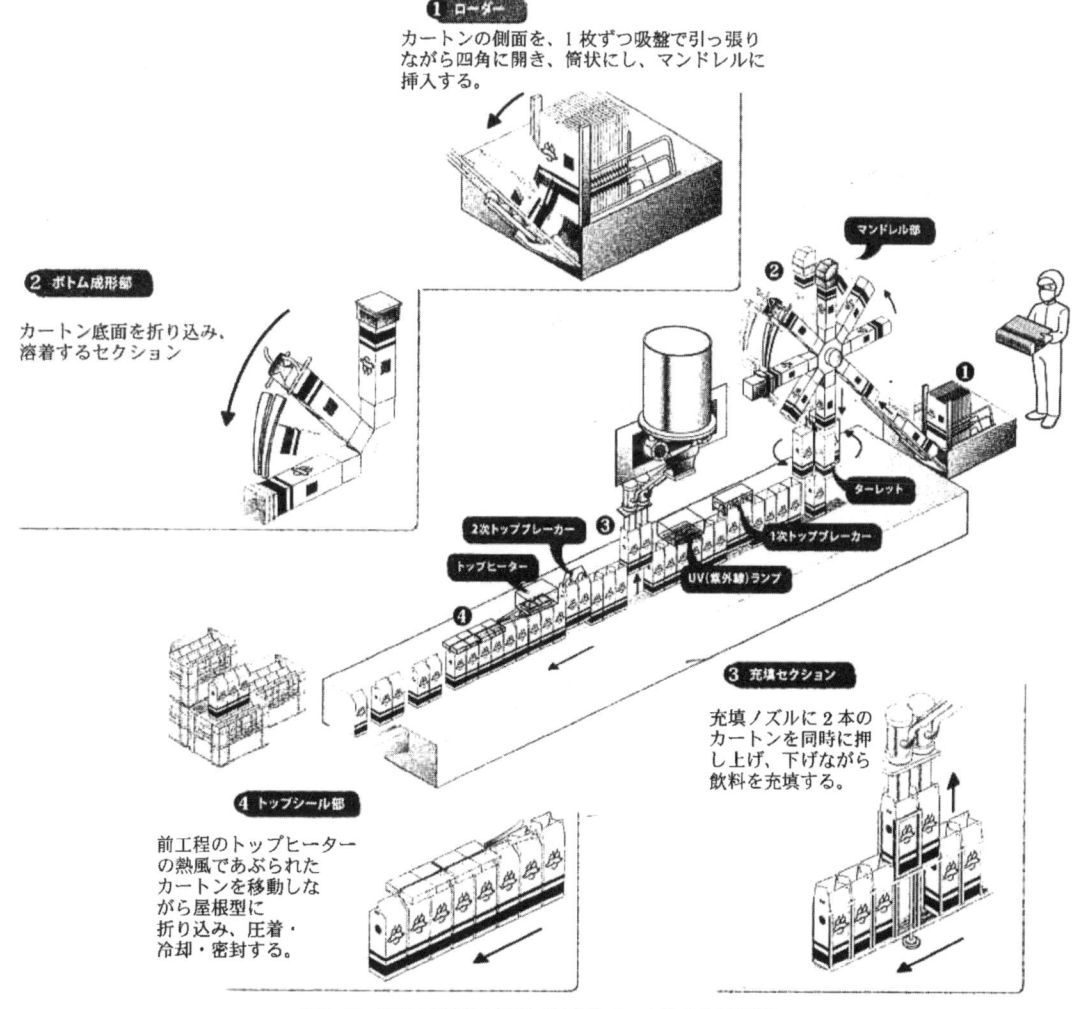

図1.11　ESL充填機の概要（日本紙パック株式会社資料）

ルク感，濃厚感があり飲みなれた自然な風味があると評価され，LTLT 牛乳および HTST 牛乳はコク味が少なく，匂い，後味にくせがあると評価される傾向がある[7]．このことから，殺菌条件により牛乳の風味が変化し，それが消費者の嗜好にも影響していることが理解できる．

牛乳を加熱殺菌した際にはさまざまな香気が発生するが，これらは総称して加熱臭と呼ばれる．このうち最も広く知られているのがクックドフレーバー（cooked flavor）と呼ばれるものである．これは「調理臭」「硫黄臭」などとも呼ばれるもので，匂いの本体は硫化水素，硫化カルボニルなどの揮発性硫黄化合物である．この硫黄は牛乳中のタンパク質，特に乳清タンパク質の一種である β-ラクトグロブリンに由来するものが多いと考えられている．なお，クックドフレーバーは殺菌後，徐々に散逸し，消失していく．その他の加熱により発生する香気としては，ジアセチルが関与している加熱濃厚臭，メイラード反応に由来するカラメル臭などがあげられる[6]．加熱臭は一般的に高温で処理するほど強く発生するため，UHT 牛乳では LTLT 牛乳，HTST 牛乳と比較して強く感じられる傾向がある[7]．また UHT 牛乳の中でも間接加熱法で殺菌された牛乳と比較して，直接加熱法で殺菌された牛乳は加熱臭が弱い傾向がある[11]．このように殺菌条件によって香気成分やそのバランスは大きく変化し，結果として牛乳の風味に差異を生じる原因となっている．

また均質化においても風味は変化する．一般的に均質化により牛乳の味は薄く感じるようになるといわれる．また均質圧力の高低によっても風味に差が生じ，均質圧力が低いと脂肪感やコクが強くなって濃厚感が増す傾向にある[12]．

保存中においても経時的に牛乳の風味は変化する．これは牛乳のもっている香気が散逸すること（加熱臭の散逸など），新たに牛乳中に化学変化が起こること（光や酸素などの影響による成分の変化など），周囲からの風味が牛乳中に移行することなどが原因である．保存中の風味の変化を極力抑制するための工夫もなされており，遮光性を高めたパッケージを利用して光による劣化を抑制している製品なども市販されている．

1.3.9 新しい製造方法

牛乳の製造工程は非常にシンプルであるが，その中でも製法に独特の工夫を凝らし，他製品との差別化を図った牛乳も市販されている．例としては，殺菌時の溶存酸素による影響を抑えるため溶存酸素を除去してから殺菌した牛乳や，殺菌方法として直接加熱殺菌法を採用した牛乳などがあげられる．これらの製法でつくられた牛乳はそれぞれ香気成分のバランスやタンパク質の変性度合いなどに特徴があり，結果として風味で他の牛乳と差別化することにつながっている．このほか，膜処理により牛乳成分を調整した牛乳（成分調整牛乳）も市販されている．また，精密ろ過膜（MF 膜，MF：microfiltration）を用いた精密ろ過除菌法と通常の殺菌技術を組み合わせた牛乳（成分調整牛乳）も市販されている．この方法は原料となる生乳中の生菌数を低減してから殺菌を行うことにより，殺菌のための加熱を最低限に抑えることが特徴である．そのほか，今後の応用が期待されている技術をいくつか紹介する．

a．新規の加熱殺菌法

加熱殺菌による望ましくない化学変化を最小限に抑えるために，短時間で牛乳の温度を殺菌温度まで上昇させる技術も研究されている．たとえばマイクロ波加熱法，通電加熱法などがあげられる．

b．非加熱殺菌法

わが国では乳飲料を除く飲用乳については加熱殺菌が義務づけられているため，非加熱殺菌法で牛乳を殺菌することはできないが，一般的な食品や飲料の殺菌法として非加熱殺菌の研究も進められている．具体的には超高圧殺菌法や，高電圧パルス電界殺菌法などであり，将来的に牛乳において非加熱殺菌が認められた場合に実用化される可能性はある．

1.4 保存基準

1.4.1 保存方法の基準

乳等省令によると，牛乳，成分調整牛乳，低脂肪牛乳，無脂肪牛乳，加工乳，乳飲料は冷蔵保存（10℃以下）と常温保存の2種類の保存方法が認められている．常温保存可能品については冷蔵保存品より製造工程上さらに厳しい条件がついている．「連続流動式の加熱殺菌機で殺菌した後，あらかじめ殺菌した容器包装に無菌的に充填したものであって，食品衛生上摂氏10度以下で保存することを要しないと厚生労働大臣が認めたものをいう」と定義され，特に厚生労働大臣の認可を得たものに限り許される．なお，乳飲料において「保存性のある容器に入れ，かつ，摂氏120度で4分間加熱殺菌する方法又はこれと同等以上の殺菌効果を有する方法により加熱殺菌したもの」は保存方法の表示を省略することができる．たとえば，缶などのレトルト製品は保存方法の表示が必要ではなく，加温自動販売機による販売が可能である．また，特別牛乳は冷蔵保存（10℃以下）のみ認められている．

1.4.2 期限表示の類型および対象

乳等省令および牛乳等の期限表示設定のためのガイドラインによると，期限表示は，消費期限と賞味期限の2種類に分けられる．消費期限とは，「定められた方法により保存した場合において，腐敗，変敗その他の品質劣化に伴い安全性を欠くこととなるおそれがないと認められる期限を示す年月日をいう」と定義され，定められた方法により保存した場合において品質が急速に劣化しやすい牛乳などを対象としている．通常は製造日を含めておおむね5日以内の期間で品質が劣化する製品が対象となる．一方，賞味期限は，「定められた方法により保存した場合において，期待されるすべての品質の保持が十分に可能であると認められる期限を示す年月日をいう．ただし，当該期限を越えた場合にあっても，これらの品質が保持されているものとする」と定義されている．消費期限，賞味期限のいずれを表示するかは，保存試験の結果に基づき，当該製品の製造者などが決定する．

1.4.3 期限表示の設定

表1.3の項目を各ロットについて，予想される期限日数を上回らない一定の保存日（経過日）から試験を開始し，以後，予想される期限日を考慮して定期的に保存試料を検査する．保存試験はロットごとに実施し，判定基準に適合していることが確認できた期間内を期限表示設定基準とする．消費期限の設定は，試験に供したロットのうち，最も短い期限表示設定基準の範囲内で製品のバラツキなども考慮し，製造者などが定める期日とする．また，賞味期限の設定は，試験に供したロットのうち，最も短い期限表示設定基準に安全率0.7（賞味期限が2カ月を超えるものは0.8）を乗じた日数（端数は切捨て）の範囲内で，製品のバラツキなども考慮し，製造者などが品質保持可能として定める期日とする．表示した期限の適正度の確認は，1年に1回以上，原則として夏季に実施する．1回につき1ロット以上の保存試験を実施し，みずから設定した期限の適正度の確認を

表1.3 期限表示設定に伴う試験項目および判定基準

	常温保存以外の製品	常温保存可能品
ロット構成	等しい条件下で生産された製品を1ロットとする	
試料数	試料数は3ロット以上とし，1ロット当たり保存に供する日数に見合う数を連続または等間隔に無作為に採取する	
試料の保存条件	10±1℃の恒温庫に保存	常温で保存
試験項目および判定基準	細菌数(1 ml 当たり)：5万以下 （特別牛乳，乳飲料は3万以下） 大腸菌群　　　　　：陰性 性状（外観，風味等）：正常	性状（外観，風味等）：正常

行う．また，類似した食品に関する期限の設定と表示した期限の適正度の確認は，製品の特性などを十分に考慮したうえで，その特性が類似している食品の試験・検査結果などを参考にすることにより，期限の設定および表示した期限の適正度を確認することができる．

1.5 保存性

1.5.1 冷蔵保存品の品質保存性

常温保存可能品を除く，冷蔵保存が義務となっている牛乳などの品質保存性に関しては，「日本乳業技術協会資料」にいくつかの報告があり，1994（平成6）年に難波らはLTLT，HTST，HTLT，UHTの各条件で殺菌した牛乳などについて，プラントから直接採取したサンプルと市販のサンプルの保存結果を報告している[13]．プラントから直接サンプルを採取する試験は基礎資料を得ることが目的の試験であったため，ここでは，より実情に近い市販品のテスト結果について引用する．

微生物学的品質および性状についてのデータの概要は表1.4に示す通りである．仮に，牛乳などの品質劣化による適否を，乳等省令規格の細菌数5万以下/ml（乳飲料は3万以下/ml）を基準に判断すると，季節変動，製品間のバラツキなどもあるが，おおむね次の通り考えられるとしている．

①UHT製品は製造15日目（以下「D14」と表し，製造3日目を「D2」とする）でも十分品質を保持しているものもあるが，賞味期限としてはD7～D10までの範囲が一般的である．

②HTST製品はD7では適合率が低く，賞味期限としてはD5までが一般的と考えられる．ただし，保存温度の影響を比較的受けやすいので，夏季における期限設定には特に留意する必要がある．

③HTLT製品は調査例は少ないが，調査の範囲ではHTST製品と同様に考えてよい．

④LTLT製品は製造工場間のバラツキが大き

表1.4 各種牛乳の保存試験結果（1992年8・9月，乳技術資料[13]）

①細菌数（ml当たり）

	D2	D5	D7	D14
UHT 牛乳	0	—	0	0～41×10⁶
HTST 牛乳	6～16×10³	100～13×10⁴	2100～41×10⁵	—
HTLT 牛乳	710	8300	13×10⁴	—
LTLT 牛乳	24～13×10³	200～53×10⁵	1800～17×10⁷	—

②低温菌数（ml当たり）

	D2	D5	D7	D14
UHT 牛乳	0	—	0～450	0～47×10⁶
HTST 牛乳	1～39×10⁴	86～24×10⁴	1800～45×10⁵	—
HTLT 牛乳	840	7300	26×10⁴	—
LTLT 牛乳	0～53×10³	1200～39×10⁵	5200～17×10⁷	—

③性状

	D2	D5	D7	D14
UHT 牛乳	正常	—	正常	1本/14本風味不良
HTST 牛乳	正常	正常	1本/10本風味不良	—
HTLT 牛乳	正常	正常	正常	—
LTLT 牛乳	正常	正常	4本/23本風味不良 3本/23本凝固	—

検体数：UHT牛乳…14，HTST牛乳…10，HTLT牛乳…1，LTLT牛乳…23

く，かつ，夏季，冬季の季節差も顕著であり，賞味期限としては，D3が一般的と考えられる．

1.5.2 常温保存可能品

常温保存可能品（LL牛乳）の保存品質については，乳業技術協会による調査[14]を要約すると次のようになる．

a. 外観，風味の変化

10℃以下であれば，3カ月保存しても外観・風味は製造直後の対照品に比べて大きな差が認められず良好である．30℃保存の場合は，1カ月および2カ月保存でやや脂肪浮上が認められ，風味的にもやや新鮮味に欠け淡白な風味となるものの顕著な変化は認められなかった．30℃90日保存す

ると脂肪分離,沈殿物の生成,ゲル化や褐色化が認められ,風味的にも新鮮味の消失と同時に風味劣化（カラメル臭の発生）が認められた．LL 牛乳のゲル化および沈殿物の生成現象は，製品の品質においてきわめて重要である．ゲル化物や沈殿物の生成には牛乳の加熱処理時の温度，時間，牛乳中の塩類の状態，保存温度などが影響すると考えられているが，その直接の原因は熱処理によるカゼインミセルと乳清タンパク質の相互作用，ミセル表面の変化，塩類の溶解状態の変化などが複合的に作用して，カゼインミセル自体が不安定化するためと考えられている．さらに，*Pseudomonas* 属などのグラム陰性菌が産生する耐熱性のプロテアーゼによりゲル化や苦味が生じるとの報告がある．UHT 滅菌乳（149 °C 4 秒）の実験で，*Pseudomonas* 属由来のプロテアーゼは 10% 弱しか失活せず，保存中に苦味を呈し，ゲル化や沈殿が生じ，また，耐熱性リパーゼにより，保存中に脂肪分解臭を発生することも報告されている．

b. ビタミンの変化

ビタミン A, B_2 および B_6 は 10 °C 30 日保存で減少しない．10 °C 90 日，30 °C 30 日保存でビタミン A, B_2, B_6 および B_{12} は約 20〜30%, C は約 80% 減少した．30 °C 90 日保存でビタミン B_6 と B_{12} は約 50% 減少し，C はほとんど損失した．牛乳に期待されるビタミンは A と B_2 といわれており，これらは加熱処理および保存中に減少することは少ない．ビタミン C は保存中に大きな減少を示すが，本来牛乳中には微量しか含まれていないので，栄養面からみて，それほど重要視しなくてよいと考えられる．

c. タンパク質の変化

乳タンパク質は大きくカゼインと乳清タンパク質に分けられる．このうち，乳清タンパク質は熱による変化を受けやすい．特に，乳清タンパク質の大部分を占める β-ラクトグロブリン（β-Lg）は 60 °C 以上の加熱で変性を始める．変性の結果，β-Lg 中の S-S 結合の解裂により加熱臭の主体となる含硫化合物の生成や κ-カゼインとの複合体形成によるレンネット凝固時間（rennetability）の延長をもたらす．乳清タンパク質の変性の度合いは加熱の程度で異なるため，牛乳への熱の影響を把握する指標の一つになる．乳清タンパク質変性率は LTLT 牛乳，HTST 牛乳で 10〜20% 程度，UHT 牛乳では 70〜90% 程度である[7,11]．このように，官能評価において UHT 牛乳で加熱臭が強く認められるのは乳清タンパク質変性率が大きいことによる．一方，カゼインは熱に比較的安定であり，UHT 殺菌レベルでも変性することはない．栄養価は熱によるタンパク質変性で損失することはなく，加熱の程度の違いによる影響も受けない．逆に未変性タンパク質に比べ消化性が向上する．

〔岩附慧二〕

文 献

1) 中江利孝：牛乳・乳製品，pp.3-7，養賢堂，1974.
2) 細野明義：畜産食品微生物学，pp.1-4，朝倉書店，2000.
3) 林 利通：20 世紀 乳加工技術史，pp.58-61，幸書房，2001.
4) 津郷友吉，山内邦男：牛乳の化学，pp.220-225，地球社，1975.
5) 春田三佐夫：*New Food Ind.*, **29**(5), 1-8, 1987.
6) 片岡哲，中江利孝：乳技協資料，**36**(1), 1-14, 1986.
7) 岩附慧二ほか：食科工，**47**(7), 538-543, 2000.
8) H. Burton 著，林 利通訳：食品工業，**26**(18), 32-47, 1983.
9) Von H. G. Kessler, P. Horak: *Milchwissenschaft*, **36**(3), 129-133, 1981.
10) H. Burton: Ultra-high-temperature processing of milk and milk products, pp.72-73, Elsevier Applied Science Publishers, 1988.
11) 岩附慧二ほか：食科工，**47**(11), 844-850, 2000.
12) 岩附慧二ほか：食科工，**48**(2), 126-133, 2001.
13) 難波江：乳技協資料，**44**, 27-40, 1994.
14) (財)日本乳業技術協会：乳技協資料，**33**(5), 1984.

2. バター

2.1 歴史

　バターは紀元前より存在していたことは諸説あるが，紀元前500年頃，ギリシャのヘロドトスは「黒海北部地方に住んでいたスキタイ人は馬乳を木の桶にいれ，激しく桶を振動させ，表面に浮かび上がった部分をすくい取り，これを食用にしたり，美容のために膚に塗ったりしていた」と記している．一方，古代アラビアでは，乳を皮袋に入れ，それを振り回してバターを製造したという．やがてこの技術は皮袋に代わって木や陶器の鉢が用いられるようになり，ヘラ状の棒で攪拌する方法へと発展していった．さらにバターの製造がさかんになった14世紀には，先端に邪魔板のついた攪拌棒と，この棒を上下させるための穴の開いた蓋つきの木製桶型容器がフランドルとフランスで開発され，これらの道具のさらなる改良がバターの製造量を著しく向上させていった．17世紀後半には，水車や手動の歯車，ロクロなど，さまざまな動力が攪拌に利用され，やがて容器も樽型に変わり，19世紀になると樽自体を回転してチャーニングを行うようになり，遠心分離機の開発とあいまって，現在のバター製造法の原型が完成するに至った[1]．

　日本での最も古い乳製品として記録されているのが「蘇」である．蘇は牛乳を加熱して約1/10に煮詰めたものとされ，8世紀初頭，大宝律令の記載によると，蘇は年貢の一つとして珍重されていた．天皇家や貴族の間では食用としても供されていたが，むしろ薬としてとらえられていた．16世紀中頃，西洋からもたらされたバターは，徐々に日本人に知られるようになり，牛乳を煮詰めてつくる「酪」が誕生した．一部の支配者階級のものであった牛乳の利用は文明開化の波とともに庶民に開放され，明治政府は肉食と並んでバターなどの乳製品を奨励し，食用として用いるようになった．福沢諭吉は「肉食の説」の中でバターを取り上げ，蒸餅や芋の蒸したものにつけ，魚や肉料理の調味に用いると紹介し，「消化を助く妙品なり」としている．現在のようなバターは1872（明治5）年に東京・麻布の北海道開拓第3官園実習農場で最初に試作されたものである．1873（明治6）年に北海道の官営牧場でアメリカ人のエドウィン・ダンの指導により，バターの試作が行われ，1885（明治18）年には量産も開始された．1925（大正14）年に木製のチャーンによる生産を始めてから，バター生産の工業化も進み，昭和の時代に入ってから工場での生産が本格化した．現在のように消費が拡大し，大量に普及するようになったのは1955（昭和30）年代からである．その頃，バター半ポンド（225 g）で当時の価格は170円であった．当時の大卒公務員の初任給が9200円であることから，現在の購入しやすさと比較すると高価な食品だったといえる[2]．

2.2 種類

2.2.1 成分上の分類

1) 有塩バター　風味と保存性を増すために食塩を添加したバターである．市販バターの塩分は0.9〜1.9%の範囲である．

2) 無塩バター（食塩不使用バター）　食塩を加えないバターで，製菓，製パンおよび調理用として用いられる．

3) 低水分バター　通常のバターの水分含量が15.5〜17.0%であるのに対し，12.0〜14.0%の水分を含むバターで，パイなどの製菓特性に優れている．

2.2.2 製法による分類

1) 発酵バター　サワーバターやカルチャーバターとも呼ばれ，ヨーロッパではこのバターが多い．乳酸菌による発酵を利用して製造したバターで，さわやかで香りのよい風味を有する．

2) 甘性バター　乳酸菌発酵を行わないクリームから製造したバターで，わが国のバターのほとんどが甘性バターである．

3) ソフトバター　低温での展延性をよくするために低融点バターオイルを配合したバターである．

4) ハードバター　融点の高いバターオイルを配合してつくったバターで，高温でもオイルオフが生じない硬いバターである．

5) 無水バター　バターまたは高脂肪クリームよりつくった水分 0.5% 以下のバターで，バターオイルとも呼ばれる．調理用などに使われる．

6) ホイップドバター　バターの展延性をよくするために，窒素ガスを封入しオーバーランを 50～100% に調整したバターである．

7) 粉末バター　バターや高脂肪クリームに乳化剤，カゼイン，糖などを配合して噴霧乾燥したバターである．ベーカリー製品など油脂含有食品の原料混合の作業性を考えて開発されたバターである．

2.2.3 形態による分類

1) バラバター　ブロック状のバターで，重さ 3 kg，20 kg，27 kg などの各種タイプがある．

2) ポンドバター　1ポンド（450 g）整形されたバターで最もポピュラーなタイプである．家庭用は 225 g，200 g のバターが大半である．

3) ポーションバター　1人分用に小さく包装されたバターで，重さ 5～10 g の範囲のものが一般的である．キャラメルタイプや台紙とアルミ箔を組み合わせたものなどがある．

4) シートバター　デニッシュペーストリー，パイ用に板状に整形されたバターであり，厚さ 1.0～2.0 cm，重さ 0.5～1.2 kg の形態がある．

5) パティバター　シート状で基盤目状に切れ目が入っており，折って1人分にすることができるバターである．主に，ホテル，レストランなどで使用されている．

2.3 定　　義

乳及び乳製品の成分規格等に関する省令（乳等省令）では，「バターとは生乳，牛乳又は特別牛乳から得られた脂肪粒を練圧したもの」と定義されている．ここでいう生乳とは搾取したままのウシの乳をいい，牛乳とは直接飲用に供する目的で販売するウシの乳をいい，特別牛乳とは牛乳にあって特別牛乳として販売するものをいう．

成分規格は「乳脂肪分 80% 以上，水分 17.0% 以下，大腸菌群陰性」と規定されている．

日本農林規格（JAS）は廃止され，食品衛生法に統一された．

FAO と WHO が勧告している国際規格によると「バターとは牛乳のみを原料として造る脂肪製品をいう」と定義され，成分規格は「乳脂肪分 80% 以上，無脂乳固形分 2% 以下，水分 16% 以下」となっている．カレントアクセス制度における農畜産業振興機構（ALIC）が定める規格を示す（表 2.1）．

2.4 製　造　法

バターの製造工程を図 2.1 に示す．

2.4.1 分　離

受け入れた原料乳は，クリーム分離機によってクリームと脱脂乳に分けられる．バター製造に適したクリームの脂肪率は，通常 35～40% である．分離温度は，分離効率と脂肪損失の点から 50～60 ℃ で行われる．

2.4.2 殺菌冷却

プレート式熱交換機によって殺菌冷却を連続的に行うのが一般的である．古くはバッチ式のフォ

表 2.1 alic バター規格（alic ホームページより引用）

バターの検査項目，規格基準及び検査方法（カテゴリー I）

検査項目	規格基準	検査方法	備考
外 観	均等に特有の淡黄色又はこれに近い色を呈し，はん点，波紋等が多くなく，バターの色調測定法による測定値が 0.16 未満のもの	官能検査及びバターの色調測定法による	
組 織	横断面の状態に，水滴の遊離が多い等の著しい欠陥がないもの	官能検査による	
風 味	風味良好で酸味，飼料臭，牛舎臭，変質脂肪臭その他の異臭味をほとんど有しないもの	官能検査による	
乳脂肪分	加塩バターは 80.0 % 以上，無塩バターは 82.0 % 以上で，異種脂肪を含まないもの	乳等省令による	
水 分	17.0 % 以下のもの	乳等省令による	
細菌数 [右記のいずれかとする．]	① 1 g 当たり 1,000 以下	乳等省令中の乳製品の細菌数試験法を準用する	種類表示の例：スイートクリームなど
	② 細菌数の基準を設けない．ただし，pH 6.0 未満のものに限る．	—	種類表示：industry description で可
大腸菌群	大腸菌群が「陰性」のもの	乳等省令による	●
カビ・酵母	カビ・酵母数が 1 g 当たり，それぞれ 100 以下のもの	食品衛生検査指針 I の真菌検査法総論及び酵母類検査法による	

バターの検査項目，規格基準及び検査方法（カテゴリー II）

検査項目	規格基準	検査方法	備考
外 観	均等に特有の淡黄色又はこれに近い色を呈し，はん点，波紋等が多くなく，バターの色調測定法による測定値が 0.16 以上のもの	官能検査及びバターの色調測定法による	
組 織	横断面の状態に，水滴の遊離が多い等の著しい欠陥がないもの	官能検査による	
風 味	風味良好で酸味，飼料臭，牛舎臭，変質脂肪臭その他の異臭味をほとんど有しないもの	官能試験による	
乳脂肪分	加塩バターは 80.0 % 以上，無塩バターは 82.0 % 以上で，異種脂肪を含まないもの	乳等省令による	
水 分	17.0 % 以下のもの	乳等省令による	
細菌数 [右記のいずれかとする．]	① 1 g 当たり 1,000 以下	乳等省令中の乳製品の細菌数試験法を準用する	種類表示の例：スイートクリームなど
	② 細菌数の基準を設けない．ただし，pH 6.0 未満のものに限る．	—	種類表示：industry description で可
大腸菌群	大腸菌群が「陰性」のもの	乳等省令による	●
カビ・酵母	カビ・酵母数が 1 g 当たり，それぞれ 100 以下のもの	食品衛生検査指針 I の真菌検査法総論及び酵母類検査法による	

注：1　特定項目（備考欄●印）については，同表の規格基準に適合しない検査試料が 1 個でもあった場合には，当該検査荷口を買い入れないものとする．
　　2　加塩バターには，CODEX Standard（A-1-1971, 150-1985）の規格に合致する塩を使用するものとする．

ードラ型殺菌機，コイルバット殺菌機なども使用されていた．殺菌温度は 95 ℃ 60 秒程度である．過度の殺菌条件はクックドフレーバーの原因となる．クリームが好ましくないフレーバーをもつ場合は，殺菌工程中に減圧処理することで脱臭を行う．クリームを加温し，真空チャンバーで揮発性物質を除去した後，熱交換機で殺菌する．殺菌されたクリームは，チルド水で 5～6 ℃ に冷却されエージングタンクに送られる．

2.4.3　発　酵

発酵バターの製造では，殺菌冷却されたクリームに乳酸菌スターターを接種し発酵工程とする．スターターの調製は次のように行う．滅菌した脱

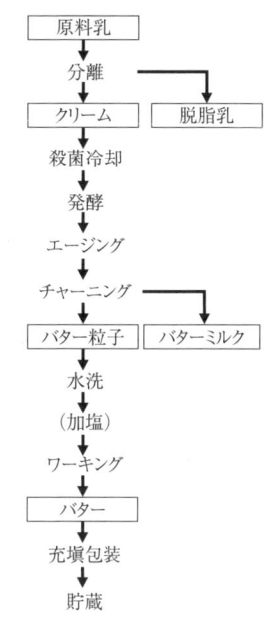

```
原料乳
  ↓
 分離
  ↓
クリーム → 脱脂乳
  ↓
殺菌冷却
  ↓
 発酵
  ↓
エージング
  ↓
チャーニング
  ↓
バター粒子 → バターミルク
  ↓
 水洗
  ↓
(加塩)
  ↓
ワーキング
  ↓
 バター
  ↓
充塡包装
  ↓
 貯蔵
```

図 2.1 バターの製造工程図

脂乳培地に菌を接種し，25〜30℃で12〜24時間培養する．これを同様に2，3回植え継いで，菌の活力を一定にしたマザースターターを調製する．クリームの発酵に必要な量の殺菌脱脂乳にマザースターターを接種培養し，バルクスターターを調製し，これをクリームに接種する．発酵条件はクリームの風味に大きな影響を与える．20〜25℃の高温で発酵したクリームから得られたバターの発酵風味は強く，5〜10℃の低温での発酵クリームを用いたバターの発酵風味は弱い．発酵の温度，時間は，乳酸などの酸，ジアセチルのような香気成分の生成に重要であるばかりでなく，同時に脂肪の結晶生成と成長にも重要である．

発酵後ゆっくり冷やしたクリームを用いたバターでは大きな脂肪の結晶が形成され，殺菌後急冷したクリームを用いた甘性バターに比べて硬いバターとなる．1年を通じてバターのテクスチャーをコントロールするために，さまざまな発酵冷却条件が考えられてきた．比較的高い融点の脂肪が多い冬季のクリームから軟らかいバターを製造する方法として次の方法がある．まずクリームを8℃に冷却し2時間保持して結晶を生成させスターターを接種する．その後2時間以上かけてクリームを19℃にし，次に16℃に冷却して14〜20時間培養を行い，チャーニング前に12℃にする．比較的低い融点の脂肪が多い夏季のクリームから硬いバターを製造する方法には，最初のクリームの冷却は19℃とし，スターターを接種して2時間後16℃に冷却し，3時間以上保持して8℃に冷却し，一晩発酵を行う方法がある．

2.4.4 エージング

クリームを殺菌冷却したあと，チャーニングするまでの間，冷却保持する工程をエージングと呼ぶ．クリームの脂肪球中の脂肪は，殺菌によって完全に液体脂肪となり，冷却によって結晶化が起こる．冷却機を出たばかりのクリーム中の脂肪は過冷却状態にあり，結晶化は完全に進行していない．エージング工程中にも脂肪の結晶は析出・成長し，固体脂含量，結晶形，結晶の大きさなどが一定の状態となり，脂肪球が安定化する．一定のエージング条件をとらないと，次の工程であるチャーニングで製造のバラツキが起こる．また製品の硬さ，展延性など物性のバラツキの原因ともなる．エージング時間は通常8時間以上必要である．エージングは，クリーム中の脂肪の結晶状態を一定にするための工程であるから，その条件は脂肪酸組成によって異なる．乳牛の飼料などの影響で，一般に，夏季クリームの脂肪酸組成はオレイン酸など不飽和脂肪酸含量が高く，冬季クリームはパルミチン酸など飽和脂肪酸の含量が高い．そのためにエージング温度は夏季に低く，冬季に高くするのが一般的である．不飽和脂肪酸の含量を示すヨウ素価によって，エージングの温度条件を変える方法もある．

2.4.5 チャーニング

チャーニングの目的は，攪拌によってクリーム中の脂肪球を破壊し凝集させバター粒を形成することである．エージングを終えたクリーム中の脂肪は，一部は結晶として存在し，ほかは液体脂肪として存在している．この脂肪は脂肪球となって水相である脱脂乳中に分散しO/W型エマルションを形成している．脂肪球は表面をリポタンパク

などの皮膜物質で覆われ，脂肪の最外層にはトリグリセリド結晶の層が存在している．脂肪球の内部は結晶脂肪と液体脂肪の混合系となっている．チャーニング工程でクリームに攪拌力が加えられると，脂肪球皮膜は部分的に損傷を受け，そこから内部の液体脂肪が滲み出し，この液体脂肪は脂肪球どうしを凝集させるバインダーとして作用する．脂肪球皮膜が受ける損傷は，外部からだけでなく脂肪球内部からも引き起こされる．攪拌により脂肪球どうしは激しく衝突し，このとき脂肪の結晶が皮膜に刺さり込み損傷を与える．脂肪球の凝集，バター粒の形成には気泡の存在も大きな役割を果たしている．攪拌によって巻き込まれた空気は気泡となってクリーム中に分散する．脂肪球の皮膜物質の一部は，気泡との接触により気泡表面に移行し皮膜の損傷を促進させる．損傷を受け表面が部分的に疎水的になった脂肪球は気泡の周りに集合し，不安定になった気泡の破壊により脂肪球の凝集が進行する．このようにしてバター粒が形成され，このときバターミルクが排出される．

チャーニングに影響を与える要因は，脂肪中の結晶量，結晶の形と大きさ，脂肪率，発酵の度合いなどのクリームの状態と，チャーニング温度，回転数などのチャーニング条件である．チャーニング温度はチャーニングの結果に大きな影響を与える．温度が高いと脂肪中の液体脂含量が増え，チャーニングは起こりやすくなり，できたバター粒は軟らかくなる．一方，温度が低いとチャーニングは起こりにくく，バター粒は硬くなる．適正なチャーニングを行うためには，装置に合った適正な温度設定が必要である．固体脂と液体脂の割合は脂肪の脂肪酸組成によってある程度異なるので，不飽和脂肪酸の多い夏季クリームと冬季クリームではチャーニング温度を変えなければならない．これは外気温の違いも考慮している．通常，夏季は7〜11℃，冬季は10〜13℃が適正なチャーニング温度である．クリームの脂肪率は，高いとチャーニングが起こりやすく，低いとチャーニングは起こりにくい．通常35〜40%の脂肪率が用いられる．

バッチ式チャーンの場合，クリーム量もチャーニングに影響を与える．クリーム量が多すぎると，チャーニング時間が長く，バターミルクへの脂肪の損失も大きい．全容量の1/3〜1/2のクリーム量が適切である．バッチ式チャーンの終点はバター粒の大きさで判断する．バター粒が大きすぎるとバターミルクの排出が難しく，水洗のとき冷却不十分となりやすい．バター粒が小さすぎるとバター粒がバターミルクとともに失われやすく，粒子間の保水により水分が多くなる．バター粒の大きさは小さいほうから，米粒大，小麦粒大，大豆粒大，だんご状などと呼ばれるが，通常は大豆粒大が適切である．チャーニング時間は45〜60分が適切である．連続式バター製造機による製造では，実作業上バター粒中の水分のコントロールが重要である．クリームの温度が高いとき，脂肪率が高いとき，攪拌羽根の回転数が高いときバター粒中の水分は高くなる．クリームの流量が多いとバター粒中の水分は減少する．

2.4.6 水洗

バターミルクを排出したあと，バター粒はバターミルクより1〜2℃低い水で水洗される．水洗の目的は，バターミルクの洗い出し，不良風味の除去とバター粒の硬さの調整である．バターミルクより低い温度の水洗を受けたバター粒は，表面から硬くなりワーキング工程で練圧効果を受けやすくなる．洗浄水温はバター中の水分量に影響し，水温が低くなると水分量は減少する．連続式バター製造機では，排出したバターミルクを冷却して水洗に用いる場合もある．

2.4.7 加塩

有塩バターの場合，水洗のあと加塩工程をとる．加塩法には，食塩をそのまま加える乾塩法，食塩に水をかけ湿潤させて使用する湿塩法，食塩を水に完全に溶かして使用するブライン法などがある．Mg，Ca，SO_4などが多いとバターの風味を損なうので，一般的には局方塩，特級精製塩など不純物の少ない食塩が用いられる．食塩粒子は微粉末のものでなければならない．粒子の大きい

食塩がバター中に存在すると，浸透圧で水を引き寄せ組織，色調の欠陥を生ずる．連続式バター製造機では，40〜60％の過飽和食塩水をコンチソーマ（シモン社）のような装置で定量的に圧入する方法がとられている．

2.4.8 ワーキング

ワーキングの目的はバター中の水分，塩分，結晶脂肪を練圧し，均一な組織とすることである．バター粒はワーキング工程によって余分な水分を排出し，さらに水分は微細な水滴として分散されW/O型エマルションが形成される．水滴の大きさはバターの品質上重要である．ワーキングが不足すると水滴が大きくなり，遊離水の発生など品質上の欠陥や微生物的な保存性の低下の原因となる．ワーキングは水滴の合一と分散の双方を引き起こす．これは，水滴どうしの衝突による水滴の合一とせん断力による分裂が同時に進行するためである．低速でのワーキングは水滴を合一させ，高速でのワーキングは分裂を促進させる．バッチ式チャーンのワーキングでは，余分な水の排出を目的とする初期は低速で，水滴の分散と練圧を目的とするそれ以降は徐々に回転数を上げる方法がとられている．ワーキングは水滴の分散だけでなく，展延性などバターの物理的性状にとっても重要である．これはバター中の結晶脂肪の骨格を崩し，結晶脂肪格子の再配列を引き起こすためである．ワーキング工程では，温度が練圧効果に大きな影響を及ぼす．温度が高いとバターの粘度が低下し撹拌効果が上がるが，結晶脂肪量は減少し展延性などへの効果は低下する．ワーキングの適正な温度はチャーニング温度と同様に夏季と冬季で異なり，夏季では低く設定する．ワーキングはしばしば減圧下で行われる．これはワーキング工程中のバターへの空気の混入を防ぐためである．気泡を多く含むバターは組織がボロつくクランブリーの傾向を示す．また，空気の混入は脂肪の酸化の原因ともなり風味上好ましくない．

2.4.9 充填包装

ワーキングを終了したバターは，20〜30kgをポリ袋あるいは硫酸紙で包装してダンボール詰めしたバラバター，硫酸紙またはアルミパーチを用いた1〜1/4ポンドの小包装バターなどに充填包装される．小包装の場合，バター中の水分の蒸発，光による酸化などの点でアルミパーチを用いた包装が好ましい．包装形態はこのほか，びん，缶，プラスチック容器などがある．

2.4.10 貯蔵

バターの貯蔵温度は短期間で−5℃以下，長期間にわたるときは−15℃以下がよい．冷蔵で保存する場合の保存期間は，5℃以下6ヵ月が目安となる．貯蔵中はできるだけ温度変化を避けることが大切である．温度変化はバターの物理的性状を変え，水滴結合による遊離水発生の原因となる．

2.5 製造法と製造装置

クリームに機械的衝撃を与えてバター粒を生成させる操作のことをチャーニングといい，それに用いる装置のことをチャーンという．チャーンには種々のタイプのものがあるが，大きく分けてバッチ式製造法と連続式製造法に分けられる．現在は連続式製造法による生産が主である．

2.5.1 バッチ式製造法

バッチ式チャーンにはいろいろ種類があり，第二次世界大戦以前，家内工業的には樽の胴に軸を

図2.2 ロール型チャーン[3]

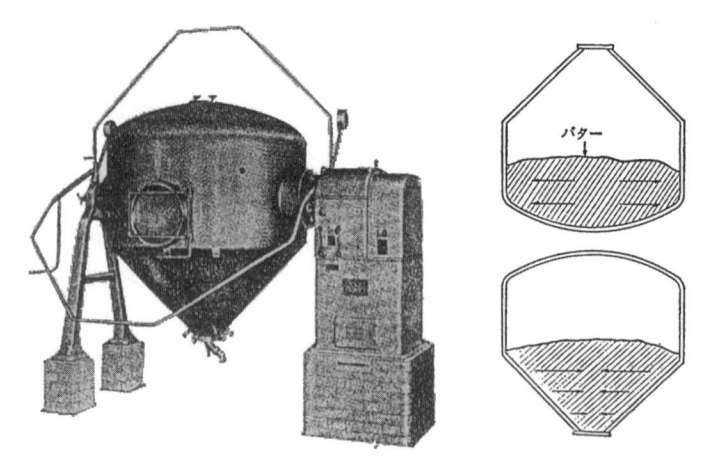

図2.3 トップチャーンとバターの動き[3]

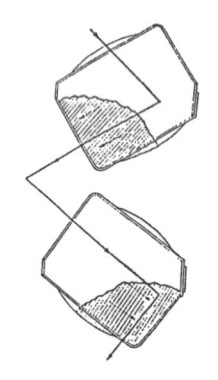

図2.4 キューバスチャーンとバターの動き[3]

通し回転する回転式チャーンが広く用いられた．しかし，その後工業的にはワーキング用ロールを組み合わせたコンバインチャーンが広く普及した．コンバインチャーンには，ロールをチャーン内に備えたロール型チャーンと，ロールがなくチャーンの回転とバター自身の落下によってワーキングを行うロールレスチャーンがある．

a．ロール型チャーン（roll-type churn）

円筒を横にした形のチャーンで，1～4対のロールが内蔵されていて，このロールでワーキングを行う．ロール駆動部が洗浄困難なので衛生的でないが，硬いバターを練るのには便利である（図2.2）．

b．ロールレスチャーン（roll-less churn）

不衛生なロール駆動部を取り外し，バター塊の自重による落下の衝撃を利用してワーキングを行うのが特徴である．このためチャーンの形がワーキング効果に大きく影響する．チャーンの形としては，円筒型半円錐（トップチャーン，図2.3），サイコロ型（キューバスチャーン，図2.4），円錐型，円筒型などがある．これらのチャーンは，ステンレス鋼やアルミニウム合金などからできているため，メタルチャーンと呼ばれている．メタルチャーンはチャーン内面をサンドブラスト加工しているので保水しやすく，バターの粘着を防止している．このタイプには，製造温度を調節する温水シャワーのついたものやチャンバー内を真空にしてワーキングするバキュームチャーンがある．メタルチャーンは，洗浄殺菌が容易なために衛生的である．大型のものになると1回に400～2000 kgのバターが製造できる．

2.5.2 連続式製造法

連続式バター製造法は，チャーンによるバッチ

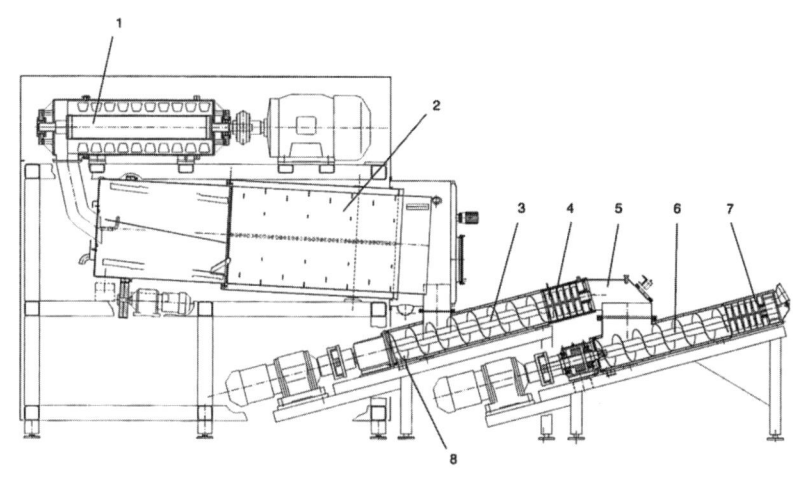

図 2.5 BUD タイプバターマシンの構造[4]
1：第1チャーニングシリンダー，2：第2チャーニングシリンダー，3：第1テキスチャライザー，4：ドージング部，5：バキュームチャンバー，6：第2テキスチャライザー，7：バターポンプ，8：バターミルク排出部．

方式に代わってバターをクリームから連続的に生産する方式であり，1937年以降ヨーロッパを中心に急速に発展した．わが国でも1961年以降導入され，バターの9割近くが連続式製造法により生産されている．連続式製造法の利点としては，①製品の品質が一定である，②衛生的で細菌汚染されにくい，③生産能力が大きく作業時間や労力が節約できる，④作業者に熟練者を必要としないなどがある．

連続式製造法としてチャーニング促進法（accelerated churning process）がある．通常の脂肪率のクリームを，チャーニングの際に高速攪拌することによってバター粒を瞬間的に形成させる方法で，フローテーション法（floatation process）ともいう．世界的に最も普及している製造方式で，1930年代にドイツのフリッツ（Fritz）が開発した．その改良法として，BUDタイプバターマシン（ウェストファリア社，ドイツ）などがある．

図2.5にBUDタイプバターマシンの構造を示した．脂肪率約40%のクリームは殺菌，冷却，エージングされる．セントリフューガルポンプ（遠心ポンプ）で送液されたクリームは，加温プレートで10℃程度に加温後，1の第1チャーニングシリンダーに送られる．1にはビーターのような攪拌機があり，シャフトについた回転ブレードで高速攪拌することによって，クリームは激しくチャーニングされバター粒とバターミルクに分離される．分離されたバター粒とバターミルクは2の第2チャーニングシリンダーに送られる．2には前半に冷却のためのバターミルクプールがあり，後半にバターミルク分離のためのシリンダーがある．チャーニングによる機械的エネルギーで発熱したバター粒は，2℃程度のバターミルクプールで冷却される．バターミルクプールは，製造中に発生したバターミルクを冷却し，第2チャーニングシリンダーに循環させたものである（バターミルクリサイクルシステム）．また第2チャーニングシリンダーには大型サイドグラスが設置されており，オペレーターはチャーニングの様子を監視しながら，チャーニングの調整が容易になっている．3は第1テキスチャライザーで，4は多孔板とスライディングプレートである．3，4を通過したバター粒子は練圧によって余分なバターミルクが排出され，スライディングプレートによって細い帯状となる．帯状にすることによってバター全体の表面積を大きくし，5でのバキューム効果を向上させる．5のバキュームチャンバーは真空ポンプで－0.8 bar程度に減圧され，バター中の気泡を除去する．6の第2テキスチャライザーでさらに練圧され，バターの組織は均一化される．7はバター移送ポンプが内蔵されている．高

真空による減圧環境下では，テキスチャライザーのみでバターを押し出すことが不十分であるため，バターポンプによって移送能力を高めている．水，食塩水，発酵液などは4に設置されるドージングラインよりダイヤフラムポンプで定量的に添加される．第1テキスチャライザーから排出されたバターミルクはバター粒子を多く含んでおり，第2チャーニングシリンダーに戻され，バターとして回収される．このシステムによってバターミルク中の脂肪率は0.7～0.8％に保たれる．

2.6 保存基準

良質なバターの香りや風味を保つには，保管方法がポイントになる．以下の点に留意することが大切である．

(1) 5℃前後で冷蔵する．長期保存は必ず冷凍する．

通常は冷蔵庫で保存し，長期の場合は冷凍庫で－15℃以下で保存することにより，1年程度は品質・風味を保つことができる．

(2) 空気にさらさない．

空気中の酸素が脂肪酸化の最大の原因である．空気に触れないよう密封保存を行うとよい．また，紫外線は脂肪の酸化を促進するので，直射日光や強い照射下に放置しないことが重要である．

(3) 匂いの強いものと一緒におかない．

バターには匂いを吸収する性質があるため，魚や果物など匂いの強いものと一緒に保存しない．

(4) 清潔な場所に保存する．

カビや細菌が付着すると品質・風味が損なわれる原因になる．湿気の多い場所に保存することも禁物である[5]．

2.7 バターの品質と欠陥

2.7.1 製品の品質

a．成分組成

バターは乳脂肪を主成分とし水分，食塩，タンパク質，乳糖，灰分，ビタミン類などからなっている．これら成分組成の割合は製造方法，製造技術，原料クリームによって変化する．水分量はチャーンの種類あるいは水分調製の方法によって異なり，タンパク質，乳糖，灰分量はクリームの酸度，殺菌温度，水洗回数および製造機械の種類によって異なる．

表2.2にバターの一般成分組成を示した．

表2.2　バターの一般組成

脂　肪	タンパク質	糖　質	灰　分	水　分
81.0%	0.6%	0.2%	1.9%	16.3%

b．脂肪酸組成

バターの性状はその80％以上を占める乳脂肪の性質に大きく影響される．乳脂肪は数種の脂肪酸とグリセリンが結合してできたグリセリドからなっている．脂肪酸の種類は，酪酸，カプロン酸，カプリル酸，カプリン酸，ラウリン酸，ミリスチン酸，パルミチン酸，ステアリン酸，オレイン酸およびリノール酸などである．乳脂肪中の脂肪酸組成は，乳牛の品種，泌乳期，季節および飼料などによって影響を受け，ある程度変化する．表2.3に主要脂肪酸組成の地域別夏・冬平均値を示した．表からわかるように夏はオレイン酸の比率が高く，冬はパルミチン酸の比率が高い．また夏と冬との脂肪酸の変化は北海道地区で大きい．乳脂肪中の脂肪酸は，飽和脂肪酸と不飽和脂肪酸とに分けることができる．飽和脂肪酸の大部分は常温で固体状をなし，不飽和脂肪酸は常温で液状である．したがって軟らかいバターは不飽和脂肪酸が多く，硬いバターは飽和脂肪酸が多い．あらかじめ不飽和脂肪酸の比率を知ることができれば，製造条件の選定によりバターの固さをコントロールできる．

c．微細構造

バターは連続相である脂肪中に無脂乳固形分と塩分を含む水相が水滴となって分散したW/O型エマルションである．脂肪相は，液体脂肪，結晶脂肪およびチャーニング中に完全に破壊されなかった脂肪球の3成分からなっている．また脂肪相は，液体脂肪中に脂肪球と結晶脂肪が分散し，網

表2.3 主要脂肪酸組成の地域別夏冬平均[6]

季	地域 n.CNo.	A 北海道	B 東日本	C 西日本Ⅰ	D 西日本Ⅱ	E 大都市近郊	F 大都市専業	全国
夏（6〜9月）	試料数	30	40	40	32	24	8	174
	C_4	3.64	3.65	3.69	3.71	3.60	3.33	3.65
	C_6	2.00	2.09	2.06	2.03	1.94	1.64	2.01
	C_8	1.08	1.15	1.12	1.07	1.07	0.86	1.09
	C_{10}	2.25	2.38	2.30	2.17	2.19	1.68	2.24
	C_{12}	2.51	2.38	2.30	2.17	2.43	1.86	2.52
	C_{14}	8.78	9.49	9.36	8.73	8.46	6.79	8.93
	C_{16}	22.97	25.61	25.45	24.62	23.90	20.57	24.47
	$C_{16:1}$	2.70	2.52	2.55	2.55	2.40	2.30	2.55
	C_{18}	10.59	10.12	10.20	10.86	11.33	13.18	10.66
	$C_{18:1}$	26.25	24.52	24.82	26.27	26.77	31.35	25.83
	$C_{18:2}$	2.10	2.05	2.01	2.13	2.46	3.59	2.19
冬（12〜3月）	試料数	32	40	40	32	24	8	176
	C_4	3.68	3.85	3.71	3.67	3.55	3.11	3.68
	C_6	2.11	2.15	2.17	2.06	2.01	1.76	2.09
	C_8	1.20	1.23	1.25	1.13	1.09	0.91	1.18
	C_{10}	2.52	2.68	2.68	2.45	2.40	1.88	2.54
	C_{12}	2.89	3.02	2.99	2.77	2.67	2.06	2.86
	C_{14}	10.28	10.29	10.07	9.32	9.03	7.25	9.75
	C_{16}	29.35	27.64	26.76	25.43	24.59	20.75	26.62
	$C_{16:1}$	2.69	2.47	2.47	2.45	2.45	2.36	2.50
	C_{18}	8.18	9.34	9.31	10.24	10.70	12.95	9.64
	$C_{18:1}$	20.26	21.66	22.19	24.43	25.29	29.82	22.89
	$C_{18:2}$	1.87	2.15	2.14	2.53	2.63	4.14	2.32

目状の微細構造を形成している．水相は直径 1〜25μm の大きさで水滴となってバター中に分散している．またワーキング中に混入した空気も気泡として一部存在している．

2.7.2 バターの欠陥と原因

a．風味に関する欠陥

1）使用するクリームによる欠陥 飼料の香気成分が牛乳に移行する場合，不潔な搾乳処理による牛体，牛舎の臭いが牛乳に移行する場合，リパーゼ作用によるリパーゼ臭が生ずる場合などがある．

2）製造法による欠陥 殺菌機に欠陥があったり高酸度クリームを高温で加熱したときに生ずる加熱臭やチーズ臭が移行する場合，鉄，銅などの金属塩による金属臭が移行する場合，ワーキング時の過度の水洗により無脂乳固形分が流出し風味不足を来す場合などがある．

3）酸化による欠陥 バター中の不飽和脂肪酸が保存中に酵素，空気，光などによって酸化され脂肪酸化臭（ランシット）を生ずる場合がある．

4）微生物による欠陥 バターは80%以上が脂肪であること，水相が微細な水滴となって分散していること，有塩バターでは水相の食塩濃度が約10%であることなどから微生物の生育は抑制される．しかし，保存温度が高かったり，保存環境が悪かったりするとカビが発生することがある．この結果，カビ臭など風味上の欠陥を生ずるだけでなく，衛生上大きな問題となる．表2.4にバターの風味上の欠陥とその原因を示した．

b．組織に関する欠陥

組織上の欠陥は乳脂肪の結晶状態によるものであり，製造工程の温度条件，ワーキング条件の違いによって引き起こされる．粘着力がなく組織がもろく粒状の脂肪塊を感じさせるバターの状態をクランブリーという．バターの切断面をバターナイフでこするとなめらかに延びずボロボロとなり，展延性が劣る．冬季製造したバターは高融点の脂肪が多くなるため，低温でエージングすると

表2.4 バターの風味上の欠陥とその原因[7]

項　目	原　因
風味不足（flat）	クリームの過度の中和，過度の水洗い，クリーム殺菌中における過度のバキューム
苦味（bitter）	泌乳末期の牛乳，クリーム内の特定酵母，クリームのブライン洩れ，ウシの飼料，生蒸気によるクリームの殺菌など
酸臭（sour）	乳酸菌の繁殖，中和の不適当な場合
古臭（stale）	古いクリーム，比較的高温で長期間保持されたバターに生じやすい
不潔臭（unclean）	クリームの品質不良，工場衛生管理の欠陥
油臭（oily）	高濃度のクリームを長時間保持した場合
金属臭（metalic）	装置から移行する金属塩によるもの
獣脂臭（tallowy）	バター中の不飽和脂肪酸が空気中の酸素によって酸化された場合
ランシッド臭（rancid）	リパーゼのような脂肪加水分解酵素による脂肪分解臭
チーズ臭（cheesy）	不衛生に生産されたクリームまたはカビによるタンパク質分解
飼料臭（feedy）	飼料から移行する風味でサイレージなど種々雑多である
加熱臭（cooked）	殺菌処理におけるクリームの加熱
塩辛い（salty）	加塩過度，または食塩の混和不良
牛臭（cowy）	不潔な生産方法による乳の汚染
酵母臭（yeasty）	特定酵母によるクリームの発酵
魚臭（fishy）	カビによる脂肪分解で高酸度のものに現れやすい
青草臭（grassy）	青草の臭気が移行したもの
雑草臭（weedy）	雑草の臭気が移行したもの
中和剤臭（neutralizer flavor）	中和過度，中和剤混合不適当
むれ臭（musty）	暖いクリームの密閉によって生じる
カビ臭（moldy）	カビによる臭
牛舎臭（barny）	牛舎臭のクリームへの移行
バターミルク臭（buttermilk flavor）	バターミルクが多量にバターに混入した場合
煙臭（smoky）	クリームの取扱い不良による

表2.5 バターの組織上の欠陥とその原因[7]

項　目	原　因
リーキー（leaky）	バターの切断面に水滴が出るもので，低温でエージングしないとき，チャーニングの過度，洗浄水の高温，ワーキング不足，クリームの過剰
軟弱（weaky）	クリームの冷却不十分，高温でのチャーニング
グリース状（greasy）	ワーキング過度，洗浄水の高温など
ステッキー（sticky）	ワーキング過度，過冷却
クランブリー（crumbly）	組織がぼろぼろするもので季節的変化に応じた温度処理をしない場合，過冷却，ワーキング不足
ミーリー（mealy）	バター中にタンパク質の凝固物，脂肪が溶解し脂肪再結晶，長時間殺菌
砂状（gritty）	食塩の粒子が粗く，不溶解食塩粒子が残るとき

クランブリーになりやすい．バターの切断面をバターナイフでこすったとき，水滴が現れる状態をリーキーといい，ワーキング不足のときに起こりやすい．有塩バターの場合，加塩後のワーキングが十分に行われないと食塩が結晶で残り，この結晶が貯蔵中に溶解するため遊離水が現れる．またリーキーバターは，カビなどが発生し保存上の問題となる．表2.5にバターの組織上の欠陥とその原因を示した．

c．色調に関する欠陥

バターの色調は季節によって異なる．一般に夏季に製造したバターは濃く，冬季に製造されたバターは薄い色調となる．バターの色調は色の濃淡だけでなく，光沢，均一性などがある．これらは水滴の大きさ，練圧の程度によって影響を受ける．つまり，色調の欠陥は主にワーキングの不適

表2.6 バターの色調上の欠陥とその原因[7]

項　目	原　因
はん紋状（mottled）	色の濃淡がまだらに現れるものでワーキングが均一に行われなかった場合，溶解しなかった食塩が貯蔵中に周囲の水分を吸収し周りの色より濃くなった場合
波状斑（wavy）	ワーキングが不十分だったり，硬さの違うバターを練ったとき，改装のさいバター表面が融けたものを使用するとき
鈍色（dull）	乾燥飼料を使用した牛乳からのバター，または練りが過度で水滴または空気が細かく分布したとき
濃色（high）	カロチン色素の多い飼料を食べたとき，またはバターカラーの入れすぎ
淡色（light）	カロチン色素の少ない冬期の飼料を食べたとき
表面の濃厚化（high colored surface）	バターの貯蔵中表面から水分が蒸発した場合
表面の退色（faded surface）	バター表面が光線などによって酸化され退色したもの
カビによる変色（molded butter）	カビによりバターの表面が黒色，白色，赤色などになったもの

切によるものであり，ワーキング不足のために濃淡がまだらに現れた斑紋状やワーキング温度が高すぎることによって水滴や空気が細かく分布した鈍色などがある．表2.6にバターの色調の欠陥とその原因をまとめて示した．

2.8　分別乳脂肪

乳脂肪は炭素鎖の長さや飽和の程度の異なるいろいろな脂肪酸を含むトリグリセリドの混合物であり，融点の差や溶解度の差を利用することで，いくつかに分別することができる．高融点画分は固体脂が多く融点が高いので，クロワッサンやデニッシュペーストリーなどの製菓原料や熱帯地方用のハードバターに利用できる．低融点画分は口溶けがよく展延性がよいので，バタークリームやソフトバターの製造などに利用できる．油脂の分別方法には，自然分別，界面活性剤分別および溶剤分別がある．乳脂肪の分別は，界面活性剤分別であるアルファラバルの製造装置が有名である．その分別工程は，結晶化，分離，洗浄，乾燥工程の3段階よりなる（図2.6）．

　無水乳脂肪を45〜50℃で結晶タンク①に入れ，20〜24℃に冷却することによって高融点脂肪を結晶化させる．できた結晶脂肪をミキサー③で適当な大きさに粉砕し，これに結晶脂肪と液状脂肪を分離しやすくするための界面活性剤溶液をミキサー④で混合する．混合物は，軽い液状脂肪相，中間の界面活性剤溶液相，重い結晶脂肪相の3相

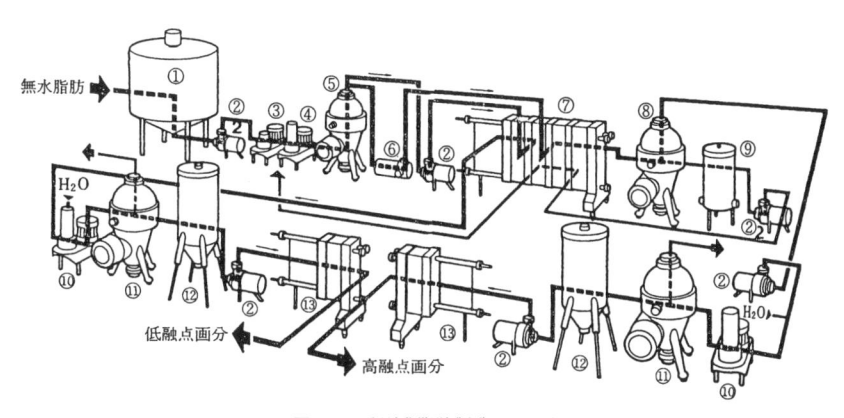

図2.6　分別乳脂肪製造ライン[8]
①結晶タンク，②ポンプ，③混合機（ミキサー），④混合機（ミキサー），⑤セパレーター，⑥圧送ポンプ（容積式），⑦プレート熱交換機，⑧セパレーター，⑨フロートホッパー，⑩混合機（ミキサー），⑪セパレーター，⑫バキュームドライヤー，⑬プレート熱交換機．

表2.7 乳脂肪の分別画分の特性[9]

脂肪酸組成（％）	低融点画分	高融点画分	通常乳脂肪
C_4	4.0	2.5	3.0
C_6	2.8	1.9	2.1
C_8	1.6	1.3	1.4
C_{10}	4.0	3.0	3.4
C_{12}	4.7	4.3	4.4
C_{14}	12.6	12.8	12.5
C_{16}	24.3	28.8	26.7
C_{18}	12.1	17.3	15.5
$C_{18:1}$	30.8	25.3	28.4
$C_{18:2}$	1.4	1.3	1.2
$C_{18:3}$	1.7	1.5	1.4
C_8以下の室温で液状のトータル	8.4	5.7	6.5
C_{10}以上の室温で固体状のトータル	57.7	66.2	62.5
不飽和のトータル	33.9	28.1	31.0
融点（℃）	22.1	38.0	28.2
ヨウ素価	39.4	33.7	37.5

からできている．高融点画分である結晶脂肪は界面活性剤溶液と一緒にセパレーター⑤で重い相に入り，圧逆ポンプ⑥でプレート熱交換機⑦へ送られ加熱溶解される．できた油と水の混合物はセパレーター⑧で分離される．界面活性剤溶液は熱交換機で冷却され，混合段階へ再循環される．ついで高融点脂肪に水を加えてミキサー⑩で洗浄し，セパレーター⑪で分離する．続いて水分を0.1％以下にするためにバキュームドライヤー⑫で減圧乾燥する．これをプレート熱交換機⑬で冷却して製品化する．低融点画分は，セパレーター⑤で軽い相に入り，プレート熱交換機⑦で加熱し，水を加えてミキサー⑩で洗浄する．以下，高融点画分と同様に処理する．

分別した乳脂肪の分別画分の特性を表2.7に示す．低融点画分は，C_4やC_6などの短鎖脂肪酸や$C_{18:1}$などの不飽和脂肪酸の含量が高い．それに比べて高融点画分は，C_{16}やC_{18}などの飽和脂肪酸含量が高い．

本執筆を行うに当たり，元明治乳業株式会社高橋康之氏に了解を得，ミルク総合事典の文面を引用した．ここに厚くお礼申し上げる．

〔伊藤大和〕

文　献

1) （社）全国牛乳普及協会，（社）日本乳製品協会：バター＆生クリームガイドブック.
2) （社）全国牛乳普及協会ホームページ.
3) 津郷友吉監修：乳製品工業下, p.287, 288, 地球出版, 1972.
4) Westfalia Separator 社資料.
5) （社）日本乳業協会：国産バター・生クリームハンドブック.
6) 土屋文安ほか：日畜会報, **43**(7), 374-383, 1972.
7) 祐川金次郎：乳業技術便覧下, 酪農技術普及学会, 1976.
8) Dairy Handbook（日本語版）, p.230, 240, Alfa-Laval, Sweden.
9) 高橋康之, 野田和視：食品と化学増刊号, **1**, 56, 1986.

3. チ ー ズ

3.1 歴　　史

3.1.1 ナチュラルチーズの歴史

人類が作り出した食品の中で，最も傑作で，かつ栄養的にもきわめて優れた食品といわれるチーズ．その数は世界中で1000種類を越すといわれる．その起源は人類が野生動物を馴らして家畜として飼うようになった紀元前6000年頃にさかのぼると考えられる．チーズの発見は，まず，乳の入った器に偶然に飛び込んだ乳酸菌の働きにより白い凝乳ができることを知ったときであったと考えられる．チーズの起源を知るうえで形として残っているものとして，乳を固めてホエイを脱水するための小穴があいた木製や土器の壺の破片が，紀元前6000年代のスイスの湖上生活者の遺跡から発見されている．また，古代の遺跡からは，紀元前4000年頃のエジプトの壁画や，紀元前3500年頃のメソポタミアの神殿の石版画装飾に，乳製品を製造している様子がみられる[1,2,3]．

凝乳酵素を用いたチーズ製造の原理は，紀元前1400年頃にアラビアの商隊（カナナ Kanana）によって偶然に発見されたことを物語る民話が残っている．その民話は，ある日，アラビアの商隊が，飲料としてヤギの乳をヒツジの胃袋でできた水筒に入れて砂漠を旅し，夜に水筒の口を開けてみると，液体のホエイ（whey）と白い塊のカード（curd）に分かれていたという[1,2]．

メソポタミア（中近東）で発祥したチーズは，中近東から牧畜文化とともに西方のトルコやギリシャへ伝播している．古代ギリシャでは，神殿の近くの谷間で，山羊乳，羊乳，ロバ乳からチーズが製造され食用や神への"そなえもの"となっていたといわれる．また，神殿の近くにはイチジクの木が植えられ，イチジクの樹液を凝乳酵素として，羊乳チーズがつくられていたようである．

紀元前1000～紀元前700年頃に，高度なギリシャ文明をもちリディア（現在のトルコ）に住んでいたエトルリア人が海をわたって北イタリアのポー河流域に移民し，イタリアにレンネット凝固チーズの製法を伝えている[1,2]．

このチーズ製造技術は，その後，美食への執着心をもったローマ人に受け継がれ，さらに大きな進歩を遂げ，紀元前100年頃にはイタリアを代表するチーズであるペコリーノ・ロマーノが製造され，879年にはゴルゴンゾーラ，1200年代にはパルミジャーノ・レジャーノやグラーナ・パダーノとなって現在に至っている．また，ローマ帝国（紀元前753年～476年）の領土拡大とともにチーズ製造技術が欧州全域に伝播している．スイスではスブリンツ（Sbrinz）が紀元前300年頃につくられ，フランスではカンタル（Cantal）やロックフォール（Roquefort）が紀元前20年頃から製造されている．

476年のローマ帝国滅亡後は，修道院の中で僧侶たちによりチーズ製造技術は受け継がれ発展を遂げている．最古のウォッシュタイプのチーズとして知られるマンステール（Munster）が668年頃に，マロワール（Maroilles）が961年頃に，白カビタイプのブリ（Brie）が14世紀頃に，また，僧侶からブリの製造指導を受けた農婦によってカマンベールが1791年につくられたといわれる．

英国でも100～300年に，ローマ人によりチーズ製造が伝えられ，チェダーが1540年頃に，スチルトンが1750年頃につくられている．イギリス人は，移民先にも自分たちの食文化を持ち込み，米国，カナダ，オーストラリア，ニュージーランドなどでもチェダーが製造されるようになった[1,2]．日本では，明治政府の招聘により米国から来日したエドウィン・ダンの指導によって1875（明治8）年に，函館郊外の七重勧業試験場

で日本初のレンネット凝固チーズとしてチェダーが試作されている[4].

3.1.2 プロセスチーズの歴史

プロセスチーズは，ナチュラルチーズに比べれば歴史は新しく20世紀のはじめ1911年に，スイス人のGerberとStettlerによりはじめてプロセスチーズが製造された．プロセスチーズの歴史は溶融塩の開発の歴史でもある．このときに使用された溶融塩は，クエン酸と炭酸ナトリウムを混合して製造したクエン酸ナトリウムであった．米国のKraft（クラフト）社は1917年に，チェダーを原料に缶詰プロセスチーズを軍用にはじめてつくった．このとき使用した溶融塩は，クエン酸ナトリウムとモノリン酸二ナトリウムであった．この数年後の1923年に，ノルウェーのKavli（カブリ）社はクエン酸塩を一切使用せず，リン酸塩だけでプロセスチーズを製造している．そして，1929年ドイツのJoha A. Benkiserが，ポリリン酸塩をプロセスチーズの製造に使用する特許を取得している[5]．日本では，出納農場がデンマークから輸入した小型の充塡機で1926（大正15）年にはじめてプロセスチーズを製造し，札幌のデパートで販売している[4].

プロセスチーズには，ナチュラルチーズにない次のような優れた特徴がある．加熱・撹拌・乳化工程により微生物は死滅し酵素も失活しており保存性がよい．原料チーズの組合せや香辛料，食品などの添加により，温和なものから特徴のある風味までつくることができる．原料チーズの組合せや溶融塩の選定などにより，特徴ある物性をつくることができる．さまざまな容器や包材に充塡し任意の形状や重量にできる．原料チーズの廃棄部分が少ないため経済的である．脂肪分離や離水が少ない．

このような理由から，日本では消費するチーズの半分がプロセスチーズであるが，世界各国のナチュラルチーズとプロセスチーズの消費割合[6]（図3.1）をみると，国土が広くチルド流通が難しいロシア，米国，オーストラリアなどではプロセスチーズの比率が比較的高く，チーズの伝統国

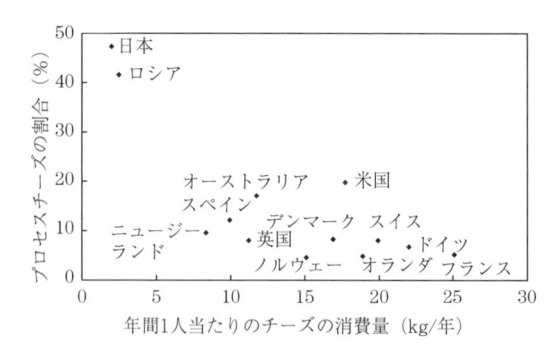

図3.1 各国のチーズの消費量とプロセスチーズの割合

であるフランス，ドイツ，スイスなどでは非常に低いことがわかる．

3.2 チーズの定義

国際的には，1962年に国連食糧農業機関（FAO）と世界保健機関（WHO）が合同で設置した食品規格委員会（Codex Alimentarius Commission：CAC）によって策定された国際食品規格（Codex standard）に「チーズ一般規格」がある．日本国内では，食品衛生法の規定に基づく「乳及び乳製品の成分規格等に関する省令」（乳等省令）が，チーズ類を規定する最上位の規範となっており，次いで業界規約の「チーズ公正競争規約」がある．

a．コーデックスのチーズ一般規格
（2006年7月CACで採択）

チーズとは，熟成または非熟成の軟質（soft）あるいは半硬質（semi-hard），硬質（hard）および超硬質（extra-hard）の製品で，コーティングされている場合があり，ホエイタンパク質/カゼインの比率が乳のそれを超えない，下記の方法により得られた製品をいう．

(a) 乳，脱脂乳，部分脱脂乳，クリーム，ホエイクリームまたはバターミルク，あるいはこれらの混合物のタンパク質をレンネットまたは他の適切な凝固剤の作用により完全または部分的に凝固させ，凝固後にホエイを部分的に除去する．チーズ製造は乳タンパク質（特にカゼイン部分）の濃縮をもたらし，その結果としてチーズのタンパ

ク質含量は当該チーズを製造するために使用した上記乳原料の混合物のタンパク質含量よりも明らかに高くなるとの原則は尊重される．および/または，

(b) 乳および/または乳から得られた製品のタンパク質の凝固を引き起こす加工技術により，(a)に規定されている製品と同じ物理的，化学的および官能的特性を有する最終製品を製造する．

b．乳及び乳製品の成分規格等に関する省令
　　（2003年12月20日付で一部改正）

この省令において「チーズ」とは，ナチュラルチーズおよびプロセスチーズをいう．この省令において「ナチュラルチーズ」とは，次のものをいう．

一　乳，バターミルク（バターを製造する際に生じた脂肪粒以外の部分をいう．以下同じ），クリーム又はこれらを混合したもののほとんどすべて又は一部のたんぱく質を酵素その他の凝固剤により凝固させた凝乳から乳清の一部を除去したもの又はこれらを熟成したもの．

二　前号に掲げるもののほか，乳等を原料として，たんぱく質の凝固作用を含む製造技術を用いて製造したものであって，同号に掲げるものと同様の化学的，物理的及び官能的特性を有するもの．

この省令において「プロセスチーズ」とは，ナチュラルチーズを粉砕し，加熱溶融し，乳化したものをいう．

c．公正競争規約によるナチュラルチーズ，プロセスチーズ，チーズフードの定義

表3.1に公正競争規約のナチュラルチーズ，プロセスチーズ，チーズフードの定義を示す．

3.3　ナチュラルチーズの分類法

FAO/WHOの分類法を表3.2に示した．この分類法は，分析値と熟成特性とを合わせて，チーズ特徴を客観的に表現するものである．日本では，チーズの外観から区別ができる「硬さによる分類法」と「ナチュラルチーズの7つのタイプ」が広く普及している．

a．硬さによる分類

製品の硬さによる分類法[7]を表3.3に示した．チーズの硬さにより超硬質，硬質，半硬質，軟質の四つに分類し，さらに熟成に関与する微生物で区別している．硬さは主に水分値によって決まり，風味と組織は「水分値」と「熟成に関与する微生物」の影響を強く受ける．

b．ナチュラルチーズの7つのタイプ

フランスの分類法を参考にしてつくられた"ナチュラルチーズの7つのタイプ"を図3.2に示した．この分類法は「熟成の有無」「製品の硬さ」「微生物の種類」「原料乳の種類」などで分類したもので，チーズの「外観」を中心にして分類しているので消費者にもわかりやすく日本で最も定着している分類法である．

1) フレッシュ（非熟成）タイプ　熟成させないで食べるチーズで，クリーム（cream），カッテージ（cottage），モツァレラ（mozzarella），フェタ（feta）などに代表されるタイプである．比較的水分値が高く，新鮮なミルクの香りやさわやかな酸味があり，あっさりとした食感が特徴である．

2) 白カビタイプ　真っ白なカビの菌糸で覆われたチーズで，カマンベール（Camembert），ブリ（Brie），ヌーシャテル（Neufchâtel）などに代表されるタイプである．成型したカードの表面に白カビ（*Penicillium camemberti*）を繁殖させ，そのタンパク質分解酵素などで熟成させる．熟成が進むにつれて，組織がとろりと溶けて流れるほどに軟らかくなり風味は濃厚となる．

3) 青カビタイプ　一般にブルーヴェイン（blue-vein）と呼ばれるチーズで，ロックフォール（Roquefort），ゴルゴンゾーラ（Gorgonzola），スチルトン（Stilton），ダナブルー（Danablu）などに代表されるタイプである．カードに青カビ（*Penicillium roqueforti*）の胞子を混ぜて成型し，穿孔した穴から空気を供給し青カビを繁殖させ，その後に空気を遮断し，青カビの脂肪分解酵素でブルーチーズ特有のメチルケトン類の風味を形成させる．また，やや強い塩味と脆

表 3.1 ナチュラルチーズ，プロセスチーズ及びチーズフードの表示に関する公正競争規約に規定するチーズ類の定義（平成 16 年改定）

種類別または名称		定　　　　義
チーズ	「種類別」ナチュラルチーズ	この規約で「ナチュラルチーズ」とは，食品衛生法（昭和 22 年法律 233 号）に基づく乳及び乳製品の成分規格等に関する省令（昭和 26 年厚生省令第 52 号．以下「乳等省令」という．）第 2 条第 17 項に規定する「ナチュラルチーズ」をいう．この省令において，「ナチュラルチーズ」とは，次のもの（枠内）をいう． ［定義］ (1) 乳，バターミルク（バターを製造する際に生じた脂肪粒以外の部分をいう．以下同じ．），クリーム又はこれらを混合したもののほとんどすべて又は一部のたんぱく質を酵素その他の凝固剤により凝固させた凝乳から乳清の一部を除去したもの又はこれらを熟成したもの． (2) 前号に掲げるもののほか，乳等を原料として，たんぱく質の凝固作用を含む製造技術を用いて製造したものであって，同号に掲げるものと同様の化学的，物理的及び官能的特性を有するもの． ［成分規格］ なし なお，当該「ナチュラルチーズ」には，香り及び味を付与する目的で，乳に由来しない風味物質を添加することができるものとする．
	「種類別」プロセスチーズ	この規約で「プロセスチーズ」とは，乳等省令第 2 条第 18 項に規定する「プロセスチーズ」であって，乳等省令別表二（三）(4)の成分規格に合致するものをいう．この省令において，「プロセスチーズ」とは，次のもの（枠内）をいう． ［定義］ 　ナチュラルチーズを粉砕し，加熱溶融し，乳化したもの． ［成分規格］ 　乳固形分（乳脂肪量と乳たんぱく質量との和）：40.0％以上 　大腸菌群：陰性 なお，当該「プロセスチーズ」には，次に掲げるものを添加することができるものとする． ① 食品衛生法で認められている添加物 ② 脂肪量調整のためのクリーム，バター及びバターオイル ③ 味，香り，栄養成分，機能性及び物性を付与する目的の食品（添加量は製品の固形分重量の 1/6 以内とする．ただし，前②以外の「乳等」の添加量は製品中の乳糖含量が 5％を超えない範囲とする．）
「名称」チーズフード		この規約で「チーズフード」とは，乳等省令第 7 条第 2 項第 4 号にいう乳又は乳製品を主原料とする食品であって，一種以上のナチュラルチーズまたはプロセスチーズを粉砕し，混合し，加熱溶融し，乳化してつくられるもので，製品中のチーズ分の重量が 51％以上のものをいう． なお，当該「チーズフード」には，次に掲げるものを添加することができるものとする． ① 食品衛生法で認められている添加物 ② 味，香り，栄養成分，機能性及び物性を付与する目的の食品（添加量は製品の固形分重量の 1/6 以内とする．） ③ 乳に由来しない脂肪，たんぱく質又は炭水化物（添加量は製品重量の 10％以内とする．）

い組織もこのタイプの特徴である．

4) ウォッシュタイプ　チーズ表面にリネンス菌 (*Brevibacterium linens*) をつけて熟成させるチーズで，ポン・レヴェック (Pont-l'Évêque)，リヴァロ (Livarot)，タレッジオ (Taleggio) などに代表されるタイプである．成型したカードの表面にリネンス菌を生育させ，薄い塩水などで表面を洗いリネンス菌の繁殖をコントロールしながら熟成させる．特徴的な強い香り，しっとりとした組織，深い味わいがある．

5) シェーブルタイプ　サント・モール (Sainte-Maure)，クロタン (Crottin)，ヴァランセ (Valençay) などに代表されるタイプである．山羊乳を原料としてつくられるこのタイプのチーズは，フレッシュな状態で食べるものから熟成させて食べるものまで品揃えが豊富である．山羊乳は牛乳に比べてカプロン酸，カプリル酸，カプリン酸などの脂肪酸含量が高いことから熟成が

表 3.2 FAO/WHO によるチーズの分類（FAO/WHO 国際規格，チーズ一般規格 1978）

第 1 用語 MFFB% による名称		第 2 用語 FDB% による名称		第 3 用語 熟成特性による名称
＜51	特別硬質	＞60	高脂肪	1. 熟成 　a. 主として表面 　b. 主として内部 2. カビ熟成 　a. 主として表面 　b. 主として内部 3. 熟成しない
49〜56	硬質	45〜60	全脂肪	
54〜63	半硬質	25〜45	中脂肪	
61〜69	半軟質	10〜25	低脂肪	
＞67	軟質	＜10	脱脂肪	

MFFB%（percentage moisture on a fat-free basis）＝脂肪外重量中の水分含量（%）
FDB%（percentage fat on the dry basis）＝固形分中脂肪含量（%）

$$\text{MFFB\%} = \frac{\text{チーズの水分重量} \times 100}{\text{チーズの全重量} - \text{チーズの脂肪重量}}$$

$$\text{FDB\%} = \frac{\text{チーズの脂肪重量} \times 100}{\text{チーズの全重量} - \text{チーズの水分重量}}$$

例：ロックフォール（MFFB が 57%，FDB が 53% のとき）の場合「半硬質・全脂肪・内部カビ熟成チーズ」

進むにつれ刺激性のある特有の風味となる．酸凝固を主体としてカードを形成させることから組織が脆く崩れやすいことから小型のチーズが多い．チーズの表面に木炭粉をまぶしたもの，酵母（*Geotoricum candidum*）などで覆われるものなど多種多様である．

6) セミハードタイプ　カードメーキング工程で穏やかに加温（cooking）または加温せずにカードをつくり，モールドやフープに型詰し，圧搾によって水分値を 38〜48% にしたチーズで，ゴーダ（Gouda），サムソー（Samsøe）などに代表されるタイプで，半硬質タイプとも呼ばれる．これらのチーズの熟成期間は 2〜6 カ月と長いものが多い．保存性がよく風味が温和であるこ

		細菌による熟成	カビによる熟成	
内部熟成	ハード	Cheddar Emmentaler Comté Grana padano	青カビ	Roquefort Gorgonzola Stilton Danablu
	セミハード	Gouda Samsøe Provolone		
表面熟成	ウォッシュ	Pont-l'Évêque Livarot Taleggio	白カビ	Camembert　Sainte-Maure Brie　　　　 Crottin Neufchâtel
非熟成	フレッシュ	Cream Cottage Mozzarella Feta	シェーブル	Valençay Selles sur Cher

図 3.2　ナチュラルチーズの 7 つのタイプ

表 3.3　硬さによるチーズの分類（文献 7 に加筆）

組織の硬軟 （水分値%）	熟成に関与する微生物		チーズ名（原産国）
超硬質 (25〜35%)	細菌		Grana padano〔イタリア〕，Parmigiano reggiano〔イタリア〕，Romano〔イタリア〕，Sapsago〔スイス〕
硬質 (30〜40%)	細菌	大きなガス孔	Emmentaler〔スイス〕，Gruyère〔スイス〕
		小さなガス孔	Gouda〔オランダ〕，Edam〔オランダ〕，Samsøe〔デンマーク〕，Fynbo〔デンマーク〕，Provolone〔イタリア〕，Caciocavallo〔イタリア〕
		ガス孔なし	Cheddar〔英国〕，Cheshire〔英国〕，Colby〔米国〕
半硬質 (38〜45%)	細菌		Brick〔米国〕，Munster〔フランス〕，Tilsiter〔ドイツ〕，Havarti〔デンマーク〕，Limberger〔ベルギー〕，Port du salut〔フランス〕
	カビ		Roquefort〔フランス〕，Gorgonzola〔イタリア〕，Stilton〔英国〕，Danablu〔デンマーク〕
軟質 (40〜60%)	細菌		Pont-l'Évêque〔フランス〕，Livarot〔フランス〕
	カビ		Camembert〔フランス〕，Brie〔フランス〕，Neufchâtel〔フランス〕
	熟成させないもの		Cottage〔米国〕，Cream〔米国〕

7) ハードタイプ カードメーキング工程で高温まで加温して，セミハードより低水分のカードをつくり，型詰後の圧搾などによりチーズの水分値を38%以下にしたチーズで，チェダー (cheddar)，エメンタール (Emmentaler)，コンテ (Comté) などに代表されるタイプで，一般に硬質タイプと呼ばれる．これらのチーズは熟成期間が6カ月以上のものが多い．パルミジャーノ・レジャーノ (Parmigiano reggiano) のように2年以上熟成させ，水分値を32%以下にしたものもある．このタイプのチーズは，組織が硬く深い味わいがある．

3.4 製造法

3.4.1 ナチュラルチーズの製造法

ナチュラルチーズの基本製造工程を図3.3に示した．主な工程は，原料乳の殺菌冷却，乳酸菌添加，レンネット添加，凝乳切断，攪拌・加温・酸生成，ホエイ排出，型詰・圧搾，加塩，熟成である．また，代表的なナチュラルチーズの11種類の伝統的または基本的な製造工程を図3.4に，その製造条件を表3.4に示した[8〜14]．以下に，チーズ製造にかかわる重要な技術項目について概説する．

a. 原料乳の処理方法

1) サーミゼーション (thermization) 乳の受け入れ後，ただちに60〜65℃で15秒間加熱し，速やかに4℃に冷却して貯乳する乳処理方法である．この処理を行うことにより，低温細菌 (*Pseudomonas* 属) の増殖を抑え，原料乳を5〜7℃で3日間貯蔵可能となる．

2) バクトフューゲーション (bactofugation) 特別に設計された遠心分離機（バクトフュージ bactofuge）を使って，乳成分と微生物の比重差を利用して原料乳から微生物細胞，特に耐熱性芽胞形成菌（酪酸菌）の胞子を除去する乳処理方法である．一般に除菌率は99%といわれる．

3) 精密ろ過 (micro-filtration) 0.1〜10 μm の径をもつMF膜に乳を通すことにより，乳成分の大きさと微生物の大きさの差を利用して，原料乳から微生物を分離除去する乳処理方法である．一般に除菌率は99.5%といわれる．

4) 標準化 (standardization) 遠心分離機を用いて原料乳を脱脂乳とクリームに分離し，その脱脂乳またはクリームを用いて，配乳脂肪率を調整する乳処理方法である．オセアニアでは，乳を限外ろ過（UF）膜に通し，乳中のタンパク質の濃度をあげて，タンパク質/脂肪の比率も一定にする標準化が伝統的に採用されており，チェダーを製造する場合は，この比率を0.7（タンパク質：3.8%/脂肪：5.4%）になるように調整している．

5) 均質化 (homogenization) ホモゲナイザーなどを用いて高圧力条件下で，脂肪球を分散させる乳処理方法である．通常，脂肪調整した原料乳の全量を均質化するが，クリームだけを均質化する場合もある．青カビタイプでは，乳を均質化することにより脂肪球がリパーゼの作用を受けやすくなるため遊離脂肪酸の生成量が多くなり，できあがったチーズの色が白くなるなどの利点がある．しかし，均質化するとカード (curd) の保水力が高まり，ホエイの分離がしづらくなることから，硬質系チーズの製造には乳の均質化処理は行わない．

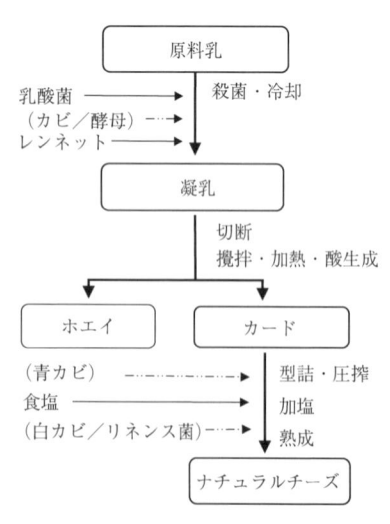

図3.3 ナチュラルチーズの基本製造工程

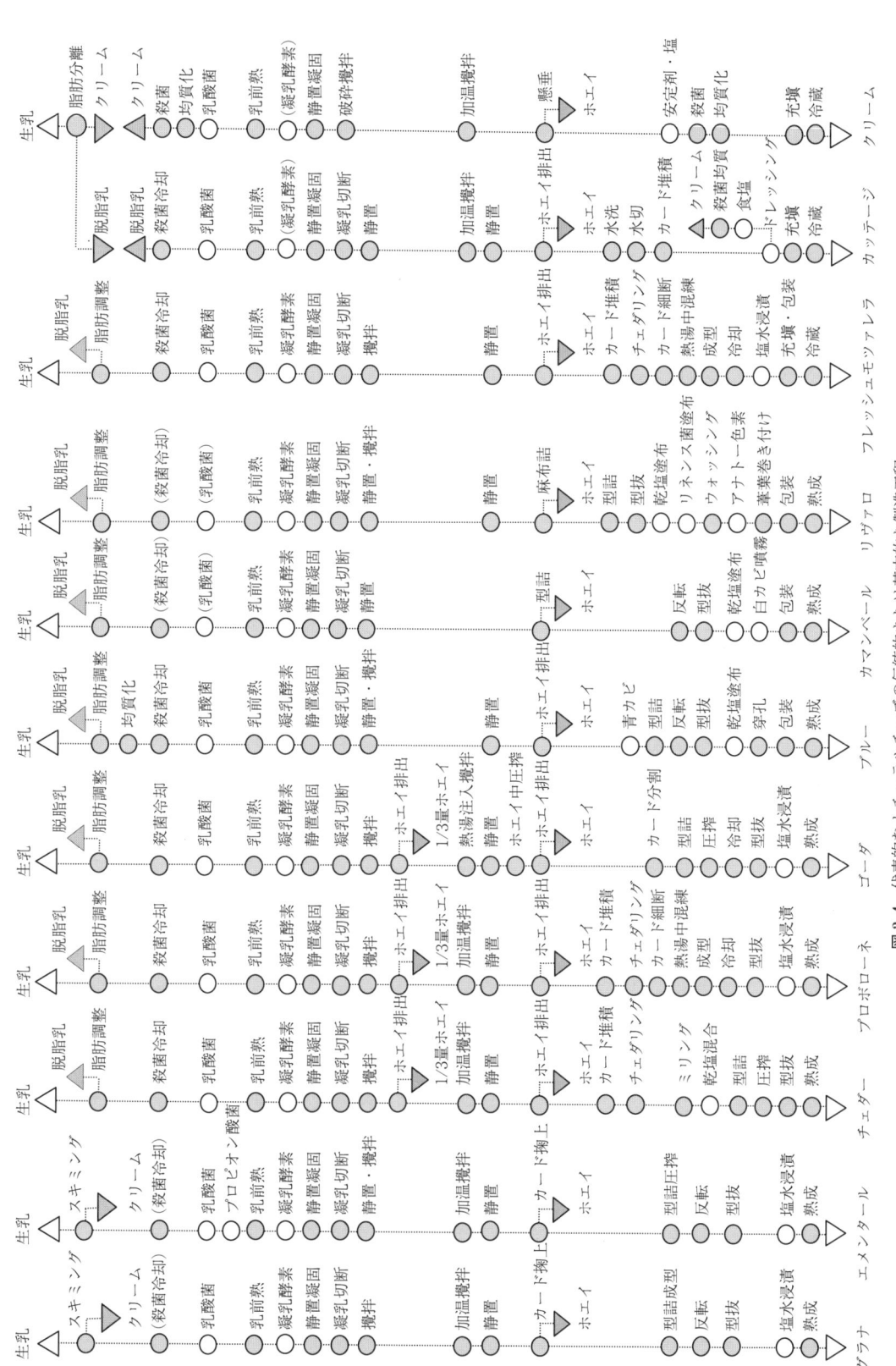

3. チーズ

図 3.4 代表的なナチュラルチーズの伝統的または基本的な製造工程

●印は工程名，○印は微生物や副原料などの添加，（括弧）は伝統的な製法では行わない工程，副原料を示す．

表 3.4 代表的なナチュラルチーズ

チーズ名《タイプ》	配乳脂肪(%)	乳酸菌の菌種とその他の微生物	凝固時間(分)	カードナイフ	切断サイズ(mm)	シネレシス条件
グラナ《ハード》	2.0～2.5	*Str. thermophilus* *Lb. bulgaricus* *Lb. lactis* *Lb. helveticus*	20～30	スピノ(spino)	3～4	15分間撹拌し，30分間で37℃から42℃に加温し，15分間撹拌，さらに30分間で53℃に加温，カードに硬さと
エメンタール《ハード》	3.0～3.1	*Str. thermophilus* *Lc. lactis,* *Lb. bulgaricus* *Lb. helveticus* *Pro. shermanii*	30	ハープ(harp)	5～6	5分間静置後，40分撹拌し，その後40分間で50～53℃に加温，さらにpH 6.3～6.4にな
チェダー《ハード》	3.3～3.8	*Lc. lactis* *Lc. cremoris*	30	ワイヤーカッター	6～8	穏やかに撹拌後，ジャケットに蒸気を吹き込み30分で34℃まで，20分で38℃までゆっくり加温，ホエイ1/3量
プロボローネ《セミハード》	3.0～3.8	*Lb. bulgaricus* *Str. thermophilus* *Lb. helveticus*	20～30	ワイヤーカッター	8～12	穏やかに撹拌し衝撃に耐えられる硬さになったらホエイ1/3量排出し，バットに蒸気を通し30分間で48℃に加温
ゴーダ《セミハード》	2.8～3.3	*Lc. lactis* *Lc. cremoris* *Lc. diacetylactis* *Leu. cremoris*	25～30	ワイヤーカッター	5～8	穏やかに撹拌し衝撃に耐えられる硬さになったらホエイ1/3量排出，80℃の熱湯を加え15～20分間で38℃に加
ブルー《青カビ》	3.3～3.8	*Lc. lactis* *Lc. cremoris* *Leu. cremoris* *P. roqueforti*	60～90	ワイヤーカッター	18～20	15分間静置後，加温せずに穏かに撹拌し，カードが所定の硬さになるまで，40～60分間撹拌
カマンベール《白カビ》	3.0～3.5	*Lc. lactis, Lc. cremoris* *Leu. cremoris* *P. camemberti* *Kluyveromyces lactis* *Geotrichum candidum*	50～60	杓子(louche)またはワイヤーカッター	30	切断後，加温も撹拌も行わず，45～50分間静置し，酸生成によりカードから，ホエイ滲出
リヴァロ《ウォッシュ》	3.5～3.8	*Lc. lactis* *Lc. cremoris* *Kluyveromyces lactis* *Geotrichum candidum* *Brevibacterium linens*	75～100	サーベル(sabre)またはワイヤーカッター	20	静置しホエイが滲出してきたら，加温を行わず，穏やかに20分間撹拌しカードの収縮
フレッシュモツァレラ《フレッシュ》	2.0～3.0	*Lc. lactis* *Lc. cremoris*	20～45	ワイヤーカッター	10～20	静置しホエイが滲出してきたら，加温を行わず穏やかにカードの収縮を促し，カード
カッテージ《フレッシュ》	2.8～3.0	*Lc. lactis* *Lc. cremoris* *Lc. diacetylactis*	240～360	ワイヤーカッター	12～15	10～30分間静置し，穏かに撹拌し60～120分で45～47℃になるようにゆっくり間接加
クリーム《フレッシュ》	12.0～18.0	*Lc. lactis* *Lc. cremoris* *Lc. diacetylactis*	300	レーキまたは撹拌機	破砕	破砕したカードに78℃の温水を加え，1～2時間かけて52～55℃に加温しカードを

3. チーズ

の伝統的または基本的な製造条件

	ホエイの排除分離	成型方法	圧搾の強弱	加塩方法	製品塩分(%)	製品水分(%)	熟成条件			
								温度(°C)	湿度(%)	期間
粘着性がでるまで攪拌	カードの掬い上げ	フープ(hoop)	弱	ブライン浸漬	2.0〜2.2	31	一次熟成			
								18〜20	80〜85	1年
							二次熟成			
								12〜16	90	1〜2年
るまで30〜60分間攪拌	カードの掬い上げ	フープ(hoop)	徐々に強く	ブライン浸漬+乾塩塗布	0.5〜1.0	35	一次熟成			
								20〜24	80〜90	3〜8週
							二次熟成			
								7	80〜85	6〜12月
排出,ホエイ酸度が0.22%となるまで攪拌	ホエイ排出後カード堆積	フープ(hoop)	徐々に強く	乾塩混合	1.5〜2.0	37	10〜12	80〜85	5〜12月
し,カードが所定の硬さとなるまで攪拌	ホエイ排出後カード堆積 熱湯中混練	フープ(hoop)または手で成型	無	ブライン浸漬	1.5〜2.0	38	10〜13	80	4〜6月
温,ホエイ酸度が0.11〜0.13%となるまで攪拌	ホエイ中でカード圧搾	モールド(mould)	徐々に強く	ブライン浸漬	1.8〜2.0	38	一次熟成			
								15	75〜80	4〜6週
							二次熟成			
								7〜13	75〜80	6〜12月
		型詰反転	フープ(hoop)	無	乾塩塗布	4.0〜5.0	45	10	90〜95	3月
を促す	型詰反転	フープ(hoop)	無	乾塩塗布またはブライン浸漬	1.8〜2.0	50	一次熟成			
								12〜14	95〜98	9〜12日
							二次熟成			
								8〜10	90	2〜3週
を促し,10分間静置	麻布に入れホエイ排除後型詰反転または型詰反転	フープ(hoop)	無	乾塩塗布またはブライン浸漬	1.8〜2.0	46	10	90〜95	2月
pHが5.6〜5.8となるまで攪拌	ホエイ排出後カード堆積 熱湯中混練	成型機または手で成型	無	ブライン浸漬	0.2〜0.3	55	成型冷却,加塩されたチーズは,殺菌冷却された冷水とともに,袋などに充填し5°Cで冷蔵		
温し,カードの収縮を促す	ホエイ排出後カードを水洗	粒状	無	食塩混合	0.8〜1.0	75	別途,殺菌・均質化したクリームに食塩を混ぜたものを,カードに加え充填し5°Cで冷蔵		
形成させる	懸垂	ペースト状	無	食塩混練	0.5〜1.2	55	カードに安定剤と塩を混ぜて,殺菌・均質化し,充填後5°Cで冷蔵		

6) 殺菌（pasteurization） チーズ製造に用いられる乳の殺菌条件は，65℃30分または72〜75℃15秒である．これより高い温度で殺菌するとレンネット凝固が弱いものとなる．

b．チーズ製造に使用される微生物

1) 乳酸菌 乳酸菌は，熟成中にチーズの風味を形成するという大きな役割のほかに，チーズ製造工程中においても，乳糖を分解して乳酸を生成するというきわめて重要な役割を担っている．その結果，乳中のカルシウムがイオン化され，凝乳酵素キモシンの至適 pH に近づけられ，レンネット凝固が促進され，カードの酸性化によりシネレシスが促進される．また，さらなる酸性化により，堆積中，型詰中あるいは圧搾中にカルシウムの離脱が促進される．また，チーズ製造に好ましくない微生物の増殖も抑制される．原料乳への乳酸菌スターターの添加率は，バルクスターター（bulk starter）として 0.5〜2.0% が一般的である．

2) プロピオン酸菌（*Propionibacterium shermanii*） エメンタールなどのスイスタイプのチーズを製造する際に，乳酸菌とともにプロピオン酸菌を殺菌後の乳に添加する．プロピオン酸菌は，チーズ中の乳酸塩を分解して，プロピオン酸，酢酸，炭酸ガス，水を生成する．プロピオン酸と酢酸はエメンタール特有の風味となり，炭酸ガスはチーズアイ（cheese eye）と呼ばれる直径 12〜25 mm の丸い穴となる．

3) 白カビ（*Penicillium camemberti*） カマンベールなどの白カビタイプを製造する際に，白カビの胞子を殺菌冷却後の乳に添加するか，または加塩後のチーズの表面に噴霧する．白カビはチーズ表面で成育し，タンパク質分解酵素を分泌し熟成を促進し，マッシュルームのような独特の風味をつくる．

4) 青カビ（*Penicillium roqueforti*） ロックフォールなどの青カビタイプを製造する際に，青カビの胞子を殺菌冷却後の乳に添加するか，または型詰時にカードに振り掛けて接種する．青カビが分泌する脂肪分解酵素により生成される揮発性遊離脂肪酸やその派生物であるメチルケトン（methyl ketone）は，青カビタイプチーズの特徴的な風味となる．

5) 酵母（*Debaryomyces hansenii*, *Kluyveromyces lactis* など） 伝統的な風味をもつ白カビタイプやウォッシュタイプを製造する際に，殺菌冷却後の乳に *Debaryomyces hansenii*, *Kluyveromyces lactis* などを添加する．これらの酵母は乳糖からエタノールや二酸化炭素を生成し，チーズ表面の乳酸を資化して pH を上昇させ，その後に生育してくる白カビやリネンス菌の生育に好ましい環境を作り出している．また，これらの酵母はエステルをつくることから風味形成にも重要な役割を担っている．

6) 酵母（*Geotrichum candidum*） 伝統的な風味をもつ白カビタイプ，ウォッシュタイプ，シェーブルタイプを製造する際に，殺菌冷却後の乳に *Geotrichum candidum* を添加する．この酵母は，上述の *Debaryomyces hansenii*, *Kluyveromyces lactis* などと同様にチーズ表面の乳酸を資化して pH を上昇させ，白カビやリネンス菌などの生育に好ましい環境を作り出している．また，*Geotrichum candidum* は，チーズの風味形成に寄与するとともに，シェーブルタイプのチーズの表皮形成に重要な役割を果たしている．

7) リネンス菌（*Brevibacterium linens*） ウォッシュタイプを製造する際に，好気性細菌のリネンス菌を薄い食塩水に混ぜて，チーズ表面を洗うことでチーズ表面に繁殖させる．リネンス菌は，強いタンパク質分解酵素などを分泌しアミノ酸を生成し，さらにメチオニン（methionine），トリプトファン（tryptophane），チロシン（tyrosine）などのアミノ酸から，それぞれメタンチオール（methanethiol），インドール（indole），フェノール（phenol）などウォッシュタイプ特有の香りをつくる．

c．チーズ製造に使用される食品添加物

1) 塩化カルシウム（$CaCl_2$） 乳を殺菌（72〜75℃15秒）すると乳中の Ca イオンの一部が不溶性の塩となり Ca イオンが不足する．その結果，凝乳が脆弱となり，微細なカードが形成され，脂肪もカードからホエイに流出しカードの収

率が低下する．乳中のCaイオンの濃度を140～160 mg/100 mlにするために，通常，原料乳に対して0.01～0.02%の塩化カルシウムを10倍量の熱水に溶解・冷却しレンネット添加前に乳へ添加する．

2) 硝酸塩（NaNO₃またはKNO₃）　一般的な乳の殺菌条件である72～75℃15秒や65℃30分では，クロストリジウム（*Clostridium*）属の酪酸菌の胞子は，殺菌されずチーズ中に残存する．酪酸菌による異常発酵を防止するために，通常，原料乳に対して0.02%の硝酸塩を10倍量の熱水に溶解・冷却しレンネット添加前に乳へ添加する．硝酸塩はプロピオン酸菌の成育を阻害することからエメンタール製造には使用しない．

3) リゾチーム（lysozyme）　リゾチームは，ヒトの涙や母乳などにも含まれる酵素で，グラム陽性菌の細胞壁を構成する多糖類（ペプチドグリカン層）を加水分解して溶菌する働きがある．リゾチームが酪酸菌の異常発酵を抑制することから，海外では硝酸塩の代わりに卵白リゾチームをチーズ製造に使用する工場が増えている．ただし，卵白リゾチームはアレルギー物質であることから，たとえどんなに微量でも商品の一括表示の原材料名に明記しなければならない．

4) 着色料　ウシが牧草を飼料とする夏場の乳は，乳中にβ-カロチン（β-carotin）が多く含まれ黄色が強くなるが，冬場の牛乳は白っぽくなる．年間を通じてチーズの色を一定にするために，β-カロチンやアナトー（annatto）などの黄色またはオレンジ色を呈する着色料を冬場の乳に意図的に添加する場合がある．また，レッドチェダー（red cheddar）やミモレット（mimolette）のように，色調に特徴を出す目的で添加する．

5) レンネット　凝乳酵素として，生後10～30日の子ウシの第4胃から得られる子ウシレンネット（calf rennet）が使用されている．子ウシレンネットのほかに，カビに属するリゾムコールミイハイ（*Rhizomucor miehei*），リゾムコールプシラス（*Rhizomucor pusillus*）などが産生する微生物レンネット（microbial rennet）も多く使用されている．微生物レンネットはタンパク質分解力が強いことから子ウシレンネットに比べ，チーズに苦味がでやすい欠点があったが現在は改良が進んでいる．また，子ウシのキモシン分泌腺の遺伝子を微生物の遺伝子に組み込んでつくる遺伝子組換えキモシン（recombined chymosin）が実用化されている．

また，インドなどでは，古くから植物レンネットの研究が行われ，イチジクのフィチン（ficin），パパイヤのパパイン（papain），パイナップルのブロメリン（bromelin）などのタンパク質分解酵素を凝乳酵素として使用している．また，スペインやポルトガルでは一部の伝統的なチーズの製造に，現在もアーテチョークのおしべを使用している．

6) ナタマイシン（natamycin）　*Streptomyces natalensis*が産生する抗生物質である．カビおよび酵母などの真菌類に対して殺菌効果を示すが，乳酸菌などの細菌には影響を与えないこと，無色，無味，無臭でありチーズの風味や外観に影響を及ぼさないことから，海外50カ国以上で保存料として認可され，チーズのコーティング剤に添加したりして使用されている．日本でも食品衛生法において「ナチュラルチーズ（ハードおよびセミハードタイプの表面に限る）以外に使用してはならない」の条件においてチーズ表面のカビ防止用途として使用が認められている．ただし，「食品1 kgに対して0.02 g以上残留しないように使用しなければならない」と規定されている[15]．

d．レンネット凝固とシネレシス

1) 乳酸菌スターターによる乳の前熟　製造するチーズの種類により，使用する乳酸菌スターターの菌種や添加率は異なるが，バルクスターターに換算して，0.5～2.0%の乳酸菌スターターを乳に添加し60～90分間前熟し酸度を上昇させる．このときの乳温は中温性乳酸菌スターターを使用する場合は30℃，高温性乳酸菌スターターの場合は35℃が一般的である．

2) レンネット添加　レンネットの添加量は，乳に添加して30分後に凝固物を切断できる

ように，液体レンネット（力価1万～1万5千）の場合は乳量の0.01～0.03％を2倍量の冷却水に溶解して添加する．粉末レンネット（力価10万～15万）の場合は乳量の0.001～0.003％を20倍量の冷却水に溶解して添加する．添加後は，均一に分散するように3～5分間撹拌し，乳を静止して凝固させる．

3）凝乳とカードの形成　乳にレンネットを添加して形成した軟らかな凝固物を，"凝乳"と呼び，凝乳を切断したものを"カード（curd）"と呼ぶ．凝乳は経時的に徐々に硬くなるので，切断時期の判定はチーズ製造において非常に重要である．判定は，凝乳の表面に小型ナイフで割れ目をつくり，割れ目から澄んだホエイの滲出を確認して決める．もし，切断が早すぎると，脂肪がホエイへ流出し製品の歩留りが低下する．一方，切断が遅れるとカゼインミセルのネットワーク構造が強固になるため凝乳が硬くなりすぎて切断が困難となる．また，カードからのホエイの滲出が悪くなる．

切断には，5～30 mm間隔にピアノ線を張ったカードナイフ（curd knife）などを用い，同じ大きさに素早くカッティングする．通常，低水分のハード系チーズを製造する場合には小さく，高水分のソフト系チーズを製造する場合は大きく切断する．

4）撹拌と加温（cooking）　切断直後のカードは軟らかく衝撃に弱い．微細カード（fine curd）の発生や脂肪の流出を防ぐために，最初はカードをホエイ中で浮かすようにゆっくり撹拌する．その後，カードの表面に薄い膜が形成されたら，カードが結着して塊にならないように速度を上げて撹拌しカードからホエイの滲出を促す．

加温工程は，熱でタンパク質自体を収縮させカードからホエイの滲出を促すとともに，カード内に含まれている乳酸菌の生育を促し，生成された乳酸でタンパク質を収縮させてカードからホエイの滲出を促す，いわゆるシネレシス（syneresis）を促進させる工程である．高水分のソフト系チーズの製造では，一般的に加温は行わないが，低水分のハード系チーズの製造にとって加温は欠かせない工程である．加温方法はチーズの種類によって異なるが，直接加温（80℃温湯のシャワーリング），間接加温（ジャケットへの蒸気吹込）または，直接加温と間接加温の併用で行われる．

チーズ製造に中温性乳酸菌スターターを使用した場合は，加温しないかまたは必要に応じ38～40℃に加温する．高温性乳酸菌スターターを使用した場合は，通常48～50℃に加温する．また，グラナやエメンタールのように53～56℃まで加温しカードの結着性を高めるとともに，カード中に生残する乳酸菌数を制御する場合もある．

e．ホエイ排除とカード処理

凝乳を切断後，撹拌，加温，乳酸（乳酸菌の増殖）によりカードのシネレシスを促し，カード粒が所定の硬さになり，ホエイ酸度またはカードpHが所定の値となったら，ホエイを排出し，それぞれのチーズに適したカード処理を行う．ソフトタイプでは，カードをホエイとともにモールド（mould）やフープ（hoop）に流し込み，ホエイを排出し，圧搾せずにカードの自重によりカード粒を結着させる．セミハードやハードタイプではカードをチーズバットの底に堆積してブロック状に固めたものを一定の大きさに切断して型に詰め，圧搾（pressing）してカード粒を結着させる（図3.4参照）．以下に，特殊なカード処理方法の事例として，チェダリングとミリング，パスタフィラータ製法について概説する．

1）チェダリング（cheddaring）とミリング（milling）　伝統的なチェダーを製造するときに行うカード処理方法である．ホエイ排出後のカードをバットの両側に堆積し，カード粒が結着してきたらカードをブロック状に分割し，15～20分ごとにブロックを反転させて積み重ねる．このように酸生成によりカードを伸ばしては，繰り返し積み重ねて"鳥の笹身"に似た組織にする工程をチェダリングと呼ぶ．また，チェダリングしたカードを，数センチ角に細かく切断する工程をミリングと呼ぶ．

2）パスタフィラータ（pasta filata）製法　モツァレラ，プロボローネ，カチョカバァロなど

を製造するときに行うカード処理方法である．前述したチェダリングによりpHを5.1〜5.3に調整したカードに，80℃の熱湯を加え，カード品温を60℃前後に温めて，つきたての餅のように軟らかくなったカードを混練・延伸・成型するチーズ製造法をパスタフィラータ製法と呼ぶ．

f．加塩と熟成

加塩には，塩味を付与しチーズをおいしくするという役割のほかに，浸透圧によりカードからホエイの滲出を促進しチーズ表面にリンド（rind）を形成させる，有害菌の増殖を抑制しチーズの保存性を高める，乳酸菌などの有用な微生物の増殖を制御する，チーズ中の酵素類の活性を制御する，カゼインに結合しているCaをNaに置換し組織を滑らかにするなどの重要な役割がある．

チーズの加塩方法には，乾塩をカードにまぶす乾塩混合法，成型後カード表面に乾塩を塗布する乾塩塗布法，飽和食塩水にカードの塊を浸漬するブライン浸漬法がある．ほとんどの熟成型チーズの塩分値は1.5〜2.2％の範囲に入るが，これより低いものにはエメンタール（0.5〜1.0％），高いものにはブルー（4〜5％）がある．

型詰，圧搾，加塩が終了したばかりのチーズをグリーンチーズ（green cheese）と呼ぶ．セミハードやハードタイプのグリーンチーズの組織は，弾力性に富みミルク風味と発酵臭をもつが，まだ旨味はほとんどない．このグリーンチーズを特定の温度と湿度に保った熟成室で一定期間熟成させると，乳由来の酵素やチーズ製造に使用された微生物が産生する酵素などにより，乳成分（タンパク質，脂肪，乳糖）が分解され，チーズ固有の風味と組織が形成される．

3.4.2 プロセスチーズの製造法

プロセスチーズの基本的な製造工程を図3.5に示した．主な工程は，原料チーズを切断・粉砕し，溶融塩や副原料や水などを混合して原料ミックスをつくる工程，それを乳化（融化）して溶融チーズをつくる工程，そして，溶融したチーズを充填包装・冷却して製品とする工程よりなっている．また，チーズフードの定義を表3.1に示したが，その基本製法はプロセスチーズに準じる．以下に，プロセスチーズ製造にかかわる重要な技術項目について概説する．

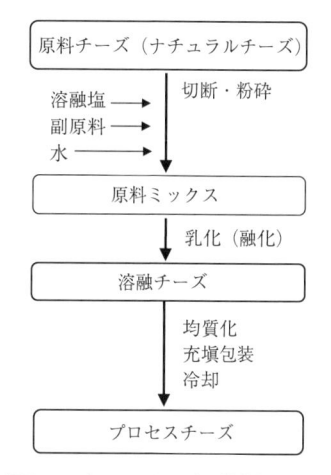

図3.5 プロセスチーズの基本製造工程

a．製造工程

1）原料チーズ

ⅰ）**原料チーズの品質**：　原料チーズの配合や適切な融化条件を選定することにより，原料チーズの多少の欠陥は補正することができるが，原料チーズの品質がプロセスチーズの品質を左右することから，品質の良い原料チーズを選択する必要がある．

ⅱ）**原料チーズの熟度**：　熟度は風味と組織を決定する最も大切な因子である．温和な風味が要求される場合には，グリーンチーズや熟成期間の短い若いチーズ（young cheese）を用いる．一方，強い風味が求められる場合には，熟成の進んだ原料を用いたり，ナチュラルチーズを酵素で分解したEMC（enzyme modified cheese）を添加したりする．過熟のチーズだけを配合すると弾力性に欠けた物性・組織になる．また，原料チーズ中に遊離アミノ酸の結晶が形成されている場合は，乳化後にストレーナーで取り除く必要がある．

ⅲ）**原料チーズの分析**：　原料の水分，脂肪分は，製品成分に直接影響するばかりでなく，乳化の状態，製品の組織にも影響し，原料チーズのpHは，溶融塩の選択の基準となるので，必ず測定しておかなければならない．また，製品の官能

検査を補助するものとして，原料チーズの熟度指標[16)]や塩分なども適宜測定しておくことも必要である．

2) 配合・切断・粉砕　商品の品質設計に基づき，チーズの種類と熟度を決め配合する．プラスチックフィルムなどで包装されたリンドレスチーズ（rindless cheese）を使用する場合は，まずピアノ線カッターで10 kg程度のブロックに切断したあと，ミートチョッパー（meat chopper）で粉砕する．長期熟成により表面が乾燥して硬くなったリンデッドチーズ（rinded cheese）を配合する場合は，ミートチョッパーで粉砕したあとに，ローラー（roller）などで細かく磨砕する必要がある．

3) 溶融塩（melting salt）の添加　溶融塩はプロセスチーズの製造に必須の食品添加物である．溶融塩の機能については後述するが，通常，原料チーズに対してクエン酸Naやポリリン酸Naを2～3％添加する．チーズ技術者はプロセスチーズに使用するクエン酸Naやポリリン酸Naを溶融塩と呼んでいる．しかし，食品衛生法施行規則ではプロセスチーズに使用するクエン酸塩や縮合リン酸（ポリリン酸塩）を"乳化剤"と規定している．したがって，一括表示の原材料名の項には"乳化剤"と表記される．

4) 副原料の添加

プロセスチーズの品質設計に基づき，必要に応じて下記の副原料を添加する．

ⅰ）**乳脂肪**：　最終製品の脂肪分を高めるためクリーム，バター，バターオイルを加える．

ⅱ）**プレクックチーズ**（precooked cheese）：プレクックチーズとは，乳化したプロセスチーズを一度冷却したものである．これを添加すると，クリーミング効果（後述）が発現し，充填時の粘度を高めたり，加熱しても溶け流れない性質をもったプロセスチーズを製造できる．原料チーズに対して数％～数十％添加する[5)]．

ⅲ）**安定剤**：　離水やオイルオフを防止するために，原料チーズに対して0.5～1％程度の増粘多糖類（ローカストビーンガム，グァーガムなど）を添加する．

ⅳ）**着色料**：　年間を通じて一定の色調とするために，β-カロチン，アナトー色素，パプリカ色素などの着色料を添加する．

ⅴ）**保存料**：　賞味期限の延長を目的として，カビや細菌の生育を抑制・防止する働きのある保存料を添加する．日本で「チーズ」に許可されているものは少なく，デヒドロ酢酸Na，ソルビン酸，ソルビン酸K，プロピオン酸，プロピオン酸Ca，プロピオン酸Naなどである（注：デヒドロ酢酸Naは近い将来に使用禁止となる可能性がある）．

ⅵ）**香辛料など**：　風味や外観に変化を与え，特徴ある製品を作り出す目的で，キャラウェー，クミン，ガーリック，パプリカ，ペッパー，シソ，クルミ，アーモンドなどを添加する．

ⅶ）**調味料**：　チーズの旨味補強を目的として，アミノ酸調味料（グルタミン酸Na）や核酸調味料（イノシン酸Na）などを添加する．

ⅷ）**組織や物性を付与する乳成分や食品**：2004（平成16）年の公正競争規約の改訂により，制限つきながら乳成分や食品がプロセスチーズへの添加が認められた（表3.1参照）．乳成分としてはカゼインナトリウム，レンネットカゼイン，ホエイタンパク質濃縮物（WPC），乳タンパク質濃縮物（MPC），脱脂粉乳など，食品としては寒天，ゼラチン，卵白，加工でんぷん類などを，乳化の安定化，組織形成，耐熱保形性の付与などの目的で添加する．

5) 水添加　商品の品質設計に基づき，原料チーズと副原料に水を添加して原料ミックスをつくる．高水分のスプレッドチーズを製造する場合には，まず添加水の1/2量を加えて原料ミックスをつくり，残の1/2量を乳化の途中で釜に注入する．

6) 乳化（融化）　近年，技術の進歩に伴い連続式の乳化装置が開発されているが，通常使用される乳化機は，蒸気吹込みノズルをもった密閉式のケトル釜（攪拌速度70～120 rpm）やステファン釜（攪拌速度750～3000 rpm）である．釜に原料ミックスを投入し，攪拌・加熱・乳化する．乳化温度は75～95℃，乳化時間は3～10分であ

7）均質化　スプレッドタイプを製造する場合には，通常ステファン釜を使用するが，サーモシリンダーやケトル釜など攪拌力の弱い乳化機を用いた場合には，乳化したチーズをさらにシェアーリングポンプなどで均質化する．

8）充填・包装　乳化したチーズを70℃以上で流動性のある間に速やかに包材や容器に充填し包装する．

9）冷却　包装が完了したプロセスチーズは，品質設計に基づき，急冷，室温冷却，または徐冷した後，5〜10℃で貯蔵する．

b．プロセスチーズの乳化原理

ナチュラルチーズを粉砕して鍋に入れ，少量の水を加えて攪拌しながら70℃以上に加熱すると，チーズから脂肪と水が分離し，タンパク質（カゼイン）はガム状の塊となる．この鍋に溶融塩（melting salt）を加えて攪拌すると，ガム状のカゼインは溶解し脂肪と水を取り込み，均質な乳化物（＝プロセスチーズ）となる．

この鍋の中の現象は次のように説明される．ナチュラルチーズのタンパク質（カゼイン）は，カゼインサブミセルどうしがコロイド状リン酸カルシウムでつながったネットワーク構造をしており，このネットワークの中に脂肪と水が分散したものがナチュラルチーズである．

このネットワーク構造をもったカゼインサブミセルは水に不溶性であるが，溶融塩を加えて加熱すると，溶融塩のイオン交換作用（後述）により，ネットワークが切断され，カゼインサブミセルが独立の粒子となって可溶化する．粒子状のカゼインサブミセルの内部はアミノ酸の長い鎖が糸鞠状に丸まっており，粒子の表面や外側にはそのアミノ酸の側鎖により親水性を示す部位と疎水性を示す部位が局在していると考えられる．すなわち，この独立したカゼインサブミセルの粒子は"両親媒性物質"＝"乳化剤"として機能していると考えられる．

プロセスチーズとは，溶融塩（melting salt）によって，ネットワーク状態のカゼインサブミセルから"独立したカゼインサブミセル粒子"をつくり，それを"乳化剤（emulsifying agent）"として，水と脂肪を乳化したものということができる．

図3.6に溶融塩のイオン交換作用によりカゼインサブミセルのネットワークが切断されて，カゼインサブミセルが独立した粒子となる概念図を，また図3.7にカゼインサブミセルが脂肪球の表面を覆い乳化剤として機能しているプロセスチーズの電子顕微鏡写真[17]を示した．

1）溶融塩の機能　プロセスチーズの溶融塩に求められる三つの機能は次の通りである．

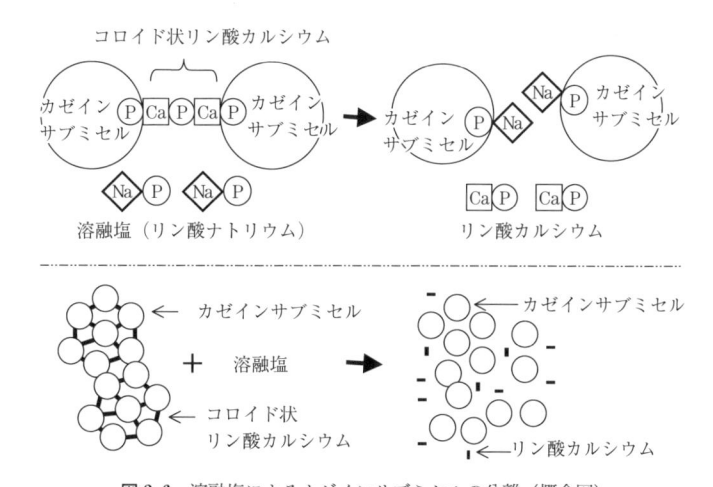

図3.6　溶融塩によるカゼインサブミセルの分離（概念図）
イオン交換作用により，コロイド状リン酸カルシウムが切断され，カゼインサブミセルは独立した微粒子となる．

図3.7 プロセスチーズの電子顕微鏡写真[17]
大きな凹凸は脂肪球，その表面を覆っている微粒子はカゼインサブミセル（20 nm）．

表3.5 溶融塩の機能性（文献18に加筆）

種類＼機能性	イオン交換作用	解膠・水和作用	pH緩衝作用
クエン酸Na	＋＋	－	＋＋
モノリン酸Na	＋	－	＋＋
短鎖ポリリン酸Na（重合度2〜3）	＋	＋＋＋	＋
中鎖ポリリン酸Na（重合度4〜9）	＋＋	＋＋	＋
長鎖ポリリン酸Na（重合度10〜）	＋＋＋	＋	＋

－：なし，＋：弱い，＋＋：強い，＋＋＋：非常に強い

ⅰ）イオン交換作用： コロイド状リン酸カルシウムのCaをNaにイオン交換し，不溶性のパラ・カゼインカルシウムを可溶性のパラ・カゼインナトリウムにする働きをイオン交換作用と呼ぶ．この作用により，独立の粒子となったカゼインサブミセル（＝可溶性のパラ・カゼインナトリウム）が乳化剤として機能する．

ⅱ）解膠・水和作用： イオン交換作用により，独立したカゼインサブミセルは，乳化剤として機能するが，カゼインサブミセルの内部は，アミノ酸の鎖が糸鞠状に巻き上がったままで，周囲の水を保水する力は弱い．アミノ酸の鎖を解きほぐし，水和させる働きを解膠・水和作用と呼ぶ．解膠・水和作用のある溶融塩を使用すると，カゼインサブミセルの保水性が高まり，スプレッドタイプやノンメルトタイプのプロセスチーズの製造が可能となる．

ⅲ）pH緩衝作用： プロセスチーズのpHは通常5.5〜6.2である．この範囲において，チーズの組織，風味は良好な状態が保たれる．この範囲より低くするとチーズの組織は脆く粉っぽいものとなり，高くすると組織が柔らかくなり風味は中和臭（soapy）の強いものとなる．原料ミックスのpHが多少変動しても製品pHを大きく変動させないpH緩衝作用をもつ溶融塩により，製品pHをある一定の範囲におさめることが可能となる．

2）溶融塩の種類と特徴　プロセスチーズ製造に使用される主な溶融塩は，クエン酸塩，リン酸塩（モノリン酸塩，短鎖ポリリン酸塩，中鎖ポリリン酸塩，長鎖ポリリン酸塩）である．これら溶融塩の機能をまとめて表3.5に示した[18]．通常，商品の品質設計に基づき複数の溶融塩を組み合わせて使用する．クエン酸塩，モノリン酸塩，短鎖ポリリン酸塩は，それぞれ単独で使用するとカルシウム塩の結晶を生成しやすい．また，溶融塩には通常ナトリウム塩が用いられ，カリウム塩は特有の収斂味を呈することから通常は用いられない[5]．

ⅰ）クエン酸Na： イオン交換作用があり，優れたpH緩衝作用もあるが，解膠・水和作用はない．加熱時によく溶けるプロセスチーズの製造に使用する．

ⅱ）モノリン酸Na： イオン交換作用があり，優れたpH緩衝作用もあるが，解膠・水和作用はない．加熱時によく溶けるスライスチーズの製造に使用する．

ⅲ）短鎖ポリリン酸塩（重合度2〜3）： 強い解膠・水和作用をもつが，イオン交換作用は弱い．特に，ジリン酸Naを多用するとジリン酸Caの結晶ができ組織がサンディーとなる．短鎖ポリリン酸Naは，ノンメルトタイプを製造するときに有用な溶融塩である．

ⅳ）中鎖ポリリン酸塩（重合度4〜9）： イオン交換作用と解膠・水和作用がともに中程度に強いことから，スプレッドタイプを製造するときに有用な溶融塩である．

ⅴ）長鎖ポリリン酸塩（重合度10〜）： グラハム塩とも呼ばれ，非常に強いイオン交換作用をもつが解膠・水和作用は弱い．スライサブルタイ

3. チーズ

表 3.6 プロセスチーズのタイプ別製造条件

	メルトタイプ	ピザタイプ	スライサブルタイプ	ノンメルトタイプ	スプレッドタイプ
原料チーズの熟度	若いもの＋熟成	若いもの主体	若いもの主体	若いもの＋熟成	若いもの＋熟成
溶融塩　イオン交換作用 　　　　解膠・水和作用	中程度のもの ないもの	弱いもの ないもの	強いもの 弱いもの	強いもの 非常に強いもの	中程度のもの 中程度のもの
プレクックチーズ添加率	少（0～2%）	少（0～2%）	少（0～2%）	多（10～20%）	多（10～20%）
水の添加方法	全量1回添加	全量1回添加	全量1回添加	全量1回添加	分割添加
乳化　乳化機 　　　乳化温度 　　　攪拌速度 　　　乳化時間	クッカー／ケトル 低（75～80℃） 低速 短（4～5分）	クッカー／ケトル 低（75～80℃） 低速 短（4～5分）	クッカー／ケトル 普通（80～85℃） 低速 短（4～6分）	ステファン 高（85～90℃） 中～高速 長（6～8分）	ステファン 高（85～90℃） 高速 長（6～8分）
均質化	不要	不要	不要	不要	必要・有効
充填速度	早く	早く	通常	通常	通常
冷却速度	急冷	急冷	室温冷却	徐冷	急冷
製品目標水分値 製品目標pH	45～48% 低（pH 5.7）	45～48% 低（pH 5.7）	45～48% 高（pH 5.8～5.9）	45～48% 高（pH 6.0～6.2）	48～56% 高（pH 5.9～6.0）

プを製造するときに有用な溶融塩である．

3) クリーミングとオーバークリーミング

通常，プロセスチーズは75～95℃で乳化するが，目標の温度に到達した後，乳化釜の中で攪拌を続けるとチーズの粘度がしだいに上昇する．この現象を"クリーミング（creaming）"といい，プロセスチーズ製造者には古くから知られている現象である[5]．

この増粘現象は，カゼインサブミセル内部のアミノ酸の鎖が，しだいに解きほぐされ，カゼインサブミセルが膨潤・水和した状態になるためと考えられている．製造技術者は，乳化状態や充填適性をみながら，このクリーミングの程度を調整している．より強いクリーミングを発現させたい場合は，プレクックチーズの添加量を増やす，融化時間を延長する，乳化機の攪拌の速度を上げる，溶融塩に解膠・水和作用の強い溶融塩を多く配合するなどの変更を行う．また，このクリーミングが必要以上に発現した乳化状態を"オーバークリーミング（over creaming）"と呼ぶ．オーバークリーミングとなると，流動性がなくなり充填性が悪くなったり，製品の組織が硬なったり，脆くなったりするので注意が必要である．

c. プロセスチーズのタイプ別製造条件

プロセスチーズの製造条件を変更することにより，異なるタイプのプロセスチーズを製造できる．表3.6に示した代表的な5種類のプロセスチーズの製法について概説する[5]．

1) メルトタイプ（melt type）　加熱したときに溶けて流れるタイプで，ナチュラルチーズが本来もっている性質をなるべく残すように乳化することによって得られる．つまり，若いチェダーに熟成したチェダーを配合し，クエン酸NaやモノリンサンNaを配合した溶融塩を用い，pHは原料チーズの値に近づけ，水分値はやや高めにし，ケトル釜などで低速攪拌し，充填後に急冷する．

2) ピザタイプ（pizza type）　加熱して溶けたチーズをフォークなどで引き上げたときに，糸のように伸びるタイプで，モツァレラなどがもっている性質を残すように乳化することによって得られる．つまり，原料にパスタフィラータ系のチーズを多く配合し，クエン酸Naやモノリン酸Naを用い，pHは原料チーズの値に近づけ，スパイラルクッカーなどで低速攪拌し，充填後に急冷する．

3) スライサブルタイプ（sliceable type）
スライスしたチーズを重ね合わせておいても結着せず簡単に剝がすことができるタイプで，組織がしっかりした若い原料チーズの性質を残すように乳化することで得られる．つまり，熟成期間の短いゴーダ，チェダー，エメンタールなどを用い，クエン酸Naや解膠・水和作用の弱い長鎖ポリリン酸Naを用いて，低速で攪拌し，充填後に室温で冷却する．

表3.7　期限設定のための保存試験方法

	検査項目(指標)	判断基準	検査方法
ナチュラルチーズ	性状(外観，風味等)	正常	官能検査による
プロセスチーズ	大腸菌群 性状(外観，風味等)	陰性 正常	「乳等省令」に定める方法 官能検査による

表3.8　賞味期限のめやす（開封前）

	チーズの名前またはタイプ	賞味期限のめやす
ナチュラルチーズ	クリーム カッテージ シュレッド カマンベール（カップまたは缶入りタイプ） ブルー	60～90日くらい 60日くらい 90日くらい 180日～360日くらい 45～60日くらい
プロセスチーズ	ブロックタイプ（カートン入りタイプ） 切れてるタイプ スライスタイプ 6Pタイプ（アルミ個包装タイプ）	270日くらい 180日くらい 210～270日くらい 150～270日くらい

4) **ノンメルトタイプ**（non melt type）　加熱しても溶けて流れないタイプで，若い原料に熟成した原料を配合し，強く乳化することによって得られる．つまり，溶融塩には解膠・水和作用の強いジリン酸Naや中鎖のポリリン酸Naを用い，pHは原料チーズより高めにし，高速で撹拌し，充填後に徐冷する．

5) **スプレッドタイプ**（spreadable type）　マーガリンやバターのように塗り延ばすことができるタイプで，製品水分値を高くし，溶融塩には解膠・水和作用の比較的強い中鎖のポリリン酸Naを用い，pHは原料チーズよりやや高めにし，ステファン釜などで中〜高速撹拌し，充填後に急冷することで得られる．

3.5　保存基準と保存性

3.5.1　チーズの期限表示

乳製品の期限表示については，食品衛生法に基づく乳等省令及びJAS法で，消費期限又は賞味期限を表示することが義務づけられている．また，期限の設定については，当該食品等に関する知識を有する製造者らが，食品の特性などに応じて，微生物試験や理化学試験および官能検査結果等に基づき，科学的・合理的に行うことが規定されている．

一般に，品質の劣化が遅いナチュラルチーズ，プロセスチーズの期限表示には，賞味期限が採用されている．賞味期限とは，定められた方法により保存した場合において，食品のすべての品質が十分保たれていると認められる期限を示す年月日である．

したがって，製造者らは，保存試験結果に基づき"賞味期限"とともに"保存方法"も商品の一括表示に表示する．

3.5.2　期限設定のための保存試験

(財)日本乳業協会とチーズ公正取引協議会で策定した「乳製品の期限表示設定のためのガイドライン」（平成19年8月17日改定）では，ナチュラルチーズ，プロセスチーズの期限設定のための保存試験方法として検査項目，判断基準，検査方法を表3.7の通り定めている．

3.5.3　賞味期限のめやす

市販されている一般的なナチュラルチーズとプロセスチーズの賞味期限のめやすを表3.8に示した．このめやすは，10℃以下（冷蔵庫）で未開封で保存した場合のものである．　　〔田中穂積〕

文　献

1) 金子昇平ほか：チーズ工房（クレインプロデュース編），pp.26-27，平凡社，1989.
2) 鴇田文三郎：チーズのきた道，pp.55-130，河出書房新社，1977.
3) 中江利孝：世界のチーズ要覧，三洋出版貿易，1982.
4) 雪印乳業チーズ技術史，pp.8-9，雪印乳業，1986.
5) W. Berger, *et al.*: Processed cheese manufacture A JOHA Guide (BK Ladenburg GmbH), Bransdruck GmbH, 1998.
6) The world market for cheese 1995-2004, 6 th ed. in Bulletin of the International Dairy Federation, 402/2005, 33-72, 2005.
7) 祐川金次郎：最新改稿乳業技術便覧下巻，pp.76，酪農技術普及会，1976.
8) 中澤勇二ほか：国産ナチュラルチーズ製造技術マニュアル第10集，蔵王酪農センター，2001.
9) R. Scott: Cheese Making Practice, Applied Science Publishers, London, 1981.
10) E. Andre, G. Jean-Claude: Cheese Making from Science to Quality Assurance 2nd, Intercept, 1995.
11) 泉　圭一郎：チーズ・その伝統と背景，pp.1-443，サイエンティスト社，2002.
12) A. Eck: Cheese Making, pp.1-247, Technique et Documentation-Lavoisier, 1987.
13) B. Gosta: Dairy Processing Handbook, Tetra Pak Processing Systems AB, 1995.
14) F. Kosikowski: Cheese and Fermented Milk Foods, 2nd ed., Brooktondale, 1982.
15) 厚生労働省食安基発第1128002号（平成17年11月28日）
16) 祐川金次郎：最新改稿乳業技術便覧下巻，pp.135-137，酪農技術普及会，1976.
17) 電子顕微鏡写真資料，雪印乳業.
18) 黒澤誠治：乳技協資料，**35**(2), 1-21, 1985.

4. クリーム

4.1 歴史

 生乳を静置しておくと脂肪球は脱脂乳との比重差により上昇し，クリーム層を形成する．このため人類が搾乳を行うようになった直後からクリームの利用が行われてきたことが推察される．19世紀には工場スケールで生産されるようになり，以下のような方法で分離が行われていた．

 (1) 浅鍋法： 生乳を金属製の浅鍋に入れ，冷所もしくは冷水に浸漬して静置し，表面に浮上したクリームをすくい取る．

 (2) 深漬法： 直径20～25 cm，深さ45～62 cmの金属製の缶に生乳を入れて冷水に浸漬して静置したあと，底から脱脂乳を抜き取ることにより缶内にクリームを残す．

 (3) 希釈法： 深漬法ではあるが，乳に等量の水を加え，粘度を下げることにより分離に要する時間を短縮する．

 19世紀半ばより遠心力による乳分離が試みられるようになり，1870年代後半にスウェーデン人技術者グスタフ・デ・ラバルにより円錐型ディスクを積層することで分離効率を向上させた連続式遠心分離器「クリームセパレーター（cream separator）」が発明され，これが普及するにつれてクリームの生産性は飛躍的に向上した．最新のクリームセパレーターは最大の機種で1時間当たりの生乳処理能力が60000 l である．

4.2 種類

 液状クリームは乳脂肪率によって分類されることが一般的である．脂肪率による分類は低脂肪側より「ハーフクリーム（コーヒークリーム）」，「クリーム」，「ホイッピングクリーム」，「ダブルクリーム」，「クロテッドクリーム」，「プラスティッククリーム」といった名称に分類されるが，表4.1

表4.1 各国のクリームの名称と脂肪率

国名	クリーム名称と脂肪率
フランス	ライトCr　クリーム 12～30%　30%～
ドイツ	コーヒーCr　ホイッピングCr 10%～　　30%～
オランダ	コーヒーCr　ハーフCr　ホイッピングCr 10～20%　20～35%　35%～
スイス	コーヒーCr　ハーフCr　フルCr　ダブルCr 15%～　25%～　35%～　45%～
ベルギー	ディリューテッドCr　クリーム　ホイッピングCr 4～40%　　20～40%　　40%～
英国	ハーフCr　シングルCr　ホイッピングCr　ダブルCr　クロテッドCr 12%～　　18%～　　35%～　　48%～　　55%～
フィンランド	ライトCr　コーヒーCr　ホイッピングCr 10%～　　19%～　　38%～
米国	ハーフアンドハーフCr　ライトC　ライトホイッピングCr　ヘビーCr 10～18%　　18～30%　　30～36%　　36%～
オーストラリア	エクストラライトCr　ライトC　リデュースドCr　クリーム　リッチCr 12%～　　18%～　　25%～　　35%～　　48%～

Cr=クリーム

に示したように各国で名称および脂肪率が異なる．日本国内では「乳及び乳製品の成分規格等に関する省令（通称「乳等省令」）」で乳脂肪18％以上を一律に「クリーム」と規定しているが，市場では乳等省令上「クリーム」に分類されないクリーム状製品と区別するため，慣習的に「生クリーム」あるいは「純生クリーム」と呼ばれている．

一方，乳等省令上クリームに分類されない，種類別「乳等を主要原料とする食品」に当たるクリーム状製品としては，乳脂肪と植物性油脂を併用した「コンパウンドクリーム」のほか，乳脂肪をまったく含まない植物性油脂のみの製品，および乳脂肪のみであるが乳化剤などの食品添加物を使用して保存性，ホイップ性を改善した製品がある．

通常の液状クリーム製品とは異なる製品としては，調理などに用いられる「発酵クリーム」，手軽にホイップ状クリームが得られる「エアゾールクリーム」などの製品もある．

4.3 定　　義

日本国内では「乳等省令」により「乳製品」中の1品目とされ，「生乳，牛乳又は特別牛乳から乳脂肪分以外の成分を除去したもの」と定義されており，すなわち，ウシの乳から脱脂乳を分離することによりつくられることが求められている．成分規格としては，以下の内容が規定されている．

乳脂肪分	18.0％以上
酸度（乳酸として）	0.20％以下
細菌数（標準平板培養法で1m*l*当たり）	100000以下
大腸菌群	陰性

また，「製造の方法の基準」として，牛乳と同等の63℃30分間保持，もしくは同等以上の殺菌効果を有する加熱殺菌が義務づけられている．さらに，直接加熱殺菌に使用される水蒸気以外の他物の混入が禁じられており，添加物を使用した製品はもちろん，他の乳製品を原料として製造した場合でも，法令上はクリームには分類されず，「コンパウンドクリーム」同様，「乳等を主要原料とする食品」の範疇となる．また関連法規に基づいた日本乳業協会による「乳製品（クリーム，バター，脱脂粉乳，全粉乳，練乳類），乳などを主要原料とする食品の表示ガイドライン」の中では，「クリーム」に該当しないクリーム状製品（「カスタードクリーム」などのように，明らかに種類別「クリーム」に誤認されないものは除く）には「〇〇クリーム」という商品名，キャッチコピーなどを使用できないことが明記されている．

一方，国際規格であるCODEX規格（A-9）は2003年に改正され，「クリーム」，「加水還元クリーム（reconstituted cream）」，「組合せ還元クリーム（recombined cream）」，「調製クリーム（prepared cream）」に大別されており，乳脂肪の下限は10％となっている．

4.4 製　造　法

4.4.1 生クリーム

a．製造工程における乳化安定性の維持

クリームの製造工程概略の一例を図4.1に示した．クリームの製造において，衛生性や風味のほかにきわめて重要とされることとして，乳化安定性の低下を防止することがある．天然の脂肪球は乳腺細胞の細胞質成分および細胞膜からなる「脂

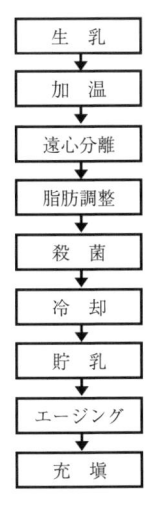

```
生　乳
  ↓
加　温
  ↓
遠心分離
  ↓
脂肪調整
  ↓
殺　菌
  ↓
冷　却
  ↓
貯　乳
  ↓
エージング
  ↓
充　填
```

図4.1 クリームの製法例

肪球膜（milk fat globule membrane）」に覆われており，比較的安定な乳化状態を維持している．しかし製造工程において脂肪球膜が損傷を受けると，内部の脂肪が露出もしくは漏出して，いわゆる「遊離脂肪（free fat）」が発生し，脂肪球の「凝集（flocculation）」，「合一（coalescence）」，「クリーミング（creaming, 浮上）」といった乳化安定性の低下が進行する．遊離脂肪は乳タンパクにより再び被覆されるが，天然の脂肪球膜との性質上の相違から，乳化安定性は異なる．製造工程中の乳化安定性の低下要因としては以下のようなものがあげられる．

1）物理的ストレス　製造工程における撹拌，ポンピングなどの機械的処理はクリームに物理的ストレスを及ぼし，脂肪球膜に損傷を与える．これは脂肪球内部の脂肪結晶が脂肪球膜を損傷させることが主要因であるため，結晶脂肪量に大きく左右される．脂肪球の損傷程度を表す指標としては，遊離脂肪，および「遊離脂肪酸（free fatty acid）」がよく用いられる．前者は遠心分離，もしくは有機溶媒による抽出により定量され，後者は損傷した脂肪球由来の脂肪が生乳のリパーゼにより加水分解される「リポリシス（lipolysis）」によって発生した遊離脂肪酸を示し，滴定により測定される．図4.2に機械的処理を行うときの温度が遊離脂肪量および遊離脂肪酸に及ぼす影響を示した．遊離脂肪は約25℃で最大に達しているのに対し，遊離脂肪酸は40℃近辺で最大となっている．これは遊離脂肪酸が脂肪球の損傷のみではなく，リパーゼの至適温度にも影響されることに起因している．遊離脂肪の量が示すように40℃以上では脂肪がすべて液状となるほか，粘度も低下するために物理的ストレスに対する安定性は高い．一方，10℃以下では結晶脂肪量が多く，脂肪球自体の剛性が高くなるため，比較的安定性は高い．結晶脂肪量が比較的少ない15～35℃が最も安定性が低く，この温度帯で物理的ストレスを発生させる機械的処理は極力避けるべきである．

2）気泡との接触　気泡が乳中に取り込まれて脂肪球と接触すると，脂肪球膜の構成物質や液状脂の一部が気液界面に奪われるため，乳化安定性が著しく低下する[2]．このため製造工程中に空気の取込みを避けるのはもちろん，搾乳段階からの配慮が必要となる．

3）温度変化　一度冷却したクリームを30℃程度に昇温し，再び冷却すると，増粘あるいは固化する「リボディング（rebodying）」と呼ばれる現象が起こる．これは昇温により残存した高融点脂肪の結晶を核に粗大結晶が成長して脂肪球膜を損傷するため，脂肪球どうしの凝集が起こることによる[2]．なお，クリームは凍結されると，氷結晶が脂肪球に損傷を与え，著しく乳化安定性が低下するため，凝固，脂肪分離などが発生する．

4）加熱処理　脂肪球膜の構造は加熱処理により変化するため，乳化安定性も影響を受ける．天然の脂肪球膜の構成成分であるリン脂質やリポタンパクは加熱により損失し，脂肪球膜の脂肪透過性が増加し，乳化安定性は低下する．一方，ホエイタンパクは加熱により脂肪球表面に吸着し，脂肪球膜の密度を高め，脂肪透過性を低下させ，乳化安定性の低下を防ぐ．これらの反応は加熱の保持時間にかかわらず加熱温度に依存し，後者の反応は前者より高い温度域で優勢となる．このため遊離脂肪量は105℃まではほとんど変化しないが，105～125℃の間では増加傾向を示し，125℃近辺で最大となったあとは減少傾向に転じ，

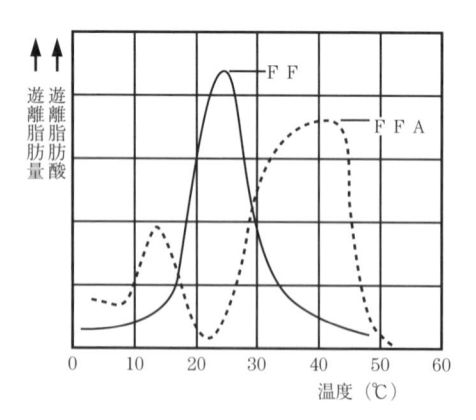

図4.2　各温度における機械的損傷が遊離脂肪量および遊離脂肪酸に及ぼす影響[1]
FF：遊離脂肪量（遠心法もしくは抽出法），FFA：遊離脂肪酸．

140℃以上で一定となる[3]．

以上に示した要因により乳化安定性が低下したクリームは保存中に増粘，表面の濃厚化，さらには再分散できない硬い「クリームプラグ（cream plug）」を形成するほか，ホイップ性を低下させることがある．また加熱処理前に脂肪球膜が損傷すると，リポリシスによる揮発性脂肪酸により風味の劣化を引き起こす．

b．遠心分離

クリームはクリームセパレーターによって，生乳より脱脂乳の一部を除去することにより，製造される．遠心分離を行う際は分離効率を向上させるため，生乳は55～60℃に加温される．生乳は温度が上昇するとともに粘度が低下するほか，脱脂乳と乳脂肪の比重差が大きくなるため分離効率が向上する．60℃以上ではホエイタンパクの変性が起こりセパレーター内のディスクに付着するため，長時間運転の場合には分離効率が低下し，脱脂乳の脂肪率が上昇する．一方，55℃以下では生乳由来のリパーゼの活性が高くなるため，リポリシス発生の可能性もある．また分離温度が低いと乳の粘度が上昇し，脂肪球に及ぼせん断力が大きくなるほか，結晶脂肪が残存する35℃以下では脂肪球膜の損傷も懸念される．分離されたクリームはライン中で自動的に脂肪調整が行われて殺菌工程に移るが，分離後にいったん冷却されて貯乳され，脂肪調整を行ってから殺菌される場合もある．このような工程は成分調整牛乳や低脂肪牛乳の余剰クリームの処理のようにクリーム量の変動が大きい場合には適しているが，加温・冷却工程が増えることからエネルギー面で効率はよくない．「コールドセパレーター」は生乳を10℃以下で分離することができるクリームセパレーターであり，加温・冷却の工程がないため，殺菌前にクリームを冷却して貯乳する場合にはメリットがある．牛乳およびクリームは低温では粘度が高いため，通常のクリームセパレーターよりディスクの間隔が広く設計されており，分離効率は低くなる．分離されるクリームの脂肪率上限は40％程度であり，脱脂乳側の脂肪率も高くなる傾向にある．

c．殺菌

クリームの殺菌については乳等省令では63℃30分間と同等以上の加熱殺菌しか義務づけられてないが，牛乳に比べて粘度が高く熱伝導率が低いため，通常は牛乳より強い殺菌条件が求められる．米国の法令（Grade "A" Pasteurized Milk Ordinance）では，脂肪率が10％以上の乳については殺菌温度を3℃上昇させることが求められている．具体的な殺菌条件としては以下の通りであるが，乳質や脂肪率，最終製品の品質によって変更されることもある．

保持式殺菌	65℃ 30分
HTST殺菌	80～90℃ 10～30秒
UHT殺菌	120～140℃ 2～10秒

生クリームの場合はHTST殺菌が主流であり，基本的には牛乳の殺菌機と同一と考えてよいが，製品へのストレスを減らす配慮が必要である．プレート式熱交換器であれば殺菌機内部の圧力損失を小さくするためにプレート間隔が広いものが望ましく，同様の理由からチューブラー式熱交換器が用いられる場合もある．UHT殺菌の場合も同様の熱交換器が使用されるが，殺菌温度が高くなるにつれて，クリームの溶存空気の飽和量が減少してくるため，殺菌機内で気化し，乳化安定性を低下させるほか，殺菌機の汚れ（「ファウリング（fouling）」）の原因にもなることから，溶存空気量は低いことが求められる．通常の減圧処理により溶存空気を減少させると，逆に乳化安定性を低下させることがある．「スキャニア法」と呼ばれる方法では62～64℃でクリームを分離後，流量を調節することにより保持タンク内で15～30分間保持し，この間に溶存空気量を約50％低下させるとともにリパーゼの不活性化，オフフレーバーの除去が行われる[4]．UHT殺菌では直接加熱殺菌が用いられることもあるが，蒸気との混合，減圧による脱水工程により乳化安定性の低下が起こりやすい．

殺菌工程による乳化安定性を補うためにホモジナイザーにより均質化工程を行うこともある．しかし，高圧の均質化はホイップ性を著しく低下さ

せるほか，高脂肪クリームにおいては脂肪球表面積の増加に対して乳タンパクなどの界面活性物質が不足し，かえって乳化安定性を低下させる．このため均質化圧は低圧に限られ，殺菌により凝集した脂肪球を再分散させる目的で殺菌後にアセプティックホモジナイザーにより均質化を行ったほうが高い乳化安定性が得られる[5]．

d．冷却・エージング

冷却工程は通常プレート式熱交換器で行われるが，クリームは冷却されるにしたがって粘度が上昇してくるとともに脂肪の結晶化が始まるため，脂肪球は非常に損傷を受けやすくなる．このため冷却部では特に圧力損失を小さくすることや，冷却プレート以降の送液方法が重要となる．プレート内で10℃以下まで冷却を行うと脂肪球に損傷を与え，保存中のクリームプラグの原因となるため，プレートによる冷却は10〜12℃までとし，4〜5℃までの最終冷却はタンク内で穏やかに攪拌しながら行われるべきとされている[6]．脂肪は冷却されてもすぐに結晶化は終了せず，一部は過冷却の液状脂の状態を維持するため，冷却直後は非常に損傷を受けやすい状態にあり，十分に結晶化が進行するまでサージタンク内で冷蔵保管する，「エージング（ageing）」の必要がある．またエージング中は脂肪の結晶化により結晶化熱が発生するため，その冷却もかねてエージングは最低5〜6時間，もしくは翌日まで行われる．状況によっては冷却直後に充填され，容器内でエージングが行われる場合もあるが，乳化安定性の観点からは望ましくなく，送液方法などについても十分に留意する必要がある．

e．充填

クリームが充填される容器は種々のものがあるが，国内では業務用のバルク製品はコンテナ，金属缶のほか，ポリエチレンの袋をダンボール箱内に入れた「バッグインボックス」が主流である．一般消費者向け製品の賞味期限が長いものでは，脂肪の酸化防止の観点から光や酸素を透過しない，アルミニウムがラミネートされた紙カートンの使用が望まれる．ヘッドスペースがないブリック型容器は輸送中の泡立ち・振動による乳化安定性の低下防止も期待できる．賞味期限が短い製品では牛乳と同様の紙カートンでも実用上特に問題とはならないが，揮発性のフレーバー成分がある程度透過することから，脂溶性フレーバーが着香しやすいクリーム製品おいては保管環境に留意する必要がある．

f．ホイップクリーム

クリームはさまざまな用途に用いられるが，その特性を生かした使用法としてホイップクリームがある．クリームをホイップする場合は品温を5℃前後とするが，脂肪の結晶化に時間を要するため数時間前からこの温度帯に保冷しておくべきである．泡立て器，もしくは電動ミキサーの攪拌によりクリーム中に気泡が取り込まれると，まずホエイタンパクおよびβ-カゼインが気泡表面に吸着し，気泡を安定化させる．気泡の大きさはホイップが進むにつれて，小さくなっていく．脂肪球は攪拌による物理的ストレス，あるいは気泡と接触することにより脂肪球膜が部分的に欠損して疎水部分が露出し，気泡表面に配列するのに並行して，液状遊離脂肪による凝集および疎水的凝集により脂肪球どうしが凝集する．こうして脂肪球によって表面を取り囲まれた気泡どうしがさらに脂肪球の凝集により互いに架橋され，ホイップクリームに硬さを付与する三次元網目構造を形成する（図4.3参照）．さらにホイップを続けると，脂肪球どうしの凝集が過度に進行して気泡が抜けていくとともに，脂肪球の凝集によるざらつきが肉眼でも確認できる，いわゆる「オーバーホイップ」状態になり，やがてはバターミルクが遊離したチャーニング状態となる．このようにホイップは物理的ストレスと気泡取込によりクリームの乳化状態を破壊する「解乳化」を適度に行う操作といえる．

最近ではクリームを連続的にホイップする「連続式ホイップマシン」も普及している．これは基本的にはクリームをポンプで吸入し，流路の途中で空気を取り込ませたあと，ピンローターの回転などにより気泡を微細化するとともに適度に解乳化を行うものである．クリーム流量，空気取込量，ホイップクリームの硬度を個々に調整ができ

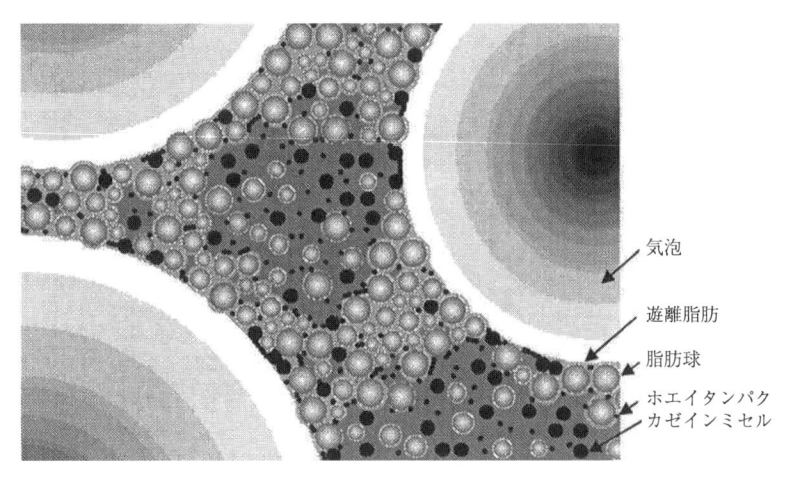

図4.3 ホイップクリームの構造（模式図）
気泡表面を脂肪球および脂肪球から漏出した遊離脂肪によって取り囲み，隣接する気泡どうしが脂肪球を介して連結して三次元網目構造を形成している．カゼインミセル，ホエイタンパクはホイップによって形成された疎水部分に吸着している．（文献7より作成）．

る工業用機種から，空気の取込バルブのみで調整する普及機もある．

クリームの「ホイップ性（whippability）」の評価方法は数多く存在するが，以下に示した指標が使われることが多い．

1) ホイップ時間 ホイップを開始してから終了（「ホイップ終点」）までに要する時間を示す．ホイップ終点の判断基準については，個人差やクリームの特性によって異なるため一概に定義するのが難しいが，「泡立て器をゆっくりと持ち上げて角が立つ」「ボールを逆さまにして落ちない」などが官能的基準としてよく用いられる．また，一定の硬度を終点とし，ペネトロメーターによる針入度，電動ミキサーにかかるトルク変動による電圧の変化で判断する場合もある．ホイップ時間が短すぎると一般にはオーバーランが低く，オーバーホイップしやすい．また長すぎると作業性が悪いほか，品温の上昇を伴い造花性が低下することもある．

2) オーバーラン ホイップ前のクリームに対する取り込まれた空気量の容積比を百分率で示した数値であり，次式により算出される．

$$\text{オーバーラン}(\%) = \frac{W_b - W_a}{W_a} \times 100$$

W_b：ホイップ前の一定容積のクリーム重量，
W_a：ホイップ後の同容積のクリーム重量．

通常，オーバーランは高脂肪のクリームより低脂肪のほうが，高温よりは低温のほうが高い．

3) 離水 ホイップしたクリームから乳漿が漏出する現象で，少ないほうが良好とされる．定量的に測定する方法としては，ホイップしたクリームを金網上に載せ，漏出してきた乳漿を漏斗で受けて，メスシリンダーで計りとれるように設置し，定温定湿で一定時間の離水量を測定する方法などがある．ホイップが進むにつれて離水量が減るため，評価はホイップ終点を正確に見きわめる必要がある．

4) 造花性 ホイップしたクリームを口金つきの絞り袋に入れ，実際にデコレーションするように造花し，その状態を評価する（図4.4参照）．評価基準は多々あるが，一例としては以下のものがある．

(1)「こし」：絞ったときの手に感じられる感触であり，適度な抵抗感があることが望ましい．

図4.4 クリームの造花性評価例
左：良好な例．右：不良な例（のび，あれ，つや不良）．

(2)「のび」：造花時のクリーム先端の状態であり，適度に伸びて，とがった先端が得られることが望ましい．

(3)「あれ」：造花の稜線の状態であり，ギザギザせず，鮮明なエッジが得られることが望ましい．

(4)「つや」：造花時のクリーム表面の状態であり，なめらかで，過度の光沢がない石膏状が望ましい．

造花性もホイップ終点により著しく評価が変わる．ホイップしたクリームが作業中に硬さを増していくことがあるが，こうした現象を一般的に「しまり」と呼ぶ．しまりが進むと造花性が変化するため，その変化の度合いも評価基準となる．

5) 保型性 造花したホイップクリームを一定時間静置し，もとの形状が保たれているかを評価する．官能評価のほか，造花底面の直径の増加，高さの減少を測定する方法もある．また静置しておく温度もクリームの種類や用途・目的によって，冷蔵，室温，あるいは30℃近辺などが選ばれる．ホイップしたクリームを冷蔵しておくと，軟化する現象を「もどり」と呼ぶが，もどりの強いクリームは保型性が不良で離水も多くなりやすい．

そのほか，ホイップクリームの評価基準としては風味，口溶け，冷凍耐性なども品質として評価される場合もある．ホイップ性はクリーム自身の特性のほか，クリームの量，環境温度，泡立て器の種類や速度，砂糖などの他の原料の混合によっても大きく影響を受けるため，評価の際は一定条件で行う必要がある．

4.4.2 コンパウンドクリーム
a. 製法

コンパウンドクリームの代表的な製法の一例を図4.5に示した．予備乳化工程では脂肪，無脂乳固形分，添加物などを混合し，油脂が完全に溶解する45〜65℃で攪拌する．この工程により乳化剤の界面への移行，安定剤の膨潤・水和を行い，以後の工程で均一な組成で加工されるようにある程度の乳化を行う．その後，ホモジナイザーで均

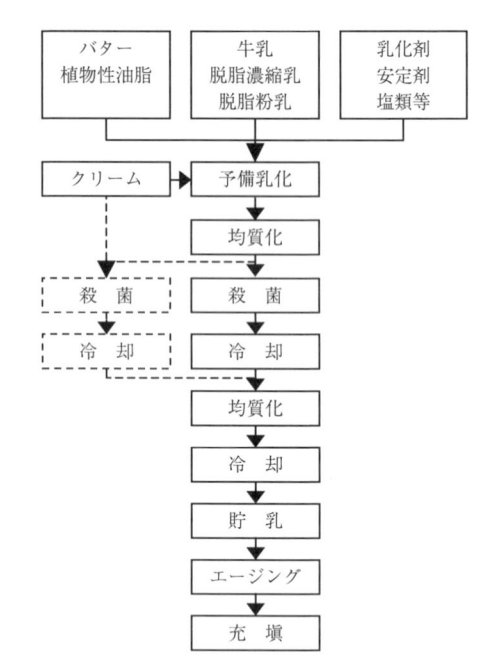

図4.5 コンパウンドクリームの製法例

質化し，殺菌を行う．殺菌方法は生クリームに準じ，殺菌後アセプティックホモジナイザーで再び均質化を行う．殺菌前後の均質化圧に関しては殺菌前に比較的高い圧力で均質化し，殺菌後は加熱により凝集した脂肪球を再分散させる程度の低い均質化圧が用いられるのが一般的である．均質化後は冷却，エージング，充填と生クリームの製造法とほぼ同一となる．生クリームを原料とする場合，乳化剤量の減少や物性調整の目的で，予備乳化段階で混合せず，殺菌前の均質化後，もしくは別途殺菌して殺菌後の均質化前で混合する場合もある．

b. 植物性油脂

ホイップ用クリームに使用される植物性油脂は，ホイップによる解乳化性とホイップしたクリームの保型性向上ために使用温度域では固体脂量が50〜60%程度でありながら，体温域で口溶けが得られるように35〜40℃前後の融点をもち，そして風味が良好であることが求められる．使用される油脂としてはナタネ油，大豆油，パーム油，パーム核油，コーン油，綿実油，米油，ヤシ油などがあるが，こうした植物性油脂は不飽和脂肪酸が多く，一部を除いて常温で液状である．こ

のため適正な固体脂量となるように水素添加により不飽和度が調整されるが，分別，エステル交換といった方法が併用されることもある．脂肪結晶は基本的に α，β'，β の3種類の結晶型をとり，$\alpha \rightarrow \beta' \rightarrow \beta$ の順に転移して安定化し，最も安定な β 型結晶は粗大結晶となりやすい．粗大結晶は脂肪球の脂肪球界面の乳化膜に損傷を与えやすく，乳化安定性を低下させる原因になるため，コンパウンドクリームに用いられる油脂は β 型に転移しにくい組成とすることも重要となる．乳脂肪は脂肪酸組成が多岐にわたっており，粗大結晶が形成されにくい特性をもつ油脂である．植物性油脂の水素添加は多くの異性体を生成するため，脂肪酸組成が複雑になり，結晶が微細になることから乳化安定性を改善する効果も得られる．また植物性油脂は乳脂肪に比べ安価であり，植物性油脂の比率を高めることにより得られる価格低減効果も重要な役割である．ホイップクリーム用植物性油脂として，乳化剤が添加された製品も油脂メーカーにより市販されている．

c．乳化剤

ホイップ用コンパウンドクリームに使用される乳化剤には以下に示したように相反する機能が求められる．

1) 乳化を安定化させる O/W型（水中油型）乳化を安定化させるために添加されるが，コンパウンドクリームを含めた食品添加物を使用した「乳等を主要原料とする食品」に分類されるクリーム製品は，生クリームより長期の賞味期限が求められることが多いため，より高い安定性が求められる．この機能を有する乳化剤としては飽和脂肪酸からなるショ糖脂肪酸エステル，ソルビタン脂肪酸エステル，グリセリン脂肪酸エステルなどがある．乳化安定性を示す指標の一例としては，「ボテ」時間を用いることがある．「ボテ」とはクリームが振動により増粘する現象であるが，通常は5～25℃の特定の温度に平衡化したクリームを攪拌，もしくは振動させて増粘する時間を測定する．乳化を安定化させる乳化剤を使用すると，ボテ時間が延長し，保存輸送中の安定性が増すほか，造花の伸び・荒れが改善されるが，こしが弱くなる，もどり傾向が強くなる，離水が増えるなどの欠陥を伴うことがある．

2) ホイップにより適度な解乳化を促進する

ホイップクリームは流通・保存時の安定性を維持しながら，ホイップという物理的ストレスに対して脂肪球の凝集という解乳化現象を伴うことが必須となるため，解乳化を促進する乳化剤の併用が必要となる．この機能を有する乳化剤としては不飽和脂肪酸からなるショ糖脂肪酸エステル，グリセリン脂肪酸エステル，およびレシチンなどがある．これらの乳化剤を使用することにより，保型性の向上，こしの強化，離水の低下といった傾向が得られるが，乳化安定性の低下，ホイップ終点近辺での急激な変化，過度のしまり傾向，造花の伸び・荒れの劣化，オーバーランの低下といった現象が伴いやすい．

3) 取り込まれた気泡を安定化する ホイップにより取り込まれた気泡は安定化されなければ，クリームより抜け出ていく．取り込まれた気泡界面に乳化剤が配列し，さらに気泡サイズが微細化することで安定化され，高いオーバーランが得られる．この機能を有する乳化剤としては飽和脂肪酸からなるモノグリセリン脂肪酸エステル，高HLBショ糖脂肪酸エステルなどがある．いずれも乳化を安定化させる機能も併せ持っているため，1)と同様の欠陥を伴うことがある．

ホイップ用に用いられるクリームにはこれらの乳化剤が数種併用されるが，均質化圧などの製造条件や他の原料も物性に影響するため，それぞれの乳化剤の特性を把握したうえで，実際の系において試験を行う必要がある．

d．安定剤

安定剤は主に親水性高分子化合物であるが，天然物としてはキサンタンガムやカラギーナンといったガム類，カゼインや大豆タンパク，ゼラチンといったタンパク質，デンプンがあり，合成物としてはCMC（カルボキシメチルセルロース），加工でんぷん，アルギン酸ソーダなどがある．その役割は主に水相の粘度上昇であり，これにより脂肪球どうしの接触機会の減少や脂肪球の上昇速度の低下が起こるため，保存中の乳化安定性が向

上する．またホイップ後の離水防止，保型性向上，こしの強化などのために使用されることもある．そのほか，両親媒性を有するタンパクや一部のガム類は乳化剤としての機能も併せ持つため，乳化安定性も向上させる．

e．塩類

乳に多く含まれるCa^{2+}，Mg^{2+}は乳タンパクと結合し，凝集を促進するため乳化安定性を低下させる．このためこれらのイオンを封鎖（キレート）する作用を有するリン酸塩などの塩類が添加される．こうした塩類はタンパク凝集を防止するだけでなく，カゼインミセルを可溶化し，カゼインNaを生成するため，乳化安定性が向上する．リン酸塩はリン酸1分子からなるモノリン酸塩と複数のリン酸が脱水縮合した縮合リン酸塩があり，封鎖作用に差があるほか，pHも異なる．

4.4.3 コーヒークリーム

コーヒークリームと呼ばれる製品の脂肪率は通常10〜30％程度であり，乳脂肪のみのもののほか，植物性脂肪併用のもの，植物性脂肪のみのものもある．通常は保存時の安定性，およびコーヒー添加時の安定性を高めるために塩類や乳化剤が使用される．かつては容器内殺菌製品もあったが，現在は連続式殺菌機内で殺菌したあと，充填する方法が主流となっており，その製法はクリームもしくはコンパウンドクリームに準じる．コーヒークリームは高い乳化安定性が必要となるが，常温流通製品の場合，温度変化による凝固（ヒートショック）に対する強い耐性も求められる．さらにコーヒーはpH 5.0程度の酸性に加えて高温であることから，以下に示した特有の性質を考慮する必要がある．

　（1）白濁性： コーヒーに添加したときのコーヒーを白濁させる能力．

　（2）フェザリング： コーヒーに添加したときに乳タンパクおよび脂肪球が羽毛状に凝固する欠陥．

　（3）オイルオフ： コーヒーに添加したときに表面に油滴が生じる欠陥．

保存時の乳化安定性，高い白濁性，オイルオフの防止には高い均質化圧が必要とされるが，フェザリングは促進される傾向にあり，殺菌前後に2段均質化を行うと良好な結果が得られるとされている．乳化剤はホイップクリームにおいて乳化を安定化させるものの使用が一般的である．リン酸塩，クエン酸塩といった塩類はカルシウムイオンの封鎖やタンパクの可溶化に加えてコーヒー由来の酸の影響を低減するため，pH緩衝能が重要とされる．リン酸塩は重合度が高くなるにしたがってイオン交換能は高くなるが，pH緩衝能は低下する．そのほか，白濁性向上ためにカゼインが添加されたり，安定剤や糖類により粘度や比重を調整し，コーヒー中での分散性を改善することもある．

4.4.4 その他のクリーム製品

a．クロテッドクリーム (clotted cream)

英国で伝統的につくられてきた製品であり，脂肪率55〜60％の粘稠な組織をもち，加熱由来のわずかな苦味と「ナッティフレーバー」を有する．生乳を浅い鍋に入れ冷所で12〜24時間静置し，クリーム層を形成させたあと，鍋を沸騰水上で加熱し，表面に「クラスト」と呼ばれる固化状態を形成させる．さらに鍋を冷所もしくは冷水上で12時間放置し，クリーム層が固まったらこれをすくい取ることでつくられる[8]．

b．プラスティッククリーム (plastic cream)

特殊セパレーターでクリームからさらに脱脂乳を遠心分離し，脂肪率を80〜83％としたあと，殺菌・冷却してつくられる．冷却後は固形状でバターと同様の外観であるが，O/W型乳化を維持されている．アイスクリームなどの原料として使われるが，脂肪率が高いことから輸送・保管コストが低減できる．

c．発酵クリーム (cultured cream)

製法としては脂肪率10〜30％のクリームに離水防止と物性調整のために無脂乳固形分や安定剤を添加する．殺菌・均質化後，*Lactococcus*属，*Leuconostoc*属の中温性乳酸菌を併用して接種する．発酵温度は20℃前後，タンク内で発酵して冷却後に充填する場合と接種後容器に充填してか

ら発酵・冷却する場合がある．調理，製菓用として用いられるほか，スプレッドとしても用いられる．

d．エアゾールクリーム

水溶性の高い亜酸化窒素（N_2O）を専用の缶の中で液状クリームと加圧状態で混合すると，缶のバルブを押すだけでクリームが押し出されると同時に，亜酸化窒素が気化してホイップ状になる．2005年3月の法令改正により国内でも本用途に限って亜酸化窒素の使用が認められたことから，販売されることとなった．通常のホイップと異なり解乳化によるネットワークの形成をほとんど伴わず，一般にオーバーランも高いため，組織は軟らかく，保型性は低い．このため，安定剤などの添加物により気泡の安定化，保型性の改善が行われる．

4.5 保存基準

乳等省令により規定されている保存基準としては「殺菌後直ちに摂氏10度以下に冷却して保存すること」とされているが，「保存性のある容器に入れ，かつ，殺菌したもの」，すなわち容器内殺菌された製品についてはこの基準を除外されている．一方，日本乳業協会によって策定された「乳製品の期限表示設定のためのガイドライン」では，劣化しやすい「特定温度保存品」として具体的な保存温度（「冷蔵保存3～7℃」など）を表示することで，10℃未満での賞味期限設定が許されている．

4.6 保存性

クリームの保存性は微生物的品質と物性的品質の両面を満足させなくてはならない．微生物的品質については保存温度および殺菌条件に大きく依存する．殺菌クリームは通常冷蔵での保存が前提とされるため，殺菌後の二次汚染が発生しない限りは主に低温性芽胞菌 Bacillus cereus によって賞味期限が限定されてしまう．B. cereus がクリーム中で増殖すると，そのホスホリパーゼが脂肪球膜を損傷し，脂肪が粒状に凝集する「ビッティクリーム（bitty cream）」といった現象や甘性凝固が発生する．90℃以下の殺菌では B. cereus の芽胞がほとんど死滅しないため，殺菌温度を上げても保存性は大きく向上しない．殺菌温度が100℃以上になると芽胞に対しても死滅効果が現れるため，保存性は改善する[9]．また B. cereus は0～10℃の温度域でも温度の上昇により増殖速度が上昇するため，できる限り低い保存温度が望ましい．

物性面ではクリームプラグの発生，もしくはクリーム全体の増粘や凝固により賞味期限が短縮される場合がある．改善方法としては加工工程において物理的ストレスを与えないことが重要となる．また前述のように100℃以上の殺菌温度は脂肪球膜の脂肪透過性に影響を及ぼすため，物性的品質面からも殺菌温度の選択は重要となる．

実際のクリームの賞味期限は従来7～10日程度であったが，UHT殺菌と充填条件を改善することで14～20日程度の製品も流通している．

〔片野直哉〕

文 献

1) Westfalia Separator Food Tec: Separators for the Dairy Industry, pp.6-27, 2006.
2) P. Walstra: Advanced Dairy Chemistry Vol.2, 2nd ed. (P. F. Fox, ed.), pp.131-178, Chapman & Hall, 1995.
3) A. Fink, H. G. Kessler: *Milchwissenschaft*, **40**(5), 261-264, 1985.
4) Tetra Pak Processing System AB: Dairy Processing Handbook, pp.213-226, 2003.
5) J. Hinrichs, H. G. Kessler: *Bull. Int. Dairy Fed.*, **315**, 17-22, 1996.
6) A. Streuper, A. C. M. Van Hooydonk: *Milchwissenschaft*, **41**(9), 547-552, 1986.
7) W. Hoffmann: Encyclopedia of Dairy Sciences, Vol.1(H. Roginski, *et al.*, eds), pp.545-557, Academic Press, 2002.
8) R. A. Wilbey: Cream Processing Manual, 2nd ed. (J. Rothwell, ed.), pp.74-82, The Society of Dairy Technology, 1989.
9) F. M. Driessen, M. G. van den Berg: *Bull. Int. Dairy Fed.*, **271**, 32-39, 1992.

5. アイスクリーム類

5.1 アイスクリームの歴史

アイスクリーム（ここでは，一般的な冷菓をいう）のルーツは中国の殷の時代や古代エジプトにまでさかのぼるといわれている．それは現在のシャーベットのようなもので，貴族や富裕層に元気の出る健康食品として利用され，いろいろな形態のものが古代ギリシャやローマ，アラブ世界，中国などでつくられた．

ローマ皇帝ネロは，アルプスから奴隷に万年雪を運ばせ，バラやスミレの花水，果汁，蜂蜜，樹液などをブレンドしてつくった氷菓である「ドルチェ・ビータ」を愛飲していたといわれる．イスラム圏の古い物語である「千夜一夜物語」にはシャルバートと呼ばれる，砂糖を用いた氷や雪で冷やした甘い飲み物に関する記述があり，また「東方見聞録」の中には，マルコポーロが中国からシルクロードを経てイタリアにアイスミルクを伝え，ベネツィアで評判になったと伝えられている．

各地で発展・伝播される過程で次第に改良されアイスクリームに近いものが菓子としてつくられるようになるが，その中でも重要な転換期として，カトリーヌ・ド・メディシス王妃とのちにフランス王アンリ2世になるオルレアン公との結婚がある．カトリーヌ・ド・メディシス王妃の料理人がアイスクリームのレシピをフランスに伝えたことがヨーロッパ各国への伝播の役割を果たし，それまでフォークを知らなかった宮廷の食卓マナーに大変革がもたらされ，菓子をはじめ，新しい料理も次々とつくられた．またもう一つの重要な転機はイタリアでの冷却技術の開発である．16世紀はじめイタリアのパドヴァ大学教授であったマルク・アントニウス・ジマラが，水に硝石を入れその溶解の吸熱反応で水の温度が下がることを発見した．これにより雪や氷を利用しなくてもシャーベットができるようになった．

しかし，現在のようなアイスクリームはヨーロッパではなく，米国で産業として開花した．それは余剰なクリームの処理方法としてスタートしたが，瞬く間に高級なデザートとして広まった．

一方，日本への伝来には諸説あるが，幕末期に渡米した町田房蔵が1869（明治2）年に横浜馬車道通りで，最初のアイスクリーム「あいすくりん」の製造販売を始めたとされる．のちに日本アイスクリーム協会はこの日（5月9日）をアイスクリームの日と定めている．日本で本格的に工業化が始まるのは1920（大正9）年からであり，戦中戦後の混乱期を経て米国，中国に次ぐ世界第3位の生産国として現在に至っている[1,2]．

5.2 アイスクリーム類の種類

一般的にアイスクリーム類は，規格，組成，風味や形状により，多くの種類がある．

5.2.1 成分規格による分類
a．アイスクリーム類

乳固形分および乳脂肪分の量により，アイスクリーム，アイスミルク，ラクトアイスの3種類に分類される．

b．氷菓

アイスクリーム類に属さないもの．

アイスクリームの定義については，表5.1を参照されたい．

5.2.2 形態別の分類
a．カップ

紙カップ，樹脂カップに大別される．一部アルミカップのものもある．50 mlから300 ml程度の容器入りで蓋あるいはシールをされる．

b．スティック

木製あるいは樹脂製の棒を挿したもの．製造方法はモールドタイプとエクスツルードタイプがあり，アイスクリーム部の形状も角柱型，円柱型，楕円型や，立体成型（3Dタイプ）されたものなど多岐にわたる．

c．コーン

円錐形状のシュガーコーンなどに盛り上げたもの，あるいは成型されたコーン形状のモナカ生地に盛り上げたものなどがあり，樹脂容器，紙スリーブ，ピロー包装されたものなどがある．

d．モナカ

モナカ皮を可食容器として使用したもの．

e．その他

一口タイプ（チョコボールアイスなど），サンドイッチタイプ，スティックレスバー，デコレーションタイプ，ハンディー容器（スパウト付きパウチなど）などがある．

5.2.3 内容成分別の分類

a．プレーンタイプ

プレーンな味を楽しむアイスクリーム類で，主要フレーバーはバニラである．オーバーラン（空気含有率）は20〜100％を中心にバリエーションがある．

b．風味タイプ

風味原料を混合したもので，チョコレート，コーヒー，フルーツ，ナッツ，まっ茶，カスタードなどがある．

c．シャーベット

糖液に果汁，酸，安定剤などを加えて凍結（フリージング）したもので，若干の脂肪分と乳固形分を含む場合もある．オーバーランは30〜50％程度が適当である．

d．かき氷

砕氷に，イチゴやメロンなどのシロップを加えて凍結したもので，氷の冷たさとさわやかさを楽しむ夏の風物詩である．練乳，まっ茶，アズキなどを使った和風タイプも多い．

e．プレミアムアイスクリームおよびスーパープレミアムアイスクリーム

明確な法令上の規格は存在せず，メーカーの責任において高品質のアイスクリームに対して称されている．各メーカーの実態としては，プレミアムアイスクリームは生乳やクリーム，濃縮乳など比較的加工度の低い乳原料と，テイストリッチで高品質な風味原料を使った高乳脂肪分（10％以上程度）かつ高無脂乳固形分（10％程度）の高級アイスクリーム，スーパープレミアムアイスクリームは，さらに高乳脂肪（12％以上）である場合が一般的である．オーバーランは低く（20％〜30％程度），安定剤や乳化剤が添加されていない場合が多い．

5.2.4 販売上の分類

a．シングルパック

50〜300円程度の価格で，1個単位で購入し，戸外または部屋で食べる商品．

b．マルチパック

300〜500円程度の価格で，やや小さめの製品を数個〜十数個，カルトンや袋に詰めた商品．いくつかのフレーバーを詰め合わせたものも多い．

c．ホームタイプ

500〜2000円程度の価格で，家に持ち帰って家族やグループで切り分けたり，盛りつけたりして食べる商品．大型容器入りやケーキタイプなどがある．近年は，家族構成，食習慣の変化により，ホームタイプの需要は減っている．

d．業務用

ファストフード店，レストラン，ホテル，喫茶店などで盛り付け販売に使用する業務用の商品．2〜10 l のプラスチック製，または紙製の大型容器入り．

5.3 アイスクリーム類の定義

アイスクリーム類は，法令により定義されている．「食品衛生法」（昭和22年12月24日法律第233号）の規定に基づく「乳及び乳製品の成分規

表5.1　アイスクリーム類及び氷菓の成分規格

① 「乳及び乳製品の成分規格等に関する省令」(昭和26年12月27日厚生省令第52号)

製品区分及び名称	定義	種類別	成分規格 乳固形分	乳脂肪分	大腸菌群	※細菌数
乳製品 アイスクリーム類	アイスクリーム類とは，乳又はこれらを原料として製造した食品を加工し，又は主要原料としたものを凍結させたものであって，乳固形分3.0%以上含むもの(発酵乳を除く)をいう	アイスクリーム	15.0％以上	8.0％以上	陰性	1g当たり100000以下
		アイスミルク	10.0％以上	3.0％以上	陰性	1g当たり50000以下
		ラクトアイス	3.0％以上		陰性	1g当たり50000以下

② 「食品，添加物等の規格基準」(昭和34年12月28日厚生省告示第370号)

一般食品		氷菓	上記以外のもの	陰性	1ml当たり10000以下

※ただし，はっ酵乳又は乳酸菌飲料を原料として使用したものにあっては，乳酸菌又は酵母以外の細菌数をいう．

格等に関する省令」(昭和26年12月27日厚生省令第52号．以下，「乳等省令」という)によれば，アイスクリーム類とは「乳又はこれらを原料として製造した食品を加工し，又は主要原料としたものを凍結させたものであって，乳固形分3.0%以上を含むもの(発酵乳を除く)」をいう．

アイスクリーム類とは「アイスクリーム」，「アイスミルク」および「ラクトアイス」の総称であり，乳固形分および乳脂肪分の量によって上記の三つに分類される．

一方，乳固形分が3.0%未満のものはアイスクリーム類ではなく「氷菓」と呼ばれ，「食品衛生法」の規定に基づく「食品，添加物等の規格基準」(昭和34年12月28日厚生省告示第370号)に適合するものをいう．

その他に公正取引委員会に認定された業界の自主規制として，「アイスクリーム類及び氷菓の表示に関する公正競争規約」が，業界の公正な競争を確保することを目的に制定されている．この規約において，たとえば氷菓については，「『食品，添加物等の規格基準』に適合し，糖液若しくはこれに他食品を混和した液体を凍結したもの又は食用氷を粉砕し，これに糖液若しくは他食品を混和し再凍結したもので，凍結状のまま食用に給するものをいう」と規定されている．

5.4　アイスクリームの製造方法

5.4.1　工程別の製造機器と製造条件

図5.1にアイスクリーム全体の製造工程と条件を示す．原料混合からストレージまでをアイスクリームミックス仕込み工程，フリージングから出荷までをアイスクリーム製造工程と呼ぶ．

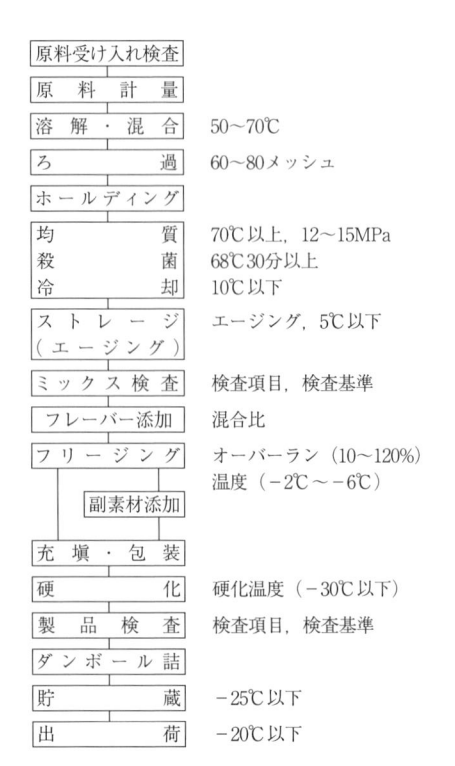

原料受け入れ検査	
原料計量	
溶解・混合	50～70℃
ろ過	60～80メッシュ
ホールディング	
均質	70℃以上，12～15MPa
殺菌	68℃30分以上
冷却	10℃以下
ストレージ(エージング)	エージング，5℃以下
ミックス検査	検査項目，検査基準
フレーバー添加	混合比
フリージング	オーバーラン(10～120%) 温度(-2℃～-6℃)
副素材添加	
充填・包装	
硬化	硬化温度(-30℃以下)
製品検査	検査項目，検査基準
ダンボール詰	
貯蔵	-25℃以下
出荷	-20℃以下

図5.1　アイスクリーム類の全製造工程図

5.4.2 冷菓に使用する原料およびその役割

冷菓に用いられる主な原料の名称と役割を下記に記す．

a．乳脂肪

乳脂肪はアイスクリームの主要な構成要素の一つであり，その量によってアイスクリーム，アイスミルク，ラクトアイスに分類されるなど法的にも基準が設けられている．風味に特有の芳香を与え，組織は滑らかになり特有のボディを与える．しかし過剰な添加は，組織を油っぽくし，オーバーランを上げにくく，コスト高になるといった欠点がある．また，ホモジナイザーによって微細化されミックス中に乳化・安定化された脂肪球が，フリージング工程での冷却およびダッシャーによる機械的な攪拌による乳化破壊の結果，凝集すること（以下解乳化と呼ぶ）が，アイスクリーム組織の形を保持しようとする性質（以下保型性と呼ぶ）を向上させるなど，製品の物性に与える影響も大きい．

b．植物性脂肪

主に，乳脂肪の代替油脂として用いられる．一般的には，ヤシ油やパーム油，ナタネ油などが用いられる．乳脂肪と比較すると，風味の特徴に乏しい．また，種類別アイスクリームには植物性脂肪を添加することはできない（風味原料由来の植物性脂肪分を除く）．

c．無脂乳固形分

乳脂肪を除いた炭水化物，タンパク質，灰分などの乳固形分をさす．牛乳，脱脂粉乳や練乳，濃縮乳などから供給されることが多い．組織を滑らかにし，風味を改良し，オーバーランを増す．しかしながら，過剰に添加すると保存中に乳糖結晶の発生（sandyな組織），塩味を増すなどの風味や組織の欠陥を伴う．

d．糖　類

主に嗜好性（甘味）の付与を目的として添加される．砂糖やブドウ糖，果糖，異性化糖，などが用いられる．固形の代替品として水あめや粉あめなども用いられる．また，分子量の小さい単糖類，二糖類などを使用すると，アイスクリームミックスの氷点を降下させる働きがあり，氷点が降下したアイスクリームは，低温でも組織に流動性があり，さじ通りがよくなるなど長所もあるが，温度変化に対する耐性が低く，保存中での氷結晶の増大につながる．また保型性の維持が必要なバーアイスクリームなどでは，過度の氷点降下は製品がバーから剥離しやすくなるなど注意が必要である．

e．安定剤

一般的に，アイスクリームの保型性の維持，ミックス段階のホエイオフの防止，貯蔵中におけるシュリンケージなどのヒートショック耐性の向上，乳糖結晶発生の抑制，物性および食感の改良などさまざまな効果を目的として添加される．

種類も多岐にわたっており，海藻抽出物（寒天，カラギナン，アルギン酸），植物由来多糖類（ペクチン，ローカストビーンガム，グアーガムなど），動物性タンパク質（ゼラチン），微生物由来多糖類（キサンタンガム），などが用いられる．しかし，過剰な添加は香料のリリースを抑制したり，ミックスの粘度が高くなりすぎることによる製造適性を悪化させるなどの影響を与える．

f．乳化剤

レシチン，グリセリン脂肪酸エステル，ショ糖脂肪酸エステル，ソルビタン脂肪酸エステル，プロピレングリコール酸脂肪酸エステルなどが用いられる．オーバーラン性やミックスの乳化安定性のコントロールに関与する．乳化剤は，主にフリージング中の脂肪の解乳化によりアイスクリームの組織をつくり，適度な解乳化は，口溶けやドライネス，滑らかさを促進させ製品の保型性を向上させる．

g．卵固形分

起泡性を増し，脂肪の凝集構造体の改善を行う．これは卵黄中に含まれているレシチンによるものと考えられており，乳化剤と同様の性質を与える．カスタードアイスクリームの作成には必須の原料である．

h．香　料

適量の使用により，製品の特徴を強化する．嗜好性を増加する．

i．着色料

適量の使用により，外観的に味覚をそそる．香料などと相乗的に，目的とする製品特徴を強化する．

5.4.3 製造工程の概要

a．溶解・混合

計量された原料は，攪拌つきの溶解タンクまたはスーパーミキサーで加熱しながら高速で攪拌されることで強いせん断力を与えられ，完全に溶解する．溶解の温度は50～70℃が適当である．特に安定剤および乳化剤などは，完全に溶解することが必要である．ただし，液糖類，生乳，脱脂濃縮乳などの液状原料は，直接ブレンド用タンクに送られる場合も多い．

b．ろ過

溶解・混合後，バスケットフィルターまたはラインフィルターによって混入している夾雑物および不溶解物を除去する．フィルターのサイズは60～80メッシュが適当である．

c．ホールディング

溶解・混合した原料を，約70℃で30分間攪拌保持する工程がホールディングである．ミックスは見た目には完全に溶解しているようにみえても，水和が完全でない場合がある．たとえば，ホールディングにより安定剤などの増粘多糖類は，その繊維がほぐれて水和される．このようにホールディングは添加物がもつ機能を十分に発揮させるためには重要な工程である．ホールディングは殺菌前の工程であるので，微生物の繁殖，酵素の作用が起きない温度で，かつ，水和などの作用が発揮される温度で行わなければならない．

d．均質化

アイスクリームの均質化とは，ホモジナイザーと呼ばれる均質バルブを備えた高圧ポンプを使用し，ミックス中の脂肪球を微細に粉砕し（1μm以下）安定なO/W乳化を作り出すことである．同時に脂肪以外の成分も均一に分散させる．この操作によりアイスクリームの空気の取り込みやすさ，滑らかさなどに影響を与える．配合や脂肪分によって異なるが，一般的に温度は70℃以上，圧力は12～15 MPaが適当である．

一度せん断された脂肪球の再凝集を防ぐために二段階の均質化を行ったり，また目的により殺菌後に均質化を行う場合もある．

e．殺菌・冷却

本来の性質を損ねることなく，ミックス中の有害菌や変敗の原因となる微生物を死滅させる．同時にタンパク質や脂肪を変質させる酵素類も失活させる．乳等省令では，68℃で30分以上または同等以上の殺菌効果を有する方法で殺菌することと定められているが，バッチ式と連続式がある．アイスクリーム工場では，大部分は高温短時間殺菌（HTST殺菌，一般的な条件としては85℃以上15秒以上など）が採用されているが，超高温瞬間殺菌（UHT殺菌，一般的な条件としては110～130℃ 2～3秒など）が採用されている場合もある．殺菌後10℃以下，望ましくは5℃以下に冷却する．

f．ストレージ（エージング），フレーバー添加

殺菌，冷却の終了したミックスを一時保管し，タンパク質や安定剤の水和状態および脂肪分の結晶状態を安定化する．たて型または横型の攪拌機およびジャケットつきのタンクが使用され（容量は1000 l～20000 l程度），チルド水で5℃以下に保持される．

その後，衛生的にフレーバーなどを添加するが，現在はより衛生性を高めるため，殺菌直前に色素類，フレーバー類を添加する方法が一般的である．この場合は，できるだけ過加熱を避けること，熱による色素類の退色，フレーバー類の飛散を考慮した配合量などに注意しなければならない．

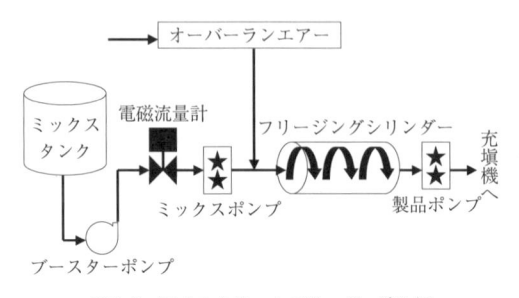

図5.2 アイスクリームフリーザー流れ図

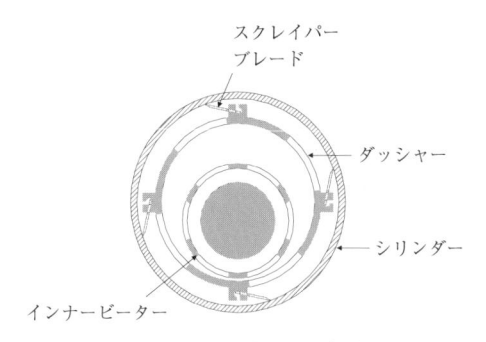

図5.3 フリージングシリンダー断面図

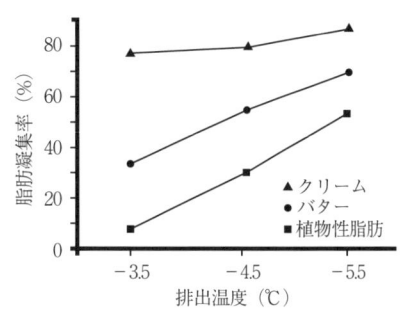

図5.5 フリーザー排出温度と脂肪凝集率の関係
ダッシャータイプ：15ダッシャー，ダッシャー速度：220 rpm，混合率：65 l/h，オーバーラン：100％．

g．フリージング

アイスクリームを製造するうえで最も特徴的かつ重要な工程（図5.2に示す）である[3]．

アイスクリームミックスから急速に熱を奪って凍結すると同時に適当量のエアーを混入し，気相（エアーセル），固相（氷の結晶，脂肪球），液相（未凍結部分）を均一に分散させて滑らかな組織のアイスクリームをつくる．Kloserら[4]やBergerら[5]は乳化・安定化された脂肪球が空気とともに撹拌・急速凍結される過程で凝集し組織に影響を与えるとして，そのメカニズムを説明している．

アイスクリームの製造で最も重要な本工程には，連続式フリーザーまたはバッチフリーザーが使用される．フリージングシリンダーは周囲が二重構造になっており冷媒の蒸発熱によって冷却される．

冷媒はアンモニアまたはフロン（代替フロン）圧縮液が使用される．連続式フリーザーのシリンダーの内部には図5.3のようなダッシャーがあり，スクレパーブレードと呼ぶナイフ状の金属刃により回転しながらシリンダー表面に凍結したアイスクリームを削りとり，微細な氷結晶をつくるとともに熱交換を行う[3]．

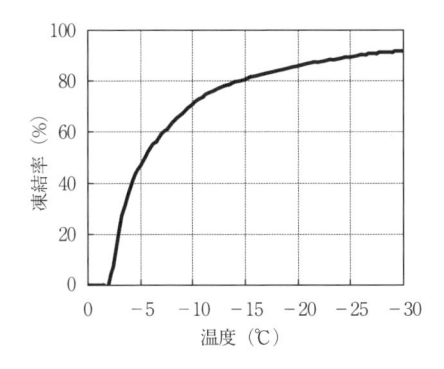

またダッシャーが回転することにより，空気とミックス，発生した氷結晶を均一に混合する．

アイスクリームの温度は冷媒の蒸発圧力によりコントロールされるが，フリーザーから排出される際の一般的な温度である−2〜−6℃は，図5.4に示すように，水分凍結率が大きく変化する温度帯であり，氷結晶の大きさ，滑らかさなどに大きく影響する．

フリーザーから排出される温度が低いほど，脂肪が解乳化し凝集した割合（以下凝集率と呼ぶ）が高くなる[6]．

アイスクリームを製造するうえで，フリージング工程で解乳化が生じることは重要な現象であり，脂肪の解乳化が適度に進むことによって，製品そのものの保型性が向上する傾向にある[7]．

かき取り混合装置であるダッシャーには，図5.6に示すようにオープンダッシャー（かご型または15，30ダッシャーとも呼ぶ），ソリッドダッシャー（筒型または80ダッシャー）などいくつかの形状があり，インナービーターと呼ぶ撹拌装置を内蔵したものもある[3]．

図5.7に示すようにシリンダー内容積に対するダッシャー容積率が小さい，すなわちシリンダー内部のミックス量が多いオープンダッシャーは，熱伝導性が低いために，脂肪の凝集率が上がりにくいのに対し，ソリッドダッシャーはシリンダーに対して容積率が大きいために，冷却効率が高

図5.4 ミックスの水分凍結率

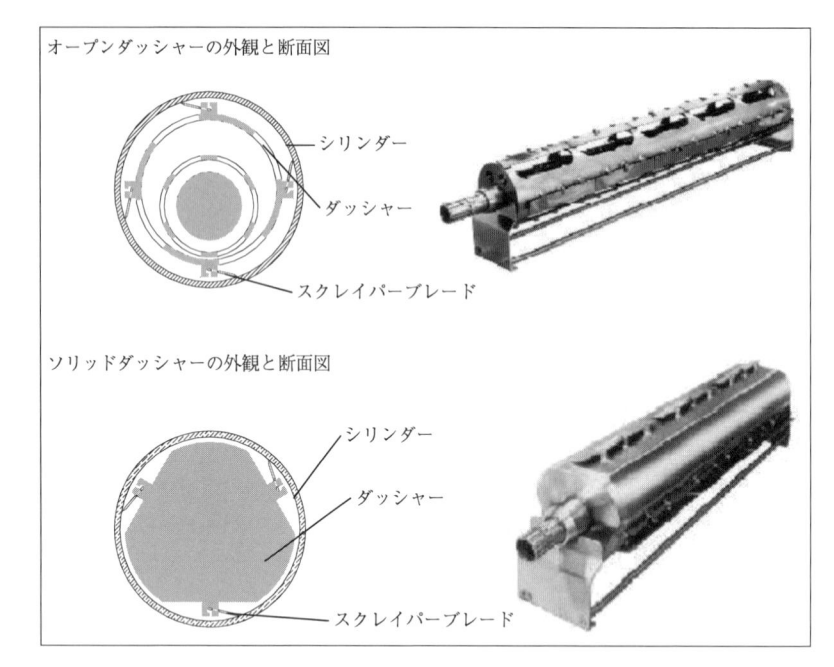

図5.6 ダッシャータイプの違いによる断面図と外観

く，脂肪の凝集率が高くなる傾向がある[7]．

ダッシャーは，その特徴を生かして使い分けることにより，より目標とした製品形状，食感などに近づけることができる．

またダッシャーの回転数もアイスクリームの物性，食感に影響するので，条件設定と管理は注意をする必要がある．一般的には，ダッシャー回転数の増大は凝集率を上昇させる傾向にある[7]．

空気の混入率はアイスクリームの組織，食感，保型性に影響する．アイスクリームに占める空気の含有容量比率のことをオーバーラン（以下ORと記す）と呼び，図5.8，5.9に示すようにORが高いほど脂肪の凝集率は高くなり，アイスクリ

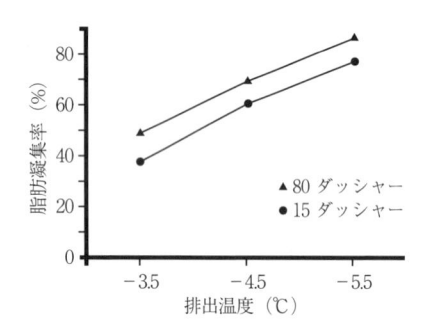

図5.7 ダッシャータイプと脂肪凝集率の関係
ダッシャー速度：220 rpm，混合率 65 l/h，オーバーラン：100%．

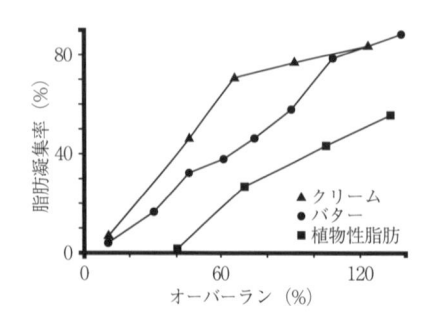

図5.8 オーバーランと脂肪凝集率の関係
ダッシャータイプ：15ダッシャー，ダッシャー速度：220 rpm，混合率：65 l/h，排出温度：-4.5℃．

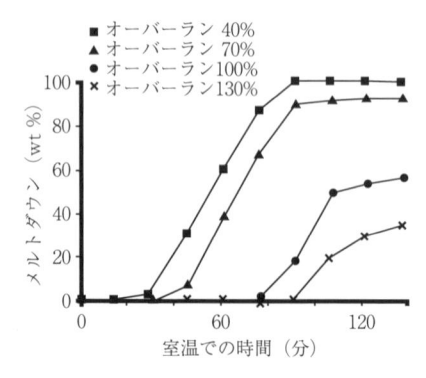

図5.9 オーバーランとメルトダウンの関係
ダッシャータイプ：15ダッシャー，ダッシャー速度：220 rpm，混合率：65 l/h，排出温度：-4.5℃．

ームのメルトダウン（溶出率）が遅くなり，すなわち保型性もよくなる傾向がある[6,7]．

ORの計算方法を示す．容積法と重量法の2方法があり，工程の管理には重要である．

① OR% $= \dfrac{アイスクリームの容積 - もとのミックスの容量}{もとのミックスの容積} \times 100$

② OR% $= \dfrac{ミックスの重量 - ミックスと同容積のアイスクリームの重量}{ミックスと同容積のアイスクリームの重量} \times 100$

最近のフリーザーは，ダッシャーの種類だけでなくコンピューターにより，排出温度，OR，ダッシャーの回転数，シリンダー内圧力などが設定できるものが多く，製造条件のコントロールは容易になっている．

またさらに広い幅でフリージング条件を調整できるフリーザーが開発され，稼動している．たとえばフリーザーのあとにさらに別のフリーザーを連結することにより，フリーザーの出口で$-12 \sim -15$℃程度の温度にまで冷却できるタイプや排出したアイスクリームの一部をもう一度フリーザーに戻し循環させることにより凝集率をコントロールするタイプなどがあり，アイスクリームの組織の滑らかさや食感の異なるアイスの開発・製造に利用されている．

h. 充塡

アイスクリーム製造の主要工程で，目的とする製品の形状にしたがい種々の充塡機が使用され，衛生管理，特に二次汚染防止の管理が重要な工程である．また，乳等省令にはアイスクリームを容器包装に分注する場合は分注機械を用い，打栓する場合は打栓機械を用いることと定められており，いずれも専用の設備で行うのが一般的である．

充塡方法として，ホッパー充塡，直充塡（圧力充塡），エクスツルード充塡などがある．

ホッパー充塡とは，ホッパーに一度受けてからピストンシリンダーで定量充塡するもので，流動性のあるアイスクリームの充塡に適している．直充塡は，フリーザーの吐出圧力に基づきシャッターバルブの開閉により充塡する．低温で高粘度のアイスを一定の形状に盛りつける製品に適している．エクスツルード充塡はフリーザーの吐出圧力により一定形状のノズル（エクスツルーダー）からアイスクリームを一定形状で押し出し，一定の長さにカッターで切断する．

充塡方法は，製品形状および包装形態によっても区分される．一般的な充塡ラインである容器充塡は，カップ，コーン，モナカ製品などのように，ノズルから容器へ直接充塡するタイプである．また，バー製品などに用いられるモールド充塡は，氷結管（モールド）に充塡して硬化したあと，モールドから抜きとって包装するタイプである．

また，プレート充塡は，かまぼこ型やスティックレスバーなどのように，ノズルから一定形状で押し出したアイスクリームをプレートへ充塡して硬化したあと，プレートからはがして包装するタイプである．

i. 硬化

充塡時は，半流動性であったアイスクリームを凍結し，完全な製品に仕上げる工程を硬化という．カップ，コーン，モナカ製品などは一般に-35℃程度で冷風を攪拌するファンを備えたトンネルを$30 \sim 60$分間で通過させ硬化する．できるだけ短時間で硬化することにより，氷の結晶は小さくなり，なめらかな組織に仕上げることができる．

バー製品は，モールドをブラインと呼ばれる塩化カルシウム溶液の冷媒に浸漬し急速凍結を行う．またプレートに直接切り落としたり，直充塡をしたりする硬化方法は，熱伝導がよく短時間で製品を凍結できるので，非常に組織のよいなめらかな製品をつくることができる．

j. 貯蔵

硬化後の製品をダンボールに詰め，硬化を完全にする，と同時に商品として保管する工程であり，-25℃以下で管理することが望ましい．-25℃まで硬化すると約90%の水分が凍結する．庫内の温度が変化すると，氷結晶が粗大化し品質

が劣化する（ヒートショック）ので注意が必要である．

5.5 保存基準

アイスクリーム類および氷菓は－18℃以下（営業冷蔵庫は－25℃以下）で保存されるのが一般的である．この保存条件であれば微生物的危害の発生のおそれがないことから，厚生労働省所管の「食品衛生法施行規則」ならびに「乳等省令」，農林水産省所管の「加工食品品質表示基準」のいずれにおいても，アイスクリームなどの賞味期限について表示が免除されている．

なお，「アイスクリーム類及び氷菓の表示に関する公正競争規約施行規則」においては，保存上の注意として「ご家庭では－18℃以下で保存してください」などの文言を製品に表示することを規定している．

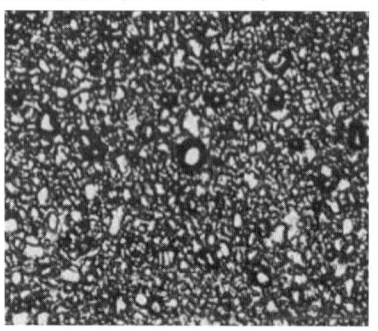

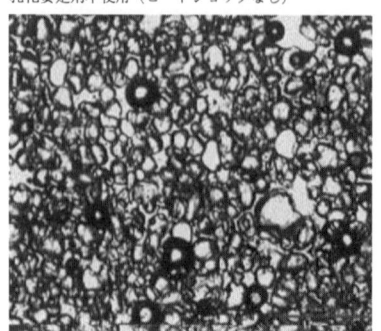

5.6 保存性

製品の輸送中または保存中の状態が不良である場合は，外観・風味・食感などに影響するさまざまな理化学的な変化が起こることが知られている．主なものでは，氷結晶の粗大化，シュリンケージと呼ばれる体積の収縮，乳糖結晶の発生，光酸化による風味の劣化・退色などがあげられる．

5.6.1 氷結晶の粗大化

特に保存中における代表的な組織変化は温度の変動による氷結晶の粗大化である．保存中に温度が上昇すると小さい氷は溶けて消失するが，径の大きな氷結晶は完全に溶けずに残り，その後温度が再度低下したときに，溶け残った大きい氷結晶を核としてさらに大きい氷結晶を生成する．この工程を繰り返すことでさらに氷結晶が粗大化する．アイスクリームの氷結晶が粗大化すると氷っぽく，なめらかさの失われたざらざらとした粗い

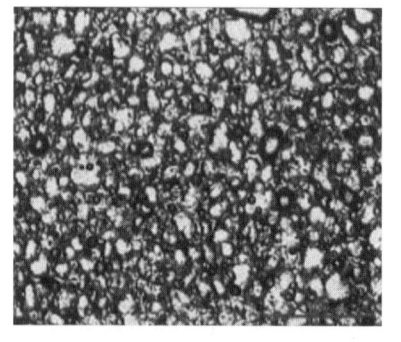

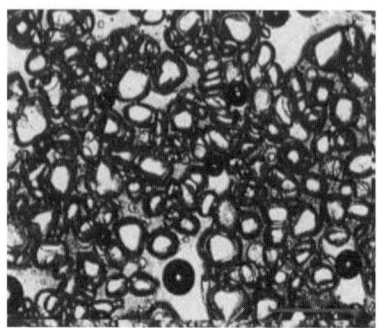

図 5.10　ヒートショックによる氷結晶の粗大化と乳化安定剤の有無

組織になる.

−20 ℃と−10 ℃を6時間ごとに上下させ，5週間ほど保存したアイスクリームの氷結晶を光学顕微鏡で撮影した．図 5.10 のように，乳化安定剤を添加していないアイスクリームは氷結晶が増大していることがわかる．

5.6.2 シュリンケージ（体積の収縮）

また，輸送中に生じやすい組織変化にシュリンケージ（体積の収縮）と呼ばれる現象がある．これは，気圧の変動などによって，アイスクリーム組織中の気泡粒子構造が崩壊し，組織から空気が抜けてパッケージとアイスクリームの間に隙間ができる現象である．この現象は主に2種類に分類される．一つは，容器の中に沈みこむもの，もう一方は全体的にパッケージから剥離し，表面組織が乾燥していくものがある．Dubey ら[8]はシュリンケージが発生する要因として，コーティングされていない紙製の包装容器の使用，高すぎるオーバーラン設定，輸送中のドライアイスの使用（一説として，二酸化炭素がアイスクリームに浸透し，pH を低下させることにより乳タンパク構造が不安定となり，気泡構造が不安定化するためといわれる），細かすぎる気泡や氷晶，保存温度の変動や不完全なハードニングなどをあげている．さらに原料の影響などについても述べており，糖類を多量に添加することによる凍結点降下効果による組織の軟化や，過剰な無脂乳固形分によっても生じるとされる．

5.6.3 乳糖結晶

貯蔵中に生じるトラブルの一つに，乳糖結晶の発生がある．乳糖は無脂乳固形分やその他の糖原料に含有されているが，過剰に乳糖を含むアイスクリームが不安定な温度条件で長時間保存された場合に乳糖が結晶化することがある．乳糖の結晶は氷結晶に比べて，たいへん溶けにくいため，乳糖結晶の発生したアイスクリームを食べると口内でざらざらした食感（sandy）を感じる．

〔桜井一美〕

文　献

1) 森永乳業編：アイスクリームの本, pp.2-68, 東洋経済新報社, 1986.
2) 日本アイスクリーム協会ホームページ, 2007.
3) WCB Ice Cream: 販売パンフレットより, 1995.
4) J. J. Kloser, P. G. Keeney: *Ice Cream Rev.*, **42**(10), 36-60, 1959.
5) K. G. Berger, et al.: *Dairy Industry*, **37**, 493-497, 1972.
6) S. Kokubo, et al.: *Milchwissenshaft*, **51**(5), 262-265, 1996.
7) K. Sakurai, et al.: *Milchwissenschaft*, **51**(8), 451-454, 1996.
8) U. K. Dubey, C. H. White: *J. Dairy Sci.*, **80**, 3439-3444, 1997.

6. 発酵乳（含：乳酸菌飲料）

6.1 発酵乳の歴史とわが国における変遷

　発酵乳の歴史は，紀元前数千年前にさかのぼるといわれており，その起源は文明の発祥とほぼ時を同じくしている．発酵乳は人間が意識的に生み出したものではなく，乳が自然環境の中で偶然に発酵してできあがったものである．やがて，乳を利用・発酵させる技術が発展し，それが伝播・継承されて，世界各地にその気候・風土に適した独特な発酵乳製品が生み出されていったといわれている．代表的な伝統的発酵乳としては，ヨーグルトをはじめとして，旧ソ連・コーカサス地方原産のアルコール含有発酵乳ケフィア（Kefir），馬乳を原料として製造される中央アジアのクーミス（Koumiss），スカンジナビア半島の粘性発酵乳ヴィリ（Viili），インド・ネパールのダヒ（Dahi）などがあげられる．

　今日，世界中で最も消費量の多い発酵乳はヨーグルトである．ヨーグルトの発祥地としては，中央アジアからブルガリアを中心としたバルカン半島にかけての一帯，トルコ周辺が知られている．ヨーグルトの語源はトルコ語の「乳からつくった酸っぱい発酵液」からきており，8世紀頃に「Yogurut」と呼ばれていたものが，11世紀に今日と同じ「Yogurt」という名称になったといわれている[1]．そのヨーグルトが一躍世界的に脚光を浴びるようになったのは，20世紀初頭にロシアのイリア・メチニコフ（1845～1916年，ノーベル生理医学賞受賞者）が提唱した「不老長寿説[2]」がきっかけである．その中で，「ブルガリア地方に長寿者が多いのは，ヨーグルトを毎日多量に食べているからである」という学説が発表され，ヨーグルトが「不老長寿の妙薬」として紹介されたが，これがのちの栄養・生理学的な研究を促すきっかけにもなったのである．

　一方，わが国では奈良時代に，百済からウシとともに搾乳術が伝えられ，牛乳を保存するための加工品として「酪」，「蘇」，「醍醐」と呼ばれる乳製品がつくられたといわれている．これらは現在のヨーグルトの原型であり，当時の朝廷に献上されるような極上品であった．その後，ヨーグルトが日本人の食卓にのぼるのは明治時代も半ばになった頃のことである．明治時代末に「凝乳」と称して販売され，大正時代にはヨーグルトと呼ばれるようになり，徐々に広まっていったとされている．本格的なヨーグルトの工業生産がスタートしたのは昭和に入ってからのことである．当時は，砂糖と香料を加え，寒天・ゼラチンで固めたガラスビン入りのハードヨーグルトがまず生産され，その後，ソフト（フルーツ），プレーン，ドリンク，フローズンヨーグルトが順次発売されて，今日のヨーグルト商品の基盤が築かれたといえる．近年では乳酸菌・ヨーグルトの機能解明に伴い，特定保健用食品やプロバイオティクスとしてのヨーグルトが発売されるなど，さらなる商品の多様化が進んでいる．

6.2 定　　義

6.2.1 「発酵乳」のコーデックス規格

　FAO（国連食糧農業機関）とWHO（世界保健機関）により設立された，消費者の健康保護と公正な食品貿易の確保などを目的とした国際政府間機関「コーデックス委員会」で，発酵乳の国際規格「コーデックス規格」が討議されている．その中で，2003年に採択された「発酵乳改正規格案」によると，発酵乳とは，「適切な微生物の作用により乳を発酵して得られた乳製品であって，凝固（等電点沈殿）を伴うもしくは伴わずにpHを低下させたものをいう．それらのスターター微

表6.1 発酵乳の成分規定*
＊FAO/WHO 合同食品規格計画 第5回 CODEX 乳・乳製品部会会議 会議資料・報告書(2002)より

	発酵乳	ヨーグルト，カルチャー代替ヨーグルトおよびアシドフィルスミルク	ケフィア	クーミス
乳タンパク質[*1](%w/w)	2.7%以上	2.7%以上	2.7%以上	2.7%以上
乳脂肪(%w/w)	10%未満	15%未満	10%未満	10%未満
滴定酸度(乳酸表示，%w/w)	0.3%以上	0.6%以上	0.6%以上	0.7%以上
エタノール(%vol/w)				0.5%以上
スターター微生物(CFU/g, 合計)	10^7以上	10^7以上	10^7以上	10^7以上
表示微生物[*2](CFU/g, 合計)	10^6以上	10^6以上		
酵母(CFU/g)			10^4以上	10^4以上

*1：タンパク質含量はケルダール法で測定した全窒素量に 6.38 を乗じたものである．
*2：特徴的なスターターカルチャーの補足として加えた特徴的な微生物が存在することを表示中で言及する場合に適用する．

生物は品質保持期限内において製品中に生存し，活性があり，かつ多数存在しなければならない．発酵後に加熱処理をする場合，微生物の生菌規定は適用されない」と定義されている．いくつかの発酵乳は，発酵に使用される特徴的なスターターカルチャーによって特色づけられており，「ヨーグルト」は *Streptococcus thermophilus*（以下，サーモフィルス菌）および *Lactobacillus delbrueckii* subsp. *bulgaricus*（以下，ブルガリア菌）の共生カルチャーを用いたものとなっている．また，世界的なトレンドを受けて，「アシドフィルスミルク」，「ケフィア」，「クーミス」に加え，「カルチャー代替ヨーグルト（サーモフィルス菌およびあらゆる乳酸桿菌属のカルチャー）」も新たに発酵乳の規格案に組み込まれることになった[3]．なお，上記で規定されている特徴的なスターターカルチャー以外の微生物も加えてよいことになっている．表6.1にそれらの成分規定を示した．

WTO 協定下において，コーデックス規格が食品の安全に関する国際的な基準，指針および勧告と位置づけられたことから，国内においても本規格との整合性をもたせるための乳等省令の一部改正が行われていくものと考えられる[4]．

6.2.2 「乳及び乳製品の成分規格等に関する省令（乳等省令）」による規定

わが国で市販されている発酵乳はそのほとんどがヨーグルトであるが，ヨーグルトという名称は一般名称であって，法律で定められたものではない．ヨーグルトは厚生労働省の「乳及び乳製品の成分規格等に関する省令（乳等省令）」によって，種類別名称の「はっ酵乳」として取り扱われ，その定義と成分規格が規定されている．それによると，「はっ酵乳」とは「乳又はこれと同等以上の無脂乳固形分を含む乳等を乳酸菌又は酵母で発酵させ，糊状又は液状にしたもの又はこれらを凍結したもの」と定義され，その成分規格は「無脂乳固形分 8.0%以上，乳酸菌又は酵母数 1 ml 中 1,000 万個以上，大腸菌群陰性」となっている．

表6.2に乳等省令における「はっ酵乳」および「乳酸菌飲料」の規格を示した（乳等省令などでは「はっ酵乳」と仮名混じりで記載されているが，本章では「発酵乳」と漢字表記することにする）．英国，ドイツなどを除く大部分のヨーロッパの国では，ヨーグルトの使用菌種をブルガリア菌とサーモフィルス菌の2菌種と指定しているのに対し，日本では乳酸菌の種類に特定がなく，前述の国際規格とはかなり異なったものになっている．

6.3 発酵乳，乳酸菌飲料の表示に関する公正競争規約

ヨーグルトの商品や広告における種々の表示については，一般消費者の適正な商品選択に資するとともに，不当な顧客の誘因を防止し，公正な競争を確保することを目的として，「発酵乳，乳酸菌飲料の表示に関する公正競争規約」が設定され

表 6.2 乳等省令における「発酵乳」及び「乳酸菌飲料」に関する成分規格

種類別	定　義	成分規格		
		無脂乳固形分	乳酸菌数又は酵母菌数	大腸菌群
発酵乳（乳製品）	乳またはこれと同等以上の無脂乳固形分を含む乳等を乳酸菌または酵母で発酵させ，糊状または液状にしたもの，または凍結したもの	8.0％以上	1000万/m*l* 以上	陰　性
乳製品乳酸菌飲料（乳製品）	乳等を乳酸菌，または酵母で発酵させたものを加工し，または主要原料とした飲料	3.0％以上	1000万/m*l* 以上（注）	陰　性
乳酸菌飲料（乳等を主原料とする食品）	同上	3.0％未満	100万/m*l* 以上	陰　性

（注）ただし，発酵後において75℃以上で15分間殺菌するか，またはこれと同等以上の殺菌効果を有する方法で殺菌したものは，この限りではない．

ている．この規約は，不当景品類および不当表示防止法に基づき，公正取引委員会の認定を受けて，1977（昭和52）年12月に告示された業界の自主的規制である．規約の対象となる商品は，乳等省令に適合する「発酵乳」と「乳酸菌飲料」であり，「殺菌乳酸菌飲料」については別に定められた規約の適用を受ける．その内容としては，次に掲げる事項を容器または包装の見やすい場所に一括して表示しなければならないことを定めている．

1. 必要な表示事項
   種類別名称，無脂乳固形分等，原材料名，内容量，賞味期限，保存方法，事業者名等
2. 特定事項の表示基準
   無果汁の表示基準，原産国の表示基準，特定名称等の表示基準，菌数等の表示基準，生乳使用強調表示基準
3. その他の表示事項
   栄養表示基準，特色のある原材料等の表示基準，アレルギー物質を含む食品に係る表示基準，遺伝子組換え農産物等に係る表示基準，容器包装識別表示
4. 不当表示の禁止
5. 違反に対する調査及び措置

詳細については，「平成21年1月 改訂　はっ酵乳，乳酸菌飲料の表示　はっ酵乳，乳酸菌飲料公正取引協議会（社）全国はっ酵乳乳酸菌飲料協会」を参照されたい．

6.4 種　　類

一般的に，日本のヨーグルトはプレーン，ハード，ソフト，ドリンク，フローズンの5タイプに分類され，製造方法からは後発酵タイプと前発酵タイプに区分けされる．プレーン，ハードヨーグルトは，後発酵タイプと呼ばれ，乳原料ベースを小売容器に充填後，発酵室で静置したままで発酵して製造される．一方，ソフト，ドリンク，フローズンヨーグルトは，前発酵タイプと呼ばれ，あらかじめタンク中で発酵させ生じた凝固（カード）を破砕し，これに砂糖，香料，果汁，果肉などを混合してから，小売容器に充填して製造される．

前者の方法で製造したヨーグルトを静置型（セット）ヨーグルト，後者の方法によるものを攪拌型ヨーグルトと表現する場合もある．表6.3に製造法によるヨーグルトの分類を整理した．

6.5 発酵乳・乳酸菌飲料の製造に使用される乳酸菌

6.5.1 乳酸菌の種類

乳酸菌とは炭水化物を発酵し，多量の乳酸を生成する（通常，生成する酸の50％以上が乳酸である場合をいう）グラム陽性細菌の総称であり，カタラーゼ陰性で，運動性がなく，胞子をつくら

表6.3 製造法によるヨーグルトの分類

種類	形状	製造法	安定剤
プレーン	固形	後発酵型（静置型）	−
ハード	固形	後発酵型（静置型）	±
ソフト	固形	前発酵型（攪拌型）	±
ドリンク	液状	前発酵型	±
フローズン	凍結固形	前発酵型	＋

ない菌群のことである．一般的に，形態（桿菌または球菌），生育至適温度（高温性または中温性），発酵形式（6.6.6項bで後述）などによって分類される．ヨーグルトの代表的な乳酸菌であるブルガリア菌とサーモフィルス菌の主な特徴は以下の通りである．

ブルガリア菌は，デンマークの細菌学者 Orla-Jensen によってブルガリア地方のヨーグルトから分離される桿菌として命名された．幅0.8～1.0 μm，長さ4.0～6.0 μm の桿菌で，単～連鎖をなす．増殖期には細胞内にメチレンブルーで染色される顆粒が生ずるのを特徴とする．生育適温は40～43℃，最低22℃，最高52.5℃である．牛乳中では約1.7%のD(−)乳酸を生成する．一方，サーモフィルス菌の語源はギリシャ語の好熱性という単語に由来する．直径0.7～0.9 μm の球～卵状細胞で，双～長連鎖を形成する．生育適温は40～45℃，最低20℃，最高50℃である．牛乳中で0.7～0.9%のL(+)乳酸を生成する．

なお，わが国で発酵乳・乳酸菌飲料に使用されている主な乳酸菌の特徴に関しては，第Ⅳ章表1.2，表1.3に記載した．

6.5.2 スターターの選定

乳酸菌の性状・特性は，発酵乳・乳酸菌飲料の品質に及ぼす影響がきわめて大きく，商品コンセプトに相応しい乳酸菌を選択することが重要である．ヨーグルトに使用する乳酸菌は，①生産性の観点からの培養特性（乳中での生育能，発酵速度，乳酸生成能など），②風味・物性（香気成分・増粘多糖類生成能，組織形成能など），③保存性（保存中の酸生成能，菌数維持など），④性質の安定性などを指標として選択されるが，必要に応じて独自の菌株をスクリーニングすることも重要である．近年では，乳酸菌の生理効果・健康効用が注目されていることから，プロバイオティクス効果などの機能特性を指標に選択される場合も多い．

スターターの調製は発酵乳類製造における最も重要な工程の一つといえる．スターターは試験管培養レベルのストックカルチャー（シードカルチャー，スタムカルチャーとも呼ばれる）から，マザースターターを経て段階的に活性が高められ，最終的に製品に添加するバルクスターターが調製される．マザースターターでは，バルクスターターにスケールアップするための中間培養が必要に応じて行われることもある．これら一連の継代培養により活性を高めていく方法はフレッシュカルチャー法と呼ばれ，わが国の乳業メーカーで従来から採用されてきた方法である．一方，近年では専門のスターターメーカーより供給される凍結濃縮菌や凍結乾燥菌を利用した濃縮スターター法も普及している．この方式では，濃縮スターターからバルクスターターを調製する，あるいは製品に直接接種する方式（DVI，DVS）がとられている．なお，フレッシュカルチャー法，濃縮スターター法の詳細とそれぞれの長所，短所については第Ⅳ章1.2.1項および1.2.2項を参照されたい．

6.6 製造法

ヨーグルトの製造技術は，伝統的な手法と近代的手法のバランスから成り立っている．近代的なヨーグルトの製造工程も，伝統的製法と大きくは変わらず，基本的には乳の十分な殺菌，純粋培養した乳酸菌の植え付け，発酵温度の管理といった手順によるものである．工業的なヨーグルトは，基本的に図6.1に示したような連続的な工程によって製造される．本節ではヨーグルトの品質に影

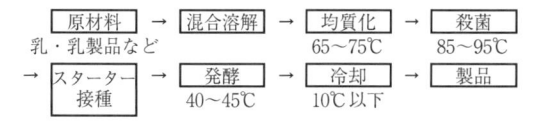

原材料 → 混合溶解 → 均質化 → 殺菌
乳・乳製品など　　　　　65～75℃　85～95℃
→ スターター接種 → 発酵 → 冷却 → 製品
　　　　　　　　40～45℃　10℃以下

図6.1 ヨーグルトの一般的な製造工程

響する製造工程因子を取り上げ，それらについて解説する．

6.6.1 原料乳の選択

発酵乳の製造には，牛乳，水牛乳，羊乳，山羊乳，馬乳などが使用されるが，わが国のヨーグルトでは牛乳の使用が一般的である．高品質のヨーグルトを製造するためには良質の原料乳の選択が不可欠であり，酸化臭，酸敗臭，苦味などの異味異臭がないものを使用する．特に，脂肪分解によるランシッド臭は牛乳よりヨーグルトのほうが感じやすいため，原料乳脂肪の種類と状態には風味上から十分な注意が必要である．また，乳房炎治療に由来するペニシリンなどの抗生物質，CIP溶液の残さや殺菌剤，バクテリオファージなど，乳酸菌の生育阻害物質を含まない原料乳を使用する．近年は，抗生物質の混入事例はまれであるが，ヨーグルト用乳酸菌は抗生物質に対する感受性がきわめて高いことが特徴である．たとえば，サーモフィルス菌は牛乳 1 ml 当たり 0.01 IU のペニシリンや 5 μg/ml のストレプトマイシンで発育が阻害され，細胞は膨化して不均斉な形態となり，長鎖を形成する．また，ブルガリア菌では牛乳 1 ml 当たり 0.03 IU のペニシリン含有で生育が阻害され，細胞は糸状を呈し，メチレンブルーで強く染色される顆粒を生ずる．抗生物質の混在はヨーグルトの菌叢にも異常を来し，発酵時間の遅延や風味・カード不良の原因となる．したがって，原料乳はサーモフィルス菌 510 使用の TTC 法か，*Bacillus stearothermophilus* var. *calidolactisc* 953 NIZO 株使用のペーパーディスク法であらかじめ抗生物質を検査する必要がある．

6.6.2 ヨーグルトミックス（原料ミックス）の標準化

「ヨーグルトミックス」とは，ヨーグルトの原材料である乳・乳製品などを混合溶解した発酵前のベースのことであり，原料ミックスあるいはベースミックスとも呼ばれる．以下，本節では，原則としてヨーグルトミックスという用語を使用することにする．

発酵乳の無脂乳固形分（SNF）は，乳等省令の成分規格に則り，8.0％以上を満たす必要がある．後発酵ヨーグルトではカード強化を目的として，脱脂粉乳，全脂粉乳，濃縮乳などに加え，ホエイ粉，ホエイタンパク濃縮物などを添加する場合が多い．これらの粉乳類は 40〜60℃に加温したヨーグルトミックスに溶解するが，風味・組織への影響を考慮して，添加量を調整する必要がある．一般的にタンパク含量を高めると，カードが固くなり，水和性が増すためにホエイ分離が少なくなる．また，SNF が 10％を超えると，ミネラル由来の塩味・雑味が生じやすく，粉っぽい風味となる．なお，原材料を混合溶解したヨーグルトミックスは均質化処理に先立って，未溶解粉乳や異物を除去するためにろ過を行う．

一方，発酵乳の乳脂肪分に規定はないが 0〜10％の範囲であることが多く，通常は 0.5〜3.5％である．脱脂ヨーグルトでは酸味をシャープに感じるが，脂肪を加えるとコクが高まり，酸味の和らいだ温和な風味となる．プレーンヨーグルトでは風味・組織をよくするうえからも 3.0％程度の脂肪を含有することが好ましい．乳脂肪分は主に原料乳に由来するが，バターあるいは全脂粉乳で還元する場合には，風味への影響を十分考慮する必要がある．また最近では，乳脂肪以外に植物性脂肪も使用されることがある．

全固形分を高める方法としては，前述のように乳製品などの添加が一般的であるが，製造工程中で濃縮する方法も採用されている．最近では，膜分離法を利用した逆浸透法（reverse osmosis：RO），限外ろ過法（ultra filtration：UF），ナノろ過法（nano filtration：NF）もヨーグルトの製造に利用されている．これらの技術は，いずれも常温で実施できること，相変化を伴わないこと，化学薬品や酵素を牛乳などに直接使用しないこと，省エネルギーのプロセスであることなどが特徴である．加熱することなく乳固形分の濃縮が可能であり，タンパク質のみを分画濃縮した高タンパク濃縮液やミネラルを低減した良質の原料などを調製することも可能である．これらの技術を

応用したヨーグルトは，しっかりした組織で粘性が高く，クリーミーで良好な風味となる[5,6,7]．また，UFやNFを利用すると，SNFを高めても風味的に塩味や雑味が生じにくいという利点がある．

そのほか，ヨーグルトミックス中の乳糖をラクターゼ（β-ガラクトシダーゼ）によりグルコースとガラクトースに酵素分解して，甘味度を高めたマイルドな風味のヨーグルトを調製する方法も提案されている[8]．

6.6.3 脱　気

脱脂粉乳などの粉乳類をヨーグルトミックスに溶解するときには，工程中での過度の攪拌を避け，できるだけ気泡を巻き込まないように注意する必要がある．特に，殺菌から発酵までの工程が閉鎖系の場合には，ミックス中に溶け込んだ細かい泡が容易に除去されないため，場合によってはデアレーターなどの設置が必要である．脱気によるメリットとしては，①均質機の作業条件の改善，②熱処理時のファウリングリスクの低減，③発酵時間の安定化，④ヨーグルトの粘度の改善，⑤揮発性のオフフレーバーの除去などがあげられる．

6.6.4 均質化

均質化の主な目的は，乳脂肪球を機械的に細かく分散させ脂肪の浮上を防止することと，ヨーグルトの粘度・硬さを高めてホエイ分離を防止することにある．十分に均質化したヨーグルトミックスから調製した製品は，脂肪球が細かいため光散乱によって白くみえ，クリーミーでマイルドな風味となる．一般的に均質化には55～75℃，15～25 MPaの条件が適用される．SNF 9.0％以上の高SNFのミックスでは，脂肪浮上の防止を主目的として中圧で均質化を行う．一方，SNF 8.0％程度の低SNFのミックスでは，ホエイタンパクを変性させ，さらにカゼインの親水性を増すことにより硬度・粘度を高め，ホエイ分離を防止することを主目的として高圧での均質化を行う．なお，安定剤を含んだ系での安定剤の分散性向上にも均質化処理が寄与している．

6.6.5 殺　菌

ヨーグルトミックスの殺菌の目的は，病原菌などの有害菌を死滅させること，乳酸菌の培地としての性質を改善すること，ヨーグルトのホエイ分離を防ぎカードを硬くすることにある．乳等省令の発酵乳製造法の基準によると，発酵乳の原料（乳酸菌，酵母，発酵乳および乳酸菌飲料を除く）は，混合したあとに62℃で30分間加熱殺菌するか，またはこれと同等以上の殺菌効果を有する方法で殺菌することと規定されている．一般的な加熱条件は85～95℃にて2～15分である．牛乳を80℃以上に加熱すると天然に存在する乳酸菌の発育阻害物質（ラクテニン）が破壊される．加熱による酸素含量の減少とホエイタンパク質の変性によるスルフヒドリル基（SHグループ）の生成は，牛乳の酸化還元電位を下げるのでブルガリア菌の発育を助長する．また，酸素の減少した環境で，サーモフィルス菌はブルガリア菌の発育を促進する蟻酸を生成する．ホエイタンパク質の変性は72～75℃16秒以上の加熱で開始する．その結果，κ-カゼイン，β-ラクトグロブリン，α-ラクトアルブミンなどの相互作用が誘導され，結合水が増加するとともに，ヨーグルトの粘度や硬度が改善され，ホエイ分離も抑制される．ヨーグルトミックスの加熱条件（加熱温度，保持時間）としては，ホエイタンパク質を90～99％変性できる範囲が適切である．85～87℃ 5～30分のバッチ殺菌のほうが140～145℃ 15秒のUHT殺菌に比べて変性率が高くなるためヨーグルトの硬度や粘度は高くなる．H. G. Kesslerによると，ヨーグルトミックスをUHT処理にて殺菌すると後発酵ヨーグルトのカード強度が軟弱化することが報告されている[9]．

6.6.6 発　酵

ブルガリア菌単独あるいはサーモフィルス菌単独による発酵では，酸生成，風味生成，組織形成の点で不十分であり，典型的なヨーグルトは得られない．ブルガリア菌とサーモフィルス菌の間に

は共生作用があり，ヨーグルトを製造するためには両菌種の併用が好ましい．両菌種のバランスを保つためには，別個に培養した個々のスターターを併用する方法が容易であるが，酸生成能力の点からは混合培養したスターターのほうが優れている．2菌種の混合スターターでは，それらのバランスが風味・物性上，重要である．一般的には，1：1〜1：2の比率のときに酸生成が速まるが，使用菌株により特性が異なるため，最終製品の品質を考慮して菌数バランスをコントロールする必要がある．スターターの接種量は，その活力に応じて通常1〜3％接種する．1％以下では，①酸生成が阻害されやすく発酵が遅延する，②好ましくない生育環境になりやすい，③ブルガリア菌が十分に生育しない，④酸生成が不安定である，などの制約が生じる．一方，5％以上では，①組織が粗く，離水が多くなる，②ヨーグルトの芳香に欠陥が生じる，③過大なスターター量を調製しなければならない，などの制約がある．最適なスターター接種量は2〜3％であり，SNF 9.5％相当のヨーグルトでは42〜43℃で3〜4時間発酵すると酸度が0.65〜0.80％に達する．

通常の連続式発酵法では，ヨーグルトミックスに対して，バルクスターターを定量ポンプによってインラインで連続的に接種する方式がとられている．この方式とは別に，予備発酵とそれに続く本発酵の2ステージからなる2段階の連続発酵法も提案されている[10]．この方式では，発酵タンク（ファーメンター）にて，乳酸菌数とスターターの活力を一定に維持できるように43〜45℃での連続発酵を行い，ついでこの予備発酵したヨーグルトミックスを別の発酵タンクに移すか，あるいは小売容器に充填し，さらに低温で発酵させるというものである．予備発酵段階では未発酵のミックスを注入しながら同量の予備発酵ミックスを取り出すことで，酸度0.23〜0.27％もしくはpH 5.7にコントロールする．この方式によれば，バルクスターターが節約できるだけでなく，本発酵でのスターターの誘導期がなくなるので発酵時間を短縮することも可能である．

発酵においては，スターターによる酸生成を速めるため，乳酸菌の生育至適温度よりもやや高めの温度が採用されることが多い．発酵温度は，最終製品の風味・物性，ならびに使用するスターターの特性を考慮して設定されるが，一般的には40〜45℃の範囲であり，より好ましくは42〜43℃付近である．一方，ヨーグルトの発酵方法の一つに，37℃程度の低温でじっくりと発酵を行う「低温発酵法」がある．この製法では，なめらかな組織が得られる反面，発酵時間が遅延し，工業的な大量生産を行う場合の生産性を大きく低下させることになる．そこで，近年「低温発酵」を工業化するための新たな発酵技術として，「脱酸素発酵法」が提案されている[11,12]．これは，通常6〜7 ppm程度のヨーグルトミックス中の溶存酸素濃度を4 ppm以下に低減してから発酵する製法のことで，低温発酵時の発酵時間短縮に有効である．また，「脱酸素発酵法」と「低温発酵」を併用したヨーグルトは，本来は相反する「流通の衝撃でも崩れにくい，しっかりとしたカード強度」と「なめらかな食感」を両立していることが特徴としてあげられ，低脂肪ヨーグルトなどの嗜好性向上に有効である[13]．

発酵の終点はpH 4.6付近であるが，酸度による発酵管理を行う場合には，製品SNFによって終点pHに対応する酸度が異なるため，注意が必要である．なお，均一な発酵を行うためには，発酵室内および発酵タンク内の温度ムラをなくすような設備設計が重要である．

a．共生作用

サーモフィルス菌は発酵の初期に著しく増殖し，酸度の上昇に伴いpHが5.5〜5.0に低下すると発育が緩慢となる．以後，ブルガリア菌の発育が旺盛となる．この間に，両菌種には共生作用が存在し[14]，酸生成と芳香の主要成分であるアセトアルデヒドの生成が著しく促進される[15]．サーモフィルス菌は，無酸素または酸素分圧が4 mg/kg以下のときに蟻酸を生成し[16,17]，また，尿素から二酸化炭素を生成する[18,19]．これらの物質はブルガリア菌の発育を促進する．一方，ブルガリア菌は乳タンパク質を分解し，比較的多くのペプチドと遊離アミノ酸を蓄積する．生成した遊離ア

ミノ酸のうち，バリン[20]，ヒスチジン，グリシン[21]などやバリン，ヒスチジン，メチオニン，グルタミン酸，ロイシンの5種混合[22]などが，サーモフィルス菌の発育促進物質として働く．ヨーグルト用乳酸菌としては，共生作用の強いブルガリア菌とサーモフィルス菌の選択が有効である．

b．乳酸発酵

乳酸菌はチトクローム系酵素をもたないため，発酵によってエネルギーを得ている．乳酸発酵はホモ型発酵とヘテロ型発酵に大別され，ヨーグルト用乳酸菌は前者の発酵形式である．発酵した糖からほぼ100％に近い収率で乳酸を生成し，このようなホモ型発酵に属するものは，*Streptococcus*，*Pediococcus*，*Lactobacillus*の一部の菌種である．一方，ヘテロ型発酵は糖から乳酸（50％以上）とそれ以外の物質を生成する発酵であり，これは，さらに二つのタイプに分けられる．第1は乳酸，エタノール，CO_2を生成する発酵形式で，このようなヘテロ型発酵に属する菌種は，*Leuconostoc*と*Lactobacillus*の一部である．第2は乳酸と酢酸を生成する発酵形式で，このタイプに属するものは*Bifidobacterium*である[23]．エネルギーの主な供給源としては乳糖を利用する．ブルガリア菌，サーモフィルス菌などでは，permeaseによって乳糖を細胞内に取り込み，菌体内酵素のβ-ガラクトシダーゼでグルコースとガラクトースに分解する[23]．グルコースとガラクトースの代謝性を比較すると，多くの菌ではグルコースを優先的に代謝する傾向がある．グルコースは，ピルビン酸までの解糖（エムデン-マイヤーホフ-パルナス：EMP）経路によって，最終的に乳酸に転換されるが，代謝経路の詳細については成書[24]，参考文献[25~27]を参照されたい．

c．芳香の生成

ヨーグルト発酵過程の副産物としては，アセトアルデヒド，ジアセチル，アセトイン，アセトンおよびブタンジオール-2,3などのカルボニル化合物，乳糖の転換によって生成されるエチルアルコールや酢酸，蟻酸，カプロン酸，カプリル酸，カプリン酸，酪酸，プロピオン酸およびイソ吉草酸などの揮発性脂肪酸ができる．これらの中でヨーグルトの主要な芳香成分はアセトアルデヒドであり，その他のジアセチルや揮発性脂肪酸は微妙な芳香の調和に関与している．ヨーグルトの嗜好性からは製品中に8 pm以上のアセトアルデヒドが含有される必要があるとされている．発酵中には，アセトアルデヒドはpH 5付近で生成が始まり，pH 4.4～4.3で急激に増加し，pH 4でストップする[28]．ヨーグルト用乳酸菌によるアセトアルデヒドの生成経路を図6.2[29]に示す．グルコー

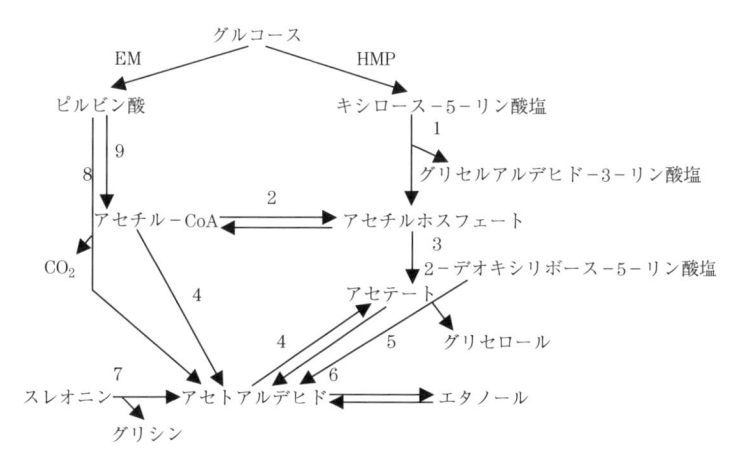

図6.2 アセトアルデヒドの生成経路[29]
1：ホスホケトラーゼ，2：ホスホトランスアセチラーゼ，3：アセテートキナーゼ，4：アルデヒドデヒドロゲナーゼ，5：2-デオキシリボースアルドラーゼ，6：アルコールデヒドロゲナーゼ，7：スレオニンアルドラーゼ，8：α-カルボキシラーゼ，9：ピルビン酸デヒドロゲナーゼ，EM：エムデン-マイヤーホフ経路，HMP：ヘキソースモノホスフェート側路．

スからできたアセチル CoA と酢酸からアルデヒドデヒドロゲナーゼによってアセトアルデヒドができるが，この酵素はブルガリア菌とサーモフィルス菌の両菌種に認められている[30]．2-デオキシリボース-5-リン酸からアセトアルデヒドをつくるデオキシアルドラーゼは，ブルガリア菌とサーモフィルス菌のいずれにも菌株によって認められるものがある[29]．スレオニンからアセトアルデヒドをつくるスレオニンアルドラーゼは，両菌種ともにもっているが，特にブルガリア菌の活性が強く，ヨーグルトのアセトアルデヒド生成の主要な経路になっている[31]．サーモフィルス菌のスレオニンアルドラーゼ活性は 30℃培養のときに比べて 37℃では低下し，またアセトアルデヒド生成の際に副生するグリシンによる活性阻害作用もブルガリア菌よりサーモフィルス菌のスレオニンアルドラーゼのほうが強い影響を受ける[32]．ヨーグルト用乳酸菌は，アルコールデヒドロゲナーゼをもたないため，アセトアルデヒドを代謝の最終産物として蓄積する．一方，サーモフィルス菌によるジアセチルの生成は，糖から余剰のピルビン酸ができた場合に，アセチル CoA を経てジアセチルに変換される．

d．カードの形成

ヨーグルトのカードは，乳酸菌の生育による pH の低下に伴うカゼインの等電点沈殿ゲルのことである．発酵中のカード形成は pH 5.5 頃から始まり，pH 5.0 でゲルの形成が認められ，pH 4.6 以下になると，しっかりとした安定した組織となる．ゲルを形成しつつある pH 5.5 から pH 4.6 までの間に振動やせん断を受けると，なめらかな組織が形成されずに，ホエイ分離などの品質不良を起こしやすくなるため，製造工程上，この間の振動などの物理的刺激は避けなければならない．

カード形成は，以下のような段階で進行する．

(1) 乳酸菌はエネルギーを得るために，ミックス中の乳糖を利用して乳酸を生成する．

(2) 乳酸が生成すると，リン酸カルシウムやクエン酸塩が可溶化し始め，カゼインミセルと変性ホエイタンパク質の複合体が不安定になる．

(3) ヨーグルトミックスの pH がカゼインの等電点である 4.6 に近づくと，カゼインミセルが集合し，その塊が融合してカードとなる．

(4) ミセルは κ-カゼインと α-ラクトアルブミンや β-ラクトグロブリンの交互作用によって部分的に保護されて規則正しいネットワークを形成し，その中に脂肪球や水溶性成分を保持する．

6.6.7 冷　却

発酵を終了したヨーグルトは，できるだけ振動を与えないようにして急冷室あるいは冷蔵庫に移動し，速やかに冷却する．この場合，酸生成は品温が約 15℃に低下するまで持続するため，冷却能力を加味して発酵終了酸度を設定する．冷却中の振動はカードの破壊とホエイ分離を引き起こす原因となるため，避けなければならない．また，容器の材質，形状，容量，あるいはクレート・段ボールの種類や積載方法などにより冷却効率に差が生じるため，発酵終了酸度と冷却能力の設定に当たっては十分な予備調査が必要である．

一般的に，ブルガリア菌は pH 3.5〜3.8，サーモフィルス菌は pH 3.9〜4.3 で酸生成をストップする．一方，ヨーグルト保存開始時の pH は約 4.2〜4.5 であるため，冷蔵保存中においても乳酸菌による酸生成が進行することになる．ブルガリア菌は D(−)乳酸を，サーモフィルス菌は L(+)乳酸を生成するが，ヨーグルト保存中には D(−)乳酸の比率が高くなる．SNF 9.5%程度のヨーグルトでは，冷却後の酸度は 0.8〜0.9%が望ましく，10℃以下で保存した場合には少なくとも 2 週間は良好な品質が維持できる．

6.7　ヨーグルトタイプ別の製造法ならびに市場動向

6.7.1　プレーンヨーグルト

プレーンヨーグルトは，乳・乳製品のみを発酵したヨーグルトの基本型であり，乳酸菌が作り出す独特の発酵風味が特徴である．ヨーグルト市場の中でも健康・自然志向が最も反映されやすいジャンルであり，いまや牛乳のような家庭用食品と

して位置づけられている．

　元来，砂糖・安定剤・香料などの添加物を一切添加しないため，差別化が図りにくい商品であるが，近年では，中味，製法，使用菌株などに工夫を凝らして付加価値を高めた商品が増加している．乳酸菌については，伝統的な2菌種に，ビフィズス菌，アシドフィルスグループ乳酸菌，カゼイ菌，ロイテリ菌などの腸内定住菌種を併用してより健康効用を訴求した商品や特定保健用食品の表示許可を取得した商品が増加の傾向にある．

　プレーンヨーグルトの製造工程を図6.3に示す．通常，殺菌済みのヨーグルトミックスは，所定温度（40～45℃）に冷却されたあとにスターターが接種されるが（工程1），ヨーグルトミックスの前処理能力と充填能力がバランスしない場合には，いったん10℃以下に冷却する工程がとられることがある（工程2）．この方式では，殺菌冷却されたミックスはサージタンクに貯乳されたあと，加温プレートにより所定温度まで加温され，スターターが接種される．生産計画に柔軟性をもたせることができることから，後発酵ヨーグルトの製造ラインへの適用が増加している．その他の各工程における留意点は，6.6節に準ずる．

　ヨーグルトの欠陥の一つにホエイ分離（離水）がある．後述のハードヨーグルトではその防止のために安定剤が使用されるが，いわゆるプレーンヨーグルトでは安定剤を使用せず，乳固形分を増強してホエイ分離を防止することが多い．また，多糖体を生成する粘性菌株を用いて，風味・組織の良好なホエイ分離の少ないヨーグルトの製造法も検討されている[33,34]．プロテアーゼ処理した乳から製造したヨーグルトは，硬い組織と粘稠性を示しホエイ分離も少なくなるという報告もある[35]．

6.7.2　ハードヨーグルト

　ハードヨーグルトは，静置型ヨーグルトの一つであり，乳・乳製品に甘味料，香料，安定剤などを加えて，プリン状に固めたものである．現在，欧米ではソフトヨーグルト，韓国・台湾などのアジア地域ではドリンクヨーグルトが主流になっているが，ハードヨーグルトはわが国独特のヨーグルトといえる．最近のトレンドとしては，子どもをターゲットとした商品から，大人の需要を獲得すべく機能性や嗜好性を重視した付加価値商品への移行が認められている．具体的には，プロバイオティクスヨーグルト，機能性素材を付加して健康感をより高めた商品，低糖・低脂肪・低カロリーなどをキーワードとした商品，安定剤を添加せず本物・自然志向を訴求した商品などがあげられる．

　ハードヨーグルトの一般的な製造工程を図6.4に示す．まず主原料である乳・乳製品を混合溶解し，糖類，膨潤したゼラチン，あらかじめ溶解した寒天溶液，香料などを混合後，均質化を行って殺菌する．殺菌後，寒天などの安定剤が凝固せず，乳酸菌にダメージを与えない温度まで冷却し，別途調製したバルクスターターを2～3%接種して容器に充填後，発酵する．サージタンクにて低温貯乳した殺菌済みヨーグルトミックスを加温して用いる工程では，寒天などの安定剤溶液を別殺菌しておき，無菌的に混合する．所定の酸度あるいはpHに達したら，発酵室から急冷室あるいは冷蔵庫に製品を移動して冷却する．

　甘味料の添加は，ヨーグルトの酸味を和らげるのに効果的であり，砂糖，異性化糖，マルトースなどが使われる．一般的なヨーグルトの甘味度は

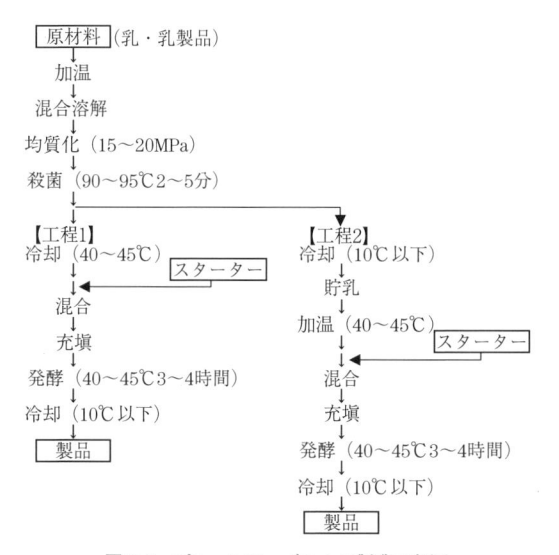

```
原材料（乳・乳製品）
    ↓
   加温
    ↓
  混合溶解
    ↓
均質化（15～20MPa）
    ↓
殺菌（90～95℃2～5分）
    ↓
┌───────┴────────┐
【工程1】        【工程2】
冷却（40～45℃）  冷却（10℃以下）
  ←スターター     貯乳
  混合            ↓
  充填          加温（40～45℃）
  ↓             ←スターター
発酵（40～45℃    混合
  3～4時間）     充填
  ↓             ↓
冷却（10℃以下） 発酵（40～45℃3～4時間）
  ↓             ↓
 製品           冷却（10℃以下）
                ↓
                製品
```

図6.3　プレーンヨーグルトの製造工程図

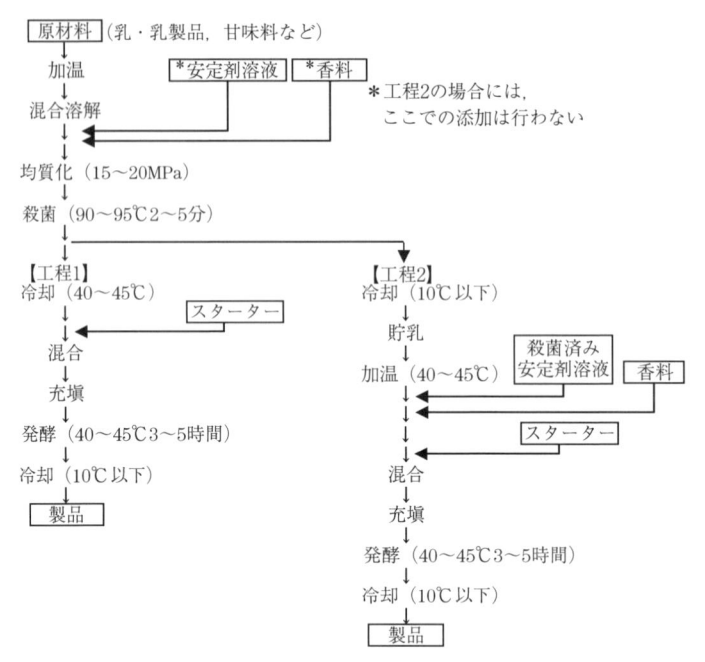

図6.4 ハードヨーグルトの製造工程図

```
原材料（乳・乳製品，甘味料など）
  ↓
加温
  ↓         *安定剤溶液  *香料
混合溶解 ←──────────────
  ↓                          *工程2の場合には，
均質化（15～20MPa）            ここでの添加は行わない
  ↓
殺菌（90～95℃ 2～5分）
  ↓
【工程1】                    【工程2】
冷却（40～45℃）              冷却（10℃以下）
  ↓         スターター         ↓
混合 ←──────                貯乳
  ↓                           ↓      殺菌済み
充填                         加温（40～45℃） 安定剤溶液  香料
  ↓                           ↓ ←──────────────
発酵（40～45℃ 3～5時間）       ↓         スターター
  ↓                           ↓ ←──────
冷却（10℃以下）              混合
  ↓                           ↓
製品                         充填
                              ↓
                             発酵（40～45℃ 3～5時間）
                              ↓
                             冷却（10℃以下）
                              ↓
                             製品
```

5～10％であるが，甘さを控えたタイプの商品も増加している．また，最近では低糖・低カロリー化の素材として，スクラロース，アスパルテーム，ステビア，アセスルファムなどの高甘味度甘味料を使用した商品も増加している．糖の種類・添加量はヨーグルトの発酵性，褐変化に影響を及ぼす．砂糖（ショ糖）の添加量を増やしていくと乳酸菌の増殖が抑制され，酸生成が緩慢となり，12％以上では発酵が著しく阻害される．また，異性化糖はグルコース，フラクトースなどの単糖類が主体であり，ショ糖よりも浸透圧が高いため，乳酸菌の発酵性に及ぼす影響が大きい．ヨーグルトミックス殺菌時の褐変化はアミノ・カルボニル反応と呼ばれる現象である．この反応に影響を及ぼす因子として，糖の還元能，pH，温度，重金属などがあげられる．単糖類が主体の異性化糖を使用すると，ショ糖を使用した場合よりも褐変化が起こりやすい．

　一般的にハードヨーグルトの乳固形分はプレーンヨーグルトよりも低いため，ゼラチン，寒天，LMペクチンなどの安定剤を添加してカードを補強する場合が多い．ゼラチンは主としてウシやブタ，あるいは魚の骨や皮を構成する主要タンパク質であるコラーゲン質を分解・精製したものである．工業的なゼラチンの製造法には酸処理法（酸処理ゼラチン）とアルカリ処理法（アルカリ処理ゼラチン）がある．前者は無機酸を用いて比較的短期間に行われ，等電点はpH 8前後である．一方，後者は飽和石灰液に1カ月以上の長期間浸漬して行われ，等電点はpH 5前後である．ゼラチンのゼリー強度は，ブルーム式ゼリー強度計により測定されるが，市販ゼラチンでは50から300ブルームの範囲である．ゼラチンは冷水中で十分に膨潤させたあと，溶解する必要がある．温湯を使用すると，表面のみが溶解して内部へ水が浸透しにくく，溶解が困難となる．最近では膨潤工程の不要な顆粒化あるいは微粉化タイプも市販されている．ゼラチンは弾力性のあるゲルをつくり，融点，凝固点は25～30℃である．寒天はテングサ科，オゴノリ科などの紅藻植物に存在する粘性物質を熱水抽出して得られる強力なゲル化能を有する多糖類である．ガラクトースを基本骨格とする直鎖の多糖類であり，アガロース（中性多糖）とアガロースと同じ結合様式の骨格に硫酸エステル，ピルビン酸，メトキシルなどのイオン基を含むアガロペクチン（酸性多糖）よりなっている．

寒天の融点は90℃前後であり，凝固点は40℃前後と約50℃の差がある．この温度差のことをhysteresis（ヒステリシス）と呼び，寒天ゲルが熱にも崩れにくいという特徴が生まれてくる．溶解に際しては温湯，望ましくは水に寒天を投入して加熱溶解する．熱湯中に投入すると，表面が高濃度の溶解状態となり，これが被膜となって非常に溶解しにくくなる．通常，寒天溶液は2～3%濃度として調製し，溶解温度は90℃以上である．最近では60～70℃での溶解性に優れた即溶性寒天も販売されている．一般的に，ゼラチンゲルは弾力性に富んでいるが保形性が悪く，寒天ゲルは保形性が高いものの弾力性に乏しく脆いことが特徴である．そのため，従来は両者を併用して食感・物性をコントロールすることが多かった．しかし，最近では従来と異なる機能を有するゼラチン，寒天などの素材開発も積極的に進められており，新たなテクスチャー・食感の創出が期待される．

6.7.3 ソフトヨーグルト

ソフトヨーグルトは攪拌型ヨーグルトであり，果肉入りのフルーツプレパレーションなどと混合して製造されることが多い．ヨーグルトの健康性とフルーツなどの有する嗜好性・美容性を兼ね備えたカテゴリーであり，よりデザートに近い商品として位置づけられている．

最近のトレンドとして，新しい包装形態としての4連商品が伸長する一方で，2連・3連商品はシュリンクしており，ソフトヨーグルト市場の構造変化が進行している．また，スパウト付パウチ，大型容器，中型容器などの新たな容器の出現により間口が拡大しており，今後も容器戦略による差別化に拍車がかかるものと推測される．

アイテム別では，アロエが主要フレーバーであるが，ベリー類の人気も根強く，特にブルーベリーはアロエに次ぐ人気アイテムに成長している．本カテゴリーでのトレンドの一つに，大粒果肉入りや果肉のおいしさ・食感などによりフルーツ面での差別化を訴求した商品がある．また，発酵乳をメイン原料として使用し，ヨーグルトイメージをもたせつつ果肉率をアップさせた「乳等を主要原料とする食品（乳主原）」規格の商品も増加している．また，欧米では，カルシウム，鉄，ビタミン類を強化した子ども向け商品，無脂肪・低脂肪などのライト志向商品，プロバイオティクス乳酸菌による機能性訴求商品なども増加している．

ソフトヨーグルトの製造工程を図6.5に示す．まず，主原料である乳・乳製品類を加温溶解する．安定剤を使用する場合には，あらかじめ溶解しておいたゼラチン溶液，LMペクチン溶液などを混合し，均質化，殺菌後，乳酸菌にダメージを与えない温度まで冷却する．これにバルクスターターを2～3%接種して十分に分散させたあと，ファーメンターにて所定酸度あるいはpHに達するまで発酵を行う．ファーメンターは，ジャケットに恒温水を循環して一定温度に保温するとともに，発酵管理をpHにて行う場合にはpHメーターを装備する．典型的なソフトヨーグルトの製造においては，バルクスターター2.5～3%接種時の発酵時間は，42～43℃にて3～3.5時間である．一方，凍結濃縮菌あるいは凍結乾燥菌をファーメンターに直接接種した場合には誘導期が長くなるため，4～6時間の発酵時間を要する．発酵

```
原材料（乳・乳製品，甘味料など）
    ↓ 加温
    混合溶解 ← 安定剤溶液
    ↓
    均質化（15～20MPa）
    ↓
    殺菌（90～95℃ 2～5分）
    ↓
    冷却（40～45℃） ← スターター
    ↓
    混合
    ↓
    発酵（ファーメンター，40～45℃ 3～4時間）
    ↓
    カード破砕
    ↓
【工程1】              【工程2】
冷却（10℃以下）        冷却（15～25℃）
    ← フルーツプレパレーション    ← フルーツプレパレーション
    ↓                    ↓
    混合                混合
    ↓                    ↓
    充填                充填
    ↓                    ↓
   製品               冷却（10℃以下）
                        ↓
                       製品
```

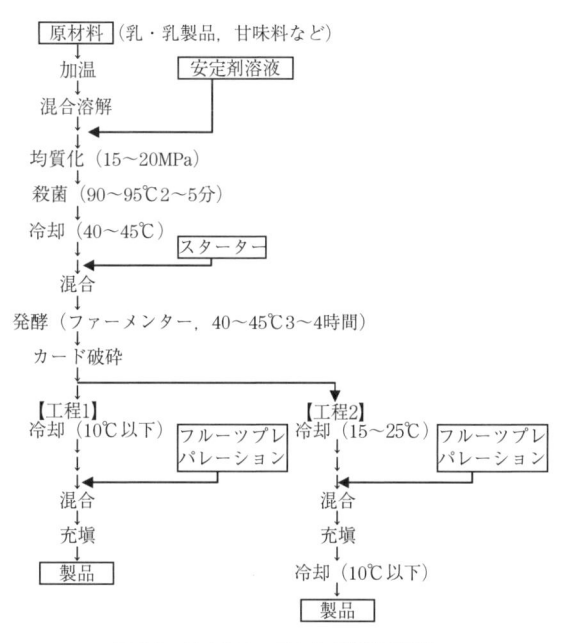

図6.5 ソフトヨーグルトの製造工程図

が終了した発酵乳ベースは，攪拌あるいはフィルターなどでカードを破砕したあと，プレートあるいはチューブラークーラーにて冷却し，サージタンクに投入する．破砕・冷却時に過度のせん断を与えると製品の粘度低下につながるため，適切な攪拌羽根・フィルターの選定と冷却条件のコントロールが重要である．発酵乳ベースの冷却条件は，①後発酵がある程度抑制される15～25℃まで一時的に冷却する方法（工程2）と，②完全に後発酵が抑制される10℃以下まで一気に冷却する方法（工程1），とに大別される．前者では，予備冷却された発酵乳ベースとフルーツプレパレーション（以下，プレパレーション）を所定の比率で混合したあと，容器に充填し，急冷室にて10℃以下に再冷却する．この製法では，急冷室での粘度上昇が期待できるため，工程中の粘度維持が容易である．後者では急冷室などの付帯設備が省略でき，発酵乳ベースをサージタンクにてエージングすることで粘度アップが可能である．ついでこの発酵乳ベースにプレパレーションを所定の比率で混合し，容器に充填して最終製品とする．後発酵ヨーグルトと異なるのは，ファーメンター内で発酵し，発酵終了後にカードを破砕して充填する点である．後発酵ヨーグルトはカードの硬さ・保形性に特徴があるが，ソフトヨーグルトの組織的特徴としては粘度があげられる．ソフトヨーグルト用発酵乳ベースの無脂乳固形分は11～15％程度であるが，乳・乳製品のみではカード破砕後の十分な粘度の確保が難しく，乳タンパク質や安定剤が使用される．また，プレパレーションに添加する安定剤の工夫により，製品粘度を調整することも可能である．

フルーツプレパレーションでは，フルーツが最も重要な構成要素である．フルーツを固形で配合するため，その製造から実際に使用するまでの期間にわたり，果肉を安定的に分散させるための粘度の付与が必要である．主な安定剤としては，ペクチン，グアーガム，キサンタンガム，タラガム，ローカストビーンガム，スターチなどが使用される．果肉の分散性以外に，発酵乳との混合性，製品の粘度，食感などを考慮して，複数の安定剤を組み合わせて使用することが多い．近年では，製造システムの進歩によってフルーツを必要最低限の加熱で殺菌できるようになり，フルーツ本来の風味，色調，食感などを保持したプレパレーションの製造が可能になった．この製造システムのポイントの一つは高粘度のプレパレーションをインラインで加熱冷却するための熱交換機の選択である．最近の傾向として，かき取り式，チューブ式，通電加熱式（オーミック・ヒーティング），さらには電気抵抗を利用した加熱器とチューブ式冷却器を組み合わせたタイプなど，さまざまな方式が提案され，製品の特性に合わせて選択使用されている．また，ソフトヨーグルトの大量生産システムでは，プレパレーションの充填容器として，無菌コンテナ（ステンレス製のハードコンテナ）あるいは大型のバッグインボックスが主流になっている．なお，ヨーロッパ市場ではフルーツヨーグルトの比率が高く，プレパレーション製造設備を自工場内に設置しているヨーグルトメーカーも認められる．

6.7.4 ドリンクヨーグルト

ドリンクヨーグルトは，カードを均質化により細かく破砕し，これに安定剤，糖類，果汁，香料などを添加した液状タイプのヨーグルトである．ソフトヨーグルトと同様に前発酵の攪拌型ヨーグルトの一種であるが，より低粘度の製品といえる．

当該市場は，健康効果を有するヨーグルトを飲料として簡便・手軽に摂取できる点が支持を集め，順調に市場を拡大してきた．プレーンタイプが種類別構成比に占める比率が高いが，ブルーベリー，ストロベリーなどのフルーツフレーバーも販売されている．サイズ別では，1 l のファミリー向け商品，紙容器や PET 容器のパーソナル商品の品揃えが充実している傾向にある．最近のトレンドとしては，カルシウムをはじめ，複数の機能性素材を強化した健康訴求タイプ，果汁・果肉などを混合した新食感タイプ，安定剤・香料無添加のナチュラルタイプなどがあげられる．また野菜汁を配合したタイプも上市されており，ドリン

6. 発酵乳（含：乳酸菌飲料）

クヨーグルトとの組合せによって健康感の相乗効果が期待される．さらに，ハードヨーグルトなどと同様にプロバイオティクスを訴求した商品も販売されている．なお，商品全体としては軽い飲み口のものが好まれる傾向にあり，風味のマイルド化と低粘度化が進行している．海外では主にアジア圏を中心に製造されているが，ヨーグルトを食べる習慣があまりなかった地域では，飲料タイプのほうが馴染みやすかったものと推測される．

ドリンクヨーグルトの製造工程は，発酵，カード破砕後に糖類・安定剤などを含む糖液と混合する「糖液混合型」とカード破砕後にそのまま充填する「全量発酵型」の2通りに大別される．ここでは，前者の製造工程図を図6.6に示す．

まず，乳・乳製品などで所定の成分組成に調製したヨーグルトミックスを均質化，殺菌し，発酵温度まで冷却する．これに別途調製しておいたバルクスターターを2〜3％接種し，ファーメンターにて所定の酸度あるいはpHまで発酵する．発酵終了後はバッチ式もしくは冷却プレートにて速やかに冷却する．冷却中も酸度は上昇するため，10℃以下に冷却された時点で所定の酸度，pHが得られるように冷却開始のタイミングを調整する必要がある．冷却した発酵乳ベースは，均質化を行ってカードを微細に破砕して液状とする．

ドリンクヨーグルトでは離水，沈殿を防止するために，安定剤としてペクチンが使用される場合が多い．ペクチンは，単独で直接溶解することも可能であるが，ダマになりやすいため，糖類（砂糖，液糖など）に分散させてから溶解する．また，低温では溶解しないため，60℃以上に加温する必要がある．バッチ殺菌の場合は，ペクチンを分散後，そのまま殺菌温度まで加温するため，ダマにならなければ完全に溶解できる．一方，プレート殺菌の場合には，殺菌機へ送液する前に溶解タンクでペクチンが完全に溶解していることを確認する必要がある．殺菌が終了した糖液は，速やかに10℃以下に冷却し，香料を添加して貯液する．均質化した発酵乳ベースに所定の比率で上述の糖液を加え，十分に攪拌，混合したものを容器に充填する．なお，製造工程上，発酵乳ベースと糖液を混合してから均質化する方法も可能である（図6.6では糖液混合後，均質化する方法を示した）．

ペクチンは，あらゆる緑色の陸上植物に含まれている多糖類で，セルロースとともに果実や野菜類の構造をつくるために重要な役割を果たしている物質である．ペクチンの含有量や組成は，植物によって異なるが，最近ではレモン，ライムなどの柑橘類の果皮から抽出したものが一般的に使用されている．ペクチンは，分子量5〜15万のポリガラクチュロン酸である．構成糖であるガラクチュロン酸にはフリーの型とメチルエステルの型の2種類があり，全ガラクチュロン酸のうちメチルエステルとして存在するガラクチュロン酸の割合をエステル化度（degree of esterification：DE）という．ペクチンの性質は，このDEによって異なり，DEが50％以上のものをHMペクチン，50％未満のものをLMペクチンと呼んでいる．ペクチンの用途としては，ジャム，マーマレード，ゼリーなどのゲル化剤や酸性乳ドリンクの安定剤が主である．ドリンクヨーグルトをはじめとする酸性乳ドリンクの安定化にはHMペクチンが使用される．ペクチンによる酸性カゼイン粒子の安定化メカニズムは以下のように説明される．カゼイン粒子は等電点であるpH 4.6で電荷が0になり，凝集を起こす．さらにpHが下がると粒

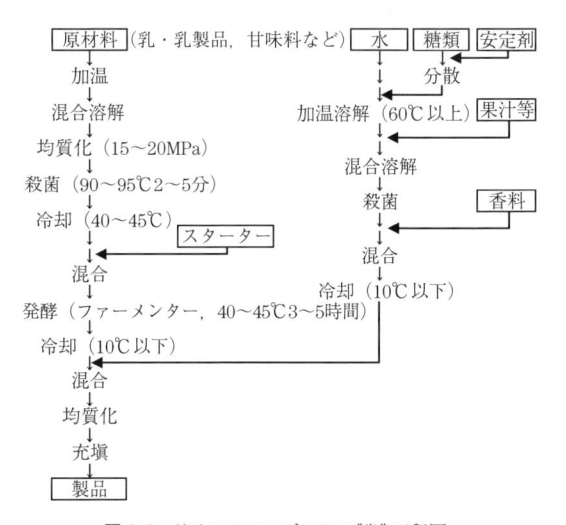

図6.6 ドリンクヨーグルトの製造工程図

子はプラスにチャージしてくるが，嗜好適性のpH 4.0～4.3の領域では粒子の凝集を防ぐのに十分な電荷は得られない．一方，ペクチンはカルボキシル基を有し，解離によってマイナスに帯電しているが，カゼイン粒子と結合し，粒子全体としてマイナスに帯電することになる．これにより，カゼイン粒子どうしに静電的反発力が生じ，凝集・沈殿が抑制される．また，カゼイン粒子に吸着したペクチンどうしが乳中のカルシウムを介して弱いネットワークを構築することも沈殿が抑制される理由の一つである．最近ではドリンクヨーグルトにおいても酸味の少ない商品が求められる傾向にあり，従来よりも高pH領域で酸乳粒子を安定化させるような新たなペクチンの開発が課題となっている．

6.7.5 乳酸菌飲料

乳等省令によると，乳酸菌飲料とは乳などを乳酸菌（または酵母）で発酵させたものを加工し，または主原料とした飲料である．わが国で独自に開発されてきた飲料であり，乳製品に分類される「乳製品乳酸菌飲料」と乳などを主原料とする食品に分類される「乳酸菌飲料」とに分けられる（表6.2）．また，乳製品乳酸菌飲料には，生菌タイプと殺菌タイプがあり，乳酸菌飲料の場合は，生菌タイプのみ規格化されている．生菌タイプは健康的なイメージが強く，65～100 mlのポリ容器のものから，1lの紙パックのものまで，毎日の飲用を意識した容器形態のものが多い．また，最近ではペット容器入りの小型パーソナル商品も上市されている．一方，殺菌タイプは清涼飲料水や果汁飲料の代わりとしての飲用が多いと考えられる．乳酸菌飲料の市場は，一時期やや停滞気味であったが，乳酸菌の機能性を活かした商品の上市に伴い，市場が再び活性化され，今後のさらなる伸長が期待される．

乳酸菌飲料の製造法はドリンクヨーグルトと共通な部分が多く，その製造工程は図6.7の通りである．乳・乳製品などで所定の成分組成（SNF：10～15％程度）に調整した原料ミックスを殺菌し，発酵温度まで冷却する．乳酸菌飲料では，酸生成の緩慢な乳酸菌を使用する場合があり，発酵に長時間を要するため，90～95℃50～60分のような厳しい殺菌条件がとられることが多い．また，長時間殺菌により製品が特有の褐色を呈していることも特徴である．このミックスに別途調整

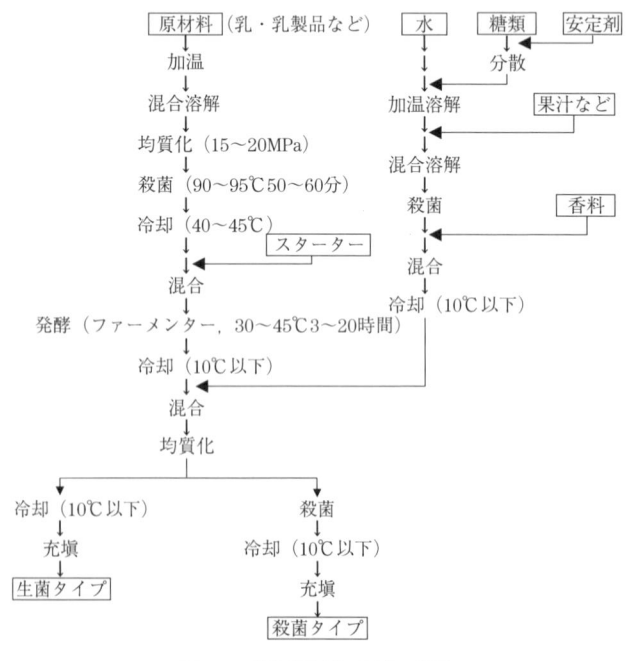

図6.7 乳酸菌飲料の製造工程図

しておいたバルクスターターを2～3%接種し，所定の酸度あるいはpHに達するまで発酵する．乳酸菌飲料の製造に用いられるスターター菌株は，基本的にはヨーグルトと同じであるが，しばしば L. acidophilus や L. casei が単独あるいは併用して使用される．SNFが12～13%の範囲では，通常その濃度に比例して一定酸度に達するまでの時間が短縮されるが，濃度が過度に高くなると，浸透圧やイオン強度の影響により生育速度が低下する傾向にある．発酵による酸度上昇が不十分な場合には，乳酸，クエン酸などを添加する場合もある．培養を終了した発酵乳ベースは10℃以下に冷却して貯液する．なお，発酵乳ベースの組成あるいは発酵条件は，製品の種類や使用する乳酸菌によって異なるため，適正な条件を設定する必要がある．

乳酸菌飲料においてもドリンクヨーグルトと同様に，分離，沈殿防止のため安定剤を使用する．安定剤としては，ペクチン，カルボキシメチルセルロース（CMC），大豆多糖類などが添加されることが多い．安定剤を糖類，水に分散，加温溶解させたあと，酸味料（果汁なども含む）を加え，殺菌，冷却し，香料を添加して貯液する．発酵乳のタンパク質粒子と安定剤を均一に分散させ安定化させるために，安定剤を含む糖液と発酵乳ベースを所定の比率で混合したものを均質化し，小売容器に充填する．生菌タイプの場合，賞味期限内は安定的に乳酸菌数を維持する必要がある．乳酸菌はpHの低下に伴い徐々に死滅していき，一般にpH 3.5以下になると菌数の減少が認められる．したがって，適正な菌数レベルを維持するための製品pHの設定，耐酸性の強い菌株の選択などが必要である．

6.8 保存基準と保存性

賞味期限とは，食品衛生法やJAS法で定められているところの「その食品を開封せず正しく保存した場合に味と品質が充分に保てると製造業者が認める期間」であり，期待されるすべての品質の保持が十分に可能であると認められる期限を指している．食品衛生法の規定では，かつては「品質保持期限」と表示されていたが，2003年2月，「賞味期限」に統合された．（社）全国はっ酵乳乳酸菌飲料協会の「はっ酵乳，乳酸菌飲料の期限表示設定のためのガイドライン（平成20年7月）」では，期限表示の公平を確保し，適正に表示を行うための標準的な指標が設定されている．それによると，「微生物試験として大腸菌群の検査及び乳酸菌数又は酵母数の測定，理化学試験として酸度又はpH，官能試験として風味及び外観を検査する」ことになっている．発酵乳に含まれる乳酸菌数の測定方法は，乳等省令の別表に規定されており，BCP（brom cresol purple）を含んだ寒天培地で混釈培養を35～37℃にて72時間行い，黄変するコロニーを測定することによって実施する．製造者は各試験検査項目について，一定の間隔をもって保存試験（10℃）を実施し，いずれかの項目が「終期とみなす指標」に適合しなくなるまで検査を継続する．各検査項目のうち，「終期とみなす指標」が製造日を含む保存日数から最短日となる日数をもって終期とし，さらにこの日数に0.7を乗じた日数（端数は切捨て）をもって賞味期限を設定する．官能検査の結果を優先するものの，原則的に酸度については，製造当日の測定値から0.5%以上増加した時点を，pHについては0.5以上低下した時点を終期と見なす指標としている．なお，わが国の一般的なヨーグルトの賞味期限は製造日から10～24日であるものが多い．

発酵乳・乳酸菌飲料の保存性に影響を与える要因としては，保存条件（保存温度，貯蔵期間），空気，光，包装材料，保存開始pH，乳酸菌の代謝活性などがあげられる．ヨーグルト食用時の好ましい酸度はタイプ別に異なるが，おおよそ0.8～1.0%である．ヨーグルトは，製品中に所定の乳酸菌数を含むため，保存期間中の酸度上昇を避けることはできない．特に，酸生成能の高い乳酸菌を使用するとこの現象が顕著であり，生菌数の減少や風味の劣化につながる．近年は，冷蔵保存中の酸度上昇を抑制し，酸味の少ないマイルド

なヨーグルトとするため，以下のような方法が提案されている。①酸生成の少ない菌株を利用する，②サーモフィルス菌の接種比率をブルガリア菌より高める，③ブルガリア菌を接種する15～30分前にサーモフィルス菌を接種する，④40～46℃では旺盛な乳酸発酵を示すが，低温保存下では乳酸産生量が少ない低温感受性のブルガリア菌変異株を使用する[36]，⑤ブルガリア菌の乳糖低発酵性菌株あるいは乳糖非発酵性菌株を使用する[37]，⑥低pHで酸生成が停止するpH感受性のブルガリア菌を利用する[38]，⑦製品を乳酸菌が死滅しない程度に加熱処理する[39]，⑧ラクトペルオキシダーゼによる酸生成の抑制[40]，⑨高圧処理[41]。

また，ヨーグルトの流通，保存中には，a) 横倒しや振動に伴うホエイ分離や組織不良，b) 冷蔵庫内（吹出し口付近）での凍結やその解凍に伴う組織不良，c) 不適切な保管状態による臭いの吸着や雑菌の混入などが発生することもあるため，製品の取扱いには十分な注意が必要である。

〔福井宗徳〕

文　献

1) 神邊道雄：ヨーグルト秘密と効用，p.86, 日東書院，1984.
2) 細野明義：乳技協資料，37：19-32, 1988.
3) FAO/WHO合同食品規格計画．第5回CODEX乳・乳製品部会会議会議資料・報告書(2002), (社)日本国際酪農連盟，2002.
4) 乳及び乳製品の成分規格等に関する省令及び食品，添加物等の規格基準の一部改正，食発第1220004号，平成14年12月20日．
5) A. Y. Tamime, H. C. Deeth: *J. Food Protect.*, **43**(12), 939, 1980.
6) C. G. Billiaderis: *Int. Dairy J.*, **2**, 311, 1992.
7) N. Guirguis, et al.: *Austr. J. Dairy Techn.*, **42**(1/2), 7, 1987.
8) 川西悟生：月刊フードケミカル，**10**, 78, 1997.
9) F. Dannenberg, H. G. Kessler: *Milchwissenschaft*, **43**(11), 1988.
10) F. M. Driessen, A. Loones.: *Bull. IDF*, No.227, Chapter IV, 1992.
11) 堀内啓史ほか：特許公報-3644505, 2003.
12) 堀内啓史ほか：特許公報-3666871, 2004.
13) 堀内啓史ほか：特許公報-3968108, 2005.
14) 鈴木一郎ほか：日畜会報，**53**, 161, 1982.
15) I. Y. Hamdan, et al.: *J. Dairy Sci.*, **54**, 1080, 1971.
16) T. E. Galesloot, et al.: *Neth. Milk & Dairy J.*, **22**, 50-63, 1968.
17) H. A. Veringa, et al.: *Neth. Milk & Dairy J.*, **22**, 114-120, 1968.
18) F. M. Driessen, et al.: *Neth. Milk & Dairy J.*, **36**, 135-144, 1982.
19) W. Tinson, et al.: *Austr. J. Dairy Techn.*, **37**, 14-16, 1982.
20) J. W. Pette, H. Lolkema,: *Neth. Milk & Dairy J.*, **4**, 209-224, 1950.
21) E. S. Bautista, et al.: *J. Dairy Res.*, **33**, 299-307, 1966.
22) 東尾侃二ほか：日本農芸化学会誌，**51**(4), 203-208, 1977.
23) 森地敏樹：微生物，Vol.6(1), pp.27-34, 医学出版センター，1990.
24) 金子　勉：乳酸菌の科学と技術（乳酸菌研究集談会編），pp.90-91, 学会出版センター，1996.
25) O. Kandler: *Antonie van Leeuwenhoek*, **49**, 209, 1983.
26) T. D. Thomas: *J. Bacteriol.*, **125**, 1240, 1976.
27) O. Kandler, N. Weiss: Bergey's Manual of Systematic Bacteriology, Vol.2, Williams & Wilkins, Baltimore, 1986.
28) V. Bottazzi, et al.: *Le Lait*, No.525-526, 295-308, 1973.
29) R. R. Raya, et al.: *Milchwissenschaft*, **41**(7), 397-399, 1986.
30) G. J. Lees, G. R. Jago: *J. Dairy Res.*, **43**, 63, 1976.
31) G. J. Lees, G. R. Jago: *J. Dairy Sci.*, **61**, 1261, 1978.
32) D. W. Wilkins, et al.: *J. Dairy Sci.*, **69**, 1219, 1986.
33) 植村　仁ほか：日本畜産学会報，**64**(3), 288, 1993.
34) C. Wacher-Rodarte, et al.: *J. Dairy Research*, **60**, 247, 1993.
35) M. A. Gassem, J. F. Frank,: *J. Dairy Sci.*, **74**(5), 1503, 1991.
36) 村尾周久ほか：特許公報，昭62-268, 1987.
37) 豊田修次ほか：特許公報，平2-53437, 1990.
38) トマソ・ソジほか：特許公報，昭58-111637, 1983.
39) G. Waes: *Milchwissenschaft*, **42**, 146, 1987.
40) 堂迫俊一ほか：特許出願番号 WO 92/13064, 1992.
41) 田中龍夫ほか：日本食品工業学会誌，**38**, 173, 1992.

7. 粉　　　　乳

7.1　歴　　史

　乳は，生まれたばかりの哺乳類動物の成長を支える唯一の食糧であり理想的な栄養源でもある．その栄養価値ゆえに他の生物にとっても良好な栄養源となるため，たとえば微生物による摂取いわゆる腐敗を招くことが大きな欠点でもある．しかし人類は，微生物による乳の作用を発酵に昇華しチーズとして，また攪拌などを利用してバターにし保存性を確保してきた．これらの歴史は中央アジアの遊牧民によって形づくられてきた．しかし，これらの乳製品は長い間保存することは難しく，乳の保存性をさらに高めるためには，水分を減量させ水分活性を下げることが必要であった．乳を乾燥させて保存し，乳に復元して利用できるようにするには，乳成分の保存中の変化を極力少なくする技術が必要になってくるのである．

　歴史の中で，乳を粉にして利用したという記録は，13世紀にKublai Kahnから兵隊の携行用食糧として粉乳を常用していることを，Marco Poloが聞き出し東方見聞録の中に旅行記として記述したことが最も古い．ただ，このあとの粉乳の進歩は19世紀まで停滞する．19世紀初頭にフランス人Nicholas Appartが濃縮乳を乾燥させて錠剤化したことを機会に，1855年に英国のGrimwadeが砂糖を加えた濃縮乳から粉乳を製造する特許を取得し製品化した．1858年には米国のGail BordenがVacuum Panを用いて低圧・低温で濃縮乾燥し品質のよい粉乳を製造した．このあと，粉乳製造技術は飛躍的に向上した．1872年には米国のSamuel R. Percyが噴霧乾燥法を発明し，1913年にGrayとJensenは噴霧乾燥機の特許を取得，その後の改良を経て工業規模での製造法が確立された[1]．

　わが国では，明治時代初頭に北海道開拓使によって粉乳試作が試みられた．その後，乳餅式製造が行われてきたが規模は小さかった．工業的に粉乳製造が行われるようになったのは1920年に森永製菓(株)にドラム式乾燥機が入ってからである．しかしこれらも乳餅式粉乳で製造量は少なかった．1924年に北海道大学の宮脇教授がMerrell-Soule乾燥機の性能を評価し導入したことから溶解性のよい粉乳が製造されるようになった．極東煉乳社は1935年に同式乾燥機で育児用粉乳を，同年，森永製菓㈱は英国のKestner社から遠心式乾燥機を導入し粉乳を製造した．現在では，製品品質，処理量，操作性などの特性からみて噴霧乾燥機が評価され大量生産に使用されるようになり，他の乾燥機はほとんどみられなくなってきている[1]．

　歴史にみられるように，わが国で最初に製造された粉乳は全粉乳もしくはその加工品である．全粉乳は，戦前，国内生産量より輸入量が多い時期が続いたが1930年から国産が輸入量を上回るようになった．戦後1959年に3800 tを記録し戦前を上回るようになると，その後飛躍的に生産量が増加し1965年頃には26000 tを示し脱脂粉乳と同程度になった．その後30000 t前後を推移してきたが，1997年に20000 tを下回り漸減傾向を示すようになった．この理由は，全粉乳は脂肪を含有しているため保存管理が難しいためである．一方，脱脂粉乳の生産は全粉乳より遅れて戦後から始まった．戦後の食糧難の時代に米国から脱脂粉乳が輸入されたことを機会に1950年から本格的に脱脂粉乳が生産されるようになったのである．1965年に25000 t，1971年には70000 tを超えるようになりその後も生産量は増加し今日に至っている[2]．ホエイはわが国でチーズが製造されるようになってから生産が始まったとみられるが確かな記録はない．

　全粉乳，脱脂粉乳，ホエイパウダーに関する最

近の生産統計を表7.1に示した[3,4]．先に示したように全粉乳は1997年以降20000 tを下回り漸減傾向にある．一方，脱脂粉乳は1993年に222000 tを記録し，その後漸減しているが，全粉乳の10倍前後の生産量を示している．ホエイの生産量は，乳業会社の自社消費分を把握しにくい面があるが，農畜産業振興機構の聞取り集計によれば10000 tを超える生産量を示している．ここに示した粉乳の中で生産量が多いのは脱脂粉乳であるが，脱脂粉乳は生乳需給の調整機能も有していることから，過去に需給バランスが崩れ在庫の極端な増減に結びつくことがあった．表7.2には脱脂粉乳の年間期末在庫の推移を示した[5]．民間と農畜産業振興機構在庫量の合計が国内在庫量になるが，1980年，1993年，2003年に在庫が増加しだいたい10年おきに過剰在庫が現れる傾向にあったが，2003年の状況は構造的なもので数年続いた．その過剰在庫を解消するために官民で種々の施策を提起し実行していったが根本的な解決には至らなかった．しかし，2007年の後半になって国際的な需給の変化による相場急騰を受けて急激に在庫が減少し，一部には不足の声も聞かれるようになったのは記憶に新しい．

表7.2 脱脂粉乳在庫量の推移[5]

年度	民間	機構	合計
1970	11.3	27.6	38.9
1975	17.5	0.0	17.5
1980	36.7	44.4	81.1
1985	32.2	8.0	40.1
1986	36.4	7.4	43.9
1987	12.8	7.4	20.2
1988	18.4	4.2	22.6
1989	33.2	0.0	33.2
1990	19.8	0.0	19.8
1991	32.6	0.0	32.6
1992	53.5	0.0	53.5
1993	60.0	0.0	60.0
1994	34.2	0.1	34.2
1995	38.0	0.0	38.0
1996	45.3	0.0	45.3
1997	51.7	0.0	51.7
1998	47.0	0.0	47.0
1999	44.1	0.5	44.6
2000	53.4	3.6	56.9
2001	75.0	0.0	75.0
2002	80.8	0.0	80.8
2003	93.2	0.0	93.2
2004	88.0	0.0	88.0
2005	75.3	0.0	75.3
2006	68.3	0.0	68.3

脱脂粉乳の期末在庫（千トン）

表7.1 乳製品生産量の推移[3,4]

年度	全脂粉乳（千トン）	脱脂粉乳（千トン）	ホエイ（千トン）
1980	32.6	126.8	
1985	35.4	181.4	
1986	31.1	183.6	
1987	29.8	152.5	
1988	32.2	159.4	
1989	32.8	178.3	
1990	33.3	178.4	
1991	35.7	181.2	
1992	33.4	206.7	
1993	30.6	222.4	
1994	29.0	184.0	
1995	30.5	190.4	
1996	23.6	200.3	
1997	18.8	199.8	
1998	18.6	201.7	
1999	17.8	191.1	
2000	18.3	193.7	
2001	17.8	175.0	11.4
2002	16.5	182.5	10.8
2003	15.6	178.7	11.5
2004			13.9
2005			14.9

7.2 種　類

　主な粉乳製品の種類とその製造方法を図7.1に示した[6]．図7.1では，乳製品を角丸四角形，製造法を四角形で表している．粉乳には多くの種類があるが，乳等省令における「乳製品」としての粉乳は，全粉乳，脱脂粉乳，クリームパウダー，ホエイパウダー，タンパク質濃縮ホエイパウダー，バターミルクパウダー，加糖粉乳，調製粉乳の8種類である（ただし，加糖粉乳は育児用途に製造されていたが現在国内生産はほとんどない）．ここでは，全粉乳，脱脂粉乳，ホエイパウダーを扱うが，これらはいずれも生乳を原料としており，最終的には，ほとんどすべての水分を除去し粉末状にしたものと定められている．表7.3には乳製品を含む粉乳類の種類と特徴を示した[7]．

7. 粉　　乳

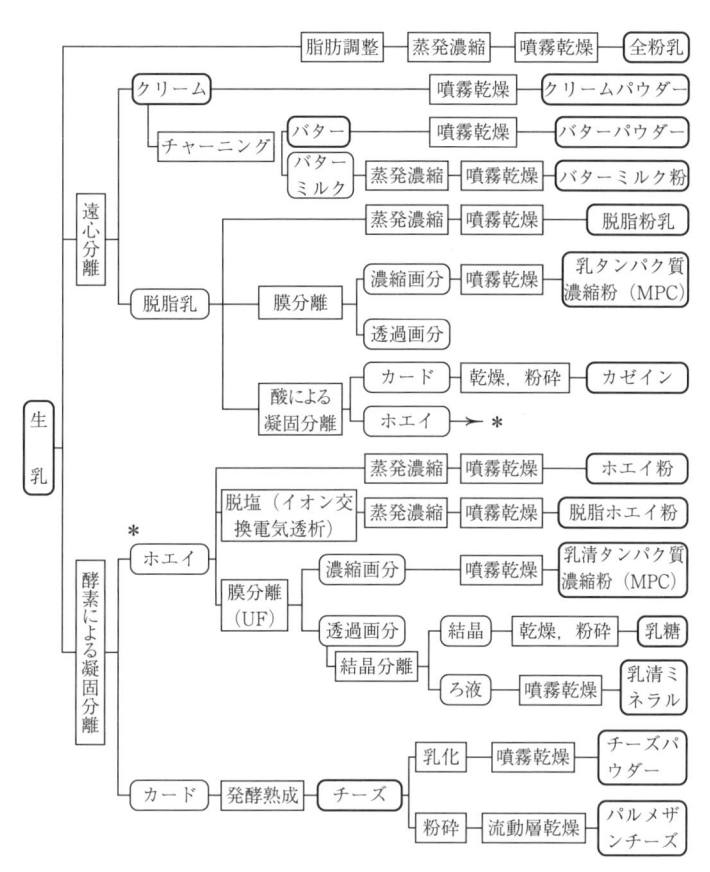

```
生乳 ─┬─ 遠心分離 ─┬─ 脂肪調整 ─ 蒸発濃縮 ─ 噴霧乾燥 ─ 全粉乳
      │           ├─ クリーム ──────────── 噴霧乾燥 ─ クリームパウダー
      │           │          ┌─ バター ── 噴霧乾燥 ─ バターパウダー
      │           ├─ チャーニング ─┤
      │           │          └─ バターミルク ─ 蒸発濃縮 ─ 噴霧乾燥 ─ バターミルク粉
      │           │       ┌──────────────── 蒸発濃縮 ─ 噴霧乾燥 ─ 脱脂粉乳
      │           │       │           ┌─ 濃縮画分 ─ 噴霧乾燥 ─ 乳タンパク質濃縮粉（MPC）
      │           └─ 脱脂乳 ─┼─ 膜分離 ─┤
      │                   │           └─ 透過画分
      │                   │           ┌─ カード ─ 乾燥, 粉砕 ─ カゼイン
      │                   └─ 酸による凝固分離 ─┤
      │                                   └─ ホエイ → *
      │                      ┌────────────────── 蒸発濃縮 ─ 噴霧乾燥 ─ ホエイ粉
      │                      ├─ 脱塩（イオン交換電気透析）─ 蒸発濃縮 ─ 噴霧乾燥 ─ 脱脂ホエイ粉
      │                      │           ┌─ 濃縮画分 ─ 噴霧乾燥 ─ 乳清タンパク質濃縮粉（MPC）
      │  *─ ホエイ ─┤          ├─ 膜分離（UF）─┤                   ┌─ 結晶 ─ 乾燥, 粉砕 ─ 乳糖
      ├─ 酵素による凝固分離 ─┤                   └─ 透過画分 ─ 結晶分離 ─┤
      │                      │                                      └─ ろ液 ─ 噴霧乾燥 ─ 乳清ミネラル
      │                      │                   ┌─ 乳化 ─ 噴霧乾燥 ─ チーズパウダー
      │          └─ カード ─ 発酵熟成 ─ チーズ ─┤
      │                                      └─ 粉砕 ─ 流動層乾燥 ─ パルメザンチーズ
```

図 7.1　主な粉乳製品の種類と製造方法
◯：乳製品, ▭：製造法.

7.3　定　　義

　表7.4に, 乳及び乳製品の成分規格等に関する省令における粉乳の定義と規格を示した[8]. 定義としては, 全粉乳は生乳, 牛乳または特別牛乳を原料としそのまま乾燥したもの, 脱脂粉乳は同じ乳を原料としているが乳脂肪を除去したもの, ホエイパウダーは凝乳してできた乳清を乾燥させたものである. 水分, 細菌数, 大腸菌群の規格は同じである. 脱脂粉乳については微生物品質を良好に保つために製造時の温度管理の徹底が記載されている.

　全粉乳, 脱脂粉乳, ホエイパウダーの可食部100g当たりに含まれる成分を表7.5に示した[9]. 全粉乳は乳脂肪を26％含有するため, エネルギー, 脂溶性成分の割合が多い. 脱脂粉乳, ホエイパウダーは灰分が多い. ホエイには, その製造方法の違いにより甘性ホエイと酸性ホエイがありその組成を表7.6に示した. チーズやレンネットカゼインを製造するときのホエイは甘性ホエイと呼ばれpHは6強である. 一方, 酸により乳を凝固させたときに生じるものを酸性ホエイといいpHは4強である. 酸性ホエイはカルシウム, リンの含量が多くその結果灰分が多いのが特徴である[10]. 世界のホエイ生産量の94％がチーズホエイ, 6％がカゼインホエイであり, 全体の1割強がWPC（濃縮ホエイタンパク質）に加工されている[11].

7.4　製　造　法

　生乳から特定の成分を分離・分画する方法は

表7.3 粉乳などの種類と特徴[7]

粉乳の種類	特徴
全粉乳	牛乳からほとんどすべての水分を除去して粉末状にしたもので，一般に脂肪含量が多いために，脂肪が酸化されやすく，保存性の点で脱脂粉乳より劣る
脱脂粉乳	牛乳からクリームを除いた脱脂乳からほとんどすべての水分を除去して粉末状に乾燥したもので，脂肪含量がきわめて少ないために保存性がよく（12カ月以上），製菓，製パン原料，アイスクリーム，加工乳などに広く使用されているほか，高タンパク質低カロリー食品としても直接飲用に供される
粉末クリーム	クリームを噴霧乾燥して粉末にしたもので，50～80%の脂肪を含有している．脂肪含量60%程度までは，全粉乳とほとんど同様の方法で製造できるが，それ以上の高脂肪になると製造が困難となるので，クリームに安定剤を添加して噴霧乾燥する．脂肪含量が高いために酸化に弱く，保存性が劣る欠点があるが，製菓原料などに適している．脂肪含量80%以上のものは粉末バターとも呼ばれる
粉末バターミルク	バター製造の副産物であるバターミルクを乾燥して粉末化したもので，非発酵性バターミルクは噴霧乾燥されて，製菓，製パン，アイスクリームなどの原料に使用されるが，発酵バターからのものはドラム乾燥し，飼料に供される
粉末ホエイ	ホエイを乾燥して粉末状にしたもので，主に製菓，製パン原料や，家畜飼料にも利用される
インスタント粉乳	全粉乳，脱脂粉乳などの粒子に適当な湿度を与えて団粒化を行ったのち，凝塊をくずさぬように再乾燥し，水に対する分散性をよくして，速やかに溶けるようにした粉乳で，製造には粉乳を原料とするものと，噴霧乾燥機に直結したものとがある．家庭用のスキムミルクは，ほとんどインスタント化されている
加糖粉乳	牛乳にショ糖を加えて乾燥，粉末化するか，全粉乳にショ糖を加えたもので保存性，溶解性などが改善されるが，最近はあまり製造されなくなった
アイスクリームミックスパウダー	液状アイスクリームミックスを乾燥し粉末化したもので，飲食店などで，手軽にソフトクリームを製造できる利点がある．牛乳または脱脂乳にクリーム，動・植物油脂，糖質，安定剤，乳化剤などを配合し，均質化，濃縮，乾燥粉末化したものと，所定の添加物を混合したものと，全粉乳にショ糖，乳化剤，安定剤，香料などを混合して製造したものがある．脂肪率は12～18%である．使用時粉末の2倍量の温湯を加え，十分溶解後冷却して，フリーザにかける
調製粉乳	乳または，乳製品に乳幼児に必要な栄養ならびに母乳の組成に類似させるために必要な栄養素を，その種類および混合物について厚生大臣の承認を受けたものを混和して粉末状にしたもので，育児用とフォローアップ用とがある
粉末ホイップ	乳脂肪または植物性脂肪に乳タンパク質や，乳化剤，安定剤，ショ糖などを加えて製造し粉末化したものである．また必要に応じて，さらに他のチョコレート原料や，果汁粉末，香料などを加えることもある．冷たい水や牛乳を加えて，ホイップすることにより，手軽に家庭で，ホイップクリームをつくることができる

種々あるが，粉乳にするためには最終的には噴霧乾燥するものが大半である．全粉乳，脱脂粉乳[12]，ホエイパウダーの製造工程を図7.2に示した．

脱脂粉乳は，受け入れた生乳の異物を取り除き遠心分離して生クリームを除いた脱脂乳を殺菌・濃縮し噴霧乾燥して製造される．原料乳は粉乳の品質を左右する大きな要因であり，外観，風味，色調，異物，抗生物質，細菌数，酸度，アルコールテストなどの検査を実施する．原料乳中の異物はクラリファイヤーで除去する．原料乳をクリームと脱脂乳とに分けるのが分離工程であり，セパレーターを用いる．このとき，分離温度を高くすると分離効率は向上するが成分の変性や風味劣化を引き起こす可能性があり分離温度は40～50℃で操作される．分離した脱脂乳は，生菌を死滅させるため，また酵素を失活させるために殺菌する．殺菌方法は，効率のよいプレート殺菌に変わってきておりその条件は，熱履歴の異なる脱脂粉乳を製造するうえで重要な要素となる．脱脂粉乳はその熱履歴によってHigh Heat 粉，Medium Heat 粉，Low Heat 粉に大別されており，その熱処理条件を表7.7に示した[13]．表中のWPNIは脱脂粉乳中の未変性ホエイタンパク質を表し熱変性の指標として用いられており，WPNI<1.5はHigh Heat 粉，1.5～6はMedium Heat 粉，6<はLow Heat 粉と分類されている．通常，飲料にはMedium Heat 粉，製パンにはHigh Heat 粉，発酵乳にはLow Heat 粉が用いられている[11]．濃縮工程では脱脂乳を40～50%まで濃

7. 粉　　　乳

表7.4　乳及び乳製品の成分規格等に関する省令における粉乳の定義と規格[8]

<table>
<tr><th colspan="2"></th><th>全脂粉乳</th><th>脱脂粉乳</th><th>ホエイパウダー</th></tr>
<tr><td rowspan="2">定義</td><td></td><td>生乳，牛乳又は特別牛乳からほとんどすべての水分を除去し粉末状にしたもの</td><td>生乳，牛乳又は特別牛乳の乳脂肪分を除去したものからほとんどすべての水分を除去し粉末状にしたもの</td><td>乳を乳酸菌で発酵させ，又は乳に酵素若しくは酸を加えてできた乳清からほとんどすべての水分を除去し，粉末状にしたもの</td></tr>
<tr><td colspan="3">粉乳とは，乳，部分脱脂乳，脱脂乳のみを原料とし，その水分を除去して造る製品をいう（FAO/WHO乳及び乳製品基本法）</td><td></td></tr>
<tr><td rowspan="5">成分規格</td><td>乳固形分</td><td colspan="3">95％以上</td></tr>
<tr><td>乳脂肪分</td><td>25％以上</td><td colspan="2"></td></tr>
<tr><td>水分</td><td colspan="3">5％以下</td></tr>
<tr><td>細菌数</td><td colspan="3">50000以下（標準平板培養法で1gあたり）</td></tr>
<tr><td>大腸菌群</td><td colspan="3">陰性</td></tr>
<tr><td rowspan="2">製造及び保存方法</td><td></td><td></td><td>温度は10℃以下又は48℃を越える温度に保つ．それ以外の温度では衛生管理及び時間管理（6時間以内）．貯乳後の温度管理と記録</td><td></td></tr>
<tr><td colspan="2">下記添加物以外は使用禁止
クエン酸三ナトリウム，炭酸水素ナトリウム，炭酸ナトリウム（結晶，無水），ピロリン酸四ナトリウム（結晶，無水），ポリリン酸カリウム，ポリリン酸ナトリウム，メタリン酸カリウム，メタSリン酸ナトリウム，リン酸水素二ナトリウム（結晶，無水），リン酸三ナトリウム（結晶，無水）を単独又は組合せで製品1kgにつき5g（ただし，結晶にあっては無水に換算）</td><td></td><td></td></tr>
</table>

縮する．濃縮工程における所要エネルギーは乾燥工程に比べて1/5～1/10倍になるため，できる限り濃縮し乾燥工程に供する固形含量を高くしたほうが効率がよい[14]．乾燥は，現在はほとんど噴霧乾燥機が用いられている．乾燥室内へ微粒化された脱脂乳が噴霧され同伴する加熱空気により乾燥される．そのときの液滴温度は，蒸発潜熱が奪われるためそれほど高い温度ではなく60～70℃である[15]．噴霧乾燥後の粉乳は吸湿を防ぐために冷却し，搬送され篩いで夾雑物を除去する．業務用の脱脂粉乳は，最内層にポリエチレン袋を使用したクラフト紙に充塡し袋をシールしクラフト紙を

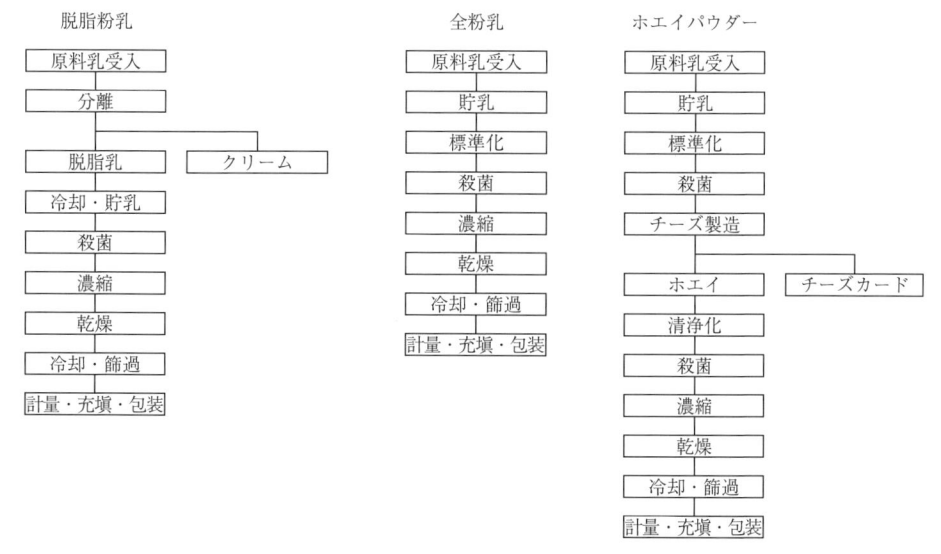

図7.2　粉乳の製造方法

脱脂粉乳：原料乳受入 → 分離 →（脱脂乳／クリーム）→ 冷却・貯乳 → 殺菌 → 濃縮 → 乾燥 → 冷却・篩過 → 計量・充塡・包装

全粉乳：原料乳受入 → 貯乳 → 標準化 → 殺菌 → 濃縮 → 乾燥 → 冷却・篩過 → 計量・充塡・包装

ホエイパウダー：原料乳受入 → 貯乳 → 標準化 → 殺菌 → チーズ製造 →（ホエイ／チーズカード）→ 清浄化 → 殺菌 → 濃縮 → 乾燥 → 冷却・篩過 → 計量・充塡・包装

表7.5 可食部100g当たり含まれる成分[9]

可食部100g当たり				全脂粉乳	脱脂粉乳	チーズホエイパウダー
廃棄率			%	0	0	0
エネルギー			kcal	500	359	362
			kJ	2092	1502	1515
水分			g	3.0	3.8	2.2
タンパク質			g	25.5	34.0	12.5
脂質			g	26.2	1.0	1.2
炭水化物			g	39.3	53.3	77.0
灰分			g	6.0	7.9	7.1
無機質	ナトリウム		mg	430	570	690
	カリウム		mg	1800	1800	1800
	カルシウム		mg	890	1100	620
	マグネシウム		mg	92	110	130
	リン		mg	730	1000	690
	鉄		mg	0.4	0.5	0.4
	亜鉛		mg	2.5	3.9	0.3
	銅		mg	0.04	0.10	0.03
	マンガン		mg	0.02	—	0.03
ビタミン	A	レチノール	µg	170	6	11
		カロテン α	µg	—	—	—
		カロテン β	µg	—	—	—
		クリプトキサンチン	µg	—	—	—
		β-カロテン当量	µg	70	Tr	10
		レチノール当量	µg	180	6	12
	D		µg	0.2	Tr	Tr
	E	トコフェロール α	mg	0.6	Tr	0
		トコフェロール β	mg	0	0	0
		トコフェロール γ	mg	0	0	0
		トコフェロール δ	mg	0	0	0
	K		µg	8	Tr	Tr
	B_1		mg	0.25	0.30	0.22
	B_2		mg	1.10	1.60	2.35
	ナイアシン		mg	0.8	1.1	1.4
	B_6		mg	0.13	0.27	0.25
	B_{12}		µg	1.6	1.8	3.4
	葉酸		µg	2	1	6
	パントテン酸		mg	3.59	4.17	5.95
	C		mg	5	5	3
脂肪酸	飽和		g	16.28	0.44	0.75
	一価不飽和		g	7.17	0.18	0.32
	多価不飽和		g	0.72	0.03	0.04
コレステロール			mg	93	25	28
食物繊維	水溶性		g	0	0	0
	不溶性		g	0	0	0
	総量		g	0	0	0
食塩相当量			g	1.1	1.4	1.8

ミシン糸で縫合する．家庭用のインスタントスキムミルク（易溶解性脱脂粉乳）は脱脂粉乳を造粒して溶解性を高めたものでありアルミ箔を内装したガセット袋に充塡されている．

全粉乳は，生乳を検査後，脂肪調整し以降脱脂粉乳と同様に殺菌，濃縮，乾燥して製品化されている．脱脂粉乳の工程と異なるものとして標準化と均質化工程がある．これらの工程は全粉乳が脂肪を多く含有することに起因している．標準化とは，無脂乳固形分と脂肪分の比率が一定になるよ

7. 粉　　乳

表7.6　ホエイの組成

成　分	甘性ホエイ(%)	酸性ホエイ(%)
全　固　形	6.4	6.5
水　　分	93.6	93.5
脂　肪　分	0.05	0.05
純タンパク質	0.55	0.55
非タンパク体窒素	0.18	0.18
乳　　糖	4.8	4.9
灰　　分	0.5	0.8
（無機塩またはミネラル）カルシウム	0.043	0.120
リ　ン	0.040	0.065
ナトリウム	0.050	0.050
カリウム	0.160	0.160
塩　　素	0.110	0.110
乳　　酸	0.500	0.400

表7.7　噴霧乾燥脱脂粉乳[13]

項　目	温度/時間	WPNI mg/g
特別ローヒート	<70℃	*
ローヒート(LH)粉	70℃/15 s	>6.0
ミディアムヒート(MH)粉	85℃/20 s	5～6.0
ミディアムヒート(MH)粉	90℃/30 s	4～6.0
ミディアムヒート(MH)粉	95℃/30 s	3～4.0
ミディアムハイヒート(HH)	124℃/30 s	1.5～2.0
ハイヒート(HH)	appr.135℃/30 s	<1.4
ハイヒート高安定(HHHS) （選択されたミルク）	appr.135℃/30 s	<1.4

＊：測定不可能

うに調整する工程であり，均質化は遊離脂肪を少なくするためのものである．業務用の全粉乳は脱脂粉乳と同様の構造のクラフト紙に充填されるが，乳脂肪を含有するため酸化しやすいので可能な限り脱気する．全粉乳の脂肪酸化を抑制するには包装容器内の酸素を3%以下にするのが望ましいといわれている[15]．

ホエイパウダーはチーズの副産物であるホエイ（乳清）を粉乳にしたものである．図7.2に表したように原料受入れ後，異物を取り除き脂肪を標準化したあとチーズ乳に適した温和な殺菌をする．過度な熱処理をすると凝乳しにくくなるためである．チーズ製造工程に入り，ホエイ排除工程でチーズとホエイに分けチーズホエイを得る．チーズホエイを殺菌，濃縮，乾燥して製品化する．

次に粉乳製造に用いられている機器について記す．先に示した粉乳製造工程の中で，分離，濃縮，殺菌工程に使用する機器は乳製品製造に共通して使用されているので，ここでは粉乳に特化した機器について説明する．乳を乾燥して粉乳にする乾燥機はさまざまな方法が開発改良されてきたが，現在では経済性，能力，品質の面で噴霧乾燥法が主流である．噴霧乾燥法は，固形濃縮液を高温気流中に噴霧，微粒化することにより接触面積を大きくとり短時間で水を蒸発させ乾燥させる．水分を多く含む恒率乾燥期では空気の湿球温度より高くならないので栄養成分，香気成分など，熱に敏感な食品の乾燥に適する[16]．

乾燥工程は，乳の微粒化，乾燥塔内での気液混合と乾燥，乾燥後の固気分離の工程に分けられ，それぞれ特有の装置を使用する[15]．ここでは脱脂乳を例に説明する．脱脂乳を固形濃度40～50%まで濃縮し，圧力ノズル（図7.3）あるいは高速回転するディスクアトマイザー（図7.4）で微粒化する．圧力ノズルでは，高圧ポンプで10～30 MPaの圧力をかけノズル室内の回転機構（スピニングコア）によって回転しながらオリフィスから排出され微粒化される．微粒化液滴径は80～150 μmであり，微粒化液滴は傘のように落下するので十分な高さの乾燥塔が必要となる．ディスクアトマイザーでは，高速回転するディスク上に乳を供給しディスク上を遠心力で外周方向へ薄膜状に流動させ外周から排出される際に，微粒化される．ディスクアトマイザーには，乳を接線方向に均等化させるための溝があるがこの形状，数により微粒化特性が変わってくる．ディスクア

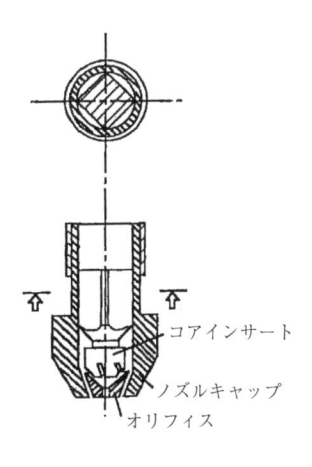

図7.3　噴霧乾燥用圧力ノズル
(Spraying System Co.)

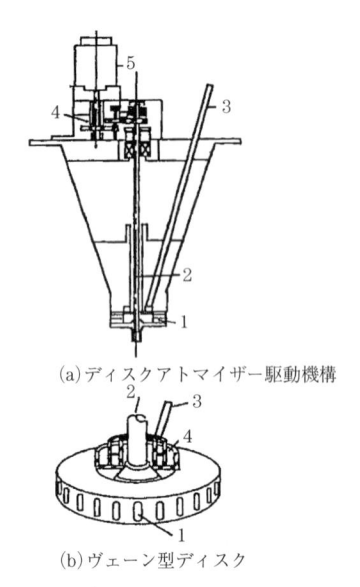

図7.4 噴霧乾燥用ディスクアトマイザー
1：噴出孔, 2：回転シャフト, 3：供給パイプ, 4：駆動機構, 5：駆動モーター．

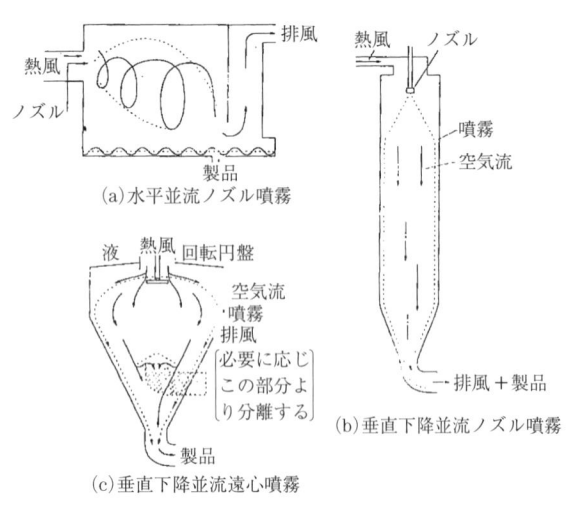

(a) ディスクアトマイザー駆動機構
(b) ヴェーン型ディスク

図7.5 噴霧乾燥機の各形式
(a) 水平並流ノズル噴霧
(b) 垂直下降並流ノズル噴霧
(c) 垂直下降並流遠心噴霧

トマイザーでは圧力ノズルよりも水平方向に噴霧されるため横方向に余裕のある乾燥塔が使用される．乾燥塔は，微粒化された液滴が熱風と接触して乾燥されるのに必要な滞留時間を提供する．熱風と噴霧された液滴の流れ方によって，図7.5に示す方式に分類される[16]．1940年代以降，さまざまな乾燥機が試みられ改良されてきたが，現在では図7.5(b)(c)のような垂直噴霧並流方式が主流となっている．最近では，最初に水分7〜8％まで一次乾燥し，その後は流動層で所定の水分（4〜5％）まで二次乾燥する多段乾燥が普及している．乾燥後の粉乳は固気分離工程に入る．単段乾燥では，サイクロンで捕集されホッパーまで搬送され冷却されるが，多段乾燥の場合は，乾燥塔内で分級されサイクロンでは微粉を捕集する．ホッパーに捕集された粉乳は，業務用としてクラフト紙に充填され，家庭用としてはインスタントスキムミルク用に造粒されることが多い[15]．

造粒工程は，粉どうしを接着させるバインダーを噴霧して造粒する再加湿造粒法と，バインダーを用いない噴霧乾燥同時造粒法に大別される．前者は，粉乳を乾燥空気によって流動化させバインダーを2流体ノズルで噴霧して凝集造粒させる方法で，代表的な例としてGlatt社の流動層造粒機を図7.6に示す．バインダーは水を主に用いるが，油脂，糖類，乳化剤なども用いられる．後者も粉どうしを凝集させるという操作は同じであるが，こちらは噴霧された粒子が高水分で流動層に達する条件で乾燥機を運転し，微粉を噴霧ゾーンに戻して造粒する．多段式噴霧乾燥機，特に乾燥塔内部に流動層をもつものは噴霧乾燥機同時造粒法に適している．図7.7に示したNIRO社のMulti Stage Dryerはその例であり，乾燥塔内で造粒操作が可能なように設計されている．一般的なMSDの噴霧条件では，乾燥塔下部の静止流動層（SFB）入口で水分15％以上，出口で5〜6％，振動式流動層出口（VF）で2〜3％である[17]．

表7.5に示したように全粉乳，脱脂粉乳，ホエイパウダーはそれぞれ成分組成に特徴があり，全粉乳は脂肪，脱脂粉乳はタンパク質，ホエイパウダーは炭水化物が多い．一般的に食品成分を乾燥する場合，脂肪，タンパク質，炭水化物の順に乾燥が難しくなる．したがって，各粉乳の主要成分に照らしてみると，全粉乳，脱脂粉乳，ホエイパウダーの順に乾燥は難しくなる．たとえば，全粉乳，脱脂粉乳，ホエイパウダーの乾燥特性を比較してみると，排風温度はそれぞれ85℃，89℃，93℃，水分蒸発量比は，1.0，0.9，0.8となり，

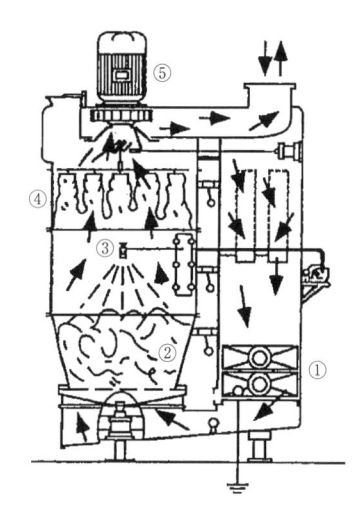

図7.6 回分式流動層造粒装置（Glatt）
①エアヒーター，②流動層，③バインダーノズル，
④バグフィルター，⑤排風ファン．

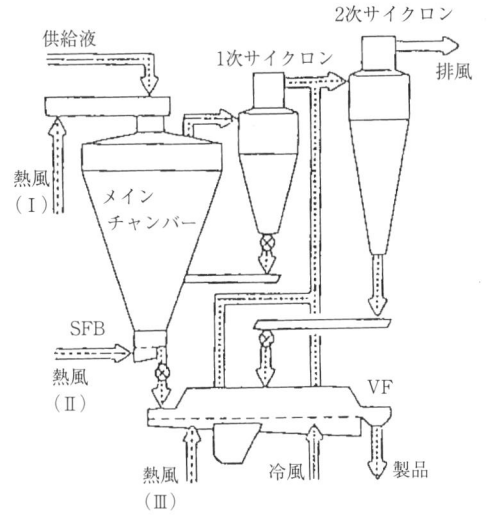

図7.7 NIRO社 Multi Stage Dryer フロー

ホエイパウダーの乾燥効率が低くなっている[14]．

7.5 保存性と基準

乳製品は栄養価が高く微生物に資化されやすく腐敗しやすいが，含有する水を除去した粉乳は保存性が高まる．粉乳の水分を除去することによる最も大きな効果は，微生物の資化性を抑制することである．微生物の資化性を制御するにはいくつ

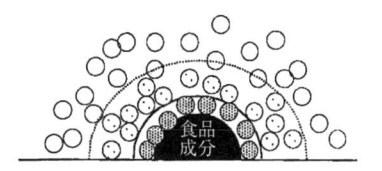

図7.8 食品成分と水の相互作用の模式図

結合水　準自由水　自由水

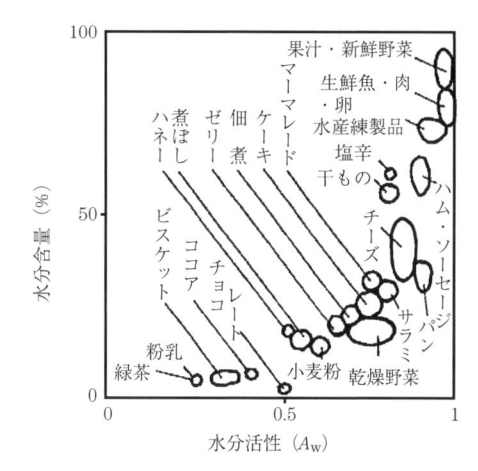

図7.9 食品の水分含量と水分活性の関係

かの方法があるが，水分除去はその中の一つである．すなわち，食品中の水分の状態によって資化性（保存性）が変わってくる．

食品中の水はその存在様式によって，図7.8に示したように，自由水，準結合水，結合水に分類される．結合水は，乳中の成分と強く結合している水で構造水ともいわれ成分の表面に単分子層を形成している．準結合水は単分子吸着層の外側で多重吸着層を形成している．結合水ほど成分との相互作用は強くないが運動は制限されている．自由水は，結合水の周りで自由に動くことができる物理的に固定されている水であり，凍結・溶解・溶解物質の移動や化学反応さらには微生物による栄養成分の資化に利用される[18]．乳を乾燥した水分5%以下の粉乳に微生物が発育しない理由は，微生物の発育に必要な水分を他の成分が放さないためであるといわれている．このように自由水によって微生物の発育が制御される様子を水分活性（A_w）という指標で表現する．図7.9に食品の水分含量と水分活性との関係を示した[19]．粉乳の水分活性は約0.2であるが，同じ乾燥食品でも水分

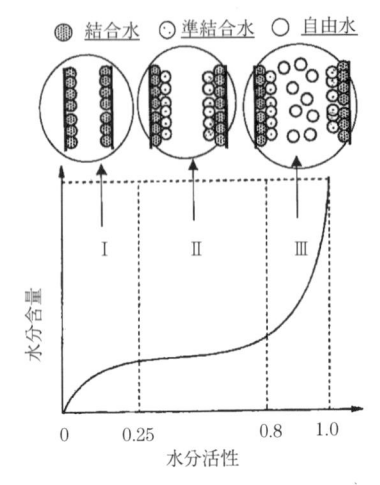

図7.10 食品の典型的な等温吸湿曲線（水分活性－水分含量曲線）と水の状態の模式図

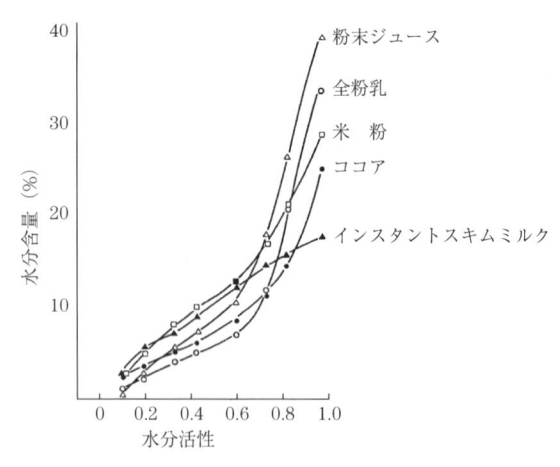

図7.11 30℃における各種粉体の等温吸湿曲線

活性が異なる食品も存在する．水分含量と水分活性との間には線型相関はないが水分含量の低い食品は水分活性が低い傾向を示す．一方，粉乳保存中の水分変化は品質上重要な部分であるがこれは自由水の出納によって表現できる．このときの水分活性と水分含量との関係を等温吸湿曲線といい，その例と水の吸着の様子を図7.10に示した[18]．等温吸湿曲線は三つの領域に分けられる．Ⅰの領域では結合水という水の単分子層が形成され，ここでは水分活性の増加とともに水分含量も増加する．Ⅱの領域では水の多分子吸着が起こり水分活性は増加するが水分含量はあまり増加しない．Ⅲの領域では物理的に固定された水である自由水が，水分含量を急激に増加させる．以上のように，水分活性が食品の水分含量と線型相関を示さない領域があること，種々の食品を水分含量と水分活性で配置した図7.9の傾向が等温吸湿曲線と似た形状を示すことは興味深い．粉乳中の水は結合水とみることができ，そのために乾燥した粉乳では微生物の発育が制限されると解釈できる．

粉乳の規格によれば，細菌数50000/g以下，大腸菌群陰性が基準となっているが，原料乳および乳処理工程における衛生品質の向上により大幅に微生物品質は向上している．また，粉乳の水分活性は0.1～0.2の範囲にあり保存中の吸湿に配慮すれば微生物的には問題ない[13]．

粉乳の保存には，粉の吸湿性，光・酸素による劣化対策がポイントとなる．粉乳は2～3％の水分を含有するが，吸湿が進行すると微生物の増殖，固化，溶解性低下，変質・風味低下が起こる．図7.11は30℃における粉体食品の等温吸湿曲線である．微生物が問題になるのは水分活性0.6以上であり全粉乳では7％水分に相当し，この水分以下に制御することが肝要である．一方，水分変化は吸湿速度にも依存する．表7.8に粉乳と食品の吸湿速度を示した．粉乳はそれを包む包材の透湿度が高いと粉乳の吸湿速度も高くなる．包材の材質も保存性に影響するため適正な防湿設計をしなければならない．粉乳の物性も水分に影

表7.8 40℃ 90％RH 雰囲気における各種粉体食品の吸湿速度

粉体食品の種類	K*1×10⁴ (1/hr)	t half*2 (hr)
粉　　　乳	1000	3.01
脱脂粉乳	1320	2.28
アイスクリームミックス粉	420	7.17
離　乳　食	1100	2.74
ス　ー　プ	340	8.85
ミルクココア	380	7.92
コ　コ　ア	1820	1.65
紅　　　茶	1720	1.75
粉末チーズ	1690	1.78
コーヒー	1267	2.38
穀　　　粉	1280	2.35

＊1：吸湿速度定数
＊2：吸湿水分が飽和水分の1/2になるまでの時間

7. 粉　　乳

表7.9　粉乳の保存基準

	業務用			家庭用スキムミルク	
	全粉乳	脱脂粉乳	ホエイパウダー	ガセット容器	カートン容器
賞味期限	12ヵ月	18ヵ月	18ヵ月	12ヵ月	12ヵ月
保存方法	直射日光，高温多湿を避け，常温で保存				

響され，含水率や保存温度が高くなると流動性は低下する．また，光や酸素によって酸化を受けるので，遮光性，酸素バリア性のある包材による保存が必要となる．全粉乳の場合は脂肪を多く含むので酸化にも配慮する必要がある[20]．

粉乳は水分活性が低く吸湿しやすい．したがって吸湿を抑制する包材を用いて製品化され流通されるが，家庭用と業務用とでは粉乳を充填する状況が異なる．両者の保存基準を表7.9に示した．表7.9にある賞味期限とは，その食品が表示された保存方法にしたがって未開封の状態で品質特性が保持される期間をいう．賞味期限は，販売する事業者が科学的根拠に基づいて厳密に設定する．たとえば粉乳では，一定の温度条件で保存し，成分（水分，脂肪），細菌数など，おいしさ（官能評価）が十分に保持される期間を求め，さらに安全係数（0.7～0.8）を乗じて賞味期限を定めている．家庭用として販売されている脱脂粉乳は，水に溶解しやすいように造粒されたインスタントスキムミルクである．包装形態は袋詰めカートン入りが主流であったが2～3年前からガセットタイプに替わった．いずれも酸素透過性，水蒸気透過性に配慮してある．業務用は先に示したようにクラフト紙3層ないし2層構成に内袋として0.06 mm～0.12 mm厚さのポリエチレン製内袋が使用されている．粉乳包装にポリエチレンが使用される理由は安価，熱シール可能，水蒸気バリア性があげられる．現在，業務用大袋充填は自動化された充填包装システム（図7.12）が確立している[7]．

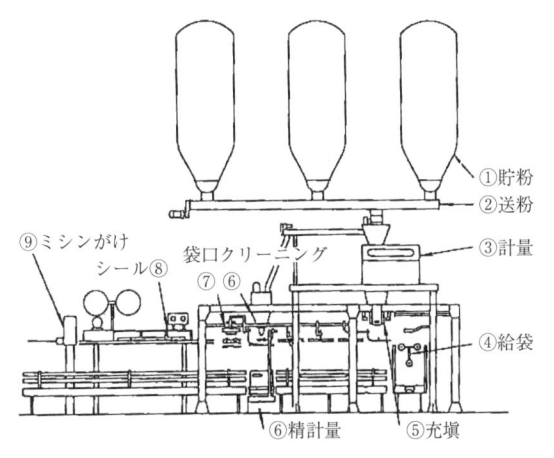

〔野田正幸〕

図7.12　全自動大袋計量充填包装機略図[9]

①貯粉 ②送粉 ③計量 ④給袋 ⑤充填 ⑥精計量 ⑦⑥ 袋口クリーニング ⑧シール ⑨ミシンがけ

文　献

1) 林　弘通：粉乳製造工学, p.15, 実業図書, 1980.
2) 林　弘通：乳加工技術史, p.34, 幸書房, 2001.
3) 平成14年度版牛乳乳製品統計：農林統計協会, 2002.
4) 農畜産業振興機構：主要乳製品の流通実態調査報告書, 酪農経済通信, 2004-2007.
5) 日刊酪農経済通信：酪農経済通信社, **54**, 2007.
6) 藤井智幸, 堀川正和：乳業技術, **48**, 53, 1998.
7) 永友和義：乳技協資料, **35**(3), 18, 1985.
8) 食品衛生研究会：食品衛生小六法Ⅰ平成20年版, 新日本法規出版, 2007.
9) 五訂増補日本食品標準成分表, 文部省科学技術学術審議会資源調査分科会報告書, 2005.
10) 林　弘通：乳業ジャーナル, **42**(9), 68, 2004.
11) 林　弘通：乳技協資料, **42**, 61, 1992.
12) 山内邦男, 横山健吉：ミルク総合辞典, p.292, 朝倉書店, 1992.
13) Dairy Processing Handbook, Tetra Pak Processing Systems AB, 1993.
14) 林　弘通：食品と容器, **41**(7), 392, 2000.
15) 林　弘通：食品と容器, **41**(8), 446, 2000.
16) 堀川正和：粉体工学会誌, **34**(2), 40, 1997.
17) 大木信一：乳技協資料, **40**, 44, 1990.
18) 仁木良哉：*Milk Science*, **55**(1), 43, 2006.
19) 横山理雄：乳技協資料, **38**(4), 1, 1988.
20) 楠田　洋：食品包装便覧, (社)日本包装協会, 1320, 1988.

8. 練　　　乳

8.1　歴　　　史

　加糖練乳は，工業的に生産された最初の乳製品であり，乳業界の発展に大きく寄与した歴史のある乳製品である．

　欧米では，1853年イギリス人のニュートン（Newton）によって牛乳にショ糖を加えて濃縮する最初の実験が行われ，1856年にアメリカ人のゲイル・ボーデン（Gail Borden）が真空釜を使用して加糖練乳を製造したのが工業的製造の始まりである．

　一方わが国では，1871（明治4）年頃から平鍋，二重鍋を使用して加糖練乳の試作が行われ，井上謙造が井上釜（二重底の平鍋で中間に水を入れて湯煎する）を開発することにより，1882（明治15）年にようやく加糖練乳の製造を成功させた[1]．その後，1891（明治24）年に花島兵右衛門により，花島煉乳所が設立され，1896（明治29）年にわが国初の真空釜（練乳製造用）が据えつけられて大量生産が可能となった．これ以降，練乳製造の技術開発が続けられ，現在では高性能な乳業設備で製造されている．

　加糖練乳はもともと育児用の需要が多かったが，調製粉乳の開発によりその需要は低迷し，業務用途の需要が大部分となった．主にアイスクリーム，乳飲料，製菓などの原料に使用されている．家庭では，イチゴや，かき氷，などとともに食されることが一般的である．

　無糖練乳はスイス人のジョン・B・メイエンベルグ（John B. Meyenberg）が発明し，1884年にステリライザー（Sterilizer）と呼ばれる滅菌機を発明，特許を取得して，翌年に工業的製造を開始した．もともとエバポレーテドクリーム（evaporated cream）と呼ばれていたが，1906年にエバポレーテドミルク（evaporated milk）となった[2]．1920年代には乳児用に使用されるようになったが，加糖練乳と同様に調製粉乳の開発により需要は低迷した[3]．

8.2　種　　　類

　練乳を大別すると，ショ糖を添加して水分活性を下げることにより品質を維持する加糖練乳と，滅菌によって品質を維持する無糖練乳に分けられる．さらに全脂タイプと脱脂タイプに分類される．ただし無糖脱脂練乳はほとんど見かけることはない．

　一般に加糖練乳をコンデンスミルク，無糖練乳をエバミルクと呼称している．

　容器形態については，加糖（全脂）練乳の場合，5ガロン缶，小缶（397g），ラミネートチューブ，3方アルミシールなどが流通しており，加糖脱脂練乳は5ガロン缶，ラミネートチューブがある．最近では1t以上のバルク形態も業務用で流通している．一方無糖（全脂）練乳は缶（411g，170g）が多い．欧州では法律による殺菌方法

表8.1　練乳の成分組成

種類	熱量 (kcal)	水分 (%)	タンパク質 (%)	脂質 (%)	炭水化物 (%)	灰分 (%)	ショ糖 (%)	引用
加糖練乳	331	25.7	7.8	8.3	56.3	1.9	44.0	食品成分表五訂
加糖脱脂練乳	270	29.0	10.3	0.2	58.0	2.5	43.0	食品成分表四訂
無糖練乳	144	72.5	6.8	7.9	11.2	1.6	0	食品成分表五訂
無糖脱脂練乳		80.0	7.3	0.3	10.8	1.6	0	食品成分表(1954)

の規定がないため，ポーションやゲーブルトップなどの無菌製品が販売されている（滅菌濃縮乳）．

参考まで，練乳の成分組成を表8.1に記す．

8.3 定 義

練乳を定める法律には，わが国では乳等省令，海外ではコーデックス規格が適用されている．

乳等省令

表8.2に練乳の定義と成分規格を，表8.3に乳等省令で認可されている添加物と使用量を示す．

8.4 製 造 法

練乳の製造工程は加糖練乳と無糖練乳で異なるが，基本となる濃縮工程は同じである．

8.4.1 加糖練乳の製造法（図8.1参照）

加糖練乳の標準的な製造工程を以下に示す．特徴的な工程は，シージング工程である．

a．原料乳検査

原料乳の品質は，製品品質や保存性に密接に影響する要因の一つであり，新鮮で風味良好でなければならない．またタンパク質の安定化テスト（アルコールテストなど）を行い，合格したものを使用しなければならない．原料乳の塵埃は，ナイロンフィルターおよび遠心式浄化機（クラリフ

表8.2 定義と成分規格

種類	定義	乳固形分	無脂乳固形分	乳脂肪分	水分	糖分	細菌数[*1]	大腸菌群	殺菌方法
加糖練乳	生乳，牛乳又は特別牛乳にショ糖を加えて濃縮したものをいう	28.0%以上		8.0%以上	27.0%以下	58.0%以下 乳糖を含む	5万以下	陰性	
加糖脱脂練乳	生乳，牛乳又は特別牛乳の乳脂肪分を除去したものにショ糖を加えて濃縮したものをいう	25.0%以上			29.0%以下	58.0%以下 乳糖を含む	5万以下	陰性	
無糖練乳	濃縮乳であって直接飲用に供する目的で販売するものをいう	25.0%以上		7.5%以上			0		*2
無糖脱脂練乳	脱脂濃縮乳であって直接飲用に供する目的で販売するものをいう		18.5%以上				0		*2

*1：標準平板培養法で，1g当たり．
*2：容器に入れた後に摂氏115℃以上で15分間以上加熱殺菌すること．

表8.3 乳等省令で認可されている添加物と使用量

種類	添加物	使用量
加糖練乳	クエン酸カルシウム，クエン酸三ナトリウム，炭酸水素ナトリウム，炭酸ナトリウム（結晶），炭酸ナトリウム（無水），ピロリン酸四ナトリウム（結晶），ピロリン酸四ナトリウム（無水），ポリリン酸カリウム，ポリリン酸ナトリウム，メタリン酸カリウム，メタリン酸ナトリウム，リン酸水素二カリウム，リン酸水素二ナトリウム（結晶），リン酸水素二ナトリウム（無水），リン酸二水素ナトリウム（結晶），リン酸二水素ナトリウム（無水）	単独で製品1kgにつき2g以下，組合せで製品1kgにつき3g以下（ただし，結晶にあっては無水に換算）
加糖脱脂練乳		
	乳糖	製品1kgにつき2g以下
無糖練乳	塩化カルシウム，クエン酸カルシウム，クエン酸三ナトリウム，炭酸水素ナトリウム，炭酸ナトリウム（結晶），炭酸ナトリウム（無水），ピロリン酸四ナトリウム（結晶），ピロリン酸四ナトリウム（無水），ポリリン酸カリウム，ポリリン酸ナトリウム，メタリン酸カリウム，メタリン酸ナトリウム，リン酸水素二ナトリウム（結晶），リン酸水素二ナトリウム（無水），リン酸二水素ナトリウム（結晶），リン酸二水素ナトリウム（無水），リン酸三ナトリウム（結晶），リン酸三ナトリウム（無水）	単独で製品1kgにつき2g以下，組合せで製品1kgにつき3g以下（ただし，結晶にあっては無水に換算）
無糖脱脂練乳		

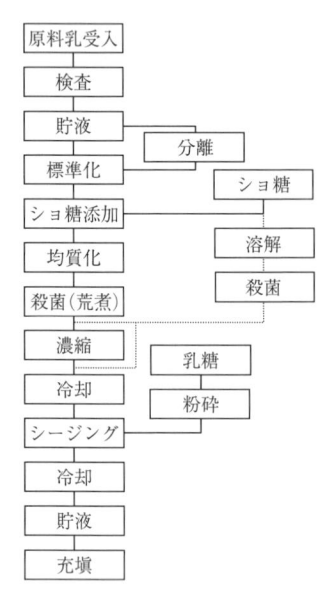

図8.1 加糖練乳の製造フロー

ァイヤー）などを使用して除去する．

b．標準化

標準化は，製品中の乳脂肪分と無脂乳固形分の比率を調整するために，必要に応じて分離したクリームまたは脱脂乳を添加して行う．近年，原料乳の乳脂肪分は高くなる傾向にあり，脱脂乳を添加して標準化することが多くなってきている．原料乳の標準化は一般に次の計算式を使用する[4]．

$$W_2 = \frac{W_1 \times SNF_1 \times (F_1/SNF_1 - F_3/SNF_3)}{SNF_2 \times (F_3/SNF_3 - F_2/SNF_2)}$$

	重量	脂肪分	無脂乳固形分
原 料 乳	W_1	F_1	SNF_1
脱 脂 乳	W_2	F_2	SNF_2
標準化乳	$W_1 + W_2$	F_3	SNF_3

c．ショ糖添加

ショ糖を添加する目的は，甘味の付与はもちろんのこと，ショ糖濃度によって水分活性を下げて細菌増殖を抑制し，保存性を向上させることである．使用するショ糖は，転化糖を含まない精製度の高いショ糖（99.4～99.9％の結晶糖）を用いる．ショ糖の添加量は，製品中の細菌増殖を防ぐことができるような濃度の量であり，ショ糖と水分の総和に占めるショ糖の割合は，62.5～64.0％の範囲にする必要がある[5]．糖分の総量としては，乳等省令の項で前述したように，乳糖を含めた糖分が製品中58.0％以下に定められている．

$$ショ糖率(\%) = \frac{ショ糖量 \times 100}{ショ糖量 + 水分}$$

ショ糖添加方法としては，殺菌前，濃縮前，濃縮後の三つの方法があるが，乳等省令の定義上，通常は濃縮前に添加する方法を実施している．なお殺菌後に添加する場合は，（殺菌工程後なので）溶解したショ糖溶液を殺菌してから添加・混合する．

d．均質化

均質化工程では，ホモゲナイザーを使用する．原料乳の脂肪球は大きいため，練乳の保存中に脂肪浮上を起こす可能性がある．これを防止するため，3～10 MPa，50～70 ℃の条件で均質化を行う．ただし均質圧力を高く設定すると濃厚化の傾向が認められるので，賞味期限中に脂肪浮上しないように適切に条件設定することが望ましい．

e．殺菌（荒煮）

練乳製造では，濃縮前に加熱殺菌する工程を荒煮（preheating）と呼称している．目的は①細菌，カビおよび酵母などを死滅させること，②酵素を失活させて保存性を高めること，③製造直後の粘度や保存中の濃厚化を制御すること，④濃縮時の加熱面への焦げつきを防止して濃縮効率を高めることにある．殺菌条件は，製造直後の製品の粘度や色調のみならず，保存中の粘度や色調の経時変化に大きく影響を及ぼす．粘度は，乳牛の品種，原料乳の乳質，地域差，季節変化によっても影響され，さらに，濃縮，冷却，保持などの一連の製造工程での熱履歴や，ショ糖の添加時期などによっても影響されるので，これらの要因を総合的に検討しながら殺菌条件を設定する必要がある．一般的には75～80 ℃で10分間前後のバッチ式保持殺菌法あるいは，110～120 ℃で数秒間のプレート式超高温瞬間殺菌法（UHT）が用いられている．

f．濃縮

殺菌乳は濃縮機により水分が蒸発され，約2.5倍に濃縮される．従来はバッチ式の単一効用缶，すなわち真空釜を用いることがほとんどであったが，最近は連続式のプレート式濃縮機や薄膜下降

式濃縮機などの多重効用缶が用いられている．濃縮は真空減圧下で行われるため，製造時間の短縮，運転コストの低減などのほか，沸点が降下し低温で蒸発することにより製品の加熱変性が低減されて，生乳本来の風味を残す利点がある．濃縮の終点は比重を測定して決定する．この作業をストライキングと呼ぶ．比重1.285～1.290（45℃）付近が濃縮完了時期である．最近では濃縮乳の循環経路に組み込まれたインライン比重計で連続的にリアルタイムで比重を測定し，その値に基づいて自動制御するシステムが多い．

また練乳の比重はその構成成分から次式によっておよそ算出することができる[6]．

比重(15℃) = 100/{水分(%)＋乳脂肪分(%)/0.93＋無脂乳固形分(%)/1.608＋ショ糖(%)/1.589}

温度補正係数は－0.000524/℃である．たとえば15℃の比重が1.306であったとすると，45℃の比重は次式の通りとなる．

比重(45℃) = 1.306－0.000524
　　　　　　×(45℃－15℃) = 1.29028

g． 冷却～シージング～冷却

45℃前後で濃縮機から出てきた練乳はただちに冷却される．その目的は，①濃縮状態の高温保持による濃厚化，褐変化防止，②過飽和乳糖の微細結晶化である．

練乳中の乳糖率は前述のショ糖率の計算式を応用すると，成分組成から練乳中の水分が25.7%，乳糖量が12.3%であるので，次のようになる．

乳糖率(%) = 乳糖量(%)×100 / (乳糖量(%)＋水分(%))
　　　　　 = 12.3%×100 / (12.3%＋25.7%) = 32.4%

この値は，練乳中の水分が仮にすべて乳糖の溶解に使用できたとした場合の乳糖の溶解濃度（%）である．しかし実際の乳糖の溶解度は，表8.4の通りであり，最終的には飽和（62%ショ糖液）状態までしか溶解しない．したがって，一部の乳糖は析出することになる．練乳中に溶解している乳糖量は20℃の場合，表8.4から13.7%なので，

表8.4 乳糖率(%)[7]

温度℃	水 飽和	水 過飽和	62%ショ糖液 飽和	62%ショ糖液 過飽和
0	10.6	19.9		
10	13.1	24.6	11.1	20.9
20	16.1	30.4	13.7	25.8
25	17.8	33.7	15.1	28.6
30	19.9	37.0	16.9	31.4
40	24.6	43.9	20.9	37.3
50	30.4	51.0	25.8	43.4
60	37.0	59.0	31.4	50.2
70	43.9			
80	51.0			
90	59.0			
100	61.2			

次式が成立する．

$$\frac{乳糖量(\%) \times 100}{乳糖量(\%) + 25.7\%} = 13.7\%$$

これを解くと，乳糖量（%）= 4.1%となる．

この値から理論上析出してくる最大乳糖量を試算すると，おおむね次のようになる．

12.3－4.1 = 8.2%…最大乳糖析出量

この析出する乳糖は製造直後では過飽和状態で溶解しているが，放置しておくと徐々に結晶化が進み，最終的にはザラザラの結晶が発生し砂状（sandy）と呼ばれる状態になり沈殿してくる．これを糖沈と呼ぶ．この砂状および糖沈が発生しないようにシージングという工程を行う．

乳糖結晶の沈殿現象はストークスの法則にしたがうので粘度の要因は大きいが，通常10μm以下であれば沈殿が発生しにくく，食感としてザラツキを認めない．15μm以上であると個人差も

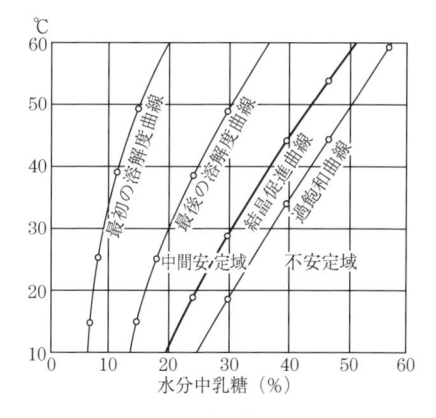

図8.2 水分中乳糖比

あるが，舌にザラツキを認める．

シージング工程とは，微細な乳糖の粉末を添加し，強制攪拌，急速冷却することにより新たに結晶化する乳糖の大きさを制御する方法である．シージング工程では，約0.005%の粉砕した乳糖粉末を30℃前後で添加し，強制攪拌し，その後20℃前後に急速に冷却し静置することにより微細結晶を発生させる．シージング工程の条件については，ハンジッカー（Hunziker）が図8.2のグラフから説明している[8]．

練乳中の乳糖率（水分中乳糖）は前に試算した通り32.4%なので，グラフから結晶促進曲線を読み取るとおよそ32℃が至適温度となる．32℃で乳糖粉末を添加し，強制攪拌する．その後，緩慢な自然冷却では結晶の巨大化を促進するため，室温の20℃まで急速に冷却する．20℃における乳糖率はグラフの最後の溶解度曲線から読み取ると約16%となる．シージング工程の留意点は，①練乳の濃度・温度を均一にすること，②シージング乳糖を均一に分散すること，③一連の工程を迅速に行うことである．実際に結晶化した乳糖結晶が顕微鏡にて確認されるのはその後およそ12時間以降である．

なお，シージング乳糖を添加しない方法として，高速攪拌で数十秒から数分間で急激に冷却する方法がある．その機構は，高速攪拌による物理的な刺激が過飽和の乳糖をきわめて微細な乳糖結晶として均一分散させ，これが急冷に伴う粘度上昇によって分散状態で維持され，シージング乳糖の役割を果たすためと考えられている[9]．

h．乳糖の粉砕

乳糖粉末の大きさはメーカーにもよるが通常50μm以上であり，このままではシージングに使用できない．そのため乳糖粉末を物理的に粉砕する方法として，ボールミル，ハンマーミルなどの粉砕方法が一般的であるが，最近ではジェットミルのような機器磨耗の少ない方法で粉砕する例もみられる．粉砕粒度は平均3μm以下が望ましい．粉砕した乳糖は，殺菌した練乳に混合するため，使用する前に乾熱殺菌を行う．一般的な条件は，100℃10分程度である．

i．充填

シージング後の練乳は，結晶の安定化と同時に混入した気泡の脱気を目的とし，8〜12時間程度静置してから充填する．練乳は前述の通り水分活性で製品品質を維持しているが，空気，特に酸素の存在下では好気性微生物であるカビ・酵母が増殖し，さらにブリキ缶においては錫メッキがはがれて鉄が錆びる危険性がある[10]ので，空気が入らないように充填することが必要である．缶においては，脱気・真空巻締め，ラミネートチューブでは超音波シールによる液面下シールを実施し，空気の混入を防いでいる．やむを得ずヘッドスペースが必要な場合は，窒素ガスなどのガス置換法が有効である．また充填時に水分などの液滴が混入すると，加糖練乳は高粘度，高比重であるため，部分的な濃度低下や水分活性の上昇が起こり，細菌増殖が開始するので，十分注意を払う必要がある．

8.4.2　無糖練乳の製造法（図8.3参照）

無糖練乳の製造で特徴的な工程はレトルト殺菌とこれに伴うパイロットテストである．

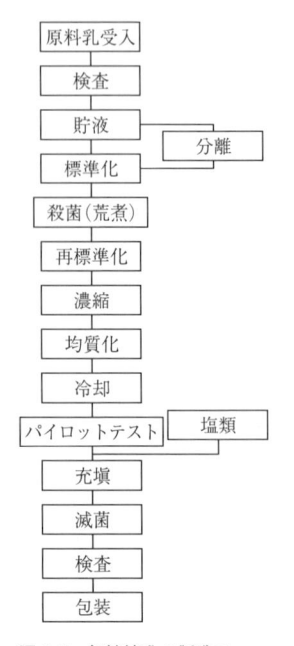

原料乳受入 → 検査 → 貯液 → 標準化（分離） → 殺菌（荒煮） → 再標準化 → 濃縮 → 均質化 → 冷却 → パイロットテスト（塩類） → 充填 → 滅菌 → 検査 → 包装

図8.3　無糖練乳の製造フロー

a．原料乳検査

無糖練乳は，牛乳の約 2.5 倍の濃縮乳を高温滅菌するため，熱安定性については原乳の品質に大きく影響を受ける．熱安定性の確認を目的として行われるアルコールテストは通常 70％アルコールで行うところを 75％以上で実施するのが一般的である．その他リン酸塩テストを行うこともある．

合格した原料乳の塵埃除去は，加糖練乳と同様にナイロンフィルターおよび遠心式浄化機（クラリファイヤー）などを使用する．

b．標準化

加糖練乳と同様の方法によって，製品の設計に合わせて標準化する．

c．殺菌（荒煮）

無糖練乳の製造での予備加熱の目的は，殺菌のほかに，滅菌工程での製品の熱安定性を増大させ，さらに適度な粘性をもたせることにある．加熱によるこのような効果は，乳清タンパク質の変性の程度，カゼインと乳清タンパク質の複合体の形成，塩類の形態の変化など，熱による変化に起因するものであるが，その理論的解明はいまだ不十分である．

殺菌は，温度と時間の組合せはさまざまあるが，通常 80〜95℃で数分間のバッチ式保持殺菌法，または 100℃以上数秒間のプレート式超高温瞬間殺菌法（UHT）で行われる．

d．濃縮

濃縮方法は，加糖練乳の場合と同じであるが，無糖練乳の場合，加糖練乳より濃縮時に泡立ち，飛沫の生じ方が激しく，また加熱面が焦げつきやすいので濃縮処理に十分な注意を要する．仕上げ時の濃縮乳の固形分含量は最終製品より高めに設定し，比重 1.051〜1.061 程度（48℃）が濃縮完了（ストライキング）時期である．

また無糖練乳の比重は加糖練乳と同様にその構成成分から次式によって算出できる[11]．

比重(15℃) = 100/{水分(%)＋乳脂肪分(%)/0.93＋無脂乳固形分(%)/1.608}

無糖練乳の場合，温度補正係数は $-0.00045/℃$ が用いられる．

e．均質化

均質化は，製品の脂肪が分離するのを防ぐため，脂肪を微細な脂肪球にして乳化の安定化を促進し，さらに適正な粘性を与えるために行う．均質化条件は，50〜60℃において 10〜20 MPa で均質化後に再度 5 MPa で行う．均質化した脂肪球は平均 $1\mu m$ 以下（$D_{90}=2\mu m$）にすることが必要である．均質化後は 10℃以下に冷却する．

f．パイロットテスト

均質化後，そのまま充填・滅菌すると，しばしば製品が凝固したり，著しく粘度が低下することがある．そのような不良品の製造をあらかじめ防止するため，充填に先立ってパイロットテストを行い，必要に応じて適切な安定剤を添加し，熱安定性や粘性の調整を行う．

テスト方法は，濃縮乳の一部を最終製品の缶に数缶とり，適当量の安定剤を添加したサンプルをつくり，パイロット用ステリライザーで実際の滅菌条件と同じ熱履歴で滅菌を行い，開缶して製品の物性を確認後，安定剤の添加量を決定する．粘度上昇時にはカルシウムキレート効果のあるリン酸塩類，一方粘度低下時には増粘効果のあるカルシウム塩類を添加する[12]．

g．充填

無糖練乳を充填するときは，加糖練乳の場合とは異なり，缶の中に適当な空気量を残しておき，滅菌時の缶の膨張による破裂を防ぐ必要がある．

h．滅菌〜冷却

無糖練乳は，長期間室温で保存される製品であるから，芽胞菌を含めたすべての微生物を死滅させなければならない．そのときの滅菌条件は，乳等省令では前述のように 115℃以上 15 分間以上加熱することとなっている．滅菌時の加熱により，製品は多少褐色に着色し，粘度もやや上昇する．滅菌後はただちに冷却する．

i．検査

滅菌製品である無糖練乳は滅菌不十分あるいは容器のピンホール，巻締め不良などにより保存中に欠陥を生じることがあるので，全製品を 25〜35℃で 10〜15 日間保存し，検査の結果で問題がないことを確認し出荷する．

8.5 保存基準

8.5.1 温度

加糖練乳および無糖練乳は，ともに常温保存可能品であるが，常温を超える温度（たとえば30℃以上）で長期間保存すると，加糖練乳の場合は褐変化と同時に増粘化し，無糖練乳の場合は褐変化と同時に低粘化する傾向がある[13]．

8.5.2 光

加糖練乳および無糖練乳は，ほとんどが缶，ラミネートチューブなどの遮光容器を採用している．これは乳中のリボフラビン（ビタミンB_2）が光触媒反応によってメチオニンからメチオナールを産生したり，脂質を酸化させることにより風味劣化を起こすことを防止するためである[14]．

8.6 保存性

加糖練乳は水分活性による静菌作用，無糖練乳はレトルト殺菌による滅菌効果によって保存性が担保されている．

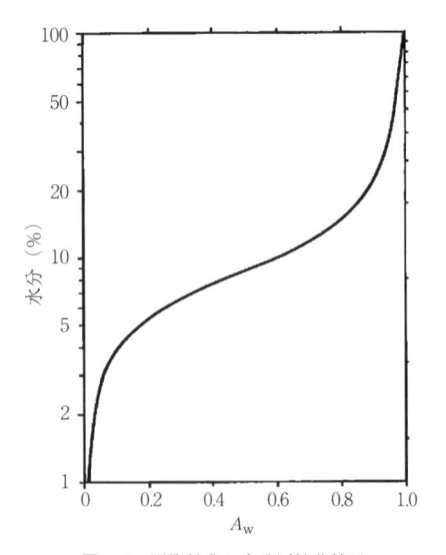

図8.4 脱脂粉乳の水分活性曲線[15]

8.6.1 水分活性

水分活性とは微生物の生育や酵素活性に必要な水分を表す．水分含量の多い食品は，生物的変化や化学的変化によって品質劣化が起こりやすくなる．微生物の繁殖には水が不可欠であるが，すべての水を利用できるわけではない．水はその形態（用途）から結合水と自由水に分類される．結合水は食品の構成成分であるタンパク質や炭水化物の溶解，分散によって固く結合している水である．自由水は環境の温度，湿度の変化で容易に移動や蒸発が起こる水である．微生物や酵素は結合水を利用することができず，自由水を利用することになる．自由水の量が少なければ微生物は増殖することはできなくなり，自由水が多くなれば微生物は増殖しやすくなる．この自由水の量の指標を水分活性（A_w）という単位で表す．食品を容器に入れて密封すると，食品中の水分が蒸発して容器内の空間に充満し，しだいに平衡に達する．このときの密封容器内の水蒸気圧をP，食品を水と置き換えたときの水蒸気圧，つまりその温度における飽和水蒸気圧をP_0とすると水分活性A_wはP/P_0で表される．この値は食品が水である場合には$P=P_0$となり，$A_w=1$となる．しかし，一般の食品は水分以外の成分も含んでいるのでPはP_0より小さくなり，P/P_0すなわちA_wは1より小さな値を示すことになる．わかりやすくいえば，水分活性値に100を乗じれば食品を密封した場合の容器内の相対湿度（%RH）になる．この容器内湿度が食品の保存性に密接に関係してくる．

$$\text{食品の水分活性}(A_w) = \frac{P}{P_0}$$

水分活性を下げる方法は，単純に濃度を上げる方法と，同じ濃度であればモル濃度を上げる方法がある．加糖練乳は両者を利用しており，低い水分活性（0.85〜0.87）を得ている．参考まで脱脂粉乳の水分活性曲線を図8.4に水分活性と微生物の増殖の関係を表8.5に示す．

8.6.2 レトルト殺菌

無糖練乳は乳等省令により，容器に入れたあとに115℃以上で15分間以上加熱殺菌すること，

表 8.5 水分活性と微生物の増殖[16,17]

水分活性	生育可能な微生物の例 (生育可能な最低水分活性)	代表的な食品例 (水分活性)
0.95〜1.00	*B. cereus* (0.95) *E. coli* (0.95) *Salmonella* spp. (0.95)	生鮮食品 水産練製品 (0.96〜0.98)
0.91〜0.95	*B. stearothermophilus* (0.93) *B. subtilis* (0.90) *C. botulinum* type B (0.94)	パン (0.93〜0.96)
0.88〜0.91	多くの酵母 (0.88〜)	漬物類 ハム・ソーセージ (約0.90)
0.80〜0.88	多くのカビ (0.80〜) *Staphylococcus aureus* (0.86)	加糖練乳 (0.85〜0.87) 塩辛 (0.80)
0.75〜0.80	好塩性細菌 (0.75〜)	ジャム (0.75〜0.80) 味噌 (0.69〜0.80) 醬油 (0.76〜0.81)
0.65〜0.75	耐糖性酵母 (0.65〜) *E. repens* (0.71)	蜂蜜 (0.75)
0.50〜0.65		貯蔵米 (0.60〜0.64) 小麦粉 (0.61〜0.63)
0.00〜0.50		脱脂粉乳 (0.27) 全粉乳 (0.20)

と規定されており，製品・容器とも滅菌状態にすることにより，製品品質を維持している．殺菌機には，バッチ式と連続式があるが，わが国ではバッチ式が一般的である．バッチ式のレトルト殺菌機は，容器を金属製の籠に入れて，籠を回転させながら熱湯あるいは蒸気を熱媒として加熱する．籠の回転が遅いと凝固したり，滅菌不良を起こす可能性があるが，籠の回転が速いと温度の昇降は早く，均一性は向上する一方，粘度が低下する可能性がある[18]．最も留意することは殺菌機内の温度ムラを少なくすることである．

8.7 製品品質

練乳は乳等省令などの規格に適合し，良好な外観，風味，組織，保存性を維持していなければならないが，製造条件，保存条件によっては以下のような品質上の欠陥が生じることがある．

8.7.1 加糖練乳の製品品質
a. 濃厚化・増粘
加糖練乳は常温を越える温度で長期間保管中，しだいに粘度が増し，流動性を失ってゼリーあるいはプリン状に凝固することがある．この現象を濃厚化あるいは増粘と呼ぶ．原因としては理化学的要因と微生物学的要因があげられるが，前者が原因であることがほとんどである．それらに関与する要因は次のように数多く，まだ理論的に解明されていない部分が多いので，安定な粘度の製品を継続的に製造していくためには，豊富な経験が必要となる．

1) 原料乳

(1) タンパク質量，特にカゼイン量は，高いと増粘傾向を示す．

(2) 牛乳の酸度は，高いと増粘傾向を示す．

(3) 季節の影響は，春夏の乳のほうが増粘傾向を示す．

2) 配合

(1) 脂肪の含量は，低いと増粘傾向を示す．

(2) 塩類の含量と種類については，カルシウム塩やマグネシウム塩が多いと増粘傾向を示すが，リン酸塩やクエン酸塩が多いと増粘を抑制できる．

(3) 無脂乳固形分含量は，高いと増粘傾向を示す．

(4) ショ糖含量は，高いと増粘傾向を示すが，無脂乳固形分含量ほどではない．

3) 製造条件

(1) 殺菌の温度と保持時間は，熱履歴が高いと増粘傾向を示す．
(2) 濃縮温度は，高いと増粘傾向を示す．
(3) 濃縮率は，高いと増粘傾向を示す．
(4) 撹拌の程度は，弱いと増粘傾向を示す．
(5) ショ糖の添加時期は，殺菌前に添加すると増粘傾向を示し，一方濃縮後に液糖の状態で添加すると，増粘を防止できる．
(6) 貯蔵温度と貯蔵時間は，熱履歴が高いと増粘傾向を示す．
(7) 均質圧力は，高いと増粘傾向を示す．

4) 容器

(1) 容器の大きさは，小さいと増粘傾向を示す．

b．色調変化（褐変化）（図8.5参照）

正常な加糖練乳は淡黄色を帯びた乳白色を呈しているが，高温で長期間保存されると，色調が褐変化してくる．これは糖のカルボニル末端とタンパク質のアミノ末端が結合するメイラード反応（アミノカルボニル反応）によるものである．還元糖の混入したショ糖を使用した場合や，酸度の低い練乳に発生しやすい．

c．砂状，糖沈

加糖練乳は前述のシージング工程によって，過飽和状態の乳糖を微細に結晶化させて（図8.6左参照），なめらかな食感を与えている．しかしこの乳糖結晶が15μm以上になると（図8.6右参照），個人差はあるが舌にザラツキを感じる．これを砂状（sandy）といい，保存中に乳糖結晶が沈殿してくる．これを糖沈という．

d．脂肪分離

加糖練乳は，粘度が低く脂肪球が大きい場合に，静置保存中に乳脂肪が浮上してクリーム層を形成する．このクリーム層は開缶して排出の際にマーブル状の模様を呈するので外観上好ましくない．脂肪分離による欠陥を防止するためには，脂肪球を小さくする効果と増粘させる効果を有する均質化が望ましい．ただし均質圧力をかけすぎると濃厚化するので，適正な条件設定が必要である．

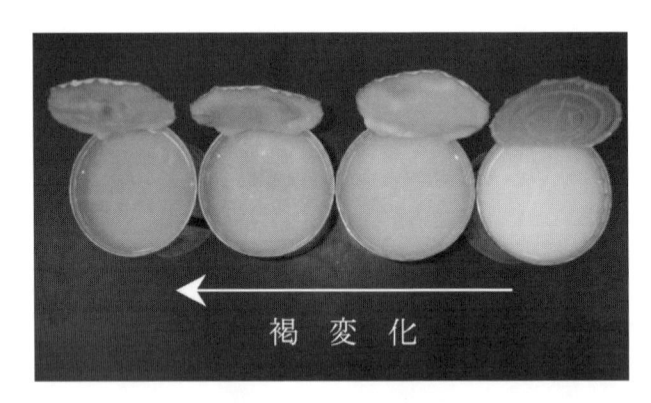

図8.5 加糖練乳の褐変化

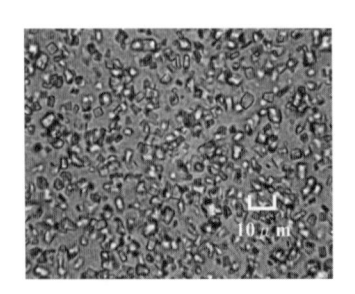

図8.6 加糖練乳の乳糖結晶

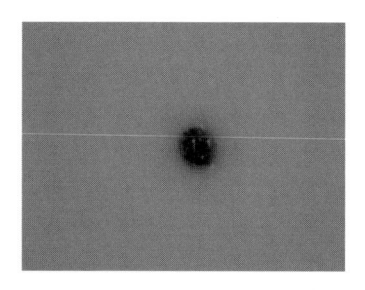

図8.7 加糖練乳のボタン

e. 微生物汚染

1) カビ 主として *Asp. repens* が増殖し，ボタンと呼ばれる褐色あるいは黄色の塊を形成し加糖練乳の表面に発生する．これは *Asp. repens* などが産生するプロテアーゼによって形成される[19]（図8.7参照）．

カビは水分活性 0.85 でも酸素存在下で増殖でき，常温 25℃ 近辺が至適温度であるため，ヘッドスペースのある液面に発生する．対策としては，製造機器を十分に洗浄し，十分な殺菌を行い，ヘッドスペースを設けないように充填するか，ガス置換により酸素濃度を下げることが必要である．開封した練乳は 10℃ 以下の冷蔵保存が望ましい．

2) 酵母 糖発酵性の酵母がショ糖を資化して，アルコールと炭酸ガスを産生することにより，容器が膨張することがある．主として *Torulop. lactis-condensi* による．対策としては，十分に殺菌を行うことと，製造機器を十分に洗浄することである．

3) 球菌 球菌から産生する有機酸や凝乳酵素によって増粘，ゲル化することが知られている．主に *Staphylococcus aureus* などのブドウ球菌があげられるが，エンテロトキシンの産生には十分注意が必要である．通性嫌気性菌である *S. aureus* のエンテロトキシン産生条件は，10〜48℃，pH 4.5〜9.6 で A_w 0.87 以上である[20]．対策として，細菌数の少ない原料乳を用いる，殺菌温度の適正化，ショ糖率を一定濃度に保つ，工程全般の衛生度を高めるなどの策が講じられる．

4) その他 球菌と同様に耐熱性桿菌（例：*B. subtilis* など）でも増粘，ゲル化することが知られている．メカニズムは球菌と同様に産生する有機酸や凝乳酵素による．

8.7.2 無糖練乳の製品品質

a. 凝固

無糖練乳の凝固の原因としては理化学的要因と微生物学的要因があげられる．

1) 理化学的要因 加糖練乳の濃厚化の項で述べたように，無糖練乳の凝固についても，まだ理論的に完全には解明されておらず，凝固の原因についても加糖練乳の濃厚化とほぼ同じ要因が考えられている．

2) 微生物学的要因 *B. subtilis* が原因の場合には，pH がほとんど変わらずに甘性凝固を生じるのが特徴であり，*B. coagulans* では，酸度が高くなりチーズ様の風味を示す．また，*B. megaterium* では，若干のガス発生とチーズ様風味を示す．これらはいずれも耐熱性芽胞菌であるが，このほかに巻締め不良やピンホールによる菌の混入が原因の場合もある．

b. 脂肪分離

無糖練乳の脂肪分離は，製品の粘度が低いとき，あるいは均質化が不完全な場合に生じる．保存中の温度が高いと粘度が低くなるため，分離が起きやすくなる．脂肪浮上速度は粘度に反比例し，脂肪球径の二乗および脂肪と溶媒との比重差に正比例するといわれている（ストークスの法則）．

c. 色調・粘度変化

製品は，保存中徐々に褐変化が進む．これは製造時の加熱による糖とタンパク質によるメイラード反応によって進行するものであり，高温で長時間保存すると褐変化が促進される．風味はフラン化合物，γ-ピロン化合物，アルデヒド，有機酸などである．褐変化はメイラード反応の産物メラノイジンの量によって左右される．一方，粘度は保存中に増粘する加糖練乳とは異なり，褐変化が進むにしたがって粘度低下が認められる．ウェッブ（Webb）らは保存温度が高く，期間が長くなるほど褐変化が進み，逆に粘度とpHは低下する

ことを報告している[21].

d. 沈殿

長期間保存した場合，底に白色沈殿が発生する．この主成分はクエン酸カルシウムで，温度が高くなるほど溶解度が低下するので，製品濃度が高く，保存温度が高い場合に発生しやすい[22].

e. フェザリング

コーヒー液に無糖練乳を添加した際に羽毛状の白色凝集物を生じることがある．この現象はフェザリングと呼ばれ，無糖練乳のタンパク質が不安定な場合，高温のコーヒー液中の酸によって凝集するものである．

f. 微生物汚染

1) ガス発生 缶が膨張し，著しいときには破裂する場合もある．これも，耐熱性菌や二次汚染した細菌の増殖による．

2) 苦味 *B. amarus*，*B. panis* のような耐熱性桿菌がタンパク質を分解して苦味を与えることがある[23].

8.8 その他の練乳

8.8.1 加糖練乳タイプ

最近では，乳等省令の適用外ではあるが，クリームや脱脂粉乳などから製造する還元加糖練乳状組成物，糖として糖アルコールなどを使用する糖アルコール練乳状組成物，乳固形分にバターミルクを使用する濃縮加糖バターミルク，ホエイを使用する濃縮加糖ホエイなどが需要に応じて開発されている．

8.8.2 無糖練乳タイプ

これも乳等省令の適用外ではあるが，海外ではクリームや脱脂粉乳などから製造する還元無糖濃縮乳，ビタミンDなどの栄養を強化した栄養強化無糖濃縮乳，レトルト殺菌ではなく超高温殺菌を行った滅菌濃縮乳などが見受けられる．

8.9 賞味期限の設定

一般的に加糖練乳の賞味期限は，常温で1年間前後を設定しているが，その期限は容器形態やメーカーによってさまざまである．賞味期限を設定するためには，実際に当該製品の保存テストを実施し，設計通りの製品品質を維持しているか確認する必要がある．賞味期限は，その規定の製品品質を満たしている期間に安全係数を乗じた期間を設定する．安全係数は，「食品期限表示の設定のためのガイドライン」（平成17年2月25日），「乳製品の期限表示設定のためのガイドライン」（平成19年8月17日改訂）により設定されている．具体的には試験に供したロットのうち，最も短い期限表示設定基準に安全率0.7（賞味期限が2ヶ月を超えるもの（D+60以上）については0.8）を乗じた日数（端数は切り捨て）の範囲内で，製品のバラツキ等も考慮し，メーカー等が品質保持が可能として定める期間としている．

品質保持の検査項目については，上記ガイドラインによると，次の通りである．

検査項目（指標）	判定基準	検査方法
性状（外観，風味等）	正常	官能検査による

加糖練乳については，通常，保存期間中に最初に劣化しはじめる品質は，濃厚化・増粘と色調変化（褐変化）であり，その状態が製品品質を損なっていないかで判断することが多い．砂状・糖沈や脂肪分離は，所定通りシージング工程や均質化工程を行っていれば，発生することは稀である．また微生物汚染についても，所定の殺菌を行い，2次汚染がなく充塡時のヘッドスペースに酸素がなければ，発生することは少ない．

一方，無糖練乳については，所定通りレトルト殺菌を行えば，微生物汚染はほとんどない．賞味期限の設定要因は，凝固，脂肪分離，色調変化，粘度変化，沈殿，フェザリングの状態を総合的に判断する．

〔小石原 洋〕

文 献

1) 和仁晧明：*FFI Journal*, **21**(9), 802-803, 2006.
2) 津郷友吉：乳製品の化学（津郷友吉編），p.176, 地球出版, 1963.
3) S, J. Fomon: *Am. Soc. Nutr. Sci.*, **131**, 410-413, 2001.
4) 菊池榮一, 堀 友繁：ミルク総合事典（山内邦男, 横山健吉編），pp.525-540, 朝倉書店, 1992.
5) E. O. Whittier, B. H. Webb: *Byproducts from Milk*, **55**, 1950.
6) 田中清一, 小笠勝啓：乳製品製造Ⅱ（津郷友吉ほか編），p.22, 朝倉書店, 1964.
7) E. O. Whittier, B. H. Webb: *Byproducts from Milk*, **65**, 1950.
8) O. F. Hunziker: Condensed Milk and Milk Powder, 7th ed., pp.195-197, 336, 181, 186-189, 234-235, The Author, 1949.
9) O. F. Hunziker: Condensed Milk and Milk Powder, 7th ed., pp.201-202, The Author, 1949.
10) 東洋鋼鈑：ぶりきとティンフリー・スチール, pp.140-145, アグネ, 1974.
11) 田中清一, 小笠勝啓：乳製品製造Ⅱ（津郷友吉ほか編），p.53, 朝倉書店, 1964.
12) 田中清一, 小笠勝啓：乳製品製造Ⅱ（津郷友吉ほか編），pp.47-48, 朝倉書店, 1964.
13) B. H. Webb, *et al.*: *Journal of Dairy Science*, **34**(11), 1111-1118, 1951.
14) 塩田 誠：食品の光劣化防止技術（津志田藤二郎ほか編），pp.224-226, サイエンスフォーラム, 2001.
15) P. Walstra, R. Jenness: Dairy Chemistry and Physics, p.303, John Wiley & Sons, 1984.
16) 徳岡敬子：ジャパンフードサイセンス, **32**(4), 52-58, 1993.
17) 矢野俊正ほか：食品包装便覧, pp.224-235, ㈳日本包装技術協会, 1988.
18) 田中清一, 小笠勝啓：乳製品製造Ⅱ（津郷友吉ほか編），pp.61-62, 朝倉書店, 1964.
19) L. A. Rogers, *et al.*: *J. Dairy Sci.*, **3**, 2, 1920.
20) ICMSF: Microorganisms in Foods 5, p.304, Blackie Academic & Professional, 1996.
21) B. H. Webb, *et al.*: *J. Dairy Sci.*, **34**(11), 1111-1118, 1951.
22) O. F. Hunziker: Condensed Milk and Milk Powder, 7th ed., p.294, The Author, 1949.
23) 田中清一, 小笠勝啓：乳製品製造Ⅱ（津郷友吉ほか編），pp.72, 朝倉書店, 1964.

9. 調製粉乳

1989年にWHOから母乳育児の推進方針が出されているように，母乳は乳児にとって最良の栄養である．母乳栄養の利点としてはこれまで，①乳児に対する少ない代謝負担，②感染症の発症の低下，③アレルギー発症リスクの低減，④良好な母子関係の形成，などがあげられてきた[1]．さらに近年，乳児が成長したあとの生活習慣病（肥満，高血圧，糖尿病など）の発症リスクを低減する効果が母乳栄養にあることが海外の研究で示されている[1]．

しかし，母乳の不足や母親の健康状態などが原因で母乳が与えられない場合は，母乳に代わる育児用ミルクが必要である．実際，厚生労働省が行った「平成17年度乳幼児栄養調査」[2]では，図9.1に示すように3カ月齢の時点で6割以上の乳児が育児用ミルクを摂取飲用する混合栄養あるいは人工栄養であった．したがって，乳児にとって育児用ミルクは今日でも重要な栄養源としての役割を果たしている．母乳の栄養と機能の実現を目指して，育児用ミルクにはこれまで幾多の改良が加えられており，この間の医療技術の進歩とも相まって，日本の乳児死亡率は世界的にみても最も改善されている（表9.1）[3]．

本章では，育児用ミルクの歴史，定義と種類，特徴，製造法および製品の品質などについて概説する．

表9.1 乳児死亡率の変遷[3]

年次	乳児死亡率[*1]	新生児死亡率[*2]
1900（明治33）年	155.0	79.0
1915（大正4）年	160.4	69.7
1930（昭和5）年	124.1	49.9
1940（昭和15）年	90.0	38.7
1950（昭和25）年	60.1	27.4
1960（昭和35）年	30.7	17.0
1970（昭和45）年	13.1	8.7
1980（昭和55）年	7.5	4.9
1990（平成2）年	4.6	2.6
2000（平成12）年	3.2	1.8
2005（平成17）年	2.8	1.4

*1：1歳未満で死亡した乳児数（出生1000人当たり）
*2：28日齢未満で死亡した乳児数（出生1000人当たり）

なお，乳児に与える育児用ミルクは，狭義には厚生省令（現在の厚生労働省）にいう「調製粉乳」をいうが，時代により定義が変更され，アレルギー用，乳糖不耐症用，代謝異常症用などのミルクも製品化されているので，本章では低出生体重児用，乳児用およびフォローアップ用の調製粉乳を「育児用ミルク」，アレルギー用などのその他のミルクを「特殊ミルク（治療乳）」と呼ぶこととした．

9.1 育児用ミルクの歴史

育児用ミルクの製造には，海外でまれにヤギなどの他の動物の乳が用いられることもあるが，通常は牛乳が用いられている．表9.2[4]に人乳（母

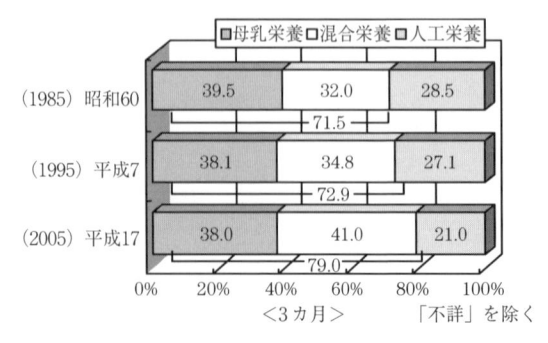

図9.1 栄養方法の推移[2]

	母乳栄養	混合栄養	人工栄養
(1985) 昭和60	39.5	32.0	28.5
(1995) 平成7	38.1	34.8	27.1
(2005) 平成17	38.0	41.0	21.0

<3カ月>　「不詳」を除く

表9.2 人乳と牛乳の成分（100g当たり）[4]

	人乳	普通牛乳
エネルギー（kcal）	65	67
水分（g）	88	87.4
タンパク質（g）	1.1	3.3
脂質（g）	3.5	3.8
炭水化物（g）	7.2	4.8
灰分（g）	0.2	0.7

乳）と牛乳の成分を比較して示したが，両者の組成の違いが明らかになりはじめた19世紀以降，育児用ミルクの改良が行われてきた．その変遷の概略は，加糖粉乳（牛乳希釈）期，70％調製粉乳期，特殊調製粉乳期，および現在の調製粉乳期に大別される[5]．

a．加糖粉乳（牛乳希釈）期：1917～1949年

育児用ミルクの製造技術が導入される以前は，加糖練乳や粥または重湯が乳児の主な栄養源であり，表9.1に示したように乳児の死亡率も非常に高かった．

表9.2から明らかなように，人乳と牛乳ではタンパク質，糖質，および灰分濃度に大きな違いがある．乳児の腎機能は未熟であり，タンパク質から代謝されてくる尿素の過剰は腎に負担を与える．また，乳児が過剰のミネラルを摂取すると多量の水が体外に失われる．このため，牛乳を乳児の月齢に合わせて適宜希釈し（約1/3～2/3），希釈によって低下するエネルギーを糖質で補うことが20世紀の前半に行われはじめた．1917（大正6）年にわが国で最初につくられた育児用ミルクは全脂粉乳に滋養糖（麦芽糖とデキストリンの等量混合物）を配合したものであるが，内容は2/3乳＋5％滋養糖に相当している．翌年にはショ糖を配合した加糖粉乳が発売されたが，大量生産されるようになったのは，1920（大正9）年に急速循環エバポレーターと真空式ドラムドライアーが導入されてからである．当時は依然として加糖練乳が主体であったが，1940（昭和15）年頃には小児科学会から，育児用製品としての練乳は砂糖が多すぎるため，粉乳への転換の必要性が指摘されていた．このため，1941（昭和16）年に至ってはじめて乳児の栄養を考えた最初の調製粉乳の規則が牛乳営業取締規則に加えられた．

b．70％調製粉乳期：1950～1959年

希釈牛乳では本質的に母乳組成とはほど遠く，乳児の発育が不十分なため，1950（昭和25）年に母子愛育会小児保健部会から表9.3に示す人工栄養方式が提案された．また，翌年には「乳及び乳製品の成分規格などに関する厚生省令」が制定され，調製粉乳の定義と規格が改正された．これ

表9.3 母子愛育会小児保健部会案（1950年）[5]

月齢	牛乳の濃度	添加物 糖(％)	添加物 穀粉(％)	1回量(cc)	1日の回数	1日量(cc)
新生児	2/3乳	8	—	10～90	8～6	80～540
1/2カ月	2/3乳	7	—	100	6	600
1カ月	2/3乳	6	1	120	6	720
2カ月	2/3乳	5	2	150	6	900
3カ月	4/5乳	5	3	180	5	900
4カ月	1/3乳	5	4	180	5	900
5カ月	全乳	5	5	180	5	900
6カ月	全乳	5	5	180	5	900

により乳固形分66.5％以上，うち乳脂肪16％以上を使用した70％型調製粉乳期を迎えることとなった．この頃から育児用ミルクが普及しはじめ，海外技術の吸収もあって栄養成分の面での本格的な改良が加えられるようになった．その第1はビタミンの強化であり，第2は母乳のタンパク質のように消化吸収されやすくするためのソフトカード化や母乳栄養児の腸内菌叢がビフィズス菌優位であることに着目したβ乳糖または平衡乳糖などの添加である．当時強化されたビタミンとしては，ビタミンA，B_1，B_2，B_6，C，D，E，ニコチン酸アミド，パントテン酸，葉酸，リノール酸などであった．β乳糖，α-β平衡乳糖の添加は，β型がビフィズス菌の増殖に関係するのではないかという見解によるものであったが，その後の研究では乳糖量とビフィズス菌の増殖には関係があってもβ型には増殖作用はないことが確認されている．牛乳タンパク質中，カゼインは乳児の胃内で硬い凝固性を示すが，消化性を向上するために熱処理やイオン交換法によるソフトカード化が導入されたのも，この当時の育児用ミルクがカゼイン主体のタンパク質組成であったからであり，母乳なみに乳清タンパク質が配合され，かつ脱塩処理が工程に導入された現在ではソフトカード化は通常のこととなっている．

c．特殊調製粉乳期：1960～1978年

1959（昭和34）年に厚生省令が改正され，特殊調製粉乳の規格「特殊調製粉乳とは，乳又は乳製品に，母乳の組成に類似させるために必要な栄養素でその種類及び混合割合につき厚生大臣の承認を受けたものを混和したものであって，粉末状

にしたものをいう」が定められた．このとき，乳固形分は60%以上に変更された．従来の調製粉乳は牛乳の主成分はそのままとし，ビタミンや糖などを添加したものであったが，特殊調製粉乳では牛乳成分の変換が認められた．これが育児用ミルクを母乳に近づけるための研究開発が飛躍的に進展する出発点となった．

育児用ミルクの研究は栄養面や生理代謝の面から積極的に行われた．当時の育児用ミルクは調乳濃度が高く，また，タンパク質やミネラル含量も高かったため，乳児の腎機能に過剰の負荷をかけ，夏季熱，ミルク嫌い，肥満などの問題点が指摘された．このため，調乳濃度を低めることやタンパク質の量および質について検討が行われ，カゼインの一部を乳清タンパク質に置換することや，カゼインを酵素により予備消化することも行われた．ミネラルについても電気透析技術により脱塩が行われ，本格的な低ミネラル組成の育児用ミルクが開発された．

母乳の脂肪酸組成では，不飽和脂肪酸，特に必須脂肪酸として重要なリノール酸が牛乳脂肪に比較して約5倍多いため，育児用ミルク中の牛乳脂肪の植物脂肪による置換が行われ，リノール酸の強化が図られた．

糖質においてもショ糖添加の可否や乳糖含量について検討された．ヨーロッパではビフィズス菌優位の母乳栄養児の菌叢に近づけるビフィズス増殖因子としてラクチュロースの研究が進んでいたが，日本でもラクチュロースを含む乳糖分解物を配合した育児用ミルクなどが開発された．

タンパク質およびミネラル含量などを母乳に近づけた特殊調製粉乳の出現によって，全哺乳期間を同じ濃度で調乳できる単一調乳方式が導入されたのもこの時代であり，育児用ミルクの母乳に向けた改良が大きく前進した．

d．調製粉乳期：1979年～現在

1979（昭和54）年に厚生省令が改正され，特殊調製粉乳の項目が削除されて，調製粉乳の規格「調製粉乳とは，生乳，牛乳若しくは特別牛乳又はこれらを原料として製造した食品を加工し，又は主原料とし，これに乳幼児に必要な栄養素を加え粉末にしたものをいう」が新たに定められた．このとき，乳固形分は50%以上に変更された．

内容としては特殊調製粉乳と大差はないが，母乳の組成に類似させるという表現はなくなった．さらに，従来の育児用ミルク（乳児用調製粉乳）に加えて，未熟児用ミルク（低出生体重児用調製粉乳）およびフォローアップミルクも含まれるようになった．

1981（昭和56）年には，栄養改善法第12条「特別用途食品の標示許可について」の通達が発効され，乳児用調製粉乳は特殊栄養食品の標示許可対象食品に指定された．その標示成分の許可基準は表9.4のとおりである．

その後，1983（昭和58）年に厚生省令および食品，添加物などの規格基準の一部が改正され，母乳代替食品に限って亜鉛塩類（グルコン酸亜鉛，硫酸亜鉛）と銅塩類（グルコン酸銅，硫酸銅）の添加が許可された．また，容器包装について金属缶と同様に合成樹脂ラミネート容器包装が認められた．

なお，今日では栄養改善法に代わって2002

表9.4 乳児用調製粉乳の特殊栄養食品としての標準許可基準[5]

	標準濃度における組成（100 ml 当たり）	（備考）100 kcal 当たりの組成
エネルギー	65～75 kcal	
タンパク質	1.5～2.2 g	2.1～3.1 g
灰分	0.25～0.40 g	0.36～0.57 g
ビタミンA	175～350 IU	250～500 IU
ビタミンD	28～56 IU	40～80 IU
ビタミンE	0.5 mg 以上	リノール酸1gあたり0.7 IU，ただし100有効カロリーあたり0.7 IU 未満であってはならない．
ビタミンC	5.6 mg 以上	8.0 mg 以上
ビタミンB₁	28 μg 以上	40 μg 以上
ビタミンB₂	42 μg 以上	60 μg 以上
ビタミンB₆	25 μg 以上	35 μg 以上
ビタミンB₁₂	0.11 μg 以上	0.12 μg 以上
ナイアシン	175 μg 以上	250 μg 以上
リノール酸	0.21 g 以上	0.30 g 以上
カルシウム	35 mg 以上	50 mg 以上
リン	18 mg 以上	25 mg 以上
マグネシウム	4 mg 以上	6 mg 以上
鉄	0.7 mg 以上	1.0 mg 以上
ナトリウム	14～42 mg	20～60 mg
塩素	39～105 mg	55～150 mg
カリウム	56～140 mg	80～200 mg

(平成14) 年に公布された健康増進法が乳児用調製粉乳を特別用途食品として許可している．

一方，2009年になって数十年ぶりに許可基準が表9.5のように変更された[25]．主な変更点は，エネルギーおよびタンパク質濃度の低減，成分規格の新設（脂質，炭水化物，パントテン酸，葉酸，イノシトールなど），およびそのほかのビタミンやミネラルの濃度変更である．新しい基準は次項でも触れるFAO/WHOの勧告規格にほぼ合致した内容となっている．

9.2 乳児用調製粉乳

育児用ミルクの中で，0～12カ月の乳児を対象とするものを乳児用調製粉乳という．その開発の経緯については，前項の育児用ミルクの歴史で触れたので，ここでは現在日本で市販されている主な乳児用調製粉乳の特徴および製造法を中心に述べる．

9.2.1 現在の乳児用調製粉乳の特徴

現在（2007年11月末時点）日本で市販されている主な乳児用調製粉乳の調乳液組成は表9.5に示したとおりであり，各製品とも日本人の食事摂取基準[6]，特別用途食品の基準，FAO/WHOの勧告規格[7]，米国小児科学会の奨励規格[8]などに準じて製品化されている．

a．タンパク質

牛乳には母乳の約3倍のタンパク質が含まれているが（表9.2），タンパク質濃度の高いミルクは消化吸収や腎機能への負担の点で望ましくないことが指摘されており，タンパク質の質および量の改善が行われている．

母乳ではカゼインとホエイタンパク質との比率は約40：60であるが，牛乳ではその比率が約80：20である．カゼインは乳児において必須である含硫アミノ酸のシスチン含量が低いうえに胃酸により固いカードをつくるが，ホエイタンパク質はシスチン含量が高く酸凝固性がほとんどない．さらに，ホエイタンパク質の一つであるα-

表9.5 乳児用調製粉乳たる表示の許可基準[25]

	標準濃度の熱量(100 ml 当たり)
熱量	60～70 kcal

成分	100 kcal 当たりの組成
タンパク質	1.8～3.0 g
（窒素換算係数6.25として）	
脂質	4.4～6.0 g
炭水化物	9.0～14.0 g
ナイアシン	300～1500 μg
パントテン酸	400～2000 μg
ビタミンA	60～180 μg
ビタミンB_1	60～300 μg
ビタミンB_2	80～500 μg
ビタミンB_6	35～175 μg
ビタミンB_{12}	0.1～1.5 μg
ビタミンC	10～70 mg
ビタミンD	1.0～2.5 μg
ビタミンE	0.5～5.0 mg
葉酸	10～50 μg
イノシトール	4～40 mg
亜鉛	0.5～1.5 mg
塩素	50～160 mg
カリウム	60～180 mg
カルシウム	50～140 mg
鉄	0.45 mg 以上
銅	35～120 μg
ナトリウム	20～60 mg
マグネシウム	5～15 mg
リン	25～100 mg
α-リノレン酸	0.05 g 以上
リノール酸	0.3～1.4 g
Ca/P	1～2
リノール酸/α-リノレン酸	5～15

ラクトアルブミンは，神経伝達物質であるセロトニンの前駆体として利用されるトリプトファンを多く含んでいる．このため，ほとんどの乳児用調製粉乳ではタンパク質の質を考慮して，その比率を母乳と同一比率の約40：60にしている．一方，乳児の未熟な消化機能に配慮して，タンパク質の一部または全部をあらかじめ酵素で分解した消化物を配合した乳児用調製粉乳も開発されている．

以上のようなタンパク質の質的改善の結果，現在の乳児用調製粉乳の調乳液100 ml 当たりのタンパク質含量は表9.6に示したように1.52～1.60 gとなっている．ただし，FAO/WHOや米国小児科学会の乳児用調製粉乳の勧告規格ではミルク100 kcal 当たりのタンパク質含量は1.8 g～3.0または4.5 gとされており，欧米では100

表 9.6 乳児用調製粉乳の成分組成（100 ml 当たり．2007 年 11 月末時点）

表示成分		ほほえみ(明治)	はぐくみ(森永)	すこやか(ビーンスターク)	バランスミルク(アイクレオ)	はいはい(和光堂)
エネルギー	(kcal)	68	67	67	66	67
タンパク質	(g)	1.59	1.52	1.60	1.52	1.59
脂質	(g)	3.50	3.51	3.61	3.56	3.60
炭水化物	(g)	7.72	7.32	7.14	7.10	7.19
オリゴ糖	(g)	0.27*1	0.065*2	0.16*3	0.038*4	0.30*4
灰分	(g)	0.31	0.30	0.29	0.27	0.31
ビタミン A	(μg)	53	53	58.5	55	55
ビタミン B_1	(mg)	0.04	0.039	0.04	0.08	0.039
ビタミン B_2	(mg)	0.08	0.091	0.1	0.11	0.078
ビタミン B_6	(mg)	0.04	0.039	0.05	0.04	0.04
ビタミン B_{12}	(μg)	0.27	0.16	0.13	0.15	0.20
ビタミン C	(mg)	6.8	6.5	6.2	5.8	6.5
ビタミン D	(μg)	0.88	0.85	1.2	1.1	0.9
ビタミン E	(mg)	0.84	0.87	0.51	0.76	0.59
ビタミン K	(μg)	3.4	3.3	2.34	3.2	1.7
パントテン酸	(mg)	0.50	0.52	0.26	0.48	0.52
ナイアシン	(mg)	0.82	0.46	0.65	0.64	0.52
葉酸	(μg)	14	13	6.5	7.0	7.8
ビオチン	(μg)	—	—	—	—	—
β-カロテン	(μg)	9.5	5.9	5.2	24	5.2
イノシトール	(mg)	12	6.5	—	6.4	—
カルシウム	(mg)	51	49	45.5	44	52
リン	(mg)	28	27	26	28	30
鉄	(mg)	0.81	0.78	0.8	0.9	0.91
ナトリウム	(mg)	19	18	19.5	15	18
カリウム	(mg)	66	64	65	57	62
マグネシウム	(mg)	5.4	5.9	4.8	4.7	5.2
塩素	(mg)	42	40	40.3	39	42
マンガン	(μg)	4.0	3.9	3.9	—	—
銅	(μg)	43	42	40.6	47	42
亜鉛	(mg)	0.41	0.35	0.34	0.37	0.39
セレン	(μg)	1.0	0.91	—	—	—
ヨウ素	(μg)	—	—	—	—	—
リノール酸	(g)	0.49	0.43	0.59	0.42	0.43
γ-リノレン酸	(mg)	—	—	1.82	—	—
α-リノレン酸	(g)	0.058	0.052	0.07	0.076	0.05
アラキドン酸	(mg)	3.5	—	—	—	—
ドコサヘキサエン酸	(mg)	14	9.1	9.1	—	10
コレステロール	(mg)	10	—	—	3.8	—
リン脂質	(mg)	28	30	27.3	28	30
コリン	(mg)	—	7.8	6.5	6.4	—
カルニチン	(mg)	1.4	—	—	—	—
タウリン	(mg)	3.8	2.6	4.6	3.8	3.3
アルギニン	(mg)	—	—	50.7	—	—
シスチン	(mg)	24	26	29.9	24	25
ヌクレオチド	(mg)	1.9	1.0	0.78	2.5	1.0
リボ核酸	(mg)	—	—	2.9	—	—
ポリアミン	(μg)	—	—	8.1	—	—
シアル酸	(mg)	—	—	27.3	—	—
ガングリオシド GM3	(mg)	—	—	0.17	—	—
ラクトフェリン	(mg)	—	10	—	—	—
スフィンゴミエリン	(mg)	—	6.5	—	—	—
ラクチュロース	(mg)	—	65	—	—	—
調乳濃度	(g/dl)	13.5	13	13	12.7	13

*1：フラクトオリゴ糖，*2：ラフィノース，*3：ガラクトシルラクトース，*4：ガラクトオリゴ糖．

ml当たりのタンパク質含量が日本よりもさらに低い乳児用調製粉乳が使用されている．また，乳幼児期のタンパク質の過剰摂取が生活習慣病などの将来の健康状態に影響する可能性も指摘されている[9]．したがって，日本でも乳児用調製粉乳中のタンパク質の質と量の改善に向けた取組みは引き続き必要であろう．

そのほか，非タンパク態窒素成分であるが，ヌクレオチドなどの核酸関連物質とタウリンが各社乳児用調製粉乳で増強されている．いずれも母乳には多く含まれており，新生児の低い生合成能力を補っているが，乳児用調製粉乳の原料となる牛乳中の含量が低いため，旧来の乳児用調製粉乳ではその含量が低くなっていた．ヌクレオチドなどの核酸関連物質は，乳児に対して腸内ビフィズス菌の増殖促進，脂質代謝の改善，ワクチン効果の向上，下痢の発症率低下，腸管血流量の増加などの作用を示すことが報告されている[10]．一方，タウリンは新生児の中枢神経系，循環器系および内分泌系の発達，感染防御などにおいて重要な働きをすることが知られている[11]．

b．脂肪

脂肪は発育のさかんな乳児のエネルギー源としてだけでなく，必須脂肪酸や脂溶性ビタミンの供給源としても重要である．母乳は不飽和脂肪酸含量が高いのに対して，牛乳では逆に飽和脂肪酸含量が高いことなど，両者の脂肪酸組成は異なっている．このため牛乳脂肪の大部分を大豆油などの植物性脂肪で置換し，月見草油，魚油などを一部配合することにより不飽和脂肪酸を増量し，必須脂肪酸であるリノール酸やα-およびγ-リノレン酸，ドコサヘキサエン酸（DHA）などを強化している．なお，DHAおよびアラキドン酸については，これらの多価不飽和脂肪酸を効率よく産生する微細藻類（*Crypthecodinium cohnii*）や糸状菌（*Mortierella alpina*）が近年発見されており，大型培養槽による発酵培養で生産されたものが欧米の乳児用調製粉乳に使用されている[10]．

リノール酸（ω-6系）やα-リノレン酸（ω-3系）は，動物の体内では生合成することができないため必須脂肪酸と呼ばれている．これらの一部は体内でアラキドン酸やDHAなどの多価不飽和脂肪酸に代謝され，生体膜の構成成分としてその機能発現に関与する．また，これらの多価不飽和脂肪酸はプロスタグランジンなどに変換され，細胞の分化，体温の調節，睡眠などの生理作用にも関与する．α-リノレン酸を中心とするω-3系必須脂肪酸はω-6系必須脂肪酸と異なる生理作用を有することが明らかにされており，ω-6系/ω-3系脂肪酸比率を母乳の比率に近づける努力がなされている．FAO/WHOの乳児用調製乳の勧告規格では，ミルク100 kcal当たり4.4〜6 gの脂肪を含有し，リノール酸含量は0.3 g以上（推奨上限値は1.4 g），リノール酸/α-リノレン酸比率は5〜15であることが推奨されている．さらに，同勧告規格ではDHAを配合する場合には，同時にアラキドン酸含量にも配慮すべきであることが言及されている．

脂肪の利用性に関して，母乳の脂肪が牛乳の脂肪よりも優れていることが知られているが，これは脂肪のトリグリセリド構造や脂肪酸組成の差異および母乳中に胆汁酸活性化リパーゼが存在することによる．トリグリセリド構造に関しては，日本では約30年以上前から母乳と同様にグリセリンのβ位にパルミチン酸が多く結合している油脂（豚脂）を用いた製品が開発されている．近年

表9.7 人乳および牛乳中のオリゴ糖[14]

成分	総計 (g/l) 人乳	総計 (g/l) 牛乳*
ラクトース	55〜70	40〜50
オリゴ糖		
ラクト-N-テトラオース	0.5〜1.5	微量
ラクト-N-フコペンタオースI	1.2〜1.7	—
ラクト-N-フコペンタオースII	0.3〜1.0	—
ラクト-N-フコペンタオースIII	0.01〜0.2	—
ラクト-N-ジフコヘキサオースI	0.1〜0.2	—
NeuAc(α2-6)ラクトース	0.3〜0.5	0.03〜0.06
NeuAc(α2-3)ラクトース	0.1〜0.3	
NeuAc-ラクト-N-テトラオース a	0.03〜0.2	微量
NeuAc-ラクト-N-テトラオース c	0.1〜0.6	微量
NeuAc$_2$-ラクト-N-テトラオース	0.2〜0.6	微量
オリゴ糖(全)	5.0〜8.0	微量

＊：A. Kobata (1972, *Methods Enzymol.*, **28**：262) と J. Parkkinen, J. Finne (1987, *Methods Enzymol.*, **138**：289) より．

欧米では植物油に糸状菌（*Mucor miehei*）由来のリパーゼを作用させるなどの処理をして，グリセリンのβ位にパルミチン酸が多く結合している油脂を生産する技術が開発され，その油脂を用いた乳児用調製粉乳が商品化されている[10]．

リン脂質は脳，神経，組織細胞の主要構成成分であり，母乳含量に配慮して強化されている．特に乳由来のリン脂質はスフィンゴミエリンに富み，乳児に対する機能性が優れていることが示唆されている[12]．最近では，牛乳由来のリン脂質を強化した製品が開発されている．

リン脂質と同様に細胞膜の主要構成成分であるコレステロールは，乳児における生合成がさかんでないため，母乳から摂取する必要があるといわれている[13]．実際，一部の製品ではコレステロールの増強が行われている．

c．炭水化物

母乳の乳糖含量は 100 m*l* 当たりおよそ 5～7 g であり，炭水化物中の約 90% を占めている．乳糖は乳児のエネルギー源となるほか，腸管からのカルシウム吸収を高めること，および腸内のビフィズス菌の発育を促進することで，有害菌の発育を抑制することが報告されている．また，母乳中には乳糖のほかに表 9.7[14]に示すような多様なオリゴ糖が含まれており，乳児の腸内菌叢をビフィズス菌優位にする役割を果たしているといわれている．このため，現在の乳児用調製粉乳では乳糖含量を調乳液 100 m*l* 当たり 7 g 前後と母乳とほぼ同じ含量にしているものが多い．このほかの炭水化物として乳児用調製粉乳ではデキストリンや，ビフィズス菌の増殖活性を有する各種オリゴ糖（ラフィノース，ガラクトシルラクトース，フラクトオリゴ糖など）を配合しているものがある．

d．ビタミン

ビタミンは乳児の成長，栄養代謝に不可欠な栄養成分であり，乳児用調製粉乳の改良の過程において栄養所要量や米国小児科学会の推奨規格およびFAO/WHOの乳児用調製乳の勧告規格などに基づいて新しく配合されたり，配合量の再検討が行われてきた．

以前母乳栄養でまれにみられた頭蓋内出血が主にビタミンK欠乏によることが厚生省（現厚生労働省）の研究班によって明らかにされ，現在では新生児にビタミンK剤を投与するなどの予防対策が講じられている．ビタミンKは母乳よりも牛乳に多く含まれているが，乳児用調製粉乳においてもビタミンK含量の高い大豆油の配合や，植物油から特別に調製した天然ビタミンKの増強によりFAO/WHO規格（100 kcal 当たり 4 μg 以上（推奨上限値は 27 μg））に適合させる方法がとられている．ビタミンKを天然の形で配合する理由は，ビタミンKが日本では食品添加物として認可されていないためである．

食品添加物として現在調製粉乳への使用が認可されていないビタミンとしては，ビタミンKのほかにビオチン，コリンなどがある．

生体のエネルギー源である脂肪酸の細胞内輸送に関与するカルニチンは，乳タンパク質の酵素分解乳や乳成分を用いないアミノ酸乳といったアレルギー用ミルクなどではその必要性が指摘されているが，育児用ミルクでは十分量含まれていることが明らかにされている．

e．ミネラル

ミネラルは乳児の骨形成，体液の恒常性の維持など，生体内で重要な役割を果たしている．しかし，乳児の腎機能は成人の約半分であり，過剰なミネラル摂取は腎臓に負荷をかけ，排泄されずに体内に貯留するため浮腫や夏季熱の原因となる．牛乳のミネラル含量は母乳の約3.5倍であり，低塩化する必要がある．図9.2[15]は国内産の乳児用調製粉乳のタンパク質 1 g 当たりの灰分含量およびリン含量の変遷を示したものであり，脱塩技術の進歩とともに乳児用調製粉乳の組成が徐々に母乳に近づいてきた過程を示すものである．

ミネラル相互のバランスは体液の恒常性に大きく影響する．カルシウムとリンの比率は乳児の血清値に影響するので，その比率はFAO/WHOの乳児用調製乳の規格で 1.0～2.0 に設定されている．ナトリウム，カリウムおよび塩素の含量ならびにその比率も血圧や酸塩基平衡に関与する．現在の乳児用調製粉乳はミネラル含量およびそのバ

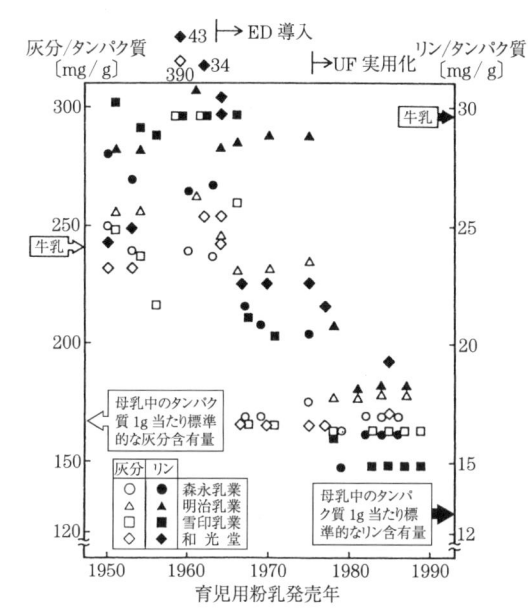

図9.2 各社育児用粉乳のタンパク質1g当たり灰分含量およびリン含量の変遷[15]

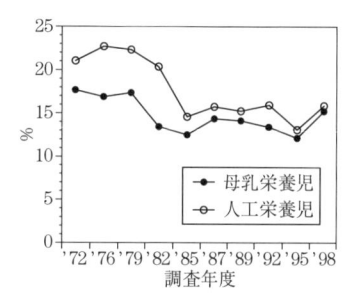

図9.3 乳児が「何らかの罹病傾向あり」と答えた母親の割合の経年変化[16]

表9.8 母乳中の感染防御因子（文献17をもとに作成）

成分名
分泌型IgA
ラクトフェリン
オリゴ糖
ガングリオシド
ムチン
ラクトアドヘリン
抗分泌因子
α-ラクトアルブミン
リゾチーム
β-ディフェンシン
各種サイトカイン
不飽和脂肪酸，モノグリセリド
α-トコフェロール，β-カロテン
可溶性CD14

ランスが母乳に近くなっている．

銅，亜鉛などの微量元素は生体にとって不可欠な必須元素であることから，1983（昭和58）年に厚生省令および食品，添加物等の規格基準の一部が改正され，銅および亜鉛が配合されるようになった．これ以前の人工乳中の銅および亜鉛含量が母乳に比べて低いことが指摘されていたことと，その当時乳児の銅および亜鉛欠乏症の報告例が増加する傾向にあったことが背景にあった．両者とも，欠乏すれば罹病傾向を強める方向に作用することが知られており，これを裏づけるように，人工栄養児の罹病傾向は1982年から1985年にかけて大きく低下した（図9.3）[16]．

一方，FAO/WHOの規格で最小値が規定されているマンガンおよびヨウ素については，現在も食品添加物としては認められていない．

f. 感染防御因子

新生児は胎内で母体から移行してくる免疫グロブリン（IgG）を受け取り，出生後の微生物などの環境抗原に対する曝露に備えている．さらに，出生後は母乳を通じて環境抗原による曝露から防御されていることが知られており，これまで母乳から数多くの感染防御因子が見いだされてきた（表9.8）[17]．現在の育児用ミルクでは，これらの中でビフィズス菌の増殖活性を有する各種オリゴ糖や，ラクトフェリン，ガングリオシド，ラクトアドヘリンなどが特に注目されており，これらの成分の増強が乳児の健やかな成長に寄与していると考えられている．

9.2.2 調製粉乳の製造技術

育児用ミルクの歴史の項目でも述べたように，調製粉乳の製造の際に問題となるのは乳児にとって消化吸収のよいタンパク質の配合とミネラル含量の低減であった．これらの問題は膜・分離技術の発達により，乳清の脱塩と乳清タンパク質の濃縮が可能となったことで解決されている．電気透析やナノろ過によるチーズ乳清の脱塩，逆浸透や限外ろ過によるチーズ乳清のタンパク質濃縮がその代表的な例である．これらの膜・分離技術の詳細は「4.3 膜分離」の項を参照されたい．

上述した膜・分離技術により調製した脱塩また

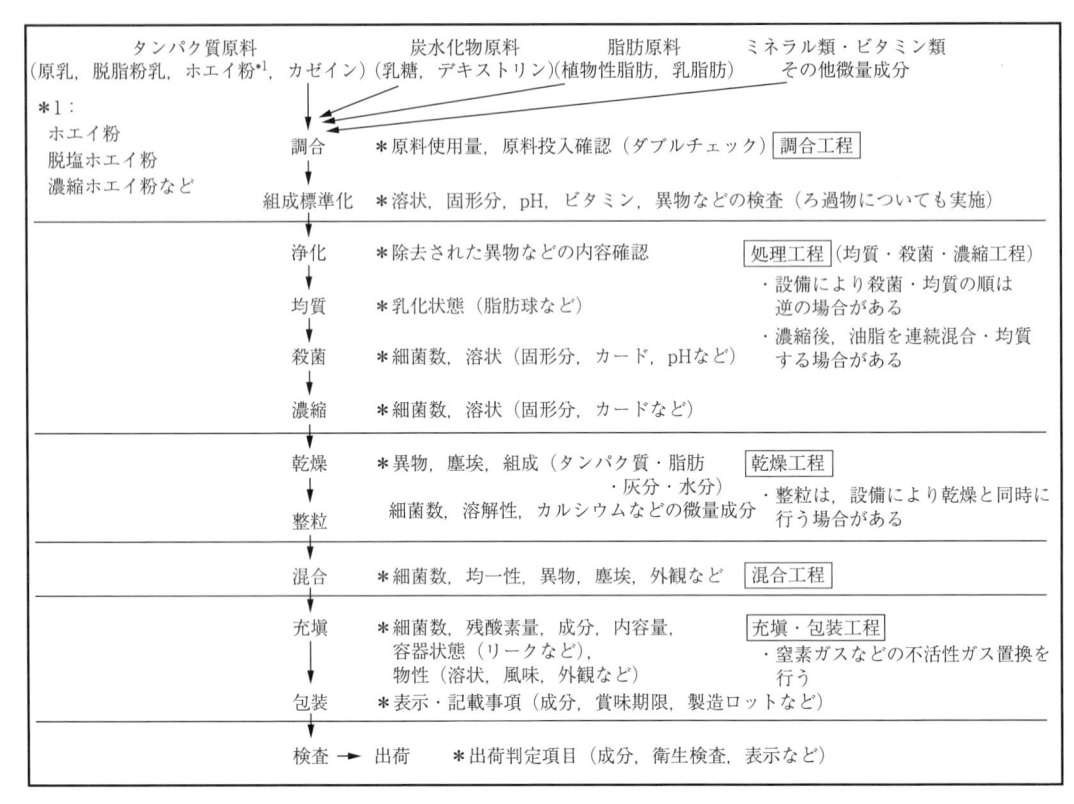

```
タンパク質原料              炭水化物原料      脂肪原料        ミネラル類・ビタミン類
(原乳，脱脂粉乳，ホエイ粉*1，カゼイン) (乳糖，デキストリン)(植物性脂肪，乳脂肪)  その他微量成分
*1:                ↓         ↓         ↓            ↓
 ホエイ粉           調合 ← *原料使用量，原料投入確認（ダブルチェック） 調合工程
 脱塩ホエイ粉        ↓
 濃縮ホエイ粉など    組成標準化 *溶状，固形分，pH，ビタミン，異物などの検査（ろ過物についても実施）
                    ↓
                   浄化   *除去された異物などの内容確認   処理工程（均質・殺菌・濃縮工程）
                    ↓                                ・設備により殺菌・均質の順は
                   均質   *乳化状態（脂肪球など）         逆の場合がある
                    ↓                                ・濃縮後，油脂を連続混合・均質
                   殺菌   *細菌数，溶状（固形分，カード，pHなど） する場合がある
                    ↓
                   濃縮   *細菌数，溶状（固形分，カードなど）
                    ↓
                   乾燥   *異物，塵埃，組成（タンパク質・脂肪    乾燥工程
                    ↓            ・灰分・水分）            ・整粒は，設備により乾燥と同時に
                   整粒       細菌数，溶解性，カルシウムなどの微量成分    行う場合がある
                    ↓
                   混合   *細菌数，均一性，異物，塵埃，外観など   混合工程
                    ↓
                   充填   *細菌数，残酸素量，成分，内容量，     充填・包装工程
                    ↓       容器状態（リークなど），           ・窒素ガスなどの不活性ガス置換を
                           物性（溶状，風味，外観など）           行う
                   包装   *表示・記載事項（成分，賞味期限，製造ロットなど）
                    ↓
                   検査 → 出荷   *出荷判定項目（成分，衛生検査，表示など）
```

図9.4 調製粉乳の製造方法および工程検査項目[18]

は濃縮ホエイ粉を原料として調製粉乳が製造されるわけであるが，その基本的な工程を図9.4[18]に示す．最初の調合工程は，原材料を所定の配合・方法にしたがって溶解し，調合する工程である．原料投入や調合液が均一であることの確認が行われる．次の処理工程では調合液の殺菌，均質化（脂肪の乳化），濃縮などの処理が行われる．続く乾燥工程では調合液を噴霧して瞬間的に水分を除去し，乾燥粉末を得る．溶解性のよい粉乳とするために，この工程で日本では整粒（造粒）操作も通常行われる．さらに混合工程では熱に対して不安定な成分や，調合液への添加を回避したい成分を粉末どうしで混合配合することが行われる．これ以降には殺菌処理を受けないため，混合原料の品質確保（特に細菌）が重要である．最後の充填・包装工程は，検査を終了した乾燥粉末または混合品を缶などの容器に計量充填する工程であり，充填時に窒素などの不活性化ガス置換を行って製品中に残存する酸素濃度を低下させ，製品の保存性を高めている．

9.2.3 調製粉乳の品質

現在の調製粉乳は，ISO，HACCPなどの厳重な品質管理のもとで最新の技術および設備を駆使して製造されているので，細菌，栄養成分，溶解性および風味などの品質は一般に良好である．

細菌規格では，乳等省令上規定されている項目は，大腸菌群：陰性，生菌数：5万/g以下であり，さらに食品衛生法で黄色ブドウ球菌などの病原性菌の汚染が禁止されている．一方，近年CODEXなどで乳児用調製乳の細菌規格の見直しが開始されており，特にその中でサカザキ菌およびサルモネラ菌が注目されている．欧米諸国ではすでに規格も設定されている．日本ではWHO/FAOの定めた「乳児用調製粉乳の安全な調乳，保存及び取扱いに関するガイドライン」に沿って2007（平成19）年に厚生労働省が注意喚起を行っており，高温（70℃以上）での溶解（調乳）

などの使用方法を推奨している[19]．

製品の賞味期限は，各社1年半となっているが，その間のビタミン類の残存性についても窒素ガスなどの不活性ガスによる置換が行われているので問題はない．また，開缶後も1カ月であれば残存率はほぼ95％以上確保されている．なお，病産院では必要な人工乳を一括調乳し，その調乳液を加熱殺菌することが行われているが，この場合でも加熱温度と加熱時間に注意し，殺菌後速やかに冷却すればビタミン類の消失は問題とはならない[20]．

9.3 フォローアップミルク

フォローアップミルクとは離乳が本格化する頃から幼児期にかけて用いられる調製粉乳である．すなわち，フォローアップミルクは離乳後期以降の栄養を補うものであって，母乳代替品ではない．この点が母乳代替品である乳児用調製粉乳と基本的に異なるところである[5]．

フォローアップミルクは元来ヨーロッパで開発された．ヨーロッパでは古くから酪農がさかんであったため，伝統的に生後6カ月以前の乳児期早期から牛乳を乳児に与える習慣があった．しかし近年，牛乳の早期投与が乳児に鉄欠乏を引き起こす重大な原因となることが判明したため，牛乳に代わりうるミルクとして開発され登場したのがフォローアップミルクである．その後，FAO/WHOの国際食品規格委員会でフォローアップミルクの規格化の検討が開始され，国際規格（CODEX STAN 156-1987）として認められたが，その対象範囲は「6か月以降の乳児および年少幼児（3歳まで）とする」となっている．

一方，日本では1970年代半ば以降になってフォローアップミルクがはじめて開発されたが，この頃のフォローアップミルクの開始月齢は9カ月以降であった．その後，1980年代後半になって諸外国に合わせて国内のフォローアップミルクの使用開始月齢を6カ月齢とする動きがあったが，1990年にフォローアップミルクの開始月齢は9カ月齢以降とするのが適切とする「フォローアップミルクの意義に関する理事会諮問に対する答申」が日本小児科学会より提出され，1997年には国内のフォローアップミルクの使用開始月齢はすべて9カ月に統一されている．1995（平成7）年の改定「離乳の基本」に代わって2007（平成19）年に厚生労働省は「授乳・離乳の支援ガイド」を発表しているが，このガイドの中でも「必要に応じて（離乳食が順調に進まず，鉄の不足のリスクが高い場合など）使用するのであれば，9か月以降とする．」と記載されている[1]．

現在（2007年11月末時点）市販されているフォローアップミルクの組成を表9.9に示した．タンパク質は乳児用調製粉乳より多いが牛乳より少なく，脂肪は乳児用調製粉乳と牛乳の両者より少ない．炭水化物は乳児用調製粉乳と牛乳の両者より多い．灰分はタンパク質同様，乳児用調製粉乳より多いが牛乳より少ない．離乳後期以降の幼児において不足しやすい鉄およびカルシウムは，乳児用調製粉乳よりそれぞれ約20〜50％，および約60〜100％多くなっている．ただし，冒頭でも述べたように，フォローアップミルクは母乳代替品ではないため，乳児用調製粉乳で添加が認められている銅と亜鉛は強化されていない．牛乳に少ないビタミンC，D，およびEについては乳児用調製粉乳と同程度にまで強化されている．最近は乳児用調製粉乳に使用されている各種の機能性食品素材（DHA，ヌクレオチド，オリゴ糖など）がフォローアップミルクにも使われることが多くなり，乳児用調製粉乳と同様にフォローアップミルクの改良も進んでいる．

9.4 低出生体重児用調製粉乳

出生時の体重が2500 g未満の新生児は低出生体重児，一般には未熟児と呼ばれる．近年特に日本では，医療技術の進歩に加えて妊婦のやせ志向などによる胎児期の低栄養によって低出生体重児の発生頻度が約20年間一貫して増加しており，2005（平成17）年の統計では全出生数の約10％に達している（図9.5）[3]．出生体重が1500 g未

表 9.9 フォローアップミルクの成分組成（100 ml 当たり．2007 年 11 月末時点）

表示成分		ステップ(明治)	チルミル(森永)	つよいこ(ビーンスターク)	フォローモモ(アイクレオ)	ぐんぐん(和光堂)
エネルギー	(kcal)	65	64	67	66	67
タンパク質	(g)	2.10	2.03	2.10	2.11	2.00
脂質	(g)	2.52	2.52	3.02	2.95	2.80
炭水化物	(g)	8.41	8.47	7.92	7.72	8.34
オリゴ糖	(g)	0.07[*1]	0.06[*2]	0.14[*3]	0.04[*4]	0.14[*4]
灰分	(g)	0.57	0.56	0.56	0.48	0.52
ビタミン A	(µg)	45	53	55	50	50
ビタミン B_1	(mg)	0.10	0.08	0.04	0.08	0.10
ビタミン B_2	(mg)	0.11	0.10	0.11	0.11	0.11
ビタミン B_6	(mg)	0.10	0.08	0.06	0.04	0.07
ビタミン B_{12}	(µg)	0.17	0.21	0.14	0.18	0.21
ビタミン C	(mg)	8.4	7.0	7.0	10	7.0
ビタミン D	(µg)	0.59	1.5	0.73	1.1	0.70
ビタミン E	(mg)	0.91	0.76	0.48	0.92	0.84
ビタミン K	(µg)	4.5	2.8	2.1	—	1.4
パントテン酸	(mg)	0.80	0.42	0.80	0.52	0.70
ナイアシン	(mg)	1.2	0.84	0.70	0.68	0.74
葉酸	(µg)	17	14	7	6	11
β-カロテン	(µg)	14	5.9	5.6	12.2	4.2
カルシウム	(mg)	95	98	100	85	91
リン	(mg)	50	53	50	48	56
鉄	(mg)	1.3	1.2	1.0	1.1	1.1
ナトリウム	(mg)	31	32	28	27	28
カリウム	(mg)	110	106	98	85	95
マグネシウム	(mg)	13	9.8	9.9	6.8	9.1
塩素	(mg)	73	76	70	63	70
リノール酸	(g)	0.28	0.35	0.42	0.31	0.38
α-リノレン酸	(g)	0.07	0.06	0.07	0.06	0.04
ドコサヘキサエン酸	(mg)	10	9.1	7.4	—	7.0
リン脂質	(mg)	48	29.4	—	—	32
ヌクレオチド	(mg)	0.84	0.84	0.78	2.9	—
ラクトフェリン	(mg)	—	6.3	—	—	—
ラクチュロース	(mg)	—	63.0	—	—	—
スフィンゴミエリン	(mg)	—	6.4	—	—	—
MBP	(mg)	—	—	0.25	—	—
調乳濃度	(g/dl)	14.0	14.0	14.0	13.6	14.0

*1：フラクトオリゴ糖，*2：ラフィノース，*3：ガラクトシルラクトース，*4：ガラクトオリゴ糖．

満の低出生体重児に対して，「極低出生体重児」，出生体重が 1000 g 未満の低出生体重児に対して，「超低出生体重児」という呼称もできている．この未熟な乳児の生理状態に合わせて調製された育児用ミルクが低出生体重児用調製粉乳である．わが国では和光堂のプレミルクが 1955（昭和 30）年に製造されたのが最初であり，1980 年代以降は他のメーカーも製造するようになった．なお，プレミルクは 1993（平成 5）年で製造が中止されている．現在（2007 年 11 月末時点）病院内で医師の指導のもとに使用されている製品を表 9.10 に示した．

低出生体重児を哺育する場合も通常の新生児と同様に，母乳が免疫や感染防御の面から推奨されている．また，低出生体重児を出産した母親の母乳は通常の新生児を出産した母親の母乳に比べて，タンパク質などの栄養素含量が高いことが知られている[5]．しかし，この特徴も分娩後 1 カ月前後で失われるため，不足する栄養を人工乳で補うことが行われている．

従来，低出生体重児はタンパク質の消化吸収は比較的良好であるが，脂肪の消化吸収に問題があ

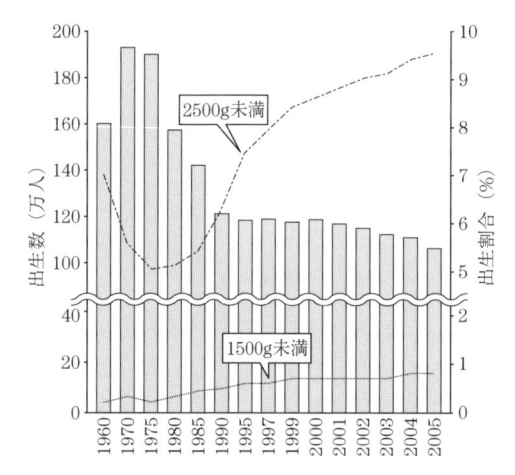

図9.5 出生数および出生時体重2500g未満(1500g未満)の出生割合(1960年〜2005年)[3]

に比べて高くなっている．

近年，低出生体重児に対する栄養法に関する検討では，積極的な栄養管理により哺育され，体重増加のよかった児は，比較的低栄養で哺育され，体重増加が低かった児に比べて，思春期以降のインスリン抵抗性が高く，また動脈硬化のリスクが高いとの報告がある[9]．このため，出生直後の体重増加が緩やかなほうがいわゆる生活習慣病の回避という観点からは有利という見方がある．その反面，積極的な栄養管理で体重増加をよくすると神経学的な発達予後が良好であるとの報告が多い[9]．今後の低出生体重児用調製粉乳の開発にはこうした短期予後（認知機能の発達）と長期予後（生活習慣病の回避）の双方への配慮がますます重要になるものと思われる．

るため，高タンパク質，低脂肪の組成が用いられてきた．しかし，最近は消化吸収のよいMCT（medium chain triglyceride，炭素数6〜10個からなる中鎖脂肪酸とグリセリンで構成されたトリグリセライド）やβ位パルミチン酸含量の高い油脂が使用されるようになって脂肪の質的改良が進み，脂肪含量の高い低出生体重児用調製粉乳も開発されている．さらに，低出生体重児の脳や網膜の発達に重要な役割を果たすDHAやアラキドン酸，および細胞膜の主要な構成成分であるコレステロールやリン脂質を増強した製品も開発されている．

低出生体重児用調製粉乳は，表9.10からも明らかなように，乳児用調製粉乳に比べてタンパク質および灰分含量が高い．これは児の胎内における発育状態を考慮した場合，タンパク質必要量として約3g/kg/日が推奨されているからである[8]．また，ほとんどの低出生体重児は妊娠後期の胎盤を介したミネラルの供給を受けずに生まれてくるため，ミネラルの胎内蓄積が乏しいからである．その一方で，低出生体重児は腎臓機能が通常の新生児よりもさらに未熟であるため，腎溶質負荷に留意しながらタンパク質およびミネラル含量が決められている．

ビタミン含量も，低出生体重児の胎内蓄積が少ないことや発育が急速なことから乳児用調製粉乳

9.5 特殊ミルク（治療乳）

特別の病的状態の治療に用いられるミルクを特殊ミルク（治療乳）と呼称するが，これらは乳等省令の定義にいう調製粉乳には該当しない．一般食品として市販されているもの，健康増進法第26条の特別用途食品の項でアレルゲン除去食品や無乳糖食品の認可を受けているもの，および厚生労働省が実施中の「特殊ミルク共同開発事業」の対策となっている登録特殊ミルクなどがある[21]．これらのうち主な市販品の組成を表9.11に示した[21]．

9.5.1 低アレルゲン化ミルク

日本では乳児の食物アレルギー有病率は5〜10%前後とされているが，乳製品（牛乳タンパク質）は鶏卵に次いで原因食物の2番目にあげられている[22]．牛乳タンパク質は乳児用調製粉乳の原料として一般に用いられているので，牛乳アレルギー児にとっては牛乳タンパク質の低アレルゲン化はきわめて重要な意味をもつ．牛乳タンパク質を酵素により加水分解し抗原性を低減したニューMA-1，MA-mi，ミルフィーHP，ペプディエット，およびアミノ酸配合組成のエレメンタ

表9.10 低出生体重児用調製粉乳の成分組成 (100 ml 当たり. 2007年11月末時点)

表示成分		LW (明治)	GP-P (森永)	PM (ビーンスターク)	LBW (アイクレオ)
エネルギー	(kcal)	70	77	76	82
タンパク質	(g)	2.01	2.03	2.11	1.99
脂質	(g)	2.67	4.05	3.15	4.39
炭水化物	(g)	9.57	8.07	9.86	8.63
オリゴ糖	(g)	0.15*1	0.075*2	0.16*3	—
灰分	(g)	0.38	0.45	0.45	0.47
ビタミンA	(μg)	300	225	288	71
ビタミンB$_1$	(mg)	0.30	0.23	0.22	0.079
ビタミンB$_2$	(mg)	0.30	0.30	0.22	0.13
ビタミンB$_6$	(mg)	0.15	0.23	0.19	0.047
ビタミンB$_{12}$	(μg)	0.90	0.75	0.48	0.21
ビタミンC	(mg)	30	30	32	7
ビタミンD	(μg)	6.8	9.5	6.4	1.2
ビタミンE	(mg)	2.3	1.5	1.1	1.4
ビタミンK	(μg)	3.8	3.8	2.4	6.0
パントテン酸	(mg)	0.75	0.90	0.96	0.36
ナイアシン	(mg)	3.6	2.7	2.7	0.63
葉酸	(μg)	180	75	48	47
ビオチン	(μg)	—	—	—	—
β-カロテン	(μg)	9.5	15.0	5.3	15.2
イノシトール	(mg)	14	15	10	—
カルシウム	(mg)	65	74	68	81
リン	(mg)	41	49	37	40
鉄	(mg)	1.5	1.5	1.6	0.79
ナトリウム	(mg)	27	33	32	32
カリウム	(mg)	75	98	96	74
マグネシウム	(mg)	6.8	8.3	7.7	7.0
塩素	(mg)	53	57.0	68.8	52.1
マンガン	(μg)	—	—	3.8	—
銅	(μg)	53	65	50	51
亜鉛	(mg)	0.42	0.54	0.42	0.51
ヨウ素	(μg)	—	—	—	—
リノール酸	(g)	0.45	0.47	0.48	0.44
α-リノレン酸	(g)	0.045	0.060	0.048	—
γ-リノレン酸	(mg)	—	—	1.76	—
アラキドン酸	(mg)	3.0	6.8	—	—
ドコサヘキサエン酸	(mg)	9.8	15	8.3	—
コレステロール	(mg)	9.0	15	—	—
リン脂質	(mg)	30	—	32	41
カルニチン	(mg)	1.8	—	—	—
タウリン	(mg)	6.6	4.5	4.6	4.7
シスチン	(mg)	30	33	40	36
アルギニン	(mg)	—	—	66.6	—
ヌクレオチド	(mg)	4.2	1.8	0.8	—
ラクトフェリン消化物	(mg)	—	7.5	—	—
シアル酸	(mg)	—	—	32	—
ラクチュロース	(mg)	—	75	—	—
リゾチーム	(mg)	—	—	6.4	—
調乳濃度	(g/dl)	15	15	16	15.8

*1：フラクトオリゴ糖，*2：ラフィノース，*3：ガラクトシルラクトース．

ルフォーミュラがミルクアレルゲン除去食品（特別用途食品）として厚生労働省から認められている．これまでミルクアレルギーに対し代替ミルクとして大豆乳が用いられることもあったが，新たに大豆アレルギーを引き起こす可能性があること，さらに，すでに大豆アレルギーを起こしてい

9. 調製粉乳

表 9.11 市販特殊ミルクの成分組成（製品 100 g 当たり）[21]

分類		その他				
適応症		ミルクアレルギー 大豆・卵等アレルギー	乳糖不耐症 ガラクトース血症 難治性下痢症	牛乳アレルギー 乳糖不耐症 ガラクトース血症	ミルクアレルギー 大豆・卵等タンパク質不耐症	
品名		明治ミルフィ-HP	明治エレメンタル フォーミュラ	ビーンスターク ペプディエット	ニューMA-1	MA-mi
会社名		明治乳業	明治乳業	ビーンスターク・スノー	森永乳業	森永乳業
標準組成		製品 100 g 中	製品 100 g 中	製品 100 g 中	製品 100 g 中	製品 100 g 中
タンパク質	g	11.9[*1]	13.6[*1]	14.5[*1]	13.0[*1]	12.6[*1]
（アミノ酸）			(13.6)			
脂質	g	17.2[*2]	2.5[*2]	20.6[*2]	18.0[*2]	20.0[*2]
炭水化物	g	66.0[*3]	78.6[*3]	59.4[*3]	63.5[*3]	62.2[*3]
灰分	g	2.4	2.3	2.7	2.5	2.5
水分	g	2.5	3.0	2.8	3.0	2.7
エネルギー	kcal	462[*4]	391	481	466	477
フェニルアラニン	mg	372	510	709 (※アミノ酸値)	609	402
イソロイシン	mg	766	720	744	691	730
ロイシン	mg	1034	1380	1423	1200	1166
バリン	mg	234	800	933	843	745
メチオニン	mg	214	360	415	343	253
スレオニン	mg	1055	690	644	550	756
トリプトファン	mg	200	280	254	217	185
リジン	mg	1290	1140	1104	1024	1110
ヒスチジン	mg	262	400	418	368	275
アルギニン	mg	248	690	491	435	363
アスパラギン酸	mg	1552	900	984	916	1206
シスチン	mg	283	360	200	208	185
グルタミン酸	mg	3124	1710	2818	2905	2537
グリシン	mg	193	650	284	248	230
プロリン	mg	1159	970	1481	1381	975
セリン	mg	648	650	829	708	619
チロシン	mg	352	730	597	316	302
アラニン	mg	552	650	448	384	551
ビタミン A	μg	450	540 (1800 IU)	450	600	540
ビタミン B_1	mg	0.6	0.6	0.3	0.4	0.4
ビタミン B_2	mg	0.9	0.9	0.6	0.7	0.7
ビタミン B_6	mg	0.3	0.3	0.4	0.3	0.3
ビタミン B_{12}	μg	4	4	1	2	2
ビタミン C	mg	50	50	50	50	50
ビタミン D	μg	8.3	8 (320 IU)	8.6	9.3	9.3
ビタミン E	mg	6	6	4.0 mg (α-トコフェロールとして)	4.0	6.7
パントテン酸	mg	2	2	2	3	3
ナイアシン	mg	6	6	5.0	7.5	5
葉酸	mg	0.2	0.2	0.05	0.1	0.1
ビタミン K	μg	24	25	17	25	25
カルシウム	mg	370	380	400	400	400
マグネシウム	mg	41	42	37	45	45
ナトリウム	mg	170	150	160	160	160
カリウム	mg	550	450	530	540	540
リン	mg	205	220	230	240	220
塩素	mg	320	320	310	360	330
鉄	mg	5.5	6.5	6	6	6
銅	μg	310	320	312	320	320
亜鉛	mg	3.0	2.8	2.6	3.2	3.2
標準調乳濃度 (W/V%)		14.5%	17%	14%	15%	14%
調乳液の浸透圧 (mOsm/kg・H_2O)		280	400	330	300	280
備考		*1:乳清タンパク質分解物 (N×6.38) *2:必須脂肪酸調整脂肪 *3:可溶性多糖類 63.8 フラクトオリゴ糖 2.2 *4:フラクトオリゴ糖1gを2 kcalとして計算	*1:アミノ酸混合物 (タウリン27 mg含) *2:必須脂肪酸調整脂肪 *3:可溶性多糖類	*1:乳タンパク質分解物 *2:精製植物性脂肪 (サフラワー油・パーム油、パーム核分別油、えごま油) *3: タピオカデキストリン 48.4 タピオカでん粉 2.9 ショ糖 8.0	*1:乳タンパク質消化物 *2:精製植物性脂肪 *3: 可溶性多糖類 46.65 精製タピオカでん粉 11.0 ショ糖 5.0	*1:乳タンパク質消化物 *2:精製植物性脂肪 *3: 可溶性多糖類 55.8 ショ糖 5.0 乳糖 0.5

※実測値（ビーンスタークペプディエットのアミノ酸値）

表 9.11（続き）

分類	糖質代謝異常症			電解質代謝異常
適応症	乳糖不耐症・難治性下痢症			心・肝・腎疾患
品名	明治ラクトレス	ノンラクト	ボンラクトi	ニューNA-20
会社名	明治乳業	森永乳業	和光堂	森永乳業
標準組成	製品100g中	製品100g中	製品100g中	製品100g中
タンパク質 g	14*1	13.0*1	14.5*1	13.7*1
脂質 g	20	20.0	20.0	27.0*2
炭水化物 g	61*2	61.8*2	60.2*2	54.4*3
灰分 g	2.5	2.2	2.8	2.2
水分 g	2.5	3.0	2.5	2.7
エネルギー kcal	480	479	477	513
ビタミンA μg	600(2,000 IU)	380	600	450
ビタミンB$_1$ mg	0.6	0.4	0.6	0.4
ビタミンB$_2$ mg	0.9	0.7	1	0.7
ビタミンB$_6$ mg	0.3	0.3	0.5	0.3
ビタミンB$_{12}$ μg	4	1.5	2	1.5
ビタミンC mg	50	50	50	50
ビタミンD μg	9.3(370 IU)	8.8	10	8.8
ビタミンE mg	6	6.7	4 (α-トコフェロールとして)	6.7
パントテン酸 mg	2	4	3	3
ナイアシン mg	6	3.5	6	3.5
葉酸 mg	0.2	0.1	0.1	0.1
ビタミンK μg	25	25	15	25
カルシウム mg	400	360	450	380
マグネシウム mg	42	45	40	45
ナトリウム mg	150	160	200	25
カリウム mg	525	540	660	520
リン mg	260	200	270	210
塩素 mg	320	330	330	320
鉄 mg	6.5	6	7	6
銅 μg	320	320	310	320
亜鉛 mg	2.8	2.7	3.6	2.7
標準調乳濃度 (W/V%)	14%	14%	15%	13%
調整液の浸透圧 (mOsm/kg・H$_2$O)	280	190	303	255
備考	*1:乳タンパク（タウリンを含む） *2:ブドウ糖 18.4 　可溶性多糖類 42.6	*1:乳タンパク（タウリンを含む） *2:デキストリン 56.8 　ショ糖 5.0	*1:分離大豆タンパク *2:デキストリン 44.4 　ブドウ糖 14.8 　オリゴ糖 1.0	*1:乳タンパク *2:乳脂肪 5.6 　精製植物性脂肪 21.4 *3:乳糖 48.4 　可溶性多糖類 5.0 　オリゴ糖 1.0

る患者ではアレルギー症状を発症させるリスクがあることから最近では利用されることが少なくなっている．なお，上述したミルクアレルゲン除去食品と同様に，すべての牛乳タンパク質を酵素分解したペプチドミルクが乳児用調製粉乳として市販されているが，この乳児用調製粉乳は低アレルゲン化が部分的に図られたものであり，牛乳アレルギーの治療としては適さないとされている[23]．

ミルクアレルゲン除去食品の製造に当たっては精製度の高い原材料を使用しているため，通常の乳児用調製粉乳では原料から移行してくる微量栄養素（ビオチン，セレン，カルニチンなど）が欠落し，製品中の含量が低下していることが多い[24]．実際，これらの製品の使用中にこれら微量栄養素の欠乏症例が出たケースが報告されている．使用時に牛乳アレルギーの正しい診断が必要なことも考慮すると，ミルクアレルゲン除去食品は医師の指導のもとで使用されるべきものである．

表 9.11（続き）

分 類	脂質吸収障害		分 類	脂質吸収障害	
適 応 症	脂質吸収障害		適 応 症	脂質吸収障害	
品 名	明治必須脂肪酸強化MCTフォーミュラ	明治MCTフォーミュラ	品 名	明治必須脂肪酸強化MCTフォーミュラ	明治MCTフォーミュラ
会 社 名	明治乳業	明治乳業	会 社 名	明治乳業	明治乳業
缶 容 量　g	350	350	缶 容 量　g	350	350
標 準 組 成	製品100g中	製品100g中	標 準 組 成	製品100g中	製品100g中
タンパク質　g	13.2	13.2	カルシウム　mg	450	450
脂 質　g	25.0	25.0	マグネシウム　mg	40	40
MCT　g	20.5	24.4	カリウム　mg	500	500
リノール酸　g	2.0		ナトリウム　mg	140	140
α-リノレン酸　g	0.5		リ ン　mg	270	270
炭水化物　g	56.6	56.6	塩 素　mg	330	330
乳 糖　g	26.1	26.1	鉄　mg	6	6
可溶性多糖類　g	30.5	30.5	銅　μg	320	320
灰 分　g	2.7	2.7	亜 鉛　mg	2.8	2.8
水 分　g	2.5	2.5	標準調乳濃度 (W/V%)	14%	14%
エネルギー　kcal	504	504			
ビタミンA　μg	510 (1,700 IU)	510 (1,700 IU)	調整液の浸透圧 (mOsm/kg・H$_2$O)	260	260
ビタミンB$_1$　mg	0.6	0.6			
ビタミンB$_2$　mg	0.9	0.9	備 考	○腸管機能の未熟な状態に対して，吸収の良いMCT油（中鎖脂肪）を使用しています．さらに，必須脂肪酸であるリノール酸及びα-リノレン酸を強化しています．	
ビタミンB$_6$　mg	0.3	0.3			
ビタミンB$_{12}$　μg	4	4			
ビタミンC　mg	50	50			
ビタミンD　μg	9.3 (370 IU)	9.3 (370 IU)			
ビタミンE　mg	6	6			
ビタミンK　μg	20	20			
パントテン酸　mg	2	2			
ナイアシン　mg	6	6			
葉 酸　mg	0.2	0.2			

9.5.2 無乳糖ミルク

乳糖は乳児の栄養源として重要な役割を果たしているが，先天的に乳糖不耐症（ラクターゼ欠損症）である場合や，細菌またはウイルス感染，および消化不良症などにより二次性の乳糖不耐症の場合，さらに乳糖の構成成分であるガラクトース血症の場合に，ラクトレスやノンラクトなどの無乳糖ミルクが用いられる．代替の糖質としては，デキストリン，ショ糖，グルコースなどが配合されている．なお，乳糖を用いていないことから，ニューMA-1やミルフィーHPなどの加水分解乳，および大豆乳（ボンラクトi）も用いられる．

9.5.3 低ナトリウムミルク

乳幼児が心臓，腎臓などの疾患のために浮腫を来す場合，ナトリウム摂取を制限する必要があることから，製品100g当たりナトリウム含量を25mgとしたニューNA-20が市販されている．この製品は低ナトリウム食品（特別用途食品）として認可されてきたが，2009年の制度改正で許可の対象から外れた[25]．

9.5.4 MCTミルク

MCTミルクは脂質成分としてMCTを配合したミルク（MCTフォーミュラ）である．低出生体重児用調製粉乳の項で述べたように，MCTは炭素数12以上の長鎖脂肪酸を含まないため，小腸内でのミセル形成，膵リパーゼでの加水分解，小腸上皮細胞における再エステル化によるカイロミクロンの形成を必要とせず，速やかに門脈系に転送されて利用される．このため，脂肪吸収不全や小腸切除後，胆道閉鎖症などに使用されている．乳糜胸や乳糜腹水の症状が認められない場合は，必須脂肪酸を強化した必須脂肪酸強化MCTフォーミュラが用いられる．

9.5.5 先天性代謝異常用特殊ミルク

日本では1977（昭和52）年から新生児に対して，フェニルケトン尿症，楓糖尿症，ヒスチジン血症，ホモシスチン尿症，ガラクトース血症の5疾患のマススクリーニングが実施されるようになった（ヒスチジン血症は1992年に中止）．これに伴い各種の特殊ミルクの試作が行われるようになり，1980（昭和55）年には厚生省，専門医師・栄養士，乳業メーカーの構成員からなる特殊ミルク共同安全開発事業が発足した．本事業による特殊ミルクは，原発性疾患を対象としたもので，共同安全開発委員会で認可されたものは登録特殊ミルクと呼ばれている．2006（平成18）年末の時点で登録特殊ミルクの品目数は25あり，糖質代謝異常，タンパク質・アミノ酸代謝異常，有機酸代謝異常，電解質代謝異常，および吸収障害の患児に安定供給されている．具体的には，フェニルケトン尿症用のフェニルアラニン除去ミルク，ホモシスチン尿症用の低メチオニンミルク，ガラクトース血症用の無乳糖ミルクなどがある．このようなシステムをとっている国は日本以外になく，世界的に注目されている．

なお，登録特殊ミルクに加えて，登録外特殊ミルクが16品目（2006年末時点）あるが，詳細は特殊ミルク情報誌[21]を参照されたい．〔髙橋　毅〕

文　献

1) 厚生労働省雇用均等・児童家庭局母子保健課編：授乳・離乳の支援ガイド, p.14, 42, 2007.
2) 厚生労働省雇用均等・児童家庭局母子保健課編：平成17年度乳幼児栄養調査結果の概要, p.2, 2006.
3) 財団法人母子衛生研究会編：母子保健の主なる統計, 母子保健事業団, 2007.
4) 科学技術庁資源調査会編：五訂食品成分表, 第一出版, 2001.
5) 今村榮一：新・育児栄養学, pp.81-97, 221-234, 235-240, 286-312, 313-345, 日本小児医事出版社, 2005.
6) 厚生労働省策定　日本人の食事摂取基準（2005年版），第一出版, 2005.
7) FAO/WHO CODEX STAN 72-1981, Revision 2007.
8) American Academy of Pediatrics Committee on Nutrition: Pediatric Nutrition Handbook, 5th ed. (RE. Kleinman, ed.), pp. 932-933, American Academy of Pediatrics, 2004.
9) 有阪　治ほか：小児内科, **37**, 701-704, 2005.
10) 高橋　毅：ミルクサイエンス, **55**, 263-276, 2007.
11) R. W. Chesney, et al.: Adv. Pediatr., **45**, 179-200, 1998.
12) 田中恭子ほか：日本小児科学会雑誌, **111**, 280, 2007.
13) W. W. Wong, et al.: J. Lipid Res., **34**, 1403-1411, 1993.
14) C. Kunz, et al.: Annu. Rev. Nutr., **20**, 699-722, 2000.
15) 福渡康夫ほか：酪農科学・食品の研究, **37**, A-275-A-282, 1988.
16) 菅野貴浩：化学と工業, **55**, 628-632, 2002.
17) L. A. Hanson: Proceedings of the Nutrition Society, **66**, 384-396, 2007.
18) 清水隆司，大川禎一郎：産婦人科の実際, **56**, 413-420, 2007.
19) 厚生労働省医薬食品局食品安全部基準審査課：乳児用調製粉乳の安全な調乳, 保存及び取扱いに関するガイドラインについて, 2007.
20) 根岸栄志：周産期の栄養と食事（周産期医学編集委員会編）, pp.669-670, 東京医学社, 2005.
21) 恩賜財団母子愛育会：特殊ミルク情報, **42**, 107-130, 2006.
22) 「食物アレルギーの診療の手引き」検討委員会：厚生労働科学研究班による食物アレルギーの診療の手引き 2005, p.3, 2005.
23) 日本小児アレルギー学会食物アレルギー委員会：食物アレルギー診療ガイドライン 2005, pp.46-71, 協和企画, 2005.
24) 岩本　洋ほか：産婦人科の実際, **56**, 435-441, 2007.
25) 厚生労働省医薬食品局食品安全部長通知, 特別用途食品の表示許可等について, 平成21年2月12日食安発第0212001号.

III．乳・乳製品と健康

1. 牛乳・乳製品と成長

　牛乳・乳製品はエネルギーおよびいくつかの栄養素の供給源として非常に優れた食品の一つであり，ヒトの成長にも有用な食品といえる．本章では主に成長期における牛乳・乳製品の効果について解説する．

1.1　学校給食牛乳と発育

　身体の発育のためには材料が必要であり，できるだけ良質の材料が供給されることが望ましい．図1.1は14歳男子，女子の年代別の身長，体重の推移を示したものである[1]．記録が残っていないためグラフとして示せないが，戦時中には国民全体の栄養状態が悪く，成長期の子どもたちの体位も低下していったと推定できる．戦前の1939（昭和14）年の値と戦後の1948（昭和23）年の値を比較すると身長では男子約6cm，女子約3cmの低下が認められる．この戦争によって低下した子どもたちの体位は戦後急激に伸びている．この原因はいくつか考えられるが，学校給食による牛乳の飲用も大きく影響しているものと考えられる．1947（昭和22）年，全国都市の児童約300万人に対して学校給食がはじまり，このとき米国から無償で与えられた脱脂粉乳を使用しはじめた．1949（昭和24）年にはユニセフからも脱脂粉乳の寄贈を受けている．1954（昭和29）年には学校給食法が施行され，学校給食は教育の一環として全国で実施されるようになった．1958（昭和33）年には「学校給食用牛乳取扱要領」が通知され，脱脂粉乳から牛乳へ代わっていった．しかし完全に牛乳に代わったのはしばらくのちのことである．1963（昭和38）年以降，学校給食での牛乳の全面供給が推進されていった．これらの学校給食での牛乳の摂取に合わせるように，戦後から1970年代にかけて，子どもたちの体位は増加している（図1.1）．

　このように成長期の子どもの体位の向上に牛乳の影響は大きいと考えられる．なお，最近では子どもたちの体位の伸びはほぼ止まっており，遺伝的には最大の値を示しているのではないかと考えられている．

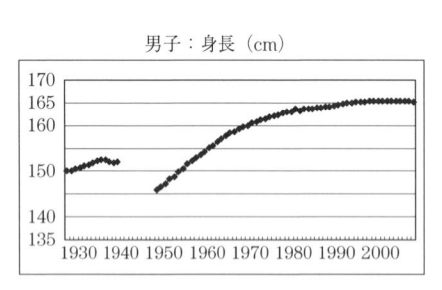

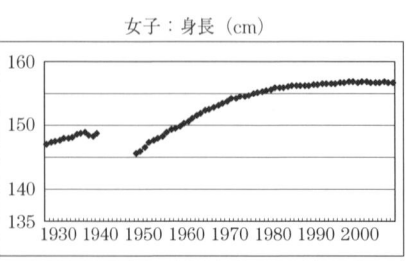

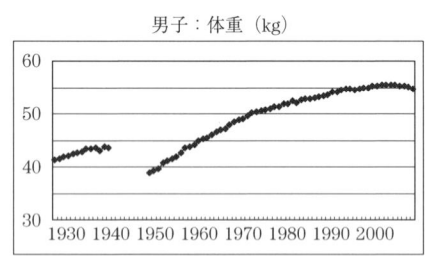

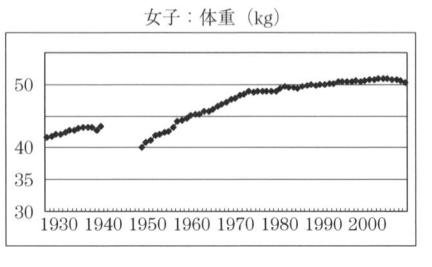

図1.1　14歳の身長，体重の年次推移（1927年〜2007年）

1.2 牛乳摂取と発育促進

牛乳摂取の成長に対する影響については，Bakerらは7～8歳の学童581人を対象として学校で牛乳190 mlを摂取させる群と摂取させない群とでコントロールスタディを行ったところ，21.5カ月後の身長の伸びは牛乳摂取群のほうが2.8 cm有意に大きかったと報告している[2]。

岡田らは日本人成長期の子ども（小学4年生）を対象に3年間の縦断研究を行っている。その結果，牛乳を1日当たり500 ml以上飲むグループの身長の増加は21.3±1.1 cmであったのに対して，500 ml未満グループは18.8±0.5 cmと，牛乳500 ml以上摂取するグループのほうが有意に高値を示していた。なお，このとき，肥満度，血清総コレステロール，LDL-コレステロールなどは両グループ間に差はみられなかった[3]。

Zhuらは10歳の中国人女子を対象に，2年間の介入研究を行っている。対象者を3グループに分け，1グループはカルシウム強化牛乳（カルシウム量560 mg/330 ml），もう1グループはカルシウムとビタミンD強化牛乳（カルシウム量560 mg，ビタミンD量5～8 μg/330 ml），対照グループとした。週末と学校休日時には介入は行っていない。2年間の平均摂取量は牛乳摂取の2グループで，1日当たり144 ml，カルシウム254 mg，ビタミンD強化グループではビタミンD 3.33 μgの摂取であった。その結果，カルシウム強化牛乳を飲用した二つのグループでは，身長，座高，全身骨密度が対照グループよりも高くなっていた[4]。

発展途上国の子どもたちの体位に対する，牛乳の影響を調べたHoppeらの総説[5]では，「牛乳飲用による発育促進効果が，観察研究でも，介入研究でも見られている。さらに多くの観察研究では，栄養状態が良い子どもたちにおいても，牛乳の発育促進効果が見られている。このことは牛乳は栄養摂取状況が適切であった場合でも，成長促進効果を有することを示している。牛乳による成長促進効果は，牛乳摂取により血中IGF-I（insulin-like growth factor-I）が増加することにより一部は説明できるだろう」と記している。

牛乳摂取による発育促進効果については，HoppeらのIGF-Iを介した効果のほかに，牛乳中に含まれるエネルギーやタンパク質をはじめとするさまざまな栄養素の総合的な栄養改善効果はもちろんのこと，トランスフェリンなどの生理活性物質，その他の微量成分の関与も考えられる。

1.3 わが国の現状

牛乳中に含まれるミネラルでは，カルシウムと亜鉛が発育促進にかかわっていることが考えられる。牛乳を1本（200 ml）摂取すると，カルシウムは約220 mg，亜鉛は約0.8 mg摂取することができるが，この量は10歳男子の必要量の，カルシウムは約23%（目安量との比較），亜鉛は10%（推奨量との比較）となる。

「日本人の食事摂取基準2005年版」では成長期には身長の増加に大きくかかわるであろうカルシウムをはじめ，エネルギーやその他多くの栄養素を十分に摂取する必要があることが示されている[6]。特にカルシウムは他の年代に比べより目安量が高く設定されている（表1.1）。カルシウムは6～7歳で男女ともほぼ成人と同じ値であり，10～11歳では男女とも950 mg，さらに男子では12～14歳で1000 mg，15～17歳で1100 mgと高い目安量が設定されている。これはこの時期に発育のスパートを迎えるためで，骨量増加のために十分なカルシウムが供給されることが必要であるからである。

表1.2には年代別のカルシウムの体内蓄積量を示した[6]。男子では体内蓄積量が最も多いのは12～14歳（中学生の時期）で，その前後10～11歳，15～17歳での蓄積量がそれに次ぐ値となっている。同様に，女子でも12～14歳の時期の体内蓄積量が最も高い値であるが，その次は10～11歳であり，15歳以降の蓄積量は男子ほどは多くない。これは女子のほうが発育スパートが早いということを示している。

表 1.1　カルシウムの食事摂取基準(mg/日)

性別	男性			女性		
年齢	目安量	目標量	上限量	目安量	目標量	上限量
0～5(月)母乳栄養児	200	—		200	—	
人工乳栄養児	300	—		300	—	
6～11(月)母乳栄養児	250	—		250	—	
人工乳栄養児	400	—		400	—	
1～2(歳)	450	450		400	400	
3～5(歳)	600	550		550	550	
6～7(歳)	600	600		650	600	
8～9(歳)	700	700		800	700	
10～11(歳)	950	800		950	800	
12～14(歳)	1000	900		850	750	
15～17(歳)	1100	850		850	650	
18～29(歳)	900	650	2300	700	600	2300
30～49(歳)	650	600	2300	600	600	2300
50～69(歳)	700	600	2300	700	600	2300
70以上(歳)	750	600	2300	650	550	2300
妊婦(付加量)				+0	—	
授乳婦(付加量)				+0	—	

日本人の食事摂取基準 2005 年版より.

表 1.2　年齢階級別カルシウム体内蓄積量(mg/日)

年齢（歳）	男子	女子
1～2	127	127
3～5	116	104
6～7	105	88
8～9	116	113
10～11	176	178
12～14	257	205
15～17	179	86
18～29	64	45

日本人の食事摂取基準 2005 年版より.

図 1.2 は小学校 4 年生から高校 3 年生までの踵の骨量を超音波法（アキレス A-1000, ルナー社製）で測定した結果である．表 1.2 の蓄積量に応じた骨量の増加傾向が認められる．

したがって，この時期に十分なカルシウムを摂取することが重要である．現在，わが国では学校給食は中学までであり，高校生以降は牛乳摂取量が低下する．

カルシウムを多く摂取するためには，牛乳・乳製品は非常に有用な食品である．牛乳を 1 本（200 ml）摂取するとカルシウムは約 220 mg 摂取することができる[7]．図 1.3 は年代別のカルシウム摂取量とその供給源を示したものであるが，学校給食牛乳が出されている世代では，カルシウムの摂取量が多いことがわかる．学校給食が終わ

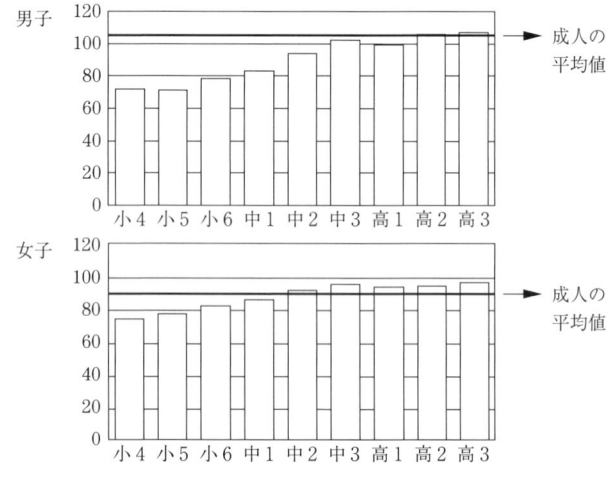

図 1.2　学年別骨量（ステフネス）（女子栄養大学調査結果）

る 15～19 歳ではカルシウム摂取量が減少しているが，これは給食での牛乳摂取がなくなるためである[8]．先の表 1.2 で示した体内蓄積量，図 1.2 の骨量の経年変化からみて，15 歳以降も骨の成長，すなわち身長の増加は続いており，中学卒業以降も牛乳摂取習慣を続けることが大切といえる．

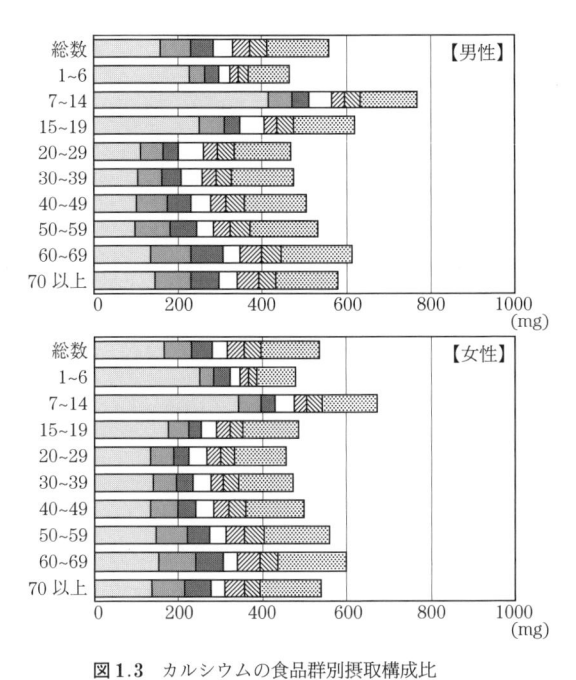

図1.3 カルシウムの食品群別摂取構成比
（平成14年国民健康栄養調査成績より）
□乳類 ▨豆類 ■魚介類 □穀類 ▨緑黄色野菜 ▨その他の野菜 ▨その他

1.4 牛乳と肥満

牛乳は1本（200 ml）当たり約134 kcalのエネルギーを有する．また，含まれるタンパク質も良質のものである．したがって，体重の増加にも影響を与える．一部では牛乳を飲むと必要以上に体重が増加する，すなわち太る，と考えている人たちがいる．特に成長期の女子にその傾向が強い．しかし，最近の研究では，牛乳・乳製品には体脂肪増加抑制効果のあることが報告されてきており，飲み方によっては決して肥満につながるものとはいえない．この点に関しては「牛乳による抗肥満効果」の項を参考にされたい．

〔上西一弘〕

文　献

1) 文部科学省平成19年度学校保健統計調査速報 http://www.mext.go.jp/b_menu/toukei/001/h 19_sokuhou.htm
2) I. A. Baker, *et al.*: *J. Epidemiol Community Health,* **34**, 31-34, 1980.
3) T. Okada: *Am. J. Clin. Nutr.,* **80**, 1088-1089；author reply 1089-90, 2004.
4) K. Zhu, Q. Zhang: *Am. J. Clin. Nutr.,* **83**, 714-721, 2006.
5) C. Hoppe, *et al.*: *Annu. Rev. Nutr.,* **26**, 131-173, 2006.
6) 厚生労働省策定第一出版編集部編：日本人の食事摂取基準2005年版，第一出版，2006.
7) 文部科学省科学技術・学術審議会資源調査分科会：五訂増補日本食品標準成分表，大蔵省印刷局，2005.
8) 健康・栄養情報研究会編：平成14年国民・健康栄養調査報告，第一出版，2004.

2. 牛乳の栄養機能

2.1 タンパク質

2.1.1 構成アミノ酸と栄養機能
a. アミノ酸スコア

食物タンパク質の栄養機能は，タンパク質を構成するアミノ酸組成に大きく依存している．タンパク質を構成する20種類のアミノ酸のうち，成人ではイソロイシン，ロイシン，リシン，メチオニン，フェニルアラニン，トレオニン，トリプトファンおよびバリンの8種類，さらに乳児ではヒスチジンを加えた9種類のアミノ酸は，体内では正常な窒素代謝の維持に必要な量を生合成できない．したがって，これらのアミノ酸は食物などから摂取する必要があり，必須アミノ酸と呼んでいる．食物タンパク質の栄養価の評価法には，各必須アミノ酸の理想的な基準値との比較から求めるアミノ酸スコア（amino acid score）がある．牛乳タンパク質の各必須アミノ酸は，この基準値を充足しており，アミノ酸スコア100の完全タンパク質として評価されている．

また，表2.1は食事タンパク質の消化性を考慮してアミノ酸スコアを修正し，成人の1日・体重1kg当たりの必須アミノ酸必要量および食事タンパク質1g当たりの必須アミノ酸量の基準値を示している．乳タンパク質ではすべての必須アミノ酸がこの基準値を上回っており，栄養的に優れていることがわかる．

b. 分岐鎖アミノ酸

分岐鎖アミノ酸（branched-chain amino acids：BCAA）はバリン，ロイシンおよびイソロイシンからなり，タマゴや肉のタンパク質とともに乳タンパク質には豊富に含まれている．BCAAは，筋組織の維持，特に運動中の筋タンパク質の分解を抑制する．牛乳のBCAA含量はタンパク質1g当たり214mgであり，タマゴ（211mg）とほぼ同じであるが，ダイズ（185mg）や小麦（161mg）よりも豊富に含まれている[1]．

サルコペニア（sarcopenia）は，高齢になると無意識のうちに筋量および筋機能が低下する生理的現象であり，転倒による怪我を引き起こす危険性がある．また，身体の活動量の減少を招いて，いろいろの代謝障害を引き起こす．サルコペニアの病因ははっきりわかっていないが，栄養素に対する筋組織の応答障害およびタンパク質摂取の不

表2.1 成人の必須アミノ酸必要量および乳タンパク質の必須アミノ酸含量

アミノ酸	mg/kg体重/日[*1]	mg/gタンパク質[*1]	mg/g乳タンパク質[*2]
ヒスチジン	10	15	27
イソロイシン	20	30	53
ロイシン	39	59	97
リシン	30	45	81
メチオニン	10	16	26
シスチン	4	6	8.9
メチオニン＋シスチン	15	22	35
フェニルアラニン＋チロシン	25	30	84
トレオニン	15	23	41
トリプトファン	4	6	13
バリン	26	39	64

[*1]：Report of a Joint WHO/FAO/UNU Expert Consultation: Protein and amino acid requirements in human nutrition, pp. 245-246, 2007.
[*2]：科学技術庁資源調査会・資源調査所編：改定日本食品アミノ酸組成表, pp. 140, 大蔵省印刷局, 1986.

足などによる老化に伴う変化が要因としてあげられている．老化は特に食事に対する筋タンパク質代謝応答の変化と関係があり，これは内因性ホルモンへの応答が変化するためである．しかし，筋肉は，高齢でも主に必須アミノ酸やBCAAへの応答が可能であり，高齢者の筋タンパク質合成を刺激する[2]．

c．グルタチオン

グルタチオン（glutathione）はグルタミン酸，システインおよびグリシンからなるトリペプチドであり，細胞内ではグルタチオンシンターゼによりγ-グルタミルシステインとグリシンとの縮合によって生じる．細胞内では還元型グルタチオン（GSH）とGSH2分子がジスルフィド結合した酸化型グルタチオン（GSSG）として共存しており，両者のバランスにより適切な酸化状態が保たれている．グルタチオンには感染やがん化の原因になる有害な過酸化物や活性酸素の解毒作用があり，生体防禦の一役を担っている．組織のグルタチオン濃度はγ-グルタミルシステインの摂取によって高まるが，分離ホエイタンパク質（WPI）を摂取しても肝や心組織のグルタチオン濃度が増加する．ホエイタンパク質の血清アルブミン，β-ラクトグロブリン，ラクトフェリンなどにはグルタミルシステイン残基とジスルフィド結合が多く存在するからである．タンパク質分子中のジスルフィド結合は，腸粘膜からのグルタミルシステインの放出に利用される[3]．

2.1.2 タンパク質分子の栄養機能
a．カゼイン

食物タンパク質の消化吸収性は，タンパク質の構造と密接な関係がある．牛乳タンパク質の約80%を占めるカゼインはαs-，β-およびκ-カゼインからなる．これら構成分1分子当たりのプロリン（Pro）残基数はそれぞれ17，35および20個であり，ほかのタンパク質（β-ラクトグロブリン7個，α-ラクトアルブミン2個）に比べてかなり多い．Pro残基はペプチド構造の自由度を著しく制限するので，タンパク質特有のαヘリックス，βシートなどの立体構造の形成を阻害する．カゼイン分子のPro残基はほとんどがペプチドのターン（turn）中に存在するので，加熱変性タンパク質と同じ開いた構造となる[4]．したがって，消化管内ではタンパク質分解酵素により容易に加水分解される．このように，カゼインは完全タンパク質であり，消化吸収されやすいので，栄養実験上の標準タンパク質としても古くから使用されてきた．

b．β-ラクトグロブリン

β-ラクトグロブリン（β-LG）は，ホエイタンパク質の約50%を占める主要タンパク質である．β-LG分子には逆平行β構造（anti-parallel β-structure）が存在する．この構造は隣接ペプチド鎖間または1本の折れ曲がったペプチド鎖間の水素結合によって形成されるシート状構造である．後者のペプチド鎖はβストランド（β-strand）といい，β-LG分子内には8個のβストランドが存在する．β-LGの機能はこの特異的構造によるものであり，レチノール[5]，ビタミンD，コレステロール[6]，脂肪酸[7]などの疎水性物質と結合する．

β-LGの栄養生理上の機能は明確でないが，β-LGとビタミンAアセテートを添加した牛乳を子ウシに与えると，血漿レチノール濃度が高まる[8]．また，β-LGのパルミチン酸，オレイン酸などへの結合性は，プレ胃リパーゼの活性化に重要とされている[9]．これらの点から，β-LGは脂肪の消化吸収や脂溶性物質の担体としての機能が考えられている．

c．α-ラクトアルブミン

α-ラクトアルブミン（α-LA）はβ-LGに次ぐ主要なホエイタンパク質であるが，人乳にはβ-LGが存在しないので，ホエイタンパク質の約50%を占めている．α-LA分子（アミノ酸残基数123）には3トリプトファン（Trp）残基が存在し，乳タンパク質中最も多く含まれる．

Trpはセロトニン（5-hydroxytryptamine：5HT）の前駆体であり，5HTは記憶，食欲，睡眠などに関与する神経伝達物質である．脳内5HT濃度は血液中のTrpとほかの大中性アミノ酸（large neutral amino acid：LNAA）の比率

(Trp：LNAA 比) によって変化する．タンパク質，脂肪および炭水化物含量を同じにしたα-LA 食または対照食を摂取すると，血中 Trp：LNAA 比はα-LA 食によって明らかに増加し，5 HT 前駆体の Trp の脳内への取りこみが高まり[10]，睡眠の改善が示唆されている．

また，ラットでは，経口摂取したα-LA は胃粘液分泌細胞のムチン産生および分泌を刺激し，粘液ゲル層を強化する．この促進作用は粘液代謝を刺激し，胃の保護作用に役立っており，内因性プロスタグランジン E_2 とは関係ないと考えられている[11]．

d．ラクトフェリン

ラクトフェリン (LF) は多様な生物的機能をもつ鉄結合性タンパク質である．この中で，LF は血液中の鉄輸送タンパク質のトランスフェリンに類似することから腸管からの鉄吸収について特に注目されてきた．

鉄は生体には必須の微量栄養素であり，健康成人では 1 日で 0.5～2 mg の鉄が体外に失われる．この損失量を食事から補う必要があるが，過剰の鉄は細胞および組織にはきわめて有害である．腸管の刷子縁膜には二価金属輸送体 1 (divalent metal transporter 1：DMT1)，LF 受容体などが存在し，体内の鉄恒常性を維持している[12,13]．LF は腸管からの鉄吸収の調節に関与していることが示唆されている．

2.2 脂　　質

2.2.1 脂肪酸組成

a．飽和脂肪酸

乳脂質の約 95％はトリアシルグリセロール (TG) であり，乳には約 1.9 g/100 ml の飽和脂肪酸が含まれる．脂肪は主要なエネルギー源として生体の恒常性のために必須であり，ビタミン A，D および E の担体でもある．このほかに，消化管内においてリパーゼ作用で TG より生じた遊離脂肪酸のうち，短鎖飽和脂肪酸の酪酸 (4：0) は，結腸の上皮細胞やがん細胞[14]，ヒト肝腫瘍細胞[15]のアポトーシスを誘導する．また，飽和脂肪酸には殺菌作用があり，特にラウリン酸 (12：0) は Enterococcae (グラム陽性)，カプリル酸 (8：0) は大腸菌 (グラム陰性) に対して最も強い殺菌力を発揮する[16]．さらに，腸管に達する前のリパーゼ作用により生じた遊離脂肪酸やモノアシルグリセロールは，胃内容物中のピロリ菌 (Helicobacter pylori) に対して迅速な殺菌作用を示す[17]．

一方，血中コレステロールはラウリン酸によって著しく増加する．この変化は大部分が高密度リポタンパク質 (HDL) コレステロールで起こるので，全コレステロール/HDL コレステロール比は低下する．ミリスチン酸 (14：0) やパルミチン酸 (16：0) はこの比率にほとんど影響しないが，ステアリン酸ではわずかな低下がみられる[18]．

b．不飽和脂肪酸

オレイン酸 (18：1 n-9) は乳 100 ml 中約 0.8 g であり，最も多いモノ不飽和脂肪酸である．モノ不飽和脂肪酸量の多い食事では，血漿コレステロール，低密度リポタンパク質 (LDL)-コレステロールおよび TG 濃度が低下し[19]，飽和脂肪酸をシス不飽和脂肪酸に置換すると冠状動脈疾患に対する危険性が低下する[18]．

多価不飽和脂肪酸 (PUFA) は乳 100 ml 中約 0.2 g であり，主にリノール酸 (18：2 n-6) とα-リノレン酸 (18：3 n-3) である．これらの脂肪酸は，それぞれアラキドン酸 (20：4 n-6)，エイコサペンタエン酸 (20：5 n-3, EPA) などの炭素数 20 個の脂肪酸に転換し，さらにエイコサノイド (eicosanoid) に転換する．エイコサノイドの代表的な化合物にはプロスタグランジン，トロンボキサン，ロイコトリエンなどがあり，さまざまな生理活性を発揮する．

c．共役リノール酸

共役リノール酸 (CLA) はリノール酸の位置および幾何異性体であり，反芻動物が多価不飽和脂肪酸の生物的水素添加過程で形成する．特に高脂肪乳製品は CLA の主要供給源である．乳の主な CLA は C 18：2 cis -9, trans -11 異性体 (9

c, 11t-CLA) であり, 全 CLA の 73〜93％を占めている. このほかに少量の 7t, c9, 10t, 12c-CLA なども存在し, 乳, 乳製品の CLA 濃度は 2.9〜8.92 mg/g 脂肪である[20].

食事における CLA の存在は血漿脂質に影響を及ぼし, 特に 9c, 11t-CLA は血漿脂質濃度を調節し, 血漿総コレステロールの状態を改善する[21]. また, 高脂肪乳製品または CLA を多量摂取すると結腸直腸がんの危険性が少なくなる[22]. CLA はシクロオキシゲナーゼ反応におけるアラキドン酸と競合し, 2 系列のプロスタグランジンやトロンボキサン濃度を低下させる[23]. また, シクロオキシゲナーゼの遺伝子発現を抑制し[24], 動物の腫瘍壊死因子 α (TNF-α), インターロイキンなどの前炎症性サイトカインの放出を減少させる[23].

2.2.2 スフィンゴ脂質

乳にはスフィンゴミエリン (SML), ガングリオシド (GS) などのスフィンゴ脂質が存在する. 乳のリン脂質含量は 0.2〜1.0 g/100 g 全脂質であり, その約 1/3 は SML である. ホルスタイン乳およびジャージー乳の SML 含量はそれぞれ 1044 および 839 μg/g 脂肪であるが, 脂肪含量はジャージーのほうが高いので両種の乳の SML 含量には差がない. 乳の SML 含量は泌乳期とともに増加し, 乳脂肪の SML 含量は夏季には高い[25]. ウシ成熟乳のガングリオシド含量は脂質結合シアル酸として約 3.98 mg/l であり, 成熟乳ではジシアロガングリオシド (GD_3) が優位を占めている[26].

SML は, 細胞膜の構造的機能に加えて, 生物的活性代謝物のセラミドおよびスフィンゴシンを通じて膜貫通シグナル伝達および細胞調節に重要な役割を果たしている[27]. サイトカイン, ホルモンまたは増殖因子などの細胞外アゴニストは細胞表面の受容体を刺激し, スフィンゴミエリナーゼを活性化する. これによって, SML は加水分解し, セラミドとホスホコリンを生じる. セラミドは, 細胞外アゴニストに対する二次メッセンジャーとして作用し, 核へシグナルを伝達する.

2.3 糖 質

2.3.1 ラクトース

a. ラクトースの消化吸収性

ラクトース (乳糖) は乳の全糖質の約 95％を占める主要な糖質である. ラクトースの消化には小腸内腔を覆う刷子縁の β-ガラクトシダーゼ (ラクターゼ) 活性が必要であり, この酵素によって単糖のグルコースとガラクトースに加水分解される. この酵素は特に空腸刷子縁の絨毛先端に局在しており, 単糖は微絨毛をもつ腸上皮細胞の Na^+/糖共輸送体によって細胞内に取り込まれる.

乳児ではラクターゼ活性は高いので, ラクトースは小腸で大部分消化吸収される. しかし, 成人の場合, この酵素活性が低いとラクトースは未消化の状態で大腸に移行し, 腹痛, 下痢, 鼓腸などを引き起こすラクトース不耐症 (lactose intolerance) の原因となる. この症状は, 腸管内ラクターゼ欠乏の程度, ラクトース摂取量, ラクトース摂取時の他成分との関係などによって個人間でかなり異なる.

ラクトース不耐症には一次および二次ラクターゼ欠乏症があり, 前者は成人型ラクターゼ低下症であり, ラクターゼ非持続性または遺伝的ラクターゼ欠乏症とも呼ばれている. 後者は, 急性胃腸炎, 持続性下痢, 小腸過成長, がん化学療法または小腸粘膜損傷などの原因から生じるものであり, 先天性ラクターゼ欠乏はきわめてまれである.

ラクトース不耐症の食事療法では, ラクトース除去食事によって Ca 摂取量が不足しない配慮が特に必要である. このため, Ca が豊富で, ラクトースの少ない発酵乳製品 (ヨーグルト, チーズなど), 乳酸菌またはその増殖因子を含む食品などを利用し, ラクトース不耐症を防ぐことが可能である[28].

b. ラクトースの腸内細菌による利用

小腸内で未消化のラクトースは小腸下部から結腸に移行する. 小腸下部から大腸には乳酸桿菌, ビフィズス菌などの腸内細菌が棲息している. こ

れらの細菌は，ラクトースを取り込んで増殖し，乳酸や酢酸を産生する．これらの有機酸は大腸内容物のpHを低下し，腐敗菌などの有害菌の増殖を抑制する．現在，宿主の健康維持と増進に有益な効果をもたらす微生物はプロバイオティクス (probiotics) と呼ばれており，ラクトースはプロバイオティクスの増殖および活性を高める作用がある．

2.3.2 オリゴ糖

乳にはラクトースのほかにオリゴ糖が含まれている．オリゴ糖は単糖が数個結合した糖であり，その個数は10個以上のものもある．乳には3′-および6′-ガラクトシル-ラクトース（中性オリゴ糖）と3′-および6′-シアリル-ラクトース（酸性オリゴ糖）が含まれている．中性オリゴ糖は16種類，酸性オリゴ糖は14種類が見いだされている[29]．ヒトの腸管には，ラクターゼ以外にβ-グリコシド結合を加水分解する酵素が欠けている．したがって，ほとんどのオリゴ糖は未消化の状態で小腸下部および結腸に移行する[30]．宿主の健康を改善する難消化性食品成分はプレバイオティクス（prebiotics）と呼んでおり，オリゴ糖もプレバイオティクスとしての役割を果たしている．また，非消化性オリゴ糖にはCa, Mg, Fe, Znなどの生物的有効性を増加させる機能がある[31]．

2.4 カルシウム

カルシウム（Ca）の生物的有効性は，Caの腸管からの吸収性と骨への取込みに依存しており，また内因性Caの尿排泄および糞便損失に左右される．腸管吸収では，生理的因子の中でも特にホルモンが骨へのCaの取込みに重要な役割を果たしている．腸壁を通過する前のCaは，少なくとも小腸上部でイオン化（Ca^{++}）または可溶性有機分子に結合し，可溶化した形で存在しなければならない．

乳中の全Caの約30％は可溶性であるが，残りの約70％は不溶性の形で存在する．不溶性Caの約60％はコロイド性Caであり，残りはカゼインによって影響される．それにもかかわらず，乳Caは生物的有効性が高いことが注目されている．この理由の一つとして乳におけるラクトースの存在が指摘されている．腸内細菌がラクトースから有機酸（乳酸，酢酸など）を産生し，腸管内のpHを低下させて乳の不溶性Caを可溶化するという考えである．しかし，放射性^{45}Caまたは^{42}Caを用いてラクトース含量が異なる乳製品（乳，チェダーチーズ，プロセスチーズ，ヨーグルト，チーズ類似品）を閉経前の女性に与えた場合，糞便Ca同位体から求めたCa吸収分率（fractional absorption）は平均31.2％であり，ラクトース含量の異なる製品間のCa吸収には有意差が認められない[32]．

また，腸管内でカゼインがタンパク質分解酵素により加水分解すると，カゼインホスホペプチド（CPP）が生じる．小腸下部のアルカリ性pH域では，CPPが不溶性Caを可溶化し，Caの吸収と骨ミネラル化を促進すると考えられている[33,34]．このため，CPPを添加したCa強化乳を成長期のラットに与えると，Caの吸収が促進される[35]．一方，CPPを添加した乳をヒト（25～36歳）に与えた場合，Caの吸収にはあまり変化がみられない[36]．また，CPP添加飲料でも同様の結果が得られており[37]，乳，乳製品または食品中のCaの生物的有効性についてCPPを含めていっそうの研究が期待されている．

〔清澤　功〕

文　献

1) 科学技術庁資源調査会・資源調査所編：改訂日本食品アミノ酸組成表，pp.120-121, 140-141, 大蔵省印刷局，1986.
2) S. Fujita, et al.: Am. Soc. Nutr., **132**(1), 277 S-280 S, 2006.
3) G. Bounous, et al.: Clin. Invest. Med., **14**(4), 296-309, 1991.
4) T. F. Kumosinski, et al.: J. Dairy Sci., **74**(9), 2889-2895, 1991.
5) Q. Wang, et al.: J. Dairy Sci., **80**(6), 1047-1053, 1997.
6) Q. Wang, et al.: J. Dairy Sci., **80**(6), 1054-1059, 1997.

7) D. E. Frapin, et al.: *J. Protein Chem.*, **12**(4), 443-449, 1993.
8) S. Kushibiki, et al.: *J. Dairy Res.*, **68**(4), 579-586, 2001.
9) M. D. Perez, et al.: *J. Dairy Sci.*, **78**(4), 978-988, 1995.
10) C. R. Markus, et al.: *Am. J. Clin. Nutr.*, **81**(5), 1026-1033, 2005.
11) Y. Ushida, et al.: *J. Dairy Sci.*, **90**(2), 541-546, 2007.
12) P. Sharp, et al.: *World J. Gastroenterol.*, **13**(35), 4716-4724, 2007.
13) B. Lonnerdal, et al.: *Am. Soc. Clin. Nutr.*, **83**(2), 305-309, 2006.
14) J. B. German: *BNF. Nut. Bull.*, **24**(Winter), 203-209, 1999.
15) M. Steven, et al.: *J. Dairy Res.*, **66**(4), 559-567, 1999.
16) C. Q. Sun, et al.: *Chem. Biol. Interact.*, **140**(3), 185-198, 2002.
17) C. Q. Sun, et al.: *FEMS Immunol. Med. Microbiol.*, **36**(2), 9-17, 2003.
18) R. P. Mensink, et al.: *Am. J. Clin. Nutr.*, **77**(5), 1146-1155, 2003.
19) P. M. Kris-Etherton: *Am. J. Clin. Nutr.*, **70**(6), 1009-1115, 1999.
20) H. B. MacDonald, et al.: *J. Am. Col. Nutr.*, **19**(2 Suppl), 111 S-118 S, 2000.
21) K. Valeille, et al.: *Br. J. Nutr.*, **91**(2), 191-199, 2004.
22) S. C. Larsson, et al.: *Am. J. Clin. Nutr.*, **82**(4), 894-900, 2005.
23) A. Akahoshi, et al.: *Lipids*, **39**(6), 25-30, 2004.
24) Y. Iwakiri, et al.: *Prost. Leucot. Essent. Fatty Acids*, **67**(6), 435-443, 2002.
25) E. L. F. Graves, et al.: *J. Dairy Sci.*, **90**(2), 706-715, 2007.
26) X. L. Pan, et al.: *Early Hum. Dev.*, **57**(1), 25-31, 2000.
27) Y. Zhang, et al.: *Endocrinology*, **136**(10), 4157-4160, 1995.
28) M. B. Heyman: *Pediatrics*, **118**(3), 1279-1286, 2006.
29) T. Urashima, et al.: *Glycoconjugate J.*, **18**(5), 357-371, 2001.
30) M. B. Engfer, et al.: *Am. J. Clin. Nutr.*, **71**(6), 1589-1596, 2000.
31) K. Scholz-Ahrens, et al., *Am. J. Clin. Nutr.*, **73**(2 Suppl), 459 S-464 S, 2001.
32) K. P. Nickel, et al.: *J. Nutr.*, **126**(5), 1406-1411, 1996.
33) 小野伴忠: *Milk Science*, **54**(2), 53-62, 2005.
34) C. Holt, et al.: *Biochem. J.*, **314**(2), 1035-1039, 1996.
35) H. Tsuchita, et al.: *Br. J. Nutr.*, **85**(1), 5-10, 2001.
36) E. Lopez-Huertas, et al.: *Am. J. Clin. Nutr.*, **83**(2), 310-316, 2006.
37) B. Teucher, et al.: *Am. J. Clin. Nutr.*, **84**(1), 162-166, 2006.

3. 牛乳・乳製品の保健機能

3.1 牛乳・乳製品中の生体調節成分

乳が新生児の成長に必要な栄養素を豊富に含む食品であることは前節に述べられたとおりであるが、それに加えて乳には生体調節作用をもつ多様な機能性成分が含まれている。これまでにも、牛乳の飲用によって体脂肪率が低下する[1]、骨密度が上昇する[2]、痛風を改善する[3]、がんの発生率を低下させる[4]、インスリン抵抗性症候群の発生率が低下する[5]など、多くの生理効果が、疫学調査や介入試験によって報告されている。このように、乳はそれ自体が自然の機能性食品であるということができる。また実際に、乳や乳製品の中から見いだされた多くの生理活性成分が、その後の機能性食品開発のヒントとなり、機能性素材として製品製造に利用されるに至っている。ここでは、牛乳や乳製品中に含まれる生体調節物質について、物質別に概観してみたい。

3.1.1 牛乳中の生体調節成分
a. タンパク質

牛乳中で最も大量に含まれるタンパク質であるカゼインの分解物には多様な機能性が報告されているが（次項 b 参照）、カゼイン自体には明確な生体調節機能があるとは考えられていない。一方、主要なホエイタンパク質である β-ラクトグロブリン、α-ラクトアルブミン、免疫グロブリン、ラクトフェリン、ラクトペルオキシダーゼ、リゾチームなどには、抗炎症作用、抗酸化作用、抗感染作用、殺菌・静菌作用、腸管バリア維持作用など、さまざまな生理機能が報告されている。また、乳清中にはその他の機能性タンパク質として、骨代謝の調節作用をもつシスタチン[6]、細胞の機能制御にかかわる各種増殖因子[7]などが微量ながら存在する。このような機能性タンパク質はさらに消化管内などで分解されて、次項で示すような、まったく異なる機能を有するペプチドを生じる場合もある。ホエイタンパク質が示す生理機能の中には、その分解ペプチドに起因するものもあると考えられる。

b. ペプチド

牛乳・乳製品が含む機能性成分の代表は、乳タンパク質の分解によって生成する各種のペプチド群である。乳由来の機能性ペプチドの発見は、β-カゼイン由来のオピオイドペプチド、カゾモルフィンに始まるとされている[8]。それ以来、カゼインの分解物としてさまざまなオピオイドペプチド（アゴニスト、アンタゴニスト）、カルシウム吸収促進ペプチド、免疫増強ペプチド、血小板凝集抑制ペプチド、血圧上昇抑制ペプチド、細胞増殖調節ペプチドなどが見いだされてきた[9,10]。また、κ-カゼインの分解によって生じるグリコマクロペプチド（GMP）は、腸内のビフィズス菌を増殖させる活性があることも報告されている[11]。一方、ホエイタンパク質の分解物中にも、オピオイドペプチド、免疫調節ペプチド、抗菌ペプチド、コレステロール上昇抑制ペプチドなど多様な機能性ペプチドが見いだされている[9,10]。なお、これらの乳タンパク質由来ペプチドは、消化管内の酵素によるタンパク質の分解過程で生じる場合と、消化酵素によっては生成せず、微生物や植物由来の酵素で分解することによってはじめて生じる場合があり[12]、これらの外来性プロテアーゼで乳タンパク質を分解して得られる機能性ペプチドを素材とした機能性食品が開発されている。

c. 脂質

人乳中にはエイコサペンタエン酸やドコサヘキサエン酸のような高度不飽和脂肪酸が含まれ、これらは乳児の脳の発育に必要である、アレルギーの発症を抑制する、血清コレステロール値を下げるなどの機能があるといわれている。しかし、こ

れらの脂肪酸の牛乳中の濃度は低く，生理機能を期待することはむずかしい．一方，牛乳・乳製品中には共役リノール酸[13]，スフィンゴ脂質[14]，酪酸[15]などが含まれている．これらの脂質成分はがん抑制などの機能をもつことが報告されている．

d．糖質

乳糖にはプレバイオティクスとして腸内細菌の増殖を調節する作用がある．乳酸菌やビフィズス菌の増殖促進による整腸作用，カルシウムや鉄の吸収促進作用が，乳糖の栄養機能以外の機能として知られている．乳中には，乳糖以外にも多くの少糖類（オリゴ糖）が存在している[16]．それらのオリゴ糖にはプレバイオティクスとしての働き以外に，病原菌の腸管粘膜への吸着阻害など，感染症予防機能があると考えられている[17]．

e．微量成分

乳中のミネラルは骨や歯の成分として栄養学的に重要視されているが，それ以外にも多様な生理機能をもつ[18]．たとえばカルシウムには血圧調節作用，体脂肪低減化作用などが，カリウムには血圧調節作用，亜鉛やセレンには免疫調節作用があることが知られている．

3.1.2 乳製品中の生理機能成分

発酵乳中には乳酸菌などの菌体成分に加え，乳酸菌によって生成された代謝化合物が存在し，その中には生理機能をもつものも多い．乳糖からは各種の有機酸が生成し，腸管内の酸性化による病原菌の増殖抑制，カルシウムの吸収促進を引き起こす．また乳酸発酵においてはプロピオン酸，酪酸などの短鎖脂肪酸も生成する．特に酪酸は腸管上皮細胞のエネルギー源となるだけでなく，強い生理活性をもつ．細胞の分化誘導，アポトーシスによる細胞がん化の抑制，細胞機能の活性化，腸の運動性の亢進など，いわゆる整腸機能には酪酸の作用によるものが多いとされている[19]．乳酸菌やカビのもつプロテアーゼ，ペプチダーゼはカゼインなどの乳タンパク質を分解する．発酵乳飲料やチーズから各種の機能性ペプチドが見いだされている[20]．

乳酸菌やビフィズス菌の菌体成分にも多様な生理機能性が見いだされている．特に，細胞表層を形成している多糖類，複合脂質，核酸などには免疫細胞に作用して腸管免疫系を制御するものがあり，感染防御，アレルギー抑制，炎症抑制などの作用を導いている[19]．　　　　　　〔清水　誠〕

文献

1) M. Pfeuffer, J. Schrezenmeir: *Obes. Rev.*, **8**, 109-118, 2007.
2) P. J. Huth, *et al.*: *J. Dairy Sci.*, **89**, 1207-1221, 2006.
3) H. K. Choi, *et al.*: *New Engl. J. Med.*, **350**, 1093-1103, 2004.
4) E. Cho, *et al.*: *J. Natl. Cancer Inst.*, **96**, 1015-1022, 2004.
5) M. A. Pereira, *et al.*: *J. Am. Med. Assoc.*, **287**, 2081-2089, 2002.
6) Y. Matsuoka, *et al.*: *Biosci. Biotechnol. Biochem.*, **66**, 2531-2536, 2002.
7) A. Donnet-Hughes, *et al.*: *Immunol. Cell Biol.*, **78**, 74-79, 2000.
8) A. Henschen, *et al.*: *Hoppe Seylers Z. Physiol. Chem.*, **360**, 1217-1224, 1979.
9) M. Yoshikawa, H. Fujita: Developments in Food Engineering (T. Yano, *et al.*, eds.), pp.1053-1055, Blackie Academic & Professional, 1994.
10) H. Meisel: *Curr. Med. Chem.*, **12**, 1905-1919, 2005.
11) W. M. Brück, *et al.*: *J. Appl. Microbiol.*, **95**, 44-53, 2003.
12) K. Osawa, *et al.*: *J. Agric. Food Chem.*, **56**, 854-858, 2008.
13) P. W. Parodi: *J. Dairy Sci.*, **82**, 1339-1349, 1999.
14) E. L. Graves, *et al.*: *J. Dairy Sci.*, **90**, 706-715, 2007.
15) J. G. Smith, *et al.*: *Crit. Rev. Food Sci. Nutr.*, **38**, 259-297, 1998.
16) P. K. Gopal, H. S. Gill: *Br. J. Nutr.*, **84**, 69-74, 2000.
17) S. Martín-Sosa: *J. Nutr.*, **132**, 3067-3072, 2002.
18) A. Flynn: *Adv. Food Nutr. Res.*, **36**, 209-252, 1992.
19) 清水　誠，戸塚　護：アンチ・エイジング医学，**4** (1), 51-55, 2008.
20) H. Tonouchi, *et al.*: *J. Dairy Res.*, **75**, 284-290, 2008.

3.2 感染防御作用

　乳は，哺乳類が生後すぐに生命維持や成長に必要なエネルギー源として，さらに乳児の未熟な生体防御機能を補う重要な役割を担っている．そして，乳に含まれる良質な栄養素と機能性成分は，乳幼児だけでなく成人に対しても重要な栄養源であるばかりでなく，生体機能調節に大いに役立っている．すなわち，乳は生命個体にとって必要不可欠なこれ以上ない最高の食品ともいうことができる．ここでは，この乳中に含まれる機能性成分による感染防御に果たす役割について以下に解説する．

3.2.1 乳中機能性タンパク質・ペプチド
a．ラクトフェリン

　乳汁中には分子量75000～80000 Daの糖タンパクであるラクトフェリン（lactoferrin）が含まれており，抗菌作用があることが古くから知られている．ラクトフェリンの含有量は，人乳中では2 mg/ml以上と牛乳（0.4～0.8 mg/ml）に比べて高濃度で存在し，特に，初乳中に多いのが特徴である．乳汁のほか涙液，鼻汁，唾液，尿，精液，血液（好中球）中などにも存在する．このタンパク質の抗菌作用は細菌の増殖を抑える静菌作用と呼ばれ，1分子当たり2モルの鉄イオンをキレート結合して細菌の生育に必要な鉄を奪うことで機能する．したがって，特に鉄要求性の高い大腸菌やクロストリジウムなどの細菌に対して選択的に生育阻害を示す．また，グラム陰性菌の細胞膜からリポ多糖（LPS）を遊離させ，膜構造を脆弱化させることで抗生物質，リゾチームなどに対する感受性を高める作用も報告されている[1]．また，病原性大腸菌の腸管粘膜への付着を阻害する作用もある[2]．

　ラクトフェリンは微生物の抗菌活性だけでなく，血液中の好中球から放出されることによってその受容体を発現しているマクロファージ，単球，リンパ球などに作用して，これらの免疫系細胞応答を修飾することも明らかになっている．つまり，ラクトフェリンはナチュラルキラー活性を亢進させ，マクロファージの貪食殺菌作用を活性化させる一方で，マクロファージのプロスタグランジンE_2産生抑制[3]やマスト細胞のヒスタミン遊離の抑制[4]など，炎症反応の制御に関与している．

b．ラクトペルオキシダーゼ

　乳中の感染防御因子としてラクトペルオキシダーゼ（lactoperoxidase）があり，特に初乳中に多く存在する．この酵素は過酸化水素から活性酸素を生成し，この活性酸素によってチオシアン酸イオン（SCN$^-$）をヒポチオシアン酸イオン（OSCN$^-$）に酸化するが，このOSCN$^-$が細菌の細胞膜の障害やグルコースおよびアミノ酸輸送などの阻害をすることにより細菌の増殖や酸産生を抑制する．なお，乳酸菌などのグラム陽性菌はOSCN$^-$をSCN$^-$に変換する作用を有するため，ラクトペルオキシダーゼによる阻害はグラム陰性菌に比べてあまり影響を受けない．

c．リゾチーム

　リゾチーム（lysozyme）はラクトペルオキシダーゼと並んで乳中の感染防御因子として作用する酵素である．牛乳中のリゾチームは人乳に比べてその含有量が少ない．この酵素はグラム陽性菌の細胞壁成分であるペプチドグリカンのN-アセチルグルコサミンとN-アセチルムラミン酸のβ-1,4結合を加水分解して溶解する作用をもつ．しかし，すべてのグラム陽性菌がリゾチームに対する感受性が高いわけではない．一方，リゾチームを分泌型IgAと補体をあわせて用いることにより，グラム陰性菌の大腸菌やサルモネラ菌に対する阻害作用があり，また，リゾチームの抗ウイルス作用についても知られている[5]．さらに，リゾチームによって溶解された細菌の細胞壁成分（ペプチドグリカン）からムラミルジペプチド（N-acetylmuramyl-L-ananyl-D-isoglutamine：MDP）などが遊離して，これらの微生物成分がnucleotide-binding oligomerization domain（NOD）分子やToll様受容体（Toll-like receptor：TLR）を介して免疫系細胞に認識されて免疫反応を惹起することも，リゾチームが間接的に免疫系の活性化に作用する機能として

みることができる．

d．免疫グロブリン

人乳中に含まれる免疫グロブリン（immunoglobulin：Ig）は，特に分泌型IgAとして，IgA分子が2分子とJ鎖および分泌小片（secretory component：SC）という糖タンパク質が結合した形で存在し，微生物の粘膜上皮への接着阻止，毒素・酵素・ウイルスに対する中和作用，腸管での高分子吸収抑制などきわめて重要な生体防御機能を担っている．この分泌型IgAは特に初乳中に多く含まれているため，免疫系が未発達な乳児は感染防御機能を母乳から受動免疫という形で獲得している．一方，近年では，不活化したヒト病原細菌をウシに免疫し，その特異抗体を分泌させた牛乳を飲用することによって，免疫機能の低下や感染の予防をめざす試みも進められている．

e．ラクトフェリシン

酸性プロテアーゼ分解物でラクトフェリンを処理することによって得られる，強い抗菌作用をもつ抗菌ペプチドにラクトフェリシン（lactoferricin）がある．ヒトラクトフェリシンはアミノ酸残基数47，ウシラクトフェリシンはアミノ酸残基数25であり，サルモネラ菌，リステリア菌，ブドウ球菌などに対する微生物の増殖抑制および殺菌作用はみられるが，ヒト腸内細菌として代表的なビフィズス菌に対する作用はほとんど認められなかったとする報告がある[6]．また，ラクトフェリンと同様に，グラム陰性菌の細胞膜に作用してLPSの遊離を起こし，大腸菌やサルモネラ菌などの細胞膜障害に影響を与える．

3.2.2 乳中機能性オリゴ糖類

人乳中には牛乳に比べて多量のオリゴ糖（ラクト-N-テトラオース，ラクト-N-フコペンタオース，シアリルラクトースなど）が含まれており，これらのオリゴ糖中のラクト-N-ビオースなどを有する糖鎖構造が要因で，腸内の*Bifidobacterium*に選択的にエネルギー源として利用され，腸管内*Bifidobacterium*の増殖を促進すると考えられている[7]．このことから，母乳栄養児は人工乳栄養児に比べて腸内の*Bifidobacterium*が多いことが知られている．したがって，感染防御能をもつ乳中オリゴ糖の作用としては，腸内細菌叢の中でも短鎖脂肪酸を代謝産物として分泌してpHを低下させる作用をもつ*Bifidobacterium*がある程度増えることで，管腔側の腸内環境が病原細菌の増殖抑制に寄与すること，さらに，乳中オリゴ糖自身が腸管上皮細胞の表面と似た糖鎖構造をもつために，病原菌が腸管上皮細胞に付着するのを阻害する働きをもつと考えられている[8]．

3.2.3 発酵乳の感染防御作用

発酵乳のもつ長寿効果については1907年にMetchnikoffによって報告されて以来，食品微生物の保健効果として今日までさまざまな研究がすすめられてきている．現代では，発酵乳のスターターなどに用いられている微生物が「消化管（腸管）微生物のバランス改善により宿主に有益な作用をもたらす生きた微生物添加物」のプロバイオティクス（probiotics）として，その機能性が大きく注目されている．そのプロバイオティクスの保健効果の中でも，特に感染防御作用に関しては，わが国の厚生労働省の特定保健用食品としてはいまだ許可されていないものの，多くの科学的知見が報告されている．ビフィズス菌（*Bifidobacterium*）やラクトバシラス菌（*Lactobacillus*）などの乳酸菌などの中には，リンパ球の増殖活性や，IgA産生を亢進させる効果をもつ菌が存在し，プロバイオティクスの免疫調節作用としての効果が期待されているものがある．

一般に微生物，ウイルスなどの侵入に対する生体防御には，まず最初に，自然免疫系の反応が惹起される．このとき，主にマクロファージ，樹状細胞，ナチュラルキラー（NK）細胞などの抗原非特異的な細胞がその中心的役割を担っている．近年，微生物特有の分子パターン（pathogen-associated molecular patterns：PAMPs）の認識機構が免疫系細胞に備わっていることが明らかになっている．特に，TLR（Toll-like receptor）といわれる細胞膜受容体が同定され，免疫系細胞がもつTLRを介して微生物などの侵入を識別す

る機構が明らかになってきている[9]．

TLR の特徴は，インターロイキン1レセプター（IL-1R）と相同性の高い Toll/IL-1R（TIR）ドメインが細胞質内領域にあり，さらに細胞外領域にロイシンに富んだ領域（leucine rich repeat：LRR）をもち，それによって微生物などの抗原情報を認識していると考えられている．すでに TLR ファミリーとして同定されている約十数種類のもののうち，以下のものはそれぞれ微生物由来成分と TLR による認識の特異性について明らかにされている．たとえば，グラム陰性菌の細胞壁成分であるリポ多糖（LPS）やグラム陽性菌のリポテイコ酸は TLR 4 に，グラム陽性菌のペプチドグリカンやリポタンパク，リポテイコ酸などは TLR 2 に，ウイルスの二本鎖 RNA は TLR 3 に，細菌の鞭毛成分フラジェリンは TLR 5 に，マイコプラズマのリポタンパクは TLR 6 に，TLR 7/8 はイミダゾキノリン誘導体やウイルス由来一本鎖 RNA，細菌由来の非メチル化 CpG DNA は TLR 9 に結合する（図3.1）．これらの微生物由来成分のパターン認識は TLR からの刺激を免疫系細胞内でこれらのアダプター分子である MyD 88 を介して IRAK（IL-1 receptor associated kinase），TRAF 6（TNF receptor associated factor 6），NF-κB へと活性化する経路と，MyD 88 分子を介さずに TRAM（TRIF-related adaptor molecule）や TRIF（TIR domain-containing adaptor protein inducing interferon β）へとシグナル伝達される経路があり，それぞれ炎症性サイトカイン産生や抗ウイルス活性をもつサイトカインⅠ型インターフェロン（IFN-α/β）の誘導へと作用している．そして，活性化した腸内細菌成分などが抗原提示細胞に TLR を介して認識され，抗原のプロセッシング，抗原ペプチド・MHC 分子複合体と TCR の結合，CD 80/86 分子を介した T 細胞側への補助刺激，さらに抗原提示細胞側から産生されるサイトカインなどによって適応免疫系である T 細胞側への活性化へとつながる，感染防御反応が備わっていると考えられる．なお，TLR 以外にも微生物由来成分のパターン認識を担う受容体（pattern recognition receptors：PRRs）が同定されている．その代表的なものとして，マイコプラズマを除くほとんどの細菌種に普遍的に存在するムラミルジペプチド（MurNAc-L-Ala-D-isoGln：MDP）やジアミノピメリン酸（DAP）を含むペプチドグリカンフラグメント γ-D-glutamyl-meso-DAP（iE-DAP）を認識する

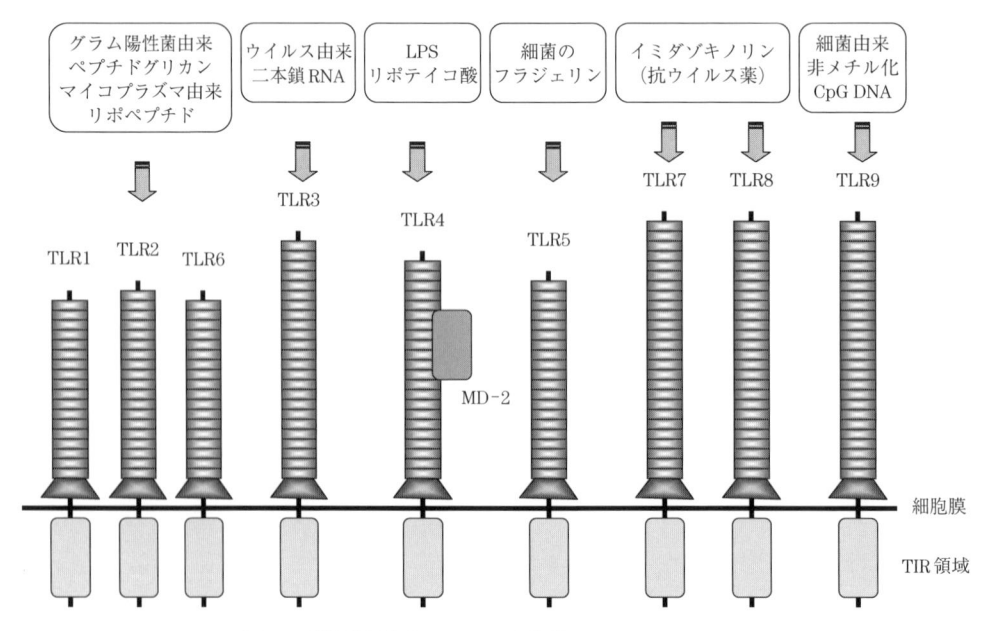

図3.1 微生物特有分子パターンを認識する TLR ファミリー

NOD (nucleotide binding oligomerization domain-like receptor) 分子，微生物の複合糖質や動植物のムコ多糖・糖脂質・糖タンパクなどに分布する N-アセチルガラクトサミンなどのガラクトース型糖鎖を認識するマクロファージガラクトース型 C 型レクチン (macrophage galactose-type C-type lectin：MGL) などがある．

したがって，発酵乳に含まれる食品微生物を摂取することによって，宿主側ではこれらのPAMPsを介した免疫系細胞への感作が起こり，その一部はアジュバントとして生体の免疫系反応が活性化されることで感染防御に作用する．たとえば，免疫賦活活性をもつビフィズス菌の菌体成分をマウスに摂取させると，腸管免疫系の誘導部位であるパイエル板細胞においてIgA産生応答が亢進する[10]．このとき，経口摂取された菌体成分が腸管に達したあと，小腸パイエル板に直接取り込まれ，TLRなどを介した免疫感作を惹起し，パイエル板細胞のIgA抗体産生の誘導が活性化されると考えられている．また，健康な乳児にビフィズス菌添加調製粉乳を投与した際にも，糞便中の総IgA量および抗ポリオウイルスIgA抗体価が有意に上昇したという報告[11]もあり，発酵乳に応用されるプロバイオティクス菌体による感染防御作用の効果がヒトにおいても期待されている．なお，感染防御にかかわる免疫反応を誘導する発酵乳中の微生物としては，本来のプロバイオティクスの定義にあるような生菌体でなくても，その菌体から抽出した死菌体成分でも感染防御に有効なIgA産生を誘導できること，また，菌体破砕物や加熱処理菌体成分などその調製法によっても生体への免疫調節作用はそれぞれ異なる応答を誘導できることが示されている[12]．

以上，乳中の機能性食品成分や発酵乳に用いられているプロバイオティクス菌体成分は，日和見感染をはじめとする生体の免疫力の低下によってもたらされる感染の予防も含め，特に，術後患者や乳幼児，高齢者など感染症に対するリスクをもつケースなどへの応用が期待されている．

〔細野　朗〕

文献

1) K. Yamauchi, et al.: Infect. Immun., **61**, 719-728, 1993.
2) Y. Kawasaki, et al.: Biosci. Biotechnol. Biochem., **64**, 348-354, 2000.
3) L. Bartal, et al.: Pediatr. Res., **21**, 54-57, 1987.
4) K. Theobald, et al.: Agents Actions, **20**, 10-16, 1987.
5) 渡辺乾二：ミルクのサイエンス（上野川修一ほか編), pp.113-116, 全国農協乳業プラント協会, 1994.
6) W. Bellamy, et al.: J. Appl. Bacteriol., **73**, 472-479, 1992.
7) M. Kitaoka, et al.: Appl. Environ. Microbiol., **71**, 3158-3162, 2005.
8) C. Kunz, et al.: Acta Paediatr., **82**, 903-912, 1993.
9) T. Kaisho, et al.: Biochim. Biophys. Acta, **1589**, 1-13, 2002.
10) Y. Nakanishi, et al.: Cytotechnol., **47**, 69-77, 2005.
11) Y. Fukushima, et al.: Int. J. Food Microbiol., **42**, 39-44, 1998.
12) Y. Hiramatsu, et al.: Cytotechnol., **55**, 79-87, 2007.

3.3 抗がん作用

3.3.1 牛乳タンパク質の抗がん作用
a．カゼインとホエイタンパク質[1,2,3]

牛乳カゼインを食べさせたラットはダイズや赤肉のタンパク質を食べさせたものと比べてジメチルヒドラジン (DMH) の誘導する結腸直腸がんの発生率の低下を示す．この化学誘導発がんに対して牛乳ホエイタンパク質はカゼインよりもさらに高い抑制効果を示す．牛乳ホエイタンパク質の抗発がん特性はマウスでも認められる．

動物における結腸腫瘍形成に対するリスクファクターの一つとして低い抗酸化状態が指摘される．ホエイタンパク質はグルタチオン合成のための基質に富むことが知られているので，ホエイタンパク質の防御上の効果は組織グルタチオン濃度の増大を介したものである可能性がある．組織における高レベルのグルタチオンの存在は，フリーラジカルやオキシダントの誘導するDNA損傷を

表 3.1　実験動物のがんに及ぼす経口投与された牛乳ラクトフェリンの影響[5]

がんのモデル	効力	実験動物	投与物質と投与量
結腸，食道，肺，舌，膀胱，肝臓の発がん物質誘発腫瘍	腫瘍発生の阻害	ラット	牛乳ラクトフェリン食餌の0.2％および2％
自然発症腸ポリープ症	ポリープ発生の阻害	Apc^{Min}マウス	牛乳ラクトフェリン食餌の2％
腫瘍細胞注入	肺転移の阻害	マウス	牛乳ラクトフェリンおよび加水分解物 0.3 g/kg
腫瘍細胞注入	腫瘍発生の阻害	マウス	リコンビナントヒトラクトフェリン 1 g/kg

低下させることによって，身体のさまざまな部位で腫瘍の発生を抑制することが示唆される．実際，ホエイタンパク質を含む食餌を食べさせたラットやマウスでは，組織のグルタチオンレベルが上昇する．

ホエイタンパク質については個別成分，特にラクトフェリンとα-ラクトアルブミンの抗がん特性について多数の報告がある．

b.　ラクトフェリン[4,5]

ラクトフェリンは牛乳中に存在する鉄を結合している微量糖タンパク質である．ラクトフェリンには多数の生理的役割が示唆されているが，経口投与された牛乳ラクトフェリンが腫瘍の発生および進行を阻害する可能性があることをいくつかの動物研究が示唆する（表3.1）．

0.2％もしくは2％の牛乳ラクトフェリンを含む食餌を食べさせたラットは，コントロール食の57％とは対照的に，発がん物質アゾキシメタンの誘導する大腸腺がんの発生率をそれぞれ25％と15％まで低下させる．発がん物質によって誘導されるがんに及ぼすラクトフェリンの化学予防効果は食道，肺，舌，膀胱，そして，肝臓でも同様に認められる．さらに，家族性大腸腺腫および散発性の大腸がんの療法のためのモデルであるApc^{Min}マウスにおける自然発生腸ポリープ症に対して牛乳ラクトフェリンは阻害効果を示す．また，マウスの皮下に移植された大腸腫瘍の肺転移を経口投与した牛乳ラクトフェリンが有意に阻害する．リコンビナントのヒトラクトフェリンやウシラクトフェリン加水分解物の抗がん効果も確認されている．

経口投与された牛乳ラクトフェリンによるがん発生の抑制メカニズムについては，①小腸粘膜上皮におけるIL-18誘導を起点にするcaspase-1活性の増大，粘膜固有層および血液中のNK細胞や細胞傷害性T細胞の増加と活性増強，②ヘテロサイクリックアミン同時投与時のphase I 酵素（CYP1A2）の自発誘導の抑制，③炎症性サイトカインのIL-1βやTNF-αの産生抑制，④Fasを介するアポトーシスシグナル伝達系においてcaspase-8およびcaspase-3の活性化，⑤血管新生阻害作用などが報告されている．

c.　α-ラクトアルブミン[6,7]

投与法は経口ルートによるものではないが，抗がん作用のメカニズムが明確に示されていること，また，ヒトでの臨床治験の結果があることで，人乳ホエイタンパク質の最も豊富な成分であるα-ラクトアルブミンの構造変異体（human alpha-lactalbumin made lethal to tumor cells：HAMLET）の抗がん作用は特異的である．すなわち，HAMLETは腫瘍細胞にアポトーシスを誘導して抗がん作用を示す．HAMLETはα-ラクトアルブミンとオレイン酸の分子複合体であり，脂肪酸不在のものはアポトーシス誘導作用を示さない．また，C 18：1, 9 *cis* とは異なる構造をもつ不飽和脂肪酸は不活性であるので，抗がん特質の発揮には特定の脂肪酸の構造もまた重要と思われる．

HAMLETは腫瘍細胞表面に結合後，内在化を受け，細胞質に蓄積される．その後，核周辺領域から核内へと移動し，そこでヒストンと相互作用してヒストンとDNAとの結合を壊し，クロマ

チンの構造と機能を乱すらしい．HAMLETはまたミトコンドリアとも相互作用する．さらに，膜の脱分極化やチトクロームcの遊離の引き金を引き，アポトーシス促進性caspaseを活性化させる．このように，HAMLETはシグナル伝達経路を含む多様な細胞内のイベントに関与することで，最終的に腫瘍細胞のアポトーシスを誘導するらしい．

これまでにHAMLETの抗がん作用が三つの in vivo モデルで検討された．パピローマ（乳頭腫）は皮膚や粘膜表面の前がん性病変であり，パピローマウイルスが原因となることが知られる．このヒトの皮膚の乳頭腫がHAMLETの最初の抗がんモデルであった．二重盲検のプラセボ対照試験で，1日1回，3週間にわたってHAMLET（0.7 mM）が局部に塗布された．処置完了後1カ月以内に病変の大きさが75％以上低下した症例を有効とした場合，プラセボ群が15％だったのに比べて，HAMLET治療群ではすべての患者（100％）で有効性が確認された．

神経膠芽腫異種移植の動物モデルでもHAMLETの有効性が認められる．神経膠芽腫は原発性脳腫瘍の原因の60％をこえるもので，1年以下という最も好ましくない予後を示す．生検で得たヒトの神経膠芽腫を移植したラットでHAMLETの影響が検討された．輸液によって脳の中に投与されたHAMLETは対照とした α-ラクトアルブミンに比べて有意に腫瘍の発生を妨げた．また，処置を受けたラットから得た脳の切片のTUNEL試験によって in vivo でのアポトーシス誘導が確かめられた．

HAMLETの有効性は膀胱がん患者でも調べられている．HAMLET（1.7 mM）を腫瘍内に毎日5回点滴注入した場合，尿中への腫瘍細胞の急速な放出が観察された．一方で，対照の α-ラクトアルブミンでは尿中の細胞放出は認められなかった．腫瘍サイズの減少が内視鏡検査によって確認され，毒性応答も観察されないことから，膀胱がんの治療にHAMLETの投与は十分な価値をもつ可能性がある．

HAMLETは正常細胞には影響を示さず，腫瘍細胞に対して特異的なかたちでアポトーシスを誘導する．少なくとも in vivo では牛乳の α-ラクトアルブミンのオレイン酸との分子複合体（BAMLET）でも同様の効果が認められる．

3.3.2 牛乳脂肪の抗がん作用

牛乳脂肪もまた重要な抗発がん特性をもついくつかの個別成分を含む．なかでも共役リノール酸とスフィンゴミエリンは重要な抗がん特質をもつらしい．

a. 共役リノール酸（CLA）[2,8,9]

CLAは，反芻動物の胃内において微生物由来のイソメラーゼにより，リノール酸が生物学的水素添加反応を受けて生成されることから，さまざまな食材の中でも牛乳脂肪は最も高いレベルの天然CLAを含む．CLAは，メラノーマ，結腸直腸，乳房，そして，肺の細胞を含むさまざまなヒトの腫瘍細胞系統の生育を阻害するのに有効なことが in vivo で示されている．また，食餌性CLAが動物モデルにおいて多数の部位で化学誘導発がんに対する抑制効果を示すことも見いだされている．ラットでは，飼料中に0.1〜0.5％添加することで発がんを予防できるが，これはEPAやDHAなどの n-3 系多価不飽和脂肪酸の発がん抑制作用よりも強力なものらしい．細胞の種類や評価系の違いにもよるが，生理活性の程度は異性体で異なり，牛乳中に優勢な 9 cis, 11 trans-CLA は生物学的に高い活性をもつことが知られている．

栄養生理機能の研究では主として合成CLAが用いられ，牛乳由来のCLAが抗発がん活性をもつという証拠はほとんどない．また，CLAの抗がん作用についての臨床試験は現在までのところ行われていない．しかし，合成CLAが腫瘍発生に重大なインパクトをもつとすれば，牛乳由来の天然CLAのがんに対する効力を臨床試験で評価することは当然正当化されるだろう．

CLAの抗がん作用の機序として，アポトーシスの誘導，エイコサノイド産生および免疫増強，がん遺伝子発現の抑制，がん細胞の増殖抑制などいくつかの機構を介することが示されているが，

不明な点が多い．

b．スフィンゴミエリン[2]

スフィンゴミエリンはリン脂質の一種で，哺乳動物細胞の外膜成分である．スフィンゴミエリンとその代謝物のセラミドやスフィンゴシンは，細胞の増殖および分化をコントロールする重要な経膜シグナル伝達機構に関与する．加えて，それらはTNF-αやインターフェロンのような内因性の細胞毒性因子によって誘導されるアポトーシスシグナルを調節可能である．それゆえ，スフィンゴミエリンは細胞分裂やアポトーシスのような腫瘍生物学における重要なシグナルに影響を与える可能性をもつ．牛乳では，リン脂質のおよそ1/3がスフィンゴミエリンである．均質化や脱脂のような加工の際に乳脂肪球から水層に入り込み，それによって生体利用性が向上する可能性がある．

化学誘導発がんに対するマウスでの牛乳由来のスフィンゴミエリンによる抗がん活性の試験では，腫瘍発生率がコントロールマウスの半分となることが見いだされた．また，大腸異常腺窩（大腸の前がん病変）の数やジメチルヒドラジン（DMH）によって誘導される結腸腺がんの発生率も同様に低下することも見いだされている．

3.3.3 牛乳・乳製品の抗がん作用

a．疫学調査および動物実験[2,10,11]

1960年代遅くから1970年代半ばに行われたいくつかの疫学研究において牛乳・乳製品の摂取と大腸がんや胃がんのリスク低下の間に一定の相関がありそうなことが示された．しかし，その後の臨床試験や疫学研究では対立する結果が示されている．たとえば，調査開始時点ではがんでなかった女性たちの牛乳摂取と乳がんの発生率の間には有意な逆の相関があることが25年間の追跡調査で見いだされている．一方で，数カ国の症例対照の集団データの分析では乳製品の摂取と乳，肺，卵巣，膵臓，あるいは，膀胱のがん発生率の間に有意な結びつきは見いだされず，牛乳摂取と前立腺がんの発生率の間に弱い正の相関が見いだされた．また，一部の症例対照研究では牛乳摂取といくつかのタイプのがんの間に正の相関も示唆されている．

カルシウムは腸管腔で酸化性の高い脂肪酸や胆汁と結合し，それらが上皮細胞と直接接するのを妨げるらしい．また，ラットでは乳由来のリン酸カルシウムが胆汁酸の誘導する結腸細胞の損傷を低下させ，細胞毒性をもつ結腸の界面活性成分を人乳カルシウムが効率的に沈殿させる．疫学調査では，高レベルのカルシウム摂取が高脂肪食の人々の大腸での再発性腺腫のリスクの低下と相関することが報告されている．高レベルのカルシウム摂取はまた遠位大腸がんのリスク低下と結びつくことも報告されている．さらに，カルシウム摂取と結腸直腸がんのリスクの間での逆の相関が指摘された．また，結腸直腸がんのリスク低下には高レベルの共役リノール酸を含む牛乳・乳製品の摂取も関連するらしい．一方で，乳製品，飽和脂肪酸，カルシウムの摂取量と前立腺がんの発生率とがポジティブに相関するという結果がごく最近報告された．ヒトの発がんに対する牛乳や乳製品の効果では，同時摂取される他の食物の影響も重要であり，また，人種によって影響が異なる可能性も指摘されることから，今後さらに包括的に，また，詳細に検討が行われる必要がある．

腫瘍発生の動物モデルを利用して牛乳の潜在的な抗がん特性を評価したいくつかの研究でも同様に対立する結果がみられる．ラットに脱脂粉乳を食べさせると結腸や乳腺での腫瘍形成が低下し，また，食餌に牛乳を補うと結腸の発がんに対する防御がみられる．化学発がん物質であるジメチルヒドラジン（DMH）を用いた場合，脱脂乳を与えたラットは同量の水を与えたものに比べ大腸異常腺窩（大腸の前がん病変）の数がおよそ半分となった．対照的に，市販の牛乳を与えたDMH処理マウスでは水を与えたマウスよりも高い乳腺腫瘍の発生率が示された．

b．プロバイオティクス[12,13]

乳製品の中では発酵乳製品のもつプロバイオティクス効果もまた抗がん作用として重要と考えられる．プロバイオティクスの重要な潜在的機能として抗遺伝子毒性，抗変異原性および抗発がん性があげられる．変異原は通常の食品を介して体内

に入り込んだり，ストレスがあったりウイルスやバクテリアに感染したりすることを通じて体内で頻繁に形成される．変異原物質によるDNAの不可逆的ダメージは発がんに関与する．これに対して，抗変異原物質は突然変異へのプロセスを妨げ，自然発生および誘導された突然変異のレベルを低下させる．したがって，プロバイオティクスの摂取はがん発生率の低下と関連する可能性がある．

発酵乳の抗変異原性は，さまざまな変異原や前駆型変異原に対して，微生物や哺乳類の細胞を用いた試験系において検出される．すなわち，2-nitrofluorene, aflatoxin-B, そして, 2-amino-3-methyl-3 H-imidazoquinoline などの変異原や前駆型変異原に対してプロバイオティックバクテリアによってつくられる有機酸が抗変異原活性を示す．生菌自体や死菌もまた高い抗変異原性を示す．

L. acidophilus や特定のビフィズス菌株のようなプロバイオティックバクテリアは，前駆型発がん物質を活性型に転換させる β-glucuronidase, azoreductase，そして，nitroreductase のような微生物酵素の活性レベルを低下させることができる．この不活性化が腫瘍発生のリスクの低下を導くらしい．

プロバイオティックバクテリアはまた特定の化合物の遺伝子毒性を低下させる．遺伝子毒性物質 4-nitroquinoline-*N*′-oxide とインキュベートした場合, *L. casei* が最も有効な抗遺伝子毒性活性を示し，次が *L. plantarum* や *L. rhamnosus* であった．

日本人の集団では尿への変異原排出の低下に関して *L. casei* Shirota の摂取との間に関連が見いだされている．

発酵乳の摂取がもたらす抗がん効果がTh1型免疫応答の抑制とTh2型免疫応答の増強を介する可能性もまた指摘されている．〔金丸義敬〕

文献

1) G. Bounous, *et al.*: *Cancer Letters*, **57**, 91-94, 1991.
2) H. S. Gill, M. L. Cross: *Br. J. Nutr.*, **84**, S 161-S 166, 2000.
3) G. W. Smithers: *Int. Dairy J.*, **18**, 69-704, 2008.
4) 津田洋幸ほか：ミルクサイエンス, **53**(4), 225-229, 2004.
5) H. Wakabayashi, *et al.*: *Int. Dairy J.*, **16**, 1241-1251, 2006.
6) L. Gustafsson, *et al.*: *J. Nutr.*, **135**, 1299-1303, 2005.
7) H. Mok, *et al.*: *Biochem. Biophys. Res. Commun.*, **34**, 1-7, 2007.
8) 柳田晃良ほか：化学と生物, **44**(2), 563-568, 2006.
9) 柳田晃良：ミルクサイエンス, **55**(3), 175-178, 2007.
10) H. B. MacDonald: *Int. Dairy J.*, **18**, 774-777, 2008.
11) N. Kurahashi, *et al.*: *Cancer Epidemiol. Biomarkers Prev.*, **17**(4), 930-937, 2008.
12) A. de Moreno de LeBlanc, G. Perdigon: *Int. J. Cancer Prev.*, **2**(3), 181-193, 2005.
13) T. Vasiljevic, N. P. Shah: *Int. Dairy J.*, **18**, 714-728, 2008.

3.4 抗アレルギー作用

3.4.1 発酵乳の抗アレルギー作用

1900年代はじめ，メチニコフにより発酵食品の摂取が宿主の健康増進を促進すること，この効果が発酵微生物によることが提唱された．なかでも近年，ヨーグルトなどの発酵乳の抗アレルギー作用が注目されている．発酵乳に含まれる乳酸菌やビフィズス菌が，腸内フローラバランスの改善あるいは免疫系への直接的な作用を介して，宿主の免疫機能を調節することが *in vitro* 試験や動物試験で証明されてきた．一方で，菌体成分を認識する受容体である Toll like receptor (TLR) が発見され，これらのTLRがさまざまな免疫担当細胞に発現することが明らかになった．発酵乳中の微生物菌体に免疫調節作用があることは明らかであり，理論的にはこの活性をうまく利用すれば免疫疾患であるアレルギーを制御できる可能性が期待される．これまでに，乳酸菌やビフィズス菌を添加した発酵乳やプロバイオティクス微生物菌体のカプセルの摂取によるヒト臨床試験がいくつか行われ，幼少期のアトピー性皮膚炎の発症リス

クを低減する効果があることが複数の報告により支持されている．しかしながら，実際に，アレルギーの予防や症状緩和に対する標準手段として発酵乳の摂取を推奨するに足る科学的根拠はいまだ十分確立されていないのが現状であるといえる．以下に，現在考えられている発酵乳中に含まれる微生物菌体によるアレルギー抑制の機序とヒトに対する有効性について順に述べることとする．

3.4.2 アレルギー抑制機序

広義にはさまざまな過敏反応をアレルギーと総称するが，最近では一般的に，これらの過敏反応のうち，IgEを介する即時型の反応をアレルギーと称する．IgE依存型アトピー性皮膚炎，花粉症，食物アレルギーなどのアレルギーの発症は，まず，原因となる抗原（アレルゲン）の体内への侵入により，生体が抗原に感作されるところから始まる．吸入，経口などさまざまな経路から取り込まれた抗原が樹状細胞やマクロファージにより処理され，T細胞の活性化を引き起こし，B細胞からの抗原特異的IgEの産生を誘導する．産生されたIgEは，マスト細胞や好塩基球上の高親和性IgE受容体（FcεRI）に結合し，再度体内に侵入した抗原がそれらのIgEに結合して架橋することにより，FcεRIの凝集を引き起こす．これにより，マスト細胞が活性化され，あらかじめ細胞内の顆粒に蓄えられていたヒスタミンをはじめとする種々の化学伝達物質の放出（脱顆粒）やロイコトリエン，プロスタグランジンといった脂質メディエーターの合成・放出が誘導される．さらに，炎症性サイトカインおよびTh2サイトカインの合成・分泌が誘導されることにより，近接する血管内皮細胞に接着分子の発現が誘導され，炎症局所にリンパ球や好酸球が集められるとともに，B細胞によるIgEの産生がさらに促進される．

これらの一連のアレルギー応答の各過程のうちで，まず，抗原による感作の段階を抑制することがアレルギー発症の予防になると考えられる．抗原特異的IgEの産生の誘導には，抗原提示細胞およびT細胞によるサイトカインの産生パターンが鍵となる．すなわち，抗原提示細胞がT細胞からTh2タイプのサイトカインの産生を誘導することによりIgE産生が誘導されることから，Th1/Th2バランスを改善することがアレルギーの予防に重要であると考えられている．一方，すでに抗原に感作されているヒトに対してアレルギー症状を抑えるためには，B細胞からのIgE産生の抑制，マスト細胞上のFcεRIへのIgEの結合の抑制，抗原によるマスト細胞の活性化の抑制などが有効なターゲットになると期待される．

動物試験において，乳酸菌やビフィズス菌を経口投与することにより，IgEの産生などのアレルギー応答が抑制されることが報告されている[1~7]．これらの抑制の機構として，まず，IL-12の産生誘導を介したTh1/Th2バランスの改善が考えられている．マウスやヒトの細胞を用いた *in vitro* 試験において，乳酸菌が，抗原提示細胞からのIL-12やIL-18の産生を促進することにより，T細胞からのIFN-γ産生を増強するという多数の報告がある．また，もう一つの機構として，調節性T細胞の誘導があげられる．最近，マウスの喘息モデルにおいて，乳酸菌の摂取により，TGF-βの産生増大と調節性T細胞の増加が観察され，アレルゲンによる感作と気道炎症が抑制されることが報告されている[8]．さらに，近年，炎症反応に関与する新しいT細胞サブセットとしてTh17が発見された．アレルギーとの関連はいまだよくわかっていないが，気道炎症における好中球の浸潤にかかわるといわれている．IgE感作の誘導抑制においてTh1/Th2バランスの改善が重要であるとされるのと同様，アレルギー炎症の誘導・維持の抑制にこのTh17を含めたT細胞サブセットのバランス改善が重要であることが予想される．

発酵乳中に含まれる微生物菌体による免疫調節作用は，当初は，プロバイオティクス生菌の定着と増殖による腸内フローラバランスの改善によるものと考えられていたが，菌体成分自身が，直接宿主の免疫系に作用することよる制御も存在することが明らかになってきている．同時に，菌体成分のうち何が活性を持つのかについての研究が進

3. 牛乳・乳製品の保健機能

表3.2 ヒト臨床試験による有効性の評価の例

報告者	国	対象*	菌株	摂取期間
Kalliomaki et al.	フィンランド	159人 (132人)	L. rhamnosus GG 1×10^{10}cfu/日	妊婦に出産予定日 2〜4 週前から.母乳でない場合,新生児も摂取
Taylor et al.	オーストラリア	230人 (189人)	L. acidophilus 3×10^{9}cfu/日	新生児に 6 カ月間
Kukkonen et al.	フィンランド	1223人 (925人)	L. rhamnosus GG 5×10^{9}cfu/2日 L. rhamnosus LC 705 5×10^{9}cfu/2日 B. breve 2×10^{9}cfu/2日 P. freudenreichii 2×10^{9}cfu/2日	妊婦に出産予定日 2〜4 週前から.新生児に 6 カ月間(プレバイオティクスとともに)
Abrahamsson et al.	スウェーデン	232人 (188人)	L. reuteri 1×10^{8}cfu/日	妊婦に出産予定日 2〜4 週前から.新生児に 12 カ月間

報告者	フォローアップ	アトピー性皮膚炎の発症リスク低減効果	IgE 感作に対する効果	文献
Kalliomaki et al.	2,4,7歳時	有	無	Lancet, **357**, 1076-1079, 2001 Lancet, **361**, 1869-1871, 2003 J. Allergy Clin. Immunol., **119**, 1019-1021, 2007
Taylor et al.	1歳時	無	無	J. Allergy Clin. Immunol., **119**, 184-191, 2007
Kukkonen et al.	2歳時	有	無	J. Allergy Clin. Immunol., **119**, 192-197, 2007
Abrahamsson et al.	2歳時	IgE が関与するものに限定した場合のみ有	無	J. Allergy Clin. Immunol., **119**, 1174-1180, 2007

*:括弧内は,実際に試験を終了した人数.

められ,たとえば,ビフィズス菌由来の特定のDNA配列がIgE産生を抑制することが報告されている[9,10].注意しなければならないのが,発酵微生物の免疫調節作用が菌株に特異的であり,同じ属のプロバイオティクス菌体でも,異なる効果を示すことである.

3.4.3 ヒトに対する有効性

ヒトに対する有効性のうち,現在のところ最も期待されているのが,幼・少児のアトピー性皮膚炎に対する予防効果である.妊婦および新生児に乳酸菌を経口摂取させることによりアトピー性皮膚炎の発症率が半減したという報告が,2001年にフィンランドのグループによりなされたのをはじめとして[11],いくつかのグループにより,このようなアトピー性皮膚炎の予防効果が報告されている.表3.2に100名以上を対象にした主な臨床試験の結果についてまとめた.ただし,なかには有効性が認められなかったという報告もあり,ま

た,IgE 感作に対する明確な効果は認められていない.現在も,英国,ニュージーランド,ドイツなどにおいていくつかの試験が進行中であり,今後,有効性の程度が徐々に明確になっていくと思われる.

一方,すでにアレルギーを発症しているヒトに対する症状の緩和効果を評価する臨床試験も行われている.やはりアトピー性皮膚炎を対象とした試験が中心であり,予防効果を評価する試験に比べていまだ大規模な臨床試験の数は少ないものの,いくつかの試験では臨床スコアの改善の促進効果が報告されている[12〜14].現在のところ,予防に比べて効果が小さい傾向にあり,これは,動物試験においても感作前に菌体を投与する系のほうが感作後に投与する系より有効であることと相関している.アトピー性皮膚炎以外のアレルギー疾患である,花粉症やアレルギー性鼻炎やアレルギー性喘息についても臨床試験が試みられており,有効性が認められたケースも存在する.しか

しながら，全般的には幼・少児のアトピー性皮膚炎に対する有効性に比べてその効果は明確でない。原因の一つとして，成人を対象とした試験が多いことがあげられる。アレルギー疾患を有する小児においては，ビフィズス菌が少なく，大腸菌などの好気性菌が多い特徴があることから[15〜17]，乳児の優勢菌であるビフィズス菌の早期定着とビフィズスフローラの維持が，アレルギー発症リスクの低減につながるとされている。したがって，腸内フローラバランスの改善を介した作用は成人よりも乳幼児で効果がより出やすいと考えられる。

このように，幼・少児のアトピー性皮膚炎の発症リスクの低減，およびアレルゲン除去管理による幼・少児のアトピー性皮膚炎の症状改善の促進に関しては，発酵乳中に含まれる微生物菌体の有効性がかなり期待できる。しかしながら，その作用機序や他のアレルギー疾患に対する効果を含め，プロバイオティクス菌体の抗アレルギー作用を明確に理解するには今後の研究の展開を待たなければならない。それぞれの試験間の結果の相違には，アレルギーの病態形成が複雑で試験対象者集団はさまざまなバリエーションを含むこと，効果が比較的マイルドである場合が多いこと，用いる菌株およびその組合せが試験間で異なることなどが影響していると考えられる。今後，作用機序を明らかにすることにより，菌株やその投与法，および有効性が期待される対象者を適切に選択できるようになれば，より正確な有効性の評価が可能になることが期待される。　〔高橋恭子〕

文　献

1) S. Murosaki, et al.: J. Allergy Clin. Immunol., **102**, 57-64, 1998.
2) T. Matsuzaki, et al.: J. Dairy Sci., **81**, 48-53, 1998.
3) K. Shida, et al.: Clin. Exp. Allergy, **32**, 563-570, 2002.
4) Y. Ishida, et al.: Biosci. Biotechnol. Biochem., **67**, 951-957, 2003.
5) H. Kimm, et al.: FEMS Immunol. Med. Microbiol., **45**, 259-267, 2005.
6) H. Ohno, et al.: Biol. Pharm. Bull., **28**, 1462-1466, 2005.
7) T. Sashihara, et al.: J. Dairy Sci., **89**, 2846-2855, 2006.
8) W. Feleszko, et al.: Clin. Exp. Allergy, **37**, 498-505, 2007.
9) N. Takahashi, et al.: Clin. Exp. Immunol., **145**, 130-138, 2006.
10) N. Takahashi, et al.: FEMS Immunol. Med. Microbiol., **46**, 461-469, 2006.
11) M. Kalliomaki, et al.: Lancet, **357**, 1076-1079, 2001.
12) M. Viljanen, et al.: Allergy, **60**, 494-500, 2005.
13) V. Rosenfeldt, et al.: J. Allergy Clin. Immunol., **111**, 389-395, 2003.
14) S. Weston, et al.: Arch. Dis. Child, **90**, 892-897, 2005.
15) B. Bjorksten, et al.: Clin. Exp. Allergy, **30**, 1047, 2000.
16) M. Kalliomaki, et al.: J. Allergy Clin. Immunol., **107**, 129-134, 2001.
17) S. Watanabe, et al.: J. Allergy Clin. Immunol., **111**, 587-591, 2003.

3.5　コレステロール低下作用

3.5.1　牛　乳

a．全　乳

牛乳と血清コレステロール濃度との関係について多くの人の関心を引いた最初の報告は，多量に肉や牛乳を摂取するが心疾患の罹患率が少ないアフリカのマサイ族に関する1974年の調査であった。この恩恵効果は牛乳の摂取にあるとされた。この調査が契機となり，牛乳中の降コレステロール作用惹起成分に関する研究が開始された。有効成分は依然不明であるが，スキムミルク摂取者で血清コレステロール濃度が低下する可能性が示唆された。その後，全乳とスキムミルク摂取との比較実験が行われ，6週間の摂取では，後者で前者よりも血清コレステロールや低密度リポタンパク質（LDL）コレステロール濃度が低いことが確認された[1]。

牛乳はコレステロール上昇作用がある飽和脂肪酸を乳脂肪中に含むため，脂肪に富む乳製品の摂取を抑制することが勧められている。全乳の脂肪酸は，約62％は飽和脂肪酸であり，他の動物性

食品中のそれは 25〜35％ であることや植物性食品のそれがさらに少ないことと比較して多い．また，200 g の全乳とスキムミルクはそれぞれ約 34 mg と 6 mg のコレステロールを含む．乳脂肪中の長鎖飽和脂肪酸が血清コレステロール濃度を上昇させることは広く認められているが，個々の乳成分の作用については必ずしも意見の一致をみていない．ある研究者は，牛乳中には乳脂肪のコレステロール上昇作用を修飾する降コレステロール的成分が含まれることを報告しているが，他の研究者はこのような作用は認められないと報告するか，あるいは，むしろ，牛乳の血清コレステロール上昇作用を報告している[2]．

牛乳の脂肪やリン脂質は水の中で乳化され，微細な粒子として存在している．バターの製造に使われるクリームは油／水エマルションとして存在し，攪乳機にかけることでエマルションの一部は壊れる．この過程で脂肪球膜は壊れる．そのため，牛乳中のコレステロール上昇抑制物質はバター生産過程で除去される可能性がある．全乳やバターと異なり，チーズの脂肪はカゼイン分子に包まれている．したがって，牛乳，バターとチーズの脂肪の物理的な存在状態は異なる．このような乳製品の物理的な性質の違いが乳脂肪やコレステロールの吸収やこれら食事脂質の運搬体であるキロミクロンの生成と異化に影響する可能性がある．

b．免疫牛乳

凍結乾燥した腸内細菌混合物で免疫した乳牛から調製したスキムミルク粉末と非免疫乳牛から調製したスキムミルク粉末とをそれぞれ毎日 90 g（ほぼ 1 l の生乳に相当），高コレステロール血症患者に 10 週間与えたところ，前者で総コレステロールと LDL コレステロールが低下した．非免疫乳ではイムノグロブリン（Ig）の検出は困難であるが，免疫乳は 5.45 mg/g の Ig を含むことから，血清コレステロール濃度の差異は Ig の量の違いに基づくと考えられている．免疫乳から調製したスキムミルクがどのような機序で降コレステロール作用を発揮するのかについては明らかではないが，Ig は吸収されないことから，消化管の微生物叢との相互作用を介して，胆汁酸やコレステロールの排泄に影響したことが考えられる[3]．また，Ig はエンドトキシン結合能が高いことから，小腸で炎症性サイトカインの生産抑制的に働き，ひいてはコレステロール合成に影響した可能性もある[4]．

免疫乳に含まれるスキムミルクの降コレステロール作用はタンパク質成分に起因すると推定されるが，90 g のスキムミルクの摂取は実際的ではない．そこで，ウシ血清には多量の Ig が含まれる（血清タンパク質の 25％）ことに着目した実験が行われている．ウシ血清に由来する Ig 画分濃縮物を 1 日当たり 5 g，6 週間摂取させたところ，血清総コレステロールと LDL コレステロールの低下が観察されている[4]．

c．植物ステロール添加牛乳

植物ステロールエステルはマーガリンやスプレッドなどの油脂食品に添加され血清コレステロール濃度低下作用を発揮することが知られている．現在，良質の栄養源である牛乳やヨーグルトなどのような水溶性の低脂肪乳製品においても植物ステロールエステルを添加することが可能となっている．実際，1 日 2 g 程度の植物ステロールを含む水溶性乳製品の摂取で血清の総コレステロールや LDL コレステロール濃度が低下することが観察されている[5]．

3.5.2 乳製品

a．バター

代謝研究では，乳脂肪は飽和脂肪酸であるパルミチン酸（16：0）やミリスチン酸（14：0）が多いため血清コレステロール上昇的であるとされている．また，中鎖脂肪酸（8：0，10：0）と血清コレステロール濃度との関係はこれまでの報告では必ずしも意見の一致をみていないが，血清コレステロール濃度に対して中性的であるとみなされるオレイン酸との比較において，中鎖脂肪酸は血清コレステロール上昇的であるとされている[6]．なお，短鎖脂肪酸（4：0，6：0）と心疾患との関係について特別な調査は行われていない．また，草で飼育した乳牛中の共役リノール酸（cis 9, trans 11) と自然界のトランス型脂肪酸であるバクセン酸 (trans 18：1, n7) は水素添加などの過程で生じる人工のトランス酸 (trans 10, cis 12) と比較して心疾患に悪い影響をもたらさないようである[7]。

ヒトでの代謝研究では、バターは他の脂肪と比較して血清コレステロール濃度上昇的であることが示されている。そのメカニズムとして、これら脂肪酸は LDL 受容体の形成を抑制するからとされている[8]。一方で、乳糖やカゼインの量を調整し、同じ量の脂肪を含むようにした牛乳とバターの摂取実験では、血清コレステロール濃度に対して差異を生じないことが報じられている[2]。

炭素数 15 (15：0) や 17 (17：0) の脂肪酸は乳脂肪の摂取量を示すバイオマーカーとして利用できる[9]。乳脂肪や乳製品の摂取と心疾患との関係を調べたところ、血清コレステロールの上昇はみられず[10]、これらの摂取と心疾患とはむしろ逆相関の関係にあった[11]。さらに、ミリスチン酸 (14：0) やパルミチン酸 (16：0) などの飽和脂肪酸の摂取は、LDL コレステロールを増加させ、インスリン抵抗性を高めるとされているが、一方では LDL 粒子径に好ましい影響を及ぼすことが指摘されている。小粒子径 LDL (sdLDL) はインスリン抵抗性を高める動脈硬化促進的リポタンパク質とみなされている。乳脂肪に含まれる脂肪酸 (4：0〜10：0 と 14：0) の食事中の量、あるいは、乳脂肪に多い 15：0, 17：0 脂肪酸の血清リン脂質中の量は sdLDL の量とはそれぞれ逆相関の関係、つまり、乳脂肪の摂取はより好ましい LDL 粒子径の原因であると見なされた[12]。

バターの血清コレステロール上昇作用の本体は共存するコレステロールであり、トリアシルグリセロールにはそのような作用はないという報告がある。実際、バターに植物ステロールを含ませた場合には血清コレステロール上昇は観察されていない。このことから、バターのトリアシルグリセロールが血清コレステロールの上昇抑制的に働く原因としてその構造が注目されている。バター脂肪はその 30% は鎖長 4：0〜8：0 の脂肪酸であり、トリアシルグリセロールの sn-3 位に存在し、sn-1,2 位に長鎖や中鎖の脂肪酸が存在する。バター脂肪は sn-3 位に作用する舌や胃リパーゼの作用を受け、sn-1,2 位に長鎖や中鎖の脂肪酸を含むジアシルグリセロールが生じる。胃の酸性下では sn-1,2 ジアシルグリセロールは異性化を受け、40：60 の比率で sn-1,3 ジアシルグリセロールが生じ、それは膵リパーゼの作用を受け、遊離脂肪酸を生じる。sn-3 位から切り出された短鎖脂肪酸は門脈系で輸送される。sn-1,3 位から切り出された長鎖脂肪酸は吸収後小腸細胞内でホスファチジン酸経路を経てトリアシルグリセロールへ再構成され、リンパ系を経て輸送される。一方、ラウリン酸、ミリスチン酸やパルミチン酸を含むトリアシルグリセロールは加水分解され 2-モノアシルグリセロールとなり、トリアシルグリセロールへ再構成される。ホスファチジン酸経路でのトリアシルグリセロールの合成と輸送は 2-モノアシルグリセロール経路と比較して遅いと見なされている[13]。

b．チーズ

総エネルギー摂取の 20% が乳脂肪から供給されるように、チーズ、バターおよび全乳を主要食事成分とするように厳密に調整した食事を 14 人の健康な男性に 3 週間それぞれクロスオーバーデザインで与えた実験がある[2]。絶食後の血清総コレステロール濃度や LDL コレステロール濃度は、メカニズムは不明であるが、バター群でチーズ群よりも高かった。牛乳の特別な影響は観察されなかった。この研究以外にもヒトの介入試験においてチーズは血清コレステロールを増加させないことが示されている[14]。

c．発酵乳

Lactobacillus 系統の乳酸菌で発酵した乳製品を摂取しているアフリカのマサイ族は血清コレステロールレベルが低いことから、乳酸菌や他のプロバイオティクスと血清コレステロール濃度との関係に関する調査が 1970 年代に興味をもって行われた。以来、数十年間調べられているが、一定の結論に達していない[15]。その理由の一部は、異なった微生物による発酵産物であることや、比較の対象条件がさまざまであること（たとえば、牛

乳，酸添加ヨーグルト，微生物によって発酵されたヨーグルトなど）などに基づく．いくつかの研究では，通常の発酵法でつくられたヨーグルト（微生物として，Streptococcus thermophilus, Lactobacillus bulgaricus）と対照として非発酵乳が使われ，健康な男性を被験者として比較されたが，その効果にはヨーグルトと非発酵乳とで違いがなかった．なお，Lactobacillus acidopilus で発酵させた牛乳はコレステロールを低下させたという報告があるが，一方では効果がないという報告もある．Streptococcus thermophilus と Enterococcus faecium で発酵した牛乳はメタ解析ではコレステロール低下作用が認められている[16]．血清コレステロール濃度に対する影響は微生物によって異なるが，発酵乳製品中に含まれる微生物数が多い（$>1\times10^8$ CFU/g）ほど腸に到達する菌数も多くなり，代謝への影響も顕著になると見なされる[16]．

ヒトの腸やピクルス用野菜から単離された Lactobacillus 系統は，ハムスターの実験では血清や肝臓のコレステロールを低下させるのに有効であった[17]．

実験動物やヒトの実験で発酵乳製品が示すコレステロール低下作用の機構は次の通りである．まず，発酵乳は腸の微生物の数を増やす．これらの微生物は大腸に棲息し，食事由来の不消化炭水化物の発酵を増加させると考えられる．その際に，短鎖脂肪酸の生産が増加し，これが肝臓でのコレステロール合成を抑制したり，血清から肝臓へのコレステロールの分配に影響することによって，循環血中のコレステロールを低下させる．さらに，大腸でのバクテリアの増加は胆汁酸の脱抱合を促進する．脱抱合された胆汁酸は腸細胞から吸収されにくいため，糞便へと排泄される．結果として，胆汁酸の前駆体であるコレステロールは胆汁酸合成に多量に利用されることになる．

〔今泉勝己〕

文　献

1) K. A. Steinmetz, et al.: *Am. J. Clin. Nutr.*, **59**, 612-618, 1994.
2) T. Tholstrap, et al.: *J. Am. College Nutr.*, **23**, 169-176, 2004.
3) M.-P. St-Onge, et al.: *Am. J. Clin. Nutr.*, **71**, 674-681, 2000.
4) C. P. Earnest, et al.: *Am. J. Clin. Nutr.*, **81**, 792-798, 2005.
5) M. Noakes, et al.: *Eur. J. Nutr.*, **44**, 214-222, 2005.
6) T. Tholstrup, et al.: *Am. J. Clin. Nutr.*, **79**, 564-569, 2004.
7) T. Tholstrup, et al.: *Am. J. Clin. Nutr.*, **83**, 237-243, 2006.
8) N. R. Matthan, et al.: *Arterioscler. Thromb. Vasc. Biol.*, **24**, 1092-1097, 2004.
9) A. E. M. Smedman: *Am. J. Clin. Nutr.*, **69**, 22-29, 1999.
10) G. Samuelson, et al.: *Br. J. Nutr.*, **85**, 333-341, 2001.
11) A. S. Biong, et al.: *Eur. J. Clin. Nutr.*, **60**, 236-244, 2006.
12) P. Sjogre, et al.: *J. Nutr.*, **134**, 1729-1735, 2004.
13) A. Kuksis, et al.: *Inform.*, **17**, 280-282, 2006.
14) P. J. Nestel, et al.: *Eur. J. Clin. Nutr.*, **59**, 1059-1063, 2005.
15) T. Tholstrup: *Curr. Opin Lipidol.*, **17**, 1-10, 2006.
16) L. Agerholm-Larsen: *Eur. J. Clin. Nutr.*, **54**, 856-860, 2000.
17) C.-H. Chiu, et al.: *Applied Microbiol. Biotechnol.*, **71**, 238-245, 2006.

3.6　血圧調節機能

牛乳タンパク質に各種起源のプロテアーゼを作用させると，多種類のペプチドが生成する．これらの中には，血圧調節作用を示すペプチド成分が多く検出される．また，乳の乳酸菌発酵の結果，菌体外に分泌されるプロテアーゼにより血圧調節作用のあるオリゴペプチドの生成することが知られている．さらに，チーズなどのペプチドを多種類含む食品でも，血圧調節作用のあるペプチド類が見いだされている[1～5]．これは，乳タンパク質の示す食品の三次機能と考えられ，あらかじめそのようなペプチド成分が消化過程で生成し，小腸より吸収されて生理機能を発現するように設計されているのではないかという学説もある[13]．最近，世界保健機関（WHO）と国際高血圧学会

```
<レニン-アンジオテンシン(昇圧)系>          <カリクレイン-キニン(降圧)系>

        肝臓                                    血液中
    アンジオテンシノーゲン                   高分子・低分子
          ↓                                     キニノーゲン
        血液中    ← 腎臓                           ↓        ← カリクレイン
                   レニン                    ブラジキニンなどの
          ↓                                  キニン類 (降圧作用)
    アンジオテンシン I
    D-R-V-Y-I-H-P-F-H-L (肺，血管内皮などに局在)
         H-L ←── アンジオテンシン ──→           ← キニナーゼ I
          ↓        変換酵素 (ACE)
    アンジオテンシン II         (キニナーゼ II)
    D-R-V-Y-I-H-P-F                              不活性化
       (昇圧作用)
          ↓ D
    アンジオテンシン III
    R-V-Y-I-H-P-F
          ↓ ← アンジオテンシナーゼ
       不活性化
```

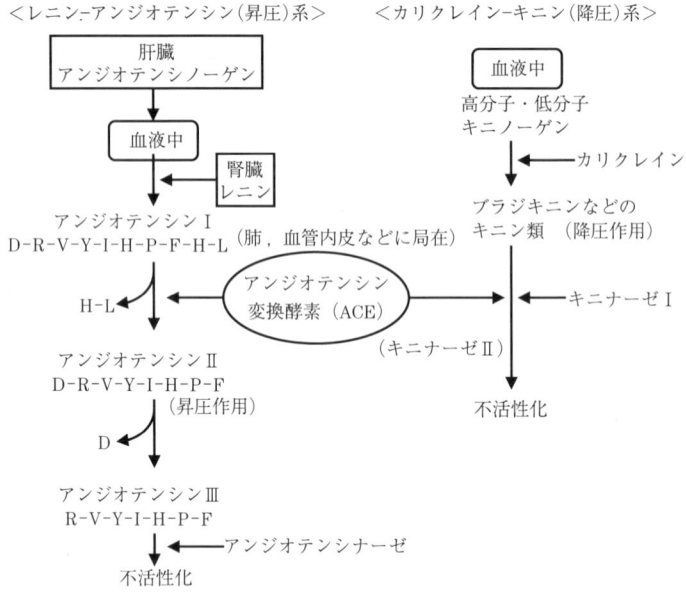

図 3.2 生体の血圧維持の仕組み

(ISH) が共同で高血圧の新しい治療ガイドラインを発表した．超高齢社会を迎えるわが国においては，薬剤に頼らずに日頃摂取する乳や乳製品からの食餌性の降圧成分の利用に関心が集まっている．

3.6.1 高血圧の定義と新ガイドライン

心臓はポンプ作用により，酸素や栄養素を含んだ血液を，血管を通して体のすみずみまで送り出す．その際に，血液が血管壁に与える圧力を「血圧」と呼ぶ．この血圧が一定の基準値を超えた場合を，病的な状態として「高血圧」と呼ぶ．

1999 年，世界保健機関と国際高血圧学会は，「WHO/ISH ガイドライン」を共同発表し，血圧レベルがきめ細かく分類され，高血圧の定義も変更された．この新ガイドラインでは，「正常血圧は収縮期血圧 130 mmHg 未満，拡張期血圧 85 mmHg 未満」となり，従来の基準値に比べて厳しくなった．これにより，わが国の高血圧患者数は 4000〜5500 万人と試算され，国民の 3 人に 1 人は高血圧患者と考えられる．

3.6.2 哺乳動物における血圧の調節機構

哺乳動物における血圧調節機構はきわめて複雑であるが，主として二つの系の拮抗関係により安定した血圧が維持されている．二つの系とは，生体で血圧を上げる系である「レニン-アンジオテンシン系」（昇圧系）と血圧を下げる系である「カリクレイン-キニン系」（降圧系）である．生体の血圧維持の仕組みを図 3.2 に示した．

肝臓では，アンジオテンシノーゲンという糖タンパク質（分子量約 570 kDa）が生合成され，血漿中に分泌される．このタンパク質は，腎臓から分泌されるタンパク質分解酵素（プロテアーゼ）のレニンにより Leu-Leu（ヒトでは Leu-Val）間のペプチド結合が特異的に加水分解され，アミノ酸が 10 残基連なったデカペプチドである「アンジオテンシン I」が生成する．このペプチド自体には生理活性はないが，血液中を循環している際に肺の血管内皮細胞膜や腎臓尿細管や小腸刷子縁膜に局在する「アンジオテンシン I 変換酵素」（ACE，国際酵素番号：EC 3.4.15.1）の作用により，C-末端のジペプチド（His-Leu）部分が切断される．その結果，アミノ酸が 8 残基のオクタペプチドである「アンジオテンシン II」が生成する．このペプチドは，末梢血管の平滑筋を直接収縮させる血管収縮作用を示し，血管運動中枢を刺激し，血中イオン濃度調節に関与するアルドス

テロンの分泌を促進し，腎臓での水の再吸収を促し，さらに血管収縮作用を示すバソプレッシンの分泌を促進するなどの諸作用により，総合的に血圧を上昇させる本態成分である．

その後，アンジオテンシンⅡの一部はさらにN-末端のAsp残基が遊離したアミノ酸が七つ連なったヘキサペプチドである「アンジオテンシンⅢ」となり，活性は半減するが依然として昇圧活性を示す．これらの昇圧ペプチドは最終的にはアンジオテンシナーゼにより不活性化される．以上が，昇圧系を制御する「レニン-アンジオテンシン系」（昇圧系）の作用機構の概要である．

一方，血漿中には高分子・低分子キニノーゲンが存在するが，これらにタンパク質分解酵素であるカリクレインが作用すると，ブラジキニン・カリジンなどの「キニン」と総称される短鎖ペプチドが生じる．キニン類は血管拡張作用や血管透過性亢進作用などの強い降圧作用をもつ生理活性ペプチドであり，血圧を降下させる主成分である．ブラジキニンは，2種類のキニン分解酵素であるキニナーゼの作用で不活性化する．キニナーゼⅠは血漿中に存在し，ブラジキニンのC-末端Arg残基を遊離させる．また，キニナーゼⅡはACEそのものであり，ブラジキニンのC-末端からジペプチド部分を遊離させる，ジカルボキシペプチダーゼである．以上が，降圧系を制御する「カリクレイン-キニン系」（降圧系）の作用機構の概要である．

哺乳動物における血圧調節機構において，昇圧系と降圧系の両方を制御するまさにキーエンザイムはACEであり，両系を巧妙に制御して動物の血圧の恒常性に重要な働きをしていることが理解される．したがって，このACEの作用を阻害する成分があれば，それは血圧上昇を抑えることが可能となる．

3.6.3 高血圧の測定評価系

血圧調節にかかわる生理活性ペプチドを，ACE阻害活性ペプチドと降圧（活性）ペプチドと2種類で表現し，正確に区別している[6,7]．

ACE阻害活性ペプチドとは，市販のウサギ肺由来のACEを用いて試験管内で阻害性が確認されたこと（in vitro 実験）を示すが，動物実験（in vivo 実験）での血圧降下性がいまだ確認されていない成分を示している．また，試料のACEに対する阻害性は，ACE活性を50％阻害する試料量（通常はμMまたはmM値で示す）で示しており，とくにこの値をIC$_{50}$値として表示する．この値が低値ほど，ACEを阻害する活性の高いことを示している．

一方，降圧（活性）ペプチドとは，動物実験により実際に経口投与した場合に，血圧が降下することが確認された成分を示している．通常この試験に用いる実験動物は，京都大学の家森教授が開発したヒト型疾病モデル動物である「高血圧自然発症ラット（SHR）」であり，試料を経口摂取させて数時間後に尾部血圧を専用機器により測定して評価する．SHRは出生時より高血圧であり，12週齢時ですでに200 mmHg以上の収縮期血圧（SBP）を示している．このSHR試験は，費用も時間も設備もかかることより，わが国でも一般的ではないが，現時点では降圧作用を検証する最も信頼性の高い評価手法とされる．

血圧評価を考える際に最も重要な点は，「ACE阻害活性」イコール「降圧活性」ではない点にある．SHR試験では，ラットという供試動物の消化管酵素によりペプチド試料は消化され低分子化するために，in vitro 試験で効果のあったACE阻害活性ペプチドを，実際にSHRに食べさせて評価すると，降圧活性が確認できない場合も多いことが知られている．また逆に，ACE阻害活性がほとんど検出されないのに動物実験では強い降圧活性を示すペプチド試料もあり，その生理活性の判定は慎重でなくてはならない．筆者らは，SHRによるin vivo 試験は，試料の降圧活性の確認に必須と考えており，ACE阻害活性値（IC$_{50}$値）は参考値と考えはじめている．

3.6.4 乳タンパク質起源の降圧ペプチド

血圧降下を発現する生理活性ペプチド（降圧ペプチド）の研究は，蛇毒中に含まれているACE活性を阻害するペプチドの研究より開始された．

その後の研究では，天然のタンパク質のプロテアーゼ消化物から広くスクリーニングし，またそれらの情報をもとに化学合成したペプチドの作用検証が中心となった．これらの研究より，ACE阻害活性ペプチドは，乳タンパク質とくにカゼインのプロテアーゼ消化物中に多く見いだされることがわかった．カゼインは，プロリン含有の高いリン酸化タンパク質であり，摂取後の消化過程において多くの生理活性ペプチドが発現する潜在的可能性が秘められており，食品の三次機能との関連で重要である[8～12]．

これまでに，乳タンパク質のプロテアーゼ消化物からは，多種類の機能性ペプチド（オピオイド，オピオイドアンタゴニスト，免疫機能修飾，カルシウム吸収促進など）が見いだされている．表3.3には，牛乳タンパク質のプロテアーゼ処理により，主として酵素的に誘導されたACE阻害活性ペプチドを示した．また，表3.4には，乳タンパク質より誘導された降圧ペプチドを示した．乳タンパク質では，主としてカゼインよりACE阻害活性ペプチドが単離されているが，筆者の研究では乳清（ホエイ）タンパク質からも多数見いだしている[15]．多くの報告では，in vitroのACE阻害活性の確認しか実施していないが，一部のペプチ（CEI_{12}：Phe-Phe-Val-Ala-Pro-Phe-Pro-Clu-Val-Phe-Gly-Lys, CEI_{c6}：Thr-Thr-Met-Pro-Leu-Trp）では，麻酔下のラット静脈に投与し，降圧効果を確認している．また，カゼインのトリプシン分解物を臨床試験に供して，高血圧症に対する効果と副作用についての検証例もある．

発酵乳・ヨーグルトの示す降圧活性も近年研究されはじめている．乳酸菌の中でもプロテアーゼ活性の比較的高い Lactobacillus helveticus を用いた発酵乳中に，降圧活性ペプチド（Val-Pro-Pro, Ile-Pro-Pro, Lys-Val-Leu-Pro-Val-Pro-Gln, Tyr-Pro）が報告された[1,2]．この中で2種のトリペプチド（ラクトトリペプチド）は，ヒト臨床試験で降圧効果の有効性が確認され，特定保健用食品（後述）に結実している．さらに重要な知見としては，これらのペプチドをSHRに経口投与したあと，その大動脈に存在するACEに強く投与ペプチドが吸着していることが確認され，低分子量ペプチドは消化酵素による分解を受けることなく，直接標的器官に達して，局在性のACEを阻害する可能性を強く示唆した．筆者らも，チーズホエイ中の乳タンパク質（プロテオースペプトン，α-ラクトアルブミン，β-ラクトグロブリン，β_2-ミクログロブリンおよびウシ血清アルブミン）の酵素消化産物に降圧ペプチドを多数同定している[15]．また，ACE阻害活性ペプチドの多くがカゼイン起源である点に注目し，熟成型チーズからも実際にSHR評価により血圧が下がることを確認した降圧ペプチドを報告した[8]．四つの降圧ペプチドの性質を表3.5に示した．熟成型チーズは，あらかじめ牛乳を凝固させるために添加した凝乳酵素キモシン（レンネット，レンニン）と乳酸菌スターター由来のプロテアーゼの共同作用により，種々の生理活性ペプチドが天然に含まれている食品である．チーズに関する降圧成分の研究例は非常に少なく，今後の研究分野と考えられる．

3.6.5 降圧ペプチドの特性と活性発現の一般則

ACE阻害活性を測定する in vitro 実験系とSHRによる動物への経口投与で降圧性を評価する in vivo の実験系では，両者の実験結果が一致しない場合が数多く観察される．これは，アミノ酸残基数で4，5残基を超えるような高分子量ペプチドでは，消化管起源の複数のプロテアーゼ（ペプシン，トリプシン，キモトリプシン）などの消化作用により，さらに低分子ペプチドへ断片化されて吸収されるプロセスが，前者の系にはなく，後者の系には含まれるからである．したがって，前者と後者の実験系は，まったく別の評価系と区別して考えるべきであろう．

試験管内でペプチドをACEに混合した場合，ある種のペプチドだけがACE阻害活性を示す正確な理由は不明である．その理由は，これまでに報告されているペプチド類に，まったく同一の共通構造が存在しないからである．しかし，「ある種のペプチドは，ACEの酵素活性を発現する活

3. 牛乳・乳製品の保健機能　　　　　　　　　　　　　　　　　　　223

表3.3　乳タンパク質起源のアンジオテンシンI変換酵素(ACE)阻害活性ペプチド(ACEI)[1~5,9~11,14~17]

タンパク質（起源）	ペプチド（アミノ酸配列）	調製方法	IC$_{50}$(μM)[*1]	備考[*2]
カゼイン				
α_{s1}-カゼイン	LW	合成	50	
	YL	プロティナーゼ	122	
	RY	合成	10.5	
	PLW	合成	36	
	VAP	合成	2	α_{s1}-casokinin
	FVAP	合成	10	
	FFVAP	ペプチダーゼ	6	CEI$_5$
	AYFYPE	トリプシン	16	
	LAYFYP	乳酸菌発酵	65	
	TTMPLW	トリプシン	12	
	YKVPQL	乳酸菌発酵	22	
	DAYPSGAW	乳酸菌発酵	98	
	RPKHPIKHQ	ゴーダチーズ製造	13.4	
	FFVAPFPEVFGK	トリプシン	18	CEI$_{12}$
α_{s2}-カゼイン	RY	合成	10.5	
	TVY	トリプシン	15	
	IPY	合成	206	
	VRYL	合成	24.1	
	FALPQY	トリプシン	4.3	α_{s2}-casokinin
	FPQYLQY	トリプシン	14	
	NMAINPSK	トリプシン	60	
β-カゼイン	FP	プロティナーゼK	315	
	VYP	プロティナーゼK	288	
	IPA	プロティナーゼK	141	
	IPP	乳酸菌発酵	5	β-casokinin
	VPP	乳酸菌発酵	9	
	VYPFPG	プロティナーゼK	221	
	YQQPVL	発酵	280	
	AVPYPQR	トリプシン	15	
	YPFPGPI	プロティナーゼ	500	β-casomorphin 7
	RDMPIQAF	L. helveticus プロティナーゼ	209	
	YQQPVLGPVR	プロティナーゼ	300	β-casokinin 10
	TPVVVPPFLQP	プロティナーゼK	749	
κ-カゼイン	YP	発酵	720	
	VTSTAV	プロティナーゼ	52	κ-casokinin
	YIPIQYVLSR	トリプシン	100	casokisin C
ホエイタンパク質				
α-ラクトアルブミン	LF	合成	349	
	YGL	ペプシン, トリプシン	409	
	YGLF	ペプシン, トリプシン, キモトリプシン	733	α-lactorphin
	LAHKAL	発酵	621	
	WLAHK	トリプシン	77	lactokinin
	VGINYWLAHK	トリプシン	327	
β-ラクトグロブリン	VFK	トリプシン	1029	
	IPA	プロティナーゼK	141	
	LAMA	トリプシン	1062	
	YLLF	ペプシン, トリプシン, キモトリプシン	172	β-lactorphin
	ALPMH	ペプシン, トリプシン, キモトリプシン	521	
	CMENSA	トリプシン	788	
	GLDIQK	発酵	580	
	VAGTWY	発酵	1682	
	ALPMHIR	トリプシン	43	lactokinin
	VLDTDYK	ペプシン, トリプシン, キモトリプシン	946	
	LDAQSAPLR	トリプシン	635	
血清アルブミン	FP	プロティナーゼK	315	
	ALKAWSVAR	トリプシン	3	albutensin A
その他	FL	アルカリプロティナーゼ	16	
	VY	アルカリプロティナーゼ	18	
	IL	アルカリプロティナーゼ	21	
β_2-ミクログロブリン	GKP	プロティナーゼK	352	

*1：IC$_{50}$（μM）：ACE活性を50%阻害するのに必要なペプチド量．
*2：特別に命名されているペプチド．

表3.4 牛乳タンパク質起源の降圧ペプチド[17]

タンパク質（起源）	ペプチド（アミノ酸配列）	調製方法	IC$_{50}$(μM)*1	投与量(mg/kg)	SBP(mmHg)*2	備考*3
カゼイン						
α$_{s1}$-カゼイン	YP	発酵	720	1	-27.4	
	TTMPLW	トリプシン	16	100	-13.6	
	YKVPQL	乳酸菌プロティナーゼ	22	1	-12.5	
	RPKHPIKHQ	チーズ発酵	13.4	6.1〜7.5	-9.3	
	FFVAPFPEVFGK	トリプシン	77	100	-13	
α$_{s2}$-カゼイン	TKVIP		400		-9	
	AMPKPW		580		-5	
	MKPWIQPK		300		-3	
β-カゼイン	YP	発酵	720	1	-27.4	
	FP	プロティナーゼK	315	8	-27	β-lactocin A
	VPP	乳酸菌発酵	9	1.6	-32.1	
	VYP	プロティナーゼK	288	8	-21	β-peptocin B
	IPP	乳酸菌発酵	5	1	-28.3	
	LQSW	プロティナーゼ	500		-2	
	VYPFPG	プロティナーゼK	221	8	-22	
	KVLPVP	消化酵素	5	1	-32.2	
	KVLPVPQ	プロティナーゼ	>1000	1	-31.5	
	AVPYPQR	トリプシン	15	100	-10	CEI$_{β7}$
	YPFPGPIPN	チーズ発酵	14.8	6.1〜7.5	-7	
	TPVVVPPFLQP	プロティナーゼK	749	8	-8	β-peptocin C
	FFVAPFPEVFGK	トリプシン	77	100	-13	CEI$_{12}$
κ-カゼイン	YP	発酵	720	1	-27.4	
	IPP	乳酸菌発酵	5	1	-15.1	
	IASGQP	ペプシン	>1000	6.7〜7.1	-22.5	
ホエイタンパク質						
α-ラクトアルブミン	YGLF	ペプシン	733	10	-17	α-lactorphin
β-ラクトグロブリン	IPA	プロティナーゼK	141	8	-31	
β$_2$-ミクログロブリン	GKP	プロティナーゼK	352	8	-26	β-microcin A
血清アルブミン	FP	プロティナーゼK	315	8	-27	β-lactocin A

*1：IC$_{50}$（μM）：ACE活性を50％阻害するのに必要なペプチド量．
*2：SBP（mmHg）：ペプチド試料をゾンデでSHRに強制投与し，6時間後に尾部血圧を測定した．
*3：特別に命名されているペプチド．

表3.5 ゴーダチーズ起源の降圧ペプチドの一次構造，起源，分子量，ACE阻害活性および降圧活性[8]

試料	ペプチド（アミノ酸配列）	起源	分子量(Da)	IC$_{50}$(μM)*1	SBP(mmHg)*2 X	SE
A	RPKHPIKHQ	α$_{s1}$-casein B-8 P (f 1〜9)	1140	13.4	-9.3	4.8
B	RPKHPIKHQGLPQ	α$_{s1}$-casein B-8 P (f 1〜13)	1536	未測定		
F	YPFPGPIPD	β-casein A^2-5 P (f 60〜68)	1001	14.8	-7	3.8
G	MPFPKYYPVQPF	β-casein A^2-5 P (f 109〜119)	1351	未測定		

*1：IC$_{50}$（μM）：ACE活性を50％阻害するのに必要なペプチド量．
*2：SBP（mmHg）：ペプチド試料（2 mg/2 ml 蒸留水）をゾンデでSHR（n=3）に強制投与し，6時間後に尾部血圧を測定．

性中心へ強く結合することで，ACE全体の高次構造を変化させ，その結果としてアンジオテンシンIとの親和性（K_m値）を高めることで物理的な接触を妨げ，アンジオテンシンIIへの変換能（加水分解作用）を阻害して，本ペプチドの生成を防ぐ」という学説が，降圧ペプチドの作用機序の説明としては一般的である．表3.3や表3.4に示したように，ACE阻害活性ペプチドの一次構造情報が徐々に蓄積されてきたことにより，その構造と活性発現との関連性や法則性が今後解明されつつあると考えられる．

これまでの知見からは，ACEの活性部位との結合にはペプチドC-末端部位のアミノ酸3残基の寄与率が高く，そこに芳香族アミノ酸（Trp, Tyr, Phe），分岐鎖アミノ酸（Val, Leu, Ile）またはイミノ酸（Pro）のような疎水性アミノ酸

残基が位置している場合，より高いACE阻害活性が発現するとされる．さらに，Arg側鎖のグアニジウム基やLys残基の側鎖に存在するNH^{3+}の正電荷が，実質的なACE阻害能力を発揮している可能性が高く，Val-TryやVal-Thrのジペプチドでは特に強い活性が確認されている．これまで報告されている降圧ペプチドには，ジペプチドやトリペプチドが多いことより，特に低分子量ペプチドに降圧効果が期待される．また，Pro含量が高い点およびその存在位置も活性発現に重要な因子と考えられる．Pro残基が多く存在するカゼインタンパク質は，この残基部分でタンパク質の高次構造（α-ヘリックス構造やβ-シート構造）ができず，その含量の高いカゼインは，より消化性の高いランダム構造をとる．これがカゼインの易消化性の説明を容易にするが，降圧性ペプチドの良好な給源という視点でカゼインを考えた場合には，Proの特に連続する配列部位は消化管プロテアーゼにより加水分解を受けづらく，小ペプチドとして残りやすい．このようなペプチドの中には，カゼインホスホペプチド（CPP）も含まれるが，CPPに降圧活性が認められた例はないので，生理機能は重複していないと考えられる．SHRを用いての動物実験 in vivo 評価系は，わが国を中心にまだ開始されたばかりであり，知見の蓄積もきわめて少ない．したがって，降圧ペプチドの構造面からの活性発現に関する一般則はまだ見いだされていない．

3.6.6 降圧ペプチドを利用した「血圧が高めの方」用の特定保健用食品

これまでの研究により報告されている血圧降下に関連するペプチドの大半は，in vitro でACE阻害活性を測定した「ACE阻害活性ペプチド」である．この活性が強いペプチドでも，SHRに経口投与すると血圧降下作用を示さないものは数多く存在するので，最終的には動物実験の評価を経てから「降圧ペプチド」と呼ぶのが正しい．しかしながら，動物実験は有効で重要な評価系と認識されてはいるものの，動物飼育施設や小動物の血圧測定には特別の機器と熟練した技術が不可欠であるため，導入が難しいのも事実である．しかしACE阻害活性は動物試験での有効性を示唆するにすぎないために，最終的には動物試験での降圧活性を確認することが望ましい．

血圧降下性の降圧ペプチドなどを含み降圧効果が期待される特定保健用食品（トクホ）として，30種類以上の商品が販売されている．特定保健用食品とは，1991年に当時の厚生省が創成した新しい食品であり，特別用途食品の中の一つに位置づけられる．これらの食品では，臨床試験でもその有効成分であるペプチド類の血圧降下作用が認められ，また健常者に対する無効性や，摂るのを中止したあとのリバウンド現象や副作用はほとんど認められないことが確認されている．降圧作用に「関与する成分」として乳タンパク質由来の降圧ペプチド成分を利用している商品には，2種類が知られている．これらの商品には，カゼインを加水分解して誘導されたアミノ酸12個が連なる「カゼインドデカペプチド」や，Lactobacillus helveticus の乳酸発酵過程で生じる2種類の「ラクトトリペプチド」と命名されたアミノ酸3個が連なるトリペプチドが含まれている．

カゼインドデカペプチドは α_{s1}-カゼイン（f 23～34）を起源とするペプチドである．また，ラクトトリペプチドのうち，イソロイシルプロリルプロリン（IPP）は β-カゼイン（f 74～76）と κ-カゼイン（f 108～110）を起源とし，バリルプロリルプロリン（VPP）は β-カゼイン（f 74～76）を起源とするトリペプチドである．

3.6.7 副作用の出ない乳タンパク質由来の降圧ペプチド

一般に，高血圧の治療には食事療法や運動療法といった一般療法が行われるが，一般療法だけでは十分に血圧が下がらない場合は降圧剤による薬物療法が行われる．この際に使用される降圧薬は，利尿薬，α遮断薬，β遮断薬，レニン-アンジオテンシン系抑制薬である．レニン-アンジオテンシン系抑制薬は，「アンジオテンシン変換酵素（ACE）阻害薬」と「アンジオテンシンII拮抗薬」の2種類があり，昇圧システムを抑制する

ことで血圧を低下させる．血圧を上げる系（昇圧系，レニン-アンジオテンシン系）と下げる系（降圧系，キニン・カリクレイン系）の関係については前述したとおり，その両方の系にかかわる重要なキーエンザイムがACEであった．

ACE阻害薬は，アンジオテンシンⅡ（昇圧ペプチド）を作り出すACEの働きを阻害することで血圧の上昇を抑え，ACE阻害薬だけで約70％の患者に効果があり広く用いられている．ACE阻害薬は安全性の高い降圧薬であるが，特有の副作用として，最も深刻なのが「空咳」である．そのほかに，頭痛，むくみ，血管性浮腫が最も知られている．空咳の症状は，1982年にカプトプリルを服用したときの副作用として外国で報告され，その発症率は，低くて1％，高い場合には33％以上とされており，呼吸器疾患の喘息患者や高齢者には深刻な問題となる．

最近の降圧医薬品市場も大きく動いている．それは，ACE阻害薬市場が徐々に縮小し，代わりにアンジオテンシンⅡレセプター阻害薬（AⅡ拮抗薬，ARB）市場が拡大している点である．また，この分野で最も大きな市場を形成しているのはカルシウム拮抗薬であり，血圧の上がる原因の毛細血管の収縮を，カルシウムイオンの細胞内への進入を阻害することで血圧上昇を防ぐ薬剤である．

AⅡ拮抗薬は，わが国では1998年から使われはじめた最新の降圧薬であり，昇圧ホルモンであるアンジオテンシンⅡが作用する受容体をブロックしてその働きを直接抑えるという点およびキニン系には作用しないため空咳が起こりにくい点が特徴である．このためアンジオテンシンⅡ拮抗薬の市場は拡大しており，反対にACE阻害剤の売上げは横這いになっている．本医薬にはまだ大きな副作用は報告されていないが，さらに臨床データの蓄積が現在進行中の注目医薬である．乳および乳製品に見いだされる各種ACE阻害ペプチドが降圧ペプチドは，薬剤よりは効果が低いが，それらの複数のペプチドが複合的に作用することで，副作用のない降圧作用が期待できる点は，薬剤とは大きく異なる点である．　〔齋藤忠夫〕

文献

1) Y. Nakamura, *et al.*: *J. Dairy Science*, **78**, 777-783, 1995.
2) Y. Nakamura, *et al.*: *J. Dairy Science*, **78**, 1253-1257, 1995.
3) M. Margaret, *et al.*: *Biological Chemistry Hoppe-Seyler*, **377**, 259-260, 1996.
4) H. Meisel: *International Dairy Journal*, **8**, 363-373, 1998.
5) H. Meisel, W. Bockelmann: *Antonie van Leeuwenhoek.*, **76**, 207-215, 1999.
6) 齋藤忠夫ほか：畜産の研究，**54**, 45-52, 2000．
7) 齋藤忠夫ほか：畜産の研究，**54**, 889-894, 2000．
8) T. Saito, *et al.*: *J. Dairy Science*, **83**, 1434-1440, 2000.
9) R. J. FitzGerald, H. Meisel: *British J. Nutrition*, **84**, 2000.
10) M. Gobbetti, *et al.*: *Appl. Environ. Microbiol.*, **66**, 3898-3904, 2000.
11) A. Philanto-Leppälä, *et al.*: *J. Dairy Research*, **67**, 53-64, 2000.
12) 齋藤忠夫ほか：畜産の研究，**57**, 573-579, 2003．
13) P. F. Fox: Proteins, part A (Advanced Dairy Chemistry, vol.1, P. F. Fox, P. L. H. McSweeney, eds.), pp.1-48, Kluwer Academic/Plenum Publishers, 2003.
14) R. J. FitzGerald, *et al.*: *J. Nutrition*, **134**, 980 S-988 S, 2004.
15) M. Murakami, *et al.*: *J. Dairy Science*, **87**, 1967-1974, 2004.
16) T. Saito: *Animal Science Journal*, **75**, 1-13, 2004.
17) T. Saito: Advances in Experimental Medicine and Biology (Z. Bösze, ed.), Vol.606, pp.295-317, Springer, 2008.

3.7 抗肥満作用

牛乳はエネルギーや栄養素の供給源として非常に優れた食品の一つであり，健康にもよいとのイメージがある一方で，「太る」「肥満になる」などと思っている人たちも多い．特に高校生をはじめ若年女性にはその考えをもっている人たちは多いと思われる．しかし，たとえば牛乳1本（200 ml）を摂取することによって供給されるエネルギー量は134 kcal[1]であり（日本食品標準成分表では可食部100 g当たりのエネルギーおよび栄養

素量が記載されている。牛乳 100 g は 96.9 ml であるので、正確には 1 本 200 ml で 138 kcal となる)、この量だけで肥満につながるとは考えにくい．最終的には総エネルギー摂取量が，総エネルギー消費量を上回る状態が続いた場合に肥満につながるのである．

近年，牛乳・乳製品の抗肥満効果に関する報告がいくつか発表され，注目されている．ここでは，これらの報告を整理し，牛乳・乳製品の抗肥満効果について紹介する．

3.7.1 牛乳・乳製品から供給されるエネルギー量

牛乳を 1 本 (200 ml) 飲用すると，約 134 kcal のエネルギーを摂取することになる．この量は 18〜49 歳で身体活動レベルが「ふつう」の成人男性の推定エネルギー必要量 2650 kcal の約 5%である．身体活動レベルが「低い」成人女性の推定エネルギー必要量，約 1700 kcal と比較しても約 8%程度である．もちろん牛乳によるエネルギーが過剰分に相当する場合も考えられるが，エネルギー摂取量全体からみればその寄与率は決して高くはない．2004 (平成 16) 年の国民健康・栄養調査結果をみると，国民 1 人当たりの牛乳・乳製品からのエネルギー供給量は約 100 kcal (約 5%)にすぎない[2]．

3.7.2 牛乳・乳製品の抗肥満作用
（文献的検討）

牛乳・乳製品摂取と体組成を検討した報告は比較的最近に発表されてきている．ここでは 2000 年以降のいくつかの文献を紹介する．Teegarden らは 18〜31 歳の正常体重の女性 54 人を対象に，食事調査と二重 X 線吸収法 (DXA 法)による身体組成の関係について 2 年間の縦断研究を行っている．その結果，エネルギー摂取量が 1900 kcal 以下の場合，カルシウム摂取量が多いほど，体重および体脂肪量の増加の抑制，あるいは体重および体脂肪量の減少効果があることを報告している．さらに，このカルシウム摂取による体重および体脂肪への作用は，牛乳・乳製品によるカルシウム摂取に特有であるかもしれないとしている[3]（図 3.3）．Zemel らは NHANES III (National Health and Nutrition Examination Surveys III：米国で行われた第 3 回全米栄養調査) のデータを解析し，肥満のリスクとカルシウム摂取量の間に強い負の相関があることを報告している[4]（図 3.4）．Heaney らはカルシウムと骨に関する試験を再解析し，カルシウム摂取と体重，体脂肪の関係について報告している．それによれば，解析したすべての年齢層でカルシウム摂取量と体重の間には有意な負の相関関係が認められ，カルシウム摂取量が中央値以下のグループの過体重のリスクのオッズ比は中央値以上のグループの 2.25 倍となっていた[5,6,7]．カルシウム摂取量を 300 mg 増やすと，成人では 3 kg の，子どもでは 1 kg の体重減少につながるとの報告もある[8]．

これらの報告をきっかけとして，その後牛乳・乳製品と体重，体脂肪，体組成に関して Zemel らのグループが積極的にいくつかの研究を行ってきている．34 人の肥満の女性を対象とした 12 週間の試験では，エネルギー制限食を摂取させた際に，1 日ヨーグルトを 3 サービング摂取したグループは，乳製品摂取が少ないグループに比べて，体重が 22%，体脂肪が 66%低下していた[9]．本

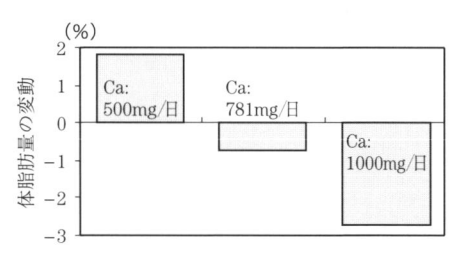

図 3.3 カルシウム摂取量と体脂肪率の変動[3]

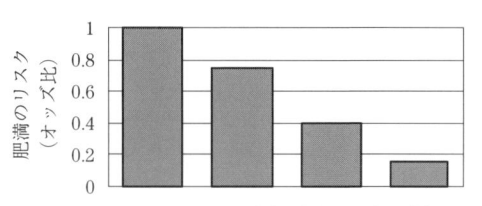

図 3.4 カルシウム，乳製品摂取量と肥満のリスク[4]

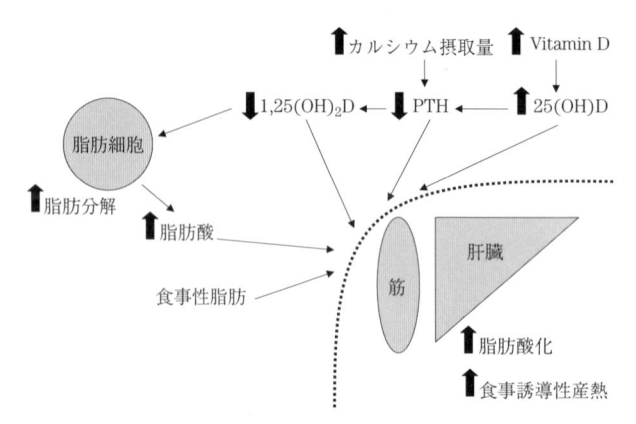

図3.5 PTHと1,25(OH)₂Dのエネルギー代謝の調節に対する役割
カルシウム摂取量の増加，ビタミンD栄養状態の改善は，脂肪細胞での脂肪分解を促進する．そして，PTHと1,25(OH)₂Dの抑制を通して，筋と肝臓での脂肪酸化と食事誘導性熱産生を増加させる（文献11より作図）．

研究では，乳製品摂取が多いグループでは，特に体幹の部分の脂肪の減少が多くなっていた[9]．さらに，32名の肥満女性を対象に，24週間500 kcalのエネルギーを減らした食事を摂取させる試験を行っている．このとき，対象者を低カルシウムグループ（Ca 400〜500 mg），カルシウムサプリメントグループ（Ca 1200〜1300 mg），乳製品摂取グループ（Ca 1200〜1300 mg）の3グループに分けて，体組成を検討した．その結果，カルシウムサプリメントグループと乳製品摂取グループは，体重，体脂肪の減少が多かった[9]．68名の対象者についての12週間の同様の試験では，乳製品摂取グループは，他の2グループに比べて，体脂肪量，体幹の体脂肪量さらにウエスト周径囲の減少が観察されている[10]．

このように，牛乳・乳製品摂取による体脂肪の増加抑制，さらには減少作用については少しずつ報告が増えてきている．しかし，総エネルギー摂取量との関係や，他の食品，栄養成分との関係，さらには身体活動レベルとの関係など，多くの因子との関係を検討する必要もあり，効果を実証するためには，さらに多くの研究が行われる必要があるといえる．

3.7.3 牛乳・乳製品の抗肥満作用
（メカニズム）

牛乳・乳製品による抗肥満効果のメカニズムについては必ずしも解明されているわけではないが，いくつかの可能性が示されている[11]（図3.5）．ここでは現在報告されているいくつかの説を紹介する．まず，牛乳・乳製品に多く含まれるカルシウムが抗肥満効果を有するという説である．これは牛乳・乳製品ではなくカルシウムの摂取によっても抗肥満効果がみられることから，一つの要因であることはまちがいないといえる．どうしてカルシウム摂取により抗肥満効果がみられるかという点についても現在研究が進められている段階で完全に解明されてはいない．カルシウム摂取が多くなることにより，副甲状腺ホルモン（PTH）の分泌が抑制され，また，血中の1,25(OH)₂ビタミンDレベルが下がる．これらのホルモンの影響により，脂肪細胞での脂肪合成が抑えられ，脂肪が分解される方向にシフトするという説がある[11]（図3.6）．1,25(OH)₂ビタミンDはホルモンとして体内のさまざまな機能調節にかかわっており，脂肪細胞の代謝にも重要な役割を果たしていると考えられる．またカルシウムは非共役タンパク質UCPの発現を促進し，そのことにより体温が上昇し，代謝が亢進，すなわちエネルギーが消費する方向に向かうという説[8]などがある．

カルシウムによる抗肥満作用は，そのカルシウムを牛乳・乳製品で摂取した場合のほうがより効果があるとの報告がある[3]．その場合には，牛

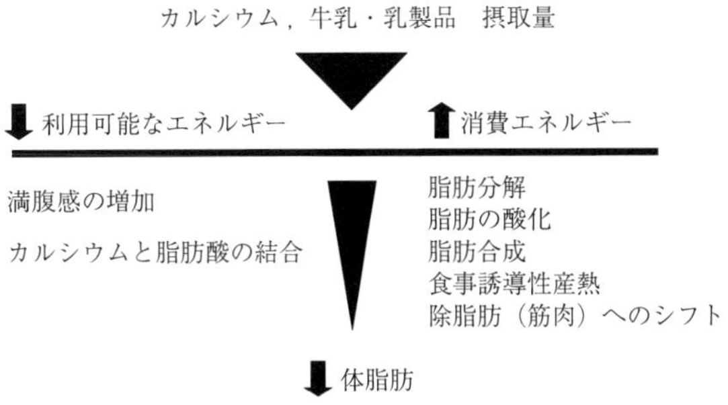

3. 牛乳・乳製品の保健機能

```
        カルシウム，牛乳・乳製品　摂取量
                    ▼
 ↓利用可能なエネルギー    ↑消費エネルギー
─────────────────────────────────────
 満腹感の増加          脂肪分解
 カルシウムと脂肪酸の結合   脂肪の酸化
                   脂肪合成
                   食事誘導性産熱
                   除脂肪（筋肉）へのシフト
                    ▼
                  ↓体脂肪
```

図 3.6 牛乳・乳製品摂取による体脂肪減少のメカニズム
体脂肪の変動は利用可能なエネルギーと消費エネルギーのバランスによって決まる．カルシウムや牛乳・乳製品の摂取量が増えると，利用可能なエネルギーが減少し，エネルギー消費量が増加する（文献 11 より作図）．

乳・乳製品中のカルシウム以外の栄養素，おそらくはタンパク質あるいはペプチドが作用しているものと考えられる．牛乳・乳製品中にはカルシウムなどのミネラル吸収促進作用，血圧低下作用（アンジオテンシン変換酵素阻害ペプチド），オピオイド（鎮痛）作用，免疫賦活作用（マクロファージ活性化ペプチド），抗菌作用などさまざまな作用を有するペプチドが含まれていることが知られているが[12]，抗肥満効果もその中の一つかもしれない．この点に関しては現在はまだ解明は進んでいないといえる．

3.7.4　牛乳・乳製品摂取とメタボリックシンドローム

最後に牛乳・乳製品摂取と最近話題のメタボリックシンドロームとの関係について紹介する．Liu らのアメリカ人女性を対象とした，牛乳・乳製品摂取状況とメタボリックシンドロームに関する研究によると，牛乳・乳製品の摂取頻度が高いほど，メタボリックシンドロームのリスクが低いことが示されており[13]，この中にはウエスト囲も含まれている（図 3.7）．すなわち牛乳・乳製品の摂取が多いほど，内臓脂肪が少ないということになろう．イランでの研究でも同様の報告がされている[14]．

― トピックス ―

フレンチパラドックスとチーズ

　フランス人は高脂肪食をよく食べるのに，なぜ心臓病で亡くなる人が少ないのかという問題は，フレンチパラドックスとしてよく知られている．フランス人はワインをたくさん飲み，ワインの中のポリフェノールが抗酸化作用を示すためと説明されている．実際，ヨーロッパ各国のワイン消費量と心臓病で亡くなる人の人数には負の相関がある．
　一方，ヨーロッパ各国のチーズ消費量と心臓病で亡くなる人の人数をプロットすると，ワインと同様に負の相関が認められる．すなわち，チーズをたくさん食べる国ほど，心臓病で亡くなる人の人数が少ない．チーズ中にも心臓病をはじめとするメタボリックシンドロームを予防する因子が含まれている可能性があり，研究が行われている．
　チーズはおいしくてたくさん食べたいけど高脂肪なので太るとか，塩分が高いので血圧によくないと考えている人々がいる．しかし，それは杞憂であり，近い将来，チーズを食べることはメタボリックシンドロームの予防に有益であることを示す科学的な根拠がさらに蓄積されるものと期待される．

〔堂迫俊一〕

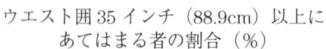

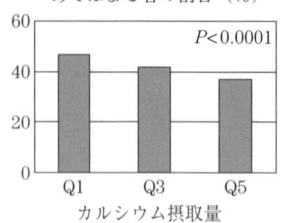

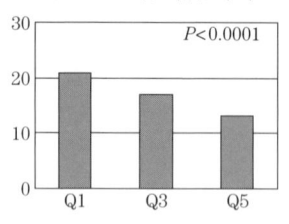

図3.7 カルシウム摂取状況とメタボリックシンドローム
（文献13より作図）
カルシウム摂取量
Q1：210〜610 mg/日，Q3：771〜979 mg/日，Q5：1284〜4211 mg/日．

このように，牛乳・乳製品は抗肥満効果だけではなく，血圧や脂質代謝，糖代謝などにもかかわる可能性が示唆されている．今後ますますの研究の発展が期待される．　　　　　〔上西一弘〕

文　献

1) 文部科学省科学技術・学術審議会資源調査分科会：五訂増補日本食品標準成分表，大蔵省印刷局，2005．
2) 健康・栄養情報研究会編：平成16年国民健康・栄養調査報告，第一出版，2006．
3) D. Teegarden, et al.: J. Am. Coll. Nutr., 19, 754-760, 2000.
4) M. B. Zemel, et al.: FASEB J., 14, 1132-1138, 2000.
5) K. M. Davies, et al.: J. Clin. Endocrinol. Metab., 85, 4635-4638, 2000.
6) R. P. Heaney, K. M. Davies: J. Am. Coll. Nutr., 21, 152S-155S, 2002.
7) R. P. Heaney: J. Nutr., 133, 268S-270S, 2003.
8) M. B. Zemel: J. Am. Coll. Nutr., 24, 537S-546S, 2005.
9) M. B. Zemel, et al.: Int. J. Obes. Relat. Metab. Disord., 29, 391-397, 2005.
10) M. B. Zemel, et al.: Obes. Res., 12, 582-590, 2004.
11) D. Teegarden: J. Nutr., 135, 2749-2752, 2005.
12) 上野川修一編：乳の科学，朝倉書店，1996．
13) S. Liu, et al.: Diabetes Care, 28, 2926-2932, 2005.
14) L. Azadbakht, et al.: Am. J. Clin. Nutr., 82, 523-530, 2005.

3.8　整腸作用

牛乳・乳製品の整腸作用を考える場合，乳製品としての発酵乳が主となり，牛乳そのものではむしろ乳糖不耐症による下痢症など整腸効果とは逆の面もある．発酵乳では牛乳中の乳糖が分解されることで乳糖不耐症のヒトでも下痢を示すことは少なくなる．

発酵乳の整腸作用には大きく二つの指標がある．一つは腸内フローラ構成の正常化による整腸作用，二つには腸内フローラの代謝の正常化による整腸作用で，どちらも腸内細菌を介しての作用である．近年牛乳や乳製品の生体，特に腸管への直接作用として免疫賦活作用について多くの報告があり，腸管運動との関係も示唆され，このメカニズムによる整腸作用も考えられる．本項で取り上げる発酵乳はいわゆるヨーグルト，*Lactobacillus delbrueckii* subsp. *bulgaricus* と *Streptococcus salivarius* subsp. *thermophilus* での発酵乳のほか，*L. acidophilus* や *L. casei* などの発酵乳，ヨーグルトに *Bifidobacterium* を加えたものも含めて論じる．

発酵乳の保健効果についてはじめての報告は1907年メチニコフによる「ヨーグルトの不老長寿説」[1]である．この中で老化は腸内腐敗が原因であり長寿へとつながると説明している．これは上述の整腸作用の2番目に当たるもので腸内フローラの代謝のコントロールによるものであるが，

そのコントロールのメカニズムについては，依然不明な点が多く，乳の発酵産物の効果であるのか発酵乳中に含まれる生菌あるいは，菌体成分の影響であるのかがいまだに特定されていない．

3.8.1 腸内フローラ構成の正常化

腸内フローラは健康成人では一定の安定したパターンを維持するが，物理的および生理的ストレス，胃腸病，がんなどの病態，感染症などで変動し異常な腸内フローラ構成となる．異常腸内フローラは原因の如何にかかわらず，一定のパターンを示す[2]．つまり小腸部位では大腸菌，腸球菌などの好気性菌の菌数が増加し，乳酸菌が主な構成要因となる動物では乳酸菌数が減少する．また，大腸でも同様の変化が起こり好気性菌数の増加がみられ，*Lactobacillus* や *Bifidobacterium* の菌数ならびに割合が減少し *Clostridium perfringens*，*Bacteroides* などの腸内腐敗菌が増加する．腸内フローラが安定した状態では99%を占める嫌気性菌により，好気性菌や腐敗菌が抑制された状態であるが，ストレスなどによりこの抑制が解除され大腸菌，腸球菌などの異常増殖を誘発する．これらの菌種の腸内異常増殖は Bacterial translocation の原因の一つとなる[3]．発酵乳の整腸作用は異常腸内フローラ構成になることを予防し治療することにある．

腸内フローラのコントロールは図3.8に示すように三つの大きな要因により行われていると考えられる．腸内に生息する細菌の菌種は数え方にもよるが300～500種，菌数として 10^{11}/g が維持されている．しかしこれらの腸内フローラは腸内に生息しているが，宿主にとってはあくまでも外的環境要因であり，腸内環境によりバランスは容易に変化する．生物学的要因により腸内フローラ構成の基本的なパターンがみられる．動物種[2]による違いは食餌成分の違いが大きく影響する．年齢による腸内フローラ構成の違いも報告されており[2,4]ヒトでは生後すぐに大腸菌，腸球菌などの好気性菌が定着し，その後 *Bifidobacterium* が定着するに伴い好気性菌は減少する．離乳期になると *Bacteroides*，*Eubacterium* などの嫌気性菌が優勢に定着し安定したパターンへと移行する．このような変化は動物では *Bifidobacterium* の変化は *Lactobacillus* に置き換わるものが多い．これらの変化は乳幼児期のミルク，離乳期の食餌成分の変化によることが大きい．

健康な成人では腸内フローラ構成に個体差はあるが個々人では安定した構成を維持する．年齢が進むにつれて *Bifidobacterium* は減少し，*C. perfringens* や大腸菌，腸球菌，*Lactobacillus* が増加する．これは年齢が進むにつれ腸管運動や消化力の低下によるところが大きいと考えられる．

遺伝的に腸内フローラ構成がコントロールされているかどうかは，マウスでは系統による違いが明らかにされている[5]．ヒトでは人種，国ごとに違いがみられるとの報告があるが，この違いが食生活の影響なのか遺伝的背景によるものかは判断できない．Japanese-Hawaiians[6]の成績からも食餌成分の違いが大きいと考えられる．

また，消化管各部位でも一定のパターンがあり[2]，ヒトでは小腸上部ではほとんど菌が検出されず，下部にいくにしたがって嫌気性菌が増加する．小腸での菌の増殖は明らかに異常腸内フローラと考えられる．

生物学的要因で規定された条件下で腸内フローラ構成菌と生体生理状態の関係により腸内フローラ構成がコントロールされる．最も重要な要因は腸管の生理であり，特に腸管運動と消化機能が腸内フローラ構成に大きく影響する．食餌成分も変動要因の重要なものの一つで，オリゴ糖[7,8]や食物繊維[2]ヨーグルトなどの摂取で *Bifidobacterium* の菌数や割合が上昇し大腸菌数が減少する[9]．

外来微生物としては有用菌としてプロバイオテ

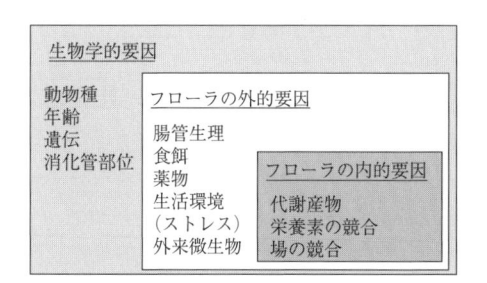

```
生物学的要因
動物種        フローラの外的要因
年齢          腸管生理
遺伝          食餌
消化管部位    薬物          フローラの内的要因
              生活環境      代謝産物
              （ストレス）  栄養素の競合
              外来微生物    場の競合
```

図3.8 腸内フローラのコントロール

ィクス，有害菌として病原菌の感染が腸内フローラ構成に影響を与える．プロバイオティクスはFullerにより「腸内フローラバランスをコントロールすることにより，宿主に有益な効果をもたらす生菌添加物」[10]と定義されたように，腸内フローラのバランスを整えることで整腸作用を促すものであるが，そのメカニズムについては不明な点が多い．感染症，特に腸管感染症では腸管への障害が大きく，腸内運動をはじめ腸内環境が著しく変化することで腸内フローラ構成は異常状態を示す．

ストレスは腸内フローラ構成を変動させる大きな要因で，腸管運動，消化酵素の分泌，胃酸の分泌など腸管生理の変化との関係が強く示唆される[11,12]．物理的ストレス，たとえば絶食，過密ストレス，拘束ストレス，高圧，低圧下，暑熱ストレスなどで腸内フローラ構成が変化する．また不安，恐怖などの精神的ストレスによっても変化する．宇宙飛行，大震災，また母性行動とストレスの関係で，ブタの早期離乳，サルの母子分離で，小腸での大腸菌数の増加，糞便中のLactobacillusが減少したとの報告がある．母体への聴性ストレスにより生まれたサルの仔の糞便中のBifidobacterium，Lactobacillusの減少がみられた．これは母体へのストレスが伝播したものと考えられる．

3.8.2 腸内代謝の正常化

腸内では食物として摂取された食品成分が小腸で消化・吸収され大腸へと移行する．大腸では約1〜3日停滞し，腸内菌により代謝される．腸内に生息する腸内細菌の酵素の種類は肝臓より多いといわれており，主に糖質からは有機酸が産生され，タンパク質からはアンモニア，インドール，スカトール，フェノール，パラクレゾール，H_2Sなどの腸内腐敗産物と呼ばれるものが生成される．また，膵臓から分泌される抱合型の胆汁酸を遊離型に，さらに一次胆汁酸を二次胆汁酸に変換する．二次胆汁酸であるデオキシコール酸やリトコール酸は発がんのプロモーターとなる．βグルコシダーゼ，βグルクロニダーゼ，アゾリダクターゼなどの発がん関連酵素により食品成分から発がん物質を生成する．脂質からはホルモン様物質や発がんのプロモーターであるPKCを活性化させるジアシルグルセロールが産生される．これらの代謝産物には生体にとって有害に働くものが多く，下痢，便秘，肝障害，がんを含めた生活習慣病，老化に関与している．前述のメチニコフの不老長寿説もこのような観点からの説明といえる．これらの生成物は酵素反応であるため腸内環境によりコントロールされる．腸内環境と生成物には一定の相関があり（図3.9）[13,14]，水分量が減少しpHが上昇すると腸内腐敗産物の生成が進み，逆に水分量が増えpHが低下すると有機酸の生成が進む．

ストレスや各種疾患，特に消化器官の疾患で腸内運動が弱くなる場合には，腸内での内容物の滞留時間が長くなり，糖質代謝よりもエネルギー効率の劣るタンパク質代謝が，菌が十分な時間があることでより進み，pHはアルカリに傾く．また，筆者らの経験では胃酸の分泌が悪く消化吸収に障害のあるラットでは未消化のタンパク質が大腸内に多くなり腸内腐敗産物量が増える．

3.8.3 発酵乳の整腸作用

発酵乳の整腸作用は腸内フローラ構成ならびに腸内代謝を正常化することにあり，異常な状態になったものを正常化し，正常時には異常状態になることを阻止または軽減する作用である．発酵乳の腸管機能への影響について多くの報告がある[15]．

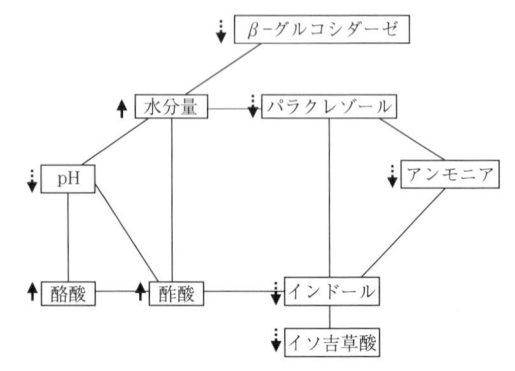

図3.9 腸内環境と生成物の相関（渡部恂子原図）

下痢には種々の原因があるが Eschericia coli[16], Salmonella[17,18], Clostlidium difficile[19], ロタウイルス[20]などの感染に対する保有率の低下や症状の軽減が報告されている．小児下痢症[21], 旅行者下痢症[22], 抗生物質投与による下痢症[23]にも効果があると報告されている．bacterial translocation (BTL) は腸内での特定の菌の異常増殖がその引き金になるが，発酵乳の摂取でBTLが抑制されることから，発酵乳が腸内フローラの抑制と免疫賦活作用によりBTLを抑制していると考えられる．腸内フローラ構成の改善，腸内代謝の改善効果[24]も報告されている．これとは逆に便秘への効果[25], 老人における腸内腐敗の改善効果[26]も報告されている．

発酵乳は免疫賦活作用も報告[27,28]され，IBD (inflammatory bowel disease) の改善[29]にも有効であるとの報告がある．また，便通異常，特に便秘を主とするIBS (irritable bowel syndrome) 患者へのQOL[30]の改善にも有効性が報告されている．

これらの有効性について，①発酵乳に含まれる乳酸菌やビフィズス菌の産生する有機酸により腸内pHを低下させ，毒性物質の産生を抑制する，②乳酸菌などの産生する各種ペプチドや菌体成分が直接腸管の免疫機能や腸管上皮細胞のバリアー機能を増強する，③抗菌性物質の産生により，有害菌の増殖を抑制する，など考えられるがそのメカニズムは不明な点が多くほとんど解明されていない．

無菌マウスではSPFマウスに比べてストレス負荷による血中のACTH, コルチコステロンの上昇反応が増加する．また無菌マウスに Bifidobacterium infantis を定着させるとその反応はSPFマウスと同様になり，Bacteroides vulgatus を定着させると無菌マウスと同様のままであるとの報告がある[31]．これは腸内フローラの改善により，ストレスからくる便通異常，それに伴う腸内環境の異常を発酵乳の摂取により軽減できることを示していると考えられる．

〔伊藤喜久治〕

文献

1) I. I. Metchnikoff: The Prolongation of Life-Optimistic Studies, Springer Publishing Company, 2004.
2) T. Mitsuoka: *Bioscience Microflora*, **19**, 15-25, 2000.
3) R. D. Berg: Human Intestinal Microflora in Health and Disease (D. J. Hentges, ed.), pp.333-352, Academic Press, London. 1983.
4) T. Matsuki, et al.: *Appl. Environ. Microbiol.*, **65**, 4500-4512, 1999.
5) K. Itoh, et al.: *Lab. Anim.*, **19**, 7-5, 1985.
6) W. E. C. Moore, L. V. Holdman: *Appl. Microbiol.*, **27**, 961-979, 1974.
7) 日高秀昌ほか：腸内フローラと食物因子（光岡知足編），pp.39-67, 学会出版センター, 1984.
8) G. R. Gibson, M. B. Roberfroid: *J. Nutr.*, **125**, 1401-1412, 1995.
9) 原　宏佳ほか：ビフィズス, **6**, 169-175, 1993.
10) R. Fuller: *J. Appl. Bacteriol.*, **66**, 365-378, 1989.
11) 伊藤喜久治：臨床と微生物, **33**, 23-27, 2006.
12) 須藤信行：プロバイオティクスとバイオジェニクス（伊藤喜久治ほか), pp.41-50, 2005.
13) N. Ikeda, et al.: *J. Appl. Bacteriol.*, **77**, 185-194, 1994.
14) 渡部恂子：腸内細菌学雑誌, **19**, 169-177, 2005.
15) O. Adolfsson, et al.: *Am. J. Clin. Nutr.*, **80**, 245-256, 2004.
16) M. Medici, et al.: *J. Dairy Res.*, **72**, 243-249, 2005.
17) V. Slačanac, et al.: *Czech. Food Sci.*, **25**, 351-358, 2007.
18) G. Vinderola, et al.: *Immunobiology*, **212**, 107-118, 2007.
19) P. R. Marteau, et al.: *Am. J. Clin. Nutr.*, **73** (suppl), 430 s-436 s, 2001.
20) C. Guérin-Danan, et al.: *J. Nutr.*, **131**, 111-117, 2001.
21) J.-P. Chouraqui, et al.: *J. Pediatr. Gastroenterol. Nutr.*, **38**, 288-292, 2004.
22) D. C. Montrose, et al.: *J. Clin. Gastroenterol.*, **39**, 469-484.
23) M. Hickson, et al.: *BMJ*, **335**, 80-84, 2007.
24) E. Alvaro, et al.: *Br. J. Nutr.*, **97**, 126-133, 2007.
25) L. Pokka, et al.: *Z. Ernahrungswiss.*, **27**, 150-154, 1988.
26) 森崎信尋ほか：ビフィズス, **6**, 161-168, 1993.
27) Y. Fukushima, et al.: *Br. J. Nutr.*, **98**, 969-977, 2007.
28) A. L. Meyer, et al.: *J. Hum. Nutr. Diet*, **20**, 590-598, 2007.

29) M. L. Baroja, et al.: Clin. Exp. Immunol., **149**, 470-479, 2007.
30) D. Guyonnet, et al.: Aliment. Pharmacol. Ther., **26**, 475-486, 2007.
31) N. Sudo, et al.: J. Physiol., **558**, 263-275, 2004.

3.9 骨の健康維持作用

牛乳・乳製品は主にカルシウムの供給源として骨の健康維持にかかわっている．さらに，ホエイタンパクに含まれる乳塩基性タンパク質には骨形成促進，骨吸収低下作用があることが報告され[1]，単にカルシウムなどの骨に必要な栄養素の供給のみならず，骨代謝を改善することにより骨の健康維持作用を有する可能性が示唆されている．ここでは牛乳・乳製品の骨の健康維持作用について紹介する．

3.9.1 牛乳・乳製品から供給される栄養素

牛乳を1本（200 ml）摂取すると，表3.6のようにエネルギー，栄養素が供給される[2]．たとえばカルシウムは約220 mgの摂取となり，これは成人女性が1日に必要とされる量（700 mg[3]）の約1/3である．カルシウム以外にもタンパク質やリンなどが比較的多く供給される．これらは骨の健康の維持に利用されていることが考えられる．その他ミネラルではカリウムや亜鉛などの供給源となっている．さらにビタミンB_1，ビタミンB_2，ビタミンB_{12}，パントテン酸，ビタミンAなどの供給源としても有用である．

牛乳中のカルシウムはミセル性リン酸カルシウムの形で存在し，牛乳中のタンパク質の一つであるカゼインが消化される際に生成するカゼインホスホペプチド（casein phosphopeptide：CPP）の働きもあり，消化管からの吸収率が高いことが報告されている[4]．日本人若年女性を対象に検討した報告では牛乳中のカルシウムの見かけの吸収率は約40％であるのに対して，小魚（ワカサギ，イワシ）が約33％，野菜（コマツナ，モロヘイヤ，オカヒジキ）が約19％とされている[5]．すなわち牛乳中のカルシウムは骨の材料として供給される割合が多いことになる．

3.9.2 牛乳・乳製品と骨の健康維持作用
（文献的検討）

ここで牛乳・乳製品の骨に対する健康維持作用について文献的検討を行った伊木らの報告を紹介する[6]．伊木らは，①若年成人女性における牛乳・乳製品の摂取増加は最大骨量を増加させるか，②閉経期から閉経後の女性における牛乳・乳製品の摂取増加は閉経後骨密度低下を抑制するか，③中高年期男女における牛乳・乳製品の摂取増加は骨折発生率を低下させるか，の三つのテーマについて系統的レビューを行い，エビデンスに基づく勧告を出している．

1) 若年成人女性における牛乳・乳製品の摂取増加は最大骨量を増加させるか 30～42歳の月経を有する白人女性を対象としたRCT（randamized controlled trial, ランダム化比較試験）では，乳製品によりカルシウムを1日当たり500～600 mg摂取させたグループで，3年間の腰椎骨密度低下が対照グループよりも有意に抑えられていた[7]．また，21～84歳の女性を対象としたコホート研究では，追跡開始時の牛乳摂取頻度が高いほど，その後の3年間の大腿骨頸部の骨密度の低下が抑えられていた[8]．これらのことから伊木らは「若年成人における充分な牛乳・乳製品の

表3.6 牛乳200 gのエネルギー，栄養素の寄与率*
（五訂増補日本食品標準成分表　普通牛乳）

	含量	寄与率(%)
エネルギー	134 kcal	6.5
タンパク質	6.6 g	13.2
脂質	7.6 g	15.0
カルシウム	220 mg	36.7
リン	186 mg	20.7
ナトリウム	82 mg	2.6
カリウム	300 mg	18.8
亜鉛	0.8 mg	11.4
ビタミンA	76 μgRE	10.1
ビタミンD	0.6 μg	12.0
ビタミンE	0.2 mg	2.5
ビタミンK	2 μg	6.7
ビタミンB_1	0.08 mg	7.3
ビタミンB_2	0.30 mg	25.0
ビタミンB_{12}	0.6 μg	25.0
パントテン酸	1.10 mg	22.0

＊：18～29歳の女性，身体活動レベルIIに対する寄与率

摂取は最大骨量の維持に寄与するが，高い最大骨量の獲得は成人期よりも小児期の牛乳摂取に強く依存する」とし，「若年成人女性には，来るべき閉経後骨量減少を小さくするために，できるだけ牛乳・乳製品を摂ることを奨励し，その摂取習慣を閉経後まで継続させる」ということを考慮したほうがよいとしている．

2) 閉経期から閉経後の女性における牛乳・乳製品の摂取増加は閉経後骨密度低下を抑制するか

平均年齢 63 歳の閉経後女性に対するカルシウム 1 g に相当する脱脂粉乳摂取の効果を調べた RCT では大腿骨の骨密度低下の抑制が観察されている[9]．また，平均年齢 71 歳の女性に 800 ml の牛乳を 2 年半摂取させた RCT では，プラセボグループに比べて，腰椎と大腿骨のいずれの骨密度の低下も有意に抑制されていた[10]．その他，コホート研究でも，牛乳摂取は腰椎骨密度の低下を抑制する方向に働いていた．これらのことから，「閉経期から閉経後の女性における充分な牛乳・乳製品の摂取（カルシウムにして 800 mg 程度）は，閉経後の骨量減少を抑制し，1 日コップ 1 杯以上の牛乳にも，それよりは弱いが，抑制効果が見られる」とし，「閉経期から閉経後の女性には，骨量減少をできるだけ小さくするために，少なくとも毎日コップ 1 杯の牛乳・乳製品を摂ること」を推奨している

3) 中高年期男女における牛乳・乳製品の摂取増加は骨折発生率を低下させるか

日本人女性を対象としたコホート研究では，牛乳摂取頻度が週に 1 回以下という摂取量が少ないグループは，1 週間に 5 回以上は摂取するというグループに比べて，大腿骨頸部骨折のリスクが大きくなっていた[11]．白人での MEDOS (Mediterranean osteoporosis study) では牛乳摂取が 1 日 1 杯未満のグループではそれ以上のグループよりも骨折リスクは高くなっていた[12]．一方，白人女性を対象とした，Nurses' Health Study では牛乳摂取は大腿骨頸部骨折および橈骨遠位端骨折のいずれにも関連は認められていない[13]．これらの結果から，「中高年女性では極めて不十分な牛乳・乳製品摂取は，その後の骨折リスクを増大させる可能性があるが，男性では明らかではない」とし，「高齢期の骨折を減らすために，牛乳・乳製品摂取習慣のない，あるいは極端な低摂取の中高年女性には，毎日コップ 1 杯以上の牛乳・乳製品を摂取する」ということを考慮したほうがよいとしている．

なお，上西は伊木らの結果も含めて「牛乳，乳製品と骨粗鬆症の予防」を報告している[14]．それによれば，白人のデータと日本人のデータが異なる結果となっている場合もある．これは日本人はカルシウム摂取量が少なく，より牛乳・乳製品の効果が認められやすいのではないかと思われる．したがって，海外の報告を引用するのではなく，日本人を対象としたさらなる研究が必要であろう．

3.9.3 乳塩基性タンパク質

近年，ホエイタンパク質画分に含まれる塩基性のタンパク質に骨の健康に有用な作用があることが報告されている[1]．これは乳塩基性タンパク質 (milk basic protein：MBP) と呼ばれるもので，牛乳 200 ml 中に約 10 mg 含まれる．乳塩基性タンパク質は細胞レベルでの検討により，骨芽細胞の増殖および骨基質増加による骨形成促進作用を有すること，破骨細胞による骨吸収活性の抑制による骨吸収抑制効果を有することが示されている[15,16]．ヒトを対象とした検討では，成人女性（平均年齢 28.8 歳）での，乳塩基性タンパク質 40 mg，6 カ月の飲用試験により，左踵骨骨密度の対照グループに対する有意な増加率が観察されている[17]．若年成人女性（平均年齢 21.3 歳）での同様の検討において，摂取前後の腰椎骨密度を検討したところ，摂取グループでは平均 1.6% の骨密度増加が観察されたが，対照グループでは変動はみられなかった．このとき，骨形成マーカーである血清オステオカルシンは摂取グループで有意に高値を示していた[18]．さらに，更年期女性（平均年齢 50.5 歳）を対象とした検討において，摂取前後の腰椎骨密度は対照グループでは平均 0.6% の減少がみられたが，摂取グループでは 1.2% 増加していた．骨代謝マーカーをみると，

摂取グループでは骨吸収マーカーである尿中NTxが有意に低値を示していた[19]。

このように、乳塩基性タンパク質は、多くのライフステージで、骨形成の促進、骨吸収の抑制という骨代謝の改善により、骨密度の増加を伴う骨の健康維持に有効な働きがあることが示されている。牛乳・乳製品による骨の健康維持作用の一部はこの乳塩基性タンパク質の働きによるものであろう。

最近,「牛乳を飲むと体内のカルシウム量が減少する」,「牛乳を飲むと骨粗鬆症になる」,「牛乳摂取の多い国で大腿骨頸部骨折が多い(だから牛乳を飲んでも効果はない)」など、牛乳摂取を否定する情報が見受けられる。Heaneyによる牛乳・乳製品、カルシウム摂取と骨の健康維持に関しての系統的なレビュー[20]の結果では、多くの報告はその有効性を報告しているが、効果がないという報告もみられる(実際には139論文中2つのみが牛乳、カルシウムによる負の効果を報告している)。これらの報告を含め、わが国におけるさらに詳しい研究、検討が必要であろう。

牛乳はヒトにとっては決して完全食品ではないが、骨の健康の維持、増進のためには非常に優れた食品の一つであるといえる。なお、骨粗鬆症や骨折は食事のみで予防、改善できるものではなく、運動をはじめ身体活動など多くの要因がかかわっていることはいうまでもないことである。

〔上西一弘〕

文献

1) 上西一弘:機能性食品の安全性ガイドブック(津志田藤二郎ほか編), pp.121-127, サイエンスフォーラム, 2007.
2) 文部科学省科学技術・学術審議会資源調査分科会:五訂増補日本食品標準成分表, 大蔵省印刷局, 2005.
3) 厚生労働省策定第一出版編集部編:日本人の食事摂取基準2005年版, 第一出版, 2006.
4) 青木孝良, 青江誠一郎:*Clinical Calcium*, **16**, 1616-1623, 2006.
5) 上西一弘ほか:日本栄養・食糧学会誌, **51**, 259-266, 1998.
6) 伊木雅之編:地域保健におけるエビデンスに基づく骨折・骨粗鬆症予防ガイドライン, pp.25-28, (財)日本公衆衛生協会, 2004.
7) D. Baran, et al.: *J. Clin. Endocrin. Metab.*, **70**, 264-270, 1990.
8) 伊木雅之ほか: *Osteoporos Jpn.*, **9**, 192-195, 2001.
9) R. Prince, et al.: *J. Bone Miner Res.*, **10**, 1068-1075, 1995.
10) D. Storm, et al.: *J. Clin. Endocrin. Metab.*, **83**, 3817-3825, 1998.
11) S. Fujiwara, et al.: *J. Bone Miner Res.*, **12**, 998-1004, 1997.
12) O. Johnell, et al.: *J. Bone Miner Res.*, **10**, 1802-1815, 1995.
13) D. Feskanich, et al.: *Am. J. Public Health*, **87**, 992-997, 1997.
14) 上西一弘:*Clinical Calcium*, **16**, 1606-1614, 2006.
15) Y. Takada, et al.: *Biochem. Biophys. Res. Commun.*, **223**, 445-449, 1996.
16) Y. Takada, et al.: *Int. Dairy J.*, **7**, 821-825, 1997.
17) S. Aoe, et al.: *Biosci. Biotechnol. Biochem.*, **65**, 913-918, 2001.
18) K. Uenishi, et al.: *Osteoporos Int.*, **18**, 385-390, 2007.
19) S. Aoe, et al.: *Osteoporos Int.*, **16**, 2123-2128, 2007.
20) R. P. Heaney: *J. Am. Coll. Nutr.*, **19**, 83S-99S, 2000.

3.10 虫歯予防

3.10.1 虫歯の原因

虫歯(う蝕)は、飲食物中に含まれる糖質が歯面に形成された微生物叢(バイオフィルム)の菌体内に取り込まれ、糖代謝系の酵素群によって有機酸(乳酸など)がつくられ、有機酸が菌体外に排出されその場に貯留して、バイオフィルム内のpHが低下することによって歯が脱灰される疾患である。pH低下による脱灰の分子メカニズムは次のとおりである。バイオフィルム内のpH低下が起きると、バイオフィルムのカルシウムとリン酸の濃度が過飽和から不飽和へ移行する。歯面で不飽和状態が続くと化学的平衡を保つため歯質表面(ハイドロキシアパタイト結晶)からカルシウムとリン酸がバイオフィルム中に溶け出る。これが歯の脱灰現象である。虫歯は歯の脱灰が進行し

た結果，不可逆的な病態変化（実質欠損）を生じた状態である．脱灰現象の初期段階は可逆的であり，バイオフィルム内のカルシウムとリン酸の濃度が過飽和状態に戻ればカルシウムとリン酸が逆に歯質のハイドロキシアパタイト結晶の脱灰部位に滲み込み再石灰化が進行する．

3.10.2 虫歯予防の可能性をもつ牛乳成分

虫歯を防ぐためには，歯が接する界面においてカルシウムとリン酸の濃度が過飽和な状態を常に維持できる環境を整えればよい．牛乳は一般に虫歯予防食品として認められているが，虫歯予防に関与する成分は一つだけではない．多くの牛乳成分に虫歯予防素材として成長する可能性があるが，その中で有望な成分は，カゼイン，グリコマクロペプチド，ラクトフェリン，ラクトペルオキシダーゼ，ディフェンシンである．ここでは，その一つ一つの成分がもつ役割を検討する．

3.10.3 虫歯の予防とカゼイン

乳製品は，カゼイン（リン酸化タンパク質），カルシウム，リン酸を含み，それぞれの成分が虫歯予防に重要な役割を担っている．カゼインはリン酸化タンパク質なので，歯質のハイドロキシアパタイト結晶に付着し，pH の緩衝作用や再石灰化作用をもつ．カゼインを含む乳成分から開発されたものが CPP-ACP である[1]．CPP (casein phosphopeptide) は，牛乳タンパク質のカゼイン由来のホスホペプチドであり，ACP (amorphous calcium phosphate) は非結晶性で可溶性の性状を有するリン酸カルシウムである．カゼインはトリプシン消化しても虫歯予防能力が低下しない．虫歯予防作用を発揮するこのトリプシン消化物が，カゼインホスホペプチド (CPP) とリン酸カルシウム (ACP) の複合体 (CPP-ACP) である．リン酸化された CPP が歯面に結合し，ACP が歯面に局在することにより，エナメル質脱灰が抑制され，再石灰化が促進される．また，フッ化物の存在により，CPP-ACP は再石灰化効果を増強させる．

このように CPP-ACP はフッ化物と同様にバイオフィルム中のカルシウムとリン酸の過飽和状態を導くことによって，虫歯を予防するが，フッ化物とは違い，溶解度を下げるのではなくカルシウムとリン酸の濃度を上昇させることによって過飽和を達成する．したがってメカニズムが異なる二つの手法は競合することなく，口腔内で共同して虫歯予防作用を担うことが期待できる．

3.10.4 虫歯とグリコマクロペプチド

牛乳に由来するグリコマクロペプチド (glycomacropeptide：GMP) は，口腔細菌 (*Actinomyces viscosus, Streptococcus sanguis*, および *S. mutans*) の壁面への付着力を阻害するので，虫歯を抑制すると考えられている[2]．虫歯予防のメカニズムには GMP に付着する配糖体構造が関与するといわれている．GMP には脱灰抑制効果と再石灰化促進効果の両方が認められる[3]．

3.10.5 虫歯の予防とラクトフェリン

牛乳に含まれるラクトフェリンは，虫歯菌 (*S. mutans*) の歯面への定着に対して抑制的に働く．これは，*S. mutans* の表層にある付着に関与するタンパク質 (PAc) にラクトフェリンが結合することにより，歯面のペリクル（歯に結合能力を示す calcium-binding-protein を主体とする唾液成分の薄膜）の構成成分である salivary agglutinin の scavenger receptor cysteine-rich domain peptide 2 (SRCRP2) に *S. mutans* の PAc が結合できなくなるからである[4]．

3.10.6 虫歯予防とラクトペルオキシダーゼ

ラクトペルオキシダーゼ (lactoperoxidase) は，*S. mutans* が菌体外に分泌するグルコシルトランスフェラーゼ (glucosyltransferases：GTF) の酵素活性を阻害することによって，砂糖による付着能力およびバイオフィルム形成能力を阻害して，虫歯を予防する[5]．また，ラクトペルオキシダーゼは，*S. mutans* の菌体内へグルコースを取り込む過程を妨害して *S. mutans* の生育を阻害する[6]．

3.10.7 虫歯予防とディフェンシン

ディフェンシンにはさまざまな種類があるが，いずれも抗菌活性をもっている．ディフェンシン（HBD-2）とレンサ球菌の感受性を調べた実験（図3.10）では，口腔のレンサ球菌の一部にディフェンシン非感受性のいくつかの菌種があることが報告されている[7]．おそらく，ディフェンシンの感受性の程度は口腔での常在性の有無にかかわっていると考えられる．

S. mitis は口腔の常在性細菌であるが gtf 遺伝子をもたず，ディフェンシン（HBD-2）に対する耐性を示す細菌である．おそらく，S. mitis はディフェンシンに対する耐性能力が高いために，口腔内で常に優勢な菌種になっているのであろう．一方，S. anginosus は，S. mitis と同様にディフェンシン（HBD-2）に対する耐性を示す細菌である．この菌は S. mitis とは違ってしばしば β 溶血性を示し，食道がんとの関連を疑われている[8]．

ヒトの虫歯菌 S. mutans，S. sobrinus は，ディフェンシン（HBD-2）に対する耐性がないが，菌体外グルコシルトランスフェラーゼの働きで，砂糖からグルカンによるバイオフィルムを形成し，口腔内でディフェンシンの攻撃を跳ね返していると考えられる．

3.10.8 虫歯と育児用ミルク

現在の育児用ミルクには砂糖ではなく乳糖が入っているので，育児用ミルクと虫歯の関係はほとんど認められない．虫歯と育児用ミルクの問題は，育児用ミルクに砂糖が添加されていたことが原因で発生したと考えられる．しかし，1975（昭和50）年以降は育児用ミルクに砂糖は添加されなくなった．わが国の大手乳業会社が育児用ミルクの糖質を砂糖から乳糖に切り替えたことは，わが国の小児の虫歯減少に貢献したと思われる．

現在の育児用ミルクと虫歯の問題は，養育者があえて育児用ミルクに砂糖を加えることである．

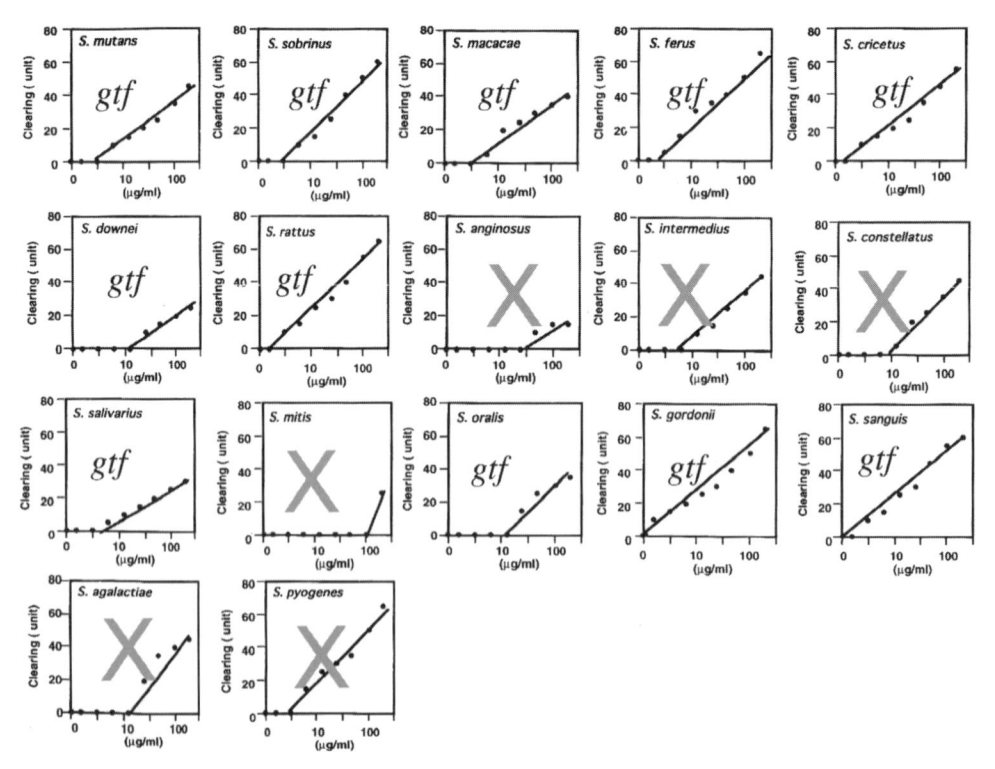

図3.10 ディフェンシン（HBD-2）とレンサ球菌の感受性を調べた実験
図中の gtf は菌体外グルコシルトランスフェラーゼの遺伝子（gtf）を染色体上にもつ菌種，X 印は gtf 遺伝子もたない菌種[7]．

1歳頃の歯の萌出年齢以降に，就寝前などに砂糖を加えた育児用ミルクを飲ませていると虫歯になる危険性が高くなる．

3.10.9 砂糖と虫歯

なぜ砂糖の添加が問題になるのだろうか．幼児の虫歯（early childhood caries）の発症は，虫歯菌の早期感染が重要な要因の一つである．早期感染をもたらすのは砂糖の頻回摂取だと考えられる．砂糖は，菌体外グルカンの産生基質であり，虫歯菌（ミュータンスレンサ球菌）の感染力，増殖力，持続的酸産生能力を強化させる．この現象はミュータンスレンサ球菌が菌体外グルコシルトランスフェラーゼの遺伝子（*gtf*）を染色体上にもつためである．この遺伝子をノックアウトすると，砂糖を添加しても試験管壁に粘着性バイオフィルムを形成しなくなる（図3.11）．

3.10.10 口腔細菌叢の改善とは

牛乳のような食品で虫歯予防を試みるためには，長期にわたる口腔細菌叢の改善という視点が必要である．正常で健康な口腔細菌叢とは何かという研究は現在でも継続されていて統一された回答はない．しかし，今日までの口腔細菌学を総合すると図3.12に示すようになる．粘膜上皮細胞や唾液タンパク質のレセプターに細菌表層のアドヘシンが結合する関係が存在する *S. mitis*, *S. salivarius*, *S. oralis* が乳児期から定着する共生細菌（commensal bacteria）であり，とりわけ，ディフェンシンに耐性を示す *S. mitis* はどの年齢層でも口腔で優勢な細菌である．

エナメル質表層に結合する唾液成分の一部（calcium-binding protein）を介して定着する *S. sanguinis*, *S. gordonii* は，歯が萌出後に出現する．虫歯菌（*S. mutans*, *S. sobrinus*）は，このようなアドヘシンとレセプターの関係がなく，砂糖によるグルカンの付着力を利用して歯面に定着する．後期定着菌の多くは，初期定着菌群の表層をレセプターとして結合する歯周病菌であり，内毒素（LPS）を細胞壁にもつので増殖する前に歯ブラシで除去する必要がある．

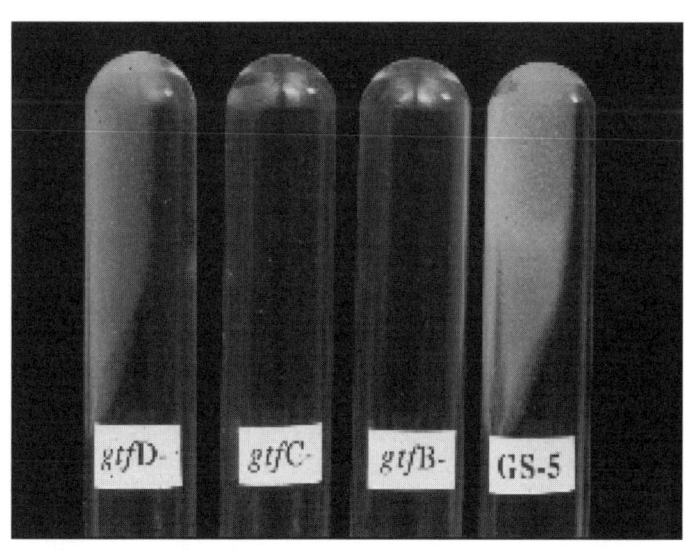

以上のような口腔細菌特有の生態系を理解したうえで，牛乳・乳製品による虫歯予防の戦略を進展させることが望ましい．　　　　〔花田信弘〕

図3.11 砂糖とミュータンスレンサ球菌（*S. mutans* GS-5）による試験管壁付着実験

バイオフィルム形成後，ボルテックスにて10秒間激しく震盪後，水で浮遊物を洗浄除去したあとの写真．*gtfB*, *gtfC* 遺伝子をノックアウトした変異株（中央の2本）は，粘着性バイオフィルムが形成されない．

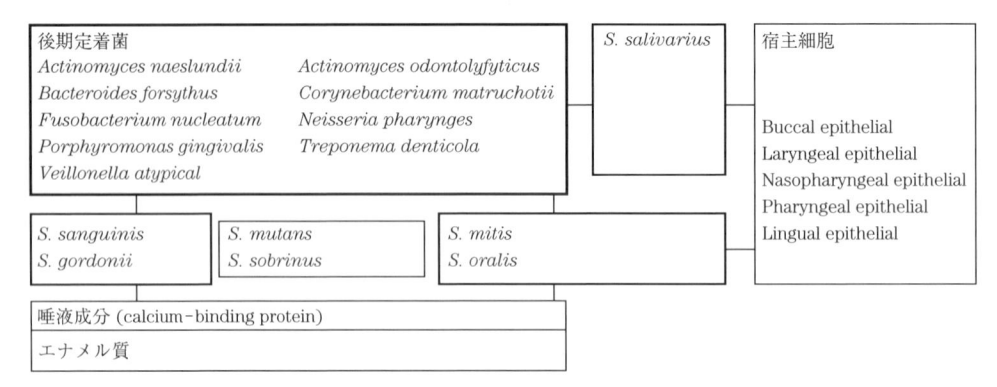

```
┌─────────────────────────────────────────────┐  ┌─────────────┐  ┌──────────────────────┐
│ 後期定着菌                                    │  │ S. salivarius│  │ 宿主細胞              │
│ Actinomyces naeslundii  Actinomyces odontolyfyticus │ │         │  │                      │
│ Bacteroides forsythus   Corynebacterium matruchotii │ │         │  │ Buccal epithelial    │
│ Fusobacterium nucleatum Neisseria pharynges  │  │             │  │ Laryngeal epithelial │
│ Porphyromonas gingivalis Treponema denticola │  │             │  │ Nasopharyngeal epithelial│
│ Veillonella atypical                         │  │             │  │ Pharyngeal epithelial│
└─────────────────────────────────────────────┘  └─────────────┘  │ Lingual epithelial   │
                                                                   └──────────────────────┘
┌──────────────┐ ┌──────────────┐ ┌──────────────┐
│ S. sanguinis │ │ S. mutans    │ │ S. mitis     │
│ S. gordonii  │ │ S. sobrinus  │ │ S. oralis    │
└──────────────┘ └──────────────┘ └──────────────┘
┌─────────────────────────────────────────────┐
│ 唾液成分（calcium-binding protein）           │
├─────────────────────────────────────────────┤
│ エナメル質                                    │
└─────────────────────────────────────────────┘
```

図 3.12 口腔細菌叢：宿主細胞と結合する能力のある細菌が乳児期から定着する共生細菌（commensal bacteria）であり，エナメル質と calcium-binding protein を介して定着する細菌は，歯が萌出後に出現する

文　献

1) E. C. Reynolds, et al.: *J. Dent. Res.*, **82**, 206-211, 2003.
2) J. R. Neeser, et al.: *Infect. Immun.*, **56**(12), 3201-8, 1988.
3) W. R. Aimutis: *J. Nutr.*, **134**, 989S-995S. 2004.
4) T. Oho, et al.: *Infect. Immun.*, **72**(10), 6181-6184, 2004.
5) A. Korpela, et al.: *Caries Res.*, **36**(2), 116-121, 2002.
6) V. Loimaranta, et al.: *Oral Microbiol. Immunol.*, **13**(6), 378-381, 1998.
7) E. Nishimura, et al.: *Curr Microbiol.*, **48**(2), 85-87, 2004.
8) E. Morita, et al.: *Cancer Sci.*, **94**(6), 492-496, 2003.

3.11　オピオイド作用

3.11.1　乳タンパク質から派生するオピオイドペプチド

体内にはモルヒネのような麻薬性鎮痛物質（オピエート）が結合する3種類のレセプター（μ, δ, κ）が存在する．体内には，これらレセプターに結合し，鎮痛などの多彩な作用を示すペプチドが約20種類存在することが判明し，オピオイドペプチドと呼ばれている．これら内因性オピオイドペプチドはすべて，それらのN末端に，特徴的な基本構造である enkephalin 配列（Tyr-Gly-Gly-Phe-Met/Leu）を有している[1]．

a．β-casomorphin

内因性オピオイドペプチドはすべてプロナーゼ処理によって失活するのに対して，Brantl らは血液中にはプロナーゼ抵抗性のオピオイド活性物質が存在することを見いだし，それが食品由来であるという仮説[注1]のもとに，探索した結果，市販のカゼインペプトンから Tyr-Pro-Phe-Pro-Gly-Pro-Ile を単離した[2]．本ペプチドは牛乳β-カゼインの第60～66残基に由来することから，β-casomorphin またはβ-casomorphin-7 と命名された．オピオイド活性の発現にはN末端の Tyr 残基，およびその近傍の疎水性残基が必須である．これに相当する構造として上記 enkephalin 配列を含む内因性オピオイドペプチド類は Tyr-Gly 結合を切断する aminopeptidase や，Gly-Phe 結合を切断する enkephalinase など，種々のペプチダーゼにより体内で速やかに分解されるため，*in vivo* での半減期が短い．これに対して，Tyr-Pro-Phe 配列を含むβ-casomorphin は上記ペプチダーゼや消化管プロテアーゼに対して抵抗性を有するため，安定性が高い．

注1：血液中に見いだされたプロナーゼ抵抗性を有するオピオイドペプチドは，実際はβ-casomorphin ではなく，Tyr-Pro-Trp-Thr 配列を有する，ヘモグロビンβ鎖由来の hemorphin であった[12]．その意味で，上記仮説は正しくなかったが，食品タンパク質から派生する生理活性ペプチドの最初の例として，β-casomorphin が見いだされる契機となった点で意義がある．

β-casomorphin-7 をカルボキシペプチダーゼ Y で処理することによって派生する β-casomorphin-5（Tyr-Pro-Phe-Pro-Gly）はさらに強いオピオイド活性を有する[3]。β-casomorphin類は，3種類存在するオピオイドレセプターのうちμ選択性を示す。当初，化学合成によって得られ，のちに消化管内での存在が確認されたβ-casomorphin-4-amide（Tyr-Pro-Phe-Pro-NH$_2$）はμ-レセプターに高い選択性を示す最初のオピオイドペプチドであり，morphiceptinと命名された[4,5]注2。β-casomorphin-7のC末端側に延長されたペプチドとしては，β-casomorphin-9，-11，-13，および-21が種々の消化物中に見いだされているが，それらのオピオイド活性は，いずれもβ-casomorphin-7より小さい[6,7]。

注2：morphiceptinの類縁体として合成された，μ選択性の強力なオピオイドペプチドとして，endomorphin ⅠおよびⅡ（Tyr-Pro-Trp-Phe-NH$_2$およびTyr-Pro-Phe-Phe-NH$_2$）がある[13]。これらは体内にも存在するといわれている．

β-casomorphin-7をβ-カゼインから派生させる酵素は，その発見から十数年間不明であったが，われわれはβ-casomorphin-7はβ-カゼインの第67番目の残基（β-casomorphinの第8番目に相当する残基）がProである主要な遺伝変異体（A^{2}およびA^{3}型）からは生成せず，この残基がHisに置換されている遺伝変異体（A^1，B，およびC型）のみから派生し，その際，膵臓エラスターゼがIle-His結合の切断に関与することを見いだした（図3.13）[7〜9]。

人乳β-カゼインでは，β-casomorphin-7に相当する配列は，Tyr-Pro-Phe-Val-Glu-Pro-Ileとなっているが，第5番目のGlu残基の負電荷はμオピオイド活性には不都合なため，人乳β-casomorphinのオピオイド活性は牛乳由来のものより小さい[10,11]。なお，マウス，およびラット乳β-カゼインではオピオイド活性に必要な配列は保存されていない．

β-casomorphinが見いだされて以来，その存在意義として，乳に対する幼動物の嗜好性の誘発や睡眠の促進などの魅力的な説が提示されたが，いまだ，十分なエビデンスは得られていない．一方，消化管蠕動の抑制およびインスリン分泌促進に関しては，薬理学的なレベルで効果が確認されているが，生理的なレベルで意義を有するかについては明らかでない[14〜16]。

他方，β-casomorphinが自閉症，精神分裂，乳児突然死，Ⅰ型糖尿病，および動脈硬化の頻度を高めるという報告もある[17]。特に，遺伝変異体A^{1}型のβ-カゼイン摂取によりⅠ型糖尿病や動脈硬化の頻度が高まるという疫学的研究結果[18,19]と，本変異体からβ-casomorphin-7が派生するという前述のわれわれの結果[7]とをリンクさせ，β-casomorphinの摂取がその原因であるとする説がある．その原因として，β-casomorphinによる免疫系の抑制やLDLの酸化促進があげられている[18,20]。一方，β-カゼインに対する抗体が膵臓β細胞のグルコーストランスポーターGLUT-2上の類縁配列を認識するという説もある[21]。しかしながら，β-カゼイン遺伝変異体の摂取とこれら病態との相関については，疑問視する報告もあり，真実はいまだ不明である[22]。

このように，β-casomorphinは食品タンパク質から派生する最初の生理活性ペプチドとして見いだされ，以降，食品タンパク質由来の多様な生理活性ペプチドが見いだされる端緒となったが，

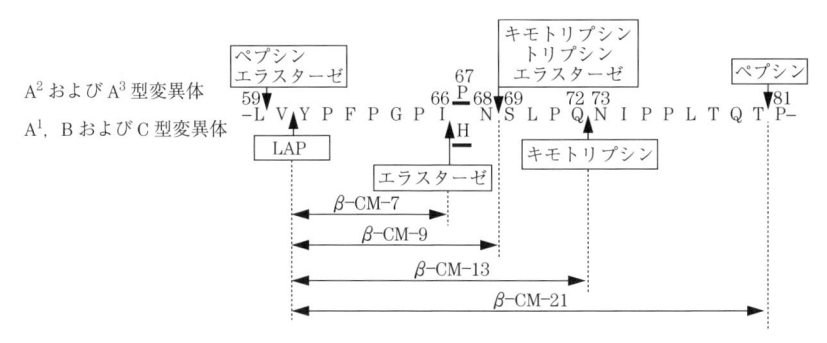

図3.13 牛乳β-カゼイン遺伝変異体からのβ-casomorphinの酵素的生成

b. α-casein exorphin

Loukasらは牛乳α-カゼインのペプシン消化物からα$_{s1}$-カゼインの第90～96および第90～95残基の相当するArg-Tyr-Leu-Gly-Tyr-Leu-GluおよびArg-Tyr-Leu-Gly-Tyr-Leuを単離し，α-casein exorphinと命名した[23]．両ペプチドはδ-レセプターに対して選択的であり，摘出マウス輸精管を用いたオピオイドアッセイ系におけるIC$_{50}$値は，それぞれ30および70 μMであった．なお，Micloらは，牛乳α$_{s1}$-カゼインのトリプシン消化によって派生し，α-casein exorphin配列を含むペプチドTyr-Leu-Gly-Tyr-Leu-Glu-Gln-Leu-Leu-ArgがGABA$_A$レセプター上のベンゾジアゼピン部位に結合することにより，抗不安作用を示すことを見いだし，α-casozepineと命名した[24]．

c. カゼイン由来のその他のオピオイドペプチド

われわれは，牛乳β-カゼインの第114～119残基に相当するTyr-Pro-Val-Glu-Pro-Pheがペプシンおよびパンクレアチンによる消化によって生成することを見いだし，neocasomorphinと命名した．そのオピオイド活性はβ-casomorphin-7の数分の1である[7]．

Kampaらは微量成分であるヒトα$_{s1}$-カゼインの第158～162残基に相当するTyr-Val-Pro-Phe-Proを化学合成し，κ-レセプターに対する親和性を有することを認め，α$_{s1}$-casomorphinと命名した[25]．本ペプチドはκ-レセプターに選択性を示すと報告されている．

d. α-lactorphin

われわれはα-ラクトアルブミン中に存在するTyr-Gly-Leu-Pheが摘出モルモット回腸標本によるオピオイドアッセイ系で，オピオイド活性を示すことを見いだし，α-lactorphinと命名した[26]．本ペプチドは動脈弛緩に基づいた血圧降下作用を示す．

e. オピオイドアンタゴニストおよび抗オピオイドペプチド

オピオイドと拮抗するペプチドも乳タンパク質から派生することが判明している．牛乳κ-カゼインをペプシンおよびトリプシンにより消化した際に生成するTyr-Pro-Ser-Tyr-Gly-Leu-Asn-Tyr (casoxin A)，および合成により得たκ-カゼインのフラグメントペプチドTyr-Pro-Tyr-Tyr (casoxin B) はオピオイドレセプターに親和性を有するオピオイドアンタゴニストである[27]．一方，牛乳κ-カゼインのトリプシン消化物から回腸収縮および抗オピオイド活性を有するペプチドとして単離されたTyr-Ile-Pro-Ile-Gln-Tyr-Val-Leu-Ser-Arg (casoxin C) は，補体C3aレセプターと結合することによって，ポストレセプターレベルでオピオイドの作用と拮抗するペプチドである[27,28]．casoxin Cは脳室内投与により，抗健忘作用を示す．

3.11.2 ラクトフェリンの鎮痛作用

ラクトフェリンは鎮痛作用を示すことが原田らによって報告されている[29]．ラクトフェリンの鎮痛作用はオピオイドアンタゴニストおよび一酸化窒素 (NO) 合成酵素阻害剤によりブロックされることから，NOを介して，内因性オピオイドペプチドの分泌が高められたことによると考えられる．なお，ラクトフェリンそのものが脈絡叢に存在するラクトフェリンレセプターを介して脳内へ輸送されることが見いだされていることから，上記の鎮痛作用はラクトフェリンから派生したペプチドではなく，ラクトフェリンそのものによると考えられている．　　　　　　　　　〔吉川正明〕

文献

1) M. Yoshikawa: Handbook of Biologically Active Peptides (A. Kastin, F. Nyberg, eds.), pp.1365-1371, Elsevier, 2006.
2) V. Brantl, et al.: Hoppe Seyler's Z. Physiol. Chem., **360**, 1211-1216, 1979.
3) A. Henschen, et al.: Hoppe Seyler's Z. Physiol. Chem., **360**, 1217-1224, 1979.
4) K. J. Chang, et al.: Science, **212**, 75-77, 1981.
5) K. J. Chang, et al.: J. Biol. Chem., **260**, 9706-

9712, 1985.
6) H. Meisel: *FEBS Lett.*, **196**, 223-227, 1986.
7) Y. Jinsmaa, M. Yoshikawa: *Peptides*, **20**, 957-962, 1999.
8) 吉川正明:酪農科学・食品の研究, **45**, A51-A60, 1996.
9) M. Yoshikawa: Proceedings of the 8th Asian-Australasian Animal Science Congress, Vol.1, pp. 204-205, 1996.
10) M. Yoshikawa, et al.: *Agric. Biol. Chem.,* **48**, 3185-3187, 1984.
11) V. Brantl: *Eur. J. Pharmacol.*, **106**, 213-214, 1984.
12) V. Brantl, et al.: *Eur. J. Pharmacol.*, **125**, 309-310, 1986.
13) J. E. Zadina, et al.: *Nature*, **386**, 499-502, 1997.
14) H. Daniel, et al.: *J. Nutr.*, **120**, 252, 1990.
15) J. E. Morley, et al.: *Gastroenterology*, **84**, 1517, 1983.
16) M. Sakaguchi, et al.: *Biosci. Biotechnol. Biochem.*, **67**, 2501-2504, 2003.
17) S. Kaminski, et al.: *J. Appl. Genet.*, **48**, 189-198, 2007.
18) R. B. Elliot, et al.: *Diabetologia*, **42**, 292-296, 1999.
19) C. N. McLachlan: *Med. Hypotheses*, **56**, 262-272, 2001.
20) K. A. Tailford, et al.: *Atherosclerosis*, **170**, 13-19, 2003.
21) L. Monetini, et al.: *Diabetes Metab. Res. Rev.*, **17**, 51-54, 2001.
22) J. Mann, M. Skeaff: *Atherosclerosis*, **170**, 11-12, 2003.
23) S. Loukas, et al.: *Biochemistry*, **22**, 4567-4573, 1983.
24) L. Miclo, et al.: *FASEB J*. **15**, 1780-1782, 2001.
25) M. Kampa, et al.: *Biochem. J.*, **319**, 903-908, 1996.
26) M. Yoshikawa, et al.: *Agric. Biol. Chem.*, **50**, 2419-2421, 1986.
27) H. Chiba, et al.: *J. Dairy Res.*, **56**, 363-366, 1989.
28) M. Takahashi, et al.: *Peptides*, **18**, 329-336, 1997.
29) K. Hayashida, et al.: *Brain Res.*, **965** 239-245, 2003.

4. 発酵乳製品の栄養と生理学的効果

4.1 プロバイオティクス

乳製品の代表的なものとして，微生物を利用したヨーグルトやチーズなどがある．これらの微生物にプロバイオティクスの機能があることが解明されてきた．ここでは，プロバイオティクスの種類と生理機能を中心に概説する．

4.1.1 プロバイオティクスの定義

プロバイオティクスは，アンチバイオティクス（抗生物質）に対比する意味で用いられた言葉である．Fullerによって「腸内フローラのバランスを改善することにより動物に有益な効果をもたらす腸内細菌由来の生菌剤」と提唱された[1]．しかし，Salminenは「宿主の健康とその維持増進に有益な効果をもたらす微生物細胞調製物または微生物細胞の構成物」と定義を拡大した[2]．

ここでは，現在のプロバイオティクス研究の動向を考慮し，両定義をとり入れ生菌および死菌体の両面から生理機能を論じることとする．

4.1.2 プロバイオティクスの種類と微生物学的性質

21世紀に入り，医療は治療医学の時代から予防医学の時代に推移するといわれている．これにより，これまで汎用してきた抗生物質に変わってプロバイオティクスといった有用微生物が今後ますます増加するものと考えられる．現在のところ，ヒトに対するプロバイオティクスとして知られている細菌種としては乳酸桿菌（*Lactobacillus*属）および乳酸球菌（*Lactococcus*属）ならびにビフィズス菌（*Bifidobacterium*属）が主体であるが，それ以外の菌種や酵母にもその有用性が報告されている．次に，これら菌種についてその生理・生化学的性状および生態学的特徴の概略を述べる．

a. *Lactobacillus*属

グラム陽性の通性嫌気性無芽胞桿菌で，ヒトや動物の腸管や膣，自然界や食品などに広く分布する．ヒトにおいては大腸より小腸に優勢に生息している．発育至適温度は30〜40°Cである．プロバイオティクスとしての効果が報告されている菌種には *L. acidophilus*, *L. gasseri*, *L. johnsonii*, *L. delbrueckii* subsp. *bulgaricus*, *L. helveticus*, *L. rhamnosus*, *L. casei*, *L. plantarum*, *L. reuteri*, *L. salivarius* などがある．

b. *Bifidobacterium*属

グラム陽性の偏性嫌気性無芽胞桿菌である．発育至適温度は37〜41°Cであり，ヒトや動物の腸管，膣から分離される．健常人の糞便中に *Lactobacillus* よりもはるかに多い菌数（糞便1g当たり $10^9 \sim 10^{11}$）が存在する．ヒトにおいては小腸より大腸に優勢に生息している．プロバイオティクスとしての効果が報告されている菌種には，*B. longum*, *B. infantis*, *B. breve*, *B. animalis* などがある．

c. *Streptococcus*属

グラム陽性の通性嫌気性球菌であるが，一部に偏性嫌気性菌も存在する．ヒトや動物の腸管，自然界などその分布域は広範である．一般に発育至適温度は37°Cである．ヒトに有害作用を引き起こす菌種もみられるが，食品製造に用いられる菌種もあり，*S. thermophilus* はチーズやヨーグルト製造時にスターターとして用いられる．

d. *Enterococcus*属

グラム陽性の通性嫌気性球菌である．本菌種は以前 *Streptococcus* 属に含まれていたが，近年分子遺伝学的手法を用いた分類学的研究の結果，*Streptococcus* 属から独立した属になった[3]．主としてヒトや動物の腸管に存在し，ヒトの腸内より分離される菌種の多くは *Ent. faecalis* および

Ent. faecium であり，これらの菌種がプロバイオティクスとして用いられる[4]．

e．*Lactococcus* 属

グラム陽性の通性嫌気性球菌である．本菌属も *Enterococcus* 属同様，以前は *Streptococcus* 属に含まれていたが，近年における分子遺伝学的手法などを用いた分類学的研究の結果，*Streptococcus* 属から独立した属として認められた[5]．至適発育温度は 30℃ 付近である．通常，ヒトの糞便より検出されることはないが，*Lac. lactis* はチーズや乳製品の製造においてスターターとして利用されヒトに摂取される．

f．その他の菌属

Bacillus 属はグラム陽性の好気性あるいは通性嫌気性芽胞形成性桿菌であり，多様な菌種を含んでいる．本菌は腐敗菌としての印象が強いが，一方において納豆菌（*Bac. subtilis*）など食品製造にかかわる菌種も存在する．*Clostridium* 属はグラム陽性の偏性嫌気性芽胞形成性桿菌であり，食品腐敗の原因菌として，また病原菌としてさらに発がん関連物質および発がん関連酵素産生菌などとして有害作用を示す菌種を多く含む．しかし，ヒトの腸管などから分離され，代謝産物として主に酪酸を産生する *C. butyricum* は腸内菌叢の改善効果を示すことが知られている[6]．*Escherichia* 属はグラム陰性の通性嫌気性桿菌であり，Type species が *E. coli*（大腸菌）である．*E. coli* の多くの菌株は有害物質を産生するので有害菌とされているが，非病原性の *E. coli* 菌株にクローン病の再発抑制効果が存在するとする報告がある[7]．*Propionibacterium* 属はグラム陽性の偏性嫌気性無芽胞桿菌であり，ヒトの腸管から分離されることはまれで，多くはサイレージやチーズなどの酪農製品から分離され，菌種によっては臨床材料からも検出される．チーズの熟成に関与する *P. freudenreichii* がプロバイオティクスとして有用性を示すとの報告がある[8]．*Saccharomyces* 属は酵母であり，多極出芽によって増殖し，強いアルコール発酵能をもつ．代表的な菌種であり食品の製造にかかわる *Sac. cerevisiae* にプロバイオティクスとしての有用性が示されている[4]．

以上，ヒトのプロバイオティクスとして有用性が示されている菌種の性状について概略を述べたが，これがすべてではない．また，菌属ならびに菌種レベルで概説したが，同一菌種内においても菌株の違いにより有効性に差異のあることが示されており，菌株レベルでの詳細な性状の違いを把握することが必要である．

4.1.3 プロバイオティクスの機能

食品の機能を活かしてヒトの健康維持に役立てようという考え方が出現し，特定保健用食品が市場に出回るようになると，ヨーグルトなどに含まれる乳酸菌・ビフィズス菌などのプロバイオティクスが注目されるようになった．プロバイオティクスが宿主に与える影響は主として「腸内環境改善機能」と「免疫調節機能」に大別される．「腸内環境改善機能」は乳酸菌やビフィズス菌がヒトの健康に有用であると考えられた当初からの機能であり，「免疫調節機能」は近年アレルギーやがん予防などの分野で注目を集めている機能である．ここではプロバイオティクスの宿主に与える生理機能について述べる（図 4.1）．

a．腸内環境改善機能

1）下痢の改善　　抗菌薬投与により腸内フローラが攪拌され，引き続き *Clostridium difficile* の異常増殖，*Klebsiella oxytoca* やトキシン産生菌の出現が原因となる下痢症が抗菌薬下痢症である．これらの疾患にプロバイオティクスの投与が有効であることが認められている．また，発展途上国においては乳児の下痢症は深刻な問題である．これらの下痢症に対するプロバイオティクスの効果については種々の研究がある．乳児に最も多くみられるロタウイルスによる下痢症に対しては下痢の期間の短縮および発症数の減少効果がみられ[9]，また発展途上国においては子どもの原因不明の下痢や *Salmonella*, *Shigella* および *E. coli* などによる下痢の治療に有効性が認められている[4]．

2）便秘の改善　　プロバイオティクスとしてのヘルスクレームとして古くから研究されており，ヒトへの投与試験で乳酸菌やビフィズス菌に

```
                         プロバイオティクス
                                │
              ┌─────────────────┴─────────────────┐
         腸内環境改善機能                      免疫調節機能
              │                                    │
   ┌──────┬───┴──┬──────┬──────┐          ┌────┬───┴┬──────┬──────┐
 腸管運動 有害菌  有害物質        未熟児の   感染  発がん アレルギー 炎症性
 活性化  ・病原菌 の吸着         重症感染・  防御  抑制   抑制    腸疾患
         抑制                  壊死性                            改善
                               腸炎予防
   │    ┌──┴──┐  │    │         │    │         │
 ピロリ菌         乳糖不耐
 ・歯周病菌        症抑制
 ・尿路
 感染予防
   │    │    │    │    │         │         │
  便秘  下痢  がんリスク コレステ         ロタウイルス・  アトピー性皮膚炎・
  改善  改善  軽減     ロール         インフルエンザ   花粉症・慢性鼻炎などの抑制
                    低下          感染防御など
```

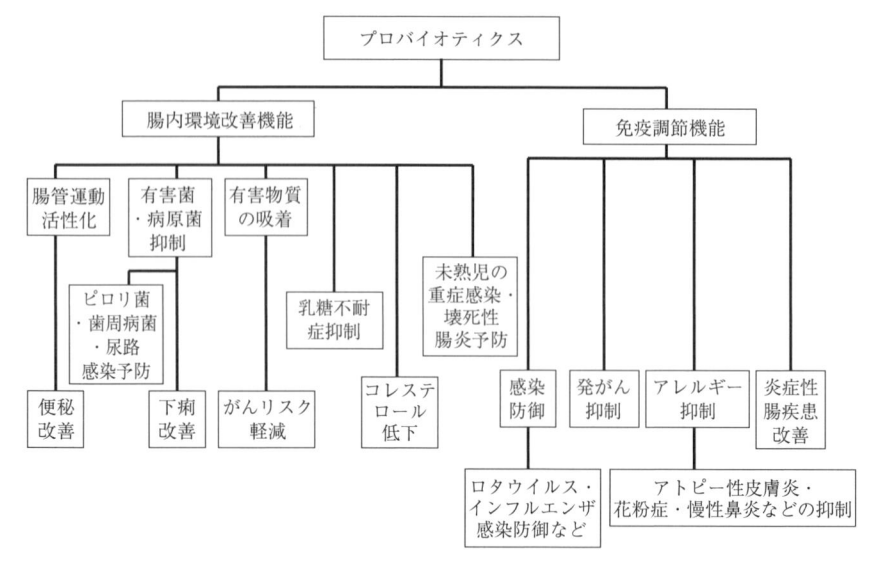

図 4.1　プロバイオティクスの宿主に与える生理機能

よる便通の改善が認められている．また，小児や寝たきりの高齢者へのプロバイオティクスの投与において，便秘改善効果が報告されている[10,11]．この便秘改善の作用メカニズムは主としてビフィズス菌の増加などによる腸内菌叢の改善とそれに伴う有機酸の増加による腸管蠕動運動の亢進などによるものと考えられる．

3) がんリスク軽減作用　プロバイオティクスの発がん抑制作用についてはこれまで多くの研究が行われてきた．発がん物質の吸着や分解による除去，および発がん関連酵素活性である β-グルクロニダーゼ，ニトロレダクターゼ，アゾレダクターゼなどの抑制などの腸内環境改善作用によると考えられる．プロバイオティクスの摂取による腸内菌叢の改善や発がん関連酵素活性の低下，便および尿中の変異原性物質の減少などについてはヒト試験での報告がある[12]．

4) コレステロール低下作用　血清中の高コレステロールレベルは循環器疾患のリスク要因の一つであり，プロバイオティクスによる血清中コレステロールの減少について種々の研究が行われてきた．In vitro の試験からコレステロール低下作用のメカニズムとしてプロバイオティクスによるコレステロールの吸着，胆汁酸塩の脱抱合などが報告されている[13]．しかし，ヒトでの試験においては，同一菌株を使った試験の結果が異なるなどの矛盾が大きいことから，さらなる研究が必要である．

5) その他　乳酸桿菌やビフィズス菌の乳糖不耐症に対する効果も報告されている．これらの菌のもつ β-ガラクトシダーゼの働きによるとされている．また，胃炎や消化性潰瘍の一因と考えられている Helicobacter pylori に対する生育阻害やウレアーゼ活性低下作用が in vitro や動物試験で認められている．ヒトでの試験ではプロバイオティクス含有ヨーグルトの摂取による胃内 H. pylori 菌数の低下および胃粘膜の炎症の軽減，プロバイオティクスと抗生物質との併用による副作用の軽減と再感染のリスクの低下などが報告されている[14,15]．さらに，プロバイオティクスによる虫歯や歯周病の予防および尿路感染症の予防などについての研究も行われている[16,17]．また，早産低出生体重児（2000 g 未満）へのプロバイオティクス投与は，高率に発症する重症感染症（敗血症）や壊死性腸炎を予防・軽減することが報告されている．このメカニズムに腸内環境改善作用ばかりでなく，免疫機構の発達促進機能も考えられる．解明されていない部分も多くあり今後の研究課題である[18]．

b．免疫調節機能

われわれには病原細菌やウイルスなどの外敵から身を守る生体防御機構として免疫系が存在する．免疫系は自然免疫系と適応免疫系から成り立っている[19]．自然免疫系は無脊椎動物から脊椎動物まで広く認められる免疫系である．マクロファージ，樹状細胞，好中球，ナチュラルキラー細胞などが侵入してきた微生物やウイルスを貪食し除去する．一方，適応免疫系は脊椎動物のみにみられ，抗原との反応において自己・非自己の識別，抗原構造の特異性の識別および抗原分子の記憶など高度な認識・排除機構をもつ．適応免疫系には抗体が関与する液性免疫とがん細胞やウイルス感染細胞を破壊する細胞性免疫がある．

プロバイオティクスの中にこのような免疫系を調節して，各種疾病を予防・軽減する機能があることが解明されてきた．そこで，いままでに明らかにされたプロバイオティクスの免疫調節機能を介した疾病予防効果を概説する．

1) 発がん抑制作用　プロバイオティクスの発がん抑制作用については，動物やヒトにおいて調べられてきた．マウスへの経口投与試験において，L. casei は，NK細胞を活性化して，メチルコランスレンによる化学発がんを抑制することが報告されている[20]．また，本菌株を表在性膀胱がんの患者が摂取すると再発が減少するとの報告もある[21]．その他のプロバイオティクス株においても抗がん作用が数多く報告されている．

2) 感染防御作用　ある種のウイルス感染症はプロバイオティクスの免疫賦活作用を介して予防・軽減できることが明らかになった．ロタウイルス下痢症は乳幼児に多くみられ，発展途上国では年間60万人が死亡するといわれている．この疾病の防御・治癒には腸管内のIgA抗体が関与する．液性免疫増強作用を有する B. breve のマウスへの投与は，抗ロタウイルスIgA産生を増強してロタウイルス下痢症を軽減することが明らかになった[22]．また，臨床試験においてもロタウイルス性下痢症患者へのプロバイオティクス投与は，下痢症の軽減につながったとのいくつかの報告がある[23]．この中には，血中や糞便中のIgAが上昇したとの報告もあり，これらは免疫増強作用を介して軽減したことが示唆された．

さらに，マウスを用いた実験で，B. breve 投与は血中の抗インフルエンザウイルスIgGを増強してインフルエンザ感染を防御することが確認された[24]．また，細胞性免疫増強作用を有する L. casei のマウスへの経口投与は，呼吸器粘膜の細胞性免疫を増強し，インフルエンザ感染を防御することも明らかになった[25]．

3) アレルギー抑制作用　プロバイオティクスの抗アレルギー作用の免疫学的機序としては，樹状細胞などの抗原提示細胞を刺激し，IL-12やIL-18のサイトカインを産生させることで，Th2に傾いた免疫応答をTh1にシフトさせアレルギー体質を改善させると考えられている．L. rhamnosus をアトピー性皮膚炎の児に投与すると抗アレルギー効果が認められることが指摘された．また，妊娠中および母乳栄養中の母親にプロバイオティクスを投与すると，母乳中のTGF-βが増加し乳児のアトピー性皮膚炎の発症率が軽減することが報告されている．その他，プロバイオティクスは，花粉症および通年性鼻炎を軽減することも指摘されている[26]．

4) 炎症性腸疾患改善作用　炎症性腸疾患にはクローン病と潰瘍性大腸炎があり，これらの病因はまだ解明されていないが，遺伝的素因や腸内細菌叢および免疫異常が関与していると推測されている．これらのことからプロバイオティクスを用いて，腸内菌叢の構成とその活性および免疫機能を改善することが病気の治療に役立つと考えられ，プロバイオティクスを治療に取り入れる試みが行われている．動物モデルやヒトへの投与試験において，Lactobacillus や Bifidobacterium などのプロバイオティクスに，潰瘍性大腸炎再発を抑制したり，緩解を維持する効果がみられている[27]．

以上，プロバイオティクスの生理機能を「腸内環境改善機能」と「免疫調節機能」に分け，臨床効果を述べたが，臨床効果の中には両機能が相互に作用する場合もある．また，作用物質および作用メカニズムについては不明な点も多い．「腸内

環境改善機能」においては，生菌の代謝産物（乳酸や酢酸など）が関与し，生菌投与で効果を示すことが多い．しかし，コレステロール低下作用やがんリスクの低減作用は死菌でもみられるとの報告から，菌体表面への付着・吸着が関与すると考えられている．一方，「免疫調節機能」の作用物質は，菌体構成物質（細胞壁成分など）と考えられており，生菌および死菌で効果が認められている．

現在，プロバイオティクスの遺伝子解析がさかんに行われており，種々の菌株の全遺伝子配列が解明されている．今後，機能性物質や機能性構造も遺伝子レベルで明らかになり，遺伝子操作により高機能を有するプロバイオティクスの作製も可能となろう． 〔保井久子〕

文献

1) R. Fuller : *Gut*, **32**, 439-442, 1991.
2) S. Salminen, et al. : *Trends. Food Sci. Technol.*, **10**, 107-110, 1999.
3) K. H. Schleifer : *FEMS Microbiol. Rev.*, **46**, 201-203, 1987.
4) A. C. Ouwehand, et al. : *Bulletin of the IDF*, **380**, 4-19, 2003.
5) K. H. Schleifer, et al. : *Syst. Appl. Microbiol.*, **6**, 183-195, 1985.
6) 城 広輔ほか：医学と薬学，**31**, 1475-1481, 1994.
7) H. A. Malchow : *J. Clin. Gastroenterol.*, **25**, 653-658, 1997.
8) A. C. Ouwehand, et al. : *Ann. Nutr. Metab.*, **10**, 159-162, 2002.
9) R. K. Robinson, ed. : Dairy Microbiology Handbook, pp.431-478, Wiley-Interscience, 2002.
10) 西田直己ほか：薬理と治療，**7**, 1032-1049, 1979.
11) 田中隆一郎，下坂国雄：日老医誌，**19**, 577-582, 1982.
12) A. C. Ouwehand, et al. : *Antonie van Leeuwenhoek*, **82**, 279-289, 2002.
13) 肖金忠：別冊 医学のあゆみ（瓣野義巳編），pp.30-35, 医歯薬出版, 2005.
14) S. Salminen, et al. : *Int. Dairy J.*, **8**, 563-572, 1998.
15) 古賀泰裕：食品工業，**46**, 18-24, 2003.
16) 梅田 誠：プロバイオティクス・プレバイオティクス・バイオジェニックス（光岡知足編），pp.263-266, (財)日本ビフィズス菌センター, 2006.
17) 西島浩二ほか：プロバイオティクス・プレバイオティクス・バイオジェニックス（光岡知足編），pp.216-217, (財)日本ビフィズス菌センター, 2006.
18) 藤井 徹ほか：プロバイオティクス・プレバイオティクス・バイオジェニックス（光岡知足編），pp.267-269, (財)日本ビフィズス菌センター, 2006.
19) M. W. Fanger：免疫学キーノート（上野川修一監訳），シュプリンガーフェラーク, 2001.
20) A. Takagi, et al. : *Med. Microbiol. Immunol.*, **188**, 111-116, 1999.
21) Y. Aso, et al. : *Eur. Urol.*, **27**, 104-109, 1995.
22) H. Yasui, et al. : *J. Infect. Dis.*, **172**, 403-409, 1995.
23) 神谷 茂：プロバイオティクス・プレバイオティクス・バイオジェニックス（光岡知足編），pp.205-210, (財)日本ビフィズス菌センター, 2006.
24) H. Yasui, et al. : *Clin. Diagn. Lab. Immunol.*, **6**, 186-192, 1999.
25) T. Hori, et al. : *Clin. Diagn. Lab. Immunol.*, **9**, 105-108, 2002.
26) 田中重光ほか：乳酸菌の保健機能と応用（上野川修一監修），pp.168-179, シーエムシー出版, 2007.
27) 日比紀文：プロバイオティクス・プレバイオティクス・バイオジェニックス（光岡知足編），pp.244-247, (財)日本ビフィズス菌センター, 2006.

4.2 プレバイオティクス

4.2.1 プレバイオティクスとは

プレバイオティクス（prebiotics）は，1995年にGibsonとRoberfroidによって「結腸内の有益菌の増殖を促進あるいは代謝を活性化することにより，宿主の健康に有利に作用する難消化性の食品成分」と定義された概念である[1]．食品成分がプレバイオティクスと認められるための要件は，①上部消化管で加水分解を受けず，また吸収もされないこと，②一つあるいは限られた数の有益な結腸内共生細菌の増殖を促進，あるいはその代謝を活性化すること，③その結果，結腸内細菌叢を健康に有利な構成に変化させ，④宿主の健康に有利となる腸管局所あるいは全身性の効果を誘起すること，とされた[1]．有益な共生細菌とは主にビフィズス菌およびラクトバチルス属などの乳酸菌であり，上記のプレバイオティクスとしての要件を満たすものには，フラクトオリゴ糖，ガラクトオリゴ糖，イソマルトオリゴ糖，キシロオリゴ糖，乳果オリゴ糖（ラクトスクロース），グル

4. 発酵乳製品の栄養と生理学的効果

表4.1 プレバイオティクスの種類

難消化性オリゴ糖	フラクトオリゴ糖(FOS)	スクロースにフラクトースが1～3個結合したもの。スクロースにフラクトシルトランスフェラーゼを用いて生産される。アスパラガス，ニンニク，ゴボウ，タマネギなどの野菜類や蜂蜜にも含まれている
	ガラクトオリゴ糖(GOS)	ガラクトースを主成分とするオリゴ糖の総称で，2～6個の糖が結合したもの。母乳やウシ初乳に含まれる
	イソマルトオリゴ糖	グルコースを構成糖とするオリゴ糖
	キシロオリゴ糖	キシロビオースを主要成分とするオリゴ糖。ヘミセルロースが主鎖を構成する食物繊維のキシランを酵素で加水分解し製造される
	乳果オリゴ糖(ラクトスクロース)	ラクトースとスクロースを構成糖とするオリゴ糖。ラクトースとスクロースを原料としてフラクトース転移酵素を作用させて合成される
	グルコオリゴ糖	スクロースに数個のグルコースが結合したもの
	ラフィノース	スクロースにガラクトースが結合した三糖類
	ラクチュロース	乳糖のアルカリ処理による異性化反応で生じるガラクトシル β(1-4)フラクトース
	大豆オリゴ糖	ダイズ由来のオリゴ糖。ラフィノースとスタキオースが主成分
食物繊維	イヌリン	末端にグルコースが結合したフルクトース重合体 フルクトースは β グリコシド結合

コオリゴ糖，ラフィノース，ラクチュロース，大豆オリゴ糖（ラフィノース＋スタキオース）などの難消化性オリゴ糖とイヌリンなどの食物繊維がある（表4.1）。

非炭水化物性のプレバイオティクス機能をもつものとして，プロピオン酸菌（*Propionibacterium* 属菌）による乳清発酵物がある[2]。プロピオン酸菌の培養上清中にはビフィズス菌の増殖を特異的に促進する物質が存在することが明らかとなり，その物質は2-アミノ-3-カルボキシ-1,4-ナフトキノン（ACNQ）および1,4-ジヒドロキシ-2-ナフトエ酸（DHNA）と同定された（図4.2)[3]。ACNQはビフィズス菌のエネルギー産生にかかわる電子伝達系に作用すると考えられている。DHNA自体にもビフィズス菌増殖促進作用が認められているが，その作用はACNQへの変換を介したものと考えられる。

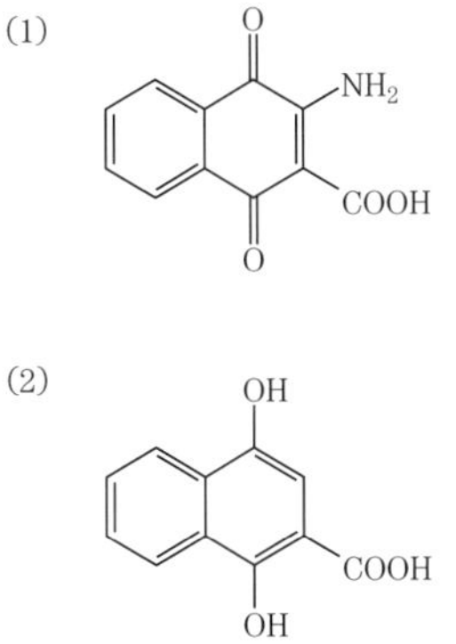

プレバイオティクスの生理調節機能としては，整腸作用のほか，ミネラル吸収促進作用，抗脂血作用，感染予防効果，抗がん作用，抗炎症作用，免疫調節作用などが知られている（表4.2）。プロバイオティクスとプレバイオティクスを合わせたものをシンバイオティクス（synbiotics）と呼ぶことも提唱されている[1]。

前述したプレバイオティクスの定義は，結腸における腸内細菌叢の変化だけを対象にしたものであった。しかし，その後対象を広げ，小腸の腸内細菌叢の増殖を促進するような，胃酸，胃での消化，胃腸での吸収に抵抗性を示す食品成分も含まれるように，「選択的に資化されることにより消化管内細菌叢の構成および活性に特定の変化をもたらし，宿主の幸福と健康に有益に働く食品成分」と再定義された[4]。この場合のプレバイオテ

図4.2 「プロピオン酸菌の乳清発酵物」中のビフィズス菌増殖促進因子
(1) ACNQ (2-アミノ-3-カルボキシ-1,4-ナフトキノン), (2) DHNA (1,4-ジヒドロキシ-2-ナフトエ酸).

表4.2 プレバイオティクスの生理機能

整腸作用
ミネラル吸収促進作用
抗脂血作用
感染予防効果
抗がん作用
抗炎症作用
免疫調節作用

ィクスの要件は，①胃酸，消化酵素，胃腸での吸収に対する耐性，②腸内細菌叢による資化，③健康に有益な腸内細菌の増殖，活性の選択的な促進，とされている．また，ビフィズス菌や乳酸菌だけでなく，他の菌属，たとえば後述する酪酸を産生するユーバクテリア属菌なども健康に有益である可能性が認識されている．

難消化性の食品成分は消化吸収されることなく腸管に到達し，そこに生息する腸内細菌の「えさ」となり，その増殖を誘導する．難消化性の炭水化物は，上記のプレバイオティクスの要件を満たすものに加えて，難消化性デンプン，非デンプン性多糖類（セルロース，ヘミセルロース，ペクチンなどの植物細胞壁成分，ガム類）などの食物繊維も腸内細菌により酢酸，プロピオン酸，酪酸などの短鎖脂肪酸に代謝される．短鎖脂肪酸，特に酪酸は結腸上皮細胞のエネルギー源として利用される一方，結腸がん細胞の増殖を抑制する作用が知られ，一般に健康に対して有益な働きをするものと考えられている．プレバイオティクスの生理機能も短鎖脂肪酸の産生増強によるところが大きいと考えられる．これらの食物繊維はビフィズス菌や乳酸菌などの有益な腸内細菌だけを選択的に増殖促進するのではなく，さまざまな腸内細菌の増殖を促進する点で本来のプレバイオティクスの定義からははずれるが，広義のプレバイオティクスとして扱われる場合もある．

4.2.2 乳中のプレバイオティクス

ヒトを含む多くの哺乳動物にとって，乳は天然のプレバイオティック食品である．母乳や牛乳中にはミルクオリゴ糖と呼ばれるオリゴ糖が存在する[5]．ヒト初乳では 22～24 g/l，常乳でも 8～12 g/l ものオリゴ糖が含まれている．母乳中のオリゴ糖の構成は非常に複雑で，これまでに 100 種類以上の化学構造が明らかにされている．ミルクオリゴ糖の基本構造は，還元末端側のラクトースユニットに単糖類が α および β グリコシド結合して伸長したものである．母乳の場合には，乳糖にガラクトースと N-アセチルグルコサミンが β グリコシド結合により結合したものが基本構造となり，12 の系列に分類される．さらにこれらに，シアル酸やフコースが α グリコシド結合することにより，その構造の多様性は非常に大きなものになっている．これらはヒト腸管由来 β ガラクトシダーゼによる加水分解に抵抗性を示しビフィズス菌の増殖促進効果を示すことが知られている．フコシル化，あるいはシアリル化されたオリゴ糖は，病原体の上皮細胞への付着を阻害したり，免疫系を活性化する可能性も報告されている[5]．

一方，牛乳中のオリゴ糖はウシ初乳で 1～2 g/l 含まれるが，常乳期には著しく減少し，母乳中の含量の 1/100 程度になる．また，オリゴ糖の構造は母乳のそれとは異なり，構成も母乳ほど複雑ではない．構造上重要なのは乳糖に β グリコシド結合で結合したガラクトースである．ヒト腸管には乳糖以外の β グリコシド結合をもつ糖を加水分解できる酵素が存在しないため，この構造は小腸での消化を回避するために重要である．牛乳ミルクオリゴ糖にはフコースが結合したものはほとんど存在せず，シアル酸結合型のものは存在する[5]．

乳中の主要な糖質であり，乳児にとって最も重要なエネルギー源である乳糖自身が，プレバイオティクスとしての機能を有する可能性も報告されている[6]．また，乳糖をアルカリ条件で処理することによる異性化反応で生じるラクチュロースも，プレバイオティクス機能をもつ．

母乳に多く含まれるミルクオリゴ糖の，特にビフィズス因子としての機能を代替させる目的で，乳児用調製粉乳にラクチュロース，ガラクトオリゴ糖（GOS），フラクトオリゴ糖（FOS）などが添加されている．たとえば，GOS とイヌリン（長鎖のフラクトオリゴ糖）の 9：1 混合物を添加した調製粉乳を未熟児に投与した場合には，対照群と比べてビフィズス菌数が有意に増加するという結果が得られている[5]．

4.2.3 プレバイオティクスの生理機能

a．整腸作用

ビフィズス菌や乳酸菌の菌種ごとの増殖促進効

果は，難消化性オリゴ糖の種類によって異なる．GOS，ラクチュロースはビフィズス菌全般に資化性を示したが，FOSおよびイヌリンは *Bifidobacterium bifidum* には資化されず，*B. breve* でも菌株によって資化できないものが存在した．乳酸菌に対する効果においても，FOSは *Lactobacillus acidophilus*，*L. fermentum*，*L. casei* などの菌種では資化性が認められなかった．GOSは *L. acidophilus* には資化されたが，*L. gasseri*，*L. salivarius*，*L. casei* には資化されなかった．

難消化性オリゴ糖などの摂取によりビフィズス菌や乳酸菌が増殖すると，それらが産生する乳酸などの短鎖脂肪酸により，腸管内が酸性環境になる．このことにより有害細菌の増殖が阻害され，これらの菌の代謝により産生するアンモニア，アミン類，インドール，硫化水素などの生成が抑制されるため，便臭の改善などが期待できる．また，短鎖脂肪酸の働きは酸性環境を作り出すだけでなく，特に酪酸は腸管上皮細胞の分化・活性化を制御する機能をもつ．また，腸の運動性を支配している神経系や平滑筋などの制御にもかかわっていると考えられ，そのため腸の蠕動運動を活発にし，便通を改善する効果も期待される．

ただし，ビフィズス菌やラクトバチルス菌自体は酪酸を産生しないことに注意が必要である．腸管での主な酪酸産生菌はクロストリディア属菌やユーバクテリア属菌であると考えられている．プレバイオティクス摂取で増加したビフィズス菌や乳酸菌が産生した乳酸を，酪酸産生菌が酪酸に変換しているものと考えられる．あるいは，クロストリディア属菌やユーバクテリア属菌が難消化性オリゴ糖を直接資化して酪酸を産生することも考えられる．

腸管での発酵により短鎖脂肪酸とともに，水素，二酸化炭素も生成する．発酵により生じるガスの量が過剰になると，逆に腹部膨満，鼓腸，腹痛，腹鳴などの望ましくない症状が現れる．短鎖脂肪酸の過剰産生によって浸透圧性下痢が起こることもあり，難消化性オリゴ糖の投与量設定には十分な注意が必要である．これまでの多くの研究で採用されているGOS投与量は8～15 g/日である．健常人にFOSを投与した例[7]では，15 g/日投与で腹部の不快感をもつ人が有意に多かったが，10 g/日投与では呼気中の水素量は対照群と変化がなかった．

b．ミネラル吸収促進作用

プレバイオティクスの摂取がカルシウム，鉄，マグネシウムなどのミネラルの吸収を促進する効果が知られている．一般には小腸が主要なミネラル吸収の場であるが，プレバイオティクスを摂取した場合には，小腸ではなく大腸でのカルシウムやマグネシウムの吸収が促進されることが明らかにされている．プレバイオティクス摂取によるカルシウムの吸収促進は，一般に次の三つのメカニズムによると考えられる．すなわち，①短鎖脂肪酸産生により酸性環境になることにより，カルシウムの可溶化を促進し管腔内カルシウムイオン濃度を高めること，②植物由来成分であるフィチン酸が2価の陽イオンと安定な不溶性の複合体を形成するが，腸内細菌の代謝によりフィチン酸が分解されカルシウムが放出されること，③プロトン化された短鎖脂肪酸が結腸上皮細胞に取り込まれ，細胞内でプロトンを放出すると，プロトンの管腔への輸送と同時にカルシウムイオンが吸収されること，である．また，FOS投与による結腸でのカルシウム吸収促進は，カルシウム輸送タンパク質calbindin-D9kの遺伝子発現増強を介して起こることが報告されている[8]．

主にラットを用いた動物実験で，GOSやFOSの投与がカルシウム吸収を促進する結果が多数報告されている．また，ヒト臨床試験でも9～13歳の少年少女50人ずつを対象として，FOSとイヌリンの1：1混合物を1日当たり8g継続的に投与したところ，8週間で有意なカルシウム吸収の促進が認められ，1年後には骨量および骨密度ともに有意な増加が認められたという結果が報告されている[9]．

c．抗脂血作用

FOSあるいはイヌリンの動物モデルへの投与により，血中トリアシルグリセロールの減少，血中および肝臓コレステロールの減少が認められて

いる[10]。ヒトへのFOS投与試験も多く行われており，報告により血中トリアシルグリセリド量の低下，血中コレステロール量の低下などが認められているものもあるが，まったく血中の脂質に変化が認められないという報告もあり，ヒトにおける抗脂血作用には議論の余地がある．また，GOS投与の効果はこれまでにあまり報告例がない．

d．感染予防効果

一般に大腸の腸内細菌叢は，病原体の侵入に対する抵抗性において重要な役割を果たしている．これにはビフィズス菌や乳酸菌をはじめ，多くの異なる菌種がかかわっているものと考えられる．*In vitro* 実験においてイヌリンおよびGOSの存在下で健常人糞便中の細菌を混合培養したところ，これらのオリゴ糖，特にGOSは *Clostridium difficile* の増殖と毒素の産生を抑制することが示されている[11]。同時にビフィズス菌の増殖も観察されているが，ビフィズス菌自体は病原菌の抑制には関与していないことが明らかとなり，この糞便中に存在する他の菌種が関与していることが示された．

一方，ベロ毒素産生菌である大腸菌O157：H7株のマウスへの感染に対するビフィズス菌投与の効果を検討した実験では，*B. breve* の投与による効率的な感染防御効果が示されている[12]。ビフィズス菌や乳酸菌の一部の菌種は，他の微生物の生育を阻害する物質を産生することが知られている．たとえば，有機酸，過酸化水素，バクテリオシンなどがこれに当たる．バクテリオシンは抗菌性のタンパク質またはペプチドであり，生産菌の類縁菌に対して抗菌活性を示す．乳酸菌が産生するバクテリオシンについてはよく研究されており，ナイシンなどがその例である．これに比較して，ビフィズス菌が産生するバクテリオシンについては研究があまり進んでいないが，さまざまなグラム陽性およびグラム陰性の病原菌に対する広い抗菌スペクトルを示すことが知られている[13]。

e．抗がん作用

結腸の腸内細菌には，食品成分を代謝して発がん物質やがんプロモーターを産生するものがある．プレバイオティクスの投与で産生増強される短鎖脂肪酸は，このような菌の増殖，活性化を抑制することで発がんの抑制に寄与していると考えられる．また，前述したように，酪酸は結腸がん細胞のアポトーシスを誘導することが知られている．実際，イヌリンのラットへの投与により，結腸における異常陰窩の形成を抑制することが示されている[14]。しかしながら，ヒトにおける効果に関しては，GOSあるいはイヌリンの投与により糞便中のβ-グルクロニダーゼの低下が認められてはいるが，いまだ十分な情報は得られていない．

f．抗炎症作用

炎症性腸疾患には腸内細菌叢のバランスの悪化，特にビフィズス菌の減少およびエンテロコッカス属菌，エンテロバクター属菌や他のグラム陽性球菌の増加が関与している．炎症性腸疾患に対する食品成分投与の研究は，主にプロバイオティクスおよびシンバイオティクスの投与を中心に進められており，これらの投与が炎症抑制に効果的であるという結果が得られていることから，プレバイオティクスの投与効果にも期待がもたれている．

炎症性腸疾患の動物モデル（デキストラン硫酸誘発腸炎モデル，TNBS誘導性腸炎モデルなど）において，FOS，イヌリン，ラクチュロースなどの投与による腸炎発症抑制効果が示されている．臨床試験による効果は十分に示されているとはいえないが，回腸嚢炎患者にイヌリンを投与した試験において，改善効果が認められている[15]。

一方，「プロピオン酸菌の乳清発酵物」のビフィズス菌増殖促進因子であるDHNAの経口投与は，炎症性腸疾患の動物モデルにおいて予防的および治療的な効果を示した[16,17]。さらに，潰瘍性大腸炎患者に投与したところ，臨床症状や大腸内視鏡所見の改善が認められている[17]。

g．免疫調節作用

IgA抗体は腸管腔内に分泌され，病原菌やアレルゲンの体内への侵入を抑える作用をもつ．動物実験において，FOSの投与で腸管におけるIgA産生の増強が認められている[18,19]。分泌型IgAの

腸管腔への輸送を担うのは，腸管上皮細胞が発現する多量体免疫グロブリンレセプター（pIgR）である．FOS の投与により回腸組織で pIgR の発現増強が観察されており，管腔内への IgA 分泌に対しても FOS が増強効果を示すことが示唆されている[19]．

また，無作為二重盲検法で 57 人の人工栄養乳児に対して，調製粉乳に B. animalis Bb-12（$6×10^9$）を添加したもの，あるいは調製粉乳に GOS と FOS の 9：1 混合物（$6\,g/l$）を添加したものを 32 週間投与した試験において，プレバイオティクス添加群で糞便中 IgA 抗体の増加が認められた[20]．このときプロバイオティクス添加群では IgA 抗体の増加は認められなかった．

ヘルパー T 細胞は 1 型（Th1）と 2 型（Th2）に分けられ，互いにバランスをとりつつ免疫系の恒常性を保っている．アレルギー疾患においては，Th2 型の T 細胞応答が過剰になると考えられる．ラフィノースのマウスへの投与により，Th2 細胞応答や IgE 産生を抑制することが示されている[21]．GOS と FOS の 9：1 混合物のマウスへの投与でも Th1 応答の増強，Th2 応答の抑制が観察されている[5]．

無作為二重盲検法でアトピー素因のある 102 人の乳児に対して GOS と FOS の 9：1 混合物（$8\,g/l$）を投与した研究では，GOS/FOS 投与群で糞便中のビフィズス菌の有意な増加が認められ，6 カ月後のアトピー性皮膚炎の発症率の低下が認められた[22]．このとき，糞便中のラクトバチルス属菌の増加は認められなかった．

生体に有益な働きをする微生物であるプロバイオティクスとともに，腸内にもともと存在する有益菌を増やすプレバイオティクスが，われわれの健康に対してさまざまな面で有効な働きをしていることが明らかにされてきた．しかしながら，ヒト臨床試験の結果は十分に得られているとはいえず，今後は大規模な無作為二重盲検試験などによるエビデンスの蓄積と，プレバイオティクス機能の作用機構を明らかにすることが課題であろう．今後のさらなる研究の発展に期待したい．

〔戸塚　護〕

文献

1) G. R. Gibson, M. B. Roberfroid: *J. Nutr.*, **125**, 1401-1412, 1995.
2) T. Kaneko, et al.: *J. Dairy Sci.*, **77**, 393-404, 1994.
3) K. Iwasa, et al.: *Biosci. Biotechnol. Biochem.*, **66**, 679-681, 2002.
4) G. R. Gibson, et al.: *Nutr. Res. Rev.*, **17**, 257-259, 2004.
5) G. Boehm, B. Stahl: *J. Nutr.*, **137**, 847S-849S, 2007.
6) A. Szilagyi: *Aliment. Pharmacol. Ther.*, **16**, 1591-1602, 2002.
7) T. Stone-Dorshow, M. D. Levitt: *Am. J. Clin. Nutr.*, **46**, 61-65, 1987.
8) A. Ohta, et al.: *J. Nutr.*, **128**, 934-939, 1998.
9) S. A. Abrams, et al.: *Am. J. Clin. Nutr.*, **82**, 471-476, 2005.
10) M. H. Raut-Nania, et al.: *Br. J. Nutr.*, **96**, 840-844, 2006.
11) M. J. Hopkins, G. T. Macfarlane: *Appl. Environ. Microbiol.*, **69**, 1920-1927, 2003.
12) T. Asahara, et al.: *Infect. Immun.*, **72**, 2240-2247, 2004.
13) G. R. Gibson, X. Wang: *J. Appl. Bacteriol.*, **77**, 412-420, 1994.
14) B. S. Reddy, et al.: *Carcinogenesis*, **18**, 1371-1374, 1997.
15) C. F. Welters, et al.: *Dig. Colon Rect.*, **45**, 621-627, 2002.
16) Y. Okada, et al.: *Gut*, **55**, 681-688, 2006.
17) 光山慶一ほか：腸内細菌学雑誌，**21**, 143-147, 2007.
18) A. Hosono, et al.: *Biosci. Biotechnol. Biochem.*, **67**, 758-764, 2003.
19) Y. Nakamura, et al.: *Clin. Exp. Immunol.*, **137**, 52-58, 2004.
20) A. M. Bakker-Zierikzee, et al.: *Pediatr. Allergy Immunol.*, **17**, 134-140, 2006.
21) T. Nagura, et al.: *Br. J. Nutr.*, **88**, 421-427, 2002.
22) G. E. Moro, et al.: *Arch. Dis. Child.*, **91**, 814-819, 2006.

5. 牛乳とアレルギー

5.1 牛乳アレルギーとは

5.1.1 牛乳アレルギーの定義と分類

牛乳アレルギーとは，牛乳・乳製品および乳タンパク質を含む食品摂取により免疫学的機序を介して起こる生体に不利な反応と定義され，すべての人に起こりうる毒性物質による反応や免疫学的機序を介さない食物不耐症と区別される．牛乳アレルギーと紛らわしい疾患には乳糖不耐症があるが，乳糖不耐症には免疫学的機序の関与がないことから区別することができる．

牛乳アレルギーは，免疫学的機序からは①牛乳抗原特異的IgE抗体の関与するIgE依存性反応と②牛乳抗原特異的IgE抗体の関与しないIgE非依存性反応とに，摂取後症状が発現するまでの時間からの臨床的分類としては，①即時型反応と②非即時型反応とに分類される．

5.1.2 牛乳中の主要タンパク質とアレルゲン性

牛乳中の主要タンパク質の分子量とアレルゲン性を表5.1に示す．食物がアレルゲンとなるためには，①一部にタンパク質を含むこと，②熱や酸に強く加水分解を受けにくいこと，③分子量が1万～7万の間であることがあげられているが，免疫グロブリンを除くと牛乳中の主要タンパク質の分子量はすべてこの間に入る．

主要抗原としてはβ-ラクトグロブリンとカゼインがあげられるが，前者は加熱により抗原性が低下するが，加水分解に対しては比較的安定であり，後者は加熱に対してはきわめて安定性が高い一方で，酵素処理により加水分解を受けやすいという特徴をもつ．牛乳タンパク質の主要アレルゲンのこれらの特徴を考慮して，牛乳アレルゲン除去食品としてアレルギー用ミルクが作製されている．

5.1.3 牛乳アレルギーの臨床

a. 牛乳アレルギーによる症状

牛乳アレルギーによる症状は，他の食物によるアレルギー症状と共通しており，ごく軽微な皮膚症状からアナフィラキシーショックに至るまで，重症度も発現臓器もさまざまである．免疫学的機序により分類した牛乳アレルギーによる症状を表5.2に示す．

1) 即時型反応 臨床的に最も問題となるのは即時型反応であり，多くの場合，IgE依存性反応であり，血清中に牛乳抗原特異的IgE抗体が証明される．症状は一つの臓器に単独で出現する

表5.1 牛乳タンパク質の分子量とアレルゲン性

タンパク質	牛乳タンパク質中の割合(%)	分子量	アレルゲン性
カゼイン	(80)		++
α_{s1}-カゼイン	30	23600	++
α_{s2}-カゼイン	9	25200	−
β-カゼイン	29	24000	−
κ-カゼイン	10	19000	−
γ-カゼイン	2	12000	−
乳清タンパク質	(20)		++
α-ラクトアルブミン	4	14200	+
β-ラクトグロブリン	10	18300	+++
血清アルブミン	1	66300	+
免疫グロブリン	2	160000～900000	+
プロテオース・ペプトン	3		−

表5.2 免疫学的機序により分類した牛乳アレルギーによる主な症状・疾患

IgE依存性反応	皮膚症状	発赤，痒み，蕁麻疹，血管運動性浮腫
	口腔咽頭喉頭症状	口腔・咽頭違和感，口唇・舌の腫脹，喉頭絞扼感，喉頭浮腫，嗄声
	消化器症状	口腔内違和感，悪心・嘔吐，腹痛，下痢
	呼吸器症状	くしゃみ，鼻汁，鼻閉，咳嗽，喘鳴，呼吸困難
	眼症状	痒み，結膜充血・浮腫，眼瞼浮腫
	全身症状	アナフィラキシー反応
		アナフィラキシーショック
IgE依存性反応＋IgE非依存性反応	皮膚症状	食物アレルギーの関与するアトピー性皮膚炎（乳児期発症）
IgE非依存性反応	消化器症状	食物タンパク質誘発性腸炎症候群，直腸結腸炎（新生児〜乳児）
	呼吸器症状	食物誘発性肺ヘモジデローシス（Heiner症候群）

こ␣とも，複数の臓器に次々と出現していくこともあり，一連のアナフィラキシー反応の部分症状であると考えてよく，最も重篤な場合には循環不全を伴うショックとなる．

即時型反応の大半は乳児期に発症し，乳児用調製粉乳を摂取したときに全身の皮膚の発赤と蕁麻疹，嘔吐，咳き込み，呼吸困難などを来し，症状が進行していくとショック症状に至る場合もある．早期の適切な治療が必要である．

2) 乳児期発症のアトピー性皮膚炎　母乳中に母親の摂取した牛乳タンパク質の一部が検出されることが報告されており[1]，母乳あるいは混合栄養児では，乳児期に牛乳アレルギーの関与するアトピー性皮膚炎として発症することもあるが，卵アレルギーに比べると症状は軽く，乳児用調製粉乳を摂取したときに即時型反応が誘発されてはじめて牛乳アレルギーと診断されることが多い．母乳中の微量の抗原により誘発されるIgE依存性の軽微な即時型反応と引き続いて起こる遅発型反応が関与しており，血清中に牛乳抗原特異的IgE抗体が認められる．

3) 非即時型反応　食物アレルギーの中でも牛乳アレルギーに特有なIgE非依存性の反応として新生児期に発症する血便を主体とした消化器症状があり，発症時点ではほとんどの症例で牛乳抗原特異的IgE抗体は検出されず，診断が難しく小児外科的消化器疾患と誤診されることがあるので注意を要する．

本症の診断には牛乳抗原特異的リンパ球増殖反応が有用であるが，一部の専門施設において研究的に施行されているのみである．この疾患を疑うことが診断の第一歩であり，牛乳アレルゲン除去食品であるアレルギー用ミルクを使用することにより症状の軽快をみる．

b．乳幼児の食物アレルギーにおける牛乳アレルギーの位置づけ

1) 乳児期発症のアトピー性皮膚炎における牛乳アレルギーの関与　食物アレルギーによる症状の中で最も頻度が高い乳児期発症のアトピー性皮膚炎における食物抗原による感作状態について検討した結果を図5.1に示す．これは，1995（平成7）年6〜10月に湿疹を主訴としてアレルギー外来初診の乳幼児のうち，アトピー性皮膚炎と診断された244例の食物アレルゲンによる感作の状態を，CAP-RAST FEIAクラス2以上を陽性として示したものである[2]．

いずれの年齢でも卵白による感作率が最も高

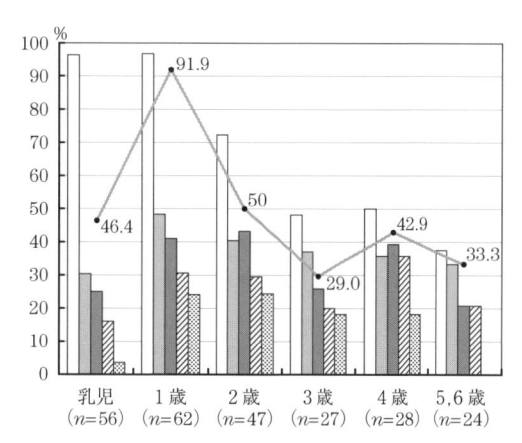

図5.1　アトピー性皮膚炎幼児における食物アレルゲンCAP-RAST陽性率
□卵白，░牛乳，▨小麦，▧大豆，▩米，
●：複数食物抗原RAST陽性率．

表5.3 即時型反応症例の原因抗原（n＝3882）

	0歳 (n＝1270)	1歳 (n＝699)	2,3歳 (n＝594)	4〜6歳 (n＝454)	7〜19歳 (n＝499)	20歳以上 (n＝366)
No.1	鶏卵 62%	鶏卵 45%	鶏卵 30%	鶏卵 23%	甲殻類 16%	甲殻類 18%
No.2	乳製品 20%	乳製品 16%	乳製品 20%	乳製品 19%	鶏卵 15%	小麦 15%
No.3	小麦 7%	小麦 7%	小麦 8%	甲殻類 9%	そば 11%	果物類 13%
No.4		魚卵 7%	そば 8%	果物類 9%	小麦 10%	魚類 11%
No.5		魚類 5%	魚卵 5%	ピーナッツ 6%	果物類 9%	そば 7%
小計	89%	80%	71%	66%	61%	64%

今井孝成，海老澤元宏：平成14年度厚生科学研究班報告．

く，次いで牛乳，小麦の順であり，牛乳は年齢にかかわらず30％前後の乳幼児が感作されていた．感作と原因抗原であることの一致率をみると低年齢児ほど高く，加齢とともに感作抗原を含む食品を摂取しても症状の悪化につながらない割合が高くなっていた．牛乳抗原により感作されている乳幼児の中には，牛乳摂取により即時型反応が誘発される症例が含まれていた．

2）即時型アレルギー反応における牛乳アレルギーの関与 即時型反応は，アトピー性皮膚炎に比べて出現頻度ははるかに少ないが，症状は重篤である．平成10〜11年度に食物アレルギー対策委員会により実施された，摂取後1時間以内に症状が出現して100床以上のベッド数を有する病院を受診した患者に関する全国調査によると，原因抗原としてあげられた，のべ1565抗原の中で，頻度の高いものから順に，卵，牛乳，小麦であり，この3抗原で全体の55％以上を占めていた[3]．この上位3抗原に関しては，加齢とともに頻度が減少していき，学童，中学生以降や成人に至っても救急受診例が認められるそば，エビ，ピーナッツ（第4〜6位）に比べてアウトグローしやすいことが示唆された．

平成14年度厚生労働科学研究班による報告では調査対象の医療機関を診療所まで拡げて調査した結果，3882例のデータが解析されているが，乳児では上位3品目である卵，牛乳，小麦が原因抗原の90％近くを占め，そのほかの年齢群においても上位5品目で60％以上を占めており，限られた種類の抗原が原因となっており（表5.3），牛乳は6歳までは卵に続いて2番目に多い原因抗原であった．

5.1.4 牛乳アレルギーの診断

食物アレルギーにおいて原因抗原を正しく診断することは適切な治療，特に食事療法を行ううえできわめて重要である．原因抗原の診断手順を図5.2に示す．

1）問診，食物日誌 牛乳アレルギーの診断の最初のステップは，詳しい問診と食物日誌による牛乳抗原摂取と症状の出現の状況の確認である．乳児期の栄養法の確認，乳児用調製粉乳，牛乳，乳製品，乳タンパク質含有の加工食品などの摂取状況と摂取後の症状出現までの時間，再現性の有無，食後の入浴など食物以外の条件の存在の有無，最後の症状出現時期などについて詳しい問診を行う．

2）食物以外の症状修飾因子の除外 アトピー性皮膚炎などの慢性の疾患では，牛乳抗原の除去試験に先立ち，室内環境整備，適切なスキンケアなどにより，牛乳以外の症状誘発ないし増悪因子を取り除いておくことが必要である．

3）抗原同定のための免疫学的検査 牛乳特異的IgE抗体の存在は，牛乳抗原により感作されていることを示すが，牛乳タンパク質が必ずしも，症状の原因であること，すなわち除去が必要

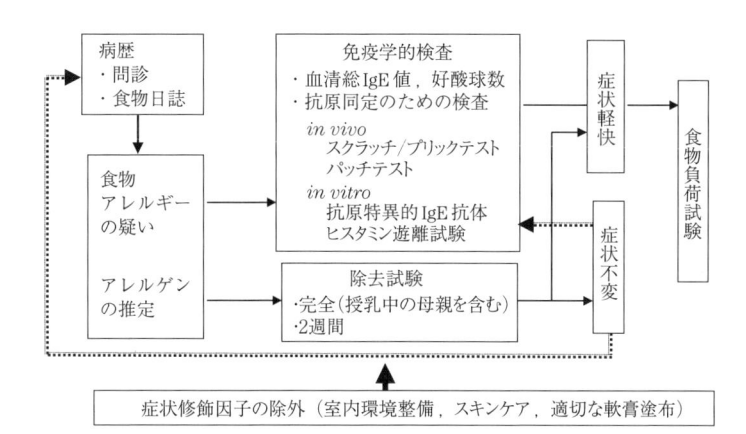

図5.2 食物アレルギーの診断手順

であることを意味するものではない．現在行われている抗原特異的IgE抗体の検査としてはImmuno CAP法による測定が最も定量性に優れており，海外でも広く行われている方法である．

日本では牛乳抗原に関しては牛乳全体および主要抗原であるカゼイン，α-ラクトアルブミン，β-ラクトグロブリンそれぞれに対する特異的IgE抗体の測定が可能であるが，臨床的には牛乳特異的IgE抗体の測定で十分である．

好塩基球ヒスタミン遊離試験は，ヒスタミン遊離までの一連の反応を評価できるため，生体内の現象により近い反応を示す検査である．牛乳に関しても即時型反応を起こす原因抗原検索のための検査としてはImmuno CAP法による牛乳特異的IgE抗体の検出より陰性的中率が高いことから，除去解除のための負荷試験を行う時期の決定に有用な検査である．

IgE非依存性の反応が主体の場合には抗原特異的リンパ球増殖反応が抗原同定のための検査として行われ，特に新生児の血便を主体とした消化器症状の原因抗原診断に有用であるが，実施可能な施設は限られている．

4) 除去試験 問診および食物日誌より牛乳がアレルギー症状の原因抗原であると推定された場合には授乳中の母親も含めて食事内容より2週間完全に除去する．乳児用調製粉乳を摂取中の乳児では牛乳アレルゲン除去食品であるいわゆるアレルギー用ミルクを摂取させる．2週間で症状の改善がみられた場合には，牛乳アレルギーを疑い，必要に応じて食物負荷試験へとすすむ．

2週間の完全除去が実行されたのにもかかわらず症状の改善がみられない場合には，免疫学的検査の結果も参考にして問診から見直す．

5) 食物経口負荷試験 食物アレルギーの原因抗原診断において，二重盲検食物負荷試験が必須とされてきたが，低年齢児においては，負荷試験時にはじめて即時型反応を経験することが少なくない．一方，Immuno CAP法による定量性が高まり，二重盲検食物負荷試験の結果の陽性的中率が95％以上となる特異的IgE抗体レベルを設定できるようになり[4]，牛乳に関しては，2歳未満では5 U_A/ml 以上，2歳以上では15 U_A/ml 以上であれば負荷試験実施時に95％以上の確率で陽性と出るとされている[4,5]．そのため，除去試験陽性の2歳未満のアトピー性皮膚炎児と数カ月から1年以内に重篤な即時型アレルギー反応の既往がある場合には，Immuno CAP法による牛乳特異的IgE抗体レベルやヒスタミン遊離試験の結果を参考にして牛乳アレルギーと診断し，負荷試験は行わずに治療に進むことが推奨されるようになった[6]．

一方，牛乳の直接摂取による症状がアトピー性皮膚炎のみであることが確認されている場合と，即時型反応の既往があっても一定期間の原因食品除去実施後に食品除去解除を図るときには負荷試験が必要となる．低年齢児においてはオープン負荷試験により判定できることが多いが，年長児や成人の場合には，被験者および判定医の先入観を

5.1.5 牛乳アレルギーの治療

牛乳もタンパク質成分のみに注目すると乳児用調製粉乳が必要な乳児期を除けば他の食品による代替は容易であるが，牛乳中のカルシウムは他の食品中のカルシウムに比べて吸収がよいことより，年少児において除去する場合には，アレルギー用ミルクによる代替が必要である．牛乳アレルギー対応の治療用ミルクには，加水分解により分子量を小さくしたものとアミノ酸乳がある．これらのミルクは独特の味と匂いのために乳児期早期より開始しないと摂取できないことが多かったが，近年各社から味のよいホエイタンパク質分解物を主体としながら低アレルゲン化に成功したミルクが発売されるようになった．それぞれのアレルギー用ミルクのアレルゲン性には差異があり（5.2節参照），栄養学的評価については一部のミルクにおいてのみ実施されているので，個々の牛乳アレルギー児の月齢（ないし年齢）とアレルギー症状の重篤さにより使い分ける必要がある．

牛乳成分も多くの加工食品中に含まれており，アレルギー表示が不適切な例をしばしば経験することから加工食品を極力使用しないで新鮮な材料を用いて調理することが，アレルギー症状の確実な回避につながり，患児および家族のQOLの向上につながると考える．

加工食品中の「乳糖」には乳清（ホエイ）成分が含まれていることが多いので「乳」として表示されることになっており，微量の抗原量でも症状が誘発される牛乳アレルギー児では「乳糖」入りのものは摂取を避ける必要がある．

5.2 牛乳アレルギー用ミルク

5.2.1 アレルギー用ミルクとは

乳児において母乳が不足しているかまったく与えることができない場合には，母乳の代替食品として乳児用調製粉乳を与えることになる．牛乳アレルギーの乳児では通常の乳児用調製粉乳中の乳タンパク質によりアレルギー症状を起こすため，与えることができないが，離乳食開始前には乳児用調製粉乳は母乳とともに唯一の栄養源であるため，牛乳としてのアレルゲン性を有さずに栄養面では母乳あるいは乳児用調製粉乳に比べて遜色のない代替食品が求められる．このような場合に使用可能な代替食品としてつくられたのが牛乳アレルゲン除去ミルク，いわゆるアレルギー用ミルクである．

アレルギー用ミルクは健康増進法により規定される特別用途食品中の，病者用食品の一つであるアレルギー疾患用食品（1998年6月よりアレルゲン除去食品と名称を変更）に位置づけられている．このアレルギー疾患用食品は「特定の食品アレルギーの原因物質である特定のアレルゲンを除去したものであること．除去したアレルゲン以外の栄養成分含量は通常の同種の食品の含量とほぼ同程度であること」と定められている．

現在，特別用途食品のうち，乳児用調製粉乳に関わるアレルゲン除去食品として表示が許可されるためには，アレルギー表示制度における特定原材料の検知法により牛乳アレルゲンが検出感度以下であることが必要とされている．

5.2.2 牛乳アレルギー児の治療におけるアレルギー用ミルクの意義

食物アレルギーの治療の基本は，アレルゲンの摂取回避であるため，牛乳アレルギーの場合には，牛乳，乳製品，牛乳・乳製品を原材料として含む食品の摂取回避が原則となる．

牛乳アレルギーの治療がほかの食物アレルギーと最も大きく異なる点は，混合栄養あるいは人工栄養の牛乳アレルギー乳児において，乳児用調製粉乳が栄養成分の主な供給源となっているため，代替食品はタンパク質源，カルシウム源としてのみならず，すべての栄養成分の質と量とが乳児の発育に適したものでなくてはならないことである．

また，もともとカルシウムの摂取不足が問題となっている日本人にとって牛乳・乳製品はカルシ

ウムの貴重な供給源であるため，牛乳・乳製品を完全に除去する場合にはカルシウムの摂取に留意して代替の食品を選ぶ必要がある．食品成分としてカルシウムを含む食品は多いが，吸収も考慮に入れると牛乳・乳製品と同等のものをみつけるのは難しく，低年齢児では牛乳アレルギー児用に開発された牛乳アレルゲン除去食品であるアレルギー用ミルクを直接摂取あるいは料理中に入れて摂取することが望ましい．

5.2.3 アレルギー用ミルクの種類

牛乳を原材料とした牛乳アレルゲン除去食品であるアレルギー用ミルクは，乳タンパク質を加水分解して作製した低アレルゲン化ミルクが主体であり，特別用途食品の中の牛乳アレルゲン除去食品に分類される．この中には原材料として牛乳タンパクの80%を占め，加水分解を受けやすいカゼインを加水分解してつくったカゼイン加水分解乳と，ホエイタンパク質を原材料に含む加水分解乳がある．

表5.4 アレルギー用ミルクの成分

分類		カゼイン加水分解乳		乳タンパク質*加水分解乳	ホエイタンパク質加水分解乳	アミノ酸乳(低脂肪組成)
品名		ニューMA-1	ペプディエット	MA-mi	ミルフィーHP	エレメンタルフォーミュラ
発売元		森永乳業	ビーンスタークスノー	森永乳業	明治乳業	明治乳業
粉乳100g当たりの標準組成						
タンパク質	(g)	13.0	14.5	12.6	11.9	11.7
脂質	(g)	18.0	20.6	20.0	17.2	2.5
糖質	(g)	63.5	59.4	62.2	66.0	78.6
灰分	(g)	2.5	2.7	2.5	2.4	2.5
水分	(g)	3.0	2.8	2.7	2.5	3.0
エネルギー	(kcal)	466	481	477	462	391
ビタミンA	(μg)	600	450	540	360	310
ビタミンB_1	(mg)	0.4	0.3	0.4	0.6	0.6
ビタミンB_2	(mg)	0.7	0.6	0.7	0.9	0.9
ビタミンB_6	(mg)	0.3	0.4	0.3	0.3	0.3
ビタミンB_{12}	(μg)	2	1	2	4	4
ビタミンC	(mg)	50	50	50	50	50
ビタミンD	(μg)	9.3	8.6	9.3	6.3	5.3
ビタミンE	(mg)	4	4	6.7	6	6
ビタミンK	(μg)	25	17	25	24	25
リノール酸	(g)	2.4	3.2	2.6	1.8	1.3
α-リノレン酸	(g)	0.4	0.45	0.46	0.46	0.26
ナイアシン	(mg)	7.5	5.0	5	6	6
葉酸	(mg)	0.1	0.05	0.1	0.2	0.2
イノシトール	(mg)	50	20	50	98	84
パントテン酸	(mg)	3	2.0	3	3.9	4.2
β-カロチン	(μg)	45		45	68	
タウリン	(mg)	25	25	25	46	39
カルシウム	(mg)	400	400	400	370	380
リン	(mg)	240	230	220	205	220
ナトリウム	(mg)	160	160	160	170	185
カリウム	(mg)	540	530	540	550	450
塩素	(mg)	360	310	330	320	320
マグネシウム	(mg)	45	37	45	41	42
鉄	(mg)	6	6	6	6.4	6.5
銅	(μg)	320	312	320	310	320
亜鉛	(mg)	3.2	2.6	3.2	3	2.8
標準調乳濃度	(%)	15	14	14	14.5	17
標準調乳液の浸透圧 (mOsm/kg・H_2O)		320	330	280	280	400

*：カゼインとホエイタンパク質を原材料とする．

表5.5 牛乳アレルギー治療用ミルクおよびペプチドミルクの比較

		ニューMA-1 (森永乳業)	ペプディット (ビーンスタークスノー)	MA-mi (森永乳業)	ミルフィーHP (明治乳業)	エレメンタルフォーミュラ (明治乳業)	ペプチドミルクE赤ちゃん (森永乳業)*	アイクレオHI (アイクレオ)
タンパク質窒素源	カゼイン分解物	○	○	○		精製結晶L-アミノ酸	○	○
	乳清分解物			○	○		○	○
分子量	平均分子量	約300	約300	約500	約800		ほとんどが3500以下	ほとんどが3000以下
	最大分子量	1000以下	1000以下	2000以下	3500以下			
アレルゲン性		ほとんどなし	ほとんどなし	なし〜(±)	個人差あり	なし	軽度あり	軽度あり
乳糖		(−)	(−)	(±)	(−)	(−)	(+)	(+)
ビタミンK		○	○	○	○	○	○	○
タウリン強化		○	○	○	○	○	○	○
銅・亜鉛強化		○	○	○	○	○	○	○
標準調乳濃度		15%	14%	14%	15%	17%	13%	12.7%
風味		独特の風味	独特の風味	良好	良好	独特の風味	比較的良好	比較的良好
育児用粉乳としての評価				施行			施行	施行

＊：牛乳アレルギー治療用ミルクとしては申請されていないが，軽症の牛乳アレルギー児には使用できる場合がある．
栄養学的評価がなされていることから牛乳アレルギー未発症のハイリスク児に好んで用いる医師もある．

そのほかの牛乳アレルゲン除去食品としてはL-アミノ酸の混合物を窒素源としたアミノ酸乳があり，加水分解乳でも症状が出る牛乳アレルギー児に使用することがある．

各アレルギー用ミルクの成分を表5.4に，アレルギー用ミルクとペプチドミルクの特徴を表5.5に示す．ペプチドミルクは分子量が3500以下となるよう加水分解されているため，軽度の牛乳アレルギー児では症状を誘発しないこともあるため臨床の場では利用されている．

5.3 牛乳アレルギーの新しい治療法

牛乳アレルギーは乳幼児期の食物アレルギーの原因抗原として，乳児期発症のアトピー性皮膚炎においても即時型反応においても卵に次いで頻度の高い食物抗原であり，アレルゲン除去〜アレルゲン性低減化ミルクまでさまざまな特徴を備えたミルクが市販されており，牛乳アレルギー児の治療と患児および家族のQOLの維持に大きく貢献している．

今後もこのような低アレルゲン化ミルクの改良が進むことが期待できると同時に，エピトープ解析の結果から免疫寛容を目指したペプチドミルクも開発されつつある．

今後の治療として牛乳アレルギー児をいかに積極的に寛解へ導くかということをテーマに，現行のミルクの与え方に関する臨床研究や新しい視点からの牛乳アレルギー児用のミルクの開発が期待されている．

〔伊藤節子〕

文献

1) 伊藤節子：アレルギー科, **14**, 298-303, 2002.
2) 伊藤節子：小児科診療, **63**, 12-17, 2000.
3) 食物アレルギー対策検討委員会（委員長：飯倉洋治）：平成11年度報告書, 2000.
4) H. A. Sampson, D. G. Ho: *J. Allergy Clin. Immunol.*, **100**, 444-451, 1997.
5) H. A. Sampson: *J. Allergy Clin. Immunol.*, **111**, S540-547, 2003.
6) 伊藤節子ほか：日本小児アレルギー学会誌, **18**, 213-216, 2004.

6. 乳糖不耐症

6.1 乳糖不耐症とは

　乳糖不耐症とは乳や乳製品の摂取ののち，ラクトースの消化不良および吸収不良が原因の胃腸の不調のことであり，離乳後の幼児初期における小腸粘膜微絨毛中に分布する加水分解酵素ラクターゼの完全欠損および活性低下により引き起こされる．乳糖不耐症による腹部膨張，腹鳴，鼓腸，腹痛および下痢に至る過程は以下のようである．ラクトースは小腸においてグルコースとガラクトースに分解されず，吸収されない．腸内の浸透圧は高まり，多量の水が腸内に入り込む．ラクトースは腸内細菌により，CO_2，水および短鎖有機酸に変換される．その結果，未吸収ガスは腸管の膨張を引き起こし，酸は腸壁を刺激して腸内における水様物が合わさって下痢が引き起こされる．下痢便は泡立ち，明黄色また褐色で酸臭を有する（図6.1）．

　乳糖不耐症の臨床的な診断方法は次の2とおりである．①ラクトース摂取後の呼気中の水素濃度の測定を行い，呼気中の水素濃度の増加が，ラクトース摂取後2時間において20 ppm以上あったときに乳糖不耐症と診断される．②絶食後，個人当たり50 gのラクトースを，水400 mlに溶解して投与し，2時間後の静脈血中の血糖（グルコース）濃度を測定し，この濃度の上昇が20 mgあるいは25 mg/dl以下であれば乳糖不耐症とする．

　上の方法によって乳糖不耐症と診断される人の割合は，北部ヨーロッパ系白人では10%以下であるのに対し，アフリカまたはアメリカの黒人で65～100%，ラテンアメリカ系で45～94%，タイ，ベトナムなどのアジア系アメリカ人で17～100%，南部ヨーロッパ系で30%，日本人で75～100%である．

　乳糖不耐症と診断される人による牛乳摂取後の不快症状の発生は，①摂取するラクトースの量，②同時に摂取する食事，③ラクトースに対する抵抗力の向上，などによって異なる．一般的に乳糖不耐者はラクトース消化者よりも牛乳の摂取量は少ないが，適当量の牛乳は症状を示さず摂取することができる．牛乳を摂取したあとで下痢や腹痛，腹部膨満などの自覚症状が現れるかどうかについて，日本人の成人に対してアンケート調査を行った結果では，調査した人の20～25%程度が

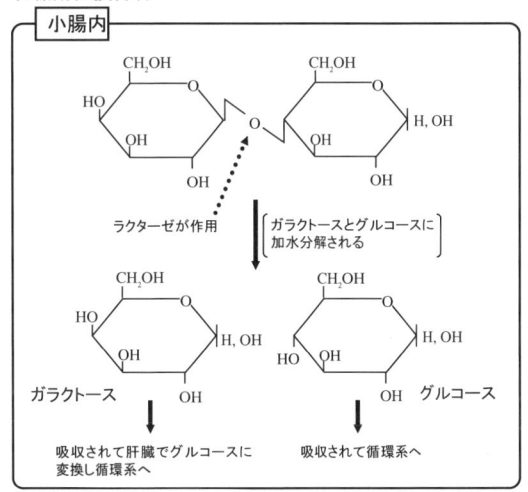

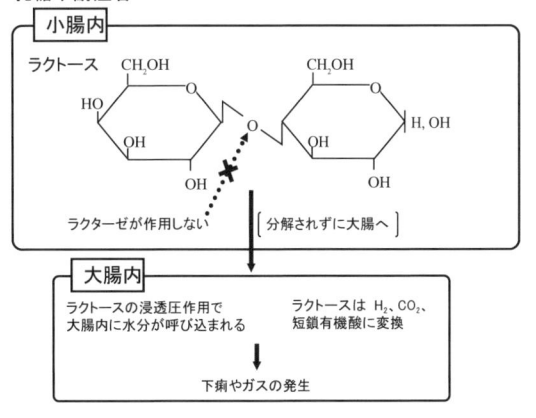

図6.1　乳糖不耐症による症状発生のメカニズム

自覚症状をもっていた．海外で乳糖不耐症と診断される人における牛乳の摂取状況を調査したところ，次のようなデータが報告されている．①人口の約2/3が乳糖不耐者であるアラスカ先住民は，1日に240 ml以上の牛乳を摂取する．②97%が乳糖不耐者であるベトナム人のうち，ベトナム系アメリカ人は1日に360 ml以上の牛乳を摂取する．③85%が乳糖不耐者であるカナダ先住民は1日に240 mlの牛乳を，90%が乳糖不耐者であるアリゾナ先住民小学生は1日に720 ml以上の牛乳を摂取する．④67%が乳糖不耐者であるトリニダード人は1日に300〜600 mlの牛乳を，52%が乳糖不耐者であるメキシコ系アメリカ人は1日に550〜700 mlの牛乳を摂取する．

また乳糖不耐者に牛乳を摂取させたところ，当初は不快症状を示したが，連続的に摂取させるにつれ，症状を示さなくなったという報告例も少なくない．たとえば下記のようである．①コロンビアにおいて，139人の小学生に午前中に250 mlの牛乳を摂取させた際，当初は35%が不快症状を示したが，6週間で大半の症状が消え，6カ月後には2人だけしか示さなくなった．②イランにおいて，56人の子どもに牛乳を摂取させた際，40%は当初不快症状を表したが，日数の経過とともに症状は消えた．

このような乳糖不耐者による牛乳の連続的摂取によるラクトース受容能の向上は，離乳後に低下した小腸ラクターゼ活性の誘導によるものではない．このようなラクトース受容能の向上についてのメカニズムとして，ラクトースの長期間の摂取は，不快症状の原因となるような物質を生産せず，乳酸を主に生産するような腸内細菌の増殖を促し，結腸のpH低下をもたらすことによるものと考えられている．

上述のように北部ヨーロッパ系の人々では乳糖不耐症の発生率がきわめて低く，これは彼らの祖先が牛飼いであり，ある時期の祖先において離乳後も小腸ラクターゼの活性低下が起こらないような変異が生じ，これが選抜淘汰を通じて広まったためであると考えられている．このようなラクトース耐性の分子的基礎も明らかになっている．

2002年にフィンランドのチームは，北部ヨーロッパ系の人種におけるラクトース耐性の獲得は，ラクターゼ遺伝子の上流の13910位置のC/T変異（-13.910 T対立遺伝子）によってもたらされたことを報告した．この変異した遺伝子は，初期新石器時代ならびに中期新石器時代のヨーロッパ人の化石にはみつからなかったことから，現在のラクトース耐性の獲得は新石器時代以降に起こったものであることが証明された（図6.2）．

また一方，ラクトース耐性を獲得した人々が北部ヨーロッパ以外にもいることが最近明らかにされた．アフリカの牧畜民の中には現在でも生存をもっぱら乳の摂取に依存している人々がおり，彼らが乳中のラクトースを消化できるかどうか興味がもたれていた．東アフリカ人におけるDNAサンプルのコレクションとラクトース耐性の有無について広く調べられた結果，上のヨーロッパ人における-13.910 T対立遺伝子とは異なる位置でのラクターゼ遺伝子の変異がタンザニア，ケニア，スーダンの人々において発見され，それがこれらの人々のラクターゼ維持と深くかかわっていることが明らかになった．ラクトース耐性の獲得は，このように祖先また現在において牛乳の摂取に生存を依存している北部ヨーロッパまた東アフリカの人々において，独立して起こったことが示された．

上のように，世界中の人々のラクトース耐性の獲得頻度と乳摂取量の正の相関を考慮し，酪農の発達を通じた乳摂取がラクターゼ維持に対する選抜圧となったという考えはculture-historical仮説として知られている．

6.2 乳糖不耐症用ミルク

上述のように，乳糖不耐者であっても，適当量の牛乳は摂取できる．一方で，乳糖不耐症者向けに低ラクトースミルクも製造・販売されている．それは*Kluyveromyces fragilis*由来のβ-ガラクトシダーゼであるラクトザイムを低温殺菌乳に加え，恒温槽の中でpH 6.5〜7.0で4〜6時間静置

6. 乳糖不耐症

```
          ┌─────────────────┐
          │   旧石器時代      │
          │（狩猟、採集生活）  │
          │すべてのヒトが乳糖不耐症│
          └────────┬────────┘
                   │
          ┌────────┴────────┐
          │   新石器時代      │
          └────────┬────────┘
            ┌──────┴──────┐
        ┌───┴───┐      ┌──┴──┐
        │ 農耕民 │      │牧畜民│
        │アジア人│      └─────┘
        │ラテン系コーカサス人│
        │アフリカ人│
        │〔乳糖不耐症〕│
        └───┬───┘
     ┌──────┴─────┐
  ┌──┴──┐    ┌────┴────┐
  │モンゴル人│ │東アフリカ人の一部│
  │アフリカ人の一部│〔ラクトース耐性の獲得〕
  │〔乳糖不耐症〕│ -13.910対立遺伝子とは異な
  │発酵乳製品への依存が高い。│る位置でのラクターゼ遺伝子の
  └─────┘    └─────┘変異。
```

北部コーカサス人
〔ラクトース耐性の獲得〕
ラクターゼ遺伝子上流の13910位置でシトシンがチミンに変換、-13.910対立遺伝子発生。
離乳後、β-ラクターゼ活性が低下しない。

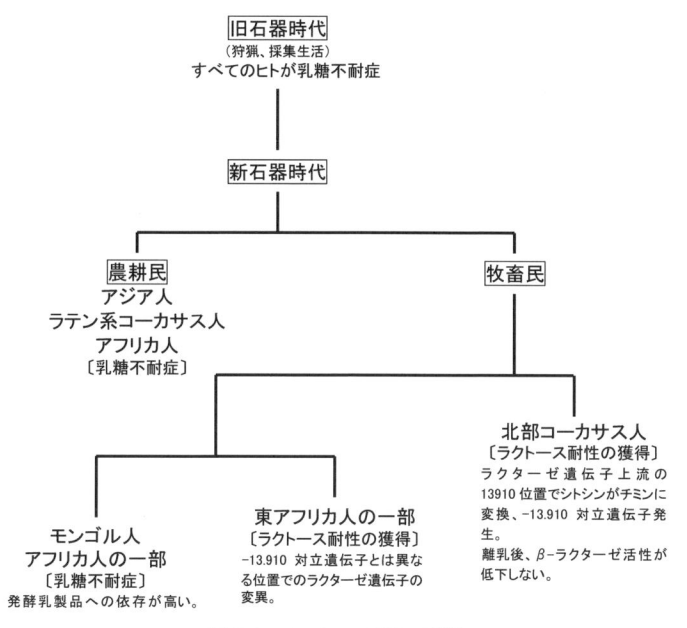

図 6.2　ラクトース耐性の獲得

して製造される．こうして得られた低ラクトースミルクは，牛乳よりも約22%甘く，かすかに浸透圧が高い．

また，食事による改善療法や発酵乳の摂取によって，乳糖不耐症の症状を防ぐ方法もある．乳糖不耐症の症状は，固形食と牛乳の同時摂取，牛乳への砂糖の添加，お茶と牛乳の組合せなどによって改善することが報告されている．またココア牛乳は，その摂取時に牛乳よりも胃の中での滞留時間が長く，摂取者の乳糖不耐症の症状は軽い．

Lactobacillus acidophilus を増殖させたアシドフィルスミルクの摂取によって，乳糖不耐症の改善効果も報告されている．酵素 β-ガラクトシダーゼをリポソームに内包させ，牛乳と併用することによって乳糖不耐症の症状を改善しようという試みもある．

発酵乳を摂取した場合には，上の呼気水素テストによって呼気水素量が少なく，腹部膨満や下痢などの症状の少ないことも報告されている．

〔浦島　匡〕

Ⅳ. 乳・乳製品製造に利用される微生物

1. 発酵乳スターター

　発酵乳とは，微生物の働き（発酵）によって牛乳などがヒトにとって都合よく変化した食品であり，世界各国で製造されている．発酵乳製造の歴史は明確ではないが，家畜の飼育と同じくらい古くから行われてきたと考えられ，たとえばヨーグルトはバルカン半島付近で数千年前からつくられてきたといわれる．

　乳の種類（牛乳，水牛乳，羊乳，山羊乳，馬乳，ラクダ乳など）と関与する微生物（乳酸菌，酵母，糸状菌）などによって特徴のある発酵乳ができるため，世界各地で多様な発酵乳がつくられてきた．古くは，乳がおいしくなり保存性が高まった天然の「発酵乳」をヒトは享受し，それを再現する努力を重ねて伝統的な発酵乳をつくってきた．その後，近年の微生物学の進展によって，発酵乳が特定の微生物の働きでつくられることが明らかになり，関与する微生物の分離とその役割などに関する数多くの研究が19世紀後半から行われてきた．その結果現在では，選抜された微生物菌株を種菌（発酵乳スターター）として用いて大規模な発酵乳製造が世界各地で行われ，食生活の豊富化と人々の健康維持に貢献している．

1.1 発酵乳スターターの微生物

　発酵乳にはさまざまな種類があるが，発酵にかかわる微生物によって大別すると，①伝統的に使われてきた乳酸菌でつくるもの，②これに「プロバイオティクス菌」などを併用するもの，③乳酸菌とともに酵母など他の微生物が関与するもの，となる．

　①はさらに乳酸菌の種類によって区分され，高温性乳酸菌によるもの（代表例は，*Lactobacillus delbrueckii* subsp. *bulgaricus* (*L. bulgaricus*)と*Streptococcus thermophilus* (*S. thermophilus*)の共生作用でつくられるヨーグルト），および，中温性乳酸菌によるもの（*Lactococcus lactis*, *Leuconostoc mesenteroides*などでつくられる発酵バターミルクや北欧の伝統的発酵乳テッテメルク（tettemelk），ラングフィル（langfil）など）がある．②は，これらの乳酸菌とともにヒト腸管由来の*Lactobacillus acidophilus*などラクトバチルス属乳酸菌やビフィズス菌などのプロバイオティクス菌を併用した発酵乳で，20世紀後半から製造されている．また，③には乳酸菌と酵母を用いたケフィール，クーミスなどさまざまなものがある．

　発酵乳スターターとは，発酵乳製造に必要な乳酸菌などの微生物のことである．上記①と③では伝統的発酵乳から分離された株，すなわち歴史的に選抜された株が用いられ，上記②のプロバイオティクス株は主にヒト由来の株が使われている．

　乳中の主要な糖は乳糖であるため，スターター菌株は乳糖を資化する能力が高いものが選ばれている．なお，上記②のプロバイオティクス株には乳糖資化能が弱いものがあるが，そのような場合には，発酵乳に必須な乳酸は他の乳酸菌によって産生される．スターター菌株は，各社が自前で調製する場合とスターターメーカーから購入する場合がある．

　ここでは，発酵乳スターターの中で乳酸菌とビフィズス菌について述べる（その他の微生物スターターについては，他節を参照されたい）．

1.1.1 乳酸菌
a. 乳酸菌とは
　乳酸菌は糖を利用して多量の乳酸を生成するグラム陽性細菌であるが，乳酸菌という名称は20属，約300種からなる多様な細菌集団の総称である．

　乳酸菌に共通な性質として，糖から多量の乳酸

を生成すること，運動性・胞子形成能およびカタラーゼ活性がなく生育に酸素を必要としない嫌気性細菌であること，また，糖をはじめ数種以上のアミノ酸・核酸・ビタミンなど多くの栄養素を生育に要求することなどがあげられる．このような特徴をもつ乳酸菌は自然界に広く分布し，乳や肉，動物の腸内，植物，海洋環境など，栄養が豊富なさまざまな場所・素材から分離される．また，同一種の乳酸菌が異なる環境から分離されることもよくある．

乳酸菌は多様であり果たしている役割も多岐にわたる（表1.1）．乳酸菌は飲食に適する安全なものであるうえに，発酵でできた食品はおいしく保存性が高いため，世界中で多くの発酵食品に応用されている．たとえば，チーズ，ヨーグルトなど発酵乳製品や，ハム，ソーセージ，アンチョビなど畜肉・魚肉の発酵，さらには，漬物やパン，ワイン，日本酒など野菜や穀物など植物質の発酵にもかかわっている．食品ではないが家畜の保存飼料（サイレージ）製造にも広く用いられている．

また，一部の乳酸菌はビフィズス菌などとともに腸管に定住する有用な細菌として，ヒトの健康維持に深くかかわっており，最近ではプロバイオティクスとして注目されている．

さらに，乳酸菌がつくる有用物質も重要である．たとえば，乳酸やデキストランは食品や医療分野で利用されてきた．また，地球環境に優しい生分解性プラスチック（ポリ乳酸）の原料として乳酸が用いられている．その他，乳酸菌がつくる抗菌ペプチド（バクテリオシン）にはナイシンのように食品保存剤として世界中で用いられているものがあり，乳酸菌とその産物は，安全な食品保存（バイオプリザベーション）のためにも利用されている．

b. 乳酸菌利用の歴史

地上にヒトが誕生したとき，微生物はすでに多様に進化しさまざまな環境中に棲息していた．乳酸菌も現在と同じように植物や動物由来の多様な素材を発酵していたと考えられる．乳酸菌の発酵でつくられた食べもの（おいしく保存性の高い「発酵食品」）を人類は偶然発見して享受したのであろう．そして，これらの発酵食品をつくるべくはじめは乳酸菌などの存在を知らずに工夫を重ねてきた．たとえば，ヨーグルトのように発酵食品の一部を「種」として使い，あるいは，漬物や清酒，ワインなどのように原料や容器に由来する微生物を用いるなどして，経験的に発酵食品の製造法を確立した．このような過程を通じて，望ましい乳酸菌株が選択され，さらに人間の移動に伴ってこれらの乳酸菌が広く伝播されて，世界各地でその土地・風土に根差した多様な発酵食品がつくられてきたのであろう．

乳酸菌をはじめて発見したのは，フランスの科学者ルイ・パスツールで1857年のこととされる．その後，さまざまな発酵食品から乳酸菌が分離され，乳酸菌の分類・同定法が確立し，発酵食品製造に果たす乳酸菌の役割が次々と解明された．現在，乳酸菌は伝統的な発酵食品製造に用いられているほか，機能性食品の製造や整腸薬にも用いられている．以上のように乳酸菌は多様でさまざまな有用性を示すので，今後さらに新しい利用も期待される．

c. 乳，発酵乳と乳酸菌

乳の主要な糖は乳糖であるが，乳糖はほぼ乳の中に局在し他の場所にはほとんど存在しない．したがって，発酵乳製造に用いられる多くの乳酸菌は，哺乳類が地上に出現してから乳糖を利用する能力を獲得した可能性が考えられる．最近の遺伝学研究の結果から，乳糖代謝にかかわる遺伝子は水平伝播によって他の微生物から乳酸菌にも広がったと考えられている．

また，乳に棲息する乳酸菌は，乳という栄養に

表1.1 乳酸菌の利用

分野	具体例（代表的なもの）
発酵食品 乳製品	ヨーグルト，チーズ，ケフィール，クーミス，ビーリ
肉・魚製品	発酵ソーセージ・ハム，慣れ寿司，アンチョビ
野菜・穀物	漬物，味噌・醤油，日本酒，ワイン，発酵パン
有用物質	乳酸，デキストラン，ナイシン （研究中：糖アルコール，アミノ酸，ビタミン）
健康効果	プロバイオティクス，整腸剤（腸内善玉菌） （研究中：経口ワクチン，医薬用酵素の運搬）

富む特殊な環境に適するように進化してきたと考えられる．乳には遊離アミノ酸が少なくカゼインなど乳タンパク質が多量にあるので，タンパク質分解能，ペプチド取込み能と細胞内ペプチダーゼ活性を備えて，自らは20種すべてのアミノ酸はつくらずに生育する乳酸菌がほとんどである．

発酵乳で最も有名なヨーグルトは，バルカン半島を起源とし，*L. bulgaricus* と *S. thermophilus* の共生作用でつくられる．ヨーグルトの乳酸菌を発見したのはブルガリアのグリゴロフである．そして同時代のメチニコフが長寿の食品として紹介したことを契機として[1]，ヨーグルトがヨーロッパに伝えられ，現在では世界中に広まっている．これらの乳酸菌の起源は発酵乳とされているが，ブルガリア自生の植物から分離されるという報告[2]があり，発酵乳の起源と乳酸菌の生態を考えるうえで興味深い．

なお，発酵乳製造に用いられている乳酸菌ではゲノム解読が進んでいる[3]．これらの情報を活用する研究によって，発酵乳スターターに関して深く正確な理解が進むと期待される．

1.1.2 ビフィズス菌

Bifidobacterium 属細菌（ビフィズス菌）は，1899年フランスのティシィエによって母乳栄養児の糞便から発見された．かつては，*Bacteroides bifidus*，*Lactobacillus bifidus* と呼ばれたこともあったが，1974年発行の Bergey's Manual 第8版からは *Bifidobacterium* 属に分類されている（なお，bifido- とは「分岐」の意味で，本菌が示す独特な細胞形態に由来して *Bifidobacterium* と命名された）．

ビフィズス菌は，哺乳類やミツバチなどの腸管・糞便，さらには，ヒトの口腔や膣，反芻動物のルーメンなどから分離されるグラム陽性の嫌気性細菌である．ビフィズス菌は約40種からなるが，その DNA の塩基組成比（GC含量）は57～67％であり，分類学的には放線菌などの仲間である．ヒト糞便からは *Bifidobacterium breve*，*B. bifidum*，*B. infantis*，*B. longum*，*B. adolescentis*，*B. angulatum*，*B. catenulatum*，*B. pseudocatenulatum*，*B. dentium*，*B. gallicum* などが分離される．

ビフィズス菌は健康なヒト腸内に定住する細菌の数％を構成し，約 10^{10} CFU/g ほどが検出される．特に母乳栄養児の腸内では最優勢の菌であり，乳幼児の発育はもちろん一生を通じて健康によい作用を示す有用な細菌と考えられている．なお，ビフィズス菌は分類学的には乳酸菌と近縁ではないが，ヒトの腸内に生息して健康効果を有し発酵乳などの製造に用いられることから，乳酸菌として扱われることもある．そして乳酸菌とともに，健康効果を発揮する生きた微生物（いわゆるプロバイオティクス）の代表として知られており，ビフィズス菌のもつ健康効果を利用した発酵乳・乳酸菌飲料やその他の食品が販売されている．

ビフィズス菌は偏性嫌気性細菌で（ほとんどの種はカタラーゼ陰性），嫌気条件でよく生育する．生育に最適な温度は37～41℃，最適な pH は6.5～7.0である．グルコースを代謝して L(+) 乳酸と酢酸をモル比で2：3の割合で生成するが，その他に微量の蟻酸・エタノール・コハク酸をつくる（一般に酢酸は発酵乳では好まれないので，ビフィズス菌入り発酵乳製造では適正な発酵条件を設定することが重要である）．ビフィズス菌は6単糖を代謝する独自の経路をもち，フォスフォケトラーゼ（fructose-6-phosphate phosphoketolase：F6PPK）が関与する．この酵素 F6PPK は，腸内の他のグラム陽性細菌からは検出されないのでビフィズス菌の同定に用いられることがある．

発酵乳に使われるビフィズス菌には，*B. adolescentis*，*B. bifidum*，*B. breve*，*B. infantis*，*B. longum* がある．これらのビフィズス菌でもゲノム解読がさかんに行われており[4]，腸内での生態が遺伝子レベルで解明されようとしている．

なお，ビフィズス菌には分類学的に整理されていない面がある．したがって，今後ゲノム情報や DNA 配列などに基づく分類法によって系統関係が考慮され，ビフィズス菌が再分類される可能性

1.2 発酵乳に使用される乳酸菌とスターター調製法

乳酸菌は，発酵乳の風味・物性，培養特性，健康機能などに大きく影響する要因であり，スターターの調製は発酵乳製造における最も重要な工程の一つである．代表的な発酵乳であるヨーグルトに使用する乳酸菌は，伝統的に乳中での生育能，乳酸生成能，香気成分生成能，組織形成能，さらには製品保存中の酸生成能，生残性などを基準に選択されている．スターターは菌の形態，生育至適温度（高温性または中温性），発酵形式（乳酸のみを生成するホモ型またはアルコールや二酸化炭素なども生成するヘテロ型）などによって分類される．また，最近では乳酸菌の保健効果に関する研究の進展とともに，ヒトの健康に好影響を及ぼす乳酸菌を使用する動きがさかんになってきている．IDFの調査によると世界各地の発酵乳のスターターの構成は，その伝統を受け継いでかなり明確に定義されている．わが国で発酵乳製造に使用される主な乳酸菌とその特徴を表1.2，表1.3に整理した．

ヨーグルトスターターとして用いられる乳酸菌の主な組合せは下記の通りである．

① *L. bulgaricus* + *S. thermophilus*，② *L. bulgaricus* + *S. thermophilus* + *Bifidobacterium*，③ *S. thermophilus* + *Bifidobacterium*，④ *S. thermophilus* + *Lactobacillus acidophilus* + *Bifidobacterium*，⑤ *Lactococcus lactis* subsp. *cremoris* + *S. thermophilus*

ヨーグルトスターターの調製は，継代培養により段階的に活性を高め，最終的にバルクスターターへと仕上げていく（バルクスターターとは，最終製品を調製する際，発酵のために原料ミックスに添加する培養物のことである）．各段階での植継ぎには厳密な工程管理と熟練した技術が必要とされる．特にヨーグルトでは桿菌（*L. bulgaricus*）と球菌（*S. thermophilus*）の比率が製品の風味・物性，保存性に密接に関係するため，スターターの調製に失敗すると最終製品の品質に決定的な影響を及ぼすことになる．

スターター調製法は，以下の2通りに大別される．

1.2.1 フレッシュカルチャー法
（継代培養による調製法）

ストックカルチャー，マザースターター，バルクスターターを順次調製していくわが国の乳業メ

表1.2 主な発酵乳製造用乳酸菌の特徴

分類	菌種	菌形態	発酵様式	ガス産生	好気性生育	常用培養温度（℃）	牛乳中生育の酸度（%）	主な用途
乳酸桿菌	*Lactobacillus delbrueckii* subsp. *bulgaricus*	桿菌	ホモ	−	+	37〜45	1.5〜1.7	発酵乳，乳酸菌飲料
	Lactobacillus delbrueckii subsp. *lactis*	桿菌	ホモ	−	+	37〜45	1.5〜1.7	チーズ，発酵乳
	Lactobacillus helveticus	桿菌	ホモ	−	+	37〜45	2.0〜2.7	チーズ，発酵乳，乳酸菌飲料
	Lactobacillus helveticus subsp. *jugurti*	桿菌	ホモ	−	+	37〜45	2.0〜2.7	チーズ，発酵乳，乳酸菌飲料
乳酸球菌	*Streptococcus thermophilus*	双・連鎖	ホモ	−	+	37〜43	0.7〜0.9	発酵乳，乳酸菌飲料
	Lactococcus lactis subsp. *lactis*	双球菌	ホモ	−	+	30	0.7〜0.9	チーズ，バター，発酵乳
	Lactococcus lactis subsp. *cremoris*	連鎖球菌	ホモ	−	+	20〜25	0.7〜0.9	チーズ，バター，発酵乳
	L. lactis subsp. *lactis* biovar diacetylactis	双球菌	ホモ	−	+	30	0.7〜0.9	チーズ，バター
ロイコノストック	*Leuconostoc cremoris*	連鎖球菌	ヘテロ	+	+	20〜25	酸生成微弱	チーズ，バター，発酵乳

表1.3 発酵乳製造に使用される主な腸管系乳酸菌の特徴

分類	菌種	菌形態	発酵様式	ガス産生	好気性生育	常用培養温度(°C)	牛乳中生育の酸度(%)	主な用途
乳酸桿菌	Lactobacillus acidophilus (A1)	桿菌	ホモ	−	+	37〜40	0.3〜1.9	発酵乳, 乳酸菌飲料
	Lactobacillus crispatus (A2)	桿菌	ホモ	−	+	37〜40	0.3〜1.9	発酵乳, 乳酸菌飲料
	Lactobacillus amylovorus (A3)	桿菌	ホモ	−	+	37〜40	0.3〜1.9	発酵乳, 乳酸菌飲料
	Lactobacillus gallinarum (A4)	桿菌	ホモ	−	+	37〜40	0.3〜1.9	発酵乳, 乳酸菌飲料
	Lactobacillus gasseri (B1)	桿菌	ホモ	−	+	37〜40	0.3〜1.9	発酵乳, 乳酸菌飲料
	Lactobacillus johnsonii (B2)	桿菌	ホモ	−	+	37〜40	0.3〜1.9	発酵乳, 乳酸菌飲料
	Lactobacillus casei	桿菌	ホモ	−	+	37〜40	1.2〜1.5	チーズ, 発酵乳, 乳酸菌飲料
	Lactobacillus casei subsp. rhamnosus	桿菌	ホモ	−	+	37〜40	1.2〜1.5	チーズ, 発酵乳, 乳酸菌飲料
乳酸球菌	Enterococcus faecium	双球菌	ホモ	−	+	37〜40	0.5〜0.8	チーズ, 発酵乳
ビフィズス菌	Bifidobacterium bifidum	多形性桿菌	ヘテロ	−	−	37	0〜1.4	発酵乳, 乳酸菌飲料
	Bifidobacterium longum	多形性桿菌	ヘテロ	−	−	37	0〜1.4	発酵乳, 乳酸菌飲料
	Bifidobacterium breve	多形性桿菌	ヘテロ	−	−	37	0〜1.4	発酵乳, 乳酸菌飲料
	Bifidobacterium infantis	多形性桿菌	ヘテロ	−	−	37	0〜1.4	発酵乳, 乳酸菌飲料
	Bifidobacterium adolescentis	多形性桿菌	ヘテロ	−	−	37	0〜1.4	発酵乳, 乳酸菌飲料

A1〜A4, B1, B2は旧分類における Lactobacillus acidophilus のサブグループ名称.

ーカーで従来から採用されている方法である. ストックカルチャーは, シードカルチャーまたはスタムカルチャーとも呼ばれ, 種菌として継代している培養物のことである.

まず, 各社が独自に保存しているストックカルチャー (液体培養物, 凍結品, 凍結乾燥品) を滅菌済脱脂粉乳 (あるいは脱脂乳) 培地に所定量添加ののち, 培養してマザースターターを調製する. 一般的に, ストックカルチャーおよびマザースターター用の培地は, 乳固形分として10〜13%であり, 培養温度は35〜45°C (中温菌スターターでは20〜30°C), 培養時間は14〜20時間である. バルクスターターを調製する際は, 必要に応じてマザースターターの中間培養を行い, 段階的にスケールアップを実施する. ヨーグルトでは, マザースターターの調製段階までは各菌株の単一培養を行い, バルクスターター調製時にそれらを混合培養する方法が一般的であり, 製品中の菌数バランスをコントロールすることが容易である.

一方, ビフィズス菌は伝統的なヨーグルトスターターと異なり乳中での増殖力が弱く培養に長時間を要するため, スターター調製の際には単菌で培養することが多い. 培地には酵母エキス, 乳タンパク加水分解物, ビタミン, アミノ酸, 無機塩類などを添加したり培地を脱気したりして生育を促進することがある.

フレッシュカルチャー法のメリットとしては, 独自性のある乳酸菌を使用でき他社との差別化が容易であること, 活性の高いスターターを調製できることなどがあげられる. 一方, 自社でスターター管理を実施するため, 煩雑な植継作業が発生し, 時間と労力を必要とすること, 作業に技能と熟練が必要であること, 雑菌やファージ汚染の可能性が避けられないことなどのデメリットがある.

1.2.2 濃縮スターター法

前述の問題を解消するために, 凍結濃縮菌 (あるいは凍結乾燥菌) をバルクスターターの調製に用いるか, あるいは原料ミックスに直接接種する方法 (DVI法: direct vat inoculation, またはDVS法: direct vat set) が実用化されている. 本方式では, pHと温度が管理されたタンクでスターター菌株を大量培養し, 遠心分離あるいは膜処理によって10〜25倍に濃縮したあと, 凍結または凍結乾燥した菌体 (生菌数: 10^{10}〜10^{11} CFU/ml) を得る. 濃縮スターターの安定性は保存温度に依存するが, 通常は3〜12カ月とされている.

本方式のメリットとしては，継代培養によって乳酸菌の菌群構成や特性が変化するおそれがないこと，ストックカルチャーからバルクスターターに至る煩雑なスターター管理が省略できること，菌数が高いために使用量の調整・管理が容易であり，製造計画に柔軟性をもたせることができること，混合培養の難しいカルチャーでも個々の濃縮菌を原料ミックスの中で混合することができること，いくつかの種類をローテーションすることでファージ事故の防止に役立つことなどがあげられる．また，培養などに伴う付帯設備も不要になることから，乳酸菌の取扱いに経験の少ない新規参入メーカーにとって実用的な方法といえる．一方，濃縮菌の活性維持のためには厳密な保存温度の管理が必要であること，自社製造しない場合には製品の独自性を打ち出すことが難しいなどの問題点もあげられる．

チーズの製造では，濃縮菌あるいは凍結乾燥菌によるDVI方式がすでに実用化されているが，発酵乳の製造でも欧米の乳業メーカーを中心に普及が進んでおり，現在主流になりつつある．具体的には，ソフトヨーグルトやドリンクヨーグルトなどの前発酵商品にDVI用として使用されるか，あるいはバルクスターターの調製に用いられることが多い[5]．

現在市販されているヨーグルト用スターターは，タイプ別（セットタイプ用，ソフトタイプ用，ドリンクタイプ用），品質特性別（発酵性能，フレーバー生成能，酸味の程度，テクスチャーなど）に種類が多いため，使用用途に合わせて適切なスターターを選択していくことが可能である．濃縮スターターの形態には，凍結濃縮菌（frozen concentrate），ペレット，凍結乾燥菌（freeze dried）がある．

1.3 乳酸菌の機能と発酵乳の物性

発酵乳の原料である乳（牛乳など）には，乳糖，乳タンパク質，乳脂質，各種ミネラルなどが含まれている．スターターはこれら栄養成分を細胞内に取り込み，各種の代謝経路で多数の物質を生み出して増殖する過程，すなわち，発酵によって発酵乳はつくられる．そのため，スターターの菌種や株によって発酵経過と代謝産物が異なり，発酵乳の風味・物性などに違いが生じるほか，プロバイオティクス効果も異なる．

1.3.1 発酵乳製造に及ぼす乳酸菌の機能

スターター乳酸菌の主な機能には以下のようなものがある．

a. 乳糖資化と乳酸生成

乳の主要な糖である乳糖はスターター細胞に取り込まれ代謝されて乳酸がつくられる．その結果，pHが低下してカゼインが凝集しゲルが形成されると同時に，発酵乳に特有なさわやかな酸味を与える．したがって，乳酸は発酵乳製造に必須なものであり，発酵乳では主に乳酸菌が乳酸をつくる役割を果たしている．

乳酸菌とビフィズス菌は乳糖を取り込み発酵でエネルギーを得るが，その様式は属や種によって異なる．発酵乳製造に広く用いられている *S. thermophilus* と *L. bulgaricus* およびビフィズス菌についてみると，乳糖はリン酸化されずに透過酵素によって細胞内に取り込まれ，β-ガラクトシダーゼ（ラクターゼ）によってグルコースとガラクトースに分解される．この乳糖の取込みと分解様式はこれらの細菌に共通である．

しかし，上記2種の乳酸菌ではグルコースは代謝されてピルビン酸になるがガラクトースは細胞外に排出される．ピルビン酸は乳酸脱水素酵素（LDH）によって，*S. thermophilus* ではL(+)乳酸が，*L. bulgaricus* ではD(-)乳酸がつくられる（これは両種がもつLDH遺伝子が異なるためである．しかし，乳酸の光学異性の違いによって発酵乳の香味や物性には違いはないと考えられている）．これらの乳酸菌では，乳糖は代謝によってほぼすべて乳酸になる（ホモ乳酸発酵）．

一方ビフィズス菌では，乳糖の分解で生じるグルコースとガラクトースは解糖系とフルクトース-6-リン酸フォスフォケトラーゼ（F6PPK）を含む経路によって代謝され，L(+)乳酸と酢酸が

つくられる．ビフィズス菌では，2分子のグルコースから3分子の酢酸と2分子の乳酸が生じる．

なお，乳糖資化と乳酸生成に関して乳酸菌がもつ代謝様式は，上記のほかにも知られている．たとえば，Lactococcus lactis 種や Lactobacillus acidophilus，L. casei などでは，乳糖をリン酸化して取り込む PEP：PTS 系をもつ．リン酸化された乳糖は細胞内で β-フォスフォガラクトシダーゼによってグルコースとガラクトース-6-P に分解されたのち，代謝されて乳酸がつくられる．

このように属や種によって乳糖の代謝経路に違いがみられるが，遺伝子の相同性から判断するとこれらの違いは必ずしも生物分類とは一致せず，遺伝子の水平伝播によって他の微生物からおのおのの乳酸菌に移行したものと考えられる．

b. タンパク質の分解

乳中には遊離アミノ酸が少ないため，乳酸菌は乳タンパク質を分解して利用する．細胞表層にあるタンパク質分解酵素でカゼインなどのタンパク質を分解してペプチドとし，細胞膜にある輸送系によってそれらを細胞内に取り込み，ペプチダーゼでアミノ酸にまで分解して利用する．これらの作用で乳タンパク質が分解されるので，発酵乳はヒトが消化しやすいものであり，また，生成されるペプチドの中にはヒトの健康によい効果を示すものがある．さらに，ペプチドの分解で生じるアミノ酸にはフレーバーの前駆物質として重要なものがある．ヨーグルト発酵では，乳タンパク質から L. bulgaricus がつくるペプチドやアミノ酸が S. thermophilus の生育促進物質として働くことはよく知られている．なお，遊離アミノ酸含量を比べると，ヨーグルトは生乳と比べて2倍以上多い．特にグルタミン酸，プロリン，アラニン，セリンなどの増加が著しい[6]．

c. フレーバーやビタミンなどの付与

乳酸菌の代謝によってさまざまな産物がつくられ，発酵乳の香味と栄養に影響する．ヨーグルトフレーバーに関与するものには，乳酸や蟻酸，アセトンやアセトインなど数多くのものが知られているが，主要なものはアセトアルデヒドであり，プレーンヨーグルトなどではある程度の濃度が必須である．アセトアルデヒドは主に L. bulgaricus がつくるが，生成量は pH が低下して5付近で顕著になり pH 4.2 で最大となる．生成経路はいくつかあるが，スレオニンアルドラーゼによってスレオニンからアセトアルデヒドとグリシンがつくられる経路が主要だと考えられる．

また，葉酸，ナイアシン，B_6 などのビタミンがヨーグルトで増加することが知られている．さらに，ラクターゼなどの酵素やペプチドなどの成分によって，ヒトの健康に寄与することも知られている．

1.3.2 発酵乳の物性

発酵乳の物性は消費者の嗜好性にかかわる重要な要因の一つである．発酵乳のゲル形成には，乳の組成や処理条件（加熱，均質化）のほかに，発酵温度やスターター乳酸菌の乳酸生成速度など，物理的および生物学的な種々の要因がかかわる．発酵によって pH が低下して pH 4.6 付近になると乳中のカゼインなどが凝固し（等電点沈殿），カルシウムなどとともにミセルを形成する．また，乳酸菌がつくる高分子（分子量100万以上）の菌体外多糖（EPS）は発酵乳の粘度を増加させる．EPS をつくる株とつくらない株があるが，生産量はスターター菌株の違いや発酵条件によって大きく異なる．

1.4 乳酸菌の育種

発酵乳スターターは製造過程と最終製品の特性を決める重要なものである．世界各地の発酵乳から分離された多数の菌株から，良好な性質をもつ株が選抜されて発酵乳製造に用いられてきた．現在乳業会社やスターターメーカーが保有している株は，ほぼすべてこのようにして分離された株である．これらの菌株は長い間に自然突然変異と遺伝子移行などを経て「進化」してきたもので，そのような多数の株の中から産業的に有用なものが選抜されてきたと考えられる．

これとは別に，特定の株を改良することができ

れば，製造過程の合理化や効率化が実現でき，好ましい特性をもつ発酵乳製品をつくることもできるので魅力的である．

スターター菌株の改良法には，以下に述べるいくつかの方法がある．

(1) 突然変異の誘起．これは，物理的あるいは化学的方法によって人為的に突然変異の頻度を高め，目的の性質（変異）をもつ優良株を選抜するものであり，「進化」を加速させて多数の変異株の中から目的の性質をもつ菌株を選抜する．目的の改良株が得られる確率は低く，予期せぬ変異が同時に入る可能性もあるが，実施できる選抜方法があれば実用的である．たとえば，ヨーグルトの「後発酵」による酸味増加を防ぐために，低温感受性変異を有する株の作出[7]などが報告されている．

(2) 菌株によっては自身のゲノム中に組み込まれたバクテリオファージ（細菌に感染するウイルス．ファージとも呼ぶ）が何らかの原因で出現して発酵が停止することがあり問題である．この溶原ファージを乳酸菌から除去して安定製造に資するようにした例[8]がある．

(3) 違う菌の細胞どうしが接触して遺伝子を移行する「接合伝達」，および，ファージを介して遺伝子が移行する「形質導入」という現象は乳酸菌でも知られている．しかし前者の方法でファージ耐性をチーズ製造菌に賦与した報告[9]はあるが，発酵乳スターターでの実用研究例は知られていない．

以上は近代的方法を使ったものであり，多くの場合効率は低い．しかし菌種・菌株および目的とする性質によっては，これらの方法で「改良株」の取得が期待される．

(4) そして近年，乳酸菌およびビフィズス菌などでも遺伝子研究が大幅に進展し，その研究成果を活かした新しい方法によって，効率よく合理的な育種を進めることが可能となってきた．

この背景には，1970年代後半以降，乳酸菌のバイオ研究が進展したことがある．1987年に報告されたエレクトロポレーション（電気穿孔）法によって，それまで困難だった乳酸菌の形質転換が再現性よく実施できるようになり[10]，乳酸菌バイオテクノロジーが大きく前進した．また，食品に応用する「組換え乳酸菌」を想定した本格的な応用研究も進んでいる．たとえば，食品として用いても安全なベクターや選択マーカー遺伝子の開発が報告されているが，さらに，目的の遺伝子のみをゲノムDNAへ組み込んで安定化して，ベクターなど余分な配列を残さない方法[11]が報告されている．まだ一部の乳酸菌やビフィズス菌の菌種の研究ではあるが，科学的にみて安全で食品に適する組換え技術（育種法）が確立してきたといえる．

また，ゲノム塩基配列の解読が加速度的に進んでいることも重要である．ヨーグルト製造に用いられる乳酸菌を始め，発酵産業で重要な乳酸菌やビフィズス菌の多くの菌種でゲノム解読が進んでいる．その結果，これらの細菌がどのように進化してきたか，また，各菌種が示す特性や代謝などに関する多くの事実が推定できるようになってきた．

ゲノム情報から得られる膨大な遺伝子情報を駆使することによって，次のような発酵乳スターターへの応用が期待される．

第1に，遺伝子組換え技術を駆使して，有用な遺伝子の改変や発現量の制御，あるいは新しい遺伝子の挿入ができる．また，好ましくない遺伝子がある場合にはその遺伝子を失活（あるいはゲノムから削除）することも可能である．遺伝子組換え微生物を食品に利用する際の安全性評価ガイドラインは，食品の世界的基準を決めるCODEXですでに確立しており，日本では，2008年6月の第244回食品安全委員会で「遺伝子組換え食品（微生物）の安全性評価基準」として決定，公表された．したがって，今後はこのような技術を応用したスターターが，実際の発酵乳製造などに使われる可能性は考えられる（ただし，この方法で育種された株は遺伝子組換え体なので，安全性が科学的に証明されても消費者に受け入れられるかどうかは不明である）．

第2に，ゲノム情報活用研究は優良株選抜の効率化などに使われようとしている．すなわち，産

業的に有用な遺伝子が特定されれば，ゲノム遺伝子情報，定量的PCRあるいはDNAマイクロアレイを用いた転写解析などによって，たくさんの菌株の中からその遺伝子を大量に発現する株を効率よく選ぶことが可能となる．前述の突然変異操作と組み合わせてこのような検討を行うと，スターター菌株育種の効率が飛躍的に向上する可能性がある．

以上のように，ゲノム情報関連研究から得られる膨大な情報と新しい方法を駆使することによって，乳酸菌やビフィズス菌などの産業用スターター菌株を，その長所を失わずに効率よく改良したり選抜したりすることができる．実際，欧州の企業・研究機関などではこのような研究・開発がさかんに進められており特許出願も増えている．発酵乳スターターの育種・改良も新しい時代に入っており，今後の研究が期待される．

〔佐々木　隆・福井宗徳〕

文　献

1) E. Mechinikoff: The Prolongation of Life, G. P. Putman's & Sons, 1908.
2) M. Michaylova, *et al.*: *FEMS Microbiol. Lett.*, **269**(1), 160-169, 2007.
3) T. M. Cogan, *et al.*: *J. Dairy Sci.*, **90**, 4005-4021, 2007.
4) 鈴木　徹：プロバイオティクスとバイオジェニクス，pp.227-242, エヌ・ティー・エス，2005.
5) 鈴木英毅：乳技協資料，**43**, 44-47, 1993.
6) A. Y. Tamime, R. K. Robinson: Yoghurt Science and Technology, 2nd ed., Woodhead Publishing, 1999.
7) 村尾周久ほか：公開特許公報，昭62-268, 1987.
8) M. Shimizu-Kadota, *et al.*: *Appl. Environ. Microbiol.*, **45**(2), 669-674, 1983.
9) D. O'Sullivan, *et al.*: *Appl. Environ. Microbiol.*, **64**(11), 4618-4622, 1998.
10) J. B. Luchansky, *et al.*: *Molecular Microbiology*, **2**(5), 637-646, 1988.
11) 佐々木　隆ほか：腸内細菌学雑誌，**14**(2), 87-95, 2001.

2. チーズスターター

2.1 スターターの現状

チーズ製造では微生物による発酵が必要不可欠である。チーズの表面および内部には複雑な微生物叢が存在し，これらの発酵現象により特徴あるチーズの外観，組織および風味が形成されている。このようなチーズの微生物叢はスターター乳酸菌（starter lactic acid bacteria）のグループと二次菌叢（secondary microbiota）のグループから構成されており，チーズ製造におけるそれぞれの微生物の役割やチーズの特徴との関係が明らかになってきた[1]。

スターター乳酸菌はチーズ製造中の乳酸生成を目的に加えられており，チーズの熟成にも関与している。従来，スターターという用語はスターター乳酸菌の呼称として使われることが多かった。一方，二次菌叢に含まれる微生物は乳酸生成には関与せず，熟成中に増殖してチーズの特徴を形成する役割を担っている。現在，スターター乳酸菌ばかりではなく二次菌叢に含まれる微生物も，表2.1に示すようなカルチャーとして市販されるようになっている。

今日では，加熱殺菌した乳にスターターを添加してチーズを製造することが一般的であるが，スターターという用語は「発酵を開始させるもの」を意味していることから，現在では，これら二つのグループに含まれる微生物を広義の意味でスタ

表2.1 チーズスターターとして使用される微生物カルチャー

カルチャーの種類	菌　種	重要な性質
乳酸菌カルチャー (lactic acid bacterial cultures)	［中温性カルチャー］ *Lactococcus lactis* subsp. *cremoris* *Lactococcus lactis* subsp. *lactis* *Lactococcus lactis* subsp. *lactis* 　biovar diacetylactis *Leuconostoc* sp. ［高温性カルチャー］ *Streptococcus thermophilus* *Lactobacillus helveticus* *Lactobacillus delbrueckii* subsp. 　*bulgaricus* *Lactobacillus delbrueckii* subsp. 　*lactis*	(1) チーズの製造中に増殖し，約 10^8 CFU/g の濃度までに達する (2) チーズの製造中に乳酸を生成し，pHを低下させて凝乳反応やカードのシネリシスを促進させる (3) チーズの製造中および熟成中に乳糖，クエン酸，タンパク質，脂肪を分解し，チーズの風味成分を生成する
熟成カルチャー (ripening/maturation curtures)	［細菌］ *Brevibacterium linens* *Propionibacterium freudenreichii* ［菌類］ *Penicillium camemberti* *Penicillium roqueforti* *Geotricum candidum* *Debaryomyces hansenii*	(1) チーズの熟成中に増殖し，チーズ固有の外観および組織の特徴を形成する (2) チーズの熟成中に乳酸，タンパク質，脂肪を分解し，チーズの風味成分を生成する
補助カルチャー (adjunct cultures)	［非スターター乳酸菌］ *Lactobacillus paracasei* *Lactobacillus rhamnosus* *Lactobacillus plantarum* *Lactobacillus casei* *Pediococcus* sp.	(1) チーズの熟成中に増殖し，乳糖以外の炭水化物を資化する (2) チーズの熟成中にアミノ酸を分解し，チーズの風味成分を生成する

ーターと呼ぶことが一般的である．

表 2.1 に示すように，スターターとして使用されている微生物カルチャーは，その役割にしたがって乳酸菌カルチャー（lactic acid bacterial cultures），熟成カルチャー（ripening/maturation cultures）および補助カルチャー（adjunct cultures）のグループに分類することができる．

チーズ製造中の乳酸生成を主な役割とする乳酸菌カルチャーはさらに中温性カルチャー（mesophilic cultures）および高温性カルチャー（thermophilic curtures）とに分かれており，単一菌種または複数菌種の乳酸菌を組み合わせて供給されている．

中温性カルチャーは製造温度が30℃であるゴーダ，チェダー，カマンベールあるいは青カビ系チーズの製造に使用されており，一方，高温性カルチャーは50～55℃の高温でクッキングが行われるエメンタール，パルメザンおよびグラナなどの硬質系チーズの製造に使用されている．

熟成カルチャーには二次菌叢に属する細菌および通常，カビ（moulds）あるいは酵母（yeasts）と呼ばれる菌類（fungi）が含まれており，カマンベール表面の白い菌糸層やゴーダ内部のガス孔あるいはエメンタールの甘い香りなどのように，外観，組織および風味にチーズ固有の特徴を形成させている．

また，工場製のチーズは農家製の伝統的チーズと比較すると，画一的で個性の乏しい風味になることが指摘されていた．そこで，このような風味不足を改良するために，新たな製造技術として補助カルチャーの利用が広がってきている．補助カルチャーには，二次菌叢に属する非スターター乳酸菌（non-starter lactic acid bacteria）が含まれている．

チーズ製造が工業的に行われる現在では，チーズ製造者と安定した品質のカルチャーを大量に供給するスターターメーカーとの分業体制が確立している．表 2.2 に示すようなスターターメーカーからは数多くの種類の微生物カルチャーが供給されており，伝統製法とは異なった微生物叢のチーズを製造することも可能となっている．

表 2.2 代表的なスターターメーカー

Chr. Hansen A/S	http://www.chr-hansen.com/
DANISCO	http://www.danisco.com/
DSM	http://www.dsm.com/
SACCO	http://www.saccosrl.it/
CSK food enrichment	http://www.cskfood.nl/
VIVOLAC	http://www.vivolac.com/

2007年にホームページが公開されているメーカー．

今後，さまざまなスターターの組合せが試みられ，伝統的チーズとは差別化されたスペシャリティ（speciality）と呼ばれる新しいカテゴリーのチーズが増加し，チーズの多様性が進むものと思われる．

2.2 チーズスターターの微生物学

2.2.1 スターター乳酸菌

乳酸菌カルチャーに含まれるスターター乳酸菌は表 2.1 に示すように，*Lactococcus* 属，*Leuconostoc* 属および *Lactobacillus* 属，*Streptococcus* 属から構成されている．いずれも自然界に広く分布している乳酸菌ではあるが，乳中で良好な風味を形成するスターターに適した菌株は乳製品およびその製造環境のみから分離されている．

a. 中温性乳酸菌（mesophilic lactic acid bacteria）

至適温度が 28～30℃付近である *Lactococcus* 属と *Leuconostoc* 属の乳酸菌は中温性乳酸菌と呼ばれている．*Lactococcus lactis* は乳中で活発に増殖し，一晩で乳を酸凝固させる中温性カルチャーの主要な乳酸菌である．

Lactococcus lactis はさらに，増殖温度域と食塩耐性が異なる *L. lactis* subsp. *cremoris* と *L. lactis* subsp. *lactis* の2種類の亜属に分類されている．*L. lactis* subsp. *cremoris* は高温域では増殖できず，食塩耐性も低いのに対し，*L. lactis* subsp. *lactis* は40℃でも増殖し，食塩耐性も高い．

また，一部の *L. lactis* subsp. *lactis* はクエン酸を資化してジアセチル（diacetyl）などの芳香

成分や炭酸ガスを生成することから，*L. lactis* subsp. *lactis* biovar diacetylactis または *L. lactis* subsp. *lactis*（Cit⁺）と表記される．

中温性カルチャーに含まれる *Leuconostoc* 属は *Leu. lactis* または *Leu. mesenteroides* subsp. *cremoris* である．これらは乳糖から乳酸のほかに，炭酸ガスやエタノール，酢酸などを生成するヘテロ型乳酸菌とも呼ばれている．また，*Leu. lactis* と *Leu. mesenteroides* subsp. *cremoris* は乳中でほとんど増殖できず，*L. lactis* subsp. *lactis* との共生によって増殖している．

通常，中温性カルチャーは *L. lactis* subsp. *cremoris*，*L. lactis* subsp. *lactis*，*L. lactis* subsp. *lactis* biovar diacetylactis および *Leuconostoc* sp. の4菌種から構成されている．また，それぞれの菌種の菌株数は不明であることから，非特定菌株カルチャー（undefined cultures）とも呼ばれている．

近年，非特定菌株カルチャーから各菌種の菌株を純粋分離し，特定の菌株を組み合わせた中温性カルチャーがチェダーチーズのスターターとして使用され始めた．このようなカルチャーは他のチーズの製造にも広まっており，特定菌株カルチャー（defined cultures）と呼ばれている．

b. 高温性乳酸菌（thermophilic lactic acid bacteria）

至適温度が37〜45℃付近にある *St. thermophilus*，*Lb. delbruekii* subsp. *delbruekii*，*Lb. delbruekii* subsp. *bulgaricus* および *Lb. helveticus* は高温性乳酸菌と呼ばれている．これらの乳酸菌は高温域で乳酸生成を行わせる高温性カルチャーに含まれており，通常，非特定菌株カルチャーとして供給されている．

また，*St. thermophilus* は中温性カルチャーと組み合わせて，チェダーやカマンベールの製造に使用される例もある．

2.2.2 二次菌叢

a. 非スターター乳酸菌

熟成中に増殖する *Lactobacillus* 属および *Pediococcus* 属の乳酸菌は乳中ではほとんど増殖できないことから，スターター乳酸菌と区別して非スターター菌と呼ばれている．これらの乳酸菌は原料乳または製造環境から混入すると考えられており，スターター乳酸菌が利用できない糖あるいは溶菌したスターター乳酸菌の菌体成分を資化して増殖する．

Lactobacillus 属はチェダー，ゴーダを始めとする広範囲なセミハードチーズから検出されている．*Lb. casei*，*Lb. paracasei*，*Lb. plantarum*，*Lb. rhamnosus* および *Lb. curvatus* が代表的な菌種であり，これらは通性ヘテロ型の乳酸発酵グループに属する中温性の *Lactobacillus* 属である．

また，*Pediococcus* 属は耐塩性の乳酸菌に属し，チーズからは *Pe. acidilactis* と *Pe. pentosaceus* が検出されている．

近年，非スターター乳酸菌のアミノ酸代謝による風味成分の生成が注目されており，チーズの熟成促進や風味強化のために補助カルチャーとして使用されている[2]．

b. その他の細菌

リンバーガーやマンステールなどの表面熟成型のチーズ（smear ripened cheese）の表面には細菌および菌類の複雑な菌叢が形成されており，独特の風味と赤色の色調が特徴である．

Brevibacterium linens はグラム陽性の好気性細菌であり，細胞内にカロテノイドを蓄積し，鮮やかな赤色のコロニーを形成することから，表面熟成型のチーズ表面の主要な細菌と考えられている．

表面熟成型チーズからは，近年，*Micrococcus* 属，*Arthrobacter* 属，*Corynebacterium* 属などの細菌が分離されているが，これらの細菌の分類は混乱があり，さらに分類学上の整理が進められている．

エメンタール，グリュイエール，コンテなどのスイスタイプチーズの典型的な細菌がプロピオン酸菌（propionic acid bacteria）である．プロピオン酸菌はグラム陽性の桿菌であり，スターター乳酸菌が生成した乳酸を基質として増殖する．乳酸からは次式のようにプロピオン酸と炭酸ガスを生成し，甘い風味とチーズ内部のガス孔を形

成する．

　3乳酸→2プロピオン酸+酢酸+CO_2+H_2O

　チーズから検出されるプロピオン酸菌は，*P. freudenreichii* のほか，*P. jensenii*, *P. thoenii*, *P. acidipropionici*, *P. cyclohexanicum* が報告されている．

c. 菌　類

　菌類には形態的特徴からカビおよび酵母と呼ばれるグループが含まれている．カビはチーズの熟成に重要な要素であるのに対し，酵母の役割はほとんど明らかにされておらず，一部の酵母がスターターとして使用されているのみである．

　カビ付け熟成型のチーズは，ロックフォール，ゴルゴンゾーラなどの青カビ系チーズとカマンベール，ブリーなどの白カビ系の2種類に分類される．

　Penicillium roqueforti は自然界に広く分布し，青カビ系チーズに使用されている．胞子の色調は緑色で，青緑色～暗緑色のコロニーを形成する．また，*Pen. roqueforti* の低酸素要求性と酢酸耐性は *Penicillium* 属の中でも際立った特徴となっている．この性状によりチーズ内部で生育して大理石様の青い縞（blue veins）の組織を形成するが，他の食品の変敗を引き起こす原因菌としても知られている．

　Penicillium camemberti は白カビ系チーズの表面で生育し，白い菌糸層を形成する．*Pen. camemberti* の胞子は透明で，コロニーの色調は白色または青白いことから *Penicillium* 属の中でも特異的な存在である．

　Pen. camemberti はチーズおよびその製造環境のみから分離されるために，*Pen. commune* の馴化された菌種と考えられている．また，旧名の *Pen. candidum* や *Pen. caseicola* で呼ばれる場合もある．

　酵母はほとんどのチーズに広く分布しており，*Geotrichum candidum*, *Debaryomyces hansenii*, *Candida utilis*, *Kluyveromyces lactis* などが分離されている．とくに，カビ付け熟成型チーズや表面熟成型チーズの菌叢では *G. candidum* や *D. hansenii* が優勢菌であることが報告されている．

　G. candidum は菌糸体で生育し，成熟した菌糸が分節型胞子となる．このようにカビと酵母の両方の性質を示すために肉眼観察によるカビとの識別は困難であるが，現在では酵母と考えられている．

　G. candidum は自然界に広く分布し，柑橘類や野菜などの損傷を引き起こすことが知られている．白カビ系チーズにおいても *Pen. camemberti* と拮抗し，ガマガエルの肌（toad skin）と呼ばれる欠陥の原因ともなるが，一方では，良好な風味形成に必要とされている．

　D. hansenii は自然界に広く分布する耐塩性の酵母であることから，加塩用のブラインを経由してチーズに定着すると考えられている．カビ熟成型チーズの風味向上あるいは乳酸塩の資化により表面熟成型チーズ表面のpHを中和し，*B. linense* の増殖を促進させる効果が報告されている．

2.3　チーズの熟成におけるスターターの役割

　チーズの製造は，乳の凝固，脱水そして加塩が行われるカードメーキングと所定の温度，湿度条件で管理される熟成の二つの工程からなる．

　チーズの熟成工程では，チーズ中で増殖するスターターおよびレンネットにより乳成分が分解され，チーズの外観，組織，風味が形成されていく．タンパク質であるカゼイン，乳脂肪そして乳糖，クエン酸はチーズ中の主な乳成分であり，表2.3に示す生化学反応を経て分解される．

2.3.1　熟成中の生化学反応

　カゼインははじめにレンネットによる分解を受け，さらにスターター乳酸菌のプロテイナーゼ（proteinase）およびペプチダーゼ（peptidase）によってペプチドとアミノ酸の混合物に分解される．これらのペプチドおよびアミノ酸がチーズらしい舌触りや風味をもたらす．また，一部のペプチドは苦みの原因物質であることから，カゼインの過剰な分解によるペプチドの蓄積はチーズの風

表 2.3 チーズの熟成における基本的な生化学反応

前駆体	中間産物	最終産物	
カゼイン → ペプチド → アミノ酸		炭酸ガス アミン類 チオエステル 硫化水素 ケト酸 アンモニア	脂肪酸エステル チオール フェニルエステル アルコール類 アルデヒド類 ラクトン
乳脂肪 → 脂肪酸 →			
乳糖 → 乳酸 →		酢酸 プロピオン酸	エタノール 炭酸ガス
クエン酸 →	ジアセチル 炭酸ガス アルデヒド	→ 複合化合物	

味欠陥につながる．

カゼインの分解物であるアミノ酸は二次菌叢の作用により，さらに炭酸ガスやアミン類などの物質に変換される．これらのバランスがチーズごとの風味を決定しており，特にチオール類の一種であるメタンチオール（methantiol）はチーズ風味の重要な物質となっている．

さらに，カゼインの分解過程においてカードはしだいにゴム状の弾力のある組織に変化していく．また，カマンベールのようなカビ熟成型チーズでは，Pen. camemberti のアミノ酸代謝によりアンモニアが生成されてチーズ表面から中和されていく．この結果，表面近傍から pH が上昇し，レンネットによるカードの軟化作用が促進され，とろけるような組織となる．

乳脂肪はスターター乳酸菌由来およびレンネットや乳に含まれるリパーゼ（lipase）により脂肪酸に分解される．生成された脂肪酸は二次菌叢による代謝および化学反応により，さまざまな物質に変換される．特に脂肪酸から生成したメチルケトンはブルーチーズの風味成分として単離されている．

乳糖はスターター乳酸菌により乳酸に変換される．乳酸はカードの pH を低下させ，クリームチーズなどのフレッシュチーズで重要な酸味成分となる．

生成された乳酸は二次菌叢により酢酸やプロピオン酸などの有機酸に分解される．エメンタールチーズのプロピオン酸菌は乳酸をプロピオン酸発酵し，チーズの眼と呼ばれる大きなガス孔をもつ組織を形成させる．

クエン酸は表 2.1 に示した L. lactis subsp. lactis biovar diacetylactis および Leu. sp によりジアセチルやアセトアルデヒド，炭酸ガスに分解される．ジアセチルはバター様の風味物質であるとともに，化学反応によってアミノ酸との複合体を形成してチーズの風味成分となることも確認されている．また，炭酸ガスの生成により，チーズの眼と呼ばれるガス孔が形成される．

2.3.2 チーズ中のスターターの増殖に及ぼす要因

製造後のチーズ中にはスターター乳酸菌が 10^8 CFU/g から 10^9 CFU/g 存在し，熟成初期の生化学反応はこれらスターター乳酸菌によって行われる．熟成期間が過ぎるにつれてチーズに特有の二次菌叢が形成されて，表 2.3 に示すような最終産物の生成が行われる．

熟成開始時のチーズの pH，水分，食塩濃度は二次菌叢に属する微生物の増殖を制御する主な要因となる．pH や水分が低く，食塩濃度が高いほど微生物の増殖は抑制され，より長期間の熟成日数が必要となる．したがって，チーズの製造条件とは，有害菌は抑制されて有用な微生物で二次菌叢が構成される pH，水分，食塩濃度となるべく経験的に確立されたものである．

また，微生物の増殖は温度にも依存しており，中温性乳酸菌は 28～30 ℃，高温性乳酸菌は 37～45 ℃に至適温度がある．しかし，一般的にチーズの熟成は微生物の至適温度よりも低い 7～15 ℃

で行われている．

　この温度条件は有用な微生物の増殖および有害な微生物の抑制が平衡する経験的に設定された温度である．温度を高めるほど熟成は促進されて熟成期間も短くなるが，組織や風味が異なったものとなる危険をはらんでいる．

2.4 チーズスターターの管理

2.4.1 スターターの形態と使用方法

　チーズスターター用のカルチャーはスターターメーカーから市販されており，表2.4に示すようなチーズごとに適したカルチャーを購入することができる．

　通常，乳酸菌カルチャーは凍結乾燥粉末または凍結粒の状態で供給される．使用前の保管温度は最も重要な管理項目であり，凍結乾燥粉末は5℃以下（望ましくは－20℃以下）で保管する．また，凍結粒は－40℃以下で保管しなければならない．保管中の温度が上昇した場合，生菌数が低下したり，菌種の構成比が変化するために，製造中の乳酸生成に影響を及ぼすので注意が必要である．

　乳酸菌カルチャーの使用方法はバルクスターター（bulk starter）を調製して乳に添加する方式とカルチャーを乳に直接添加する方式（direct-to-vat starter）とに分けられる．

　バルクスターターの調製に用いられる乳酸菌カルチャーはバルクセットカルチャー（bulk set cultureまたはready set culture）と呼ばれ，10^9 CFU/gから10^{10} CFU/gの乳酸菌を含んでいる．通常，培地には95℃で30〜60分間殺菌された10％の還元脱脂乳または脱脂乳が用いられる．

　培養は中温性乳酸菌カルチャーで20〜22℃，高温性乳酸菌カルチャーは37℃で16〜18時間行われる．培養終了時には培地が酸凝固しており，10^8 CFU/gから10^9 CFU/gの生菌数に達する．バルクスターターは5℃前後まで冷却し，活性が保持されるようにしなければならない．設定温度で培養が行われなかった場合，所定の乳酸菌数が得られないか，または菌種の構成比が異なり，乳酸生成やチーズの品質に影響が及ぶので温度管理には十分な注意が必要である．

　乳に直接添加する乳酸菌カルチャーはDVS（direct vat set）カルチャーまたはDVI（direct vat inoculation）カルチャーと呼ばれ，10^{10} CFU/gから10^{11} CFU/gの高濃度の乳酸菌を含んでいる．DVSカルチャーは乳または脱脂乳に溶解されたあと，所定量を乳に添加される．溶解したDVSカルチャーは使用するまで冷却保存しなければならない．

　バルクスターターとDVSカルチャーを比較するとそれぞれに長所と短所がある．バルクスターターは価格が安く，製造中のpH低下が速い反面，培養設備を必要とし，調製作業が繁雑である．一方，DVSカルチャーは培養の手間がなく，多くの種類のカルチャーを簡便に使用できる柔軟性がある．しかし，価格が高く，乳酸菌が増殖を開始するまでの誘導期が長いために製造中のpH低下が遅くなる傾向がある．

　したがって，どちらを使用するかは製造するチーズの種類や製造設備，生産規模などから総合的に判断しなければならない．

　一方，ほとんどの熟成カルチャーおよび補助カルチャーは凍結乾燥粉末で供給されており，生理食塩水に溶解して使用される．通常は乳に添加されるが，カマンベールや表面熟成型チーズの場合，直接チーズ表面に噴霧する方法も行われる．

2.4.2 スターターの選択

　表2.4に示すように伝統的なチーズの製造に必要な微生物とその働きはすでに明らかにされている．各種のチーズに使用するカルチャーはスターターメーカーの資料が参考になる．その場合，旧名が使用されている場合もあるので微生物名に注意する必要がある．

　また，乳酸菌カルチャー，熟成カルチャーおよび補助カルチャーを任意に組み合わせ，伝統的なチーズとは異なる製造者独自のスペシャリティの製造も可能である．

表2.4 チーズの種類とその製造に使用されるスターターカルチャー

チーズの種類	スターターカルチャー	重要な代謝とチーズへの影響
ゴーダ (Gouda)	*Lactococcus lactis* subsp. *cremoris* *Lactococcus lactis* subsp. *lactis* *Lactococcus lactis* subsp. *lactis* 　biovar diacetylactis *Leuconostoc* sp.	(1)乳酸生成　→カード pH の低下と 　　　　　　　シネリシス促進 (2)ジアセチル生成　→チーズ風味の形成 (3)CO_2生成　→チーズ内部のガス孔形成
カマンベール (Camembert)	*Lactococcus lactis* subsp. *cremoris* *Lactococcus lactis* subsp. *lactis* *Lactococcus lactis* subsp. *lactis* 　biovar diacetylactis *Leuconostoc* sp. *Penicillium camemberti* *Geotricum candidum*	(1)乳酸生成　→カード pH の低下と 　　　　　　　シネリシス促進 (2)乳酸消費，アンモニア生成 　　　　→チーズ表面の pH 中和と内 　　　　　部の軟化促進
エメンタール (Emmental)	*Streptococcus thermophilus* *Lactobacillus delbrueckii* subsp. 　*bulgaricus* *Propionibacterium freudenreichii*	(1)乳酸生成　→カード pH の低下と 　　　　　　　シネリシス促進 (2)プロピオン酸生成　→チーズ風味の形成 (3)CO_2生成　→チーズ内部のガス孔形成
リンバーガー (Limburger)	*Lactococcus lactis* subsp. *cremoris* *Lactococcus lactis* subsp. *lactis* *Lactococcus lactis* subsp. *lactis* 　biovar diacetylactis *Leuconostoc* sp. *Geotricum candidum* *Debaryomyces hansenii* *Brevibacterium linens*	(1)乳酸生成　→カード pH の低下と 　　　　　　　シネリシス促進 (2)乳酸消費　→チーズ表面の pH 中和と 　　　　　　　*B. linens* の増殖促進 (3)硫化化合物の生成　→チーズ風味の形成

2.4.3 バクテリオファージ対策

バクテリオファージ（bacteriophage，またはファージ）とは乳酸菌などの細菌に感染するウイルスである．チーズ製造のように特定の細菌を連続的に使用し続け，環境中に生菌が放出されやすい場合，それらに感染するファージの発生確率が高くなる．乳酸菌カルチャーを使用するにおいて最も注意を払わなければならないことは，このファージ発生の防止と感染後の対策である．

ファージが感染すると乳酸菌細胞内でファージが増殖し，宿主である乳酸菌細胞を破壊するために，生菌数が低下して乳酸の生成が遅延する．重度の感染が起こった場合には，乳酸生成が停止するために製造が不能となる．このような場合，乳を廃棄しなければならず，経済的損害も大きくなる．

製造中の pH 低下が遅くなる現象が続いたときには，まず，ファージの感染を疑うべきである．このような場合，製造室および器具の洗浄，殺菌を徹底し，製造環境中のファージ濃度を低下させる必要がある．

また，ファージは同じ菌種でも菌株が異なる場合，感染は起こらない．したがって，普段から環境中のファージを測定し，ファージの感染タイプが異なる乳酸菌カルチャーをローテーションして使用することが最も効果的である．

〔石井　哲〕

文　献

1) T. P. Beresford, *et al.*: *Int. Dairy J.*, **11**, 259-274, 2001.
2) B. V. Thage, *et al.*: *Int. Dairy J.*, **15**, 795-805, 2005.
3) B. A. Law: *Int. Dairy J.*, **11**, 383-398, 2001.

3. 乳業に利用されるその他の微生物

3.1 酵母と乳酸菌を併用したスターター

　ラクトース発酵性酵母や乳酸菌などをスターターとして製造されるアルコール発酵乳で、代表的なものとして旧ソ連邦コーカサス地方原産のケフィール（kefir）ならびにモンゴルをはじめとする中央アジア一帯でつくられているクーミス（koumiss）がある。

3.1.1 ケフィール

　ケフィールは、牛乳、山羊乳、羊乳などを原料に複数の乳酸菌と酵母で複合発酵させる発酵乳で、そのふるさとは世界長寿村の一つである北コーカサスである。伝統的にはケフィール粒と呼ばれる種菌をスターターにして、ヤギの胃袋を容器に用い、攪拌発酵することで製造され、爽快でまろやかな酸味と発泡性のあるアルコール性保健飲料ができあがる。この中には乳酸（0.9～1.1％）、エタノール（0.3～1％）および炭酸ガス（1％）を含む[1]。

　スターターとなるケフィール粒は、ケフィランと呼ばれる粘性多糖を含み、乳酸菌、酵母、酢酸菌などの微生物で構成されている。ケフィール粒の微生物フローラは多くの研究者によって検討されている。Wszolekら[2]によると、*Lactobacillus brevis* や *Lactobacillus kefiranofaciens*（ケフィラン生産菌）などの乳酸桿菌、*Streptococcus thermophilus*、*Lactococcus* 属および *Leuconostoc* 属の乳酸球菌、*Acetobacter aceti* や *Acetobacter rasens* などの酢酸菌、そして *Saccharomyces* 属、*Kluyveromyces* 属、*Candida* 属などの酵母に加え、*Geotrichum candidum* などのカビも検出されるという。KosikowskiとMistryの著書[3]によると、優勢な酵母は *Saccharomyces kefir*、*Torula* 属あるいは *Candida kefyr* であり、優勢な細菌は *Lactobacillus kefir*、*Lactococcus* 属および *Leuconostoc* 属の乳酸菌であるという。

　現在では、この伝統的な製法によらないケフィールの製造が西欧をはじめとする多くの国で行われている。

3.1.2 クーミス、アイラグ

　クーミスは馬乳を原料として製造されるアルコール発酵乳である。アルコール発酵した乳酒をモンゴルではアイラグ（airag）と呼ぶ。そのうち、馬乳のアイラグ（馬乳酒）をチゲー（chigee）もしくはグン・アイラグ（gun airag）、そして駱駝乳のアイラグ（駱駝乳酒）をインギン・アイラグ（engin airag）もしくはホゴルマグ（hogormag）と呼んでいる。アルヒ（aruhi）は牛乳のアイラグ（牛乳酒）を蒸留してつくる蒸留酒である。

　図3.1は中国内モンゴルでのアイラグの製造を示したものである[4]。新鮮乳または脱脂乳を陶製もしくは木製の容器に入れ、スターター用微生物のフルンゲ（hurunge）を加え、攪拌発酵を行うとアイラグになる。フルンゲはその年の最初のアイラグの製造に使用されるものである。木製の蓋の真ん中に小さな口を開けてそこから一本の木製の棒（先が十字架型のかき混ぜ棒）を入れて、上下の方向に攪拌し製造する。アイラグの製造において、注意することは温度管理である。寒いときには容器の外側に皮などの掛物をつける。アイラグのpHは4.0～4.5の酸っぱい液状である。

　クーミスの微生物フローラについてはRobinsonら[5]よって報告されており、乳酸桿菌、乳糖発酵性酵母、乳糖非発酵性酵母、*Lactococcus* 属菌種の存在が示唆されている。一方、アイラグおよびアイラグの種菌となるフルンゲに関する微生物フローラは、日本や中国、モンゴルの研究者によって調査されている[4]。共通性の高いものとし

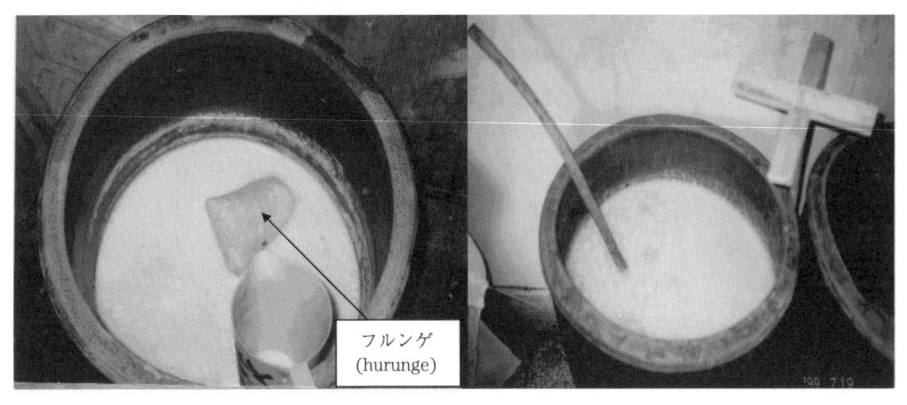

図3.1 スターター用微生物フルンゲによる乳酒アイラグの製造

て，*Lactococcus lactis*，*Leuconostoc mesenteroides*，*Enterococcus* 属菌種などの乳酸球菌と *Lactobacillus plantarum*，*Lactobacillus casei*，*Lactobacillus paracasei* などの乳酸桿菌を含む．馬乳酒，駱駝乳酒およびそれらの種菌フルンゲには上述の乳酸菌に加えて，*Candida kefyr*，*Saccharomyces cerevisiae*，*Kluyveromyces marxianus* var. *lactis* などの乳糖発酵性あるいは乳糖非発酵性の酵母を含む．そのほかに検出される乳酸菌として，*Lactobacillus helveticus* が比較的に共通性の高い菌種である．

3.2 カビと乳酸菌を併用したスターター

ビーリ (viili) はフィンランド原産の発酵乳で，*Lactococcus lactis* subsp. *lactis*，*Lactococcus lactis* subsp. *cremoris*，*Leuconostoc mesenteroides* subsp. *cremoris* の中温性乳酸菌のほかに，糸状菌の *Geotrichum candidum* がスターターとして用いられる．原料乳を均質化せずに静置発酵させるので，浮上したクリーム層の上にビロード状にカビが生育している．乳酸菌は菌体外多糖生産能を有する *Lactococcus* 属菌種を含み，粘質酸乳として知られている[5]．

〔宮本　拓〕

文　献

1) N. P. Shah: Manufacturing Yogurt and Fermented Milks (R. C. Chandan, ed.), pp.327-340, Blackwell Publishing, 2006.
2) M. Wszolek, *et al.*: Fermented Milks (A. Y. Tamime, ed.), pp.174-216, Blackwell Publishing, 2006.
3) F. V. Kosikowski, V. V. Mistry: Cheese and Fermented Milk Foods, Vol.1., pp.57-74, F. V. Kosikowski LLC., 1997.
4) 宮本　拓：ミルクサイエンス，**55**，253-262，2007．
5) R. K. Robinson, *et al.*: Dairy Microbiology Handbook (R. K. Robinson, ed.), pp.367-430, John Wiley & Sons, 2002.

4. 凝乳酵素

チーズの種類は多種多様であるが，どの製法においても，基本的に乳を凝固させてカードを形成させる工程が含まれる．この凝乳過程には，酸凝固させる例外を除き，一般にレンネットと呼ばれる凝乳酵素が使用される．レンネットは哺乳期の反芻動物（特に子ウシ）の第四胃の抽出物で，主成分は酸性プロテアーゼのキモシンであり，ほかにペプシンが含まれる．チーズ製造で特にレンネットに価値があるのは，ほかのプロテアーゼに比べて，過剰なタンパク分解を行わずに，すばやく凝固させるからである．

レンネットによる乳凝固は以下の2段階を経て成立する．(1)カゼインミセル表面に分布するκ-カゼインのC-末端側105-106残基の間を開裂し，カゼイノグリコマクロペプチド（CGMP）あるいはグリコマクロペプチド（GMP）と呼ばれるペプチドをホエイ中に遊離する．64アミノ酸からなり，分子量は約8000である．このペプチドは糖鎖が結合しているため親水性が高い．(2)カゼインミセルはパラ-カゼインとなって安定性を失い，カルシウム存在下で非酵素的に凝集し，凝固する．凝集には，カルシウム結合，van der Waals力，疎水結合などが関与している．

レンネットの一部はカード中に取り込まれて熟成中のタンパク質分解に関与するため，どのようなレンネットを使用するかによって，チーズのボディやテクスチャー，風味生成に大きく影響する．

1960年代以降，食肉の需要が増加して子ウシ不足になり，これを背景に，動物，植物，微生物を対象として幅広く代替レンネットの開発が行われた．現在では，世界で生産されるチーズの1/3以上で微生物レンネットが使用されているとみられる．また，世界的にみると，遺伝子組換え技術で子ウシのキモシン遺伝子を組み込んだ大腸菌や酵母，カビなどで生産された遺伝子組換えレンネットも使用されている．遺伝子組換えレンネットは，ほぼ純粋なキモシンと同等で，子ウシレンネットを用いた場合と比較して，チーズの収量，水分，pH，フレーバー，テクスチャーなどに差はないと報告されているが，わが国では使用されていないと思われる．

4.1 子ウシレンネット

伝統的なレンネットの抽出原料としては，乳を与え草を食べていない生後約2週間くらいの子ウシの第四胃が適している．歳をとったウシではキモシンに対するペプシンの割合が増加する．現在，標準的な子ウシレンネットの力価は1100 IMCU（国際凝乳力価）/gで，キモシンが92％以上，ペプシンが8％未満含まれている．キモシンは，なめらかなカードを形成し，pHの変化にも大きく影響されず，過剰に添加しても苦味の原因になりにくく，チーズをほかの食品に添加した場合もタンパク分解活性が生じにくい，などの理由でチーズ製造に最も適したプロテアーゼといえる．レンネット凝固の至適温度は約40℃であるが，チーズ乳は31～32℃で凝固させる．それは生じたカードがレオロジー的にチーズ製造に最も適した状態になるからである．

ウシペプシンやブタペプシンなどのペプシンも凝乳活性を有するが，一般に単独では使用されず，レンネットとの混合物としてチーズ製造に利用される．

4.2 微生物レンネット

子ウシレンネットの代替品として，3種類のカビ（*Endothia parasitica*, *Mucor pusillus*, *M.*

4. 凝乳酵素

表4.1 市販凝乳酵素

酵素の起源	商品名	分子量(kDa)	性質 至適pH	等電点
Rhizomucor pusillus		29〜31	4	3.5〜3.8
Rhizomucor miehei	Fromase TL, Fromase XL	38	4.5	4.2
Cryphonetria parasitica	Suparen/Surecurd	34〜39	3.4〜3.9	3.8〜4.5

miehei）由来の凝乳酵素がチーズ製造に利用されてきた（表4.1）。凝乳プロテアーゼ活性の強さは，*E. parasitica*，*M. miehei*，*M. pusillus*，キモシンの順である。カビ由来の凝乳酵素は，子ウシレンネットよりもタンパク分解力が強く，チーズ製造に利用するとカゼインを分解して，非カゼイン態窒素が多く生成される。そのため，チーズの種類によっては苦味などの風味の問題や組織上の問題が起こる場合がある。*M. miehei* 由来のものが総合的な評価が良好なために，多く使用されている。従来 *M. miehei* を酵素源とするものは，子ウシレンネットに比べて耐熱性が高いため，ホエイに酵素活性が残る欠点があったが，現在では改良されている。一般に微生物レンネットは，チェダーチーズ，ゴーダチーズなどに使用されている。カマンベールチーズの製造においては，その凝乳活性，凝固の硬さの違い，熟成中の変化が大きいなどの理由で，使用頻度は少ない。

〔野畠一晃〕

文 献

1) F. V. Kosikowski, V. V. Mistry: Cheese and Fermented Milk Foods, Vol.1, pp. 386〜421, L. L. C., 1997.
2) 平野 彰ほか：ナチュラルチーズ製造技術マニュアル 第7集, pp.12〜13, (財)蔵王酪農センター, 1997.
3) R. J. Brown, C. A. Ernstrom, 中西武雄訳：酪農科学・食品の研究, **38**(3), A-123〜138, 1989.
4) 皆川悦雄：ミルクのサイエンス（上野川修一ほか編), pp.177〜181, (社)全国農協乳業プラント協会, 1997.

Ⅴ．乳・乳製品製造の加工技術

1. 集　　　乳

1.1　集　　乳

　牧場で搾乳された生乳は集乳車によって集乳されるまで，牧場内のバルククーラーと呼ばれるタンクに貯乳される．集乳は1～2日に1回行われるが，その間に乳質の劣化を起こさないために搾乳後速やかに10℃以下に冷やす必要がある．集乳車の乗務員は生乳の輸送のみならず，生乳流通における第一の検査員として，①庭先検査，②サンプル採取，③乳量の計量を担当する．

　庭先検査では，色沢，風味，乳温，比重およびアルコール検査を実施し集荷の可否を判断する．これらの検査で異常がみられた場合は，農協担当者に連絡し担当者が集荷可否を決定することになる．サンプル採取には，乳代精算に利用される「乳成分・体細胞数・細菌数検査」用と乳質事故が発生した際に使用する「追跡検査」用がある．前者は任意の日に採取されるが，後者は集乳ごとに採取される．いずれのサンプルもバルクを攪拌し均一な状態で採取する必要がある．また一部の地域では集乳車が集乳する酪農家の乳量に応じて比例採取する「抗生物質迅速検査用」のサンプルも採取される．乳量の計量法は計量尺を使用する場合と集乳車の流量計を使用する場合がある．計量尺ではバルクが水平であることを確認してから目盛を読み，バルクごとに設定されている換算表により乳量を決定する．流量計が設置されている場合は集乳と同時に計量される．乳量は酪農家の乳代に直結するため，正確な作業が求められる．

　すべての検査に合格し必要なサンプルを採取した生乳は集乳車へ集荷され，乳業工場あるいはクーラーステーションへ運ばれる．クーラーステーションに集められた生乳は，さらに大型の集乳車へ積み込まれ各乳業工場へ配乳される．

1.2　受　　入

1.2.1　生乳の規格

　生乳の規格については，「乳及び乳製品の成分規格に関する省令（乳等省令）」に表1.1のように定められている．「加工原料乳」の規格については別途「加工原料乳生産者補給金等暫定措置法（不足払い法）」により表1.2のように定められている．かつては日本農林規格により生乳の規格基準が示され，「特等乳」「1等乳」「2等乳」に格付けがなされていたが，平成15年3月31日をもって生乳についての同規格は廃止されている．

1.2.2　異常乳

　異常乳とは生乳の品質が正常な状態と明らかに異なっているものであり，前述した表1.1，1.2の規格基準を逸脱するものに代表される．ここでは異常乳を種類ごとに分けてその概要を示す．

a.　生理的異常乳

　初乳は常乳と成分的に異なっており，免疫グロブリンなどの生理活性物質が多く熱安定性も低い．乳等省令では分娩5日以内の初乳の搾乳を禁止している．末期乳は脂肪分解臭のような異常風味を発生しやすくアルコール試験陽性を示すものもある．

b.　低成分乳

　脂肪，無脂乳固形分含量の低い生乳のことを指す．乳成分の変動要因としては気温・季節などの環境的要因に加え，飼養管理の影響があげられる．濃厚飼料多給と粗飼料不足は低乳脂の原因となり，給与エネルギー不足は無脂乳固形分低下を招きやすい．

c.　細菌汚染乳

　乳等省令の生乳細菌数規格は400万/ml以下であるが，同省令のLL牛乳向け生乳の細菌数規

1. 集　乳

表1.1　乳及び乳製品の成分規格に関する省令による生乳の規格基準

1.	「生乳」とは，搾取したままの牛の乳をいう．
2.	次の疾病にかかり，若しくはその疑いのある牛から搾取した乳は食品として販売してはならない． 牛疫，牛肺疫，炭疽，気腫疽，口蹄疫，狂犬病，流行性脳炎，Q熱，出血性敗血症，悪性水腫，レプトスピラ症，ヨーネ病，ピロプラズマ病，アナプラズマ病，トリパノソーマ病，白血病，リステリア症，トキソプラズマ病，サルモネラ症，結核病，ブルセラ病，流行性感冒，痘病，黄疸，放線菌病，胃腸炎，乳房炎，破傷風，敗血症，膿毒症，尿毒症，中毒諸症，腐敗性子宮炎及び熱性諸症
3.	抗生物質及び化学的合成品たる抗菌性物質を含有してはならない．ただし，①人の健康を損なうおそれのない場合として厚生労働大臣が定める添加物と同一である場合，②当該物質の量の限度に係る成分規格が定められている場合は，この限りではない．
4.	次の各号のいずれかに該当する牛から乳を搾取してはならない． (1)　分娩後五日以内のもの． (2)　乳に影響のある薬剤を服用させ，又は注射した後，その薬剤が乳に残留している期間内のもの． (3)　生物学的製剤を注射し著しく反応を呈しているもの．
5.	牛乳，特別牛乳，低脂肪牛乳及び無脂肪牛乳を製造する場合並びに生乳を使用する加工乳及び乳製品を製造する場合には，次の要件を備えた生乳を使用すること． ・比重（15℃において）　ジャージー種以外の牛から搾取したもの　1.028～1.034 　　　　　　　　　　　ジャージー種の牛から搾取したもの　　　　1.028～1.036 ・酸度（乳酸として）　　ジャージー種の牛以外の牛から搾取したもの　0.18%以下 　　　　　　　　　　　ジャージー種の牛から搾取したもの　　　　0.20%以下 ・細菌数（直接個体鏡検法で1ml当たり）　　　　　　　　　　　　400万以下 　＊常温保存品に使用する生乳については，30万以下

表1.2　加工原料乳生産者補給金等暫定措置法による加工原料乳の規格

事　項	基　準
色沢及び組織	牛乳特有の乳白色から淡クリーム色までの色を呈し，均等な乳状で適度な粘度を有し，凝固物及びじんあいその他の異物を含まないもの
風味	新鮮良好な風味と特有の香気を有し，飼料臭，牛舎臭，酸臭その他の異臭又は酸味，苦味，金属味その他の異味を有しないもの
比重	15℃において1.028から1.034までのもの
アルコール試験	反応を呈しないもの
乳脂肪分	2.8%以上のもの
酸度	乳酸として，ジャージー種の牛以外から搾取したものにあっては0.18%以下，ジャージー種の牛から搾乳したものにあっては0.20%以下のもの

格や全国飲用乳公正取引協議会の飲用乳表示に関連した使用制限より生乳の細菌数に関しては30万/ml以下が目安とされている．近年の生乳の広域流通を考慮すると，病原性細菌の防除はもちろんのこと低温菌による汚染にも留意する必要がある．一般に生乳中の低温菌数がほぼ10^7 CFU/mlレベルになると脂肪分解臭，苦味，果実臭に代表される異常風味が発生する．脂肪分解臭は低温菌増殖時に産生されたリパーゼ，苦味はプロテアーゼによるもので，これらの中には耐熱性が高く殺菌により失活しないものもあり，常温流通品で問題となることもある．

d.　薬剤汚染乳（動物用医薬品，農薬など）

乳牛の病気治療や疾病予防のために使用されている動物用医薬品，農薬，飼料添加物などは食品衛生法上の基準を超えて乳中に残留してはならない．特に乳房炎などの治療に用いられる抗生物質は乳中に移行しやすいため，用法・用量や休薬期間を遵守し出荷禁止期間経過後は抗生物質残留確認検査を受けてから出荷して薬剤汚染乳の発生防止を徹底する必要がある．

e.　アルコール不安定乳（アルコール検査陽性乳）

アルコール検査は生乳の加熱に対する抵抗性の指標となるものである．細菌汚染乳，初乳・末期乳，乳房炎乳などが陽性を示しやすいが，特定の原因がなくとも乳牛の生理的変調により陽性を示すケースもある．

f.　異常風味乳

牛乳の付加価値として「おいしさ」という特性は重要度の高いものである．牛乳のおいしさには製造技術の工夫のみならず，原材料としての生乳の品質が大きく関与している．したがって，生乳の異常風味発生を防止することは重要である．こ

表1.3 生乳の代表的な異常風味

名称	説明
自発性酸化臭	脂質酸化によりヘキサナールなどのアルデヒド類が生成，ボール紙臭を呈する
日光臭	光照射により脂質，タンパク質が酸化
ランシッド臭	脂質分解により遊離脂肪酸が生成
麦芽臭	細菌汚染によりメチルブタナールが生成
酸味，果実，不潔，苦味	細菌汚染により，有機酸，苦味ペプチドなどが生成
塩味	塩素が増加，乳房炎乳などに多い
飼料臭	飼料からの移行
アセトン臭（乳牛臭）	ケトーシス疾病乳，ケトン体やβ-ヒドロキシ酪酸の増加

れまでに多くの種類の異常風味乳に関する報告があるが，代表的なものを表1.3にまとめた[1]。生乳の衛生的品質向上により隔日集乳や広域流通化が進み，近年は生乳の冷蔵保存期間が長期化していく傾向にある。異常風味乳の一つである自発性酸化臭は，搾乳直後は問題がなくても貯乳時間が長くなると顕在化するため，発生頻度が高くなっている傾向にある。この自発性酸化臭発生機構については諸説あるが，不飽和脂肪酸を多く含む濃厚飼料の多給やビタミンE給与不足が原因で乳中脂質が酸化し，ヘキサナールなどのアルデヒド類が生成することによるとされている[2〜5]。

g. 病理的異常乳

乳房炎など各種疾病に罹患している乳牛から搾乳した生乳は出荷が禁止されている。

h. その他

牛乳にはいかなる他物も加えてはならないため，牛舎環境や搾乳工程からの他物の誤混入は避けなければならない。牧草や砂塵などの異物混入，搾乳時の血液混入（血乳），水や殺菌剤の混入回避には十分な注意を払わなければならない。また，カビに汚染された飼料を摂取することでアフラトキシンM1のようなカビ毒が乳中に出現することもあり，飼料管理にも留意する必要がある。

〔大森敏弘・加藤浩晶〕

文　献

1) W. F. Shipe, *et al.*: *J. Dairy Sci.*, **61**(7), 855-869, 1978.
2) J. W. G. Nicholson: *IDF Bulletin*, **281**, 1993.
3) P. Barrefors, *et al.*: *J. Dairy Sci.*, **78**(12), 2691-2699, 1995.
4) K. Granelli, *et al.*: *J. Sci. Food Agric.*, **77**, 161-171, 1998.
5) 大森敏弘：ミルクサイエンス，**57**, 125-129, 2008.

2. 殺菌，滅菌

2.1 微生物の耐熱性

2.1.1 生残菌曲線とD値[1]

一定温度における微生物の耐熱性試験結果を縦軸に生残菌数の対数値（Log N），横軸に加熱時間 t（分）をとりプロットし，最小2乗法により回帰式を求めると，

$$\text{Log } N = a + b \times t \quad (1)$$

（a, b：定数）

が得られる．この回帰式を生残菌曲線（survivor curve）と呼ぶ（図2.1）．

D 値は一定温度における生残菌曲線で微生物が1/10に減少するのに要する加熱時間であり，通常「分」で表す（図2.2）．また，D 値は回帰式(1)から求めることができ，回帰式の傾き b と D 値との関係は以下のようになる．

$$b = -\frac{1}{D}$$

D 値が大きいほど微生物の耐熱性は高く，D 値が小さいほど耐熱性は低いことになる．D 値の表記法として「D_{105}」と表す場合があり，この場合は105℃での D 値を表している．

2.1.2 加熱致死時間曲線とz値[1]

生残菌曲線（図2.1）から各温度の D 値を算出し（表2.1），D 値（分）の対数値（Log D）を縦軸に，加熱温度 T（℃）を横軸にプロットし最小2乗法により回帰式を求めると，

$$\text{Log } D = c + d \times T \quad (2)$$

（c, d：定数）

が得られる（図2.3）．この回帰式を加熱致死時間曲線（thermal death time curve：以下TDT曲線と略す）という．

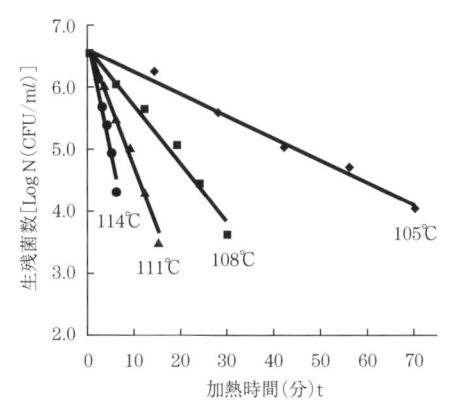

図2.1 生残菌曲線

表2.1 各温度における生残菌曲線と D 値

温度（℃）	生残菌曲線	D 値（分）
105	Log N = 6.6211 − 0.0358 t	27.9
108	Log N = 6.6445 − 0.0936 t	10.7
111	Log N = 6.6411 − 0.1986 t	5.0
114	Log N = 6.7061 − 0.3637 t	2.7

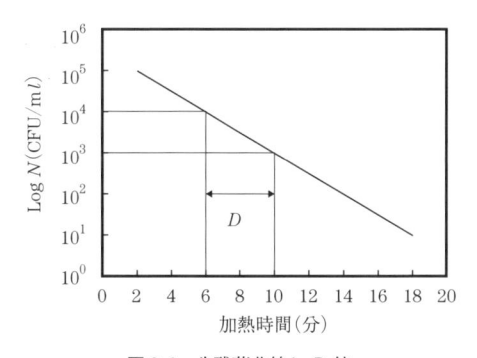

図2.2 生残菌曲線と D 値

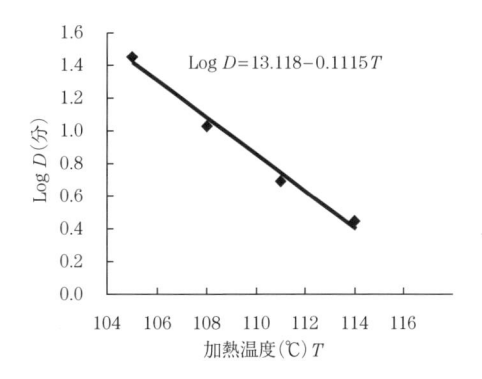

図2.3 TDT曲線

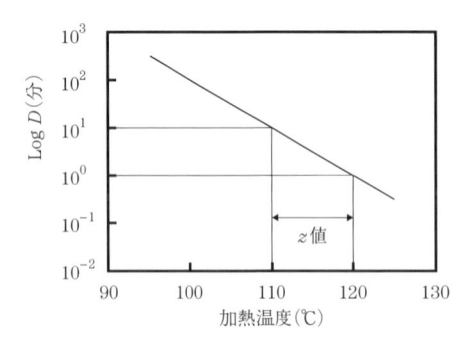

図2.4 TDT曲線とD値

一方，z値とはある微生物耐熱性の温度感受性を示すものであり，D値を1/10または10倍に変化させるのに必要な温度変化（℃）である（図2.4）．また，TDT曲線(2)からも算出でき，回帰式の傾きdとz値との関係は以下のようになる．

$$d = -\frac{1}{z}$$

z値が大きいほど，温度上昇による殺菌効果の増加率が小さく，微生物の耐熱性が高い．逆にz値が小さいほど温度上昇による殺菌効果の増加率は大きく，微生物の耐熱性は低いといえる．

2.1.3 F値[1]

F値には，微生物の熱死滅時間を表すものと食品が加熱された時間を表すものがある．

微生物の熱死滅時間を表すF値とは，一定温度において，一定数の微生物を死滅させるために必要な加熱時間（分）である．また，F値は次のように表される．

$$F = n \times D \quad (3)$$

（n：定数，D：D値）

(3)式でnは菌の危害度によって決定され，人命を奪うような食中毒菌ボツリヌス菌芽胞では$F = 12D$と$12D$の概念となっている[2~4]．また，牛乳・乳製品では，殺菌効果の目標を$F = 5D$に設定することが多い．日本では，UHT牛乳の加熱殺菌条件として130℃2秒を採用するケースが多い．この条件は中温性細菌芽胞の中で耐熱性が高く食中毒菌であり，一部10℃以下での低温増殖性を有する菌株が存在する$Bacillus\ cereus$芽胞や$B.\ subtilis$芽胞を加熱殺菌の指標菌としている．

一方，食品が加熱された時間を表すF値とは，食品が基準温度Tにおいて加熱された時間の総和であり，特に，121.1℃において，z値$=10$℃としたときのF値をF_0値と呼ぶ．

微生物の熱死滅時間を表すF値をF_d，食品が加熱された時間を表すF値をF_pと表示すると，① $F_d = F_p$であれば，殺菌条件は適切であると考えられる．② $F_d > F_p$であれば，殺菌条件は不足しており微生物が生残する．③ $F_d < F_p$であれば，殺菌条件は過剰であり食品の風味・色などの品質劣化が懸念される．

2.2 殺菌方法と乳等省令 (UHT, HTST, 低温殺菌)[5]

牛乳の殺菌条件は人畜共通の伝染病による健康被害の発生を防止する目的で開発された．当初人畜共通の伝染病のうち，最も耐熱性の高いウシ型結核菌が殺菌の対象微生物として決定され，その殺菌条件は60℃20分であった．その後，Q熱原因菌である$Coxiella\ burnetii$というリケッチアが生乳中に多く存在し，かつその耐熱性がウシ型結核菌より高いことから，当該菌が牛乳の殺菌指標菌とされた．

乳及び乳製品の成分規格等に関する省令（乳等省令）では，牛乳の殺菌条件は62～65℃，30分または同等以上となっていたが，Q熱リケッチアの生残が指摘され，「保持式により摂氏63℃で30分間加熱殺菌または同等以上の殺菌効果を有する方法で殺菌すること」に2002年12月に改正された（食発第1220008号）．「これと同等以上の殺菌効果を有する方法」とは具体的には表2.2に示した連続式65℃以上30分以上，高温短時間 (high temperature short time：HTST) 殺菌法，保持殺菌法 (low temperature long time：LTLT変法) および超高温 (ultra high temperature：UHT) 処理法のいずれかによることと規定されている．これ以外の方法を用いる場合は殺菌機の内容，殺菌効果に関する関係書類を提出し

2. 殺菌, 滅菌

表 2.2　牛乳の殺菌方法と殺菌効果

殺菌方法	殺菌条件	殺菌効果	乳等省令での規定
低温保持式(LTLT)殺菌法	63 ℃ 30 分[*1]	耐熱性菌，芽胞は生残	殺菌条件として規定[*2]
連続式	65 ℃以上 30 分以上	耐熱性菌，芽胞は生残	同等以上の殺菌法として規定[*2]
連続式高温短時間(HTST)殺菌法	72 ℃以上 15 秒以上	耐熱性菌，芽胞は生残	同等以上の殺菌法として規定[*3]
保持殺菌法(LTLT 変法)	75 ℃以上 15 秒以上	耐熱性菌，芽胞は生残	同等以上の殺菌法として規定[*3]
連続式超高温(UHT)処理法	120～150 ℃ 1～3 秒	芽胞もほとんど死滅	同等以上の殺菌法として規定[*3]

LTLT：low temperature long time, HTST：high temperature short time, UHT：ultra high temperature
[*1]：達温まで 20 分以上，[*2]：平成 14 年 12 月 20 日食発第 1220008 号，[*3]：昭和 43 年 8 月 9 日環乳第 7059 号

── トピックス ──

殺菌の重要性

　人類が微生物，特に細菌の存在を認識したのはいまから 350 年前にさかのぼり，それらの微生物が食品成分を変質（腐敗，発酵，変敗）することを次々に明らかにした．特に食品の腐敗現象は，貴重な食糧を安全に確保するうえで，いつの時代でも頭痛の種であったと思われる．そのため人類は昔から，食糧確保のため，食品の保存法を体験的に修得し，それが食品加工技術として定着した．おそらく，人類が最初に利用した食品保蔵法は，魚や肉類を天日で乾燥し，乾物をつくることに始まったと思われる．その後，食品に対する加熱処理による保存性の向上と嗜好性を高める技術を人類は手に入れたものと考えられる．人類は経験的に，食物に混在・汚染した微生物の脅威から身を守るために加熱処理を開発利用し，危害微生物を殺滅し，食品の安全性を高めてきた．その後，いくつかの食品保蔵法が開発され，食品の安全性は従来と比較し，飛躍的に向上した．これが，食中毒をはじめ微生物危害を低減させる要因となった．

　一方，このような歴史的背景をないがしろにした，一部の人たちが推奨する過度な「生食」崇拝が一人歩きしている．巷では，自然食が最も優れた食事形態であるかのように考え，その結果，ときには健康を害する事故もあとを絶たない．

　加熱処理は食品に熱エネルギーを与えることによって，食品を汚染する微生物を死滅させる方法であり，安全で効果的な食品加工法の一つである．

　加熱処理によって食品の保存性を高める技術を開発したのは，フランスの生化学者，パスツール（Louis Pasteur, 1822～1895）の研究に始まる．彼はブドウ酒の腐敗（乳酸菌による酸敗）を防ぐために，60 ℃で数分間の加熱処理を施す低温殺菌法（pasteurization）を開発し，飛躍的に保存性を高めることを可能にした．その殺菌法は，ブドウ酒のみならず牛乳の殺菌や広く食品の殺菌法として現在でも利用されている．しかし，この低温殺菌法はすべての微生物を殺滅することは難しく，芽胞（内生胞子）を形成する細菌には十分な処理ではなかった．したがって，このような低温殺菌法による処理では，処理後の保存のためにさらに他の処理法との組合せが必要となる．牛乳の場合は殺菌後の低温保存の義務化である．さらに，他の食品では保存料との組合せを試みるなど，ハードルテクノロジーの考えをもとに開発された保存法である．缶詰やレトルトパウチによる保存は，細菌の芽胞をも含め，すべての微生物を殺滅するための超高温処理法の利用である．

　最近，十分な科学的根拠に基づくことなく，食品の高温処理による品質低下や有害性を指摘する書物を散見する．しかし，食品に対する加熱処理は食品に潜む危害を除去する手段として欠かせないものである．また，加熱殺菌によって乳酸菌など有用菌まで除去してしまうとの指摘についても，乳酸菌には有害菌も多く，すべての食品にとって有用ではないことを認識すべきであり，広い視野に立って，食品の微生物危害を客観的に判断することが必要であると考える．

　もちろん，食品学者・微生物学者は，食品の安全性をより高めるための安全な保蔵技術の開発を進めているところである．

〔菊 地 政 則〕

当局と協議することとなっている（昭和43年8月9日環乳第7059号）．すなわち，わが国では飲用乳を殺菌方法で分類すると「LTLT法」，「連続式65℃以上30分以上」，「HTST法」，「LTLT変法」および「UHT法」によるチルド流通品と「UHT法と無菌充填機の組合せ」による常温保存可能品の6種類のタイプが認められていることになる．

2.3 殺菌機[6]

低温保持式（LTLT）殺菌法は原料乳をタンクに入れ，常時攪拌しながら加熱，冷却するバッチ式殺菌システムである．

高温短時間（HTST）殺菌法は，牛乳の加熱，冷却処理の能率向上を目的としてプレート式熱交換機（plate heat exchanger）を効率よく利用した殺菌システムである．ここで，プレート式熱交換機とは，一般には，波形あるいは半球凹凸をもつプレートを重ねたもので，加熱するときには原料乳と熱水，冷却するときには殺菌乳と冷媒がそれぞれ1枚おきに薄膜状になってプレートの間を流れるようになっている．伝熱効率が高く，牛乳を短時間で所定の温度まで加熱あるいは冷却することができる．

超高温（UHT）処理法には，直接加熱法と間接加熱法の2種類がある．さらに，直接加熱法には，牛乳の中に加圧蒸気を吹き込む方式（injection type）と蒸気を充満した容器の中に牛乳を噴射する方式（infusion type）がある．スチームインジェクション式殺菌機の長所として，構造がシンプルであること，小型であることおよび装置が安価であることなどがあげられる．短所として，ノズルの先端に焦げが付着しやすいことおよびノズル内の高せん断力による製品へのダメージなどがある．スチームインフュージョン式殺菌機の長所として，焦げつきが少ないこと，自重落下でせん断力が小さいことおよび温度のバラツキが小さいことがあげられる．短所として，操作が複雑であることおよびイニシャルコストがインジェクションと比較してやや高価であることなどがあげられる．間接加熱法には，プレート式熱交換，チューブラー式熱交換およびかき取り式熱交換などがある．

直接加熱法と間接加熱法を比較すると，直接加熱法では，牛乳の加熱・冷却が急速に行われ，間接加熱より熱履歴が小さい．直接加熱法では，プレートを使用する間接加熱法で処理不可能な高粘度の製品も加熱処理可能である．さらに，直接加熱装置は加熱部表面へのタンパク質の沈着が少なく，間接加熱装置に比べ長時間運転が可能である．直接加熱法はシステムが複雑であるため，間接加熱法に比べ装置コストが高い．また，熱回収率が間接加熱法に比べ低いため，ランニングコストも高い．

近年，高粘度製品や固形物入り製品を風味・色・食感を損なわずに殺菌したいというニーズが高まり，自己発熱型の殺菌機であるジュール殺菌機が開発された．これまでは，高粘性液や固形物含有製品の加熱には二重管式熱交換機またはかき取り式熱交換機が使用されてきた．しかし，二重管式では，熱履歴が長いこと，歩留まりが悪いことおよび圧力損失が高いことなどの問題点があった．かき取り式では，固形物のダメージが大きいことおよび歩留まりが悪いことなどの問題があった．ジュール殺菌機の原理は，殺菌対象物に通電することにより殺菌対象物自体を発熱させる．長所として，急速な加熱が可能であること，せん断力が小さいことおよび殺菌対象物自体が発熱するため温度分布が均一であることがあげられる．過剰な熱をかけなくても中心部まで発熱できるため，熱安定性の悪いミックスに対して有効と考えられる．

2.4 ESL[7]

ESLとは"Extended Shelf Life"の略であり，製造日を含む8日前後を賞味期限としているチルド牛乳の賞味期限を製品の初発菌数を抑えることにより，14日前後にまで延長したものである

表 2.3 ESL 製造技術

製造工程	チルド	ESL	LL
生乳(総菌数)	400万 IMC/ml 以下	400万 IMC/ml 以下	30万 IMC/ml 以下
ストレージタンク	10℃以下	10℃以下	10℃以下
殺菌機	UHT	UHT	UHT
サージタンク	陽圧化なし	陽圧化など	陽圧化
殺菌ライン	ベローズ式バルブでない	ベローズ式バルブなど	ベローズ式バルブ
充填機	HEPAフィルターなし	HEPAフィルター	無菌充填機
包材内面の殺菌方法	UVのみ	0.1%H_2O_2+UV	35%H_2O_2
包材	ノンスカイブ	スカイブ	5～6層のラミネート紙

IMC：individual microscopic count

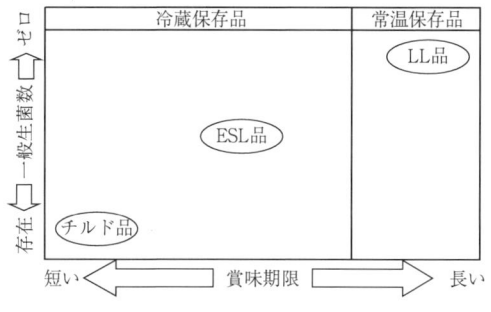

図 2.5 ESL 商品のポジショニング

(図 2.5).

製品中の初発菌数を抑える技術がESL技術である．そこで，製造工程ごとにESL技術について述べる（表2.3）．生乳の総菌数は表2.3に示すように乳等省令上では規格があるが，実際には生乳の総菌数はほとんどが3万IMC/ml以下である．牛乳の一般的な殺菌方法である130℃2秒のUHT殺菌を行うと，わずかに耐熱性の高い芽胞が残存する可能性があるにすぎない．たとえ芽胞が残存しても，これらの芽胞は低温増殖性を有さないため，10℃以下のチルド流通ではESL賞味期限内に乳等省令で規定されている生菌数5万CFU/ml以下を上回ることはない．すなわち，ESL技術とは殺菌以後の工程でいかに二次汚染を防ぐかである．

サージタンクでは，熱殺菌後の冷却時と充填機への牛乳送液時に内部が陰圧になり，外気が流入して細菌汚染を生じる可能性がある．そこで，ESL用サージタンクではLL（long life）牛乳用サージタンクと同様に無菌エアーにより陽圧化されていることが多い．殺菌機から充填機までの殺菌ラインでは，LL牛乳製造工程と同様にバルブ作動時に外気との遮断を完全に行えるようにベローズ式のバルブが使用されていることが多い．充填機では，容器への充填時に浮遊細菌による細菌汚染を防止するために，HEPA（high efficiency particulate）フィルターが設置されている．包材も充填機内でカートン内面を0.1%過酸化水素とUVの併用により殺菌している．また，使用する包材もカートン端部の面（以後，端面）が牛乳に接しないようにスカイブカートンを使用している．端面が牛乳に接すると包材内部の細菌が牛乳を汚染してしまうからである．もちろん，設備全体を通して，洗浄と機器殺菌が重要であることはいうまでもない． 〔田中 孝〕

文 献

1) 佐藤 順：現場必携 微生物殺菌実用データ集（山本茂貴編），pp.31-42, サイエンスフォーラム，2005.
2) 松田典彦, 藤原 忠：容器詰食品の加熱殺菌（理論および応用），pp.3-53, 日本缶詰協会，1993.
3) 高野光男, 横山理雄：食品の殺菌―その科学と技術―, pp.37-43, 幸書房，1998.
4) 芝崎 勲：新・食品殺菌工学，pp.80-89, 光琳，1998.
5) 鈴木英毅：ミルク総合事典（山内邦男, 横山健吉編），pp.149-151, 朝倉書店，1992.
6) 鈴木英毅：ミルク総合事典（山内邦男, 横山健吉編），pp.151-158, 朝倉書店，1992.
7) 川村秀樹：食品機械装置，**36**, 46-53, 1999.

3. 均質化

3.1 脂肪球の大きさと脂肪浮上

乳中で脂肪は乳腺細胞に由来する脂肪球膜に被覆され脂肪球として乳漿中に分散している。この脂肪球は粒子径が0.1〜15 μmの範囲に分布しており、平均粒子径は3.4 μmである（図4.4参照）。これら脂肪球は牛乳1ml中に約150億個分散しており、80%は1 μm以下の脂肪球である。しかし脂肪の容積分布として考えた場合には95%が1〜6 μmの脂肪球で占められる[1]。これほどの脂肪球が乳中で分散していられるのは脂肪球膜の表面に存在する糖タンパク質やリン脂質により脂肪球自体が荷電し、その静電的反発力により脂肪球が相互に反発し凝集することを防止しているためと考えられる[2]。しかしながら乳の連続相である乳漿よりも脂肪球のほうが密度が低いため容器に注いだ生乳を静置しておくと、時間の経過とともに液面に脂肪球の浮上が観察される。

この脂肪球の浮上速度は下記のストークスの式で示される（4.1.1項参照）。

$$V_s = \frac{g(\rho_p - \rho_f)d^2}{18\eta_p}$$

V_s：浮上速度，ρ_f：分散相の密度，g：重力加速度，d：分散相の直径，ρ_p：連続相の密度，η_p：連続相の粘度.

脂肪球（分散相）の直径、脂肪球（分散相）と乳漿（連続相）の密度差、乳漿（連続相）の粘度により脂肪球の浮上速度は決定される。

この方程式から浮上速度に最も強い影響を及ぼす要因は脂肪球の直径であり、直径が10倍になれば100倍の速度で浮上し、逆に1/10倍になればその浮上速度は低下し、1/100の速度となり脂肪浮上は大きく抑制される。

しかしながら、実際の生乳中ではこの式で示される速度よりもはるかに速い速度で液面への脂肪浮上が起きることが知られている。この要因は乳中に存在するアグルチニンと呼ばれる脂肪球の凝集素によるものである。この物質の主体は免疫グロブリンIgMであることが知られ、低温下で活性をもつためにクライオグロブリン（cryoglobulin）とも呼ばれる。このクライオグロブリンは低温下で脂肪球表面に吸着し、脂肪球どうしを会合させ、見かけ上脂肪球の粒子径を大きくする。このことで浮上速度が単一の脂肪球での場合よりも、大きく上昇するのである[3]。

しかしクライオグロブリンは殺菌、均質化で失活する。つまり脂肪浮上を起こさない安定したエマルションとするにはクライオグロブリンを失活させ、さらに脂肪球粒子径を小さくすることができる均質化が有効となる。

3.2 均質化方法

現在、均質機は遠心力による遠心式均質機、超音波による超音波式均質機、液体を高圧で狭い隙間に流し均質化する高圧型均質機の3種に大別される。乳業において均質機といえば高圧型均質機を意味し、ここではこの装置について述べる。

3.2.1 均質化の原理[4]

均質化は以下の5種の作用により生じるといわれている。

a. せん断粉砕作用

脂肪球が高速で均質バルブとバルブシートの隙間を通過するときに摩擦により流速差が生じ、そこにせん断力が働き脂肪球が粉砕される作用。

b. 爆発粉砕作用

牛乳が高圧で均質バルブとバルブシートの隙間を通過し瞬間的に減圧されるときに脂肪球の内圧と液圧の差により爆発粉砕される作用。

c. 衝突破壊作用

牛乳が高圧で均質バルブとバルブシートの狭い隙間を通過するときに超高速となり，バルブ通過後にブレーカーリングやバルブ内壁に衝突し破壊される作用．

d. 流速の激変による破壊作用

牛乳の急激な加減速により，脂肪球が引き延ばされ，破砕される作用．

e. キャビテーションによる破壊作用

牛乳が高圧から低圧部に流れ出る際の圧力低下により局部的沸騰を起こし，この気泡が消滅する際の衝撃により脂肪球が破壊される作用．

このように均質機の内部では数種の要因が複合し，脂肪球が破砕，均質化されるのである．

3.2.2 均質化よる脂肪球への影響

a. 脂肪球の状態

脂肪球が均質化され微粒子化されるとその粒子表面積は大きく増加する．そのためもともと脂肪球を覆っていた脂肪球膜成分ではすべての脂肪球を覆うことができなくなる．その結果露出した脂肪滴が発生すると他の脂肪滴との合一，脂肪球の凝集を促進し均質化の効果が得られないことになる．しかし実際にはこの脂肪球の微粒子化後，脂肪滴の凝集より早く新脂肪球膜の形成が行われる．この膜成分として使用されるのは乳漿中のカゼインおよびホエイタンパク質である．これら成分が瞬時に乳漿と脂肪の界面に配列し，新脂肪球膜を形成して脂肪球の分散状態を維持する．

b. 均質化圧力と脂肪球粒径

均質化圧力は均質バルブとバルブシートの間隙を調整することで得られ，均質化後の脂肪球粒径の調整にはこの圧力設定が大きく影響を及ぼす．

図3.1に異なる均質化圧力による乳の脂肪球の粒度分布を示した．このように均質化圧力を高くすることで得られる脂肪球粒子は細かく，狭い範囲での分布となる．

ただし均質化後の脂肪球粒径には均質化圧力だけではなく，均質バルブの形状および段数，温度，成分（脂肪量と乳漿タンパク質量比），操作方法も影響を与える[5]．

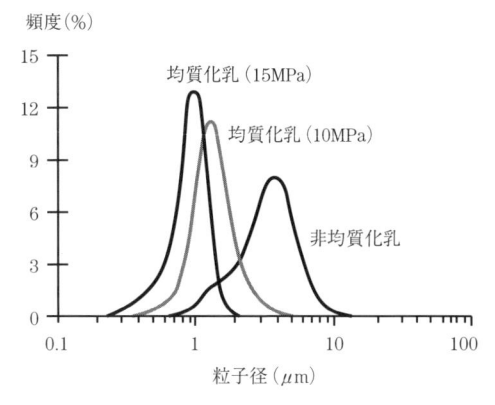

図3.1 均質化圧の脂肪球粒度分布への影響（三和機械（株）資料）

3.2.3 均質機

均質機は1899年にフランスのゴーリン（August Gaulin）が「液体成分の固定法」として特許を取得し[6]，翌1900年のパリ万博で出品したのが始まりである[7]．

現在一般的な均質機は3本あるいは5本のピストンを備えたプランジャー式高圧ポンプとその下流に間隙を調整可能な均質バルブを一つあるいは二つ配置した構造となっている（図3.2）．高圧ポンプにより吐出された液は均質バルブとバルブシートの間隙を通過し前記した作用により均質化される（図3.3）．

図3.2 高圧型均質機（三和機械㈱製）

a. 1段均質機と2段均質機

均質バルブが一つの装置を1段均質機，二つの装置を2段均質機と呼ぶ．牛乳などの低脂肪製品には1段均質機が用いられる場合があり，クリームやアイスクリームミックスのような高脂肪製品には2段均質機が用いられる．

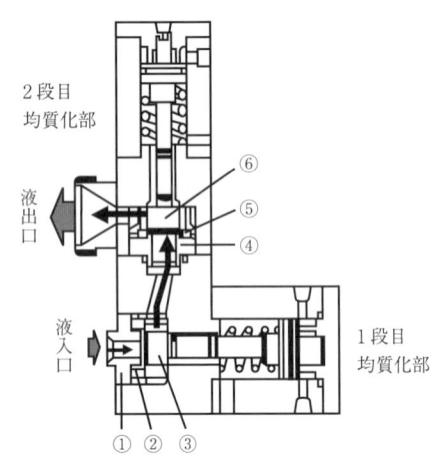

図3.3 2段式均質バルブ構造（三和機械(株)資料より引用，作図）
①第1バルブシート，②第1ブレーカーリング，③第1均質バルブ，④第2バルブシート，⑤第2ブレーカーリング，⑥第2均質バルブ．

1段均質機の場合，脂肪球は破砕されるが，破砕された脂肪球どうしが凝集する傾向にあり，高脂肪製品の場合十分な均質化効果が得られないためである．2段均質機の場合は1段目で破砕され凝集した脂肪球が2段目のバルブを通過することでその凝集が解かれる効果があり，均質化効果は2段式のほうが高いと考えられる（図3.4）．このため現在では2段均質機が主流となっている．

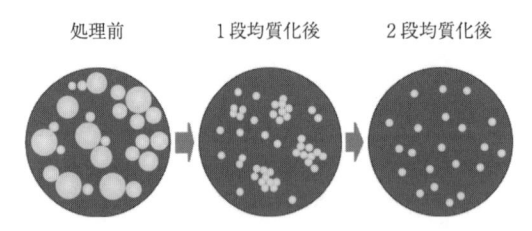

図3.4 均質処理時の脂肪球の状態変化（Tetra Pak社 Dairy Processing Handbookより引用，作図）

b. 均質バルブの形状

均質バルブには一般に山型（渦巻き型）と平型（フラット型）と呼ばれる形状のものがあり，均質化を行う製品によって使い分けられる．山型はせん断効果が高く，平型は衝突効果が高いといわれ，前者は広い範囲で使用され，後者は比較的高脂肪の製品に使用される（図3.5）．

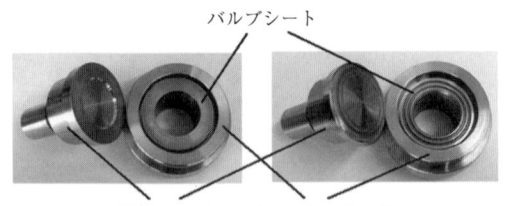

図3.5 均質バルブ形状（三和機械(株)資料）
左側：平型，右側：山型．

c. 製造プロセスへの均質機の設置

製造工程中で均質機は殺菌前の予備加熱後あるいは殺菌後の一次冷却後に設置される．脂肪球を均質化する際，十分な均質化効果を得るためには乳中の脂肪が液状であることが必要とされ，固体（結晶）状態では十分な均質化はできない．一般に乳脂肪は40℃以上ですべてが融解するため，最低限この温度以上が必要である．しかしながら40℃近辺ではリパーゼによる脂肪分解を生じる危険性があるため，通常60〜75℃程度で均質処理が行われる．

殺菌後に設置される場合は滅菌製品のような高温で処理される製品の場合に多く，滅菌時に熱凝固したタンパク質を再分散させる効果ももつ．このような配置の場合，二次汚染を防止するため無菌均質機（アセプティックホモゲナイザー）を用いる．この無菌均質機は細菌汚染の可能性のあるピストン部および均質バルブに蒸気を流して殺菌を行い，さらに蒸気バリアをつくり，接液部の外気との接触を遮断し無菌状態で均質化する構造となっているのが特徴である．　〔山根正樹〕

文　献

1) 菅野長右エ門：ミルクのサイエンス（上野川修一ほか編），p.227，全国農協乳業プラント協会，1994．
2) 清水　誠：ミルクのサイエンス（上野川修一ほか編），pp.208，全国農協乳業プラント協会，1994．
3) P. Walstra, et al.: Dairy Technology, pp.120-122, Marcel Dekker, 1999.
4) 三和機械株式会社資料「ホモゲナイザー解説」
5) P. Walstra, et al.: Dairy Technology, pp.253-255, Marcel Dekker, 1999.
6) G. Bylund: Dairy Processing Handbook, p.115, Tetra Pak Processing Systems, 1995.
7) 林　弘通：20世紀乳加工技術史, p.67, 幸書房, 2001

4. 分　　　　離

4.1 遠心分離

4.1.1 遠心分離の原理

遠心分離（centrifugation）は乳の分離操作の中でも古くから用いられている手法である．遠心分離は二つ以上の相の密度差を利用し，遠心力を駆動力として分離するもので，それぞれの相が界面によって分け隔てられ，そのうち一つの相が連続相であるような分散系が遠心分離操作の対象となる．牛乳の場合は水に乳糖やミネラルなどが溶解した乳漿（serum）が連続相で，その中に懸濁する脂肪球やカゼインミセル，搾乳時に混入した異物などが分離対象物となる．

懸濁物質を含む懸濁液を重力場に静置した際，懸濁物質の密度 ρ_p が連続相の密度 ρ_l よりも高い場合は懸濁物質は沈降し，懸濁物質の密度が連続相のそれよりも低い場合は浮上する．このとき，直径 d の懸濁物質の沈降速度 V_s は下式で与えられる．

$$V_s = \frac{d^2(\rho_p - \rho_l)}{18\mu} g \tag{1}$$

ここで g は重力加速度 $9.8\,\mathrm{m/s^2}$，μ は連続相の粘度 $[\mathrm{Pa\ s}]$ である．

式(1)の V_s はストークス（Stokes）の終末速度として知られている（3.1節参照）．

遠心分離操作では，角速度 ω で回転する回転体の回転半径 r における遠心加速度 a は式(2)で与えられることから，遠心分離操作における懸濁物質の沈降速度は式(3)で表される．

$$a = r\omega^2 \tag{2}$$

$$V_z = \frac{d^2(\rho_p - \rho_l)}{18\mu} r\omega^2 \tag{3}$$

乳業では分離板型遠心分離機（図4.1）がよく用いられる．分離板型遠心分離機はボウルと呼ばれる容器内部に傘状の分離板を一定の間隔で多数

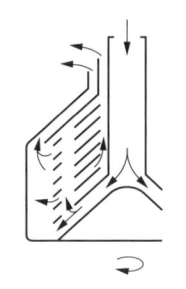

図4.1 分離板型遠心分離機[1]

積み重ねた構造で，各分離板間の流路に懸濁液が並行して流れる構造である．分離板によって隔てられたそれぞれの流路について考えると，連続相に比べて密度の高い懸濁物質は回転の円周方向に移動し，流路天面の分離板に到達すると分離板をつたって外周方向に移動し遠心分離機の外周部に集積される（図4.2）．逆に，懸濁液に比べて密度の低い懸濁物質は，回転の中心方向に移動し，流路底面の分離板に到達すると分離板をつたって遠心分離機の中央部に集められる．このようにして，連続相と懸濁物質を連続的に分離することができる．

分離板型遠心分離機で直径 d の懸濁物質をすべて取り除く場合には次の関係が成り立つ．

$$Q = V_s \Sigma \tag{4}$$

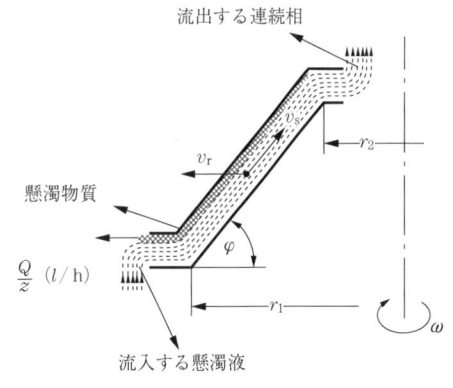

図4.2 分離板間の流路における流れの様子[1]

$$\Sigma = \frac{2\pi}{3g}\omega^2 \tan\varphi z(r_1^3 - r_2^3) \qquad (5)$$

ここで，$Q[\mathrm{m^3/s}]$ は懸濁物質をすべて取り除くことができる限界の流量，z は分離板によって分け隔てられた流路の数（分離板は $z+1$ 枚あることになる）である．また，Σ は遠心沈降面積 $[\mathrm{m^2}]$ と呼ばれ，面積の単位をもつものである．Σ は遠心分離機の形状とサイズ，回転数によって定まる値で，同一タイプの遠心分離機のスケールアップの際には，式(4)が成り立つ Σ 値が得られるように遠心分離機を設計すればよいことになる．

4.1.2 清澄化

清澄化（clarification）は，乳に混入している異物を除去するための操作である．図4.3に乳の連続清澄化に用いられるクラリファイアーの一例を示す．供給された乳は中心部を通ってボウルの外周部に供給される．乳は分離板2と分離板の間の流路を通り，異物が取り除かれた乳は中心部に集まってセントリペタルポンプまたはペアリングディスクと呼ばれる遠心ポンプ3によって排出される．また，異物は遠心沈降してボウルの内側壁のスラッジスペース5に堆積する．

連続的に清澄化を行うためには，ボウル内側壁に蓄積する堆積物（スラッジ）を定期的に排出する必要がある．現在，乳製品の製造に用いられている分離板型の遠心分離機にはセルフクリーニング機構が設けられており，遠心分離機を停止せずに定期的にスラッジを排出することで長時間の連続運転に耐えるように設計されている．セルフクリーニング機構付きの遠心分離機は，ボウル底部が上下にスライドできるようになっている．通常運転時にはボウル底部は操作水の水圧によって上方に押し付けられているが，スラッジ排出時には操作水が一時的に排出され，同時にボウル底部が下方にスライドすることによりボウルの側壁の一部が開口し，スラッジスペースに堆積したスラッジが懸濁液ごと系外に排出される．スラッジ排出の頻度は，懸濁物の濃度と処理流量，スラッジスペースの大きさなどによって決まる．

4.1.3 クリーム分離

生乳中の脂肪球は直径数ミクロン（図4.4）で乳脂肪の密度は生乳のそれよりも低いため，遠心分離操作を行うと脂肪球は回転の中心方向へ移動する．このため，回転の中心部からは脂肪分に富んだクリーム（cream）が，回転の円周部からは脂肪がほぼ除かれた脱脂乳（skim milk）が，それぞれ排出される．工業的に使用されるミルクセパレーター（図4.5）では分離板6に分流穴が空いており，その穴から乳が分離板間の流路に供給

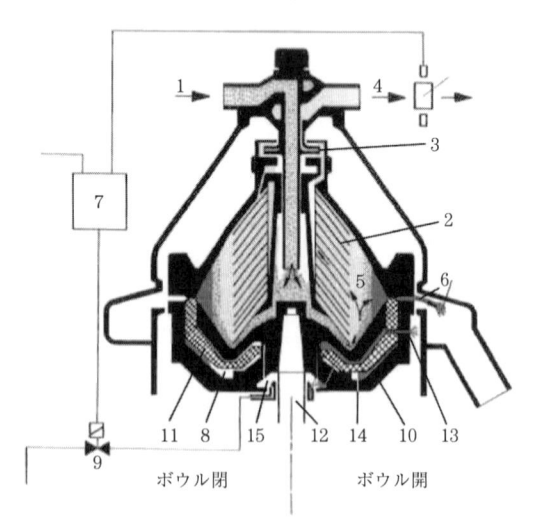

図4.3 クラリファイアー[1]（セルフクリーニング機構付き）
1：供給，2：分離板，3：遠心ポンプ，4：排出，5：スラッジスペース，6：スラッジ排出口，7：タイマー，8：クロージングチャンバー，9：操作水バルブ，10：オープニングチャンバー，11：スライディングピストン，12：スピンドル，13：オープニングチャンバードレン口，14：操作水ドレン口，15：注入室．

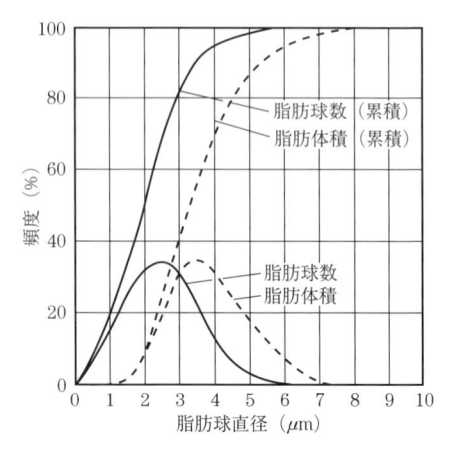

図4.4 乳中の脂肪球分布[2]

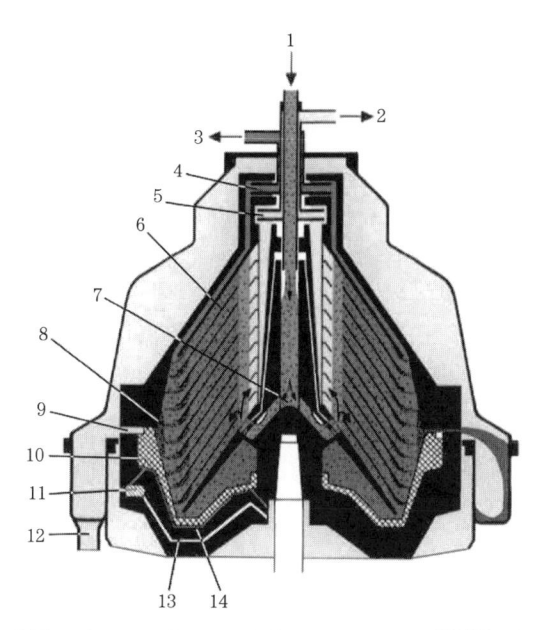

図4.5 ミルクセパレーター[1]（セルフクリーニング機構付き）
1：供給，2：クリーム排出，3：スキムミルク排出，4：脱脂乳用遠心ポンプ，5：クリーム用遠心ポンプ，6：分離板，7：緩流入口，8：スラッジスペース，9：スラッジ排出口，10：スライディングピストン，11：ピストンバルブ，12：スラッジ排出，13：操作水導管，14：クロージングチャンバー．

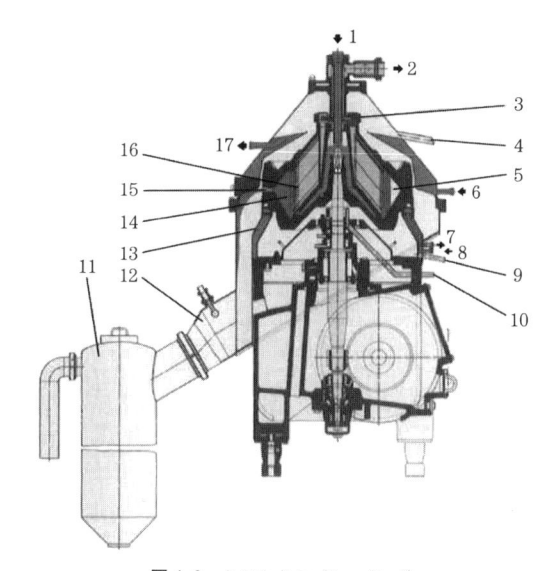

図4.6 クワルクセパレーター[3]
1：供給，2：ホエイ排出，3：ホエイ用遠心ポンプ，4：オーバーフロー，5：断片挿入，6：フード冷却水入口，7：冷却水排出口，8：冷却水供給口，9：排水，10：滅菌エアー／CIP接続，11：ソフトチーズホッパー，12：濃縮物回収，13：ブレーキリング（冷却付），14：分流穴，15：ノズル，16：分離板，17：フード冷却水出口．

される．中心部に集まったクリームはクリーム用遠心ポンプ5にて排出される．また，回転の円周部に集まった脱脂乳は最上部の分離板のさらに上の流路を通って中心部に集まり，脱脂乳用遠心ポンプ4にて排出される．脱脂乳の排出ラインには背圧調整用の弁が設置されており，これによって脱脂乳とクリームの流量比を調節することでクリームの脂肪率を調整することができる．通常のクリーム分離では得られる脱脂乳とクリームの流量比は10：1程度である．ミルクセパレーターにおいてもクラリファイアー同様に，生乳より密度の高い異物や体細胞，大きなタンパク質などはスラッジスペース8に堆積するので，セルフクリーニング機構が搭載されており，定期的にスラッジを排出することで長時間の連続運転を可能にしている．

4.1.4 固液分離
a． クワルクセパレーター

脱脂乳を発酵させた乳からホエイを排除して得られるフレッシュチーズはクワルクと呼ばれ，脱脂乳の発酵物から固形分を回収してつくられる．工業的には発酵乳からの固形分回収にはクワルクセパレーターと呼ばれるノズル式の遠心分離機（nozzle type centrifuge）が用いられる（図4.6）．脱脂乳の発酵物は分離板の分流穴14から分離板間の各流路に供給され，カゼインの凝集物は連続相であるホエイ（whey）よりも密度が高いため，遠心分離時には回転の円周方向に沈殿する．ボウルの側壁には数個から十数個のノズル15が取り付けられており，濃縮された固形物はノズル15から連続的に排出される．一方，固形物が取り除かれたホエイは回転の中心部分から排出される．クワルク製造においてはセパレーターから排出されるクワルクとホエイの流量比は2：3程度である．

脂肪率が低いシングルクリームチーズ（固形分中脂肪率40～50％）の製造にもクワルクセパレーターが用いられる．

b． ダブルクリームチーズセパレーター

ダブルクリームチーズは固形分中脂肪率が70％以上のクリームチーズで，生乳にクリームを添加して脂肪率を高めた調節乳を乳酸発酵し，ホエイ排除することで得られるクリームチーズであ

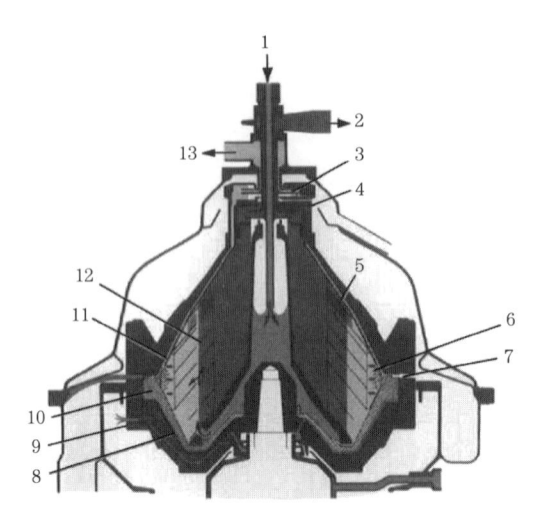

図4.7 ダブルクリームチーズセパレーター[3]（セルフクリーニング機構付き）
1：供給，2：チーズ排出，3：ホエイ用遠心ポンプ，4：チーズ用遠心ポンプ，5：分離板，6：スラッジスペース，7：スラッジ排出口，8：クロージングチャンバー，9：ピストンバルブ，10：スライディングピストン，11：分離板，12：分流穴，13：ホエイ排出．

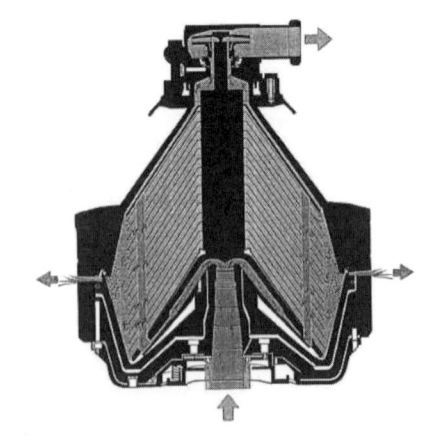

図4.8 バクトフュージ[4]

る．工業的には，ホエイ排除とクリームチーズの回収にダブルクリームチーズセパレーター（図4.7）が用いられる．ダブルクリームチーズセパレーターはミルクセパレーターと似た構造をもつが，分離板間の間隔が広いなど，ダブルクリームチーズ製造に適した設計がなされている．ダブルクリームチーズの製造では，脂肪球とタンパク質の複合物が形成されると考えられるが，この複合物は連続相であるホエイよりも密度が低いため，遠心分離時には回転の中心方向に移動する．中心部に移動した複合物はダブルクリームチーズとして遠心ポンプによって排出される．一方，回転の円周方向に移動したホエイは最上部の分離板11のさらに上の流路を通って中心部に集まり，遠心ポンプ3にて排出される．ダブルクリームチーズ製造においてはセパレーターから排出されるクリームチーズとホエイの流量比は1：3程度である．

4.1.5　バクトフュージ

耐熱性菌は，生育環境によっては菌体内に耐熱性の芽胞（spore）を形成することが知られている．芽胞は加熱など菌体が死滅する条件で殺菌しても生き残り，菌体の生育条件が整うと発芽して栄養細胞となり増殖を始める．このため，耐熱性菌に汚染された乳製品は保存中に耐熱性菌が増殖し，品質上の問題を生じることがある．

芽胞の密度が乳の密度に比べて高いことを利用し，芽胞を遠心分離により取り除く手法をバクトフューゲイション（bactofugation）と呼ぶ．また，用いられる遠心分離機はバクトフュージ（bactofuge）と呼ばれる．初期のバクトフューゲイションは市乳の保存性向上のために用いられ，のちにチーズの保存中に発生する膨張を抑制する目的でも用いられるようになった．

バクトフュージにはミルクセパレーターのように回転の中心部から除菌された乳と回転の円周部から菌体が濃縮された乳との二つの乳を排出するタイプと，クラリファイアーのように除菌された乳のみを排出するタイプ（図4.8）の2種類がある．前者で排出される菌体の濃縮物（bactofugate）の量は供給量の3％で，インフュージョン滅菌機（infusion steriliser）などで滅菌後に除菌乳と混合され次の工程に送られる（4.3.4.a参照）．また，後者で排出される菌体の濃縮物量は0.15％以下（スラッジとして）である．

4.2　イオン交換

4.2.1　イオン交換の原理と樹脂

イオン交換（ion exchange）とは，固相と液

相の2相間で可逆的にイオンの交換が起こる現象で，このような性質を示す固相はイオン交換体と呼ばれる．イオン交換体で直接イオン交換にかかわる部分はイオン交換基と呼ばれ，正または負の電荷をもつ．負の電荷をもつイオン交換基 $R^{(-)}$ に陽イオン $A^{(+)}$ が結合したイオン交換体を，陽イオン $B^{(+)}$ を含む液体に接触させると式(6)で示すイオン交換が起こる．ここで(s)は固相（イオン交換体）を，(l)は液相（溶液）を示す．式(6)は平衡反応であるため，溶液の状態を変えることで平衡を右や左に傾けることができる．この性質を利用して分離や精製プロセスにイオン交換は応用されている．

$$R^{(-)}A^{(+)}(s) + B^{(+)}(l) \rightleftharpoons R^{(-)}B^{(+)}(s) + A^{(+)}(l)$$
(6)[5]

イオン交換体は，ケイ酸塩やゼオライトに代表される無機イオン交換体と，スチレン-ジビニルベンゼンの供重合体などのイオン交換樹脂（図4.9）に代表される有機イオン交換体とに大別される．特に，天然や合成ゼオライトの代替物として開発されたイオン交換樹脂は，高いイオン交換能や機械的強度，化学的安定性などの優れた特性をもち，架橋度や導入するイオン交換基を変えることで多様性に富むことから，汎用イオン交換体としてめざましい発展を遂げた．

イオン交換樹脂はその構造から三つに分類することができる（図4.10）．ゲル型イオン交換樹脂は供重合した樹脂全体がミクロポア（micropore）と呼ばれる高分子の網目構造をもつもので，透明で光沢をもつ．多孔性型イオン交換樹脂は，樹脂中にミクロポア以外に20～100 nm程度のマクロポア（macropore）と呼ばれる細孔をもち，大きな分子イオンの交換や極性の弱い溶媒でのイオン交換などに威力を発揮する．担持担体型イオン交換樹脂は高速液体クロマトグラフィー用に開発されたもので，細孔のない担体上をイオン交換樹脂の薄膜で覆ったペリキュラー型（pellicular）と担体表面にガラス粉末をつけその上にイオン交換樹脂を担持させた表面多孔性型（superficially porous）があり，高流速でも樹脂が破壊されないよう配慮されている．

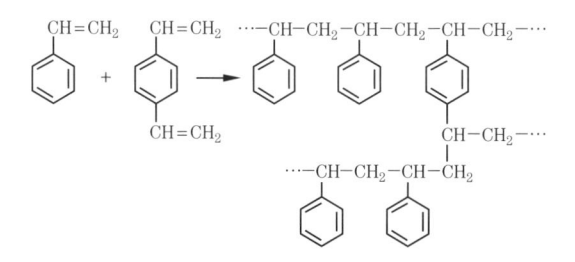

イオン交換樹脂はスチレン-ジビニルベンゼン供重合体のような高分子に，イオン交換基を導入してつくられる．陽イオン交換樹脂には，スルホン酸基（$-SO_3^-H^+$）を導入した強酸性陽イオン交換樹脂や，カルボン酸基（$-COO^-H^+$）を導入した弱酸性陽イオン交換樹脂があり，その他ホスホン酸基（$-PO_3H_2$）やリン酸基（$-PO_4H_2$）を導入したものもある．一方，陰イオン交換樹脂には，四級アンモニウム（$-NR_3^+OH^-$）を導入した強塩基性陰イオン交換樹脂や一～三級アミン（$-NH_2$，$-NHR$，$-NR_2$）を導入した弱塩基性陰イオン交換樹脂がある．強塩基性イオン交換樹脂のうちトリアルキル置換窒素原子（$-N^+R_3$）をもつⅠ型は化学的に安定で，ジアルキルエタノールアミン陽イオン（$-N^+(CH_3)_2(C_2H_4OH)$など）をもつⅡ型は化学的安定性には劣るが再生効果に優れるという特徴をもつ．

一般にイオン交換反応においてはイオンの種類によって樹脂に強く吸着されるものとそうでない

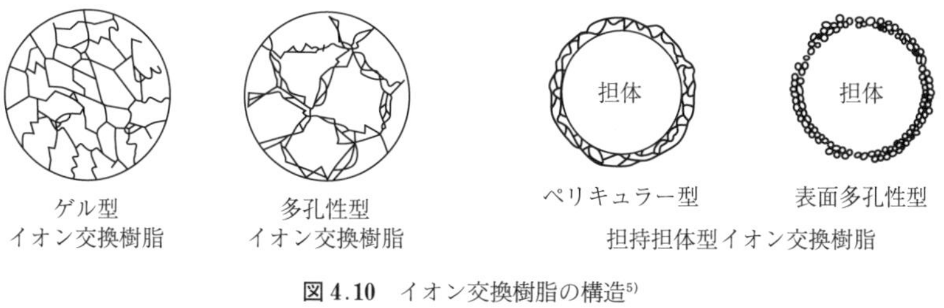

図4.9　スチレン-ジビニルベンゼン供重合体[6]

図4.10　イオン交換樹脂の構造[5]

表4.1 各イオン交換樹脂でのイオン親和性[7]

樹脂グループ	親和性系列
強酸性陽イオン	$Fe^{3+}>Al^{3+}>Ca^{2+}>Mg^{2+}>K^+>Na^+>H^+$
弱酸性陽イオン	$H^+>Fe^{3+}>Ca^{2+}>K^+>Na^+$
強塩基性陰イオン	$SO_4^{2-}>Cl^->CH_3COO^->OH^->HSO_3^-$
弱塩基性陰イオン	$OH^->SO_4^{2-}>Cl^->CH_3COO^->HCO_3^-$

ものがある．イオン交換樹脂の種類とそれに対応する親和性を表4.1に示す．これらのイオンの親和性は溶液中の各イオンの濃度や温度などに影響され，順序が逆転することもある．

4.2.2 樹脂脱塩

乳業におけるイオン交換樹脂の利用として一般的なのは，ホエイの脱塩プロセスである．チーズ製造の際に発生するホエイは育児用調製粉乳の原料などに用いられるが，ホエイの灰分は固形分中10%程度と母乳の1~2%に比べて著しく高いために，そのまま利用することはできない[9]．このため，育児用調製粉乳の原料として用いるホエイは樹脂による脱塩が行われる．ホエイ中にはK^+，Na^+，Ca^{2+}，Mg^{2+}などの陽イオンと有機酸，リン酸，Cl^-などの陰イオンが存在しており[10]，脱塩には陽イオン交換樹脂と陰イオン交換樹脂の両方が用いられる．陽イオン交換樹脂と陰イオン交換樹脂は直列に配置されており，陽イオン交換樹脂でホエイ中の陽イオンとH^+を，陰イオン交換樹脂でホエイ中の陰イオンとOH^-をそれぞれイオン交換することで脱塩する．

脱塩後のイオン交換樹脂にはホエイ中に存在したイオンが吸着している．このため，脱塩処理終了後には再生処理を行ってイオン交換樹脂を再生する必要がある．再生処理には再生剤が用いられ，陽イオン交換樹脂にはHClやH_2SO_4などの強酸，陰イオン交換樹脂にはNaOHなどの強塩基が用いられる．それぞれ再生剤の濃度は5~10%で，通常，陽イオン交換樹脂では樹脂容量の3~10倍，陰イオン交換樹脂では樹脂容量の3~5倍の再生剤が用いられる[7]．

樹脂脱塩により，ホエイ中の灰分は最大97%まで脱塩することができる（表4.2）[8]．実際の脱塩工程では，4.3節で述べるナノフィルトレーション（nanofiltration：NF）や電気透析（electrodialysis：ED）と組み合わせることにより，高効率化が図られている．

4.2.3 成分分離

イオン交換樹脂は金属イオンや有機酸だけでなく，分子量の大きいタンパク質とも相互作用する．また，イオン交換樹脂に吸着したタンパク質は，塩水によってイオン交換樹脂から容易に溶出することができる．この性質を利用して，乳タンパク質の分離精製にイオン交換樹脂が用いられる．

ホエイタンパク質分離物（whey protein isolate：WPI）はホエイ中のタンパク質全般を高濃度に回収したもので，アスリート向けのプロテインの原料などに用いられる．WPIの製造には陽イオン交換樹脂が用いられる[11]．感染防御や抗菌活性などの機能が期待されるラクトフェリンやラクトペルオキシダーゼなどのホエイタンパク質を，脱脂乳やホエイから高純度で回収する手法については，多くの特許が出されている[12~14]．い

表4.2 脱塩前後のチェダーチーズの組成[8]

成分	脱塩前	脱塩後	
全固形分	5.3	4.2	(%)
pH	6.3	6.2	
酸度（乳酸として）	1.58	0.04	(%)
全窒素（TN）	0.14	0.10	(%)
非タンパク態窒素（NPN）	0.04	0.008	(%)
タンパク質（TN−NPN）×6.38	0.65	0.66	(%)
灰分	0.53	0.02	(%)
Na	67.1	1.3	(mg%)
K	106.2	0.6	(mg%)
Ca	66.7	9.1	(mg%)
P	63.8	13.0	(mg%)
Mg	11.1	0.02	(mg%)
Cl	161.7	0	(mg%)
脱塩率		97.0	(%)
タンパク質損失		0	
通液温度		8	(℃)

ずれの手法も，陽イオン交換樹脂にホエイタンパク質を吸着させ，塩水でホエイタンパク質を溶出するものであるが，イオン交換樹脂への通乳量や塩水濃度を段階的に変えながらの溶出など，純度を高めるための工夫がなされている．イオン交換樹脂からの溶出液は，目的のタンパク質とともに高濃度の塩を含んでいるため，脱塩と濃縮の両方の目的から限外ろ過（UF）膜による濃縮と透析ろ過が行われ，乾燥したあとに製品となる．

工業的に行われる成分分離では，遠心分離や膜処理，電気透析など，イオン交換以外のさまざまな分離手法をイオン交換と組み合わせることで高効率化が図られている． 〔伊藤光太郎〕

文　献

1) H. Hemfort: Separators-Centrifuges for clarification, separation and extraction processes, p.17, 20, 35, 37, Westfalia Separator AG, 1984.
2) H. R. Lehmann: Processing Lines for the Production of the Soft Cheese, p.39, 45, Westfalia Separator AG, 1991.
3) H. G. Kessler: Food Engineering and Dairy Technology, p.61, Publishing House Verlag A. Kessler, 1981.
4) G. Bylund: Dairy Processing Handbook, p.110, Tetra Pak Processing Systems AB, 1995.
5) 妹尾　学：イオン交換（妹尾　学ほか編），p.1, 34, 講談社サイエンティフィク，1991.
6) K. Dorfner: Ion Excangers (K. Dorfner, ed.), p. 20, Walter de Gruyter & Co., 1990.
7) G. K. Hoppe, J. J. Higgins: Whey and Lactose Processing (J. G. Zadow, ed.), pp.95-107, Elsevier Science Publishers, 1992.
8) R. A. M. Delaney: *Aus. J. Dairy Tech.*, **31**, 12-17, 1976.
9) 山内邦男：ミルク総合事典（山内邦男，横山健吉編），p.69, 朝倉書店，1992.
10) K. R. Marshall: Developments in Dairy Chemistry -1-proteins (P. F. Fox, ed.), p.340, Elsevier Science Publishers, 1982.
11) R. J. Pearce: Whey and Lactose Processing (J. G. Zadow, ed.), pp.284-292, Elsevier Science Publishers, 1992.
12) 特許公開昭 63-152400
13) US Patent 5596082
14) 特許公開 2004-307344

4.3　膜　分　離

乳業における膜分離技術の利用は，1962年に米国のWyeth社がIonics社の電気透析（electrodialysis：ED）法を用いて工業的にホエイの脱塩を行ったのが始まりである[1]．1969年にはMauboisらによりMMV法と呼ばれる限外ろ過（ultrafiltration：UF）法で濃縮した膜濃縮乳によるチーズ製造法が開発され[2]，1970年代前半にはUF法や逆浸透（reverse osmosis：RO）法がホエイの濃縮やタンパク質の回収[3]に利用されるようになってきた．さらに近年では，脱塩と同時に濃縮が可能なナノろ過（nanofiltration：NF）法や除菌などを目的とした精密ろ過（microfiltration：MF）法が，工業的に用いられてきている．現在の乳業における膜分離技術の利用例を図4.11に示す[4]．

4.3.1　膜分離の原理

乳業において利用されている膜分離技術は，圧力差を駆動力とするMF法，UF法，NF法およびRO法と電位差を駆動力とするED法がある．これらの膜分離技術は，溶質のサイズや荷電の違いを利用して分離するものであり，目的とする分離対象物の性質に応じて使い分けられる．

圧力差を駆動力とする圧力透析膜による分離は，単純にはイオンあるいは分子レベルの大きさの細孔を有する膜によるろ過であると考えられる．したがって，図4.12に示すように細孔を有するMF法，UF法の基本的な原理としては，膜の細孔径より小さなイオンや分子・粒子は膜を透過し，大きなものは阻止される「篩分け」機構と考えられる．図4.13に走査型電子顕微鏡により観察したUF膜の表面写真を示した．一方，RO法に関しては，細孔の存在がまだ確認されておらず，その分離機構もいまだに明確なものとはなっていない．図4.14.Aのように溶媒のみを透過する半透膜で水と溶液を隔てると，溶媒である水は，「浸透現象（osmosis）」により溶液側に移動する．水の移動により膜の両側の液面に，ある程

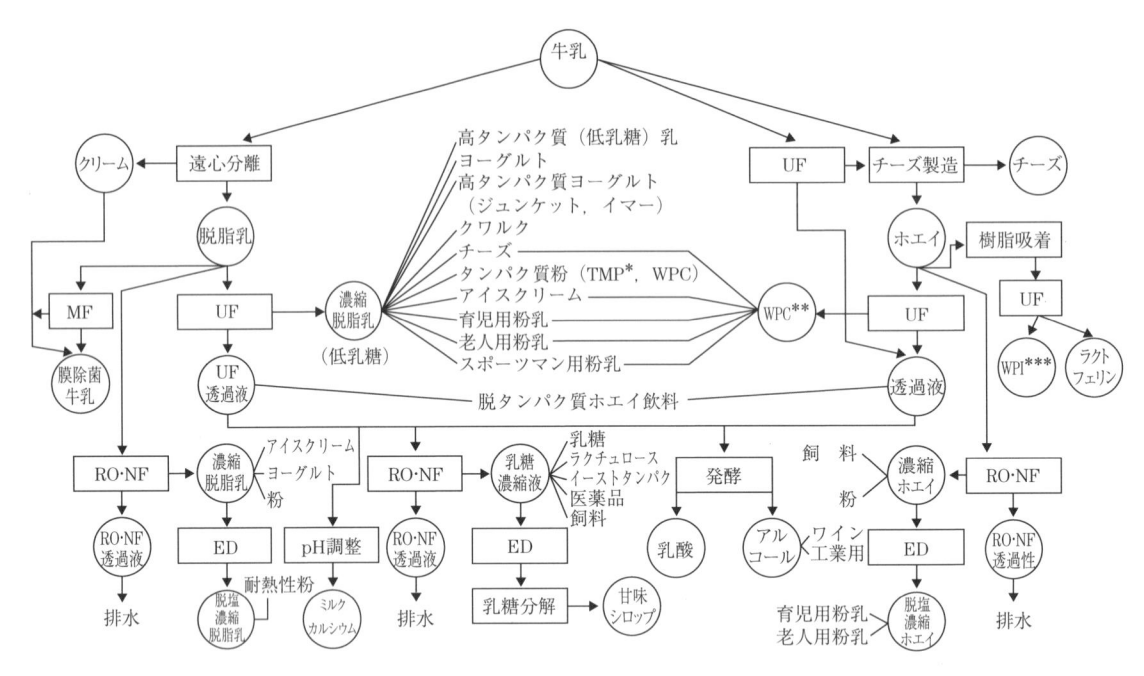

図 4.11 乳業における膜分離技術の利用[4]
＊：全乳タンパク質濃縮物，＊＊：ホエイタンパク質濃縮物，＊＊＊：ホエイタンパク質分離物．

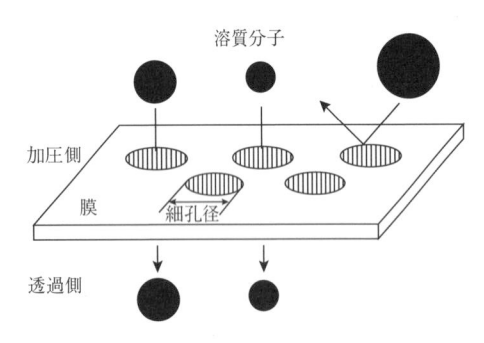

図 4.12 膜分離の原理

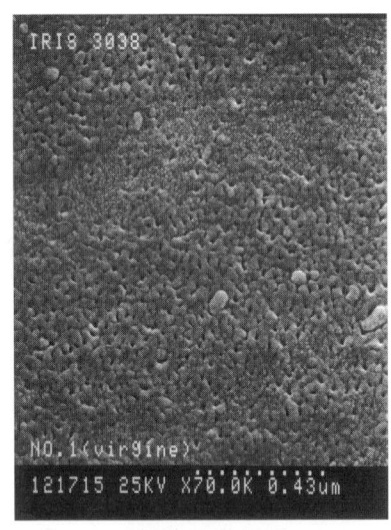

図 4.13 走査型電子顕微鏡により観察した UF膜の表面（IRIS 3038）

度の差が生じた時点で平衡状態となる．このときの液面の高さの差に相当する圧力が溶液の浸透圧（osmotic pressure）である．ここで，図 4.14.B に示すように，溶液側に溶液の浸透圧以上の圧力を加えてやることにより，溶液中の水は膜の反対側に移動し，溶液から水を除去することができる．このように浸透圧以上の圧力を溶液側に加えて濃縮する方法がRO法の原理である．

図 4.15[5]にそれぞれの圧力透析膜の適用範囲を示した．牛乳成分の分画特性は，牛乳中に存在する成分の大きさと膜の細孔径に依存する．牛乳を各膜分離技術で濃縮したときの簡単な分画特性を図 4.16 に示した．牛乳を細孔径 $1.4\,\mu m$ 程度のMF膜で処理すると，細孔径より大きな菌体や脂肪球は，膜を透過せずに濃縮される．UF膜では，塩類や乳糖は膜を透過し，乳タンパク質は阻止される．脱脂乳をUF処理すると塩類と乳糖を同時に除去でき，全固形当たり80％以上の乳タ

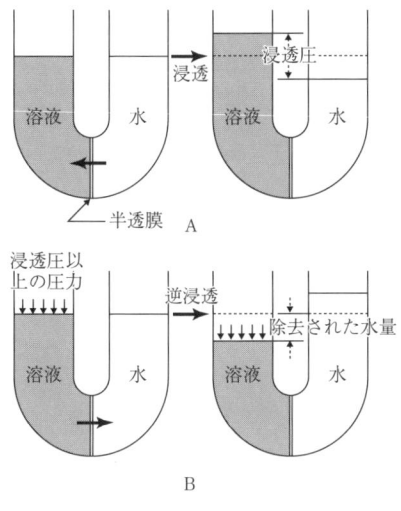

図4.14 逆浸透法の原理

ンパク質濃縮物を得ることが可能となる．NFでは，イオン半径の小さな塩類と水が透過し，他の乳成分は濃縮される．脱脂したホエイをNF膜で処理すると，濃縮と脱塩が同時にできる．ROでは水だけが透過するため，水の相変化を伴わずに濃縮が可能となる．ただし，牛乳中の成分の挙動は複雑で，田村らは牛乳中の成分を表4.3に示した11画分に分けて表現し，カゼインミセルやコロイド状リン酸カルシウムなどを構成する塩類には，pHや温度条件によってUF膜を透過しない塩類（主にリンとカルシウム）があることを報告している[4,6]．

圧力を駆動力とする膜分離法と異なり，電位差を駆動力としてイオン溶液の分離を行うものが

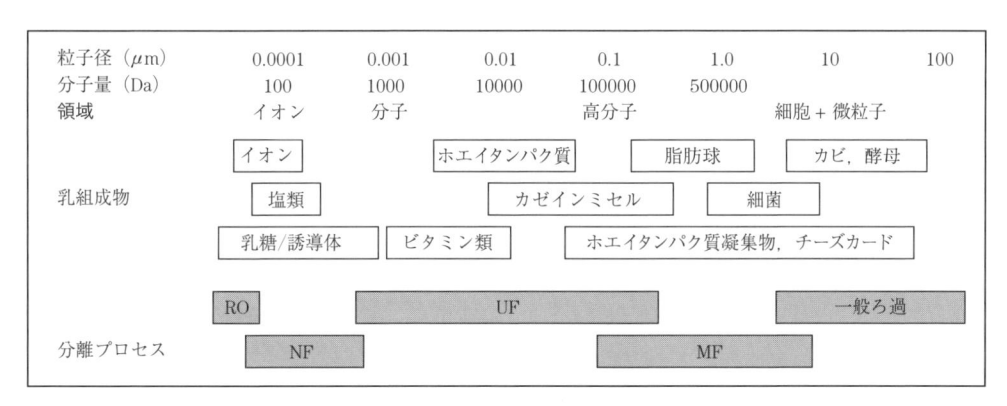

図4.15 圧力透析膜の適用範囲[5]

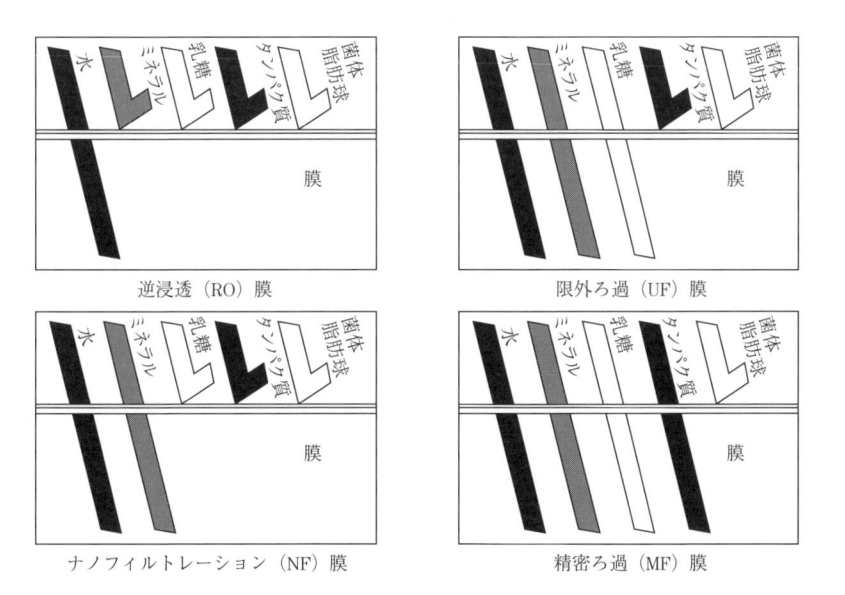

図4.16 膜の分画特性

表4.3 各種乳とホエイの成分組成

	水	カゼイン	ホエイタンパク質	脂肪	乳糖	灰分
牛乳（生乳）	88.6	2.2	0.70	3.30	4.5	0.70
スイートホエイ*1	93.3	−	0.60	0.25	5.0	0.52
酸ホエイ*2	93.6	−	0.53	0.05	4.4	0.60
スイートホエイのUF透過液*1	94.3	−	0.01	<0.01	4.9	0.50
酸ホエイのUF透過液*2	94.2	−	0.02	<0.01	4.3	0.56
人乳	88.0	0.5	0.60	3.50	7.2	0.20

濃度（％）

*1：チェダーチーズホエイ，*2：カッテージチーズホエイ．

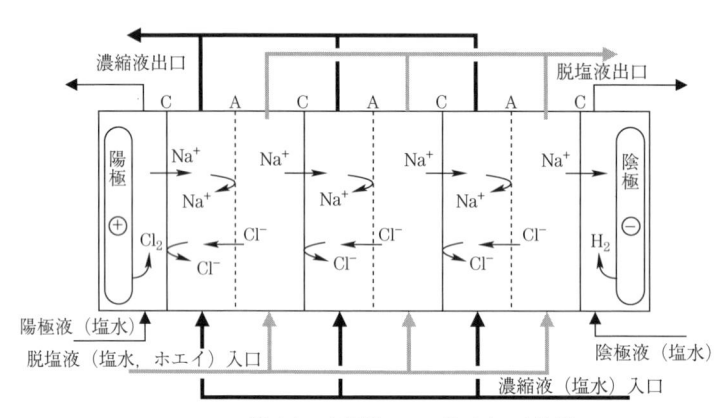

図4.17 電気透析脱塩の原理

C：陽イオン交換膜，A：陰イオン交換膜

EDである．EDは，図4.17に示したように陽極と陰極の間に，陽イオン交換膜(C)と陰イオン交換膜(A)を交互に配置し，各室に食塩水を入れ，両極間に直流電流を通電するとナトリウムイオンは陰極側に，塩素イオンは陽極側に移動する．ナトリウムイオンはC膜を透過できるが，A膜を透過できない．逆に塩素イオンは，A膜は透過できるが，C膜は透過できない．この結果，図4.17に示したように，食塩濃度が濃くなる室と薄くなる室が交互にできることになる．

4.3.2 RO膜

RO膜の乳業への利用は，1972年米国でカッテージチーズホエイの処理にRO装置が用いられたのが始まりであった．全世界の乳業で利用するRO膜のほとんどは，チーズホエイの濃縮に利用されており，特に1973年のオイルショック以降，省エネルギーを目的として注目され，10年間で設置膜面積が6倍にも増加した[7]．1996年現在，全世界の乳業用RO膜の設置面積累計は約8万m²に達している[8]．

a. 低濃度の濃縮への利用

乳業で利用されるRO膜は，ほとんどチーズホエイやUF透過液の濃縮に利用されている．これは，エバポレーターが機械蒸気再圧縮（MVR）技術によりエネルギー効率が非常によくなってきても，RO装置の初期設備コストが低いことや，増設や濃縮倍率の変更が簡単なことから，エバポレーターの予備濃縮設備として普及している．たとえば，乳タンパク質製品として多量に生産されているホエイタンパク質濃縮物（whey protein concentrate：WPC）や乳タンパク質濃縮物（milk protein concentrate：MPCまたはtotal milk protein：TMP）など，高タンパク質素材の製造工程で発生するUF透過液には，乳糖やミルクミネラルが含まれており，これらを濃縮回収する工程で，予備濃縮装置として利用されている．

また，ヨーロッパには小さなチーズ工場が数多くあり，その工場から発生するホエイは，ホエイ処理専門の大規模工場に集められ処理される．しかし，ホエイは94％が水分であり，そのまま輸送すると輸送コストに占める負荷が大きくなる．そこで，チーズ工場でホエイを3～4倍にRO膜で濃縮して輸送費の節減を図っている．また，生乳でも同様にRO濃縮による輸送費削減が検討されている[10]．

b. 牛乳の風味を活かした製品への利用

全乳または脱脂乳をRO膜で濃縮すると，熱による香気成分の減少を防止できるため，フレッシュなミルク風味を活かした製品をつくることができる．

一般に通常牛乳よりも乳脂肪や無脂乳固形分を高めた濃厚感のある「特濃牛乳」は，脱脂粉乳とバターを還元して製造されるが，生乳にはない特有の還元臭が認められる．この還元臭は一般には好まれない風味とされている．RO膜で牛乳を濃縮すると香気成分を保持したまま濃縮ができ，生乳の香りがするコクのある「特濃牛乳」が実現できる．国内のいくつかの乳業会社では，生乳または脱脂乳をRO膜で1.4倍程度濃縮して濃縮タイプの風味豊かな牛乳を生産している[11]．

また，RO膜で濃縮した牛乳からつくったヨーグルトは，粘度や硬さが増し，風味もよいため高級感がある[12]．

4.3.3 UF膜

UF膜の乳業への利用は1969年フランスでUFチーズ製造法（MMV法）が開発されたのが始まりであった．UF膜はさまざまな食品産業で実用化されているが，乳業において最も多く利用されている．1996年現在，全世界の乳業で利用されているUF膜面積の累計は約23万m^2に達している[8]．これは，UF膜の分画特性が牛乳やホエイ中の有用なタンパク質を乳糖や塩類と分離濃縮するのに適しているためと考えられる．

a. 牛乳のUF膜処理

UF膜で牛乳を濃縮すると乳タンパク質（主にカゼインタンパク質）とともに，これと結合しているカルシウムが濃縮される．これを利用して日本人に不足しがちなカルシウムを強化した牛乳が上市されている[11]．

UF処理乳を原料としてチーズを製造する方法（UFチーズ）は，当初従来品と比べ，微妙な風味の違いがあることから，期待されたほど発展しなかった．しかし，その後検討が行われ，歩留まりの向上，製造工程の連続化，レンネット使用量の節約などの利点により，欧米を中心に多くの種類のチーズ製造で利用されている[7]．UFを利用したチーズ製法は，濃縮倍率とその後の工程によって3通りに大別される．

1) 2倍濃縮・ホエイ排除 牛乳をUF膜で2倍程度濃縮し，その後従来法によりチーズを製造する方法である．この方法は，乳タンパク質濃度の季節変動の影響をなくして品質の安定化を図るとともに，チーズバット当たりの生産効率が上がる利点がある．カマンベール，チェダー，ゴーダ，モッツァレラなどのチーズの生産に利用されている．

2) 5倍濃縮・ホエイ排除 牛乳をUF膜で5倍程度濃縮し，その後従来法によりチーズを製造する方法である．この方法では，チーズから排除されるホエイタンパク質が上記方法より少なくなるため，歩留まりが向上する．ストラクチャード・フェタチーズ，UFチェダーチーズの生産に利用されている．

3) 高濃縮・ホエイ排除なし 牛乳をチーズ組成まで濃縮し，スターターとレンネットを添加して型に充塡し，ホエイ排除しないで連続的に製造する方法である．この方法は，ホエイ排除がないので収量が多く，クリーム，クワルク，フェタなどフレッシュチーズや軟質熟成チーズの製造に利用されている．

また，脱脂乳をUF膜濃縮し，またはさらに加水しながらUF処理（diafiltration：DF）することで，タンパク質を乳糖，灰分より分離・濃縮した乳タンパク質濃縮物（TMPまたはMPC）が製造されている．TMPは乳タンパク質濃度が50～85％で，乳糖が除去されているため，栄養価が高くてカロリーが低く，また，乳化性，増粘な

どの機能性があるため肉製品，乳製品や無糖・低糖製品への利用が図られている．

b. ホエイのUF膜処理

TMPの製造と同様のUF膜処理をホエイに対して行い，ホエイタンパク質濃縮物（WPC）が製造されている．WPCは栄養価が高く，ゲル化性や起泡性などの機能特性を有するので，育児用粉乳，乳製品，肉製品およびスポーツ飲料などの原料に使用されている．特に1998（平成10）年3月30日の厚生省令45号で「乳及び乳製品の成分規格等に関する省令」が改正され，乾燥重量においてタンパク質含有量15〜80％のWPCは，「タンパク質濃縮ホエイパウダー」という名称で乳製品に定義されたこともあり，脱脂粉乳代替品として飲料，ヨーグルトなど，乳製品への利用が拡大してきている．

4.3.4 MF膜

乳のMF処理は目詰まりが発生しやすいため実用化は遅く，1980年代半ばにAlfa-Laval社（現Tetra Pak社）により牛乳の膜除菌システム"Bactocatch"が開発されて実用化した．使用し

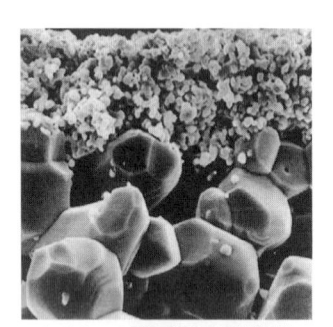

図4.18 Membraloxの断面の電顕写真と外観

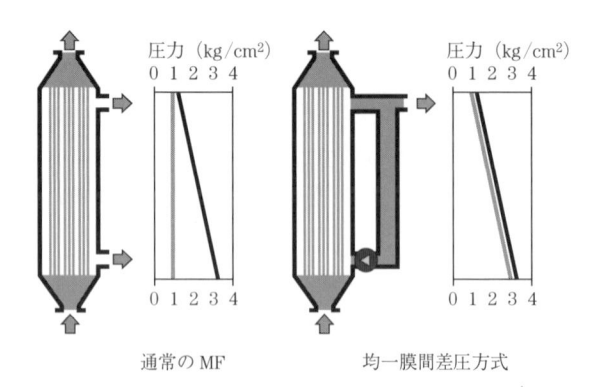

図4.19 MF膜における均一膜間差圧方式のメカニズム

ているMF膜（フランスのExekia社製Membralox）は，αアルミナセラミック製で，カゼインミセルを透過させて微生物を阻止するために細孔径1.4 μmが選定されている（図4.18)[13]．このシステムの最大の特徴は，透過流束を制御して膜の目詰まりを防止する均一膜間差圧（uniform transmembrane pressure：UTP）と呼ばれる方法を採用している点である．一般に膜の汚れ（ファウリング）は膜間差圧が高いか，膜面線速度が不足する場合に生じる[14]．しかし，通常のMF膜の運転（図4.19左）では，高流速でMF膜モジュールに脱脂乳を通液すると，モジュール入口の膜間差圧が高くなり，ファウリングにより膜の細孔が塞がってろ過ができなくなる．また，膜間差圧を低くするために，流速を低くして運転すると膜面線速度が小さくなり，同じようにファウリングによる目詰まりが発生する．このファウリングを防ぐためには，高流速で膜モジュールに脱脂乳を供給し，膜間差圧を低くする必要がある．そこで，透過液側に循環ポンプを設置し，透過液を循環し圧力調整することにより，図4.19右のようにモジュール全体の膜間差圧を0.04MPa程度の一定圧力に制御することを可能にしたのがUTPである．その結果，脱脂乳では，除菌率99.9％以上を保ちつつ，温度50℃で500 l/(m²h)の透過流束を7時間安定して得られると報告されている[15,16]．

a. MF除菌牛乳[17]

BactocatchシステムのようにMFで除菌した牛乳を原料として利用すると，牛乳中の菌数が少

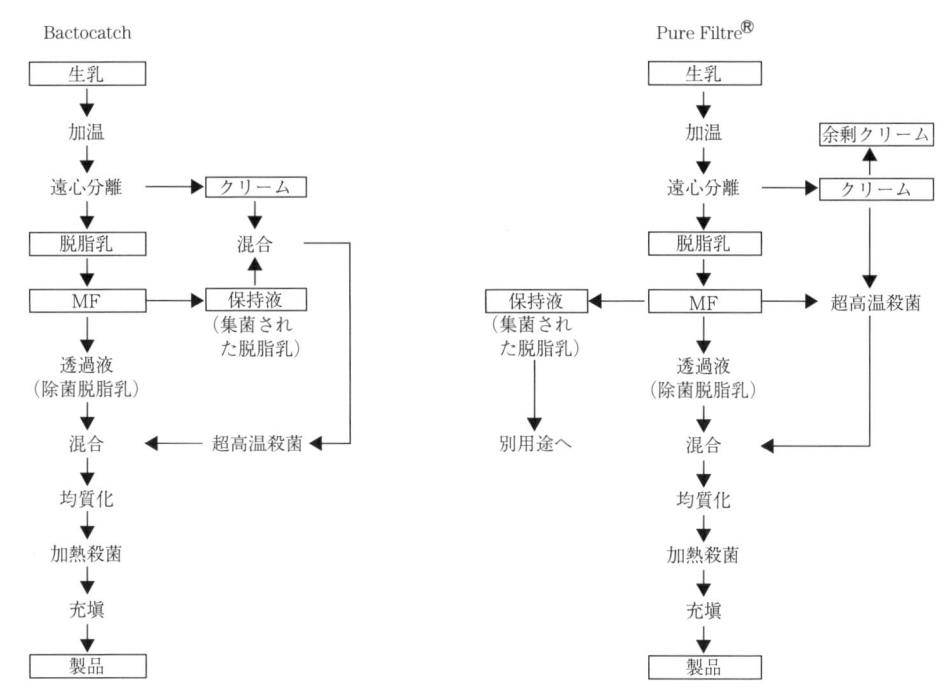

図4.20 MF除菌牛乳製造工程の比較[17]

ないため，高温殺菌（HTST殺菌）でもESL (extended shelf life) 牛乳を製造することが可能となる．

Tetra Pak社はBactocatchシステムを利用したESL牛乳製造プロセスとしてTetra Therm ESLを販売している[18]．牛乳を遠心分離機で脱脂乳とクリームに分け，脱脂乳はBactocatchで処理され，95％の透過液（除菌された脱脂乳）と5％の保持液（菌体が濃縮された脱脂乳）に分離される．その後クリームと保持液を混合し，超高温殺菌（UHT）したあと，透過液と混合してもとの牛乳の組成に戻す．これをHTST殺菌したあと，容器に充填する．このシステムで処理された牛乳を無菌充填した試験結果から，シェルフライフは6℃で45日，10℃で15日と報告している．

また，1995年にMF除菌を応用したESL牛乳がカナダのAult Foods社からLactantia Pure Filtre 8として発売され，商業的に成功を収めている．この牛乳は，MF技術によって菌数を1 cfu/ml以下にすることで，シェルフライフを通常品の2倍の32日に延長できた．Pure Filtre 8の製造プロセスはTetra Therm ESLと異なりBactocatchの保持液は他の用途に使用され，Pure Filtre 8には混合されない．Bactocatchの透過液には滅菌されたクリームが所定の脂肪率になるように加えられ，法律で定められた最低限の加熱殺菌をしたあと，充填を行っている[19]．図4.20に各社のプロセスを比較した．

b． チーズ原料乳の除菌[20]

従来チーズ原料乳は遠心式のバクトフュージで除菌したあと，低温殺菌を行うことにより調製されてきた．しかし，バクトフュージではすべてのバクテリアを除けるわけではなく，バクテリアの一部はチーズ原料乳に残ってしまう．また，低温殺菌の加熱条件では芽胞菌などの胞子が殺菌できないため，チーズ原料乳中に残存した酪酸菌により熟成中のチーズが膨化することがあり，硝酸塩などの発酵調整剤を添加していた．

このチーズ原料乳の胞子を除去するのにBactocatchが利用され，硝酸塩を添加しなくてもチーズの膨化がほぼ完全に防止されている．そのため，海外ではチーズ原料乳の除菌にMF膜の利用が拡大している．図4.21にチーズ原料乳

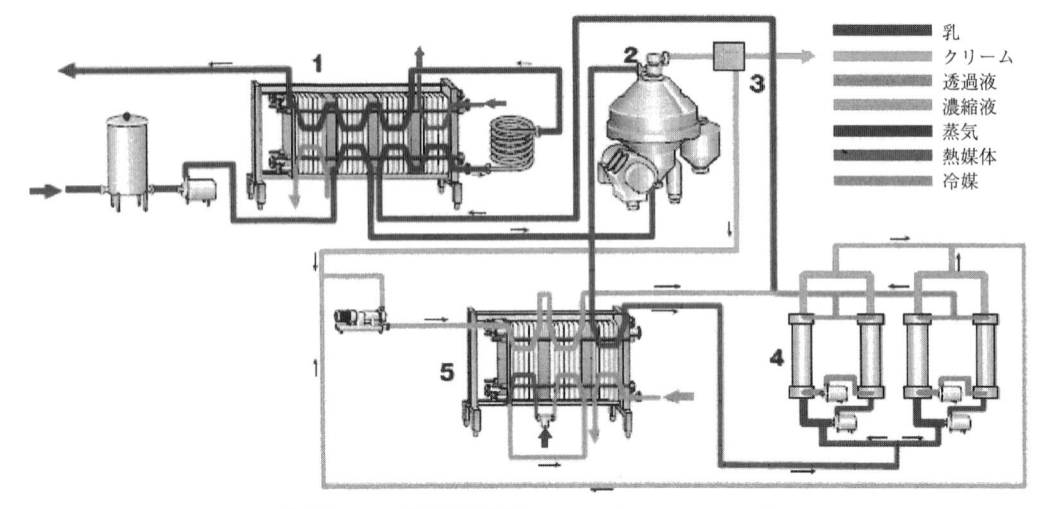

図 4.21 チーズ原料乳調製用 Bactocatch システムフロー[20]
ダブルループの精密ろ過膜とチーズ乳の脂肪標準化に必要なクリームと一緒に菌体濃縮液を滅菌する工程.
1：殺菌装置，2：遠心分離機，3：自動標準化システム，4：ダブルループ精密ろ過膜設備，5：滅菌設備.

調製に利用されている Bactocatch システムの一例を示した．MF 除菌乳を利用した ESL 牛乳製造プロセスと同様の構成で，クリームと保持液の混合率をチーズの種類によって調整できるようになっている．

c. カゼインミセルとホエイの分離[21〜23]

従来カゼインとホエイは，レンネット反応や酸凝固反応によって分離されてきた．しかし，これらの方法では，タンパク質の変性やホエイに独特の風味が生じ，カゼインとホエイの利用範囲を制限する要因になっていた．

近年，細孔径 0.1〜0.2 μm の MF 膜を利用することで，脱脂乳から直接カゼインとホエイタンパク質の分離が可能になってきた．MF 膜で保持液にカゼインを濃縮し，ホエイタンパク質を透過液として分離する．MF 膜の分離で特徴的なのは，分離したカゼインが脱脂乳中に存在するカゼインミセルの形態を保っていることである．また，総タンパク質含有量 87% 以上で，カゼイン/総タンパク質比が 96% のカゼインも調製可能であり，このカゼインを原料とすることでホエイが排出されないチーズ製造が可能となる．

MF 膜で分離されたホエイは従来のホエイと異なり，ホエイ独特の風味はなく，ミルク風味を有している．また，ホエイタンパク質も溶解性が高く，ゲル化能などの機能性を有するため，風味良好なホエイタンパク質素材として利用が検討されている．

4.3.5 ED 膜

ED 法は溶液から電解質であるイオンのみを選択的に分離できることから，ホエイ，脱脂乳やカゼイン分解物などの脱塩処理に応用されている[23〜25]．

表 4.3 に示すように牛乳と人乳の組成は大きく異なり，牛乳のカゼインタンパク質は人乳の 5 倍，灰分は約 3.5 倍である．このため，育児用粉乳の調製は，主原料となる牛乳にカゼインタンパク質を含まないチーズホエイを添加する必要が生じる．しかし，チーズホエイをそのまま添加すると灰分含有量が高くなりすぎるため，灰分を減少させる必要がある．1960 年代ミネラルを除去したホエイの成分が母乳に近いことから，育児用粉乳の原料としてホエイの脱塩方法が検討されるようになった．はじめは，水処理で一般的に使用されていたイオン交換樹脂法（IE 法：図 4.22）が利用された．しかし，この方法には，樹脂の再生に多量の再生剤と水を使用するという問題や，アニオン交換樹脂にタンパク質が吸着するなどの問題が存在した[26〜29]．

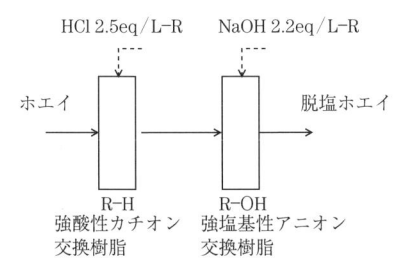

図4.22 イオン交換樹脂脱塩法

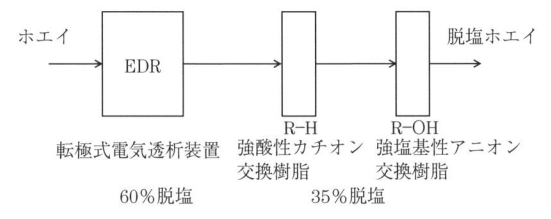

図4.23 電気透析とイオン交換樹脂を組み合わせた脱塩方法

そこで，これらの問題を解決するために，開発されたばかりのEDがホエイ脱塩システムとして検討されるようになった[30,31]．ところが，IE法と同様の脱塩率を求めると，膜の有機物汚染が早く進むため，解体洗浄の回数が多くなり，膜寿命も短くなって実用的ではなかった．1970年代には，図4.23に示したように，EDで60%脱塩し，残りの40%をIEで脱塩することで，膜寿命が長くなり，IE単独の脱塩システムより経済的にホエイ脱塩が可能となった[32]．図4.24にEDで脱塩したときの構成イオンの変化を示した[33]．イオン化している1価のカリウム，塩素は主に脱塩の前半に除去され，多くがコロイド状塩類あるいはタンパク質結合性塩類として存在するカルシウム，マグネシウム，リンは主に脱塩の後半で除去される．また，主たる陰イオンの塩素は，60%脱塩で95%減少し，それ以降は分子量の大きいクエン酸やリン酸などが陰イオンとして除去されることから，脱塩後半におけるED膜への負荷が急激に高くなる．これらの理由から，EDでの脱塩を60%に抑えることは，膜寿命を長くするのに効果的であった．その後，さらにED膜の汚れを防ぐため，濃縮液側への塩酸の添加や20～30分ごとに転極と転相を行う（EDR）方式[34～36]への改良により，脱塩ホエイの生産コストは，IE単独に比べて40%程度減少した．

4.3.6 膜運転の要点

膜分離技術は，他の分離・濃縮法に比べて，多くの優れた点を有しているにもかかわらず，乳業において順調に普及してきたわけではない．その理由としては膜を利用するうえで，以下に示すような解決しなければならないいくつかの課題があるからである．

a. 膜性能の変化

膜の阻止率や透過流束が変化する一つの要因として，膜の非可逆的な変化に起因する劣化がある．膜の非可逆的な劣化には，膜素材の加水分解や酸化などの化学的劣化，圧密化や乾燥といった物理的劣化がある．もう一つの要因は，膜への溶質成分の付着あるいは目詰まりに代表されるファウリングがある．ファウリングは，スケール，ゲル層またはケーク層として膜面に付着し，流路を狭めたり，膜細孔の目詰まりを引き起こしたりする．これらの膜性能の変化は，膜分離技術の普及を妨げる大きな要因となっている．

これらの劣化やファウリングに関しては，耐久性が高く溶質成分を吸着しにくい膜素材の開発や，流路閉塞や目詰まりの生じにくい膜モジュールの開発が進められている．膜分離システムを選択する場合には，処理する対象物の特性を十分に考慮して選ぶ必要がある．

b. 膜の洗浄とメンテナンス

前述のファウリングは，膜性能を低下させるほかに，微生物が増殖する原因となる．したがって，膜性能の回復と装置内を清浄に保つための洗浄法，洗剤，殺菌剤の開発が必要となるが，膜の

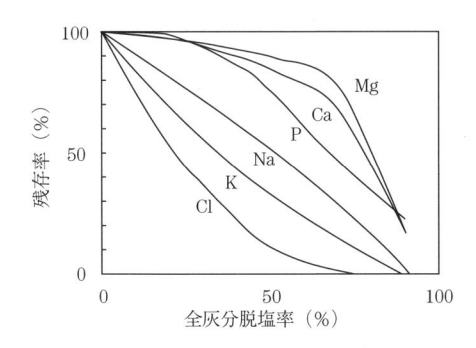

図4.24 脱塩に伴う構成イオンの変化[33]

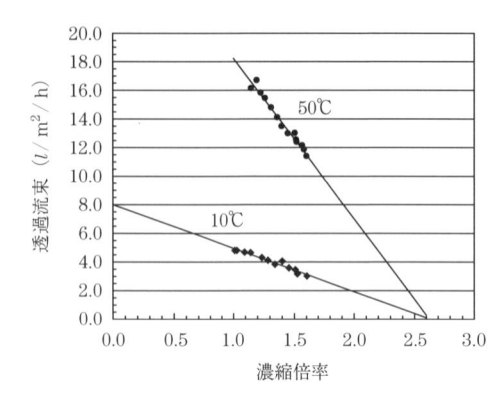

図4.25 脱脂乳をRO濃縮したときの濃縮倍率と透過流束の関係（2MPa）

耐熱性，耐薬品性が十分でないため大きな制約を受ける．こうした問題を解決するために，セラミック膜や金属膜が開発されているほか，耐熱，耐薬品性に優れた高分子膜の開発が進められている．セラミック膜は，耐熱および耐薬品性に優れており，洗浄力が高い洗剤による洗浄や熱湯殺菌が可能である．膜の維持管理の面からみると，セラミック膜はきわめて優れているが，広いスペースが必要であり，膜コストが高いため，用途は限られる．実際には処理液の前処理や運転条件の検討により，ファウリングの発生をできる限り防ぐことが重要となる．

c. 濃縮限界

RO膜を用いた濃縮には，原理上の問題から，濃縮限界が存在し，一定濃度以上の濃縮は不可能である．すなわち，ROは溶液の浸透圧以上の圧力を加えて濃縮することを基本原理とするため，溶液の濃度が高くなり浸透圧が操作圧力と同等になると濃縮できなくなる．図4.25に示すように脱脂乳を温度50℃，操作圧力2MPaでRO濃縮すると濃縮倍率約2.6倍で濃縮限界となる．

乳業分野は，これらの膜分離の特徴をうまく利用し，食品産業の中では最も膜分離技術の利用が進んでおり，さまざまな乳素材や加工工程が開発されている．　　　　　　　　　〔富澤　章〕

文　献

1) Anon: *Chem. Eng. News*, **40**(41), 44, 1962.
2) J. L. Maubois, *et al.*: French Patent, 2052, 121, 1969.
3) 神武正信：膜, **10**(2), 87, 1985.
4) 大矢晴彦，渡辺敦夫監修：食品膜技術－膜技術利用の手引き，p.349, 光琳，1999.
5) Tetra Pak 技術資料 (Tetra Pak Processing Systems AB Publication：Dairy Processing handbook, 124, 1995).
6) 田村吉隆：食品と開発, **29**(10), 14, 1994.
7) 佐藤幾郎，田村吉隆：乳技協資料, **42**, 50, 1992.
8) J. M. K. Timmer, van der Horst: Whey (Proceeding of the 2nd international Whey Conference held in Chicago, 1997), **40**, 1998.
9) 別役仁士：食品工業, **24**(22), 63, 1981.
10) R. R. Zall, J. H. Chen: ASAE Publication, 9, 1983.
11) 特集「膜を使った製品」, *MRC News*, **14**, 2, 1995.
12) 千葉正兄，岡田佳男：乳技協資料, **40**, 26, 1990.
13) H. G. Kessler: *Bull. IDF*, **320**, 16, 1997.
14) 福渡康夫ほか：日畜会報, **58**(11), 927, 1987.
15) ホルム　スーネ：公表特許昭62-500141
16) N. Olsen, F. Jensen: *Milchwissenschaft*, **44**(8), 476, 1989.
17) 佐藤幾郎：*MRC News*, **23**, 85, 2000.
18) C. Wamsler: *Scandinavian Dairy Information*, **10**, 15, 1996.
19) M. F. Eino: *Bull. IDF*, **320**, 32, 1997.
20) Tetra Pak 技術資料 (Tetra Pak Processing Systems AB Publication: Dairy Processing handbook, 287, 1995).
21) R. Jost, P. Jelen: *Bull. IDF*, **320**, 9, 1997.
22) J. L. Maubois: *Bull. IDF*, **320**, 37, 1997.
23) 野村男次，大矢晴彦監修：食品工業と膜利用, p.121, 幸書房，1983.
24) 長沢太郎：特公昭, 45-6060
25) 中村哲郎ほか：日食工誌, **40**, 545, 1993.
26) R. Delbeke: *Neth. Milk Dairy j.*, **26**, 155, 1972.
27) H. Jonsson, L. E. Olsson: *Milchwissenschaft*, **36**, 482, 1981.
28) D. Herve: *Process Biochemistry*, **9**, 16, 1974.
29) R. A. M. Delancey: *Aust. J. Dairy Technol.*, **31**, 12, 1976.
30) Y. Hiraoka, *et al.*: *Milchwissenschaft*, **34**, 379, 1979.
31) B. T. Batchelder: Paper at the 1986 International Whey Conference Chicago, 27 October, 1986.
32) B. M. Ennis, J. J. Higgins: *N. Z. J. Dairy Sci. Technol.*, **17**, 27, 1982.
33) 伊藤健介，神武正信：化学と生物, **16**(11), 708, 1978.
34) E. K. William: *Desalination*, **28**, 31, 1979.
35) E. K. William: *Desalination*, **42**, 129, 1982.
36) E. David, *et al.*: *Desalination*, **38**, 549, 1981.

5. 乳　　　　化

5.1　乳化の基礎概念

5.1.1　O/W，W/O エマルション

エマルション（乳化物）は，互いに混じり合わない（均一に溶解しない）2種類の液体から成り立っており，一方が微細な粒子（0.1～100 μm）として他方に分散しているものを指す．食品においては，2種類の液体は水と油脂である．水中に油滴が分散したものを O/W（oil-in-water）エマルション，油中に水滴が分散したものを W/O（water-in-oil）エマルションという．牛乳は典型的な O/W エマルションであるが，その油滴は室温や冷蔵温度では固体脂を含むことから脂肪球と呼ばれることが多い．本節でも，以下では油滴は脂肪球と表現する．脂肪球の成分，構造については第Ⅰ編1.3節に詳しい．牛乳から製造されるクリーム（生クリーム）も O/W エマルションである．一方，バターは典型的な W/O エマルションである．

現在では，菓子製造などに用いられるクリーム（ホイップ用クリームも含む）やコーヒーホワイトナーに関しては，牛乳から直接製造したものではなく，植物油脂の脂肪球を水中に分散させた O/W エマルションを用いることが多い．その場合，乳化を良好に行うため，また風味の問題から，通常，カゼインや脱脂粉乳など牛乳由来の素材が用いられる．また，乳飲料やスープ，ソース類についても，生乳を原材料として製造する場合に加えて，全脂粉乳を用いたり，植物油脂を上記の牛乳由来素材で乳化することによって製造することが多い．したがって，本節では，主としてこのような牛乳由来素材を用いて O/W エマルションを製造する際の乳化現象について述べる．なお，W/O エマルションとしては，バターのほかには，マーガリンやファットスプレッドが製造される．W/O エマルションの乳化現象については，5.4節を参照されたい．

5.1.2　エマルションの調製過程

脱脂粉乳中で乳化にかかわる成分は主としてタンパク質であり，その主成分はカゼイン類とホエイタンパク質である[1]．また，さまざまな乳製品の製造には，生乳から分離されたカゼインがよく利用される．したがって，ここでは乳化現象に主として関与する成分として，カゼイン類を中心とした乳タンパク質に注目する．食品中で乳化作用を発揮する成分としては，タンパク質のほかに乳化剤がある．本項では，乳化剤と乳タンパク質の乳化機構の違い，両者の乳化過程における相互作用についても触れる．なお，主な乳化剤については5.3節を参照されたい．

a.　乳化過程と界面活性

通常の乳化操作では，強烈なせん断力を加えて水中に微細な脂肪球を分散させるが，その過程において水と脂肪の界面の面積は急激に増大する．しかし，本来混じり合うことのない水と脂肪の界面には界面張力が働き，その面積をできるだけ小さくしようとするため，脂肪球は合一し，やがて二相は分離する．その過程を妨げるためには，水にも脂肪にも親和性をもつ（両親媒性の）物質を界面に吸着させ，その界面張力を下げる必要がある[2]．界面張力を下げる能力を界面活性といい，そのような能力をもつ物質を界面活性物質という．乳タンパク質も乳化剤も，ともに界面活性物質である．

O/W 乳化に適しているのは高 HLB（hydrophilic-lypophilic-balance）値をもつ乳化剤であり，通常水によく溶ける，あるいは分散する．このような乳化剤は，限界ミセル濃度（乳化剤が水中でミセルを形成できる最小濃度）以上の比較的高い濃度では，乳化操作によって生じた脂肪球表

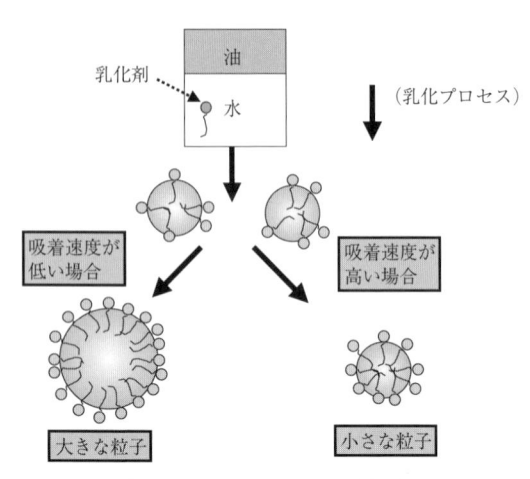

図5.1 脂肪球の大きさと乳化剤の吸着速度との関係
水と脂肪を混合して激しくせん断力を加えることにより（乳化操作），微細な脂肪球が生成する．吸着速度が高い乳化剤が存在するときには，乳化剤が脂肪球表面に素早く吸着し，最終的に微細な脂肪球粒子が形成される．吸着速度が低い乳化剤の場合には，乳化剤が吸着する以前に油滴の合一が進み，大きな脂肪球が生成する．

面に素早く吸着し，その界面張力を急激に下げることによって脂肪球の合一を妨げ，結果として微細な（最小はサブミクロンオーダーの）脂肪球粒子を生成させる（図5.1）[3]．また，マランゴニ効果（界面に表面張力の不均一が生じると界面に平行な流れが発生する現象．5.2.3項参照）によって，脂肪球表面を素早く移動し，効率的に表面を覆うことが可能である．一方，高分子であるタンパク質は上記の乳化剤に比べて，界面への拡散速度が遅いことに加えて，吸着後，脂肪に親和性のある疎水性アミノ酸残基を分子表面に露出させる構造変化に時間を要する．また，吸着後は脂肪球表面を自由に移動することはできない．そのため，乳化剤に比べて界面活性が低く，サブミクロンオーダーにまで脂肪球粒子をダウンサイズさせることは難しい[4]．タンパク質の中でも乳化性には差があり，フレキシブルな構造のカゼイン類は，固い球状のコンフォメーションをもつホエイタンパク質より界面活性が高いとされている．なお，いったん脂肪球表面に吸着したタンパク質は，水相中に存在するタンパク質によっては置換を受けにくいが，より界面活性の高い乳化剤によって容易に置換を受ける．この競合吸着現象は脂肪球粒子の安定性に大きな影響を与える[4,5]．

b. 界面粘弾性

吸着後の界面活性物質は，脂肪球表面上で互いに相互作用する．タンパク質の場合，分子どうしが非共有結合やジスルフィド結合により結びつくことにより，強固な吸着フィルムを形成する．吸着フィルムの物理的強度は一般的に界面粘弾性測定という手法により評価される．カゼイン類に比べて，ホエイタンパク質は，高い界面粘弾性をもつ吸着フィルムを形成できることが明らかになっている．高い粘弾性をもつ吸着フィルムは，脂肪球粒子が接近あるいは集合した場合，その合一を妨げる働きをもつ[5]．一般的に乳化剤の吸着フィルムの界面粘弾性は非常に低い（タンパク質フィルムの数百分の一以下）．

c. 脂肪球粒子間に働く力（DLVO理論）

分散したコロイド粒子間に働く主要な力は，粒子の表面電荷に起因する静電斥力とファンデルワールス（van der Waals）引力である．これら2種類の力の大小でコロイド分散系の安定性を議論する理論がDLVO理論である[6]．この名称は理論を完成させた研究者の頭文字（Derjaguin-Landau-Verwey-Overbeek）からつけられたものである．

図5.2(a)に示すように，分散した粒子が表面距離 H だけ離れて存在するものとする．表面電

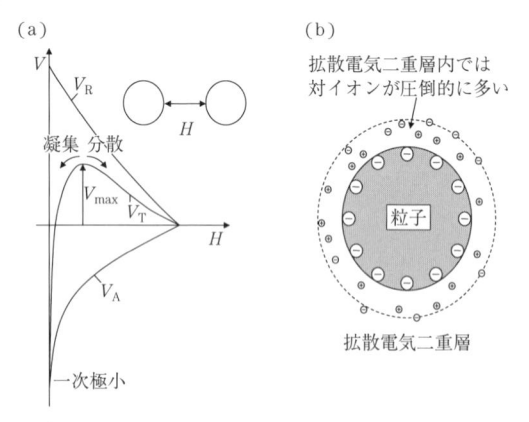

図5.2 DLVO理論によるコロイド粒子の分散安定性の概念
(a)粒子間相互作用ポテンシャル曲線．V_R：静電気的反発ポテンシャル曲線，V_A：van der Waals引力ポテンシャル曲線，V_T：全ポテンシャル曲線，V_{max}：ポテンシャルの極大，H：粒子表面間の距離．
(b)粒子の周りの拡散電気二重層．

荷をもつ粒子は，その粒子の周りに逆に帯電したイオン（対イオンと呼ぶ）を過剰に引きつけている（図5.2(b)）．この粒子の周りのイオン雰囲気を拡散電気二重層という．粒子が接近すると，二つの粒子に挟まれた領域の対イオン濃度が上昇し，それに起因する浸透圧増加が引き起こされ，粒子間に働く斥力は指数関数的に増加する（図5.2(a)のV_Rの曲線）．一方，ファンデルワールス引力については，本来はこの力は一対の分子間に働く，弱い短距離力にすぎない．しかし，コロイド粒子には，莫大な数の分子が含まれているため，コロイド粒子間に働くファンデルワールス引力は図5.2(a)のV_Aの曲線に示すように，コロイド粒子の接近に応じて増加する．DLVO理論によるコロイド系の安定性は，V_RとV_Aの和で与えられる全ポテンシャル曲線（V_T）の形で決定される．図5.2(a)にはポテンシャルの極大V_{MAX}があるが，この山を越えて一次極小に至る（つまり強い凝集が生じる）確率は，exp($-V_{MAX}/kT$)に比例する．V_{MAX}が熱エネルギーkT（k：ボルツマン定数，T：絶対温度）の約15倍（教科書によって10倍から20倍までさまざまな記述あり）あると，粒子はほとんど凝集しない．なお，水中の塩濃度が高くなると粒子の拡散電気二重層が小さくなるため，V_Rが小さくなり，V_{MAX}の山も低くなる．したがって，塩類の添加は一般的にコロイド粒子の凝集を促進する．なお，DLVO理論の詳細については文献を参照されたい[6]．

エマルション中の脂肪球粒子の分散安定性を考える場合にもDLVO理論は有効である．しかし，脂肪球粒子の安定性には，水相の粘度，吸着層特に吸着タンパク質の立体効果（steric stabilization），高分子による架橋凝集，枯渇凝集などの現象が複雑に絡み合っている[7]．これらも含めたエマルションの安定性は5.2節で詳しく解説される．

5.1.3 解乳化

乳製品，特にホイッピングクリーム，アイスクリーム，バター，マーガリン（ファットスプレッ

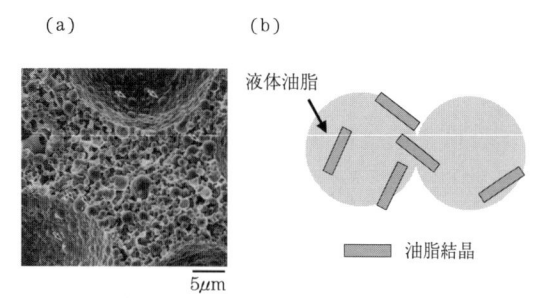

図5.3 解乳化現象
(a)ホイッピングクリームの電子顕微鏡写真[8]：脂肪球が凝集（解乳化）して三次元的な網目構造を形成し気泡を安定化している．(b)油脂結晶による脂肪球の部分合一：脂肪球内部の液体油脂の中に油脂結晶が生成すると，結晶は脂肪球粒子表面に吸着する．このような脂肪球が衝突すると，油脂結晶が隣接する脂肪球の内部に侵入することにより脂肪球の部分合一が起こる．

ド）の製造に関しては，解乳化という現象が重要な意味をもつ（各製品の章や節を参照）．ここでは，ホイッピングクリームに関連づけて解乳化現象を説明する．

ホイッピングクリームは，O/Wエマルションであるクリームをホイッピングすることにより気泡を安定的に取り込んだものである．ホイッピングクリームを電子顕微鏡などで観察すると，脂肪球がつながって三次元的な網目構造を形成し，その骨格構造中に気泡を包含して安定化していることがわかる（図5.3(a)）[8]．このような状態を作り出すためには，ホイップ前のクリーム中では安定な状態で存在していた脂肪球が，ホイッピング中に効率よく凝集しなければならない．この一種の乳化破壊現象を解乳化と呼ぶ．

解乳化現象は，油脂結晶を介した脂肪球の部分合一（partial coalescence）によって引き起こされる[9]．ホイップ用クリームに含まれる油脂には，一部高融点の成分が含まれるため，それがホイップ時の温度では，脂肪球中で結晶を生じる．そのような油脂結晶は，脂肪球内部よりも，表面に存在するほうがエネルギー的に有利なため，脂肪球表面に吸着する．このような脂肪球を含むクリームを激しくかき混ぜると（ホイッピング），脂肪球どうしが激しく衝突するが，その際に脂肪球に含まれていた油脂結晶が外側に突き出され，隣接する脂肪球内部に侵入することにより脂肪球

の部分合一が起こる（図5.3(b)）.

以上のようにホイッピング過程における解乳化には，油脂結晶の生成が重要な意味をもつが，油脂結晶の含量，質（結晶多形）などによって解乳化，ホイッピングクリームの物性は大きな影響を受ける．また，クリームに含まれるタンパク質，乳化剤，製造条件も密接に解乳化とクリーム物性に影響を与えるが，これについては第II編の4章「クリーム」を参照されたい． 〔松村康生〕

文　献

1) P. F. Fox: Advanced Dairy Chemistry (P. F. Fox, P. L. H. McSweeney, eds.), pp.1-48, Kluwer Academic/Plenum Publishers, 2003.
2) 上野　實：現代界面コロイド化学の基礎（日本化学会編），pp.6-16，丸善，2002.
3) D. J. McClements: Food Emulsions−Principles, Practices and Techniques−, 2nd ed., pp.233-268, CRC Press, 2005.
4) D. G. Dalgleish: Food Emulsions−4th ed., Revised and Expanded− (S. E. Friberg, et al., eds.), pp.1-44, Marcel Dekker, 2004.
5) E. Dickinson：*Colloids Surf. B-Biointerf*., **20**, 197-210, 2001.
6) DLVO理論については多数の教科書に記載されている．代表的なものをいくつかあげる．
   北原文雄，古澤邦夫：分散・乳化系の化学（8版），pp.104-128，工学図書，1991.
   大島広行：現代界面コロイド化学の基礎（日本化学会編），pp.27-35，丸善，2002.
   臼井進之助：コロイド化学−I．基礎および分散・吸着−（日本化学会編），pp.166-191，東京化学同人，1995.
7) D. J. McClements: Food Emulsions−Principles, Practices and Techniques−, 2nd ed., pp. 53-93, CRC Press, 2005.
8) 種谷真一ほか：食品そのミクロの世界−電子顕微鏡による立体写真集−，pp.54-57，槙書店，1991.
9) D. Rousseau: Physical Properties of Lipids (A. G. Marangoni, S. S. Narine, eds.), 219-264, Marcel Dekker, 2002.

5.2　エマルションの安定性[1〜9]

5.2.1　クリーミング

安定なエマルション（乳濁液，emulsion）では，多数の小さい液滴（分散質，dispersoid）が他の液体媒質（分散媒，dispersion medium）中に分散している．しかし，いずれのエマルションも熱力学的に安定ではない．相溶しない液体では不安定化が，クリーミング，凝集，合一の順で起こる（図5.4）．複数個の液滴が凝結（coagulation，粒子の密な集合体の形成を指す）または凝集（flocculation，粒子の粗な集合体の形成を指す）して一つの大きな液滴になると，界面自由エネルギー（surface free energy）の減少のために液滴が安定化する．この自由エネルギー差は界面活性剤（surface active agent, surfactant）の添加により変化するが，分散状態の自由エネルギーは合一状態のそれに比べてなお高いために，エマルションは熱力学的に不安定な状態にある．したがって，液滴の合一によるエマルションの破壊を抑制するためには合一過程のエネルギー障壁

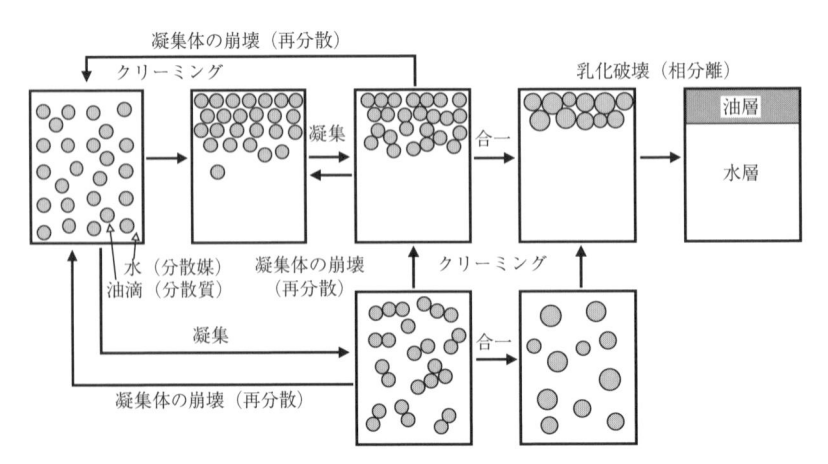

図5.4　エマルションの不安定化機構（O/W型エマルションの場合を記述した）

表5.1 エマルションの安定性に関連する物理的因子（文献3の表を改変）

因子	不安定化機構		
	クリーミング	凝集	合一
液滴の粒子径	◎	◎	△
液滴の粒子径分布	◎	○	
液滴の体積分率	◎	◎	◎
液滴と分散媒との密度差	◎		
液滴のレオロジー的特性			△
分散媒のレオロジー的特性	◎	○	○
界面吸着層のレオロジー的特性			◎
界面吸着層の厚さ	△	○	◎
粒子間のポテンシャルエネルギー	△	◎	○
脂質の結晶化（核生成，成長，多形）			◎
温度	◎	◎（静的）	◎
せん断		◎（動的）	

◎：重要，○：しばしば重要，△：場合によっては重要．

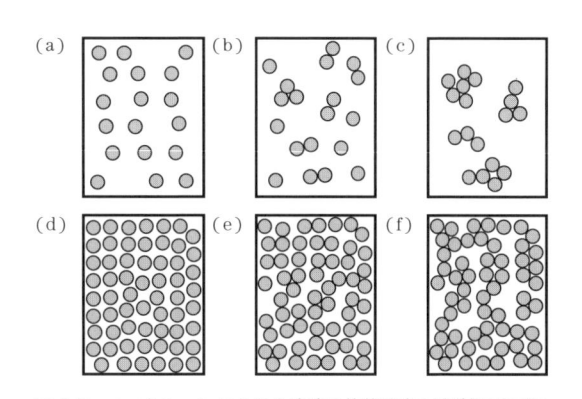

図5.5 エマルションにおける液滴の体積分率と液滴間相互作用の強さによる凝集状態の変化
(a)凝集しない液滴の希薄分散系（孤立分散），(b)弱い液滴間相互作用を有する希薄分散系（疎な凝集），(c)強い液滴間相互作用を有する希薄分散系（密な凝集，クラスターが形成），(d)凝集しない液滴の濃厚分散系（孤立分散），(e)弱い液滴間相互作用を有する濃厚分散系（疎な凝集），(f)強い液滴間相互作用を有する濃厚分散系（密な凝集，クラスターが連結）．

（energy barrier）を十分に高くすることが必要であり，これによってエマルションを準安定状態に保たなければならない．エネルギー障壁は2個の液滴を分けている分散媒が界面活性剤分子の作用により安定化した境界膜を形成するために生じ，境界膜の力学的性質によって支配される．

クリーミング（creaming）とは，重力や遠心力により液滴が移動してエマルションの上部に濃厚な液滴層を形成する現象であるが，このときに液滴の粒子径分布は変化しない．初期には，鉛直方向に液滴密度の勾配ができるだけであるが，経時に伴って上部のクリーム層と，下部の液滴を失った漿液層との境界が明瞭になってくる．クリーミングは一般に可逆的であり，攪拌するともとの均一なエマルションに戻ることが多い．

クリーミングに関係する因子には，ストークス（Stokes）の移動速度とブラウン運動（Brownian motion）がある．それぞれへの影響因子として，前者には液滴の粒子径，分散媒の粘度，および液滴と分散媒との密度差があげられる．一方，後者にはエマルションの温度，液滴の粒子径，および分散媒の粘度があげられる（表5.1）．

5.2.2 凝　集

エマルションの凝集は，隣接する液滴どうしの相互作用の自由エネルギーが負であるときに起こりやすく，ポテンシャルエネルギー（potential energy）の最低値が低いほど，いったん生じた凝集は強い．液滴の体積分率と液滴間の相互作用の強さに依存して質的に異なった型のエマルションが生成する（図5.5）．希薄で緩やかに凝集したエマルションでは，小形で明確な凝集体が単一の粒子と熱力学的に平衡を保って互いに共存しうる．しかし，体積分率が高まると，この種の弱い凝集体は気/液分離のときに起こる現象と類似した挙動をとる．強い凝集では希薄な分散系でも大形の凝集体が生成し，この系はクリーミングの点で非常に不安定になる．濃厚エマルションでは個々の凝集体が独立性を失い，連続した凝集エマルション構造が形成されて一般にチキソトロピー性（thixotropic nature）を示す．強く凝集したゲル（gel）状態では，一定の降伏応力以下のひずみに対しては明らかな弾性を示し，ゲルはクリーミングの点では安定であるが離水（syneresis）を生じやすい．

エマルションでの液滴凝集の運動理論は，固体コロイド粒子の凝集の運動理論から導かれる（5.1.2項参照）．ファンデルワールス力（van der Waals forces）以外に粒子間に作用する力がない場合には，衝突した粒子は最初の極小値でただちに不可逆的に強く付着し，ただちに凝固す

る．しかし，固体粒子が凝固する条件下では，液滴は変形して破壊される．そこで，DLVO 理論で液滴の凝集や分散が説明されるエマルションでは，自由エネルギーが数 kT の深さである第二極小（second minimum）で，小さくて比較的弱く結合された弱凝集体（weak flocculation）が形成されることがあるが，この寿命は限られており，個々の粒子と凝集体との間に動的平衡（dynamic equilibrium）が成り立っている（5.1.2 項参照）．この凝集体はブラウン運動によっては完全に崩壊されない程度に安定であるが，外部からのせん断力で崩壊するという可逆凝集により形成されている．また，第一極小（first minimum）での凝集は理論的にはありえても，実際には最初に液滴の界面膜どうしが付着したとき以外にはありえない．それにもかかわらず，エマルション液滴が不可逆的に凝集する現象は，その液滴がただちに合一することを無視して，急速凝集（fast flocculation）と呼ばれる．一方，ある程度のポテンシャルエネルギー障壁の存在で凝集速度が遅くなるが，この場合を緩慢凝集（slow flocculation）と呼んでいる．

　液滴の凝集を招く主要な力は，ブラウン運動とせん断力である．ブラウン運動で 2 個の液滴が接触する場合に作用する平均運動エネルギーは，熱エネルギーの kT とほぼ等しい．エネルギー障壁を越えて液滴が接触する確率は，5.1.2 項で説明されているように V_{MAX} が約 15～20 kT を越えるとその確率は実質 0 になり，エマルションは凝集と合一に対しても安定になる．せん断力がある場合には，液滴は急激にこのエネルギー障壁を越えるので，急速凝集と合一が起こる．

　凝集に関係する因子には，分散質の濃度，衝突確率および衝突効率がある．衝突確率には分散媒の粘度，エマルションを静置した場合には温度，流動したり振動したりして動的な場合にはせん断速度や粒子径が影響を及ぼす．また，衝突効率には分散粒子間の全ポテンシャルエネルギー（分散質の粒子径，ゼータ電位（zeta-potential），デバイ長（Debye length））が関係している．

5.2.3　合　一

　合一は 2 個以上のエマルションの液滴が集合して，より大きな 1 個の液滴になる不可逆的な変化である．水中油滴（O/W）型エマルションの油相の物理的状態（固化状態）は，合一の進行に大きく影響を及ぼす．油相が液体の場合には合一した油滴はより大きい球状の油滴に取り込まれ，やがては分離した油層が現れる．油相が部分的に結晶している場合には，油滴は集合して不規則な凝集塊（floc）を形成する．そして，凝集した脂質結晶は液状脂質の極性部位で連結されて連続的な網目構造を形成する．このような部分的な合一は，ある程度結晶した油脂を含む濃厚分散液（dispersion，または懸濁液，suspension）に対して攪拌したときに容易に起こる．部分的に合一したエマルションを加熱すると結晶が融解して凝集塊は大きな油滴になる．

　2 個の液滴が接近するとそれらの合一は，図 5.6 に示した液滴の間を分け隔てている連続相の境界膜の安定性に支配される．境界膜の破壊は一種の確率過程であり，現在のところ食品エマルションモデルにおいて液滴が合一する確率を定量的に予測しうるような理論はない．境界膜が自然に壊れる可能性は非常に少なく，ブラウン運動，クリーミング，攪拌などでごく短時間に衝突する油滴が合一する可能性はほとんどない．合一はクリーム層やその他の凝集状態で液滴が長時間接近して集合する場合に起こる．

　境界膜の薄膜化は，これに作用するコロイド的

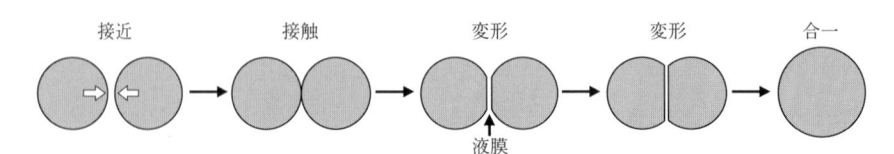

図 5.6　エマルションにおける 2 個の油滴の合一過程

な力と境界膜の流動に関する流体力学的挙動に支配される．境界膜の破壊は，境界膜の厚さの変動と境界膜の力学的性質に支配される．2個の液滴が接近すると，それらの凸面はしだいに球状がゆがめられ，界面活性剤が存在すると薄い液状ラメラ構造（lamella structure）が液滴間に形成される．このような2～3個のクラスター（cluster）は合一が明確になっていない場合には安定である．このラメラの厚さは液滴界面間のコロイド力の性質と強さに依存する．

薄膜の毛管圧によって追い出され，薄膜から滴状に液体が排除されると，低分子の界面活性剤の分子が二つの油-水界面に沿って除かれる．その結果，界面張力の勾配が生じてそれ以上に界面活性剤が接線方向に移動するのが抑制される．このギブス-マランゴーニ（Gibbs-Marangoni）効果は，比較的厚めの膜が部分的に変形するのを防ぐ作用がある．このようにして，外力によってラメラのある部分が薄くされても，その部分の界面張力の増加によってそれ以上に薄膜化するのが抑制される．このような破壊の起こりそうなところを回復する作用によって，液滴が合一するのが回避される．しかし，液滴中に溶解する界面活性剤の場合には，それが液滴中に十分蓄積され，排液によって除かれた界面活性剤を容易に補給するので，ギブス-マランゴーニ効果はわずかである．

合一に関係する因子には，分散質の界面粘度と界面粘弾性とがある．これらへの影響因子として，界面吸着層の厚さや力学特性，油滴中での脂質の結晶化（結晶核生成，結晶成長，結晶多形）があげられる．

5.2.4 転 相

O/W型エマルションから油中水滴（W/O）型エマルションへの転換やその過程は，エマルションの転相（phase inversion）と呼ばれる．普通は食品の分野でエマルションの転相が自然に起こることはなく，かなり大きい機械エネルギーが必要である．これは転相がクリーミングや凝集，合一のように単純な物理的現象ではなく，これら3種の複合的な現象であり，一種または多種の複雑な中間コロイド状態（泡沫，多相エマルション，二重連続構造など）を含むためである．

エマルションの転相を説明する最も重要なパラメータは，分散相の体積分率である．一定の乳化剤濃度で分散相の体積分率が増加するとエマルションの粘度が増加し，臨界体積分率を過ぎると急激な粘度低下が起こる．

油/水の比率にかかわらず，親水・親油バランス（HLB）値が低い界面活性剤はO/W型エマルションの安定化に適切ではなく，逆に高HLB値の界面活性剤ではW/O型エマルションの安定化は難しい．油/水/乳化剤系におけるエマルションの転相は，①エマルションが体積分率の広い範囲で2種の安定状態のどちらかの形態（O/W型またはW/O型）をとるが，中間状態はない，②急激な形態の変化にしたがって転相では粘度や電気伝導率などの物理的性質の急激な飛躍が起こる，③履歴現象，すなわち形態は操作過程またはエマルションの履歴に依存する，④油＋水＋乳化剤が同一量であるが，わずかの違いで調製された二つのエマルションは異なった特性を示す，という事象からカタストロフ理論（catastrophe theory）という力学系の分岐理論の一種を扱う理論を用いて解明されている．ここでは，転相の様相を乳化剤の量（a），油/水比率（b），系の構造状態（s）の3変数で表すことができる．調節可能な変数 a と b は，実験では最もよく操作される．状態変数 s は，転相時に不連続的に変化を起こす巨視的構造パラメータであり，その正確な物理的説明を特定できないが，実際にはある系から他の系に変化する． 〔三浦 靖〕

文 献

1) 三浦 靖：エマルションの新しい高安定化手法（鈴木敏幸監修），pp.199-209，技術情報協会，2004.
2) D. H. Everett：コロイド科学の基礎（関 集三監訳），pp.131-149, pp.151-156，化学同人，1992.
3) E. Dickinson：食品コロイド入門（西成勝好監訳），pp.89-136，幸書房，1998.
4) 妹尾 学：基礎および分散・吸着（コロイド科学 I，日本化学会編），pp.111-132，東京化学同人，1995.
5) 松本幸雄：会合コロイドと薄膜（コロイド科学 II，日本化学会編），pp.137-174，東京化学同人，1995.

6) 松崎成秀:生体コロイドおよびコロイドの応用(コロイド科学III,日本化学会編),pp.253-274,東京化学同人,1996.
7) 鈴木四朗,近藤 保:入門コロイドと界面の科学(増補・改題),pp.57-73,三共出版,2000.
8) 松本幸雄:乳化と分散(食品工学基礎講座9,矢野俊正,桐栄良三監修),pp.1-63,光琳,1988.
9) 中嶋光敏:食品ハイドロコロイドの開発と応用(西成勝好監修),pp.112-128,シーエムシー出版,2007.

5.3 主な乳化剤とその利用[1]

本節では乳化に焦点を当てて乳化剤の利用について述べる．加工食品は保存期間中における特性の変化を極力防止することを念頭に開発される．保存環境の視点からみた場合,温度や湿度の変化,光,振動などに対する耐性を付与しなければならない．乳化剤はその耐性付与の一助として利用されている．これら乳化系の安定性だけではない．解乳化の制御,つまり乳化系の壊れやすさも重要である．ホイップクリームをホイップしやすくしたり,ファットスプレッドの水相成分の口中でのリリースを容易にしたりするなど,本来の食材の美味しさを提供すべく各種乳化剤の巧みな組合せが実施されているのが現状である．

わが国で食品添加物として利用できる食品用乳化剤は表5.2に示す12品目のみである．

諸外国と比較しはるかに少ない．①のモノグリセリン脂肪酸エステルは図5.7のように製造される．

表5.2の中で②～⑧の7種類の乳化剤はモノグリセリド誘導体であり,②～⑥の5種類はモノグリセリド有機酸エステルと呼ばれている．まずはこれらモノグリセリド有機酸エステルから述べる．

5.3.1 モノグリセリド有機酸エステル

モノグリセリド有機酸エステルは,モノグリセリドの水酸基と5種類の各有機酸(酢酸,乳酸,クエン酸,コハク酸,ジアセチル酒石酸)のカルボキシル基が1～2個エステル化したもので,特徴と利用を表5.3に示す．この反応には有機酸どうしあるいは脂肪酸とのエステル化も同時に起こっているため,市販の乳化剤はそれらの混合物である．

5.3.2 多価アルコール脂肪酸エステル

表5.2に示す12種類の食品用乳化剤でレシチン以外はすべて多価アルコール脂肪酸エステルといってよい．多価アルコール脂肪酸エステルとは読んで字の如しであり,多価アルコールと脂肪酸をエステル化したものである．多価アルコールは

表5.2 食品添加物としての乳化剤

食品添加物名	略 名
①グリセリン脂肪酸エステル	モノグリセリド
②グリセリン酢酸脂肪酸エステル	酢酸モノグリセリド
③グリセリン乳酸脂肪酸エステル	乳酸モノグリセリド
④グリセリンクエン酸脂肪酸エステル	クエン酸モノグリセリド
⑤グリセリンコハク酸脂肪酸エステル	コハク酸モノグリセリド
⑥グリセリンジアセチル酒石酸脂肪酸エステル	ジアセチル酒石酸モノグリセリド
⑦ポリグリセリン脂肪酸エステル	ポリグリセリンエステル
⑧ポリグリセリン縮合リシノレイン酸エステル	ポリグリセリンポリリシノレート
⑨ショ糖脂肪酸エステル	シュガーエステル
⑩ソルビタン脂肪酸エステル	ソルビタンエステル
⑪プロピレングリコール脂肪酸エステル	PGエステル
⑫レシチン	レシチン

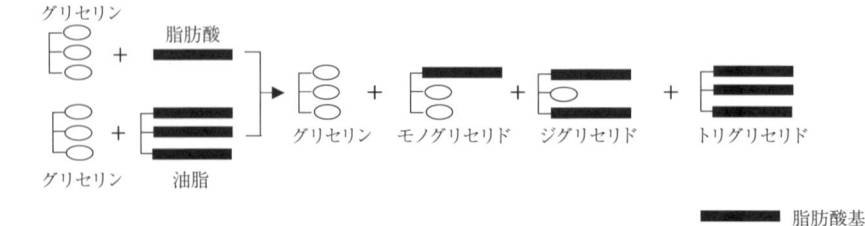

図5.7 モノグリセリン脂肪酸エステルの製法

表5.3 モノグリセリド有機酸エステルの特徴と利用

乳化剤名	特徴	利用
酢酸モノグリセリド	グリセリドの脂肪酸の種類と酢酸結合量を制御することで、融点の幅が広い。酢酸臭があることが欠点	コーティング剤、油脂改質、起泡性油脂、可塑剤など
乳酸モノグリセリド	製造時に乳酸どうしの反応もあり、多数の成分の混合物となる。また、冷水には溶解せず熱水で分散する	起泡力が強いのでケーキ用ショートニングや起泡性デザート、クリーム類
クエン酸モノグリセリド	油脂に溶解し、界面張力を有効に低下させる	酸化防止剤の溶剤、調理油はね防止剤など油脂の改質剤。特に耐酸性乳化剤としてマヨネーズやドレッシングに利用
コハク酸モノグリセリド	冷水に不溶、油脂に溶解する	デンプンと複合体を形成したり、タンパク質とも相互作用するため、パンの生地調整剤としての利用が多い。また、パン品質改良剤として柔らかい食パンにも利用
ジアセチル酒石酸モノグリセリド	耐酸性で親水性	マーガリン、マヨネーズ、パン用の生地調整剤

表5.4 多価アルコール脂肪酸エステルの特徴と利用

乳化剤名	特徴	利用
グリセリン脂肪酸エステル	グリセリン脂肪酸エステルの製法はグリセリンと脂肪酸のエステル化とグリセリンと油脂のエステル交換の二つの製法がある。主にエステル交換の製法が用いられているが、反応によって生成されるものはグリセリン、モノグリセリド、ジグリセリド、トリグリセリドの混合物である。これを分子蒸留法によってモノグリセリドを90％以上にしたものが蒸留モノグリセリドと呼ばれている。わが国では、この乳化剤は風味がよく経済的にも安価であるため、食品用乳化剤の主体となっている	起泡剤から消泡剤まで広い領域となるが、これは脂肪酸の種類による。油脂に溶解し、油脂の改質剤、起泡剤、消泡剤として利用
ポリグリセリン脂肪酸エステル	モノグリセリド誘導体である。グリセリンを直鎖状に重合し、重合度10以下とする。グリセリンの重合度、脂肪酸の種類、エステル化の度合いで非常に多くの種類がある	HLBを3から13まで変えることが可能で、O/WおよびW/Oの乳化剤、起泡剤、結晶調整剤、生地調整剤、消泡剤などに利用
ポリグリセリン縮合リシノレイン酸エステル	リシノレイン酸を3～5個縮合したポリリシノレイン酸をポリグリセリンに結合させたもの。親油性が強い	チョコレートの粘度低下剤や低脂肪スプレッドの低水分化に利用
ショ糖脂肪酸エステル	ショ糖は水酸基を8個もっているので、これらの水酸基と脂肪酸でエステル化する。水酸基が多ければ多いほど水に溶解しやすい。水酸基の数と脂肪酸の種類によって、あらゆる特徴の乳化剤ができる。HLBでは1～16程度まで可能	モノグリセリドと同様に汎用性が高く、ケーキ用起泡剤、クリーム乳化剤、静菌剤、加工油脂改質剤として利用
ソルビタン脂肪酸エステル	ソルビトールと脂肪酸をアルカリ触媒存在下で反応させてつくる。脂肪酸の種類およびエステル化度により種類は多いが、乳化力以外に特徴がないため、他の乳化剤との併用が多い	
プロピレングリコール脂肪酸エステル	プロピレングリコールと脂肪酸とのエステル。プロピレングリコールは水酸基は2個しかもたないため、できたエステルはモノエステルとジエステルのみ。モノグリセリドと同様、分子蒸留法によってモノエステル90％以上の蒸留品が可能であり、市販品はほとんど蒸留品。乳化力は弱いが親油性が高い	他の乳化剤と併用して起泡剤や液体ショートニングに利用

複数の水酸基を有し、脂肪酸のカルボキシル基と反応させエステル化する。表5.4に、簡単にそれらの乳化剤の特徴と利用を示す。

5.3.3 ポリリン酸

ポリリン酸はリン酸が複数個重合したものであるが、その塩は乳化剤というより溶融塩として利

用されることで有名である．ここでなぜ取り上げられるかというと，プロセスチーズの製造過程での乳化工程によく利用されるからである．プロセスチーズは複数種類のナチュラルチーズに溶融塩を添加し，加熱乳化すると溶融塩のイオン交換作用とキレート作用によりコロイド状リン酸カルシウムの架橋が破壊され，パラカゼインがサブミセルまで分解して可溶化する．さらに一価イオンに置換されたカゼインは油脂の乳化に貢献し，油の分離を防止する．このプロセスを経ることで，その水分調整とともになめらかさや柔らかさを呈するプロセスチーズができる．これら溶融塩にはトリポリリン酸塩，テトラポリリン酸塩，ヘキサメタリン酸塩，ポリリン酸塩などが利用される．ヘキサメタリン酸塩は低脂肪クリームにも利用され，カゼインのカルシウムをキレート化することで，タンパク質による乳化安定化に貢献している．

5.3.4 リン脂質

リン脂質で食品用乳化剤として認可されているものにレシチンがある．リン脂質はトリグリセリドの脂肪酸1個がリン酸化合物と入れ替わったものである．リン酸化合物としては，ホスファチジルコリン，ホスファチジルエタノールアミン，ホスファチジルイノシトールなどがあり，これらの混合比がその特性を左右する．また，大豆レシチンなどの場合大豆油も含有し，その含有量も影響する．食品用乳化剤として古くからチョコレート，マーガリンに利用されている．酵素処理レシチンも開発され，乳化力が高いものも市販されている．

5.3.5 乳タンパク質

牛乳中の脂肪球の安定化には，乳タンパク質の乳化力が寄与している．乳タンパク質はカゼインとホエイタンパク質に大別される．このうち，カゼイン，特にβ-カゼインの乳化力が高いことが知られている．実際の食品への利用を考えた場合には，乳化剤と併用することが大半であるが，カゼイン素材，たとえばカゼインNaや酸カゼインが乳化性付与のためによく用いられる．

文 献

1) 日高　徹：食品用乳化剤，pp.11-53, 幸書房, 1987.

5.4　ファットスプレッド

低脂肪食品の市場は伸びているが，マーガリン類においても従来のバターやマーガリン（脂肪率80%以上）よりも，脂肪率の低いファットスプレッド（脂肪率80%未満）が主流となっている．

5.4.1 製造工程

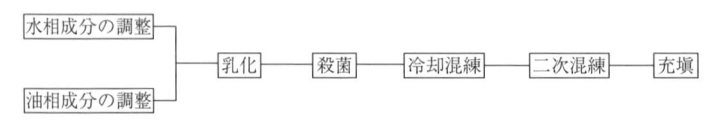

ファットスプレッドの製造工程を図5.8に示す．

水相にタンパク質や塩などを添加し，油相には乳化剤などを添加する．油相を溶解攪拌しつつ水相を添加しW/Oの乳化を行う．乳化後殺菌し，混練しつつ急冷する．さらに二次混練し容器に充填する．さて，この工程で水分が多い低脂肪スプレッドなどでは，W/OがO/Wに転相してしまう危険性がある．特に，乳化工程，殺菌冷却工程で安定的にW/O乳化系を維持しなければならない．また，冷却工程における油脂の結晶挙動は，ファットスプレッドの組織そのものを決定する．その結晶化を制御するのも乳化剤の役割である．以下に乳化剤の主たる機能につき例をあげながら説明する．

5.4.2 乳化安定性と解乳化特性のバランス

ファットスプレッドの製法などの解説は多くあるが，ファットスプレッドへの乳化剤の利用につ

図5.8　ファットスプレッドの製造工程

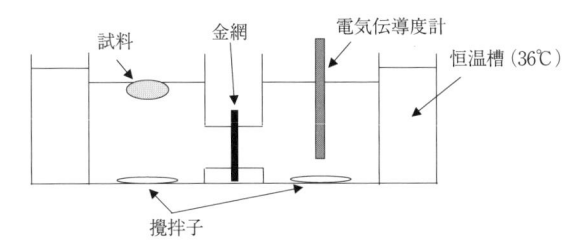

図5.9 解乳化評価法

いて科学的に検証した例は少ない．ファットスプレッドの製造工程でW/O乳化系を安定化させる乳化剤としては，PGPR（ポリグリセリンポリリシノレート）が主として用いられている．本乳化剤のみで脂肪率20％程度まで水分を乳化でき，W/O乳化系を安定化させることができる．しかし，このようなファットスプレッドではパンに塗って食したとき，水相成分のおいしさ，特に塩味は感じられない．これは，口中で油脂は溶解し油脂そのものの味は感じられるが，乳化力が強く乳化系が壊れないため，水相の成分がリリースしないためである．

田尻ら[1]は，解乳化の特性を評価するため，36℃の水にファットスプレッドを入れ，水の電気伝導度を経時的にモニターした．評価装置を図5.9に示す．そのとき，PGPR，モノグリセリドと有機酸モノグリセリドの混合比率を変化させ，解乳化特性を検討した．その結果，脂肪率20％のファットスプレッドの製造時において乳化安定性があり，かつ口中温度で解乳化する各乳化剤の混合比率を見いだした．総HLB値での閾値はコハク酸モノグリセリドでは4.2程度で解乳化することも考察している．以上は一つの例であるが，単に乳化安定剤として乳化剤が利用されているのではなく，数種の乳化剤を組み合わせて口中で水相成分を十分にリリースさせるよう工夫がなされているのである．

5.4.3 結晶調整[2]

低脂肪ファットスプレッドに用いられる油脂のSFI（固体脂含量）は通常のファットスプレッドのそれと比較し，高めのものを用いている．なぜなら水分が多いため同じSFIの油脂で製造すると柔らかすぎる硬さとなるためである．液状脂の含量や固体脂の種類を変えることで，適切な物性がでるよう油脂配合が決定されている．しかし，この配合油脂の組合せは力学的な物性だけではなく，結晶挙動に大きく影響する．結晶挙動といっても結晶の成長速度，結晶の転移，見かけのSFI，融点が油脂配合とそれに添加する乳化剤の種類によって大きく変化するのである．結晶成長を促進する乳化剤は一般的には飽和モノグリセリドであり，構成脂肪酸の鎖長が短いものが顕著である．また，結晶成長を抑制する乳化剤はシュガーエステルであり，親油性の高いものがその特性が顕著である．ただし，これらの性質は，溶解の対象となる油脂の種類によって異なるため，十分な注意が必要である．結晶化挙動を評価するためには，いろいろな測定方法があげられる．たとえば，NMRを用いてできるだけ測定速度を上げてSFCを測定する方法，DSCを用いて溶解状態から一定速度で急冷し，冷却温度で定温状態で結晶化する時間を測定する方法などがある．これらの方法によって，結晶化を開始する遅れ時間の評価，結晶化したあとの固体脂含量の増加速度が定量的に評価できる．乳化剤の結晶調整剤としての評価はこれらの科学的検証のもとに利用すべきであろう．一方，ファットスプレッドは保存中に粗大結晶が発現することがある．これは業界においても大きな課題であり，一概にこの乳化剤が粗大結晶の生成を防止するというものはない．この現象はチョコレートのブルーミングの挙動と同じと考えられているが，チョコレートの場合，レシチンやシュガーエステルがその防止に利用されている．機構的には乳化剤が固体脂の表面に吸着してブルーミングを防止していると考えられている．これら，まだ未解決な現象の解明は，ファットスプレッドに利用される油脂と乳化剤との相互作用に関する研究を通じ，今後を待たなければならない．

〔椎木靖彦〕

文献

1) 田尻明日香ほか：日本調理科学会誌，**33**，333-338，2000．
2) 日高 徹：食品用乳化剤，pp.11-53，幸書房，1987．

6. 濃縮・乾燥

6.1 主な濃縮法と基本原理

濃縮とは溶液中の水分を除去し固形分濃度を高めるための操作である．乳製品工場では練乳のように製品の長期保存を可能にするため，あるいは粉乳の物理的性状やエネルギー節減の両面から乾燥工程の前処理操作として広く行われている．

原料乳の濃縮は，通常濃縮機を使用して減圧下で水分を蒸発させるので，大気圧下での蒸発に比べて次のような長所がある[1]．

(1) 比較的低温で蒸発・濃縮させるので乳成分の熱変性が少ない．
(2) 供給蒸気と牛乳との温度差を大きくできるので同一伝熱面積での伝熱量を増加できる．
(3) 密閉系で蒸発が行われるので発生蒸気の潜熱を再利用することができる．

濃縮は大きなエネルギーを使用する工程であり，エネルギー効率を高めるため，多重効用蒸発法や蒸気再圧縮装置を利用した発生蒸気の再利用が行われている．また，工程で発生した余熱（凝縮水など）は，殺菌や乾燥など濃縮前後の工程において製品の予熱などに有効に利用されている．

6.1.1 真空かま

図6.1のように原料乳を加熱する加熱管，発生蒸気を分離し飛沫同伴を防ぐ蒸気分離器，発生蒸気を冷却水で凝縮する凝縮器，原料乳の沸点を下げるための真空ポンプからなるバッチ式の単一効用濃縮機である．伝熱面積を大きくとれないため蒸発能力に限界があり，また部分的に過加熱になるため大量生産には向いておらず，現在ではほとんど使用されていない[2]．

6.1.2 薄膜管状下降式濃縮機

図6.2のように原料乳を均一に供給するための

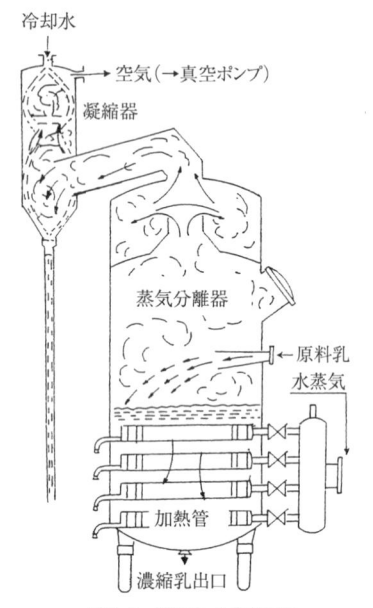

図 6.1 真空かま作動図[2]

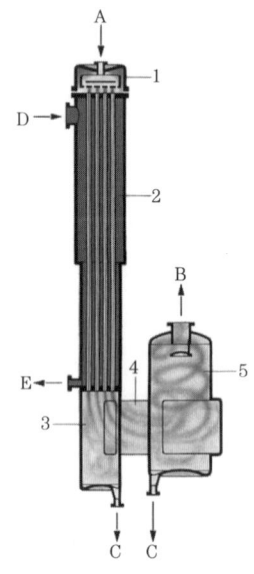

図 6.2 薄膜管状下降式濃縮機（GEA Wiegand 社）[3]
A：原料，B：発生蒸気，C：濃縮液，D：加熱蒸気，E：凝縮水．
1：分配装置，2：カランドリア（加熱管），3：カランドリア下部，4：セパレーターダクト，5：セパレーター（蒸発缶）．

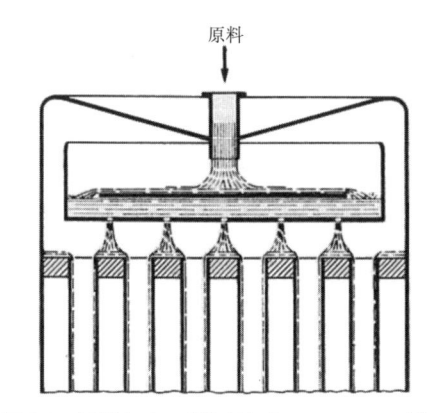

図6.3 多孔板による分散方法 (GEA Wiegand 社)[3]

分配装置，熱交換器としての加熱管および濃縮乳と発生蒸気を分離する缶から構成される連続式濃縮機である．原料乳は管頂部から入り，3～5 cm径の加熱管内を薄膜になって下降して外側から加熱される．原料乳を加熱管へ均一に分散させるために，図6.3のように管頂部に多孔板を多数配置する方式などが用いられている．

原料乳が加熱面を通過する速度が速いために管と接触する時間が短く，それゆえ焦げつきが少ないので，熱に敏感な牛乳などの濃縮に適している．装置の設置床面積は少なくてすむが装置高さは高くなる[4]．薄膜管状下降式濃縮機は，後述の多重効用蒸発法や蒸気再圧縮法を組み合わせて使用し，今日大規模工場において多用されている方式である．

6.1.3 プレート式濃縮機

プレート式濃縮機は加熱部にプレートを使用し，原料乳を強制循環させて濃縮する濃縮機である．総括伝熱係数が高く製品の保持時間も短いため，食品濃縮に広く使用されている．

図6.4のように蒸気と原料乳は，各プレートの狭い間隙を交互に流れる．プレート伝熱面の波型や球状突起は流体に乱流を与え伝熱効果を向上させるとともに，熱交換を行う流体間に圧力差がある場合は隣接プレートの突起と接触して圧力差を支えるようになっている．プレートで加熱され沸騰した原料乳は遠心式セパレーターへ送られ，発生蒸気と分離される．濃縮乳濃度や粘度によって

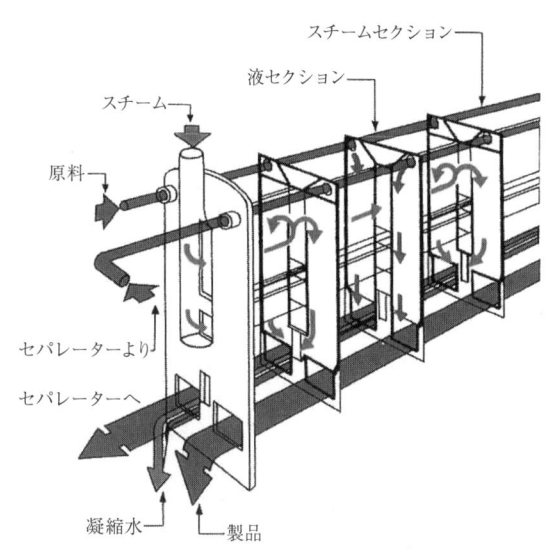

図6.4 プレート式濃縮機の構成図 (APV 社)[6]

決まる1プレートユニット当たりの必要流量を確保するために，濃縮液を再循環し制御することが運転管理上重要である．

最近のプレート式は薄膜下降式となっており，滞留時間が短いため焦げつきがほとんどなく，高濃度においても長時間の運転が可能である．プレートユニット数を増減させて伝熱面積の調節が可能なので処理能力を変更できるが，処理量は最大でも 20000 [l/h] 程度である．他の形式の濃縮機と比べて装置の高さが低いので建屋の高さが低くても設置可能であるが，設置面積は広くなる[5]．

6.1.4 多重効用蒸発

現在使われている濃縮装置の多くは複数の濃縮缶を直列にもち，原料乳から蒸発した発生蒸気を次の段の加熱用熱源として使う多重効用の方法をとっている．このように蒸発缶を連結したものを多重効用蒸発といい，供給蒸気の節減を図っている．

蒸発缶で発生した蒸気は供給蒸気と比べて温度・圧力は低いが，供給蒸気とほぼ同じ熱エネルギー（潜熱）をもっているため，下流側の真空度を高めることにより，次の段の熱源として使用すると前の段とほぼ同量の水を蒸発させることができる．よってこの方式を用いれば図6.5のような

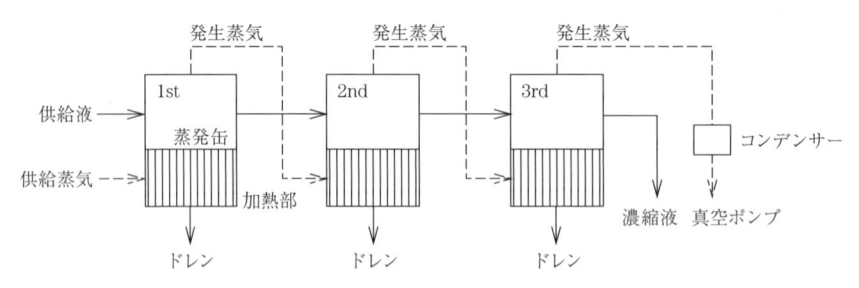

図6.5 3重効用の液と蒸気の流れ図

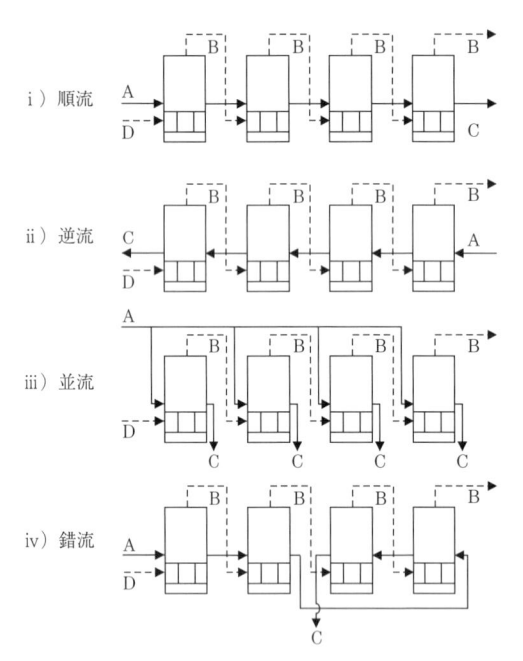

図6.6 多重効用缶の給液方法[9]
A：供給液，B：発生蒸気，C：濃縮液，D：供給蒸気．

3重効用では理論上，供給蒸気1に対して，発生蒸気として水3を蒸発させることができる[7]．多重効用の段数としては，設備が複雑となり温度差が確保しにくいため2～4重効用が一般的であるが，用途によっては5～6重効用のものを使用する場合もある．

多重効用の給液には図6.6のように順流，逆流，並流，錯流などの方法がある．液の粘性は濃縮度が高く温度が低いほど大きくなるため，順流の場合はしだいに粘性が増加する．一方逆流の場合はしだいに蒸発温度が高くなるため，そのぶんだけ粘性を抑えることができる[8]が，製品出口側の熱源との温度差が大きくなるため熱変性を考慮する必要がある．

乳糖含量の高い製品などの濃縮では，蒸発温度の低下による結晶化を防止するため，錯流を用いることもある．

6.1.5 TVR・MVR

a. TVR（thermal vapor recompression）

蒸発缶で発生した蒸気をエジェクターを用いて抽気吸引・再圧縮して蒸気の温度・圧力のポテンシャルを高めて加熱部の蒸気熱源として再利用する方式であり，エジェクターの駆動ガス，吸引ガスの両方が蒸気の場合を特にサーモコンプレッサーという．

サーモコンプレッサーは，図6.7のように摩耗や破壊の原因になりやすい回転・運動部がなく構造が簡単であり，機械的な圧縮器と同じような作用を与えることが可能である[10]．ノズルから噴射された駆動蒸気は，吸引室内で発生蒸気と同伴混合し，速度を落としながらディフューザー部に達して吐出部で圧力エネルギーを回復する．近年はサーモコンプレッサーも高性能化されてきており，抽気係数（抽気比ともいう．＝吸込蒸気量/駆動蒸気量）が2以上になる組合せもある．また，駆動蒸気の減圧により加熱部熱源の蒸気が過熱蒸

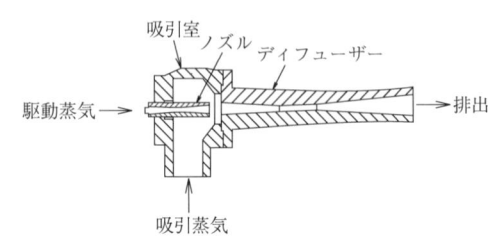

図6.7 サーモコンプレッサーの概略図[11]

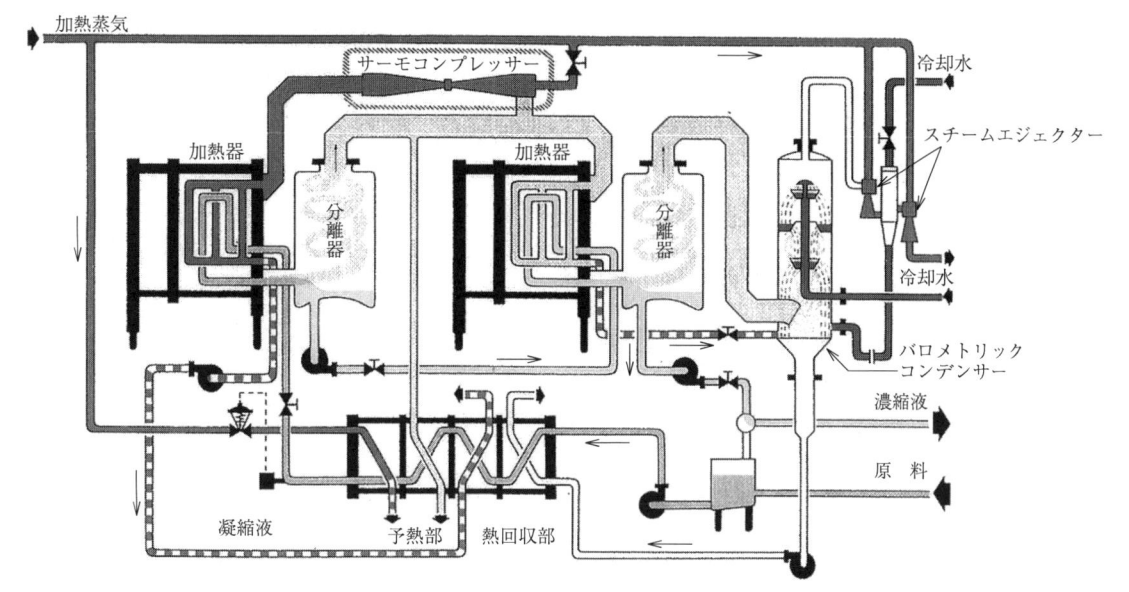

図6.8 TVRを用いたプレート式濃縮装置の流れ図（APV社）[12]

気となる場合，製品の過加熱や伝熱面のコゲを防止するためサーモコンプレッサー出口に注水して飽和蒸気にするデスーパー装置を併設することもある．

TVR方式はMVR方式と比較して，装置がコンパクトであり設備費が安いこと，機械的な故障がほとんどないこと，真空下での蒸気圧縮に優れていることから広く利用されている．図6.8はTVRを用いた濃縮装置の流れ図である．

b. MVR（mechanical vapor recompression）

蒸発缶で発生した蒸気をコンプレッサー，高圧ファンなどの機械式蒸気圧縮機で昇圧することによって，蒸気の温度・圧力のポテンシャルを高めて加熱部の蒸気熱源として再利用する方式である．TVR方式に比べて圧縮機駆動用の電気エネルギーが必要であるが，蒸気をほとんど使用しないためランニングコストを節約できる．3重効用TVRのエネルギーコストを1とすると，MVRは1/5程度である[13]．ただしTVR方式に比べて蒸気の昇圧度が低く，製品との温度差が小さくなるため伝熱面積がその分必要となる．それゆえ設備が大きくなりイニシャルコストが高くつくため，一般的に小規模のプラントには適さない．

近年は，設置スペース，イニシャルコストを考慮して，一つの缶が5～8ステージに分割されている1缶並流式濃縮機で予備濃縮を行い，フィニッシャーを併設して仕上濃縮を実施する大規模設備が多くみられる．フィニッシャーは濃縮度をさらに高めるため予備濃縮機とは蒸気系統を別にして，MVRまたはTVRを用いて蒸気の再利用を図っている．図6.9はMVRを用いた予備濃縮機のあとにフィニッシャーとしてTVRを用いた濃縮装置の流れ図である．

6.1.6 濃縮付属設備

a. コンデンサー

コンデンサーは原料乳から発生した蒸気を効率よく冷却凝縮させるとともに，缶中の空気・不凝縮ガスも冷却減容させて真空発生装置の負担を軽くし，一定の真空度を保てるようにするのが目的である[15]．

コンデンサーにはスプレー（気液接触）型とサーフェス（表面熱交換）型がある．スプレー型はバロメトリック型（大気脚）がよく使用される．これは図6.10のように凝縮室，テイルパイプ，ホットウェル（液だめ），真空発生装置によって構成されている．蒸気と冷却水は凝縮室で直接向

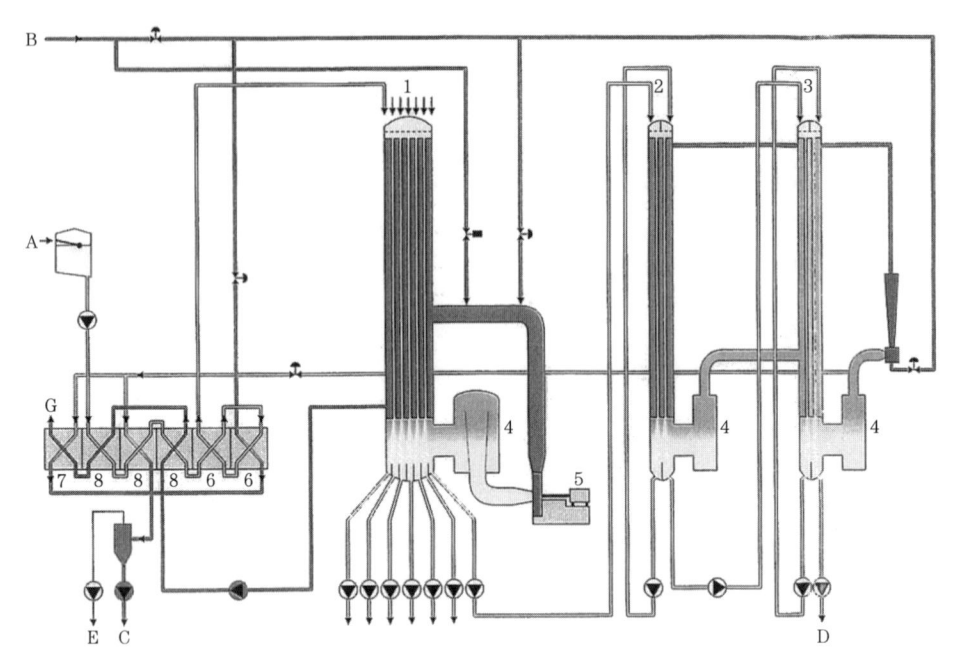

図 6.9 MVR 付濃縮機と TVR 付濃縮機の組合せ例（Anhydro 社）[14]
A：原料，B：加熱蒸気，C：凝縮水，D：濃縮液，E：バキューム，G：凝縮水．
1：第1濃縮缶，2：第2濃縮缶，3：第3濃縮缶，4：セパレーター，5：高圧ファン，6：殺菌機，7：コンデンサー，8：予備加熱部．

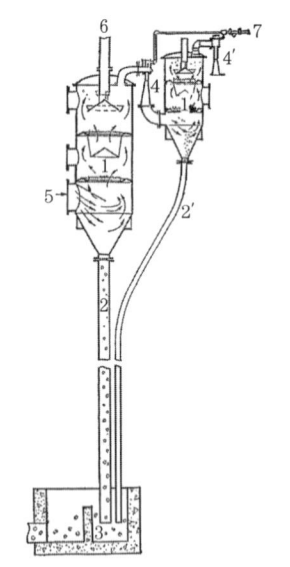

図 6.10 バロメトリックコンデンサー（大気脚）[17]
1,1'：凝縮室，2,2'：テイルパイプ，3：ホットウェル，4：高真空発生装置（スチームエジェクター），4'：低真空発生装置（スチームエジェクター），5：蒸気入口，6：冷却水入口，7：高圧水蒸気管．

流接触させ，凝縮水と冷却水はともに下部から排出し，不凝縮ガスは真空発生装置によって除去される．凝縮水，冷却水は大気圧に相当する 10.4 m 以上のテイルパイプを設け，ホットウェルに浸しておくことによってポンプを使用しなくても排出することができる[16]．設備高さを抑えるためテイルパイプに排水ポンプを連結した低水位型もある．冷却水と混ざった凝縮水はクーリングタワー（冷却塔）を経由して再び冷却水として循環利用されることもある．低水位型バロメトリックコンデンサーの使用例を前掲の図 6.8 に示す．

サーフェス型は，金属壁を介して発生蒸気と冷却塔の冷却水を間接的に接触させて凝縮する機構であり，装置は小型で気液分離されるので，凝縮水の回収が必要な場合や凝縮潜熱を利用するときに用いる．図 6.11 はサーフェス型コンデンサーの構造図である．

b. 真空発生装置

多重効用蒸発および低温での濃縮を行うため真空発生装置を使用して蒸発缶内の圧力を下げる必要がある．真空発生装置には，スチームエジェク

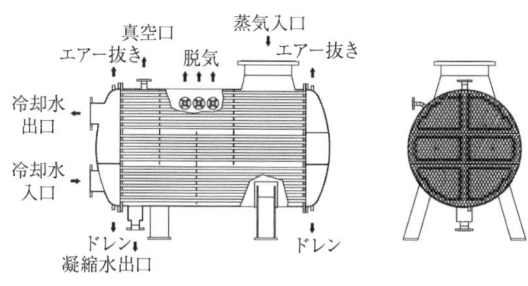

図6.11 サーフェス型コンデンサー[18]

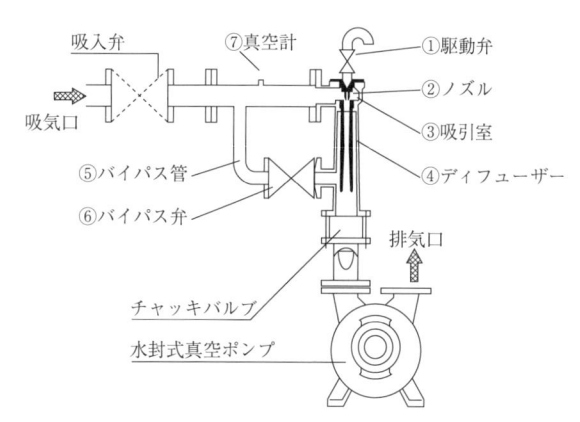

図6.12 水封式真空ポンプの概略フロー[19]

ター,水エジェクター,真空ポンプなどがある.図6.8にスチームエジェクターの使用例を示す.

真空ポンプとしては水封式が多く採用されており,到達する真空度は,封液温度の飽和蒸気圧以下にはならない.したがって濃縮機の能率が悪くなり始めると真空ポンプへの負荷(抽気量増,温度高)が増加し,真空度が低下する悪循環に陥ることがある.安定した吸入性能や高真空度の確保,キャビテーションによる腐蝕を防止する目的でエジェクターを併設する場合が多い.一方,乳糖含量の高い製品では,乳糖結晶の析出を防止するため,真空ポンプ入口で外気を吸入させるなど真空度の調整を行い,低い真空度で運転する場合もある.図6.12に水封式真空ポンプに空気式エジェクターを1段組み合わせた例を示す.

6.2 噴霧乾燥法と基本原理

粉乳の製造には大別すると凍結乾燥法と加熱乾燥法(円筒式乾燥,噴霧乾燥など)がある.前者は設備費,ランニングコストは高いが乾燥による風味の悪化,タンパク質の変性,ビタミンの損失などが少ないため,付加価値の高い機能性素材などの乾燥に使用される場合がある.牛乳,ホエイ類,育児用乳などの一般的な粉乳製造では後者,その中でも噴霧乾燥法が広く採用されている.

噴霧乾燥法は,濃縮乳を高圧力または遠心力などで噴霧液滴径100～200μm程度に微粒化して表面積を大きくし,高温気流(以下熱風)と接触させて瞬間的に乾燥する方式である.他の乾燥法に比べて乾燥速度が速く,恒率乾燥期間には噴霧液滴温度は熱風の湿球温度(45～50℃)に近似するため,牛乳のように熱に敏感な物質の乾燥には最適な方式である.また乾燥した粉乳はすぐに冷却して系外に取り出せば篩過して充填することが可能なため,生産性,経済性などの面からも粉乳製造で広く用いられている.

6.2.1 乾燥の定義[20]

乾燥は熱と物質の同時移動現象である.それゆえ乾燥中の原材料の温度と含水率に注目してその特性を表現するのが一般的である.図6.13は乾燥の進行とともに原材料の含水率が低下し,温度が上昇していく様子を表している.また図6.14は含水率と乾燥速度の関係を表している.これは乾燥特性曲線といい,装置の設計や乾燥条件の検討において重要なものである.

これらの図において,乾燥期間は(I)予熱期間,(II)恒率乾燥期間,(III)減率乾燥期間の3段階に分けられる.

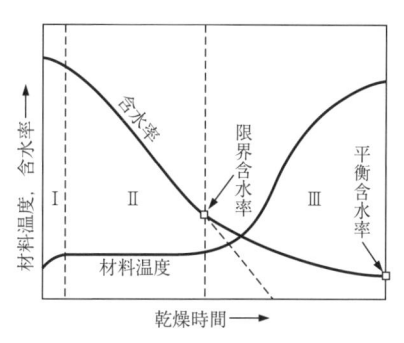

図6.13 含水率と材料温度の時間変化[21]

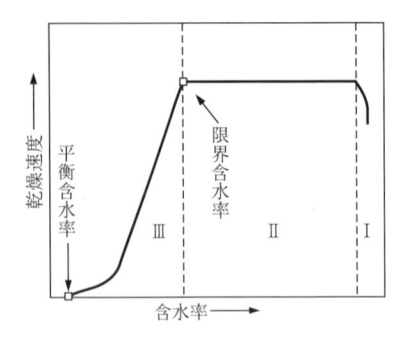

図6.14 含水率と乾燥速度の関係[21]

(I)は初期条件から原材料温度が乾燥条件と平衡になるまでの期間である．(II)では伝熱量はすべて原材料表面における水分蒸発に用いられるため乾燥速度は一定となり，噴霧乾燥など熱風を使用する乾燥の場合は材料表面温度は熱風の湿球温度に近似する．(III)は含水率の減少に伴って乾燥速度が減少していく期間である．この期間では，原材料内部の水分移動が蒸発に追いつかなくなるため，蒸発面が内部に後退して温度分布を生じる．また，既乾燥部分の拡散抵抗や毛管水の蒸気圧降下などのために乾燥速度が減少し，原材料温度が上昇する．(II)から(III)へ移行する際の含水率を限界含水率，乾燥速度が0になったときの含水率を平衡含水率という．乾燥特性曲線の形状，限界含水率および平衡含水率の値は，原材料の成分，乾燥方式，乾燥条件などによって異なってくる．一般に粉乳などの食品では乾燥期間の大部分は減率乾燥期間(III)の範囲にある．

図6.15にトールフォームドライヤにおける水噴霧時の乾燥室熱風吹出し部近傍の温度分布例を示す．分布は熱風の吹出し方や熱風室形状などで異なる．(a)はシングルノズル方式，(b)はマルチノズル方式（ノズルを吹出し口外周部に沿って5本配置）の場合であり，いずれもノズル噴霧域では熱風の湿球温度に近い温度となっている．

6.2.2 微粒化

液体を乾燥する際，噴霧した濃縮乳液滴の表面積が大きく乾燥温度が高いほど，乾燥速度は速い．そのため乾燥効率を上げるために液滴をできるだけ均一に微細にする必要がある．ただし，あ

図6.15 熱風吹出し部近傍の温度分布

まり微粒化させると粉の粒子が細かくなりすぎるので製品に合わせた調整が必要となる．微粒化装置は噴霧乾燥における製品の物性，品質および歩留りなどを決定する要素として，また装置の乾燥特性を決定する要素として重要である．

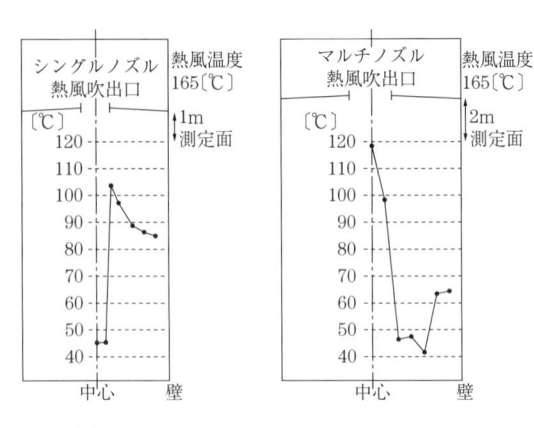

a. 圧力ノズル法

プランジャー式高圧ポンプで濃縮乳を5〜40 MPaに加圧し，ノズル内で旋回運動を与えたあとにオリフィスから噴霧させて微粒化する方法である．

噴霧パターンは図6.16のようなホローコーン（空円錐状）とフルコーン（充円錐状）が代表的であるが，液速度，噴霧圧力での微粒化特性に優

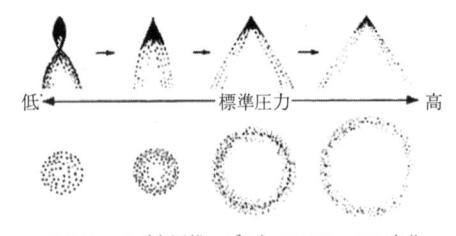

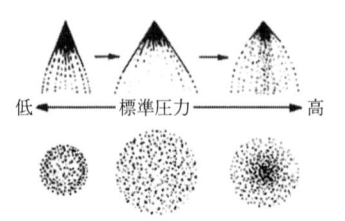

図6.16 圧力ノズルの噴霧パターン[22]

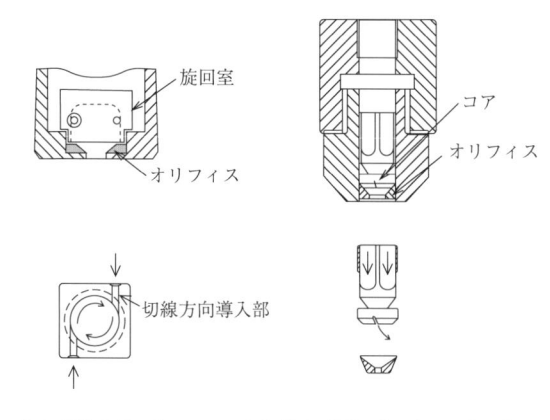

(a) 渦巻噴射ノズル　(b) 遠心噴射ノズル（SBノズル[23]）
図6.17　圧力ノズルの構造

図6.18　渦巻噴射ノズルの構造（DELAVAN社）[24]
A：ボディ，B：Oリング，C：オリフィスディスク，D：スワールチャンバー，E：エンドプレート，F：Oリング，G：アダプター．

れるホローコーンが一般的に用いられている．

圧力ノズルの構造は大別すると図6.17のように渦巻式と，遠心式がある．渦巻式は渦巻室で旋回する力によるせん断力を微粒化エネルギーとして利用しているので噴霧角は大きくなる．一方，遠心式は主にオリフィス出口部の速度差によるせん断力を微粒化エネルギーとして利用しており，噴霧流の軸方向への速度成分が大きくなるため，噴霧角が小さくなる傾向がある．どちらの形式も形成した噴霧流はオリフィス孔を通過する際に，噴霧流の中心部に空洞部を発生する特性があり，噴霧パターンはホローコーンになる．

ノズルの噴霧液量，噴霧角度，液滴径はそれぞれのパーツの組合せで最適なものを選択する．図6.17(b)にスプレーイングシステム社SBノズル，図6.18にDELAVAN社の圧力ノズルの構造を示す．

ノズル本体は単純な構造であり，安価で取り扱いやすい．乳処理用のノズルとしては，処理能力に合わせて複数本ノズルを使用するマルチノズル方式と大流量ノズルを1本使用するシングルノズル方式があり，それぞれノズル本数に適した熱風整流機構をもつのが一般的である．

圧力ノズルの噴霧流量は噴霧圧力の約1/2乗に比例する．マルチノズル方式の噴霧流量の調整は基本的には全ノズルの噴霧圧力を調整して行う．しかしながら噴霧圧力で調整できない大きな調整の場合はノズル本数を増減（1本当たり1000 l/h程度の流量）することで対応する機構になっており，噴霧流量の違いによる噴霧圧力の変動が少ないため粒子径がそろいやすいという長所がある．一方複数ノズルによる相互干渉の発生（逆に各ノズルの取付角度の調整や微粉のリサーキュレーションとの相乗による造粒効果に活用する場合もある）や制御面での取扱いが複雑化するという短所がある．シングルノズル方式は1本のノズルの噴霧圧力で噴霧流量を調整する機構のため，噴霧液滴が相互に干渉せず，乾燥が均一になり制御も簡単である．しかしながら1本ノズルのため流量・圧力に制限がある．渦巻式ノズルでは5000～7000 l/hの組合せの場合オリフィス径は10 mm以上となり，安定した噴霧状態，粒子径，乾燥状態を得るためには20～30 MPaの高圧で噴霧する必要がある．図6.19にマルチノズルとシングルノズルの噴霧例を示す．

b. 回転円盤法

高速回転する円盤の遠心力により濃縮乳に加速を与え，周囲の熱風中に高速度で吐出して微粒化する方法である．長所としては回転数の変更によ

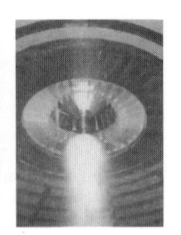

(1) 独立位置　(2) 相互干渉配置　(3) シングルノズル

図6.19　マルチノズルの噴霧例(1)(2)（CPS社）[25]とシングルノズルの噴霧例(3)

って処理量を調節できること，粒度分布が比較的狭いこと，高粘度液にもある程度対応できること，高圧を必要としないことなどがあげられる．一方，短所としては高速回転のために機構が複雑化すること，水平並流式乾燥機に使用できないこと，液滴が乾燥室壁に付着しやすいので乾燥室径が大きくなるなどがあげられる．図6.20に代表的な回転円盤（Niro社）を示す．

c. 二流体ノズル法

液流に高速で空気を衝突させ，液柱を分裂させて微粒化する方法である．比較的高粘度液にも使用可能であるが，容量が小さいためにテスト機などに使用されることが多い．液滴粒子の大きさは，空気圧の調節によって比較的容易にコントロールでき，液の流量変動に対しても圧力ノズルのような大きな影響を受けない．

図6.21に二流体ノズルの構造を示す．内部混合型は液体と空気がノズルの内部でエジェクターの原理で混合する方式であり，微粒化に優れている．外部混合型は液体と空気がノズルの外部で混合する方式であるため，目詰まりに強く造粒機の加水ノズルなどにも使用されている．

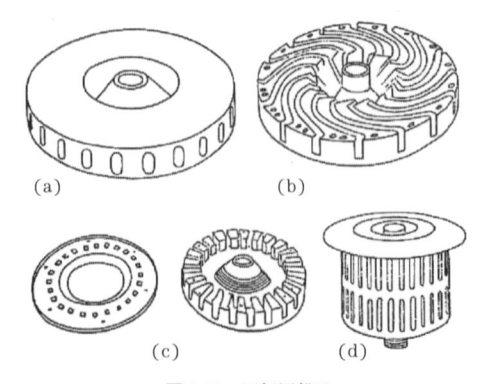

図6.20　回転円盤[26]
(a)直線翼型，(b)カーブ翼型，(c)耐摩耗型，(d)大量処理型．

内部混合型
外部混合型

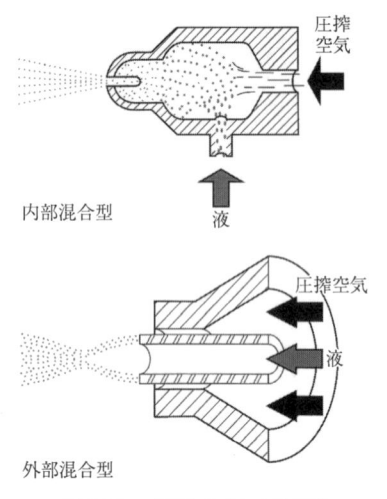

図6.21　二流体ノズルの構造[27]

6.3　噴霧乾燥装置

粉乳製造用噴霧乾燥装置を設計・計画する際には，以下の点に留意する．

(1) 粉に接触する内面は，平滑で細菌の汚染源になるような箇所がなく，簡単に洗浄（CIP）と乾燥が行えるような材質，構造体とする．また稼働時と停止時では200℃近い温度差が発生する部分もあるため，熱膨張，熱応力を考慮した設計とする．

(2) 生産性，品質の向上のため乾燥機の発停頻度を少なくする．長時間の連続運転を可能とするためには，焦粉の発生しやすい乾燥室の熱風吹出し口周辺や天板部分に冷却用空気を送るなどして粉の付着防止や付着粉の焦粉化対策を行う．また熱風吹出し口に案内羽根や多孔板などを設置して熱風を整流化し，噴霧した濃縮乳と熱風との接触混合をできるだけ均一にして乾燥効率を高める．

(3) 製品への過加熱を避けるため，粉乳は熱風との接触時間を短くして停滞することなく次工程に搬送し，乾燥装置系外（貯粉工程や充填工程）への搬出までに30℃以下を目安に冷却する．

(4) 乾燥時の微粒子の発生を少なくし乾燥室本

体からの製品回収率の向上を図るとともに，乾燥室からの排風に同伴される微粉はサイクロン，バグフィルター，湿式スクラバーなどで除塵処理を行い，系外へ排出される粉塵量を低減する．

（5）粉塵爆発対策として静電気を除去するため接地の徹底を図る．製品によっては水シャワー，消火ガス，消火パウダーなどの消炎装置の設置や粉塵爆発時の対応としてラプチャーディスク（破裂板）やエクスプロージョンベント（爆発放散口）などの対策を実施する．

（6）乾燥工程は多量の熱エネルギーを使用するため，高効率付属機器（ファンや熱風発生装置など）の採用，乾燥効率の良化（熱風吹出し部や微粒化方式の改善，乾燥の多段化など），排風と熱風の熱交換（廃熱回収），除湿冷風用除湿機に使用する冷却水の熱交換など省エネルギーのための方策を講ずる．

6.3.1 乾燥用空気（熱風）

粉乳の噴霧乾燥に使用する乾燥用空気は多段のフィルターで清浄化したのち，蒸気や液体燃料などを熱源とする間接加熱式のヒーターで150～200℃まで加熱する方法が一般的である．それ以上の高温が必要な場合はガスや液体燃料などを使用した直接加熱方式もあるが，不完全燃焼ガス，窒素酸化物の発生，水分の発生による熱風の絶対湿度，相対湿度の増加などの問題があるため，用途に合わせて採用されている．

年間を通じて湿度の高い地域や平衡含水率が低く吸湿性が強い製品を製造する場合などは熱風用空気を除湿処理し，乾燥機に持ち込まれる水分量を低位安定化させる場合がある．これにより，乾燥能力の増加による生産性の向上，夕立や季節変動による乾燥条件の変動が少なくなり，無理な運転による焦粉や付着粉の低減を図ることが可能になる．

6.3.2 乾燥室

粉乳の乾燥特性や物性は製品によってさまざまであり，製品に合わせた乾燥室の設計が必要になる．乾燥室内での乾燥用空気と噴霧液滴との接触・混合状態が蒸発量と製品温度，品質をコントロールする大きな要素であり，熱風の噴霧流に対する流動方式（エヤーフロー），乾燥粒子の分離および排出方法などにより種々の形式がある．

熱風の流動方式には図6.22に示すとおり，(a)並流式，(b)向流式，(c)混合流式の3種類がある．

(a) 並流式は熱風と噴霧粒子が同じ方向に乾燥室内を流れ，乾燥が進むにつれて周囲の熱風の温度も低下し，最終的には排出される製品の温度は排風温度より低くなる．よって熱に敏感な製品の乾燥に適しており，粉乳をはじめ，ほとんどの食品の乾燥に採用されている．

(b) 向流式は並流式とは逆に，噴霧粒子が乾燥の終期に高温の熱風と接するため，牛乳のような熱に弱い材料の乾燥には適さないが，合成洗剤など比較的粒子が粗く，熱処理が必要な製品の乾燥に適している．

(c) 混合流式は触媒，セラミックスのように乾燥室内での滞留時間が必要な製品に使用されている方式[28]である．用途，目的は異なるが，GEA社 MSD（図6.29参照）に代表される流動層内蔵型スプレードライヤも混合流式と考えられる．MSDは並流式ワイドボディ乾燥室の底部に二次乾燥もしくは冷却用の定置型流動層が設置されており，乾燥室上部からの熱風のほかに下部からも熱風を取り入れて噴霧粒子の乾燥終期に流動乾燥・冷却を行っている．系全体の熱効率が高く，

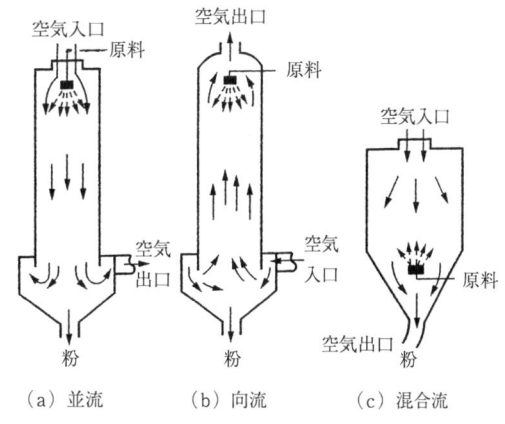

図6.22 乾燥室内の熱風流動方式[28]

(a) 並流　(b) 向流　(c) 混合流

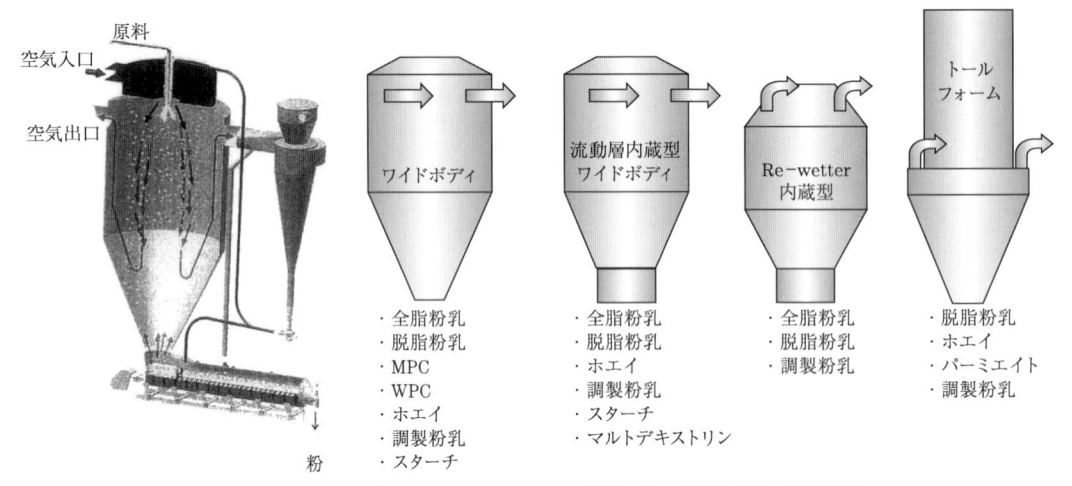

図6.23 ワイドボディのエヤーフローおよび製品による乾燥室形状の選定例[29]

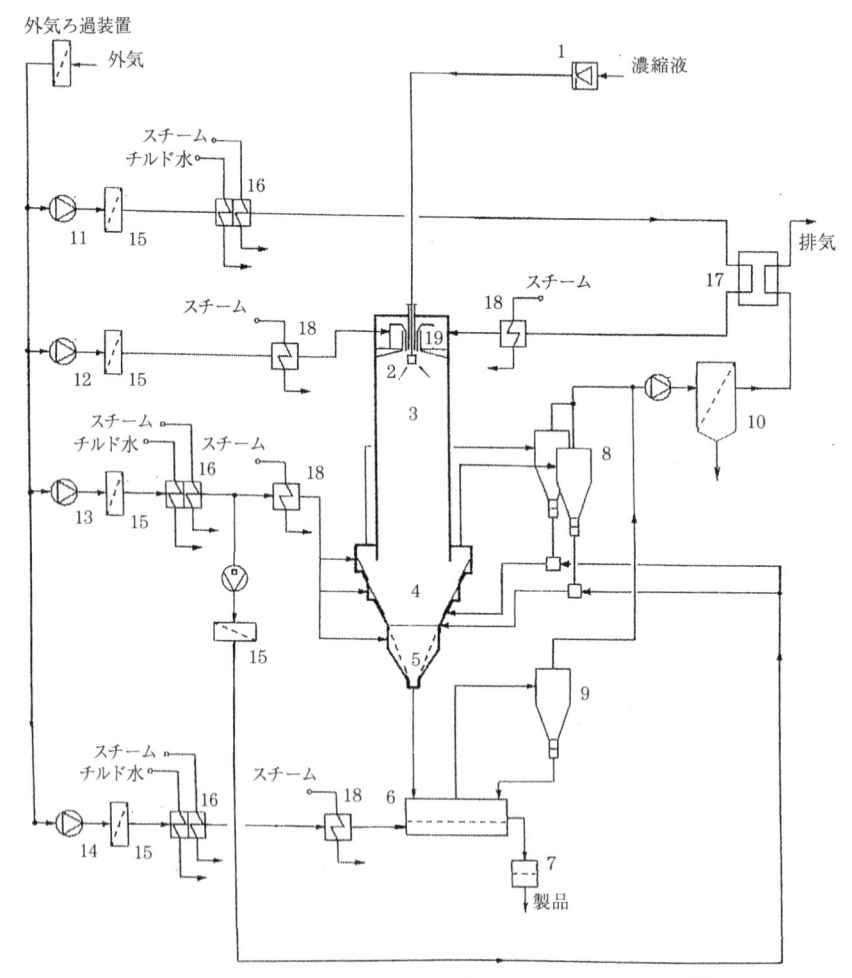

図6.24 トールフォーム型ドライヤの流れ図（森永エンジニアリング社）[30]
1：高圧ポンプ，2：圧力ノズル，3：乾燥室，4：分離室，5：冷却室，6：パウダークーラー，7：シフター，8：メインサイクロン，9：パウダークーラー用サイクロン，10：バグフィルター，11：熱風用ファン，12：温風用ファン，13：冷風用ファン，14：パウダークーラー用ファン，15：エヤーフィルター，16：除湿機，17：廃熱回収装置，18：蒸気ヒーター，19：熱風室．

乾燥室温度も低くなるため，熱敏感性の製品や造粒製品を製造する目的で使用される場合が多い．

図 6.23 に製品による乾燥室形状の選定例とワイドボディのエヤーフローを示す．これらはすべて熱風の主流が上部から垂直に下降してくる方式（垂直下降式）であり，最近の大型乾燥機は主としてこの形式である．近年では従来からのトールフォーム型のほか，乾燥室径を広めに設計し，熱風を乾燥室底部で反転させて粉の分離を行いながら乾燥室上部より排気させるワイドボディ型乾燥室の実施例も多い．図 6.24 は粉乳製造で使われているトールフォーム型ドライヤの流れ図である．

乾燥室の形状，大きさは，熱収支・物質収支に基づいた風量，熱風の流れ，噴霧パターン，噴霧液滴の移動距離，乾燥速度，滞留時間などに製品の乾燥特性，物性などを加味して設計する．

6.3.3 製品捕集部

噴霧乾燥された粉乳粒子のうち微細なものは乾燥室に落下せず，排風に同伴して排出されるため，製品回収および環境対策のため集塵装置が必要となる．集塵装置としては主にサイクロンやバグフィルターが使用されている．

a. サイクロン

サイクロンには次のような特長がある．
(1) 駆動部がなく単純な構造である．
(2) 金属材料がほとんどなので耐熱性の心配がない．
(3) 比較的小型でも能力がある．

図 6.25 にサイクロンの構造と気流を示す．微粉を同伴した気流は，サイクロン入口ダクトで 15〜25 m/s の速度に加速・整流され，円筒部に対して切線方向に吹き込まれて旋回しながら下降する．円錐部でさらに速度を増しながら下端で反転し，中心部を回転上昇しながら出口管に抜ける．微粉は遠心力により気流から分離されて円錐壁面を旋回しながら下降する．下降した粉はそのままでは反転気流に再度同伴されるか，サイクロン下部が滞留粉で閉塞するため，サイクロン下部に排出用のエヤーロックバルブを設備して系外に

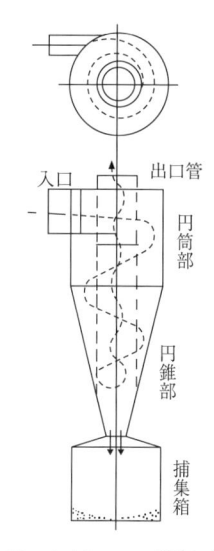

図 6.25 サイクロンの構造と気流[31]

排出する．

粉乳は乳糖，灰分含量が多いため吸湿性や熱溶解性が強い．また乳脂肪含量が高いものはもさつく（流動性が低い）傾向があるため，サイクロンからの排出を速やかに行って閉塞を防止する必要がある．サイクロンは大きさで処理風量，捕集粒子径がほぼ決まるため，処理風量に合わせてサイクロンのマルチ化（並列配列）を行ったり，大型一次サイクロンの出口に一回り小さい二次サイクロンを配置してサイクロンの2段化（直列配列）を行い，効率よく捕集する．製品の粒子径が小さい場合はサイクロンでの慣性力捕集に限度があるため，一次捕集の目的で大型のサイクロンを設置し，後段にバグフィルターやスクラバーを配置する方式が一般的である．一方では流動層内蔵型ドライヤのような造粒機構を備えた乾燥機は，製品の粒子径も大きく乾燥室から排風に同伴される粉塵量も少ないため，サイクロンを用いずに直接バグフィルターで粉塵処理を行う場合もある．

b. バグフィルター

バグフィルターは乾式集塵機として，ろ過体に粉塵を含む気流を通過させて粉塵を捕集するという単純な原理であり，最も一般的に利用されている集塵装置である．円筒状のろ過布を垂直につり下げ，下方から気流を供給し，ろ過布を通過させて粉塵を堆積させることにより粉塵を捕集し，上

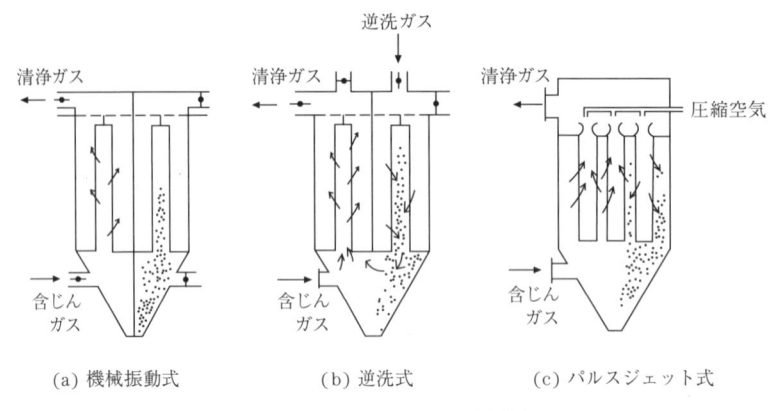

(a) 機械振動式　　(b) 逆洗式　　(c) パルスジェット式

図6.26　バグフィルターの構造[33]

部へ気流を排出する構造が一般的である．処理能力が小さい場合はカートリッジタイプを使用する場合もある．

図6.26にバグフィルターの構造を示す．バグフィルターは払い落とし方式によって次のように分類される[32]．

(1) 振動式はろ過布の上部または中央部付近を機械的に振動させて付着粉を払い落とす方式であり，振幅と周期を制御できるので付着性の強い粉塵にも使用できる．

(2) 逆洗式は空気をろ過方向と逆向きに2槽交互に吹き込むことで付着粉を払い落とす方式であるが，払い落としの効果が弱いので剥離性のよい粉塵に使用される．

(3) パルスジェット式は圧縮空気をろ過布上部から間欠的に噴出させて払い落とす方式で，払い落とし中も気流を停止させる必要がないので，風量変動が少なく高濃度排ガス処理に適している．構造が簡単で調整範囲が広く，設置スペースもあまりとらないため粉乳製造で広く用いられている．

長時間運転や吸湿により粉塵がろ過面に堆積固化すると通常の払い落としだけでは初期圧損まで回復できなくなり，製造後にフィルターの交換や大がかりな手洗浄が発生する．このような作業を軽減するため，原料製造では洗浄可能なフィルター材質と機構をもったバグフィルターも採用されている．またドライヤ乾燥室に洗浄可能なバグフィルターを内蔵したドライヤ（GEA社IFDドライヤ）も開発されている．

6.3.4　冷却および篩過・粉搬送

噴霧乾燥した粉乳は，無水乳糖の吸湿・結晶化による固化や褐変化，タンパク質の熱変性による溶解性低下などの品質劣化をまねくおそれがあるため，乾燥室からすぐに取り出しパウダークーラー（外付け型振動流動層など）により30℃以下に冷却する必要がある．脂肪含量が高い製品の場合は，脂肪の凝固熱分の冷却負荷を加味した設計とする．

冷却した粉乳は10メッシュ前後のシフターを用いて篩過し，団粒，粉塊，異物などを除去する．

貯粉タンクなどの次工程へは空気輸送（高濃度低速，低濃度高速），スクリューコンベアー，振動コンベアー，バケットコンベアーなどで搬送する．搬送の際は，粉温を管理するとともに粉乳粒子の破壊や遊離脂肪量の増加が最小限になるように配慮する．

6.3.5　廃熱回収

噴霧乾燥はエネルギーを多量に使用する工程であり，ランニングコストを低減するため熱効率のよい機器を選定する必要がある．また粉乳製造時の排風温度は一般的には70〜90℃と高く，多くの有効エネルギーを大気に排出することになるため廃熱を回収し省エネルギーを図る必要がある．

熱回収の方式としては，乾燥用取入空気と排風

を直接伝熱板を介して熱交換する気-気熱交換方式と，取入空気と排風を熱媒液を介して熱交換する気-液熱交換方式の二つの方式がある．いずれも粉塵を含んだ排ガスと乾燥用取入空気を直接，間接的に熱交換させて熱回収を図る方式である．気-気熱交換方式は機構が簡単でイニシャルコストも安いが，ダクトの取回し（ダクティング）とそのスペースが必要である．一方，気-液熱交換方式は熱風側にも熱交換器，熱媒輸送ポンプなどが必要であり，システムが複雑になりイニシャルコストが高くなる．

熱交換器は熱交換部の形状により多管式，プレート式，フィンチューブ式などがあり，ヒートパイプを使用したものもある．熱回収率，イニシャルコスト，ランニングコスト，洗浄性，メンテナンスのしやすさなどを考慮して選択する必要がある．熱回収率は，プレート熱交換器の場合，気-気熱交換方式で65%程度，気-液熱交換方式で70%程度である．

図6.27に気-液熱交換方式廃熱回収装置，バグフィルター，冷却・篩過・粉搬送設備（空気輸送）を備えた乾燥設備の例を示す．

6.4 造　　　粒

造粒とは粉末，溶融液，溶液などの原料を処理して，ほぼ均一な形状と大きさをもつ粒子をつくる操作である．

微粉末は凝集性が大きく，ブリッジや機壁への付着などが生じやすい．また液体に溶解する場合，比表面積が大きいため継粉（ままこ）になりやすい．造粒の目的は，そのような微粉末での「流動性の悪さ」「付着性の大きさ」「粉立ち」などの物性を，用途に合わせて最適に改良することにある．粉乳では流動性，分散性，速溶性，保存性が市場で特に求められる要素である．

一般的な造粒方法には回転ドラム型，液相反応型，押出成形型，鋳造型，打錠型など多種多様ある[35]が，粉乳製造では工程が簡素で連続化，大量

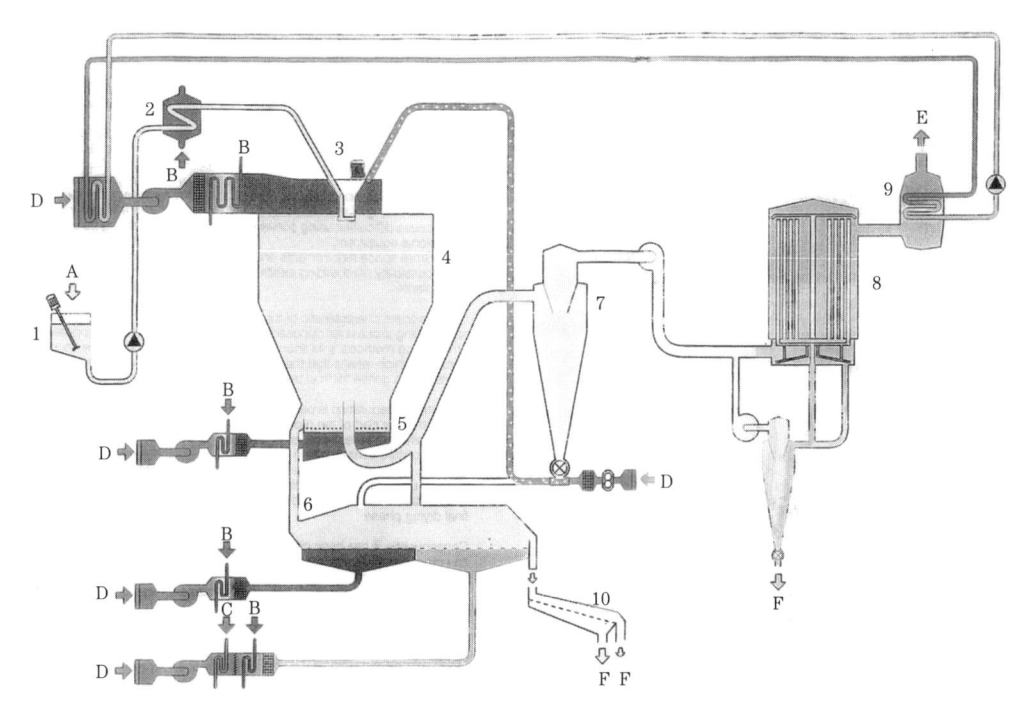

図6.27 廃熱回収装置を設置した乾燥設備の流れ図（Anhydro社）[34]
A：原料，B：加熱蒸気，C：冷却水，D：吸気，E：排気，F：製品．
1：供給タンク，2：予備加熱，3：アトマイザー，4：噴霧乾燥室，5：内部流動層，6：外付け型流動層，7：サイクロン，8：バグフィルター，9：熱交換器（廃熱回収装置），10：シフター．

生産，品質管理に適した湿式造粒である流動層造粒が主に用いられている．また乾燥機系内の微粉を少なくし粒子径を大きくする目的で，乾燥機や外付け型流動層の微粉を噴霧ノズル部に気送して微粉のリサーキュレーションによる団粒化を行ったり，マルチノズルのセッティングを調整して未乾燥粒子の相互干渉による団粒化を図る場合もある．

6.4.1 流動層の原理と特性

図6.28に示すとおり，整流板（多孔板）を備えた容器内に粉を充填して下部から風を吹き込むと，整流板で均一に分散された風は，流速の比較的小さい領域では粉層内の空隙を吹き抜けるだけで粉層は静止している（①）が，流速を増加してある流速に達すると粉層は静止状態からわずかに膨張をはじめ粉粒子が動き始める（②）．このときの速度を最小流動化風速という．

この最小流動化風速を超えて粉層での圧力損失が，整流板単位面積上の粉重量とつり合うようになると，粉粒子は容器中で運動をはじめる（③）．さらに流速を増加していくと粉粒子の運動が激しくなり，あらゆる方向に混合して懸濁状態となる．この状態の範囲内では流速を変化させても粉層の圧力損失はほぼ一定である（④）．このような「液体が沸騰しているようにみえる状態」が「流動層」と呼ばれるものである．

さらに流速を増加していくと粉粒子は流体に同伴されて系外に飛び去り，粉粒子濃度の稀薄な浮遊層となり（⑤），流速が粉層の最大粒子の終端速度（粒子が流体中を落下するとき，落下抵抗と重力がつり合って一定速度になったときの速度のこと）を超えると容器内の材料は風によってすべて吹き飛ばされ空気輸送の領域（⑥）に入る．

流動層は，粉乳製造においては粉の加熱や冷却工程および加湿造粒工程に使用される場合が多い．

流動層乾燥・冷却の特性を下記にあげる[37]．

(1) 処理能力が大きい：粉粒状材料は風中に浮遊しながら激しく風と混合するので風と接触する表面積がきわめて大きい．粉乳の場合，熱容量係数 ha[kJ/m³h°C] は8000〜24000程度である．

(2) 流動層内の温度が均一：材料と風の混合が激しく，熱の伝達が迅速に行われるために流動層内の温度はほとんど均一に保持でき，自由に調節できる．ただし，これは流動層が安定して形成されている状態のときであり，適正な多孔板の選定や振動，面風速，層高さなどを調整して，吹抜け，チャネリング，スラッギングなどを防止する工夫が必要である．温度調節の範囲は流動床面積，温度差などによって制限がある．

(3) 滞留時間が長くとれる：材料を数十秒〜数時間にわたって装置内に滞留させることが可能である．流動層乾燥の場合は任意の水分まで乾燥することができるので，長い乾燥時間を長く要する低含水率の乾燥に適している．温風や冷風を用いて二次乾燥や冷却を行う場合は，接触時間が長く加湿することがあるので粉の平衡含水率を考慮した温度と湿度管理が重要である．

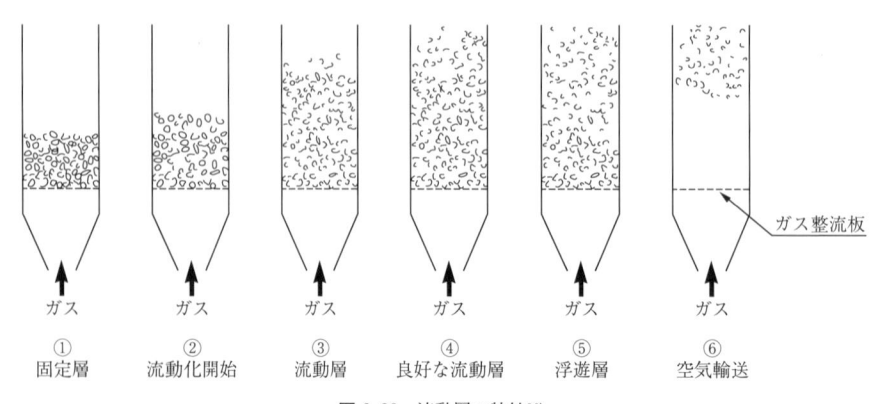

① 固定層　② 流動化開始　③ 流動層　④ 良好な流動層　⑤ 浮遊層　⑥ 空気輸送

図6.28 流動層の特性[36]

6.4.2 流動層造粒

流動層造粒にはバッチ式と連続式があり，能力，造粒度合，用途によって使い分けを行っている．噴霧乾燥機と一体になった連続式流動層造粒では，ドライヤー下部に流動層を内蔵させたタイプが広く使われている．これは乾燥と同時に粒子どうしを結着させ造粒を行えるものである．これにより粒子の造粒化のコントロールがより行いやすくなる．また，この方式は噴霧乾燥と造粒の2工程を1工程で製造できるため，製造ラインの短縮化と省力化が可能である．流動層内蔵型スプレードライヤの代表例であるGEA社MSD（乳業以外ではFSD）の特長を下記に示す．

(1) 流動性のよい凝集粉や造粒粉を生産できる．

(2) 微粒子の含有が少ない製品を生産できる（ダストレス化）．

(3) 熱可塑性，吸湿性の高い製品の乾燥ができる．

(4) 乾燥工程で製品温度を低く保たなければならない熱に敏感な製品の乾燥に適している．

(5) 乾燥温度を低く設定でき，熱効率が上がりエネルギー消費を削減できる．

図6.29にGEA社MSDのフロー概略図を示す．

流動層内蔵型を含めて乾燥機の出口に外付け型

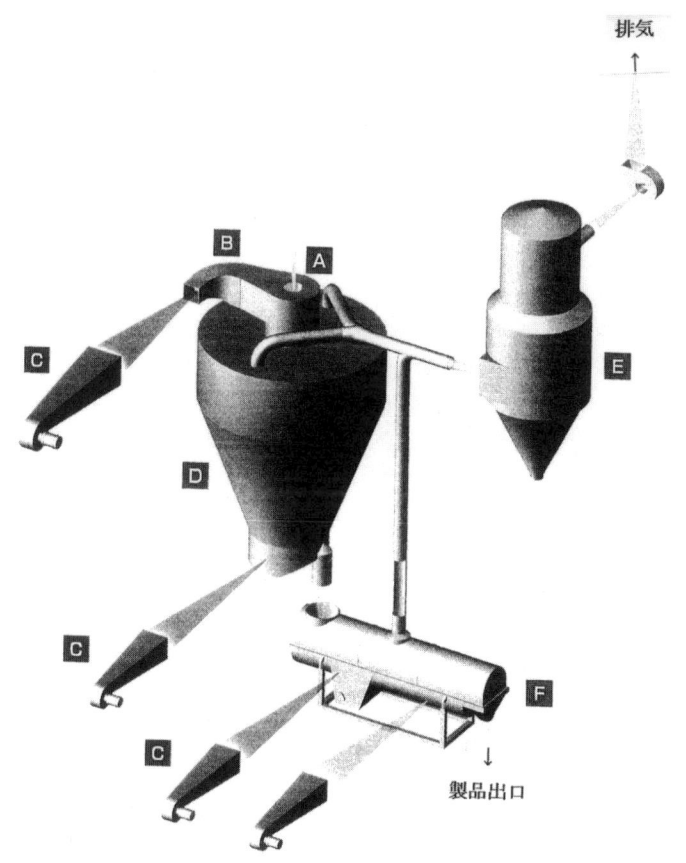

図6.29 流動層内蔵型スプレードライヤ MSD（GEAニロジャパン社）[38]
Aアトマイザ：濃縮液の微粒化には，ノズルまたはロータリーアトマイザーを使用．Bエヤーディスパーサ：乾燥室天井部に設置し，乾燥室内の空気と製品の流れをコントロール．C熱風システム：乾燥用の熱風を供給．D乾燥室：乾燥室は円筒形で，コニカル部底部に定置型流動層を内蔵．E排気システム：乾燥室の排気から微粒子を分離．サイクロンまたはバグフィルタを使用．F粉体処理システム：一般的には乾燥機出口に振動流動層を設置し，搬送は空気輸送または振動輸送などを使用．

流動層(乾燥+冷却)を設置し,排出粉の水分,冷却温度の管理を行うことが多い.排出粉のインスタント化(易溶化)や乾燥機外での造粒を行う場合は外付け型流動層(混合・造粒+乾燥+冷却)入口部でバインダー(結着液)を噴霧して造粒を行い,中間部で乾燥,出口部で整流・冷却を行って所定の粒度・水分・温度を確保する.

〔勝俣弘好〕

文献

1) 鈴木 隆ほか:ミルク総合事典(山内邦男,横山健吉編),p.253,朝倉書店,1992.
2) 林 弘通:粉乳製造工学,pp.57-59,実業図書,1980.
3) GEA ニロ ジャパン(株)資料,EVAPORATION TECHNOLOGY.
4) 鈴木 隆ほか:ミルク総合事典(山内邦男,横山健吉編),p.258,朝倉書店,1992.
5) 林 弘通:粉乳製造工学,pp.72-74,実業図書,1980.
6) 日本APV(株)資料,蒸発装置 晶析装置.
7) 松野隆一ほか:濃縮と乾燥(食品工学基礎講座6),pp.15-16,光琳,1989.
8) 中島 敏,小林次郎:食品工業の伝熱と蒸発(食品工学シリーズ7),pp.237-239,光琳,1964.
9) 中島 敏,小林次郎:食品工業の伝熱と蒸発(食品工学シリーズ7),p.238,光琳,1964.
10) 林 弘通:粉乳製造工学,p.81,実業図書,1980.
11) 林 弘通:粉乳製造工学,p.101,実業図書,1980.
12) 日本APV(株)資料,蒸発装置 晶析装置.
13) 日本APV(株)資料,Invensys APV Dairy Technology,p.64.
14) Anhydro社資料,The Anhydro Evaporation Process.
15) 林 弘通:粉乳製造工学,p.87,実業図書,1980.
16) 中島 敏,小林次郎:食品工業の伝熱と蒸発(食品工学シリーズ7),pp.199-200,光琳,1964.
17) 中島 敏,小林次郎:食品工業の伝熱と蒸発(食品工学シリーズ7),p.200,光琳,1964.
18) 日本APV(株)資料,蒸発装置晶折装置.
19) (株)東亜電機製作所資料.
20) 鈴木 隆ほか:ミルク総合事典(山内邦男,横山健吉編),pp.280-281,朝倉書店,1992.
21) 化学工学協会編:化学工学便覧,改訂5版,p.655,丸善,1988.
22) (株)いけうち資料,円錐ノズル製品カタログ.
23) スプレーイングシステムスジャパン(株)資料,工業用スプレーノズル総合カタログ.
24) DELAVAN社資料,SDX Spray Drying Product Guide.
25) 日本テトラパック(株)CPS社資料,Welcome to Tetra Pak Cheese and Powder Systems.
26) 林 弘通:粉乳製造工学,p.190,実業図書,1980.
27) (株)いけうち資料,二流体ノズル製品カタログ.
28) 中村昌允:造粒ハンドブック(日本粉体工業技術協会編),p.250,オーム社,1991.
29) 日本テトラパック(株)CPS社資料,Welcome to Tetra Pak Cheese and Powder Systems.
30) 森永エンジニアリング(株)資料,MDスプレードライヤー.
31) 林 弘通:粉乳製造工学,p.208,実業図書,1980.
32) 金岡千嘉男:粉体工学概論(日本粉体工業技術協会編),pp.95-97,日本粉体工業技術協会,1996.
33) 金岡千嘉男:粉体工学概論(日本粉体工業技術協会編),p.96,日本粉体工業技術協会,1996.
34) Anhydro社資料,Three-stage Drying Process.
35) 関口 勲:造粒ハンドブック(日本粉体工業技術協会編),pp.5-6,オーム社,1991.
36) (株)栗本鐵工所資料,乾燥・焼成機器総合カタログ.
37) (株)栗本鐵工所資料,乾燥・焼成機器総合カタログ.
38) GEAニロジャパン(株)資料,流動層内蔵型フルイダイズドスプレードライヤーFSD.

7. 洗　　　浄

7.1 洗浄の基礎概念

　乳製品の製造工程では，乳製品自体に由来する汚れが機器表面に付着する．特に，連続加熱殺菌器などの加熱面には著量の汚れが付着する．付着汚れは機器の性能低下を招くとともに，異物や異成分の混入，さらには微生物の増殖にもつながりうる．したがって，製造の区切りごとに行われる機器の洗浄操作は，製品の安全性を担保するうえにおいてきわめて重要な意義をもつ．製品の安全性を確保するためには，洗浄不足とならないように十分な洗浄条件を設定する必要がある．ただし，安全性を重視しすぎてあまりにも過剰な洗浄条件を採用すると，エネルギーや資源を無駄にし，洗浄廃水とともに環境負荷を増大させることになる．したがって，必要十分な洗浄条件を合理的に選定することが重要である．

　洗浄条件の合理的選定のためには，汚れの本質を把握する必要がある．食品製造工程で発生する付着汚れは食品自体に由来する．しかし，成分によって付着しやすさに差があるため，汚れの組成は食品の組成と必ずしも一致するものではない．たとえば，表7.1に示すように，脱脂乳を70～90℃で連続殺菌した際の熱交換器表面に付着する汚れの組成は脱脂乳そのものとは大きく異なり，無機質（リン酸カルシウム）とタンパク質が多く，乳糖はほとんど含まれない．また，乳製品を処理した熱交換器の内部の付着汚れには組成に分布があり，比較的低温の領域では表7.1の場合と同様にタンパク質を多く含む柔らかい付着物が生じるが，およそ110℃を越える高温の領域ではリン酸カルシウムを主成分とする硬質の付着物が生じることが知られている（表7.4参照）．一般に汚れの組成によって使用すべき洗剤は異なるため，当該機器に生じる汚れの組成を把握すること

表7.1 脱脂乳を70～90℃で加熱処理したあとの熱交換器加熱面に生じた付着汚れの組成

成　分	脱脂乳	付着汚れ
タンパク質	37.2%	44.4%
無機質	7.4%	45.0%
脂質	<1%	0.4%
乳糖	52.6%	0.02%

が洗浄条件を合理的に選定するための前提となる．また，複数の相から構成される付着汚れの場合には，組成のみならず，その空間構造も考慮すべき因子となる．たとえば，図7.1に示すように，牛乳を処理した熱交換器の比較的低温の部分に生じる付着汚れは，加熱面には無機質が直接付着していることが多く，それを覆うようにタンパク質の付着層が存在し，脂質および無機質がタンパク質層中に分散している構造となることが知られている．このような構造の付着物に対しては，まずタンパク質層を除去するためにアルカリ洗浄を行い，次いで酸洗浄を行って機器表面上に直接付着している無機質を除去するという順で洗浄するのが理に適っている．

　牛乳や乳飲料のような液状食品と接触する機器表面に汚れ物質が付着する過程では，図7.2に示すように機器表面と接触する相が液状食品から汚れ物質に変化する．界面上に位置する分子（原

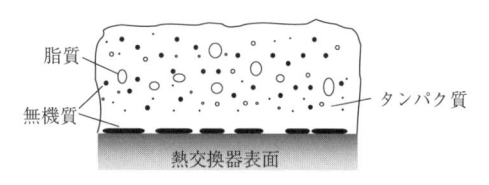

図7.1 牛乳を加熱処理した熱交換器表面に付着した汚れの空間構造

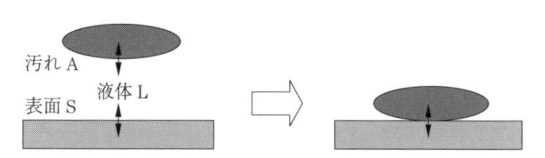

図7.2 汚れの機器表面への付着過程

子）は，相の内部に位置する場合とは異なり，互いに混じることのない隣接相の異種分子（原子）と接触する．このため，界面上の分子（原子）は内部よりも高いエネルギー状態にある．界面上の分子（原子）のもつ過剰な自由エネルギーを単位面積当たりで表した量は界面張力に相当する．したがって，汚れが付着する過程における付着面単位面積当たりの自由エネルギー変化 ΔG は以下のように表すことができる．

$$\Delta G = \gamma_{SA} - \gamma_{SL} - \gamma_{AL}$$

ただし，γ_{SA} は機器表面～汚れ間の界面張力，γ_{SL} は機器表面～液状食品間の界面張力，γ_{AL} は汚れ～液状食品間の界面張力である．汚れの付着は自発的な変化であるから，この ΔG は負の値であり，付着した汚れを表面から除去するにはエネルギーの投入が必要となる．一般に汚れを除去するためのエネルギーは，①力学的エネルギー（せん断力や圧力など），②化学エネルギー（洗剤），③熱エネルギー（加熱）の3種の形態で投入される．洗剤の存在により γ_{AL} は小さくなる．また，高温では分子運動が激しくなるため，一般に吸着状態が不安定になって γ_{SA} が大きくなる．さらに，汚れの分散・溶解性が温度とともに増加する場合には γ_{AL} が加熱によって小さくなる．このように洗剤の投入と加熱とによって ΔG の値が大きくなっていく．ΔG の符号が負であっても，その絶対値が小さくなれば，付着状態の安定性が減少し，わずかな力で容易に汚れが脱離するようになる．場合によっては ΔG が正の値になり，自然に汚れの脱離が起こる．したがって，高い洗浄効率を達成するためには，汚れの性質に合わせて3種のエネルギーを適切に組み合わせることが必要となる．

〔﨑山高明〕

7.2 乳業で用いられる主な洗剤

7.2.1 洗剤の種類

各種洗剤を化学的組成から分類すると，アルカリ，塩素化アルカリ，ケイ酸塩含有アルカリ，中性または弱アルカリ，酸および酵素含有洗剤などとなる．機能面からの分類では，手作業洗剤，泡およびジェル洗剤（機械外面洗浄），CIP（cleaning-in-place）洗剤および各種分離膜装置洗剤などがあげられる．乳業では機械洗浄がほとんどであるため，皮膚腐食性の強いカセイアルカリおよび硝酸・リン酸が多用されている．洗浄効果の改善のため通常は添加剤（またはビルダー）が加えられる．これらの洗剤を構成する主な成分とそれらの機能は表7.2と表7.3に示される[1]．これら

表7.2 アルカリ洗剤成分の比較特性

	成　分	鹸化力	乳化力	タンパク質との反応	浸透力	懸濁力	水質調整力	すすぎやすさ	起泡力	非腐食性	非皮膚刺激性
アルカリ	カセイソーダ（カセイカリを含む）	A	C	B	C	C	D	D	C	D	DD
	ケイ酸塩	B	B	C	C	B	D	D	C	B	D
	炭酸塩	C	C	C	C	C	D	C	C	C	C
	リン酸三ソーダ	C	B	C	C	C	C	C	C	C	D
ポリリン酸塩	ピロリン酸ソーダ	C	B	C	C	B	A	A	C	A	A
	トリポリリン酸ソーダ	C	A	C	C	A	AA	A	C	A	A
	ポリリン酸塩	C	A	C	C	A	AAA	A	C	A	A
有機ビルダー	グルコン酸塩	C	C	C	C	C	B	C	C	A	A
	EDTA	C	C	C	C	C	AA	A	C	A	A
	ホスホン酸塩	C	C	C	C	C	AA	A	C	A	A
	ポリマー類	C	B	C	C	A	A	B	C	A	A
界面活性剤	湿潤剤	C	AA	C	AA	A	C	AA	A	A	A
酸化剤	塩素類	C	C	A	C	C	C	C	C	B	B

A：優秀，B：中程度，C：無効果，D：逆効果．

7. 洗　　　浄

表7.3　酸洗剤成分の比較特性

成分		ミネラルの除去力/スケール	乳化力	浸透力	懸濁力	すすぎやすさ	起泡力	非腐食性ステンレスへの	非腐食性ソフトメタルへの	非皮膚刺激性	不動態化
無機酸	塩酸	A	C	B	C	C	D	D	C	D	DD
	硫酸	B	B	C	C	C	B	D	C	B	DD
	硝酸	B	B	C	C	C	C	A	C	C	A
	リン酸	C	B	C	C	B	A	A	C	A	A
	スルファミン酸	C	C	C	C	C	D	C	C	C	C
有機酸	クエン酸	C	A	C	C	A	AA	A	C	A	A
	ヒドロキシ酢酸	C	A	C	C	A	AAA	A	C	A	A
	グルコン酸	C	C	C	C	C	B	A	C	A	A
界面活性剤	湿潤剤	C	C	C	C	C	AA	C	C	A	A

A：優秀，B：中程度，C：無効果，D：逆効果．

の中でポリリン酸塩は閉鎖系水域での富栄養化の問題から1980年には家庭用合成洗剤でほぼ無リン化が完了しているが，業務用および工業用でも低リン化または無リン化が進みつつある．また，EDTAおよびNTAなどのキレート剤も難生分解性の問題や，発がん性を示す可能性が指摘され[2]生分解性の高いアミノ酸系由来のキレート剤GLDA (dicarboxymethyl glutamic acid tetrasodium salt)，MGDA (methylglycinediacetic acid trisodium salt)，その他に置き換えられる傾向にある．

硝酸のような酸化性の酸はステンレス鋼表面に酸化被膜を生じさせ不動態（passive state）となって耐食性を維持させる．これに対し塩素イオンは不動態被膜を局部的に破壊するため耐食性を劣化させる．リン酸や多くの有機酸はそれら自体では酸化被膜を形成させないが，洗浄後にステンレスが空気中で徐々に自己酸化して不動態化するのを妨げない．

界面活性剤は1個の分子の中に親水性基と疎水性基を有し，表7.2，7.3に示されるように多様な働きをもつ．界面活性剤の多くは起泡性を有するが，一部の非イオン界面活性剤は曇点（界面活性剤の水溶液を昇温したとき白濁する温度）以上で水に不溶性となり，消泡剤・抑泡剤としてCIP時に重要な成分となる．

タンパク質は凝固や加熱変性で水に対する溶解性が低下し，器壁に吸着し，接着剤となって他の成分を固着する．アルカリ洗浄で溶解するが，不十分であれば次亜塩素酸ナトリウムや過酸化水素などの酸化剤を添加して強化洗浄を行う．腐食の観点から酸化剤が適用できない場合，タンパク質分解酵素が併用される．酵素の添加された洗剤は温和な条件でファウリング（fouling）物質の分解除去を行うため，膜（UF，NFおよびRO）の洗浄に多用される．

7.2.2　洗剤の適用例

a.　冷乳を扱う貯乳タンクおよびパイプラインなどの洗浄

ここでは汚れ成分は主に有機物からなるので，予備水洗のあとアルカリ洗浄が行われ，その後必要に応じて酸洗浄を追加する．塩素化アルカリ洗剤も薦められる．

b.　UHT殺菌機および滅菌機の洗浄

UHT殺菌機・滅菌機の洗浄には時間節約のためUHT条件で中間洗浄方式がとられる．120〜140℃の加熱面に形成される乳石は灰分が70％以上の組成であるので（表7.4[3]），酸洗浄が重要な働きをする．中間洗浄工程は以下のとおりである．予備水洗→リン酸洗剤→水洗→カセイアルカリ洗剤→最終水洗．ここで酸洗剤はUHT条件での使用が確認されたものを使用すべきである．中間洗浄を3回前後行ったあと，80〜95℃

表7.4 UHT プレートに形成される乳石の組成

	タイプA	タイプB
外観	軟質, 体積が大きい	硬質, 緻密
形成温度	110℃以下	120～140℃
組成		
タンパク質	50～60%	15～20%
灰分	30～35%	70%以上
脂肪	4～12%	4～12%
伝熱係数の低下	大	タイプAより小
圧力損失	大	タイプAより小

$$H_2O_2 + OH^- \rightleftarrows H_2O + HOO^- \quad (pKa=11.6)$$

$$HOO^- + H_2O_2 \rightarrow H_2O + OH^- + O_2(g)$$

図7.3 アルカリ性での過酸化水素のイオン化反応

での通常洗浄を行う．

最新の洗浄方法として，過酸化物を含む酸性の前処理剤水溶液を装置内に循環させ，汚れの内部に浸透させておき，その後直接アルカリ洗浄を行うオーバーライド（over-ride）方法が開発されている[4]．予備水洗→前処理→アルカリ（over-ride）→中間水洗→酸→中間水洗→最終水洗，の工程をとる．過酸化水素にアルカリを添加すると図7.3に示されるように過酸化水素イオン（HOO^-）が発生し，変性タンパク質やカラメル化した糖類の分解を行う．その後 HOO^- は分子状酸素としてガス化して洗浄液の乱流度を高めるので，異物除去効果を高める．反応速度と安全性との面からこの反応は70～85℃で行われる．

c. エバポレータの洗浄

エバポレータの加熱面にはまず無機質からなる密集したスケールが形成される．さらに上層にタンパク質を主とする有機成分が複合汚れとして堆積する．カセイアルカリ洗浄液はタンパク質をゲル化して膨潤させるので，洗浄液の内部への浸透が妨げられる．したがって洗浄は長時間かかる．従来，酸→アルカリのオーバーライド方式が用いられていたが，ここでも前述の過酸化物処理を伴うオーバーライド方式が適用され効果を上げている．

d. 開放系の装置の泡洗浄および薄膜（またはゲル）洗浄

充填機の外面洗浄では泡または薄膜洗浄が行われる．特殊な界面活性剤の組合せからなる安定な泡は親水性表面にも疎水性表面にも吸着して長時間とどまる．泡発生装置から洗浄液を泡として吹き付け，一定時間保持したあと水スプレーを行う．用途によりアルカリ性，酸性，さらに殺菌成分を含むものがある．薄膜洗浄は界面活性剤のミセル（micelle）が球状から棒状に転換する現象を応用したもので，洗剤の使用濃度（2～5%）で粘度が上昇し安定なゲル状薄膜となる．

e. フレーバー残さの洗浄

香料を添加した製品を扱う装置で次工程の製品に前の工程の製品の香料が移る現象がしばしば生じる．ガスケットに浸み込んだ香料が通常の洗浄で除去しきれずに，次工程で染み出すのが原因である．界面活性剤と水溶性溶剤とを組み合わせた洗剤または添加剤が開発されており，一定の効果を出している[5]．

〔田辺忠裕〕

文献

1) R. L. Bakka: Making the Right Choice—Cleaners. Ecolab, Inc., Food and Beverage Division, St. Paul, 1995.
2) http://www.inchem.org/documents/iarc/vol73/73-14.html
3) 田辺忠裕: *Milk Science*, **47**(2), 111-122, 1998.
4) B. L. Herdt, *et al.*: Methods for Cleaning Industrial Equipment with Pre-Treatment, PCT Pub. No. WO/2006/026041, 2006.
5) 田辺忠裕: *MRC News*, **35**, 106-111, 2006.

7.3 CIP

CIP とは "cleaning in place"（定置洗浄）の略であり，洗浄の対象となる機械装置や配管などを分解することなく洗浄・すすぎなどを行う洗浄方式のことである．食品製造において，簡単な操作で安全に自動洗浄するシステムとして，ほとんどの食品工場に導入されており，食品工場におけるCIPシステムは，単に機器を洗浄するだけでなく微生物制御も含めた洗浄方法が用いられているのが一般的である．このシステムの構築により，製造量や品種の増加による製造機器の複雑

化，大規模化などで，毎日の分解洗浄，手洗浄および組立てがたいへん困難になったことへの対応ができるようになった．

CIPの方法としては，パネルからそれぞれのバルブ・ポンプなどを作業者がすべて手動で操作する方法，制御システムを使って，インターロック，警報などの機能を備えた自動制御で操作する方法，および両方法の中間的な半自動制御の方法が用いられ，工場の規模，製造品目，システムなどにより，最も適した方法が選択される．

分解洗浄（cleaning out of place：COP）などの洗浄方法に比べてCIPの利点は，

① 分解，手洗浄，組立てによる機械装置の損傷を防ぎ，部品の交換コストの減少および耐久年数の増加を図ることができる，

② 組立ての必要がないため，それによる再汚染を防止でき洗浄後の清浄を維持できる，

③ 手洗浄と比較して，作業者による差異がなく，製品の品質向上が図れる，

④ 洗浄作業上の危険防止，労働力軽減，異物混入防止などが図れる，

⑤ システム化，標準化することにより，一定の洗浄効果が得られ，機器の分解・組立てが必要ないため，洗浄が容易となり製造の合理化，能力向上が図れる，

⑥ プラントレイアウトは，製品の流れ，プロセスの必要条件によって配置できる，

⑦ 洗剤，蒸気，水などの節減ができ，洗剤も各種使用可能である，

などがあげられ，CIPは，人的労力・物理的エネルギーを節減できるとともに，品質の安定した製品を多量，多品種に生産することを可能にしている．注意点としては，①機器の自動化が必要であり，その設備対応とメンテナンスを含め維持管理体制が必要であり，②洗浄時に分解を行わないので，洗浄状態を目視確認できないため，洗浄状態のモニタリングなどを確実に行い，洗浄効果の検証が確実に行えるシステムにする必要がある．

CIPを行う際にその洗浄力を決定する要因として，熱要因（洗浄液の温度），運動要因（洗浄液の流量・圧力），洗浄剤要因（種類・濃度）および時間要因（洗浄時間）がある．製造している製品の成分から由来する汚れの成分（脂肪，タンパク質，糖質，無機質），汚れの形状（スケール，乳石，膜など）・性質・量，また工程による汚れの変化などをよく調査したうえで，洗浄効果を上げるために最も適した条件を検証しなければならない．

CIPの場合，汚れの除去に寄与する力学的エネルギーは，洗浄液の流れが配管内壁に及ぼすせん断力である．流れが速いほど配管内壁に作用するせん断力は大きいため，洗浄液流速を高く設定することが洗浄効率を高く保つうえで必要になる．

なお，装置を分解して行うCOPでは，拭き取りやブラッシングによるせん断力と摩擦力，噴射ガンやノズルから射出される高圧水による圧力，超音波照射によるキャビテーションなどが力学的エネルギーとして利用される．

CIPの方式としては，リユース方式（調整された洗剤をタンクなどに溜めておき洗剤を複数回使用する方式）とシングルユース方式（毎回の洗浄ごとに洗剤を廃棄し常に新しい洗剤で洗浄する方式）があり，一般的にはリユース方式が用いられているが，最近はシングルユース方式も増えつつある．設備の管理方法，製造スペース，洗剤の種類，洗浄効果，コストなどでのメリット・デメリットを考慮したうえで，効果的な方式を選ぶことがたいへん重要である． 〔大川禎一郎〕

文　献

1) 久山　隆：食品機械装置，**44**(2), 82-90, 2007.
2) 森　信二ほか：乳業技術，**51**, 45-57, 2001.

7.4 次亜塩素酸水（微酸性次亜塩素酸水）

次亜塩素酸水は2002年6月に殺菌目的の加工助剤として食品添加物に指定され，食品製造現場での衛生管理に使用できるようになった．この次亜塩素酸水は強酸性次亜塩素酸水と微酸性次亜塩素酸水があり，ここでは，工場規模での使用に適

表7.5 微酸性次亜塩素酸水の主要規格

定義	2〜6%塩酸を無隔膜電解槽（隔膜で隔てられてない陽極および陰極で構成されたもの）内で電解して得られる次亜塩素酸を主成分とする水溶液
含量	有効塩素 10〜30 mg/kgを含む
性状	無色の液体で，においがないかまたはわずかに塩素のにおいがある
液性	pH 5.0〜6.5

している微酸性次亜塩素酸水について解説する．

微酸性次亜塩素酸水は希塩酸を無隔膜電解槽で電気分解し，生じた塩素を飲用適の水に溶解させ，有効塩素濃度10〜30 mg/kg，pH 5.0〜6.5に調整することにより製造される．表7.5に食品添加物としての微酸性次亜塩素酸水の主要規格を示した．

殺菌の主体は従来から使われてきた次亜塩素酸ナトリウム溶液と同じ遊離有効塩素である．遊離有効塩素はpH 5以上では次亜塩素酸分子または次亜塩素酸イオンとして存在している．これらはpHに依存した平衡関係にあり，微酸性では次亜塩素酸分子の割合が高く，アルカリ性では次亜塩素酸イオンの割合が高くなる．次亜塩素酸イオンより次亜塩素酸分子のほうが殺菌効果ははるかに高いことから，微酸性次亜塩素酸水はアルカリ性の次亜塩素酸ナトリウム溶液より低い有効塩素濃度で高い殺菌効果を示す．微酸性領域の次亜塩素酸は高い殺菌効果をもちながら安定的に供給する手段がないため使用されてこなかったが，これを電解方式により使用現場で製造し使用できるようにしたのが微酸性次亜塩素酸水であるといえる．

微酸性次亜塩素酸水は，塩素濃度が低いことから味や匂いがほとんどなく食品の品質に対する悪影響が少なくなっている．このメリットを生かし，乳業工場においてはタンクや配管などの洗浄殺菌に使用されている．さらに，微酸性次亜塩素酸水を稼動中の充填機リテーナーやベルトコンベアーに専用ノズルから常時吹きかけて使用することにより雑菌の増殖を抑えたり[1]，製造器具の分解洗浄や製造室の床・壁の洗浄に水道水代わりに使用したり，製造室前のサニタリールームに配管し，清浄区域に入る際の手指の洗浄や靴裏の洗浄などにも使用することにより，工場全体の衛生レベル向上に利用されている．このほか，乳業関係では搾乳施設，ミルクローリーなどの衛生管理にも次亜塩素酸ナトリウム溶液の代わりに使用されている．

なお，微酸性次亜塩素酸水の使用上の注意点としては，殺菌対象の菌に直接微酸性次亜塩素酸水が接触しなければ効果が得られないということと，有効塩素濃度が低いため有機物の影響により短時間で有効塩素が消失して殺菌効果が減じやすいということがあげられる．したがって，殺菌対象物に汚れがあるときは，ブラッシングや水圧により汚れを落としながら使用し，油脂汚れなどに対してはあらかじめ洗剤を用いて洗浄後に微酸性次亜塩素酸水を使用することが基本となる．

〔中村悌一〕

文 献

1) 中村悌一：ジャパンフードサイエンス, 41(8), 74-80, 2002.

7.5 アレルギー表示と洗浄

本来ヒトにとって無害である物質に対して免疫系が過剰に反応し，これを排除しようとする働きの中で種々の健康被害を引き起こす現象がアレルギーである．日本小児アレルギー学会によれば，食物アレルギーとは「原因食物を摂取した後に免疫学的機序を介して生体にとって不利益な症状（皮膚，粘膜，消化器，呼吸器，アナフィラキシー反応など）が惹起される現象」と定義されている[1]．

アレルギー反応の特徴として，場合によってはきわめて微量の原因食物（アレルゲンという）でも症状が引き起こされることがあげられる．したがって食物アレルギーの患者は，日常生活で摂取する微量なアレルゲンについても，その有無に注意を払うことを強いられる．そのような背景から，容器包装された加工食品および食品添加物について，アレルギー物質を微量でも含む場合にはその表示を義務づける「食品衛生法施行規則及び

乳製品の成分規格等に関する省令の一部を改正する省令等の施行について」が公布され，2002（平成14）年4月1日より施行されている．

表示の対象として，厚生省（当時）の食物アレルギー検討委員会の調査結果や，食品衛生調査会表示特別部会の検討をもとに，重篤度の高い，あるいは症例数の多い5品目については「特定原材料」として表示を義務づけ，発生数や重篤度はそれほど高くないが健康被害が散見される19品目を「特定原材料に準ずるもの」として通知で表示が推奨されることとなった．その後，2004（平成16）年11月に「バナナ」が表示推奨品目に追加され，さらに2008（平成20）年4月には表示推奨品目であった「かに」「えび」の表示が義務化されることになり現在に至っている（表7.6）．なお，本制度の詳細や具体的運用については，厚生労働省通知「アレルギー物質を含む食品に関する表示について」[2]および同通知に付随するQ&A集を参照されたい．

特定原材料については，キャリーオーバーも含めてすべての流通段階で表示が義務づけられている一方で，「含まれるかもしれない（メイコンテイン）」などの可能性表示は認められていない．可能性表示を認めていないのは，わが国のアレルゲン表示に特徴的なことであるが，実際の食品製造現場では，一つの製造ラインで多種類の製品が製造されている現状があり，製造ラインにおける交差汚染（クロスコンタミネーション）の防止対策は各メーカーにとってきわめて重要な課題となっている．

太田によれば，制度が施行された2002（平成14）年4月から2005（平成17）年12月までで総数143件のアレルギー表示に関する違反事例があり，うち12件では実際にアレルギー患者に対する健康被害に及んでいる[3]．違反の多くは，食品メーカーが使用する複合原材料などの内容を正確に把握できていなかったことに起因するものであるが，中には製造工程中の意図しない汚染が原因

表7.6 表示が義務付けられている，あるいは推奨されている特定原材料等

規　　定	特定原材料等の名称	説　　明
省令で表示を義務付けているもの	卵，乳，小麦，かに，えび，そば，落花生	症例数が多い，あるいは症状が重篤なため，特に留意が必要なもの．なお乳糖は当初アレルゲン性がないとして表示が免除されていたが，その後残存するタンパク質が微量（数 μg/g）を超えるものについては「乳」としての表示が必要となった
通知で表示を奨励するもの	あわび，いか，イクラ，オレンジ，キウイフルーツ，牛肉，くるみ，さけ，さば，大豆，鶏肉，豚肉，まつたけ，もも，やまといも，りんご，バナナ，ゼラチン	症例数が少なく省令で定めるには今後の調査を必要とするもの．なお，「ゼラチン」は本来「牛肉」「豚肉」由来であることが多くその旨の表示が必要であるが，単独の表示を求める意見が多かったことから，独立した項目として設けられている

表7.7 アレルゲン拭き取りテストの実施例[9]

	洗浄前				水洗後				洗剤洗浄後（家庭用中性洗剤使用）			
懸濁に用いた生理食塩水量	1 ml		10 ml		1 ml		10 ml		1 ml		10 ml	
検査方法	エライザ	イムノクロマト	エライザ	イムノクロマト	エライザ	イムノクロマト	エライザ	イムノクロマト	エライザ	イムノクロマト	エライザ	イムノクロマト
まな板	20 ppm≦	陽性	4.4 ppm	陽性	1 ppm＞	陽性	1 ppm＞	陰性	1 ppm＞	陰性	1 ppm＞	陰性
包丁	20 ppm≦	陽性	20 ppm≦	陽性	1 ppm＞	陰性	1 ppm＞	陰性	1 ppm＞	陰性	1 ppm＞	陰性
フライパン	10.0 ppm	陽性	3.8 ppm	擬陽性	1 ppm＞	陰性	1 ppm＞	陰性	1 ppm＞	陰性	1 ppm＞	陰性
菜箸	20 ppm≦	陽性	12.3 ppm	陽性	5.0 ppm	陽性	1 ppm＞	陽性	1.3 ppm	陽性	1 ppm＞	陰性
スポンジ	未実施	未実施	未実施	未実施	7.1 ppm	陽性	1.3 ppm	陽性	1 ppm＞	陰性	1 ppm＞	陰性

ここではフライパンで卵焼きをつくり，木製のまな板上で包丁で千切りにして菜箸で皿に盛るという操作を行ったあと，器具類を洗浄し，その拭き取り検査を行ったものである．拭き取りに用いた綿棒を1 mlあるいは10 mlの生理食塩水に懸濁させ，これを検液としエライザ法（「FASTKIT エライザ Ver.II® 卵」）およびイムノクロマト法（「FASTKIT イムノクロマト® 卵」）で卵アレルゲンの残存を測定している．菜箸のアレルゲンが残存しやすいのは，先端部に加工されたすべり止めの凹凸部の洗浄が不十分であったためと考えられる．また，スポンジからもアレルゲンが検出されたことから，洗浄器具を介した汚染にも注意を払うことが必要である．

となったケースも存在する．

英国食品基準局のガイダンスによれば，食品製造現場におけるアレルゲンの交差汚染防止の要点として，①製造区域の分離と物理的バリアの設置，②器具の専用化，③施設設備の適切な洗浄清掃，④原材料などの移動の最小化，⑤適切な操業スケジュール，⑥残原料や再利用品の適切な管理，さらに可能であれば，⑦空調の分離，があげられている[4]．このうち洗浄に関しては，微生物学的に十分な清浄性が必ずしもアレルゲンを除去するために十分とは限らないので，場合によっては洗浄後の拭き取りテストなどを実施し，アレルゲンの残存がないことを検証する必要がある．拭き取りテストは，湿らせた綿棒などで器具や設備を拭き取ったあと，生理食塩水中で懸濁させたものをエライザ法[5,6]やイムノクロマト法[7,8]で測定することで可能である．イムノクロマト法はエライザ法に比べて操作が簡便で比較的安価なことから，多数の検体を処理してその場で判定する必要のある拭き取りテストには適した方法である．また，イムノクロマト法はエライザ法に比べて測定感度が若干劣るものの，抽出に伴う希釈が不要なため結果的にエライザ法よりも検出率が高いという利点もある．なお，拭き取りにあたっては，屈曲部や手の届きにくい箇所など，洗浄しにくい箇所を十分に拭き取ることが肝要である．

参考として，アレルゲン測定キットの提供元による拭き取りテストの実施例を表7.7に紹介する[9]．

〔大川禎一郎〕

文献

1) 日本小児アレルギー学会食物アレルギー委員会：食物アレルギー診療ガイドライン2005（向山徳子，西間三馨監修），pp.6-7，協和企画，2005．
2) 厚生労働省：アレルギー物質を含む食品に関する表示について（平成13年3月21日付食企発第2号，食鑑発第46号，最終改正平成21年1月22日付食安基発第0122001号，食安鑑発第0122002号）(http://www.mhlw.go.jp/topics/0103/tp 0329-2b.html)
3) 太田裕見：アレルギーの臨床，**26**(6)，455-460，2006．
4) Food Standards Agency: Guidance on Allergen Management and Consumer Information. 2006. (http://www.food.gov.uk/multimedia/pdfs/maycontainguide.pdf)
5) 油谷賢一ほか：アレルギーの臨床，**26**(6)，472-477，2006．
6) 神谷尚徳：アレルギーの臨床，**26**(6)，478-485，2006．
7) 鈴木 剛ほか：日本食品科学工学会誌，**51**(12)，691-697，2004．
8) 帯刀美紀子，野仲 功：ジャパンフードサイエンス，(4)，70-76，2004．
9) 神谷尚徳：食品企業における食物アレルギー管理について（工業技術(株)主催「食品の安全性と信頼性確保のための検査の実際」講習会資料），2007年10月18日．

8. プロセス制御

8.1 乳業におけるプロセス制御

プロセス制御（process control）という言葉は，本来，化学プラントなどの工程（プロセス）において，物質の状態が所定の目標に一致するように工程の操作条件を制御することであったが，現在では食品や医薬品を含む全産業分野において，物質の状態を変化させる加工において広く用いられるようになっている．代表的な手法としてはフィードバック制御（feedback control）やフィードフォワード制御（feedforward control）などがあげられ，また乳業での応用例は少ないが知的制御としてファジィ制御やニューラルネットワークなども実用化されている．

プロセス制御とは別に，最も簡単な制御方法として，あらかじめ定められた手続きにしたがって逐次的に工程のステップを進めていくシーケンス制御（sequence control）がある．シーケンス制御は，一般的にはON状態とOFF状態の2値から構成される単純な逐次制御であるが，コンピュータ技術の発達を背景にそのハードウェア性能が急速に発展しており，現在の乳製品の製造現場では実用的にはこのシーケンス制御とプロセス制御を組み合わせた制御が多く用いられている．

本節では，主に乳業分野において利用する立場からプロセス制御の方法と現状について述べる．

8.1.1 プロセス制御の原理

プロセス制御の原理は，物質の状態を変化させる製造工程中の一つのプロセス（処理）に対して，その結果が目的の状態になるようにこれを監視し，必要な修正を行うことである．フィードバック制御の場合で考えると，目標からの偏差を定量化し，偏差を修正するための補正量を求め，これを用いて製造条件（制御因子）の調整を行って

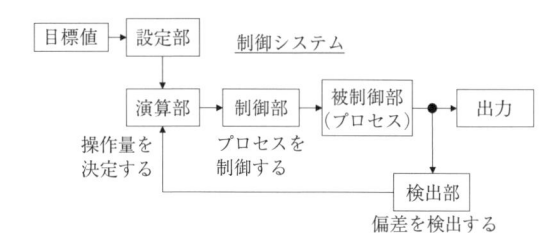

図8.1 プロセス制御の原理（フィードバック制御の場合）

偏差を修正し，その結果をまた監視するという一連の動作からなる．これを図示すると（図8.1），目標値をセットする設定部，プロセス（被制御部）とこれを制御する制御部，プロセスの出力を計測する検出部，制御部に入力する操作量を求める演算部から構成される．また，このような構成からなる系全体を制御システムという[1]．

制御システムに目的とする特性を発揮させるために，制御システムをモデル化し，定量的にその特性を解析する理論を制御理論という．制御理論は，大別すると次の古典制御理論と現代制御理論に分けられる．

a. 古典制御

古典制御論は，制御システムを入出力システムとして線形の微分方程式でモデル化し，これにラプラス変換[2]（Laplace transform）を適用して伝達関数（transfer function）を求め，これを基礎にして，周波数応答性や過渡応答性などを評価し，必要な特性を実現することを目的とした理論である．特に，制御応答のゲインや位相を視覚化するボード線図や，安定性の評価を容易にするベクトル線図[3]などの手法は直感的で扱いやすいことから，広く一般的に用いられている．

古典制御は，基本的に入力・出力がともに一つの制御システムを取り扱う．伝達関数は，制御システムの単位インパルス応答（入力としてデルタ関数を与えた場合の出力）のラプラス変換であり，これが求まると任意の入力に関する出力は，

ラプラス変換による表現では入力関数のラプラス変換と伝達関数の積（時間表現では畳み込み積分）で与えられるため理論的取扱いが非常に容易になる．これは線形システムでは，複数の入力に対する出力は個々の入力に対する出力の重ね合せで表現できるという"重ね合せの原理"が成立することを背景としている．

一方，制御システムが複雑で，非線形モデルとなる場合は一般的に重ね合わせの原理が成立せず，伝達関数を求めることができない．したがって，古典制御理論は制御システムが線形モデルで表現できる，または近似できる比較的素直な応答特性をもつような制御系に適している．名称としては古典という言葉を用いているが，伝達関数を用いる手法は現在でも広く用いられており，特に産業界で広く使用されているPID制御はこの古典制御理論に支えられており，実用面ではきわめて重要な制御理論である．

b. 現代制御

現代制御論は，制御システムの状態を記述する複数の変数（状態変数）を用いて，システムを状態方程式（state equation）と呼ばれる一階の連立常微分方程式としてモデル化し，これを数学的に解析して，古典制御理論が取り扱った"信号の流れ"ではなく，システムの"状態の変化"に着目して，制御システムの最適化を図ることを目的とする理論である[4]．これにより，複雑で多数の入出力をもつ制御系の設計や評価が可能となった．特に，解析力学の手法を用いた状態方程式の誘導や最適制御論などの手法は，複雑な制御システムの解析的取扱いを容易にした．その結果，特に航空・宇宙産業や軍事産業などの分野などで必要とされる高度な制御を可能にしている．

一方で，このような多変数制御は直感的な理解が難しく，実際の応用においても高度な専門的技術を要する．このため食品の製造工場などでの応用はまだ非常に少ないのが現状である．

8.1.2 プロセス制御の目的

製造ラインにおいて乳製品を製造する場合，一般的に，原材料の前処理から，調合，殺菌，冷却，充填・包装などの多くの工程を経由する．上述のプロセス制御の定義にしたがえば，これらの工程の中で，物質の状態を変化させるような処理はプロセスであり，その制御はプロセス制御となる．

乳業におけるプロセス制御は，基本的に乳製品の特性を制御するものであり，たとえば，その物性や風味などの品質，殺菌効果のような安全性，あるいは重量，形状，色調，栄養価など，非常に多くの因子に関係する．これらの因子の制御は，製造工程中の制御因子を介して間接的に行われる．ここで，製造工程中の制御因子とは，たとえば原料の流速や温度，圧力，粘度，濃度，pH，保持時間などのような物理的，化学的因子である．したがって，このような制御因子がプロセス制御の対象となる．

プロセス制御の主な目的は次の通りである．
①安全性の確保，②安定性の確保，③経済性の改善，④コンプライアンス．

安全性の確保では，製造装置によって人が怪我をするような労働災害の防止や，製品の品質事故の防止，あるいは製造装置や施設などが破損する設備事故の防止などがあげられる．

安定性の確保では，製品の品質の安定化や，生産能力の安定化が重要となる．特に，乳製品は原料が畜産物であり，乳や原料乳製品の季節変動や地域による変化が発生する．このような原料の特性が変化する中で製品の特性を安定化することは，非常に困難な作業であるが，プロセス制御はそのアプローチの一つである．

経済性の改善では，製造コストを低減するための省力化や，エネルギーやユーティリティ，原材料などの省エネ・省資源化があげられる．また，煩雑な工程を単純化したり，あるいは高速化して製造能力を高めることは大きな経済的効果を生む．また，作業者を複雑な製造作業や監視業務から解放することで，作業ストレスを軽減して労働環境を改善する効果もある．さらに，生産の前後作業の効率化や，原材料や製品の在庫の最適化，また多種の製品を生産する多品種対応などの効果も考えられる．

コンプライアンス（法令遵守）の観点からは，有害廃棄物や基準外廃棄物の排出防止，製品の規格の遵守，品質事故の防止など，食品衛生法を始めとする環境関連法規，製造および品質関連法規などの遵守があげられる．

これらのすべての目的がプロセス制御ですぐに達成されるわけではないが，近年の品質に関する市場の厳しい目や，エネルギーや原材料の高騰という環境変化の中で，上記の目的をプロセス制御の導入や改善で解決しようとする動向は，乳業界でも非常に強くなってきている．

8.1.3 乳業におけるプロセス制御

乳業におけるプロセス制御は，牛乳の殺菌や充填に始まり，ナチュラルチーズやプロセスチーズ，バター，マーガリン，発酵乳，飲料，乳製品デザート，あるいは粉乳など，非常に広範囲な製品の製造を対象とする．

このうち最終製品が液状の場合は，工程の大半は液体の処理であって，加熱や冷却，混合，攪拌，分散，均質化というような比較的制御しやすいプロセスである．このような例としては，牛乳や乳飲料，あるいは容器への充填物が冷蔵工程で固化するような乳製品デザートなどがあげられる．

一方，発酵乳やナチュラルチーズのように微生物による発酵を伴うプロセスや，プロセスチーズ，バター，マーガリン，粉乳などのように液体から固体をつくるプロセスでは，製品品質に多くの原材料や工程因子が影響を与えるために，その制御はそれほど容易ではない．また，上述したように原料乳や原料乳製品が実質的に畜産物であり，その特性が季節変動や日間変動，あるいは原産地による変動を受けたり，あるいは発酵に用いる微生物の活性が変動することがあるなど，製造においては状況に応じた細かな調整を必要とする場合が多い．このため，このような現場では製造工程全域を包括的・統合的にプロセス制御するのではなく，各プロセスごとに個別のプロセス制御を行い，細部は人為的な微調整によって対応している場合が多い．すなわち，工程中の個々のプロセスをフィードバック制御などにより制御し，必要があれば，その設定値を変更して微調整を行っているケースが多い．

8.1.4 各種制御方法

図8.2に示すような2重管型殺菌装置の例を用いて，各種制御方法の特徴について述べる．このシステムは，2重管型熱交換器において外管に熱媒（熱水や蒸気，あるいはブラインなどの冷媒）を，内管に液状食品を流して熱交換を行わせ殺菌やクッキングを行うもので，加熱部および冷却部にこの2重管型熱交換器を用いている．このような殺菌装置は，牛乳の低温殺菌や，比較的粘度の

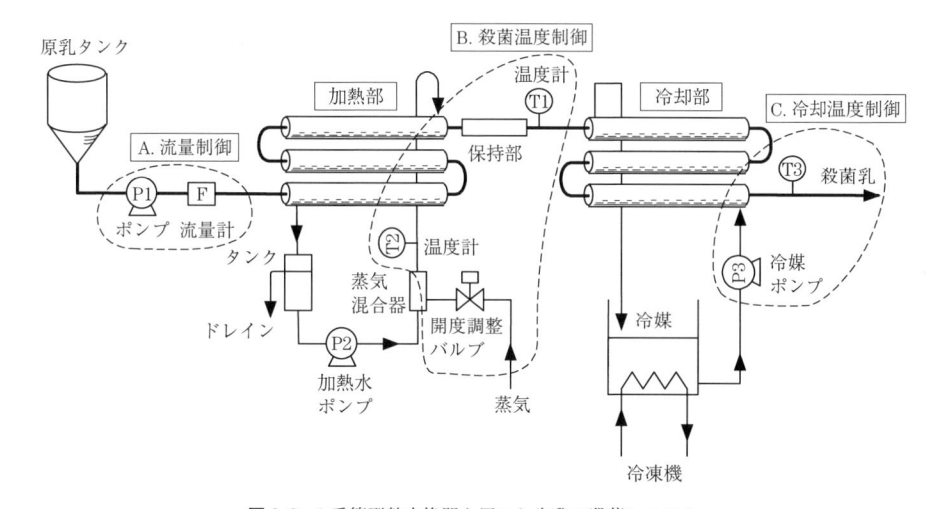

図8.2 2重管型熱交換器を用いた牛乳の殺菌システム

高いデザート乳製品のミックス，あるいは小固形物やファイバーなどを含む液状乳製品の殺菌などに用いられている．なお，高い処理能力が必要な場合は，一つの外管（シェル）に複数の内管（チューブ）を入れたシェル＆チューブ型熱交換器も用いられる．

この例では牛乳の殺菌を想定し，システムの構成は一定流量で牛乳を送液する送液部と，これを加熱殺菌する加熱部と，殺菌した乳を一定時間保持する保持部と，その冷却部からなる．加熱部では，2重管型熱交換器の外管に蒸気で加熱した熱水を，また冷却部では冷媒を流して熱交換を行わせている．

この例では図に示す三つのフィードバック制御[5]が行われている．すなわち，Aの流量制御，Bの殺菌温度制御，Cの冷却温度制御である．このうちAとCには後述のPID制御を，またBはカスケード制御を用いることが多い．

実用的には，PID制御はPID調節計（以下，調節計と呼ぶ）と呼ばれるコントローラにより行うことが多い．調節計はシーケンス制御と併用されることが多く，たとえば図8.3に示すようなタンクから流体を一定流量で送液するシステムでは，ポンプやバルブのON/OFF制御はシーケンス制御装置で行い，ポンプの流量制御は流量計からの信号を用いて調節計がPID制御により行う．後続の工程においても，たとえば加熱制御は加熱用の調節計を用いて，また冷却制御は冷却専用の調節計を用いて行うのである．このように個々のプロセス制御を1台のコンピュータで行うのではなく，プロセスごとに調節計のような専用の制御コンピュータを分散して配置するような制御システムをDCS（distributed control system，分散型制御システム）といい，近年広く用いられ，また大きく発展し続けている．DCSの最大の利点は，逐次的な処理（シーケンス制御）を必要とするプロセスのON/OFF制御などの工程と，各プロセスを最適に制御するプロセス制御を分離することで，制御プログラムの開発が非常に容易になること，また，分散されることで制御装置の故障対応が容易になることである．

ところで，シーケンス制御は通常，PLCまたはシーケンサーと呼ばれる小型の専用コンピュータで行われる．近年のものはA/Dコンバータを介してアナログデータの入出力が可能であり，必要なら調節計の目標値の設定をシーケンサーから行うこともできる．

さらに，最近はシーケンサー自体が複数のPID調節計などをソフト的に内蔵し，ユーザーはプログラムでこれを使用できるような制御装置が多数販売されるようになってきている．これらはもはや逐次制御の範囲を大きく超えており，シーケンサーというよりは従来のプロセスコンピュータ的な意味合いが強くなっており，その性格が変わってきている．ユーザーサイドからみれば，ライン構成を変更する場合に調節計の追加などのハードウェアの変更から解放され，ソフトウェアで対応できるメリットは大きい．また，これらの制御装置ではLANなどのネットワークを用いて外部のコンピュータへプロセスデータを送ることができるなど，通信手段も充実してきている．これにより今後，工程の状態や製品品質のオンラインモニタリングや，その統計解析による評価などがリアルタイムで可能になってくると考えられる．

a. フィードバック制御

制御システムにおいて，制御装置からの出力信号によって制御された機械装置の制御量の値を制御装置に戻し，設定値と常に比較し，両者を一致させるように制御装置から機械装置への操作量を再調整する制御をフィードバック制御という．閉

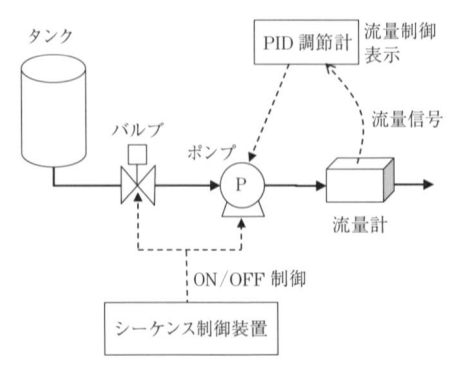

図8.3 流量制御システム

ループ制御ともいう．

フィードバック制御の中で，最も一般的に知られているものはPID制御である．PID制御の歴史は古く，古典的制御の代表ではあるが，現在産業分野で実装されている制御のうち90%以上がPID制御であるとの報告もあり，実用上は最も普及し活用されている制御である．

PID制御 図8.2のAとCはともにPID制御を用いているので，ここではAの流量制御を例にとり解説する．図8.3に流量制御部の拡大図を示す．バルブやポンプなどのON/OFFの制御はシーケンス制御で行われ，ポンプの回転数は流量計の値が設定流量（目標値）になるように調節計でPID制御されている．

まず，PID制御の原理について述べる．図8.3に示した制御システムにおいて，時刻tにおける目標値からの流量の偏差を$e(t)$，操作量を$u(t)$とすると，PID制御は原理的には時間領域で次のように表現される．

$$u(t)=K_\mathrm{p}\left(e(t)+\frac{1}{T_\mathrm{I}}\int_{t_0}^{t}e(\tau)d\tau+T_\mathrm{D}\frac{de(t)}{dt}\right) \tag{1}$$

ここで，K_pは比例ゲイン，T_Iは積分時間，T_Dは微分時間と呼ばれる制御パラメータである．(1)式から操作量$u(t)$は右辺の三つの項からなっている．すなわち，第1項は偏差$e(t)$に比例する量，第2項は偏差$e(t)$の時刻t_0（積分制御の開始時刻）から現在時刻tまでの積分値に比例する量，第3項は偏差$e(t)$の微分値（変化率）に比例する量である．言い換えると，この制御における操作量は，比例制御（proportional control），積分制御（integral control），および微分制御（differential control）の三つの因子からなり，この頭文字をとってPID制御と呼んでいる．実用的にはP単独制御でも，またPI制御でも用いられ場合がある．

以下，図8.4のPID制御の概念図を用いて，PID制御の各項の物理的な意味に関して述べる．横軸は時間で，縦軸は偏差$e(t)$である．まず，①の制御がない場合の偏差は，時間とともに増大（または負の側に増大）し，そのシステムがとり

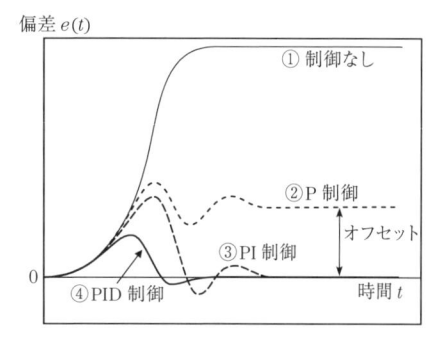

図8.4 PID制御の概念図

うる最大値で定常状態になる．すなわち，出力（流量）は目標値から外れたままで安定化する．

これにP制御を加えた場合の結果が②である．P制御単独でも比例ゲインK_Pを適当にとれば偏差をかなり減少することができる．このときK_Pが小さすぎると制御応答は遅くなり，逆に大きすぎると振動的になってしまう．一方，問題点としてはP制御単独の場合は図に示したように定常状態でオフセットと呼ばれる定常偏差が発生しやすい．

このオフセットを除去する方法としてはI制御の追加が有効で，③のように定常状態でオフセットが除去される．これは(1)式の第2項の偏差の積分項を加えた制御で，P制御で発生したオフセットが積分により時間経過とともに大きな値となり，その結果，操作量が増大してオフセットを減少させる．一般的に，オフセットがそれほど大きくない場合でも積分時間T_Iを小さくとれば，I制御の効果を大きくでき，オフセットを完全に除去できる．実用的にはPI制御は安定で高精度であり，扱いやすい制御である．応答速度よりも精度を優先したい場合には非常に有効である．

④は上記のPI制御にさらに微分制御を加えたPID制御の場合である．D制御の追加により，偏差$e(t)$の変化が大きくなると操作量が増大し，その変化を抑えようとする．この結果，図に示すように，定常状態に達する時間が短くなり，目的の状態を早く達成できる．また，安定状態から，外乱によって偏差が発生した場合なども，この偏差をすばやく除去する効果をもつ．

しかし，実用的にはD制御を用いるには次の

二つの点で注意を要する．1点目はD制御を導入すると制御応答が振動的になりやすいこと，2点目はノイズに弱いことである．前者は特に，制御システムに時間遅れ要素がある場合，すなわち制御装置に操作を加えてからそれが出力に反映されるまでの時間に遅れがある場合などは，微分時間 T_D を大きくとると応答は振動的になりやすい．後者は，たとえば偏差 $e(t)$ がノイズを含む場合，これを微分すると大きな値となるため，制御は不安定になる．したがって，一般的に微分制御を行う場合は偏差 $e(t)$ を移動平均などの手法でノイズ除去（フィルタリング）する必要がある．

b. カスケード制御

カスケード制御は，原理的にはフィードバック制御の一種で，その応答特性を高めるためにマスターとスレイブの二つの制御装置を用い，マスターの出力をスレイブの設定値として用いることを特徴とする制御方法である．

図8.5に2重管型熱交換装置を用いた牛乳の殺菌装置の場合の，加熱部のカスケード制御の例を示した．この場合，2重管型熱交換器の外管に熱媒（熱水）が流れ，内管に牛乳が流れる．加熱処理を終えた牛乳の温度 T1 は，調節計1（マスター）に入力され，その設定値（目標値）との偏差から制御信号（操作量）を出力する．通常のPID制御ではこの制御信号は制御装置（開度調節バルブ）に送り制御に用いるが，カスケード制御ではこれを調節計2（スレイブ）に送り，その設定値（目標値）とする．一方，調節計2には2重管型熱交換器に流す熱媒の温度 T2 が入力され，その設定値との偏差から制御信号を出力し，蒸気流量を調節している開度調節バルブを制御する．

一見すると回りくどい制御のようにみえるが，このカスケード制御はこのような加熱システムでは単純なPID制御より優れた制御応答を実現する．たとえば，いま，殺菌システムが定常状態にあり安定しているときに，突然，蒸気の圧力が少し下がったとしよう．蒸気の圧力が下がったことにより，当然，蒸気混合器への蒸気の流入量も低下し，加熱媒体である熱水温度も下がる．単純なPID制御の場合にはこの熱水温度の低下は，2重管型熱交換器における熱水と牛乳の熱交換を経由し，牛乳の殺菌温度が低下してはじめて，フィードバック制御がかかり，開度調整バルブを開いて蒸気量を増やす．すなわち，熱交換を経由するぶ

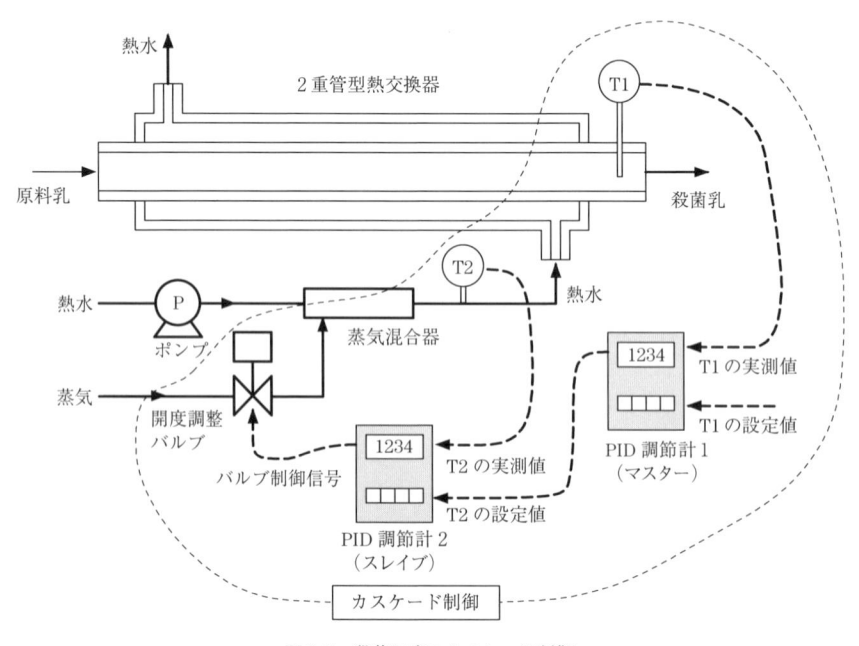

図8.5　殺菌温度のカスケード制御

んだけ時間遅れが発生して殺菌温度が低下するという，実用的には大きな問題を引き起こす．しかもこの時間遅れは2重管型熱交換器の段数を増やすほど大きくなる．

これに対し，カスケード制御の場合は，熱水温度が低下した時点で温度センサーT2が蒸気混合器の出口で温度低下を検知し，調節計2が開度調整バルブを制御して速やかに熱水温度を回復しようとする．このため殺菌温度の低下を最小化できる．このようにカスケード制御は時間遅れを伴うような制御システムにおいて，殺菌温度のような高精度の制御を必要とする制御に対して優れた制御応答を提供する．

c. フィードフォワード制御

前もって外乱や変動の情報が得られる場合，たとえば製品が一連の複数の工程で連続的に処理を受けているような場合は，対象とするプロセスの上流側のプロセスの結果（半製品の状態）を知ることが可能である．このような場合は，対象プロセスで処理する前に，半製品の状態から加えるべき処理を予測し，これに基づいて制御を行ったほうが効果的である．このように処理前に必要な制御量を予測して制御するような方式をフィードフォワード制御と呼んでいる．ただし，予測を行うためには上流側の変化に対して制御応答を決めるための物理的，あるいは化学的モデルが必要であり，一般的にこのようなモデルを決めることは難しい場合が多い．さらに，このような予測型のフィードフォワード制御を行った場合，P制御の場合と同様なオフセットが発生しやすく，この修正の目的で前述のフィードバック制御を併用するケースが多い．

乳業におけるフィードフォワード制御は，まだ応用が少ないのが現状であるが，たとえば棒状または板状に成形されてくる乳製品を切断して一定重量の製品を製造する場合に，直径や厚さの微妙な変動をセンサーで計測し，これから正確な切断ポイントを予測し，後述のサーボ制御のカッターで切断を行う場合などがこれに相当する．この場合，やはりオフセットが発生しやすく，切断した製品重量をウェイトチェッカーで計測し，積分制御でフィードバックを行って操作量を修正することで制御精度を向上できる．

d. インバータ制御

このインバータ制御や次のサーボ制御はプロセス制御の種類ではなく，主に駆動装置の一つであるモータの制御方法である．産業用の通常の交流インダクションモータは単相や3相の交流電源（100 V，200 V，400 V など）で駆動されるが，商用電源周波数に応じた一定回転数で回転する．インバータはこの商用電源を一度整流して直流にし，これを再度交流化（チョッピング）して任意の交流に変換する．したがって，インバータで変換した電源でインダクションモータを駆動すると任意の回転数で駆動できる．これがインバータ制御の原理である．インバータ制御では従来，周波数が低い領域（約 15 Hz 以下）では電源が直流に近づくことによるトルクの低減が問題であったが，近年はベクトル制御のモータが発展し，この問題も大きく改善された．インバータ自体も小型化され，安価になっているところから広く一般的に用いられている．

上記の二重管型殺菌機の場合では，流量制御部のポンプや冷却部のポンプの駆動はこのインバータ制御のモータで実装されることが一般的である．

e. サーボ制御

インバータ制御と同様，主にモータの制御に用いられる方法であるが，インバータが主にモータの回転数を制御する方法であるのに対し，サーボ制御は主に物体の位置や方位，姿勢などを制御する技術である．一般的には，サーボアンプとサーボモータから構成される制御系で，サーボアンプから指定された角度位置にサーボモータが高速で回転しようとするが，モータの慣性質量などの影響で遅れや行きすぎによる偏差が発生する．そこで，サーボモータからサーボアンプに現在位置がフィードバックされ，サーボアンプは目標値とこの現在位置との偏差がゼロになるまで制御を続け，目標位置を達成する．

以前は，サーボモータは高価で特殊な用途にしか応用されなかったが，現在では相当廉価になっ

ており，姿勢制御や位置決めだけでなく，高精度の回転数制御にも広く一般的に使用されている．上記の2重管型殺菌機の場合では，カスケード制御による殺菌温度制御において制御装置として使用した開度調節バルブの制御にはこのサーボ制御が利用できる．サーボ制御は制御の自由度が大きく，またきわめて高精度の制御が可能なことから乳業分野においても今後利用がさらに拡大していくと考えられる．

以上，乳業におけるプロセス制御に関して述べてきた．高精度のプロセス制御を導入して効果を発揮させるには，それを適用するプロセス自体のさらなる理解を必要とする．すなわち，工程の特性や物質の状態変化，あるいはそれらの変動原因をよく分析し，認識する必要がある．また逆に，プロセス制御を行うと製造中の工程や製品に関する膨大なデータの収集が可能になる．この意味でプロセス制御の導入は単なる自動化ではなく，工程や物質のさらに深い認識を促し，これが新しい製品や製造技術の開発につながることも少なくない．プロセス制御は今後，リアルタイムでの工程や製品の評価技術と連動し，さらに発展していくと考えられる．　　　　　　　　〔柴内好人〕

文　献

1) 橋本伊織ほか：プロセス制御工学，朝倉書店，2002.
2) 化学工学編：化学工学便覧，丸善，1999.
3) 市川邦彦：自動制御の理論と演習，産業図書，1962.
4) 久村富持訳：状態関数と線形制御系，学献社，1977.
5) 広井和男，宮田　朗：シミュレーションで学ぶ自動制御入門，CQ出版，2004.

8.2　温　　度

8.2.1　インライン温度センサの種類と利用法

乳製品製造における温度の管理は，分離や調合などのプロセスの最適化，殺菌や貯蔵工程の微生物コントロールの観点からも非常に重要であり，多くの場所で温度センサが使用されている．その代表的な温度センサについて紹介する．

a.　測温抵抗体（電気抵抗式温度計）

測温抵抗体は安定性（再現性），分解能，精度に優れ，高精度を要する温度センサとして用いられる．食品プラントの温度制御，記録，監視に使用されている温度センサは，ほとんどが測温抵抗体である．なお，測温抵抗体は温度変換機がないと温度を表示することができないため，現場での温度確認用としては使用されない．

測温抵抗体は金属の電気抵抗が温度に対して変化する性質を利用しており，測温素子には温度特性が良好で経時変化が少ない白金が使用されている．

白金測温抵抗体のJIS規格は1989年1月1日に改定されている．事実上の世界標準であるIEC規格と合せるための改定であり，改定前は「Pt100」，改定後は「JPt100」と呼称される．特性が異なるので参考までに認識しておいていただきたい．

測温抵抗体の外観を図8.6に示す．取付け部の形状は，一般工業用はねじ込み式タイプが主流であるが，食品業界において使用される測温抵抗体は，サニタリー性の観点からISOヘルールタイプが主流となっている．以後，各種センサも同様である．

また，測温抵抗体はシングルエレメントが一般的であるが，ダブルエレメント（2素子）タイプもあり，殺菌装置では殺菌温度制御と殺菌温度記録のための温度センサとして，このダブルエレメントタイプが使用されている（図8.7）．

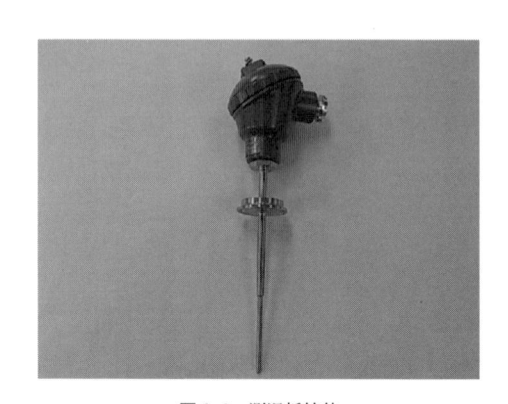

図8.6　測温抵抗体

8. プロセス制御

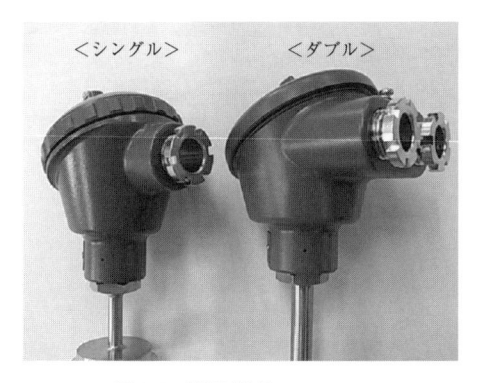

図8.7 測温抵抗体エレメント

図8.10 バイメタル温度計

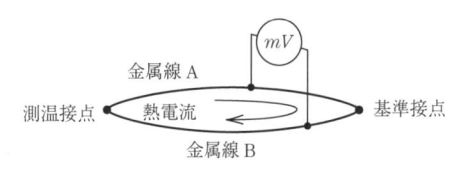

図8.8 熱電対の原理

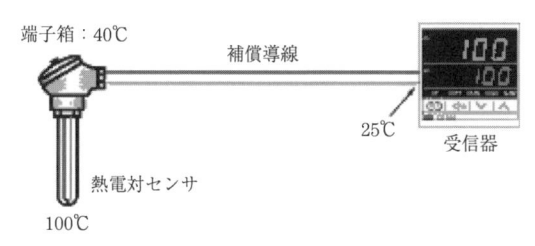

図8.9 センサと受信機配線

b. 熱電対（熱電式温度計）

熱電式温度測定法は1821年Seebeckによって発見された熱電現象（2種の異種金属で構成した閉回路で、その二つの接続点を異なる温度に保つとその回路には熱起電力を生じ熱電流が流れる現象）を利用する方法である．

基準接点側の温度を一定に保ち，回路に発生した起電力を測ることにより，測温接点の温度を知ることができる（図8.8）．

構造が簡単で丈夫，価格が比較的安価，測温できる温度範囲が広く，温度変化に対する追従性がよいという特徴がある．通常，測温接点側は，測定対象に挿入するのに必要な長さにとどめ，計器との間は補償導線で接続する必要がある（図8.9）．

c. バイメタル温度計

バイメタル温度計は自動制御のための信号を出力する温度計ではなく，測定温度が温度計本体に取り付けられたダイヤルにて表示ができる温度計ある．構造が単純で比較的安価な，現場での温度確認用として使用されている．

バイメタルとは温度による線膨張係数の異なる2種類の金属を重ね合わせたもので，温度変化で金属の伸びの差が発生すると反り返りが発生する．バイメタル温度計はこの原理を応用したもので，バイメタルをつるまき状とし，その一端を固定して周囲温度の変化で回転運動を発生させ指示針を回転させる原理となっている（図8.10）．

表8.1 温度センサの用途例

	計量受入・貯乳・調合工程	均質・殺菌・冷却工程	サージ・充填工程
測温抵抗体	冷却温度 タンク内温度	予熱保持（均質）温度 殺菌温度 殺菌保持温度 冷却温度	タンク内温度 充填温度 SIP*温度
熱電対	−	−	充填温度(導電率補正用)
バイメタル	タンク内温度 冷媒温度	熱交換器出入口温度 熱冷媒温度	タンク内温度

＊：sterilizing in place，定置滅菌

8.2.2 利用例

乳飲料製造工程を例に各種温度計の代表的な用途を表8.1に示す．

測温抵抗体は製造工程全般において，製品温度の制御，監視，記録用センサとして使用されている．現場確認用が目的であれば，バイメタル温度計が使用されている．熱電対は温度変化に対するレスポンスのよさから，導電率測定時の温度補正用温度計として使用されている．

8.3 粘　　度

8.3.1 粘度計の種類と利用法

粘度計は測定原理から一般的に細管式粘度計，落球式粘度計，回転式粘度計の三つに分類される．細管式粘度計は低粘度のニュートン流体の測定に適し，落球式粘度計は高粘度のニュートン流体に適している．回転式粘度計は最も一般的で回転数を変化させることで非ニュートン流体の測定も可能である．どの粘度計もその構造及び基本原理からインラインで測定することは出来ない．粘度測定はオフラインで実施される．

a. BL型粘度計（回転式粘度計）

サンプル液中でロータを回転させて，そのロータに働く液体の粘性抵抗トルクを測定する粘度計である．同期モータが目盛板を定速で回し，目盛板にはスプリングを介してロータが取り付けられており，液体の粘性による抵抗でスプリングが捩れる．この捩れ角度から粘度を計ることができる機構となっている．粘度の高低によりロータサイズと回転数の組合せを変えて測定する．なお，測定中のずり速度が一定のため非ニュートン流体の場合は測定時のずり速度における見かけの粘度となる．このBL型粘度計は従来から最も多く使用されている代表的な粘度測定装置である（図8.11）．

b. 回転式粘度計（HAAKE粘度計）

測定の原理はBL型と同じであるが，この粘度計はロータの回転数がゼロから所定の回転数まで変化する機構で，ずり速度の変化に対してずり応

図8.11　BL型粘度計

図8.12　HAAKE粘度計

力を測定しており，流動状態の粘度が求められる．サンプル液の粘度特性や非ニュートン流体のずり速度と粘度の関係式を導くことができる（図8.12）．

8.3.2 利用例

乳製品製造工程において，直接粘度を測定し制御・管理に使用されることはほとんどなく，サンプリングでの検査や商品開発の物性確認として利用される．

最近では比較的精度のよいインライン粘度計が市販されており，今後乳製品の製造工程中で利用されることが期待される．

8.4 圧　　力

8.4.1 インライン圧力センサの種類と利用法

圧力計には現場確認用のサニタリー圧力計と自

動制御に使用するためのアナログ出力ができる圧力伝送器がある．食品製造設備に使用される圧力計であるため，一般工業用とは異なりサニタリー性を重視した構造となっている．また，圧力計の原理を応用した液面計もあわせて本項で紹介する．

a. サニタリー圧力計

サニタリー圧力計は現場確認用の圧力計で，構造はシンプルなブルドン管式が採用され，受圧部は薄いステンレス製ダイヤフラムでできており，ブルドン管側と隔離されている．ダイヤフラムの内側には食品添加物として使用できるシリコンオイルなどを封入し，ダイヤフラムの受圧変形がこれらの封入液を介してブルドン管を変位させる機構である．このダイヤフラムによる隔膜式構造によってサニタリー性が確保されており，サニタリー圧力計の最大の特徴である（図8.13）．

ダイヤフラム部分の受圧面積は精度に影響するため，ダイヤフラムの寸法は1S以下の小口径は困難であり，各メーカーは1.5Sと2Sをラインナップしている（S：サニタリーステンレス配管の呼び径）．

最近では円筒隔膜タイプが開発され，メーカーより販売されている．従来の平板型のダイヤフラムタイプではチーズ配管に取り付けなければならなかったが，円筒隔膜タイプは配管に直接取り付けるタイプで，デッドスペースがまったくなく，サニタリー性の向上が図られている（図8.14）．

b. サニタリー圧力伝送器

アナログ出力タイプのサニタリー圧力伝送器は測定の最大スパンを4 mA～20 mAで出力し，受信側で圧力に変換し制御や警報および記録に利用している．

受圧部の形状は上述のサニタリー圧力計と同じく平板隔膜式構造であるが，封入液なしで受圧部のダイヤフラム背面に取り付けられたひずみゲージで圧力を感知している．封入液を必要としないことで万一ダイヤフラムが破損した場合にも封入液が混入しないことと，ひずみゲージの取付け面積が少ないため，小口径にも対応できる構造である（図8.15）．

c. 差圧・圧力式液面計

圧力センサを応用したものとして液面計（レベル計）がある．

液体の密度（比重）が一定であれば，基準面の受ける圧力は液面の高さに比例することから，液面計は圧力を検知し液面高さに変換して，液面の制御，監視，記録に使用されている．

圧力 P ＝密度 ρ ×液面高さ(液位) H

図8.13　サニタリー圧力計（平板隔膜式）

図8.14　サニタリー圧力計（円筒隔膜式）

図8.15　サニタリー圧力伝送器

図 8.16 サニタリー式レベル計

$$液面高さ(液位) H = \frac{圧力 P}{密度 \rho}$$

レンジの変更・調整が容易であり，機械的稼動部がないため信頼性が高く，通信機能を備えた液面計である．圧力式は泡の影響を受けないため，泡が発生しやすいタンクの液面計として正確な液面を測定することができる．

液面計にはその他に超音波式や静電容量式などの多くのセンサがあるが，それぞれの特徴を把握して用途に適した選択が必要である（図8.16）．

8.4.2 利用例

乳飲料製造工程を例に各種圧力計の代表的な用途を表8.2に示す．

サニタリー圧力計は製造工程全般において，各ポンプ出口や殺菌機周りの現場確認用として多く使用されている．圧力伝送器は特に重点管理ポイントの制御，監視，記録用の圧力センサとして使用されている．差圧・圧力式液面計については，泡がみの影響を受けない精度の高い液面計として各種タンクに使用されている（表8.2）．

8.5 濃　度

8.5.1 インライン濃度計の種類と利用法

食品業界で使用される濃度計の代表例として，導電率計と屈折率計がある．導電率計と屈折率計は，主にプロセス制御において，調合工程や充填工程で使用され製品の品質管理に使用されている．また，導電率計は，洗浄時の濃度管理にも使用される．

a. 導電率計（電磁式）

導電率とは，液体において電気を通す特性を表し，μS/cm（マイクロジーメンス）という単位で表される．一次コイルで誘導された電流は，二次コイルに交流電圧を誘導する．この誘導電流は測定液の導電率に比例し，二次コイルの受信電圧は測定液の導電率に比例する（図8.17，図8.18）．

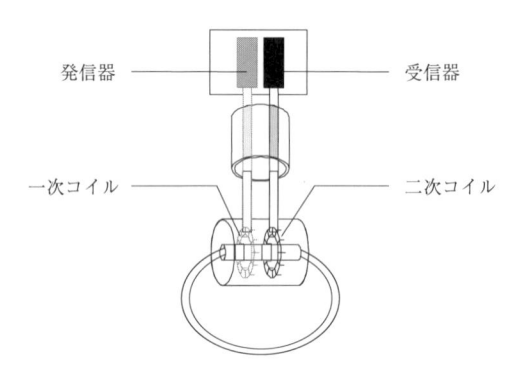

図 8.17　導電率計原理

表 8.2　圧力センサの用途例

	計量受入・貯乳・調合工程	均質・殺菌・冷却工程	サージ・充填工程
圧力計	ポンプ出口圧力	ポンプ出口圧力 クラリファイヤー出口 均質機出入口圧力 沸騰抑制圧 安全背圧 フィルター前後圧力	タンク内圧力
圧力伝送器	—	均質機入口圧力 沸騰抑制圧 安全背圧 冷却出口圧力 クラリファイヤー出口	タンク内圧力 タンク取出しライン圧力 フィルター前圧力
差圧・圧力式液面計	タンク液面	タンク液面	タンク液面

8. プロセス制御

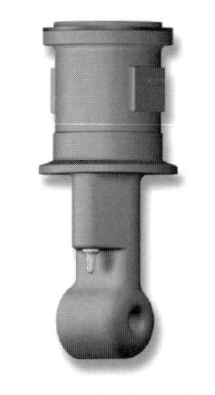

図 8.18 電磁式導電率計

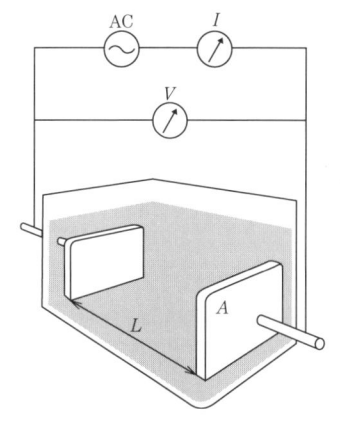

図 8.19 電極式導電率計原理
AC：電源，I：電流，V：電圧，A：電極面，L：電極距離．

図 8.20 電極式導電率計

b. 導電率計（電極式）

電極を測定対象液に漬け AC 電圧を印加すると，電流が測定対象液に流れる．電気抵抗をオームの法則から演算し，その抵抗の逆数を導電率値とする．電極面の面積とその距離によって，計測できる測定範囲が決まる（図 8.19，図 8.20）．

c. 屈折率計（糖度計）

屈折率計は，光の屈折という現象を応用した測定器で，物質の密度が高くなると（たとえば，水に糖分が溶け込んでいる状態），その屈折率も比例的に上昇するという原理に基づいている．

プリズムの左下から入射した光 A は界面で屈折してプリズム面に沿い右へ進み，そして B よりも入射角が大きい光 C はサンプル側に屈折できずプリズムの右下に全反射する．したがって，図において B′線を境に明暗の境界線が生じ，この境界線の反射角の大きさはサンプルの屈折率に比例し，センサで明暗の境界線の位置をとらえて屈折率に変換している（図 8.21，図 8.22）．

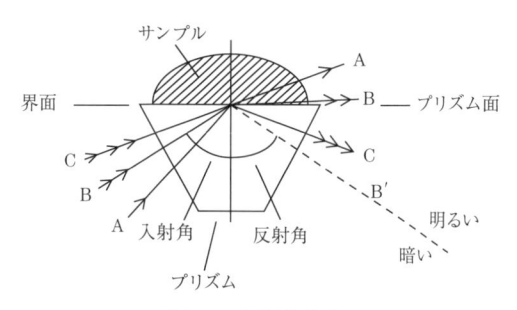

図 8.21 屈折率計原理

図 8.22 屈折率計

8.5.2 利用例

乳飲料製造工程を例に各種濃度計の代表的な用途を表 8.3 に示す．

表 8.3 濃度計の用途例

	計量受入・貯乳・調合工程	均質・殺菌・冷却工程	サージ・充填工程
導電率計(電磁式)	調合，ブレンド濃度	−	製品濃度
	各工程の洗浄液洗剤濃度		
導電率計(電極式)	各工程の洗浄液洗剤濃度		
屈折率計	調合・ブレンド濃度	−	製品濃度

導電率計（電磁式）は，調合工程での調合濃度や充填機送液ラインでの他品種混入の確認として使用され，洗浄液の洗剤濃度の測定にも使用される．導電率計（電極式）はサニタリー性が低いので洗浄液の洗剤濃度の測定に使用されている．屈折率計は調合工程での調合濃度の確認として使用されている．

8.6 流　　量

8.6.1 インライン流量計の種類と利用法

食品業界で使用される流量計はサニタリー性が必要で，80%を電磁式が占め，残りを高精度のコリオリ式が占めている．流量計はさまざまな工程で使用されているが，殺菌工程では殺菌保持時間にも影響するため，重要な管理項目である．代表的な流量計を紹介する．

a. 電磁流量計

電磁流量計はファラデーの電磁誘導の法則を応用した体積流量計で，導電率を有する液体であれば流量測定することができ，スラリー含有液にも適しており，圧力損失も少ないのが特徴である．

ある磁場に対して垂直方向に導電性流体が流れると，その流速に比例した起電力が発生する原理を利用し，この起電力を電極で取り出し，$E=BDV$ 式で，流量に換算している（E：起電力，B：磁束密度，D：内径，V：平均流速）．流速に測定管の断面積をかけると，体積流量になる（精度：±0.5% rdg(reading)）（図8.23，図8.24）．

b. 質量流量計（コリオリ式）

測定原理は，コリオリ力の発生と検出に基づいており，コリオリ力は質量流体の移動とねじれ（回転）運動が同時に起きたときに発生し以下の公式で表せる．

$$F_c = 2 \cdot \Delta m(v \cdot \omega)$$

F_c＝コリオリ力，Δm＝動く物体の質量，ω＝角速度，v＝回転係数，または振動するシステム内を質量が移動する速度．

コリオリ力は動く物体の質量（Δm）とそのシステム内における速度（v）に比例し，よって質量流量はコリオリ力に比例する．このコリオリ力の変化を読み取ることで流体の質量流量を測定する（精度：±0.15% rdg）（図8.25，図8.26）．

c. 超音波流量計

超音波流量計は伝播時間差方式を採用してい

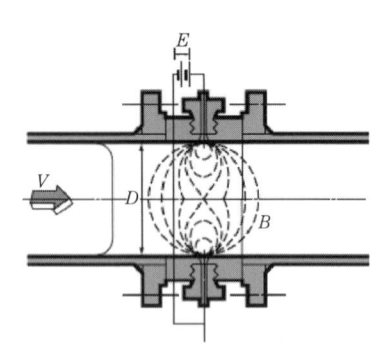

図 8.23 電磁流量計原理
$E=BDV$（E：起電力，B：磁束密度，D：内径，V：平均流速）．

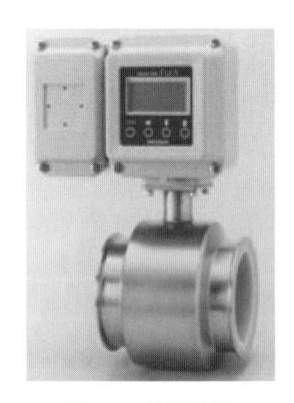

図 8.24 電磁流量計

【流体移動していないとき → 流れがない場合】

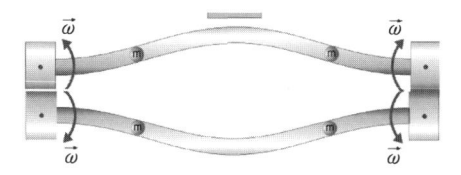

【流体移動時 → 流れがある場合】
コリオリ力発生

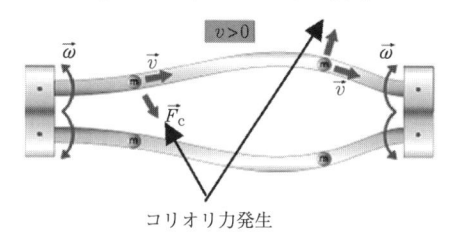

図 8.25　質量流量計原理図

図 8.26　質量流量計外観

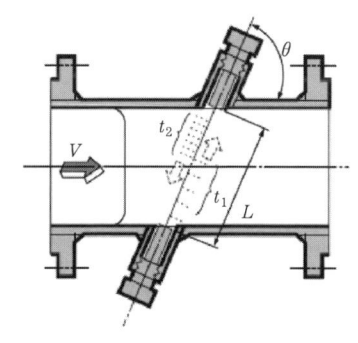

図 8.27　超音波流量計原理図
$$V = \frac{L}{2\cos\theta}\left(\frac{1}{t_1} - \frac{1}{t_2}\right)$$
V：流体流速，L：両プローブ間距離，θ：超音波伝播速度と管中心軸の角度，t_1：順方向の伝播時間，t_2：逆方向の伝播時間．

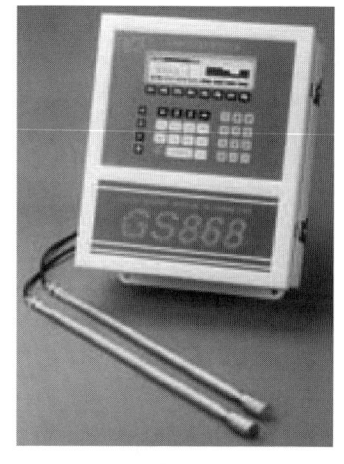

図 8.28　超音波流量計外観

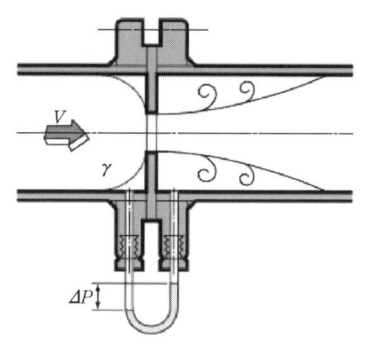

図 8.29　差圧式流量計原理図
$$V = CK\sqrt{\frac{\Delta P}{\gamma}}$$
V：流体流速，C：流出係数，K：定数，ΔP：差圧，γ：流体の比重量．

を測定する．その時間は，配管内を流体が流れている場合，流体の速さの影響を受けるが，流れていない場合は影響を受けない．上流側と下流側からの超音波の到達時間差より流速を求めている．流量精度は約 2〜5% といわれている．

配管の外側からセンサを取り付けるタイプもあり，配管ラインの切込みをしなくても流量を確認することができる（図 8.27，図 8.28）．

d． 差圧式流量計

絞り機構を流体の流れている管路内に取り付け，絞り機構の上流側と下流側，あるいは，上流部とスロート部に生じる静圧差（差圧）を測定して，ベルヌーイの定理に基づいて流量を求める．

流体の流速は，絞り機構により発生する差圧の平方根に比例し，その差圧から流量が求められ

る．この伝播時間差方式とは，片側のセンサーから配管の流体内に超音波を打ち込み，もう一方のセンサで受信する方式で，その超音波の飛行時間

表 8.4 流量計の用途例

	計量受入・貯乳・調合工程	均質・殺菌・冷却工程	サージ・充填工程
電磁流量計	受乳量 タンク取出し流量	殺菌流量	払出し流量
質量流量計	調合，ブレンド流量	殺菌流量	払出し流量
超音波流量計	熱冷媒流量		
差圧式流量計	熱冷媒流量		

図 8.30 差圧式流量計外観

る．

流量条件によって，絞り機構を変えて測定する．一般には，オリフィス，フローノズル，ベンチュリー管の 3 種が多く使われている（精度：± 0.5% FS (full scale)）（図 8.29，図 8.30）．

8.6.2 利用例

乳飲料製造工程を例に各種流量計の代表的な用途を表 8.4 に示す．

電磁流量計は各製造工程で使用される．質量流量計は導電率を有しない液体や高精度を求められる場合に使用される．超音波流量計や差圧式流量計はサニタリー性の観点から熱冷媒流量の測定に使用される．

8.7 pH

8.7.1 インライン pH 計の種類と利用法

食品業界で使用される pH 計は，主にプロセス制御において，充填工程手前の最終製品や原料の受入工程や調合工程の品質管理に使用されている．半導体を利用したガラスレスな電極の開発など技術進歩がみられる．

pH 計（ガラス電極/半導体電極）

pH は酸・アルカリ性を数値で表す単位で，水素イオン（H^+）の活量の数値が pH 値になり，通常 1 l 中の水素イオン（H^+）濃度の逆数の常用対数をとって，pH（ピーエイチ，ペーハー）で表している．

【例】中性：水素イオン濃度 $(mol/l)10^{-7}$ の場合 pH $=-\log_{10}10^{-7}=7$ となる．

電気的に pH 値を換算するネルンスト式によって，測定液の水素イオン濃度に応じた，ガラス膜/半導体皮膜の界面効果で発生する水素イオン濃度の荷電の量を測り pH 値として表している（図 8.31，図 8.32）．

$$E = E_0 - \frac{RT}{F} \ln a_H$$

E：電位差，E_0：標準電極電位，R：気体定数

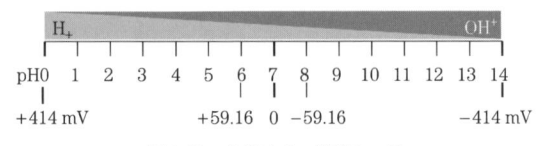

図 8.31 水素イオン濃度と pH

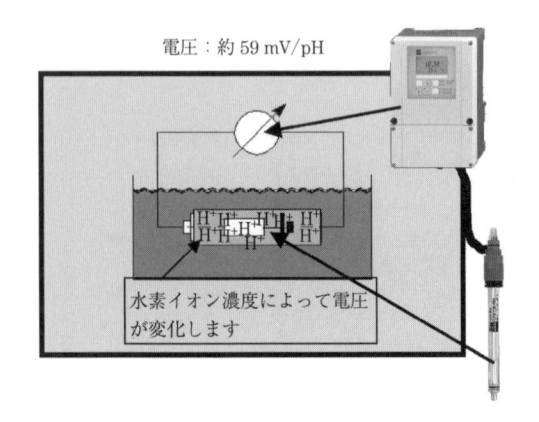

図 8.32 pH 測定原理

(8.31439 ジュール/mol・℃)，T：絶体温度(K)(273+20℃　C=293°K)，F：ファラデー定数(96493)，a_H：水素イオンの活量，E=59.16 mV/pH（@25℃）．

8.7.2　利用例

乳製品製造工程において pH 計で測定し管理することはあまりないが，品質検査として調合工程や最終工程の製品検査に利用することがある．

8.8　重　　量

8.8.1　重量制御機器の種類と利用法

食品製造工程のおける重量の測定は，はかりのようにバッチ式で測定する方法と連続式に測定する方法がある．連続式の測定は質量流量計を用いる方法であり，質量流量の積算で重量を測定することができる．質量流量計については 8.6 節を参照されたい．

ロードセル

ロードセルとは力（質量，トルク）を電気信号に変換して出力するセンサで，一般的にひずみゲージ式がロードセルといわれているほど多く普及している．検出器にはひずみゲージ式以外に圧電式，容量式，電磁式，音叉式などの検出方法がある．

ひずみゲージ式のロードセルは弾性変形するアルミ合金などの起歪体にひずみゲージを貼り付けた構造で，ひずみゲージはブリッジ回路を構成している．重さ（荷重）を計る原理は次の通りである．

(1) ロードセルに重さ（荷重）が加わると起歪体が変形しひずみが発生する．

(2) 起歪体に貼られたひずみゲージはひずみを電気抵抗の変化に置き換える．

(3) ブリッジ回路は電気抵抗の変化を電圧の変化に変換する．

この作用により重さ（荷重）が電気化された数値として出力される．

ロードセルは精度が高く温度変化の影響を受けないことや，過負荷を与えなければ可動部や摩擦部分もなく耐久性が高い特徴がある．

8.8.2　利用例

乳製品製造におけるロードセルは，調合タンクなどの脚部に設置され，調合タンクへの各原料の投入重量測定に利用されている．また，原乳や原料の受入重量の測定に利用される．

〔常世田晃伸〕

9. 排水処理

9.1 法的規制

乳業工場に対する排水規制は，定められた汚水を排出する施設すなわち特定施設（洗びん機など）を有し，1日平均50 m³以上の排水を出す工場に排水基準が定められている．排出先が公共用水域（河川，湖沼，海域）の場合は「水質汚濁防止法」により全国一律の一般基準があり，さらに厳しい都道府県の上乗せ基準がある場合もある．また最終的に東京湾，伊勢湾または瀬戸内海に排出される場合は，COD，窒素およびリンについて総量規制が行われている．

なお公共下水道に排出する場合は，「下水道法」により規制され，その内容は，「水質汚濁防止法」とほぼ同じ体系となっている．

排水基準は，業種，設置場所，排水量により工場ごとに基準が異なっている．このため排水処理設備建設に際しては，製造する品目と量に基づく排水内容，水量および法的規制に適合した排水処理設備を計画し，監督官庁への届出と承認を得たうえで行う必要がある．

9.2 排水処理設備の基本計画

排水処理設備計画にあたっては，排水量および排水水質が大きな要因であり，以下のような乳業工場の排水特性をもとに，これらに対応できる能力・機能を有した設備を計画する必要がある．また製造品目と排水量および水質との関係を表9.1に示した．

(1) 排水中の汚濁物質は，主原料の牛乳，乳製品に基因する炭水化物，タンパク質，脂肪などが主体であり，これに乳成分以外の副原料などが含まれる．また製造装置の洗浄・殺菌に伴い，洗剤類（アルカリ，酸洗剤）および殺菌剤が含まれている．

(2) 製造品目，製造量が季節，月，日，曜日によって大きく変動し，それに伴い排水量だけでなくその水質も変動する．

(3) 製造工程上，規格外製品，原料あるいは副原料などの高濃度廃液が生じる場合がある．これらを有価物とし回収処理あるいは産業廃棄物とし場外処理すればよいが，排水処理設備に流入させる場合には，高濃度廃液のため，排水処理設備の能力を超えないよう十分配慮すべきである．

9.3 処理方式の選定

乳業工場排水の汚濁物質の主体は有機性成分であり，コロイド状か溶解性物質として含まれている．このため排水処理方式としては，処理効率の高い好気性の生物学的処理である活性汚泥法が中心となっている．物理的処理方式は，生物学的処理の前処理や後処理工程として用いられ，排水規制が厳しい場合は，三次（高度）処理が採用される．

これらの処理工程例は，図9.1に示したが，排

表9.1 乳製品の品目と排水量および水質との関係[1]

項目	飲用牛乳 （びん詰め）	粉乳	チーズ	バター
排水量 （m³/t 製品）	4.9	5.9	5.0	7.4
BOD （mg/l）	568	485	998	1246
BOD 負荷 （kgBOD/t 製品）	2.78	2.86	4.99	9.22

9. 排水処理

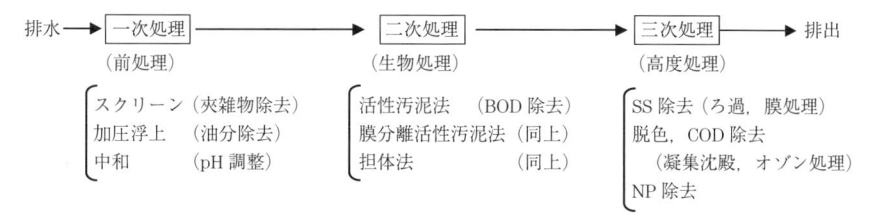

```
排水 → 一次処理 ────→ 二次処理 ────→ 三次処理 ──→ 排出
       (前処理)       (生物処理)      (高度処理)
     ┌スクリーン(夾雑物除去)  ┌活性汚泥法   (BOD除去)  ┌SS除去(ろ過,膜処理)
     │加圧浮上 (油分除去)    │膜分離活性汚泥法(同上)   │脱色,COD除去
     └中和    (pH調整)     └担体法     (同上)    │ (凝集沈殿,オゾン処理)
                                          └NP除去
```

図 9.1 乳業工場排水処理工程図

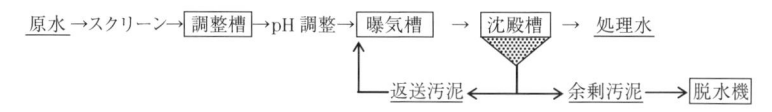

```
原水 → スクリーン → 調整槽 → pH調整 → 曝気槽 → 沈殿槽 → 処理水
                                    ↑         ↓
                                    └─ 返送汚泥 ← 余剰汚泥 → 脱水機
```

図 9.2 標準活性汚泥法を基本とした乳業工場排水処理フロー

水処理設備計画は，排水の特性や排水規制を考慮し，種々の単位操作を組み合わせて行われる．

9.4 各種処理方式

乳業工場では，工場の排水特性や規制に応じて各種処理方式があるが，主要な方式について以下に説明する．

9.4.1 活性汚泥法

活性汚泥法は，有機性汚濁物質の除去に高い効率があり，標準活性汚泥法及びその変法である，回分式活性汚泥法，高速活性汚泥法，長時間曝気法，曝気ラグーン法，オキシデーション法，ステップフィード方式，プラグフロー方式，純酸素曝気法，嫌気好気活性汚泥法などが開発されている[2]．

乳業工場排水処理には有機性汚濁物質を主体とする排水特性から標準活性汚泥法やその変法が広く用いられており，図 9.2 に標準活性汚泥法を基本とした乳業工場排水処理フローの例を示した．スクリーンで夾雑物除去，調整槽，pH 調整を経て導かれた曝気槽では，好気性微生物群（活性汚泥）により溶解性有機物が吸着分解除去される．沈殿槽では，曝気槽液を流入，静置することで，活性汚泥を沈降させ，上澄みが処理水として得られる．流入有機物の分解に伴い汚泥が増加するため，返送汚泥の一部を脱水機により処理し，脱水

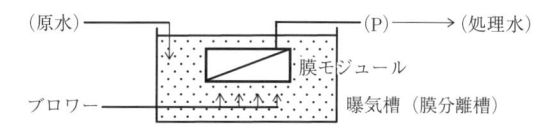

```
(原水) ────┐             ┌──(P)──→(処理水)
          ↓   ┌─────┐   │    膜モジュール
          │   │ ▨  │   │
ブロワー ──┤   └─────┘   │   曝気槽（膜分離槽）
          ↑↑↑↑↑
```

図 9.3 浸漬型膜分離活性汚泥法システム

汚泥として場外に搬出され，曝気槽汚泥濃度を一定範囲に保つ運転が行われる．

9.4.2 膜分離活性汚泥法

活性汚泥法は，処理効率は高く，汚泥を自然沈降させて処理水を分離しているが，排水や季節変動など外的要因で活性汚泥の性状が影響を受けやすい点に留意する必要がある．

膜分離活性汚泥法 (membrane bioreactor: MBR) は，MF 膜の平膜または中空糸膜を用いて曝気槽混合液をろ過しているため，汚泥の沈降性悪化などに煩わされることなく，高い汚泥濃度での運転ができ，特徴として，コンパクトな設備，運転管理容易で常に SS≒0 の良好な処理水が得られ，三次処理であるろ過が不要となる．また装置の自動化，遠隔監視も容易となっている[3]（図 9.3）．

膜性能回復と膜寿命延長のため，定期的に薬品膜洗浄を行う必要があり，曝気槽に浸漬したままで洗浄されるが，曝気槽から取り出して洗浄する方式もある．

9.4.3 担体法（担体流動法）

生物膜法として回転円板法，散水ろ床法などが

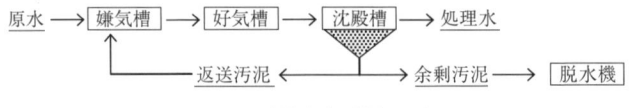

図9.4 嫌気好気活性汚泥法

あるが，担体法[4]は，浮遊流動する充填材に付着した生物膜による処理である．球形，立方体あるいは中空円筒状などに成型した合成樹脂を充填材とし，この表面および内部に菌を固定・保持するものであり，①高濃度で多種類の微生物群による処理により高効率化が図れる，②高負荷運転による敷地面積削減，③担体の形状・種類を変えることで保持する微生物群を制御し高度処理も可能，④活性汚泥法に比較し余剰汚泥量削減効果，⑤硝化菌を保持し窒素除去を図るなどの特徴がある．

9.4.4 嫌気好気活性汚泥法

総量規制により窒素，リンの規制がある場合，脱窒，脱リンを図る必要がある．活性汚泥処理では，嫌気槽と好気槽を組み合せることで脱窒・脱リンを図ることが可能である（図9.4）．脱窒は，好気槽で窒素成分を硝酸態窒素まで酸化分解を図り，嫌気槽（脱窒槽）で窒素ガスとして除去する反応を利用している．

好気槽と嫌気槽の組合せには種々の方式があり各種硝化脱窒システムが開発されている．

また嫌気好気法では，嫌気槽で汚泥からリンの放出反応が起こり，好気槽で汚泥にリンが取り込まれリン濃度が高い汚泥となる．このリン濃度が高い汚泥を余剰汚泥として引き抜くことで脱リンを図っている．しかし脱リンが不十分な場合には，曝気槽に凝集剤を添加することにより，リン固定を行い余剰汚泥とともにリン引抜きを行う凝集剤添加活性汚泥法がある．

生物学的処理法以外の物理化学的処理法でのリン除去には，凝集沈殿法，晶析脱リン法，鉄電解脱リン法など[5]もある．

9.4.5 UASB法

活性汚泥法などは好気性処理であるが，UASB法（upflow anaerobic sludge blanket；上向流嫌気性汚泥床法）は嫌気性処理であり，リアクター内に沈降性が優れた直径1～3 mm程度の自己造粒菌体（グラニュール汚泥）を高濃度に保持できるため，高負荷運転可能で設備が小規模となる，曝気動力不要で好気処理に比し電気代の大幅削減が可能，汚泥発生量が少ない，発生メタンガスの利用が可能，といった特徴をもっている[6]．UASB法は糖質系の高濃度排水に適用することが多いが，留意点としてSSや油分濃度が高い場合には制限があり，処理水質に限界があるため後処理が必要な場合もある．

まとめ，今後の課題

乳業工場の排水処理設備には，その排水特性により活性汚泥法を中心とする生物学的処理が広く用いられており，工場の立地条件，排水規制，製造品目，排水水量などの排水特性を考慮し，これらに適合した設備を計画する必要がある．

現在，排水規制の強化や水需要が逼迫する情勢から，より高度な処理や排水処理水の再利用が求められる方向にあり，運転管理の容易さ，低コスト，省エネ，余剰汚泥の削減なども今後に求められる課題となっている．　〔高瀬　敏〕

文　献

1) 荒井　珪：用水と廃水，**31**(8)，707，1989.
2) 井出哲夫：水処理工学，**263**，1993.
3) 石田宏司：月刊生活排水，July，9-17，1995.
4) 徳野光宏ほか：用水と廃水，**46**(3)，43-50，2004.
5) 田原邦彦：水処理技術，**44**(7)，335-341，2003.
6) 江畑朋治ほか：化学工学，**59**(3)，190-191，1995.

10. 乳・乳製品の容器

われわれが生きていくために必要不可欠なものが食品である．その食品を商品として良好な状態で消費者に届けるための重要な要素として以下の6項目がある．それは「安全・衛生性」，「環境・資源」，「ユニバーサルデザイン」，「生産性・コスト」，鮮度，おいしさなど食品の機能を維持するための「保存性」，おいしさや食欲を助長する「感覚的要素」の付与である．食品を総合的に最も優れた状態で消費者に届ける場合，上記6項目の十分な検討が必要である．しかし，この6項目は次の三つの技術が相互に機能し，はじめて成り立つことになる．その技術は，①内容物製造技術，②包装設計技術，③物流・流通（保管・輸送・店頭陳列）技術である．これらの技術それぞれがもっている機能を効果的に組み合わせることによって，はじめて優れた商品として完成する．

したがって，どれだけ優れた技術によって原料を入手し内容物が加工・製造されたとしても，包装設計技術や物流・流通技術に難があると，優れた商品にはなりえない．また包装設計技術が優れていても，内容物製造技術や物流・流通技術に難があると，これも優れた商品にならない．さらに，物流・流通技術が優れていても内容物製造技術や包装設計技術に難があると，同様に優れた商品にはならない．このようなことからこれら三つの技術を効果的に活用し，前記の6項目と可能な限りバランスをとることが重要になる．

乳・乳製品の包装の視点としては，優れた内容物製造技術によってつくられたものを，物流・流通技術を想定し，品質劣化につながらないように包装設計技術を最大限に活用し商品化することになる．しかし，充填包装されたものが消費者にわたり使用されるまでに受けるであろう物流・流通部分での劣化については，内容物製造技術や包装設計技術だけでは対応できない領域でもある．中でも温度制御（充填包装されたあとの商品自体の温度）は内容物製造技術や包装設計技術で制御することは困難である．さらに衝撃においても同様であり内容物や容器の変形，壊れなどの制御は両者だけでは難しく，その多くは物流・流通技術によることになる．この二つの部分はその商品にとっての必要不可欠な機能ともなる．したがって，内容物，包装，物流・流通部門間において精度の高い情報交換を行い十分な共有化と対応が必要不可欠である．さらに商品という観点で乳・乳製品をみると，包装設計技術が内容物，保存性，品質に大きく関連していることがわかる．

ここでは包装からみた乳・乳製品の「安全・衛生性と品質保護」，「ユニバーサルデザイン」，「生産性・コスト」，「包装に関連した食品衛生」，「主な容器」について，包装設計技術的観点から解説したい．

10.1 安全・衛生性と品質保護

乳・乳製品における安全・衛生性と品質保護について対応する場合，容器・包装からだけでは優れたものにはできない．優れた商品にする場合は，①内容物，②容器・包装，③物流・流通の三つがバランスよく機能することが重要な要素となる．ここでは，包装からみた安全・衛生性と品質保護という観点で劣化防止方法について考えてみたい．安全・衛生性と品質保護を考える場合，科学的および感覚的な面でいかに考察できるかということになる．科学的観点も，生物的，物理的，化学的側面と感覚的な面からの検討・評価となる．包装に関連するこれらの科学的観点での内容としては，劣化を防止するという意味からは次の8項目がある．「微生物による劣化防止」，「光による劣化防止」，「酸素による劣化防止」，「不正開封の防止」，「衝撃防止」，「怪我防止」，「異物混入

防止」,「保存性とおいしさの付与」である．これらについて概括的にまとめてみたい．

10.1.1 微生物による劣化防止

乳・乳製品の安全・衛生性と品質保護における最大の検討課題は，微生物による劣化防止である．口から体内に入るものは，場合によっては生命に影響を与えることになる．このようなことから包装設計技術を活用し，いかに微生物による劣化を防止するかが重要な包装設計課題である．

シール・封緘される時点での内容物の微生物的状態が，そのまま商品となって消費者まで移動する．したがって，充填する内容物の初発菌数，いわゆる微生物制御がどの程度確実に行われていたかが重要な決め手となる．商品によっては充填，シール後に行う加熱殺菌処理としては，ボイル，レトルトなどが代表的なものであるが，未加熱状態でシール・封緘されるものにおいては，内容物と容器の初発菌制御がより重要となる．この前提をもとに包装技術から微生物による劣化をみると，①微生物の種類からどのように対応するか，②包装技法によってどのように対応するか，ということになる．

微生物の種類と包装からは好気生菌と嫌気性菌（通性嫌気性菌）という観点から考えることになる．包装設計技術からは通性嫌気性菌（存在する菌自体と酵素）の制御が最も難しいといえる．現状での食品における通性嫌気性菌の制御は加熱による方法が主である．加熱以外ではγ線や電子線，あるいは高圧などによる方法があるものの課題も多い．さらに，乳・乳製品によっては加熱温度に制限されるもの（タンパク質変性，脂肪分離，褐変など）があるため，温度だけによる微生物制御も難しい．一方，好気性菌においては容器内のガス制御技術によって調整が可能である．ガス制御技術としては，「真空包装」,「ガス置換包装」,「ガスフラッシュ包装」,「密着包装」,「脱酸素剤使用包装」,「含気包装（通常空気）」がある．

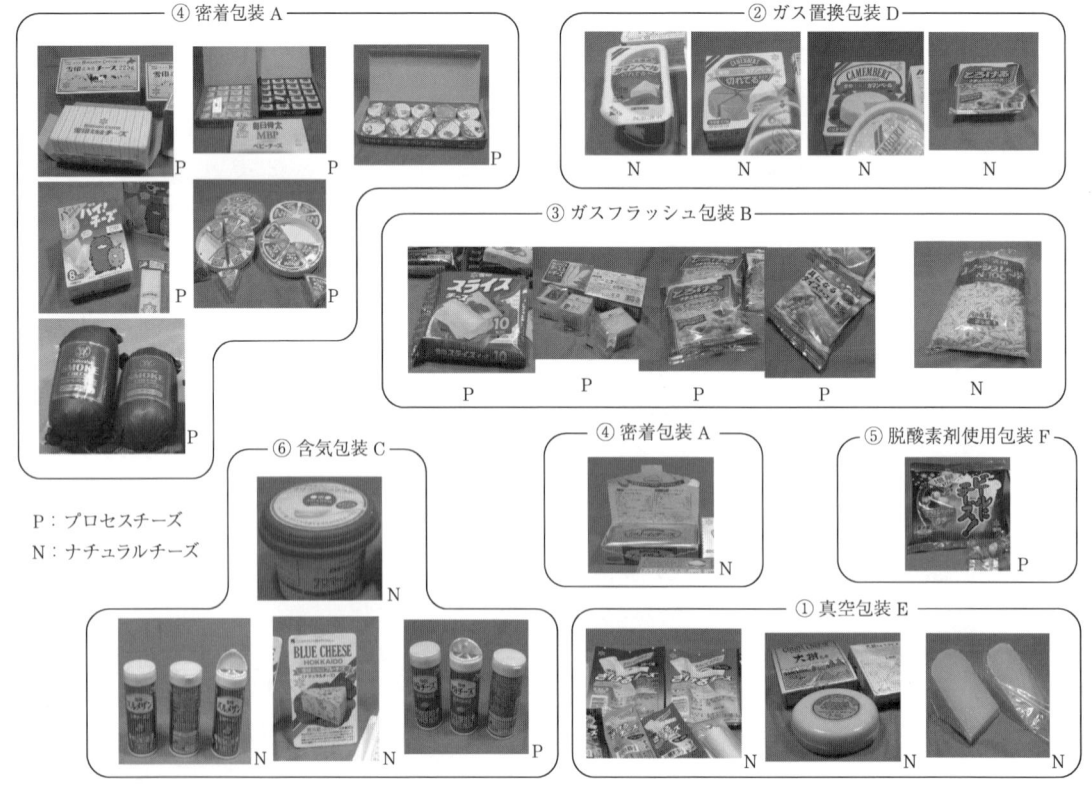

P：プロセスチーズ
N：ナチュラルチーズ

図10.1 ガス制御別チーズの分類

10. 乳・乳製品の容器

表10.1　乳製品の商品例別ガス制御技術との関係

ガス制御技術分類	内容物と包装の状態	備考	商品例
①真空包装	容器内酸素ガス量，濃度の低減化．酸素，窒素，炭酸ガスなどすべての残存ガス量，濃度を低減することができる．密着包装の機能も有する	酸素ガス量の低減により好気性菌の生育を阻止．内容物の酸化劣化を低減．連続充填包装可能．内容物，包装材料が真空工程を問題なく経ることが必要	リンドレスチーズ（ナチュラル），カット包装チーズ（ナチュラル），スライスチーズ（ナチュラル），ストリングチーズ，ブロック（図10.1-①）
②ガス置換包装	通常の空気あるいは含有する不要ガスを有用なガス組成と置換する．一度容器内を真空状態にして内容物周辺の不要ガスを取り除き有用ガスを封入置換する	好気性菌の生育阻害環境をつくる．内容物と包装材料の密着機能も必要であり包装材料には真空包装とガスバリア機能が必要である．有用なガス組成検討が必要	カマンベールチーズ，とろけるシュレッド（図10.1-②）
③ガスフラッシュ包装	内容物と容器の空間部分に必要とするガスを噴霧し，存在する不要ガスと置換し必要ガス組成雰囲気にする	必要ガスの噴霧方法や条件の検討によって残存酸素濃度を低減することができる．特に内容物がポーラスな（大きな固まりでない）ものは残存酸素濃度が高くなる	スライスチーズ，切れてるチーズ，シュレッドチーズ（図10.1-③）
④密着包装	内容物と包装材料面を密着状態にする．密着面を大きくつくることにより内容物と酸素の接触を低減することができる	真空および加熱乳化充填することにより密着性が得られる．真空包装かホット充填が必要．材質のバリア性も保存性に影響する	6Pチーズ，ベビーチーズ，ハイチーズ（図10.1-④）
⑤脱酸素剤使用包装	酸化鉄などが主体で経時的に酸素を吸収する機能を有する．容器内の吸収すべき酸素量に対応した脱酸素剤容量を使用する	内容物がポーラスなものなどでラインの真空工程等を経ても必要残存酸素濃度をつくりあげることができない場合は有効な手法である	ビールにチーズ（図10.1-⑤）
⑥含気包装 乾燥（低水分）包装（通常空気）	低水分の乾燥状態をいう．賞味期限中に容器を介して浸入する水分を低減する手法が必要である．水蒸気バリア機能を有する材料	古典的な保存技術の一つであるが，微生物的な保存性については大きな効果がある．しかし脂肪酸化，退色などは違う手法が必要	粉チーズ，パルメザンチーズ，ブルーチーズ（図10.1-⑥）

①真空包装：容器内の空気を抜き取り真空状態にする．真空状態でも（変形など）影響しない内容物であること．
②ガス置換包装：一度ガスを抜き取りその後で必要な組成ガスを封入．
③ガスフラッシュ包装：容器内に必要とする組成ガスを封入．
④密着包装：内容物と包装材料が互いに密着する機能を有する場合で残存空気の低減が期待できるものに応用．
⑤脱酸素剤使用包装：製造工程内で酸素の除去ができない内容物に対し，経時的に取り除き残存酸素濃度を低減化．
⑥含気包装：通常の空気で商品の品質に影響を与えないものは通常空気のある含気包装を行う．
　主に好気性菌を対象にした包装技法であるが，残存酸素濃度を低減させるため酸素により劣化する酸化，変色などによる品質低減も抑制することができる．

　これらは容器内のガスを制御する，いわゆる必要とするガス組成や雰囲気を維持する方法である．したがって，当然，包装材料のガス調整機能（ガスバリア，ガス透過など）が必要となる．表10.1，図10.1はガス制御技術と内容物の関係を一覧に整理したものである．

　このようなことから微生物による劣化を防止するためには，内容物，容器・包装の初発菌数の低減下で製造し，適切な包装技法のもとで充填，シール・封緘し物流・流通温度の管理のもとで，消費者に届けることが重要となる．このほか，乳・乳製品の微生物の劣化防止方法としては，主に内容物を対象にした水分制御，pH制御，水分活性制御，酸度・塩分制御など，さまざまな方法がある．これらの微生物制御手法は，内容物の特性や特徴と密接な関係がある．このため，この方法のみを活用した微生物制御は難しい．たとえば塩濃度や糖濃度のみを上げての制御は，商品特性や消費者の要求に合わせる意味からは無理が生じることになる．

　したがって微生物制御は，原料，製造・加工，充填包装，物流・流通などの総合的な管理と制御のもとで行うことが重要である．

10.1.2　光による劣化防止

　われわれが口にする食品の多くは，光によって劣化することが知られている．乳製品も同様のことがいえる．その劣化に影響する光は，現在の技

術的評価の中では紫外線と可視光線である．光による劣化程度は，食品そのものの特性，あるいは法律で決められた事がら，および企業としての品質基準などの関係から遮光程度が設定される．このような中で，購入時の消費者には商品の内容物（個装内）を見たいという意識がある．このような要求に対しその商品に遮光機能を付与するかどうかは，企業の戦略的な部分にも関連してくる．科学的な観点のみを重視すると，すべての食品に遮光機能を十分にもたせた，いわゆる内容物が見えず光の当たらない方法を提案することになる．しかし，商品（食品）は科学的観点のみを重視するものではなく，感覚的要素も加えた総合判断によることが重要となる．したがって，食品は光によって劣化はするものの，その劣化程度が法律や各種の評価規制の範囲内であるならば，光の透過する（見える，光の当たる）材質での商品化も可能となる．また，紫外線の影響は大きいが可視光線の影響が少ない商品の場合は，包装材料の検討によって紫外線のみを遮断し内容物の見える商品をつくることができる．どの程度の遮光機能を必要とするかは対象とする内容物に対し，温度，期間，照射光（種類，エネルギー）を想定し実験することが必要である．

10.1.3 酸素による劣化防止

われわれの住む地球は，人間を中心にした世界を尺度とし，時が流れている．このような観点からみると，われわれが生きるために呼吸する空気は，$N_2：O_2＝78：21$の比率の空気（ガス）であり，これを頼りに生きている．しかし，このガス組成を生きるための重要用件にしているのは人間だけではなく，多くの微生物なども存在する．また，このガス組成によって物質を酸化などの，いわゆる人間からみた劣化に導く作用を促進させることにもなる．このようなことから，空気，特に酸素による乳製品の劣化をみると，大きく2点ある．1点目は物理・化学的な反応によるもの，2点目は生物的な作用によるものといえる．物理・化学的反応は酸素による酸化を中心にしたもので，味，色，臭気および組織の劣化である．これ

らはさらに光と温度と時間が関係することになる．生物的な反応は，主に酸素によって微生物や昆虫・動物が関連する劣化である．微生物との関係については10.1.1項で述べたので，ここでは微生物以外の事項についてまとめる．酸素による酸化や変色などの劣化を抑制する場合は，ヘッドスペースを不活性ガスで調整したりまたは脱酸素剤を封入し残存酸素濃度を低減させる方法もある．ガスは，窒素と炭酸ガスで，それぞれの割合を100：0〜0：100の範囲から保存実験によって設定することになる．また酸素は光と共存することにより内容物への影響が変わる場合もある．このようなことからこれらに用いる包装材料は，賞味期限や経時的な温度などを予測した中で必要なガスバリア性や遮光機能を考慮し，材質を決めることになる．

10.1.4 不正開封防止

商品の安全・衛生性確保のためには，不正開封防止機能は容器・包装にとって必要な機能の一つである．

この場合，不正開封防止効果をどの程度にするかということになる．これは故意に不正開封や悪戯をしようとすると，乳製品容器・包装（世の中の食品容器・包装）のほとんどは不正開封，いたずらができてしまう．包装設計技術の原理を知ると，包装の不正開封，いたずらは比較的簡単にできてしまう．すべて，いたずらができることを前提に考えることが重要である．したがって，ここでは常識的な範囲という一見曖昧な部分が入らざるをえない．

常識的にみて密封状態，封緘状態あるいはシール機能が設定されているかということであろう．乳製品のカップ，カートン，袋であれば，見た目で，シール，ジッパー，嵌合などがきちんとされていればよいとするべきである．

10.1.5 衝撃防止

乳製品の衝撃による劣化は，内容物と容器・包装の両方が対象になる．衝撃により，内容物に変形，割れ，あるいは容器に変形，割れ，欠けなど

があると商品価値の低下や不良品となる場合がある．

乳製品自体の形状は，そのもののおいしさやイメージにも関連する．このため，その企業が計画した（想定した）賞味期限の範囲において商品が変化する（維持できない）と，それは商品価値を失ったことになる．このことは，商品＝内容物＋容器ということから容器についても同様のことがいえる．したがって，衝撃による品質低下を可能な限り抑制することが必要である．しかし，容器・包装のみで衝撃からの劣化を完全に抑制することは困難である．大きな衝撃による劣化の低減は，なんといっても物流・流通時の制御が重要となる．これは，輸送および保管時の振動・落下・加圧などで受ける衝撃をいかに低減するかである．したがって，その商品の衝撃による劣化を低減するには，物流・流通の事業を担う部門（企業）にその商品にとって必要とする諸条件を的確に理解してもらうことが重要といえる．

10.1.6 怪我防止

容器・包装に関連した怪我としては，容器に異常が発生し，それがもとで起こる場合がある．それらの容器としては，ガラス，金属，プラスチック，紙などがある．怪我をすることになる状態として大きく四つが考えられる．一つ目は試作などにおいて使用容器の検証，評価を十分に行わなかった，二つ目は容器の製造において不具合があった，三つ目は容器への充填・シール（封緘）が適切でなかった，四つ目は商品化後において適切な扱いでなかった，ことによる．

シール・封緘が完成するまでにおける工程と，商品として製造場所から出たあとに受けるであろうことがらの危険予知が重要である．特に商品として製造部署から出た（出荷された）ものは，多くの人々や物流機器類が介在する．さらに，このような中で期日が経過する．このようなことから，幅広い危険予知を行ったとしてもすべてを十分に対応することは困難である．このため，多くの危険予知の中から企業責任のもとで，優先順位付けを行い対応することになる．

たとえば，ヨーグルトやチーズがプラスチック容器に充填され，アルミ構成のフィルム蓋材でシールされた商品を開封するときに指を切るということは，たまに発生する可能性は予測できる．しかし，これを完全に抑制することは不可能に近い．われわれが使うお金（札）や普通紙（コピー用紙），あるいは段ボールにおいても手や指を切る場面に遭遇する．このようなものや状況をみても，完全に防止することは困難である．しかし，包装設計技術においてはこのような困難な課題に対し，フィルムのカット方法，切断面の形状，材質，シール方法，開封方法などからも，発生しないような方策について取り組まれている．これは，結果としてこのような考え方で作業を継続することによっても包装設計技術が向上し解決の糸口が見えてくることにもなる．

10.1.7 異物混入防止

その商品を訴求している内容あるいはその商品の成分組成，使用材料として認められているもの以外は異物という判断になる．したがって，いかにそのような異物が商品に入らないようにするかが重要である．

容器・包装は，使用する容器と同一の材質であっても，それが欠けたり割れたりして切片となって商品に入ったり付着したものは異物と判断される．異物混入は思わぬ条件下で発生する場合がある．落下したものがその衝撃で飛散する場合，常識的な軌道を経ずに予測以外の方向に飛び跳ね，それが入ることにより異物になる場合がある．また，髪の毛も異物混入の中では注視すべきものである．それは，毛は単なる異物という意味あいのほかに，毛を介し微生物の移動媒体になることもあり，異物混入防止という観点からは重要な要素である．プラスチックを用いた包装材料あるいは作業衣の多くは帯電する．このため，毛は吸着したり，軽いため付着し充填・シール・封緘までの工程において容器内（商品）に混入することになる．内容物の加工工程から充填・包装時点までの機器，部屋，作業者，衣服類や環境整備，管理が重要となる．

表10.2 乳製品別保存技術と関連容器分類

	保存技術	主な容器	技術的特長	備考
チーズ				
プロセス	密着包装，ガス制御	ピロー包装，アルミ	加熱・乳化・流動性	温度制御，酸素バリア
ナチュラル	ガス制御，温度制御	袋，カップ	温度制御，密着	短賞味期限
バター	密着包装，温度制御	フィルム，カップ	密着，遮光，乾燥防止	シール，密封，遮光
牛乳	温度制御	紙構成カートン，ガラス，カップ	期日調整，遮光技術	短賞味期限
発酵乳	生菌制御	カップ，ボトル	通性嫌気性菌制御，期日	短賞味期限，温度制御
乳酸菌飲料				温度制御
殺菌タイプ	温度制御，pH	カップ，ボトル	温度制御，殺菌	
生菌タイプ	生菌制御，pH	カップ，ボトル	温度制御，ガス制御	短賞味期限
乳飲料	温度制御，pH	カップ，ボトル	温度制御	
デザート	LL，温度制御	カップ	温度制御，掬いやすさ	
粉ミルク				
育児用粉乳	ガス置換，水分制御	金属缶，スティック，カートン	吸湿防止，酸化防止	酸素バリア，遮光
全脂粉乳	水分制御，温度制御	袋	吸湿防止，酸化防止	
脱脂粉乳	水分制御，温度制御	袋，カートン	吸湿防止	

好気性菌を中心にみた一覧表．通性嫌気性菌や酵素にも注目する必要がある．
通性嫌気性の場合は内容物，容器における原料からの微生物制御が必要（初発菌数の低減）．
酸素の低減（残存酸素濃度を低減）によっておいしさの維持が可能．この場合温度，ガスバリア，遮光などの制御も重要．

10.1.8 保存性とおいしさの付与

食品の多くは時間の経過とともに劣化方向にある．商品が使用されるまでにおいて，期日・時間および保管，輸送なくして提供することはできない．まして，世界を視野にいれるとそれらは必要不可欠なものである．広域に住む多くの人々を対象にするとなると，長い賞味期限が必要となる．このような状況を考えると，各人が器をもって品物を購入した過去の生活には戻ることができない．したがって，それなりの賞味期限，保存性が必要となり，必然的に容器・包装にそれらを維持する機能が求められる．包装では生物的，化学的さらには物理的側面からの機能の検証が必要となる．包装設計技術からは，内容物と容器自体の劣化を制御することが必要である．この両者のバランスによって，食品の命であるおいしさを付与することができる．

また，多くの乳製品のおいしさを低下させる最大の因子は，保存・保管・物流時の温度といえる．特に乳酸菌などの食として有用な微生物や酵素を活用し成り立っている乳製品の多くは，その乳製品の機能を維持するための温度管理が重要であり，これを基本にしてはじめて包装技術が機能することになる．現状におけるおいしさ評価の原点は，賞味期限を考慮し保存実験を組み入れた，人をパネルにした官能評価である．

表10.2は乳製品別保存技術と関連する容器を一覧にしたものである．

10.2 ユニバーサルデザイン

ユニバーサルデザインという日本での表現は，1990年代からであり，語源は米国で生まれたものである．わが国においては，この意味の言葉は以前から使い勝手，あるいは使いやすさという表現で包装設計が行われていた．だれもが使いやすい，わかりやすいという包装が求められていた．このようなことから包装設計においては消費者にとって使いやすい，わかりやすいとはどのような包装かという観点で検討されてきていた．乳製品の包装においても，ユニバーサルデザインの観点で多くの機能が付与されている．また，わが国においては今後急速に進行する高齢化に対応することを考慮しても，重要な検討課題である．ユニバーサルデザインとして述べられている項目には多くのものがある．乳製品の包装にとって特に必要な機能としては「開けやすさ」，「閉めやすさ」，「持ちやすさ」，「見やすさ，わかりやすさ」と考えることができる．

10.2.1 開けやすさ

多くの乳製品は，良好な密封性が要求される．特に，容器内のガス制御が必要な乳製品容器は，良好なシール性や密封性は必要不可欠である．

開けやすさは容器の形状，構造，材質的な面から検討されるが，充填口と開封口が同一部分かどうかが，開けやすさを付与するための重要な要素の一つともなる．いわゆる充填口と開封口が同一部分の場合は，充填口のシール後，消費者に届くまで完全なシール（密封性，開封強度，封緘強度）が要求される．このあと，消費者が開封するときは容易に開封できる易開封性が必要である．したがって，シール部分と開封口が同一の場合はこの両方の相反する機能が要求される．一方，充填口と開封口が異なる場合は，充填後に行う充填口のシールは，開封時の開封性をまったく考慮する必要がないため，確実，十二分に強固なシールを施すことができる．一方，消費者が開封する開封口は，開けやすい適度な開封強度にすべく条件の調整がしやすい．

チーズ容器において開封機能が必要な主な容器としては，袋，カップ，ボトル，カートン，段ボール箱など多くのものがある．

たとえば，開封性の一つにタブ（つまみ）を介して開封するカップなどの開封方法がある．タブでの開封性はタブの厚さ，大きさ，表面滑り性，材質さらには容器本体の構造，材質，大きさなど多くの要素が伴う．開封強度や封緘強度は機械での測定強度をもとに数値化されている．しかし，人間が開封する場合は，目でみて，つまんで，ふれて，という動作いわゆる五感から成り立っている．たとえば，厚さが 40 μm，大きさが半径 7 mm の開封タブが具備されているとして，機械的に開封強度を測定してみる．仮に 20 (N) とすると，これを指で挟んで開封しようとすると，タブの大きさ，厚さからして開封は厳しい．しかし，このタブの大きさを半径 20 mm にし，さらに厚さを 0.2 mm，さらには滑りにくさを考慮し表面にエンボスを入れると，数値的な開封強度は 20 (N) あっても開封が容易になる．これは，開封性を高めるためにはシール条件の調整のみではなく，開封時の心理的な要素やつまみやすさも取り入れることが必要ということである．いわゆる五感をも駆使した容器・包装の構造，機能，材質，形状からユニバーサルデザイン的要素を考えることが重要となる．

図 10.2 はプラスチックフィルム容器に充填され密着包装されたチーズである．これは開封性を向上させるためにシール条件（包装材料も含め）の検討はもちろんであるが，開封タブの大きさ，開封方向も検討し，開けやすさを付与したものである．

10.2.2 閉めやすさ

閉めやすさは，一度開封したものを閉めるための容易性を付与するものである．再封機能が必要なものとしては，比較的容量が多く一度で使い切れないものに多い．これらの代表的なものではボトル入り，カップ入り，紙構成カートン入りなど多岐にわたる．ここでは乳製品の中でも，牛乳あるいは飲料用に使用されているゲーブルタイプ容器（三角屋根型紙構成容器）とブリックタイプ容器（レンガ型容器）について解説する．

ゲーブルタイプ容器の多くは，牛乳を中心に飲料関連に，ブリックタイプ容器の多くも飲料用に

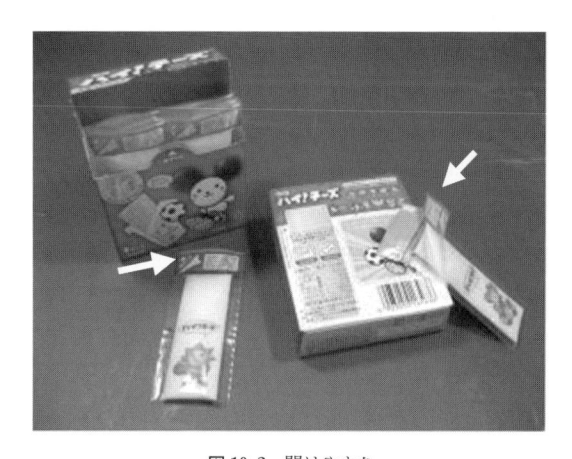

図 10.2 開けやすさ
プロセスチーズ 密着包装，(表 10.1-①，図 10.1-④)
容器（フィルム(矢印)部分から開封する）
　開封性に優れている．
　フィルムの斜め上（フィルムの(矢印)部分の角矢印）から開封することによって開封性が容易である．
　密着包装により残存酸素濃度を低減，おいしさを維持している．

使用されている．この両容器は，閉めにくさの例としてあげたもので，両方とも単に閉じただけでは閉まった状態（開口部分を閉じる状態）にするのが難しい．いわゆる口が開いてしまう．この欠点を補うために，内容物を出すために後付けの（使用者が装着する）スパウトや開封口部分を挟む器具がある．しかし，扱いにくさや衛生的な面で難がある．このため再封性に優れた出し口を容器それぞれに具備させる方法も検討されている．しかし，多くの方法はコスト的な面から難しい状況にある．現在これらの容器に充填されている内容物（商品）は，高いコストでの販売が難しいもの（牛乳や乳を使用した飲料）が多い．したがって，容器にコストをかけることは困難である．このようなことから，現状においては機能的に劣るがしかたないとして使用している．これはコストと機能との関係と，これらを代替するものがないことにもよる．

10.2.3　持ちやすさ

購入時の消費者の動作や開封時，再封時あるいは冷蔵庫への収納などをみると，商品の持ちやすさは必要不可欠な機能といえる．持ちにくいため滑り落としたり，開封できないなどのことがあっては商品として大きな欠点となる．乳製品の容器は前記のように袋，カップ，カートン，ガラス，金属など多くのものがあり，さらにそれぞれが多くの形状，構造を有している．したがって，持ちやすさを向上させる方法としては種々の方法が必要となる．材質・形状，構造・大きさ・厚さ・重量・表面状態など多くの検討要素があるが，それぞれを組み合わせた方法によってより効果が生まれる．

10.2.4　見やすさ，わかりやすさ

商品を購入する時点から開封し食べる，いわゆる使用する場面までにおいて，いかに見やすく，わかりやすいかということが重要な機能因子である．これは設計という観点でみると，表面デザインであるグラフィックデザイン（GD）と構造デザインのインダストリアルデザイン（ID）の両面からの検討が必要である．IDからは形状，構造，材質，色などから見やすさわかりやすさに対応したものを付与することが重要である．印刷面積を大きくしたり，印刷が容易あるいは効果も高まるように，材質や構造などから検討することもIDからみた包装設計手法の一つとなる．しかし，この要素を最も容易に達成する方法としてはGD的側面からの検討が重要といえる．基本は視覚的にいかにわかりやすく訴求するかであろう．

10.3　生産性とコスト

商品化において生産性を高め，内容物や容器・包装のコストを低減することは企業にとって重要な課題である．

生産性・コストというと，企業にとってのみ有利な手法と考えがちである．生産性の向上とコスト低減は企業にとっても必要不可欠なものであるが，これは消費者にとっても重要なものである．

生産性を高めコストの低減も可能となればその成果は，企業および消費者にも還元できることになる．生産性の向上に影響するものとしては，①内容物，②容器・包装，③各種機器類，④環境，⑤従事している人間，である．生産性の向上とコスト低減を結論的に表現すると，上記①〜⑤について総合的にバランスのとれた活用・推進をどのように行うかである．特に生産性は，容器の滑り，水分，重量，形状，材質など多くのことがらが影響する．乳製品の開発時点はもとより多くの商品化検討においても常に配慮することが必要となる．また，商品化のための開発期間も生産性やコストに影響する．開発に伴って多くの検討課題が発生する．この課題を解決し商品化するために必要な期間が設定される．したがってこの開発期間を短縮すると，その短縮分の課題は積み残し状態（未解決）で発売することになる．このことから安全をみて過剰な包装仕様，生産条件を設定せざるをえないことが多くなる．これは，開発期日を優先したため容器や設備のコストが高い状態で推進することになる．生産性（速度，生産量）・

コストは比較的簡単に数値化しやすい．しかし，数値化した結果（コスト低減化を優先した結果）が将来的にどのような影響を及ぼすかの判断，危険予知の数値化は難しい．この部分の判断，対応が確実にできてはじめて生産性向上，コスト低減が完成したことになる．

目の前の数値のみに目を奪われず将来を見据えた判断も包装設計技術の重要な要素の一つである．

10.4 包装に関連した食品衛生

包装からみた乳製品の食品衛生としては，①内容物由来，②容器・包装由来，③内容物＋容器由来，④物流・保管・陳列時由来，の4点がある．

表10.3は，上記4点からみた乳製品容器包装の衛生性を評価項目で比較した表で，化学，物理，生物的側面からそれぞれをみた場合の影響の程度である．この表からわかるように，「内容物」から「容器・包装」，「内容物・容器」，そして「物流・保管」という状況に移行するにつれ衛生的な面での影響が大きくなってくることが理解で

きる．しかし，どの場面においても衛生的な観点での検討が必要なこともわかる．さらに「内容物」，「容器・包装」の両方とも原料時点から衛生性に影響を与えていることがわかる．

この影響は，化学・物理・生物的すべての面から影響することになる．

乳製品の容器包装に関連する日本の食品衛生法規については以下のものがある．
①乳等省令　容器包装の規格一覧
②食品容器包装用合成樹脂規格一覧
③清涼飲料水（原料用果汁を除く）容器包装の規格
④容器包装の材質別（合成樹脂以外）規格

10.5 主な容器

チーズやバターが誕生したのは，いまから5000年くらい前といわれている．したがって，ミルクを飲む生活はさらに古くからあったものと推察できる．当然，牧畜を営む民族からミルクを飲用する生活が始まったはずである．したがっ

表10.3　内容物（乳・乳製品），容器・包装の衛生と評価項目

		①内容物（乳・乳製品）		②容器・包装		③内容物・容器	④物流・保管	
		原料時	加工時	原料時	加工時	充填・包装時	物流時	保管・陳列時
影響の強弱(総合)		◎	◎	○	◎	○	◎	◎
化学的観点		◎	◎	◎	◎	◎	◎	◎
物理的観点		◎	◎	◎	◎	○	◎	◎
生物的観点		◎	◎	△	◎	◎	◎	◎
結果　A		腐敗 酸化 変色 異臭 機能低下	腐敗 酸化 変色 異臭 物性低下 機能低下	変性 劣化 異臭 変色 物性低下 機能低下	変性 劣化 異臭 変色 壊れ 物性低下 機能低下	腐敗 変性 劣化 異臭 変色 壊れ 物性低下 機能低下	腐敗 変性 壊れ 劣化 異臭 変色 物性低下 機能低下	腐敗 壊れ 変性 劣化 異臭 変色 物性低下 機能低下
B 人への影響		病気 中毒 死亡	病気 中毒 死亡	病気 中毒	病気 中毒	病気 中毒 死亡	病気 中毒 死亡	病気 中毒 死亡
関係する 内　容	化学 物理 生物	化学成分組成，温度，水分，衝撃，光，包装材料 衝撃，温度，水分，光，包装材料 微生物，動物，植物，温度，水分，異物							

Bは，管理，検討条件の程度によっては起こりうることがら．
影響強い←　◎～○～△　→影響弱い
食品衛生については内容物・容器の原料から物流・保管など幅広い観点での把握と対応が必要である．
商品化におけるすべての工程において衛生性の評価が必要である．

て，ウシやヒツジの乳首から直接飲用され徐々に器に取り溜めて使用し，狩猟などで遠距離にわたる生活をするにつれ，器や容器的なものが活用されはじめたことは容易に推察できる．それらは，その時代の知恵から科学技術によって誕生した材質によって容器が生まれてきたといえる．したがって，容器の変遷は，ある意味でその時代の技術推移の証でもある．乳製品用の容器の出発点は，木や木の葉から始まり動物の臓器や皮が用いられ，陶器，ガラス，金属へと推移してきたものと考えられる．このようなことから，ここでは乳製品の容器として活用されてきている「ガラス」，「金属」，「紙」，「プラスチック」についてまとめてみたい．

10.5.1 ガラス容器

わが国で用いられた乳製品用のガラス容器は，1889年に牛乳用として使われたのが最初といわれている．包装材料の製造技術という意味からは，その時代で発見・活用された材質による容器を利用していたことになる．当然その当時はプラスチックあるいは紙構成容器もなく，このようなガラスや陶器に頼ることになったといえる．しかし，びんは清潔感があり，特に冷蔵技術が進展すると結露状態のものは新鮮さも想起させ，多くの商品に活用された．牛乳びんとして一定の地位を確保したその当時の容量は，180 ml が中心であったが，1970年ころからは 200 ml が主流になった．内容物としては，ヨーグルト，バター，チーズ，粉ミルクなど多くのものに使用された．ガラス自体は衛生性という観点からはイメージ的にも優れ，またガスバリアの点で他に類をみない容器といえる．しかし，重い，割れる，あるいは充填や配送工程での音や完全密封シールの維持などで課題も多い．一方，資源という観点では，リサイクルの流れができているためリサイクル費用がかからないなどのことから注目されている．しかし，高温で溶融などの処理にエネルギーも必要である．このため，内容物に求める機能などの関係から総合的な判断のもとで使用の可否を考えることが必要になる．

10.5.2 金属容器

乳製品用の金属容器とは，練乳，粉ミルク，バター，牛乳，チーズなど多くのものに使用されている．これは，金属の発見と活用する技術が他の包装材料に比べると早く優れていたことが要因といえる．金属容器の特徴的な面は，高ガスバリア，高遮光機能を有し，リサイクルの流れが整っていることである．反面腐食と変形が課題である．最近は形状や構造の自由度が高く腐食性の低い金属，アルミ容器などの出現がある．その中で最も金属容器の機能を駆使している内容物は育児用粉乳である．容器の機能とし，遮光性，ガスバリア性，密封性を生かし不活性ガスを封入している．その他，易開封機能を活用し商品価値を向上させている．

図 10.3 は育児用粉乳容器である．外キャップはプラスチックであるが，金属の特性を活用しバージン機能を付与したものである．また内側のアルミ構成シールフィルムは，粉ミルクの擦り切り機能を具備したアルミ板の上から完全密封シールを行っている．育児用粉ミルク缶は，母親の子どもに対する心配りという意味で，容器・商品の信頼性という観点から優れたものといえる．

10.5.3 紙容器

内容物がじかに接触せずまた液状のものでないという条件では，内装的なカートンとして紙単体で使用できる．しかし，食品がじかに接触する包装構成のものにおいては紙単体での使用は難しい．紙容器として認められるものは，その容器を構成する紙比率が51％以上のものになる．いわゆる紙容器といっても紙が100％というものは少なく，紙だけでは本来必要とする機能を発揮した容器にはなりにくい．多くのものは紙以外の材質との組合せが必要になる．乳製品の紙構成容器の代表的なものとしては牛乳用の容器（三角屋根形状のゲーブルパック）やコップといえる．牛乳用のゲーブル容器は紙の両面にポリエチレンが，コップの多くも両面か内面だけにプラスチックがラミネートされている．その他紙容器で多いものとしては，カートンと段ボール箱がある．カートン

① 金属缶入り育児用粉乳　ガス置換包装

② PEキャップ，ジッパー　EGピール，インモールドラベル成型

③ アルミ構成シールフィルム　開封タブ付き

④ アルミ板活用，擦り切り　アルミ構成フィルムのシール

図10.3　易開封機能を活用した商品例

と段ボール箱は内容物がじかに接触しないので紙が主体のものが多い．しかし，これらについても紙単体ではなく特にカートンは着色や印刷，さらには機械適性向上のために表面処理が行われている．遮光，衝撃などによる内容物の物理的品質低下（変形など）抑制や店頭での陳列性の向上，さらには多くの表示やデザインが可能なため内容物の認知性が高く見やすい優れた機能をもっている．

10.5.4　プラスチック容器

現代社会において内容物を，消費者に総合的に最もよい状態で届けるにはプラスチックの機能が必要不可欠である．各種の乳製品を広域に住む多くの人々に提供しようとすると，プラスチックなしでは困難である．現在プラスチックはそのくらい重要な役割を担っている．軽量，ガスバリア，印刷適性，遮光，柔軟性，水蒸気バリア，商品の形状の機能維持などにおいて必要不可欠である．

乳製品の代表的なプラスチック容器としては，牛乳を主原料としたカップ飲料やバター，チーズ用の成型容器がある．カップ飲料（図10.4），発酵バター（図10.5），カマンベールチーズ（図10.6）がそれである．

チーズなどガス制御が重要な内容物においては，ガスバリア機能を保有したプラスチックフィルム（袋）が多く使用されている（図10.7，10.8）．その中でも総合的に最も優れたものとして，過去においては塩化ビニリデンが多くの商品に利用されていた．最近では，透明機能を維持しつつ高いガスバリア機能を確保するものなど各種のものが誕生してきている．耐ピンホール機能をもち高ガスバリア性を有するナイロン系のものや，シリカ（SiO_x）を蒸着した透明性とガスバリア機能を有するものなど多岐にわたる．結果的にみると，塩化ビニリデンの規制に始まった技術革新による成果と考えてもよいのかもしれない．しかし，塩化ビニリデンのように優れた材質を悪者にしてしまうのは非常に残念なことでもある．

表10.4は，乳製品に使用されているプラスチック容器を一覧にしたものである．

〔佐々木敬卓〕

V．乳・乳製品製造の加工技術

① 商品：抹茶
　プラスチック（インジェクションインモールドラベル）遮光機能，PP

③ 商品：コーヒー
　プラスチック（シート成型，シュリンクラベル）PP

② 商品：野菜・果汁
　プラスチック（インジェクションインモールドラベル）遮光機能，PP

④ 商品：果汁
　プラスチック（インジェクションブロー）PET

図10.4　カップ飲料に使われたプラスチック容器の例

図10.5　発酵バターに使われたプラスチック（インジェクションインモールドラベル）
　本体（底含む）と蓋材質（PP，インモールド）
　フィルムシール，遮光機能
　発酵バターの香り保持（保香性）

図10.6　カマンベールチーズ（6Pタイプ）に使われたプラスチック（シート成型バリアカップ）
　ガス置換包装（N_2，CO_2）
　PP/EVOH/PP（カップ本体）
　個装フィルム，蓋材シールフィルム
　板紙カートン（エンドロード）
　（表10.1-②，図10.1-②）

10. 乳・乳製品の容器

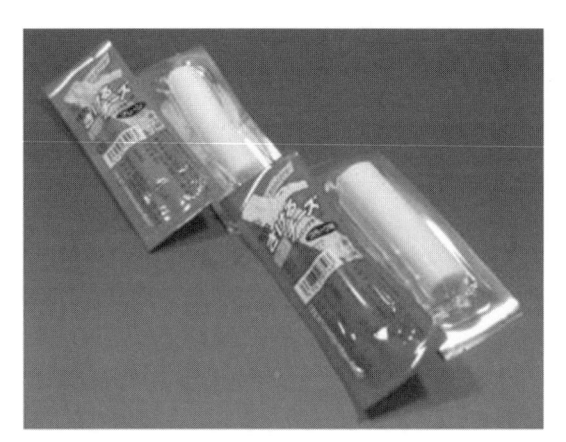

図 10.7 ストリングタイプナチュラルチーズに使われたプラスチック（バリアフィルム）
真空包装
バリアフィルム（底）
蒸着バリアフィルム（蓋）
（表 10.1-①，図 10.1-①）

図 10.8 ひとくちサイズのナチュラルチーズに使われたプラスチック（バリアフィルム）
脱酸素剤使用（N 5）
バリアフィルム　スタンディングパウチ
（表 10.1-⑤，図 10.1-⑤）

表 10.4　乳製品類に使用されているプラスチック容器

乳製品	容器	主な材質	備考（日数は賞味期限の例）	商品例
牛乳	ボトル ゲーブル カップ	ポリエチレン（PET 解禁 07.10） ポリエチレン（PE）を内外面に 紙の両面に PE ラミネート	乳等省令　（14 日） （14 日） （14 日）	牛乳
飲料類	カップ ゲーブル 袋（スタンド）	PE, PP, PS, PET 紙の両面に PE ラミネート PE/AL/PE/PET	インジェクションインモールドラベル（60〜90 日） 紙断面にテープ貼り　（14 日） 各種　（14 日〜）	ミルクコーヒー 乳飲料 （図 10.4）
発酵乳	カップ ボトル	紙の両面に PE ラミネート PS PE PP PS	（14 日） シート成型・インジェクション成型　（14 日） （14 日） ブロー成型　（14 日）	ヨーグルト 発酵飲料
デザート	カップ	PE PP	シート成型・インジェクション成型　（60〜90 日）	プリン ミルクゼリー
チーズ	カップ 袋（フィルム） トレー	PP ガスバリア構成 PET/N/シール材ガスバリア構成 PP/EVOH/PP ガスバリア構成	インジェクション/インモールドラベル（60〜180 日） バリアフィルム　（90〜240 日） バリアシート成型　（90〜180 日）	カッテージ，シュレッド スライス，ベビー（図 10.1） シュレッド（図 10.6）
バター	カップ フィルム・ カートン	PP Al/紙・紙	インジェクションインモールドラベル成型	バター（図 10.5）

VI. 乳・乳製品の安全

1. 生乳中の微生物

　生乳には微生物の要求する栄養素がバランスよく、しかも小粒子となって水に分散しているため、微生物にとって良好な基質となる。したがって、古くから牛乳の衛生学的研究は食品微生物学者の興味のあるところである。また、生乳は比較的、多様な微生物が生息する環境で生産される食品でもあり、より衛生学的取扱いが要求される。

　これまでバクテリアの分類書として広く利用されてきたBergey's Manualも版を重ね、第9版[1]が1994年に出版され、バクテリアを放線菌、アーキア、マイコプラズマを含め35のグループに分けて記載した。この9版から、それまでの本書のスタイルを変え、種については一覧表で示されることになった。1982年にBergey's Manual of Systematic Bacteriology 第1版[2]が、次いで、2001年に第2版[3,4]が出版され、現在まで、Vol.2のCまで刊行された。この分類書には、バクテリアとアーキアの二つのドメインが包括され、バクテリアとしては、23門、32綱、77目、182科、871属、5007種について記載される予定である。

　この第2版は、16S rRNAによる系統発生を分類の概念にしているのが特徴である。バクテリアの分類については、従来の表現形質によるものから、新しい分子生物学的技術を駆使した系統学的概念を導入した新しい分類が進められている。

　ここでは、これまで生乳の汚染微生物として報告されている代表的な菌種について、新しい分類体系に準拠して解説したい。

1.1 生乳に検出される微生物の種類[5~10]

1.1.1 グラム陽性菌

a. *Enterococcus* (*Enterococcaceae* 科)[1]

　Enterococcus 属は1980年代、*Streptococcus* を16S rRNAの分類特性から、*Streptococcus*, *Lactococcus*, *Enterococcus* の3属に再編成し、それまでの *Streptococcus faecalis*, *S. faecium*, *S. avium*, *S. gallinarum* をそれぞれ *Enterococcus faecalis*, *E. faecium*, *E. avium*, *E. gallinarum* に移動し、新たに11種を加え現在20種が記載されている。*Enterococcus* は、ヒトや動物の腸内生息菌とされていることから、衛生指標菌として扱われている。*E. faecium* はヒトや動物腸由来菌であるが、*E. faecalis* はヒト由来と考えられている。これらの菌は環境に広く分布するが、*Enterococcus* の一部には植物由来のものも知られている。

　E. casseliflavus, *E. faecalis*, *E. durans*, *E. faecium* はウシの糞便にみられ、それを介して、土壌、植物、昆虫を汚染、それが生乳や未殺菌チーズを汚染する。

b. *Micrococcus* (*Micrococcaceae* 科)[10]

　Micrococcus は細胞の配列が双球、四連、不規則な塊状を形成する典型的な偏性好気性菌で、9種が知られている。本菌は動物やヒトの皮膚に常在するばかりか、環境に広く分布し、乳、乳製品、肉の汚染菌でもある。*Micrococcus* の分類的位置は現在も変遷が激しく、特に *Arthrobacter*, *Kytococcus* などとの関連性が論議されている。

c. *Sarcina* (*Clostridiaceae* 科)[3]

　従来、*Sarcina* は *Micrococcaceae* 科や *Peptococcaceae* 科に位置づけられ、八連球菌の代表菌であった。しかし、2001年に改訂されたBerge's Mannual[3,4]では偏性嫌気性菌 *Clostridiaceae* 科に分類され、*S. ventriculi*, *S. maxima* などが種として設定された。本菌種は土壌、穀物、堆肥などから分離される。

d. *Staphylococcus* (*Staphylococcaceae* 科)

　Staphylococcus はこれまで、*Micrococcaceae* 科に位置づけられていたが、*Micrococcus* のG-C含量が65~75 mol%であるのに対して、*Staph-*

ylococcus は 30〜39 mol%である．2001 年に発刊された Bergey's Manual 第 2 版[3]では新たに *Staphylococcaceae* 科として独立した．本属は，球形細胞が多面で分裂するために，ブドウ房のような配列をすることからブドウ球菌と呼ばれる．*Micrococcus* との区別は，嫌気下でブドウ糖からの酸生成，G-C 含量，細胞壁組成の違いなどによって判断する．*Staphylococcus* 属は 32 種に分類されているが，特に *S. aureus* は，TSB 寒天や標準寒天培地上でクリーム色から橙色の非水溶性色素を生成することから黄色ブドウ球菌と呼ばれる．本菌はヒトや動物皮膚の常在菌であり，さらに化膿起因菌であると同時に，ウシの乳房炎の主要原因菌でもある（2.2 節参照）．

本菌が生成する耐熱性エンテロトキシンによる食中毒は，食品の衛生的技術の改善により減少する傾向にあるが，ヒトの皮膚，鼻粘膜，喉粘膜に常在することから食品へ汚染する可能性が高い．*S. aureus* は 10%NaCl 存在下，増殖の最低水分活性（A_w）が 0.9 程度であり，塩漬食品，乾燥食品でも増殖可能である．また，ウシの乳房炎の主要な原因菌であることから，生乳への汚染リスクは少なくない．したがって，低温保存による増殖制御が食中毒因子であるエンテロトキシンの生成を制御する手立てとなる．

e. ***Streptococcus***（*Streptococcaceae* 科）[10]

細胞が球形ないしは楕円形で 2 μm より小さく，双球や連鎖状の配列を示し，連鎖状乳酸球菌と総称されるグループである．通性嫌気性菌であるが，一部のものは偏性嫌気性を示す．一般に糖から主に乳酸を生成するがガス生成はない．*Streptococcus* は，oral strepotococci, pyogenic streptococci, *S. thermophilus* グループに大別でき，49 種が知られている．oral グループの *S. mutans*, *S. mitis* は口腔内病原性菌，pyogenes グループの *S. pyogenes* は溶血連鎖球菌症の原因菌であり，本属には病原性菌も少なくない．特にウシの乳房炎原因菌として *S. agalactiae*, *S. bovis* は要注意である．*S. bovis* はウシの腸由来菌と考えられているが，生乳やチーズから分離されることがある．一方，本属には *S. salivarius* subsp. *thermophilus* を代表とする発酵乳スターターとして有用なものも存在する．

f. ***Lactococcus***（*Streptococcaceae* 科）[10]

従来，*Streptococcus* や *Lactobacillus* に分類されていたものから，発酵乳製品に関与するものを独立させ，*Lactococcus* 属を新設した．従来，*S. lactis*, *S. raffinolactis* や *Lactobacillus xylosus* と呼ばれていたものが，現在はこの属に位置づけられている．*Streptococcus* と *Lactococcus* の違いは，16S rRNA による発生学的相違，増殖温度域，pH 増殖性のほか，*Streptococcus* 属には長連鎖の配列を示すものがあるのに対して，*Lactococcus* はほとんどがペアないしは短連鎖となる．また本属は *Streptococcus* と同様，すべての種が L(+)乳酸を生成する．さらに，*Streptococcus* とは細胞壁構造，脂肪酸組成およびメナキノン組成に違いがある．

g. ***Arthrobacter***（*Micrococcaceae* 科）[4,10]

Arthrobacter は，グラム陽性桿菌であるが，発育停止期になると球状を呈し，さらにグラム染色性も変化する好気性菌であり，G-C 含量が 59〜66 mol%，細胞壁ペプチドグリカンにリシンが含まれる．現在，15 種が記載されている．本菌は土壌，下水，植物に汚染しており，しかも発育適温が 20 ℃前後のものもあり，各種食品の汚染菌であるとともに，生乳や表面熟成チーズの汚染菌として知られている．またタンパク質分解性をもつものも多い．

h. ***Bacillus***（*Bacillaceae* 科）[10,12,13]

Bacillus 属はグラム陽性桿菌で芽胞を形成する好気または通性嫌気性菌であり，50 種以上の種が知られており，土壌，水，各種食品，環境に広く生息する菌種である．また本属の中には，炭そ病菌 *B. anthracis* や *B. cereus* など，感染症や食中毒の原因となるものも少なくない．特に，*B. cereus* は，広く環境に生息する菌であり，食品素材からこれを排除することは実質上難しい．*Bacillus* は，生乳を汚染したのち，殺菌処理によっても生残するので製造後の保存や取扱いに注意が必要である．これらの菌種は，生乳生産現場である用水，土壌，バルクタンクの乳石，パイプラ

イン，ミルクポンプ，ガスケットなど搾乳器具や貯乳機器からの汚染が考えられる．英国における調査によると，冬季間のバルク乳の芽胞数は 1 ml 当たり $10^{2.29}$ であるのに対して，夏季では $10^{1.2}$ と冬期間の汚染が高いとしている．また，熱以外に殺菌剤や乾燥に対する抵抗性もあり，いったん芽胞を形成した細胞は長期間生残する（2.5節参照）．

牛乳汚染菌種としては，*B. cereus*, *B. subtilis*, *B. licheniformis*, *B. circulans*, *B. firmus* などであり，*B. cereus* および *B. circulans* などは低温発育性を示す．また *Bacillus* は一般にタンパク質分解性が強く，殺菌乳の残存菌として最も分離頻度の高いものである．

B. cereus は，生乳 1 ml 当たり 10〜100 個程度の汚染が指摘されている．敷料（家畜寝床用資材）の *B. cereus* の汚染は直接，生乳の汚染と関連していることが報告されている．また，本菌は農場環境に広く分布し，土壌 1 g 当たり $10^{4.9}$，糞便には $10^{2.2}$，サイレージには $10^{2.4}$ 程度存在し，特に7月から9月の放牧期の生乳に汚染が多くみられると報告されている．本菌は低温で発育が可能であり，食品中で芽胞が発芽し，嘔吐型や下痢原性の毒素を形成することが知られている．

i. *Clostridium* (*Clostridiaceae* 科)[10,11,14]

Clostridium 属は，*Bacillus* 属とは対照的に，偏性嫌気性菌である．本属には，ウエルシュ菌 *C. perfringens*, *C. tetani*, *C. botulinum*, *C. difficile* のような毒素原性病原菌，*C. acetobutylicum*, *C. beijerinckii* のようなアセトン・ブタノール発酵菌などの有用菌があり，さらに食品やサイレージの腐敗に関与する菌種も存在する．特に，*C. botulinum*, *C. perfringens* は食中毒菌として，*C. tyrobutylicum* はチーズの腐敗菌として食品産業において注意を要する．この *Clostridium* 属は環境に広く存在する菌で，生乳の 16〜80% に芽胞が存在しているとされている．特に *C. perfringens* は生乳の 45% のものに存在するとされている．当然，耐熱性をもつことから，生乳への汚染を防止することが課題となる（2.7節参照）．

j. *Corynebacterium* (*Corynebacteriaceae* 科)[1]

好気性グラム陽性無芽胞桿菌の一部には，細胞が棍棒状やY字型のような多形性のものがあり，細胞分裂後の配列がV字型を呈し，比較的 G-C 含量の高いグループを Coryneforms 細菌と呼び，*Corynebacterium*, *Microbacterium*, *Arthrobacter* などがこれに当たる．*Corynebacterium* は Bergey's Manual 9版では不規則，非芽胞形成，グラム陽性桿菌のグループ20に記載されている．このグループ20の菌種は，分類学的に混乱しており，細胞壁組成やメナキノンのタイプによって細分類される．*Corynebacterium* は土壌，堆肥，塵埃など環境汚染菌であり，生乳への汚染も見逃せない．

k. *Listeria* (*Listeriaceae* 科)[15,16]

Listeria は反芻動物，特にウシやヒツジの腸内汚染菌であり，反芻家畜やヒトのリステリア症の原因となっている．本菌は保菌動物の糞便が土壌，地下水など環境を汚染し，さらに野菜類，生乳を汚染している可能性が高い．米国では，これまで *Listeria* による食中毒が頻発しており，コールスローやサラダ類，肉類，生乳，生乳チーズなどが原因となっている（2.4節参照）．

わが国の農場環境における *Listeria* の汚染調査によると，サイレージや土壌から *L. monocytogenes* が，生乳からは *Listeria* ssp. が分離されていることが報告されているので注意が必要である．

l. *Lactobacillus* (*Lactobacillaceae* 科)[10]

Lactobacillus 属の種は25種以上になるが，他の乳酸菌と同様に糖から主に乳酸を生成する菌種である．発酵形式によってホモ発酵菌とヘテロ発酵菌とに大別できる．ホモ発酵菌種は糖から85%以上の乳酸を生成するもので，*L. delbrueckii*, *L. acidophilus*, *L. casei* など，ヘテロ発酵菌は50%程度の乳酸のほかに，酢酸，CO_2，エタノールなど複数の最終代謝産物を生成する菌種で *L. fermentum*, *L. brevis*, *L. buchneri* などがこれにあたる．

さらに，L(+)乳酸を生成する *L. casei*, *L.*

salivarius など，D(−)乳酸を生成する *L. jensenii* など，L(+)とD(−)乳酸を含むラセミ型の乳酸を生成する *L. acidophilus*，*L. helveticus* など，これらの違いも *Lactobacillus* の分類学的特性になっている．球菌の *Streptococcus* に比べ，酸素に対する感受性が高く，増殖のためには嫌気条件を好むものが多い．また，この *Lactobacillus* は広く自然界に存在し，乳や発酵乳製品など動物性基質を好むものと，サイレージや漬物など植物性基質に関係するものとがある．生乳の汚染菌である．

m. ***Microbacterium*** (*Microbacteriaceae* 科)[1]

Bergey's Manual (9版) では，Iregula, Nonsporing Gram-positive rod に位置づけられた group 20 は *Actinomyces*, *Bifidobacterium*, *Brevibacterium*, *Corynebacterium* など，G-C含量が 30 mol%のものから，*Microbacterium* のように 69～75 mol%と，比較的高いものも混在するグループであった．これらの菌の区別は，細胞壁ペプチドグリカンや，主要メナキノンの違いを基礎にしている．*Microbacterium* には，従来 *Flavobacterium arborescens* とされていた *M. arborescens*, *M. imperiale*, *M. laevaniformans*, そして最も耐熱性の高い *M. lacticum* が記載されている．低温殺菌乳の残存菌相として出現頻度の高いものは *M. lacticum* であり，無芽胞細菌では最も耐熱性の高い菌種である．これを完全に死滅させるには 80 ℃数分の熱処理が必要である．*Microbacterium* は搾乳器具や搾乳環境，土壌などに広く分布している．

1.1.2 グラム陰性菌

a. ***Achromobacter*** (*Alcaligenaceae* 科)[4]

Achromobacter は Bergey's Manual 第8版では *Alcaligenes* に分類されたが，*Alcaligenaceae* 科の属として再分類された．本菌はグラム陰性桿菌，周毛性鞭毛をもつ，偏性好気性菌である．カタラーゼ，オキシダーゼ陽性で広い有機酸，アミノ酸を利用可能である．*Achromobacter* は3種が知られているが，いずれの菌種も土壌，水に由来する．

b. ***Alcaligenes*** (*Alcaligenaceae* 科)[4]

グラム陰性の球桿菌で偏性好気性菌，数本の周毛性の鞭毛をもつ，カタラーゼ陽性菌である．現在3種が記載されている．これまで *Achromobacter* と *Alcaligenes* との類似性が論議されてきたが，この2属の分類学特徴は，糖やその他の炭素源の利用性によって判断される．*Achromobacter* と同様に，土壌，水に常在し，一部の医療器具の汚染菌でもある．発育適温は 20 ℃から 37 ℃である．

c. ***Campylobacter*** (*Campylobacteraceae* 科)[4]

グラム陰性で湾曲した小桿菌である．本菌は，酸素分圧が 3～15%，CO_2が 35%の環境でよく増殖する微好気性菌である．したがって分離の際には，微好気条件が必要となる．現在16種に分類されているが，鳥類や動物腸内に生息することが多く，ヒトや動物に対して病原性を示すものが多い．*C. jejuni* と *C. coli* は，鳥の腸管に広く分布しており，鶏肉による食中毒が発生している．また，基準種 *C. fetus* はヒツジやウシの流産の原因になる．

d. ***Enterobacteriaceae*** 科[4,10]

Enterobacteriaceae 科には 44 属 150 種が位置づけられており，生乳と関係する菌種も多く，乳製品の品質に影響を及ぼすことも少なくない．ここでは特に乳と関連のある属と種を解説する．

1) ***Citrobacter***　*Citrobacter* はグラム陰性の通性嫌気性菌であり 11 種が知られているが，特徴は炭素源としてクエン酸を利用することである．ヒトや動物の腸管生息菌で，土壌，下水，水，食品など広く環境にみられる大腸菌群の一部である．

2) ***Enterobacter***　グラム陰性の通性嫌気性桿菌で 12 種に分類される．本菌は土壌，地下水，下水，肉，生乳の汚染菌として知られており，ヒトや動物の腸管生息菌である (2.6節参照).

3) ***Escherichia***　*Escherichia* 属はグラム陰性桿菌で好気または通性嫌気性菌である．現

在，*E. coli*，*E. blattae*，*E. fergusonii*，*E. hermannii*，*E. vulneris* の 5 種に分類されている．*E. coli* は大腸菌と呼ばれ，炭水化物から酸とガスを生成するが，それ以外の種は乳糖を発酵しないか弱い（2.1 節参照）．

食品の衛生指標菌として大腸菌や大腸菌群（coliforms）の汚染が言及されるが，大腸菌群とは，大腸菌を含め，乳糖から酸とガスを生成するグラム陰性で，好気または通性嫌気性の無芽胞桿菌を総称する．この定義にしたがうと大腸菌群には，*E. coli* をはじめ，*Citrobacter*，*Klebsiella*，*Erwinia*，*Enterobacter* などが相当する．しかし，これらの菌には大腸菌に類縁のもの以外に，水，土壌，植物など自然環境型のものも含まれる．特に，大腸菌群の定義に合致する *Aeromonas* 属は腸内細菌科には属さないものである．しかし，大腸菌や大腸菌群が食品に存在することは，生の食品や，殺菌の処理効果を知るうえで重要である．特に本菌の存在は，食品加工過程における，非衛生的処理，殺菌後の二次汚染の可能性が考えられ品質管理上重要である．

4) ***Klebsiella*** グラム陰性桿菌で細胞は単独ないしは数個の連鎖状を示す．*Klebsiella* は 6 種が知られているが，いずれも好気呼吸と発酵によってブドウ糖から乳酸，酢酸，ギ酸，エタノール，CO_2 を生成する典型的な混合発酵菌である．特に，*K. oxytoca* と *K. pneumoniae* は日和見感染症の原因ともなっている．この菌は細胞外に粘質物を形成することが多く，その結果，バイオフィルムを形成し，その部分の洗浄・殺菌が困難になることもある．

本菌は，大腸菌群の一部で，土壌，水系など広く環境を汚染する菌であり，生乳の汚染菌でもある．*K. pneumoniae* は呼吸器や泌尿器の病原性菌として注意が必要である．またウシの乳房炎や子宮炎の原因菌でもある．

5) ***Salmonella*** グラム陰性桿菌でカタラーゼ陽性，オキシダーゼ陰性の通性嫌気性菌である．この *Salmonella* 属は，サルモネラ症や食中毒菌を含めすべての菌種が病原性をもつ．従来，食中毒の発生した地方や地域名を血清型として命名したため，種や株が膨大となったことから，現在それらを再編成し，*S. enterica* と *S. bongori* の 2 種にまとめ，*S. enterica* はさらに 6 亜種に分けられた．しかし，食中毒の原因菌を特定する際には従来から使用されていた血清型の名称が現在でも使用されており，*Salmonella* Enteritidis (SE)，*Salmonella* Typhimurium (ST) のように表記することが多い（2.3 節参照）．

6) ***Serratia*** *Serratia* は通性嫌気性桿菌で周毛による運動性を示し，10 種が知られ，一部の種は日和見感染症の原因となる．また培養条件によってピンク〜赤い非水溶性色素を生産する．*Serratia* は牛乳，乳製品，肉および肉製品と関連の深いものが多く，生乳，肉，鶏卵，チーズの腐敗菌として知られ，搾乳器具，ミルクポンプ，動物体などを介して生乳を汚染するものと考えられている．ミルクチューブ内を汚染することによるチューブ着色の原因ともなる．さらに *S. marcescens* と *S. liquefaciens* は乳幼児の感染症や乳房炎の原因菌としても知られている．

7) ***Yersinia*** *Yersinia* は生乳や殺菌乳の汚染菌の一種であるが，乳質に直接かかわるものではないと考えられる．本属には 11 種が位置づけられているが，牛乳と関係する菌種は *Y. enterocolitica* であり，殺菌乳の汚染は二次的汚染菌と考えられる．ヒトの腸管病原性をもつものがあり，冷蔵乳中でも発育可能である．生乳への汚染調査によると，その汚染率は日本の 3.2% からフランスの 81% の例が報告されている．

e. ***Flavobacterium***（*Flavobacteriaceae* 科）[10]

黄色のカロチノイド系非水溶性色素を生成し，土壌，水，腐敗物，海水など水域環境に広く分布する好気性非芽胞形成桿菌であり，運動性はない．生乳，乳製品，魚介類，生肉，鶏卵殻など幅広く食品を汚染する．従来，*F. meningosepticum* と呼ばれていた病原性菌は，*Chryseobacterium* 属に再編成された．また *Flavobacterium* には従来，*Cytophaga* 属や *Flexibacter* 属など不明確な菌種も含まれていたが，分子生物学的手法によりこれらは独立した属とし

て扱われるようになった．また，バルクミルクの汚染 *Flavobacterium* は低温発育を示し，低温貯蔵乳の主要な汚染菌として知られている．本菌が生成するタンパク質や脂肪分解酵素による分解産物は生乳の腐敗臭の原因となり，しかも，これらの酵素には耐熱性を有するものもあり，乳質を低下させる重要なものである．

f. *Pseudomonas* (*Pseudomonadaceae* 科)[4,10]

直桿菌ないしはわずかに湾曲したグラム陰性桿菌で，1本から数本の極鞭毛をもつ好気性菌である．自然界に広く分布する菌種であるため，生乳汚染菌として最も重要な菌種である．本菌の特徴は概して低温発育性を示すと同時に，低温でタンパク質や脂肪分解性を示し，乳質に多大な影響を与えることである．また，本菌の一部は耐熱性のタンパク質分解酵素を生成することも知られており，殺菌後の製品に影響を与える．この属には現在53種以外に，その他の8種を含み，一部の菌種は病原性をもつ．

牛乳と関連するものとしては，*P. fluorescens*, *P. aeruginosa*, *P. putida* などである．*P. fluorescens* は 25～30℃のやや低温域が適温で水，卵，肉類，牛乳，魚など食品腐敗に関与している．*P. fragi* は土壌，水から分離され，極鞭毛を有し，10～30℃の範囲で増殖し，37℃では発育できない．ペプトンからアンモニアを生成する生乳の代表的な汚染菌である．さらに *P. synxantha* は牛乳，クリーム，その他の食品汚染菌である．水溶性の黄色ないしはオレンジ色の色素を生成する．

1.1.3 真菌類と酵母[17,18]

a. 真菌類（糸状菌，カビ）

真菌類は一般にカビや糸状菌と呼ばれ，生乳の汚染菌として知られている．しかし，増殖が遅いため，乳質に大きく影響することなく，低温殺菌で死滅する．しかし，殺菌後に空気，塵埃，水，土壌などから二次的に汚染し，その結果，乳製品の品質劣化にかかわるものも少なくない．生乳汚染菌としては，接合菌類の *Mucor mucedo*（ケカビ），*Rhizopus nigricans*（クモノスカビ）などが土壌，塵埃，空気を通して汚染する．*Aspergillus*, *Penicillium* は無性時代のものは不完全菌類に，有性時代については子嚢菌類に位置づけられる．これらの菌種には低温発育性を示し，乳製品の品質劣化にかかわるものもある．*Aspergillus* にはアフラトキシンを生成する *A. flavus* や *A. parasiticus*, 真菌症の原因となる *A. fumigatus*, *Penicillium* にはチーズスターターとして重要な *P. camemberti*, *P. roqueforti* などが著名である．その他，牛乳と関連するものとして，*Sporendonema sebi*, *Scopulariopsis brevicaulis*, *Cladosporium* spp. などがあげられる（2.9節参照）．

b. 酵母[18]

酵母は分類学的には真菌類（カビ）であるが，基本的に単細胞で出芽によって増殖することからカビとは別に扱われることが多い．一般に酵母は耐熱性をもたないことから，低温殺菌によって死滅する．しかし生乳，乳製品の汚染酵母には低温性菌が存在し，一部の菌種は製品へ二次汚染し，品質劣化の原因となる．特に *Kluyveromyces* ssp., *Pichia membranaefaciens*, *Candida lipolytica*, *C. famata* (*Debaryomyces hansenii*), *C. curvata* (*Cryptococcus curvatus*) は生乳や軟質系のチーズの汚染菌として知られている．

乳酒の発酵にかかわる乳糖発酵性酵母は，子嚢菌類に属すものは *Kluyveromyces* 属に統合され，従来 *Saccharomyces fragilis*, *K. fragilis*, *K. bulgaricus* と呼ばれていたものは *Kluyveromyces marxianus* に，*Saccharomyces lactis* と呼ばれていたものは *Kluyveromyces lactis* に統合された．また *Candida kefyr*, *Candida pseudotropicalis* は無性時代の呼称であるが，これらも *Kluyveromyces marxianus* に統合された．*Galactomyces geotrichum* (*Geotrichum candidum*) は "dairy mold" と呼ばれ，菌糸体の頂点に分節子を形成する．生乳汚染菌であるとともに，乳製品に関連する菌種で，白色～クリーム色を呈する．乳製品にこれらの酵母が汚染すると異臭の原因となる．

> **トピックス**
>
> ### 牛乳と乳酸菌
>
> 　一部の人々の間では，生乳に乳酸菌が棲みついており，良質な生乳をLTLT殺菌（63℃30分）やHTST殺菌（72℃15秒）すると，有害な菌は死滅して，乳酸菌が豊富に残ると信じられている．そして，そのような牛乳を放置しておくとヨーグルトのような発酵乳になると考えている人もいるようだ．しかし，このような考えは誤りである．
>
> 　乳酸菌は種類も多く，植物の表面や湖水，動物の腸管，土壌など，自然界に広く分布しており，人類は自然発酵という形で積極的に利用してきた．生乳は元来，無菌的なものであるが，搾乳後すぐに，乳頭，乳牛の皮膚，搾乳器具などに存在する乳酸菌に汚染される．生乳中に存在する乳酸菌は，環境からの汚染菌の一つなのである．生乳で検出される乳酸菌は *Lactococcus* 属が多く，*Lactobacillus* 属なども含まれることがある．残念なことに，生乳を汚染するのは乳酸菌だけではなく，乳房炎菌や，その他の潜在的に病原性を有する菌なども含まれている可能性がある．そのため，飲用目的での生乳の販売および生乳チーズの製造は多くの国で厳しく制限されている．
>
> 　近代的な酪農においては，農場の衛生環境が著しく向上し，十分に洗浄された搾乳システムで搾乳され，バルククーラーで冷蔵されるため，生乳に含まれる細菌数そのものが少なくなっている．多くの場合，細菌数は1万CFU/ml以下であり，そこに含まれる乳酸菌の数はさらに少ない．また，*Lactococcus* 属などの乳酸菌は熱に弱く，初期菌数が極端に多くないかぎりLTLT殺菌のような穏やかな条件でもほとんど死滅してしまい，製品に残存することはない．また，実際にHTST牛乳に残存している菌を調べてみると，大部分が *Microbacterium lacticum* などの耐熱性菌であることが多い．この菌は無害な菌であり，乳酸をわずかに生産するが，乳酸菌のように牛乳を酸凝固させることはない．
>
> 　LTLT牛乳のような穏やかな条件の殺菌をした牛乳に乳酸菌が豊富に残存していると信じられているのは，農場での洗浄や冷却システムが不十分で，生乳中の乳酸菌数がきわめて多かった時代の名残りなのかもしれない．LTLT牛乳やHTST牛乳のメリットは，乳酸菌などの有用菌が残存していることではなく，食品として，生乳に近い風味と性状を有していることである．
>
> 〔元島英雅〕

1.2 生乳への細菌汚染[5~9,11,17,19]

1.2.1 乳房内での汚染

a. 乳房

　本来，乳腺部位には特別な疾患をもつもの以外は菌が生息しないはずだが，実際には無菌的に搾乳しても排泄される乳汁にはわずかながら細菌が汚染している．これは，乳頭口が外部に開口されており，環境汚染菌がわずかながら侵入することによる．しかし，乳房炎疾患牛における乳房乳は1ml当たり100万もの菌数となる．

b. 乳房炎由来の汚染

　乳房炎に罹患したウシからの乳は，公衆衛生学的見地からも見逃せない．乳房炎の原因菌は多種報告されており，*Staphylococcus aureus*, coagulase-negative *staphylococci* (CNS), *Streptococcus agalactiae*, *S. uberis*, *S. dysgalactiae*, 大腸菌群の *Escherichia coli*, *Klebsiella pneumoniae*, さらに *Pseudomonas aeruginosa*, *Arcanobacterium pyogenes*, *Corynebacerium bovis*, *Brucella abortus*, *Mycobacterium* sp. マイコプラズマ (*Mycoplasma bovis*, *M. alkalescens*), *Coxiella burnetii*, などである．

1.2.2 動物体表および土壌

　牛体表の微生物相は，動物の居住している環境すなわち土壌，敷料，飼料，糞便などに存在する微生物の種類を反映している．*Bacillus* は土壌から，*Clostridium* はサイレージから，Coliformsは糞便からと，その汚染菌の種類には特徴があ

表1.1 生乳から分離される細菌の種類と汚染源

属	特徴	汚染源
グラム陽性菌		
Arthrobacter	球桿菌, コリネ型	土壌, 器具類
Bacillus	芽胞形成菌, 耐熱性	土壌, 敷料, 飼料
Brevibacterium	色素生成	土壌, 塵埃
Corynebacterium	コリネ型	土壌, 牛体
Clostridium	嫌気性, 芽胞形成	土壌, サイレージ
Enterococcus	腸球菌, 衛生指標菌	糞便, 下水
Lactococcus	乳酸球菌	器具類
Microbacterium	耐熱性	器具, 土壌
Micrococcus	黄色色素	土壌, 飼料, 器具類
Staphylococcus	食中毒, 乳房炎	牛体, 乳房
Streptococcus	乳酸球菌	乳房炎, 器具, サイレージ
グラム陰性菌		
Achromobacter	色素生成	土壌, 乳缶, 器具
Acinetobacter	低温発育	土壌, 水
Alcaligenes	粘質物生成	水, 土壌
Citrobacter	大腸菌群	土壌
Enterobacter	大腸菌群	糞便, 土壌, 水
Escherichia	大腸菌	糞便, 土壌, 水
Flavobacterium	黄色色素	土壌, 牧草, 搾乳器具類
Klebsiella	大腸菌群, 乳房炎	糞便, 土壌, 水
Pseudomonas	低温発育, タンパク質分解	水, 土壌, 牧草
Serratia	赤色色素	器具類
Salmonella	食中毒, 下痢症	牛体, 糞便

る. 土壌1gには8×10^7の細菌が存在するといわれ, また敷料には5×10^9/gの Micrococcus をはじめ, 多種な細菌汚染が認められる. 農場環境における Bacillus cereus の汚染は土壌, 敷料に多く, 特にオガクズの汚染菌は乳房外皮, 乳頭を汚染する可能性があり, これが生乳汚染の可能性を高める. 一方, 糞便中における B. cereus の汚染が1g当たり10万を超えた場合, 生乳への汚染の可能性が高い.

この芽胞は夏の終わりから秋口に高くなるとされている. 飼料特にサイレージの Clostridium 芽胞は生乳の芽胞数を高める. 敷料からの汚染菌は Klebsiella pneumoniae, Coliforms, Arcanobacterium pyogenes などが多い. さらに, Listeria spp. の汚染も報告されている.

1.2.3 糞便からの汚染

ウシ糞便由来の生乳汚染菌として注意が必要なのは Enterococcus faecalis, E. faecium, Aercoccus viridans, Escherichia coli, Hafnia alvei, Serratia liquefaciens, Yersinia enterocolitica, Enterobacter amnigenus である. ウシの糞便から分離される E. coli, Enterococcus, Aercoccus は生乳からも分離されている.

1.2.4 飼料からの汚染

空気中の浮遊微生物相は, ほとんど土壌, 乾草由来の細菌やカビ胞子であり, それが間接的に生乳を汚染する. その種類は広範囲で, 特に Bacillus や Clostridium の芽胞は耐熱性や殺菌剤に耐性を有することから注意が必要である. 濃厚飼料の Bacillus 芽胞数は1g当たり$10^3 \sim 10^6$, サイレージでは$10 \sim 10^5$程度の汚染があり, 芽胞数が多いものを給餌すると糞便の芽胞数が多くなり, 乳房表皮が汚染され, その結果, 生乳の芽胞数も多くなる.

1.2.5 搾乳器具やバルクミルクタンクからの汚染

比較的細菌数は少ないが, ミルクチューブ, ミルカー各部位, バケツ, ミルク缶, バルクタンクの表面, タンク内壁, タンクアジテーターや計量器, ドレンコック, パイプラインのパッキン, ガスケット, デットスペースからの汚染も見逃せな

い。特に，洗浄・殺菌の不備はグラム陰性菌 *Pseudomonas*, *Alcaligenes*, *Flavobacterium*, Coliforms, グラム陽性の *Microbacterium*, *Micrococcus*, *Lactococcus*, *Streptococcus* の汚染が高くなる。これらの汚染は，冬季間より夏季間で高いといわれている。搾乳器具の金属面に形成されるバイオフィルムは細菌の汚染源となるが，器具類表面への固着はグラム陽性菌より陰性菌が強いといわれている。　　　　　〔菊地政則〕

文　献

1) J. G. Holt, *et al*., eds.: Bergey's Manual of Determinative Bacteriology, 9th ed., Williams & Wilkins, 1994.
2) P. A. Sneath, *et al*., eds.: Bergey's Manual of Systematic Bacteriology, 1st ed., Vol.1, Williams & Wilkins, 1986.
3) D. R. Boone, R. W. Castenholz, eds.: Bergey's Manual of Systematic Bacteriology, 2nd ed., Vol. 1, Springer-Verlag, 2001.
4) D. J. Brenner, *et al*., eds.: Bergey's Manual of Systematic Bacteriology, 2nd ed., Vol.2, Springer-Verlag, 2001.
5) M. A. Cousin: *J. Food Prot*., **45**, 172-207, 1982.
6) E. A. Johnson, *et al*.: *J. Food Prot*., **53**, 441-452, 1990.
7) M. W. Griffiths: The Microbiological Safety and Quality of Food (B. M. Lund, *et al*., eds.), pp.507-534, An Aspen publication, 2000.
8) N. Desmasures, *et al*.: *J. Appl. Microbiol*., **83**, 53-58, 1997.
9) N. P. Shah: *Milchwiss*., **49**, 432-437, 1994.
10) R. K. Robinson, *et al*., eds.: Encyclopedia of Foods Microbiology, pp.54-112, 113-156, 428-466, 617-624, 820-826, 1134-1172, 1344-1350, 2062-2133, Academic Press, 2000.
11) M. M. Vissers, *et al*.: *J. Dairy Sci*., **90**, 281-292, 2007.
12) P. Scheldeman, *et al*.: *Appl. Environ. Microbiol*., **71**, 1480-1494, 2005.
13) E. M. Crilly, A. Anderton: *J. Appl. Bacteriol.,* **77**, 256-263, 1994.
14) M. M. Vissers, *et al*.: *J. Dairy Sci*., **89**, 850-859, 2006.
15) S. Takai, *et al*.: *Microbiol. Immunol*., **34**, 631-634, 1990.
16) D. R. Fenlon, *et al*.: *Letters in Appl. Microbiol*., **20**, 57-60, 1995.
17) Von G. Engel: *Milchwisse*., **41**, 633-637, 1986.
18) C. P. Kurtzman, J. W. Fell, eds.: The Yeast, A Taxonomic Study, Elsevier, 1998.
19) E. H. Marth, J. L. Steele, eds.: Applied Dairy Microbiology, 2nd ed., pp.59-76, 2001.

2. 乳業における品質汚染防止の基本的考え方

　乳・乳製品は微生物にとって好適な培地の役割を果たし，病原菌や腐敗菌の増殖を許した場合，健康被害や経済的損失をもたらす．このため，原料乳の生産から製造加工を経て消費に至る一連の流れの中で，有害微生物の汚染や増殖を抑制し，さらには排除するような取扱いが必要である．乳・乳製品の微生物管理で重要なポイントは，①原材料の衛生学的品質の確保，②加熱処理による病原菌および腐敗菌の排除，③加熱後の二次汚染の排除，④加熱後にも生残している微生物の増殖抑制である．これらのことを確実に実行していくには，原材料およびその搬入から最終製品の搬出に至るまでの全作業工程ごとに，科学的根拠に基づいた危害分析（hazard analysis）を行う．そして健康被害や品質劣化を引き起こす可能性のある原材料および工程における危害要因となる有害微生物，それらの危害要因の発生要因およびそれらの危害要因を制御するための管理手段を決定する必要がある．管理手段を決める際には，対象となる微生物に影響するpH，水分活性などの内部要因，および保存温度，加熱処理などの外部要因に対する微生物の挙動をよく調査したうえで，効果的な制御方法を設定することが重要である．そこで，原料乳から一次的あるいはヒトや環境を介して二次的に汚染する微生物を取り上げ，それらの特徴，健康や製品品質への影響および制御法について述べる．

2.1 大腸菌群および大腸菌

　乳及び乳製品の成分規格等に関する省令（乳等省令）では，ナチュラルチーズなど一部の乳製品を除き，大腸菌群陰性と定められている．大腸菌群（coliforms）とは，グラム陰性の無芽胞桿菌で，乳糖を分解して酸とガスを発生する好気性または通性嫌気性の一群の細菌を意味する．この名称は医学細菌学上の分類に基づくものではなく，衛生細菌学で使用される用語である．大腸菌群に含まれる代表的な細菌として，*Escherichia* 属，*Enterobacter* 属，*Klebsiella* 属および *Citrobacter* 属菌などがある．大腸菌群の中で，44.5℃で発育する菌群を糞便系大腸菌群（faecal coliforms）といい，さらにインドール産生能（I），メチルレッド反応（M），Voges‐Proskauer 反応（Vi）およびシモンズのクエン酸塩利用能（C）の4種類の性状によるIMViCのパターンが「＋　＋　－　－」のものを大腸菌（*Escherichia coli*）という．この大腸菌は必ずしも細菌分類学でいう大腸菌と一致しない．なお，糞便系大腸菌群は高い割合で大腸菌を含むことから，煩雑な確認試験を行わずに大腸菌の存在を推定しようという意図から考えられた菌群である（1.1.2項d参照）．

　従来，大腸菌群および大腸菌は糞便あるいは腸管系病原菌の汚染指標として一般的に広く使用されている．しかし，大腸菌群はヒトや動物の糞便に限らず土壌などの環境中に幅広く分布しているため，食品の安全性の指標というよりはむしろ，製造工程や流通過程における衛生管理上の指標として使用される．通常，加熱済みの食品に適用され，大腸菌群が検出された場合は，不十分な加熱処理や加熱後の二次汚染など製品の取扱いの悪さを示す不適切な食品と判定する．大腸菌群は生乳や製造環境中にも存在しているため，製造ラインの二次汚染対策が不十分な場合は製品中に生残する可能性が高い．特に加工設備の洗浄殺菌不良や充填部での二次汚染に注意する[1,2]．また，大腸菌群の多くは10℃以下の低温でも発育するため，二次汚染した菌が流通中に増殖し凝固などを引き起こす．未加熱の食品から大腸菌群が少量検出されても，ヒトや動物の糞便汚染と直接結びつかず衛生的にあまり意味がないが，検出量が多い場

合，健康被害に直結するわけではないが，衛生状態の悪さ，糞便汚染，あるいは腸管系病原菌の存在の可能性がある．

一方，大腸菌は大腸菌群に比較してヒトおよび動物の糞便に存在する確率が高く，しかも自然界で死滅しやすいなどの理由から，自然界からの汚染がそのまま反映される未加熱の食品に適用される．食品中の大腸菌の存在は，直接または間接的に比較的新しい糞便汚染があったことを意味し，大腸菌群の場合よりもいっそう不適切な取扱いを受けたことが推測され，それだけ腸管系病原菌の汚染の可能性が高いといえる．

2.2　黄色ブドウ球菌

黄色ブドウ球菌（*Staphylococcus aureus*）は，通性嫌気性のグラム陽性球菌で，ブドウの房のような連なった菌塊を形成するのが特徴である．黄色ブドウ球菌は他のブドウ球菌と異なり，黄色の集落を形成することが多く，コアグラーゼと呼ばれる血漿を凝固させる酵素を産生する．発育温度域は 6.7〜48 ℃（10 ℃以下の食品中ではほとんど増殖できない），至適温度 35〜40 ℃，発育 pH 域 4.0〜9.6，至適 pH 6.0〜7.0，発育水分活性域 0.83 以上，至適は 0.98 である．本菌は 63 ℃で 30 分の加熱処理で死滅するが，エンテロトキシンは熱安定性が非常に高く，100 ℃で 30 分の加熱条件でも活性が保持される[3]．エンテロトキシンの正確な発症毒素量は明らかにされていないが，食品中で 10^5〜10^6 CFU/g 以上の菌量に増殖することが必要とされている．食品中にエンテロトキシンが食中毒発症量存在していても風味や味覚に影響することがほとんどないため，微生物検査や官能検査で異常がなくても，食中毒事故につながる危険性がある（1.1.1項 d 参照）．

本菌はヒトや動物の皮膚，鼻前庭，鼻腔粘膜，毛髪などに常在し，熱，乾燥などに比較的強く，冷凍でも長期間生存でき，高濃度の食塩存在下（〜15％）でも発育可能である．

食中毒発生の要因としては，原材料由来か，食品取扱者の手指などを介して黄色ブドウ球菌により汚染された食品が，本菌の発育温度域に長時間保持されることによって増殖し，食中毒発症量のエンテロトキシンを産生するというケースが多い．2000 年に関西地区で低脂肪乳などの乳製品による大規模食中毒事故が発生し，原因物質は原材料として使用した脱脂粉乳中のエンテロトキシンであった．このケースでは，製造時の突発的な事故により機械が長時間停止した間に，脱脂粉乳の原材料である生乳に汚染した黄色ブドウ球菌が発育してエンテロトキシンが産生され，その後の加熱処理により菌自体は死滅したが毒素は残存したものと考えられている．

黄色ブドウ球菌食中毒の潜伏時間は 1〜5 時間（平均 3 時間）と他の食中毒菌による潜伏期に比べて短く，吐き気，嘔吐，腹痛が主症状で下痢を伴うこともあり，化学物質による急性食中毒と間違いやすい．

本食中毒の予防には，食品製造加工者や従事者への衛生教育がきわめて大切である．食品取扱者の十分な手洗いによる手指からの菌の除去，特に傷のある手で直接食品を取り扱うことは避ける．また，乳製品製造工程では，本菌が生乳中に常在していることを前提に工程管理を行う．乳等省令における脱脂粉乳の製造基準の中に，黄色ブドウ球菌エンテロトキシンのリスク低減のための具体的な温度・時間管理基準が規定されている[4]．

2.3　サルモネラ属菌[5,6]

サルモネラ（*Salmonella*）はグラム陰性の通性嫌気性の無芽胞桿菌で腸内細菌科に属している．分類学的には *S. enterica* と *S. bongori* の 2 種にまとめられており，さらに *S. enterica* は 6 亜種に分類され，これらの亜種には O 抗原と H 抗原の組合せにより約 2500 種類の血清型がある．その中の亜種 *S. enterica* subsp. *enterica* に食中毒やチフス症を起こす菌種が含まれる．また，サルモネラは発育温度域は 5.2〜46.2 ℃，至適温度 35〜43 ℃，発育 pH 域 3.8〜9.5，至適 pH 7〜

7.5,水分活性域 0.94 以上である（1.1.2 項 d 参照）．

通常，ヒトや動物の腸管内に存在し，これらとの関連で水，土壌，昆虫など自然界にも広く分布している．したがって，食品のサルモネラ汚染はヒトや動物の糞便による直接あるいは間接の汚染であると考えられ，常に食品は環境からも汚染する危険性がある．生乳中のサルモネラ汚染は糞便による直接あるいは間接の汚染であると考えられ，搾乳中あるいはそれ以降の不適切な衛生管理により汚染する危険性がある．

わが国の食中毒の原因菌種としては，従来 S. Typhimurium が主体であったが，1980 年代後半から鶏卵関連食品を原因として S. Enteritidis による食中毒が急増し，マヨネーズ，洋生菓子，アイスクリーム，卵焼き，オムレツなど鶏卵を原材料としたさまざまな食品がサルモネラ食中毒の原因食品の半数以上を占めている．

本菌のヒトへの影響については，潜伏期間は 6～48 時間（平均 15 時間）で，悪心，嘔吐，次いで腹痛，下痢，発熱を示し，頭痛，脱水なども一般的である．小児や高齢者では重篤になることがある．感染菌量は一般的に 10^5～10^6 個といわれているが，年齢・健康，菌株により異なり，S. Enteritidis では 15～20 個と少量菌での感染も知られている．

サルモネラによって生乳が汚染されたとしても，わが国の乳・乳製品の製造基準である 63 ℃ で 30 分間の加熱条件で完全に死滅させることができ，加熱後の乳・乳製品が汚染された場合も 5 ℃ 以下に冷蔵することにより増殖を効果的に制御できる．サルモネラは乾燥に比較的強く，粉乳の衛生管理では重要な菌種とされる．製造環境やヒトからの二次汚染を防止するために，一般的衛生管理をきちんと行い，汚染のリスクを低減することが必要である．

2.4　リステリア[3,4]

リステリア（Listeria）属菌はグラム陽性，通性嫌気性の無芽胞短桿菌で，20～30 ℃ で培養した場合鞭毛が発育し，運動性が認められる．Listeria 属菌 6 菌種のうち，ヒトに病原性を示すのは Listeria monocytogenes のみで，発育温度域は 0～45 ℃，至適温度 30～35 ℃，発育 pH 域 5.6～9.6，至適 pH 7.0，発育下限水分活性値は 0.92 である（1.1.1 項 k 参照）．

L. monocytogenes は人畜共通感染症の重要な原因菌であり，土壌，河川水，下水など環境中に広く分布することから，あらゆる経路から本菌が食品中に汚染する機会がある．他の多くの病原菌と異なり，冷蔵温度域でも増殖可能であり，増殖速度はきわめて遅いが 0 ℃ でも増殖できる．わが国で法的に定められている製造基準による殺菌処理により完全に死滅させることができるが，発育 pH 域が広く，耐塩性があるなど食品の衛生管理上制御しにくい特性を有している．

わが国では食品媒介リステリア症と確認された事例はほとんどなく，自家製に近いナチュラルチーズによる集団事例の報告が 1 例あるのみである．これに対して，欧米諸国では乳や食肉などの畜産食品，野菜，魚介類などを主原料とする調理済みのそのまま食べられるいわゆる ready-to-eat 冷蔵食品が媒介食品となった事例が多い．特に未殺菌乳からつくられたナチュラルチーズはその危険性が高いといわれている．L. monocytogenes のチーズ中での低温増殖性は，特にチーズの pH に影響され，5.5 以上のカマンベールタイプのチーズ中では長期間の低温熟成期間中に増殖する．逆に pH 5.5 以下では菌数は徐々に減少していく．

リステリア症の病型は髄膜炎が圧倒的に多く，次いで敗血症であり，ハイリスク・グループ（妊婦，乳幼児，高齢者，免疫不全症患者など）といわれる一群の人々に感染しやすく致死率も 30% と高い．従来，細菌性食中毒にみられる急性胃腸炎症状は示さないと考えられてきたが，最近では胃腸炎症状を示した事例がいくつか報告されている．

1988 年に WHO は緊急的な食品媒介リステリア症の発生防止の勧告，2007 年にはコーデック

スから「食品中の *L. monocytogenes* の制御に食品衛生の一般的原則を適用するためのガイドライン」が示されるなど，本菌は現在では食品衛生上最も重要な菌種の一つに位置づけられている．厚生労働省では，1993年にWHOの勧告に準じた汚染防止対策を通知し，シュレッドチーズ製造ラインの衛生管理指針，リステリアに関する一般情報および検査法などが詳細に記載されている[7]．さらに，2002年には，ナチュラルチーズの製造に使用する乳の殺菌条件（保持式により63℃30分間，または同等以上の殺菌），HACCPシステムの考え方に基づいた二次汚染対策の実施が通知された[8]．

2.5 耐熱性細菌

乳業における耐熱性細菌とは，63℃で30分の加熱殺菌によって生残する細菌群（thermoduric bacteria）である．この中には，耐熱性の芽胞を形成する *Bacillus* 属，*Clostridium* 属菌などが含まれる．芽胞形成菌は基本的に土壌細菌であり，環境中に広く分布している．*Bacillus* 属芽胞は100℃以上の加熱にも耐えることから，殺菌前の芽胞数が高い場合，UHT殺菌（120〜130℃）でも製品中に残存する場合がある．*B. cereus* は生乳中からよく分離され，乳・乳製品の安全性や品質と関係の深い菌である．*B. cereus* は牛乳中で"bitty cream"（牛乳を熱い飲み物に入れたとき，クリーム粒が表面に浮いてまじらないもの），甘性凝固（酸度，pHは低下しないが凝固するもの）といった欠陥を引き起こす．これらの欠陥は，本菌の産生する酵素の作用が原因である．*B. cereus* 食中毒には嘔吐型と下痢型があるが，わが国では米飯類を原因食品とする嘔吐型事例が多い．一方，乳・乳製品を原因とした食中毒の事例はきわめて少ない[9]．なお，*B. cereus* 菌による食中毒の発症には大量の菌（10^7〜10^8 CFU/g）が必要とされ，12時間程度の早期に回復することが多い．*Bacillus sporothermodurans* 芽胞は好気性芽胞形成菌の中でも耐熱性が高く，ロングライフミルクの殺菌条件である140℃程度の加熱殺菌でも生残する．本菌は好気性菌であり，酸素バリア性の低い容器中で長期間保存された場合は凝固や着色などの品質劣化を引き起こすが，病原性は報告されていない[10]．高温性の好気性菌である *Geobacillus stearothermophilus* が缶詰製品のフラットサワー菌として知られている．嫌気性高温菌では，*Cl. thermaceticum*，*Cl. thermosaccharolyticum* などが重要である．また，耐熱性の無芽胞菌として *Microbacterium* 属菌が生乳を汚染していることがあり，そのほか，*Micrococcus*，*Streptococcus* なども生乳から分離される（1.1.1項h，i参照）．

耐熱性の高温菌の制御として，ホットベンダー中で加温販売する缶飲料に抗菌性の乳化剤を配合して品質劣化を防止している例がある[11]．酸生成やタンパク質分解活性の強い耐熱性菌が工程中で増殖すると，pHが低下したり，加熱処理に対して不安定な物性になる．耐熱性菌による品質低下防止には，できるだけ汚染菌数の少ない原材料を使用し，温度/時間管理によって工程中の菌数を低く抑えることである．殺菌条件は，芽胞の耐熱性，商品の物性および官能特性を考慮して設定する．

2.6 エンテロバクター・サカザキ菌

エンテロバクター・サカザキ（*Enterobacter sakazakii*）は腸内細菌科に属する通性嫌気性のグラム陰性無芽胞桿菌であり，かつては *Enterobacter cloacae* の黄色色素産生株とされていた．現在は2008年に *Cronobacter* 属が新設され，本属に基準種（クロノバクター・サカザキ）として再分類されている[12]．本菌の発育特性や耐熱性は他の *Enterobacter* 属菌と変わりはなく，一般的な加熱殺菌で死滅する．ヒトや動物の腸管内や土壌，水などの環境中に広く分布し，健常人の場合は本菌に感染しても不顕性である場合が大半であるが，乳児，特に生後28日未満の新生児や，未熟児，免疫不全児，低体重出生児では敗血症や壊

死性腸炎を発症するケースがあり，重篤な場合には髄膜炎を併発する[13]．

感染経路や発症菌量については不明な点が多いが，乳児用調製粉乳が感染源および媒体と推定される報告が多く，有力な感染源として認識されている．1988年のMuytjensらの報告によると，世界35カ国の乳児用調製粉乳141検体のうち，約14％に当たる20検体がE. sakazakii陽性を示した[14]．乳児用調製粉乳での汚染は，製造環境あるいは製造工程における二次汚染による可能性が高く，サルモネラと同様に乾燥に強いため，粉ミルク中で長期間生残する．また，現在の技術で粉乳の完全無菌化は不可能であることから，乳児用調製粉乳におけるE. sakazakiiによる汚染は常に想定される．

E. sakazakiiによる乳幼児の感染リスクを低減させるには，調乳環境における衛生管理や，調乳後の温度管理の徹底などが必要であり，具体的には調乳器具や哺乳瓶の煮沸消毒，調乳後の冷蔵保存などが有効である．また，本菌は70℃以上の温度で速やかに不活化するため，調乳時に70℃の湯を用いて溶解することは感染リスクの著しい低減措置と考えられている[15]．

2.7 ボツリヌス菌

ボツリヌス菌（*Clostridium botulinum*）は芽胞を形成する偏性嫌気性菌である．きわめて強い神経毒性をもつ菌体外毒素を産生し，毒素は抗原性によりA～G型菌に分けられ，このうちヒトに食中毒を起こすものは主にA，B，E型菌，まれにF型菌である．わが国ではE型菌による食中毒が多い[16]．タンパク質分解菌と非分解菌があり，おのおのの発育特性と耐熱性を表2.1に示す（1.1.1項i参照）．

河川，海底の泥，土壌などの自然界に広く分布し，農作物や魚介類，食肉などあらゆる食品原材料は本菌芽胞で汚染されている可能性が高い．一方，乳におけるボツリヌス菌の汚染はまれであり，乳・乳製品による食中毒はほとんど認められていない．

ボツリヌス食中毒は，食品中でボツリヌス菌が増殖し，産生された神経毒素を摂取することで発症する．吐き気，嘔吐，下痢などの胃腸障害がしばしばみられ，次いで脱力感，めまい，視力低下，眼瞼下垂，瞳孔拡大などの神経麻痺症状が起こる．重症になると呼吸困難を起こして死に至る．自家製食品によって起こる場合が多く，わが国では「いずし」による食中毒が知られており，原材料の魚が本菌に汚染され，保存中に菌が増殖して毒素が産生されたとみられる．諸外国では野菜の水煮びん詰，減塩薫製魚，減塩ハム，酢漬け魚などの保存食品や豆腐，納豆などで食中毒が報告されている．また，腸内細菌叢の発達が未熟な1歳未満の乳児が，ボツリヌス菌芽胞を経口的に摂取した場合にみられる乳児ボツリヌス症は，腸管内でボツリヌス菌芽胞が発芽増殖して毒素が産生され発症する．頑固な便秘，全身の脱力症状がみられ，哺乳力が低下して泣き声が小さくなり，瞳孔拡大，無表情，眼瞼下垂などボツリヌス食中毒と同様な症状が認められる．感染源としては，蜂蜜との明確な因果関係が証明されており，このほかにハウスダストや粉乳の溶解に使用した未殺菌の井戸水なども疑われている．

ボツリヌス菌による食中毒を防ぐため，常温で長期間保存されるレトルト食品や缶詰などでは本菌の芽胞を完全に死滅させる120℃で4分以上の加熱処理が行われる．また，乳児ボツリヌス症対策については，1987年に旧厚生省通達で1歳未

表2.1　ボツリヌス菌の発育特性と耐熱性

	タンパク質分解菌（A・B・F型）	タンパク質非分解菌（B・E・F型）
発育温度域	10～48℃　至適：37～40℃	3.3～45℃　至適：30℃
発育pH域	4.0～9.6　至適：6～7	5.0～9.6　至適：6～7
水分活性	0.94以上　至適：0.98	0.97以上　至適：0.99
芽胞の耐熱性	120℃，4分	80℃，6分

満の乳児に蜂蜜を与えないよう勧告されている[17]. さらに, 2006年には乳児用調製粉乳を溶解するために使用する井戸水の水質と殺菌基準が通知された[18].

なお, 国際酪農連盟 (IDF) では, 乳中にボツリヌス菌と類縁の嫌気性菌として *Cl. sporogenes*, *Cl. tyrobutyricum*, *Cl. butyricum* などの存在を報告し, これら菌の制御法を示している[19]. すなわち, チーズは酸化還元電位が低いために, 嫌気性菌が発育しやすい環境にあるが, 遠心除菌 (バクトフュージ) によって原料乳から芽胞を除去したり, 硝酸カリウムの添加によって品質劣化を防止できる. また, チェダーチーズで行われる加塩は, 乳酸菌による発酵との相乗効果によって嫌気性菌の発育を抑制する効果がある.

2.8 低温細菌

低温細菌 (psychrotroph) の定義について, IDFでは乳および乳製品における実用的立場から発育至適温度に関係なく7°Cで発育する細菌を総称したものとしており, 発育至適温度が20°C以下の低温域にある好冷細菌 (psychrophile) と区別している.

低温細菌は自然界に広く分布し, それらは食品の生産や加工の段階で食品に付着し, 腐敗の原因になるものが多い. その中で, 低温保存乳の品質に影響を及ぼすのは *Pseudomonas*, *Acinetobacter*, *Flavobacterium* などのグラム陰性桿菌で, リパーゼ, プロテアーゼ活性の強い菌である. これらの細菌は63°Cで30分の低温殺菌で十分に殺菌されるが, 増殖過程で産生されたリパーゼやプロテアーゼなどの酵素の耐熱性は高い. このため, 品質の悪い原料乳を使用した常温保存流通品では, 流通中に残存酵素の作用によって製品のゲル化や苦味が生じるケースがある. 乳質変化が起きる菌数レベルについては, 酵素活性や産生量によって異なるため明確ではないが, $10^6 \sim 10^7$ CFU/ml レベルと考えられる[20].

代表的な腐敗菌である *Pseudomonas* は, 水や土壌を棲息場所とするため, 充塡環境および製造用水の微生物管理は二次汚染を防止するうえで特に重要となる. 一方, 食中毒菌の中にもリステリア・モノサイトゲネス (*Listeria monocytogenes*), エルシニア・エンテロコリチカ (*Yersinia enterocolitica*), タンパク質非分解性のボツリヌス菌 (*Clostridium botulinum*) などの低温で増殖できるものがあり, 安全管理上注意が必要である. また, 低温細菌といえども, 温度が低くなるほど増殖速度は遅くなるため低温管理の重要性が低くなるということはないが, 低温細菌の汚染の少ない良質の原材料を使用するとともに, 低温で保管する場合でも長期間の保管は避けることが望ましい.

2.9 カビ, 酵母

カビ, 酵母はともに真菌類に属する微生物である. カビは菌糸体と子実体の集合体からなる. カビの胞子が食品などの表面に付着し, 環境条件が整うと発芽する. 発芽後, 菌糸体を表面に密着させて伸張させ, 先端に有色の胞子を形成する. 酵母は球形, 楕円形または円柱形の単細胞生物で, 細菌より大きく ($5 \sim 10 \mu m$), 主に出芽により増殖する[21]. カビ, 酵母ともに広いpH域 (2.0～9.0) で発育し, 発育温度域は5～35°Cと低温側にある. 食品由来のカビは, 水分活性0.85もしくはそれ以下で発育する菌種があるが, 0.6以下になると発育できなくなる (1.1.3項参照).

カビ, 酵母は土壌や空気中に広く分布しており, それらが発育する食物環境も異なっている. 乳業と関係の深いカビとして, *Geotrichum*, *Scopulariopsis*, *Aspergillus*, *Penicillium*, *Rhizopus* などがあげられるが, 牛乳などの生鮮食品におけるカビ, 酵母の発育は細菌に比べて遅い. したがって, カビ, 酵母よりも細菌が優先的に増える場合が多く, 牛乳でカビ・酵母が腐敗の原因になることはあまりない. 一方, カビ, 酵母は低水分活性および低pHで増殖可能であることから, 乾燥食品や酸性食品, 塩分や糖分の高い食

品で優占種として増殖し，しばしば水分活性の低いバターやチーズの表面に生育してタンパク質や脂肪を分解し，カビ臭を生じる．また，酵母はカビと比較すると酸素の少ない環境に耐えるため，食品の表面だけでなく内部でも増殖する．さらに，浸透圧の高い環境や酸性の環境にも耐えるものが多い．一方，チーズ，バター，加糖練乳などから分離される，*Debaryomyces*, *Candida*, *Saccharomyces*, *Torulopsis* などは酵母臭，ガス産生，変色などの原因になる．

ヒトに対する健康危害の観点から，カビ毒（マイコトキシン）産生カビの存在に注意する．カビの代謝産物でヒトや動物に対して何らかの疾病や生理作用を発現させるマイコトキシンとは[22]，化学的に安定な低分子化合物であり，通常の食品加工や殺菌工程では分解されないため，汚染食品における除毒は困難である．中でも *Aspergillus flavus* や *Aspergillus parasiticus* などの特定の株が産生するアフラトキシン B_1 は，強い発がん性および変異原性をもち，家畜飼料の汚染が知られている．アフラトキシン B_1 汚染飼料を摂取したウシでは，乳中に代謝産物であるアフラトキシン M_1 が分泌される．アフラトキシン M_1 汚染乳が原料乳中に混入した場合，処理工程で分解することは困難である．したがって，汚染防止のためには飼料のカビ汚染制御が必要である．

一部の耐熱性カビ（子嚢胞子）を除き，カビ，酵母は熱や薬剤に対する抵抗性が低く，低温殺菌で死滅する．汚染経路は製造環境からの二次汚染の場合が多く，汚染を防ぐには製造環境の清浄化や加熱殺菌を確実に行うことが重要である．

2.10 ファージ

ファージはバクテリオファージの略で，微生物を宿主とするウイルスである．大きさは全長 180〜280 μm，円形もしくは楕円形であって通常は短い尾を有する．この尾を用いて細菌表面に付着し，核物質を細菌内に注入する．ファージは，その生活環境から溶菌性ファージと溶原性ファージに分類できる．溶菌性ファージは細菌細胞内に核物質を注入し，細胞内でのファージ生産を引き起こす．やがて細菌細胞は破裂し（溶菌），新しいファージを放出する．一方，溶原性ファージは宿主をただちに溶菌せず，細菌内に注入された核物質は安定した状態で保存される．

ファージは河川，湖沼，海洋，土壌などの自然環境中に普遍的に存在し，チーズやヨーグルト製造工程で乳酸菌スターターがファージによって感染すると，酸生成が遅延または停止する．乳酸菌にはファージに感受性の菌種と非感受性の菌種があり，*Lactococcus lactis* などの中温性乳酸菌は前者に，*Lactobacillus delbrueckii* subsp. *bulgaricus* や *Streptococcus thermophilus* などの高温性乳酸菌は後者に属する．また，*L. lactis* subsp. *cremoris* のファージは一般に菌株特異性が高く，特定菌株に対してのみ作用する[23]．宿主とファージの生育条件はほぼ一致することから，温度や pH など環境条件を変えてファージの増殖のみを抑えることは不可能である．

食品工場のファージ対策としては，感染がすでに起こったものは溶菌中絶は不可能であり，感染予防しか手段がない．また，工業的にはファージ耐性を示す乳酸菌スターターの変異株が用いられるが，ファージ側も変異して宿主域が変化するので十分ではない．実用上最も有効なファージ対策は，ファージの特異性を利用し，あるファージが寄生しかかった頃に宿主を変えてしまい，増殖を不可能にするローテーションシステムである．ファージは高い宿主認識能をもち，特定の菌株のみに感染する．チーズ製造ではタイプの異なる単一菌株のスターターを2種類以上組み合わせて系列をつくり，2〜3日ごとにこの組合せを変えて汚染を防止する．その他の対策として，工場やその周辺を微生物学的に清潔に保ち，容器の清浄化や加熱殺菌，薬剤使用の殺菌を完全にすることが大切で，雑菌防除も溶原菌防止に役立つ[24]．ファージを失活させるには75℃以上の加熱が必要とされており，バルクスターターは90℃で30分または115℃で90秒殺菌した乳から調製する．設備，器具表面，空気中などのファージの殺菌には，次

亜塩素酸ソーダ溶液が効果的である[25]．

〔上門英明〕

文　献

1) 永井幹美ほか：食品衛生研究, **52**(10), 55-60, 2002．
2) 足立有佳里ほか：食品衛生研究, **52**(4), 105-114, 2002．
3) 永宗喜三郎, 本田武司：日本食品微生物学会誌, **13**(2), 55-61, 1996．
4) 厚生労働省医薬局食品保健部長通知：食発第1220004号, 平成14年12月20日．
5) 小久保彌太郎編：現場で役立つ食品微生物Q&A, pp.41-72, 中央法規出版, 2007．
6) 小久保彌太郎：乳業技術, **49**, 24-37, 1999．
7) 厚生省生活衛生局乳肉衛生課長通知：衛乳第169号, 平成5年8月2日．
8) 厚生労働省医薬局食品保健部長通知：食発第1220004号, 平成14年12月20日．
9) *Bulletin of the IDF*, No.275, 32, 1992．
10) *Bulletin of the IDF*, No.357, 3-20, 2000．
11) 田中光幸, 松岡正明：ビバレッジジャパン, No.180, 79-85, 1996．
12) C. Iversen, *et al.*: *Int J. Syst. Evol. Microbiol.*, **58**, 1442-1447, 2008．
13) 五十君靜信：食品衛生学雑誌, **48**(3), 229-233, 2007．
14) H. L. Muytjens: *J. Clin. Microbiol.*, **26**, 743-746, 1988．
15) WHO: Microbiological Risk Assessment Series, No.10, 2006．
16) 石田和夫：食品衛生学, pp.53-56, 東京教学社, 1999．
17) 厚生省保健医療局感染症対策室長ほか通知：健医感第71号, 昭和62年10月20日．
18) 厚生労働省健康局水道課長ほか通知：健水発第1208001号, 平成18年12月8日．
19) *Bulletin of the IDF*, No.302, 6-10, 1995．
20) 三河勝彦, 有馬俊六郎：乳技協資料, **34**(1), 1-16, 1984．
21) 清水　潮：食品微生物I－基礎編　食品微生物の科学, pp.39～48, 幸書房, 2001．
22) 石田和夫ほか：食品衛生学, pp.9～24, 東京教学社, 1999．
23) 細野明義編：畜産食品微生物学, p.93, 朝倉書店, 2000．
24) 好井久雄ほか：食品微生物ハンドブック, p.470, 技報堂出版, 1999．
25) *Bulletin of the IDF*, No.263, 24-28, 1991．

3. 異物対策

3.1 異物混入防止の基本的考え方

　異物とは食品衛生法に「不潔,異物の混入又は添加その他の事由により,人の健康を損なうおそれがあるもの」と規定されるように,昆虫類,金属片,ガラス片など食品衛生上有害または危険と考えられる異物や,食品そのものの焦げなど,異物の種類は多岐にわたる.さらに,異物は原料,包材,製造工程に至るあらゆる段階に存在しており,異物混入を防止するためには,異物の種類と特性を調べ,混入防止,除去の目標を絞ることが重要である.

　異物混入防止対策の基本的な考え方は,①異物を持ち込まない,②異物を発生させない,③混入したものを除去する,という3点にある.①異物を持ち込まない,②異物を発生させないための対策には,時計・ピアスなどの装身具の持込み禁止,クリップ・画鋲・ホチキスの針・カッターナイフ・シャープペンシルの使用禁止,毛髪・体毛などのように人体から出る異物混入の防止,といった従業員の個人衛生に関するものや,タンク内のピンホール,メカニカルシールなどの損耗・劣化状態の点検,ガスケットの劣化やろ過フィルターの破損の点検といった製造設備の保守・点検に関するものがある.また,③混入したものを除去するための対策は,万が一異物が発生した場合も最終製品に混入させない,あるいは混入したものを除去するものである.

　乳業技術においては体細胞や搾乳した生乳に混入している畜舎のゴミなどからなる異物および固形粒子を除去するために,古くからフィルターやクラリファイアーが使用されてきた.今日では,フィルターやクラリファイアーのほかに,「磁性による分離」「金属検知」「X線」「画像分析」などの方法があり,異物混入防止設備は進歩を続けている.ここでは,③混入したものを除去するための対策として「フィルター」「マグネットフィルター」「金属検出機」「軟X線異物検出機」に関して説明する.

3.2 異物混入防止技術

3.2.1 フィルターろ過
a. フィルターろ過

　フィルターは定格以上の大きさの異物を通過させない性質があり,金網の目開きの大きさで捕捉できる異物の大きさが決まる.この目開きの大きさを,"メッシュ"という単位で表し,メッシュという単位は,1インチ(25.4 mm)の中に升目がいくつあるかを意味する.

　サニタリーラインフィルターは液体中の異物を除去する目的で,液体プロセスラインで多く使用されている.たとえば,受乳ローリーからストレージタンクへの払い出しライン,ストレージタンクから殺菌機への送りライン,サージタンクから充填機への送りラインにそれぞれ取り付けられている.以前は金網をはんだづけしたものが使用され,はんだづけがすぐはずれ修理していたが,最近は焼結処理を施した金網フィルターやノッチワイヤー,あるいは電子ビームフィルター(electron beam perforation フィルター:EBP フィルター)が使用されている.

　1) 焼結金網フィルター　焼結金網フィルターには単層金網を重ねたものを炉に入れて加圧焼結したものや,単層金網に補強材としてパンチングプレートを加圧焼結したものがある(図 3.1).代表的なフィルターであるが,積層構造のため層内に固着した異物の洗浄性が悪い.メッシュが細かくなると線径が細くなり破損しやすい.繰り返し使用していると目開きが大きくなり,ろ過性能

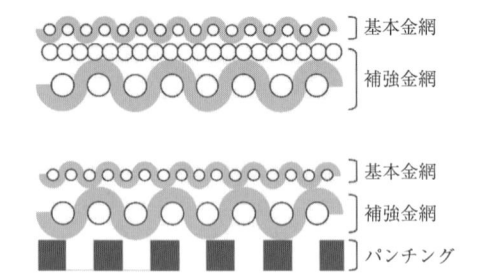

図 3.1　焼結金網フィルターの構造

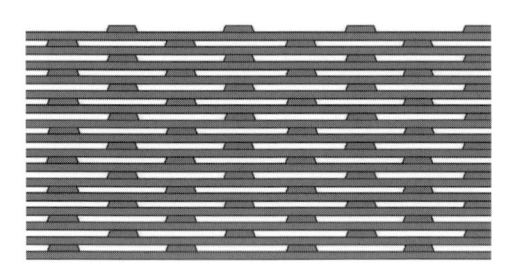

図 3.2　ノッチワイヤーフィルター

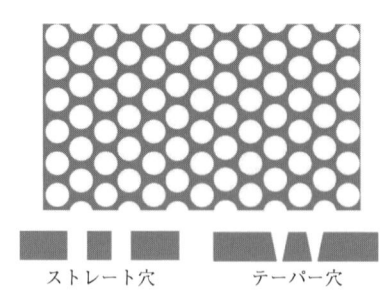

図 3.3　EBP フィルター

が低下する，などの欠点がある．

2) **ノッチワイヤーフィルター**　ノッチワイヤーフィルターは円筒状のフレームにノッチワイヤー（突起をもったステンレスワイヤー）を巻き付けたものである（図3.2）．単層構造であるため，焼結金網より洗浄性が高い．しかし，1本のワイヤーで製作されるため，破損しやすく1カ所切れると巻き直しが必要となる．衝撃に弱く，洗浄時の取扱いが難しい．横方向の目開きが大きく，同じメッシュ数の単層金網フィルターと比較して通過する異物の対象は多い，などの欠点がある．

3) **EBP フィルター**　EBP フィルターは1枚の薄い金属板に数千パルスの電子ビームを放出することで穴あけ加工される．この穴あけ加工の精度はきわめて高く，穴の断面はストレートあるいはテーパー形状（図3.3）のどちらかを選択して加工できる．金属板に穴あけ加工をしているため，ワイヤーを使用している金網式やノッチワイヤー式に比べ丈夫である（図3.3）．また，単層の穴あけ加工で補強材も使用しないため，洗浄性が高いという特徴がある．

b.　**マグネットフィルター**

液体プロセスラインではフィルターにより異物を除去する．しかし，フィルターの設置ができない固形物が添加されるラインや，目開きの細かいフィルターを設置できない粉乳のラインなどでは，金属異物の除去にマグネットフィルターが使われている．

マグネットフィルターとは，磁石を用いて金属系異物，特に鉄を含有する金属系異物類を分離する装置である．サニタリーラインでは磁性をもたないオーステナイト系のステンレスが使用されているが，ショックや摩擦を受けると，磁性をもつマルテンサイト系へ組織変化を起こすため，このような金属も除去することが可能である．フィルターという言葉を用いているが，一般的なフィルターのような形状ではなく，永久磁石を利用した装置である．

マグネットフィルターは永久磁石とヨーク（磁力を遮断して磁力線をN極とS極に近づけることで吸着力を増幅させるもの）を用いた構成からなる．最も基本的な構成は，永久磁石とヨークにより構成された棒状のマグネットモジュールで，バーマグネットと呼ばれるものである．バーマグネットは，図3.4に示すように磁極を対極するような構造になっている．このように，きわめて強い反発力をステンレスチューブに閉じこめることで，ヨークを通してより磁束が空間に広がるように設計されている．バーマグネットでは磁石によって発生した磁束はヨークを通って表面から空間に出る．これにより磁気的に反応する鉄系の磁性金属異物は，バーマグネットに吸着する．

3.2.2　金属検出機

金属検出機は，その名の通り被検査物中に混入

3. 異物対策

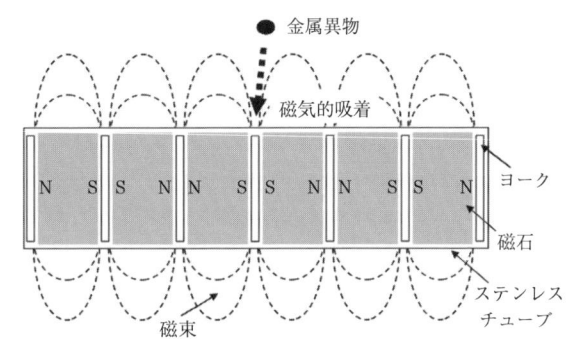

図 3.4 バーマグネット

した金属異物を検出する装置である.

金属の検出原理は図 3.5 に示すように,検出部は高周波電流が通電された 1 個の発信コイルと 2 個の受信コイルとから構成される.被検査物が通過しない場合は両受信コイルに誘起する高周波電圧は等しい($E_1 = E_2$).金属を含む被検査物が通過した場合 2 個の電圧の差が出力電力となる($E_1 - E_2 = \Delta E$).

鉄と非鉄金属の検出原理があり両者はまったく異なる.鉄のような磁性金属が検出部を通過すると電磁束が金属に集中するため,いままで通過していなかった電磁束が一方の受信コイルを通過し,受信コイル間に出力電圧が生じる($E_1 - E_2 = +\Delta E$).ΔE が増加電圧として検出される(図 3.6 左).

一方,非磁性金属では電磁束により金属内に渦電流が発生し,渦電流のエネルギーとして電磁束は消費される.このため受信コイルを通過する電磁束が少なくなり,受信コイル間に出力電圧が生じる($E_1 - E_2 = -\Delta E$).ΔE が減少電圧として検出される(図 3.6 右).

磁界中で磁性金属は磁束密度の大きさに比例して,より多くの磁束を引き寄せる.一方,非磁性金属では,磁束密度の変化量の大きさに比例して,その変化を打ち消す方向の渦電流が多く流れエネルギーとして消費する.以上のことから,金属のみに目を向けると磁界周波数を高周波化し,その磁界の振幅を大きくすることで,磁性金属,非磁性金属ともに高感度で検出することが可能となる.しかし,被検査物となる製品も金属と同

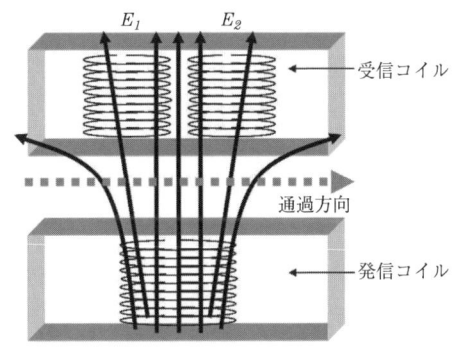

図 3.5 金属の検出原理

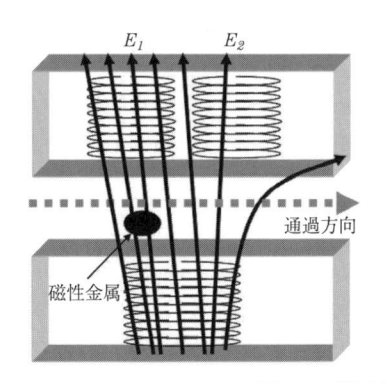

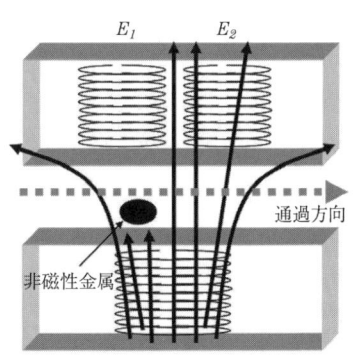

図 3.6 磁性金属と非磁性金属

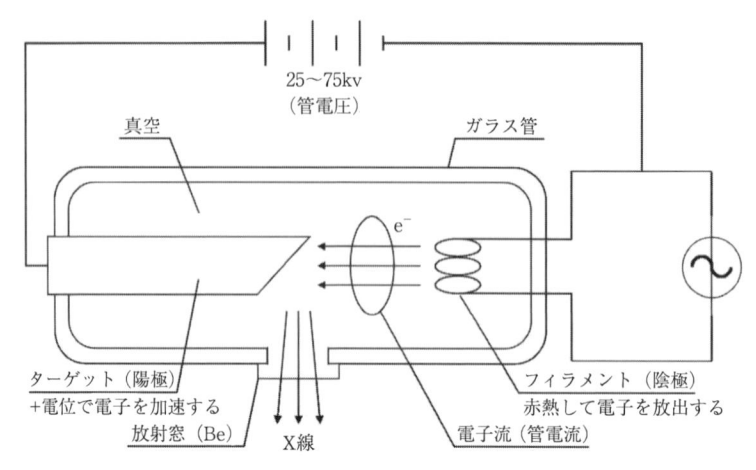

図3.7 X線管

様，その成分により交流磁界を乱すため，振幅や周波数を必要以上に上げると金属混入のない被検査物を誤検出する場合がある．たとえば牛乳中の水分は導電性を与えるため，非磁性金属成分としての振舞いをする．また，包装材料に関しても同様であり，アルミ蒸着包装やアルミ箔包装などの金属性の包装材料を使用した場合，誤検出を防ぐため検出感度を調整する必要がある．

以上のように，金属検出機は検出感度を高くできないという欠点があったが，最近ではより高感度で製品による信号を軽微にとどめた機器や非磁性体金属を電磁誘導により検出する機器も開発されている．

3.2.3 軟X線異物検出機

X線は，波長が短いほどエネルギーが大きく，物質を透過する能力も高くなる．一般に，管電圧が100kv以下の波長の長いX線を「軟X線」と呼び，食品の異物検査ではこの「軟X線」が主に使われている．「軟X線」は食品への吸収率が高く，同様に混入異物への吸収率も高いため，X線の透過作用を利用した食品の異物検査に最適である．一方，エネルギーが高い硬X線は透過力も高いため，工業用として利用されている．

X線を発生させるためには，「X線管」という2極真空管を使用する．X線管は図3.7に示すように陰極と陽極を対向させた真空管で，陰極には電子を放出させるためのフィラメントを設け，陽極には陰極から放出された電子を衝突させるためのタングステンが埋め込まれている．フィラメントから放出された電子は，陰極・陽極の両極間に印加された高電圧で加速され，タングステンでできたターゲットに衝突してX線に変換される．

X線による食品の異物検出では，透過X線量の測定部に「半導体型ラインセンサ」を使用した方法が用いられる（図3.8）．この方法は，X線管球から発生したX線を特殊なスリットを通すことにより，細い線状ビームに絞りコンベア上を通過する被検査物に連続照射する．次に被検査物を透過したX線をラインセンサで受光して画像に変換する．被検査物に混入した異物では，密度の違いによりX線の透過量が異なることから，被検査物との違いを画像解析し混入異物を自動検出するものである（図3.9）．

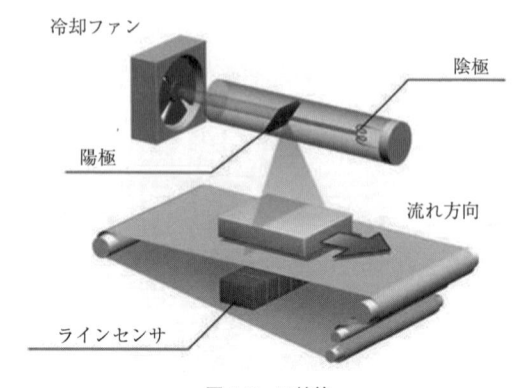

図3.8 X線管

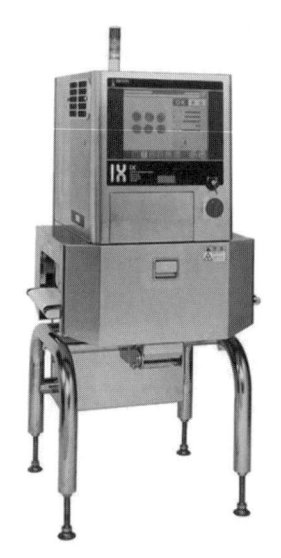

図3.9 X線異物検出機

X線は,物質の密度が高いほど透過率は低くなるという性質をもっている.X線異物検出機は,被検査物の画像を生成するときに,X線透過率の高い部分を薄く明るく表示し,透過率の低い部分を濃く暗く表示するようになっている.食品と異物の密度の差が大きいほど,画像上の濃淡偏差が明確に現れ,異物は検出しやすくなる.

金属検出機と比べると,①金属以外の異物の検出もできる,②検出性能に塩分や水分など製品の影響を受けにくい,③アルミ系包材の商品や金属製の缶詰でも検査ができる,④画像で異物の形や位置がわかる,⑤検査した全商品の画像などの記録を保存することによって商品のトレーサビリティーがとれる,という利点がある.

X線異物検出機は金属検出機にはない機能を多々有しているため,今後ますますX線異物検出機の利用価値は向上するものと思われる.

〔朽木健雄〕

文　献

1) 嶌田征浩：食品機械装置, 4, 70, 2005.

4. 品質管理

4.1 HACCPの基本

4.1.1 HACCPとは

HACCPはHazard Analysis and Critical Control Point（危害分析及び重要管理点）の略で，1960年代に米国において宇宙食の衛生管理手法として開発され，その後発展しCodex（FAO, WHO合同食品規格）からガイドラインとして発行された食品の衛生管理システムに関する国際的な標準である．わが国では1995年の食品衛生法の改正によりHACCPの概念を取り入れた「総合衛生管理製造過程（製造又は加工の方法及びその衛生管理の方法について食品衛生上の危害の発生を防止するための措置が総合的に講じられた製造又は加工の工程）」の承認制度が定められた．

4.1.2 HACCPのしくみ

最終的な製品の品質を検査によって完全に保証するためには，製品のほとんどを検査に用いることになり現実的でない．このため，製造される食品において発生する可能性のある危害をあらかじめ予測して，各製造工程において危害を防止するための重要な管理ポイントを明確にする．そのうえで，管理のために設定された基準が製造時に確実に守られているかをモニタリング，改善，検証，記録することで食品の安全性を侵す可能性のあるハザードの発生を限りなく最小限にするためのシステム（HACCP）が設計された．すなわち，HACCPは製造工程管理を通して製品の安全を確保するシステムである．

HACCPでは「HACCPの7原則」と呼ばれる以下に示す七つの原則に基づいた管理体制の構築が必要である．①危害分析：各製品において発生の恐れのあるすべての食品衛生上の危害原因物質を明確にし，それらの危害が発生する工程ごとに発生原因，発生を防止するための措置を明らかにする．危害は食品を摂取することによる健康被害を与えるものであり，食品衛生に係る科学的知見や食品事故発生例のデータなどをもとに特定される．危害は，病原菌，ウイルス，寄生虫などの生物学的危害，微生物産生毒素，抗生物質などの化学的危害，ガラス片，金属片などの物理学的危害に分類される．②CCP（critical control point：重要管理点）の設定：危害分析の結果，明らかになった危害の発生を防止するために特に重点的に管理するべき工程を重要管理点（CCP）として定める．③CL（critical limit：管理基準）の設定：CCPにおいて危害を防止するために設けた装置の運転条件，原料や中間製品の保存温度など，監視のために設定した数値などの基準を設定する．たとえば，病原性微生物を危害物質として設定し，殺菌工程をCCPに設定した場合，殺菌温度・時間についての基準をいう．④モニタリング方法の設定：CCPが設定されたCLにしたがって管理されているかを，監視，確認する検査・試験方法を決定する．⑤改善措置の決定：モニタリングにより基準の逸脱が判明した場合のとるべき改善措置を決定する．⑥検証方法の設定：定期的にHACCPシステムが的確に機能，運用されているかを確認し，修正の必要性を判断する方法，手順，検査・試験について設定する．⑦記録の維持管理：検証結果などを含めてシステム全体についての記録方法，書式を規定し，それに準じて記録し保管する．記録，保管はHACCPにおいて自主管理の貴重な証拠として重要な項目であり，またシステムの見直しおよび万一の事故発生時の対応にとって，有効な判断材料となる．

HACCPの導入においては，これら七つの原則における条件を満たす体制づくりが必要となる

が，Codex のガイドラインにおいて，実際に導入するに当たっての作業に必要な手順が「HACCP システムの 12 の手順」として示されている．これらは，①HACCP チームの編成，②製品（原材料を含む）の記述：HACCP システムを導入する製品の種類，原材料，特性などの記述，③製品の使用方法についての記述：そのまま摂取するか加熱後摂取するのか，販売対象者などの用途について記述，④製造工程一覧図（フローダイアグラム），施設の図面および標準作業手順書の作成，⑤製造工程一覧図（フローダイアグラム），施設の図面および標準作業手順書の現場における確認，⑥〜⑫は「HACCP の 7 原則」に準じる．

4.1.3　HACCP の前提条件

HACCP システムによる衛生管理を効果的に機能させるために，前提となる衛生管理の基礎として整備しておくべき PRP（prerequisite program）といわれる一般的衛生管理プログラムが必要となる．PRP では，①施設設備，機械器具の衛生管理，②施設設備，機械器具の保守点検，③従事者の衛生教育，④従事者の衛生管理，⑤そ族昆虫などの防除，⑥使用水の衛生管理，⑦排水および廃棄物の衛生管理，⑧食品などの衛生的な取扱い，⑨製品の回収方法，⑩製品などの試験検査に用いる機械器具の保守点検，に関して，実施担当者，作業内容，実施頻度，実施状況の確認および記録の方法を記載した文書を作成し，周知徹底させることが必要とされている．

4.1.4　乳および乳製品の HACCP

食品衛生法第 13 条［総合衛生管理製造過程に関する承認について］において，「厚生労働大臣は，第 11 条第 1 項の規定により製造又は加工の方法の基準が定められた食品で，政令において定めるものについては，総合衛生管理製造過程を経て製造しようとするものから申請のあった時は，製造し，又は加工しようとする食品の種類及び製造又は加工の施設ごとに，その総合衛生管理製造過程を経て製造することについての承認を与えることができる」と規定されている．乳，乳製品に関しては，①牛乳，山羊乳，脱脂乳及び加工乳，②クリーム，アイスクリーム，無糖練乳，無糖脱脂練乳，脱脂粉乳，発酵乳，乳酸菌飲料及び乳飲料，が政令で定められた製品である．総合衛生管理製造過程に関する承認制度はメーカーに HACCP システム（総合衛生管理製造過程）の導入を義務づけたものではなく，メーカーの自由意思により，ある製品製造の衛生管理に HACCP システムを取り入れた場合，その内容を文書化して厚生労働大臣に申請し承認を得ることができる．乳及び乳製品の成分規格等に関する省令（乳等省令）に定められた製造方法の基準に適合していない製造方法の場合においても，総合衛生管理製造過程承認に関する厚生労働省令で定める基準に適合していれば承認を得ることができる．

乳および乳製品については，乳等省令の第 4 条に承認に必要な申請について定められている．また，申請に必要な資料が乳等省令の別表 3 に示されており，「HACCP の 7 原則」および「HACCP の 12 の手順」で要求されている事項が主なものとなっている．危害については，牛乳，加工乳およびクリームでは，①異物，②エルシニア・エンテロコリチカ，③黄色ブドウ球菌，④カンピロバクター・コリ，⑤カンピロバクター・ジェジュニ，⑥抗菌性物質（化学的合成品であるものに限る），⑦抗生物質，⑧殺菌剤，⑨サルモネラ属菌，⑩洗浄剤，⑪動物用医薬品の成分である物質，⑫病原大腸菌，⑬腐敗微生物，⑭リステリア・モノサイトゲネス，が「食品衛生上の危害の原因となる物質」として定められ，これらの危害となる物質を含まない場合にあっては，その理由を明らかにすることが規定されている．また，他の乳製品では添加物が，アイスクリーム類においてはアフラトキシン（原材料であるナッツ類に含まれるものに限る）も危害原因物質として定められている．これらの危害についての，発生要因，防止措置，CCP（重要管理点），CL（管理基準），管理基準の確認方法，改善措置，検証方法，文書記録について文書化しわかりやすくまとめていくこと

が重要である．

4.2 規格，基準，標準

乳・乳製品の安全，品質を確保し，ねらい通りの品質の製品を製造するためには，原材料の品質，製造方法，製造工程の管理，製品検査および識別手順などが適切なものでなければならない．このため，これらを確実に実施するうえに必要な規格，基準などが設けられる．

4.2.1 製造基準

製造基準は，製造する製品の仕様を明らかにして，顧客のニーズに合い，かつ法令や業界の自主基準などに適合した安全で高品質な製品を安定的に製造するための基準を定めたものである．

製造においては，乳及び乳製品の成分規格等に関する省令（乳等省令）で定められた製造方法の基準，容器包装の規格基準および食品衛生法で定められた添加物の使用基準など，その他随時行われる法令，省令などの改正に関する通知，情報，各業界のガイドラインなどの内容を正確に理解して，法令を遵守した製造条件を設定しなければならない．また，乳等省令の成分規格，公正取引協議会公正競争規約の表示基準，栄養表示基準などについても違反が生じないような製造条件が必要である．

ISO9001/JIS Q9001においては，7.「製品実現」で製品を製造するに当たって必要なプロセスを計画して構築することが要求されており，この中には原材料から最終製品までの製造工程を工程図などで明確にしておくことも含まれている．ISO22000では，7.3.5「フローダイアグラム，工程の段階及び管理手段」において，a)作業におけるすべての段階の順序及び相互関係，b)アウトソースした工程及び下請作業，c)原料，材料及び中間製品がフローに入る箇所，d)再加工及び再利用が行われる箇所，e)最終製品，中間製品，副産物及び廃棄物をリリース（次工程への引渡し又は出荷）又は除去する箇所，をフローダイアグラム（製造工程の流れ図）に示すことを規定している．また，HACCPの12手順の4手順目「製造工程一覧図及び施設の図面の作成」にも含まれている．これらのISO9001/JIS Q9001，ISO22000およびHACCPに示された内容を参考にし，各製品を製造する際に必要な事項を盛り込んだ基準を作成し文書化する．

製造基準には，一般的に製品名，種類，使用原材料，原料配合割合，工程のフローダイアグラム（製造工程図），標準組成，特性値，表示事項および製造上のポイント，設定年月日などが記載される．使用原料については，原料規格を別途作成し，使用する原料が原料規格のどの原料に該当するのか，誤りが生じないように番号をつけてその番号を製造規格に記載するとよい．包装材料についても，原料と同様に実施する．原料配合割合は製造規模に合わせ，たとえば製品100 kg当たりの各原料の配合量をkg，gなどで記載する．工程のフローダイアグラムは前述したISO22000の7.3.5「フローダイアグラム，工程の段階及び管理手段」に準じて，原料の計量，溶解，殺菌，冷却，貯蔵，ろ過，各原料の混合，各原料混合後の

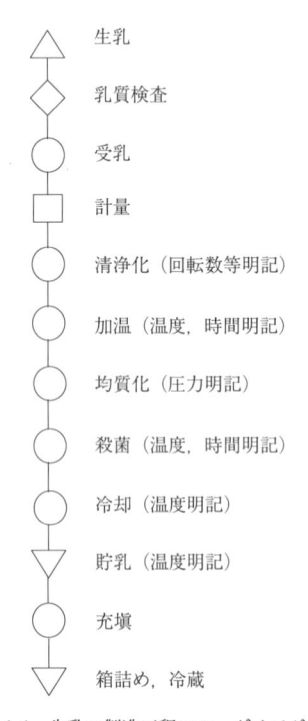

生乳
↓
乳質検査
↓
受乳
↓
計量
↓
清浄化（回転数等明記）
↓
加温（温度，時間明記）
↓
均質化（圧力明記）
↓
殺菌（温度，時間明記）
↓
冷却（温度明記）
↓
貯乳（温度明記）
↓
充填
↓
箱詰め，冷蔵

図4.1 牛乳の製造工程フローダイアグラム

殺菌，冷却，均質化，貯蔵，充塡，検査，再利用可能品の排出，再利用品の混合などについて，JIS Z8206「工程図記号」などを参考に，各工程の順番，混合箇所などがわかりやすいように流れ図にして示す．殺菌，冷却，均質化，ろ過条件などについても，フローダイアグラム中で概略を示すか，別途，製造上のポイントの項目または工程管理基準の中で記載する．標準組成は脂質，タンパク質，炭水化物，灰分，水分含量(%)および必要に応じてエネルギーを示す．製品の特性に応じてpH，酸度，硬度，糖度などの特性値についても示す．表示については，法令上必要な内容および実際に表示する内容を記載する．製造上のポイントには，殺菌温度，時間などの各工程の条件を記載するが，別途，工程管理基準の中で記載する場合もある．参考に牛乳製造工程のフローダイアグラムを図4.1に示した．

4.2.2 原材料品質基準

原材料品質基準は，原材料の新規採用から日常の使用に当たっての検査など，安全で高品質な原材料を使用するために必要な基準を定めたものである．

ISO9001/JIS Q9001の7.4.3「購買製品の検証」では「組織は，購買製品が，規定した購買要求事項を満たしていることを確実にするために，必要な検査又はその他の活動を定めて実施しなければならない」とされており，規格に適合していることが確認された原材料を用いることが要求されている．

原材料の新規採用時には原材料について入念な検証を行い，採用の可否を判断することが必要であり，また採用後は受入検査および定期検査により，使用する原材料が規格に適合し安全であることを確認しなければならない．これらについて確実に実施する目的で下記に関する基準が一般的に作成され文書化される．

①新規採用時の採用可否に関する判定基準（検証項目，必要な審査書類など）
②各原材料についての規格基準（規格値など）
③各原材料についての検査基準（検査項目，検査方法，検査頻度など）
④原材料検査における判定基準（判定責任者，報告経路など）
⑤不適合品の取り扱いに関する基準（保管場所など）

新規原材料採用時においては，①食品衛生法などの規格・基準を満たしているか，②異物が含まれていないか，③有害物質が含まれていないか，④微生物について規格を満たしているか，⑤残留農薬などについて基準（ポジティブリスト制度）を満たしているか，⑥該当する特定原材料など（食物アレルゲン）が含まれているか，⑦遺伝子組換え原料が使用されているか，⑧適切な風味，臭気を有しているか，などをきめ細かく検証しなければならない．これらは，原材料供給元への品質規格書の提出請求およびその内容確認，原材料供給元からのサンプル検査など，品質管理，検査，製品開発，原材料購買部門などの連携が必要であり，各部門の役割分担，手順，提出請求する規格書記載内容，検査項目，判定基準などについて基準に定めておく．

採用後の原材料についても，新規原材料採用時と同様な項目をチェックするための検査体制を整備しておくことが重要であり，検査項目，検査頻度，検査方法，判断基準，検査担当部門などについて基準を定めておく．検査体制の整備については，経済的・物理的に困難な場合があるので，必要に応じて公的分析機関の検査証明書の提出を原材料供給先に要求することも有効な手段である．また，品質強化のうえで，定期的に原料供給先の製造工場を訪問し，工程管理，品質管理，製造環境，異物混入防止対策およびトレーサビリティの状況をチェックすることも重要であり，これらについても，チェック項目などの基準を作成しておくとよい．

原材料の規格基準は，食品原料，食品添加物などの原料資材と容器包装などの包装資材に分けて設定すると管理がしやすい．いずれについても，食品衛生法などの関連法令，通知，条例および各業界の自主規制基準に則した基準を作成することが大前提であるが，自主的に厳しい基準を設定す

る場合もある．

原料乳の受入れについては，受乳場の整備，原料乳検査，判定基準と対応などについての基準を定めておく．

原料資材については，製品の主原料として使用する食品原料などのほかにも，加工助剤として使用するイオン交換樹脂，活性炭などや洗浄時に使用する洗剤，殺菌剤についても品質基準を設定し，管理・記録することに留意すべきである．また，製造用水については条例などに従い，定期的に水質検査および水質確認を実施し，食品衛生法の「飲用適の水」に合致していることを確認する必要があり，これらについての基準も定めておく．包装資材については，製品を包装する容器包装（内装，外装など）のほかにも，製造工程において製品に直接接触する，ホース，配管，パッキンなどについても，品質基準を設定し，管理・記録することが重要である．

原材料品質基準は，原材料の品質管理の目的を十分に理解したうえで設定することが必要であり，法令遵守のもと，安全で高品質な原材料を使用することを念頭におき，法改正時はもちろんのこと，定期的に見直しを実施し，時代に則した基準を設定すべきである．

4.2.3 工程管理基準

工程管理基準は，製造工程における品質の維持向上と製造作業の管理の基本を定めるものである．

ISO9001/JIS Q9001の7.5.1「製造及びサービス提供の管理」では，「組織は，製造及びサービス提供を計画し，管理された状態で実行しなければならない」が規定されており，製造工程管理のため，設備の適切な状態での管理および作業手順書の整備などが要求されている．また，HACCPシステムの7原則，12手順において，CCP（重要管理点）の設定，CL（管理基準）の設定，モニタリング方法の設定が定められており，これらの考え方をもとに，工程管理に必要な基準が作成される．ただし，ISO22000やHACCPシステムは健康被害の発生を防ぐためのシステムであるので，風味，組織，色調などの危害要因以外に影響する工程などについての管理も含めた総合的な品質を考慮した工程管理が必要である．

工程管理基準は通常，品質に影響する製造工程における作業方法，判定基準，使用する設備・計測機器，作業環境など，管理された条件下で製造を行う手順を図表やフロー図を用いて文書化される．すなわち製造の流れに沿って，①原料受入時の保管条件や検査内容，②原料溶解時の溶解水温度，原料投入順序，③均質化圧力と温度，④クラリファイヤーのろ過条件，⑤加温保持温度と時間，⑥殺菌温度と時間，⑦冷却温度，⑧中間製品の検査，⑨貯蔵温度，⑩充填条件，⑪印字，⑫箱詰め，などにおける運転条件，注意事項を記載する．これらの条件はHACCPシステムの考え方に準じた危害発生防止条件や風味などに与える影響などの実証データをもとに決定された条件で科学的に実証されたものでなければならない．

また，食品製造において工程管理の前提条件として遵守しなければならない一般衛生管理事項についても文書化することが重要である．ISO 22000の7.2「前提条件プログラム」においては，①作業環境を通じた，製品への食品ハザード混入の起こりやすさ，②製品間の交差汚染を含む，製品の生物的，化学的及び物理的ハザードの混入（汚染），③製品及び製品加工環境における食品安全ハザードの水準，の基本的な衛生的な環境を管理するための前提条件プログラム（PRP）を確立することが定められており，①購入した資材（原料，包材など），供給品（水，蒸気など），廃棄（廃棄物，排水）および製品の取扱い（保管，輸送）の管理，②清掃・洗浄および殺菌・消毒，③そ族，昆虫などの防除，④要員の衛生などを考慮することが定められている．すなわち，①原料乳の受入に関する基準，②製造用水の水質に関する基準，③装置，機械の洗浄に関する基準，④装置や機械のメンテナンスや定期点検に関する基準，⑤ペストコントロール（防虫，防鼠）に関する基準，⑥原材料の保管，使用および取扱いに関する基準，⑦アレルゲン管理に関する基準，⑧製造区画や清浄度に関する基準，⑨清掃に関する基

準，⑩廃棄物，排水の衛生管理に関する基準，⑩要員の着衣等に関する基準，⑪異物混入防止に関する基準，⑫要員の衛生管理に関する基準，などを作成する．これらは，総合衛生管理製造過程の一般的衛生管理に関する申請書記載項目とほぼ同様の内容となる．

4.2.4 製品検査基準

製品検査基準は，目的とする品質および特性を各製品が保有しているかを検証するために実施される検査および試験について定めたものである．

ISO9001/JIS Q9001の8.2.4「製品の監視及び測定」では，「組織は，製品要求事項が満たされていることを検証するために，製品の特性を監視し，測定しなければならない．監視及び測定は個別製品の実現の計画（7.1参照）に従って，製品実現の適切な段階で実施しなければならない．合否判定基準への適合の証拠を維持しなければならない」などが定められており，原材料の受入検査・試験，工程検査・試験，最終製品の検査・試験を実施することおよび合否判定基準に基づいた判定が行われ，その結果を証拠として記録することなどが要求されている．HACCPシステムの7原則，12手順の「モニタリング方法の設定」では，原材料，中間製品および最終製品において目的とする品質が確保されているかを検証するため，検査・試験による確認が求められており，検査・試験方法は，客観性および正確性のあることが必要とされている．これらに規定されているように，製品の品質確認や検証には，的確な分析および試験が必須であるため，必要な事項を定めた検査基準を作成し文書化する．

出荷の可否を判断するための検査，出荷後に検査結果が判明する製品の品質を確認するための検査，過酷な条件で保存し早期に不良品を検出するための検査，賞味期限を設定するための検査など，おのおのの検査目的に適した検査基準の作成が必要である．さらに，常温流通品，冷蔵流通品，冷凍流通品，無菌充填製品など，それぞれの製品の特徴に適した検査基準の設定が必要となる．（社）日本乳業協会から「乳業工場における自主検査ガイドライン」，（社）日本乳業協会および（財）食品産業センターから「飲用乳における出荷前自主検査ガイドライン」が発行されており，基準類の作成にこれらも参考にするとよい．

乳，乳製品についての検査項目および検査結果判断のための検査規格は，乳等省令で規定された成分規格および公正競争規約の表示基準に適合した成分含量，各製品特有の風味・物性，危害発生の可能性のある有害物質についての規格を設定する．牛乳においては，乳等省令で設定されている，無脂乳固形分，乳脂肪分，比重，酸度，一般生菌数，大腸菌群について乳等省令に準じるか，設備の機能，衛生性や蓄積したデータからの実績などを考慮し，社内規格を設定する．これらの規格のほかに，外観，組織，風味，異物などについても規格を設定し，比重，酸度，脂肪分など，数値化可能な項目は数値で範囲を示し合否を決定できるようにする．風味などについても，国際標準化機構/国際酪農連盟共同国際規格ISO 22935-1～3/IDF 99-1～3：2009（乳・乳製品の官能検査）などを参考に数値化し，客観的に判断できる形で規格を作成することが望ましい．

冷蔵保存飲用乳の微生物検査については，賞味期限設定日前に一般生菌数の規格超過および大腸菌群陽性が発生することがないことを確認できるような，検査基準を設定することが必要である．すなわち，早期に微生物的品質に問題のある製品を把握して，できる限り早期に対応をとれるように，製造直後の製品出荷検査に加え，微生物の生育に適した条件での過酷保存検査の基準を設定する．

製造工程の特徴などにより製造開始品，中間品，最終品での検査実施，充填ノズルごとに検査を実施するなど，検査頻度，間隔についても明確にしておく．また，各工場で実施する検査，社内の検査部門で実施する検査，社外の検査受託機関に委託する検査など，検査内容に応じた検査部門についても設定しておくことが望ましい．

製品検査基準では，各製品あるいは製品群ごとに検査目的を明確にし，検査項目，検査に供する試料数，検査合否の判断基準となる規格，検査頻

度，検査担当部門，検査方法などを定める．製品検査基準はこれらを包括したものとするか，あるいは個別に設定される．また，各検査に用いる検査方法についても検査作業手順書などを作成し正確な検査を実施できる体制を構築する．

4.2.5 識別管理基準

識別とは，「ロットや個体・個別製品及び事業者，場所等を特定できること」であり，識別管理基準は，原料，中間製品，最終製品，配送に至る工程における製品の識別を可能にするために必要な事項を定めるものである．

2003年の食品衛生法改正において，食品衛生法第3条2項に「食品等事業者は，販売食品等に起因する食品衛生上の危害の発生の防止に必要な限度において，当該食品等事業者に対して販売食品等又はその原材料の販売を行った者の名称その他必要な情報に関する記録を作成し，これを保存するよう努めなければならない」と定められ，使用する原材料から製品製造までの各種記録，さらには製品の販売先の記録の作成および保管についての努力義務が設けられた．ISO9001/JIS Q9001の7.5.3「識別及びトレーサビリティ」においては，「必要な場合には，組織は，製品実現の全過程において適切な手段で製品を識別しなければならない．組織は監視及び測定の要求事項に関連して，製品の状態を識別しなければならない．トレーサビリティが要求事項になっている場合には，組織は，製品について一意の識別を管理し，記録を維持しなければならない」と規定されており，原材料の品名，メーカー名およびロット，使用した充填機，タンクなどの装置番号および製造日時，出荷先など，原材料の納入から最終製品に至るすべての工程において，製品を識別するための手順を文書化し維持することが要求されている．

食品のトレーサビリティ（追跡可能性：生産，加工および流通の特定の一つまたは複数の段階を通じて，食品の移動を把握できること）は，日常製造する製品の品質，安全性の確認，万一の事故が発生した際の原料の特定，不良品ロットの特定，事故原因の究明，回収対象製品の特定などに役立つほかに，消費者が安心して食品を購入するための安全性の確認などに寄与するものであり，近年その必要性，重要性が増している．トレーサビリティは識別された記録をもとに行われるものであり，識別に関する基準が作成され，基準にしたがった記載，保管が実施されていることが前提となる．

「食品トレーサビリティシステム導入の手引き」（平成19年農林水産省補助事業　ユビキタス食の安全・安心システム開発事業）においては，識別の際の原則として，①識別単位の定義：必要な各段階における製品及び原料の識別単位を決めること（識別単位は識別する時の単位，追求遡及の単位となる．ロットが単位となる場合と，個体・個別製品が単位となる場合がある），②識別記号のルール：識別記号のルールを決めること（識別記号は識別するための記号），③分別管理：識別された単位毎に製品及び原料を分別管理する方法を定めること，があげられている．飲用乳製品については，識別単位を製造日，充填機，充填ノズル，充填時間帯のような単位に区切り識別し，これらを識別する記号を設定して，記号の印字，製品の分別，保管，出荷および記録などの管理について基準を設ける．　〔長尾英二〕

4.3　マネジメント

4.3.1　ISOの基本

現代の具体的な品質保証システムを説明するうえで，1947年に設立されたISO（International Organization for Standardization，国際標準化機構）の存在を抜きには語れない．ISO設立以前は，世界中の各国がバラバラな規格をもって管理していた．輸出入が活発化する中で輸入製品の規格が異なることは使い勝手が悪く，この弊害を防ぐことを目的として，"世界標準"の考え方が生まれた．世界標準により，製品やサービスの国際的な交換を容易にして，科学・技術・経済などの活動を発展させることが可能となる．

ISO9000シリーズは品質管理と品質保証の規

格を対象としたものであり，個々の製品やサービスの内容に関するものではない．企業組織などの「品質保証体制」について要求すべき事項を定めた国際規格のことである．ISO9000シリーズが問うのは企業が製品（あるいはサービス）を作り出すまでの過程の信頼性である．日本で発展した全社的品質管理（TQC）が"自社の判断で"品質のレベルを定め，あくまでも自社の"物差しによって"品質に自信のある製品を市場に送りだすのに比べ，ISO9000シリーズは企業から製品やサービスの提供を受ける顧客に，「その企業が品質の優れた製品やサービスを産み出す仕組みになっているかどうか」という客観的判断材料を提供することにある．つまり，ISO9000シリーズとは，顧客満足を第一とした品質システムの規格（マネジメントに要求される項目とそのあり方の基準）である．

2005年に規格が発行されたISO22000：2005（食品安全マネジメントシステム・フードチェーン）はHACCP適用の7原則・12手順をマネジメントシステム化したISO規格である．ISO9001があらゆる組織を対象とするのに対し，ISO22000はフードチェーンにかかわる組織に限定されており，「食品安全」を目的としている．

ISO22000は「相互コミュニケーション」，「システムマネジメント」，「前提条件プログラム（PRPs）」，「HACCP原則」の四つの要素を組み合わせたマネジメントシステムの要求事項となっている．一次生産から消費までの，食品およびその材料の生産，加工，配送，保管および取扱いにかかわる一連の段階および活動であるフードチェーン全体の組織に適用することが意図されており，一次食品生産者，輸送および保管業者，小売業などいずれの段階にも適用できるシステムとなっている．

ISOは適合性を審査登録機関が認証する仕組みとなっており，"ISOを取得した"とは，「第三者審査機関による認証」により登録されたことを意味する．ISO取得のメリットとして，①顧客志向の徹底により経営の質が高まる，②顧客による監査やISO取得企業との取引がスムーズになる，③個人ではなく企業としての技術・ノウハウが蓄積されることにより業務の標準化が図られる，④文書管理の改善により情報の集約化を図ることができる，⑤顧客満足度を意識した仕事となり従業員の品質意識が高まる，といったようなことがあげられる．

4.3.2　品質マネジメントシステム

品質マネジメントシステムとは，品質に関して組織を指揮し，管理するためのシステムであり，品質方針および目標を定め，その目標を達成するためのシステムである．

前述のISO9001，ISO22000，HACCPはいずれも品質マネジメントシステムである．独自の品質マネジメントシステムを構築している企業も多いが，いずれもISOやHACCPを基本としたものである．

具体的には，①規格の要求事項に適合するように仕事のやり方を決める，②決められたとおりに仕事を行う，③行った結果を記録として残す，が手順となる（図4.2）．これを基本として，従来は「品質保証を重視した，維持管理型の規格」の傾向が強かったが，ISO9001：2000年版では「品質マネジメントを重視した，継続的改善型の規格」という特徴が強く出ており，最良のマネジメントを実施するための品質マネジメント8原則を「顧客重視の視点」，「リーダーシップ」，「人々の参画」，「プロセスアプローチ」，「マネジメントへのシステムアプローチ」，「継続的改善」，「意志決定における事実に基づくアプローチ」，「供給者との互恵関係」としている．

経営者は，①顧客の期待とニーズを把握して品

---

①"確実に実施すべきこと"（要求事項）を整理し，文書化する
②決めたルールに基づいて仕事をする（決められたとおりに実施）
③実施内容を記録する（証拠を残す）

⇩

第三者審査機関の認証 → 登録
確かな品質，生産性の向上，お客様の安心

図4.2　ISO認証の基本的な流れ

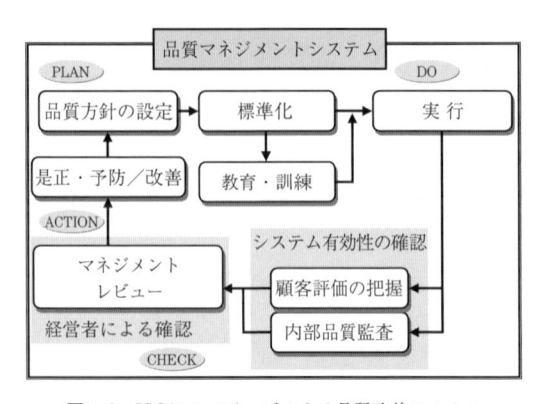

図4.3 ISO9000シリーズによる品質改善システム

質方針を設定し，②これを実現するための活動を推進する．そして，③活動の見直し（マネジメントレビュー）を行いながら，④仕事の進め方を継続的に改善することである（図4.3）．

なお，活動に当たっては，経営者がリーダーシップをとって，人々の参画で推進することが必要であり，経営者の意志決定は常に事実に基づいて行い，供給者である下請けや購買先とは共存共栄の関係を目指すことが求められている．

品質目標を立て，これを実現するように仕事をし，監査によって見いだした課題を改善する，この一連の作業で食品の安全を確保する．これを継続していくことにより，顧客の信頼を得ることが

でき，食の安心へとつながっていく．

4.3.3 重大事故発生時のマネジメント

健康危害を与えるような重大事故の発生に当たっては，健康危害や事故の拡大を最小限にすることを最優先しなければならない．健康危害の大きさや拡大性を判断して，製造者として，顧客に情報を伝えるための手段を検討する．重大で緊急の場合には，報道関係者への記者会見などの報道発表，新聞などへの社告掲載が必要となる．また，健康危害だけでなく，食品衛生法，乳等省令，JAS法などの法令の違反などについても公表することが求められている．

公表時には，事実，原因，再発防止策，商品の措置がわかりやすく伝えられるようにしなくてはならない．しかしながら，緊急性が要求される場合には，これらの情報のすべてが揃うことを待つよりも，伝えるべき内容だけを公表していくことも必要である．

これらのことを迅速に行うためには，危機管理体制を構築しておく必要がある（図4.4）．顧客，流通，工場などからの情報の流れとそれを一元的集約化する対応部署（および責任者）など，必要なルールを決めておき，情報が正確かつ迅速に必

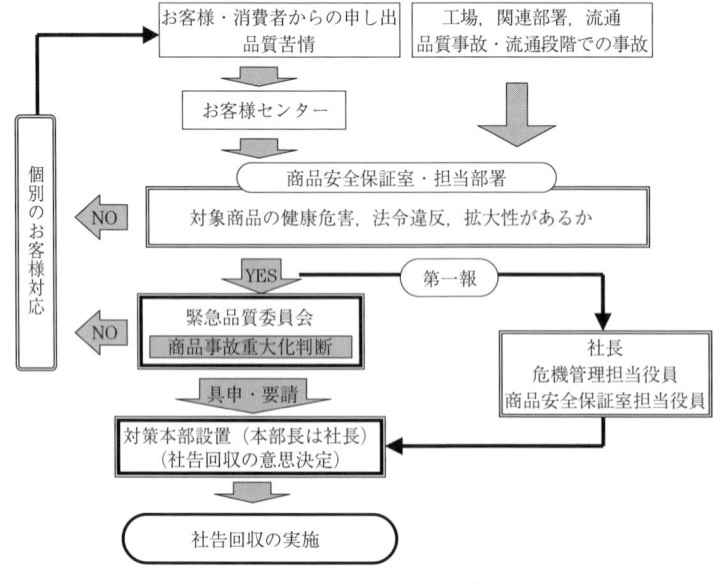

図4.4 商品事故の対応（雪印乳業の例）

要な部署と責任者に伝わるようにしなければならない．重大な品質事故の場合は経営者が正確な情報を把握したうえで報道への対応を行うことが必須である．

重大性判断の基準を決めておき，重大化が予測されるような情報を日頃から早め早めに連絡しておくようにすることは，万一の際の対応を迅速に行うための準備となる．

4.3.4 苦情対応

多くの食品会社では，お客様センターやお客様相談室といった窓口を設け，電話などでの苦情を受け付けている．雪印乳業㈱では2000年の食中毒事件の反省から，すべての苦情をお客様センターに集め，同じロットで同じ内容の苦情があれば，すぐに検知できるようなシステムをとっており，迅速な重大化予測判断を可能とし，日頃からの危機管理体制に結び付けている．このような緊急時の対応に加えて，苦情の集計と分析を行うことが重要である．苦情の内容に応じて，風味組織不良，異物混入，容器不良，容量不足などに分類し，苦情品の検査を行うことにより，製造工程に起因するもの，物流・店舗に起因するもの，顧客に起因するものであるか推定を行う．苦情についての分析を行うことにより，工程の改善，製品の設計と改良，商品への表示などに役立てることは重要なことである．苦情の傾向をとらえることにより，早めに手を打つことも可能となる．

商品知識の不足，商品取扱いの不良など，消費者の勘違いによる苦情も比較的多く，商品とその取扱いに関する情報を商品パッケージ，パンフレット，ホームページ，食育活動など，さまざまな場面で消費者に伝える努力が必要である．

文　献

1) 上月宏司，井上道也：ISO9000入門（やさしいシリーズ1），(財)日本能率協会，2002.
2) 米虫節夫，金　秀哲：ISO22000食品安全マネジメントシステム入門（やさしいシリーズ10），(財)日本能率協会，2004.
3) 食品企業のお客様・事故対応マニュアル作成のための手引き，(財)食品産業センター，2005.

4.4　施設管理

4.4.1　ゾーニング

食品工場における衛生管理の大きな目的は，異物の二次的な混入と微生物の二次汚染の防止である．

殺菌が終わったあとで充填包装される食品は，殺菌操作によって微生物はごく少数か無菌に近い状態に達している．充填包装までの間に二次汚染が起これば，汚染菌にとっては競争相手の少ない状態にあるから，条件さえ整えば一気に増殖することになる．これが病原性細菌であれば重大事故を起こしかねない．したがって，殺菌後から充填包装されるまでの間の二次汚染には細心の注意を払い，徹底した管理が行われるようにしなければならない．

微生物の汚染経路は，空中から落下してくるものと，ヒトや物との直接接触によるものとに大別されるから，製造環境や機械器具およびヒトからの汚染を防ぐことが重要になる．

(1) 環境整備：作業環境を清潔度によって区分けする．特に殺菌工程以降の汚染を防ぐためには作業員の動きや器具の移動などにも注意が必要である．

(2) 洗浄殺菌：特に殺菌工程以降に食品に触れる機械器具などが汚染源にならないように洗浄と殺菌の管理が求められる．

(3) 個人衛生：作業者自身が細菌の運び屋になっていることを認識し，決められたルールを遵守することが求められる．

食品工場内には，原料の受入れから調合，加工（殺菌），充填包装，製品保管といった工程の流れがある．特に，殺菌後から充填包装に及ぶ施設は汚染を防止するうえで重要となるから，製造環境を清潔に保っておく必要がある．工場内を清潔度によって，物理的障壁などを設けて区画分け（ゾーニング）する（図4.5）．特に充填包装工程などを「清潔作業区域」として重点管理し，作業員の出入りや空気の流れも含めて厳重に管理する．清潔作業区域へ入室する前には，エアシャワー室

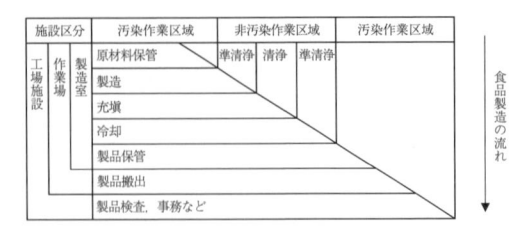

図4.5 製造工程の作業区分と食品製造の流れ

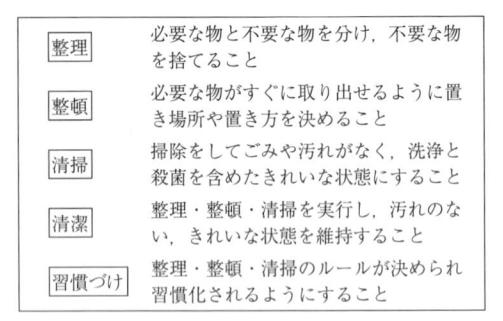

図4.6 5S活動の徹底

や靴の履替え場などが設置されている．これらが菌を持ち込まないためのバリヤーである．エアシャワーを浴びて毛髪やゴミなどの異物を落とし，土や土に含まれる細菌を持ち込まないために靴を履き替えて入室する．また，入室する際の手洗いも手についた細菌を持ち込まないためのバリヤーである．

工場内を清潔度に応じて区画分けするのは，原材料から製品への直の汚染あるいは作業員の取扱いを介しての汚染，いわゆる交差汚染の防止に欠かせないからである．特に殺菌前の原材料と殺菌後の製品や半製品が同じ区域内で取り扱われることがないよう厳重に管理する必要がある．

また，外部からの空気の流入や製造中の空中浮遊菌の量が多いことは汚染の原因となる．製造中は，窓やドアを閉めて密閉性を高めておく必要がある．空中浮遊菌は，乾燥に強い一部の菌とカビの胞子が主で，空気中に長く浮遊している．大きいカビの胞子は，そのまま空気中に浮遊するが，細菌はごみや水滴に含まれて空気中を浮遊する．HEPAフィルターなどで空中浮遊菌をろ過・除菌して清浄空気を得ている．

4.4.2 5S

整理，整頓，清掃，清潔，習慣づけ（またはしつけ）をローマ字で記載したときの頭文字がいずれもSとなることから，この五つの作業を5Sと呼んでいる．

整理・整頓を前提として，清掃を行い，清潔な作業環境をつくり，これを維持するために習慣づけで管理するということの全体を意味している．

「整理」とは必要なものと不必要なものとの区別を行い，不必要なものを処分することであり，「整頓」とは必要なものの置き場所と置き方を決めて，必要なときにすぐに取り出せる状態にすることである．「清掃」とは一般的にはごみやほこりのないように掃除をすることであるが，食品の5Sの場合には洗浄と殺菌を含んだ行為を意味する．「清潔」とは整理，整頓，清掃がされていて，きれいな状態にあることである．そして，「習慣づけ」とは清潔な状態を保つために整理，整頓，清掃がルール化，習慣化されるようにすることである．整理，整頓，清掃のルールを決めて，誰がやっても同じようにすることが大切である．職場のモラル，管理のレベルがポイントとなる（図4.6）．

食品製造における5Sは微生物レベルまでの清潔な作業環境を作り出し，維持することを目的としており，職場の全員参加とリーダーの率先垂範が必要不可欠である．5Sという簡単な言葉に食品製造現場での基本が凝縮されている．5SがHACCPのベースとなる一般的衛生管理（PP）につながっている．

4.4.3 防虫・防そ対策

食品への異物混入を防止するという目的だけでなく，微生物の拡散を防ぐ，5S・施設管理の検証といった観点からも防虫・防そ対策は必要である（図4.7）．乳製品工場には虫やネズミを誘引する条件が揃っており，それらの要因についての対策を実施しながら，定期的なモニタリングを行い，衛生性の確保に努める必要がある．

工場で問題となる昆虫は内部発生昆虫と外部侵入性昆虫に分けられる．内部発生昆虫としては，

4. 品 質 管 理

> (1) 施設及びその周囲は，維持管理を適切に行うことにより，常に良好な状態に保ち，そ族及び昆虫の繁殖場所を排除するとともに，窓，ドア，吸排気口の網戸，トラップ排水溝の蓋等の設置により，そ族，昆虫の施設内への侵入を防止すること．
> (2) 年2回以上，そ族及び昆虫の駆除作業を実施し，その実施記録を1年間保管すること．また，そ族又は昆虫の発生を認めたときには，食品に影響を及ぼさないように直ちに駆除すること．
> (3) 殺そ剤又は殺虫剤を使用する場合には，食品を汚染しないようその取扱いに十分注意すること．
> (4) そ族又は昆虫による汚染防止のため，原材料，製品，包装資材等は容器に入れ，床又は壁から離して保管すること．一旦開封したものについても蓋付きの容器に入れる等の汚染防止対策を講じた上で，保管すること．

図4.7 食品等事業者が実施すべき管理運営基準に関する指針(ガイドライン)について
［そ族及び昆虫対策］食安発 第0227012号 2004年2月27日

粉類や乾燥した製品残さを発生源とするシバンムシやカツオブシムシなど，排水溝や機械・作業台の下などの汚れを発生源とするチョウバエやノミバエなど，食菌性のチャタテムシなどがあげられる．内部発生昆虫への対策は発生源の除去が基本であり，粉だまりや製品残さの除去，排水溝の清掃による汚れの除去，カビ落しなど，こまめな清掃による対策が有効である．ハエやユスリカなどの飛翔性の外部侵入性昆虫を減少させるには誘引源である照明の紫外線を防虫フィルム等でカットし，外に漏らさないよう光源管理することが有効である．

また，歩行性の侵入性昆虫やネズミへの対策として，出入口の2重ドア化，配管と壁の隙間のコーキング，排水トラップ，粘着式トラップの設置などがある．これらに加え，餌をなくす（製品や残さを片付ける），巣をなくす（整理整頓を行う）といった基本的なことも重要であり，5Sの実行による対策もあげられる．

殺虫剤や殺そ剤といった化学的な対策もあるが，これらについては製造ラインや環境への残留から製品への移行といった問題があることから，使用を極力少なくすることと十分な洗浄が必要となる．

〔川 口 昇〕

文 献

1) 角野久史，衣川いずみ：食品衛生新5S入門（やさしいシリーズ9, 米虫節夫編），日本規格協会，2004.

5. 食品の安全性確保

5.1 現状と方向性

わが国は世界で最も安全な食品が供給され，消費されている国の一つであるが，食品安全に関する不安情報に影響されやすい国でもあると感じられる．その背景には，食生活の歴史や，各食品の起源や移り変わりなどについて理解を深める努力の軽視があると思われる．マスコミやインターネットから，最終商品の長所が繰り返し情報提供されている．一方，短所に関する正確な情報提供は少ない．食品は食べ方しだいで，健康によい影響も悪い影響も及ぼすことを伝える情報は，さらに少ない．

牛乳などの食材は生物に由来し，腐敗や変敗と呼ばれる変化を起こし，あるいは食中毒菌などの汚染を受け食用不適となる場合もある．よい食品としての信頼を得るには，これまでの食経験を科学的に整理し，応用することが必要である．「何でも食べすぎれば身体に悪い」といわれるように，長所ばかりの食品は存在せず，「リスクゼロ」の食品はありえない．ここでいうリスクとは，「危害要因（ハザード，食中毒菌など）が引き起こす有害作用の起きる確率と，有害作用の程度の関数として与えられる概念」である[1,2]．

世界中から食料を調達しているわが国は，地球上の人口増加（特に発展途上国），環境保全，新興・再興感染症，南北問題などの影響を覚悟する必要がある．食料自給率40%（カロリーベース，2008年）のわが国が，貧乏になり海外の食料を輸入できなくなる可能性もある．食料の国際貿易においても国際貿易機関（WTO）加盟国であるわが国は，SPS (Sanitary and Phytosanitary Measures) 協定において参照機関として指名されている国際食品規格委員会（WHO/FAO/Codex）への積極的な働きかけが必要である．

科学的根拠を重視した食品安全の考え方と手法として，「リスク分析」と「フードチェーンアプローチ」の併用が，世界各国の経験から重要性を認められ，取り入れられている．一方，国際的な紛争やテロの影響は食品安全にも影を落としている．米国は，テロ対策防止法をつくり，農業や食品の管理を強化している．わが国は，危機管理に関する閣議決定を行い，緊急事態対処体制を定めている．食品分野でも食品安全委員会は，厚生労働省，農林水産省などと協力して，連絡体制の整備や，政府全体の緊急時対応要綱などをとりまとめ，万一の事態に備えている[1]．

5.2 食品安全基本法制定

国民の健康の保護が最も重要であるという認識に基づいて，関係者の責務・役割（表5.1），施策の策定に係る基本的な方針（図5.1），食品安全委員会の設置などを定めた食品安全基本法が制定された[1,2]．本法律では，安全性を確保するためには，国民全員の協力が必要であることが謳われている（図5.2）．また，食品供給行程（フー

表5.1 食品安全基本法における関係者の責務・役割(第6～9条)

①国の責務	・安全性の確保に関する施策を総合的に策定し，実施
②地方公共団体の責務	・国との適切な役割分担を踏まえて，その地方の自然的経済的社会的諸条件に応じた施策を策定し，実施
③食品関連事業者の責務	・食品の安全性を確保するための第一義的な責任 ・正確かつ適切な情報の提供に努めること ・国又は地方公共団体が実施する施策に協力すること
④消費者の役割	・食品の安全性に関する知識及び理解を深める ・意見の表明の機会等を活用

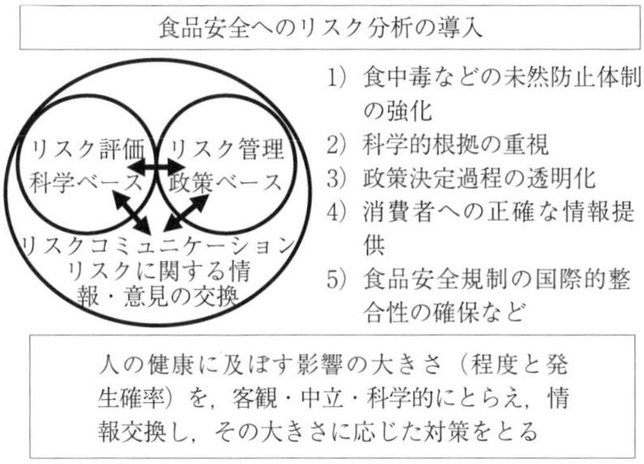

5. 食品の安全性確保

食品安全へのリスク分析の導入

- リスク評価（科学ベース）
- リスク管理（政策ベース）
- リスクコミュニケーション リスクに関する情報・意見の交換

1) 食中毒などの未然防止体制の強化
2) 科学的根拠の重視
3) 政策決定過程の透明化
4) 消費者への正確な情報提供
5) 食品安全規制の国際的整合性の確保など

人の健康に及ぼす影響の大きさ（程度と発生確率）を，客観・中立・科学的にとらえ，情報交換し，その大きさに応じた対策をとる

図5.1 食品安全におけるリスク分析の活用

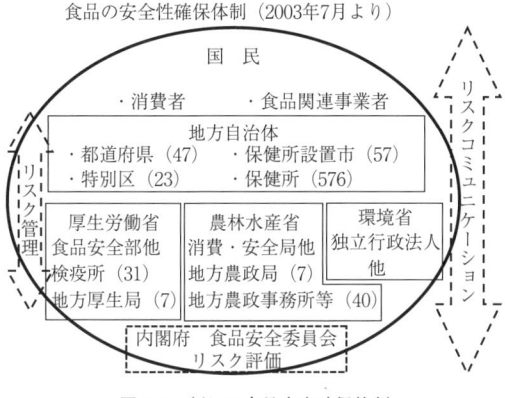

食品の安全性確保体制（2003年7月より）

国民
- 消費者
- 食品関連事業者

地方自治体
- 都道府県（47）
- 保健所設置市（57）
- 特別区（23）
- 保健所（576）

厚生労働省 食品安全部他
- 検疫所（31）
- 地方厚生局（7）

農林水産省 消費・安全局他
- 地方農政局（7）
- 地方農政事務所等（40）

環境省 独立行政法人他

内閣府 食品安全委員会 リスク評価

図5.2 新しい食品安全確保体制

ドチェーン）の各段階において，国際的動向および国民の意見に十分配慮しつつ科学的知見に基づき，必要な措置を講ずることを規定し，基本的な方針を定め，施策を総合的に推進することを定めている．食品安全委員会は，科学的な食品健康影響評価（リスク評価）をリスク管理機関（厚生労働省，農林水産省など）から独立して，客観的かつ中立公正に行う機関として，内閣府に設置された（図5.2）．政府は，食品安全委員会における議論を受けて，食品の安全性確保に必要な措置の実施に関する基本的事項を2004年1月に閣議決定した[1]．

5.3 食品とリスクアナリシス（リスク分析）

食品由来の健康被害を最少化するために，種々の創意工夫が続けられており，Codex でも検討を続けている．リスクアナリシス（リスク分析，図5.1, 5.2）という手続きを用いてリスクを最少化する手法の有効性が認められている[3]．リスク分析について，加盟国の合意を得るための話し合いが続けられており，合意は下記のような方向に向かっている．リスク分析は単なる分析作業ではなく，「食品の摂取によって有害事象にさらされる可能性がある場合に，その状況を制御する手法であり，科学的なリスクの評価（アセスメント）をするだけにとどまらず，最終的なリスク管理（マネジメント）と，情報交換やチェックシステムとしてのリスクコミュニケーションが一体として有効に働く枠組みを稼動させること」である．

リスク評価は，「食品由来の危害（ハザード）に暴露されることにより起きることが知られているか，または起きる可能性のある健康への有害影響について，科学的に評価することであり，ハザード同定，ハザードの特性評価，暴露評価，リスク特性評価の4つの要素からなる．リスクを定性的および定量的に解析する一方，リスク評価に付随する不確実性をも明示すること」とされている．リスクマネジメント（管理）は，「リスク評価の結果に基づいて，リスクの受容，最小化，削減のために政策の選択肢を検討し，適切な選択肢の実施を実行すること」とされている[3]．リスクコミュニケーションは，「リスク評価者・リスク管理者・消費者・産業界・科学者ならびに関係各位で，リスク評価の知見やリスク管理行動の判断の根拠を含めて，リスク分析の全過程における，リスクに関連する事項・情報・意見・感覚について，双方向で交換すること」とされている．

5.4 フードチェーンアプローチ

食料の一次生産から消費までのすべての段階で，安全性確保に関する理解と忠実な行動が必要である．すべての国民による，一次生産から消費までの実態の理解が，食品の安全性確保と信頼性確保の基礎となる．米国の食品安全に関する大統

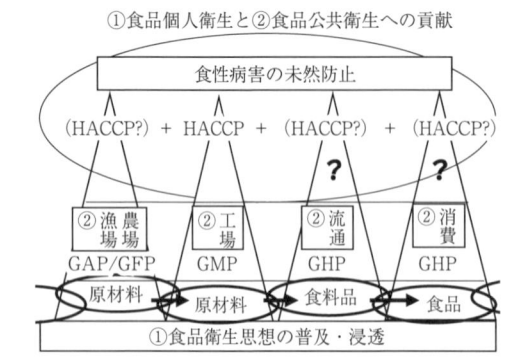

図5.3 農場から食卓までの食品安全
GAP：適正農業規範，GFP：適正漁業規範，GMP：適正製造規範，GHP：適正衛生規範．

表5.2 リスク評価の構成要素

有害性確認	問題は何か？ どのような有害性なのか？ 証拠はあるのか？
有害性特定	どのくらいの量で，どのくらいの確率で病気になるのか？ どの程度の症状になるのか？
曝露評価	その要因をどの程度摂取しているか？ どこで，どの程度含まれるのか？ どのくらい増えるのか？ どのくらいの量と確率で摂取されるのか？
リスク判定	どのような健康被害か？ 深刻さは？ 発生頻度は？

領への報告書"From Farm To Table"も，本アプローチの重要性について力説している[8]．BSE問題に苦しんだ欧州連合EUの食品安全白書も，飼料を含むフードチェーンアプローチを真っ先に取り上げている．Codexでは，食中毒対策や環境汚染からの食品の保護，あるいはマイコトキシンの汚染防止などには，一次生産から食卓までの連続した衛生管理が必要であることが合意されている．適正農業規範（GAP）や適正製造規範（GMP）の考え方の浸透が必要であり，その後にHACCP（危害分析・重要管理点監視）が導入されることが望まれる（図5.3）．

食品のリスク分析では，常にフードチェーンアプローチを意識する必要がある．リスク評価においても，フードチェーンにおけるハザードの消長を科学的に解析すべきであり，特に汚染状況が変動し，劇的な増殖や死滅を示す有害微生物では，よりいっそうの調査研究が望まれる．リスク管理においても，フードチェーンの各段階での自覚と連帯意識を高めていく必要がある．リスクコミュニケーションにおいても，国民全員のフードチェーン全体を理解しようとする努力がなければ，食品の安全性確保に関する相互理解は困難であると思われる．

5.5 食品のリスク評価をめぐる動き

食品は種類も多く，危害要因も多い，さらにはフードチェーンも複雑である．食品は生物であり，食べる人間も生物であり，生物は変化する．ハザードや食生活も変化している．リスク評価は，科学的根拠をもって表5.2のような質問に答えていく作業だとも考えられる．質問の内容・特性，検討すべき範囲，データ，時間的余裕などによって答え方は異なる．リスクを定性的および定量的に解析し，将来を推測する一方，不明点やリスク評価に付随する不確実性をも明示することも必要である．具体的なよい質問が，よい回答の必須条件である．

大昔より，食料の量的確保，質的な向上を願って食料資源の開発改良が続けられている．遺伝子組換え食品に注目が集まっているが[5]，組換え技術は食料資源開発技術の1分野である．従来技術と同様，技術は使い方しだいであり，アレルゲンを減少させるなど，安全性を向上させた食品も開発することができる．食品の安全性評価実験，特に動物実験などの採用において留意すべき事項には，次のようなものがある．食品の安全性試験は，ヒトで行うことが最も正確であるが倫理上の問題がある．ボランティアによる試食が行われる場合もあるが，どのように試験区を設定し，どのくらいの量をいつまで食べればよいのか不明な場合が多い．組成が単純な薬品などは，実験動物，動物細胞や微生物が毒性試験に用いられ，その結果からヒトへの作用を推定する方法がとられる．組成が均一であり微量で有害作用が観察されることを前提として，これらの毒性試験法は整備されている．しかしながら，純系の実験動物を用いても反応に個体差があり，ヒト集団の個体差は，純

系動物に比べて大きい．

組成が複雑で変動する食品の毒性試験法の整備は困難である．安全な食用の歴史をもつ食品でも，薬品用の動物試験法では毒性ありと判定される場合も想定される．安全係数を100とすると，安全な消費量でも食べすぎであると判定される食品もある．安全に食べてきた食品成分も必要量に満たない量でしか食べられないことになり，欠乏症による健康障害を招いてしまう．さらに，農作物に代表される丸ごと食品（whole food）は成分組成も不均一で変動し，その毒性試験を実施する意義は大きくはない．餌に丸ごと食品を加えるとマウスやラットの栄養バランスの乱れが生じやすく，毒性学的影響の判定や栄養学的適格性の判断などが困難である．

これまで食べてきた食品を比較対照として相対的に安全性評価を行う，組換え種子植物と微生物利用食品の安全性評価ガイドラインがCodex総会で採択されている．食品安全委員会でも，同様の考え方で，種子植物由来の遺伝子組換え食品の安全性審査基準などを策定している[3]．

遺伝子組換え技術を利用した機能性食品などの開発も試みられている．機能性食品という概念は，各国でとらえ方が異なっており，多くの先進国ではnovel food（新規食品，新素材のみならず新加工法も含む）の1種類ととらえて，その安全性確保を検討している．食品としての経験がない食品をnovel foodと解釈し，製造方法や食べ方でも新規性があればnovel foodとして安全性を確認しようとしている．いわゆる健康食品と呼ばれる食品による健康被害の報告も続いている．管理の必要性は，まず安全な食用の歴史をもつか否かで判断されることになると思われるが，これまで食べてきた食品もリスクをもち，食べ方しだいでは毒性を示すことも忘れてはならない．novel foodは，上市販売後の健康被害調査を行い，一定期間後に見直しを行うべきであるという意見もある．概念の具体化や対照群の設定などを含めて議論を重ねる必要がある．いわゆる健康食品や特定保健用食品のあり方について，議論が続いており，食品機能の強調表示（ヘルスクレーム）については，Codexにおける国際的な議論に発展している．食品安全委員会では，特定保健用食品の安全性評価に関する基本的な考え方をとりまとめ，公表している[3]．

5.6 有害微生物対策

厚生労働省によれば，2006年の主な微生物性食中毒の事件数・患者数は，ノロウイルス食中毒（499件・2万7615人）が多くなり，細菌性食中毒は少なかったことが特徴であった．細菌性食中毒の事件数・患者数は，カンピロバクター（416件・2297人），サルモネラ属菌（124件・2953人（死者1名）），腸炎ビブリオ（71件・1236人），ブドウ球菌（61件・1220人），病原大腸菌（43件・1081人），ウエルシュ菌（35件・1545人（死者1名））などであった．2004年末から老人施設などでのノロウイルス感染症の多発，あるいは繰り返されるO157による老人施設での集団感染は，食品衛生を含む基本的な衛生管理の軽視に由来するものと考えられる．1996年の堺市を中心としたO157による大型感染症や，2000年の関西地区における低脂肪乳による大型食中毒を忘れてはいけない．後者の原因物質は，黄色ブドウ球菌毒素であった．従業員の健康維持に留意するとともに，顧客の中には食中毒菌に対してハイリスクの人もいることを忘れてはならない．

先進国では，リステリア・モノサイトゲネスによる食中毒の発生に苦しんでおり，わが国でも本菌に対する警戒を怠ってはならない．ナチュラルチーズによる食中毒も起こっており，乳製品の取扱いにおいては，関係者は常に本菌に対する注意を怠ってはならない．これらの微生物のほかにも，乳製品においては，結核菌，ブルセラ菌やヨーネ菌などに対しても注意を払う必要がある．微生物学的リスク評価や管理は，発展途上の学際的領域である．フロンティア精神に富んだ人材が，活躍の場として挑戦する価値がある．

5.7　有害物質対策

わが国では，33頭の牛海綿状脳症（BSE）検査陽性牛が確認されているが，種々の対策が施され陽性牛の発見数は縮減している．わが国では2004年に，死後の診断で変異型クロイツフェルト・ヤコブ病（vCJD）の人が報告されている．英国滞在時の感染が，有力視されている．国際的には，約200人のvCJD患者が報告されているが，そのほとんどが英国人か，英国滞在歴のある方である．ヒトへの健康影響とウシの健康影響の関係を冷静にみつめ，総合的なリスク分析を行うことが重要である．牛乳は，BSEに関して危険部位であるいう報告はない．英国などの実験結果から，BSEプリオンが出現しないヒトの消費に安全な食品であるとされている．わが国では，牛の脳などの特定危険部位（SRM）と呼ばれる部位を食べる食習慣はない．異常プリオンがあった場合に蓄積する可能性のあるSRMを取り除く処置により，国内生産の牛肉に由来するvCJD患者の発生は1人未満であろうと推定されている[3]．一方，BSEのプリオン由来ではない自然発生による孤発型CJDは，100万人に1人の割合で発生しており，BSEとvCJDの関係の冷静な考察が国民全員に求められる．BSEに関する情報は，食品安全委員会のホームページからも入手可能である[1]．

一方，ダイズの甲状腺腫誘発物質や，ワラビの発がん性物質など，長い安全な食用の歴史をもつ有益な食品の中にも，有害な物質があることが，微量分析技術の進歩によって確認されている．量が少なく，また調理・加工により安全性を確保できるので，問題にされていないシアン化合物などを含む食品もある．近年になって，発がん性を示す可能性が指摘されているアクリルアミドがフライドポテトなどの加熱食品から検出されることが報告されている．EUでは，セミカルバジドに対する調査も行われている．エビ・カニや海草類にはヒ素がかなり含まれているが，毒性を示さない形態であることが知られている．物質の量と存在形態あるいは調理や食べ方によって，その毒性にきわめて大きな差が生じる．さらに，日本では安全な食用の歴史をもつヒジキであっても，食経験のない英国などでは無機ヒ素の含量が多いとして輸入が拒否されている．

「ある人の食べ物は，他人の毒」と，昔からいわれているように，乳，コムギ，ソバ，卵，ラッカセイなどの食品成分により，アレルギー症状を引き起こす人がいる．表示による識別はアレルギー対策として有効な手段である．わが国では2002年4月より上記の5種の表示が義務化され（現在は5種に，エビ，カニを加え7種），計20種のアレルゲンとなりうる食品の表示も推奨されている．乳製品に限ったことではないが，副原料に微量含まれるアレルギー物質を把握しないまま，他の食品の副原料として使用し健康被害や製品回収（リコール）などの問題を引き起こす事例があり，注意が必要である．

環境汚染物質の人体への影響を究明する研究も進められている．ダイオキシン類も，脂溶性であるため食品を通じて経口的に摂取される割合が多いことが明らかにされている．人体への影響については不明な点も多いが，この20年間の対策により，ダイオキシン類の摂取量は確実に減っている．一方，微量であってもホルモン様の作用を示すことが懸念されている．人体への安全性に悪影響が推測される場合には，詳細な調査が行われ製造や使用などが禁止される場合もある．食品中の残留基準などの設定がなされる場合もあり，その基準を超えないように規制して食品としての安全性が確保されている．

国際的には，約700種類の農薬が使われており，わが国では認可されていないものもある．厚生労働省は，2003年に残留農薬・動物用医薬品などをポジティブリスト制により管理することを決め，2006年5月より実施している．すべての有害化学物質をゼロにすることはできない．どこまで許容できるかについて，新しい合意形成に向けた国民全員の理解が望まれる．畜水産などで使用される抗生物質や抗菌剤と耐性菌の出現の問題について，国際的な専門家による討論がFAO/

OIE/WHO よって開始され，Codex の特別部会も設置されている．食品安全委員会も，動物用医薬品などの耐性菌との関係の調査を開始している[1]．

5.8 次世代のために

安全な食料の安定供給には，分別ある人間が必要である．発展途上国における人口増も憂慮される．先進国では，HACCP や ISO9000s などの食品の衛生・品質管理にかかわる国際的枠組みが強化されている．国際標準化機構（ISO）は，両者を含めた ISO22000 食品安全性マネジメントシステムを採択した[6]．大きな流通として国境を越える食材や食品は，国際食品規格委員会（Codex）の基準にしたがうことが要求される．地方や地域の食材や料理法・食べ方の多様性も，尊重されるべきである．さらに，環境への影響も考えなければならない．

わが国の食生活は，輸入食品に大きく依存している．輸入食品の国としてのリスク管理は，図5.4 のように厚生労働省が地方自治体などの協力を得て担当しているが，食品安全委員会は全世界から食品安全に関する情報を収集し，リスク管理機関に提供し，ホームページを通じて国民に広く提供している[1]．輸入食品の安全性確保では，①輸出国における対策，②水際（輸入時）での対策，③国内流通時での対策が，必要である．輸出国における衛生対策の推進は重要であり，二国間協議や現地調査を通じて，農薬などの使用管理，監視体制の強化，輸出前検査の推進を図っている．生産段階での安全対策の確認が必要な場合にも，専門家が輸出国に派遣されている．検査の強化が必要と判断された品目は，違反原因の究明および再発防止策の確立を相手国に要請している．違反が判明した場合は，すでに違反食品が国内流通していれば，厚生労働省は都道府県などと連携し，回収などの措置をとる．都道府県などにより違反輸入食品が発見された場合も，適切な措置がとられ，輸入時の検査強化や原因究明の調査，再発防止対策がとられる．

食料自給率の低いわが国の次の世代が貧乏になり，食べ物に困る可能性は否定できない．農場から食卓までのしっかりとしたフードチェーンが必要である．すべての人がフードチェーンの維持・発展に責任を感じ，何らかの役割と貢献を果たすことが必要である．現在，消費者を食品由来の健康被害から，どのように保護すべきかについて国際的にも議論が続いている．保護の適正水準について，国民全員が考えることが必要だと感じられる．食品のトレーサビリティも表示と同様，正しい記録を前提としている．さらに，履歴がわかることだけではなく，万一の場合の健康被害を拡大

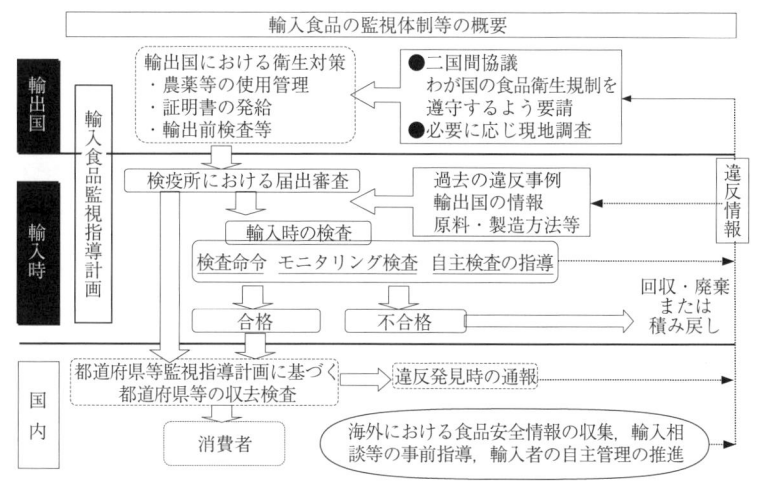

図5.4 わが国の輸入食品のリスク管理

させないための製品回収（リコール）に貢献できることが必要である．衛生管理を行って記録を残すことから始めるべきであり，言い換えれば衛生管理の記録がなければ安全性向上とは無縁のトレーサビリティとなってしまう．

今日では，家庭内で受け継がれてきた食べ物の知恵も次世代へ受け渡すことが難しくなった．いま，農家をはじめすべての食品取扱者に求められているのは，信頼感である．専門知識・技能のみではなく，人間的にも信頼される人柄が求められている．「われわれは何を食べ，何を食べないようにしてきたか？」を，考える必要性を感じる．次世代のためにも，食品安全は，「食べられるものまで，食べられなくすること」ではなく，「許容できるリスクを受け入れ，あるいは許容できるリスクになるよう知恵を絞り，行動すること」であると考えていただきたい[7]．〔一色賢司〕

文献

1) 食品安全委員会ホームページ：http://www.fsc.go.jp/.
2) 一色賢司編：食品衛生学（第2版），東京化学同人，2005.
3) FAO/WHO 食品安全リスク分析（食品安全委員会訳）http://www.fsc.go.jp/sonota/riskanalysis.html.
4) 一色賢司：食品衛生学雑誌, **47**, J 1-3, 2006.
5) 小林傳司：トランスサイエンスの時代，NTT 出版，2007.
6) 池戸重信編：よくわかる ISO22000 の取り方・活かし方，pp.6-10, 日刊工業新聞社, 2006.
7) 一色賢司：FFI ジャーナル, **212**(8), 619-621, 2007.

トピックス

BSE と乳・乳製品の安全性について

BSE は bovine spongiform encephalopathy の略で，牛海綿状脳症と訳されている．「狂牛病」というのは英国の農民がつけた名称の和訳で BSE の正式な名称ではない．

BSE は空気を介してうつるということはなく，BSE に罹患したウシの脳，脊髄，眼，回腸遠位部に含まれる病原体（異常プリオンタンパク質）を含む肉骨粉などの飼料をほかのウシが摂食することで感染する．

英国で BSE に罹患したウシのいろいろな部位を，ヒトより感染しやすいといわれるマウスの脳内に接種した結果，感染がみられたのは脳，脊髄，眼および回腸遠位部などで，乳や乳腺，食用となる骨格筋にはみられなかった．国際獣疫事務局（OIE）の基準ではウシの脳，脊髄，眼，回腸遠位部は特定危険部位とされ除去すべき対象となっており，わが国でもこれらの危険部位は BSE の感染の有無にかかわらず解体時に除去・焼却している．

ヒトにもクロイツフェルト・ヤコブ病（Creutzfeldt-Jakob Disease : CJD）のように脳が海綿状になる病気があるが，そのうち変異型クロイツフェルト・ヤコブ病（variant Creutzfeldt-Jakob Disease : vCJD）が BSE との関連性を指摘されている．英国では 1995 年から 2001 年までに 100 人あまりの vCJD の発症が確認されているが，これは危険部位であるウシの脳などを食べていたことが原因ではないかとみられている．わが国ではウシの脳，脊髄などを食用にする習慣はなくこれまで vCJD の発症例はない．

これまで行われた試験や研究成績などから，WHO（世界保健機関）や OIE は牛乳・乳製品は安全であるとしている．この考えは世界で広く受け入れられており，BSE 発生後もヨーロッパでは牛乳・乳製品の消費は減少していない．

〔鈴木英毅〕

6. 品質保持

　食品は時間の経過とともに，細菌や酵素等の作用で食品成分が分解されたり，脱水，吸湿などのさまざまな変化が生じる．期限表示の役割は，食品の製造後において飲食に供することが適当である期間の終期を示し，腐敗・変敗による衛生上の危害の発生を防止することにある．食品の種類によって危害要因や品質劣化の速度が異なるため，期限表示を設定する際は当該食品の性質をよく理解したうえで保存試験を行い，科学的，合理的根拠に基づいて期限を設定する必要がある．以下に期限表示の考え方から具体的な設定方法について述べる．

6.1 消費期限と賞味期限

　食品の製造・加工技術や流通技術の進歩により，製造年月日表示ではシェルフライフがわかりにくくなり，表示すべき「製造」時を特定することが困難であること，さらに，食品の国際流通の増大に伴い，国際的調和を図る必要があるなどの理由から，わが国では，1995年に製造年月日表示から期限表示に変更された[1]．2003年7月には期限を示す用語が食品衛生法およびJAS法の改正で消費期限と賞味期限に統一された．消費期限とは，未開封かつ定められた方法により保存した場合において，腐敗，変敗その他の品質の劣化に伴い安全性を欠くこととなる恐れがないと認められる期限を示す年月日をいう．消費期限は，品質劣化が早い食品に設定されており，この期限を過ぎると衛生上の危害が生じる可能性が高くなる．消費期限表示の例は，豆腐や低温殺菌牛乳などがあり，期限はおおむね5日以内である．一方，賞味期限とは，未開封かつ定められた方法により保存した場合において，期待されるすべての品質の保持が十分に可能であると認められる期限をいう．ただし，当該期限を越えた場合であっても，表示された保存方法にしたがって保存されていれば，この期限を過ぎてもただちに食べられないわけではない．牛乳・乳製品，清涼飲料水，即席めん類，冷凍食品，ハム・ソーセージなどが該当する．また，賞味期限が3カ月以上の場合の表示は，年月のみの表示でよい．

6.2 消費期限と賞味期限に関する法的規制

　日付表示が制度として決められている食品は食品衛生法，栄養改善法，JAS法，その他条例に基づくものである．食品衛生法の施行規則（平成17年2月17日　衛食第31号）や農林水産省食品流通局長通達（平成7年2月17日　食流第392号）では，当該製品に責任を負う製造業者が科学的，合理的根拠をもって食品の特性に応じて適正に期限を設定すべきものであるとされたが，具体的な考え方や設定方法については触れられていなかった．多くの食品業界ではガイドラインが作成され，それをもとに期限設定が行われたが，不適正な賞味期限設定表示などの問題が発生したため厚生労働省と農林水産省は，食品全般に共通する科学的根拠のある期限設定のためのガイドライン（食安基発第0225001号，平成17年2月25日）を作成した．本ガイドラインは，業界団体が自主的に個別食品にかかわる期限設定のガイドラインなどを作成する際の基礎としている．ガイドライン中の期限表示設定のための基本的な考え方を以下に示す[2]．

6.2.1 食品の特性に配慮した客観的な項目（指標）を設定する

　期限表示が必要な食品は生鮮食品から加工食品まで多種多様であるため，個々の食品の特性

(pHや水分活性など)に十分に配慮したうえで，食品の安全性や品質などを的確に評価するための客観的な項目(指標)に基づき，期限を設定する必要がある．客観的な指標とは，理化学・微生物検査および官能検査において数値化することが可能な項目(指標)である．一般に主観的な項目と考えられる官能検査における色，風味などであっても，その項目(指標)が適切にコントロールされた条件下で，適切な被験者(官能検査員)により的確な手法によって実施され数値化された場合は，主観の積重ねである経験(値)とは異なり，客観的な項目とすることが可能と判断される．なお，食品の特性として，たとえば1年以上も品質が長期間保持される食品については，品質が保持されなくなるまで試験(検査)を強いることは現実的でないことから，設定する期限内での品質が保持されていることを確認することにより，その範囲内であれば合理的な根拠とすることが可能である．

6.2.2 食品の特性に応じた「安全係数」を設定する

食品の特性に応じ，設定された期限に対して1未満の係数をかけて，客観的な項目(指標)において得られた期限よりも短い期間を設定することが基本である．たとえば，品質が急速に劣化しやすい消費期限が表記される食品については，特性の一つとして品質が急速に劣化しやすいことを考慮して設定する．また，個々の包装単位まで検査を実施することなどについては，現実的に困難な状況が想定されることから，安全係数を考慮した期限を設定することが現実的である．

6.2.3 特性が類似している食品に関する期限設定の考え方

商品アイテムが膨大であったり，商品サイクルが早い場合には個々の食品ごとに試験・検査をすることは現実的でないと考えられる．食品の特性が類似している食品の試験・検査結果などを参考にし，期限を設定する．

6.2.4 情報の提供

期限表示を行う製造者などは，期限設定の設定根拠に関する資料などを整備・保管し，消費者などから求められたときには情報提供する．

6.3 保存試験

食品が変質する原因は，食品の種類や保存条件，加工方法などによって異なるが，物理・化学的要因，生化学的要因，生物学的要因に大別される．どのような要因で食品の品質が変化するのか科学的に把握したうえで期限を設定する必要がある．特に消費期限は衛生上の危害が発生するおそれがないと認められる期限であることに注意する．賞味期限は保存期間が長いため，安全性に加えて品質劣化に注意して保存試験を計画する．食品品質の経時変化には，①微生物による変敗やカビの発生，②物理的な変化(脱水，吸湿)，③化学反応(酸化，褐変)，④栄養素の分解，損失，⑤包装・容器からの溶出，臭いの移行，⑥味，香りなどの官能的特性の変化があげられる．これらの現象がどのような要因によって生じるかを明らかにする．食品の特性(水分，pHなど)や加工処理，包装形態や保存条件などから，保存中の品質劣化要因が推定できれば，以下にしたがって保存試験を計画する．

6.3.1 保存試験の方法[3]

保存形態と条件については，「容器包装の開かれていない状態」での期限を決めるために，製品形態のものを保存に供する．表6.1は乳・乳製品の期限設定ガイドライン(㈳日本乳業協会)における保存条件で，牛乳，乳製品，発酵乳・乳酸菌飲料別にロットの構成，試料数および保存条件をまとめたものである．表示された保存方法にしたがって保存された場合の期限は，表示された保存条件で試験する．しかし，微生物的要因による影響度は温度および湿度によって左右されやすいので，実際の流通や家庭での取扱いを想定して保存することも考えられる．保存期間は予測される期

6. 品質保持

表6.1 乳・乳製品の期限設定ガイドラインにおける保存条件

項　目	牛乳等[*1]	乳製品[*2]	発酵乳，乳酸菌飲料
ロットの構成	ロットの定義：等しい条件下で製造された製品		
試料数	試料数は3ロット以上とし，1ロット当たり保存試験に供する日数に見合う数を連続または無作為に採取する		
保存条件	冷蔵保存品：10℃±1℃ 常温保存可能品：常温	冷蔵保存品：10℃±1℃ 常温保存可能品：常温あるいは20～25℃の恒温庫 冷凍保存品：−18℃以下 複数の保存方法（例；冷凍→冷蔵）：それぞれの条件に即した条件 特定温度保存品（例；劣化しやすいチーズ，クリーム製品など）：特定温度で保存（例；7℃+1℃，5℃+1℃）	液状及び糊状のもの：10℃ 凍結したもの：−18℃

*1：乳等省令に規定する牛乳，特別牛乳，成分調整牛乳，低脂肪牛乳，無脂肪牛乳，加工乳及び乳飲料．
*2：アイスクリーム類，発酵乳，乳酸菌飲料及び乳飲料を除く．

限の1.5倍程度とし，その間，ロットごとに開始時を含めて6回以上の測定ポイントをおく．測定の間隔は賞味期限の比較的短いものは等間隔とするが，長いものでは，できれば初期の間隔を長めに，期限が近くなったら短めに設定する．あらかじめ期限が予測できない場合は測定ポイントを等間隔におく．

保存試験の項目は，微生物，理化学（成分検査）および官能検査（風味・外観）に大別される．まず，微生物検査の項目は，食品衛生法で細菌学的な基準が定められているものは，最低限基準に適合することが必要である．食品の微生物要因による変化の指標となる項目は，一般細菌数やカビ・酵母数などの多くの菌群を定量化できるものが適当である．一般細菌数の測定は通常，標準寒天培地を用いた混釈培養法で，35℃48時間の培養が行われる．しかし，チルド食品の品質劣化に大きく関与する低温細菌の培養には温度が高いので，低温で流通・保存される食品では30℃±1℃で48時間の培養を行い，中温細菌と低温細菌とを同時に測定することも考えられる[4]．また，食品の成分や包装形態によっては一般細菌数の測定だけでは不十分であり，たとえば酸化還元電位の低いチーズなどでは，嫌気性細菌数が変化の指標となりうる．製品特性，加工条件および流通条件によってどのような微生物が発育するか予測して適正な試験法を選択する必要がある．

食品衛生法，特別用途食品，JAS法あるいは自主規格などにおいて定められた食品規格値や栄養表示基準に基づく栄養表示を行っている場合は，期限内は栄養成分などの含量が基準内であることが保証されなくてはならない．特に，ビタミン類は経時変化しやすいので保存試験により確認しておくことが必要である．

化学的試験については，水分，pH，酸価，過酸化物価，チオバルビツール酸価，揮発性塩基窒素，ビタミン類，酸度，糖度，アルコール，フェオフォルバイド，スズ，重金属などが，物理的試験の例として色，濁度，粘度，溶解性，硬さなどの測定が考えられる．

官能検査による風味・状態検査の場合，対照試料の確保と官能検査員の訓練教育が重要である．乳・乳製品のガイドラインで示されている試験方法と判定基準を表6.2，6.3，6.4にとりまとめた．官能試験の実施例を乳製品の例で述べると，まずパネルの評定者は奇数とし，最低3名とする．外観および風味について，5段階評価などの採点法により評価を行い，評定者全員の評価結果を集計する．試験した全ロットのデータを平均し，当該試料の官能試験検査値とする．5段階評価の場合，たとえば3.6（全ロットの平均値）を終期の目安とする．

表6.2 牛乳等の期限設定ガイドラインにおける試験方法と判定基準

項目	常温保存可能品以外	常温保存可能品
細菌数	5万/ml 以下[a] 特別牛乳及び乳飲料にあっては3万/ml 以下	——*1
大腸菌群	陰性[b]	——*1
性状(外観，風味)	正常[c]	正常[c]
期限の設定方法	消費期限：試験に供したロットのうち，最も短い期限表示設定基準の範囲内で，製品のバラツキ等も考慮して設定 賞味期限：試験に供したロットのうち，最も短い期限表示設定基準に安全率0.7*2を乗じた日数（端数切捨て）の範囲内で，製品のバラツキ等も考慮して設定	

a) 乳等省令法，b) 2.22 ml 中，BGLBはっ酵管法，c) 官能試験，1997年IDF(国際酪農連盟) STANDARD 99 C (採点による乳製品の官能検査)を参考に客観的に判断
*1：成分規格で細菌数「0」の上乗せ規定があること，試験項目は保存試験中の変化を確認する指標であることから，微生物検査は試験項目（指標）から除外
*2：賞味期限が2カ月を超えるもの（D+60以上）は0.8

表6.3 乳製品*1の期限設定ガイドラインにおける試験方法と判定基準

項目	バター，プロセスチーズ	クリーム	濃縮乳，脱脂濃縮乳	濃縮ホエイ	その他*2
細菌数	——	10万/ml 以下[a]	10万/ml 以下[a]	——	——*3
大腸菌群	陰性[b]	陰性[c]	——	陰性[c]	——*3
性状(外観，風味)	正常[d]	正常[d]	正常[d]	正常[d]	正常[d]
期限の設定方法	消費期限：試験に供したロットのうち，最も短い期限表示設定基準の範囲内で，製品のバラツキ等も考慮して設定 賞味期限：試験に供したロットのうち，最も短い期限表示設定基準に安全率0.7*4を乗じた日数（端数切捨て）の範囲内で，製品のバラツキ等も考慮して設定				

a) 乳等省令法，b) 0.1 g×2中，デソキシコーレイト培地法，c) 2.22 ml 中，BGLBはっ酵管法，d) 官能試験，1997年IDF(国際酪農連盟) STANDARD 99 C (採点による乳製品の官能検査)を参考に客観的に判断
*1：アイスクリーム類，発酵乳，乳酸菌飲料及び乳飲料を除く
*2：バターオイル，無糖練乳，無糖脱脂練乳，加糖練乳，加糖脱脂練乳，全粉乳，脱脂粉乳，クリームパウダー，ホエイパウダー，たんぱく質濃縮ホエイパウダー，バターミルクパウダー，加糖粉乳，調製粉乳，ナチュラルチーズ
*3：チーズ以外の製品については，水分活性が低く保存試験中の微生物増殖が見られないため，また，ナチュラルチーズについては微生物検査の結果値が賞味期限設定の指標にはならないことがあるため，微生物検査は試験項目（指標）から除外
*4：賞味期限が2ケ月を超えるもの（D+60以上）は0.8．業務用製品で原料として使用され最終製品製造時に加熱殺菌されるものにあっては安全率0.8を適用

	評価尺度例
5点	前もって設定された官能特性と一致している．
4点	前もって設定された官能特性から僅かに差がある．
3点	前もって設定された官能特性から明らかに差がある．
2点	前もって設定された官能特性から相当に差がある．
1点	前もって設定された官能特性から非常に差がある．
0点	人の消費に適さない．

6.3.2 強制劣化試験

期限設定は科学的，合理的根拠に基づいて行うべきであるといっても，まず食品の変化を現象としてとらえる．経時的に非酵素的褐変が進む場合，アミノ酸と還元糖が反応してできるメラノイジンを定量する必要はなく，色差計による測定や写真撮影，あるいは肉眼観察を行う．しかし，成分変化を科学的にとらえ，保存温度の違いと食品の化学的・物理的指標の変化量に相関関係があれば，期限設定後の検証試験や類似商品の期限を設定する際に強制劣化試験を行うことによって，長期間かかる保存試験の結果を待つ必要がない．表示された保存温度より高い温度で強制劣化試験を行い，シェルフライフを予測することが可能であ

表6.4 はっ酵乳等の期限設定ガイドラインにおける試験方法と判定基準

項　目	発酵乳	乳酸菌飲料
大腸菌群	陰性[a]	陰性[a]
乳酸菌数又は酵母数	1,000万/ml 以上[b]	100万/ml 以上[b]
酸度又はpH	著しい酸度又はpHの変化が認められないこと[c]	著しい酸度又はpHの変化が認められないこと[c]
性状（風味，外観）	正常[d]	正常[d]
期限の設定方法	消費期限：試験に供したロットのうち，最も短い期限表示設定基準の範囲内で，製品のバラツキ等も考慮して設定 賞味期限：試験に供したロットのうち，最も短い期限表示設定基準に安全率0.7を乗じた日数（端数切捨て）の範囲内で，製品のバラツキ等も考慮して設定	

a) 0.1g×2中，デソキシコーレイト培地法，b) 乳酸菌数：乳等省令法，酵母数：1990年 IDF（国際酪農連盟）STANDARD 94 B，c) 酸度：乳等省令法，pH：厚生省告示「食品，添加物等の規格基準」第2.B. 一般試験法「pH測定法」による，d) 1987年 IDF STANDARD 99 B「乳製品の官能検査」に準じる．

る．しかしながら，強制劣化試験から賞味期限を推定するには課題が多い．たとえば，生物学的要因で指標となる微生物の種類や腐敗活性，食品のpHや水分などの変動幅が評価モデル系の適用範囲外であれば，予測値と実際の値に乖離が生じる．促進試験の精度を上げるためには，今後できるだけ多くのデータを蓄積する必要がある．

6.4 賞味期限の設定と日付

期限の設定方法については表6.2〜6.4に示したとおり，保存試験の結果から全ロットともに判定基準をクリアする保存日数に安全率を乗じて最終的に決定する．

6.4.1 LTLT, HTST, UHT殺菌乳の品質保存性

1986年に春田らが実施した牛乳の細菌的品質に関する調査において，低温保持殺菌法（low temperature long time pasteurization：LTLT法），高温短時間殺菌法（high temperature short time：HTST法），および超高温加熱処理法（ultra high temperature：UHT法）による殺菌牛乳を5℃と10℃に2週間保存して細菌試験，風味試験を行った結果，以下のような傾向を認めている[5]．

a. 試験開始時の菌数

LTLT殺菌乳：$5.4×10〜2.5×10^4$ CFU/ml
HTST殺菌乳：$9.1×10^2〜1.8×10^4$ CFU/ml
UHT殺菌乳：30 CFU/ml 以下

HTST殺菌乳の菌数がLTLT殺菌乳の菌数をやや上回り，UHT殺菌乳の菌数はすべて30/ml以下と商業的無菌に近い成績であった．

b. 低温細菌数

LTLT, HTST殺菌乳では，保存期間中3日以降の時点から低温細菌が検出され2週間後にはかなりの菌数に達するものがあった．UHT乳は2週間保存中に低温細菌は検出されなかった．

c. 風味の変化

UHT殺菌乳は保存期間を通じてまったく低下が認められなかったが，LTLT殺菌乳とHTST殺菌乳では，菌数の増加とともに風味低下が進み，菌数が10^5 CFU/mlを超えると明らかに風味劣化が認められた．一般に腐敗変敗を引き起こすときの菌数は10^7 CFU/mlといわれるが，低温細菌でもプロテアーゼおよびリパーゼ活性が高い細菌が増殖すると低い菌数でも風味劣化を引き起こす可能性がある．

d. 細菌学的保存性

生菌数が省令規格の$5×10^4$ CFU/mlを超えるまでを製品の保存性と仮定すると，LTLT殺菌乳は，5℃で10日，10℃で4日程度，HTST殺菌乳は，5℃で7日，10℃で3日程度，UHT殺菌乳は，5℃，10℃ともに2週間程度は当初の鮮

度を維持していた．

6.4.2 常温保存可能品（ロングライフミルク）の品質保存性

1978年，1983年に日本乳業技術協会がロングライフミルクを5～30℃に90日間保存したときの外観，風味の変化，乳脂肪，タンパク質の変化，各種ビタミンの変化について調査した[6]．風味・外観の変化は，5℃，10℃保存では製造直後の対照品と比べて差がなかった．30℃30日および60日保存では，やや脂肪浮上を認め，風味的にもやや新鮮味に欠けるものの顕著な変化はなかった．30℃90日保存すると，脂肪浮上やゲル化が認められ，風味劣化や褐変もみられた．ビタミンの変化については，10℃90日保存では，ビタミンA，B_2はほとんど減少しなかったが，B_6，B_{12}およびCはそれぞれ約30％，25％および80％減少した．30℃30日保存の場合も同様の傾向を示した．30℃90日保存するとB_6，B_{12}は約50％減少し，Cはほとんど消失した．タンパク質の消化試験の結果は，製造直後および10℃，30℃で90日保存したときのタンパク質の可消化率は，UHT殺菌乳の可消化率100に対して約99～101％の範囲を示し，消化性にまったく差異のないことが認められた．　　　　〔上門英明〕

文　献

1) 辻村信正：食品衛生研究，**44**(6), 7-12, 1994.
2) 米谷民雄：食品衛生研究，**46**(3), J198-J202, 2005.
3) 荒木恵美子：ジャパンフードサイエンス，**38**(2), 56-65, 1999.
4) 三瀬勝利，井上富士男編：食品中の微生物検査法解説書，講談社サイエンティフィク，p.57, 1996.
5) 春田三佐夫：乳技協資料，**36**(6), 34-46, 1987.
6) 日本乳業技術協会：乳技協資料，**33**(5), 30-40, 1984.

VII. 乳素材の利用

1. 製菓・製パン用乳素材

1.1 製菓

菓子はきわめて嗜好性の高い食品であるが，生活習慣病への関心が高まる近年においてもその消費は衰えることを知らず高い消費水準を維持している[1]．それはかつて洋菓子，和菓子の専門店でしか入手できなかった専門性の高い菓子がマスメディアなどに取り上げられる機会が増え，ファッション性の高い食品分野として社会の中に独特の位置を確保したことによるものと考えられる[2]．

乳製品（牛乳，クリーム，バター，チーズ）は小麦粉，砂糖，卵，油脂などとともに代表的な製菓素材として知られており，パティシェ（製菓職人）と呼ばれる専門技術者らによる魅力のある菓子（洋生菓子，和菓子など）づくりに欠かせないものとなっている．ここでは洋菓子製造における乳製品の最近の知見と専門技術者による取扱い方を中心に述べたい．

1.1.1 牛乳

洋菓子製造において専門技術者は牛乳を，①風味づけ，②物性の調節，③焦げ色の付与などのために用いる[3]．牛乳中にはアセトン，デルタラクトン類，短鎖脂肪酸などの微量な香気成分や乳糖，塩類などの呈味成分，乳脂肪，乳タンパクなどのこく味成分など固有の風味を示す成分が含まれており[4]，いわゆるミルク風味を製品に付与するのに用いられる．

また，牛乳は水分が87.4%[5]含まれ，卵黄とともに洋菓子製造においては優れた乳化液であり，アーモンドペーストなどの油溶性食材や砂糖などの水溶性食材の混合分散や，組成中の水分を調整することによる生地などの物性調整に用いられる．牛乳は加熱操作によって糖類とタンパク質を基質としたメイラード反応が生ずることが知られており，洋菓子製造においては一般に焼き菓子，スポンジ生地などの焦げ目の付与に役立つ[3]．また，目的によって加温する際はラムスデン現象[6]を防ぐために攪拌をしながら温めること，加温しすぎて焦げを生じさせないことなどの注意が必要である．

1.1.2 クリーム

市場で流通しているクリーム類はきわめてバラエティーに富んでおり，乳等省令で定義された「クリーム」と表示されるもののほか，「乳等を主要原料とする食品」として構成脂肪がすべて乳脂肪の「純乳脂クリーム」，構成脂肪の一部を植物性脂肪に置き換えた「コンパウンドクリーム」，構成脂肪すべてが植物性脂肪からなる「ノンデイリークリーム」に大別できる．

それらは水相に脂肪球が分散している水中油型乳化（O/Wエマルション）を保っており，構成脂肪の融点，脂肪球のサイズ，製造方法などによってその風味，ホイップ時の物性，ホイップしたあとの物性が異なる．専門技術者らはホイップをコントロールしてババロア，ショートケーキなどでは硬く，ムースなどでは柔らかく仕上げる．また，液体のまま加温してガナッシュ・焼き菓子などに使用して風味，保湿性の付与を行ったり，凍らせてアイスクリームの原材料に用いたりする．

ホイップクリームのホイッピングとその物性に関する研究は菊池[7]，野田[8]などが知られているが，近年の電子顕微鏡や物性測定装置の進歩により微細組織の観察や動的粘弾性の測定が容易になり，新たな知見が報告されている．洋菓子製造において専門技術者のホイップ方法は初期段階では低速で攪拌し，粘度が出てきてから高速に切り替え，仕上げでは低速で攪拌する方法をとる．井原らはホイッピング速度が脂肪球凝集と気泡の取り込みに影響を与えることを明らかにし，ホイッピ

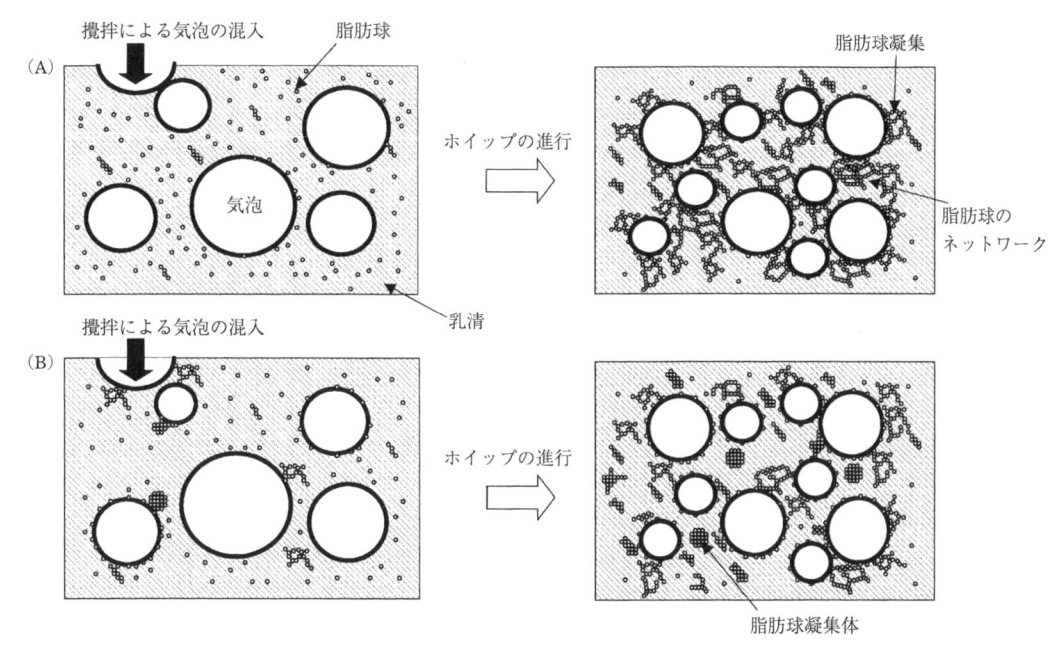

図1.1 ホイップ中の脂肪球変化形態のモデル
(A)低速ホイップ，(B)高速ホイップ．

ングによる硬さの出現とその維持機構のモデルを提示した[9]．また，脂肪球凝集様式の違いがホイップ後の冷蔵保管中におけるホイップドクリームの硬さの維持に影響を与えることを示唆している報告もなされており[10]，さらなる研究成果が期待される（図1.1）．

1.1.3 バター

バターは脂肪酸，ラクトン，p-クレゾール，インドール，スカトールなど微量な香気成分によるバター独特の好ましいフレーバーをもち[4]，乳等省令による定義では「乳脂肪分80％以上」とされているきわめて脂肪の多い食品である．そのため洋菓子製造においては少量を生地やムース・ガナッシュに用いる場合でも好ましいしっとり感，バター風味，こく味，口溶けなどの付与に役立つ．

また，バターは脂肪酸組成が十数種類[11]とバラエティーに富んでおり，油脂中に水が乳化・分散している油中水型乳化（W/Oエマルション）であるため，可塑性，ショートニング性，クリーミング性など[12]の特徴的な物性を有する．

a．可塑性

可塑性とは油脂の硬さが温度によって変化する性質のことであり，それは固体脂と液体脂のバランスによるものである．バターの場合10～15℃前後で最も洋菓子製造に適した状態になる．専門技術者らはこの可塑性を活かしてパイ生地にはブロック状の硬さで，フルーツケーキにはポマード状の硬さで用いる．

b．ショートニング性

クッキーはバターの油脂が小麦粉のグルテン形成を阻止するため，その組織をなめらかで脆いサクサクとした食感に仕上げる．この特性をショートニング性という．バターを小麦粉と混ぜ合わせる際は，温度が低すぎても高すぎてもうまく生地と混ざらないため作業中の適切な温度管理が重要である．

c．クリーミング性

バターは攪拌されることによりホイップされ，クリームのように空気を取り込むことができる．この性質をクリーミング性という．クリーミング性はバター油脂の結晶状態と深く関係するので作業中の温度管理には十分注意が必要である．

1.1.4 チーズ

チーズ類は主にチーズケーキ，焼き菓子などに用いられる．チーズケーキでは非熟成タイプのクリームチーズを用いて主になめらかな食感を，焼き菓子では熟成タイプのパルメザンチーズなどを用い，主に熟成によって得られた固有の風味を付与するのに役立つ．専門技術者らはチーズケーキ製造においてクリームチーズを砂糖，果汁，生クリーム，卵黄などと混合することが多いため，あらかじめ加温してなめらかな状態に変化させることが多い．

クリームチーズはタンパク質，脂肪，灰分および水分の混合物であり，70℃以上の高温に加熱すると脂肪がタンパク質の分子中から分離し，タンパク質が硬くなるため，加熱は湯せんを用いて60℃程度で行い，あらかじめ細かく砕いておいて早く溶解することが大切である[13]．

以上，洋菓子を中心に乳製品の専門技術者用の取扱い方を紹介しながら最近の知見をまとめたが，洋菓子はその美しい外観も含めて一つ一つが芸術作品であり，市場・消費者からの関心は高い．乳製品を含め洋菓子製造に用いられる素材の風味と物性コントロールを高め，新しい菓子を作り上げる不断の努力が望まれている．

〔尾崎裕司〕

文　献

1) 生活情報センター編集部：食生活総合統計年報2005, pp.20-37, 2005.
2) 長尾健二：食の科学, **290**, 22-27, 2002.
3) 野口洋介：臨床栄養, **77**(4), 533-537, 1990.
4) 米田義樹：乳の科学（上野川修一編），pp.77-78, 朝倉書店, 1996.
5) 科学技術庁資源調査会編：五訂日本食品標準成分表, pp.254-255, 大蔵省印刷局, 2000.
6) 河田昌子：お菓子「こつ」の科学, pp.110-111, 柴田書店, 1995.
7) 菊池基和：クリームの連続式ホイッピングに関する研究, pp.11-31, 東北大学学位論文, 1992.
8) 野田正幸：油化学, **42**(10), 784-791, 1993.
9) 井原啓一ほか：日本食品科学工学会誌, **52**(12), 553-559, 2005.
10) 井原啓一ほか：日本農芸化学会大会講演要旨集, p.139, 2007.
11) 菅野長右ェ門：乳の科学（上野川修一編），pp.19-27, 朝倉書店, 1996.
12) (社)日本乳業協会：国産バター・生クリームハンドブック, pp.9-18, 2001.
13) 工藤　力ほか：新説チーズ科学（中澤勇二, 細野明義編），pp.250-252, 1989.

1.2　製　パ　ン

パン業界において，ここ数年ベーカリーからブーランジュリーへと時代の新しい潮流がみられるようになってきた．各種のパン種を駆使し，伝統を重んじつつも高品質なケーキに負けない華やかなヴィエノワズリーをはじめとするヨーロッパならではの食感，香味，しっかりしたバター風味や牛乳，チーズなどの乳素材を多用した商品が並べられている．まさにヨーロッパそのままのスタイルで，わざわざ買いにいきたくなる個性的なリテールベーカリーが見受けられるようになってきた．しかしパン業界では，まだまだ乳素材の認知度は決して高いとはいえず，パンづくりに携わる人たちが学ぶ事項が多いのも事実である．そこで，ここでは現場サイドで少しでも役立つ代表的乳素材の「パンへの使い方」を主眼において，述べる．

1.2.1　バターと製パン性

製パンにおいて，バターは以前からなくてはならない乳素材の代表的な一つである．フランスを代表とするヨーロッパでは主に発酵バターが使用され，日本でもクロワッサンを発酵バターでつくるリテールベーカリーも多く見受けられるようになった．

a．バターをパンに使用する温度範囲

一般に製パンに使用する際の温度範囲として，バターが最もショートニング性を示す可塑性状態は13～18℃といわれており[1,2]，現場では極力その温度範囲でパン生地に利用しているが，使用する際の代表的な製法として，パン生地への「練込み」と「折込み」の2通りがある．したがって，おのずと使用するバターの品温は両使用法に適し

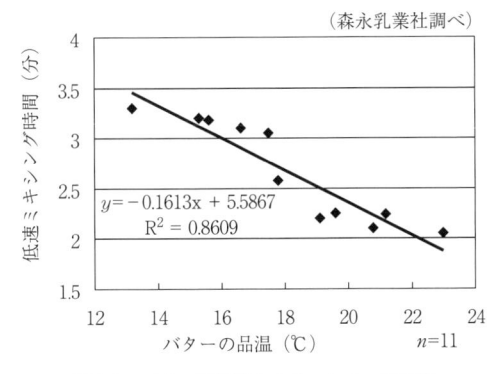

図1.2 バター添加後のクリーンナップ時間

（森永乳業社調べ）

$y = -0.1613x + 5.5867$
$R^2 = 0.8609$
$n=11$

た温度範囲で行うべきである．

b. バターの練込み

標準ストレート製法によりワンローフ型食パンを作成する際に，品温の異なるバターを添加した場合の生地クリーンナップ時間（生地全体が一つの塊になるまでの時間）を測定し，図1.2に示した．

練込みバターは同形態の1塊とし，対粉6％投入した．バター品温13℃では硬い状態でゴロゴロし，生地中に入るまでに時間を要する．バター品温20℃以上の俗にいう「ポマード状」では，当然時間が早くなる．いままで多くの製パン技術者はバターをポマード状にしてから使用するよう，生産性の面からも教えられてきたが，最終製品の風味としてはバターの「風味ぬけ現象」が起こり，乳味感の薄いパンとなる（森永乳業社調べ）．また，現在のミキシング法においては低速3分が基本となりつつあり，それ以上時間の要するバター品温は避けたい．作業面，製品評価の総合面からパン生地練込み時におけるバター品温は17℃付近を筆者は推奨する．

c. バターの折込み

パン業界において，バターの折込み製品の代表としてクロワッサン，デニッシュペストリーがある．クロワッサンを作成（三つ折3回の標準製法）する際に，品温の異なるシートバター（8℃，12℃，15℃，18℃）を対粉50％折込み，製品評価したところ，8℃では折込み時にバターも割れ，製品の内相膜も厚い製品になった．18℃になると極端に作業性も悪く，製品は油脂臭がし，製品高も小さくなる．総合評価として，リテールベーカリーにおける折込みバター品温は13〜15℃を推奨する．

1.2.2 チーズと製パン

大手パン工業やコンビニエンスストアの焼成パン，リテールベーカリーの焼き調理パンなど，チーズもパン業界にとって重要な乳素材の一つである．リテールベーカリーではおおむね，シュレッドチーズ，ダイスチーズ，スライスチーズ，パウダーチーズの4種がメニューに使われている．そのほかのカマンベール，クリームチーズ，ゴルゴンゾーラなどのナチュラルチーズは一部の個性的なリテールベーカリーで使用されているにとどまり，まだまだチーズ素材個々の味を活かしたパンへの使用法は少ない．2006年度，チーズの国内総消費量は27万tを超え[3]，各ベーカリーにおいても上記のうち，シュレッドチーズが相当量使われている．シュレッドチーズ（またはミックスチーズ）はモッツァレラチーズやゴーダチーズ，チェダーチーズなどのさまざまなチーズが組み合わされている．ピザ用途では，その糸引き性を重視して，モッツァレラチーズが多く含まれるシュレッドチーズがよく使われるが，リテールベーカリーにおいて，モッツァレラの含まれるシュレッドを使用した焼き調理パンが焼成後数時間で硬くなりやすいのはモッツァレラが「ガミー」（硬く）になりやすい性質による．リテールベーカリー店頭にて，焼きたて製品の糸引き性を楽しめる消費者は皆無に近く，硬くなりやすいモッツァレラの含まれるシュレッドチーズはベーカリーでは極力，使用は避けたい．

1.2.3 粉乳と製パン

ベーカリー業界においては，①ハイヒート脱脂粉乳（最も多く使用[4]），②ローヒート脱脂粉乳，③全脂粉乳，④ホエイパウダー，⑤発酵乳粉末，などの粉乳類が使用され，対粉1〜6％添加で使われることが一般的である．標準配合の食パンでハイヒート脱脂粉乳を対粉1％添加の場合，生地の吸水率は1％増すこと[5]が知られている．脱脂

表1.1 新ホエイ食パンの配合例

原料配合	ベーカリー%
中種	
強力粉	70
生イースト	2
生地改良剤	0.1
水	40
生地	
強力粉	30
砂糖	5
食塩	1.5
森永ホエイパウダー	5
（NF脱塩）	
ショートニング	4
生イースト	0.5
水	28
合計	187.1

（日本パン技術研究所より）

粉乳を使う目的として，パン外皮（クラスト）の焼き色改善，栄養価の向上，保存性の向上，風味改善，などが主にあげられる[6,7]。現在，大手パン工業ラインにおいては，分割機が生地体積でカットするポケット型が主流であり，脱脂粉乳のもつカゼインタンパクの緩衝作用を利用して，酸度の上昇を抑え，発酵が急激に進まない目的で使用する場合が多い。

チーズ製造の際に分離，排出されるホエイ（パウダー）については，ここ数年，脱塩，脱臭，脱色の技術が進み[8]，他の粉乳類と同等の風味のよい製品ができ，乳製品表示や価格の面でも注目されてきた。ドイツでもホエイを対粉20%添加している「Molke Brot（乳清ブレッド）」[9]も見受けられ，日本のパン研究機関でもホエイ使用のパンの研究が進められている。その配合例を表1.1[10]に示す。

ただし，ホエイ（パウダー）と脱脂粉乳の成分組成は異なるため[11]，吸水力，緩衝作用などの効能の面ではホエイパウダーは脱脂粉乳の代替品とはならない。新しい観点から，乳味感，淡白で上品な乳糖の甘み，ソフト性，外観焼き色，などを付加できる新しい素材という位置づけでみれば，今後，和洋焼き菓子をはじめ，製パン原料分野で大きな役割が期待できる。また業界関係者のさらなる応用，研究を願うものである。

〔飯住壽勝〕

文　献

1) （社）全国牛乳普及協会，（社）日本乳製品協会：Butter&Cream Guidebook, pp.9-10, 1993.
2) （社）日本乳業協会：国産バター・生クリームハンドブック，pp.16-17, 2001.
3) 農林水産省生産局畜産部牛乳乳製品課：平成18年度チーズの需給表.
4) 市橋信夫：乳業技術，**53**, 47, 2003.
5) 藤山諭吉：製パン理論と実際，p.45, （社）日本パン技術研究所，1965.
6) 吉野精一：パン「こつ」の科学，p.40, 柴田書店，1993.
7) 宮田章三ほか：Bakery, pp.68-69, ダイレック，1990.
8) 市橋信夫：乳業技術，**53**, 49, 2003.
9) F. J. Steffen: Brotland Deutschland, pp.258-259, Deutscher Backer-Verlag GmbH, 2000.
10) 近藤洋：*Pain 8*, **49**, 26-28, 2002.
11) 中江利昭：パン科学ノート，改訂版，p.136, パンニュース社，2004.

2. 牛乳・乳製品に由来する機能成分

2.1 ラクトフェリン

ラクトフェリンはトランスフェリンファミリーに属する鉄結合性糖タンパク質であり,分子量は約80 kDa,1分子当たり2分子の3価鉄イオンを可逆的に結合する[1]。アミノ酸配列中にLysやArgを多く含んでおり,牛乳中におけるラクトフェリンの等電点は約8である。多種の哺乳動物において乳汁中に分泌されるほか,涙,唾液,胆汁,膵液などの外分泌液や好中球にも含まれている。乳汁中の含量は動物種や泌乳期によって異なり,人乳は他の動物種と比較して多量のラクトフェリンを含む。特に,初乳に多く5〜7 mg/mlと全タンパク質の20〜30%程度に達し,常乳でも1〜3 mg/ml含まれる[2,3]。牛乳中のラクトフェリン含量は母乳より1桁少なく,初乳で〜1 mg/ml,常乳で0.2〜0.4 mg/mlである[1,4]。表2.1に,人乳と牛乳のラクトフェリンの分子的特徴を比較したが,これらのアミノ酸配列も報告されており両者の相同性は69%と高い。

2.1.1 ラクトフェリンの機能

ラクトフェリンは,抗菌・抗ウイルス作用,ビフィズス菌増殖作用,鉄吸収調節作用,抗酸化作用,抗炎症作用,細胞増殖作用,抗がん作用,がん転移阻止作用,抗アレルギー作用,歯周病菌抑制作用など多くの機能を有することが報告されている[5]。その多くは,in vitroやin vivo試験での結果であるが,ヒト臨床試験によって,大腸ポリープの進展抑制作用,足白癬菌増殖抑制作用,貧血予防作用を示唆する結果も得られている。ラクトフェリンを胃の消化酵素であるペプシンで分解するとN末端部分から塩基性の高いペプチドが生成する[6]。このペプチド(ラクトフェリシン)は,ラクトフェリンより強い抗菌活性を発揮するほか,ラクトフェリンと同様に多くの作用を示す。

2.1.2 ラクトフェリンの工業的利用

ラクトフェリンは,陽イオン交換樹脂,スルホン化樹脂などを用いたクロマト法によって,チーズホエイや脱脂乳から工業的に分離・精製され,機能性素材として育児用ミルク,乳飲料,健康食品などに利用されている。

ラクトフェリンは,中性では,65 °C 30分間の加熱処理で変性するが,酸性では比較的安定である。pH 2〜6に調整された5%ラクトフェリン水溶液を100 °Cで5分間加熱したところ,中性ではその鉄結合能を完全に失ったが,pH 4では80%以上,pH 5でも70%の鉄結合能が残存したと報告されている[7]。この性質は,ラクトフェリンを液状製品に添加する際に利用されている。

〔高瀬光德〕

表2.1 ヒトとウシのラクトフェリンの比較

	ヒト	ウシ
分子量	約80000 Da	約83000 Da
アミノ酸残基数	692	689
糖含量	6.40%	11.20%
糖鎖数	2	4
鉄イオン結合数	2	2

文 献

1) 島崎敬一:乳業技術, **51**(1), 1-20, 2001.
2) T. Nagasawa, et al.: *J. Dairy Sci.*, **55**, 1651-1659, 1972.
3) P. F. Levay, et al.: *Haematologica*, **80**, 252-267, 1995.
4) T. Soejima, et al.: *J. Dairy Res.*, **74**, 100-105, 2006.
5) 山内恒治:FFIジャーナル, **211**(9), 771-776, 2006.
6) W. Bellamy, et al.: *Biochim. Biophy. Acta*, **1121**, 130-136, 1992.
7) H. Abe, et al.: *J. Dairy Sci.*, **74**, 65-71, 1991.

2.2 乳塩基性タンパク質

牛乳が骨の健康に有用であることはよく知られており，骨形成に必要な栄養素であるカルシウムを豊富に含むことが，その主な理由であると考えられている．しかしながら，乳を唯一の栄養源とする乳児では，骨代謝が活発に行われていることから，乳にはカルシウム以外にも骨代謝に直接影響を及ぼす機能性成分が含まれる可能性がある．その一例として，乳に含まれる一連の塩基性タンパク質が，骨の健康を維持向上させる機能性素材として特定保健用食品などに応用されている．

乳に含まれる塩基性タンパク質は，脱脂乳や乳清を陽イオン交換樹脂に通液したのち，一定濃度の塩化ナトリウム水溶液などで樹脂に吸着したタンパク質を溶出し，分離することができる[1]．この中には，ラクトフェリン，ラクトペルオキシダーゼ，シスタチンC，アンジオジェニン，ラクトジェニン，血液凝固因子高分子キニノーゲンフラグメント1・2，およびHMG (high mobility group) 様タンパク質など，塩基性の等電点をもつ多様なタンパク質が含まれている．骨代謝に関与する骨芽細胞や破骨細胞を用いた in vitro 実験で，こうした塩基性タンパク質が，骨代謝の改善や骨密度の維持向上に結びつく細胞生理学的な活性をもつことが確認されている．骨芽細胞の増殖作用やコラーゲン産生作用については，HMG様タンパク質，高分子キニノーゲンフラグメント1・2，およびラクトフェリン[2]で確認されている．また，破骨細胞による骨吸収の抑制活性については，シスタチンC，アンジオジェニン[3]，およびラクトフェリン[2]で確認されている．シスタチンCは骨芽細胞から産生される液性因子でもあり，破骨細胞が骨を壊すために分泌するシステインプロテアーゼを阻害して，骨吸収を調節すると考えられている．また，アンジオジェニンは，破骨細胞の骨吸収作用に関与する酒石酸耐性酸性ホスファターゼ (TRAP) とカテプシンKのmRNA発現を抑制するとともに，F-アクチンリングの形成を阻害することが確認されている．こうした骨代謝改善作用をもつ機能性成分を，個別ではなく乳塩基性タンパク質群として複合的に利用する技術が実用化されており，国内の乳業メーカーからミルクベーシックプロテイン (MBP®: Milk Basic Protein) として素材開発されている[4]．

MBP®が骨の健康に及ぼす生理作用に関しては，成長期モデル動物や老齢期の骨粗鬆症モデル動物で確認されているだけでなく，さまざまな世代のヒトを対象にした介入試験が行われている．MBP®を配合した清涼飲料水を摂取した健康なヒト成人女性においては，3カ月間で骨代謝マーカーの改善が認められ，6カ月間で骨密度が有意に上昇した．また，65歳以上の高齢女性に対しては1年間に及ぶ長期介入試験が行われ，骨吸収マーカーの上昇を有意に抑制する効果が確認されている．これらのヒト試験では，試験期間中の食事記録が解析され，食事から摂取したカルシウム，マグネシウム，ビタミンD，およびビタミンKの量と骨密度の増加には相関がなかったことから，MBP®という乳中の塩基性タンパク質自体に骨代謝を改善する作用のあることが示唆された．

MBP®を食品素材として使用する際の安全性に関しては，変異原性試験，急性毒性試験，亜急性毒性試験，亜慢性毒性試験，催奇形性試験などが実施され，特筆すべき所見のないことが確認されている[5]．国内ではMBP®を配合した清涼飲料水が，特定保健用食品の表示許可を得ており，海外では米国食品医薬品局 (FDA) から GRAS (generally recognized as safe) として承認されている[4]．

〔川上　浩〕

文献

1) H. Kawakami: *Food Sci. Technol. Res.*, **11**(1), 1-8, 2005.
2) J. Cornish, *et al.*: *Biochem. Cell Biol.*, **84**(3), 297-302, 2006.
3) Y. Morita, *et al.*: *Bone*, **42**(2), 380-387, 2008.
4) H. Kawakami: *Bull. Intern. Dairy Fed.*, **413**, 40-47, 2007.
5) C. L. Kruger, *et al.*: *Food Chem. Toxicol.*, **45**(7), 1301-1307, 2007.

2.3 α-ラクトアルブミン

α-ラクトアルブミンは主要な乳タンパク質で,牛乳では全乳タンパク質の約4%,人乳では約30%を占めている.ヒトやウシ,ヤギ,ウマなど多くの哺乳動物でアミノ酸残基数は123と共通しており,分子量は約1万4200である.α-ラクトアルブミンは分子内に四つのジスルフィド結合をもった球状構造をとっており,カルシウムイオンを結合する.

α-ラクトアルブミンの第1の機能は乳糖合成に関与することである[1].このタンパク質は哺乳類の乳腺細胞に特異的に発現しており,ガラクトシルトランスフェラーゼとともに乳糖合成酵素を構成する.ガラクトシルトランスフェラーゼは他の組織にも存在し,通常UDP-ガラクトースからガラクトースを糖タンパク質の N-アセチルグルコサミンに転移する反応を触媒する.しかし,α-ラクトアルブミンが存在する場合には,グルコースへの特異性が高くなりUDP-ガラクトースとグルコースから乳糖を合成するようになる.α-ラクトアルブミンは卵白リゾチームと類似したアミノ酸配列と三次構造をもち,遺伝子的に共通の祖先から進化したと考えられている.しかし,卵白リゾチームはα-ラクトアルブミンとは異なり,乳糖合成活性ではなく,細菌細胞壁のペプチドグリカンを分解することにより溶菌活性を示す.最近,α-ラクトアルブミンをトリプシンとキモトリプシンで分解して得られる3種のペプチドがグラム陽性菌に対し殺菌作用を示すことが報告されている[2].また,肺炎連鎖球菌(Streptococcus pneumoniae)に対して殺菌作用を示す人乳α-ラクトアルブミン変異体の存在も報告されている[3].

α-ラクトアルブミンはフォールディング中間体としてよく知られるモルテングロビュール状態を緩和な変性条件下で安定に示すため,タンパク質のフォールディング研究によく用いられている.最近,このモルテングロビュール状態にあるα-ラクトアルブミンが脂肪酸と複合体を形成し,腫瘍細胞特異的にアポトーシスを誘導することが明らかにされている[4].この作用は実際にヒトに応用され,皮膚乳頭腫や膀胱がんにおいて効果が確認されている.

α-ラクトアルブミンがアルコールやストレスによって引き起こされる傷害から胃粘膜を保護する作用があることもラットを用いた実験により明らかにされている.作用メカニズムとして,α-ラクトアルブミンは胃粘膜上皮細胞に直接働き,粘液の合成・分泌を促進し,粘膜のバリアー機能を高めることが示唆されている[5].

また,α-ラクトアルブミンの事前の摂取がストレス負荷に起因する気分の悪化や認知能力の低下を予防すること,夕食後のα-ラクトアルブミンの摂取が朝の目覚めを改善することなど,脳の機能に作用することが報告されている[6].これは,α-ラクトアルブミンでは比較的大きな中性アミノ酸(バリン,ロイシン,チロシン,イソロイシン,フェニルアラニン)に対するトリプトファンの比率が高く,神経伝達物質セロトニンの前駆体であるトリプトファンが効率的に脳内に取り込まれるためと説明されている.〔牛田吉彦〕

文献

1) K. Brew: Proteins (Advanced Dairy Chemistry, 3rd ed., vol.1, P. F. Fox, P. L. H. McSweeney, eds.), pp.387-419, Kluwer Academic/Plenum Publishers, 2003.
2) A. Pellegrini, et al.: *Biochim. Biophys. Acta*, **1426**(3), 439-448, 1999.
3) A. Hakansson, et al.: *Mol. Microbiol.*, **35**(3), 589-600, 2000.
4) M. Svensson, et al.: *Protein Sci.*, **12**(12), 2794-2804, 2003.
5) Y. Ushida, et al.: *J. Dairy Sci.*, **90**(2), 541-546, 2007.
6) C. R. Markus, et al.: *Am. J. Clin. Nutr.*, **81**(5), 1026-1033, 2005.

2.4 ラクトペルオキシダーゼ

ラクトペルオキシダーゼ(lactoperoxidase: LPO)は,牛乳に約30 mg/l含有される酵素で

ある[1]．乳清画分の酵素としては，最も含量が多い．LPO は，分子量約 8 万，等電点 9.6 の塩基性タンパク質であり[1]，612 のアミノ酸残基からなる[2]．補酵素であるヘムを 1 分子結合し，そのソーレー吸収帯は 412 nm を示す[1]．糖鎖結合部位のアスパラギン残基が 5 個あり[2]，分子量の約 10% を高マンノース型および複合型糖鎖が占める[3]．1 個配位するカルシウムは，加熱に対する安定性に関与する[4]．牛乳中の LPO の活性は，超高温加熱殺菌（UHT）で失われるが，低温保持殺菌（LTLT）や 72〜75 ℃ 15 秒間の高温短時間殺菌（HTST）ではほとんどが残存する[5]．工業的には乳清や脱脂乳などの原料から，主に陽イオン交換樹脂を用いて分離，精製される[6]．

LPO は過酸化水素（H_2O_2）を利用する酸化還元酵素であり，その反応は次の機構による[7]．まず，3 価鉄のヘムが H_2O_2 によって酸化され，4 価鉄と 1 酸素の複合体 I が形成される．複合体 I がチオシアン酸（SCN^-）やヨウ化物イオンを酸化する場合，2 電子反応により 3 価鉄のヘムが再生される．一方，複合体 I が芳香族化合物などを基質とする場合，1 電子反応により基質を酸化し，複合体 II が形成される．複合体 II は，さらに 1 電子反応により基質を酸化し，3 価鉄のヘムが再生される．

LPO は，H_2O_2 と SCN^- の共存下において，より抗菌活性の強い次亜チオシアン酸（$OSCN^-$）の生成を触媒する[8]．この反応系は LPO システムと呼ばれており，生成された $OSCN^-$ は，細菌の呼吸鎖，膜輸送，解糖系などを阻害し，グラム陽性菌には静菌作用を，グラム陰性菌には殺菌作用を示す[8]．LPO システムの抗菌活性の利用に関しては，冷蔵設備が完備されていない国や地域での集乳および輸送中における生乳の保存を目的とした Codex のガイドラインが作成されている[9]．LPO システムは，乳製品，果汁，食肉などの食品の保存性向上や除菌への利用も試みられている．

LPO は，乳をはじめ，唾液，涙液，気道粘液などの哺乳類の外分泌液に SCN^- とともに含有される[8,10,11]．母乳（常乳の乳清）には，LPO が約 0.77 mg/l 含有される[12]．LPO システムは，細菌のほか，真菌，ウイルス，寄生虫などの病原性微生物を抑制する．乳や唾液中では，H_2O_2 を産生する微生物は，LPO システムによる抑制を受ける[8,10]．ヒツジを用いた動物実験では，生体に内在する LPO システムが気道に感染させた細菌の除菌に働くことが示されており[11]，その感染防御作用が注目されている．また，マクロファージからのスーパーオキシド産生亢進[13]，リンパ球からのインターフェロン-γ 産生抑制[14]，ヒツジへの皮下注射によるリンパ節からのリンパ球の輸出量抑制[15]など，LPO 単独での免疫調節作用も示されている．マウスを用いた実験では，経口投与した LPO による，ウイルス性肺炎や大腸炎の症状緩和効果が示されており[16]，抗炎症作用のあるステロイドホルモンに類似した遺伝子発現制御が小腸組織で観察されている[17]．今後，従来から知られる抗菌作用に加え，感染防御作用や抗炎症作用をもつ機能性成分としての利用が期待される．

〔新　光一郎〕

文　献

1) B. D. Polis, H. W. Shmukler: *J. Biol. Chem.*, **201**(1), 475-500, 1953.
2) M. M. Cals, et al.: *Eur. J. Biochem.*, **198**(3), 733-739, 1991.
3) S. M. Wolf, et al.: *J. Mass Spectrom.*, **35**(2), 210-217, 2000.
4) C. M. M. Hernandez, et al.: *Neth. Milk Dairy J.*, **44**(3-4), 213-231, 1990.
5) M. W. Griffiths: *J. Food Prot.*, **49**(9), 696-705, 1986.
6) 市橋信夫ほか：特許第 3946747 号, 2007.
7) E. Monzani, et al.: *Biochemistry*, **36**(7), 1918-1926, 1997.
8) B. Reiter, G. Härnulv: *J. Food Prot.*, **47**(9), 724-732, 1984.
9) Guidelines of the Codex Alimentarius Commission: CAC/GL 13, 1991.
10) R. Ihalin, et al.: *Arch. Biochem. Biophys.*, **445**(2), 261-268, 2006.
11) C. Gerson, et al.: *Am. J. Respir. Cell. Mol. Biol.*, **22**(6), 665-671, 2000.
12) K. Shin, et al.: *Am. J. Clin. Nutr.*, **73**(5), 984-989, 2001.
13) D. L. Lefkowitz, et al.: *Life. Sci.*, **47**(8), 703-709, 1990.

14) C. W. Wong, et al.: Vet. Immunol. Immunopathol., **56**(1-2), 85-96, 1997.
15) C. W. Wong, et al.: J. Dairy Res., **63**(2), 257-267, 1996.
16) 堀米綾子:ミルクサイエンス, **56**(3), 109-113, 2007.
17) H. Wakabayashi, et al.: Biosci. Biotechnol. Biochem., **71**(9), 2274-2228, 2007.

2.5 血圧降下ペプチド

牛乳タンパク（カゼイン，ホエイタンパク）中には血圧降下作用に関連した，アミノ酸2～十数個からなるペプチドの配列がいくつか含まれている（第III編4.5節参照）。血圧降下作用機序の一つであるアンジオテンシン変換酵素阻害活性に着目して発見されたものが多いが，試験管内での活性のみの報告にとどまるものも多い。その中のいくつかのペプチドについては動物やヒトでの効果も示されている。

それらはタンパク質そのままでは機能を発揮しないが，消化酵素や微生物由来の酵素製剤による分解，あるいは乳酸菌などによる乳の発酵・熟成中に微生物プロテアーゼ系による分解によって切り出され活性を示すようになる。消化酵素としてはトリプシン，ペプシン，キモトリプシンなどが，微生物酵素としては麹菌酵素などが，発酵・熟成としては Lactobacillus helveticus 発酵乳やゴーダチーズ，ブルーチーズ，エダムチーズが例としてあげられる。生成した分解産物の風味や外観を調整し食品へ応用することが検討され，いくつかはすでに実用化されている。またアミノ酸配列情報をもとに化学合成法や遺伝子組換え法でペプチドをつくることもできるが，現状では研究上の手段のみとして用いられる。

これらのペプチド素材の効果は，自然発症高血圧ラット（SHR）を用いた動物実験で血圧降下作用や血圧上昇抑制作用を調べることができる。ヒトでの有効性は食品として期待される予防機能を，血圧が高めのヒトを対象とした血圧降下作用を検討することで調べられる。また，血圧降下作用をもつペプチドを食品として利用するには安全性を確保する必要がある。通常の場合，乳由来のペプチドに安全上の問題は考えにくいが，特定のペプチドを濃縮し，これまでの食経験を大きく超える摂取の可能性がある場合には慎重な対応が必要である。通常，動物試験とともに，想定される摂取量より多い過剰摂取ヒト試験が行われる。

これらのエビデンスの揃った食品に効能表示をして，食品による疾病の予防を目指して消費者の選択に役立てる表示制度の法制化が世界中で進められている。日本では特定保健用食品（特保）を法制化し，商品ごとの個別審査による表示の許可が行われている。現在のところ乳ペプチドで特保の抗高血圧機能の関与成分として認められているのは，ドデカペプチドとラクトトリペプチド（VPP, IPP）である。ドデカペプチドは乳タンパク由来の血圧降下ペプチドの先駆けとして研究されたが，$α_{s1}$-カゼイン中に含まれる12個のペプチド配列であり，消化酵素トリプシンで分解することで生成される。一方，ラクトトリペプチドは β-, κ-カゼイン中に含まれる3個のペプチド配列であり，L. helveticus 発酵乳よりはじめて発見されたが，発酵中に乳酸菌のプロテアーゼ系の働きで生成される。またこれは麹菌由来の酵素による分解でも生成する。これら素材は飲料や錠剤などの形状の特定保健用食品として利用されている。

〔髙野俊明〕

2.6 カゼインホスホペプチド

カゼインホスホペプチド（casein phosphopeptides：CPP）とは，α-カゼイン，β-カゼインのホスホセリン（リン酸化セリン）や親水性アミノ酸を多く含む親水性部分由来のペプチド類の総称で，カルシウム吸収促進や，抗う蝕，粘膜免疫増強の作用をもった特定保健用食品素材，機能性飼料素材である。

カゼインのトリプシン分解による典型的なCPPである $α_{s1}$-カゼイン由来の α-CPP と β-カゼイン由来の β-CPP の構造は図2.1，図2.2の

H₂NAsp⁴³-Ile-Gly-SerP-Glu-SerP-Thr-Glu-Asp-Gln-Ala-Met-Glu-Asp-Ile-Lys-Gln-Met-Glu-Ala-Glu-SerP-Ile-SerP-SerP-SerP-Glu-Glu-Ile-Val-Pro-Asn-SerP-Val-Glu-Gln-LysCOOH⁷⁹

図 2.1　α-CPP の一次構造

H₂NArg¹-Glu-Leu-Glu-Glu-Leu-Asn-Val-Pro-Gly-Glu-Ile-Val-Glu-SerP-Leu-SerP-SerP-SerP-Glu-Glu-Ser-Ile-Thr-ArgCOOH²⁵

図 2.2　β-CPP の一次構造

通りである.

α-CPP と β-CPP は,それぞれ α-カゼイン,β-カゼインに高純度のトリプシンを作用させたのち分画精製によって得られる.工業的には,全カゼインを原料としトリプシンで部分加水分解して CPP を生成させる.そのまま噴霧乾燥すれば CPP 含有量 12% 以上の粉末が得られる.食用としては苦味が強いので,これをよく分解するカビのペプチダーゼなどを用いて苦味を減少させて噴霧乾燥する.高純度 CPP は,酵素反応のあと等電点沈殿して,上澄部に Ca イオンの共存下エタノールを加えて沈殿させ,得られた沈殿を噴霧乾燥させて 85% 以上の含有量の粉末が得られる.

ミルクのカルシウム吸収がよいのは乳糖によるカルシウムの吸収促進作用のほかに,CPP の関与が以前から推測されていた.1972 年に内藤らがラットの in vivo 実験で消化管内のホスホセリンを含むペプチドの存在を明らかにし,その後このペプチドや腸管内可溶性カルシウム吸収性がよいことなどを示して,CPP の機能が裏づけられた[1].

その後,食品の機能性研究が日本から始まり世界に広がったが,CPP も注目されるようになった.日本では,1982 年に明治製菓社により工業的製造法が開発され 1991 年に食品・飼料素材として販売された.CPP を活用した商品(鉄骨飲料®,サントリー社)も発売された.CPP をカルシウム吸収促進機能性成分とする特定保健用食品も認可されている.

CPP の抗う蝕機能は,1982 年に Reynolds らにより CPP と非結晶性リン酸カルシウム (ACP) 複合体 (CPP-ACP: Recaldent®, Bonlac Foods Ltd.) が有効であるとの報告がなされた[2].この機能も特定保健用食品として認可された.

最近見いだされた CPP の新機能としては,粘膜免疫系の増強作用がある[3].1998 年に大谷らは,マウスパイエル板細胞や脾臓細胞の培養系により CPP がリンパ球の増殖や免疫グロブリンの産生を促進することを見いだした.関与する CPP 成分を精査したところ,-SerP-X-SerP-構造がマウス脾臓細胞からの IgA 産生促進に必須なことが判明した.作用機序としては,CPP はこの構造を介して B 細胞に結合し増殖を誘導する.それとともに,同じ構造が Th2 細胞からの IL-5,IL-6 の産生を高めることで,IgA 産生を促進する.この作用は,動物,ヒトでも認められた.

〔河野敏明〕

文　献

1) 内藤　博:日本栄養・食糧学会誌, **39**, 433-439, 1986.
2) E. C. Reynolds: *J. Dent. Res.*, **76**, 1587-1595, 1997.
3) H. Ohtani: Current Research Advance Series in Agricultural and Biological Chemistry (C. Lights, ed.), pp.11-21, World Wide Research Network Publisher, 2001.

2.7　グリコマクロペプチド[1]

グリコマクロペプチドとは κ-カゼイングリコマクロペプチド (κ-casein glycomacropeptide:GMP) の略で,カゼインマクロペプチド (caseinomacropeptide:CMP) ともいう.κ-カゼインにキモシン(レンネット)を作用させると,N 末端から 105 番目の Phe と 106 番目の

2. 牛乳・乳製品に由来する機能成分

```
 1                                           10                                        20
Met-Ala-Ile-Pro-Pro-Lys-Lys-Asn-Gln-Asp-Lys-Thr-Glu-Ile-Pro-Thr-Ile-Asn-Thr-Ile-
 21                                30                                          40
Ala-Ser-Gly-Glu-Pro-Thr-Ser-Thr-Pro-Thr-Ile-Glu-Ala-Val-Glu-Ser-Thr-Val-Ala-Thr-
                                      Thr(variant A)
 41                                    50                                     60
Leu-Glu-Ala-Ser(P)-Pro-Glu-Val-Ile-Glu-Ser-Pro-Pro-Glu-Ile-Asn-Thr-Val-Gln-Val-Thr-
           Asp(variant A)
 61          64
Ser-Thr-Ala-Val
```

図 2.3 GMP のアミノ酸配列[3]
太字は糖鎖が結合していると考えられる部位を示す．Ser(P)はリン酸化セリンを示す．

Met の間が切断される．GMP は 106 番目の Met 以降のポリペプチドであり，分子量は約 8000 で，シアル酸を含む糖鎖をもつ．さらに，芳香族アミノ酸を含まず，Thr, Ser, Pro 含量が高く，親水性に富むという特性がある．常乳に含まれるκ-カゼインに由来する GMP に結合している糖鎖は 5 種類ある[2]．GMP のアミノ酸配列[3]および糖鎖構造[2]をそれぞれ図 2.3 および図 2.4 に示す．

GMP のアミノ酸配列から算出した分子量は約 8000 であるが，溶液中では会合している．ゲルろ過法で求めた pH 7 での分子量は 20〜50 kDa であるのに対し，pH 3.5 では 10〜20 kDa である[4]．GMP の工業的製法として，pH による分子量の変化を利用する方法（特許第 2673828 号）やイオン交換樹脂を組み合わせる方法（特許第 2920427 号）などが知られている．

GMP にはさまざまな機能がある[5]．表 2.2 に主な生物機能および物理化学的な機能を示す．表 2.2 に示す機能以外にも，ビフィズス菌増殖促進効果[5]や IgA 産生促進効果（特開平 5-339161）が報告されている．

表 2.3 には，GMP の現在，または今後可能性

表 2.2 GMP の生物学的および物理化学的機能

機 能	詳 細	文 献
胃酸分泌抑制	イヌの静脈に GMP 画分を投与すると，胃酸分泌が抑制され，食欲が減退	E. Ya. Stan, *et al.*: *Bull. Exp. Biol. Med.*, **96**, 889-891, 1983
	ラットの胃内に GMP を投与すると，食欲抑制ホルモンであるコレシストキニン（cholecystokinin：CCK）を刺激	S. Beucher, *et al.*: *J. Nutr. Biochem.*, **5**, 578-584, 1994
感染防御	*Streptococcus mutans, Streptococcus sanguis, Porphromonqas gingivalis* など虫歯菌の増殖抑制	J. R. Neeser, *et al.*: *Infect. Immun.*, **56**, 3201-3208, 1988
		M. Malkoski, *et al.*: *Antimicrob. Agents Chemother.*, **45**, 2309-2315, 2001
	[44]Ser(P)を含む[33]Ala-[53]Glu までのペプチド（図 2.3 参照）に抗菌作用があり，カッパシン（kappacin）と名づけた	M. Malkoski, *et al.*: *Antimicrob. Agents Chemother.*, **45**, 2309-2315, 2001
	コレラ毒素による CHO 細胞の変形を抑制．シアル酸を除去すると活性は消失	Y. Kawasaki, *et al.*: *Biosci. Biotech. Biochem.*, **56**, 195-198, 1992
免疫抑制	LPS (lipopolysaccharide) が誘導するリンパ球の増殖を抑制．シアル酸除去やキモトリプシン処理で増殖抑制効果は消失	H. Ohtani, M. Monnai: *Food Agric. Immunol.*, **5**, 219-229, 1993
	マウスの皮下や腹腔に GMP を投与しても，抗原特異抗体が産生されない	T. L. Mikkelsen, *et al.*: *J. Dairy Sci.*, **89**, 824-830, 2006
	大腸炎モデルラットに GMP を投与すると，免疫細胞の活性化を抑制し，抗炎症作用を示す	A. Daddaous, *et al.*: *J. Nutr.*, **135**, 1164-1170, 2005
血小板凝集抑制	GMP のアミノ酸配列に含まれる 2 種類のペプチドを血小板凝集抑制因子として同定	O. M. Augustin, E. M. V. Munoz: *Nutr. Hosp.*, **21**, 1-13, 2006
物性	白色粉末，無味・無臭，熱に安定 酸性下で安定なゲル形成	S. C. Marshall: *Food Res. Quarterly*, **51**, 86-91, 1991. 特開 2001-45987

表2.3 GMPの利用

利用分野，または利用可能な分野	文献
高純度のGMP画分はPhe含量が低いことから，フェニルケトン尿症（PKU）の患者向け特殊ミルクの原料．PKUとは，先天的にPheを代謝する酵素を欠損しているため，医師の監督下でPhe摂取量を制限する必要がある	S. C. Marshall: *Food Res. Quarterly*, **51**, 86-91, 1991 特表2000-517180
虫歯菌の増殖抑制や齲蝕原因菌付着阻止機能を利用した口腔衛生商品，飲料，チューインガムなど	特許第2673320号，特表2002-522036
細菌毒素に対する中和効果を利用した医薬品や飲食品，特に育児用粉乳や栄養機能食品	特許第2514375号，特許第2631470号，特許第2805490号，特許第2821770号
免疫抑制機能を利用した低アレルゲン性食品	特許第3418200号

A GalNAc$_{OH}$

B Galβ1-3GalNAc$_{OH}$

C NANAα2-3Galβ1-3GalNAc$_{OH}$

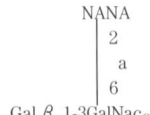

D $\begin{array}{c}\text{NANA}\\|\\2\\a\\6\end{array}$ Galβ1-3GalNac$_{OH}$

E $\begin{array}{c}\text{NANA}\\|\\2\\a\\6\end{array}$ NANAα2-3Galβ1-3GalNAc$_{OH}$

図2.4 GMPの糖鎖構造[2]
GalNAc$_{OH}$: acetylgalactosaminitol, Gal: galactosyl, NANA: *N*-acetyl-neuraminyl. GMPの糖鎖中，E型がほぼ半数を占めている．

のある利用方法について特許情報を中心に示す．GMPは無味・無臭であり，熱に安定であることから今後さまざまな商品に利用されると考えられる．

〔堂迫俊一〕

文　献

1) 堂迫俊一ほか: *Bull. Jpn. Dairy Technol. Assoc.*, **40**, 117-129, 1990.
2) T. Saito, T. Itoh: *J. Dairy Sci.*, **75**, 1768-1774, 1992.
3) 伊藤敞敏ほか: 化学と生物, **21**, 543-549, 1983.
4) Y. Kawasaki, *et al*.: *Milchwissenschaft*, **48**, 191-196, 1993.
5) E. P. Brody: *Br. J. Nutr.*, **84**(suppl 1), S39-S46, 2000.

2.8　ガングリオシド

ガングリオシドは，細胞分化，神経機能，がん化，ウイルス感染，細胞情報伝達などの生理機能との関連が明らかになってきている．特に乳中のガングリオシドは，脳機能の発達との関連で注目されている．この乳ガングリオシドは，泌乳時に乳腺上皮細胞の細胞膜成分が移行したもので，乳中の脂肪球の皮膜成分を構成している．このため，泌乳する動物の種類や泌乳の時期により含有するガングリオシドの種類や量に特徴がある．また，さまざまな加工処理により得られる乳素材に含まれるガングリオシドの含有量も乳素材ごとに異なっている．

牛乳中には主要なガングリオシドとしてGD3が存在し，さらに微量な存在としてGM3，GT3および9-O-Ac-GD3などが知られている．スイギュウの乳では，牛乳に比べて疎水性のガングリオシドが40〜100%多いとの報告[1]がある．また，ヤギ乳でもGM3が多いとの報告[2]がある．

しかし，一般には牛乳を加工した乳製品が乳ガングリオシド素材としても用いられている．クリームからチャーニングにより得られるバターの副産物であるバターミルクには脂肪球膜成分が多く含まれているが，ガングリオシドも同様にバターミルクに多く含まれている．牛乳をクリームと脱脂乳に分離するとGD3の60〜70%はクリームに移行する．さらにバターを製造するとバターミルクにはクリームの30〜40%のGD3が移行する．バターミルクへの固形分の移行は少ないために，

バターミルクの固形当たりの GD3 含有量は，牛乳中の固形当たり 66 μg/g と比べて約 4 倍の固形当たり 273 μg/g と報告[3]されている．

チーズ製造時の副産物であるチーズホエイとその加工品にもガングリオシドが多く含まれている．ホエイタンパク質濃縮物（WPC）はカゼインと乳糖が除かれている製品だが，その製造条件によりガングリオシドの含有量は異なる．バターミルクパウダーよりガングリオシド含有量の高い製品もあり，GD3 含有量を 400 μg/g と報告した例もある．

乳製品を利用して，より多くのガングリオシドを含む素材の製造技術が開発されている．中規模製造法としては牛乳や乳製品をイオン交換クロマトグラフィーや膜濃縮などでガングリオシドを選択的に濃縮する技術も実用化され，純度の高い研究用試薬として販売された．また，含水エタノール抽出法などによる食品素材として適した製造法によるガングリオシド素材の開発技術も報告されている．さらに精密ろ過（MF）膜処理技術を組み合わせてガングリオシドを数％含む高含有素材も報告され，機能性食品，化粧品，母乳代替品あるいは医薬品の原料として発表されている[4]．

一方，牛乳中に最も多く含まれるガングリオシド GD3 から GM3 に変換する技術も報告され，実用化されている．GD3 から 1 分子のシアル酸を外し GM3 にするための技術としては，シアリダーゼ処理，酸処理または加熱処理などが報告されている[5]．牛乳にほとんど含まれていない GM3 を母乳は比較的多く含んでいるので，これらの技術により GM3 が比較的多く含まれる素材が開発され，母乳近似化の目的で乳児用調製粉乳ですでに利用されている．GM3 は，インフルエンザ A 型ウイルスやニューカッスル病ウイルスのレセプターであることや大腸菌やヘリコバクター・ピロリと特異的に結合することも知られていて，これらの感染防御などへのさらなる活用も期待されている．

〔花形吾朗〕

文 献

1) L. Colarow, et al.: Biochim. Biophys. Acta., **1631** (1), 94-106, 2003.
2) R. Puente, et al.: J. Dairy Sci., **77**(1), 39-44, 1994.
3) 出家栄記：酪農科学・食品の研究, **43**(3), A61-A64, 1994.
4) 三浦 晋ほか：特開 2006-158340．
5) 花形吾朗ほか：特許 3845121．

2.9 シアル酸とシアリルオリゴ糖

2.9.1 シアル酸とその生理機能[1,2]

シアル酸（sialic acid）は植物以外の生物に広く分布する酸性アミノ糖であり，主に細胞表層の複合糖質や複合脂質糖鎖の非還元末端に存在する．現在までに 40 種類以上の同族体が知られているが，哺乳動物で最も多いのは N-アセチルノイラミン酸（N-acetylneuraminic acid）である（図 2.5）．細胞間の情報伝達，免疫応答，細胞の分化や悪性化，およびレセプター機能の調節など，生命活動のいたるところでシアル酸が重要な役割を果たすことがわかっている．

2.9.2 乳のシアル酸[2]

シアル酸は乳中に遊離では存在せず，糖タンパク質糖鎖，ガングリオシド糖鎖，およびシアリルオリゴ糖として存在する．人乳では全シアル酸のおよそ 75％がシアリルオリゴ糖として存在する．代表的な構造を図 2.6 に示す[3]．最も多く含まれるのは乳糖にシアル酸が結合したシアリルラクトース（sialyllactose：SL）である．

人乳の総シアル酸含量は泌乳期により大きく変化する．分娩後 30 日までに 1 mg/ml であったものが 1 年後では 0.3 mg/ml となる．SL の含量も同様に分娩後 30 日までは 0.8 mg/ml であるが，1 年後には 1/4 量（0.2 mg/ml）まで減少する．牛乳においても泌乳期の総シアル酸含量は同

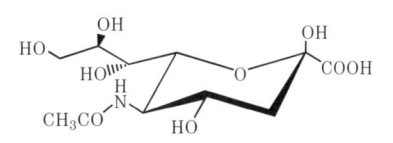

図 2.5 N-アセチルノイラミン酸

3′-シアリルラクトース	NeuAcα2-3Galβ1-4Glc
6′-シアリルラクトース	NeuAcα2-6Galβ1-4Glc
シアリル-ラクト-N-テトラオース a	NeuAcα2-3Galβ1-3GlcNAcβ1-3Galβ1-4Glc
シアリル-ラクト-N-テトラオース b	Galβ1-3GlcNAcβ1-3Galβ1-4Glc 　　　　　　6 　　　　　　| 　　　　　　2 　　　　　NeuAc
シアリル-ラクト-N-テトラオース c	NeuAcα2-6Galβ1-4GlcNAcβ1-3Galβ1-4Glc
ジシアリル-ラクト-N-テトラオース	NeuAcα2-3Galβ1-3GlcNAcβ1-3Galβ1-4Glc 　　　　　　　　　　　　6 　　　　　　　　　　　　| 　　　　　　　　　　　　2 　　　　　　　　　　NeuAc

図2.6　人乳中の代表的なシアリルオリゴ糖

様の変化を示すが，その含量はかなり低い．分娩1カ月後の総シアル酸含量は人乳の1/3以下であり，SL含量は1/10以下である．

2.9.3 乳におけるシアリルオリゴ糖の機能とその利用

泌乳初期にシアル酸が多く分泌されることは，この時期の乳児に未発達な成分や機能を補完していることを想起させる．シアル酸はガングリオシドや糖タンパク質の構成成分として脳や神経系に多く含まれるが，新生児ではまだその合成能が低いことが示唆されている．乳児期ラットへのシアル酸の経口投与により，大脳や小脳のシアル酸の増加や，記憶学習能の向上が報告されている．ウイルスや細菌などへの感染や，コレラ菌や病原性大腸菌による下痢の発症は，ウイルス，細菌，毒素が上皮細胞表面のシアル酸を含む糖鎖に結合することから始まる．乳中のシアリルオリゴ糖やガングリオシドは，免疫などの生体防御能が未発達な乳児の口腔，咽頭および消化管において，これらの病原体や毒素が上皮細胞に付着するのを拮抗的に阻害し，感染や下痢を防ぐと考えられている．

乳児に対するシアル酸化合物の生理機能はこのほかにもあると期待される．しかしながら，牛乳を主原料とした乳児用調製粉乳では人乳に比べてシアル酸含量が非常に低い．この差を埋めるべくシアル酸化合物を強化した乳児用調製粉乳が市販

されている．最近の研究で，成熟ラットに経口投与したシアリルオリゴ糖が脳内のガングリオシド形成に寄与すること[4]が見いだされた．これは，経口摂取したシアリルオリゴ糖が成人に対しても生理機能を有していることを示唆するものであり，今後の研究や製品開発が期待される．

〔池内義弘〕

文　献

1) R. Schauer: *Glycoconj. J.*, **17**, 485-499, 2000.
2) 川上　浩：食品と開発，**30**, 10-13, 1995.
3) C. Kunz, S. Rudloff: *Z. Ernaehrungswiss*, **35**, 22-31, 1996.
4) F. Sakai, *et al.*: *J. Appl. Glycosci.*, **53**, 249-254, 2006.

2.10　オリゴ糖

オリゴ糖は単糖類が2〜10個程度結合したもので，重合度や結合様式の違いによりさまざまな種類が存在する．乳中のオリゴ糖は，新生児に対する栄養素としてばかりでなく，感染防御や神経系の複合糖質の素材としても機能している．その含有量は動物種や泌乳期により大きく異なり，牛乳中のオリゴ糖は，分娩後数日間の初乳には約1〜2g/l存在するが，それ以降は急激に減少して常乳ではきわめて少量となる[1,2]．一方，ウシよりも未熟な状態で生まれてくるヒトにおいて

は，初乳中のオリゴ糖含量は20〜24 g/lと多く，常乳でも12〜14 g/l含まれる[3]．ヒトなどの真獣類と比べて，さらに未熟な新生仔を出産するカモノハシのような単孔類，カンガルーなどの有袋類の乳では，さらにオリゴ糖含量が高いことが報告されている[4]．泌乳初期や未熟な新生仔を出産する種ほど乳中のオリゴ糖含量が高い理由として，オリゴ糖の重量当たりの浸透圧が乳糖（Galβ1-4 Glc）よりも低く，未発達の消化管でも栄養素として下痢を起こしにくいことや，免疫系が未熟な授乳期の感染防御に関与していることなどが考えられている[4]．このように動物種により乳中のオリゴ糖含量は異なっているので，牛乳をベースに調製される乳児用調製粉乳においては，ヒトの乳に近づけるためにガラクトオリゴ糖（Galβ1-4 Gal$_n$β1-4Glc）やシアル酸を添加することも行われている．ウシやヒトのミルクオリゴ糖の主要な成分としては，ガラクトシルラクトース（Galβ1-4Galβ1-4Glc，Galβ1-6Galβ1-4Glc）のほかに，還元末端に乳糖の構造を有したラクト-N-テトラオース（Galβ1-3 GlcNAcβ1-3 Galβ1-4 Glc），ラクト-N-ネオテトラオース（Galβ1-4 GlcNAcβ1-3Galβ1-4Glc），乳糖にフコースが結合したフコシルラクトース（Fucα1-2 Galβ1-4 Glc）などの多種の中性オリゴ糖やシアリルラクトース（NeuAcα2-6Galβ1-4Glc）などの酸性オリゴ糖があげられる[4]．

オリゴ糖は代表的な"プレバイオティクス"であり，腸内菌叢に関連してその生理機能を論じられることも多い．"プレバイオティクス"とは，腸内の有用菌を選択的に増殖促進させたり，活性を高めることによって宿主の健康に有利に作用する物質と定義される．たとえばミルクオリゴ糖の一つであるガラクトオリゴ糖は，消化酵素では消化されず，小腸遠位部から大腸中位部に到達し，有用菌の代表であるビフィズス菌により選択的に資化される．ビフィズス菌の増殖に伴い酢酸などの有機酸が産生されるが，これにより酸に弱い腐敗菌などの有害菌が抑制され，乳酸菌など酸耐性をもつ有用菌が増加する．その結果，感染リスクが低減し，また便中のインドール，スカトール，フェノール，硫化物などの有害な腐敗産物が減少する[5]．便性の改善も認められるが，これは有機酸による腸管の蠕動運動亢進などによるものと考えられている[6]．さらにミネラルの吸収促進[7]，高脂血症の改善[8]，炎症性腸疾患の抑制[9]，大腸がんの抑制[10]などのさまざまな作用も報告されている．

ミルクオリゴ糖の存在意義の全容はまだ解明されていないが，ガラクトオリゴ糖についてだけでも，上述したさまざまな生理機能があることが確認されている．さらにガラクトオリゴ糖は「身体の生理学的機能や生物学的活動に影響を与える保健機能成分」として，特定保健用食品として認可されている．そのヘルスクレームは，"ビフィズス菌を増やして腸内の環境を良好に保つので，おなかの調子を整えます"である．腸内菌叢とヒトの健康の関係が明らかになるにしたがい，生体に好ましい影響を与える微生物"プロバイオティクス"を選択的に増やす"プレバイオティクス"としてミルクオリゴ糖は，ますます注目される乳成分であるといえる．〔早川和仁〕

文　献

1) P. K. Gopal, H. S. Gil: *Brit. J. Nutr.*, **84** Suppl 1, S69-S74, 2000.
2) T. Nakamura, et al.: *J. Dairy Sci.*, **86**, 1315-1320, 2003.
3) W. Sumiyoshi, et al.: *Brit. J. Nutr.*, **89**, 61-69, 2003.
4) M. Messer, T. Urashima: *Trends Glycosci. Glycotechnol.*, **14**(77), 153-176, 2002.
5) 松本一政ほか：腸内細菌学雑誌，**18**, 25-34, 2004.
6) 出口ヨリ子ほか：日本食品新素材研究会誌，**6**, 55-66, 2003.
7) O. Chonan, et al.: *Biosci. Biotechnol. Biochem.*, **65**(8), 1872-1875, 2001.
8) 林正利ほか：医学と生物学，**119**, 15, 1989.
9) 梅本善哉ほか：消化と吸収，**17**, 48, 1994.
10) L. Roncucci, et al.: *Dis. Clon. Rectum.*, **36**, 227-234, 1993.

2.11　プロピオン酸菌発酵物

プロピオン酸菌は主にヒトや動物の皮膚，消化

管などから検出される菌種（*Propionibacterium acnes* など）と，酪農品から分離される菌種（*P. freudenreichii* など）とに大別される．後者の酪農プロピオン酸菌は乳酸菌と並び乳製品の製造にとって重要な微生物であり，エメンタールチーズやグリュイエールチーズなどのスイスタイプチーズの生産に用いられる．これらのチーズにみられるチーズアイと呼ばれる多数の穴（気孔）は，熟成中にプロピオン酸菌が産生した炭酸ガスによるものである．また，プロピオン酸菌はビタミンB_{12}の製造にも利用されているほか，近年ではプロピオン酸菌の代謝物にビフィズス菌の増殖促進作用があることが明らかになった[1]．ここでは整腸素材として利用されているプロピオン酸菌による乳清発酵物の生理機能を中心に述べる．

エメンタールチーズから分離した *P. freudenreichii* の代謝物がビフィズス菌の増殖を促進することが報告されている[1]．この増殖促進物質として，1,4-dihydroxy-2-naphthoic acid（DHNA）[2]と2-amino-3-carboxy-1,4-naphthoquinone（ACNQ）[3]が同定された．DHNAはビタミンK_2生合成の中間代謝物として知られているが，プロピオン酸菌が本物質を菌体外に放出する理由は明らかにされていない．

ACNQやDHNAはビフィズス菌のエネルギー基質としては機能せず，ビフィズス菌の代謝において電子受容体として働くことが推察されている．同じくビフィズス菌の増殖促進物質として知られているオリゴ糖とはこの点で異なる．Yamazakiら[4]はACNQの酸化還元特性につき検討し，本物質が可逆的な酸化還元応答を示し，その酸化還元電位はNADHより正であるが，他の生体関連物質の中では比較的負側に位置し，ACNQがNADHから何らかの最終電子受容体へのメディエーターとして機能しうることを報告している．

プロピオン酸菌発酵物を配合した食品の整腸作用がいくつか報告されている．プロピオン酸菌発酵物を配合した乳飲料，または対照飲料を健常女性にそれぞれ2週間投与したところ，対照飲料投与期間に比べて試験飲料投与期間において糞便中のビフィズス菌占有率が増加し，腐敗物質であるアンモニアおよび*p*-クレゾールの減少を認めた[5]．同様に，プロピオン酸菌発酵物を含む錠菓では，対照食に比較して試験食の投与により被験者の糞便中ビフィズス菌数が増加し，腐敗物質であるインドールおよびスカトールが減少した[6]．なお，これら両方の試験でプロピオン酸菌発酵物の摂取により，便秘傾向者の排便回数の増加が認められている．堰ら[7]は重度要介護高齢者15名にプロピオン酸菌発酵物を配合した粉末食品を投与したところ，投与前にはわずか1名の被験者にしかビフィズス菌が検出されなかったが，投与2週間後には7名の被験者からビフィズス菌が検出されたことを報告している．

潰瘍性大腸炎の治療にもプロピオン酸菌発酵物が応用されている．Suzukiら[8]は軽症から中等症の活動期の潰瘍性大腸炎患者に対して，プロピオン酸菌発酵物を含む錠菓を4週間投与し，臨床症状や大腸内視鏡所見の改善を報告している．またその際，糞便中のビフィズス菌数の増加およびバクテロイデスの減少，短鎖脂肪酸濃度の増加を認め，プロピオン酸菌発酵物が活動期潰瘍性大腸炎の治療に有効な食素材であることを示唆した．

ここまでプロピオン酸菌発酵物のビフィズス菌増殖促進作用と整腸効果について述べてきたが，最近プロピオン酸菌発酵物に骨代謝改善に有効であるとされるビタミンK_2が豊富に含まれることが明らかになった．プロピオン酸菌はビタミンK_2としてtetrahydromenaquinone-9を生産し，プロピオン酸菌発酵物[9]やエメンタールチーズ[10]には本物質が豊富に含まれる．今後，プロピオン酸菌発酵物の骨代謝改善作用にも興味がもたれる．

〔北條研一〕

文献

1) T. Kaneko, et al.: *J. Dairy Sci.*, **77**(2), 393-404, 1994.
2) K. Isawa, et al.: *Biosci. Biotechnol. Biochem.*, **66**(3), 679-681, 2002.
3) H. Mori, et al.: *J. Dairy Sci.*, **80**(9), 1959-1964, 1997.
4) S. Yamazaki, et al.: *Biochem. Biophys. Acta*, **1428**(2-3), 241-250, 1999.

5) 依田伸生ほか:健康・栄養食品研究, **4**, 35-42, 2001.
6) K. Hojo, *et al.*: *Biosci. Microflora.*, **21**(2), 115-120, 2002.
7) 堰圭介ほか:腸内細菌学雑誌, **18**, 107-115, 2004.
8) A. Suzuki, *et al.*: *Nutrition*, **22**(1), 76-81, 2006.
9) K. Furuichi, *et al.*: *J. Biosci. Bioeng.*, **101**(6), 464-470, 2006.
10) K. Hojo, *et al.*: *J. Dairy Sci.*, **90**(9), 4078-4083, 2007.

2.12 乳脂肪球膜(MFGM)

乳腺上皮細胞の粗面小胞体で生合成されたトリグリセリドの脂肪滴は,乳腺上皮細胞から分泌される際,乳腺上皮細胞原形質膜由来の脂質2重層によって覆われた脂肪球を形成する.乳脂肪球膜(milk fat globule membrane: MFGM)とは,脂肪滴を包含している膜タンパク質とリン脂質を中心とする極性脂質から構成された膜複合体を指す[1].牛乳の脂肪球の大きさは0.1から15μm程度まで広く分布するため,それを覆うMFGMのサイズも広範囲に及ぶ.脂肪滴は,主に水系ではきわめて分散しにくいトリグリセリドから構成されているが,MFGMで被膜されることによって,乳化や酸化に対して安定化される.

実験室的なMFGMの調製方法は,クリームに加水と遠心分離を数回繰り返し,乳糖やカゼインなどの夾雑物を除去して得られた水洗クリームをチャーニングし,得られた水層画分から回収する.MFGMは,クリーム(47%乳脂肪)100g当たり0.5から1.5g回収され,約55%の脂質と約45%のタンパク質から構成されている.そのうち,脂質画分にはトリグリセリドを含めた中性脂質のほかに,ホスファチジルコリンやホスファチジルエタノールアミンなどのグリセロリン脂質,グリコシルセラミド,ラクトシルセラミド,およびスフィンゴミエリンなどのスフィンゴ脂質が含まれている.また,タンパク質画分には主成分としてブチロフィリン(約40%)やキサンチンオキシダーゼ(20%)が存在し,ほかに微量成分までを含めると,120種類ものタンパク質が存在するという報告もある.

近年,バターミルクを主原料として精密ろ過によってMFGMを回収する方法が考案され[2,3],MFGMの工業生産が可能になりつつある.MFGMの構成成分のうち,リン脂質についてはホエイから精密ろ過で回収する報告がある.効率的な生産方法が開発されたため,MFGMの健康機能性が注目されており,機能性材料としての魅力が増している.以下に代表的な健康機能性について示す[4].

(1) 抗腫瘍活性

タンパク質(BRCA1),脂肪酸結合タンパク質(FABP)およびスフィンゴミエリンは特定の腫瘍に対する抗腫瘍活性を有していることが明らかとなっている.

(2) 抗コレステロール血症効果

ヒト試験において,クリーム摂取群はバター摂取群と比較して血清コレステロールの上昇が緩やかであり,その違いがMFGM成分によるものと推察されている.また,高コレステロール血症ラットにおける症状の抑制効果が知られており,MFGMまたはMFGM構成脂質成分であるスフィンゴミエリンによるコレステロールの吸収阻害効果で説明できる.

(3) ヘリコバクター・ピロリ感染防御効果

MFGM構成糖タンパクに含まれる,シアル酸を含んだ糖鎖がヘリコバクター・ピロリと特異的に結合することにより,胃粘膜への接着を阻害することが実証されている.脱脂,未脱脂にかかわらず効果が等しいため,ガングリオシドによる効果ではないらしい.

このほかにも,種々の健康機能性が報告されているが,MFGMは複合成分で構成されていることから,これからもさまざまな機能性が明らかにされるであろう. 〔後藤英嗣〕

文献

1) J. M. Evers: *Int. Dairy Sci.*, **14**, 661-674, 2004.
2) よつ葉乳業株式会社:特許3488327.
3) H. Goudedrance, *et al.*: *lait*, **80**, 93-98, 2000.
4) V. L. Spitsberg: *J. Dairy. Sci.*, **88**(7), 2289-2294, 2005.

2.13 GABA

GABA (γ-aminobutyric acid, $H_2NCH_2CH_2CH_2COOH$) は，動植物界に広く存在する非タンパク質構成アミノ酸の一種である．1950年にRobertsら[1]により脊椎動物の脳中に存在することが発見されて以来，多くの研究が進み，現在では抑制性の神経伝達物質として重要な働きをしていることが明らかとなっている．脳以外では，膵臓，腸管，膀胱，子宮などにおいても存在することが報告されているが，その意義についてはまだ不明な点も多い．生体内ではトリカルボン酸サイクルの側路であるGABAシャントと呼ばれる代謝系で，L-グルタミン酸からグルタミン酸デカルボキシラーゼ（GAD, EC4.1.1.15）の作用で生成する[2]．GABAの経口投与における生理作用としては，血圧降下[3]，精神安定[4]，成長ホルモン分泌促進[5]などが報告されており，日本においては脳の代謝を促進する薬としても使用されている．

このような多様な生理機能を示すGABAであるが，牛乳中には存在しない．しかしながら，ある種の乳酸菌で牛乳を発酵させると，乳中に生成する．これは，乳タンパク質に豊富に含まれるL-グルタミン酸が，乳酸菌のGADの作用でGABAに変換されるためである．たとえばLactococcus lactisに属するある菌株をスターターとした発酵乳では，遊離グルタミン酸は，ほぼ100％の効率でGABAに変換される．さらに，GADを有する乳酸菌とプロテアーゼ活性の高い乳酸菌を混合培養することで，乳中のGABA濃度がさらに高まるが，これはプロテアーゼ活性の高い乳酸菌の作用で乳タンパク質からL-グルタミン酸が遊離し，次いでGADを有する乳酸菌がGABAに変換するためである[6]．この方法で調製された乳製品乳酸菌飲料は血圧降下作用が確認され[7]，「血圧の高めの方」に向けた特定保健用食品として上市されている．乳にはさまざまな機能成分が含まれているが，このように乳酸菌による発酵プロセスを経ることにより，さらに機能成分が付加されることは興味深い．GABAの血圧降下作用のメカニズムについては，高血圧自然発症ラット（SHR/Izm）を用いた検討から，末梢の交感神経活動の緩和が関係していることが報告されている．これは，ニューロンから分泌される血管収縮物質であるノルアドレナリンがGABAにより抑制され[3]，また腎臓においてはこれに伴い昇圧因子であるレニンの分泌が抑制されナトリウム排泄が亢進することにより，血圧が降下するものと推察されている[8]．

その他のGABAの生理作用としては，前述したように精神安定作用が報告されている．これは，更年期における不定愁訴の緩和[4]，ストレス負荷におけるストレス緩和[9]などが発表されており，QOL（quality of life）の向上に有益な作用と思われる．また運動後の血漿中の成長ホルモン濃度の上昇促進[5]などは，運動生理学の観点からも興味深い．GABAの生理作用にはまだまだ未知な部分も多いが，今後の研究の進展が期待されるアミノ酸である． 〔早川和仁〕

文献

1) E. Roberts, S. Frankel: *J. Biol. Chem.*, **187**, 267, 1950.
2) 田中千賀子ほか：New 薬理学（加藤隆一編），南江堂，2002.
3) K. Hayakawa, et al.: *Eur. J. Pharmacol.*, **438**, 107-113, 2002.
4) 岡田忠司ほか：日本食品化学工学会誌，**47**(8)，596-603，2000.
5) M. E. Powers, et al.: *Med. Sci. Sports*, **35**(5), S 271, 2003.
6) 木村雅行ほか：日本食品化学学会誌，**9**，1-6，2002.
7) K. Inoue, et al.: *Eur. J. Cli. Nutr.*, **57**, 490-495, 2003.
8) K. Hayakawa, et al.: *Eur. J. Pharmacol.*, **524**, 120-125, 2005.
9) 横越英彦ほか：日本農芸化学会大会要旨集，pp.72，2006.

2.14 ミルクカルシウム

牛乳中のカルシウムは大別して二つの形態で存在し，牛乳の溶解相であるホエイに存在するもの

（可溶性カルシウム），およびコロイド性成分として存在するもの（不溶性カルシウム）がある[1]。これらは牛乳中でおよそ 34：66 の比率で存在するとされるが，温度や pH の影響で存在比は変化する．すなわち，温度が高いほど不溶性カルシウムが増え，pH が低いほど可溶性カルシウムが増えることになる[1]．このような特性が，生体での利用性やミルクカルシウムの工業的な製造の重要なポイントとなっている．

牛乳中のカルシウムの栄養価については諸説あるが，有機酸のカルシウム塩や炭酸カルシウムなどの無機塩に比べ，牛乳由来のもののほうが吸収されやすいとする文献，一方，同等であるとする文献がみられ，食餌の形態や共存する成分，実験動物の違い，生体の栄養状態などによってもカルシウムの生体利用性は異なるようである[2,3]．

牛乳からカルシウムを効率的に回収するには，カルシウム以外の成分を除いたものを原料とすることが好ましい．すなわち，牛乳からチーズやカゼインを製造する際に副生するホエイ，ホエイをさらに限外ろ過（UF）処理してタンパク質を除いた UF 透過液を原料とすることが一般的である．また，酸ホエイのカルシウム含量はチーズホエイに比較して高いため，カルシウムを効率的に回収できる[4]．乳原料に酸を加え生成した凝固物（カゼイン）を除去し，上清を中性から弱アルカリ性で加温することにより上清中の可溶性リン酸カルシウムを不溶化させ，遠心分離などで回収することができる[4]．市販のミルクカルシウムは，このようなカルシウムの不溶化，遠心分離や膜分離によるカルシウム塩の回収工程を経て製造され，税関における輸入手続上では「ホエイ及び調製ホエイ」の中の「無機質濃縮ホエイ」（「ミネラル濃縮ホエイ」）に分類される．

市販のミルクカルシウムの分析例をみると，カルシウム含量は 5〜30％であり，価格，用途により使い分けが可能と思われる[5〜8]．しかし，カルシウム含量の高い原料は，カルシウム塩の沈殿が生ずるため，飲料に応用するにはカルシウム含量の低い原料が向いているといった報告もみられる[6]．

ホエイから得られるカルシウム原料は乳飲料，子ども向けのチョコレートやカレールー[8]，チーズ，健康食品などに応用されており，原材料表示は大半が「乳清カルシウム」となっている．

〔大友英生〕

文　献

1) 渡辺乾二：ミルクのサイエンス I ーミルクの新しい働きー，pp.93-99,（社）全国農協乳業プラント協会，1991.
2) 中嶋洋子，江指隆年：臨床栄養，**84**(7)，793-798, 1994.
3) 中嶋洋子，江指隆年：臨床栄養，**85**(1)，81-85, 1994.
4) 千原　聡ほか：特許広報 平 2-60303．
5) 小此木成夫ほか：特許第 2959832．
6) 小松恵徳ほか：特許第 3619319．
7) 内田勝幸ほか：公開特許 2004-91430．
8) 大友英生：乳業技術，**55**，45-55，2005.

2.15　ミルクセラミド（スフィンゴミエリン）

近年，米や小麦，コンニャクイモ，トウモロコシなどの植物から抽出したグルコシルセラミド（GluCer）が注目されている．一方，スフィンゴミエリン（SPM）は，コリンホスホセラミドまたはセラミド-1-ホスホコリンとも呼ばれ，高等動物の細胞膜や神経組織のミエリンなどに広く分布しているリン脂質である[1,2]．また，ともにスフィンゴ脂質である GluCer と SPM は，非常に類似した構造を有している．セラミド（Cer：スフィンゴシン塩基のアミノ基に脂肪酸がアミド結合したもの）にグルコースが結合したものが GluCer であり，Cer にコリンリン酸が結合したものが SPM である[3,4]（図 2.7）．

牛乳中に含まれるリン脂質は，100 ml 当たり 30〜40 mg で全脂質の 1％程度であり，SPM は，その約 1/3 を占めている[3,5]．また，ダイズや卵のリン脂質中では，この SPM をほとんど見いだすことができないが，牛乳に含まれる SPM は，ホスファチジルエタノールアミンやホスファチジルコリンとともにリン脂質の主要な構成成分となっている（表 2.3）．したがって，食品中では，

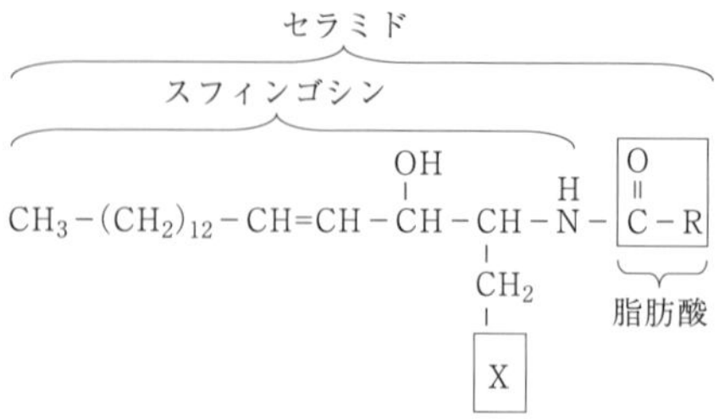

```
        セラミド
   ┌──────────────┐
   スフィンゴシン
┌─────────────────┐      ┌─────┐
                 OH    H │ O   │
CH₃-(CH₂)₁₂-CH=CH-CH-CH-N-│C-R  │
                      │   └─────┘
                      CH₂   脂肪酸
                      │
                    ┌─┴─┐
                    │ X │
                    └───┘
```

X = コリンリン酸：スフィンゴミエリン

X = グルコース：グルコシルセラミド

図2.7 スフィンゴミエリンとグルコシルセラミドの構造

表2.4 食品に含まれるリン脂質の組成*(%)

	牛乳	卵黄	ダイズ
ホスファチジルエタノールアミン (PE)	26	12	14
ホスファチジルコリン (PC)	30	84	33
スフィンゴミエリン (SPM)	27	2	—
ホスファチジルイノシトール (PI)	—	—	17

＊：分析値の一例．

SPMは，牛乳に特徴的にみられるリン脂質である．

SPMには，以下に記載する生理的特性があることが知られている．

a. 消化吸収

SPMは，小腸におけるスフィンゴミエリナーゼの供給が不十分であるため，小腸および大腸を通過する間にゆっくりと消化される[3]．H[3]およびC[14]でラベルしたSPMをマウスに経口摂取させると，Cerやスフィンゴシンに分解され，腸管上皮細胞により吸収される[6]．また，それらの一部は，その細胞によって利用され，他は細胞内でスフィンゴ脂質に再合成されて循環系へ放出される．ラットにSPMを経口摂取させると血清リン脂質中のSPM含量が増加することが知られている[3]．したがって，食餌性のSPMは，消化管だけではなく，他の組織，器官中のSPM含量に影響を与えると考えられている[3]．

b. 乳幼児に対する生理機能

SPMは，乳幼児の消化管の発達に重要であり，Motouriら[7]は，哺乳期ラットにSPMを経口的に摂取させたところ，ラクターゼ活性の低下や組織形態学的変化を伴う消化管の成熟化が促進されたと報告している．また，SPMは脳の発達がさかんな乳幼児期に重要な成分であり[8,9]，乳幼児のDHAをはじめとする不飽和脂肪酸の生体内合成に効果的に働いていると考えられている[10]．

c. 成人や高齢者に対する生理機能

老化促進マウスにSPMを経口摂取させたところ，脂肪の吸収率低下を抑制する効果が認められた[11]．このことから，SPMは，高齢者における必須脂肪酸や脂溶性ビタミンの慢性的な摂取不足を改善する可能性がある．また，経口的に摂取したSPMには，大腸がんを抑制する効果があること[3,12]や，血清中のLDLコレステロールを低下させ，HDLコレステロールを高める効果があることが報告されている[12]．

d. 皮膚に対する生理機能

生体内で合成された皮膚顆粒層のSPMは，スフィンゴミエリナーゼの作用により加水分解されてCerとして供給され，皮膚角質層において保湿作用などを介した美肌作用を有していることが知られている[13]．Haruta[14]らは，ヘアレスマウスにSPMを経口的に摂取させたところ，皮膚角質層の水分量およびセラミド量が有意に増加したと報告している．また，ヒト試験においても，左眼下部の皮膚水分量が有意に増加するとともに，アンケート調査において，肌の色つや，はりを改善する効果があることを報告している．

このように，SPMは，乳幼児期における消化管の成熟化促進や脳の発達，DHAをはじめとする不飽和脂肪酸の生体内合成促進，成人や高齢者における脂肪吸収率低下の改善，大腸がん抑制，血清コレステロールの調節，皮膚における保湿作用などを介した美肌作用と，さまざまな重要な役割を果たしている．

〔吉岡俊満〕

文献

1) 村松正實，永井克孝編：脂質II－リン脂質－，東京化学同人，1991.
2) 花田賢太郎：生化学，**73**, 1397-1409, 2001.
3) 松田 幹：乳業技術，**50**, 58-73, 2000.

4) 濱口展年：ジャパンフードサイエンス，**2005-1**，41-45，2005．
5) 上野川修一編：乳の科学，朝倉書店，1999．
6) E. M. Schmelz, *et al.*: *J. Nutr.*, **124**, 702-712, 1994.
7) M. Motouri, *et al.*: *JPGN*, **36**, 241-247, 2003.
8) H. C. Kinney, *et al.*: *Neurochem. Res.*, **19**, 983-996, 1994.
9) K. M. Weidenheim, *et al.*: *J. Neuropathol. Exp. Neurol.*, **51**, 142-149, 1992.
10) 米久保明博ほか：特開 2001-128642，2001．
11) 西田祥子ほか：第52回日本栄養・食糧学会大会講演要旨集，86，1998．
12) H. Vesper, *et al.*: *J. Nutr.*, **129**, 1239-1250, 1999.
13) 内田良一ほか：生化学，**73**，268-272，2001．
14) Y. Haruta, *et al.*: *Biosci. Biotech. Biochem.*, in press.

3. 調理への利用

日本における乳類の1人1日当たりの摂取量は，1946（昭和21）年より始まった国民栄養調査結果よりみると，1946～1950（昭和21～25）年では10g以下であったものが1955（昭和30）年に14.2g，1965（昭和40）年57.4g，1975（昭和50）年103.6gと急激に増加し，2004（平成16）年では135.4gであり[1]，この60年余りの間に10倍以上に増加した．特に昭和30～40年代の摂取量の伸びは顕著であった．その背景には，まず1945（昭和20）年の終戦以降続いた食糧事情の悪化のために始まった食糧増産による乳牛の飼養頭数増加も関係した牛乳の統制廃止と自由販売の再開[2]があげられる．さらに，1954（昭和29）年の酪農振興法公布や1955（昭和36）年の「食料増産6カ年計画」[3]による有畜農業の推進や栄養改善政策による乳製品の利用が啓蒙されたこと，1964（昭和39）年の東京オリンピック開催と海外への観光渡航の自由化，さらに1971（昭和46）年の大阪世界万国博覧会の開催などを通して世界との人的交流が広がり，テレビジョンの料理番組[4]や料理書など各種の情報媒体を通して乳素材の利用方法が広く紹介されたことが大きな要因として考えられる．牛乳の調理への利用について，1935（昭和10）年より刊行され続けている『栄養と料理』をみると[5,6]，昭和10年代は小児や病弱者用の献立に，昭和20年代は和食献立に牛乳を活用することで，その栄養的価値が啓蒙された．昭和30～40年代には洋食献立での牛乳利用の紹介で栄養的価値と同時に嗜好的価値の啓蒙がなされてきたと考えられる．生活習慣病の予防に重点がおかれる現代の食生活においては，乳素材の栄養・嗜好・機能的価値を活用し，日本人の主食である米と合う活用方法を検討して有効利用を啓蒙していくことが必要と考えられる．乳素材の調理への利用は大沢ら[7]，野口ら[8]の文献も参考にされたい．

3.1 牛乳の調理特性

牛乳は水溶性であるため他の食材と混合しやすく，なめらかでクリーミーな食感が好まれる．各種乳素材のもととなる牛乳の調理特性について述べる．

3.1.1 調理品を白くする

牛乳は成分中に存在するカゼインやカルシウム塩のコロイド粒子や脂肪球が分散し，光を反射・乱反射し，肉眼では白色の液体としてみえる．白色は清潔感があり，調理では他の食材の色彩を鮮やかに映えさせる．この白色を利用して，調理品を白く仕上げることができる．その例としてミルクシチュー，ベシャメールソース，ブラマンジェなどがある．

3.1.2 焦げ色を与える

牛乳を用い，焼き調理をするとよい焦げ色を呈す．これは牛乳中に存在するタンパク質のアミノ基と乳糖や調味料として添加される砂糖などのカルボニル基により，アミノ・カルボニル反応が起こり，褐色のメラノイジンが生成されることによる．魚のムニエル，白ソースを用いたグラタン，ホットケーキやクッキーなどの表面の焦げ色にみられる．

3.1.3 牛乳特有の風味を与える

牛乳の味は乳糖の甘味，塩化物の塩味，クエン酸などの酸味，マグネシウムなどの苦味などが混合したものである．この味が料理に複雑な味わいを添加する．また，特定の味が強くない牛乳は他の食材や調味料との取合せが容易である．牛乳のこく味・まろやかさは脂肪とリン脂質，乳タンパク質などの分散状態から感じられるものである．

スープやシチュー，ソースなどはこれらの風味を生かしたものである．

3.1.4 牛乳の香り

牛乳の香り成分は中短鎖脂肪酸のラクトン，エステル，ケトンなどの芳香なアルデヒドであり，60℃程度の加熱がこれらの香り成分をほどよく感じさせる．牛乳を75℃以上で長時間加熱するとβ-ラクトアルブミンや脂肪球の皮膜タンパク質が熱により変性し，活性化したSH基から加熱臭を生じ，さらに加熱するとカラメル臭へと変化していく．

3.1.5 においの吸着

牛乳はコロイド溶液であるため，さまざまなにおい成分を吸着する．その性質を利用して魚や肉・レバーなどを牛乳に浸して生臭さをとる．

3.1.6 タンパク質，低メトキシペクチン，寒天，デンプンのゲル化に作用

卵のタンパク質凝固に牛乳中のカルシウムイオンが作用し促進する．カスタードプディングがその例である．茶碗蒸しでは食塩のナトリウムイオンが作用するが，カルシウムイオンはナトリウムイオンの4倍の効力があるといわれている．低メトキシペクチンを用いたゼリーのゲル化にも作用する．寒天を用いたゲルの性状について，白木ら[9]は牛乳のカゼインと脂肪が関与し，添加量が多くなると硬さともろさが低下し離漿が減少すると報告している．トウモロコシデンプンを用いたゲルの力学的性状について，高野ら[10]は牛乳添加により破断応力，破断エネルギーともに減少すると報告している．牛乳成分がゲルの構造に関与する網目の長さや密度に影響すると考えられている[11]．

3.1.7 皮膜の形成

牛乳を鍋に入れて加熱すると皮膜を生ずる．これは加熱により牛乳の表面から水分が蒸発して成分が濃縮されるとともに，牛乳と空気との界面に不可逆的凝固が起こり表面に浮上したタンパク質や脂肪を取り込み皮膜を形成するからである．牛乳の成分により皮膜形成温度と皮膜の状態は異なる[12]．皮膜形成は牛乳加熱時のふきこぼれの原因にもなる．加熱時には，温度管理とともに牛乳成分中のタンパク質や脂肪の浮上を防ぐために攪拌操作を行うことで皮膜形成を防ぎ，ふきこぼれを防止することができる．

3.1.8 焦げ

牛乳を添加した調理品を加熱する際，鍋底に焦げを生じることがある．これはホエイタンパク質が沈殿し，熱により変性ホエイタンパク質となることが原因である．防止方法は熱が急激に伝わらないように厚手の鍋を用い，成分の沈殿を防ぐために木杓子などを用いて静かに攪拌を続けることが重要である．

3.1.9 酸と酵素による凝固

牛乳中の主成分であるカゼインはpH 4.6で凝固する．果物・野菜類の有機酸やタンニン，貝類のコハク酸やカルシウム塩などは牛乳の凝固に作用し，調理品の外観とテクスチャーを悪くする．野菜は十分柔らかく加熱したあと，牛乳を添加する，貝類は水やだし汁で加熱したあといったん取り出し，牛乳添加後再び加える，または最後に生の貝類を加えるなどの方法があり，牛乳添加後は長く加熱しない．また，ソースやデンプンでとろみをつけることも有効である．野菜ではアスパラガス，エンドウ，インゲンマメ，ニンジンは硬くなりやすいといわれている．果物のパイナップルやキウイフルーツはタンパク質分解酵素をもつので生の状態で牛乳と混合すると，凝固や異臭を生じることがある[9]．果物に牛乳を混合する場合はショ糖を添加すると凝固物の粒子が細かくなる．

3.1.10 ジャガイモの硬化

牛乳中でジャガイモを加熱すると硬くなる．これは牛乳中のカルシウムがジャガイモのペクチン質と結合することが原因[13]である．ジャガイモを用いた牛乳料理ではジャガイモを水煮して十分軟化させたあと，牛乳を加えるとよい．

3.2 クリームの調理特性

乳脂肪のみの市販クリームにはクリーム，ホイップクリーム，コーヒーホワイトナーの3種類がある．調理では高脂肪は泡立て用，低脂肪はスープやソースに添加されることが多い．調理特性は牛乳と同様であるが，高脂肪クリームの強い起泡性が大きな特徴といえる．

クリームの起泡性

脂肪含量30％以上のクリームを攪拌すると空気を抱き込み，可塑性のあるクリームとなり，ケーキのデコレーションなどに利用される．泡立て状態はオーバーランにより判定でき，よく泡立ったものは100以上となる（式(1)参照）．安定した泡立てクリームを得る条件は，①高脂肪クリームを用いる，②温度条件を5～10℃とする，③攪拌速度は熱を与えないようにゆっくり一定にする，④砂糖はクリームがある程度泡立ってから添加する，⑤泡立てすぎない，の5項目である．クリームは牛乳と同様O/Wエマルションであるが，泡立てすぎると転相しW/Oエマルションとなり，ぼそぼそのクリームとなる．さらに泡立てを続けるとバターと乳清に分離する．これは空気を抱き込んだタンパク質の皮膜が破れ，脂肪粒子どうしが凝集することで起こる．やや泡立てすぎかと感じたときは泡立てていないクリームを添加することでもとに戻すことができる．ババロアについて，宮下ら[14]は起泡クリームを添加する場合，6分立てのクリームを用い，18℃および16℃のゼラチンゾルを混合すると良好なババロアが得られると報告している．

3.3 ヨーグルトの調理特性

ヨーグルトは昭和30年代の高度経済成長期に，電気冷蔵庫の普及，外国の食文化流入などの影響を受けて，徐々に日本の食生活に浸透してきた．ヨーグルトの機能性に関する研究が進み，健康への志向が高まる中，調理素材としても利用されるようになった．調理特性は牛乳と同様な項目とさわやかな酸味の付与が特徴といえる．調理では一般的にプレーンヨーグルトが利用され，果物や野菜にかけてサラダに，また菓子類のゼリーやケーキに利用される．

3.4 バターの調理特性

バターは常温では固体であるが28.5～33.3℃で軟化し溶けやすくなる．調理では固体をそのままの状態で用いる場合と，加熱し溶かして用いる場合がある．調理特性は，①風味づけ，②熱の媒体，③ショートニング性（クッキーやパイ生地を調製する際にバターを用いることで砕けやすくなる．この性質をショートニング性という），④クリーミング性（バターを攪拌することで空気を抱き込ませ，バタークリームを調製することができる．この性質をクリーミング性という．バター温度22～25℃で攪拌するとクリーミング価（100gの油脂を抱き込んだ空気のml数）が高い[15]．クリーミング価が高いとバターケーキなどの膨らみもよくなる），⑤可塑性（バタークリームを絞り袋に入れて絞り出すと，口金の形を保つことができる）などである．

3.5 チーズの調理特性

チーズの調理は大沢[16]，チーズの風味は高橋[17]，チーズ料理の普及・消費に関しては橋場[18]の総説・研究報告がある．調理ではそのまま切る，おろす，練る操作を加えてサンドイッチやスパゲッティ，ディップペーストとして用いたり，

$$\text{オーバーラン（％）} = \frac{\text{一定容量のクリーム重量} - \text{同容量の起泡クリームの重量}}{\text{同容量の起泡クリームの重量}} \times 100 \tag{1}$$

3. 調理への利用

表 3.1 乳素材を用いた調理

食品材料	料理名	使用乳素材	色 白く仕あげる	色 焦げ色をつける	味 風味をよくする	香 生臭さを消す	香 芳香を与える	テクスチャー なめらかにする	テクスチャー 粘稠性を与える	テクスチャー ゲル化に影響	テクスチャー 起泡性の利用	テクスチャー ショートネスを与える	写真掲載料理番号
穀類	ミルク和雑炊(和)(図3.1)	牛乳	○		○	○		○	○				1
	マカロニグラタン(洋)	クリーム, バター, チーズ	○	○	○		○	○	○				
芋類	じゃがいものミルク煮(和)	牛乳	○		○			○					
	ビシソワーズ(洋)	牛乳, バター, クリーム	○		○			○					
野菜類	切干大根の牛乳煮(和)(図3.2)	牛乳, バター			○	○							2
	野菜サラダヨーグルトドレッシング(洋)	ヨーグルト	○		○*								
	ハクサイのあんかけ(中)	牛乳	○		○								
魚介類	鉢蒸し(和)	牛乳	○		○	○	○	○		○			
	カニのクリームコロッケ(洋)	牛乳, バター	○	○	○	○	○	○					
	イカのクリーム煮あんかけ(中)	牛乳	○		○	○		○					
肉類	飛鳥鍋(和)(図3.3)	牛乳	○		○	○		○					3
	鶏のクリーム煮込み(洋)	牛乳, バター, クリーム	○		○	○		○					
卵	牛乳豆腐(和)	牛乳	○		○					○			
	プレーンオムレツ(洋)	牛乳, バター	○		○								
豆製品	ミルクみそ汁(和)(図3.4)	牛乳	○		○			○					4
	ミネストローネ(洋)	チーズ	○		○								
菓子類	チーズ入り蒸しパン(和)	牛乳, チーズ	○		○								
	まきのケーキ(洋)	バター, クリーム	○	○	○		○	○			○	○	
	牛乳かん(中)	牛乳	○		○								

注：料理名に付した(和)は和風料理，(洋)は洋風料理，(中)は中国風料理の略．○印は調理特性に関連が認められる項目．＊はさわやかな酸味添加を示す．

熱を加えて溶かす，焼く，揚げるなどに用いる．種類が多いのでそれぞれのチーズの特性をいかして活用するとよい．調理特性は，①風味づけ，②物性利用（粘着性・曳糸性など），③口あたりをなめらかにする，④外観の向上などがあげられる．

3.6 スキムミルクの調理特性

スキムミルクは低脂肪・低カロリーであるが，牛乳の成分であるタンパク質，脂肪，カルシウム，ビタミンB_2などを含有しアミノ酸組成の良好な食品である．調理特性は，①牛乳特有の旨みやなめらかさの添加，②消臭効果，③水分・脂肪分が少ない点から小麦粉や片栗粉に添加してつなぎの働きをするなどが考えられている[19]．

3.7 乳素材の調理

乳素材を用いた調理について，『新版調理学実習－おいしさと健康－』など[20～25]を参考に食品材料別に和風，洋風，中国風料理献立を表3.1に示した．乳素材を活用した料理書[26～29]は多く出版されているので参考にされたい．〔成田公子〕

文 献

1) 健康・栄養情報研究会：厚生労働省平成16年国民健康・栄養調査報告, p.6, 第一出版, 2006.
2) 小菅圭子：近代日本食文化年表, p.192, 雄山閣, 1997.
3) 西東秋男：日本食生活史年表, pp.169-171, 楽游書房, 1987.
4) 石毛直道：日本の食事文化（講座食の文化2）, p.305,（財）味の素食の文化センター, 1999.
5) 成田公子, 熊崎稔子：名古屋女子大学紀要家政・自然編, **43**, 139-147, 1997；**49**, 41-49, 2003.
6) 成田公子：名古屋女子大学紀要家政・自然編, **46**, 91-99, 2000；**50**, 73-81, 2004.

図3.1 ミルク和雑炊

図3.3 飛鳥鍋

図3.2 切干大根の牛乳煮

図3.4 ミルクみそ汁

7) 大沢はま子，中濱信子：ミルク総合事典（山内邦夫，横山健吉編），pp.485-503，朝倉書店，1992．
8) 野口洋介：牛乳・乳製品の知識，p.174，179，181，183，幸書房，1998．
9) 白木まさ子，貝沼やす子：家政学会誌，**28**，525，1977．
10) 高野美幸ほか：家政学会誌，**36**，861，1985．
11) 水谷令子：動物性食品（調理科学講座5，下村道子，橋本慶子編），p.147，朝倉書店，1993．
12) 成田公子，熊崎稔子：名古屋女子大学紀要家政・自然編，**44**，100，1998．
13) 牧野秀子，吉松藤子：調理科学，**14**，59〜63，1981．
14) 宮下朋子，長尾慶子：日本家政学会誌，**5**(7)，475，2006．
15) 越智智子ほか：家政学会誌，**32**，399，1981．
16) 大沢はま子：調理科学，**6**，135-142，1973．
17) 高橋慎一：調理科学，**31**，248-250，1998．
18) 橋場浩子：日本調理科学会誌，**30**，161-171，1997．
19) 村山篤子ほか編：調理科学，p.143，建帛社，2002．
20) 早坂千栄子ほか：新版調理学実習―おいしさと健康―（早坂千栄子編），p.118，119，122，132，167，179，アイ・ケイコーポレーション，2006．
21) 川端晶子ほか：改訂イラストでわかる基本調理，pp.178-180，同文書院，2005．
22) 小川宣子：基礎調理実習―食品・栄養・大量調理へのアプローチ，pp.43-123，化学同人，2007．
23) 古河可一解説：アイデアを生かしたおいしい牛乳料理，p.9，43，50，58-59，89，91，93，全国学校給食協会，1989．
24) 安井寿一，日高弘則：百科ヨーグルト，pp 30-31，ひかりのくに，1987．
25) 和仁皓明，久恒恵美子解説：おいしいチーズ料理，p.14，全国学校給食協会，1990．
26) 高橋セツ子，筒井静子：カルシウムいっぱいとっておきのミルク料理，北海道新聞社，1996．
27) 石澤清美：ミルクのお菓子，家の光協会，2000．
28) ベターホーム協会編：チーズ料理，ベターホーム出版局，1993．
29) 玉木茂子：やさしいチーズクッキング，主婦の友，1998．

VIII. 検 査 法

1. 検査の目的と意義

1.1 食品衛生法

　乳製品は，脂質，タンパク質，糖質，ビタミン，ミネラルなどの主要な栄養成分を豊富に含有する生乳を原料としている．一般的に絞りたての生乳中には多種多様な微生物が存在し，同時に生乳はこのような微生物の増殖に最も適した食材といえる．したがって生乳は腐敗変敗しやすく，ときには食中毒の原因となる．このような生乳のもつ栄養価を損ねることなく安全な乳・乳製品を消費者に提供するため，成分規格や製造基準を食品衛生法ならびに関連する省令で定めている．具体的には，乳及び乳製品の成分規格等に関する省令（1951年12月27日厚生省令第52号）に定められているが，この省令は食品衛生法に基づくもので一般的に乳等省令と略される．省令は乳や乳製品について成分規格，製造方法，表示などについて細かく規定している．乳および乳製品が一般食品とは別に定められた規定により規制を受けるのは，乳および乳製品が乳幼児や病弱者などが多食することや，製造工程上微生物汚染を受けやすく，また増殖しやすいという製品の特性との関連がある．乳等省令の微生物規格では，牛乳などの衛生管理向上のため，乳では細菌数や汚染指標菌，乳加工品ではその他の細菌数などに関し規定されている．成分規格などに関しては理化学的な検査が行われるが，ここでは，主に微生物規格に関する検査について述べる．

　乳および加工乳などは，搾乳時に細菌などの微生物汚染を受けやすく，その成分組成から汚染した微生物の増殖が起こりやすいため，これら微生物を原因とする衛生上の危害が生じやすい．したがって，栄養成分に影響の少ない適切な殺菌処理が行われることが基本であり，加えて殺菌処理後の適切な衛生管理も重要である．すなわち微生物

検査の目的は，乳および乳製品の摂取によって起こる微生物を原因とする衛生上の危害を未然に防止するとともに，乳および乳製品が常に衛生的な取扱いを受けているかを確認し，品質管理が適切に行われているかを確認するためである．

　生乳の衛生状態を調べるためには，総菌数を鏡検により測定する．殺菌処理済みの乳の微生物試験としては，一般生菌数と大腸菌群について培養法により検査を行う．大腸菌群は，病原細菌の汚染指標であり，供試検体量につきいずれも試験結果としては陰性が求められる．乳等省令では，乳加工品に乳酸菌，酵母の菌数についても示されている（4.1節参照）．乳等省令は，たびたび改正が行われている．1993年には，当時の国際酪農連盟（IDF）法に準拠したリステリア・モノサイトゲネスに関する試験法が示された．また2000年に発生した加工乳などによる黄色ブドウ球菌毒素による大型の食中毒事件を受けて，2002年の改正では黄色ブドウ球菌エンテロトキシンを考慮した管理に関する項目が加えられた．

1.2 総合衛生管理製造過程（HACCP）と検査

　食品衛生法や乳等省令で規定されている食品や乳製品の規格は，製品としての規格であり，検査としての微生物試験は最終製品に対して行われ，その規格に適するかが判断される．衛生管理をこのような最終製品の検査に依存して行うとすると，検査の対象となった一部の製品については微生物の汚染レベルに関する情報が得られるが，すべての製品が同様な汚染状況であることを確認することは難しい．一方，総合衛生管理製造過程（HACCP）では，製造工程上のあらゆる角度から危害を分析し，個々の製造工程ごとに管理し，微生物の危害のおそれの高い箇所には重点的に衛

生管理を行う．このような衛生管理では，検査対象とならない製品についても検査済みの検体とほぼ同様な微生物レベルで信頼性の高い衛生管理を行うことができる．理論的にはHACCPにおいては，直接微生物の汚染レベルを調べる必要はなく，たとえば製造工程上微生物を殺菌する工程で，温度などの微生物の制御に関する条件などを管理し，温度の実測値を測定・記録することをもって代用することが可能である．原材料中の微生物汚染レベルを調べるなどの微生物自体を調べる試験が必要な場合もあるが，HACCP管理を行うことにより，一般的には最終製品に対する直接的な微生物検査は軽減される．

ことがある．国際的には汚染指標菌に関しては，培地に依存した汚染指標を，分類学に根ざした体系へと代えるべきであるという議論が進んでいる．今後の試験法を考えると，分子生物学的な手法を取り入れた試験法への移行は避けられないものであると思われ，国際的な試験法はすでにそれをふまえた方向に向かっていると思われる．国際的に食品が流通している現代では，食品における微生物規格や試験法は，国際的に互換性があることが重要である．したがって，国内の試験法は今後規格基準の見直しに合わせて，国際的に互換性のある試験法に移行していかなければならないと思われる．

1.3　公定法，IDF法とISO法，試験法の国際化の流れ

　国内の乳等省令に示されている微生物試験法（公定法）は，これまでいくつかの問題点が指摘されている．最も重要な指摘は，国内の公定法が国際的に広く認められているISO法などと互換性があるかという点である．実際国内の公定法はISO法が用いている培地などと使用培地が異なる場合がある．これは試験法が食品衛生法や乳等省令の中に示されており，その改正が容易ではないことと関連があるという指摘がなされている．ISO法などは，損傷菌対応が重要であるという学問的な議論に応じ，順次試験法が見直され改正されている．たとえば，乳等省令で示されているリステリア・モノサイトゲネスの試験法は，当時のIDF法に準じており，これまでは国際的な試験法との互換性があった．一方，IDFは損傷菌対応型の試験法をISOと合同で策定し，新たなる試験法を2004年に公開した．これに伴いIDFは，2007年に旧IDF法を無効とした．

　乳等省令で規格としている大腸菌群の試験法は，他の食品の大腸菌群試験法と培地の酸産生性に関し異なる部分がある．さらに国内の大腸菌群の試験法では，使用している培地がデソキシコレート培地で，国際的にはほとんど用いられていないため，国際的な試験法との互換性が問題となる

1.4　検査の自動化，機械化

　食品における微生物検査は，一般生菌数を除き，そのほとんどが陰性の証明であり，検査対象となった病原微生物が存在しないことを示すことが目的である．陰性の証明は容易ではなく，誰もが納得のできる間違いのない試験法で行ったところ検出されなかったという事実をもって示すことになる．すなわち用いる試験法の信頼度は，その判定結果の信頼度に直接反映する．微生物において現在最も精度が高い試験法は，依然として培養による方法であり，国内の公定法や，ISO法，FDAのBAM（Bacteriological Analytical Manual）法などは培養法を採用している．培養による試験法は時間と熟練を必要とする．検査の自動化や機械化はこのゴールドスタンダードである培養法との比較において，検査精度や感度が同等のレベルであるかどうかにより判断されている．

　食品の衛生指標や微生物制御では，検査精度や感度が同等であれば迅速，簡便，安価であることが理想である．試験法が複雑で専門性が要求されれば，検査結果が作業者の技量により異なるおそれもある．現在の公定法は培養による試験法が一般的であり，その検査精度の担保には，内部精度管理および外部精度管理が適切に行われなければ

ならない．HACCPなどのモニターとして迅速簡便法が用いられるようになっている．この場合，AOACやフランスのAFNORなどの分析法専門の評価機関により妥当性確認された方法は信頼性に問題がないと思われる．ビオメリュー社のバイダスは，AOACのOMA（公的分析法）やAFNORの認証を受けている．AOACのPTM（性能検証済み試験法）認証を受けているものには，チッソ社のサニ太くん（一般生菌数，大腸菌群数），ニッスイ社のコンパクトドライTC（一般生菌数，大腸菌群数，カビ，酵母用），プラクティカル社の3M-TECRAなどがある．テンポEC大腸菌計数キットは，ISO16649-2と同等という評価を受けたMPN法によるシステムである．今後，検査の自動化や機械化が期待されるが，上述のように公定法と同等な方法として客観的な評価を受けた方法が徐々に登場している．近年，リアルタイムPCRを用いた遺伝子診断法が精度の面で高い評価を受けつつある．増菌培地で増菌を行ったものにリアルタイムPCRで同定を行うシステムは，培養法と同等な方法としてAOACやAFNORの認証を受けつつある．

1.5 検査室に常備すべきリファレンスブック

乳や乳製品の検査を行うときに参考となるリファレンスブックとしては，試験法に関しては，厚生労働省監修の「食品衛生検査指針・微生物学編」が便利である．ここに記載してある方法はすべてが公定法であると勘違いしている方が多いが，そうではなく，前半は一般的な検出法や市販のキット類が網羅的に示してある．いわゆる公定法は後半にまとめてある公的な通知文書などで示された方法のみであることに注意して利用されたい．試験法は正しく実行されないと意味がないので，それぞれの機関で試験法を実施するときには，試験法の妥当性確認や内部精度管理などに関する知識が必要である．『食品分析法の妥当性確認ハンドブック』は，妥当性確認について示してある．微生物試験法の妥当性確認のもととなっているのは"ISO16140"で，英文であるが，日本工業標準調査会から購入可能である．乳製品全般の理化学を含めた試験法全般についてまとめてある『乳製品試験法・注釈（改訂第2版）』は，少し古い書籍であるが有用である．〔五十君靜信〕

文　献

1) 厚生労働省監修：食品衛生検査指針（微生物編），日本食品衛生協会，2004.
2) 食品分析法の妥当性確認ハンドブック，サイエンスフォーラム，2007.
3) ISO16140: Protocol for the validation of alternative methods, 2003.
4) 日本薬学会編：乳製品試験法・注解（改訂第2版），金原出版，1999.

2. サンプリング

2.1 品質を保証するために必要なサンプリングの頻度

工場に到着した生乳については，生産者ロットごとに受乳検査をする．官能検査，異物検査，アルコール検査，レサズリン検査，細菌検査，残留抗生物質，成分組成などが検査される．乳等省令では，比重，乳酸酸度，検鏡による細菌数の計数が定められている．大型貯乳タンクあるいはローリーなどからの採取は，機械的なかき混ぜなどで均一にしたのち，採取する必要がある．検査用試料としては，250〜500 ml 程度必要である．

乳製品の検査では，一つのロットをどのように設定するかは，製品管理に直結するので，目的に合わせた規模のロット設定を行う．設定したロットに対し，実際に検査を行うユニット数（n）は，Codex などで基準が示されはじめている．たとえば，最も高度な微生物規格を要求される乳児用調製粉乳の微生物規格では，サルモネラが $n=60$，エンテロバクター（クロノバクター）・サカザキが $n=30$ となっている．

また，乳・乳製品のサンプリングの頻度をどのように考えるべきなのかは ISO 5538/IDF 113 にも詳細に記載されており，参考になる[1]．

2.2 サンプリングの方法

ここでは，乳及び乳製品の成分規格等に関する省令（乳等省令）に基づいて，特に微生物検査におけるサンプリング方法について示す．これら以外のサンプリング方法については，乳等省令のほか，各種のリファレンスブック（1.5節参照）を参考にするとよい．またチーズなどを含めた各種乳製品にに特有なサンプリング法については ISO 707/IDF 050 が参考となる[2]．

(1) 生乳及び生山羊乳の直接個体鏡検法による細菌数測定法

滅菌かくはん器で容器内の乳を十分にかき混ぜた後，滅菌採取管で検体約 25 ml から 30 ml までの量を滅菌採取びんにとり，4℃以下の温度で保持または運搬する．検体は採取後 4 時間以内に試験に供しなくてはならない．4 時間を超えた場合には，その旨を成績書に付記しなければならない．

(2) 牛乳，特別牛乳，殺菌山羊乳，成分調製牛乳，低脂肪牛乳，無脂肪牛乳，加工乳，クリーム，乳飲料，濃縮乳，脱脂濃縮乳，無糖れん乳，無糖脱脂れん乳，加糖れん乳，加糖脱脂れん乳，全粉乳，脱脂粉乳，クリームパウダー，ホエイパウダー，たんぱく質濃縮ホエイパウダー，バターミルクパウダー，加糖粉乳及び調製粉乳の標準平板培養法による細菌数（生菌数）測定法

①牛乳，特別牛乳，殺菌山羊乳，成分調製牛乳，低脂肪牛乳，無脂肪牛乳，加工乳，クリームおよび乳飲料にあっては容器包装のまま採取するか，またはその成分規格に適合するかしないかを判断することのできる数量を滅菌採取器具を用いて無菌的に滅菌採取びんにとり，濃縮乳および脱脂濃縮乳にあっては上記(1)に定める方法により約 200 g を採取する．この場合 4℃以下の温度で保持し運搬する．検体はその後 4 時間以内に試験に供しなくてはならない．4 時間を超えた場合には，その旨を成績書に付記しなければならない．

②濃縮乳および脱脂濃縮乳を除き，滅菌採取びんに採取したものにあってはそのまま，容器包装のまま採取したものにあってはその全部を滅菌広口びんに無菌的に移し，25 回以上よく振り滅菌牛乳用ピペットをもって滅菌希釈びんを用いて 10 倍および 100 倍希釈液を，さらに希釈をする場合には滅菌化学用ピペットをもって同様に希釈液をつくる．

③無糖れん乳，無糖脱脂れん乳，加糖れん乳，加糖脱脂れん乳，全粉乳，脱脂粉乳，クリームパウダー，ホエイパウダー，たんぱく質濃縮ホエイパウダー，バターミルクパウダー，加糖粉乳および調製粉乳にあっては容器包装のまま採取するか，またはその成分規格に適合するかしないかを判断することのできる数量を滅菌採取器具を用いて無菌的に滅菌採取びんにとり，濃縮乳および脱脂濃縮乳にあっては滅菌採取びんのまま，25回以上よく振り，滅菌スプーンで検体10 gを共栓三角フラスコ（栓を除いて重量85 g以下で100 mlの所にかく線を有するもの）にとり，滅菌生理食塩水を加え100 mlとして10倍希釈液をつくり，以下牛乳，特別牛乳，殺菌山羊乳，成分調製牛乳，低脂肪牛乳，無脂肪牛乳，加工乳，クリーム及び乳飲料と同様に希釈液をつくる．

(3) アイスクリーム類の細菌数（生菌数）測定法

検体は，製品が成分規格に適合するかしないかを判断することのできる数量を滅菌採取器具を用いて無菌的に滅菌採取びんにとり，なるべくその温度を保って保持し，または運搬し，採取後4時間以内に試験に供しなくてはならない．

試料は，検体を40℃以下でなるべく短時間で全部融解させ，その10 gを共栓びんにとったものに，細菌数（生菌数）の測定に関しては滅菌生理食塩水90 mlを加えて10倍希釈液をつくる．

(4) はっ酵乳及び乳酸菌飲料の乳酸菌測定法

検体は，製品が成分規格に適合するしないかを判断することのできる数量を滅菌採取器を用いて無菌的に滅菌採取びんにとり，4℃以下の温度を保持し，採取後4時間以内に試験に供する．試料は，糊状の検体にあっては，滅菌ピペット様ガラス管でよくかき混ぜた後に10 gを，液状の検体にあっては，よく振った後10 mlを，凍結状の検体にあっては，40℃以下の温度でなるべく短時間に全部溶解させた後に10 gを共栓びんにとり，滅菌生理食塩水を加えて100 mlとし，10倍希釈液をつくる．

(5) バター及びバターオイルの大腸菌群測定法

検体は，容器包装のまま採取するか，またはその成分規格に適合するかしないかを判断することのできる数量を無菌的に滅菌採取びんに採取し，4度以下の温度で保持し，または運搬し，採取後4時間以内に試験に供しなくてはならない．

検体は，45℃を超えない温度の恒温槽で温め，15分間以内に滅菌器具を用いてよくこね，滅菌スプーンまたは滅菌駒込ピペットで無菌的にその10 gを共栓三角フラスコ（栓を除いて重量85 g以下で100 mlの所にかく線を有するもの）にとり，40℃の滅菌生理食塩水を加えて100 mlとし，10倍希釈したものを試料液とする．

〔五十君靜信〕

文　献

1) ISO 5538/IDF 113: Milk and milk products—Sampling—Inspection by attributes, 2004.
2) ISO 707/IDF 050: Milk and milk products—Guidance on sampling, 2008.

3. 受乳検査

クーラーステーションあるいは乳業工場（以下「工場等」）における生乳の品質に係る受乳検査は，主として加工原料乳生産者補給金等暫定措置法施行規則（以下「不足払い法」）ならびに乳及び乳製品の成分規格等に関する省令（乳等省令）の規格基準（表3.1）に準拠して行われ，規格外乳あるいは異常乳（図3.1）を受入しないよう，的確に行わなければならない．

総合衛生管理製造過程（HACCP）を導入している乳業工場においては，HACCPに基づく検査項目が付加され，また生産者団体と乳業者の取引当事者が決める基準がある場合，新たな検査項目が付加され，さらに厳しい基準が採用される．

なお，生乳の検査には，酪農家のバルククーラー乳（以下「バルク乳」）を集荷する運転手が行う庭先検査，バルク乳が積み合わさったタンクローリー乳（以下「ローリー乳」）を受入する工場等が行う受入検査，ならびに検査機関・団体などが行う受託検査などに分けられるが，ここでは工場等での受入検査を重点に述べる．

3.1 異常乳の受乳防止

試料の採取，保管，運搬などは，次に行われる検査結果に大きな影響を及ぼすので，試料の採取

表3.1 生乳品質に係る関係法規と基準

項　目	不足払い法	乳等省令	摘　要
色沢・組織	牛乳特有の色沢・組織を有すること		組織異常（チャーニングなど），異物混入（血乳，じんあいなど）ほか
風味	新鮮良好な風味を有すること		脂肪分解臭，飼料臭ほか
比重（15℃で）	1.028〜1.034	ジャージー種以外で1.028〜1.034 ジャージー種で1.028〜1.036	成分異常，加水ほか
アルコール試験	反応を呈しないもの		アルコール不安定乳（高酸度乳，低酸度乳）
乳脂肪分	2.8%以上のもの	製品ごとに異なるが，牛乳では乳脂肪分3.0%以上，無脂乳固形分8.0%以上	低成分乳，飼養管理上の問題ほか
酸度（乳酸として）	ジャージー種以外で0.18%以下 ジャージー種で0.20%以下	ジャージー種以外で0.18%以下 ジャージー種で0.20%以下	成分異常，細菌の増殖ほか
細菌数		直接個体鏡検法で400万/ml以下	細菌の混入・増殖ほか
抗菌性物質		含有してはならない	ポジティブリストに準拠

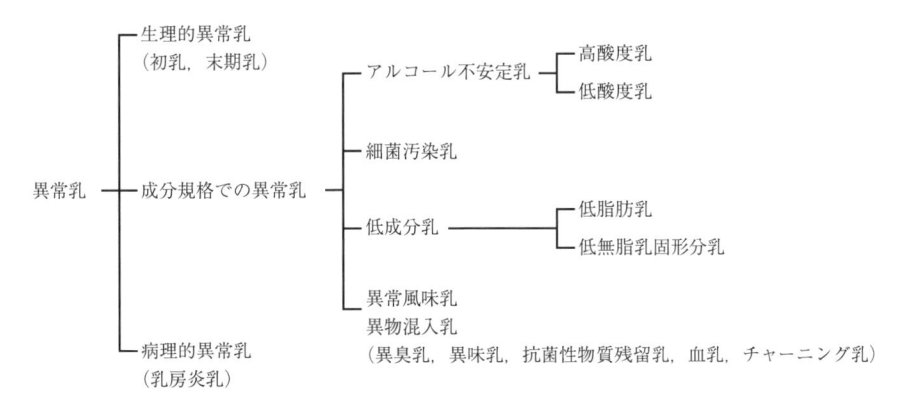

```
                ┌─ 生理的異常乳
                │   （初乳，末期乳）
                │                    ┌─ アルコール不安定乳 ─┬─ 高酸度乳
                │                    │                      └─ 低酸度乳
                │                    ├─ 細菌汚染乳
  異常乳 ───────┼─ 成分規格での異常乳─┤                      ┌─ 低脂肪乳
                │                    ├─ 低成分乳 ───────────┤
                │                    │                      └─ 低無脂乳固形分乳
                │                    └─ 異常風味乳
                │                       異物混入乳
                │                       （異臭乳，異味乳，抗菌性物質残留乳，血乳，チャーニング乳）
                └─ 病理的異常乳
                    （乳房炎乳）
```

図3.1 異常乳の分類

から検査まで適正かつ厳格に行わなければならない[1]．タンクローリーが工場等に搬入されたら，マンホールを開けいったん目視と嗅覚による検査を行い，規定の攪拌を行ったあと，次の検査を行う．

3.1.1 官能検査

目視による色沢および組織の検査のほか，嗅覚ならびに味覚検査を行う．嗅覚検査については試料が冷えた状態ではわかりにくいので，通常は試料を室温以上に温めて行われるが，90℃5分間加温し冷却後検査している例もある．また，血乳など異物検査のため遠沈（1000～2000 rpm，数分間）を行っている場合もある．

牛乳特有の色沢・組織を有し異物が混入せず，風味に異常がないことが求められ，血乳，チャーニング，脂肪分解臭，飼料臭，塩味などがある場合，異常と判定される．

3.1.2 乳温測定

ローリー乳の受入基準として定められてはいないが，乳温が高いと細菌の増殖や風味などに影響するので，乳温測定は生乳の品質管理上重要な項目（重要管理点）である．

受入時の乳温は，10℃以下（平成14年12月20日付け食発1220004号厚生労働省医薬局食品保健部長通達）であることが推奨されている．酪農家のバルククーラーでの乳温管理については，冷却時で4～5℃，2回目以降の生乳の追加投入時10℃を越さないこととされているので，タンクローリー集荷担当者は集荷時乳温が10℃を越していないことを確認しなければならない．

3.1.3 比重測定

比重は生乳が正常であるか否かの一つの目安になるが，これだけで判定はできない．しかし，無脂乳固形分，風味および氷点検査などと併行して行えば，加水，一部成分の除去などを検出することができる．

試料全体をよく混合してからメスシリンダーの内壁に沿って泡を生じないように注意して静かに注加し，牛乳用比重計をシリンダーの中央にさし込み，静止したときのメニスカスの上端の示度を読む．測定は10～20℃で行い，15℃の比重に換算する．基準は15℃で1.028～1.034．たとえば，比重1.034の生乳に10%の加水があった場合，理論上比重は1.0306になる．

なお，加水検査法としては，氷点降下検査法（クライオスコープ）や浸透圧検査法（オズモメーター）などが用いられているが，近年では光学式乳成分測定機（ミルコスキャン，ラクトスコープなど）で測定が可能となっている．氷点検査では通常−0.52～−0.54℃（−0.54～−0.56°H：ホルトベット温度）で，−0.507℃（−0.529°H）以上だと加水が疑われる．

3.1.4 アルコール検査

アルコール検査はアルコールによる脱水に対するカゼインミセルの安定性をみるもので，生乳の加熱に対する抵抗性を判断するため広く行われている方法である．

細菌増殖によって酸度のある程度進んだ乳（高酸度二等乳）や，酸度は高くないが灰分平衡（ash balance）が悪い生乳，初乳，末期乳，細菌によって凝乳酵素を生じた乳，あるいは乳房炎乳などが検出される（低酸度二等乳）．

アルコール用ディッパーで70%エチルアルコール液（通常はソルミックスH-11など使用）を正しくシャーレにとり，次に攪拌された生乳を生乳用ディッパーで等量をその中に注加する．両液全体を速やかに完全に混和して凝固の有無を試験する．基準は凝固しないこと．

酪農家の段階でバルククーラーの冷却スイッチを入れ忘れるなど誤った操作により，低温菌が異常に増殖しているにもかかわらず，乳酸を産生しないため酸度が高くならずにアルコール凝固しないことがある．また，乳牛個体でみると，低栄養状態（エネルギーおよびタンパク質不足など）でアルコール凝固することがある．近年，光学式乳成分測定機で乳中尿素態窒素（milk urea nitrogen：MUN）が測定でき，低MUN状態で同様の傾向がみられる．

3.1.5 酸　度

酸度とは生乳中の酸性物質を中和するのに必要なアルカリ量を測定し，このアルカリと結合した酸性物質の全量を乳酸と仮定してその重量%で示すものである．カゼインやリン酸塩などのもつ生乳本来の酸度と，搾乳後の細菌による乳酸産生によって生じた後天的な酸度との和を表すものである．生乳の固有の酸度はその無脂乳固形分量に比例するとみてよい．また，加水によって酸度は当然低くなる．

8.8 ml 牛乳用ピペットを用いて 9 g の試料をとり，等量の炭酸ガスを含まない蒸留水を加えて希釈し，フェノールフタレイン液 0.5 ml を加えて 0.1 N 水酸化ナトリウム溶液で滴定し乳酸%を計算する．この場合，0.1 N 水酸化ナトリウム滴定数の 1/10 が乳酸%となる．基準はジャージー種以外のウシで 0.18%以下，ジャージー種のウシで 0.20%以下．

3.2　総菌数（ブリード法）

主として生乳の衛生状態を調べるために行うもので，直接鏡検法（direct microscopic count）あるいはブリード法と呼ばれる．生きている菌だけでなく死滅している細菌も含まれるので，総菌数の数値は生菌数のそれよりも大きい．必要器材も少なく，またきわめて迅速に検査できるので，乳業工場などの受乳検査で広く採用されている．

試料 0.01 ml をスライドグラス上の 1 cm² に塗抹し，ニューマン氏液で染色したあと，顕微鏡の視野の直径 0.206 mm，標本面の中心を通る水平線上を等間隔に 16 視野を鏡検して細菌数を数えた結果から，1 視野当たりの平均細菌数に顕微鏡係数（microscopic factor）30 万を乗じ上位 2 桁の数値で試料 1 ml 中の細菌数を表す．通常は個々の菌をカウントする個体計算法による．

乳等省令により牛乳・乳製品に使用できる生乳の基準は 400 万/ml 以下である．HACCP 認証工場あるいは取引当事者の基準がこれよりも厳しく定められていることがある．また，LL 牛乳などの審査基準（昭和 60 年 7 月 8 日衛乳第 30 号）では，総菌数 30 万/ml 以下である．

ブリード法のほか，蛍光光学式細菌数測定機（バクトスキャン）や蛍光染色フィルター法（バイオプローラなど）などが利用されている．

3.3　成　　分

生乳の脂肪率検査法には種々あるが，生乳の比重を一定（0.9）と考えて測定する簡易定量法として，ゲルベル法あるいはバブコック法が一般に用いられている．生乳中の脂肪はリン脂質とタンパク質からなる脂肪球膜で覆われており，この膜を硫酸で分解することによって脂肪が定量される．

ゲルベル法では，まずゲルベル乳脂計に硫酸（比重 1.820～1.825）10 ml をとり，試料 11 ml を牛乳用ピペットを用いて硫酸層に静かに層積して，さらにイソアミルアルコール（比重 0.81）1 ml を加える．ゴム栓をして上下に数回転し混和する．65 ℃の温湯に 15 分間浸漬する．700～1000 rpm で 3～5 分間遠心分離し，再度 65 ℃の温湯に 5 分間浸漬して析出した脂肪層を読みとる．

乳脂肪分は不足払い法では 2.8%以上．乳等省令では製品ごとに基準が決められており，牛乳では乳脂肪分 3.0%以上，無脂乳固形分 8.0%以上．

無脂乳固形分は，全乳固形分を常圧乾燥法（98～100 ℃で乾燥）やマイクロ波法（TMS チェッカー）で測定後，脂肪分を差し引き求めることができる．

なお，多数の試料を取り扱う検査機関では，主に光学式乳成分測定機が用いられている．

3.4　体　細　胞　数

体細胞数に関しては乳等省令などで決められる検査項目ではないが，体細胞数の増加がウシの乳房炎の指標となることから，多くの取引当事者間

の検査項目となっている．

方法はブリード法により行われ，基準は明確ではないがバルク乳あるいはローリー乳で正常域の目安を30万/ml以下としているところが多い．

なお，検査機関では蛍光光学式体細胞数測定機（フォソマチック，ソマスコープなど）が一般に利用されている．

3.5 抗菌性物質

3.5.1 ペーパーディスク法（PD法）

乳のベンジルペニシリン試験法として食品衛生検査指針に告示法として示されている方法[2]は，その操作方法が複雑かつ時間を要するため，生乳の受入検査には適さない．そのため，国内において採用されている抗菌性物質残留確認検査は，1968年国際酪農連盟により提案された牛乳中のペニシリンを主体とする抗生物質の検査法[3]である（IDF-Standard 57, 1970．なお，2002年IDF Standardから削除されている）．

芽胞形成菌である *Geobacillus stearothermophilus* NIZO B469株（旧株名 *Bacillus stearothermophilus* var. *calidolactis* C953 NIZO株）を接種した寒天平板培地に，ペーパーディスク（PD）をピンセットで検液中に浸漬し，次いで過剰の液を排除したあと，平板上に平らにおき，軽く圧して固着させる．ペトリ皿を倒置して55±1℃で5時間培養し（3時間培養のところもある），阻止帯を観察する．もし，検体中にペニシリンが存在する場合は，ペニシリンがPDの周辺に浸出拡散して，試験菌の発育を阻止して，PDの周囲に円形透明な阻止帯を形成する．あらかじめ調製したペニシリンのコントロールディスクの阻止帯の直径と検体のそれを比較して，検体中のペニシリン濃度を推測する．この方法の感度は牛乳で0.0025〜0.005 IU/ml（おおよそ0.002〜0.003 ppm）である．

ポジティブリストに基づく残留基準値は，ベンジルペニシリンで0.004 ppm（おおよそ0.006 IU/ml）以下である．

なお，本法では抗生物質のほか，ウシ由来の抗菌性物質（ラクトフェリン，リゾチームなど）が反応することがあるので，この場合試料をあらかじめ「トリプシン＋80℃5分」処理することを推奨しているが[4]，北海道内では試料をあらかじめ80℃5分間加温し，室温に冷却して供試している．また，AOAC Official Method 982.17では，試料を82℃以上2分間加温することとしている[5]．

3.5.2 迅速簡易検査キット

ベンジルペニシリンやセファゾリンなどのβ-ラクタム系薬剤やテトラサイクリン系薬剤を抗原として特異的に反応する迅速簡便な検査キットが海外で開発されている．国内ではスナップ法やチャーム法などが利用されているが（図3.2,

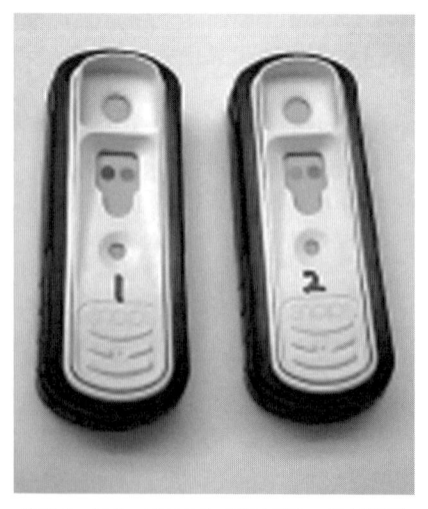

図3.2 スナップテスト（左：陰性　右：陽性）

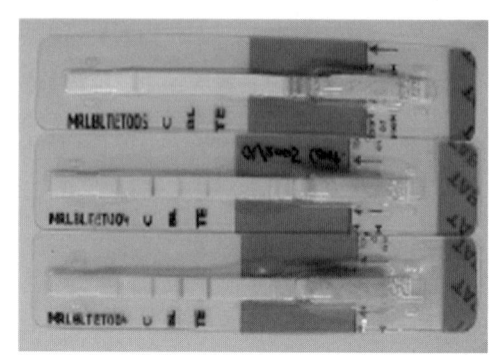

図3.3 チャームテストBTコンボキット
上：テスト前　中：陽性　下：陰性．

3.3),これらの方法はPD法と比較し同程度の感度を有し操作手順が容易で,なおかつローリー乳を受入する前に短時間(10分間くらい)で判定が可能であるという大きなメリットがある.

〔熊野康隆〕

文 献

1) 内田雅之:生乳取扱技術必携(北海道酪農検定検査協会編集),pp.87-156,辻孔版社,2007.
2) 藤田和弘,村山三徳:食品衛生検査指針動物用医薬品・飼料添加物編(厚生労働省監修),pp.117-120,日本食品衛生協会,2003.
3) 日本薬学会編:乳製品試験法・注解(改訂第2版),pp.182-184,金原出版,1999.
4) 八田忠雄ほか:北海道農業試験会議(成績会議)資料(平成6年度),pp.1-20,1995.
5) Official Methods of Analysis of AOAC International 18 th eds., Chapter 33, pp.41-42, 2005.

4. 生物学的検査

4.1 微生物試験の目的と衛生指標菌

21世紀のはじめに大規模な食中毒が発生したことを教訓として，厚生労働省では食品衛生法第1条（目的）を飲食に起因する衛生上の危害発生防止の観点から，食品の安全性確保と国民の健康保護を図ることに改正した．乳製品製造業においても微生物試験の目的は第1条と同様に，乳・乳製品を摂取することによって起こる各種の危害を未然に防止し，併せて常に衛生的な取扱いがされているかを自主的に検査し，製品出荷から消費者に消費されるまで品質を保証することにある．表4.1には乳等省令における乳・乳製品の規格を示した．一般細菌数と大腸菌群は衛生指標菌と呼ばれ，乳・乳製品の微生物汚染状況の把握や製造工程の衛生管理状態を客観的に評価するために用いられる検査項目である．

4.1.1 細菌数（総菌数）

生乳，生山羊乳について，原料乳の衛生管理の指標として総菌数400万/mlの規格が定められている．総菌数検査とは顕微鏡を用いて検体に含まれる全微生物を計数したものをいう．総菌数は生菌および死菌にかかわらず計数されるが，複雑な器具・機材を必要とせず迅速に測定することが

表4.1 乳等省令における乳・乳製品の規格

		細菌数	大腸菌群	乳酸菌	リステリア
原料乳	生乳，生山羊乳	400万以下/ml[*1]	—	—	—
飲用乳	牛乳，殺菌山羊乳，成分調製牛乳，低脂肪牛乳，無脂肪牛乳，加工乳	5万以下/ml	陰性[a]	—	—
特別牛乳	特別牛乳	3万以下/ml	陰性[a]	—	—
乳飲料	乳飲料	3万以下/ml	陰性[a]	—	—
発酵乳，乳酸菌飲料（無脂乳固形分3%以上）		—	陰性[c]	1000万以上/ml	—
乳酸菌飲料（無脂乳固形分3%未満）		—	陰性[c]	100万以上/ml	—
クリーム		10万以下/ml	陰性[a]	—	—
バター，バターオイル		—	陰性[c]	—	—
ナチュラルチーズ		—	—	—	陰性/25g[*2]
プロセスチーズ		—	陰性[c]	—	—
濃縮ホエイ		—	陰性[c]	—	—
アイスクリーム類	アイスクリーム	10万以下/g	陰性[c]	—	—
	アイスミルク，ラクトアイス	5万以下/g	陰性[c]	—	—
濃縮乳	濃縮乳，脱脂濃縮乳	10万以下/g	—	—	—
煉乳	無糖練乳，無糖脱脂練乳	0/g	—	—	—
	加糖練乳，加糖脱脂練乳	5万以下/g	陰性[b]	—	—
粉乳	全粉乳，脱脂粉乳，クリームパウダー，ホエイパウダー，たんぱく質濃縮ホエイパウダー，バターミルクパウダー，加糖粉乳，調製粉乳	5万以下/g	陰性[b]	—	—
常温保存可能品	牛乳，成分調製牛乳，低脂肪牛乳，無脂肪牛乳，加工乳，乳飲料	0/ml[*3]	—	—	—

[*1]：総菌数（ブリード法）
[*2]：EB培地増菌法＋Oxford又はPALCAM寒天培地法（対象：セミソフトタイプナチュラルチーズ及び加熱用，ピザ用，トースト用を除くシュレッドチーズ）．
[*3]：30±1℃で14日又は55±1℃で7日保存したもの．
[a]：1ml×2　BGLB培地で48±3時間．
[b]：0.1g×2　BGLB培地で48±3時間．
[c]：0.1g×2　デソキシコーレイト培地で20±2時間．

できる．死菌も含めて計数できるため脱脂粉乳のような分離・殺菌・乾燥工程を経る製品に使用された原料の品質や，製造工程の衛生管理状態を知る手がかりとなる．

細菌数の多寡は，乳・乳製品の安全性や保存性及び衛生的な取扱いの良否を示す一つの指標となっている．細菌数の多い乳・乳製品では衛生的な取扱いを受けなかったことを意味するものであり，かつ，腐敗や変敗及び病原菌が存在する可能性の高いことも示すものである．たとえば生菌数の多い原料を加熱・殺菌した場合，製品の細菌数は良質な原料を用いたときに比べて高くなる．表4.1の規格はメーカーが設定する消費期限あるいは賞味期限まで保証されなければならないことを意味している．

4.1.2 大腸菌群

大腸菌群とは「グラム陰性，無芽胞性の桿菌で乳糖を分解してガスを発生するすべての好気性及び通性嫌気性の細菌」をいう．食品から大腸菌群が検出されるということは，糞便に由来する赤痢菌，腸チフス菌，コレラ菌など，及び消化器系病原菌が存在する可能性を意味するものであり，衛生学の分野では糞便汚染指標となっていた．しかし，大腸菌群には環境に常在する菌種もあることから，即糞便汚染と見なすのは妥当ではない．乳・乳製品における大腸菌群は，糞便汚染指標菌というより，環境衛生管理の良否の指標菌としてとらえるべきである．大腸菌群は乳等省令で規定されている殺菌法（63℃30分）で死滅するため，殺菌乳から大腸菌群が検出されると殺菌が不確実であったか，あるいは殺菌後の工程で二次汚染の可能性が示唆され，適切な工程管理が行われなかったことを意味する． 〔佐藤孝義〕

4.2 基本操作

4.2.1 微生物検査室の環境

微生物検査室は他の実験室と隔離し，入室時には靴の履替えなどを実施して外部とのゾーニングを行う．また，作業性を考慮し試薬棚やインキュベーターなども同一の部屋に設置する．その他設備としては簡易的な無菌箱やクリーンベンチ，必要に応じて安全キャビネットを設置する．

微生物検査室は整理整頓に努め，毎日始業時に清掃を行い，ほこりなどがとどまらないように清潔に保つ必要がある．検査室の窓は締切りとし，空調はルームクーラーを用い，可能な限り大きな気流が発生しないように設計・配置する．

4.2.2 使用する器具の滅菌

滅菌とはすべての微生物を完全に除去，死滅させ無菌状態を作り出すことである．微生物検査に使用する器具の無菌性は検査結果に重大な影響を与えるため，検査に用いる器具類は適切な方法で滅菌を行う．ここでは試料採取から培養操作に用いる検査器具類の滅菌方法について述べる．

a. 乾熱滅菌

ピペットやガラスシャーレなどのガラス製器具類，ナイフやスパーテルなどの金属製器具類の滅菌に用いる．電気式またはガス式の乾熱滅菌器を用い空気を加熱して滅菌を行う．一般的には160～180℃で約1時間加熱する．ピペットやスパーテルは金属製の滅菌箱に入れ，試験管は金属性のキャップを被せて滅菌を行う．滅菌終了後は，急冷によるガラス器具類の破損を避けるため乾熱滅菌器内が十分に冷えてから器具類を取り出す．

b. 高圧蒸気滅菌

乾熱滅菌器では滅菌できないシリコン栓つきの試験管や培地などの滅菌に用いる．高圧蒸気滅菌器（オートクレーブ）を用いて高圧高温の蒸気で滅菌を行う方法であり一般的には121℃15分間加熱を行う．シリコン栓などは滅菌前に硫酸紙やアルミホイルなどで覆い，過度の水分を含まないように保護する．また，スクリューキャップつきの試験管や試薬びんは少し口を緩め，共栓のフラスコなどは栓の部分に硫酸紙などの紙片をはさみ滅菌する．滅菌終了後は，器具を乾燥機などに入れて十分乾燥させてから検査に用いる．高圧蒸気滅菌器は水を加熱し蒸気を発生させて滅菌を行う

ため，使用開始前に水位を確認し空焚きを防止する．滅菌終了後，滅菌器内が高圧の状態で蓋を開放すると内部での突沸や高圧蒸気によるやけどなどの危険性があるため，内部が常圧になっていること，温度が80℃以下になっていることを確認してから蓋を開放し滅菌物を取り出す．作業終了後は毎日水抜きを行い，加熱線や底部に汚れが付着している場合はスポンジなどで洗浄を行う．高圧蒸気滅菌器の滅菌性能は，バイオロジカルインジケーターを用いて定期的に確認する．

c. 火炎滅菌

白金線や白金耳はガスバーナーの火炎を用いて赤熱し，滅菌を行う．また，微生物検査に用いる器具類には，エチレンオキサイドガスや放射線による滅菌を行った使い捨ての製品も販売されており，これらを用いてもかまわない．

4.2.3 培地の滅菌

微生物検査に用いる培地類は，デソキシコーレイト培地（大腸菌群検査用）などの指定があるものを除いて高圧蒸気滅菌器による滅菌を行う．

粉末培地をフラスコに秤量し，精製水を加えて均一に懸濁，溶解したあと，滅菌を行う．フラスコや試験管の口はシリコン栓やアルミホイルで密栓する．滅菌終了後の培地は，過加熱による変質を防ぐため速やかに冷却する．寒天培地は50℃前後の恒温器やウォーターバスで保温し，できるだけ速やかに使用する．

抗生物質や糖などの加熱に弱い物質を培地に添加する場合は，孔径 $0.45\,\mu m$ 以下のメンブレンフィルターによるろ過滅菌を行ったあと，高圧蒸気滅菌済みの基礎培地に無菌的に添加して使用する．

4.2.4 無菌操作

環境中には多くの微生物が存在しており，検査試料や培地中にこれらの微生物が混入すると検査結果に重大な影響を及ぼす．特にLL牛乳やエバミルクなどの滅菌製品を取り扱う場合には細心の注意が必要である．

無菌操作は微生物の混入を防ぐための操作であり，作業者の操作技術の習得と検査環境，設備を整えることが重要である．使用する器具類はすべて滅菌済みのものを用い，サンプリングから培養までの一連の操作はクリーンベンチや安全キャビネット内で行う．クリーンベンチなどの設備が使用できない場合は，清掃，殺菌した実験台上でガスバーナーを燃やし，すべての作業をガスバーナーの炎の近くで行う必要がある．

無菌操作時には，検査室への人の出入りを制限し，会話を慎む．また，開放したシャーレや試料上部に手をかざさないなど，落下菌による汚染を起こさない操作が求められる．

4.2.5 グラム染色と顕微鏡観察

グラム染色

グラム染色はデンマークの細菌学者ハンス・グラム（Hans Gram）によって発明された染色法であり，細菌を分類する基準の一つとして用いられている．

細菌類はグラム染色により大きく二つに分類される．グラム染色によって紫色に染まる細菌をグラム陽性菌，赤色に染まる細菌をグラム陰性菌と呼ぶ．これら染色性の違いは細菌の表層構造の違い，特に細胞壁のペプチドグリカン層の厚さが関係しているといわれている[1]．

ここでは一般的に用いられているハッカー（Hucker）変法を紹介する[2]．

①白金耳を用いてスライドグラス上に新鮮菌体の懸濁液を薄く塗抹する．

②火炎固定もしくはメタノールなどで化学固定する．

③シュウ酸塩を含むクリスタルバイオレット染色液で1分間染色する．

④水洗．

⑤ルゴール液で1分間固定処理を行う．

⑥水洗．

⑦95％エタノールを用いて塗抹部から色素が出てこなくなるまで脱色する．

⑧水洗．

⑨サフラニン染色液またはフクシン染色液で1分間染色（対比染色）する．

⑩水洗，乾燥後，顕微鏡による観察を行う．

グラム染色液には市販品でフェイバーGセット（日水製薬）などがあり，前述のハッカー変法よりも手技が簡便であり広く用いられている．

〔板橋達彦〕

4.3 微生物学的試験[3~5]

4.3.1 一般微生物試験

a. 総菌数（ブリード法）

総菌数は殺菌前の牛乳や山羊乳の微生物汚染の程度を示し，乳等省令では400万個/ml以下とされている．総菌数の測定は，生乳0.01 mlをスライドグラス表面に1 cm^{2}の面積に一様に塗抹し，乾燥および固定化したのちメチレンブルーを含むニューマン染色液で染色する．その後，顕微鏡で染色された菌数を計測し，顕微鏡の視野と塗抹面積から計算される係数を乗じて総菌数を推定する．総菌数は死菌も染色されるため生菌数と比べて高い数値となる．本法は迅速・簡便，かつ，費用も安価ではあるが，最近では総菌数30万個/ml以下（生菌数3万個/ml）の生乳が約99％に達しており，このような生乳では測定値の信頼性も低いとされている．生乳の衛生管理では総菌数よりも生菌数の測定が重要となってきているが，判定までに1日以上を要するので生乳の受入検査には現実的ではない．

b. 一般生菌数

生菌数とは，ある一定の条件下で発育する中温性好気性菌数を意味し，乳および乳製品の衛生学的品質を評価するための安全性，あるいは衛生環境上の汚染の程度を示す最も有力な指標となる．また，製品の安全性や保存性および衛生的取扱いの良否など，総合的な評価判断に利用されている．生菌数の多い場合には，乳および乳製品の衛生学的取扱いが悪かったことが示唆され，また食中毒菌や腐敗菌の多くが中温細菌であることから，これらの菌が存在する可能性が高いことを意味する．

牛乳や乳製品の検査法では，シャーレ中で試料と約45℃に保持した滅菌標準寒天培地を混釈したのち，32～35℃で48±3時間培養後の集落数を計測し，試料の希釈倍数を乗じて1 mlまたは1 g当たりの菌数を算出する．本法は一定の条件下で培養しているため，すべての微生物が生育するのではなく，たとえば，偏性嫌気性菌の*Clostridium perfringens*や微好気性菌の*Campyrobacter*および低温細菌などの栄養要求の厳しい細菌は計測されない．

c. 大腸菌群数

乳等省令で通知されている大腸菌群（Coliforms）とはグラム陰性，無芽胞桿菌で乳糖を分解してガスを産生する好気性または通性嫌気性の細菌群と定義され，糞便や腸管系病原菌の汚染指標として一般的に使用されている．この名称は食品衛生細菌学の分野で使用されている用語で，細菌学の分類に基づいたものではないため，大腸菌群には*Escherichia coli*，*Citrobacter*，*Klebsiella*および*Enterobacter*など多くの腸内細菌科属菌のほかに，糞便と関係していない*Aeromonas*なども含まれる．

乳等省令における牛乳や乳製品の成分規格ではナチュラルチーズを除き，大腸菌群が陰性と定められている．大腸菌群の検査手順としては，推定試験→確定試験→完全試験の3段階からなる．アイスクリーム類，発酵乳，乳酸菌飲料，バター，濃縮ホエイおよびプロセスチーズなどの乳製品では，デソキシコーレイト寒天培地を使用し，試料を混釈したあと，32～35℃で20±2時間培養し，暗赤色の集落が観察されたものを推定試験陽性とする．推定試験陽性となった場合には，集落のいくつかを釣菌してEMB寒天培地平板上に画線塗抹して35±1℃で24±2時間培養する．平板上に金属光沢から暗紫赤色の定型的集落を形成した場合には確定試験陽性と判定し，さらに完全試験を行う．完全試験はEMB寒天培地平板上に生育した定型的集落の数個を釣菌して，それぞれ乳糖ブイヨン発酵管および普通寒天斜面培地に接種する．いずれも35±1℃で48±3時間培養後，乳糖ブイヨン発酵管でガスの生成を認め，かつ寒天斜面培地に生育した菌がグラム陰性で無芽胞桿菌で

あれば完全試験陽性と判断する．

上記以外の乳製品（飲用乳やクリーム）については，BGLB 液体培地にダーラム管を入れて，試料原液，10 倍および 100 倍希釈液を加えて 32〜35 ℃で 48±3 時間培養し，ガス発生が確認された試料を推定試験陽性とし，さらに確定試験および完全試験により判定する．

d. 低温細菌数

低温細菌 (psychrotroph) は，生育の最適温度とは関係なく低温で比較的速やかに生育できる細菌群で，一般的には 5〜7 ℃で 7〜10 日間培養して発育する細菌の総称である．乳および乳製品では主に *Pseudomonas* を代表として，*Acinetobacter*, *Aeromonas*, *Alcaligenes* および *Flavobacterium* などのグラム陰性桿菌が知られている．検査法は一般生菌数測定法に準じて，標準寒天培地に試料を塗抹平板培養法または混釈平板培養法で接種したあと，7±1 ℃で 10 日間培養する．また，迅速検査法としては CVT（クリスタルバイオレット・トリフェニルテトラゾリウムクロライド）培地があり，試料を塗抹し 20〜25 ℃で 48〜72 時間培養後，赤色を呈した集落を計測する．

e. 乳酸菌数

乳酸菌はグラム陽性，カタラーゼ陰性の桿菌または球菌で糖類を発酵して乳酸を生成する．また，共通してナイアシンを必須に要求する．乳等省令に規定されている発酵乳や乳酸菌飲料などの検査法では，試料原液を滅菌希釈液で 10^7 レベルまで 10 倍段階希釈したあと，その 10^5, 10^6 および 10^7 の各希釈液を，それぞれ 2 枚のシャーレに 1 ml ずつ分注したのち，約 45 ℃に保持した BCP（ブロムクレゾールパープル）加プレート寒天培地を約 15 ml 加えて，混釈平板とする．シャーレは 35〜37 ℃で 72±3 時間培養し，黄変した集落を計測する．

f. ビフィズス菌数

発酵乳や乳酸菌飲料の検査法としては，㈳全国はっ酵乳乳酸菌飲料協会から，ビフィズス菌の選択的検出のための方法が紹介されている．選択培地は BCP 加プレートカウント寒天培地に L-システイン塩酸塩，塩化リチウム，プロピオン酸ナトリウムおよびペニシリン G を添加した MGLP 培地，およびガラクトオリゴ糖を添加した TOS プロピオン酸寒天培地などが推奨されている．培養は嫌気条件下にて 37 ℃で 72 時間培養後，*Bifidobacterium* の特徴あるコロニーを計測する．

g. カビ・酵母

真菌（カビや酵母）は土壌や空気および水など環境中に広く分布しており，食品を汚染して保存期間中に腐敗や変敗を引き起こす．検査法には直接鏡検法と培養による検査法がある．食品にカビや酵母の集落が観察された場合には，その部分から平板培地や斜面培地に直接分離することが可能であり，また生育した部分から真菌を直接釣菌し観察用プレパラートを作製して，光学顕微鏡により形態観察を行う．カビ数の測定培地は，ポテトデキストロース寒天培地 1 l に，細菌を抑制するためにクロラムフェニコールを 100 mg 添加して調製する．培地に試料原液および 10 倍段階希釈液を 0.5 または 1.0 ml 接種して塗抹培養する．25 ℃で 5〜7 日間培養後，集落発生の有無を観察する．カビ数は，バラツキがあるため同一希釈液についてシャーレを 3 枚ずつ用いる．

h. 芽胞菌

芽胞菌は芽胞を形成する細菌群で，好気性の *Bacillus* 属と偏性嫌気性の *Clostridium* 属に大別される．*Bacillus* 属にはエンテロトキシンを産生する *B. cereus* が，*Clostridium* 属には *C. perfringenes* と *C. botulinum* が含まれる．*Bacillus* 属の芽胞数検査は，試料原液あるいは試料の 10% 乳剤 10 ml を煮沸水浴中で 10 分間処理後，その 1 ml を標準寒天培地で混釈平板とする．培地が凝固したのち，標準寒天培地を薄く重層し 35±1 ℃で 48±3 時間培養したあと，生菌数測定法と同様にコロニーを計測する．なお，試料の加熱処理は 70 ℃で 20 分間，75 ℃で 15 分間および 80 ℃で 10 分間などの条件があるが，実際の乳および乳製品の加熱殺菌条件で生き残る芽胞を考慮して，その条件よりも高めに設定するほうが現実的である．

Clostridium 属は，試料原液あるいは試料の

10％乳剤 10 ml をそれぞれ2枚のパウチ（ラミネートフィルム2枚を張り合わせた円形状の袋）に入れ，45～50℃に保持したクロストリジウム培地を約15 ml 添加して，よく混合したあと，熱シールして凝固させる．35±1℃で24±2時間培養し，黒灰色から黒色の集落数を計測する．

i. 高温菌

高温菌とは細菌学の分類に基づいたものではなく，一般的に55℃以上の高温で発育する細菌の総称である．検査法は一般生菌数検査と同様に，試料原液および，その10倍段階希釈液を標準寒天培地に混釈平板培養法で接種後，55℃で48時間培養する．培養後，寒天培地に生育したコロニー数を計測する．

4.3.2 病原菌および食中毒菌

a. 黄色ブドウ球菌

黄色ブドウ球菌（*Staphylococcus aureus*）は食中毒起因菌として食品衛生上重要視されており，健康なヒトの鼻腔や咽喉および腸管内に分布しており，また生乳あるいは乳製品の製造環境からも比較的高率に分離される．黄色ブドウ球菌は，ミクロコッカス科に属するグラム陽性の球菌でコアグラーゼを産生し，ブドウ球菌属の中で最も高い病原性を示す．またエンテロトキシンを産生するものもある．わが国で広く用いられている選択培地は，マンニット食塩卵黄寒天培地と食塩卵黄寒天培地であり，黄色ブドウ球菌は，これらの培地上で黄色集落を呈し，その周囲に白濁環（ハロー）を形成する．培養条件は35±1℃で48±3時間である．一方，海外で汎用されているのは亜テルル酸カリウム，塩化リチウムおよびグリシンなどが添加されたベアード・パーカー（Baird-Parker）寒天培地で，黄色ブドウ球菌は亜テルル酸カリウムを還元して黒色（黒灰色）の集落を形成する．卵黄を添加した培地では集落の周囲に白濁および透明帯の卵黄反応を呈するので他の細菌と容易に識別できる．培養条件は35±1℃で48±3時間である．

b. セレウス

セレウス菌（*Bacillus cereus*）は環境汚染菌の一つで，グラム陽性有芽胞桿菌であり，食品の衛生的な取扱いがなされなかった際に，腐敗や変敗の原因菌となる．また本菌による食中毒は臨床症状によって，嘔吐型食中毒と下痢型食中毒の二つがある．セレウス菌の選択分離培地には，NGKG寒天基礎培地（NaCl glycine Kim and Goepfert）やMYP寒天培地（mannitol egg-yolk polymyxin）およびPEMBA（polymyxin pyruvate egg-yolk mannitol bromthymol blue agar）が知られている．検査はNGKG寒天基礎培地やMYP寒天培地に試料原液および10倍段階希釈液を混釈平板とし，32～35℃で18～24時間培養する．発育した定型的集落を分離したのち，生化学的性状試験により同定する．

c. リステリア

Listeria 属菌はグラム陽性，通性嫌気性の非芽胞短桿菌で，カタラーゼ陽性，オキシダーゼ陰性，VP（フォーゲス・プロスカウエル）試験陽性およびブドウ糖から酸を生成する．また，20～30℃で培養すると，鞭毛が発育して運動性を示す．*Listeria* 属菌には6菌種が知られており，このうち，ヒトに病原性を示すものは *Listeria monocytogenes*（以下リステリア）のみであるため，通常の食品検査では *L. monocytogenes* が対象となる．その他の *Listeria* 属菌としては *L. ivanovii*, *L. innocua*, *L. welshimeri*, *L. seelingeri* および *L. grayi* などが知られている．乳および乳製品の検査法としてはIDF（国際酪農連盟）法があり，わが国でも，この方法に準拠した方法が厚生労働省より通知されている（衛乳第169号 以下公定法）．リステリア検査の公定法は増菌培養と分離培養の2段階からなる．増菌培養は試料25 gをEB培地225 mlとともに約1分間ストマッキング（あるいはホモジナイズ）したのち，30℃で48時間好気培養する．次に，分離培養は増菌培養液1白金耳をOxford寒天培地またはPALCAM寒天培地に，それぞれ画線塗抹し30～35℃で24～48時間好気培養する．平板上に *Listeria* 属菌特有のコロニー（周囲に褐色から黒色のハローを形成）が認められた場合には，1平板当たり5個の集落を釣菌してTSYEA平板

培地で純培養する．平板は30℃で24時間培養後，発育したコロニーをHenryの斜光法（実体顕微鏡を用いて45度の角度の反射光による透過光線を観察する）により観察して，真珠様の青緑色から青白色の特有の形態を認めた場合には，さらに生化学的性状試験を行い，リステリアの同定を行う．

d. エンテロバクター・サカザキ

サカザキ菌（*Enterobacter sakazakii*）は腸内細菌科のエンテロバクター属に分類されるグラム陰性桿菌であるが，現在は再分類により，*Cronobacter sakazakii* となった．本菌は乳児の細菌性髄膜炎や腸炎の集団発生から分離され，また市販の育児用調製粉乳からも分離されたことから，本菌と育児用調製粉乳とのかかわりが問題となった．特に低体重未熟児や免疫不全乳児では，日和見感染ではあるが数個の菌で致死的に作用することが報告されている．検査法としてはFDA法が提唱されたが，検出感度や精度が十分でないとの理由から，2004年にIDF/ISO標準法が提案されている．その検査法を参考までに紹介する．育児用調製粉乳の一定量を9倍量のBPW（buffered peptone water）増菌用培地で溶解し，37℃で18±2時間培養したあと，さらに，バリノマイシンを添加したmLST（modified lauryl sulfate tryptose broth）選択培地にて45±0.5℃で24±2時間培養する．次に，分離培養は選択培養液1白金耳をESLA（Enterobacter sakazakii isolation agar）平板培地に画線塗抹し，44±1℃で24±2時間培養する．平板上にサカザキ菌に特徴的集落が観察された場合には，そのコロニーを釣菌し，さらにTSA（toryptone soya agar）平板培地にて25℃，48±4時間培養する．平板上にサカザキ菌に特徴的な黄色の集落が観察された場合は，生化学的試験を行い同定する．

e. ボツリヌス

ボツリヌス菌（*Clostridium botulinum*）は，クロストリジウム属菌の1菌種で偏性嫌気性の有芽胞グラム陽性桿菌である．培養後の性状によりⅠ～Ⅳ群に分類され，また神経毒素を産生し，抗原性の違いによりA～Gの7型に分けられる．ボツリヌス菌の検査はクックドミート培地で増菌培養したあと，菌の発育が確認された場合には，マウスバイオアッセイによる毒素の検出，さらに中和試験およびPCR法による毒素遺伝子の迅速スクリーニングが基本となる．なお，乳および乳製品での食中毒事例は国内では報告されていないが，海外ではまれに発生している．

f. 腸管出血性大腸菌：EHEC（O157およびO26）

ヒトに下痢を引き起こす大腸菌は，患者の臨床症状や菌の病原性の違いによって五つ，腸管出血性大腸菌（Enterohaemorrhagic *E. coli*：EHEC），腸管病原性大腸菌（Enteropathogenic *E. coli*：EPEC），腸管組織侵入性大腸菌（Enteroinvasive *E. coli*：EIEC），腸管毒素原性大腸菌（Enterotoxigenic *E. coli*：ETEC）および腸管凝集性大腸菌（Enteroaggregative *E. coli*：EAEC）に分類される．これらのうち，EHECは1996年以降最も多くの届出が報告されている．このようなことから，2006年11月2日に腸管出血性大腸菌O157およびO26の食品からの検査法について，厚生労働省医薬品食品局食品安全部より通知（食安監発第1102004号）された．試料25gをストマッカー袋に採取し，ノボビオシン加mEC増菌培地225m*l*を加えて1分間ストマッキングしたあと，42±1℃で22±2時間培養する．分離培養には各大腸菌に選択性のある平板培地に直接塗抹する方法，あるいは各血清型（O157およびO26）の免疫磁気ビーズを用いて，それぞれの大腸菌を分離濃縮した濃縮液を塗抹する方法がある．血清型O157の分離にはCT-SMAC寒天培地と，もう1種類の酵素基質培地を併用する．また血清型O26の分離にはCT-RMACと，もう1種類の大腸菌鑑別培地を併用する．次に，各分離用平板培地からO157およびO26と疑われるコロニーを釣菌して，普通寒天培地にて36±1℃で18～24時間純培養する．さらに，分離したコロニーについては生化学的性状試験の結果をもって，陽性，陰性を判定する． 〔柳平修一〕

4.4 微生物の同定

4.4.1 微生物同定の重要性

微生物の一般的な検査手法は別項に記されており，各種培地での生育状況や顕微鏡観察などの結果から，おおまかに微生物の種類を推定することができる．しかし，製品の安全性確認や汚染経路究明のためには，菌種の同定が必要な場合がある．菌種が同定できれば各種文献を調査することにより，病原性や至適温度および耐熱性などさまざまな菌の特性を把握することができる．また，多数の微生物の中から目的とする菌種を明確にすることで工程や環境中の分布を明らかにして，汚染対策を講ずるうえでも役立てることができる．

4.4.2 理化学的同定

温度，pH，塩濃度などの環境条件への適応性や資化可能な糖源の種類，酵素基質に対する反応性（多くは培養物の発色で判定）などを調べ，その結果判明した微生物の理化学的性質に基づいて微生物を分類する方法である．各菌種に固有の理化学的性質については Bergey's Manual などを参考にして調べ，性状の近い菌種を絞り込むことができる．

簡便に理化学的同定を行うためのキットも多種発売されており，主なものにシスメックス・ビオメリュー社のアピシリーズ，日水製薬社のIDテスト，日本ベクトン・ディッキンソン社のBD BBLCRYSTAL などがある．いずれも小型のウェルに炭素原や酵素基質が封入されており，基礎培地や緩衝液に菌体を懸濁してウェルに分注し，一定温度で一定時間培養したあとに発色などの変化を観察するものである．VP反応やインドール反応などのように，培養後に別試薬を加えてから反応を観察する項目もある．

キットの判定結果をコンピューターに入力すると自動的にデータベースと照合して推定される菌種とその確かさを表示するものが普及している．

4.4.3 遺伝子配列に基づいた同定

細菌の系統解析を行う際には 16S rRNA 遺伝子を用いるのが一般的である．現在では種々の細菌の膨大な塩基配列データにインターネット経由でアクセス可能であり，被検菌の 16S rRNA 遺伝子の配列がわかれば，ほとんどの場合に菌種を推定することができる．塩基配列の決定は大まかに以下のステップで行う．①被検菌を純化してコロニーを単離する．②DNA抽出キットなどを利用して染色体DNAを抽出する．③16S rRNA 遺伝子の保存性の高い領域に対して相補するDNAプライマーを用いて被検菌の 16S rRNA 遺伝子の全域あるいは一部を PCR 法で増幅する．④PCR産物の塩基配列を決定する．

16S rRNA 遺伝子を含む遺伝子データベースの主要なものには，米国の National Center for Biotechnology Information (http://www.ncbi.nlm.nih.gov/) や日本DNAデータバンク (http://www.ddbj.nig.ac.jp/Welcome‐j.html) がある．これらの web サイトで被検菌の塩基配列を入力すると，容易に相同性の高い菌種を検索することができる．また，近縁種間の樹形図を作成することもできる．同一菌種の場合には，16S rRNA 遺伝子の配列が98％以上の相同性を示すといわれるが，98％以上の相同性を示す場合でも別菌種である場合もあり，生化学的試験の結果も併せて総合的に菌種名を判断する必要がある．

細菌の 16S rRNA 遺伝子の配列決定が一般化する以前には，染色体DNAの相同性に基づいて種を決定する手法が実施されてきた．基準株の染色体DNAに対して DNA-DNA ハイブリダイゼーションを実施して70％以上の相同性を示す場合に同一種と見なすものである．時間と手間がかかるために日常的に実施できる手法ではないが，厳密な同定を実施する場合には現在でも必要な手法である．

遺伝子配列を利用した簡便な同定法としては，菌種特異的な塩基配列に基づく PCR 法があり，種々の食中毒細菌用のプライマーセットが販売されている．PCR 法の利点としては，①操作が簡便で同時に多数の検体を取り扱うことが可能であ

り，②迅速に結果が得られること，③試料からDNAを抽出できれば，菌が単離できなくても目的とする微生物の有無を判定可能なことがあげられる．一方，欠点としては，①あらかじめ菌種が推定できない場合には使用できないこと，②非特異的な反応が皆無とはいえず判定を誤る可能性もあること，などがあげられる．DNAのきわめて限られた配列のみに基づいた判定結果であることを認識し，同定法としてはあくまで補助的な手法と考えるべきである．

4.4.4 新しい同定手段

近年では，微生物の同定を自動化，迅速化したシステムも普及している．16S rRNA遺伝子を利用した同定システムとしては，DuPont社（日本代理店はタカラバイオ社）が販売しているRibo-Printerがある．RiboPrinterは16S rRNA遺伝子の制限酵素切断パターンに基づく分類を完全自動化したもので，単離したコロニーがあれば，DNAの抽出，制限酵素切断，電気泳動，結果の照合を全自動で約8時間で完了する．数千株の電気泳動パターンを菌種同定用のデータベースとして保有しており，検査結果はバッチ間の泳動誤差を自動補正したうえでデジタルデータとして保存される．したがって，同定用のデータベースのみならず過去のデータとも結果を比較可能であり，菌種を決定できない場合でも，それまでに検査した株との相同性を種のレベルよりも詳細に比較することができる．

一方，生化学的性状により同定する装置としては，Micro LogsやVITEK2がある．Biolog社が販売（日本代理店はセントラル科学貿易社）するMicro Logsは，マイクロプレート上の95種類の炭素源に対する被検菌の資化能を培養液の発色の有無によって調べるものである．マイクロプレートリーダーで読み取った発色パターンをコンピューター上のデータベースと照合して菌種の推定を行う．プレートと培地を替えることで，細菌だけでなく，カビや酵母の同定にも対応できる点が特徴である．シスメックス・ビオメリュー社が販売するVITEK2は小型のカード型のプレートに同定用の基質が入った64個のマイクロウェルが設けられており，それぞれのウェルでの培養液の反応を調べて同定を行う装置である．各ウェルへの菌液の注入から培養，反応の検出，同定，排出まですべてを全自動的に行う．菌株の性質に関するデータベースは基本的に同社のアピシリーズと共有している．

近年，細菌集団の中からその構成菌種を把握する手法も開発されている．細菌集団全体からDNAを抽出し，16S rRNA遺伝子の増幅を行う．得られた増幅DNAをDGGE (denaturing gradient gel electrophoresis) と呼ばれる電気泳動法にかけることで，16S rRNA遺伝子を菌種別に分離することができる．DGGE法は，DNA変性剤（尿素やホルムアミド）の濃度勾配をもつゲルを使った電気泳動で，同一サイズのDNAでも塩基配列の違いによる立体構造の変化を起こして分離することができる．DGGE用のPCRでは，DNAの2本鎖が変性によって完全に乖離しないように，一方のプライマーの5′末端にGCクランプと呼ばれるGCリッチな配列を付加しておく必要がある．分離した16S rRNA遺伝子をゲルから切り出して配列を決定することによって，それぞれの菌種を同定できる．伝統的な発酵乳やチーズなど複雑な菌叢解析に役立つ手法である．

4.4.5 同定キットを利用する場合の注意点

同定キットの多くは，ブドウ球菌用，嫌気性菌用，腸内細菌用など，対象菌ごとに使い分けるように設計されている．キットの使用前にグラム染色による顕微鏡観察やオキシダーゼテストなどの簡便な試験を行い，被検菌に相応しいキットを選ぶことが重要である．

また，市販の細菌同定用のキットは，臨床検査を主な目的としたものが多く，必ずしも食品や環境に由来する菌種を同定対象の中に網羅していない．したがって，被検菌がキットの対象菌種に含まれていない場合には，最も近い菌種として臨床由来菌種の名前が示される場合がある．病原性がない環境由来菌に対して思わぬ病原菌の名前が表示される場合もあるので，追加試験を実施した

り，別の同定法を並行実施するなど，慎重に同定を進める必要がある． 〔青山顕司〕

4.5 微生物汚染源の調査

4.5.1 衛生環境調査

食品の安全性や保存性および衛生的品質を確保するためには，微生物の制御を科学的に管理することが不可欠である．食品の微生物汚染は，原材料由来の微生物による汚染（一次汚染）と，製造工程や製造環境および作業従事者からの微生物による汚染（二次汚染）に分けることができる．また，食品を汚染する微生物の汚染源としては，物（原材料，副原料，半製品，製品），場所（施設，設備，装置・機器類，エアー，床，排水溝）およびヒト（作業者の手指，作業服，作業靴）の三つに整理することができる．

衛生環境調査は，これらの汚染源を対象として，それぞれについて洗浄や殺菌などにより微生物汚染防止対策を実施したのち，その清浄度を微生物検査や科学的検査により客観的に評価することが目的となる．

4.5.2 落下細菌法

落下細菌とは空中に漂っている浮遊微生物のことで，測定は一定面積の平板寒天培地を一定時間開放して，平板上に自然落下した微生物を捕捉する．生菌数の測定は標準寒天培地2〜3枚を床から高さ約80cmの台の上におき，5〜60分間開放して自然に落下した微生物を捕捉したのち，35±1℃で48±3時間培養する．発育したコロニー数をカウントし，シャーレ枚数から平均値を算出し，開放時間当たりの落下細菌数を求める．真菌数はポテトデキストロース寒天培地2〜3枚を20〜60分間開放したあと，23±2℃で7日間培養して開放時間当たりの落下真菌数とする．清浄度の高い場所では開放時間を30分以上，1時間以内とすることが好ましいとされている．

空中浮遊微生物を測定する方法には衝突法もある．本法はエアーサンプラーにて一定時間，空気を強制的に吸引して専用（スプリット）の寒天平板培地やポテトデキストロース寒天培地の表面に吹き付け，空中浮遊微生物を捕捉する方法である．捕捉した培地は一定の条件下で培養後，発育した集落数を計測し，一定空気量当たりの微生物数を求める．

4.5.3 拭取り試験

拭取り試験は，物の表面に付着している微生物を検査する方法の一つでスワブ法とも呼ばれ，装置・機器類やベルトコンベアーおよび床などの表面付着微生物を綿棒やカット綿およびスポンジなどで捕捉する方法である．捕捉したサンプルは滅菌希釈水で溶出し，一般細菌数検査法に準じて培養し，拭取り面積当たりの微生物数を算出する．

そのほかに，表面付着微生物の測定にはスタンプ法があり，検査対象の表面に生平板培地を接触させて捕捉する方法で操作がきわめて簡便であり，洗浄・殺菌後の評価を手軽に判断することができる．

4.5.4 ATP測定法（拭取り試験）

ATP（adenosine 5′-triphosphate）は動物や植物および細菌などの細胞に含まれる化合物で，生体における酸化過程で生ずるエネルギーの蓄積物質として細胞内に含まれる．ATP法はホタルの発光原理を利用した生物発光で，食品の残さ（汚れ）や細菌に含まれているATPにMgイオンの存在下でルシフェリンとルシフェラーゼが反応して発光する．この発光量はATP量に比例することから，洗浄殺菌後の汚れの程度を評価することができる．本測定は数十秒から2分間で結果が得られるので，製造装置の表面や配管および貯乳タンク内面における洗浄殺菌後の汚れの程度を評価するのに適している．またATPが高かった場合には，ただちに再洗浄・殺菌の対処ができるので食品製造業では有効な手段である．ATP発光量測定装置は種々のメーカーより市販されている．

4.5.5 タンパク質測定法（拭取り試験）

本法はATP法と同様の目的で利用されており，食品残さ中のタンパク質をニンヒドリン反応やビューレット反応により発色させて，その色調変化を目視判定して汚れの程度を評価する方法である．

4.6 迅速検出法

4.6.1 意義と限界

世界保健機関（WHO）によると，食品衛生とは食品の生産，製造あるいは加工段階から最終的に消費されるまでのすべての過程において，食品の安全性（safety），有益性（wholesomeness）および健全性（soundness）を確保するために，あらゆる手段を講じなければならないとされている．したがって，食品製造においても安全な食品を製造・加工するためにはHACCPによる高度な衛生管理の導入と併せて，製造環境や製造工程および製品の微生物検査が重要となる．

乳および乳製品は食品衛生法，いわゆる乳等省令により検査対象微生物と微生物規格により法的根拠に基づいた検査が行われている．しかしながら，食品製造業者は原材料をはじめ製造工程内の半製品や最終製品あるいは製造環境など，公定法にとらわれずに迅速な検査法を導入して食品の安全性を確実にしなければならない．さらに，製造工程内の微生物汚染を制御するには，衛生環境調査の結果が迅速に得られることが必須となる．このような観点からも迅速で，かつ簡便な検査法は，特に消費期限の短い低温流通食品やready to eat食品の自主検査および各種製造工程内の微生物学的危害を制御するためにもきわめて有効である．さらに，迅速検査法のメリットとしては，製品を早く出荷することができるとともに，是正処置の迅速化や人件費削減などの効率化にもつながる．

4.6.2 種類と応用

現在利用されている汚染指標菌や食中毒菌の迅速検出法，あるいは将来幅広く活用が期待される検出法を以下に紹介する．

a. 自動生菌数測定装置（テンポ）

本法はMPN16本法（3段階希釈）を基本原理として自動的に菌数を測定する装置で，一般生菌数や推定大腸菌群および大腸菌をターゲットとした専用培地・試薬が準備されている．本システムでは専用培地に検体希釈液を混合して装置にセットすると専用のカードに注入されて培養される．微生物の増殖に伴い代謝される酵素や代謝産物を蛍光にて検出し，陽性ウェル数から自動的に菌数を計測する．培養時間は一般的な培養法と同様であるが，すべて自動化されているため1日当たり最大で500検体の処理が可能である．本法は乳および乳製品を含めてすべての食品に利用できる．

b. 免疫学的検出法

本法の原理は，病原性細菌の表層抗原やその代謝物である毒素に対する抗体を用いて，培養液中の病原菌や毒素を検出することである．抗体としてはポリクロナール抗体が一般的であったが，現在ではモノクロナール抗体の作成技術が発展したことから，より精度の高い抗体が供給されている．測定法としては免疫拡散法や酵素抗体法およびイムノクロマト法が主流である．特に，酵素抗体法（ELISA: enzyme-linked immunosorbent assay）では，サルモネラ，腸管出血性大腸菌O157，カンピロバクター，リステリアおよびブドウ球菌エンテロトキシンなどがキット化され，また自動測定装置も市販されている．菌の検出感度は約10^4〜10^5 CFU/mlで，測定時間は培養時間+70分程度である．また，すべての食品に適用できる．

c. インピーダンス法

培地に含まれるタンパク質や炭水化物および脂質などは微生物の代謝で資化されて，その代謝産物としてアミノ酸や有機酸および脂肪酸などのイオン化合物を生成する．これらイオン化合物が培地中で生成すると，その環境にわずかながら電気的変化が生じる．したがって，培地中に交流電流を流す一対の電極を設置することによって，これらのイオン化合物が検出できる．この電気的変化

を検知できるまでの時間は試料中の微生物数とその増殖性との間に相関があり，初発菌数が多いほど早く検知でき，逆に少ないほど遅くなる．この相関関係を利用して菌数測定に応用したのがインピーダンス法である．対象微生物は一般生菌，大腸菌群，大腸菌，乳酸菌およびカビ・酵母などで，検出感度は1CFU以上である．測定時間は菌種や初発菌数によって異なるが，6〜72時間である．本法は培地中の電気的変化を検知しているので乳および乳製品のように白濁した検体でも測定が可能である．

d. ろ過法（蛍光染色法：バイオプローラ）

蛍光染色法は微生物をメンブレンフィルター上にトラップしたあと，蛍光染色試薬を用いて微生物を染色し，蛍光顕微鏡システムにより蛍光発光した微生物を直接計測する方法である．特徴としては試薬に応じた励起光を照射することにより，生菌と死菌を区別することもできる．検出感度はフィルター当たり100個以上である．本法については乳成分を可溶化する試薬も開発されているので，牛乳類や粉乳類などの測定も可能である．

e. MicroStar-RMDS法（メンブレンフィルター＋ATP）

本法はバイオルミネッセンス法とメンブレンフィルター（MF）法を組み合わせたものである．測定は微生物を捕捉したMFにATP抽出試薬を噴霧して細胞内のATPを細胞外に抽出・固定化したあと，発光試薬（ルシフェリン）を噴霧して発光させる．本法はMFを用いているのでろ過ができない固形乳製品には不向きである．

f. MicroStain法（メンブレンフィルター＋単染色法）

本法は微生物をメンブレンフィルター（MF）上にトラップしたあと，MFを各種培地上に貼り付け所定時間培養する．MF上に発育した増殖初期の微小コロニーに専用の塩基性色素で染色したのち乾燥させ，倍率4〜20倍程度の拡大鏡で染色されたコロニーを計測する．本法は比較的ろ過がしやすい日本酒やミネラルウォーターなどに利用されているが，近年ではろ過が困難な牛乳でも実用化されている．

g. ATP法

ATP（adenosine triphosphate，アデノシン三リン酸）法は，ホタルの発光原理を利用した生物発光反応で，微生物に含まれるATPにMgイオンの存在下でルシフェリンとルシフェラーゼが反応して発光する．この発光は，ごく微弱のため肉眼ではとらえることができないので，ルミノメーターと呼ばれる専用機器で測定する．一般的に，微生物1個当たりのATP含量はグラム陰性菌で0.001 pg，グラム陽性菌がその10倍，酵母はさらに多くグラム陰性菌の約100倍といわれている．したがって，微生物由来のATPを測定することにより微生物の数を測定することが可能になる．しかし，食品から微生物のみのATPを測定するには，ATP分解酵素を用いて微生物以外の食品由来ATPを分解する必要がある．なお，微生物のATPは菌体内に存在するためATP分解酵素の影響を受けずに保持される．次に，微生物のATPは界面活性剤を用いて抽出したのち，発光試薬（ルシフェリンとルシフェラーゼ）と反応させて，その発光量をルミノメーターで測定する．本法は菌の種類によってATP含有量が異なるため，ターゲットとなる菌の種類ごとに菌数と発光量の検量線を作成する必要がある．乳製品の応用例としては牛乳中の大腸菌群測定が報告されているが，検出感度は10^3 CFU/mℓ以上であるため増菌培養が必要となる．

h. MicroFoss法

微生物の培養において，培地基質の分解はコロニーの形成よりも短時間で観察されることが知られている．また微生物の増殖では，対数増殖期に入るまでの時間と初発菌数は逆相関することが知られている．本法はこの変化を光学的に検知しているので培養時間の大幅な短縮を可能としている．目的とする微生物の種類によって専用のテストバイアルがあり，バイアルには液体培地とともに色素（pHインジケーター）が添加されており，また底部には検知部位の寒天層が充填してある．低部の寒天層は微生物の代謝に伴って色調（pH）が変化し，その変化をフォトダイオードと光学検知器によりに記録し，微生物の増殖が対数

期に入るまでの時間を観測する．検出感度はバイアル当たり1 CFU以上であり，乳および乳製品の大腸菌や大腸菌群などにも応用されている．測定に要する時間は大腸菌で約9時間，大腸菌群で約12時間である．

i. センシメディア法

本法は微生物の培養時に産生される二酸化炭素（CO_2）の量をセンサーで測定する装置で，専用の滅菌済み試験管に培養液とCO_2センサーが封入してある．センサーはCO_2の変化量を蓄積し，一定の値に達した時点で出力に相当する色をデジタル信号のように比較的短時間（約30分）に無色透明に反転するように設定されている．検出感度は1 CFU/mlで，測定時間は対象微生物により異なるが，大腸菌では約9～12時間で判定可能である．適用可能な食品は炭酸飲料を除く食品全般である．

j. 遺伝子検出法（DNAプローブ法，PCR法）

近年，分子生物学の進展に伴い，さまざまな病原性微生物の属や種に特異的な，また病原性に関連した遺伝子構造が明らかにされている．これらの遺伝子の存在を証明することは病原性微生物の存在あるいは病原因子の検出につながることから，培養法に代わる迅速検査法として注目されている．

1) DNAプローブ法 病原性微生物の特徴を制御している遺伝子の小断片（DNAあるいはRNA）に，あらかじめビオチンなどで標識した酵素基質，あるいは放射性同位元素を標識したものを診断用プローブ（オリゴヌクレオチド）と呼び，いろいろな病原性微生物や病原因子の検出用として市販されている．本法はニトロセルロース膜またはマイクロプレートに固定した被検菌DNAあるいはRNAとプローブを反応させたあと，酵素基質を発色させ，その発色程度を測定する．この反応では，膜上の被検菌DNA（RNA）中に診断用プローブ（オリゴヌクレオチド）の塩基配列と相補的な部分が存在し，プローブがハイブリドを形成して2本鎖になったことを意味する．この現象をハイブリダイゼーションと呼び，これを利用しているのがプローブ法である．現在，測定が可能な病原性微生物はサルモネラ，リステリア属，リステリア・モノサイトジェネス，大腸菌，黄色ブドウ球菌およびカンピロバクターなどである．検査対象は食品一般で，検出感度は1 CFU/25 gである．また測定に要する時間は前培養時間+1.5～4時間である．

2) PCR法 DNAは二重のらせん構造を形成している．この塩基の重合体をつくるのがポリメラーゼであり，DNAの合成を行うのがDNAポリメラーゼ，またRNAを合成するのがRNAポリメラーゼである．一般的に，DNAポリメラーゼは加熱によって解けた2本鎖DNAの片側を鋳型として，相補するDNAを合成する．この方法を利用したのがPCR（polymerase chain reaction）である．PCR法は試験管内で目的とする遺伝子に対応するDNAを増幅させるきわめて簡便で高感度な方法であり，耐熱性のTaqポリメラーゼが開発されたことにより急速に普及した．

PCR法は増幅すべきDNA領域として塩基配列がわかっているDNAが対象で，調べる微生物に特異的な遺伝子を標的とする．標的遺伝子領域内の約1000塩基を増幅できるように，それぞれのDNA単鎖の両端に相補的な20塩基程度からなる2種類の合成オリゴヌクレオチドをプライマーとして作成する．このプライマーの大過剰量とDNAを構成する4種類の塩基（A，G，C，T）およびポリメラーゼを混合して，これに微量の被検菌DNAを添加してPCR反応を行う．このチューブをサーマルサイクラーという自動温度変換器にかけて増幅させる．手順としては①92～95℃でDNAを1本鎖にする（denaturation step）．②45～65℃に下げてプライマーを標的DNAの相補的な領域に結合させる（annealing step）．③アニーリングした二つのプライマーの3′末端側からDNAポリメラーゼ作用により鋳型DNAの塩基配列に相補的な塩基を結合させ，伸長させていく（extension step）．この3ステップを1サイクルとして20～30回繰り返すことによって2種類のプライマーに挟まれた標的の

DNA 領域が増幅される．増幅された DNA はアガロースゲル電気泳動で確認するが，必ず分子量マーカーを同時に泳動して目的とする検出バンドのサイズを確認する．なお，最近では増幅産物をリアルタイムで観察することができるリアルタイム PCR 法が普及しつつあり，電気泳動を必要としないことから迅速で，かつ定量化も可能となっている．

対象微生物は細菌やウイルスおよびカビ・酵母などで，そのほかに毒素遺伝子も測定できる．検出時間は約 0.5～2 時間である．

4.7 LL 製品の無菌性試験

4.7.1 LL 牛乳

乳等省令では牛乳，部分脱脂乳，脱脂乳，加工乳及び乳飲料について，常温保存可能品として認定を受けようとする場合には以下の検査を行う（1985 年 7 月 8 日衛乳第 30 号）としている．製品はスクリーニング検査（30 ℃で 5 日間以上培養したあとの検査）により，次の規格に適合していることを確認したうえで，さらに販売体制が確立していることが必須となる．牛乳，部分脱脂乳，脱脂乳及び加工乳については，ア）アルコール試験が陰性，イ）酸度（乳酸として）は培養前後の差が 0.02 ％以内，ウ）細菌数（標準平板培養法 1 ml 当たり）はゼロ，また，乳飲料については，細菌数（標準平板培養法 1 ml 当たり）がゼロとなっている．

4.7.2 その他の LL 製品

室温で長期間保存できるロングライフ食品とは，食品を気密性のある容器に入れて 100 ℃以上で加熱殺菌して保存性を高めたもので，食品衛生法では容器包装加圧加熱殺菌食品として扱われている．法的には清涼飲料水をはじめ，缶詰食品やびん詰め食品およびレトルト食品が該当するが，LL 牛乳類以外の乳製品は該当しない．検査手順としては，保存試験に相当する恒温試験と培養試験に相当する微生物試験の 2 段階で評価する．恒温試験では容器包装のまま未開封の検体を 35±1 ℃に 14 日間保存し，この間に容器包装の膨張や漏れなどの異常の有無を観察する．なお，容器包装の観察は 20 ℃に冷却してから行い，異常が認められた食品は微生物汚染の可能性があり，陽性と判定する．次に，恒温試験において陰性であった検体については，さらに培養試験により菌存在の有無を確認する．検体 25 g を無菌的に採取し，滅菌希釈水 225 ml を加えてストマッカーで乳剤とする．この乳剤を滅菌希釈水で 10 倍希釈し試験溶液とする（検体の 100 倍希釈に相当する）．次に，5 本のチオグリコレート培地を準備し，それぞれの培地に試験溶液 1 ml を培地の底から上層部にかけて静かに接種する．培養は 35±1 ℃で 48 時間行い，培地のいずれかに菌の発育が認められた場合を陽性と判定する．

〔柳平修一〕

4.8 エンテロトキシン

4.8.1 黄色ブドウ球菌毒素

黄色ブドウ球菌（*Staphylococcus aureus*）が産生するエンテロトキシン（Staphylococcal Enterotoxin：SE）はタンパク質毒素であり，嘔吐や下痢を主な症状とするブドウ球菌食中毒の原因毒素である．黄色ブドウ球菌は食品中で増殖すると SE を産生し，これをヒトが摂取すると 1～6 時間の潜伏期のあとに発症する．SE はきわめて高い耐熱性があり，100 ℃ 30 分間の加熱処理でも毒性を失わない．したがって，ひとたび食品が SE で汚染されると，これを加熱殺菌などで黄色ブドウ球菌自体を死滅させたとしても SE は残存し，食中毒の原因となる．従来から，SE は抗原性の違いから 5 種類（SEA，SEB，SEC，SED，SEE）に分類されてきたが，近年では新たなタイプの SE（SEG，SEH，SEI など）が報告されている．SEA～SEE の 5 種類は食中毒の原因毒素であることが明らかにされているが，新型の SE については食中毒の発症にどの程度関与しているかは不明な点が多い．SEA～SEE を検

査するには，市販のSE検出キットを利用することができる．さまざまな検査キットが販売されているが，いずれも抗SE抗体を用いた免疫学的試験法を基本としている．2002年に厚生労働省は，「乳等からのエンテロトキシン検査方法」を通知した[6]．この検査法は乳などに含まれる微量のSEを検出するために，トリクロロ酢酸を用いてSEを抽出・濃縮したあと，市販のキットを用いて検出する方法である．ビオメリュー社から販売されているVIDAS SET2は，前処理以降のSEの検出をすべて自動化したもので，試料をセットするだけでSE（SEA～SEE）陽性または陰性の判定結果が得られる．デンカ生研社から販売されているエンテロトクス-F「生研」は，食品や培養液から逆受身ラテックス凝集法によりSEを検出するとともに，SEA～SEEの型別が可能となっている．検査キットによって検出感度や食品検査などへの適応性が異なるため，目的に応じて使い分ける必要がある[7]．また，新型のSEを検出するための検査キットは，現在までに市販されていない．

4.8.2 セレウス菌毒素

セレウス菌（*Bacillus cereus*）を原因とする食中毒は，臨床症状や潜伏期間の違いにより「下痢型」と「嘔吐型」に分類される．下痢型食中毒では，セレウス菌で汚染された食品を摂取することでセレウス菌が腸管内で増殖する際にエンテロトキシンを産生し，下痢や腹痛を引き起こすと考えられている．セレウス菌エンテロトキシンは，易熱性でタンパク質分解酵素に感受性を示すタンパク質毒素である．逆受身ラテックス凝集反応を用いたセレウス菌エンテロトキシン検出用キットがデンカ生研社から販売されており，食中毒事例などにおける毒素検査法として利用されている．

嘔吐型食中毒では，食品中でセレウス菌が増殖した際に産生される嘔吐毒（セレウリド）が喫食されることで，嘔吐などの食中毒症状が引き起こされる．セレウリドはアミノ酸とオキシ酸からなる低分子の環状デプシペプチドであり，高い耐熱性とタンパク質分解酵素に抵抗性を示す．セレウリドを検出するための試薬やキットは，現在までに市販されていない．HEp-2細胞に対する空胞形成を指標とした生物活性法や，液体クロマトグラフィー/質量分析計を用いた検出・定量方法が報告されているが，いずれも特殊な機器と技術を要する[8]．近年ではPCRを用いてセレウリド合成酵素遺伝子を検出するためのプライマーセットがタカラバイオ社から販売されており，分離したセレウス菌についてセレウリド合成酵素遺伝子の有無を試験することが可能となっている．

〔酒井史彦〕

文 献

1) 山中喜代治：*JARMAM*, **12**：81-90, 2002.
2) 厚生労働省監修：食品衛生検査指針微生物編, pp.40-41,（社）日本食品衛生協会, 2004.
3) 玉木 武：食品衛生検査指針微生物編,（社）日本食品衛生協会, 2004.
4) 伊藤 武, 佐藤 順：食品微生物の簡便迅速測定法はここまで変わった, サイエンスフォーラム, 2002.
5) 森地敏樹：食品微生物検査マニュアル（新版）, 栄研器材(株), 2002.
6) 厚生労働省医薬局食品保健部監視安全課長通知：平成14年2月14日食監発第0214002号, 2002.
7) 五十嵐英夫：日食微誌, **20**, 51-62, 2003.
8) 上田成子：防菌防黴誌, **38**, 761-777, 2007.

5. 物理化学的試験

5.1 比重

物質，特に液体の比重（specific gravity）は，JIS K006「化学製品の密度及び比重測定方法」に「試料の密度と水の密度との比」と記されており，一般には「1気圧，4℃の純粋な水と同体積の物質の重さとの比」として知られている（式(1)）．

物質の比重

$$= \frac{体積 X の物質の重さ}{1 気圧, 4℃で体積 X の純粋な水の重さ} \quad (1)$$

液体の比重の代表的な測定法としては，浮ひょう法，比重びん法，固有振動法などがあり，特に乳，乳製品に用いることが多い浮ひょう（比重計）の使用法について概要を紹介する．

浮ひょうを液体試料に浮かべて，そのけい部に目盛られた比重値を直読する方法である．ほとんどの液体試料に用いることができ，操作が簡単で比較的短時間に値を得ることができるうえに，小数点以下第4位までの高い精度を得ることが可能である．ただし測定上の注意点として，他の方法に比べ測定に必要な試料量が多い（一般には200 ml 以上）こと，浮ひょうの目盛を定めた基準温度と測定試料の温度が異なる場合は温度補正が必要なこと，さらに，浮ひょうごとに添付されている校正値で直読した数値を校正する必要があることなどがある．

乳，乳製品の比重測定

乳，乳製品の比重はその組成のバランスによって決定される．すなわち，比重の低い乳脂肪分（15℃で0.9355〜0.9448）が多くなると比重は小さくなり，比重の高い無脂乳固形分（15℃で1.6007〜1.6380）が多くなると比重は大きくなる．また，牛乳を試料とする場合，比重によって加水の状況を見積もることも可能である．

乳及び乳製品の成分規格等に関する省令（乳等省令）では比重の測定手順と規格が定まっており，生乳，牛乳の場合以下の通りである．

試料約200 ml をシリンダーにとり，比重1.015〜1.040まで測定可能な浮ひょう式牛乳比重計（ラクトメーター）を用い，15℃における比重を測定する．測定時の試料の温度が15℃以外の場合は，たとえば乳等省令に記載されている換算表（全乳比重補正表）などを用いて，15℃での比重を求める．

生乳，牛乳で定められている比重の規格は以下の通りである．生乳の場合，ジャージー種以外のウシから搾乳したものでは1.028〜1.034，ジャージー種から搾乳したものでは1.028〜1.036である．牛乳の場合も同様で，ジャージー種の乳のみを原料とするもの以外のものは1.028〜1.034，ジャージー種の乳のみを原料とするものは1.028〜1.036である．

さらに，クリームなど粘性の高い試料の比重を浮ひょうで測定する場合，試料の温度が均一であること，試料中の気泡が除かれていること，浮ひょう計を試料に浸したときにその表面に気泡の付着がないことなどに注意する必要がある．

5.2 酸度

酸度（acidity）は，酸性物質の含有量を表す指標の一つで，乳，乳製品の場合，滴定酸度として測定を行うことが多い．その原理と手順の概要を以下で紹介する．

試料に指示薬としてフェノールフタレインを添加し，決められた濃度の強アルカリ水溶液，0.1 mol/l 水酸化ナトリウム水溶液などで滴定する．

フェノールフタレインによる呈色が生じた時点，pH 8.3～8.4 あたりを終点とし，そのときの滴定量から酸度を計算する．試料が乳，乳製品の場合，滴定酸度は汚染微生物の代表的な代謝有機酸である乳酸当量（乳酸％）として表し，これを乳酸酸度と呼ぶ．

乳，乳製品の酸度測定

生乳を試料とする場合，酸度は新鮮度の指標として用いられる．搾乳直後の新鮮な生乳を試料に用いた場合でも，乳酸酸度として 0.1 以上の値が示される．これを，固有酸度あるいは自然酸度という．固有酸度（自然酸度）は，生乳中のタンパク質，リン酸やクエン酸などの無機塩類，そして生乳中に溶け込んでいる二酸化炭素などに起因している．

搾乳後の微生物管理が不良の場合，微生物が増殖し，その代謝物として乳酸をはじめとするさまざまな有機酸が生成される．これら有機酸の増加量は酸度として測定することができ，これを発生酸度という．つまり，測定時に得られる値，全酸度は固有酸度（自然酸度）と発生酸度の合計となる（式(2)）．

全酸度＝固有酸度(自然酸度)＋発生酸度　(2)

生乳，牛乳については，乳等省令で測定手順と規格が定まっている．

試料 10 ml にあらかじめ炭酸ガスを除去した水を同量加え，希釈する．指示薬として 1％フェノールフタレイン溶液を 0.5 ml 添加し，0.1 mol/l 水酸化ナトリウム水溶液で滴定を行う．試料が 30 秒間微紅色を消失しない時点を終点とし，そのときの滴定量から試料 100 g 当たりの乳酸当量（％）を算出して酸度とする．

生乳，牛乳の規格は以下の通りである．生乳の場合，ジャージー種以外のウシから搾乳したものでは 0.18 以下，ジャージー種から搾乳したものでは 0.20 以下である．牛乳の場合も同様で，ジャージー種の乳のみを原料とするもの以外のものは 0.18 以下，ジャージー種のウシの乳のみを原料とするものは 0.20 以下である．

さらに，発酵乳の場合，酸度によってその発酵の進行程度を管理することも可能である．

5.3　pH

試料中の水素イオン濃度を表す値で，式(3)で計算される．

$$pH = -\log[H^+] \quad (3)$$

ガラス電極，指示薬による呈色，試験紙などで測定することが可能で，乳，乳製品ではガラス電極を用いる方法が一般的である．

ガラス電極を接続している pH 計は使用前にあらかじめ電源を入れておき，ガラス電極の検出部は純水で 3 回程度繰り返し洗浄する．洗浄した検出部はきれいなろ紙，脱脂綿などで拭っておく．校正を行う場合には，ゼロ校正とスパン校正を繰り返し行う．牛乳が試料の場合，ゼロ校正は中性リン酸塩 pH 標準液を，スパン校正はフタル酸塩 pH 標準液，あるいはシュウ酸塩 pH 標準液を用いる．

測定は電極検出部を洗浄したあと，ただちに行う．試料溶液の量は，検出部（ガラス電極，比較電極，温度補償用感温素子）がすべて試料溶液に浸かるのはもちろんのこと，測定値が変化しない程度に十分な量とする必要がある．

乳，乳製品の pH 測定

新鮮な牛乳の pH 範囲は 6.4～6.8 であり，pH が 6.4 以下の場合は牛乳中の細菌数が高く，その代謝物である酸性物質が増加している可能性がある．逆に，pH が 6.8 以上の場合は搾乳した乳牛が乳房炎である可能性がある．また，初乳の pH はかなり低く，6.0 付近である．

牛乳はその成分のうち，特にタンパク質とリン酸やクエン酸などの無機塩類によって強い緩衝作用を示す．そのため，牛乳に酸あるいはアルカリを添加しても，pH は直線的に変化せず，いわゆる滴定曲線として表される．

5.4 アルコール試験

エタノールの脱水作用により、代表的乳タンパク質カゼインの安定性を調べる方法である。安定性の低いカゼインを成分とする生乳を試料とした場合、カゼインの凝集物カードが生じ、アルコール試験陽性と判定される。アルコール試験陽性乳のカゼインは熱安定性も低いことが多く、生乳の受入れ時に乳質検査として実施する。

アルコール試験陽性乳は大きく分けて二つに分類することができる。一つは乳酸酸度が上昇した高酸度生乳で、一般に乳酸酸度が0.21（％）以上になるとアルコール試験陽性を示す。もう一つは、搾乳後まもない新鮮乳で、酸度が正常であるにもかかわらず、アルコール試験に陽性を示す牛乳で、低酸度アルコール試験陽性乳という。

低酸度でアルコール試験陽性と判定される最も大きな要因は、牛乳中の塩類平衡の異常によるものである。たとえば低酸度アルコール試験陽性乳では、カルシウムイオン量、あるいはナトリウムイオン量が多い傾向が報告されている。それ以外にも、初乳、末期乳や乳房炎乳などもアルコール試験陽性と判定されることがある。

乳等省令に記載されている試験手順は以下の通りである。

試料2 mlを小型ペトリ皿に採取し、70％（v/v）の未変性エタノール（メタノールやベンゼンの含有なし）を同量添加、混合する。凝集物の生成の有無を観察し、肉眼で凝集物が認められない場合、アルコール試験陰性と判定する。

5.5 粘度

高分子を含むコロイド溶液である牛乳や乳製品が有する流動特性はニュートンの粘性法則にしたがわない、いわゆる非ニュートン流動的粘性である。その粘度（viscosity）の測定には、回転粘度計法、マジョニア法などが用いられるが、最も一般的に使用される回転粘度計の測定原理について紹介する。

回転粘度計法による粘度の測定では、ブルックフィールド型粘度計やB型粘度計などがよく使用される。いずれの装置でも基本的な測定原理は同じで、試料液体中でローターと呼ばれる円筒または円盤を回転させたときの、円筒・円盤に働く液体の粘性抵抗を測定する。すなわち、ローターを試料中に浸し、モーターによって目盛板を一定の速度で回転させる。目盛板とローターはスプリングでつながっており、目盛板を回転させるとローターも同じ速度で回転する。このときローターに試料液体の粘性による抵抗が働くと、目盛板とローターをつなぐスプリングがねじれ始める。そのままローターと目盛板を一定速度で回し続けると、ローターに働く試料液体の粘性抵抗とねじれたスプリングがもとに戻ろうとする力がつりあい、スプリングのねじれが一定の角度で保たれる。このねじれ角は試料液体の粘度に比例するため、スプリングのねじれた角度を目盛板上で読み取ることで、液体の粘度を測定することができる。測定された粘度の単位は、JISが準拠している国際単位系（SI）ではPa·s（パスカル秒）で、CGS単位系ではP（ポアズ）あるいはcP（センチポアズ）などで表され、その関係は1 Pa·s＝10 Pである。

本装置には試料液体と接する面積が異なるローターが数種類付属されている。したがって、ローターを交換することで、粘度の低い液状乳から、粘度の高いクリームや濃縮乳、練乳など広い測定範囲をカバーすることが可能である。

実際の測定ではさらにいくつかの注意点がある。特に粘度の低い試料では、試料を入れた容器内壁による抵抗が測定値に影響を及ぼすため、試料容器には容量500 ml以上のビーカーなどを用い、その中央部で測定することが望ましい。試料中の気泡はあらかじめ除いておく必要があり、またローターを試料に入れるときにもその表面に気泡が付着しないように、試料へローターを斜めに入れるなどの工夫が必要である。

牛乳の粘度はその組成、脂肪やタンパク質含量によって異なるが、20℃で2 mPa·s程度であ

り，均質化，あるいは殺菌処理によって粘度が上昇する．また，脱脂乳の粘度は牛乳よりも若干低く，20℃で1.8 mPa·s程度である．

5.6 氷　　点

　純粋な溶媒に不揮発性の物質を溶かすと，その溶液の凝固点は純粋な溶媒の凝固点より低くなることが知られており，この現象は氷点降下あるいは凝固点降下と呼ばれている．たとえば，純水に塩などの溶質を溶かした水溶液の氷点（freezing point）が，純水の氷点よりも低くなるのはこのためである．さらに氷点の低くなる程度は溶質の濃度と関係があり，溶質の量が多いほど，すなわち濃度が高いほど氷点は降下する．

　牛乳にはさまざまな溶質が含まれるため，その氷点は水の氷点よりも低い．特に，牛乳の氷点降下に寄与している成分は乳糖，塩素であり，その含量は変化が少ない．したがって，牛乳の氷点は比較的一定した値を示し，$-0.525 \sim -0.565$ ℃の範囲にあると報告されている．しかし，牛乳に水が加わると，溶質の濃度が低くなるため氷点が上昇する．このことを利用して，牛乳中への加水の有無を判定することができる．

　生乳や牛乳，脱脂乳の氷点測定は，一般的にサーミスタークライオスコープを用いて行う．試料を-3.0 ℃± 0.1 ℃に冷却し，その状態で衝撃を与えると，試料が氷結する．試料が純水の場合，氷結と同時に温度は0℃に上昇し安定する．生乳，牛乳を試料とする場合も，試料の氷結と同時に試料温度が上昇し，その後安定する．この安定時の温度変化が20秒間に0.5 m℃を越えないとき，その試料温度を氷点とする．

　かつて氷点の値から試料中への加水の有無とその割合を見積もることが可能とされていたが，現在では乳成分組成の日間変動，年間変動により，加水量の正確な計算は困難と考えられている．また以前は，氷点が-0.530 ℃以上になると試料中への加水の可能性があると報告されていた．最新の試験法では，氷点が-0.508 ℃以下であれば加水の可能性はないが，-0.508 ℃よりも高い場合は加水の疑いがあるとされている．

5.7 セジメントテスト

　セジメントテスト（sediment test）は，生乳に含まれる目視で確認できる不溶性の異物の有無とその量を測定する方法である．搾乳時，およびその後の取扱いにおける衛生管理に対する試験として用いる．AOACのOfficial Methods of Analysisには"extraneous matter（混入異物）"および"insoluble residue（不溶解性残さ）"の試験法として，セジメントテストが採用されている．

　ミルクセジメントディスクと呼ばれるろ紙と，ろ過器セジメントテスターを用いて，試料生乳をろ過する．ろ過法にはセジメントテスターの構造によって加圧式と減圧式の2種類がある．ろ過後，セジメントディスク上に回収される物質の有無とその量を観察し，セジメント試験標準板と比較して評価する．

5.8 加熱度の判定

　乳，乳製品の加熱殺菌処理の有無，および加熱度の評価・測定方法（heat class, heat-treatment intensity）としては複数の方法が紹介されている．加熱度の評価・測定法はその原理から大きく二つのタイプに分けられる．一つは加熱によって分解する成分，あるいは酵素の失活などを測定する方法である．もう一つは，加熱前にはまったく存在しない，あるいはわずかにしか存在しないが，加熱によって新たに生成する成分や獲得する性質を測定する方法である．以下に，代表的な試験方法を原理ごとにまとめ，その概要を紹介する．

5.8.1 残存ホスファターゼ活性による判定

　乳中にはリン酸エステルを加水分解する性質を

もつホスファターゼが2種類存在するが，その大部分が乳脂肪球膜に存在し，耐熱性の低いアルカリホスファターゼは62℃30分，あるいは72℃15秒程度の加熱処理によって失活する．このことより，乳，乳製品の加熱処理の有無，あるいは生乳の混入を判定する検査として，アルカリホスファターゼの残存活性を測定する方法がいくつか報告されている．ただし，本試験法の判定においては，耐熱性菌由来のホスファターゼ，あるいは一度失活した乳由来ホスファターゼの冷蔵貯蔵中での再活性化を考慮に入れる必要がある．

a. スクリーニング法（ISO TS6090/IDF RM 82）

牛乳，各種粉乳を検査対象とし，基質として p-ニトロフェノールリン酸を用いる．pH 10.6，37℃で2時間反応させたあと，ホスファターゼ活性が残っている場合には p-ニトロフェノールが遊離し，試験溶液が黄色の呈色を示す．

b. 蛍光検出によるカイネティック法（ISO 11816-1,2/IDF155-1,2）

殺菌乳，（部分）脱脂乳などが検査対象である．蛍光発光のない芳香族モノリン酸エステル化合物を基質として用い，pH 10.0，38℃で3分間反応させたあと，ホスファターゼ活性が残っている場合にはリン酸がとれた芳香族化合物を蛍光分光光度法によって検出する．

本試験はチーズ原料の殺菌の有無の判定に用いることも可能である．ただし，ハードチーズの場合，50℃以上の環境におかれることがあり，原料の加熱殺菌処理と区別することが困難である．その場合，試料の採取方法，どのような場所から試料採取するかが重要となる．

c. 化学発光法（ISO22160/IDF209）

殺菌乳，（部分）脱脂乳，クリームなどが検査対象である．ホスファターゼ活性によりリン酸がとれると化学発光を生じる基質を用いる．3分の反応時間で実施可能である．

5.8.2 酸可溶性ホエイタンパク質

牛乳を加熱処理すると，その加熱の程度によりホエイタンパク質が不可逆的に変性する．そこで，残った未変性ホエイタンパク質の状態から，加熱度の評価を行う．

a. 酸可溶性ホエイタンパク質のバランス（ISO11814/IDF162）

極低温殺菌（extra-low-heat）脱脂粉乳と低温殺菌（low-heat）脱脂粉乳の区別を行う．

変性したホエイタンパク質とカゼインをpH 4.6の条件で沈殿，除去し，未変性の可溶性ホエイタンパク質を回収したあと，HPLC法によって測定する．極低温殺菌脱脂粉乳を対照試料とし，免疫アルブミン，ウシ血清アルブミン，β-ラクトグロブリンの検出バランスから，被検試料を極低温殺菌脱脂粉乳，あるいは低温殺菌脱脂粉乳に判別する．

b. 酸可溶性 β-ラクトグロブリン含量の測定（ISO13875/IDF178）

液状乳に対して用いる方法である．

pH 4.6で可溶性の未変性 β-ラクトグロブリン含量を，逆相-HPLC法によって測定する．検出量の大小により加熱度の評価を行う．

5.8.3 ホエイタンパク質指数（whey protein nitrogen index：WPNI）

試料に水，塩化ナトリウムを加え，試料液を塩化ナトリウムで飽和させたあと，透明なろ液を回収する．ろ液にさらに塩化ナトリウム飽和溶液，塩酸を添加し，未変性のホエイタンパク質に由来した濁りを波長420 nmで比濁する．試料の加熱の程度が大きいと未変性ホエイタンパク質量が減少するため，濁りが少ない試料，つまり420 nmの透過率が高い試料ほど，加熱度が大きいことになる．

5.8.4 タンパク質還元価（protein reducing substance value：PRS）

乳，乳製品を加熱すると，ホエイタンパク質が変性し，ホエイタンパク質の一つである β-ラクトグロブリンにのみ含まれるSH基がタンパク質表面上に現れてくる．加えて，メイラード反応が進行し，その生成物により還元力が増加することがわかっている．そこで，試料の還元力を測定

することで，試料に加わった熱の程度を知ることができる．

添加した酢酸によって生成したタンパク質の沈殿を遠心分離で回収し，尿素で可溶化する．そこにフェリシアン化カリウムを加えると，試料の還元力によってフェロシアンイオンが生じる．トリクロロ酢酸を用いて除タンパク質処理したあと，生成したフェロシアンイオン量を第二鉄イオン（Fe^{3+}）との反応物ベルリンブルーの吸光度（検出波長610 nm）によって測定する．

5.8.5 ラクチュロース含量による判定

乳，乳製品の加熱に伴い，主要成分の一つである乳糖が異性化してラクチュロースが生成する．このラクチュロースは生乳中には存在せず加熱処理によってはじめて生成するため，ラクチュロース量を測定することで加熱度を評価することが可能となる．

a. HPLC法による含量測定（ISO11868/IDF 147）

ラクチュロース量として 200 mg/l～1500 mg/l の範囲で測定でき，UHT殺菌，レトルト殺菌を判別することができる．

脂質，タンパク質を除去したろ液中のラクチュロース量を，HPLC法によって分離・定量する．検出にはRI検出器などを用いることができる．

b. 酵素法による含量測定（ISO11285/IDF 175）

複数の酵素を介した化学反応（下反応式①～④）から，ラクチュロース量を測定するもので，反応④で生成したNADPH量を分光光度法で測定し，反応式から試料中のラクチュロース含量を算出する．本試験法で使用する酵素類とそれらがかかわる化学反応は以下の通りである．

① ラクチュロース＋H_2O $\xrightarrow{\text{β-D-ガラクトシダーゼ}}$
　ガラクトース＋フルクトース

② フルクトース＋ATP $\xrightarrow{\text{ヘキソカイネース}}$
　フルクトース-6-リン酸＋ADP

③ フルクトース-6-リン酸 $\xrightarrow{\text{ホスホグルコースイソメラーゼ}}$
　グルコース-6-リン酸

④ グルコース-6-リン酸＋$NADP^+$ $\xrightarrow{\text{グルコース-6-リン酸デヒドロゲナーゼ}}$
　6-ホスホグルコネイト＋NADPH＋H^+

①～④の各反応式の（　）内に，反応にかかわる酵素名を記した．

5.8.6 フロシン含量測定（ISO18329/IDF193）

メイラード反応の初期安定生成物として知られる ε-ラクチュロシル-リジンは，リジン残基の ε-アミノ基と乳糖によるシッフ塩基がアマドリ転移することで生成する．さらに，この ε-ラクチュロシル-リジンを酸加熱により加水分解するとより安定なフロシン（ε-フロイルメチル-リジン）が生成する．したがって，前処理を施した試料に含まれるフロシン量から，メイラード反応初期段階の進行程度を知ることができる．

前処理として試料に塩酸を加え，加熱分解を行う．固相抽出法で試料をクリーンアップしたあと，イオン対逆相-HPLC法（検出波長280 nm）によって前処理で生成したフロシンを分離，検出する．試料中のタンパク質含量を別に測定し，タンパク質100 g当たりのフロシン量 mg として表す．

5.9　その他の試験法

前項で紹介した試験法のほかにも，ISO/IDF Standardとして以下の方法が紹介されている．

a. カゼインやカゼイン塩を対象とした，焦粉粒や混入異物の評価法（ISO5739/IDF 107）

一定量の試料を炭酸バッファーや水酸化ナトリウム溶液などで加温溶解したあと，セジメントテストを行う．回収された不溶解性残さの量を標準板と比較して評価，判定を行う．

b. 粉乳類を対象とした，不溶解性指標の測定法（ISO8156/IDF129）

粉乳の種類ごとに規定された方法に則って試料溶液を調製し，規定された方法に則って遠心分離処理を2回行ったあと，沈殿量を目視によって評

価する方法．

c. 粉乳類を対象とした，嵩密度の測定（ISO 8967/IDF134）

規定されたメスシリンダーに規定重量の試料を採取し，設計された専用装置を用いて試料の入ったメスシリンダーを垂直方向に連続的に振とうする．625回振とうしたあとの試料容量と採取した試料重量から嵩密度を算出する．

d. バターを対象とした，硬さの測定法（ISO 16305/IDF187）

専用試料ホルダーに試料バターをセットし，規定の温度で試料を平衡化する．水平方向にセットされたカッティングワイヤで試料を垂直方向に18 mm以上切断し，そのときワイヤにかかる力を連続的に記録する．8 mmから16 mmまで切断しているときの力の平均値（単位はニュートン：N）を試料の硬さとする．試験は2回行い，その平均値を試験結果とする．

e. 粉乳類を対象とした，（ホット）コーヒー適性試験（ISO15322/IDF203）

規定の方法で，たとえばインスタントコーヒーを用いてコーヒー液を調製する．使用するインスタントコーヒーについて規定はなく，個々の試験の目的に合ったコーヒーを選択する．

規定量の試料を80℃に加温したコーヒー液に添加し，正確に5秒経過した後，専用のさじを用い規定通りの方法で試料添加コーヒーを攪拌する．10分間静置後，再度コーヒーを攪拌し，一部を遠沈管に分注する．規定の条件で遠心分離を行い，沈殿量を目視で読み取る．同一の試験を2回行い，2回の沈殿量の合計を試験結果とする．

〔田口智康〕

6. 成分分析法

6.1 水分および固形分

6.1.1 生乳，牛乳など
a. 乾燥法

試料を98～100℃で乾燥し，減少した量を水分とし重量%で表す．100から水分を引くと固形分である．乾燥温度は試験法ごとに定められており，乳等省令法，国際酪農連盟法，ISO法，AOAC法などで乾燥温度に若干の違いがある．いずれの方法も乾燥が終了し恒量となった時点でその重量を計測し，残量を固形分，減少分を水分とする．乾燥の方法は常圧，減圧に区分されるほか，乾燥を促進するための助剤としてケイ砂あるいは海砂を加える方法もある．

乳等省令では，恒量既知の平底秤量皿（図6.1）に試料を2.5～3.0g採取し，沸騰水浴上で予備乾燥を行い大部分の水分を蒸発させたあと，98～100℃に設定した乾燥機に入れ，恒量を求める．

b. マイクロ波乾燥法

熱源として2万4500MHzのマイクロ波を利用して，数分間で乾燥を終了させる．測定機内に秤が組み込まれており，乾燥前後の秤量値を自動で計測して記録し，最後に水分値あるいは固形分値を計算し表示する．乾燥中の重量減少を常にモニターし，恒量となった時点で測定を自動停止する機能をもった機種もある．TMSチェッカー，スマートシステム5などの機種が広く使われている．いずれの機種を使用する場合も機器の測定結果をa.に示した標準法による測定結果と定期的に検証することが必要である．検証の結果，ばらつきや偏りが許容範囲内にあることを確認し，範囲外にあるときは機器の設定条件や補正値を変更する．

6.1.2 練乳類

濃縮乳，脱脂濃縮乳，無糖練乳，無糖脱脂練乳，加糖練乳および加糖脱脂練乳などは，試料20gを秤にとり，温水で希釈し，100ml容メスフラスコに入れて定容とし希釈試料とする．その希釈試料5ml（試料1g相当量）をとり6.1.1項a.の方法に準じて測定する．

6.1.3 粉乳類

全粉乳，脱脂粉乳，クリームパウダー，ホエイパウダー，タンパク質濃縮ホエイパウダー，バターミルクパウダーおよび加糖粉乳などは，あらかじめ恒量とした秤量皿に試料約2gを精秤し，98～100℃で乾燥し，減少した量を水分とし重量%で表す．

6.1.4 バター

乳等省令では，試料約2gを精秤し，6.1.1項a.の方法に準じて測定する．国際酪農連盟法では，乾燥助剤として軽石（pumice stone）を用い，試料約5gを精秤し102±2℃で乾燥し，減少した量を水分とし重量%で表す．

このほかにコーマン法と呼ばれる方法があり，国際酪農連盟は日常法（routine method）と定めている．この方法は，試料5～10gを1mgまで測定し，その後ホットプレートなどの器具を用いて120～160℃の温度で加熱する．試料を加

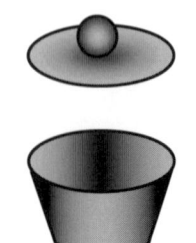

図6.1 平底秤量皿と蓋

た容器を攪拌しながら加熱し，泡立ちが収まって無脂固形分が薄い褐色になったら加熱を終了する．その後，ビーカーを石板か金属プレートに乗せて冷却し重量を測定する．減少した量を水分とし重量％で表す．乾燥を高い温度で短時間に終わらせるため短時間で測定結果が得られる．その一方で，乾燥の終了を客観的に判断することが難しいので，定期的に前述の方法と測定値に偏りがないかを確認する必要がある．

6.1.5 チーズ

乳等省令では，プロセスチーズの乳固形分は乳脂肪量と乳タンパク量との和としている．成分規格も組成は「乳固形分 40.0％以上」のみで，水分の規格はない．

国際酪農連盟法では約 20 g のケイ砂または海砂，ガラスあるいは金属製の攪拌棒とともに恒量とした秤量皿へ試料 3 g を精秤する．乾燥時の温度を 102±2 ℃ とし，乾燥終了時に減少した分を水分とする．

6.2 脂 肪 分

生乳，牛乳

a. ゲルベル法

生乳などに高濃度（約 90％）の硫酸を加え，乳脂肪以外の成分を溶解させ乳化を破壊する．遠心分離により脂肪を分離浮上させ，脂肪の容量を計測し，重量に換算して脂肪率を求める．イソアミルアルコールの添加により脂肪の分離浮上を促進している．

測定に用いるブチロメーター（図 6.2）は，8％が 1 ml となるよう目盛りづけされている．よって，1％は 0.125 ml に相当する．試料は 11.0 ml を牛乳用ピペットで採取するが，内壁に残る液量を差し引くと 10.9 ml が測定に供される．15 ℃ における牛乳の比重を 1.032 としているので，試料 10.9 ml の重量は 11.25 g，60 ℃ における脂肪の比重を 0.9 としているので，1％の重量 0.1125 g は 0.1125÷0.9＝0.125 ml となる．

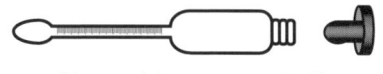

図 6.2 ブチロメーターとゴム栓

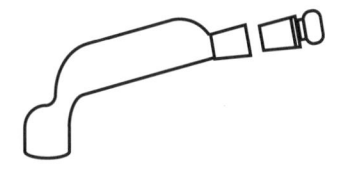

図 6.3 マジョニア管

乳等省令ではゲルベル法が牛乳の乳脂肪分試験法と定められている．

なお，同様の原理で測定する方法にバブコック法があるが，イソアミルアルコールを添加しないため微細な脂肪粒子が十分に浮上しない．そのため，生乳の測定では脂肪の容量を読み取る際に脂肪柱上端のメニスカス分を目増しして読む．また，この理由から均質化処理を行い脂肪球を微細化した牛乳の測定には使用できない．

b. レーゼゴットリーブ法

生乳，牛乳，脱脂乳などの液状乳やクリーム，練乳類，アイスクリーム，乳飲料，粉乳類など多くの乳製品の脂肪分測定に用いられる．国際酪農連盟のほか，AOAC や ISO など多くの国際機関で公定法として取り入れられている．乳等省令でもクリーム，練乳類，アイスクリーム，粉乳類などの脂肪分試験法と定められている．

液状製品はそのまま，粉末状製品は溶解調製後に容量約 10 ml をマジョニア管（図 6.3）に採取する．アンモニア水を加えて脂肪球皮膜を破壊したのち，ゲル化を防止する目的でエタノールを添加する．その後，ジエチルエーテル，石油エーテルを加えてそれぞれ激しく振とう混合し，可溶性物質を抽出する．同じ作業を 2〜3 回繰り返し，そのつどエーテル層を取り出して集める．最後に集めたエーテル層を 75 ℃ 前後で加温して有機溶媒をほぼ揮散させたのち，さらに 102 ℃ で乾燥する．残量を脂肪分とする．

チーズの脂肪分測定では，アルカリ（アンモニア水）を加える代わりに酸（塩酸）を加えて加熱し，乳化を破壊するシュミットボンデンスキー法が用いられる．

c. 機器測定法

現在多くの多成分測定機器が乳成分の測定に利用されている．生乳などの乳脂肪分や乳固形分をはじめ，機器の設定しだいではタンパク質や糖質なども一斉にしかも短時間で測定できる．原理は特定の数種類の波長の赤外線を試料に照射し，その減衰率から成分組成を算出するものである．主に中赤外域の赤外線を使用するタイプと近赤外域の赤外線を使用するタイプの2種類がある．

6.3 タンパク質

6.3.1 生乳，牛乳

生乳と牛乳では全窒素中の約95％がタンパク態窒素，乳中のタンパク質の窒素量は約15.65％である．よって，窒素の総量を測定し，窒素タンパク変換係数6.38（≒1÷0.1565）を乗じて乳タンパク質とする．

生乳では赤外線式多成分測定器による測定方法が広く採用されており，また牛乳にも応用されている．

a. ケルダール法

ケルダール法は試料中の有機物中の窒素（硝酸塩，亜硝酸塩を除く）を測定する方法である．試料を硫酸存在下で，硫酸銅などの触媒を加えて加熱し酸化分解する．この際，硫酸カリウムなどを加えて硫酸の沸点（約340℃）以上の高温による加熱を可能にしている．分解された有機物中の窒素はアンモニウム塩（硫酸アンモニウム）となる．分解された試料溶液に水酸化ナトリウムを加えてアルカリ性にし，遊離したアンモニアを水蒸気蒸留によって硫酸標準液に捕集する．得られた捕集液をアルカリ標準液で滴定する．アンモニアを捕集していないブランクの硫酸標準液をアルカリ標準液で滴定した値との差から窒素量を求める方法である．得られた窒素量に乳タンパク質と窒素の換算係数6.38を乗じてタンパク質とする．

ケルダール法にはいくつかの改良法があり，水蒸気蒸留で発生したアンモニアをホウ酸溶液に捕集する方法も用いられる．このあとの硫酸標準液による滴定にホウ酸は関与しないので，アンモニア捕集液を硫酸標準液で滴定した値から窒素量を求め，さらに6.38を乗じてタンパク質とする．

水蒸気蒸留装置にもさまざまな改良法があり，乳等省令では，発酵乳とアイスクリームは「塩入奥田方式」が，プロセスチーズでは「二重管方式」が採用されている．

また，ケルダール法の原理に沿った自動測定装置が広く採用されており，国際酪農連盟でも自動化装置による測定が採用されている．

b. 改良デュマ法（燃焼法）

デュマ法は窒素および炭素を同時に測定できる方法で，改良デュマ法に基づいた食品の分析が可能な機器が開発されている．この方法は，試料を燃焼管内で高温で燃焼して気体にし，測定を妨害する物質を除去したあと，燃焼した気体中の窒素化合物を還元して窒素分子とし，ECD検出器（熱伝導度検出器）を用いて定量する方法である．ケルダール法と異なり硫酸や水酸化ナトリウムなどの劇物を使用しないこと，硫酸銅のような重金属を含む試薬を使用しないこと，そして1検体当たりの測定時間がおよそ5分と短時間であることが特徴である．

国際酪農連盟は燃焼法いわゆる改良デュマ燃焼法を日常法（routine method）として採用している．しかし，乳等省令では燃焼法はいまだ採用されていない．

6.3.2 乳飲料

飲用乳の公正競争規約に基づく検査では，前記のケルダール法で窒素を測定しタンパク質を算出することとしている．

6.4 乳糖

6.4.1 生乳，牛乳

a. レインエイノン法

レインエイノン法はフェーリング溶液（硫酸銅とアルカリ性酒石酸カリウム・ナトリウムの混合液）にメチレンブルーを加えて加熱し，乳糖など

の還元糖を試験液として加えると，硫酸銅が還元され，酸化第一銅となる．銅がすべて還元されると次にメチレンブルーが還元され，青色が消失した点を終点として滴定を行う方法である．この試験の終点の判定には相当な熟練が必要である．この反応は化学量論的に進まず，糖類が減少するほど1分子当たりの還元力が増加する．そのため，試料液の滴定量から無水乳糖の量を求める表が作成されていて，この表を用いて乳糖含有量を計算する．牛乳中には乳糖以外にもグルコースをはじめとした還元糖が存在するが，量的に少ないため無視して差し支えない．しかし，グルコースやフルクトースなどの還元糖が添加された乳飲料やアイスクリームに含まれる乳糖は定量できない．

b．酵素法

β-ガラクトシダーゼにより乳糖をグルコースとガラクトースに分解し，次に以下の酵素反応により生成した NADPH のモル濃度から乳糖のモル濃度を求める．生成した NADPH のモル濃度は 340 nm における吸光度の上昇を測定し，分子吸光係数（$6.22\times10^3 l/\text{mol}\cdot\text{cm}$）から求められる．

ブランクとしてβ-ガラクトシダーゼを添加しない場合の吸光度を測定する．グルコースやフルクトースなどの還元糖が含まれる試料の場合，レインエイノン法ではこれらの糖も乳糖と同時に測定されるが，酵素法では乳糖のみを測定することができる．

乳糖 —β-ガラクトシダーゼ→ グルコース + ガラクトース

グルコース +ATP —ヘキソキナーゼ→ G-6-P+ADP

G-6-P+NADP —G-6-Pデヒドロゲナーゼ→ 6-P-G+NADPH

図 6.4　測定原理

測定に必要な酵素や試薬がセットになったものが販売されている．

c．HPLC 法

HPLC（高速液体クロマトグラフィー）により，単糖類と二糖類の定量ができるので，この方法により乳糖の測定が可能である．分離カラムにアミノ基結合型カラムを用い，検出器に示差屈折率検出器を用いる方法が一般に利用されている．

酵素法・HPLC 法いずれの場合も試料からタンパク質と脂肪分を取り除く処理が必要である．エタノール沈殿，カルレッツ（Carrez）試薬，限外ろ過などの方法がある．

6.4.2 加糖練乳類

乳等省令による加糖練乳および加糖脱脂練乳の糖分測定法はレインエイノン法である．

まず生乳と同じ測定方法で測定し乳糖の量を求める．次に以下の方法でショ糖の量を求める．試料溶液に塩酸を加え，65℃で20分間加温して転化（ショ糖をグルコースとフルクトースに分解）する．その後，生乳と同様の方法で還元糖を定量する．この値から，先の測定で求めた乳糖が転化糖として測定される量を差し引いた結果に 0.95 を乗じてショ糖量を算出する．乳糖とショ糖を加え合わせたものが糖分である．

乳等省令による成分規格では糖分は 58.0％以下である．

6.5　無　機　質

無機質，つまりミネラル類の機器による測定には，原子吸光光度法と誘導結合プラズマ発光分析法（ICP 発光分析法）の大きく二つの方法がある．原子吸光光度法は，元素が原子化して蒸気になったとき，各元素固有の波長の光を吸収する性質があり，各固有の波長の光の吸収量を測定して元素の定量をする方法である．ICP 発光分析法は，アルゴンガスに高周波をかけて高温（7000℃以上）のプラズマを発生させ，このプラズマ中に試料溶液を霧化して導入し，試料溶液中の元素を励起させ，それぞれの元素固有の光を発生させる．この光の強度を測定し，それぞれの元素の濃度を定量する方法である．いずれの方法も他元素による干渉の影響などを考慮すれば，旧来の滴定法や発色法よりも高選択性かつ高感度な分析が多くの元素に対して可能である．

原子吸光光度法と ICP 発光分析法いずれも，試料は前処理を施して有機物を除去する必要があ

る．前処理には乾式灰化法と湿式灰化法の大きく二つの方法がある．いずれの場合も処理後の試料は塩酸あるいは硝酸で溶解して試料溶液とする．硫酸はカルシウムと不溶性の塩を生成したり，溶液の粘性を高めたりするため用いない．

ICP 発光分析機器は同一の試料溶液で同時にカルシウムとリンなど異なる元素の発光強度を測定することができる．複数の元素を測定したい場合，ICP 発光分析法は複数の元素を同時に測定でき，かつダイナミックレンジが 2〜3 桁と広いため，一つの希釈段階で測定を完了できる場合が多い．一方，原子吸光光度計は，そのつど目的元素用のランプに切り替える必要がある．また，測定可能レンジ（ダイナミックレンジ）がほとんどの元素で数 ppm であるため，元素ごとに適正な希釈倍率に調製した試料溶液を作成して測定する必要がある．これらの理由から，同一試料で複数の元素を測定する場合は ICP 発光分析法のほうが有利である．

6.5.1 カルシウム

a．原子吸光光度法

乾式灰化により試料を灰化したあと，塩酸や硝酸などの酸に溶解して試料溶液を作成する．あるいは湿式灰化により，試料を溶解したあと有機物を分解して試料溶液とする．試料溶液中にリン酸が存在すると，カルシウムと難溶性の塩を形成するため干渉抑制剤として塩化ランタンあるいは塩化ストロンチウムを加える必要がある．

市販の原子吸光分析用標準溶液を用いて，試料溶液と同じ種類・濃度の酸で希釈して検量線作成用標準溶液を作成する．この標準液を測定して作成した検量線から試料溶液中のカルシウム濃度を求め，試料溶液の希釈倍率から試料中のカルシウム濃度を求める．

カルシウムの測定ではフレーム原子吸光法は感度があまり高くないといわれるが，牛乳や乳製品はカルシウム含有量が高いのでこの方法で十分測定可能である．

b．ICP 発光分析法

原子吸光光度法と同じ方法で試料溶液を作成する．ICP 発光分析法は高温で元素を励起させるため化学的な干渉は少ない．よって干渉抑制剤の添加は必要ない．また，カルシウムは非常に感度よく（検出限界は数 ppb）検出できるため，乳製品のようなカルシウム含量の多い試料の場合はあえて検出感度を落とした波長で測定することが多い．検出感度の高い波長で測定するために希釈倍率を高くするよりも精度のよい測定結果が得られる場合が多いためである．

原子吸光光度法と同じく，市販の原子吸光分析用標準液を用いて検量線を作成し，試料溶液中の濃度を求め，希釈倍率から試料中のカルシウム濃度を求める．

c．過マンガン酸カリウム容量法

乾式灰化法などにより試料を灰化した試料溶液にシュウ酸アンモニウムと尿素を加えて加熱し，水に難溶なシュウ酸カルシウムとして沈殿させる．この沈殿をガラスフィルターに集め，アンモニア水で洗浄したあと加温した希硫酸で溶かす．溶液中のシュウ酸を過マンガン酸カリウム溶液で滴定し，カルシウム量を求める．

d．EDTA キレート法

エチレンジアミン四酢酸二ナトリウム（EDTA 二ナトリウム）がカルシウム塩，マグネシウム塩と反応して，錯化合物を形成する性質を利用した方法である．

試料溶液の調製は乾式灰化法を用いるが，塩酸などの酸を加えてタンパク質を沈殿させ，ろ過によってタンパク質を除去してもよい．ただし，牛乳中には多量のリン酸塩を含むので，いずれの試料調製法を用いる場合も，メタスズ酸カリウムを加えてリン酸塩を除去する必要がある．

試料溶液に水酸化カリウム溶液を加えて pH を 12〜13 とし，NN 指示薬（1-(2 ヒドロキシ-4-スルホ-1-ナフチルアゾ)-2-ヒドロキシ-3-ナフトエ酸）を加えてから EDTA 溶液で滴定をする．試料溶液中のカルシウムがすべて EDTA と反応して錯化合物となると NN 指示薬が青色を呈するので，それが滴定の終点である．なお，通常 EDTA はマグネシウムとも反応して錯化合物を形成するが，pH 12〜13 ではマグネシウムとは反

応しない．

6.5.2 リン
a. ICP発光分析法

6.5.1項b.の方法により測定を行う．ただし試料の前処理に乾式灰化法を用いる場合，リンは500℃以上の高温で処理すると揮散してしまうおそれがある．灰化温度が500℃以上にならないよう注意が必要である．試料溶液のリン測定用波長における発光強度を測定し，標準溶液を用いて作成した検量線より試料のリン濃度を求める．

b. モリブデンブルー吸光光度法

乾式灰化により試料を灰化したあと塩酸や硝酸などの酸に溶解して試料溶液を作成する．あるいは湿式灰化により試料を溶解したあと有機物を分解して試料溶液とする．この前処理でリンは酸化分解してオルトリン酸となる．オルトリン酸にモリブデン酸アンモニウムを加えてリンモリブデン酸アンモニウムとし，これをアスコルビン酸で還元して，モリブデンブルーを生成させ，880 nmの吸光度を測定する．別にリン標準液から検量線を作成し，試料溶液中のリン濃度を求める．

c. バナドモリブデン酸吸光光度法

乾式灰化あるいは湿式灰化で試料溶液を調整する．6.5.2項b.で述べたように試料溶液中ではリンはオルトリン酸になっている．この試料溶液を中和したあと，モリブデン酸を加えてリンモリブデン酸とし，次いでバナジン酸を結合させてリンバナドモリブデン酸を生成させる．リンバナドモリブデン酸は黄色を呈色するので，410 nmの吸光度を測定する．別にリン標準液から検量線を作成し，試料溶液中のリン濃度を求める．

〔三原俊一〕

7. 自動分析装置

乳業，生乳の取引機関や乳牛の改良の分野では多数の試料を迅速に分析する必要がある．従来の公定法では能率がきわめて悪く，これに代わるべき分析法の開発が研究されてきた．最近の乳分析機器の進歩は真に目覚ましいものがあり，現在では脂肪，タンパク質，乳糖の測定を光学的に行う機器，および生乳中の体細胞数，細菌数を蛍光染色法で計測する装置が実用化されている．国内ではフォス・アナリティカル社（デンマーク製），ベントレー・インスツルメンツ社（米国製），デルタ・インスツルメンツ社（オランダ製）の機器などが使用されている．

7.1 赤外線光学式乳成分測定法（ミルコスキャン）

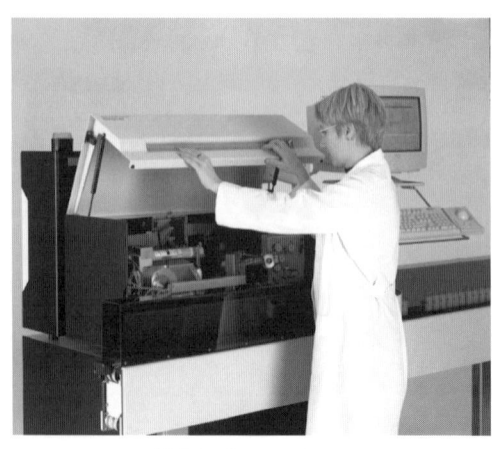

ミルコスキャン[1]はフォス・アナリティカル社製で，そのシリーズはFT120，FT2，4000，FT6000として開発されてきている．基本的な概要は，赤外分光光度計をベースに中赤外線波長域（2〜10 μm）を利用し，牛乳サンプル中の成分を決定する高性能な半自動あるいは全自動の測定機器である．測定能力は50〜500サンプル/時間である（図7.1）．

厳密なサンプル温度調整機能をもち，測定できる項目は脂肪，タンパク質，乳糖，乳中尿素態窒素（MUN），クエン酸（CA），固形分（TS，SNF）そして氷点（FPD），遊離脂肪酸（FFA）などである．

7.1.1 赤外線光学システム

ミルコスキャン4000は，1ビーム，1キュベット，11枚の光学フィルター（1枚は対照フィルター）を用いたコンパクトな赤外線光学システムを使用している．

最新型としてリリースされているミルコスキャンFT6000シリーズ，FT120，FT2は，従来のAOAC認定固定フィルターベースのミルコスキャン4000の精度と安定性をもった特製FTIR干渉計（フーリエ変換赤外線分光計）を採用しており，すべての赤外線スペクトラムを走査しているので，まったく新しいアプリケーションや測定項目が開発できる．

前述のミルコスキャン4000が11枚の光学フィルター（波長帯）で構成されているのに対し，FT6000タイプでは，光学フィルター（波長帯）換算で1000以上のうちから，各成分に相関の高い波長帯を数百選んでキャリブレーションを構成しているため，さらに高精度な赤外線分析が可能である．

7.1.2 フローシステム

ミルコスキャンのフローシステムは，安定した測定結果を得るために，脂肪球サイズの均一化（ホモジナイズ）を行うと同時に，サンプル温度の安定化を行い，前回サンプルの影響を最小にするため，次のサンプルで洗い流すという行程を担うよう設計されており，サンプル間で中間のフィルターの洗浄も自動で行われる．

図7.1 ミルコスキャン

フローシステムによってキュベットに送られたサンプルに対し，FTIR 分析が行われ，各成分の測定値が得られる．

7.2 生乳中体細胞数測定法（フォソマチック）

体細胞数（somatic cell count：SCC）とは，乳中の白血球細胞数を意味する．

白血球細胞は，体内の免疫システムの一部として存在し，未知の細菌と戦い，細菌が原因となる損傷，乳牛自身または搾乳機器が原因となる損傷を修復している．そのため高い SCC は，乳牛が乳房炎である危険性が高いことを示唆する．

しかし，フォソマチック[2]は，乳房炎を直接測定しているわけではないため，十二分な診断・判断が必要となる．

泌乳期間などによっても SCC は変化するが，一般的に高齢牛は，若年牛よりも高い値を示す．個体牛レベルで毎月の SCC，乳牛の年齢および泌乳期などを知ることで，乳房炎の効果的予防が可能となり，酪農家の経済的損失を防ぐ．

フォソマチックの測定原理はフローサイトメトリーに基づいている．すなわち，生乳中の体細胞を特異的に染色できる蛍光色素で染色後，キャリアー溶液（シース溶液）でサンプルストリング中を通過させる．サンプルストリングは非常に径が細く，一度に1個ずつの体細胞しか通過できない．それに続くフローセル中で青い光で励起すると体細胞は赤い蛍光を放射する．これをカウントユニット内の検知管によりパルスとしてカウントする．測定能力は 50～500 サンプル/時間である．

7.3 生乳中細菌数測定法（バクトスキャン）

バクトスキャン[3]FC（flow cytometry）は，フォス・アナリティカル社製で，フォソマチックと同様に，フローサイトメトリー技術に基づいており，生乳中の個々の細菌数（individual bacterial counts：IBC）を測定することで，生乳の衛生的品質を決定できる．

半自動，または全自動の装置があり，生乳中の細菌を蛍光染色し，サンプルが細いフローセルを通るときに励起させ，蛍光検出器で細菌数としてカウントする．脂肪球やタンパク質ミセル，体細胞などの粒子による測定妨害を防ぐために，これらの粒子を分解するための化学的処理が自動的に行われる．測定能力は 50～150 サンプル/時間である（図7.2）．

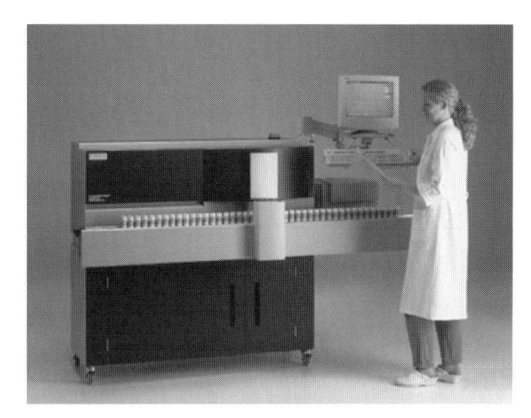

図7.2 バクトスキャン

7.4 自動検体・培地分注混釈装置

耐熱性細菌（thermoduric），大腸菌群（coliforms）検査を実施している検査室では，ほとんどが人海戦術で対応していることが多いが，自動検体・培地分注混釈装置[4]も使用されている．

このような装置としては，つい最近までは輸入機器が主に利用され大量処理がなされていたが，現在では機器製造中止となり，国内開発に目が向けられている．たとえば，日鉄鉱業社製の装置（ADM シリーズ）などでは，すでに，牛乳のサンプリング，サンプル識別，シャーレへの牛乳分注，培地の分注・混釈，シャーレ搬送，シャーレ積上げなど，一連の流れのロボット化に成功，実用化されている．これら前処理されたシャーレは，所定の培養後，コロニーカウンターにより，カウントされる．

現段階の処理能力は 200～360 枚/時間である

図7.3 自動検体・培地分注混釈装置（ADMシリーズ）

（図7.3）．またシャーレに各種培地を分注するための生培地供給用にも利用されている．

〔坂井秀敏〕

文　献

1) IDF Standard 201, ISO 21543.
2) IDF Standard 148-2: 2007, ISO 13366-2.
3) IDF Standard 161 A: 1995, IDF Standard 196: 2004, ISO 21187.
4) 日鉄鉱業(株)資料より．

8. 官能評価法

8.1 官能評価の方法

　食品のおいしさは味覚，嗅覚などの人間の五感と，食環境，健康状態，心理状態などが複雑に絡みあって，それらのバランスで形成されている．おいしさの研究は生理学，食品学，調理学，心理学といった多くの分野で進められているが，おいしさの最終的な判断はいまだ官能評価に頼るところが大きいのが現状である．

　一方，人間の感覚には個人差や個人内変動があり，心理的影響，生理的影響，検査環境条件，試料提示条件などに由来する誤差を伴う．この誤差を科学的な測定法，評価条件の標準化により少なくし，データの再現性を高めることが官能評価ではきわめて重要である．

　官能評価は品質管理だけでなく，商品の企画・開発・改良やマーケティング活動においても重要な位置づけとなっている．日本工業規格（JIS）では，JIS 2004 の改定において，それまでの品質管理の検査としての規格から，人間を使って評価するというシステムとしての規格に変更し，規格名も「官能検査用語」「官能検査通則」から，「官能評価分析－用語」「官能評価分析－方法」に変更している[1,2,3]．

8.1.1 手法の分類

　官能評価は目的により二つに大別される[4]．その一つは，ヒトの感覚器官を測定器として，試料の特性の測定や試料間の差の検出を行う，分析型の官能評価である．分析型の官能評価は試料の品質を客観的に判断することが必要となるため，十分訓練された専門家によって行われる（分析型パネル）．もう一つは牛乳の味の好みなど，人間の嗜好特性を調べる場合に行う，嗜好型の官能評価である．嗜好型の官能評価は対象者の主観的な判断で行うため，一般消費者の嗜好を代表するようなパネルを用いる（嗜好型パネル）．官能評価を行う場合は，その目的が分析型であるのか嗜好型であるのかによって手法や検定法が異なるので注意が必要である．

8.1.2 官能評価環境

　官能評価を行うパネルは人間であるので，能力を安定して発揮するためには，評価する際の環境に十分留意する必要がある．特に分析型の官能評価の場合，官能検査室のような特別に設計された部屋で行うことが望ましく，試料に集中できるように，音，温度・湿度，換気，照明についての配慮が必要である．また，嗜好型の官能評価では，調査会場や各家庭といった官能検査室以外の場所で行われることが多いが，その場所・環境が官能評価の結果に及ぼす影響も大きいため，十分考慮しておく必要がある[5]．

8.1.3 パネル選抜と訓練

　官能評価のパネルに必要な特性として，基本的には健康であること，味覚・嗅覚などの生理的欠陥がないこと，意欲をもっていること，安定した性格であることなどがあげられる[4]．また，特に分析型パネルでは，識別能力，判断の妥当性，判断の安定性，特性の表現能力が要求される．そのため，嗜好型パネルとは選抜の方法が異なり，また，評価精度を向上させるための訓練が必要になる．

　パネルを選抜する際の感度テストとして，基本味（甘味，酸味，塩味，苦味，うま味）の識別テストや，各基本味の濃度差識別テスト[6]，T&T式オルファクトメータによる基準臭の閾値測定がよく用いられる[7]．また，基本味に対する感度は必ずしも食品における味の違いを感知する能力には関係しないので，評価する食品の識別テストを

行い，パネルを選抜することが望ましい[8]．

分析型パネルの訓練は，パネルの風味に対する感度を高めるとともに個人差や個人内変動を少なくするために必要である．訓練においては，試料を口に含む量や時間などのテスト方法を理解し，尺度の使い方などを含めた評価シートの使い方に慣れること，およびテストにおいて味の識別なのか，特徴の記述なのかなど，求められる判断・評価を理解することも重要である．また，試料の官能特性を認識し，記述できる能力を高めることも大切である[5]．

嗜好型パネルについては，訓練する必要はなく，ターゲットとなる消費者の嗜好を代表したパネルを大人数集めて行うことが必要である．

8.1.4 試験方法

評価者の選抜や訓練によく用いられる閾値を確認するような感度試験のほかに，一般的に用いられる試験方法は次の三つのグループに分けられる[2]．

① 識別試験法
② 尺度およびカテゴリーを用いる試験方法
③ 分析形試験法または記述的試験法

識別試験法には2点試験法，3点試験法，1対2点試験法などがあり，二つの試料に差があるかどうかを決定するために用いられる（パネルの能力を試験することにも使われる）．尺度およびカテゴリーを用いる試験方法には順位法や格付け法，採点法などがあり，差の順番もしくは大きさ，または試料が該当するカテゴリーもしくは分類を評価するのに用いられる．分析形試験法または記述的試験法には Quantitative Descriptive Analysis® (QDA®法), Flavor Profile®, Texture Profile®, Spectrum™ Descriptive Analysis, Free-Choice Profiling などがあり[9]，試料の官能特性を客観的，定量的かつ総括的にとらえ，詳細に描写するために用いられる．QDA®法はパネルによって選ばれた試料の特性を表現する用語を用い，試料をそれらの用語ごとに定量する手法であり，豊かな情報量を得ることができるため，機器分析によるデータなどとの相関を解析するため

にも用いやすい．また，嗜好型の官能評価では，1対比較による嗜好テストや順位法，ヘドニック尺度を使った評価がよく使われる[7]．

8.2 数値化

近年，食品業界では風味を客観的に数値化し，おいしさ，風味を定量化したいという要望がますます高まっている．一般的に，人間が知覚した内容を定量的に表現することは難しいが，体系化された官能評価法で，適切に訓練されたパネルにより得られた精度の高いデータは，機器分析によるデータと同等に扱うことができる．最近のコンピュータの発達によって，いろいろな統計的解析が可能となっており，数値化された官能評価値は，多変量解析の利用などにより製品の類似性・違いの要約や，マップ・図解の作成を通して商品開発・改良，マーケティング活動に活用されることが多くなってきている．

8.2.1 評価用語，尺度

人間が知覚したおいしさ，風味という感覚量を定量的に測定するためには尺度が必要である．また，尺度をつくる場合，どの程度好きか，どの程度その特徴が強いのかを判断するための用語が必要であるが，評価用語は評価結果に大きな影響を与えるため慎重に選択する必要がある．なお，ISO 22935/IDF 099：2009 ではバターやチーズなどの乳製品について，それらの品質を採点・分類するための評価用語が規定されている．

評価用語に対して，その程度を表現するためには尺度を用いるが，官能評価で得られる尺度は主に四つに分類できる．

① 名義尺度：識別試験法での"Yes, No"の評価に0や1のダミー変数を当てはめたデータのように，数字を数としてではなく記号として扱い，大小関係などがないもの．

② 順序尺度：順位法から得られる順位づけのデータのように，大小関係はあるが，数値間の距離は定義されていないもの．

③間隔尺度： 大小関係と数値間の距離も定義されていて，加減算が可能なもの．採点法のデータは間隔尺度として扱われることが多いが，等間隔性が保障できないときは，順序尺度として取り扱う必要がある．

④比例尺度： 大小関係と数値間の距離のほかに，比率も同等であり，加減乗除が可能なもの．官能評価ではマグニチュード推定法[10]によって得られるデータが該当する．

官能評価の数値化，解析については，名義尺度，順序尺度，間隔尺度，比例尺度といった尺度の違いを認識したうえで，統計学的に注意深く扱う必要がある．

8.2.2 検定

官能評価の結果においては，その結果がどの程度信頼性があるのかを確認し，正しい結論を導くために統計的な検定が不可欠である．

2点試験法，3点試験法，1対2点試験法などの識別試験法は二項検定が用いられるが，一般的にはそれぞれの検定表があるので，その表中の数値と比較して検定する．順位法では各試料の順位和を求め，フリードマンの検定が一般的に用いられる．格付け法や採点法は分散分析やt-検定が用いられる[11]．なお，官能評価データは試料間の差の検出にとどまらず，さらに解析的な目的で多変量解析に用いられることも多い．

8.2.3 多変量解析

多変量解析法はさまざまであるが，大きく分けると，質的データ（名義尺度，順序尺度で測定されるデータ）を扱う方法と，量的データ（間隔尺度，比例尺度で測定されるデータ）を扱う方法に分けられる．質的データを扱う多変量解析としては，林知己夫によって開発された数量化理論やコレスポンデンス分析などがある[12]．量的データを扱う多変量解析としては，相関分析，主成分分析，クラスター分析，重回帰分析，PLS回帰分析，プリファレンスマッピングなどがあり[4]，これ以外にもさまざまな解析法がある．

牛乳・乳製品の官能評価に多変量解析を適用した例としては，LTLT や HTST，UHT といった殺菌方法の異なる牛乳の官能特性を主成分分析によって分類，マッピングした例[13]，殺菌方法の異なる牛乳の官能特性を QDA® 法により評価し，最小二乗法回帰や主成分回帰，PLS 回帰により官能属性から牛乳の品質を予測するモデルを検討した例[14]や，熟成度の異なるチェダーチーズの官能特性を Spectrum™ descriptive analysis によって評価し，その官能特性データと消費者の嗜好との関係を明らかにするためにプリファレンスマッピングを行った例[15]などがある．

〔住　正宏〕

文　献

1) JIS Z 8144 官能評価分析－用語 2004.
2) JIS Z 9080 官能評価分析－方法 2004.
3) 井上裕光：日本家政学会誌, **58**(5), 299-302, 2007.
4) 増山英太郎, 小林茂雄：センソリー・エバリュエーション, pp.8-9, 25-26, 垣内出版, 1989.
5) M. Meilgaard, et al.: Sensory Evaluation Techniques, 4th ed., p.37, pp.263-265, 357-391, CRC Press, 2006.
6) 古川秀子：おいしさを測る, p.7, 幸書房, 1994.
7) 高木貞敬, 澁谷達明編：匂いの科学, pp.190-194, 朝倉書店, 1989.
8) E. Larmond, et al.: Laboratory methods for sensory analysis of food. *Agriculture Canada*, 1991. 相島鐵郎訳：日食科工誌, **48**(5), 379, **48**(9), 697, 2001.
9) H. Stone, J. Sidel: Sensory Evaluation Practices, 3rd ed., pp.201-245, Academic Press, 2004.
10) 山野善正, 山口静子編：おいしさの科学事典, pp.94-95, 朝倉書店, 2003.
11) 西成勝好ほか：新食感事典, p.422, サイエンスフォーラム, 1999.
12) 竹内啓：統計学辞典, pp.368-374, 東洋経済新報社, 1989.
13) 岩附慧二ほか：*Milk Science*, **49**(1), 1-13, 2000.
14) K. W. Chapman, et al.: *J. Dairy Science*, **84**, 12-20, 2001.
15) N. D. Young, et al.: *J. Dairy Science*, **87**, 11-19, 2004.

9. 製品別試験法

　乳業における試験法は，食品衛生法などの国内規格を満たすという意味で，第一義に乳及び乳製品の成分規格等に関する省令（乳等省令）に記載された方法を公定法として準拠する．しかしながら，実用的な試験法としてはさまざまな方法が用いられる．乳等省令法を含む試験法の具体的な参考資料については1.5節に記載の成書を参考にされたい．また，国際酪農連盟（IDF）が定めたIDFスタンダードと呼ばれる一連の試験法は，乳業に特化した試験法であり参考になる．国際的な試験法としてISO法，AOACインターナショナルによるAOAC法なども利用できる．

　表9.1によく利用されるIDFの試験法，それに対応するISO法，AOAC法について示した．また，紙面の関係から表ではIDF法を中心に記載した．

　1.3節に記載したようにIDF法は現在ISO法との共通化が進んでおり，IDF法が廃番になってISO法に代替されたものもある．表9.1中ではISOとIDFの共通化した試験法（ISO/IDF International Standard）を「*」にて示した．IDF法に関しては国際酪農連盟日本国内委員会およびIDFのホームページから，ISO法およびISO/IDF共通法に関しては日本規格協会，AOAC法に関してはAOACのホームページなどから詳細な情報が入手可能である．

〔田口智康〕

文　献

1) IDF 編：Inventory of IDF/ISO/AOAC International Adopted Methods of Analysis and Sampling for Milk and Milk Products, 6th ed., *Bull. Int. Dairy Fed.*, **350**, 2000．

表9.1

製　品	試験項目/分析原理	IDF番号	ISO番号	AOACInternational (OMA第18版)
乳	脂肪含量の測定（RG重量法 標準法）	001D:1996	1211:1999	989.05
チーズ・プロセスチーズ	全固形分含量の測定（標準法）	004:2004*	5534:2004*	926.08
チーズ・プロセスチーズ	脂肪含量の測定（重量法 標準法）	005:2004*	1735:2004*	933.05
乳脂肪製品・バター	脂肪酸度の測定（標準法）	006:2004*	1740:2004*	969.17
バター	脂肪の屈折率の測定（標準法）	007:2006*	1739:2006*	969.18
バター脂肪	ヨウ素価の測定	008:1959		
粉乳・ホエイパウダー，バターミルクパウダー，バターセラムパウダー	脂肪含量の測定（RG重量法 標準法）	009C:1987	1736:2000	932.06
バター	食塩含量	012:2004*	1738:2004*	960.29
無糖れん乳・加糖れん乳	脂肪含量の測定（RG重量法 標準法）	013C:1987	1737:1999	920.115F, 945.48G
加糖れん乳	全固形分含量の測定（標準法）	015B:1991	6734:1989	920.115D
クリーム	脂肪含量の測定（RG重量法 標準法）	016C:1987	2450:1999	920.11, 995.19
乳	窒素含量（ケルダール法）	020-1〜5:2001*	8968-1〜5:2001*	991.20〜23
乳・クリーム・無糖れん乳	全固形分含量の測定（標準法）	021B:1987	6731:1989	920.107, 945.48D, 990.19・20
脱脂乳・ホエイ・バターミルク	脂肪含量の測定（RG重量法 標準法）	022B:1987	7208:1999	
乳脂肪製品	水分含量（カールフィッシャー法）	023:2002*	5536:2002*	
バターオイル	脂肪含量	024:1964		
プロセスチーズ製品	たんぱく質含量の測定	RM025:2008*	TS 17837:2008*	2001.14

9. 製品別試験法

製 品	試験項目/分析原理	IDF 番号	ISO 番号	AOACInternational (OMA 第18版)
粉乳	水分含量（標準法）	026:2004*	5537:2004*	927.05
プロセスチーズ製品	灰分含量	027:1964		935.42
乳	カゼイン含量（029-1：標準法）	029-1・2:2004*	17997-1・2:2004*	998.06・07
チーズ・プロセスチーズ製品	総リン含量	033C:1987	2962:1984	978.14
チーズ・プロセスチーズ製品	クエン酸含量	RM034:2006*	TS2963:2006*	976.15
加糖れん乳	ショ糖含量	035:2004*	2911:2004*	920.115 I
乳	カルシウム含量	036A:1992	12081:1998	
乳・バター	脂肪分解菌の菌数測定（30℃におけるコロニー計数法）	041:1966		
乳	総リン含量の測定	042:2006*	9874:2006*	
乳・乳製品	試料採取	050:2008*	707:2008*	968.12
プロセスチーズ製品	添加されたリン酸塩のリンとして表した含量	051B:1991		
プロセスチーズ・プロセスチーズ製品	クエン酸塩乳化剤や酸味料，pH調整剤のクエン酸で表した含量の計算	052:2006*	12082:2006*	
乳脂肪	乳脂肪中の植物性脂肪のステロールとしての検出（GC法）	054:1970	3594:1976	970.50A
ホエイチーズ	固形分の測定（標準法）	058:2004*	2920:2004*	
ホエイチーズ	脂肪含量の測定（標準法）	059A:1986		974.09
乳・粉乳・バターミルク・バターミルクパウダー・ホエイ・ホエイパウダー	ホスファターゼ活性の測定（標準法）	063:1971	3356:1975	981.06
粉乳	乳酸及び乳酸塩含量の測定	069:2005*	8069:2005*	945.49
アイスクリーム・ミルクアイス	全固形分の測定（標準法）	070:2004*	3728:2004*	941.08
乳脂肪	過酸化物価の測定	074:2006*	3976:2006*	
乳・乳製品	有機塩素系農薬残留物の測定に対する勧告	075C:1991	3890-1・2:2000	970.52
乳・乳製品	銅含量の測定（分光光度法 標準法）	076:2004*	5738:2004*	960.40
乳業設備	乳及び乳製品が接触する部分に使用する金属及び合金に対する洗浄剤及び/または殺菌剤の腐食性に関する試験	077:1977		
カゼイン・カゼイネート	水分含量の測定（標準法）	078:2006*	5550:2006*	
粉乳・アイスミックスパウダー・プロセスチーズ	乳糖含量の測定	079-1・2:2002*	5765-1・2:2002*	
バター	水分，無脂乳固形分，脂肪含量の測定（標準法）	080-1～3:2001*	3727-1～3:2001*	920.116, 938.06A
粉乳	滴定酸度の測定（日常法）	081:1981	6092:1980	
乳・粉乳・バターミルク・バターミルクパウダー・ホエイ・ホエイパウダー	ホスファターゼ活性の測定	RM082:2004*	TS6090:2004*	968.13
乳・乳をベースとする製品	コアグラーゼ陽性ブドウ球菌によって産生される耐熱性ヌクレアーゼの検出	083:2006*	8870:2006*	
粉乳	滴定酸度の測定（標準法）	086:1981	6091:1980	
インスタント粉乳	分散性及び湿潤性の測定	087:1979		
チーズ・プロセスチーズ製品	塩化物含量の測定	088:2006*	5943:2006*	983.14
カゼイン	灰分の測定（標準法）	089:2008*	5544:2008*	
レンネットカゼイン・カゼイネート	灰分の測定（標準法）	090:2008*	5545:2008*	
カゼイン	遊離酸度の測定（標準法）	091:2008*	5547:2008*	

表 9.1（続き）

製品	試験項目/分析原理	IDF 番号	ISO 番号	AOACInternational (OMA 第 18 版)
カゼイン・カゼイネート	たんぱく質含量の測定（標準法）	092:1979	5549:1978	
乳・乳製品	サルモネラの検出	093:2001*	6785:2001*	
乳・乳製品	酵母及びカビの菌数測定（25℃におけるコロニー数計測法）	094:2004*	6611:2004*	937.16
乳	たんぱく質含量の測定（日常法）	098A:1985	5542:1984	975.17
	乳製品の官能評価（評点法 標準法）	099C:1997	5496:2006	
乳	低温性細菌の菌数測定（6.5℃におけるコロニー数計測法）	101:2005*	6730:2005*	
粉乳	中和剤検出に関する指針	102A:1989		
乳・乳製品	鉄含量の測定（標準法）	103A:1986	6732:1985	
バター	バターセラムの pH 測定	104:2004*	7238:2004*	
乳	脂肪含量の測定（ゲルベルブチロメーター）	105:2008*	488:2008*	2000.18
カゼイン・カゼイネート	乳糖含量の測定（光度測定法）	106:2004*	5548:2004*	
カゼイン・カゼイネート	焦粒子含量の測定	107:2003*	5739:2003*	
乳	氷点測定（サーミスター・クライオスコープ法 標準法）	108:2002*	5764:2002*	961.07, 990.22
仔牛レンネット・成牛レンネット	キモシン及び牛ペプシン含量の測定	110B:1997		
バター	水分分散性の測定	112A:1989	7586:1985	
乳・乳製品	試料採取—属性による検査	113:2004*	5538:2004*	970.26〜30
粉乳	加熱階級の評価（標準法）	114:1982	6735:1985	
カゼイン・カゼイネート	pH 測定（標準法）	115A:1989	5546:1979	
乳をベースとするアイス・アイスミックス	脂肪含量の測定法（RG 重量法 標準法）	116A:1987	7328:1999	952.06
ヨーグルト	特徴的微生物の計数（37℃におけるコロニー計数法）	117:2003*	7889:2003*	
粉乳	硝酸塩含量の測定（カドミウム還元によるスクリーニング法）	118:1984	8151:1987	
乳・乳製品	カルシウム，ナトリウム，カリウム，マグネシウム含量の測定（原子吸光法）	119:2007*	8070:2007*	990.23
乳業設備	衛生状態—試料採取法及び検査法に関する一般指針	121:2004*	8086:2004*	
乳・乳製品	微生物試験のための検査用試料及び希釈の調製	122:2001*	8261:2001*	
乳をベースとする乳幼児食	脂肪含量の測定（標準法）	123A:1988	8381:2000	
乳製品・乳をベースとする食品	脂肪含量の測定(WB 重量法 標準法)	124-1〜3:2005*	8262-1〜3:2005*	
カゼイン・カゼイネート	脂肪含量の測定（重量法 標準法）	127:2004*	5543:2004*	
乳	乳分析の間接法の総合的な正確さについての定義及び評価—キャリーブレーション法の適用及び乳業実験室における品質管理	128A:1999	8196-1・2:2000	
粉乳・粉乳製品	不溶解度の測定	129:2005*	8156:2005*	
乳・乳製品	有機塩素系殺菌剤及びポリ塩化ビフェニル（PCB）分析	130:2008*	8260:2008*	
乳	微生物数の測定（30℃におけるプレート・ループ法）	131:2004*	8553:2004*	
乳	低温発育性微生物数の測定	132:2004*	8552:2004*	
乳・乳製品	鉛含量の測定	RM133:2006*	TS6733:2006*	
粉乳・粉乳製品	嵩密度の測定	134:2005*	8967:2005*	
乳・乳製品	分析方法の精度—共同試験要領	135B:1991	5725-1〜6:1997	

9. 製品別試験法

製 品	試験項目/分析原理	IDF 番号	ISO 番号	AOAC International (OMA 第 18 版)
乳・乳製品	試料採取－計量型検査	136A:1992	8197:1998	925.20・21・25・26, 957.06, 945.48A・B, 920.115A・B, 935.41, 930.31, 938.05, 920.122, 955.30, 969.20
乳・乳製品	安息香酸及びソルビン酸の測定	139:2008*	9231:2008*	
チーズ・チーズリンド・プロセスチーズ	ナタマイシンの定量	140-1・2:2007*	9233-1・2:2007*	
全乳	乳脂肪，たんぱく質及び乳糖含量の測定－中赤外線装置操作のための指針	141C:2000	9622:1999	972.16, 975.18
脱脂粉乳	ビタミン A 含量の測定（比色法及び HPLC 法）	142:1990	12080-1・2:2000	
ヨーグルト	特徴的な微生物の同定	146:2003*	9232:2003*	
乳	加熱乳のラクチュロース含量の測定	147:2007*	11868:2007*	
乳	体細胞数の測定（148-1：標準法）	148-1・2:2008*	13366-1・2:2008*	
乳酸菌スターター	乳酸菌スターターの同定基準	149A:1997		
ヨーグルト	滴定酸度の測定	150:1991	11869:1997	
ヨーグルト	全固形分の測定（標準法）	151:2005*	13580:2005*	
乳・乳製品	脂肪含量の測定（ブチロメータ）	152A:1997	11870:2000	
バター・発酵乳・フレッシュチーズ	微生物数の計数（30°Cにおけるコロニー計数法）	153:2002*	13559:2002*	
乳・乳製品	アルカリホスファターゼ活性測定	155-1・2:2006*	11816-1・2:2006*	991.24
乳・乳製品	亜鉛含量の測定（原子吸光法）	156A:2000	11813:1998	
乳	牛レンネットの全凝乳活性の測定	157:2007*	11815:2007*	
無水乳脂肪	ステロール組成の測定（GC 法 標準法）	159:2006*	12078:2006*	967.18A
乳及び缶入りれん乳	スズ含量の測定（分光光度計法）	RM160:2005*	TS9941:2005*	
乳	微生物学的品質の定量的測定	161A:1995		
粉乳	加熱強度の評価（HPLC 法）	162:2002*	11814:2002*	
バターオイル	抗酸化剤含量の測定	165:1993		
乳・粉乳	ヨウ素含量の測定	167:1994	14378:2000	992.22
缶入りれん乳	スズ含量の測定	168:2002*	14377:2002*	
乳・乳製品	微生物実験室の品質管理	169-1・2:2005*	14461-1・2:2005*	
乳・乳製品	大腸菌の菌数推定	170-1・2:2005*	11866-1・2:2005*	
乳・粉乳	アフラトキシン M1 含量の測定	171:2007*	14501:2007*	
乳・乳製品	脂質及び脂溶性成分の抽出	172:2001*	14156:2001*	
乳たんぱくパウダー	窒素溶解性指標の測定	173:2002*	15323:2002*	
インスタント全脂粉乳	white flecks number の測定	174:1995	11865:1995	
乳	ラクチェロース含量の測定	175:2004*	11285:2004*	
乳・乳製品	微生物凝乳剤の活性測定	176:2002*	15174:2002*	
脱脂粉乳	ビタミン D 含量の測定（HPLC 法）	177:2002*	14892:2002*	
液状乳	酸可溶性 β-ラクトグロブリン含量の定量（逆相 HPLC 法）	178:2005*	13875:2005*	
バター	食塩濃度の測定	179:2004*	15648:2004*	960.29
乳・乳製品・中温性スターター	クエン酸発酵性乳酸菌の計数（25°Cにおけるコロニー計数法）	180:2006*	17792:2006*	
乳脂肪	脂肪酸メチルエステルの調製	182:2002*	15884:2002*	
乳・乳製品	微生物阻害剤試験の標準評価に関する指針	183:2003*	13969:2003*	
乳脂肪	脂肪酸組成の測定（GC 法）	184:2002*	15885:2002*	
乳・乳製品	窒素含量の測定（Dumas 法）	185:2002*	14891:2002*	

表 9.1 (続き)

製品	試験項目/分析原理	IDF 番号	ISO 番号	AOACInternational (OMA 第 18 版)
乳・乳製品	競合酵素免疫測定の標準評価に関する指針―アフラトキシン M1 含量の測定	186:2003*	14675:2003*	
バター	硬度測定	187:2005*	16305:2005*	
乳・乳製品	免疫測定法の標準評価に関する指針	188:2003*	18330:2003*	
乳・乳製品	硝酸塩及び亜硝酸塩の測定（189-2, 3：日常法）	189-1〜3:2004*	14673-1〜3:2004*	
乳・粉乳	アフラトキシン M1 含量の測定	190:2005*	14674:2005*	974.17, 980.21
バター	水分, 無脂乳固形分, 脂肪含量(日常法)	191-1〜3:2004*	8851-1〜3:2004*	
乳製品	選択培地による推定 Lactobacillus acidophilus の計数（37°Cにおけるコロニー計数法）	192:2006*	20128:2006*	
乳・乳製品	フロシン含量の測定	193:2004*	18329:2004*	
バター・マーガリン・ファットスプレッド	脂肪含量の測定（標準法）	194:2003*	17189:2003*	
乳	尿素含量の測定（標準法）	195:2004*	14637:2004*	
乳	微生物学的品質の測定―日常法とアンカー法結果の変換手法の設定と微生物的品質の定量結果の検証に関する指針	196:2004*	21187:2004*	
牛乳及び乳製品	硝酸塩含有量の定量（グリース反応後の酵素還元及び吸光光度分析による方法）	197:2008*	20541:2008*	
乳・乳製品	乳糖含量の測定（HPLC 法 標準法）	198:2007*	22662:2007*	
乳・乳製品	ヒツジ及びヤギのレンネット―全凝乳活性	199:2006*	23058:2006*	
無水乳脂肪	ステロールの測定（GC 法 日常法）	200:2006*	18252:2006*	
乳製品	近赤外スペクトロメトリー（適用のための推奨法）	201:2006*	21543:2006*	
粉乳・粉乳製品	ホットコーヒーにおける挙動の測定（コーヒーテスト）	203:2005*	15322:2005*	
チーズ	一定移動速度下での一軸圧縮によるレオロジー性状の測定	RM205:2006*	TS17996:2006*	
粉乳	SDS 存在下でのキャピラリー電気泳動（SDS-CE）を用いた大豆, エンドウ豆たんぱく質の検出（スクリーニング法）	206:2006*	17129:2006*	
乳・乳飲料	アルカリホスファターゼの測定（EPAS 法）	209:2007*	22160:2007*	
乳・乳製品	*Enterobacter sakazakii* の検出	RM210:2006*	TS22964:2006*	
乳・乳製品	残留抗菌剤の検出（チューブ拡散法）	RM215:2006*	TS26844:2006*	
乳・乳製品	マジョニア式脂肪抽出フラスコの仕様	219:2006*	3889:2006*	
チーズ	脂肪含量の測定（Van Gulik 法用のブチロメーター）	221:2008*	3432:2008*	
チーズ	脂肪含量の測定（Van Gulik 法）	222:2008*	3433:2008*	
乳	脂肪含量の測定（ゲルベル法 日常法）	226:2008*	2446:2008*	2000.18

＊：ISO/IDF 国際標準

IX. 関連法規

1. 食品衛生法

1.1 食品衛生法の目的

食品衛生法[1]は日本国憲法第25条（生存権）の実現および当時の衛生状態の乱れなどを背景にして，1947年成立した。当時，この法の目的は「飲食に起因する衛生上の危害の発生を防止し，公衆衛生の向上及び増進に寄与すること」であった。その後，社会の変化と要請にマッチさせながら，一部改正がなされ現在に至ってきている。

特に，2000年以降においてBSE (bovine spongiform encephalopathy，牛海綿状脳症)および大規模食中毒の発生と，食品の偽装表示，輸入食品の基準値を超える残留農薬の検出など，食品の安全に対する国民の不安・不信を招く問題が相次ぎ発生した。このため，国民の健康の保護のための予防的観点に立つ積極的な対応，および事業者による自主管理の促進，農畜産物の生産段階の規制との連携が織り込まれ，食品衛生法は大幅に改正されて2003年8月29日から現在のかたちで施行されている。

この改正された現在の食品衛生法において，法の目的がその第1条に「食品の安全性の確保のため公衆衛生の見地から必要な規制その他の措置を講ずることにより，飲食に起因する衛生上の危害の発生を防止し，もって国民の健康の保護を図ること」と示され，改正前よりも「食品の安全性の確保」と「国民の健康の保護」ということを明確にしている。ここでいう「飲食に起因する」危害とは，①食品及び添加物のような飲食物に起因する危害，②食器や調理器具と包装紙やびん，缶等の容器包装のような飲食行為に起因する危害，③乳幼児が口にするおもちゃや洗浄剤に起因する危害を意味し，食品衛生法は，単なる「食品」または「飲食物」を超え，はるかに広い範囲の経口危害を想定している。

1.2 食品衛生法の概要

食品衛生法の概要は表1.1に示すとおりで，第1条（目的）から第79条（罰則）までの法律である。監視・検査体制の整備・強化のための国と地方自治体の責務，及び食品等の安全性確保のための措置及びトレーサビリティー確保のための工程記録の作成・保存等の食品事業者等の責務，清潔で衛生的及び安全な食品等の規格・基準，健康危害防止のための表示基準，そして被害拡大防止措置などを規定している。さらに，食品等の安全性に関しての施策の策定時には必要な情報を公開して広く国民の意見を聴取すること，及び食品衛生の施策実施状況を公表して広く国民の意見を定期的に聴取すること，いわゆるリスクコミュニケーションを行政に対し要求している。

食品衛生法における食品等の規格・基準は，同法第6条（販売を禁止される食品及び添加物）の規定及びその除外規定（同法第10条）を踏まえて公衆衛生をより積極的に保護するために同法第

表1.1 食品衛生法の概要・構成

食 品 衛 生 法	
第1条	目的
第2条	国及び都道府県等の責務
第3条	食品事業者の責務
第4条	定義
第5条	食品及び添加物の取扱原則
第6～10条	不衛生食品・新開発食品等の販売禁止
第11条	食品又は添加物の基準及び規格
第12条	農薬等成分の資料提供等の要請
第13, 14条	総合衛生管理製造過程
第15～18条	器具及び容器包装の取扱原則，規格・基準
第19～20条	表示及び広告
第21条	食品添加物公定書
第22～24条	監視指導指針及び計画
第25～31条	食品等の検査，食品衛生監視員，登録検査機関
第48～56条	食品衛生管理者，営業許可・禁停止
第57～70条	雑則（食中毒事件の措置，リスクコミュニケーション等）
第71～79条	罰則

11条で規定され，これに適合しないものの販売・流通等を禁止するものである．その内容は，乳及び乳製品については「乳等省令」に，その他の食品及び添加物については「食品，添加物等の規格基準」に，それぞれ詳細に定められている．加えて，同法18条によって器具又は容器包装の規格・基準についても定めがある．

また，近年の食品偽装・賞味期限改ざん事件およびコンニャク原料の食品による死亡事故などの社会問題に対し，2009年9月1日の消費者庁および消費者委員会（諮問・調査・審議機関）の設置に伴い，食品衛生法の該当条項は内閣総理大臣の権限が明確となるように改正された．表示関係では，内閣総理大臣から委任された消費者庁が表示基準を策定し，これを遵守させるための命令は消費者庁のみが権限をもつことである（1.5.1項参照）．食品安全関係では，食品の安全基準の策定は，厚生労働省の専門性を活用して消費者庁が協議を受けることである[2]．

1.3 乳等省令

乳等省令は，正式名を「乳及び乳製品の成分規格等に関する省令（昭和26年厚生省令第52号）」といい，食品衛生法の第9条第1項（病肉等の販売等の禁止）及び同法第11条第1項（成分規格及び製造等の方法の基準），同法第18条第1項（器具若しくは容器包装又はこれらの原材料の規格及び製造方法の基準），同法第19条（表示を行うべき食品及び表示の要領）等に基づいて担当大臣が定め，1951年12月27日に厚生省（現在の厚生労働省）から公布された省令である．

牛乳やその他の乳，乳製品等についての定義（表1.2に示す）及び成分規格（表1.3に示す），製造基準，総合衛生管理製造過程（HACCP：hazard analysis and critical control point の原則に基づく科学的衛生管理手法を行う製造）の承認申請制度，容器包装の規格，それら規格の試験法，表示方法等が定められている．製造基準については，たとえば牛乳等の処理は滞りなく一貫して行うこと，脱脂粉乳の噴霧乾燥前工程の温度条件は有害微生物の生育温度範囲外とすることなどを定めている．

1.4 食品，添加物等の規格基準

「食品，添加物等の規格基準」は，昭和34年厚生省告示第370号に定められ，表1.4に示す構成からなり，膨大かつ詳細なものになっている．

食品については，抗生物質等の含有禁止及び農薬・動物用医薬品等の不検出・残留限度，個別食品ごとに必要とされる汚染物質の不検出・残留限度と病原微生物等の不検出・菌数限度の成分規格や製造基準などが定められ，食品添加物については，個々の添加物ごとに成分規格・保存基準，製造基準，使用基準が定められている．さらに，食品用器具・容器包装や，乳幼児が接触することで健康を損なうおそれがあるおもちゃについても，必要な規格・基準が定められている[3]．

食品中に残留する農薬及び動物医薬品・飼料添加物については，残留基準の定められているものをリストとして示し，それ以外の農薬等が残留する食品の販売等を禁止する制度（いわゆるポジティブリスト制度）が2006年5月29日から導入され，コーデックス基準およびわが国の農薬登録保留基準，海外の基準などの科学的評価による基準を参考に残留基準を設定している．残留基準が定められていない農薬等については，ヒトの健康を損なうおそれのない量として「一律基準値は0.01 ppm以下」と設定されている（平成17年厚生労働省告示第497号）．

食品添加物については，これらの規格・基準が内容も専門的で多岐にわたるので，添加物に対する規制を明確にし，添加物の適正な使用を一般に周知させるため，食品衛生法第21条の規定により「食品添加物公定書」が発刊されている．同法第11条および第19条で定められた規格・基準との関係は，配列・構成を異にするものの，両者とも同一な内容となっている．

表1.2 乳，乳製品等の定義（乳等省令）

項	名称	定義
1	乳	生乳，牛乳，特別牛乳，生山羊乳，殺菌山羊乳，生めん羊乳，成分調整牛乳，低脂肪牛乳，無脂肪牛乳及び加工乳
2	生乳	搾取したままの牛の乳
3	牛乳	直接飲用に供する目的で販売（不特定又は多数の者に対する販売以外の授与を含む．以下同じ．）する牛の乳
4	特別牛乳	牛乳であって特別牛乳として販売するもの
5	生山羊乳	搾取したままの山羊乳
6	殺菌山羊乳	直接飲用に供する目的で販売する山羊乳
7	生めん羊乳	搾取したままのめん羊乳
8	成分調整牛乳	生乳から乳脂肪分その他の成分の一部を除去したもの
9	低脂肪牛乳	成分調整牛乳であって，乳脂肪分を除去したもののうち，無脂肪牛乳以外のもの
10	無脂肪牛乳	成分調整牛乳であって，ほとんどすべての乳脂肪分を除去したもの
11	加工乳	生乳，牛乳若しくは特別牛乳又はこれらを原料として製造した食品を加工したもの（成分調整牛乳，低脂肪牛乳，無脂肪牛乳，発酵乳及び乳酸菌飲料を除く．）
12	乳製品	クリーム，バター，バターオイル，チーズ，濃縮ホエイ，アイスクリーム類，濃縮乳，脱脂濃縮乳，無糖練乳，無糖脱脂練乳，加糖練乳，加糖脱脂練乳，全粉乳，脱脂粉乳，クリームパウダー，ホエイパウダー，たんぱく質濃縮ホエイパウダー，バターミルクパウダー，加糖粉乳，調製粉乳，発酵乳，乳酸菌飲料（無脂乳固形分3.0％以上を含むものに限る．）及び乳飲料
13	クリーム	生乳，牛乳又は特別牛乳から乳脂肪分以外の成分を除去したもの
14	バター	生乳，牛乳又は特別牛乳から得られた脂肪粒を練圧したもの
15	バターオイル	バター又はクリームからほとんどすべての乳脂肪以外の成分を除去したもの
16	チーズ	ナチュラルチーズ及びプロセスチーズ
17	ナチュラルチーズ	1 乳，バターミルク（バターを製造する際に生じた脂肪粒以外の部分をいう．以下同じ．），クリーム又はこれらを混合したもののすべて又は一部のたんぱく質を酵素その他の凝固剤により凝固させた凝乳から乳清の一部を除去したもの又はこれらを熟成したもの 2 前号に掲げるもののほか，乳等を原料として，たんぱく質の凝固作用を含む製造技術を用いて製造したものであって，同号に掲げるものと同様の化学的，物理的及び官能的特性を有するもの
18	プロセスチーズ	ナチュラルチーズを粉砕し，加熱溶融し，乳化したもの
19	濃縮ホエイ	乳を乳酸菌で発酵させ，又は乳に酵素若しくは酸を加えてできた乳清を濃縮し，固形状にしたもの
20	アイスクリーム類	乳又はこれらを原料として製造した食品を加工し，又は主要原料としたものを凍結させたものであって，乳固形分3.0％以上を含むもの（発酵乳を除く．）
21	アイスクリーム	アイスクリーム類であってアイスクリームとして販売するもの
22	アイスミルク	アイスクリーム類であってアイスミルクとして販売するもの
23	ラクトアイス	アイスクリーム類であってラクトアイスとして販売するもの
24	濃縮乳	生乳，牛乳又は特別牛乳を濃縮したもの
25	脱脂濃縮乳	生乳，牛乳又は特別牛乳から乳脂肪分を除去したものを濃縮したもの
26	無糖練乳	濃縮乳であって直接飲用に供する目的で販売するもの
27	無糖脱脂練乳	脱脂濃縮乳であって直接飲用に供する目的で販売するもの
28	加糖練乳	生乳，牛乳又は特別牛乳にしょ糖を加えて濃縮したもの
29	加糖脱脂練乳	生乳，牛乳又は特別牛乳の乳脂肪分を除去したものにしょ糖を加えて濃縮したもの
30	全粉乳	生乳，牛乳又は特別牛乳からほとんどすべての水分を除去し，粉末状にしたもの
31	脱脂粉乳	生乳，牛乳又は特別牛乳の乳脂肪分を除去したものからほとんどすべての水分を除去し，粉末状にしたもの
32	クリームパウダー	生乳，牛乳又は特別牛乳の乳脂肪分以外の成分を除去したものからほとんどすべての水分を除去し，粉末状にしたもの
33	ホエイパウダー	乳を乳酸菌で発酵させ，又は乳に酵素若しくは酸を加えてできた乳清からほとんどすべての水分を除去し，粉末状にしたもの
34	たんぱく質濃縮ホエイパウダー	乳を乳酸菌で発酵させ，又は乳に酵素若しくは酸を加えてできた乳清の乳糖を除去したものからほとんどすべての水分を除去し，粉末状にしたもの
35	バターミルクパウダー	バターミルクからほとんどすべての水分を除去し，粉末状にしたもの
36	加糖粉乳	生乳，牛乳又は特別牛乳にしょ糖を加えてほとんどすべての水分を除去し，粉末状にしたもの又は全粉乳にしょ糖を加えたもの
37	調製粉乳	生乳，牛乳若しくは特別牛乳又はこれらを原料として製造した食品を加工し，又は主要原料とし，これに乳幼児に必要な栄養素を加え粉末状にしたもの
38	発酵乳	乳又はこれと同等以上の無脂乳固形分を含む乳等を乳酸菌又は酵母で発酵させ，糊状又は液状にしたもの又はこれらを凍結したもの
39	乳酸菌飲料	乳等を乳酸菌又は酵母で発酵させたものを加工し，又は主要原料とした飲料（発酵乳を除く．）
40	乳飲料	生乳，牛乳若しくは特別牛乳又はこれらを原料として製造した食品を主要原料とした飲料であって，第2項から第11項まで及び第13項から前項までに掲げるもの以外のもの

表1.3 乳，乳製品等の成分規格

	無脂乳固形分 %	乳脂肪分 %	乳固形分 %	比重 15℃	酸度 乳酸%	細菌数 /ml 又はg	大腸菌群	左項目以外規格
生乳又は生山羊乳								患畜及び疑患畜からの生乳及び抗菌性物質を含む生乳，残留農薬を限度規格以上含む生乳，分べん後五日以内のもの使用禁止
生乳（ジャージー種以外）	—	—	—	1.028-1.034	0.18以下	400万以下[*1]	—	
生乳（ジャージー種）	—	—	—	1.028-1.036	0.20以下	400万以下[*1]	—	
生山羊乳	—	—	—	1.030-1.034	0.20以下	400万以下[*1]	—	
牛乳，成分調整牛乳及び加工乳等								
牛乳（ジャージー種以外）	8.0以上	3.0以上	—	1.028-1.034	0.18以下	50,000以下[*2]	陰性	
牛乳（ジャージー種）	8.0以上	3.0以上	—	1.028-1.036	0.20以下	50,000以下[*2]	陰性	
特別牛乳（ジャージー種以外）	8.5以上	3.3以上	—	1.028-1.034	0.17以下	30,000以下[*2]	陰性	
特別牛乳（ジャージー種）	8.5以上	3.3以上	—	1.028-1.036	0.19以下	30,000以下[*2]	陰性	
殺菌山羊乳	8.0以上	3.6以上	—	1.030-1.034	0.20以下	50,000以下[*2]	陰性	
成分調整牛乳	8.0以上	—	—	—	0.18以下	50,000以下[*2]	陰性	
低脂肪牛乳	8.0以上	0.5-1.5	—	1.030-1.036	0.18以下	50,000以下[*2]	陰性	
無脂肪牛乳	8.0以上	0.5未満	—	1.032-1.038	0.18以下	50,000以下[*2]	陰性	
加工乳	8.0以上	—	—	—	0.18以下	50,000以下[*2]	陰性	
乳製品								
クリーム	—	18.0以上	—	—	0.20以下	100,000以下[*2]	陰性	
バター	—	80.0以上	—	—	—	—	陰性	水分%；17.0以下
バターオイル	—	99.3以上	—	—	—	—	陰性	水分%；0.5以下
プロセスチーズ	—	—	40.0以上	—	—	—	陰性	
濃縮ホエイ	—	—	25.0以上	—	—	—	—	
アイスクリーム	8.0以上	15.0以上	—	—	—	100,000以下[*2]	陰性	
アイスミルク	3.0以上	10.0以上	—	—	—	50,000以下[*2]	陰性	
ラクトアイス	—	—	3.0以上	—	—	50,000以下[*2]	陰性	
濃縮乳	—	7.0以上	25.5以上	—	—	100,000以下[*2]	—	
脱脂濃縮乳	18.5以上	—	—	—	—	100,000以下[*2]	—	
無糖練乳	—	7.5以上	25.0以上	—	—	0[*2]	—	
無糖脱脂練乳	18.5以上	—	—	—	—	0[*2]	—	
加糖練乳	—	8.0以上	28.0以上	—	—	50,000以下[*2]	陰性	水分%；27.0以下，糖分%；58.0以下（乳糖含む）
加糖脱脂練乳	—	—	25.0以上	—	—	50,000以下[*2]	陰性	水分%；29.0以下，糖分%；58.0以下（乳糖含む）
全粉乳	—	25.0以上	95.0以上	—	—	50,000以下[*2]	陰性	水分%；5.0以下
脱脂粉乳	—	—	95.0以上	—	—	50,000以下[*2]	陰性	水分%；5.0以下
クリームパウダー	—	50.0以上	95.0以上	—	—	50,000以下[*2]	陰性	水分%；5.0以下
ホエイパウダー	—	—	95.0以上	—	—	50,000以下[*2]	陰性	水分%；5.0以下
たんぱく質濃縮ホエイパウダー	—	—	95.0以上	—	—	50,000以下[*2]	陰性	乳たんぱく量%；15.0-80.0，水分%；5.0以下
バターミルクパウダー	—	—	95.0以上	—	—	50,000以下[*2]	陰性	水分%；5.0以下
加糖粉乳	—	18.0以上	70.0以上	—	—	50,000以下[*2]	陰性	水分%；5.0以下，糖分%；25.0以下（乳糖除く）
調製粉乳	—	—	50.0以上	—	—	50,000以下[*2]	陰性	水分%；5.0以下
発酵乳	8.0以上	—	—	—	—	—	陰性	乳酸菌数又は酵母数/ml；10,000,000以上
乳酸菌飲料	3.0以上	—	—	—	—	—	陰性	乳酸菌数又は酵母数/ml；10,000,000以上
乳飲料	—	—	—	—	—	30,000以下[*2]	陰性	
乳等を主要原材料とする食品								
乳酸菌飲料	3.0未満	—	—	—	—	—	陰性	乳酸菌数又は酵母数/ml；1,000,000以上

[*1]：直接個体顕微鏡法による．[*2]：標準平板培養法による．

1.5 アレルギー表示

a. 食品衛生法における義務表示

食品衛生法第19条に規定する食品等への表示事項は，①公衆衛生の見地から，消費者等の合理的な認識と選択を確保するためと，②行政担当者の迅速で効果的な取締りのための情報提供，を目的としている．この表示基準は，乳及び乳製品，乳等を主原料とする食品については「乳等省令」第7条に，その他の食品等については食品衛生法施行規則（昭和23年厚生省令第23号）第21条

表1.4 食品，添加物等の規格基準の形式

第1	食品
	A 食品一般の成分規格
	B 食品一般の製造，加工及び調理基準
	C 食品一般の保存基準
	D 各条
	清涼飲料水，粉末清涼飲料，氷雪，氷菓，……，冷凍食品，容器包装詰加圧加熱殺菌食品のそれぞれの基準及び規格
第2	添加物
	A 通則
	B 一般試験法
	C 試薬・試液等
	D 成分規格・保存基準各条
	E 製造基準
	F 使用基準

にそれぞれ定められている．もちろん，「適法表示」は計量法などその他の法律から求められる表示事項もすべて満足していなければならない．

2009年9月1日に設置された消費者庁が，より効果的な消費者保護の観点から食品の表示全般に関して食品衛生法をはじめ健康増進法，JAS法および景品表示法などの一元管理をすることになっている[3]．

食品衛生法による表示すべき基本事項は，①名称（乳及び乳製品では種類別），②消費期限又は賞味期限，③製造所又は加工所の所在地（輸入品にあっては輸入業者の営業所所在地），④製造者もしくは輸入者等の氏名又は名称，⑤保存の方法，⑥アレルギー物質を含む食品についてはその旨，⑦添加物を含む食品等についてはその旨，⑧使用基準が定められている食品等にあってはその方法である．これらのほか，それぞれの食品等の性質等に応じ定められた表示事項がある．以上の表示事項の表示方法は，当該容器包装の見やすいところへ，わかるように（邦文により，適切な文字の大きさなどで）表示することが規定されている．

b. アレルギー表示の義務

これらのうち，⑥のアレルギー物質を含む旨の表示は，近年のアレルギー資質を獲得した国民の増加およびその摂食時の健康危害の重篤性によって，表示による情報提供の必要性が高まったため，2001年4月より「アレルギーを誘発する原材料を含む食品の表示」が義務づけられた事項である．厚生労働省では，発症数および重篤度の調査・分析結果によって，省令で定める特定原材料の7品目（卵，乳，小麦，そば，落花生，えび，かに；えび，かにについては2006年6月追加）についてはすべての流通段階での表示を義務づけ，さらに通知で定める特定原材料に準ずる18品目（あわび，いか，いくら，オレンジ，牛肉，くるみ，さけ，さば，大豆，キウィフルーツ，鶏肉，豚肉，バナナ，まつたけ，もも，やまいも，りんご，ゼラチン；バナナについては2004年12月追加）については表示を推奨している．これら特定原材料は，新たな品目追加や入替えを想定し，3年ごとに見直しがなされることになっている．容器包装への表示の実際は，①警告表示としての「可能性表示（入っているかもしれません．）」は禁止され，「〇〇（特定原材料等の名称）を使用した設備で製造しています．」などが求められ，また，②一般的でない物質名の場合には，特定原材料使用を明確に伝えるために，例えば「カゼインナトリウム（乳由来）」等のように表記するなど，正しく伝えることが求められている[4,5]．

〔日比野光一〕

文　献

1) 玉木　武：新訂早わかり食品衛生法（第2版〈食品衛生法逐条解説〉），pp.14-376，（社）日本食品衛生協会，2007．
2) 官邸ホームページ：消費者庁関連3法ポイント，http://www.kantei.go.jp/jp/singi/shouhisha/3houan/090529/3point.pdf
3) 特定非営利活動法人 食品保健科学情報交流協議会ホームページ：食科協ニュースレター，53, 1-2(2007)．http://www.ccfhs.or.jp/news/pdf/letter 53.pdf
4) 厚生労働省ホームページ：アレルギー物質を含む食品に関する表示の改正について（食安発弟0603001号）http://www.mhlw.go.jp/topics/bukyoku/iyaku/syoku-anzen/hyouji/info/dl/080604-1a.pdf
5) 厚生労働省ホームページ：アレルギー物質を含む食品に関する表示について．http://www.mhlw.go.jp/topics/0103/tp 0329-2b.html #2b3

2. 日本農林規格

2.1 日本農林規格の目的

日本農林規格[1,2]（Japanese Agricultural Standard: JAS規格）は「農林物資の規格化及び品質表示の適正化に関する法律（以下，英訳の頭文字からJAS法と略す）」に基づくものである．

1950年のJAS法制定当時は，戦後の混乱による物資不足や模造食品の横行による健康被害などが頻発しており，農林物資の品質改善や取引の公正化を目的としてJAS規格制度がまず発足した．その後JAS法は規格のある品目について表示の基準を定めることにより，消費者が商品を購入するときに役立つように改正されてきている．このJAS法の第1条に「適正かつ合理的な農林物資の規格を制定し，これを普及させることによって，農林物資の品質の改善，生産の合理化，取引の単純公正化及び使用又は消費の合理化を図るとともに，農林物資の品質に関する適正な表示を行わせることによって一般消費者の選択に資し，もって公共の福祉の増進に寄与すること」とJAS法の目的が明示されている．

同法第7条において，この目的を達成するため内閣総理大臣は農林物資の規格を制定することができると規定され，これをJAS規格という．この場合，内閣総理大臣はあらかじめ農林水産大臣に協議するとともに，消費者委員会の意見を聴かなければならない，または農林水産大臣はその策定を内閣総理大臣へ要請することができるとされている．これは2009年9月1日の消費者庁および消費者委員会（諮問・調査・審議機関）の設置に伴うJAS法改正によるものである[3]．

2.2 JAS規格の概要

対象となる農林物資とは，酒類，医薬品等を除く，①飲食料品及び油脂，②農産物，林産物，畜産物及び水産物並びにこれらを原料又は材料として製造し，又は加工した物資であって政令で定めるものである．それらの生産・製造地は国内外を問わないとされている．

JAS規格は農林物資の種類（品目）を指定して制定される．それには消費者，生産者，流通業者，学識経験者などから構成される「農林物資規格調査会（JAS調査会）」の議決を経ることが必要とされている．既存のJAS規格については，生産，取引，使用または消費の実情や将来の見通しに加え，コーデックス規格（10章参照）などの動向を考慮して，社会ニーズの変化に対応させるため，5年ごとに見直しを行うこととなっている．

この規格の制定や改正のステップとしては，消費者への説明会，関係事業者と消費者との意見交換会が開催されるほか，パブリックコメントの募集，WTO（世界貿易機関）への通報が行われ，広範な意見を踏まえたうえで改正案がまとめられ，JAS調査会にて議決される．現在では，その改正案は2009年9月1日に設置された「消費者庁」および「消費者委員会」における手続きを経ることが必要となっている[3]．と同時に，消費者庁はより効果的な消費者保護の観点から食品の表示全般に関してJAS法をはじめ食品衛生法，健康増進法および景品表示法などの一元管理をすることになっている[4]．

2002年9月27日のJAS調査会総会において，原料乳，バター，無糖れん乳及び加糖れん乳の規格が廃止となっている．この理由は規格が実効的でなくなったということであった．たとえば，原

JASマーク
品位，成分，性能等の品質についてのJAS規格（一般JAS規格）を満たす食品や林産物などに付されます．

特定JASマーク
特別な生産や製造方法についてのJAS規格（特定JAS規格）を満たす食品や，同種の標準的な製品に比べ品質等に特色があることを内容としたJAS規格（りんごストレートピュアジュース）を満たす食品に付されます．

有機JASマーク
有機JAS規格を満たす農産物などに付されます．有機JASマークが付されていない農産物と農産物加工食品には「有機〇〇」などと表示することができません．

生産情報公表JASマーク
生産情報公表JAS規格を満たす方法により，給餌や動物用医薬品の投与などの情報が公表されている牛肉や豚肉，原材料と製造過程などの情報が公表されている加工食品等に付されます．

図2.1　農林水産省のホームページにおける各種のJASマーク

料乳では「特級（乳脂肪率3.2％以上など）」および「1級（乳脂肪率2.8％以上など）」，その他に格付けされる当初の運用において酪農家と乳業メーカー間の生乳取引価格の決定のために使われていたものの，その後の乳質改善努力の結果から「特級」格付けよりも乳脂肪率そのものが取引基準となり，JAS規格そのものとしての意義をなしていないという実態を踏まえたものであった[5]．

2.2.1　JASマーク

JAS規格が定められた品目について，農林水産大臣から認定された認定事業者がその該当するJAS規格に適合していると判定した製品にはJASマークと呼ばれる規格証票を付した出荷・販売が認められている．そのマークには図2.1に示すとおり，規格の内容により各種のものがある[6]．

2.2.2　JAS規格の内容

この規格の内容は，①品位，成分，性能その他の品質についての基準（一般JAS規格），②生産の方法についての基準（特定JAS規格），③流通の方法についての基準がある．

①については飲食料品を中心に205規格が定められている．それぞれの規格では用語の定義を定め，性状（色沢，香味，粘度等），原材料等の当該規格の品質を決定付ける製造方法や製品の成分等の品質の基準及び表示の基準等について定めている．

②については有機農産物等の有機食品に関する有機JAS規格，食品の正確な生産情報に関する生産情報公表JAS規格及び熟成食肉製品規格等のように特別な生産や製造方法についてのJAS規格からなる．

③については高度な流通管理に基づく流通方法に特色のある農林物資の流通についての基準である．

2.3　有機JAS

有機農産物の表示については，1992年に「有機農産物等に係る青果物等特別表示ガイドライン」が制定されたものの，法的強制力を有していないことから，まぎらわしい表示や不適切な表示が多くみられた．そこで2000年に有機食品の表示の適正化を図るため，有機農産物及び有機農産物加工食品の特定JAS規格を定めた．

これにより，有機JASマークのない農産物や農産物加工食品には「有機」や「オーガニック」の名称の表示ができないこととなった．現在では，有機農産物及び有機畜産物，有機加工食品，有機飼料の4品目4規格が整備されている．

有機農産物とは，種まきや植え付けの前2年以上の間，堆肥等による土作りをしたほ場において，化学合成された農薬や肥料を使用しないことを基本として生産された農産物をいう．有機畜産

物とは，飼料は主に有機農産物を与え，抗生物質等を病気予防の目的に使用せず，ストレスのない野外等での飼育により生産された畜産物をいう．また，有機加工食品とは，有機農産物，有機畜産物，有機加工食品を主な原料とし，化学合成された食品添加物や薬剤を使用しないことを基本として生産された加工食品をいう．さらに，有機飼料とは，有機農産物，有機畜産物（乳に限る），有機加工食品を主な原料とし，化学的に合成された飼料添加物や薬剤を使用しないことを基本として生産された飼料をいう．

有機畜産物JASについては，家畜として牛，馬，めん羊及び豚を，家きんとして鶏，うずら，あひるおよびかもを対象にしている．その第4条では，生産の方法についての基準を詳細に規定している．たとえば，畜舎又は家きん舎の設計・設備・衛生などの管理基準，野外の飼育場の無農薬・有害動植物の防除・所要面積などの管理基準，出産又はふ化時からの有機飼養基準，疾病予防の飼養・厳格な動物用医薬品の使用制限などの健康管理基準，ストレスフリーの飼養／輸送・人工繁殖技術不使用などの一般管理基準，及び解体／選別／調製／洗浄／貯蔵／包装その他の工程に係る管理基準である．これらすべてについて第三者認定機関により審査，認定されて，有機JASマークを付すことができる[7]．

一部地域では，先駆的な酪農家と乳処理メーカーにより，「オーガニック牛乳」が流通販売されている．

2.4 生産情報公表JAS

近年のBSEの発生や食品の不正表示事件を背景として，消費者の間には食品の安全に対する不安や食品表示に対する不信が生じてきている．消費者の「食」に対する信頼を図るため，この規格は，食品の生産情報を消費者へ正確に伝えていることを第三者機関が認定するものである．当初，国民の関心が高く体制整備されている牛肉に対して制定されたあと，豚肉，農産物，一部加工食品へと拡大しつつある．

生産情報公表JASマークが付されている商品については，認定生産行程管理者が識別番号ごとに生産情報を正確に記録・保管・公表しており，店頭での表示やインターネットなどを通じてその情報入手ができる．　　　　　〔日比野光一〕

文　献

1) (社)日本農林規格協会編：JAS制度の手引き，4月版，2007.
2) 農林水産省ホームページのリンク「法令データ供給システム」：農林物資の規格化及び品質表示の適正化に関する法律．http://law.e-gov.go.jp/htmldata/S25/S25 HO 175.html
3) 農林水産省ホームページ：消費者委員会設置に伴う規定等の改正について．http://www.maff.go.jp/j/jas/kaigi/pdf/090828_sokai_m.pdf
4) 官邸ホームページ：消費者庁関連3法のポイントについて．http://www.kantei.go.jp/jp/singi/shouhisha/3houan/090529/3point.pdf
5) 農林水産省ホームページ：農林物資規格調査会総会議事録（平成14年9月27日）http://www.maff.go.jp/j/jas/kaigi/pdf/020927_sokai.pdf
6) 農林水産省ホームページ：JAS規格について．http://www.maff.go.jp/j/jas/jas_kikaku/index.html
7) 農林水産省ホームページ：有機畜産物の日本農林規格．http://www.maff.go.jp/j/jas/jas_kikaku/pdf/yuuki_kikaku_d.pdf

3. 公正競争規約

3.1 公正競争規約の目的

公正競争規約[1,2]とは，不当景品類及び不当表示防止法（第9章参照）第12条の規定により内閣府の外局である公正取引委員会の認定を受けて，事業者又は事業者団体が表示又は景品類に関する事項について自主的に設定する業界のルールである．

販売競争は，本来の姿としては品質と価格による競争であるべきであるが，ある事業者が誇大な広告宣伝や過大な景品提供を行うと，他の事業者もこれに対抗して，誇大な広告宣伝や景品の額による競争に陥りやすい．たとえば，果汁が10％しか入っていない飲料に，ある会社が「果汁たっぷり」と表示すれば，他社は「搾りたての果汁」などと表示してこれに対抗するようになりやすい．

そこで，公正競争規約の目的は，不当な表示や過大な景品類の提供による競争を防止し，業界大多数の良識を「商慣習」として明文化し，この「商慣習」を自分も守れば他の事業者も守るという保証を与え，とかくエスカレートしがちな不当表示や過大な景品類の提供を未然に防止するために設定されるものである．

3.2 公正競争規約の概要

公正競争規約で定めることのできる内容は表示又は景品類に関する事項に限られ，このほか，規約を運用するために必要な組織や手続に関する規定を定めることができる．具体的にどのような内容を規定するかは，規約を設定する事業者又は事業者団体の決めることであるが，不当景品類及び不当表示防止法と他の関係法令による規制も広く取り入れている．たとえば，食品の表示に関する公正競争規約は食品衛生法（乳等省令），JAS法，健康増進法，および計量法などによる規制も密接に反映している．

公正競争規約には，表示に関する表示規約と景品に関する景品規約がある．

3.3 表示規約の具体例

牛乳，乳製品については「飲用乳」「はっ酵乳・乳酸菌飲料」「殺菌乳酸菌飲料」「ナチュラルチーズ・プロセスチーズ・チーズフード」「アイスクリーム類」の表示に関する公正競争規約がある[3]．

それら規約の構成は，「①目的」から始まり，「②定義」「③必要表示事項」「④特定事項等の表示基準」「⑤不当表示の禁止」「⑥公正マーク」「⑦運用団体の公正取引協議会組織及び違反に対する調査に関する規定」などからなる．そのうち，④については"濃厚"牛乳や"マロン"アイスクリームなどのように商品名に冠したり，原材料についての強調する用語の使用基準を定めている．⑤については，成分又は原材料が著しく優良であると誤認されるおそれの表示，客観的な根拠に基づかない「特選」等の表示，原産国について誤認されるおそれの表示，医薬品的な効能効果があるかのように誤認されるおそれの表示等の不当表示を具体的に禁止している．さらに，過大包装や不当な比較広告などについても禁止している．

〔日比野光一〕

文献

1) 公正取引委員会ホームページ；公正競争規約. http://www.jftc.go.jp/keihyo/kiyaku/kiyaku.html
2) 公正取引委員会編：「よくわかる景品表示法と公正競争規約」パンフレット，3月，2007.
3) （社）全国公正取引協議会連合会ホームページ：表示に関する公正競争規約. http://www.jfftc.org/index.html

4. 製造物責任法（PL法）

われわれの身の周りではさまざまな種類の製品が大量に生産され，消費されている．現代社会においては，科学技術の発展により，製品およびその製造工程は複雑化し，ひとたび事故が発生すれば深刻な被害が発生する可能性は確実に高まっている．"PL"とは「製造物責任（product liability）」のことである．製造物責任とは「製品の欠陥が原因となって人の生命，身体又は財産に被害が生じた場合に，その製品を供給した企業が負う法律上の損害賠償責任である」ということができる．製造物責任制度とは，製品の欠陥によって生命，身体または財産に損害を被った場合には，被害者が製造業者などに対して損害賠償を求めることができる制度である．これ以前，民法のもとでは，被害者が損害賠償を請求するには，製造業者などの過失（不注意）が原因で事故が起きたことを証明することが必要であった．しかし，1995年7月，民法の特別法としてPL法が施行されたあとは，製品の欠陥が原因であったことを証明すれば損害賠償を求めることができるようになった．つまり，被害者は製品に欠陥があったことおよびその欠陥が原因となって事故が発生したことを証明すればよく，製造業者の過失の証明が不要になったことにより証明負担が軽減されたことになる．

PL法では製造物を「製造又は加工された動産」と定義しており，未加工の農林畜水産物，サービスやソフトウェア，電気などの無体物，不動産は対象とならない．マンションなどの不動産はPL法の対象とならないが，窓ガラスやドアなどはPL法の対象となる．食品の場合，加熱（煎る，煮る，焼く），味付け（調味，塩漬け，燻製），粉挽き，搾汁などは「製造又は加工」となるのに対し，単なる切断，冷凍，冷蔵，乾燥などは「製造又は加工」に当たらないと解釈されているが，これからの判例により明らかになるであろう．

欠陥ある製品を製造した製造業者，その製品が輸入品の場合には輸入業者に対して損害賠償を求めることができる．また，PB（private brand，小売業者が独自に企画し，他で販売していないオリジナル商品につける独自性を強調した商標で，サービスマークの一種）やOEM供給された製品（original equipment manufacturing，完成品もしくはシステム製品の構成部分などの半完成品を，委託を受けた相手先企業のブランドをつけて販売することを前提に，生産・供給を行う企業間のビジネス）などは，みずからその製品を製造していなくても「製造元：○○○」「輸入元：○○○」などの表示をしている企業や自社ブランドをつけて販売している企業に対しても損害賠償請求ができる．そのほか，「販売者：○○○」「販売元：○○○」などの表示をしている企業に対しても，その製造物の製造業者として広く社会に認知されていたり，その製品を一手に販売している場合には，損害賠償を求めることができる．

PL法でいう欠陥とは，人的損害やその製造物以外の物的損害をもたらすような製品の安全上の瑕疵（きず，欠点の意）をいう．製品の性能や調子が悪いといった安全性に関係のない単なる品質とか機能上の問題は，PL法の「欠陥」には当たらない．また，人的損害やその製造物以外の物的損害（いわゆる拡大損害）が発生していない場合には，PL法で損害賠償請求はできない．欠陥の有無は，いろいろな情報を総合的に考慮して，その製造物が通常有すべき安全性を欠いていたかどうかで判断される．事故などの危険について警告表示や取扱説明書に適切に示されていたか，使い方は通常予見される範囲内であったか，使用者のほうでも事故を防止できなかったか，など総合的に勘案されて「欠陥」があったかどうか判断される．

しかし，以下の事項のいずれかを証明したときには責任が免除される．

・開発危険の抗弁：製造物の引渡し時において，そのとき入手可能な科学技術の最高水準をもってしてもその欠陥があることを認識できなかった場合

・部品・原材料製造業者の抗弁：部品・原材料の欠陥がもっぱら完成品の製造業者からの設計に関する指示にしたがったことにより生じ，かつその欠陥が生じたことについて部品・原材料製造業者には過失がなかった場合

また，PL法上の損害賠償請求権は被害者が損害および賠償義務者を知ったときから3年の間に賠償請求を起こさなければ，時効となり，なくなる．また，その製造業者などが製品を引き渡してから10年が経過したときも同様に賠償請求はできない（この場合，身体に蓄積した場合に人の健康を害することとなる物質による損害または一定の潜伏期間が経過したあとに症状があらわれる損害については，その損害が生じたときから起算する）．ただし，PL法の責任期間が切れたあとも民法のもとで責任が追及される可能性がある（民法の不法行為責任では責任期間は不法行為時から20年）．

さらに，PL法は民法の特別法であるから，PL法に規定のない慰謝料，損害賠償の方法，過失相殺については民法の規定が適用される．

いずれにせよ，PL法ができたことは企業責任厳格化の象徴であり，PL法の対象となるならないを問わず，製品やサービスを供給するすべての企業に苦情件数の増加という効果をもたらした．したがって，乳業界においてもいままで以上に企業責任が厳格化されていくことは避けられない．

食品分野でのPL事故例

a. ヒ素ミルク事件（1955年）

大手乳業メーカーの製造した育児用粉乳に使用された品質安定剤にヒ素が混入したことが原因となって，西日本の各府県において人工栄養の乳幼児の間に重度の身体障害が発生した．本事件においては，被害者の恒久救済事業を行うことを条件とする和解が成立しており，現在に至るまで，同乳業メーカーが被害者の治療看護，生活保障などに関するすべての経費を負担している．

b. 米ぬか油PCB混入事件（1968年）

米ぬか油に，その脱臭工程における熱媒体として使用されたPCBが混入したことが原因となって，西日本を中心に広域にわたり多数の被害者（皮膚障害，内臓疾患，神経疾患など）が発生した．製造メーカーなどから支払われた損害賠償金の総額は150億円を上回っている．

c. 卵豆腐事件（1970年）

サルモネラに汚染された液卵を材料として製造された卵豆腐が原因となって食中毒事件が発生，岐阜県大垣市を中心に415名の被害者が発生した．第1審判決においては，卵豆腐の製造業者，卸売業者，小売業者に対して約1900万円の支払いが命じられたが，その後，控訴審において和解が成立した．

d. 辛子蓮根事件（1984年）

熊本県の食品製造会社が製造した辛子蓮根が原因となってボツリヌス菌食中毒が発生，広域にわたって36人の被害者（うち11人が死亡）が発生した．同社は資本金500万円の中小企業であったため，弔慰金，和解金として約3400万円を支払ったあと，倒産した．

e. ジュース中の異物による負傷（1998年）

大手ハンバーガーチェーンの店舗でダブルチーズバーガーセットを購入し，勤務先でセットのジュースを飲んだところ，吐血した．異物は発見されていない．裁判官は「ジュースに異物が混入する可能性は否定できない」から「ジュースが通常有すべき安全性を欠いていたということであるから，本件ジュースには製造物責任法上の『欠陥』があると認められる」と判断し，10万円の損害補償が認められた．PL法施行後初の判決事例．

f. 輸入びん詰オリーブによる食中毒（1998年）

イタリアから輸入したびん詰オリーブを調理した食事により，ボツリヌス菌食中毒が発生した（喫食者61人中16人が中毒症状を呈した）．開封後のオリーブびん詰から毒素が検出されたことか

ら，開封前から毒素があったものと推定され，輸入業者に製造物責任を認め350万円の支払いを命じた．ただし，このびん詰はイタリアで加圧殺菌されており，かつ酸化還元電位からボツリヌス菌が生育するには難しいものであった．

g. イシガキダイによる食中毒 (1999年)

割烹旅館でイシガキダイの料理を食べ，8人がシガテラ毒素中毒の症状を呈した．割烹旅館の経営者はイシガキダイのシガテラ毒素は知られていないと開発危険の抗弁を申し立てたが，裁判所は，イシガキダイのシガテラ毒素は文献に知らされており，料理者は当然知っておかなければならないこととして，製造物責任を認めた．

h. 加工乳食中毒 (2000年)

大手乳業メーカー大阪工場製の「低脂肪乳」などを原因とする診定患者数1万3420人という，近来例をみない大規模食中毒事故である．原因は当該メーカーの大樹工場で停電事故が起き，そのとき黄色ブドウ球菌が増殖してエンテロトキシンを産生し，脱脂粉乳を汚染した．その汚染された脱脂粉乳が大阪工場で「低脂肪乳」などに加工され，販売されたことによる．

当該メーカーは，多額の損失を抱えたが，何より消費者の信頼を失墜させた． 〔川口 昇〕

5. 保健機能食品制度

5.1 保健機能食品

　1984年に文部省特定研究として生体調節機能食品のプロジェクトが発足し，食品成分の健康保持，疾病の改善・予防機能の研究が総合的に進められてきた結果，多くの食品成分に生体調節機能があることが明らかとなった．特に，ミルクは新生児に過不足ない栄養を供給するだけでなく，既存の栄養素以外に多くの体調調整成分があることが明らかになった．これらの研究成果を健康表示として消費者に情報提供することの重要性の認識が高まり，食品に健康機能を表示する制度の検討が行われた．その結果，健康表示を個別に評価してその表示を厚生省（当時）が許可する特定保健用食品の制度が1991年に世界に先駆けて施行された．

　さらに，2001年4月に，栄養機能食品を制度化して，既存の特定保健用食品と併せて保健機能食品の制度が創設された[1]．個別評価型の特定保健用食品に対して，栄養機能食品は栄養成分の機能について，一定の規格基準を満たせば個々に許可を得ずに定められた表示ができる食品である．

　保健機能食品の設立の目的は，食品の健康に関する情報を十分に伝え，消費者みずからが自分に適した食品を選択するために，食品の機能表示を拡大することにある．この制度の定着により，虚偽・過大な表示や広告が問題とされるいわゆる健康食品の販売抑制につながると考えられる．

5.2 特定保健用食品

5.2.1 制度の概要

　特定保健用食品は健康に寄与する食品の成分を厚生労働省が医学的，栄養学的に評価し，その結果を消費者に伝えるために健康増進法に規定された特別用途食品の一つであり，「特別用途食品のうち，食生活において特定の保健の目的で使用する人に対し，その保健の目的が期待できる旨の表示をする食品をいう」と定義されている．

　特定保健用食品は厚生労働省が個々の製品ごとに申請を受け，専門家による委員会において，その製品の有効性と安全性の科学的根拠を評価して，表示を許可する制度である．主な許可要件は第1にヒト試験を実施して機能に関して有効性の科学的根拠を明らかにしていること，第2に食経験も踏まえてヒトでの安全性が確認されていること，第3に機能成分の定量的な把握ができていることである．

　2001年に栄養機能食品が制定されたことに伴い，特定保健用食品の制度も一部改正された．それまでは特定保健用食品は通常の食品の形態しか許可されなかったのが，錠剤やカプセルなどの形態も審査の対象となった．同時に，特定保健用食品の許可される範囲が下記の通り明文化された．

　①測定可能な体調の指標の維持および改善に関するもので，健康診断で測定する項目も含め，たとえば，「血糖値を正常に保つ」や「体脂肪の分解を促進する」などの表示内容がこれに含まれる．

　②身体の生理機能・組織機能を良好に維持または改善する内容で，「便通を良好にする」や「カルシウムの吸収を高める」の例があげられている．

　③本人が自覚できる体調の変化で，慢性でない一時的な体調の変化に関するもので，たとえば「肉体疲労を感じる方に適する」の例があげられている．

5.2.2 健康表示の科学的根拠

a. 有効性の科学的根拠

　有効性の科学的根拠としては，*in vitro* 試験お

よび動物試験において関与成分の有効性，作用メカニズム，体内動態を実証したあと，ヒト試験において有効性の実証と摂取量を確認する必要がある．特定保健用食品の有効性評価は申請する食品の形態でのヒト試験が必須である．動物試験において有効性を有する素材であってもヒトと動物では消化，吸収，代謝に異なる部分があり，最終的にはヒトでの効果を確認する必要がある．

ヒト試験は，原則として，1日摂取目安量による長期摂取試験（通常3カ月）を実施する．試験計画を立てる際には，有効性の評価に相応しい指標を設定し，統計学的に十分な有意差を確認するに足りる試験方法を設定することになっている．また，対象者は健常者，疾病の境界域から軽症のヒトで実施される．被験者数は，統計学的手法によって有意水準の判定が可能な数を確保する必要があり，統計学的手法上，有意水準の判定に不十分な被験者数の場合には，参考例としての扱いになる．

食品といえどもその有効性を評価する場合には，被験者の健康上の問題が発生することを考慮して，被験者の保護を配慮する必要がある．そのために，医師を含む専門家を中心とする倫理委員会において，動物試験・食経験に基づく試験素材の安全性，試験計画の妥当性，被験者への説明と自発的同意，健康被害のモニタリング体制，報酬と被害時の補償などを検討して，試験実施の承認を得る必要がある．

b. 安全性の科学的根拠

特定保健用食品として要求される安全性試験は，食経験を踏まえて，安全性を確認することが求められている．食経験は，摂取量，摂取期間，摂取した人口，摂取頻度を定量的に判断して，食品としての使用実績に対する安全性の程度を定量的に評価する必要がある．

in vitro 試験および動物試験などにおいて，安全性に関する用量と効果の相関関係，毒性所見などの情報を得ることにより，ヒトにおける影響をある程度まで推察することが可能となる．十分な食経験がない場合には，遺伝毒性（変異原性試験と染色体異常試験，小核試験），急性毒性（単回投与試験，1週間投与試験），亜急性毒性（28日または90日間の反復経口投与試験），最大無作用量（動物試験により求めた体重当たりの無作用量）などの試験を行うことが必要とされている．

ヒト試験は実際に申請する特定保健用食品の形態で，有効摂取量において3カ月の試験を実施するとともに，摂取目安量の3〜5倍の過剰量での1カ月の安全性試験を実施する必要がある．

5.2.3 新しい特定保健用食品制度

厚生労働省は2005年2月に省令改正を行い，従来の特定保健用食品の制度に加えて，条件付き特定保健用食品，規格基準型特定保健用食品，疾病リスク低減特定保健用食品を新たに設けることとした[2]．

a. 条件付き特定保健用食品

従来の特定保健用食品の審査で要求している有効性の科学的根拠のレベルには届かないが，一定の有効性が確認される食品を条件付きで特定保健用食品として許可するものである．

①従来は危険率5%以下の有意差が求められていたものが，10%までの有意差で認める．

②非無作為化比較試験で危険率5%以下の有意差でも認める．

③作用機序に関する試験を適切に実施したあとに，作用機序が明確にならなかった場合も認める．

b. 規格基準型特定保健用食品

特定保健用食品としての許可実績が十分にあり，科学的根拠が蓄積されていて，事務局審査が可能な食品について下記の基準を定め，審議会の個別審査なく許可する．

判断基準：

①保健の用途ごとに分類したグループにおける許可件数が100件を超えている．

②当該関与成分の最初の許可から6年を経過している．

③複数の企業が当該保健の用途を持つ当該関与成分について許可を取得している．

これらすべてを満たしているものは，保健の用途として「おなかの調子を整える」旨の表示をす

る食物繊維とオリゴ糖の9成分である．

c. 疾病リスク低減特定保健用食品

関与成分の疾病リスク低減効果が確立されている場合に表示が認められる．現時点において許可対象として認める候補としては，「カルシウムと骨粗鬆症」，「葉酸と神経管閉鎖障害」の二つである．これら二つ以外の表示として許可されるには原則として，複数の研究論文からなるメタアナリシスの論文があり，日本人の疾病の罹患状況に照らして必要性があることが求められ，十分な科学的根拠を揃えた申請があった場合に，専門家による検討を行うことになる．

2007年11月末現在，「カルシウムと骨粗鬆症」に関する4品目が許可されている．

5.2.4 許可状況

いままで許可・承認された特定保健用食品の表示内容で分類すると，10の保健の用途に分けることができる（表5.1参照）．

特定保健用食品の許可を得た食品の形態としては，「おなかの調子を整える」には飲料やヨーグルト，「コレステロールの気になる方に」や「中性脂肪の気になる方に」では食用油，虫歯関連ではチューインガムが多く，「血圧が高めの方に」，「体脂肪の気になる方に」の乳酸飲料，茶飲料など，最近では「機能性飲料」と錠剤・カプセルなどの市場が拡大している．

5.3 栄養機能食品

5.3.1 制度の概要

栄養機能食品は食品衛生法に定められており，基準化された栄養素が上限値と下限値で定められた範囲内で含まれていれば，個々の製品ごとに許可を受けることなく，定められた栄養機能の表示が出来る制度である．

現在，12種類のビタミンと5種類のミネラルの表示と含有量の範囲が基準化されている．

5.3.2 栄養機能表示の科学的根拠

栄養機能表示は食品の成分とその健康に関する効果で，コーデックス委員会の栄養素機能表示例など，国際的に定着しているもの，広く学会などで認められているものであって，国民が容易に理解できる機能表示とされている．栄養機能食品は特定保健用食品との整合性を考慮して，科学文献・指針などから十分確立し，一般に受け入れら

表5.1 特定保健用食品の表示内容と関与成分

表示内容	保健機能成分（関与成分）
おなかの調子を整える食品	各種オリゴ糖，ポリデキストロース，難消化性デキストリン，グアーガム，サイリウム，低分子化アルギン酸ナトリウム，ビフィズス菌など
血圧が高めの方に適する食品	ラクトトリペプチド，カゼインドデカペプチド，杜仲葉配糖体，サーディンペプチド，GABA（γ-アミノ酪酸）など
コレステロールが高めの方に適する食品	大豆たんぱく質，キトサン，低分子化アルギン酸ナトリウム，植物ステロールなど
血糖値が気になる方に適する食品	難消化性デキストリン，グアバ葉ポリフェノール，小麦アルブミン，L-アラビノースなど
ミネラルの吸収を助ける食品	CCM（クエン酸リンゴ酸カルシウム），CPP（カゼインホスホペプチド），ヘム鉄，フラクトオリゴ糖など
食後の血中の中性脂肪を抑える食品	ジアシルグリセロール，グロビンタンパク分解物，サイリウム，植物ステロールなど
虫歯の原因になりにくい食品	パラチノース，マルチトール，キシリトール，エリスリトール，茶ポリフェノールなど
歯の健康維持に役立つ食品	キシリトール，還元パラチノース，第2リン酸カルシウム，フクロノリ抽出物，リン酸化オリゴ糖カルシウムなど
体脂肪がつきにくい食品	ジアシルグリセロール，茶カテキン，中鎖脂肪酸
骨の健康が気になる方に適する食品	ビタミンK_2，大豆イソフラボン

5. 保健機能食品制度

表 5.2 栄養機能食品の機能表示

栄養素	機 能 表 示
ビタミン E	抗酸化作用により，体内の脂質を酸化から守り細胞の健康維持を助ける栄養素です
ビタミン C	皮膚や粘膜の健康維持を助けるとともに，抗酸化作用を持つ栄養素です
ビタミン A	夜間の視力の維持を助けます．ビタミン A は，皮膚や粘膜の健康維持を助ける栄養素です
ビタミン D	腸管でのカルシュウムの吸収を促進し，骨の形成を助ける栄養素です
ビタミン B_1	炭水化物からのエネルギーの産出と皮膚や粘膜の健康維持を助ける栄養素です
ビタミン B_2	皮膚や粘膜の健康維持を助ける栄養素です
ナイアシン	皮膚や粘膜の健康維持を助ける栄養素です
ビオチン	皮膚や粘膜の健康維持を助ける栄養素です
パントテン酸	皮膚や粘膜の健康維持を助ける栄養素です
ビタミン B_6	たんぱく質からのエネルギーの産出と皮膚や粘膜の健康維持を助ける栄養素です
葉酸	赤血球の形成を助ける栄養素です．葉酸は胎児の正常な発育に寄与する栄養素です
ビタミン B_{12}	赤血球の形成を助ける栄養素です
カルシウム	骨や歯の形成に必要な栄養素です
鉄	赤血球を作るのに必要な栄養素です
マグネシウム	骨や歯の形成に必要であり，多くの体内酵素の正常な働きとエネルギー産生を助けるとともに，血液循環を正常に保つのに必要な栄養素です
銅	赤血球の形成を助けるとともに，多くの体内酵素の正常な働きと骨の形成を助ける栄養素です
亜鉛	味覚を正常に保つのに必要であり，皮膚や粘膜の健康維持を助けるとともに，たんぱく質・核酸の代謝に関与して，健康の維持に役立つ栄養素です

れている情報に基づく食品成分とそれに関する表示をあらかじめ定めている．

5.3.3 栄養素の種類と機能表示

コーデックス委員会をはじめとする国際的な制度と調和し，医薬品的表示を除外した表示であり，かつ一般の消費者にもわかりやすい内容として，12 種類のビタミンと 2 種類のミネラルの表示基準が 2001 年に定められた．さらに，2004 年に亜鉛，銅およびマグネシウムが追加された．その機能表示をまとめると，表 5.2 の通りである[3]．

今後の展望

保健機能食品は厚生労働省が健康表示について個別評価型の特定保健用食品と規格基準型の栄養機能食品を 2 本柱として，世界に先駆けて制定した制度である．特に，特定保健用食品は有効性と安全性の評価を製品ごとに個別に評価をして，健康機能の表示を行政が許可する制度として，15 年以上にわたって機能している個別評価型の健康表示制度として世界で唯一の制度である．最初の特定保健用食品が許可された 1993 年から始まる 1990 年代の年間許可件数は 30 品目であったが，21 世紀に入り，毎年 50 品目を越える許可件数となり，2007 年 11 月末現在で合計 743 品目に上っている．

許可される特定保健用食品が拡大して，栄養機能食品と併せた保健機能食品の制度が社会に定着し，国民の食と健康に関する正しい認識が深まることで，世界で類をみない速度で高齢社会に向かう日本において，保健機能食品が健康の維持増進に役立つことが期待される．さらに，コーデックス委員会を中心に世界標準ができようとする状況において，保健機能食品の実績を踏まえて，日本がこの分野のリーダーとしての役割を担っていくことが期待される．

〔清水俊雄〕

文 献

1) 厚生労働省通知：保健機能食品制度の創設等に伴う特定保健用食品の取扱い等について，2001 年 3 月食発第 111 号．
2) 厚生労働省医薬食品局長通知：「健康食品」に係る制

度の見直しについて,2005年2月1日付薬食発第0201001号.

3) 新開発食品保健対策室長通知:保健機能食品制度の見直しに伴う栄養機能食品の取扱いの改正について,食安新発第0325001号,2004.

4) 清水俊雄:食品機能の制度と科学,同文書院,2006.

6. 栄養表示基準制度

　食品の表示は消費者への直接的な情報伝達の方法として重要である．表示の中でも，栄養表示は，消費者が目的に合致した栄養を摂取するための食品を選択し，間違った選択をしないためにも必要なものである．特に，調製ミルクのみで栄養を補給している新生児にとって過不足のない栄養成分を供給するために，その表示の内容は大切となる．

　食品の栄養表示は各国で制度化の検討がなされており，国際的なハーモナイゼーションも必要である．特に，世界貿易機関（WTO）に委託されて食品の国際基準を決定するCodex委員会の指針は，日本の健康表示の制度に直接影響を及ぼすものである．

　1997年のCodex委員会で，栄養表示（nutrition claims）は「食品が特別な栄養上の特性を有することを記載または示唆する表示である」と定義され，栄養素含有表示（nutrition content claim），比較強調表示（comparative claim）に加えて，栄養素機能表示（nutrient function claim）の三つの表示に分類されている．日本では，栄養素含有表示と比較強調表示は健康増進法で定められており，栄養素機能表示は保健機能食品の一つである栄養機能食品として，食品衛生法に定められている．ここでは，栄養素含有表示と比較強調表示を記述し，栄養素機能表示は，第5章で記述した．

6.1　制度制定の経緯と概要

　食品の栄養成分の表示基準は1996年に栄養改善法の規定に基づいて定められたが，2003年にこの法律は廃止され，健康増進法に引き継がれたことにより，「栄養表示基準」[1]として定められた．それ以前は日本健康栄養食品協会が認定する制度があり，認定された食品にはJSD（Japanese Standard of Dietetic Information）マークがつけられていた．しかしながら，表示の義務化された栄養成分の項目，その記載の順番などが定められておらず，企業は自社の食品に有利な表示だけを行う傾向があり，統一されたルールではなかったため，消費者にとっても見やすくない部分があった．

　栄養表示基準による表示は，健康増進法31条により定められており，「一般消費者に販売する加工食品に栄養成分や熱量に関する表示をする」場合に適用される．ここで，一般消費者に販売する食品の表示とは，製品の容器包装および添付する文書であって，店頭で表示されるポスターやポップは含まれない．さらに，消費者が直接目に触れる機会がない営業用に用いるいわゆる業務用の製品であれば表示の対象外となる．また，加工食品とは生鮮食品は含まず，鶏卵は含むと規定されている．さらに，日本語で記載された栄養成分や熱量に関する表示をした場合に適用されるものであり，栄養成分や熱量に関する表示をまったく記載しない加工食品または，外国語で記載されている加工食品である場合には適用されない．栄養表示には栄養成分量と熱量の量的表示と栄養成分の強化や低減などの強調表示がある．

　食品の内容物に関する表示としては，原材料表示があり，1999年改正の「農林物資の規格化及び品質表示の適正化に関する法律（JAS法）」において，品質表示基準が定められている．栄養成分は，その製造時の原材料の配合割合から算出することも法律上は可能であるが，原材料の種類，原材料の処理方法，製造時の条件により，加工後の食品中に含まれる栄養成分は一定ではないため，原材料からの算出法では実際の食品中の栄養成分を正しく反映させることは困難である．また，実際に分析して得られた値が表示の値の誤差

の許容範囲を超えていれば，栄養表示基準違反となる．よって，栄養成分表示に用いられる栄養素の含有量は定められた分析法により測定した値を表示することが望ましいとされている．

6.2 栄養表示基準の内容

6.2.1 栄養成分の種類

現在，栄養改善法に規定されている栄養成分は，1996年に改正された栄養改善施行規則により，次の通り定められている．

①マクロ栄養成分：たんぱく質，脂質，炭水化物

②ミネラル：亜鉛，カリウム，カルシウム，セレン，鉄，銅，ナトリウム，マグネシウム，マンガン，ヨウ素，リン

③ビタミン：ナイアシン，ビタミンA，B_1，B_2，B_6，B_{12}，C，D，E，K，葉酸

記載する場合は，熱量，たんぱく質，脂質，炭水化物，ナトリウムの順番に表示され，これらの五つの表示は必須である．炭水化物に代えて，糖質および食物繊維で表示することも可能である．他のミネラル，ビタミンなどの栄養成分は，ナトリウムの次に表示される[1]．

栄養表示基準に定められていない成分の表示は，販売者の責任において任意に行われるものとして表示することができるが，その場合，栄養表示基準に定められた栄養成分とは区別して表示する必要があり，その成分の含有量は科学的根拠に基づいていなければならないとされている．

6.2.2 含有量の表示

栄養成分と熱量の表示は，100gもしくは100 ml，または1食分，1個分当たりの量で表され，含有量は，一定値または〇g〜□gのような下限値および上限値の幅で表示される．記載した栄養成分表示における分析値は次に示す誤差の許容範囲内であることが義務づけられている．下限値および上限値を用いて記載した場合には，分析値がその範囲内であることが定められている[2]．

ア．熱量，たんぱく質，脂質，飽和脂肪酸，コレステロール，炭水化物（または糖質），糖類，食物繊維及びナトリウム：－20％〜＋20％

イ．カルシウム，鉄，ビタミンA，ビタミンD及びビタミンE：－20％〜＋50％

ウ．ナイアシン，パントテン酸，ビオチン，ビタミンB_1，B_2，B_6，ビタミンB_{12}：－20％〜＋80％

6.2.3 主な栄養成分と熱量の測定方法[2]

1) **たんぱく質**　食品中のたんぱく質の分析は，全窒素を分析して，それに食品ごとに定められた係数（一般には6.25）を乗じてたんぱく質量とする．全窒素の分析には，ケルダール分解法が用いられる．

2) **脂質**　エーテル類またはクロロホルム・メタノール混液などの有機溶剤に可溶な成分総量を脂質とする．

3) **食物繊維**　一連の消化酵素の処理によって分解されない物質を，約80％エタノール中で沈殿物として測定するプロスキー法（酵素-重量法）により分析する．この方法では沈殿を生じない水溶性食物繊維については，液体クロマトグラフィーを用いて分析する．

4) **炭水化物，糖質**　糖質は，食品100g中のたんぱく質，脂質，食物繊維，灰分，水分の合計量を，100gから差し引いて求める．炭水化物は糖質に食物繊維を加えた合計値である．また，必要に応じて，単糖類，二糖類，糖アルコールなどはガスクロマトグラフィーや液体クロマトグラフィーにより測定する．

5) **熱量**　定量したたんぱく質，脂質，糖類にそれぞれ4，9，4 kcal/gを乗じたものの合計値を用いる．アルコールは7 kcal/g，有機酸は3 kcal/gを用いる．糖アルコール，オリゴ糖については，個別に熱量換算値が設定してある．食物繊維に関しては熱量換算値が設定されていなかったため，熱量には算入されていなかった．個別の食物繊維について熱量換算値が現在検討されている．

6.2.4 強調表示
a. 絶対表示[3]

1) 栄養成分が多く含まれることを強調する表示　一般的日本人の食生活において欠乏を起こす懸念があり，欠乏により健康に悪影響を及ぼす可能性のある栄養成分を補給できることを強調する表示であり，表示の用語として下記の二つに区別されている．

① 「高」，「多」，「豊富」などとこれらに類する表示：この表示をするためには，分析された栄養成分量が表6.1の第1欄の基準値以上であることが必要である．

② 「源」，「供給」，「含有」，「入り」，「使用」，「添加」などとこれらに類する表示：この表示をするためには，分析された栄養成分量が表6.1の第2欄の基準値以上であることが必要である．

2) 栄養成分が少ないことを強調する表示　一般的日本人の食生活において過剰摂取の懸念があり，過剰摂取により健康に悪影響を及ぼす可能性のある栄養成分を低減していることを強調する表示であり，表示の用語として下記の二つに区別されている．

① 「無」，「ゼロ」，「ノン」などこれに類する表示：この表示をするためには，分析された栄養成分量が表6.2の第1欄の基準値未満であることが必要である．

② 「低」，「ひかえめ」，「ダイエット」，「少」，「ライト」などこれに類する表示：この表示をするためには，分析された栄養成分量が表6.2の第2欄の基準値以下であることが必要である．

b. 相対表示[3]

他の食品と比較して，栄養成分や熱量が強化されている，あるいは低減されていることの表示であり，比較対照とする食品名および比較値が必要である．

1) 強化されたことの表示　他の食品に対して，食物繊維，たんぱく質，カルシウム，鉄，ビタミンA，ビタミンB_1，B_2，C，D，ナイアシンなどを増量してあることを強調する表示である．この表示をするためには，分析された栄養成分量が対照食品に比較した増加量または増加割合において表6.1の第2欄の基準値以上であること

表6.1　栄養成分が多く含まれることを強調する場合の基準[4]

栄養成分	[第1欄] 高い旨の表示をする場合は，次の基準値以上であること		[第2欄] 含む又は強化された旨の表示をする場合は，次の基準値以上であること	
	食品100g当たり（　）内は，一般に飲用に供する液状の食品100mℓ当たりの場合	100 kcal 当たり	食品100g当たり（　）内は，一般に飲用に供する液状の食品100mℓ当たりの場合	100 kcal 当たり
たんぱく質	15 g (7.5 g)	7.5 g	7.5 g (3.8 g)	3.8 g
食物繊維	6 g (3 g)	3 g	3 g (1.5 g)	1.5 g
亜鉛	2.10 mg (1.05 mg)	0.70 mg	1.05 mg (0.53 mg)	0.35 mg
カルシウム	210 mg (105 mg)	70 mg	105 mg (53 mg)	35 mg
鉄	2.25 mg (1.13 mg)	0.75 mg	1.13 mg (0.56 mg)	0.38 mg
銅	0.18 mg (0.09 mg)	0.06 mg	0.09 mg (0.05 mg)	0.03 mg
マグネシウム	75 mg (38 mg)	25 mg	38 mg (19 mg)	13 mg
ナイアシン	3.3 mg (1.7 mg)	1.1 mg	1.7 mg (0.8 mg)	0.6 mg
パントテン酸	1.65 mg (0.83 mg)	0.55 mg	0.83 mg (0.41 mg)	0.28 mg
ビオチン	14 μg (6.8 μg)	4.5 μg	6.8 μg (3.4 μg)	2.3 μg
ビタミА	135 μg (68 μg)	45 μg	68 μg (34 μg)	23 μg
ビタミンB_1	0.30 mg (0.15 mg)	0.10 mg	0.15 mg (0.08 mg)	0.05 mg
ビタミンB_2	0.33 mg (0.17 mg)	0.11 mg	0.17 mg (0.08 mg)	0.06 mg
ビタミンB_6	0.30 mg (0.15 mg)	0.10 mg	0.15 mg (0.08 mg)	0.05 mg
ビタミンB_{12}	0.60 μg (0.30 μg)	0.20 μg	0.30 μg (0.15 μg)	0.10 μg
ビタミンC	24 mg (12 mg)	8 mg	12 mg (6 mg)	4 mg
ビタミンD	1.50 μg (0.75 μg)	0.50 μg	0.75 μg (0.38 μg)	0.25 μg
ビタミンE	2.4 mg (1.2 mg)	0.8 mg	1.2 mg (0.6 mg)	0.4 mg
葉酸	60 μg (30 μg)	20 μg	30 μg (15 μg)	10 μg

表6.2 栄養成分が少ないことを強調する場合の基準[4]

	[第1欄]		[第2欄]	
	含まない旨の表示をする場合は，次のいずれかの基準値に満たないこと ［無，ゼロ，ノン，レス］ この基準値より値が小さければ「0」と表示可能		低い旨の表示をする場合は，次のいずれかの基準値以下であること ［低，ひかえめ，小，ライト，ダイエット，オフ］ 〜より低減された旨の表示をする場合は，次のいずれかの基準値以上減少していること	
	食品100g当りの場合	飲用に供する液状の食品100ml当たりの場合	食品100g当りの場合	飲用に供する液状の食品100ml当たりの場合
熱量	5 kcal	5 kcal	40 kcal	20 kcal
脂質	0.5 g	0.5 g	3 g	1.5 g
飽和脂肪酸	0.1 g	0.1 g	1.5 g	0.75 g
			かつ飽和脂肪由来エネルギーが全エネルギーの10%	
コレステロール	5 mg	5 mg	20 mg	10 mg
	かつ飽和脂肪酸の含有量（＊）		かつ飽和脂肪酸の含有量（＊）	
	1.5 g	0.75 g	1.5 g	0.75 g
	かつ飽和脂肪酸のエネルギー量が10% （＊1食分の量15g以下であって，脂肪酸の量のうち飽和脂肪酸の含有割合が15%以下のものを除く）		かつ飽和脂肪酸のエネルギー量が10% （＊1食分の量は15g以下であって，脂肪酸の量のうち飽和脂肪酸の含有割合が15%以下のものを除く）	
糖類	0.5 g	0.5 g	5 g	2.5 g
ナトリウム	5 mg	5 mg	120 mg	120 mg

注）ドレッシングタイプ調味料（いわゆるノンオイルドレッシング）について，脂質の含まない旨の表示については「0.5g」を当分の間「3g」とする．
本表は，栄養表示基準別表第4および第5を整理したものである．

が必要である．

2) 低減されたことの表示 他の食品に対して，熱量，脂質，飽和脂肪酸，コレステロール，糖類，ナトリウムなどを低減してあることを強調する表示である．この表示をするためには，分析された栄養成分量が対照食品に比較した低減量または低減割合において表6.2の第2欄の基準値以上であることが必要である．

今後の展望

栄養強調表示についてはCodexで指針が国際規格として基準化され，EUでほぼ同一のコンセプトで報告書がまとめられたことから，今後この方向で，各国の基準が作成，施行されていくと考えられる．日本はすでに，Codexに準拠した国内基準が施行，運用されている．今後は，この栄養表示基準に対する企業のコンプライアンスを高め，行政が十分な管理を実施することと併せて，栄養表示基準に対する国民の教育啓蒙を実施することで，国民の適切な栄養摂取が達成されることが期待される． 〔清水俊雄〕

文 献

1) 厚生省告示第176号，平成15年4月24日（一部改正平成17年7月1日省告示第三百十号）．
http://www.fukushihoken.metro.tokyo.jp/anzen/hoei/image/kkijyun.pdf
2) 栄養表示基準：1)の別表2．
3) 栄養表示基準の取扱いについて，衛新第46号（平成8年5月23日）最終改正平成17年7月1日．
4) 栄養表示基準に基づく栄養成分表示，厚生労働省HP http://www.mhlw.go.jp/topics/bukyoku/iyaku/syoku-anzen/hokenkinou/hyouziseido-5.html

7. 容器包装リサイクル法

7.1 法律制定の背景

わが国の経済は，高度成長期以降「大量生産，大量消費」によって目覚ましい発展を続けてきた．しかし，その一方で「大量廃棄，環境破壊」という新たな社会問題が起こっており，2004年度にはごみ排出量が年間5000万tを超えてきている．家庭から排出される生活系ごみの量は3400万tに達し，ごみの中で「容器包装廃棄物」の占める比率は容積比で60%にも達してきている．この大量の「容器包装廃棄物」をごみから「資源」へと甦らせ，循環型の新しいリサイクル社会を構築しようと1995年に「容器包装に係わる分別収集及び再商品化の促進等に関する法律（容器包装リサイクル法[1,2,3]）」が公布され，1997年4月より一部施行され，2000年4月に完全施行された．そして，約10年後の2006年6月に，3R（リデュース・リユース・リサイクル）を徹底，推進させるために法律の一部改正がなされた．

7.2 容器包装リサイクル法のしくみ

7.2.1 法律の特色

この法律の特色は家庭から一般廃棄物として出される容器包装廃棄物のリサイクルシステムを確立するため「消費者が分別排出」し，「市町村が分別収集」し，「事業者が再商品化」するというおのおのの役割分担をはっきりと規定したことにある．貴重な資源を有効活用することで，環境に負荷の少ない循環型社会の構築を目指した法律である．

a. 消費者の役割

消費者には資源としてリサイクルしやすいように市町村が定める分別ルールにしたがってごみを排出することが求められている．

b. 市町村の役割

家庭から排出される容器包装廃棄物を分別収集し，再商品化を行う事業者に引き渡す．また，事業者，市民との連携により，地域における容器包装廃棄物の排出抑制の促進を担っている．

c. 事業者の役割

事業者はその事業において用いた，または製造，輸入した量の容器包装について，再商品化を行う義務を負う．また，容器包装の軽量化，量り売り，レジ袋の有料化などにより，容器包装廃棄物の排出抑制に努める．

7.2.2 法律の対象となる容器包装

一般的に「容器」とはものを入れるもの，「包装」とはものを包むものである．容器包装リサイクル法で対象となる「特定容器包装」とは，商品

| プラスチック製容器包装 | 紙製容器包装 | 食料品（しょうゆ，乳飲料等），清涼飲料，酒類のPETボトル | 飲料・酒類用スチール缶 | 飲料・酒類用アルミ缶 |

図7.1 リサイクルマーク[3]

に用いられる容器および包装で，商品が使われたり，商品と分離された場合に不要になるものをいう．

分別収集の対象となる容器包装は素材・形状別にガラス製容器，PETボトル，紙製容器包装，プラスチック製容器包装，スチール缶，アルミ缶，紙パックおよび段ボールの8種類である．

また，消費者がごみを出す際に分別を容易にし市町村の分別収集を促進するために，「資源の有効な利用の促進に関する法律」に基づき，スチール缶，アルミ缶，PETボトル，プラスチック製容器包装，紙製容器包装には識別マークを入れることが義務づけられた．

7.2.3 再商品化義務のある容器包装

市町村の分別・収集の対象となる容器包装のうち特定事業者が再商品化義務を担う容器包装は「ガラス製の容器包装」「ペットボトル」「紙製容器包装」「プラスチック製容器包装」の4種類である．「ガラス製の容器包装」は無色のガラス製容器，茶色のガラス製容器及びその他のガラス製容器の3種類に分類され，ペットボトルは飲料用ペットボトル，しょうゆ用ボトルなどが対象となる．また，紙製容器包装は紙箱，紙袋，紙のトレイ，包装紙，アルミ箔の含まれている飲料用紙パックなどが対象で，プラスチック製容器包装はプラスチックボトル，カップ及びトレイ，発泡スチロールトレイ及びカップ，ラップフィルムなどが対象となっている．複数の素材からつくられている容器包装は構成されている最も重量の重い素材に分類される．

7.2.4 再商品化義務のある事業者

日常業務の中で容器包装を利用して中身を販売する，容器を製造する，容器および容器包装がついた商品を輸入して販売する中小規模以上の事業者は容器包装リサイクル法での「特定事業者」になり，リサイクルの義務を負う．ただし，特定の小規模事業者については対象にならない．

特定事業者が再商品化する義務量は，市町村による分別収集計画量および再商品化可能量に基づき主務省が算出している．分別収集計画量・再商品化可能量は国が5カ年計画を告示している．

7.2.5 再商品化の三つのルート

容器包装リサイクル法では，事業者自身が利用した容器包装の量，製造した容器包装の量」に応じて再商品化することが義務づけられている．特定事業者が再商品化義務を果たす方法には三通りの方法がある．

a. 指定法人ルート

主務大臣が指定した指定法人に再商品化を委託する方法である．委託料金を支払い，再商品化を代行してもらう．

b. 独自ルート

事業者自ら又は再商品化事業者に委託して再商品化を行う方法である．主務大臣の認定が必要である．

c. 自主回収ルート

リターナブルびんなど自ら又は委託して回収する方法である．主務大臣の認定が必要である．

7.2.6 再商品化義務量

再商品化義務量は特定事業者の容器包装の使用量や製造量のうち，市町村の分別回収を通じて特定事業者による再商品化の対象となる量である．再商品化義務量は容器や包装の種類，業種，使用量や製造量に応じて，国が定める係数を使用して

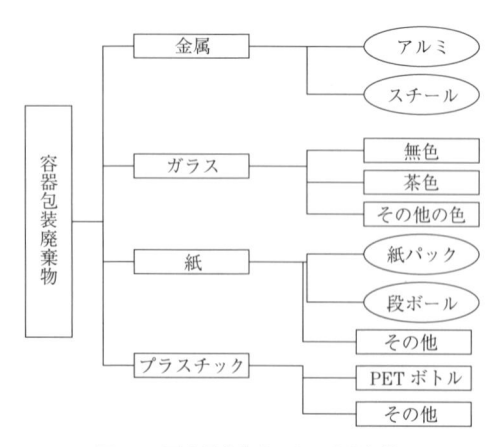

図7.2 再商品化義務のある容器包装[3]
☐：特定業者が再商品化の義務を負う容器包装，
◯：特定業者は再商品化義務を負わない容器包装．

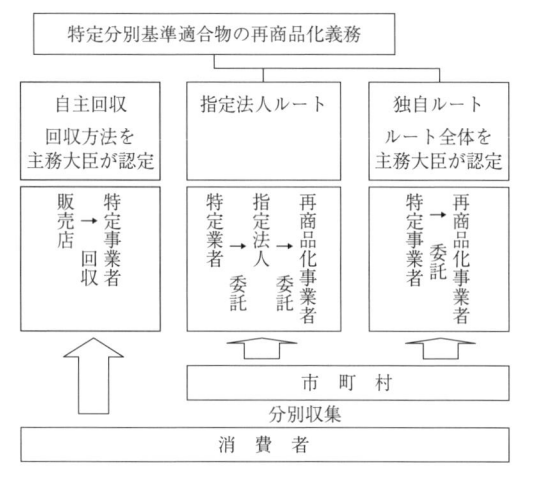

図7.3 再商品化の三つのルート[3]

算出される．事業者は「指定法人」に委託料を支払うことによって義務を果たすことができる．「指定法人」とは主務5省（財務省，厚生労働省，農林水産省，経済産業省，環境省）が定めた法人で，(財)日本容器包装リサイクル協会である．

指定法人は再商品化義務を負う特定事業者からの委託により，特定事業者に代わって容器包装廃棄物の再商品化を行う．廃棄物は指定法人に登録された再商品化事業者のうち，指定法人が行う入札で落札した事業者が再商品化を行うことになる．

指定法人への再商品化費用委託料金は下記の計算式より算出される．算出方法は2通りあり，「排出見込み量」が算出できる場合と「排出見込み量」が算出できない場合に分けられる．

① 「前年度において販売した商品」に利用した特定容器包装の量（kg）
② ①のうち，自ら又は他社への委託により回収した量（kg）
③ ［①-②］のうち，事業活動により費消した量（kg）

a．「排出見込み量」が算出できる場合
排出見込み量(kg)＝①-②-③
委託料(円)＝排出見込み量×算定係数×委託単価
　　　　　　［再商品化義務量］

b．「排出見込み量」が算出できない場合
委託料(円)＝［①-②］×算定係数×委託単価
　　　　　　［再商品化義務量］

7.2.7 義務を怠った場合の罰則

特定事業者が容器包装リサイクル法に定める義務に違反した場合は罰金の適用を受ける．

a．再商品化義務を履行しなかった場合	50万円以下の罰金
b．帳簿の記載をしない，虚偽の記載をする，帳簿を保存しない	20万円以下の罰則
c．報告を求められた時，報告しなかったり，虚偽の報告をした場合	20万円以下の罰則
d．立ち入り検査を求められた時，拒んだり，妨げたりした場合	20万円以下の罰則

7.3　改正容器包装リサイクル法の概要

この法律は2006年6月9日に成立，6月15日に公布された[1]．改正の目的は循環型社会形成基本法における3R推進の基本原則に則った循環型社会構築の推進，社会全体のコストの効率化及び国，自治体，事業者，国民等すべての関係者の相互連携による積極的な対応を目指すことである．改正の主なポイントは四つある．

7.3.1　容器包装廃棄物の排出抑制の促進（レジ袋対策）（2007年4月施行）

a．容器包装廃棄物排出抑制推進制度の創設

環境負荷の少ないライフスタイルを提案し，その実践を促す影響力のある著名人などを容器包装廃棄物排出抑制推進員として環境大臣から依嘱を行い，この推進員は容器包装の廃棄物の排出の状況や排出抑制の取組みの調査，消費者への指導，助言などを通じ，消費者へのリデュースに関する意識調査などを行う．

b．事業者に対する排出抑制を促進するための措置の導入

事業者における排出の抑制を促進するための措置として，レジ袋などの容器包装を多く用いる小売業者に対し，国が定める判断に基づき，容器包装の使用合理化のための目標の設定，容器包装の

有償化，マイバッグの配布など排出の抑制取組みが求められている．また，容器包装を年間50 t以上用いる多量利用事業者には取組み状況を毎年国に報告する義務が発生した．

7.3.2 質の高い分別収集，再商品化の推進
(2008年4月施行)

事業者が市町村に資金を拠出する仕組みの創設．分別収集を市町村が行い，再商品化は事業者が行っているが，市町村が異物の除去，消費者への適正な分別排出の徹底など質の高い分別収集を実施した場合，再商品化処理費用が低減され，想定していた再商品化費用を下回ることになる．リサイクルにかかわる効率化を図るため，実際に要した再商品化費用が想定額を下回った部分のうち，分別収集による再商品化の合理化への寄与の程度を勘案して，事業者が市町村に資金を拠出する仕組みが創設された．

7.3.3 事業者間の公平性の確保
(2006年12月施行)

再商品化の義務を果たさない事業者（ただ乗り事業者）に対する罰則の強化．ただ乗り事業者とは再商品化義務を負っているにもかかわらず義務を果たしていない事業者をいう．改正により，主務大臣からの命令があったにもかかわらず，再商品化義務の履行を適切に果たさない場合は50万円以下の罰金から100万円以下の罰金に引き上げられた．このほか，容器包装多量利用事業者による排出抑制促進の違反については50万円以下の罰金，および事業者による定期報告などの義務違反については20万円以下の罰金が新たに創設された．

7.3.4 容器包装廃棄物の円滑な再商品化
(2006年12月施行)

使用済みペットボトルが海外に流出し，国内の円滑な再商品化の実施に支障を来すことを防止するため，「再商品化のための円滑な引渡し」を基本方針に追加し国の姿勢を明らかにした．

7.4 容器包装リサイクル法に対する乳業メーカーの対応

乳業各社の容器包装の使用量は非常に多い．日本容器包装リサイクル協会が発表した2007年度の再商品化委託費用支払い金額ランキングでは上位10社に乳業会社2社がランクインしている（森永乳業（5位）明治乳業（7位））．乳業会社がこれほど多くの容器包装を使用せざるを得ない理由としては，食品を安全にかつ衛生的に消費者に届けるためには十分な機能をもった容器包装が必要であること，日々の生活に密着した商品が多く，またその商品数が非常に多いことなどがあげられる．法律施行後は各社が容器包装の軽量化，薄肉化等廃棄物削減取組みを積極的に進めている．主だった内容は毎年発行される各社の環境報告書の中で紹介されている．

乳業界では早くから牛乳びんを自主回収，再使用し，使用できなくなったびんはカレットとしてリサイクルすることで有効活用してきた．しかしながら，現在の日本のリサイクルシステムには不十分な点も多く，特にプラスチック廃棄物の回収システムの整備に遅れが目立っている．どのようなリサイクルシステムが必要かということは，産業，環境，国民性，国土などにより異なるが，先行している欧米諸国の事例などを参考にしながら，日本において最適なリサイクルシステムの確立が必要である．　　　　　　〔牧野収孝〕

文　献
1) 環境省：容器包装リサイクル法資料．
2) 経済産業省：容器包装リサイクル法資料．
3) 日本容器包装リサイクル協会：リサイクル資料．

8. 食品安全基本法

　1999年11月，BSEの発生などによる食品の安全性に対する国民の不安の高まりを踏まえ，その信頼を取り戻すため，農林水産大臣と厚生労働大臣により「BSE問題に関する調査検討委員会」が立ち上げられた．この検討会が2002年4月2日にとりまとめた報告書において，食品の安全性の確保のためには，国民の健康の保護を重視し，「リスク分析」手法の導入をはじめとした食品の安全性に関する社会システムを確立すべきことが提唱され，同年6月11日に食品安全行政に関する関係閣僚会議でまとめられた「今後の食品行政に関するあり方について」においても，その考え方が踏襲された．そのような状況のもと，消費者の保護を基本とした食品の安全を確保するための基本となる法律として新たに「食品安全基本法」が2003年5月23日公布され，同年7月1日に施行された．

　「食品安全基本法」は，科学技術の発展や国際化の進展および国民の食生活を取り巻く環境の変化に的確に対応するため，食品の安全性確保に関して，基本理念を定め，国や食品関連事業者など関係者の責務を明らかにし，施策にかかわる基本方針を定めることにより施策を総合的に推進することを目的としている（基本法：国政に重要なウエイトを占める分野について，国の制度や政策などの基本方針を示したもので，同じ分野の法律より上位に位置する重要な法律である）．

a. 基本理念
基本理念として次の3点があげられている．
- 国民の健康が保護されることが最も重要である．
- 農畜水産物から食品販売に至る一連の食品供給行程（フードチェーン）で食品の安全性を確保するための必要な措置を講じる．
- 国際動向や国民の意見の反映に十分配慮しつつ，科学的知見に基づく施策を講じる．

b. 関係者の責務および役割
　国，地方公共団体，食品関連事業者，消費者といった関係者が担うべき責務および果たすべき役割が規定されている．特に食品関連事業者については，みずからが食品の安全性の確保について一義的な責任を有していることを認識し，必要な措置を適切に講じることと定められている．

c. 施策の策定にかかわる基本方針
　基本方針は，リスク分析手法を導入して，科学的評価に基づいた施策を充実させることである．「リスク分析」とは，消費者の健康の保護を目的として，事後的な対応でなく，健康への悪影響を未然に防ぎ，リスクを最小限にするためのシステムのことであり，次の三つの要素から構成される．

- リスク評価： 健康への悪影響についての科学的評価（食品健康影響評価）と規定されており，食品の生物学的，化学的，物理的な要因などが食品が摂取されることによりヒトの健康に及ぼす影響を評価することをいう．従来の食品安全行政においては関係各省において，リスク評価とリスク管理の両方の機能が区別されずに渾然一体として実施されていたが，食品安全委員会の設立により独立した行政機関で，その時点の最新の科学的知見に基づいて客観的かつ中立公正にリスク評価が行われることとなる．

- リスク管理： 厚生労働省や農林水産省などが食品安全委員会のリスク評価の結果に基づき，消費者などの関係者の意見も聞きながら基準の設定などを行うことをいう．なお，緊急時には，先に基準の設定などを行い，事後にリスク評価を受けることもある．

- リスクコミュニケーション： 食品の安全性に関する情報の公開と消費者などの関係者が意見を表明する機会の確保のことをいい，これまでの行政による一方的な情報提供ではなく，国民との

● リスク評価とリスク管理の機能的分離
● 透明性の確保

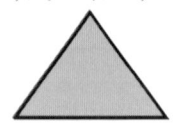

リスクコミュニケーション
リスク評価，リスク管理の過程において，すべての関係者間で，リスクに関する情報意見を相互に交換する過程

リスク評価
科学ベースによる活動
食品中に含まれる危害を摂取することによって，どのくらいの確率でどの程度の健康への影響が起き得るかを科学的に評価する過程

リスク管理
政策ベースによる活動
すべての関係者と協議しながらリスク低減のための複数の政策・措置の選択肢を評価し，適切な政策・措置を決定・実施する過程

図 8.1　リスク分析手法

内閣府：食品安全担当大臣
食品安全委員会：7名の委員
専門調査会
※企画，リスクコミュニケーション，緊急時対応
※化学系：添加物，農薬，動物用医薬品，器具・容器包装，化学物質，汚染物質
※生物系：微生物，ウイルス，プリオン，カビ毒，自然毒
※新食品：遺伝子組換え食品，新開発食品，肥料・飼料
事務局

図 8.2　食品安全委員会の構成

双方向の対話を意味する．リスク評価を行う食品安全委員会およびリスク管理を行う厚生労働省，農林水産省などもこれを行うこととなっており，食品安全委員会においてこれらの総合調整を行う．

d. 食品安全委員会の設置

食品安全委員会は，その独立性を確保するため厚生労働省や農林水産省ではなく内閣府に設置され，リスク評価とリスクコミュニケーションを実施する機関である．リスク管理を行う行政機関（厚生労働省，農林水産省）に対して必要な施策を行うよう勧告する．

業務概要は

・最新の科学的知見に基づく客観的かつ中立公正なリスク評価
・具体的な基準策定や規制措置等を行なう行政機関（厚生労働省，農林水産省）への勧告
・リスク管理の実施状況についての監視
・食品事故等における緊急時対応
・内外の食品安全に関する情報の一元的収集・整理
・食品安全に関する幅広い情報及び意見交換

である．

乳製品製造会社としては食品安全にかかわるリスク評価とリスク管理の仕組みを十分理解したうえで，食品安全委員会のホームページ等を通じて，食品の安全性に関する情報を収集しておくことが必要である．　　　　　　　　　〔川口　昇〕

9. 景品表示法

9.1 景品表示法の目的

消費者はより良質なものおよび安価なものを求め，事業者は消費者の期待に応えるために，商品・サービスの質を向上させ，その一方ではより安く販売するように努力する．これがあるべき健全な市場の姿である．しかし，不当な表示や過大な景品類の提供が行われると，消費者が商品・サービスを選択する際に悪い影響を与え，公正な競争が阻害されることになる．このような欺瞞的な広告表示および過大な景品類の提供による不当な顧客誘引行為は，独占禁止法により不公正な取引方法として禁止されているが，広告表示や景品類の提供は短期間のうちに実施され，波及性，昂進性を有するので迅速な処理が必要とされる．

そこでこのような要請に応えるために，独占禁止法の特例法として，簡易迅速な手続により規制できるように，1962年5月15日，不当景品類及び不当表示防止法（以下「景品表示法[1,2,3]」）が制定された．

近年の詐欺商法事件および食品偽装事件などの社会問題に対し，2009年9月1日の消費者庁および消費者委員会（諮問・調査・審議機関）の設置に伴い，景品表示法は一般消費者による選択の阻害自体に着目して規制するように改正された．この景品表示法第1条に，「不当景品類及び表示による顧客の誘因を防止するため，一般消費者による自主的かつ合理的な選択を阻害するおそれのある行為の制限及び禁止について定めることにより，一般消費者の利益を保護すること」のように，法の目的が記されている[4,5]．

9.2 景品表示法の概要

景品表示法の概要[6]は表9.1に示す通りで，上述の第1条（目的）から第18条（関連の法人等罰則）までの法律である．不当な表示および過大な景品類の提供を厳しく規制して，公正な競争を確保することにより，消費者が適正に商品・サービスを選択できる環境を守るものである．

第2条から第11条までに，都道府県知事との連携を含めて，この法律の運用について明確にしてある．第12条にはこの法律の目的達成に重要な役割を担う業界の自主ルールとしての公正競争規約（第3章参照）について規定してある．第14条から第18条までは，厳しい罰則規定である．

また，消費者庁および消費者委員会（諮問・調査・審議機関）の設置に伴い，景品表示法の該当条項は内閣総理大臣の権限が明確となるように改正された．主な点は，不当な景品類及び表示の範囲・制限の内容は内閣総理大臣が指定し，違反行

表9.1 景品表示法の概要・構成

不当景品類及び不当表示防止法	
第 1 条	目的
第 2 条	定義
第 3 条	景品類の制限及び禁止
第 4 条	不当な表示の禁止
第 5 条	公聴会及び告示
第 6 条	排除命令
第 7 条	都道府県知事の指示
第 8 条	公正取引委員会への措置請求
第 9 条	報告の徴集及び立ち入り検査等
第10条	技術的な助言及び勧告並びに資料の提出の要求
第11条	是正の要求
第12条	公正競争規約
第13条	行政不服審査法の適用除外等
第14条	罰則：懲役（第6条）
第15条	罰則：懲役又は罰金（第6条）
第16条	罰則：罰金（第9条）
第17条	罰則：罰金（第6条）
第18条	罰則：罰金（第15, 16条）

為に対しては内閣総理大臣から委任された消費者庁が措置命令（事案の公示，再発防止措置など）を実施することである．以上により，公正取引委員会による所管だったこの法律は内閣総理大臣（消費者庁）の所管となった．改正後も規制の対象範囲は実質上変わらない[4]．

9.3 過大な景品

景品類とは，「顧客を誘引するための手段として，方法のいかんを問わず，事業者が自己の供給する商品又は役務の取引に付随して相手方に提供する物品・金銭その他の経済上の利益」であり，物品，金銭ばかりでなく株券・金券などの有価証券，映画や旅行などへの招待・優待，自社用の自動車や建物施設などを使用させる便益，さらには清掃や配送などのサービスなど，経済上の利益はすべて含まれる．ただし，正常な商慣習に照らして値引・アフターサービスと認められる経済上の利益またはその商品・役務の取引に付属すると認められる経済上の利益は含まれない．また，組合せ商品や詰合せ商品なども，原則として景品類とは見なさないこととしている．

公正取引委員会はこの法律に基づいて「景品類」を指定するとともに，景品提供のルールを設け，それは景品提供を全面的に禁止するものではなく，過大なものを禁止するものである．それには，商品・サービスの利用者に対して抽選券などの偶然性や競技などの特定行為の優劣により景品類を提供する「一般懸賞」，商店街や一定の地域内の同業者が共同して行う「共同懸賞」，商品の購入者や来店者に対し漏れなく提供する「総付懸賞」があり，それぞれ限度額が設けられている．これらの限度額を超えるものが「過大な景品類」として禁止されている．

9.4 不当表示

景品表示法では，不当表示を禁止している．その対象となる「表示」については，商品，容器，包装になされた表示，チラシ，ポスター，テレビ，インターネット，新聞，雑誌による広告からセールストーク，実演に至るまで，現在行われている表示・広告はほとんど網羅されている．

9.4.1 優良誤認表示の禁止

そしてこの法律では，商品または役務の品質，規格その他の内容について，一般消費者に対し，実際のものよりも著しく優良であると示し，または事実に相違して当該事業者と競争関係にある他の事業者にかかわるものよりも「著しく優良」であると示すことにより一般消費者に誤認されるおそれがある表示を禁止している．

さらに，公正取引委員会は，優良誤認表示に該当するか否か判断するため，必要に応じて当該表示をした事業者に対し，期間を定めて当該表示の裏づけとなる合理的な根拠を示す資料の提出を求めることができる．当該資料が提出されない場合や提出された資料が表示の裏づけとなる合理的根拠を示すものと認められない場合には，「不実証広告」として不当表示と見なされる．

9.4.2 有利誤認表示の禁止

また価格その他の取引条件（過大包装など）について，実際のものまたは当該事業者と競争関係にある他の事業者にかかわるものよりも取引の相手方に「著しく有利」であると一般消費者に誤認されるおそれがある表示も不当な表示として禁止している．

9.4.3 指定表示の禁止

一般消費者に誤認されるおそれがあると認めたものを不当な表示として公正取引委員会が指定できることとしており，この規定により現在までに指定されているものは6件ある．

そのうち，食品に関係するものには，次のものがある．

①「無果汁の清涼飲料水等についての表示」
（1973年；昭和48年公取委告示第4号）

果実の名称等を用いた無果汁の清涼飲料水等に

ついて，無果汁である旨が明瞭に記載されていない表示．

②「商品の原産国に関する不当な表示」(1973年；昭和48年公取委告示第34号)

原産国の判別が困難な表示等．

③「おとり広告に関する表示」(1993年；平成5年公取委告示第17号)

取引を行うための準備がなされていない場合，その他実際には取引することができない場合のその商品又は役務についての表示等．

9.5 排除命令

一般からの申告や職権による探知などにより，景品表示法に違反する行為が行われている疑いがある場合に，公正取引委員会は関連資料の収集および事業者への事情聴取などの調査を実施する．それらの結果，違反行為が認められた場合には公正取引委員会は事業者に対して消費者に与えた誤認の排除，再発防止策の実施，今後同様の違反行為を行わないことなどを命ずる排除命令を行う．

この場合，一方的な命令ではなく，①排除命令が行われる前に，事業者に対し書面による弁明・証拠の提出の機会が与えられる「弁明の機会の付与」と②排除命令が行われたあとに，これを受けた事業者は不服がある場合，排除命令の妥当性などについて争う「審判」を請求することができる仕組みになっている．

9.6 消費者庁の消費者目線による一元管理

2009年9月1日，食品に関しての食品偽装・賞味期限改ざん事件，詐欺事件ともいえる科学的根拠のない顧客誘引行為およびコンニャク原料の食品による死亡事故など，その他の家庭用品・遊具事故および取引・契約に関する事件などの消費者が不利益を被る社会問題化した事案に対し，消費者目線に立った措置およびタテ割り行政によるスキマ事案の排除のため消費者庁および消費者委員会が設置され始動した．消費者利益の擁護および増進に関わる主要な法律（消費者に身近な法律）を所管し，他の法律分野についても，「消費者安全法」による措置要求等で対応することとなっている．

まず，消費者庁の所管する食品関連のそれぞれの法律の特徴・目的について概説する．①食品衛生法（乳等省令）は飲食に起因する衛生上の危害発生を防止すること，②JAS法は原材料や原産地など品質に関する適正な表示により消費者の選択に資すること，③健康増進法は栄養の改善その他の国民の健康の増進を図ること，④景品表示法は虚偽，誇大な表示を禁止することにより一般消費者の利益を保護すること，および⑤計量法は適正な計量の実施を確保すること，などである．

これらの法律と消費者庁の業務との関係は，「表示」については食品衛生法（乳等省令）の販売の用に供する食品・添加物に関する表示の基準，JAS法，健康増進法の特別用途の表示・栄養成分に関する表示の基準及び景品表示法が関係し，①消費者庁が，表示基準を策定し，これを遵守させるための命令は，消費者庁のみが権限をもち，一元的に実施する．②立入検査，行政指導は，厚生労働省，農林水産省，公正取引委員会に行わせるが，必要な消費者庁への通知を義務づけている

「安全」については食品衛生法が関係し，安全基準の策定は厚生労働省の専門性を活用して消費者庁が協議を受けることで，消費者の目線を反映させることとしている．つまり，高度な科学的，専門的知見を必要とする安全関係の基準について，消費者被害の実態を十分反映したものとするため，あらかじめ，内閣総理大臣が当該基準を策定する大臣から協議を受ける仕組みである．また，食品安全基本法を改正し，食品の安全の確保に関する基本的事項の策定およびリスクコミュニケーションの調整などの権限を消費者庁に移管している[5,7]．

〔日比野光一〕

文　献

1) 公正取引委員会編：「よくわかる景品表示法と公正競

2) 公正取引委員会ホームページ：景品表示法とは．http://www.jftc.go.jp/keihyo/keihyogaiyo.html
3) (社)全国公正取引協議会連合会ホームページ：景品表示法．http://www.jfftc.org/
4) 消費者庁ホームページ：改正景品表示法の概要．http://www.caa.go.jp/representation/pdf/090901premiums_2.pdf
5) 官邸ホームページ：消費者庁関連3法ポイント．http://www.kantei.go.jp/jp/singi/shouhisha/3houan/090529/3point.pdf
6) 公正取引委員会ホームページ：不当景品類及び不当表示防止法．http://www.jftc.go.jp/keihyo/files/1/keihyohou.html
7) 消費者庁ホームページ：食品表示に関する制度について．http://www.caa.go.jp/foods/pdf/090901foods_1.pdf

10. コーデックス規格

10.1 コーデックス規格とは

1962年にFAO（国連食糧農業機関）とWHO（世界保健機関）は「消費者の健康保護」と「食品の公正な国際貿易確保」を目的として「FAO/WHO合同食品規格計画」を策定した．この計画を実行するための組織がコーデックス食品規格委員会（Codex Alimentarius Commission：CAC）であり，ここで策定される規格がコーデックス規格である．

1995年に定められた「WTO（世界貿易機関）を設立するマラケッシュ協定」（WTO協定）の付属書にSPS協定（衛生植物防疫措置の適用に関する協定）とTBT協定（貿易の技術的障害に関する協定）があり，SPS協定で「WTO加盟国の衛生と植物防疫措置については，国際規格が存在するならばそれに基づいて行うこと」と規定され，TBT協定には「WTO加盟国は，国際規格を基礎とした国内規格策定の原則，規格策定の透明性を確保すること」と記された．ここでいう国際規格にコーデックス規格が適用されることになったことからWTO体制下での食品の国際貿易におけるコーデックス規格の重要性が高まった[1]．

コーデックス食品規格委員会（CAC）の事務局はFAO本部（ローマ）にあり，2009年9月現在182カ国と1機関（欧州共同体）が加盟（日本は1966年に加盟）している．CACは政府間組織であるので，非政府組織（NGO）も認められれば参加して発言の機会はあるが投票権はない．わが国では厚生労働省，農林水産省などの行政機関が参加している．

コーデックス食品規格委員会を補佐し技術的な検討を行う組織として以下の部会がある．

(1) 一般問題部会（10部会）
(2) 個別食品部会（11部会）
(3) 地域調整部会（6部会）
(4) 特別部会（1部会）

(1)の一般問題部会は食品添加物部会，食品衛生部会，食品表示部会などすべての食品に共通する問題を横断的に取り扱う部会，(2)の個別食品部会は乳・乳製品部会，油脂部会，加工果実野菜部会など食品別の成分規格を検討する部会，(3)は世界を6地域に分けてそれぞれの地域の事情を考慮して調整する部会，(4)は期限が定められた特別部会である．

10.2 コーデックス規格作成手続き

コーデックス規格は通常次の8段階のステップを経て作成される．

Step 1：CACは規格作成を決定，担当部会を決め作業を委託する

Step 2：CAC事務局は提案された規格原案をとりまとめる

Step 3：規格原案を加盟各国政府に送付，コメントを求める

Step 4：担当部会はコメントをもとに審議，修正しCACへ提出する

Step 5：CACで審議し合意に至るとStep 5となる

Step 6：Step 5の規格案を各国政府に送付しコメントを求める

Step 7：担当部会で再審議，修正しCACへ提出する

Step 8：CACで審議，合意に至るとStep 8として最終採択される

このように最終的にコーデックス食品規格委員会で採択されるまでに，少なくとも担当部会における2回の審議（Step 4と7）とCACにおける

2回の審査（Step 5と8）が含まれる．コーデックス会議の原則は，各国政府のコンセンサスを得て進めることにある．コンセンサスを得るためには1カ国だけで主張しても通らないので，同じ意見をもつ国と協調するか，あるいは自国の意見を他の国々に説明して賛同を得るという努力が必要である．CACで最終採択されると正式なコーデックス規格としてCodex Alimentarius（食品規格集）に収載される[2]．

10.3 コーデックス規格の種類

コーデックス規格には大別して次の3種類がある．

(1) Codex Standard
(2) Codex Guideline
(3) Recommendation

Codex Standardは国際貿易が行われる広範囲な食品の規格で，すべて下記のような同一の様式で構成されている．規格名：①適用範囲，②製品説明，③必須成分及び品質要素，④食品添加物，⑤汚染物質，⑥衛生，⑦表示，⑧サンプリング法及び分析法[3]．

乳製品に関係する主な規格は下記の通りである[4]．

CODEX STAN 1	包装食品表示一般規格
CODEX STAN 72	乳児用調製乳規格
CODEX STAN 192	食品添加物規格
CODEX STAN 206	乳用語の使用に係る一般規格
CODEX STAN 243	発酵乳規格
CODEX STAN 250	脱脂濃縮乳と植物性脂肪混合品規格
CODEX STAN 251	脱脂乳と植物性脂肪の混合品の粉体規格
CODEX STAN 252	加糖脱脂練乳と植物性脂肪の混合品規格
CODEX STAN 253	デイリーファットスプレッド規格
CODEX STAN 279	バター規格
CODEX STAN 280	乳脂肪製品規格
CODEX STAN 283	チーズ規格
CODEX STAN 284	ホエイチーズ規格
CODEX STAN 288	クリーム及び調製クリーム規格
CODEX STAN 289	ホエイパウダー規格
CODEX STAN 290	食用カゼイン規格

Codex Guidelineは加盟国政府によって指針として使用されることを目的としたもので，栄養表示，強調表示，有機食品の生産・加工・表示・流通など多様な分野を対象としている．

主なガイドラインは以下の通りである[4]．

CAC/GL 1	強調表示に関する一般ガイドライン
CAC/GL 2	栄養表示に関するガイドライン
CAC/GL 13	ラクトパーオキシダーゼシステムによる生乳保存に関するガイドライン
CAC/GL 23	栄養・健康強調表示の使用に関するガイドライン
CAC/GL 32	有機食品の生産・加工・表示及び流通に関するガイドライン
CAC/GL 36	食品添加物の分類名及び国際番号システムに関するガイドライン

Recommendationは助言的文書や勧告で，食品衛生や取扱実施規範が主体となっている．

主な勧告は以下の通りである[4]．

CAC/RCP 1	国際取扱規範－食品衛生の一般原則
CAC/RCP 57	乳・乳製品衛生取扱規範

10.4 国内規格との整合性

WTOの発足によりコーデックス規格が食品貿易を行うときの判断基準となることが明らかになったことから，加盟各国は自国の国内基準をコーデックス規格と整合性をもたせることが必要となった．

乳製品に関する規格の場合，わが国においてもナチュラルチーズの定義についてタンパク質が凝

固したものである旨を追加する,脱脂粉乳への他物の使用禁止除外規定に牛乳などから限外ろ過により得られたものを認可するなど,コーデックス規格との整合性をもたせるための乳等省令一部改正が行われている[5].

〔鈴木英毅〕

文 献

1) 浜野弘昭:健康・栄養食品研究, **10**(1), 37-51, 2007.
2) (社)日本食品衛生協会ホームページ. http://www.n-shokuei.jp
3) コーデックス規格(コーデックス乳・乳製品規格等の規格・基準と懸案事項), pp.67-181, (社)日本国際酪農連盟, 2001.
4) Codex Alimentarius. http://www.codexalimentarius.net/web/standard_list.do?lang=en
5) 乳及び乳製品の成分規格等に関する省令及び食品,添加物等の規格基準の一部改正, 食発第1220004号, 2002年12月20日.

索　引

ア

アイスクリーム　128
　——の日　126
アイスクリームミックスバター　156
アイスクリーム類　126
　——の定義　127
アイスミルク　128
アイラグ　282
青カビ　106
青カビタイプ　99
浅鍋法　116
N-アセチルガラクトサミン　8
N-アセチル-β-D-グルコサミニダーゼ　23
N-アセチルノイラミン酸　8,32,447
アセトアルデヒド　142,143
アセプ牛乳　78
アセプティック充塡　78
アゾキシメタン　210
圧力伝送器　361
圧力ノズル　159
圧力ノズル法　332
アディポフィリン　20
後発酵　138
アトピー性皮膚炎　213
アフラトキシン　401
アポ型　14
アポトーシス　15,210
2-アミノ-3-カルボキシ-1,4-ナフトキノン　249
アミノカルボニル反応　60,172
アミノ酸スコア　198
アミノ酸乳　260
アミラーゼ　24
アラキドン酸　181
アルカリ洗剤　344
アルカリホスファターゼ　23
アルコール試験　489
アルコール不安定乳　289
アルヒ　282
アレルギー　213
アレルギー表示　349,513

アレルギー用ミルク　254,259
アレルギー抑制機序　214
アレルギー抑制作用　247
泡洗浄　346
アンジオテンシンⅠ　220
アンジオテンシンⅠ変換酵素　220
アンジオテンシンⅡ　221
アンジオテンシン変換酵素阻害　443
アンジオテンシンⅡレセプター阻害薬　226
安全・衛生性と品質保護　371
安全係数　423
安定剤　123,129

イ

イオン交換　302
イオン交換作用　112
イオン交換樹脂法　312
易開封機能を活用した商品例　381
育児用ミルク　176
異常乳　288,467
異常風味乳　289
イソアミルアルコール　495
イソペプチド　58
1缶並流式濃縮機　329
一般細菌数　472
一般生菌数　462,475
一般的衛生管理プログラム　409
遺伝子組換えレンネット　284
遺伝子検出法　484
遺伝子毒性　213
遺伝子配列に基づいた同定　479
遺伝変異体　4
イヌリン　250
異物混入　375
イムノグロブリン　217
イムノクロマト法　349,350
陰イオン交換膜　308
飲食に起因する危害　512
インスタント粉乳　156
インスリン様成長因子　39
インバータ制御　357
インピーダンス法　482

飲用乳　70
飲用乳の表示に関する公正競争規約　69

ウ

ウォッシュタイプ　100
ウサギの乳　52
ウシ初乳　31
う蝕　237
渦巻式　333

エ

エアゾールクリーム　117,125
衛生環境調査　481
衛生指標菌　390,472
栄養機能食品　524,526
栄養機能表示　526
栄養表示基準　529
液面計　361
エクソゾーム　50
エージング　87,120,130
エステル化度　149
エネルギー障壁　318
エバミルク　164
エライザ法　349,350
エレクトロポレーション　273
塩加カルシウム　106
炎症性腸疾患　252
炎症性腸疾患改善作用　247
遠心式　333
遠心沈降面積　300
遠心分離　119,299
エンテロトキシン　173,387,396,485
エンテロバクター・サカザキ　398,478

オ

オイルオフ　124
黄色ブドウ球菌　387,396,477
黄色ブドウ球菌毒素　485
オーバークリーミング　113
オーバーライド　346
オーバーラン　121,132

オピオイドアンタゴニスト 242
オピオイドペプチド 240
オーミック・ヒーティング 148
オリゴ糖 182, 202, 207, 448
オレイン酸 15, 92, 210
温度センサ 358
温度の管理 358

カ

解膠・水和作用 112
改正容器包装リサイクル法 535
回転円盤法 334
回転(式)粘度計 360, 489
解乳化 129, 317
開発危険の抗弁 522
外部混合型 334
界面活性 315
界面活性剤 318
界面自由エネルギー 318
界面張力 315
外来酵素 21
加塩 109
かき氷 127
核酸 40, 51
拡散電気二重層 317
攪拌型ヨーグルト 147
加工原料乳生産者補給金等暫定措置法施行規則 467
加工乳 72
嵩密度の測定 493
カスケード制御 356
ガス制御別チーズの分類 372
ガス置換包装 372
ガスフラッシュ包装 372
カゼイノグリコペプチド 8, 35, 36
カゼイン 4, 40, 209, 315
α_{s1}-カゼイン 5
α_{s2}-カゼイン 6
β-カゼイン 6
γ-カゼイン 7
κ-カゼイン 8, 35
パラκ-カゼイン 8
カゼイン型乳 53
カゼインドデカペプチド 226
カゼインホスホペプチド 202, 234, 443
カゼインマクロペプチド 444
カゼインミセル 9, 144
——とホエイの分離 312
可塑性 435
過大な景品類 540
硬さによる分類 99
カタストロフ理論 321

カタラーゼ 22
学校給食 194
活性汚泥法 368
カップ 126
加糖粉乳 156, 177
加糖練乳 164, 171
カード処理 108
カードの形成 108
加熱臭 60, 80
加熱致死時間曲線 291
加熱度 490
カビ 400
カビ・酵母 476
カビ毒 401
芽胞 302
芽胞菌 476
芽胞形成菌 398
過マンガン酸カリウム容量法 498
紙容器 381
可溶性カゼイン 58
ガラクトオリゴ糖 250, 449
ガラクトシルトランスフェラーゼ 14
ガラクトシルラクトース 32
ガラス容器 380
空咳 226
カルシウム 14, 38, 195, 202, 212, 251
カルシウム吸収促進 443
カルシウム摂取量 196
カルチャー DVI 280
カルチャー DVS 280
カルチャー代替ヨーグルト 137
カルボキシメチルセルロース 151
カンガルーの乳 52
含気包装 372
ガングリオシド 34, 446, 448
ガングリオシド素材 447
甘性凝固 398
甘性バター 85
甘性ホエイ 155
間接加熱法 75
感染防御因子 183
感染防御作用 247
感染防御能 48
乾燥 331
乾燥期間 332
乾燥特性曲線 331
乾燥用空気 335
カンタル 97
寒天 146
乾熱滅菌 473
官能検査 429
官能試験 151
官能評価 503

緩慢凝集 320
甘味料 145
がんリスク軽減作用 246

キ

気-液熱交換方式 339
記憶学習能 448
機械式蒸気圧縮機 329
危害分析・重要管理点監視 422
危害要因 420
規格基準型特定保健用食品 525
危機管理体制 416
気-気熱交換方式 339
キサンチンオキシダーゼ 23
キサンチン脱水素／酸化酵素 20
希釈法 116
機能性タンパク質 42
ギブス-マランゴーニ効果 321
キモシン 8, 62, 444
逆浸透法 305
牛海綿状脳症 424
吸湿速度 162
急速凝集 320
牛乳 70
　——と肥満 197
　——に含まれる糖質 29
　——の脂質 24
　——の組成 2
　——の調理特性 456
　——の風味 65, 79
牛乳アレルギー 254
　——の診断 256
　——の治療 258
牛乳アレルゲン除去食品 254, 259
牛乳抗原特異的 IgE 抗体 254
牛乳抗原特異的リンパ球増殖反応 255
牛乳脂質の食品機能性 28
牛乳摂取と発育 195
牛乳中の脂質クラス 24
牛乳糖脂質 34
牛乳特異的 IgE 抗体 257
牛乳特有の風味 456
凝結 318
凝固 285
競合吸着現象 316
凝固点降下 490
凝集 318
凝集塊 320
凝集率 131
強制劣化試験 430
強調表示 531
凝乳 108

索引

凝乳活性　285
凝乳酵素　284
共役リノール酸　26, 200, 211
極低出生体重児　186
均一膜間差圧　310
均質化　102, 141, 296
均質機　74, 297
均質バルブ　298
金属検出機　404
金属容器　380

ク

クエン酸 Na　112
苦情対応　417
口当たり　65
クックドフレーバー　60, 80
屈折率計　363
クーミス　282
クライオグロブリン　296
クラスター　321
クーラーステーション　288
グラム陰性菌　389
グラム染色　474
グラム陽性菌　386
クラリファイアー　74, 300
クランブリー　93
グリコマイクロペプチド　8
グリコマクロペプチド　444
N-グリコリルノイラミン酸　32
グリセロリン脂質　451
クリーミング　113, 318, 319
クリーミング性　435
クリーム　116
　　——の殺菌　119
　　——の調理特性　458
クリームライン　75
グリーンチーズ　109
グルタチオン　199, 209
γ-グルタミルトランスフェラーゼ　23
グルタミン酸デカルボキシラーゼ　452
クレフト　17
クロイツフェルト・ヤコブ病　424, 426
クロテッドクリーム　116, 124
クワルクセパレーター　301

ケ

蛍光染色法　483
形質転換　273
形質導入　273
景品に関する景品規約　520
景品表示法　539
軽量びん　77
怪我防止　375
血圧調節作用　220
結合水　161
結晶化　321
血清アルブミン　16
結腸直腸がん　209
血乳　290, 468
ゲノム解読　273
ケフィール　282
ゲーブルトップ　77
下痢の改善　245
ゲル化　457
ゲル型イオン交換樹脂　303
ケルダール法　496
ゲルベル法　469
限界含水率　332
限界ミセル濃度　315
限外ろ過法　305
嫌気好気活性汚泥法　370
健康増進法　529
原材料品質基準　411
原子吸光光度法　497
現代制御　352
検定　505
顕微鏡係数　469
減率乾燥期間　332
原料乳の処理法　102

コ

高圧蒸気滅菌　473
降圧ペプチド　222, 225
合一　320
抗う蝕　443
好塩基球ヒスタミン遊離試験　257
抗オピオイドペプチド　242
高温菌　477
高温殺菌　311
高温性乳酸菌　277
高温短時間殺菌法　19, 69, 294, 431
高温保持殺菌法　68
香気　65
抗菌作用　17
口腔細菌叢　240
高血圧自然発症ラット　222
降コレステロール作用　217
交差汚染　418
高酸度二等乳　468
子ウシレンネット　284
公正競争規約　137, 520, 539
厚生省告示第 370 号　513
酵素法　497

好中球　50
工程管理基準　412
購買製品の検証　411
抗肥満作用　227
抗変異原性　213
酵母　391, 400
恒率乾燥期間　332
向流式　335
好冷細菌　400
焦げ色　456
ココア牛乳　263
ゴーダチーズ　224
骨芽細胞　440
骨折　235
骨代謝　440
骨密度　235
骨量　196
コーデックス規格　543
古典制御　351
コーヒークリーム　116, 124
コーヒー適性試験　493
コーマン法　494
固有酸度　488
コラグラーゼ　396
コリオリ式　364
コールドセパレーター　119
コレステロール　182
コレステロール低下作用　219, 246
コロイド　9
コーン　127
混合流式　335
コンデンサー　329
コンデンスミルク　164
混入異物　492
コンパウンドクリーム　117, 122

サ

差圧式流量計　365
細菌汚染乳　288
細菌数　472
サイクロン　160, 337
　　——の 2 段化 (直列配列)　337
　　——のマルチ化 (並列配列)　337
再商品　536
再商品化義務　534
再商品化義務量　534
最小流動化風速　340
最大骨量　235
サイトカイン　39, 51
砂状　172
殺菌　293
　　クリームの——　119
殺菌活性　18

殺菌機　294
サニタリー圧力計　361
サーフェス型コンデンサー　330
サブミセル　10,11
サブユニット説　10
サーボ制御　357
サーミスタークライオスコープ　490
サーミゼーション　102
サーモコンプレッサー　328
サーモフィルス菌　137,139
サルモネラ　396
酸可溶性ホエイタンパク質　491
酸性オリゴ糖　32
酸性ホエイ　155
酸洗剤　345
酸素透過性　163
酸素による劣化防止　374
残存ホスファターゼ活性　490
酸度　487
酸と酵素による凝固　457
酸乳粒子　150
サンプリング　465
酸ホエイ　14

シ

次亜塩素酸水　347
ジアセチル　143
次亜チオシアン酸　442
シアリルオリゴ糖　447,448
シアリルラクトース　33,46,447
シアル酸　447,448
シアル酸化合物　448
シェーブルタイプ　100
識別　414
識別及びトレーサビリティ　414
識別管理基準　414
シーケンス制御　351
脂質　204,530
　　――の変化　59
　牛乳の――　24
シージング　165
磁性金属　405
自然酸度　488
自然発生腸ポリープ症　210
疾病リスク低減特定保健用食品　526
質量流量計　364
指定法人　535
自動生菌数測定装置　482
自動分析装置　500
シートバター　85
シネレシス　107
自発性酸化臭　290
1,4-ジヒドロキシ-2-ナフトエ酸　249

脂肪球　3,315
　　――の凝集　297
脂肪球被膜　54
脂肪球皮膜タンパク質　35
脂肪細胞　228
脂肪酸結合タンパク質　21
脂肪酸合成酵素　56
脂肪酸の立体特異的分布　26
脂肪滴　451
脂肪のトリグリセリド構造　181
脂肪分解臭　468
ジメチルヒドラジン　209,212
ジャガイモの硬化　457
尺度　504
シャーベット　127
終期とみなす指標　151
自由水　161
重大事故　416
終端速度　340
集乳　288
熟成型チーズ　224
熟成カルチャー　276
受乳検査　467
シュリンケージ　135
ジュール殺菌機　294
準結合水　161
常温保存可能品　432
　　――の保存品質　82
衝撃による劣化　375
焼結金網フィルター　403
条件付き特定保健用食品　525
脂溶性ビタミン　37,49
状態方程式　352
滋養糖　177
常乳　37
常乳型糖鎖　35
消費期限　81,427
焦粉粒　492
賞味期限　81,151,163,427
小粒子径 LDL　218
除去試験　257
食経験　525
食道がん　239
食品安全委員会　538
食品安全基本法　420,537
食品安全白書　422
食品衛生法　462,512
食品添加物公定書　513
食品，添加物等の規格基準　513
食品分野での PL 事故例　522
食物アレルギー　348
食物経口負荷試験　257
食物繊維　249,530

食物日誌　256
除湿処理　335
ショ糖率　166
ショートニング性　435
初乳　3,37,288
初乳型糖鎖　35
白カビ　106
白カビタイプ　99
新規食品　423
真菌類　391
真空かま　326
真空発生装置　331
真空パン　326
真空包装　372
真空ポンプ　331
シングルノズル　333
シングルユース方式　347
神経膠芽腫　211
人工栄養児の罹病傾向　183
親水・親油バランス値　321
新生児期に発症する血便を主体とした
　　　消化器症状　255
迅速検出法　482
浸透圧　306
浸透現象　305
人乳　49
　　――の組成　3
　　――の糖質　45
人乳中のミネラル　50
人乳糖脂質　48
シンバイオテックス　249

ス

水質汚濁防止法　368
水蒸気透過性　163
水棲動物の乳　52
水中油型　123
垂直下降式　335
スイートホエイ　14
水分活性　161,170
水分中乳糖比　167
水溶性ビタミン　37
スカイブカートン　295
スキムミルク　343
　　――の調理特性　459
スキャニア法　119
スターター　266,275
スターター調整法　269
スターター乳酸菌　275
スタンダーダイザー　76
スチームインジェクション式殺菌機
　　75,294
スチームインフュージョン式殺菌機

索引

75, 294
スチレン-ジビニルベンゼン 303
スティック 127
ステリライザー 164
ステロール 28
ストークスの式 296
ストークスの終末速度 299
ストークスの法則 167, 173
ストックカルチャー 139, 269
ストライキング 167
ストレプトマイシン 140
スナップ法 470
スーパーオキシドジスムターゼ 21, 22
スーパープレミアムアイスクリーム 127
スフィンゴ脂質 201, 451
スフィンゴミエリン 212, 453
スプリンツ 97
スプレッドタイプ 114
スライサブルタイプ 113
スルフヒドリルオキシダーゼ 22

セ

生残菌曲線 291
生産情報公表JASマーク 518
製造及びサービス提供の管理 412
製造基準 410
製造物責任 521
成長因子 39
整腸作用 231
静電斥力 316
精度管理 463
成乳 3
　　——の規格 288
　　——の酵素 21
生乳中細菌数測定法 501
製品回収 426
製品検査基準 413
製品実現 410
製品の監視及び測定 413
成分調整牛乳 71
精密ろ過(除菌)法 80, 102, 305
生理的異常乳 288
ゼオライト 303
赤外線光学式乳成分測定法 500
セジメントテスト 490
接合伝達 273
絶対表示 531
D-セドヘプツロース 29
セミハードタイプ 101
ゼラチン 146
セラミド 453

セリンのリン酸化 40
セレウス菌 477, 486
セレウリド 486
洗剤 344
センシメディア法 484
前提条件プログラム 412
先天性代謝異常用特殊ミルク 190
全粉乳 153, 156

ソ

蘇 84
造花性 121
総菌数 462, 475
総菌数検査 472
総合衛生管理製造過程 409, 462
相対表示 531
造粒 160, 339
測温抵抗体 358
即時型反応 254
組織不良 152
疎水性リガンド 16
ゾーニング 417
ソフトカード化 177
ソフトバター 85
ソフトヨーグルト 147
ゾーン電気泳動 4

タ

第一,第二極小 320
体細胞数 469, 501
大腸異常腺窩 212
大腸菌 390, 395
大腸菌O157 252
大腸菌群 390, 395, 462, 472, 473
大腸菌群検査 501
大腸菌群数 475
大腸腺がん 210
耐熱性細菌 398, 501
タウリン 181
多価アルコール脂肪酸エステル 322
多孔性型イオン交換樹脂 303
多重効用蒸発 327
多段乾燥 160
脱塩 304
脱顆粒 214
脱気 141
脱酸素剤使用包装 372
脱酸素発酵法 142
脱脂乳 2
脱脂粉乳 153, 156
ダッシャー 131
脱リン 58
妥当性確認 464

ダブルクリームチーズセパレーター 301
多変量解析 505
多量体免疫グロブリンレセプター 253
単一調乳方式 178
短鎖脂肪酸 218, 250
短鎖ポリリン酸塩 112
炭水化物 530
担体法 369
単糖 29
タンパク質 204
　　——の質および量の改善 179
タンパク質還元価 491

チ

チェダリング 108
チオシアン酸 442
チキソトロピー性 319
チーズ 97
　　——と製パン 437
　　——の調理特性 458
　　——の定義 98
チーズ一般規格 98
チーズケーキ 436
チーズ公正競争規約 98
チーズ臭 93
チーズスターター 275
窒素タンパク変換係数 496
チャーニング 87, 468
チャーニング促進法 90
チャーム法 470
中温性カルチャー 277
中温性乳酸菌 276
中間洗浄 345
抽気係数 328
中鎖脂肪酸 218
中鎖ポリリン酸塩 112
中性オリゴ糖 30
超音波流量計 364
腸管病原性大腸菌 478
超高温加熱処理法 69, 431
超高温殺菌 311
超高温瞬間殺菌法 19, 65
超高温処理法 294
長鎖ポリリン酸塩 113
調製粉乳 156, 176
　　——の製造技術 183
　　——の品質 184
調節性T細胞 214
超低出生体重児 186
腸内環境改善機能 245
腸内代謝 232

索　引

腸内腐敗産物　232
腸内フローラ　231
直接加熱法　75
沈降速度　299

ツ

通電加熱式　148

テ

低温細菌　400
低温細菌数　476
低温発酵法　142
低温保持殺菌法　19, 65, 68, 294, 431
低酸度二等乳　468
低脂肪牛乳　72
低出生体重児　185
低出生体重児用調製粉乳　185
低水分バター　84
ディスクアトマイザー　159
低成分乳　288
定置洗浄　346
低ナトリウムミルク　190
呈味　65
適正製造規範　422
適正農業規範　422
デスーパー装置　329
デュマ法　496
電気透析法　305
電磁流量計　364
転相　321
伝達関数　351

ト

糖液　149
等温吸湿曲線　162
凍結乾燥菌　271
凍結濃縮菌　271
糖鎖　8
糖脂質　33
糖質　205, 530
糖質コルチコイド　55
糖タンパク質　448
動的平衡　320
導電率計　362
糖度計　363
糖ヌクレオチド　30, 45
登録外特殊ミルク　191
登録特殊ミルク　190
特殊調製粉乳　177
特殊ミルク　187
特定菌株カルチャー　277
特定原材料　349
特定保健用食品　225, 443, 444, 449, 452, 524
　　条件付き――　525
特別牛乳　71
ドデカペプチド　443
トランス脂肪酸　25, 26
トランスフェリン　17
トランスフォーミング増殖因子　39
トリアシルグリセロール　26, 44
ドリンクヨーグルト　148
ドルチェ・ビータ　126
トールフォーム型　335
トレーサビリティ　414

ナ

内在酵素　21
ナイシン　267
内部混合型　334
ナタマイシン　107
ナチュラルチーズ　99
　――の製造法　102
　――の歴史　97
70％調製粉乳　177
ナノろ過法　305
生クリーム　117
軟X線異物検出機　406
難消化性オリゴ糖　249
難消化性デンプン　250

ニ

二次汚染　417
二次菌叢　275, 277
2重管型殺菌装置　353
日光臭　63
日本人の食事摂取基準2005年版　195
日本農林規格　517
乳飲料　72
乳塩基性タンパク質　234, 236
乳及び乳製品の成分規格等に関する省令　409
乳化剤　122, 129, 322
乳管　54
乳業工場排水処理　369
乳固形分　2
乳酸菌　106, 138, 266, 392, 443
乳酸菌飲料　138, 150
乳酸菌カルチャー　276
乳酸菌数　476
乳酸酸度　488
乳児期発症のアトピー性皮膚炎　255
乳児死亡率　176
乳児の腎機能　182
乳脂肪　128
　――の生合成　56
乳脂肪球(皮)膜　19, 451
乳脂肪合成　56
乳児ボツリヌス症　399
乳児用調製粉乳　179
乳清　11
乳清タンパク質　40
乳製品としての粉乳　154
乳製品乳酸菌飲料　138, 150
乳製品別保存技術　376
乳製品類に使用されているプラスチック容器　383
乳成分の分画　2
乳石　345
乳腺実質　54
乳腺上皮細胞　54
乳腺胞　54
乳腺ろ胞　54
乳素材の調理　459
乳タンパク質　55
乳タンパク質濃縮物　308
乳中尿素態窒素　468
乳糖　30, 56, 267
　――の粉砕　168
乳糖合成　14, 57
乳糖合成酵素　57
乳頭腫　211
乳等省令　68, 98, 127, 137, 409, 462, 467, 475, 487, 513, 514
乳糖発酵性酵母　391
乳糖不耐症　190, 261
乳糖不耐症用ミルク　262
乳糖率　167
乳・乳製品の包装　371
乳房炎　469
乳房炎疾患牛　392
二流体ノズル法　334
庭先検査　288

ヌ

ヌクレオチド　181

ネ

熱電対　359
熱風の流動方式　335
熱変性温度　58
熱量　530
粘度　148, 489
粘膜免疫増強作用　443

ノ

濃縮　326
濃縮限界　314
濃縮スターター法　139, 270

索　引

濃度会合性　6
ノッチワイヤーフィルター　404
ノルアドレナリン　452
ノンメルトタイプ　114

ハ

バイオマーカー　218
排出見込み量　535
排除命令　541
排水処理　368
ハイドロキシアパタイト結晶　237
廃熱回収　338
バイメタル　359
培養法　463
ハイリスク・グループ　397
パイロットテスト　169
白濁性　124
バクテリオシン　267
バクテリオファージ　273,280,401
バクトフューゲーション　102
バクトフュージ　302,311
バグフィルター　337
薄膜管状下降式濃縮機　327
薄膜洗浄　346
破骨細胞　440
ハザード　420
パスタフィラータ製法　109
パスツリゼーション　68
バター　84
　　——と製パン　436
　　——の調理特性　458
バターミルク　88
発がん抑制作用　247
バッグインボックス　120
発酵　271
発酵クリーム　117,124
発酵乳　136,148,213,219,266
　　——のコーデックス規格　136
発酵乳スターター　266
発酵乳ベース　149,151
発酵バター　85,87
発生酸度　488
バッチ式製造法　89
パティバター　85
ハードタイプ　102
ハードバター　85
ハードヨーグルト　145
バナドモリブデン酸吸光光度法　499
パネル　503
パピローマ　211
パラバター　85
バルクスターター　139,269,280
バルクセットカルチャー　280

パルミチン酸　92
バロメトリックコンデンサー　330
パン　436
ハンジッカー　168

ヒ

光による劣化防止　373
非共役タンパク質 UCP　229
ピザタイプ　113
微酸性次亜塩素酸水　347
非磁性金属　405
比重　487
非スターター乳酸菌　276,277
微生物による劣化防止　372
微生物レンネット　284
非即時型反応　254
ビタミン　49
ビタミンK欠乏　182
ビッティクリーム　125
非特定菌株カルチャー　277
ヒートショック　129,133
ヒトミルクオリゴ糖　45
ヒトロタウイルス　18
ビフィズス因子　47
ビフィズス菌　213,268
ビフィズス菌数　476
皮膜の形成　457
氷菓　126,128
評価用語　504
表示　516
表示規約　520
標準化　102
氷点　490
病理的異常乳　290
秤量皿　494
平底秤量皿　494
ビーリ　283
微粒化　332
微量栄養素の欠乏　190
微量元素　183
微量成分　205
微量ミネラル　39,50
品質表示基準　529
品質マネジメントシステム　415

フ

ファウリング　119,313
ファージ　401
ファットスプレッド　324
ファーメンター　147
ファンデルワールス引力　316
フィードバック制御　351,354
フィードフォワード制御　351,357

フィルターろ過　403
風味タイプ　127
フェザリング　64,124,174
フォローアップミルク　185
　　——の使用開始月齢　185
深漬法　116
拭取り試験　481
複合脂質　28
副甲状腺ホルモン　228
不実証広告　540
不正開封防止　374
ブチロフィリン　20,35
ブチロメーター　495
不当景品類及び不当表示防止法　520,
　　539
不当表示　540
フードチェーンアプローチ　421
浮ひょう計法　487
部品・原材料製造業者の抗弁　522
部分合一　317
不飽和脂肪酸　200
不溶解性指標の測定法　492
ブライン　133
フラクトオリゴ糖　250
ブラジキニン　221
プラスティッククリーム　116,124
プラスミン　4,23,62
ブリ　97
フリージング　130
フリージングシリンダー　131
ブリック　77
ブリード法　469,475
ブルガリア菌　137,139
フルーツプレパレーション　148
フルンゲ　282
プレクックチーズ　110
フレッシュカルチャー法　269
フレッシュ(非熟成)タイプ　99
プレート式熱交換機　74,294
プレート式濃縮機　327
プレート充填　133
フレーバーの付与　272
プレバイオティクス　248,449
プレパレーション　148
プレミアムアイスクリーム　127
プレーンタイプ　127
フレンチパラドックスとチーズ　230
プレーンヨーグルト　144
不老長寿説　136
フロシン　60,492
プロセス制御　351
プロセスチーズ　99
　　——の製造法　109

索引

――のタイプ別製造条件　113
――の乳化原理　111
――の歴史　98
フローダイアグラム　410
プロテオースペプトン　7, 18
プロテオーム解析　12
フローテーション法　90
プロバイオティクス　207, 212, 232, 244, 268, 449
プロピオン酸菌　106, 277, 449
プロラクチン　55
分解洗浄　347
分岐鎖アミノ酸　198
粉塵爆発対策　335
粉乳　153, 437
――の定義と規格　155
分泌型 IgA　41
分別収集　536
分別乳脂肪　95
糞便系大腸菌群　395
粉末クリーム　156
粉末バター　85
粉末バターミルク　156
粉末ホイップ　156
粉末ホエイ　156
噴霧乾燥　157
噴霧乾燥法　331

ヘ

平衡含水率　332
平衡乳糖　31
並流式　335
ペクチン　149
ペコリーノ・ロマーノ　97
ヘテロ型発酵　143
ペニシリン　140
ペーパーディスク法　470
ペプシン　284
ペプチド　204
ペプチドホルモン　42
ペレット　271
ベローズ式　295
変性　19
便秘の改善　245
偏比容　10

ホ

ホイッピング　434
ホイッピングクリーム　116
ホイップクリーム　120
ホイップドバター　85
ホイップ法　121
膀胱がん　211

芳香の生成　143
包装からみた食品衛生　379
防虫・防鼠対策　418
飽和脂肪酸　200, 217
ホエイ　11, 304, 438
ホエイタンパク質　11, 41, 209, 315
ホエイタンパク質指数　491
ホエイタンパク質濃縮物　12, 308
ホエイタンパク質分離物　12, 304
ホエイ排除　108
ホエイパウダー　153
ホエイ分離　144, 145
保型性　129
保健機能食品　524
ポジティブリスト制度　424, 513
補助カルチャー　276
ポーションバター　85
ホスファチジン酸経路　219
保存試験　428
ボタン　173
ホッパー充填　133
ボツリヌス菌　399, 478
ボテ　123
ポテンシャルエネルギー　319
母乳　43
――の複合脂質　44
母乳脂肪　44
ホモ型発酵　143
ポリアクリルアミドゲル電気泳動　4
ポリガラクチュロン酸　149
ポリ乳酸　267
ポリマー型免疫グロブリンレセプター　18
ポリリン酸　323
ホールディング　130
ホルモン　40
ホロ型　14
ホローコーン　333
ポンドバター　85

マ

マイコトキシン　401
マイコプラズマ　392
前発酵　138
マグネシウム　38
マグネットフィルター　404
膜分離活性汚泥法　369
膜分離法　140
マクロファージ　50
マザースターター　139, 269
マジョニア管　495
マスト細胞　214
末期乳　288

マランゴニ効果　316
マルチノズル　333
マロワール　97
マンステール　97

ミ

ミセル　11
ミセル性リン酸カルシウム　38
密着包装　372
ミネラル　38
　　人乳中の――　50
見やすさ　378
ミュータンスレンサ球菌　239
ミリング　108
ミルクアレルゲン除去食品　188
ミルクオリゴ糖　31, 250
――の生理機能　47
ミルクカルシウム　453
ミルクセパレーター　300
ミルク風味　434

ム

無塩バター　84
無菌コンテナ　148
無脂(乳)固形分　2, 129
虫歯　237
虫歯菌　240
無脂肪牛乳　72
無水バター　85
ムチン 1　19, 43
無糖練乳　164
無乳糖ミルク　190

メ

メイラード反応　60, 172, 434
メタボリックシンドローム　229
メチニコフ　136
メラノイジン　60
メルトタイプ　113
メルトダウン　132
免疫学的検査　256
免疫学的検出法　482
免疫牛乳　217
免疫グロブリン　16, 207
免疫調節機能　48, 246

モ

持ちやすさ　378
モッツァレラ　437
モナカ　127
モノアシルグリセロール経路　219
モノグリセリド有機酸エステル　322
モノリン酸 Na　112

索引

モリブデンブルー吸光光度法 499
モルテングロビュール 14,441
モールド 133
問診 256

ヤ

山羊乳 53
薬剤汚染乳 289

ユ

有塩バター 84
有害微生物 423
有害物質 424
有機JASマーク 518
有効性リジン 60
誘導結合プラズマ発光分析法 497
遊離脂肪 118
遊離脂肪酸 118
優良誤認表示 540
ユニット数 465
ユニバーサルデザイン 376
輸入食品 425
輸入食品のリスク管理 425

ヨ

陽イオン交換膜 308
容器 371
　——の持ちやすさ 378
容器・包装の衛生と評価項目 379
容器包装リサイクル法 533
溶融塩の添加 110
ヨーグルト 136,268
　——のカード 144
　——の調理特性 458
　——の不老長寿説 231
ヨーグルトスターター 269
ヨーグルトミックス 140
　——の殺菌 141
汚れの組成 343
汚れを除去するためのエネルギー 344
予熱期間 332

ラ

ラクターゼ 141
ラクチュロシルリジン 60
ラクチュロース 59,492
ラクトアイス 128
ラクトアドヘリン 43
α-ラクトアルブミン 14,41,55,59,199,210,441
α-ラクトアルブミン変異体 441
β-ラクトグロブリン 15,59,80,83,199,254
ラクトース 30,201
ラクトース耐性 262
ラクトトリペプチド 226,443
ラクト-N-ノボペンタオース 1 31
ラクト-N-ビオース I 47
ラクト-N-ビオースホスホリラーゼ 47
ラクトフェリシン 18,207
ラクトフェリン 17,35,41,48,200,206,210,439,440,470
ラクトフォリン 18
ラクトペルオキシダーゼ 22,152,206,441
ラクトン体 33
落下細菌法 481
ラメラ構造 321
卵固形分 129
ランシッド臭 140
ランチオニン 58

リ

理化学的同定 479
リーキー 93
リコール 426
リサイクルマーク 533
リジノアラニン 58,61
離水 319
リスク 420
リスク管理（マネジメント） 421,537
リスクコミュニケーション 421,537
リスク評価 421,537
リスク分析（アナリシス） 421,537
リステリア 388,477
リステリア属菌 397
リゾチーム 42,107,206,470
リターナブルびん 77
立体効果 317
リネンス菌 106
リノール酸 181
α-リノレン酸 181
リパーゼ 23
リパーゼ臭 92
リポカリン 15
リボディング 118
リボヌクレアーゼ 24
リボフラビン 170
リポプロテインリパーゼ 62
リポリシス 118
流動層 340
流動層造粒 340
流動層内蔵型スプレードライヤ 341
リユース方式 347

リン酸カルシウム 9,11
リン脂質 28,182,324
リンドレスチーズ 110
リンパ球 50
倫理委員会 525

レ

冷蔵保存品の品質保存性 82
霊長目の乳 52
レインエイノン法 496
レジ袋対策 535
レチノール 16
レトルト殺菌 171
レニン-アンジオテンシン系 221
連続式バター製造法 90
連続式発酵法 142
練乳 164
レンネット 62,107,284
レンネット凝固 107
レンネット凝固チーズ 97

ロ

ろ過法 483
ロックフォール 97
ロットの設定 465
ロードセル 367
ロール型チャーン 89
ロールレスチャーン 90
ロングライフミルク 69,78,432

ワ

ワイドボディ 335
ワーキング 88
ワンウェイびん 77

欧文

ACE阻害活性ペプチド 222,225
ACNQ 249
Actinomyces viscosus 237
ADPH 20
AOAC 464,506
ATP測定法 481

Bacillus 387
Bacillus sporothermodurans 398
Bactocatch 310
BAMLET 211
BCP 151
Bergey's Manual 386
Bifidobacterium 244
bitty cream 398
BL型粘度計 360
Brevibacterium linens 277

BSE　424, 426
BTN　20
BUDタイプバターマシン　91

C-ローブ　17
CAC　543
Campylobacter　389
α-casein exorphin　242
β-casomorphin　241
α-casozepine　242
CD14　51
CD36　43
Chou & Fasman 法　5
CIP　346
9*cis*,11*trans*-CLA　211
Clostridium　388
Clostridium botulinum　399
CMC　7
CMP　444
Codex Guideline　544
Codex Standard　544
Coliforms　394
COP　347
CPP　234, 443
CPP-ACP　237, 444
culture-historical 仮説　262

D 値　291
Debaryomyces hansenii　278
DF　309
DGGE 法　480
DHA　181
DHNA　249
DLVO 理論　316
DMH　212
DNA プローブ法　484
DVI 法　270
DVS 法　270

EBP フィルター　404
ED 法　305, 312
EDR　313
EDTA キレート法　498
EHEC　478
Enterobacteriaceae　389
Enterobacter sakazakii　398
Enterococcus　244, 386
Escherichia　389
ESL　78, 294, 311

F 値　292
FABP　21
Flavobacterium　390

FSD　341

GABA　452
GAP　422
GD3　48, 446
Geotrichum candidum　278
GM3　34, 48, 446
GMP　237, 422, 444

HACCP　408, 422, 462, 513
　——の 7 原則　408
　——の 12 の手順　409
HAMLET　15, 210
HBD-2　238
HEPA フィルター　295
HLB 値　315, 321
HM ペクチン　149
HMO　45
HPLC 法　497
HTLT 法　68
HTST　19, 69, 292, 294, 311, 431

ICP 発光分析法　497
IDF 法　506
IE 法　312
IFD　338
IgA　16, 252
IgD　16
IgE　16
IgE 依存性, 非依存性反応　254
IgG　16
IgM　16
Igs　16
IL-12　214
Immuno CAP 法　257
ISO　414
ISO 法　463, 506
ISO9001　415
ISO9001/JIS Q9001　410, 411, 412, 413, 414
ISO22000　410, 412, 415, 425

JAS 法　517, 529
JAS マーク　517

Klebsiella　390

Lactobacillus　244, 277, 388
Lactococcus　245, 276, 387
α-lactorphin　242
Leuconostoc　276
Lf　48
Listeria　397

L. monocytogenes　397
LL 牛乳　69, 78, 485
LL 製品　485
LTLT　19, 65, 68, 292, 294, 431

MCT ミルク　187, 191
melittin　15
MF 膜　310
MFG-E8　21, 35
MFGM　19, 42, 451
MGL　209
Microbacterium　389
M. lacticum　392
Micrococcus　386
MicroFoss 法　483
MicroStain 法　483
MicroStar-RMDS 法　483
Milk Basic Protein　440
mRNA のポリ A 鎖　56
MSD　341
MUC1　19, 43
MUN　468
MVR　329

N-ローブ　17
NF　305
NOD　209
novel food　423

O26　478
O157　478
O/W エマルション　315
O/W 型　123
O/W 乳化　130

PAc　238
PD 法　470
Pediococcus　277
Penicillium　278
P. camemberti　278
P. roqueforti　278
pH 緩衝作用　112
pH 計　366
pH 測定　488
PID 制御　355
PL 法　521
PP3　18
PRL 受容体　55
PRP　409
Pseudomonas　391
PTH　228

3R　533

ready-to-eat 冷蔵食品　397
Recommendation　544
RiboPrinter　480
RO　305,308

5S　418
Salmonella　390,396
S. Enteritidis　397
S. Typhimurium　397
Salted Brush 説　10
SCC　501
SL　447
SPM　453
SRCRP 2　238
S-S 交換反応　15
Staphylococcus　386

S. aureus　396
Streptococcus　244,387
S. anginosus　238
S. mitis　239
S. mutans　238
S. oralis　240
S. salivarius　240
S. sanguis　237

TGF-β　39,51
Th1,2　253
TLR　207
TVR　328

UASB 法　370
UF　305,309

UHT　19,65,69,292,294,311,431
UTP　310

vCJD　424

WHO/ISH ガイドライン　220
W/O エマルション　315
WPC　12
WPI　12,304
WPNI　156

X 線　406
XDH/XO　20

z 値　292

資　料　編

――掲載会社索引――

森永乳業株式会社……………………………………………… 1,2
明治乳業株式会社……………………………………………… 3
雪印乳業株式会社……………………………………………… 4
よつ葉乳業株式会社…………………………………………… 5

ハイテク素材の生みの乳。

ミルクとともに歩む森永乳業の
ミルクツリーに結実した高機能素材。

morinaga

- 乳蛋白分解物
  （各種ペプチド）
- 乳由来の生理活性物質
  （ラクトフェリンほか）
- 各種乳酸菌・ビフィズス菌 粉末
  （B. longumほか）
- 乳蛋白質
  （カゼイン、ホエイほか）
- 乳脂肪分解物
  （バターフレーバーほか）
- ミルクオリゴ糖
  （ラクチュロース各種）

■ お問い合わせ先

**森永乳業株式会社
機能素材事業部**

〒108-8384 東京都港区芝5-33-1
TEL. (03) 3798-1041

「おいしいをデザインする」
そのパワーを生み出し、高めるために。

私達のメインテーマは、
乳の優れた力を探り、最大限に活用すること。

その価値を

"おいしさ" "栄養" "健康" "安全・安心"

の面から追求し、人々の健康と豊かな生活に
貢献するさまざまな製品に活かしています。

夢のある新たな商品作りと将来に向けた
技術革新をミッションとして
研究開発に取り組んでいます。

森永乳業株式会社

食品総合研究所　　栄養科学研究所
食品基盤研究所　　装置開発研究所
分析センター　　　応用技術センター

http://www.morinagamilk.co.jp

meiji

2005年
ノーベル賞受賞
(生理学・医学賞)
バリー・マーシャル教授

*ピロリ菌の発見と、
胃炎や胃・十二指腸潰瘍における
役割の解明で受賞

医学の常識を変えたピロリ菌の発見。
その功績に明治乳業は、プロバイオティクスで応えたい。

※ 日本人の約5割、50代以上の約7割がピロリ菌に感染していると言われています。

マーシャル教授は、ピロリ菌が胃炎の原因であることを自分の体で証明し、胃に細菌は棲息できないという医学の常識をくつがえしました。2005年、「ピロリ菌の発見と胃・十二指腸潰瘍における役割の解明」の研究が高く評価され、マーシャル教授らにノーベル賞が贈られました。

ピロリ菌

乳酸菌
Lactobacillus gasseri
OLL 2716

実験映像

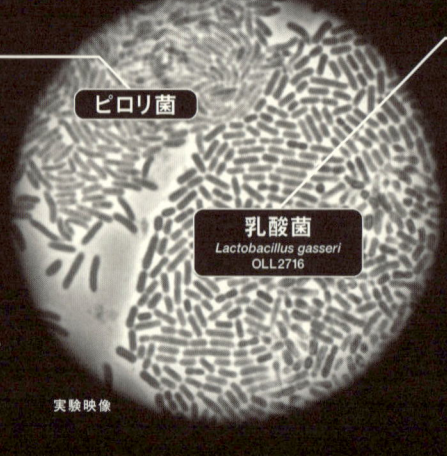

※※ あなたの健康に、プロバイオティクスの力を。

プロバイオティクスとは「体に好影響を与える生菌や生菌を含む食品」と定義され、抗生物質(アンチバイオティクス)の対義語として使われています。明治乳業は様々な乳酸菌研究を通し、プロバイオティクスで健康へのリスクと戦っています。

乳酸菌でリスクと戦う 明治乳業

未来は、ミルクの中にある。

ミルクは、人間のために何ができるか。私たちはいつも、その思いを胸に歩いてきました。
人がすくすくと育つこと。人がいきいきと生きること。人が食べるよろこびにあふれ、日々をすごすこと。
そのために、私たちはミルクとともにがんばってきました。これは、まぎれもなく私たちの大きな誇りです。
でも、この星の、大地のめぐみをどんどんに吸収したミルクにとって、その可能性は、
まだまだこんなものではない。そう考えています。
その豊かな栄養価。人のからだをつくり、守る力。心を穏やかにいやす包容力。
そして、どんなものに形を変えても人をとりこにする、その底知れないおいしさ。その中には、きっと、
私たちがまだ出会っていない「未知のミルク」が眠っている。そのパワーを引き出すのは、
世界の誰よりもミルクを愛する私たちしかいない。そう思うのです。
雪印とメグミルクが、ひとつになるのはそのためです。食の安全という至上の責任のもとに、
それぞれの歩みのなかでみがいた専門技術を、競いあい、高めあいたい。そののびやかな企業風土の中で、
かつてない、いくつもの価値を生み出したい。ただ、そう願ったからです。
ミルクを見つめることは、未来を見つめること。
この国のミルクの健やかな成長のために、この国の酪農とともに歩んでいきたい、
私たち雪印メグミルクです。

雪印メグミルク グループ

北海道のおいしさを、まっすぐ。
よつ葉

北海道のおいしさを、
まっすぐ。

よつ葉乳業は、北海道の酪農家の会社です。

私たちは、北海道の大自然で育まれた良質な生乳[※]を、
牛乳・乳製品として毎日の食卓にお届けしています。
酪農家にも、お客様にもまっすぐに向き合っている
私たちだからこそ、安全で高品質な「乳」[※]を、
確実にお届けすることができるのです。

私たちが目指すこと、それは家族の健康や幸せを願い、
食生活を大切に考えている皆様へ、
ささやかな感動を提供し続けること。

そのために、私たちは「おいしさ」を基本に
新たな価値の創造に努めます。

北海道のおいしさを、まっすぐ。

北海道から皆様へ、おいしさをまっすぐお届けすることで、
私たちは笑顔あふれる暮らしに貢献します。

※生乳（せいにゅう）：搾ったままで、加熱・殺菌などの処理をしていない牛の乳。
※乳（にゅう）：原材料、牛乳、乳製品のすべて。

よつ葉乳業株式会社
060-0004　札幌市中央区北4条西1丁目 北農ビル12階

お問い合わせ　0120-428841（よつ葉は良い）
http://www.yotsuba.co.jp/

ミルクの事典

2009年11月20日	初版第1刷
2013年 5月10日	第3刷

<table>
<tr><td>編集者</td><td>上野川　修　一</td></tr>
<tr><td></td><td>清　水　　　誠</td></tr>
<tr><td></td><td>鈴　木　英　毅</td></tr>
<tr><td></td><td>髙　瀬　光　徳</td></tr>
<tr><td></td><td>堂　迫　俊　一</td></tr>
<tr><td></td><td>元　島　英　雅</td></tr>
<tr><td>発行者</td><td>朝　倉　邦　造</td></tr>
<tr><td>発行所</td><td>株式会社　朝倉書店
東京都新宿区新小川町 6-29
郵便番号　162-8707
電　話　03(3260)0141
FAX　03(3260)0180
http://www.asakura.co.jp</td></tr>
</table>

〈検印省略〉

© 2009 〈無断複写・転載を禁ず〉　　　　　壯光舎印刷・牧製本

ISBN 978-4-254-43103-2　C 3561　　　　Printed in Japan

JCOPY 〈(社)出版者著作権管理機構 委託出版物〉

本書の無断複写は著作権法上での例外を除き禁じられています．複写される場合は，そのつど事前に，(社)出版者著作権管理機構（電話 03-3513-6969，FAX 03-3513-6979，e-mail: info@jcopy.or.jp）の許諾を得てください．

日大 酒井健夫・日大 上野川修一編

日本の食を科学する

43101-8 C3561　　A5判 168頁 本体2600円

健康で充実した生活には、食べ物が大きく関与する。本書は、日本の食の現状や、食と健康、食の安全、各種食品の特長等について易しく解説する。〔内容〕食と骨粗しょう症の予防／食とがんの予防／化学物質の安全対策／フルーツの魅力／他

日大 上野川修一編

食品とからだ
―免疫・アレルギーのしくみ―

43082-0 C3061　　A5判 216頁 本体3900円

アレルギーが急増し関心も高い食品と免疫・アレルギーのメカニズム、さらには免疫機能を高める食品などについて第一線研究者55名が基礎から最先端までを解説。〔内容〕免疫／腸管免疫／食品アレルギー／食品による免疫・アレルギーの制御

日大 上野川修一編
シリーズ〈食品の科学〉

乳の科学

43040-0 C3061　　A5判 228頁 本体4500円

乳蛋白成分の生理機能等の研究や遺伝子工学・発生工学など先端技術の進展に合わせた乳と乳製品の最新の研究。〔内容〕日本人と牛乳／牛乳と健康／成分／生合成／味と香り／栄養／機能成分／アレルギー／乳製品製造技術／先端技術

新潟大 鈴木敦士・東大 渡部終五・千葉大 中川弘毅編
食品成分シリーズ

タンパク質の科学

43513-9 C3361　　A5判 216頁 本体4700円

主要タンパク質の一次構造も記載。〔内容〕序論／畜産食品(畜肉、乳、卵)／水産食品(魚貝肉、海藻、水産食品、タンパク質の変化)／植物性食品(ダイズ、コムギ、コメ、その他、タンパク質の変化、製造と応用)／タンパク質の栄養科学

猪飼 篤・伏見 譲・卜部 格・上野川修一・中村春木・浜窪隆雄編

タンパク質の事典

17128-0 C3545　　B5判 876頁 本体28000円

タンパク質は、学部・専門を問わず広く研究の対象とされ、最近の研究の著しい発展には大きな興味が寄せられている。本書は、理学・工学・農学・薬学・医学など多岐の分野にわたる、タンパク質に関連する約200の事項をとりあげ解説した中項目形式50音順の事典である。生命現象をきわめて深い結び付きをもつタンパク質についての知見を網羅した集大成とする。〔内容〕アミノ酸醱酵／遺伝子工学／NMR／酵素／細胞増殖因子／受容体タンパク質／膜タンパク質／リゾチーム／他

食品総合研究所編

食品大百科事典

43078-3 C3561　　B5判 1080頁 本体42000円

食品素材から食文化まで、食品にかかわる知識を総合的に集大成し解説。〔内容〕食品素材(農産物、畜産物、林産物、水産物他)／一般成分(糖質、タンパク質、核酸、脂質、ビタミン、ミネラル他)／加工食品(麺類、パン類、酒類他)／分析、評価(非破壊評価、官能評価他)／生理機能(整腸機能、抗アレルギー機能他)／食品衛生(経口伝染病他)／食品保全技術(食品添加物)／流通技術／バイオテクノロジー／加工・調理(濃縮、抽出他)／食生活(歴史、地域差他)／規格(国内制度、国際規格)

食品総合研究所編

食品技術総合事典

43098-1 C3561　　B5判 616頁 本体23000円

生活習慣病、食品の安全性、食料自給率など山積する食に関する問題への解決を示唆。〔内容〕I.健康の維持・増進のための技術(食品の機能性の評価手法)、II.安全な食品を確保するための技術(有害生物の制御／有害物質の分析と制御／食品表示を保証する判別・検知技術)、III.食品産業を支える加工技術(先端加工技術／流通技術／分析・評価技術)、IV.食品産業を支えるバイオテクノロジー(食品微生物の改良／酵素利用・食品素材開発／代謝機能利用・制御技術／先進的基盤技術)

日本食品衛生学会編

食品安全の事典

43096-7 C3561　　B5判 660頁 本体23000円

近年、大規模・広域食中毒が相次いで発生し、また従来みられなかったウイルスによる食中毒も増加している。さらにBSEや輸入野菜汚染問題など、消費者の食の安全・安心に対する関心は急速に高まっている。本書では食品安全に関するそれらすべての事項を網羅。食品安全の歴史から国内外の現状と取組み、リスク要因(残留農薬・各種添加物・汚染物質・微生物・カビ・寄生虫・害虫など)、疾病(食中毒・感染症など)のほか、遺伝子組換え食品等の新しい問題も解説。

上記価格(税別)は 2013 年 4 月現在